Lehrbuch der Mathematik für Wirtschaftswissenschaften

Lehrbuch der Mathematik für Wirtschaftswissenschaften

Herausgegeben von

Prof. Dr. rer. oec. habil. Heinz Körth
Prof. Dr. rer. oec. habil. Carl Otto
Dr. rer. nat. Walter Runge
Prof. Dr. rer. nat. habil. Manfred Schoch

Westdeutscher Verlag Opladen

Originaltitel

Mathematik für ökonomische und ingenieurökonomische Fachrichtungen,
Teil I: Mathematische Grundlagen

Autoren

Prof. Dr. rer. oec. habil. Horst Baumann, Handelshochschule Leipzig
Prof. Dr. rer. nat. habil. Gustav Burosch, Universität Rostock
Prof. Dr. rer. nat. habil. Werner Dück, Hochschule für Ökonomie Berlin
Dr. rer. nat. Rolf Eilhauer, Pädagogische Hochschule Potsdam
Prof. Dr. rer. nat. habil. Karl-Heinz Elster, Technische Hochschule Ilmenau
Dr. rer. nat. Manfred Freier, Bergakademie Freiberg
Dr. rer. nat. Karl-Heinz Gärtner, Bergakademie Freiberg
Prof. Dr. rer. oec. habil. Heinz Körth, Humboldt-Universität Berlin
Dr. rer. nat. Rainer Lang, Technische Hochschule Ilmenau
Prof. Dr. rer. oec. habil. Carl Otto, Humboldt-Universität Berlin
Heiko Patzer, Technische Hochschule Ilmenau
Dr. rer. nat. Walter Runge, Universität Rostock
Prof. Dr. rer. nat. habil. Horst Sachs, Technische Hochschule Ilmenau
Prof. Dr. rer. nat. habil. Manfred Schoch, Bergakademie Freiberg
Dr. rer. oec. Hans-Gerhard Strohe, Humboldt-Universität Berlin
Dr. rer. nat. Manfred Weiß, Hochschule für Verkehrswesen „Friedrich List" Dresden

Lektor

Wolfgang Adler

ISBN-13:978-3-531-11090-5 e-ISBN-13:e978-3-322-83505-5
DOI: 10.1007/978-3-322-83505-5

Westdeutscher Verlag GmbH, Opladen 1972
Softcover reprint of the hardcover 1st edition 1972

Gesamtherstellung: Leipziger Druckhaus · Grafischer Großbetrieb · III/18/203
Umschlaggestaltung: Hanswerner Klein / Reiner Wolfgardt, Opladen

Inhaltsverzeichnis

Vorwort

Wie viele andere Wissenschaftsbereiche werden auch die Wirtschaftswissenschaften in zunehmendem Maße operationeller und bedürfen daher formaler Methoden zur Lösung ihrer Probleme. Entscheidende Voraussetzung für diese Entwicklung ist die Verwendung der mathematischen Theorie: Durch Operationen mit Abstraktionen wie Konstanten, Variablen, Matrizen, Vektoren, Vektorräumen usw. und unter Zugrundelegung von Axiomen gelingt es, mit Hilfe der Mathematik wirtschaftswissenschaftliche Probleme zu beschreiben und mit Hilfe bestimmter Algorithmen zu lösen. Je komplizierter und vielgestaltiger die quantitative Struktur wirtschaftlicher Phänomene in wirtschaftswissenschaftlicher Forschung und in der Wirtschaftspraxis in Erscheinung treten, um so notwendiger ist die Mathematik zur Beherrschung und Gestaltung des Wirtschaftsablaufs. Die Mathematik mit ihren allgemeinen Formulierungen von Problemen ermöglicht eine kurze präzise Darstellung der Wirklichkeit mit ihren vielseitigen Zusammenhängen, Beziehungen und Abhängigkeiten. Das weite Anwendungsgebiet der Mathematik in den Wirtschaftswissenschaften und einigen Disziplinen, die für die Wirtschaftswissenschaften von Bedeutung sind, soll die folgende Zusammenstellung zeigen:

Entscheidungs- und Spieltheorie
Mengenlehre, mathematische Logik, Kombinatorik, lineare Algebra

Politische Arithmetik (Finanz- und Wirtschaftsarithmetik)
Folgen und Reihen; Potenzrechnen, Logarithmen

Wachstumstheorie
Lineare Algebra, Differential- und Differenzengleichungen

Programmierung
Lineare Algebra, lineare und nichtlineare Optimierung, dynamische Optimierung

Input-Output-Analyse
Lineare Algebra (Matrizenrechung, lineare Gleichungen)

Ökonometrie und Statistik
Wahrscheinlichkeitsrechnung, mathematische Statistik, lineare Algebra (Matrizen- und Determinantenrechnung, lineare Gleichungssysteme), Methode der kleinsten Quadrate

Netzplantechnik
Graphentheorie

Marktforschung
Mengenlehre, Wahrscheinlichkeitsrechnung, Spieltheorie, lineare Algebra

Operations Research (Unternehmensforschung)
Lineare und nichtlineare Optimierung, Wahrscheinlichkeitsrechnung, Differential- und Integralrechnung, Kombinatorik, Mengenlehre, lineare Algebra

Kybernetik, elektronische Datenverarbeitung
Mengenlehre, mathematische Logik, lineare Algebra

Die moderne Wirtschaftstheorie und ihre Anwendung in der volkswirtschaftlichen und betrieblichen Praxis wäre ohne Verwendung der mathematischen Methoden undenkbar; um so mehr erscheint es daher notwendig, den Studenten der Wirtschaftswissenschaften sowie den Studenten der neu begründeten Studienrichtung für Wirtschaftsingenieure und den im Management tätigen Praktikern die für die Theorie notwendigen Grundlagen der Mathematik zu vermitteln.
Das vorliegende Buch bietet dem interessierten Leser den gesamten mathematischen Lehrstoff, der zur Zeit den Studenten an den wirtschaftswissenschaftlichen Hochschulen und Fakultäten und den Wirtschaftsingenieuren geboten wird; zusätzlich dazu wird eine Darstellung der Wahrscheinlichkeitsrechnung gegeben. Bei gewissenhafter Durcharbeitung des in diesem Buch dargebotenen Lehrstoffes und der Übungsaufgaben wird der Leser in der Lage sein, die mathematisch-ökonomische Literatur und die Grundlagen der neuentstandenen wissenschaftlichen Disziplinen wie Kybernetik, Operationsforschung und elektronische Datenverarbeitung zu verstehen und die Mathematik zur Lösung wirtschaftswissenschaftlicher Probleme anzuwenden.
Vom Leser selbst werden nur Kenntnisse der elementaren Schulmathematik vorausgesetzt: Das sind vor allem das Rechnen mit allgemeinen Zahlen und das Lösen von

Gleichungen mit einer oder mehreren Variablen. Zur leichteren Erfassung und Vertiefung des Gelernten hat der Leser die Möglichkeit, sein Wissen an den Übungsaufgaben am Ende jedes Abschnitts zu prüfen. Die entsprechenden Lösungen werden ebenfalls bereitgestellt.
Zunächst werden im ersten Kapitel die Grundlagen der Logik dargestellt. Deren Kenntnis ist nicht nur zum Verständnis der Mathematik notwendig, sondern im Prinzip für jede Wissenschaft wichtig; speziell ist sie besonders interessant für Datenverarbeitung, Kybernetik und Operations Research. In den weiteren Kapiteln 2., 3. und 4. (Mengenlehre, Zahlentheorie und Kombinatorik) werden die Grundlagen dargestellt, die für das Verständnis der nächsten Abschnitte erforderlich sind. Die Grundlagen der mathematischen Modellbildung für Wirtschaftsabläufe finden sich in den Kapiteln bzw. entsprechenden Abschnitten: Lineare Algebra (5.), Zahlenfolgen und -reihen (7.), Differential- und Integralrechnung (8., 9., 10. und 11.) und Graphentheorie (14.). Zur Ermittlung der ökonomischen Optima werden die Methoden der linearen (6.), der nichtlinearen (12.) und der dynamischen Optimierung (13.) sowie die Differentialrechnung (8., 9. und 11.) herangezogen. Wahrscheinlichkeitstheoretische Methoden für die Darstellung der Ungewißheit in den Wirtschaftswissenschaften werden im Kapitel 15. behandelt.
Vorschläge und kritische Anmerkungen bitten wir an den Verlag zu richten.

Westdeutscher Verlag

1.
Einführung in die Logik

1. Einführung in die Logik

Die Logik muß mit Recht nicht nur als eine Grundlage der Mathematik, sondern auch jeder anderen Wissenschaft angesehen werden. Ihre Ergebnisse finden einerseits in solchen Disziplinen wie Kybernetik, Operationsforschung, elektronische Datenverarbeitung und, durch die Mathematisierung vieler Wissenschaftszweige bedingt, auch in anderen Bereichen direkte Anwendung. Zum anderen besteht die Bedeutung der Logik für jede Wissenschaft auch darin, daß durch das Bewußtmachen der dem logischen Denken zugrunde liegenden Gesetzmäßigkeiten eine höhere Qualität des Denkens erreicht wird.

1.1. Aussagen, Variable, Aussageformen

Betrachtet man eine Sprache, in der sich Menschen verständigen, so treten verschiedenartige Formulierungen wie Aussagesätze, Fragesätze, Wunschsätze, Befehlssätze usw. auf. Während Aussagesätze die objektive Realität entweder richtig oder falsch widerspiegeln, kann von konkreten Sätzen der übrigen aufgeführten Satzformen sinnvoll nicht davon gesprochen werden, daß sie wahr oder falsch sind.

Es entspricht also der Erfahrung, nur solche Formulierungen Aussagen zu nennen, die einen Tatbestand beschreiben und denen man sinnvoll einen „Wahrheitswert“ zuordnen kann. Dabei ist es wiederum üblich, sich auf zwei Wahrheitswerte zu beschränken.

Liegt der durch eine Aussage ausgedrückte Sachverhalt in der Realität tatsächlich vor, so nennt man die Aussage wahr und ordnet ihr den Wahrheitswert W zu. Verhalten sich die Dinge der objektiven Realität dagegen nicht in der ausgesagten Weise, so heißt die Aussage falsch und erhält den Wahrheitswert F.

Beispiel 1.1

Von den folgenden Aussagen der Politischen Ökonomie ist die Aussage a) wahr und die Aussage b) falsch.

a) Die stetige Steigerung der Arbeitsproduktivität ist ein ökonomisches Gesetz des Sozialismus.

b) Das Nationaleinkommen ist gleich dem gesellschaftlichen Gesamtprodukt.

Die Aussage b) ist falsch, da das Nationaleinkommen der Teil des gesellschaftlichen Gesamtprodukts ist, der nach Abzug des Ersatzfonds für verbrauchte Produktionsmittel verbleibt.

Charakteristisch für den Umgang mit Aussagen ist folgender Erfahrungssatz.

Satz 1.1 (*Satz der Zweiwertigkeit*)

Jede Aussage ist entweder wahr oder falsch.

Dieser Satz besagt, daß für Aussagen einerseits nur zwei Wahrheitswerte in Frage kommen, andererseits aber auch keiner Aussage zugleich beide Wahrheitswerte zugesprochen werden können. Mit anderen Worten gilt:

Jede Aussage ist wahr oder falsch (Prinzip vom ausgeschlossenen Dritten).
Es gibt keine Aussage, die sowohl wahr als auch falsch ist (Prinzip vom ausgeschlossenen Widerspruch).

Beispiel 1.2

Aus der Schulmathematik betrachten wir folgende Aussagen:

a) $3 + 5 = 7$

b) 2 ist kleiner als 6 (üblicherweise abgekürzt: $2 < 6$).

c) Für jede natürliche Zahl a gilt $a + 6 = 6 + a$.

Offensichtlich ist nur die unter a) aufgeführte Aussage falsch.

In engem Zusammenhang mit dem Begriff Aussage steht der Begriff *Aussageform.* Wir betrachten als Beispiel die Formulierung

„x ist durch 2 teilbar“.

Sie stellt weder eine wahre noch eine falsche Aussage dar. Dagegen werden die Formulierungen

„14 ist durch 2 teilbar“

als wahre und

„11 ist durch 2 teilbar“

als falsche Aussage erkannt. In der Tat hat unser Beispiel auch nur die Form einer Aussage, aus der jedoch Aussagen entstehen, wenn für die „Variable“ x Namen gewisser Objekte (beispielsweise also „14“ oder „11“) eingesetzt werden. Sind diese Objekte zum Beispiel natürliche Zahlen, so nennt man x eine Variable für natürliche Zahlen oder eine Variable über dem Grundbereich der natürlichen Zahlen.

Definition 1.1

Eine Variable über einem Grundbereich ist ein Zeichen, für das Namen der Objekte des betrachteten Grundbereiches eingesetzt werden können.

Beispiel 1.3

Variable	Grundbereich	Namen
x	natürliche Zahlen	0, 1, 2, 3, ...
y	natürliche Zahlen von 1 bis 10	1, 2, 3, ..., 10
z	ganze Zahlen	..., −2, −1, 0, 1, 2, ...
F	Einflußfaktoren auf die Entwicklung des Geldumlaufs	zum Beispiel „Geldfonds der Bevölkerung“, „Nationaleinkommen“ usw.

Der Begriff *Aussageform* kann nunmehr folgendermaßen charakterisiert werden:
In einer Aussageform tritt wenigstens eine Variable auf. Werden für die auftretenden Variablen Namen von Objekten der entsprechenden Grundbereiche eingesetzt, so entsteht eine Aussage.
Diese beiden Eigenschaften reichen im allgemeinen aus, um festzustellen, ob eine Aussageform vorliegt.

Beispiel 1.4

Wir betrachten die folgenden Aussageformen, wobei die auftretenden Variablen a, b, x, y Variable für natürliche Zahlen sein sollen:

a) $(a + b)^2 = a^2 + 2ab + b^2$,

b) $x + 3 = 20$,

c) $x + y = 10$ und $x - y = 6$,

d) $a + 6 = 6 + a$.

Setzt man für die Variablen natürliche Zahlen ein, so entstehen aus a) und d) stets wahre Aussagen. Die Gleichung b) und das Gleichungssystem c) gehen bei genau einer Variableneinsetzung in eine wahre Aussage über.

Beispiel 1.5

Wir betrachten die Formulierung

„x besitzt einen Facharbeiterbrief“.

Setzt man für x Namen von Bürgern der DDR ein, so entsteht jeweils eine Aussage. Betrachten wir die Werktätigen eines volkseigenen Betriebes als Grundbereich, so entsteht genau dann eine wahre Aussage, wenn für x der Name eines Facharbeiters dieses Betriebes eingesetzt wird.

Beispiel 1.6

Die Zeichenreihen $a + 3$, $3 \cdot b$ und $(a + b)^2$ sind keine Aussageformen. Bei Variableneinsetzung entsteht nämlich keine Aussage. Ersetzt man beispielsweise a durch 2 und b durch 7, so erhält man $2 + 3$, $3 \cdot 7$ und $(3 + 7)^2$, also jeweils die Bezeichnung einer natürlichen Zahl.

Solche Zeichenreihen heißen *Terme*. Für Terme ist also charakteristisch, daß sie in Bezeichnungen für Objekte übergehen, wenn für die vorkommenden Variablen Einsetzungen vorgenommen werden.

In den Beispielen 1.4 und 1.5 entstehen aus Aussageformen durch Variableneinsetzungen Aussagen. Ein weiterer Zusammenhang zwischen Aussageformen und Aussagen wird durch die Aussage in Beispiel 1.2 c) deutlich. Sie entsteht aus der Aussageform $a + 6 = 6 + a$ durch Voranstellen des Zusatzes „Für jede natürliche Zahl a gilt". Derartige Aussagen werden wir im Abschnitt 1.5. näher betrachten.

1.2. Aussagenverbindungen

Im folgenden verwenden wir die Buchstaben A, B, C, ... als Bezeichnungen für Aussagen.

Aus Aussagen können unter Verwendung gewisser Bindewörter neue Aussagen gebildet werden. So entstehen aus einer Aussage A ihre Verneinung „nicht A" und aus gegebenen Aussagen A, B die Aussagenverbindungen „A und B", „A oder B", „Wenn A, so B", „A genau dann, wenn B", „entweder A oder B", „zwar A, aber nicht B", „weder A noch B" und dergleichen mehr. Für die ersten fünf, die sogenannten *klassischen Aussagenverbindungen*, führen wir Namen und Zeichen ein:

Aussagenverbindung	Name	Schreibweise
nicht A	Negation (von A)	$\sim A$
A und B	Konjunktion (von A, B)	$A \wedge B$
A oder B	Alternative (von A, B)	$A \vee B$
wenn A, so B	Implikation (von A, B)	$A \Rightarrow B$
A genau dann, wenn B	Äquivalenz (von A, B)	$A \Leftrightarrow B$

In der Konjunktion heißen A, B *Konjunktionsglieder*, in der Alternative *Alternativglieder*. In der Implikation $A \Rightarrow B$ wird A *Prämisse* (Voraussetzung) und B *Konklusio* (Behauptung) genannt.

Die betrachteten Aussagenverbindungen haben die Eigenschaft, daß ihr Wahrheitswert nicht vom Sinn (der Intension) der verknüpften Aussagen, sondern nur von deren Wahrheitswerten abhängt. Man spricht deshalb von *extensionalen* Aussagenverbindungen.

Die folgenden Definitionen erklären, in welcher Weise der Wahrheitswert solcher Aussagenverbindungen in Abhängigkeit von den Wahrheitswerten der verknüpften Aussagen bestimmt wird. Die Festlegungen entsprechen der Erfahrung der menschlichen Praxis.

Definition 1.2

Die Negation $\sim A$ ist wahr, wenn A falsch ist, und falsch, wenn A wahr ist.

Definition 1.3

Die Konjunktion $A \wedge B$ ist wahr, wenn A und B wahr sind. Sie ist falsch, wenn wenigstens eine der Aussagen A, B, falsch ist.

Definition 1.4

Die Alternative $A \vee B$ ist wahr, wenn wenigstens eine der Aussagen A, B wahr ist, und falsch, wenn A und B falsch sind.

Die Alternative $A \vee B$ darf nicht mit der schon aufgeführten Aussagenverbindung „entweder A oder B“ verwechselt werden, die wahr wird, wenn genau eine der Aussagen A, B, wahr ist.

Definition 1.5

Die Implikation $A \Rightarrow B$ ist falsch, wenn A wahr und B falsch ist. In allen anderen Fällen (A wahr und B wahr, A falsch und B falsch, A falsch und B wahr) ist sie wahr.

Die Behauptung einer Implikation ist also gleichwertig mit der Behauptung, daß nicht der Fall eintritt, in dem das Vorderglied wahr und das Hinterglied falsch ist. So sind zum Beispiel die Aussagen „$-2 > 0 \Rightarrow (-2)^2 > 0$“ und „$4 < 2 \Rightarrow 9 < 6$“ wahre Aussagen. Insbesondere muß klar sein, daß die letztere der beiden Aussagen nicht besagt, daß „$4 < 2$“ gilt, sondern nur, daß aus $4 < 2$ auch $9 < 6$ folgt. Für $A \Rightarrow B$ werden manchmal auch die Sprechweisen „aus A folgt B“, „A ist eine hinreichende Bedingung für B“, „B ist eine notwendige Bedingung für A“ verwendet.

Definition 1.6

Die Äquivalenz $A \Leftrightarrow B$ ist wahr, wenn A und B denselben Wahrheitswert besitzen. Sie ist falsch, wenn die Wahrheitswerte für A und B verschieden sind.

Eine weitere Sprechweise für die Äquivalenz ist „A ist notwendig und hinreichend für B“.

Wir fassen zusammen. Die Wahrheitswerte der klassischen Aussagenverbindungen sind auf folgende, hier durch *Wahrheitswerttabellen* angegebene Weise bestimmt:

A	$\sim A$
W	F
F	W

A	B	$A \wedge B$	$A \vee B$	$A \Rightarrow B$	$A \Leftrightarrow B$
W	W	W	W	W	W
W	F	F	W	F	F
F	W	F	W	W	F
F	F	F	F	W	W

Zur Präzisierung sind noch folgende Bemerkungen notwendig. Strenggenommen sind A, B, C ... Variable für Aussagen (*Aussagenvariable*), so daß die Aussagenverbindungen $\sim A$, $A \wedge B$, ... keine Aussagen, sondern eigentlich „Aussageformen der Aussagenlogik“ sind. Beispielsweise geht $A \wedge B$ erst dann in eine Aussage über, wenn für A, B konkrete Aussagen eingesetzt werden. So ist auch etwa die Sprechweise „$A \wedge B$ ist wahr, wenn A wahr und B wahr ist“ nur eine zweckmäßige Abkürzung für die aufwendige Formulierung „$A \wedge B$ geht in eine wahre Aussage über, wenn für A und für B eine wahre Aussage eingesetzt wird“.

Beispiel 1.7

Für A, B, C, D setzen wir die folgenden einfachen Aussagen:

A	B	C	D
$2 < 3$	$2+1=3$	$3^2=7$	$4 \cdot 7 = 20$

Dann ergeben sich für die aufgeführten Aussagen jeweils folgende Wahrheitswerte:

Aussage	A	B	C	D	$\sim A$	$\sim C$	$A \wedge B$	$A \wedge C$	$C \wedge D$	$A \vee B$
Wahrheitswert	W	W	F	F	F	W	W	F	F	W

$A \vee C$	$C \vee D$	$A \Rightarrow B$	$A \Rightarrow C$	$C \Rightarrow B$	$C \Rightarrow D$	$A \Leftrightarrow B$	$A \Leftrightarrow C$	$C \Leftrightarrow D$
W	F	W	F	W	W	W	F	W

Die bisher betrachteten Aussagenverbindungen können wir wieder aussagenlogisch verknüpfen. Dabei grenzen wir die vorher gebildeten Aussagenverbindungen durch Außenklammern ab. Das Wahrheitswertverhalten dieser mehrfach zusammengesetzten Aussagenverbindungen in Abhängigkeit von den Wahrheitswerten der „Grundaussagen“ A, B, C ... charakterisieren wir durch Wahrheitswerttabellen.

Beispiel 1.8 $\sim(A \Leftrightarrow B)$

A	B	$A \Leftrightarrow B$	$\sim(A \Leftrightarrow B)$
W	W	W	F
W	F	F	W
F	W	F	W
F	F	W	F

Beispiel 1.9 $A \wedge (\sim B)$

A	B	$\sim B$	$A \wedge (\sim B)$
W	W	F	F
W	F	W	W
F	W	F	F
F	F	W	F

Beispiel 1.10 $(\sim A) \wedge (\sim B)$

A	B	$\sim A$	$\sim B$	$(\sim A) \wedge (\sim B)$
W	W	F	F	F
W	F	F	W	F
F	W	W	F	F
F	F	W	W	W

Wir vereinbaren, beim Verknüpfen einer mit dem Zeichen $\sim$ beginnenden Verbindung keine abgrenzenden Klammern zu setzen. Im Beispiel 1.9 schreiben wir $A \wedge \sim B$ und im Beispiel 1.10 $\sim A \wedge \sim B$.

Die Aussagenverbindungen in den Beispielen 1.8 bis 1.10 besitzen das Wahrheitswertverhalten der Aussagenverbindungen „entweder A oder B", „zwar A, aber nicht B", „weder A, noch B".
Im folgenden Beispiel wird ein Sachverhalt durch verschiedene Formulierungen völlig gleichwertig beschrieben.

Beispiel 1.11

Die Aussagenverbindungen $\sim(A \Rightarrow B)$ und $A \wedge \sim B$ haben folgendes Wahrheitswertverhalten:

A	B	$A \Rightarrow B$	$\sim(A \Rightarrow B)$	$\sim B$	$A \wedge \sim B$
W	W	W	F	F	F
W	F	F	W	W	W
F	W	W	F	F	F
F	F	W	F	W	F

Das Beispiel zeigt, daß bei entsprechender Wahrheitswertzuordnung für A, B beide Aussagenverbindungen jeweils den gleichen Wahrheitswert haben. Wir sagen, die Aussagenverbindungen $\sim (A \Rightarrow B)$ und $A \wedge \sim B$ sind *logisch äquivalent*. Die Aussagenverbindung $\sim (A \Rightarrow B) \Leftrightarrow (A \wedge \sim B)$ hat in jedem Falle den Wahrheitswert W.

1.3. Identitäten

Allgemein heißt eine Aussagenverbindung, die bei jeder Wahrheitswertzuordnung bezüglich der Grundaussagen A, B, C, D, ... wahr wird, eine *Tautologie* oder *Identität*. Wird sie stets falsch, so nennt man sie *Kontradiktion*. Die Beispiele 1.10 und 1.11 zeigen im Ergebnis sowohl Werte W, als auch Werte F. Solche Aussagenverbindungen heißen *Neutralitäten*.

1.3.1. Logisch äquivalente Aussagenverbindungen

Die nach Beispiel 1.11 betrachtete Aussagenverbindung $\sim (A \Rightarrow B) \Leftrightarrow (A \wedge \sim B)$ ist eine Identität, weil die Aussagenverbindungen $\sim (A \Rightarrow B)$ und $(A \wedge \sim B)$ logisch äquivalent sind. Auf Grund des Wahrheitswertverhaltens der Äquivalenz ergibt sich allgemein:

Satz 1.2

Sind S, T zwei Aussagenverbindungen, so ist $S \Leftrightarrow T$ genau dann eine Identität, wenn S und T logisch äquivalent sind (In Zeichen: S äq T).

Satz 1.3

Konjunktion, Alternative und Äquivalenz sind (hinsichtlich der logischen Äquivalenz) kommutativ, das heißt, es gilt stets:

$$H_1 \wedge H_2 \text{ äq } H_2 \wedge H_1 \tag{1.1}$$

$$H_1 \vee H_2 \text{ äq } H_2 \vee H_1 \tag{1.2}$$

$$H_1 \Leftrightarrow H_2 \text{ äq } H_2 \Leftrightarrow H_1. \tag{1.3}$$

Der Beweis dieses Satzes sowie der folgenden Sätze ergibt sich unmittelbar durch Aufstellen einer Wahrheitswerttabelle.

Satz 1.4

Konjunktion, Alternative und Äquivalenz sind assoziativ, das heißt, es gilt stets:

$(H_1 \wedge H_2) \wedge H_3$ äq $H_1 \wedge (H_2 \wedge H_3)$ (1.4)

$(H_1 \vee H_2) \vee H_3$ äq $H_1 \vee (H_2 \vee H_3)$ (1.5)

$(H_1 \Leftrightarrow H_2) \Leftrightarrow H_3$ äq $H_1 \Leftrightarrow (H_2 \Leftrightarrow H_3)$. (1.6)

In bezug auf die logische Äquivalenz ist es gleichgültig, wie in derartigen Aussagenverbindungen die Klammern gesetzt werden, so daß man sie häufig wegläßt und einfach $H_1 \wedge H_2 \wedge H_3$, $H_1 \vee H_2 \vee H_3$ oder $H_1 \Leftrightarrow H_2 \Leftrightarrow H_3$ schreibt.

Satz 1.5

Es gilt stets:

$H \wedge H$ äq H (1.7)

$H \vee H$ äq H (1.8)

(*Idempotenz*).

Satz 1.6

Es gilt stets:

$H_1 \wedge (H_2 \vee H_3)$ äq $(H_1 \wedge H_2) \vee (H_1 \wedge H_3)$ (1.9)

$H_1 \vee (H_2 \wedge H_3)$ äq $(H_1 \vee H_2) \wedge (H_1 \vee H_3)$ (1.10)

(*Distributivität*).

Beispiel 1.12

Zur Übung formen wir unter wiederholter Anwendung von Satz 1.6 die Aussagenverbindung $(A \wedge B) \vee (C \wedge D)$ logisch äquivalent um. Dabei wenden wir jeweils nebenstehend das Distributivgesetz der Zahlenrechnung $a(b + c) = ab + ac$ in einem analogen Beispiel an:

$(A \wedge B) \vee (C \wedge D)$	$(a + b) \cdot (c + d)$
äq $((A \wedge B) \vee C) \wedge ((A \wedge B) \vee D)$	$= (a + b) \cdot c + (a + b) \cdot d$
äq $(A \vee C) \wedge (B \vee C) \wedge (A \vee D) \wedge (B \vee D)$	$= a \cdot c + b \cdot c + a \cdot d + b \cdot d$

Über die Verwendung der Negation gibt der folgende Satz Aufschluß.

Satz 1.7

Es gilt stets:

$\sim\sim H$ äq H (1.11)

$\sim (H_1 \wedge H_2)$ äq $\sim H_1 \vee \sim H_2$ (1.12)

$\sim (H_1 \vee H_2)$ äq $\sim H_1 \wedge \sim H_2$. (1.13)

Satz 1.8

Es gilt stets:

$H_1 \Rightarrow H_2$ äq $\sim H_2 \Rightarrow \sim H_1$ (*Kontraposition*) (1.14)

$H_1 \Leftrightarrow H_2$ äq $(H_1 \Rightarrow H_2) \wedge (H_2 \Rightarrow H_1)$. (1.15)

1.3.2. Identitäten in Form einer Implikation

Im Abschnitt 1.3.1. haben wir uns mit Identitäten beschäftigt, die die Form einer Äquivalenz hatten. Identitäten können natürlich auch ganz anders aufgebaut sein. Der Grund dafür, daß in diesem Abschnitt einige wenige Identitäten in Form einer Implikation behandelt werden, wird im nächsten Abschnitt deutlich.

Satz 1.9

Die folgenden Aussagenverbindungen sind Identitäten.

$((H_1 \Rightarrow H_2) \wedge (H_2 \Rightarrow H_3)) \Rightarrow (H_1 \Rightarrow H_3)$ (1.16)

$(H_1 \wedge (H_1 \Rightarrow H_2)) \Rightarrow H_2$ (1.17)

$((H_1 \vee H_2) \wedge (H_1 \Rightarrow H_3) \wedge (H_2 \Rightarrow H_3)) \Rightarrow H_3$ (1.18)

$((\sim H_1 \Rightarrow H_2) \wedge (\sim H_1 \Rightarrow \sim H_2)) \Rightarrow H_1$. (1.19)

1.3.3. Schlußregeln

In jeder Wissenschaft schließt man von schon erhaltenen Erkenntnissen auf neue Erkenntnisse, die ihrerseits nur dann als gesichert angesehen werden können, wenn die dabei verwendeten Schlußweisen korrekt waren. An jede Schlußregel muß die Forderung gestellt werden, daß sie *gültigkeitserblich* ist, das heißt, daß ihre Anwendung auf wahre Aussagen wieder zu wahren Aussagen führt.
So sind zum Beispiel durch die im Abschnitt 1.3.1. angegebenen logischen Äquivalenzen Schlußregeln gegeben, deren Anwendung im Übergang von einer Aussagenverbindung zu einer ihr logisch äquivalenten Aussagenverbindung besteht. Ist die erste wahr, so ist wegen der logischen Äquivalenz auch die zweite wahr. Hat man etwa einen Satz der Form $A \Rightarrow B$ bewiesen, so kann man auf Grund von (1.14) ohne Rücksicht auf den konkreten Inhalt der Aussagen A, B zu $\sim B \Rightarrow \sim A$ übergehen und umgekehrt. Häufig wird das beweistechnisch so genutzt, daß statt der Behauptung $A \Rightarrow B$ ihre Kontraposition bewiesen wird, weil letzteres sich möglicherweise einfacher gestaltet.
Wir beschränken uns auf die Angabe von vier Schlußregeln, wobei sich der Nachweis der Gültigkeitserblichkeit jeweils auf Grund der im Abschnitt 1.3.2. aufgeführten Identitäten ergibt.

Satz 1.10 (*Kettenschluß*)

Aus $H_1 \Rightarrow H_2$
und $H_2 \Rightarrow H_3$
folgt $H_1 \Rightarrow H_3$.

Genau genommen besteht der Kettenschluß in dem Übergang von $H_1 \Rightarrow H_2$ und $H_2 \Rightarrow H_3$ zu $H_1 \Rightarrow H_3$. Der Satz 1.10 besagt gerade die Gültigkeitserblichkeit bei diesem Übergang. Sie ergibt sich auf Grund der Identität (1.16) in Abschnitt 1.3.2., nach der aus der Wahrheit von $H_1 \Rightarrow H_2$ und der Wahrheit von $H_2 \Rightarrow H_3$ die Wahrheit $H_1 \Rightarrow H_3$ folgt. Sind nämlich $H_1 \Rightarrow H_2$ und $H_2 \Rightarrow H_3$ wahr, so ist die Prämisse der stets wahren Implikation (1.16) wahr, so daß auch die Konklusio $H_1 \Rightarrow H_3$ dieser Implikation wahr sein muß.

Beispiel 1.13

Für reelle Zahlen x folgt aus den Implikationen

$$x > 2 \Rightarrow 4x > 8$$

und $$4x > 8 \Rightarrow 16x^2 + 1 > 65$$

die Implikation $x > 2 \Rightarrow 16x^2 + 1 > 65$ durch Kettenschluß.

Auf Grund der Identität (1.17) ergibt sich folgende, ebenfalls häufig verwendete Schlußregel.

Satz 1.11 (*Abtrennungsregel*)

Aus H_1

und $H_1 \Rightarrow H_2$

folgt H_2.

Beispiel 1.14

Als einfaches Anwendungsbeispiel betrachten wir die Implikation „Wenn die Quersumme von 8223 durch 3 teilbar ist, so ist 8223 durch 3 teilbar". Sie ist auf Grund bekannter Regeln wahr. Offensichtlich gilt, daß die Quersumme von 8223 (die Zahl 15) durch 3 teilbar ist, so daß nach Anwendung der Abtrennungsregel die Aussage „8223 ist durch 3 teilbar" als gültig nachgewiesen ist.

Satz 1.12 (*Prinzip der Fallunterscheidung*)

Aus $H_1 \vee H_2$,

$H_1 \Rightarrow H_3$

und $H_2 \Rightarrow H_3$

folgt H_3.

Die Gültigkeitserblichkeit dieser Schlußregel ergibt sich aus (1.18). Soll nach dieser Schlußregel eine Behauptung H_3 bewiesen werden, und liegen zwei zu unterscheidende Fälle H_1, H_2 vor, so ist H_3 für beide Fälle zu zeigen, also der Nachweis der beiden Implikationen $H_1 \Rightarrow H_3$ und $H_2 \Rightarrow H_3$ zu führen.

Die Anwendung dieser Schlußregel erfolgt beispielsweise im Beweis von Satz 2.4.

Die folgende Schlußregel ist Grundlage für indirekte Beweise.

Satz 1.13 (*Indirekter Schluß*)

a) *Aus* $\sim H_1 \Rightarrow H_2$

und $\sim H_1 \Rightarrow \sim H_2$

folgt H_1,

oder

b) *Aus* H_2
und $\sim H_1 \Rightarrow \sim H_2$
folgt H_1.

Die Regel a) ergibt sich auf Grund der Identität (1.19). Die Schlußregel b) ist nur eine Variante von a), denn die Wahrheit von H_2 zieht die Gültigkeit von $\sim H_1 \Rightarrow H_2$ nach sich, so daß der Übergang zu H_1 auf Grund von a) gesichert ist.
Soll nun eine Behauptung H_1 indirekt bewiesen werden, so geschieht das dadurch, daß aus der „Annahme" $\sim H_1$ sowohl eine geeignete Aussage H_2 als auch ihre Verneinung $\sim H_2$, also insgesamt ein „Widerspruch" $H_2 \wedge \sim H_2$ hergeleitet wird. Da dann beide Implikationen der Regel a) gezeigt sind, ist H_1 bewiesen.

Beispiel 1.15

Da erfahrungsgemäß indirekte Beweise anfangs schwerfallen, beweisen wir indirekt die Behauptung H_1: „Das Gleichungssystem

$3x + 12y = 1$

$4x + 16y = 4$

ist nicht lösbar."

Angenommen, es gibt Zahlen x und y, die das Gleichungssystem erfüllen, so folgt aus der zweiten Gleichung durch Multiplikation mit $\frac{3}{4}$ die Gleichung $3x + 12y = 3$ und somit wegen der ersten Gleichung die falsche Aussage $1 = 3$ als Widerspruch. H_2 ist also die wahre Aussage $1 \neq 3$.

1.4. Elemente der Schaltalgebra

In diesem Abschnitt soll am Beispiel der Reihenparallelschaltungen gezeigt werden, daß die Aussagenlogik für die Theorie der elektrischen Schaltungen und damit insbesondere für die technischen Grundlagen der elektronischen Datenverarbeitung von großer Bedeutung ist.
Grundelemente der aufzubauenden Reihenparallelschaltungen (Symbol: –□–) sind elektrische Schalter (Symbol: –○–), die zwei Zustände haben können. Entweder leiten sie innerhalb eines Stromkreises den Strom (Symbol dieses Zustandes: –●–●–) oder unterbrechen ihn (Symbol dieses Zustandes: –●⁀●–). Es ist häufig notwendig, ganze Schaltergruppen gleichzeitig zu betätigen, was etwa durch ein Relais, an das die Schalter dieser Gruppe angeschlossen sind, geschehen kann. Gehören Schalter zum gleichen Relais, so werden zu ihrer Bezeichnung die gleichen (kleinen lateinischen) Buchstaben verwendet. Sie müssen jedoch noch dahingehend unterschieden werden, ob sie nach Betätigung (durch das Relais) eingeschaltet oder ausgeschaltet sind. Wir unterscheiden deshalb Arbeits- und Ruhekontakte.

Definition 1.7

Ein Arbeitskontakt ist ein Schalter, der nach der Betätigung durch das entsprechende Relais den Strom leitet.
Ein Ruhekontakt ist ein Schalter, der ohne Betätigung durch das entsprechende Relais den Strom leitet.

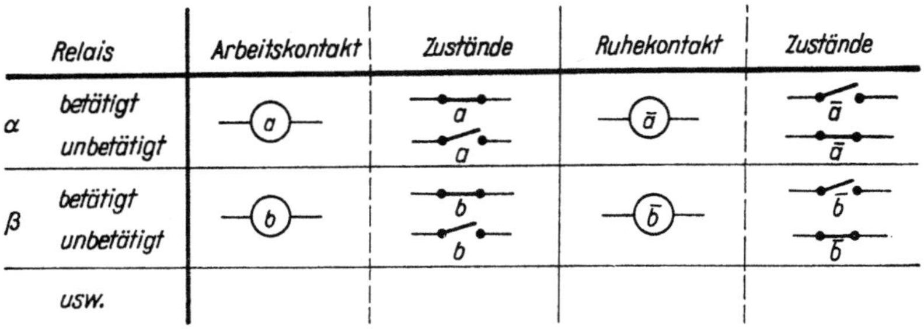

Abbildung 1.1

Jede Reihenparallelschaltung besitzt zwei nach außen führende Leitungen. Eine *Reihen-* bzw. *Parallelschaltung* entsteht aus zwei Schaltungen auf die in den Abbildungen 1.2 und 1.3 angegebene Weise.

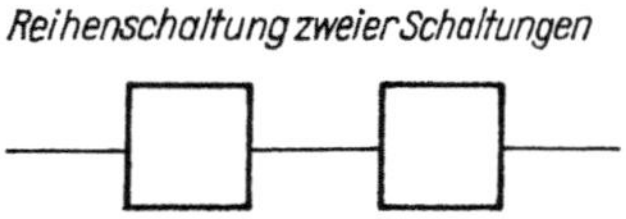

Abbildung 1.2

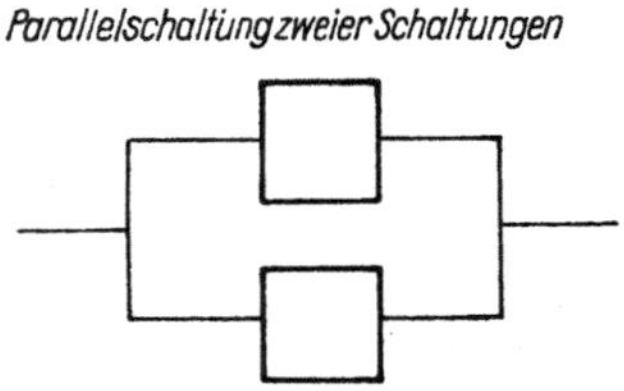

Abbildung 1.3

Die einfachsten Reihenparallelschaltungen sind Arbeits- oder Ruhekontakte selbst. Alle weiteren Reihenparallelschaltungen entstehen nun dadurch, daß ausgehend von Arbeits- und Ruhekontakten schon gebildete Schaltungen wiederum in Reihe oder parallel geschaltet werden. So erhält man zum Beispiel aus den in der Abbildung 1.1 aufgeführten Arbeits- und Ruhekontakten die Reihenparallelschaltung in der Abbildung 1.4, für die gleichzeitig alle möglichen Zustände angegeben sind. In die Zeichnungen brauchten die Relais α, β nicht aufgenommen zu werden, da aus der Bezeichnung der Schalter hervorgeht, zu welchem Relais sie gehören.

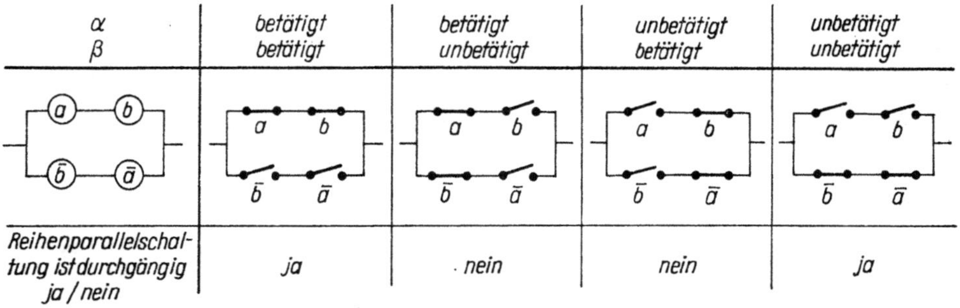

Abbildung 1.4

Je nach Bauart kann eine Reihenparallelschaltung bei allen nur möglichen Schalterzuständen durchgängig sein (den Strom leiten), oder sie kann bei gewissen Zuständen der Kontakte durchgängig und bei anderen Zuständen nicht durchgängig sein, oder sie kann schließlich bei allen nur möglichen Zuständen der Schalter nicht durchgängig sein. Welches Verhalten eine reine Reihenschaltung oder eine reine Parallelschaltung zweier Schaltungen in Abhängigkeit vom Verhalten der in Reihe oder parallel geschalteten Schaltungen hat, zeigt die folgende Übersicht (Abbildung 1.5).

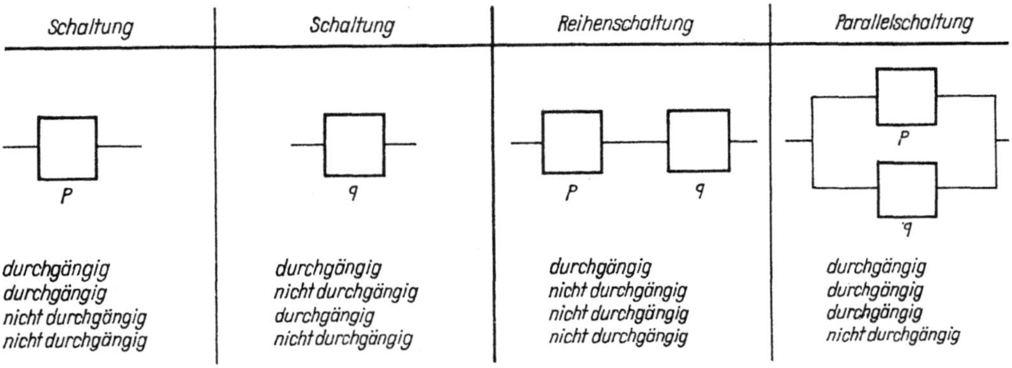

Abbildung 1.5

Zwei Schaltungen können Schalter enthalten, die durch das gleiche Relais bedient werden. So besitzt die Schaltung in der Abbildung 1.6 die gleichen Schalter wie die in der Abbildung 1.4. Beide Schaltungen zeigen ein völlig gleichartiges Verhalten, sie sind elektrisch gleichwertig.

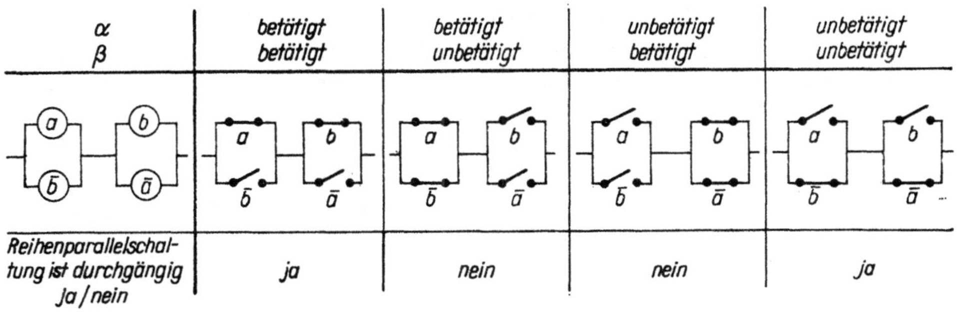

Abbildung 1.6

Definition 1.8

Schaltungen heißen elektrisch gleichwertig, wenn sie stets das gleiche Verhalten bezüglich der Stromdurchgängigkeit zeigen, wobei die Schalter beider Schaltungen, die dem gleichen Relais entsprechen, gleichzeitig betätigt oder nicht betätigt werden.

Die im Zusammenhang mit der Abbildung 1.5 aufgedeckten Eigenschaften von Reihenparallelschaltungen wurden völlig analog bei konjunktiv oder alternativ verknüpften Aussagenverbindungen festgestellt, wobei „durchgängig“ und „nichtdurchgängig“ als Eigenschaften der Schaltungen im Vergleich zu „hat den Wahrheitswert W“ bzw. „hat den Wahrheitswert F“ als Eigenschaften der Aussagenverbindungen zu sehen sind. Die hier bestehenden Analogien gestatten es nun, die Kenntnisse der Aussagenlogik bei der Untersuchung der Reihenparallelschaltungen anzuwenden.
Wir ordnen jeder Schaltung in folgender Weise eine Aussagenverbindung zu (Abbildung 1.7).

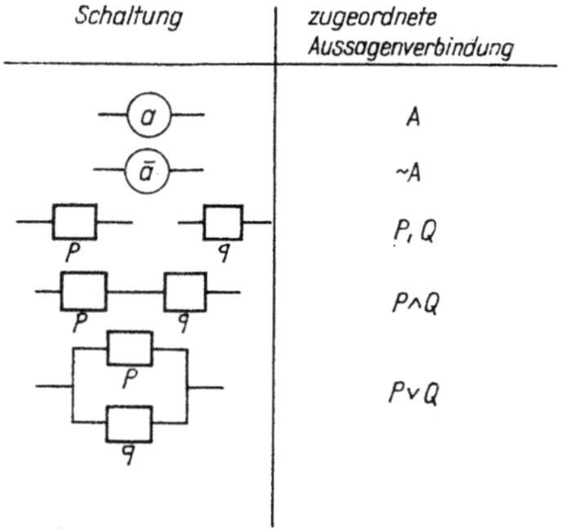

Abbildung 1.7

Durch diese Vorschrift werden zunächst den Arbeitskontakten Aussagenvariable und den Ruhekontakten negierte Aussagenvariable zugeordnet. Hat man den Schaltungen p, q die Aussagenverbindungen P, Q zugeordnet, so soll der Reihenschaltung von p, q die Aussagenverbindung $P \wedge Q$ und der Parallelschaltung die Aussagenverbindung $P \vee Q$ entsprechen. Umgekehrt erhält man zu jeder Aussagenverbindung durch diese Zuordnung eine entsprechende Schaltung. Wird ein Arbeitskontakt oder Ruhekontakt durch das Relais betätigt (nicht betätigt), so soll für die zugehörige Aussagenvariable eine wahre (falsche) Aussage eingesetzt werden (und umgekehrt). Damit gilt auch für die Arbeits- und Ruhekontakte die oben schon charakterisierte Entsprechung, und wir erhalten insgesamt:

Satz 1.14

Eine Reihenparallelschaltung ist bei einem Zustand ihrer Arbeits- und Ruhekontakte genau dann durchgängig (nichtdurchgängig), wenn die zugehörige Aussagenverbindung bei entsprechender Wahrheitswertzuordnung für die Grundaussagen den Wahrheitswert W (F) hat.

Beispiel 1.16

Für die den Schaltungen in den Abbildungen 1.4 und 1.6 entsprechenden Aussagenverbindungen geben wir zugleich die Wahrheitswerttabellen an.

A	B	$\sim A$	$\sim B$	$(A \wedge B)$	$(\sim B \wedge \sim A)$	$(A \wedge B) \vee (\sim B \wedge \sim A)$
W	W	F	F	W	F	W
W	F	F	W	F	F	F
F	W	W	F	F	F	F
F	F	W	W	F	W	W

A	B	$\sim A$	$\sim B$	$(A \vee \sim B)$	$B \vee \sim A$	$(A \vee \sim B) \wedge (B \vee \sim A)$
W	W	F	F	W	W	W
W	F	F	W	W	F	F
F	W	W	F	F	W	F
F	F	W	W	W	W	W

Die Tabellen veranschaulichen, daß nur bei Betätigung beider Relais und im Falle der Nichtbetätigung beider Relais die Schaltung durchgängig ist, wie es auch bereits in den Abbildungen 1.4 und 1.6 festgestellt wurde. Beide Aussagenverbindungen sind logisch äquivalent, wie es im Hinblick auf die elektrische Gleichwertigkeit der Schaltungen zu erwarten war.

Es gilt allgemein:

Satz 1.15

Zwei Reihenparallelschaltungen sind genau dann elektrisch gleichwertig, wenn die zugehörigen Aussagenverbindungen logisch äquivalent sind.

Wir weisen noch auf zwei Aufgabenstellungen hin, die in der *Analyse* und *Synthese* von Reihenparallelschaltungen bestehen. Durch die *Analyse* einer Schaltung wird festgestellt, bei welchen Schalterstellungen sie stromdurchgängig ist. Bei der *Synthese* wird dagegen eine Schaltung gesucht, die ein vorgegebenes Verhalten zeigt.

1.5. Quantifizierung von Aussageformen

Wir wollen vereinbaren, für Aussageformen, in denen nur die Variable x vorkommt, allgemein die Bezeichnung $H(x)$ (gelesen: H von x) zu verwenden. Analog bedeutet $H(x, y)$ eine Aussageform, in der nur die Variablen x und y vorkommen. So sind in Beispiel 1.4 konkrete Aussageformen $H(a, b)$, $H(x)$, $H(x, y)$ und $H(a)$ angegeben.
Im Abschnitt 1.1. haben wir gesehen, daß aus Aussageformen Aussagen entstehen, wenn für die auftretenden Variablen Namen von Objekten des betrachteten Grundbereiches eingesetzt werden. Am Ende des Abschnittes 1.1. wurde an einem Beispiel deutlich, daß auch Aussagen durch sogenannte *Quantifizierung* von Aussageformen entstehen können. Eine Aussageform $H(x)$ wird *quantifiziert*, indem $H(x)$ die Wendungen „für alle x" oder „es gibt ein x" vorangestellt werden.

Beispiel 1.17

Aus den schon im Beispiel 1.4 aufgeführten Aussageformen $x + 3 = 20$ und $a + 6 = 6 + a$, in denen x und a Variable für natürliche Zahlen bedeuten, entstehen durch Quantifizierung folgende Aussagen:

a) Für jedes x gilt: $x + 3 = 20$.

b) Es gibt ein x, so daß gilt: $x + 3 = 20$.

c) Für jedes a gilt: $a + 6 = 6 + a$.

d) Es gibt ein a, so daß gilt: $a + 6 = 6 + a$.

Offensichtlich ist nur die unter a) aufgeführte Aussage falsch. Es wird hier auch deutlich, daß sich die Sprechweisen „für alle“ und „es gibt ein“ auf einen festgelegten Grundbereich beziehen.

In der Logik ist es üblich, für die sogenannten *Quantifikatoren* „für alle“ und „es gibt ein“ die Zeichen $\forall$ und $\exists$ zu verwenden. Man wird diese Zeichen natürlich nur dann benutzen, wenn $H(x)$ auch symbolisiert dargestellt ist. So ist beispielsweise ihre Verwendung nicht sinnvoll, wenn $H(x)$ in einer Wortformulierung gegeben ist.

Beispiel 1.18

Die in Beispiel 1.17 aufgeführten Aussagen lassen sich unter Verwendung dieser Symbolik nunmehr folgendermaßen schreiben:

a) $\forall x\,(x + 3 = 20)$

b) $\exists x\,(x + 3 = 20)$

c) $\forall a\,(a + 6 = 6 + a)$

d) $\exists a\,(a + 6 = 6 + a)$.

Der jeweilige „Wirkungsbereich“ der Quantifikatoren $\forall$, $\exists$ wurde durch Klammern abgegrenzt, die aber oftmals weggelassen werden, wenn keine Mißverständnisse zu befürchten sind.

Die Festlegung, wann eine Aussage $\forall x\, H(x)$ oder $\exists x\, H(x)$ wahr ist, entspricht völlig dem Sprachgebrauch. Die Aussage $\forall x\, H(x)$ ist genau dann wahr, wenn $H(x)$ bei allen Einsetzungen von betrachteten Objekten in eine wahre Aussage übergeht. Die Aussage $\exists x\, H(x)$ ist genau dann wahr, wenn es ein Objekt des Grundbereiches gibt, bei dessen Einsetzung für x die Aussageform $H(x)$ in eine wahre Aussage übergeht.
Die Wahrheit oder Falschheit einer durch Quantifizierung entstandenen Aussage hängt von dem betrachteten Grundbereich ab. So ist zum Beispiel die Aussage $\exists x\,(9 + x = 7)$ über dem Grundbereich der natürlichen Zahlen falsch und über dem Grundbereich der ganzen Zahlen wahr. Es ist aber nicht Aufgabe der Logik, zu untersuchen, ob solche konkreten Aussagen wahr oder falsch sind. Vielmehr interessieren in der Logik Gesetzmäßigkeiten, die sich für alle möglichen quantifizierten Aussageformen aussprechen lassen.
Die beiden folgenden Sätze geben an, wie quantifizierte Aussagenformen zu negieren sind.

Satz 1.16

Ist $H(x)$ eine Aussageform über einem gegebenen Grundbereich, so ist die Aussage „nicht für alle x gilt $H(x)$“ mit „es gibt ein x, so daß $H(x)$ nicht gilt“ logisch äquivalent. Das heißt also, daß die Aussage

$$\sim \forall x\, H(x) \Leftrightarrow \exists x\,(\sim H(x)) \tag{1.20}$$

stets wahr ist (also unabhängig davon, wie $H(x)$ gewählt ist).

Beispiel 1.19

Die Formulierung „Nicht alle Betriebe haben ihren Plan vorfristig erfüllt“ besagt dasselbe wie der Satz „Es gibt Betriebe, die ihren Plan nicht vorfristig erfüllt haben“.

Satz 1.17

Die Aussagen „es gibt kein x mit H(x)" und „für alle x gilt die Verneinung von H(x)" sind logisch äquivalent. Das heißt also, die Aussage

$$\sim \exists x\, H(x) \Leftrightarrow \forall x\, (\sim H(x)) \tag{1.21}$$

ist stets wahr.

Beispiel 1.20

Der Satz „Es gibt keinen Betrieb, der seinen Plan nicht erfüllt hat" ist mit der Formulierung „Alle Betriebe haben ihren Plan erfüllt" gleichwertig.

Beispiel 1.21

Auf Grund der Sätze 1.16 und 1.17 sind die folgenden Aussagen jeweils mit den im Beispiel 1.15 aufgeführten Aussagen logisch äquivalent:

a) $\sim \exists x\, (x + 3 \neq 20)$

b) $\sim \forall x\, (x + 3 \neq 20)$

c) $\sim \exists a\, (a + 6 \neq 6 + a)$

d) $\sim \forall a\, (a + 6 \neq 6 + a)$.

Von zahlreichen weiteren Regeln führen wir noch folgenden Satz auf.

Satz 1.18

Es gilt stets:

$$\forall x\, (H_1(x) \wedge H_2(x)) \text{ äq } (\forall x\, H_1(x) \wedge \forall x\, H_2(x)) \tag{1.22}$$

$$\exists x\, (H_1(x) \vee H_2(x)) \text{ äq } (\exists x\, H_1(x) \vee \exists x\, H_2(x)) \tag{1.23}$$

Wir führen abschließend die Sprechweise ein, daß eine Aussageform $H_1(x)$ mit einer Aussageform $H_2(x)$ *äquivalent* ist.

Definition 1.9

Zwei Aussageformen $H_1(x)$ und $H_2(x)$ heißen äquivalent (bezüglich eines Grundbereiches), wenn die Aussage $\forall x\, (H_1(x) \Leftrightarrow H_2(x))$ wahr ist.

Beispiel 1.22

Die Gleichung $8x + 7 = 5x - 2$ ist äquivalent der Gleichung $3x = -9$.

Aufgaben

1.2.1 *PQRS* sei ein beliebiges Viereck und *A*, *B*, *C* bezeichne folgende Aussagen:

A: *PQRS* ist ein Quadrat.

B: *PQRS* besitzt vier rechte Winkel.

C: *PQRS* besitzt vier gleichlange Seiten und (wenigstens) einen rechten Winkel.

Für welche der drei genannten Aussagen ist A, B beziehungsweise C notwendig, hinreichend, notwendig und hinreichend?

1.2.2 Stellen Sie für die folgenden Aussagenverbindungen Wahrheitswerttabellen auf!

a) $(A \Rightarrow B) \Leftrightarrow (\sim B \Rightarrow \sim A)$

b) $(\sim A \wedge B) \Rightarrow (A \vee \sim B)$

c) $((A \Rightarrow B) \wedge (B \Rightarrow C)) \Rightarrow (A \Rightarrow C)$.

1.3.3 Es sei H eine beliebige Aussagenverbindung, T eine Identität und K eine Kontradiktion. Mit welchen der genannten Aussagenverbindungen sind $H \wedge T$, $H \wedge K$, $H \vee T$ und $H \vee K$ logisch äquivalent?

1.3.4 Beweisen Sie den Satz 1.9!

1.5.5 Zeigen Sie durch Angabe geeigneter Aussageformen $H_1(x)$, $H_2(x)$, daß die folgenden Aussagen im allgemeinen falsch sind!

$(\forall x\,(H_1(x) \vee H_2(x)) \Rightarrow (\forall x\, H_1(x) \vee \forall x\, H_2(x))$

$(\exists x\, H_1(x) \wedge \exists x\, H_2(x)) \Rightarrow \exists x\,(H_1(x) \wedge H_2(x))$.

2. Grundbegriffe der Mengenlehre

2. Grundbegriffe der Mengenlehre

2.1. Vorbemerkungen

In der täglichen Praxis ist häufig von „Gesamtheiten“, von „Zusammenfassungen gewisser Objekte zu einem Ganzen“ und dergleichen die Rede. Dazu gehören beispielsweise Schulklassen, Hausgemeinschaften, Lehrkörper (einer Hochschule), Gesamtheiten von hergestellten Werkstücken, Zahlenbereiche usw. Die Zusammenfassung von Objekten geschieht dabei jeweils auf Grund einer diesen Objekten gemeinsamen Eigenschaft. In jedem konkreten Fall ist erfahrungsgemäß (anschaulich) klar, was mit der jeweiligen „Gesamtheit“ gemeint ist. Versucht man jedoch, die Begriffe „Gesamtheit“, „Eigenschaft“ und dergleichen allgemein zu klären, so stößt man auf erhebliche Schwierigkeiten. Die genannten Begriffe spielen aber in der Mathematik eine wesentliche Rolle. Diese Tatsache wurde zuerst von dem Hallenser Mathematiker Georg Cantor (1845–1918) erkannt. Er führte in diesem Zusammenhang den Begriff „Menge“ ein und stellte an den Anfang seiner Überlegungen folgende Definition: „Eine Menge ist eine Zusammenfassung bestimmter wohlunterschiedener Objekte unserer Anschauung oder unseres Denkens – welche die Elemente der Menge genannt werden – zu einem Ganzen“.
Bei näherer Betrachtung der Cantorschen Formulierung stellt man fest, daß sie zwar eine gewisse inhaltliche Vorstellung vom Mengenbegriff wiedergibt, aber im echten Sinne nicht als Definition angesehen werden kann, da „Zusammenfassung“ um nichts bekannter ist als „Menge“. Versucht man, statt „Zusammenfassung“ einen anderen Begriff zu verwenden, so ergeben sich die gleichen Schwierigkeiten,

denn der Mengenbegriff ist so allgemein, daß er nicht unmittelbar auf einen schon bekannten mathematischen Begriff zurückgeführt werden kann. Darüber hinaus stößt man bei uneingeschränkter Anwendung der Mengenbildung entsprechend der Cantorschen Definition auf Widersprüche. Einen Ausweg aus dieser Situation bietet die axiomatische Methode. Da aber erfahrungsgemäß ein anschaulicher Mengenbegriff für viele Anwendungen ausreicht, werden wir uns auf die Cantorsche Definition stützen und sie zur Vermeidung von Widersprüchen durch naheliegende Forderungen ergänzen.

2.2. Mengen und Teilmengen

Entsprechend den anschaulichen Vorstellungen über den Mengenbegriff ist eine Menge eine Gesamtheit von konkreten oder abstrakten Objekten. Als Bezeichnung für *Mengen* verwenden wir große lateinische Buchstaben (eventuell mit Indizes). Die in einer Menge M enthaltenen Objekte werden Elemente von M genannt. Mengen, deren Elemente Mengen sind, werden *Mengensysteme* genannt. Wir bezeichnen die Elemente einer Menge mit kleinen lateinischen Buchstaben.
Die grundlegende Beziehung der Mengenlehre ist die Beziehung zwischen Mengen und den in ihnen enthaltenen Elementen, die sogenannte Elementbeziehung.
Die Tatsache, daß ein Objekt a Element einer Menge M ist, symbolisieren wir kurz durch

$a \in M$ (gelesen: a ist Element von M).

Neben der genannten Sprechweise sind auch die Formulierungen „a gehört zu M", „a liegt in M", „M enthält a (als Element)" üblich. Statt $\sim (a \in M)$ schreiben wir auch $a \notin M$.

Beispiel 2.1

Betrachten wir die Menge aller volkseigenen Betriebe der DDR, so ist beispielsweise das „Gaskombinat Schwarze Pumpe" ein Element dieser Menge, während eine Produktionsgenossenschaft des Handwerks nicht Element dieser Menge ist.

Zur Präzisierung der anschaulichen Vorstellung, daß man gegebene Objekte, auf die eine gewisse „Beschreibung" zutrifft, zu einer Menge zusammenfassen kann, formulieren wir als Forderung das Mengenbildungsprinzip.

Mengenbildungsprinzip

Sind gewisse (Grund-) Objekte gegeben, und ist $H(x)$ eine Aussageform in der Variablen x, für die sinnvoll Namen der betrachteten Objekte eingesetzt werden können, so gibt es genau eine Menge M, die gerade diejenigen Objekte als Elemente enthält, für die $H(x)$ wahr wird. Das heißt, für jedes x gilt, es ist $x \in M$ genau dann, wenn $H(x)$ wahr ist, oder kürzer, es gilt

$$\forall x\,(x \in M \Leftrightarrow H(x)). \tag{2.1}$$

Wir nennen M die *von $H(x)$ bestimmte Menge* und schreiben

$M = \{x\colon H(x)\}$

(gelesen: Menge aller x mit $H(x)$).

Im folgenden werden wir nur solche Mengen zulassen, die ausgehend von gegebenen Grundobjekten durch Anwendung dieses Mengenbildungsprinzips entstanden sind.

Wenn die Aussageform $H(x)$ nur von den Elementen $a_1, a_2, \ldots, a_n$ erfüllt wird, verwenden wir auch die Schreibweise $M = \{a_1 \ a_2 \ \ldots \ a_n\}$. Ihre Reihenfolge kann vertauscht werden. So wird zum Beispiel durch $\{1 \ 2\}$, $\{2 \ 1\}$, jeweils die Menge bezeichnet, die genau die natürlichen Zahlen 1 und 2 enthält.

Beispiel 2.2

Es sei x eine Variable für die Grundobjekte 1, 2, 3, 4, 5, 6 und $H(x)$ die Aussageform $x/6$ (x ist Teiler von 6). Durch Einsetzen der Zahlen 1, 2, 3, 6 für x entsteht aus $x/6$ eine wahre Aussage. Diese Zahlen sind also Elemente der Menge $M = \{x: x/6\}$. Die Aussagen 4/6 und 5/6 sind falsch. Es gilt also $4 \notin M$ und $5 \notin M$. Wir können daher für M auch $\{1 \ 2 \ 3 \ 6\}$ schreiben.

Beispiel 2.3

Wie im Beispiel 1.5 betrachten wir als Grundobjekte die Werktätigen eines volkseigenen Betriebes. Für $H(x)$ denken wir uns die Formulierung „x besitzt einen Facharbeiterbrief" gesetzt. Dann ist die Menge $M = \{x: H(x)\}$ die Gesamtheit aller Facharbeiter des Betriebes.

Eine besondere Rolle spielen die Aussageformen $x = x$ und $x \neq x$. Offensichtlich wird $x = x$ von jedem der betrachteten Grundobjekte erfüllt. Die Menge $I = \{x: x = x\}$ enthält also alle Grundobjekte und wird daher auch „Grundbereich" oder „Grundmenge" (bezüglich der betrachteten Grundobjekte) genannt. In diesem Sinne kann man dann, wie bereits in Abschnitt 1.1. eingeführt, x eine *Variable über dem Grundbereich I* nennen. Entsprechend dem formulierten Mengenbildungsprinzip muß also bei der Mengenbildung ein Grundbereich vorgegeben sein, auf den sich die Variablen beziehen.

Der Einfachheit halber werden wir für Mengen über dem Grundbereich I gelegentlich auch $\{x \in I: H(x)\}$ schreiben.

Die Aussageform $x \neq x$ wird von keinem Objekt (unabhängig davon, welcher Grundbereich betrachtet wird) erfüllt. Die von $x \neq x$ bestimmte Menge enthält also kein Element. Sie wird mit $\emptyset$ bezeichnet und *leere Menge genannt.*

$\emptyset = \{x: x \neq x\}$.

Definition 2.1 (*Mengengleichheit*)

Mengen M_1, M_2 sind genau dann gleich, wenn sie dieselben Elemente enthalten:

$$M_1 = M_2 \Leftrightarrow \forall\, x(x \in M_1 \Leftrightarrow x \in M_2). \qquad (2.2)$$

Satz 2.1

Zwei durch die Aussageformen $H_1(x)$, $H_2(x)$ definierte Mengen sind genau dann gleich, wenn $H_1(x)$ und $H_2(x)$ äquivalent sind:

$$\{x: H_1(x)\} = \{x: H_2(x)\} \quad \textit{genau dann, wenn} \quad H_1(x) \text{ äq } H_2(x) \qquad (2.3)$$

Beispiel 2.4

Wir betrachten über dem Grundbereich der natürlichen Zahlen die Mengen

$M_1 = \{x: x^2 - 5x + 6 = 0\}$

$M_2 = \{x: x = 2 \vee x = 3\}$.

Offensichtlich werden beide Aussageformen genau für dieselben natürlichen Zahlen wahr, so daß $M_1 = M_2 = \{2 \quad 3\}$ gilt.

Beispiel 2.5

Der im Satz 2.1 beschriebene Sachverhalt ist auch umgangssprachlich geläufig. Betrachtet man etwa für Kraftfahrzeuge die Eigenschaften „x besitzt einen Zweitakt-Ottomotor" und „x benötigt als Treibstoff ein Benzin-Öl-Gemisch", so wird durch beide Formulierungen die gleiche Menge von Kraftfahrzeugen beschrieben.

Wir wenden uns nun der *Enthaltenseinsbeziehung* oder *Inklusion* zwischen zwei Mengen zu, die mit Hilfe der Elementbeziehung definiert wird.

Definition 2.2

Eine Menge M_1 heißt Teilmenge einer Menge M_2, in Zeichen $M_1 \subseteqq M_2$, wenn jedes Element von M_1 auch Element von M_2 ist.

Es gilt also

$$M_1 \subseteqq M_2 \Leftrightarrow \forall x\,(x \in M_1 \Rightarrow x \in M_2).$$

Andere Sprechweisen für $M_1 \subseteqq M_2$ sind „M_1 enthalten in M_2", „M_2 Obermenge von M_1" (meist „$M_2 \supseteqq M_1$" geschrieben), „M_2 umfaßt M_1". Statt $\sim(M_1 \subseteqq M_2)$ schreiben wir auch $M_1 \nsubseteqq M_2$.

Beispiel 2.6

Für die Menge M_1 aller Rechtecke und die Menge M_2 aller Parallelogramme einer Ebene gilt $M_1 \subseteqq M_2$.

Beispiel 2.7

a) Es sei M_1 die Menge aller Betriebe der DDR und M_2 die Menge der Betriebe mit staatlicher Beteiligung. Dann gilt $M_2 \subseteqq M_1$.
b) Die Menge der von der DDR exportierten Erzeugnisse ist eine Teilmenge der Menge aller in der DDR hergestellten Erzeugnisse.

Bei vielen mengentheoretischen Überlegungen ist es zweckmäßig, zur Veranschaulichung der jeweiligen Zusammenhänge gewisse Punktmengen der Ebene heranzuziehen. So sind zum Beispiel in der Abbildung 2.1 Mengen M_1 und M_2 veranschaulicht, für die $M_1 \subseteqq M_2$ gilt.

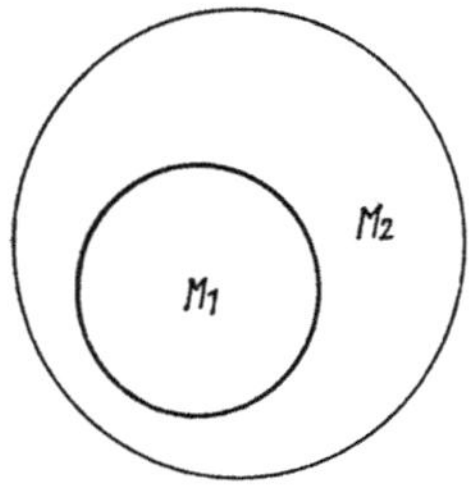

Abbildung 2.1

Beispiel 2.8

Es sei N die Menge der natürlichen Zahlen (einschließlich 0) und G die Menge der ganzen Zahlen. Dann gilt $N \subseteqq G$.

In vielen Fällen ist bedeutungsvoll, daß, wie etwa bei den Mengen $M_1 = \{3\ 5\}$, $M_2 = \{2\ 3\ 4\ 5\}$, M_1 Teilmenge von M_2 ist, aber auch Elemente von M_2 existieren, die nicht in M_1 liegen. Man spricht dann von „echter Inklusion" oder „echter Enthaltenseinsbeziehung".

Definition 2.3

Eine Menge M_1 heißt echte Teilmenge der Menge M_2, in Zeichen: $M_1 \subset M_2$, wenn M_1 Teilmenge von M_2 ist und mindestens ein Element $x \in M_2$ existiert, für das gilt: $x \notin M_1$.

Das heißt also, es gilt

$$M_1 \subset M_2 \Leftrightarrow (M_1 \subseteqq M_2 \wedge M_1 \neq M_2).$$

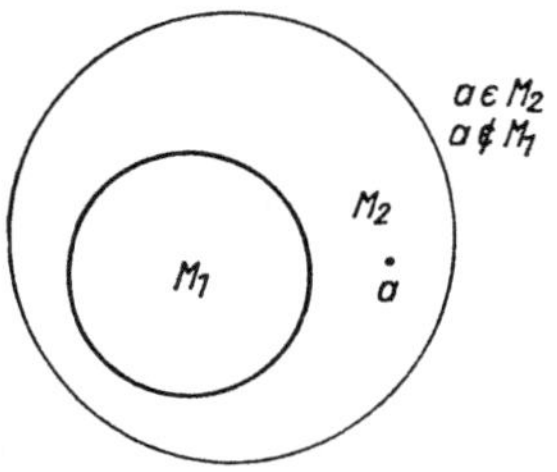

Abbildung 2.2

Beispiel 2.9

Es sei M_2 die Menge aller an einem Tag von einer Abteilung eines Betriebes produzierten Fertigteile und M_1 die Menge aller davon normgerechten Stücke. Dann gilt natürlich $M_1 \subseteqq M_2$, aber gelegentlich sogar $M_1 \subset M_2$. Die Beziehung $M_1 \subset M_2$ ist genau dann erfüllt, wenn wenigstens ein nicht normgerechtes Stück produziert wird.

Beispiel 2.10

Die Menge M_1 der in der DDR zum Industriezweig „Meß-, Steuer- und Regelungstechnik" gehörenden Betriebe ist eine echte Teilmenge der Menge M_2 aller Betriebe der Industriezweiggruppe „Gerätebau". Daß eine echte Teilmenge vorliegt, ergibt sich daraus, daß beispielsweise die Betriebe der feinmechanischen und optischen Industrie zwar Elemente von M_2 aber nicht von M_1 sind.

2.3. Mengenoperationen

Wir wenden uns nun wichtigen Verknüpfungen von Mengen, sogenannten *Mengenoperationen*, zu. Sie sind Gegenstand der *Mengenalgebra*.

Definition 2.4

Für zwei Mengen M_1, M_2 heißt die Menge aller Elemente, die sowohl in M_1 als auch in M_2 enthalten sind, der Durchschnitt von M_1 und M_2, in Zeichen: $M_1 \cap M_2$.

Das heißt, es ist

$$M_1 \cap M_2 = \{x : x \in M_1 \wedge x \in M_2\}.$$

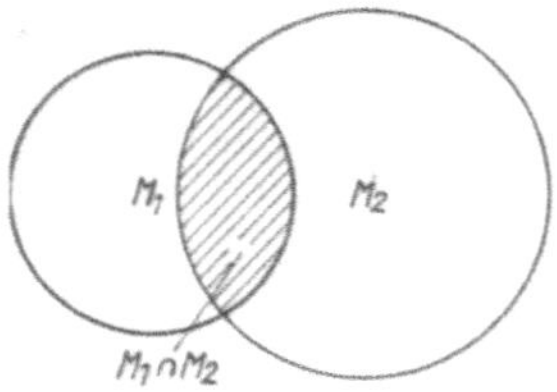

Abbildung 2.3

Beispiel 2.11

a) $\{1 \ 2\} \cap \{2 \ 3\} = \{2\}$

b) $\{1 \ 2 \ 3 \ 4\} \cap \{x \in N\colon x$ ist ungerade$\} = \{1 \ 3\}$

c) $\{1 \ 2\} \cap \{3 \ 4\} = \varnothing$

Beispiel 2.12

Sind M_1 die Menge aller Studierenden der DDR, M_2 die Menge aller Frauen der DDR und M_3 die Menge aller berufstätigen Bürger der DDR, dann sind $M_1 \cap M_2$ die Menge aller weiblichen Studenten der DDR und $M_2 \cap M_3$ die Menge aller berufstätigen Frauen der DDR.

Definition 2.5

Zwei Mengen, deren Durchschnitt leer ist, die also kein Element gemeinsam haben, heißen elementfremd oder disjunkt.

Beispiel 2.13

Sind M_1 die Menge aller Bürger der DDR und M_2 die Menge aller vor dem Jahre 1800 geborenen Menschen, so ist $M_1 \cap M_2$ die leere Menge. Die Mengen M_1, M_2 sind also elementfremd.

Definition 2.6

Für zwei Mengen M_1, M_2 heißt die Menge aller Elemente, die in M_1 oder in M_2 enthalten sind, die Vereinigung von M_1 und M_2, in Zeichen: $M_1 \cup M_2$.

Das heißt, es ist

$$M_1 \cup M_2 = \{x\colon x \in M_1 \lor x \in M_2\}.$$

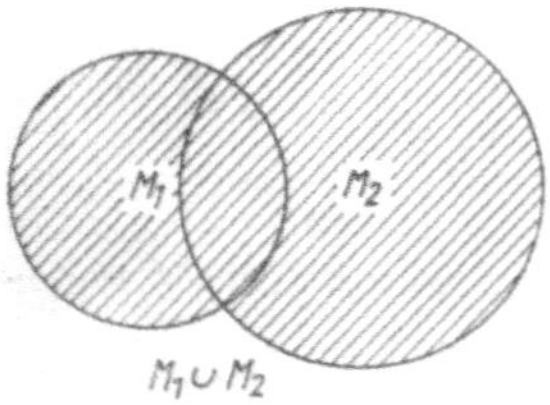

Abbildung 2.4

Beispiel 2.14

a) $\{1 \ 2\} \cup \{2 \ 3\} = \{1 \ 2 \ 3\}$

b) $\{x\colon 0 < x < 2\} \cup \{0 \ 2\} = \{x\colon 0 \leqq x \leqq 2\}$

(x Variable für reelle Zahlen)

Beispiel 2.15

Es sei M_1 die Menge aller Kraftwagen zur Beförderung von Personen und M_2 die Menge aller Kraftwagen, die nicht der Personenbeförderung dienen. Dann ist $M_1 \cup M_2$ die Menge aller Kraftwagen.

Wir betrachten nun einige grundlegende Sätze über die Vereinigung und den Durchschnitt von Mengen.

Satz 2.2

Für beliebige Mengen M_1, M_2, M_3 gilt:

a) $M_1 \cap M_2 = M_2 \cap M_1$

b) $M_1 \cup M_2 = M_2 \cup M_1$. (*Kommutativität*)

Beweis von a)

Es ist $M_1 \cap M_2 = \{x: x \in M_1 \wedge x \in M_2\}$

$M_2 \cap M_1 = \{x: x \in M_2 \wedge x \in M_1\}$.

Wegen

$$x \in M_1 \wedge x \in M_2 \quad \text{äq} \quad x \in M_2 \wedge x \in M_1$$

gilt gemäß Satz 2.1 $M_1 \cap M_2 = M_2 \cap M_1$.
Die Behauptung b) zeigt man analog.

Satz 2.3

Für beliebige Mengen M_1, M_2, M_3 gilt:

a) $(M_1 \cap M_2) \cap M_3 = M_1 \cap (M_2 \cap M_3)$

b) $(M_1 \cup M_2) \cup M_3 = M_1 \cup (M_2 \cup M_3)$. (*Assoziativität*)

Satz 2.4

Für beliebige Mengen M_1, M_2, M_3 gilt:

a) $M_1 \cup (M_2 \cap M_3) = (M_1 \cup M_2) \cap (M_1 \cup M_3)$

b) $M_1 \cap (M_2 \cup M_3) = (M_1 \cap M_2) \cup (M_1 \cap M_3)$. (*Distributivität*)

Beweis

Als weiteres Beispiel für den Beweis einer mengentheoretischen Behauptung wollen wir die Gültigkeit von Satz 2.4a) zeigen. Dabei benutzen wir den Schluß aus einer Alternative (Prinzip der Fallunterscheidung, vgl. Satz 1.12).

Wir haben nachzuweisen

$$M_1 \cup (M_2 \cap M_3) \subseteqq (M_1 \cup M_2) \cap (M_1 \cup M_3) \tag{2.4}$$

$$(M_1 \cup M_2) \cap (M_1 \cup M_3) \subseteqq M_1 \cup (M_2 \cap M_3). \tag{2.5}$$

Zum Nachweis von (2.4) sei x ein beliebiges Element mit $x \in M_1 \cup (M_2 \cap M_3)$, also $x \in M_1$ oder $x \in M_2 \cap M_3$.

1. Fall: Es ist $x \in M_1$. Dann gilt:

$$x \in M_1 \cup M_2 \quad \text{und} \quad x \in M_1 \cup M_3, \quad \text{also} \quad x \in (M_1 \cup M_2) \cap (M_1 \cup M_3).$$

2. Fall: Es ist $x \in M_2 \cap M_3$. Dann gilt

$$x \in M_2 \quad \text{und} \quad x \in M_3, \quad \text{also} \quad x \in M_1 \cup M_2 \quad \text{und} \quad x \in M_1 \cup M_3,$$

$$x \in (M_1 \cup M_2) \cap (M_1 \cup M_3).$$

Damit ist (2.4) bewiesen.

Zum Nachweis von (2.5) sei

$$x \in (M_1 \cup M_2) \cap (M_1 \cup M_3), \quad \text{also} \quad x \in M_1 \cup M_2 \quad \text{und} \quad x \in M_1 \cup M_3.$$

Hier erweist sich folgende Fallunterscheidung als zweckmäßig:

1. Fall: Es ist $x \in M_1$. Dann gilt auch

$$x \in M_1 \cup (M_2 \cap M_3).$$

2. Fall: Es ist $x \notin M_1$. Dann gilt $x \in M_2$ und $x \in M_3$ wegen $x \in M_1 \cup M_2$ und $x \in M_1 \cup M_3$. Also gilt $x \in M_2 \cap M_3$ und somit auch

$$x \in M_1 \cup (M_2 \cap M_3).$$

Damit ist auch (2.5) bewiesen.

Die beiden Distributivgesetze sind Analoga zu dem für reelle Zahlen bekannten Gesetz

$$a \cdot (b + c) = a \cdot b + a \cdot c.$$

Letzteres kann als Merkregel dienen, indem man $\cdot$ durch $\cup$ und $+$ durch $\cap$ bzw. $\cdot$ durch $\cap$ und $+$ durch $\cup$ ersetzt. Während jedoch $\cup$ und $\cap$ vertauscht werden können, ist das für $\cdot$ und $+$ nicht der Fall.

Definition 2.7

Für zwei Mengen M_1, M_2 heißt die Menge der Elemente von M_1, die nicht in M_2 enthalten sind, die Differenz von M_1, M_2, in Zeichen: $M_1 \setminus M_2$ (gelesen: M_1 minus M_2).

Das heißt, es ist

$$M_1 \setminus M_2 = \{x\colon x \in M_1 \wedge x \notin M_2\}.$$

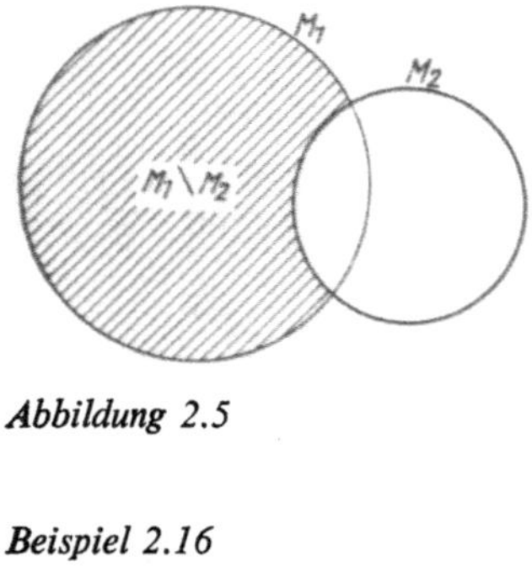

Abbildung 2.5

Beispiel 2.16

Es sei M_1 die Menge aller Maschinen eines Betriebes und M_2 die Menge aller Anlagen des Betriebes, die dreischichtig ausgelastet werden. Dann ist $M_1 \setminus M_2$ die Menge aller Maschinen, die nicht dreischichtig ausgelastet werden. $M_2 \setminus M_1$ ist die Menge aller dreischichtig ausgelasteten Anlagen, die keine Maschinen sind.

Beispiel 2.17

Es gilt $\{0 \; 1 \; 2 \; 3 \; 4\} \setminus \{1 \; 3 \; 5 \; 7\} = \{0 \; 2 \; 4\}$.

Zum Vergleich sind in der Abbildung 2.6 noch einmal Durchschnitt, Vereinigung und Differenz von zwei Mengen dargestellt. Anschaulich ergibt sich daraus der folgende (tatsächlich auch allgemein beweisbare) Satz.

Satz 2.5

Es gilt $M_1 \cup M_2 = (M_1 \setminus M_2) \cup (M_1 \cap M_2) \cup (M_2 \setminus M_1)$.

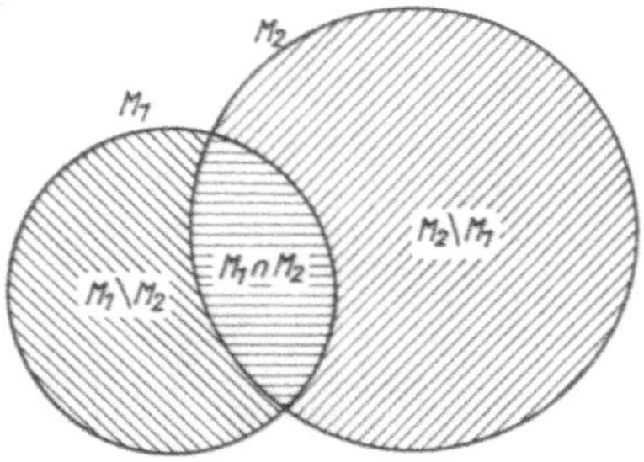

Abbildung 2.6

Im Zusammenhang mit einer gegebenen Menge M und einer Teilmenge A von M führen wir für die Differenzmenge $M \setminus A$ noch eine besondere Bezeichnung ein. Wenn wir zum Beispiel als M die Menge aller natürlichen Zahlen und als A die Menge der natürlichen Zahlen mit der Eigenschaft „x ist gerade" betrachten, so ist $M \setminus A$ die Menge der natürlichen Zahlen, die diese Eigenschaft nicht besitzen, also die Menge der ungeraden natürlichen Zahlen. Man nennt diese Menge das Komplement von A (bezüglich M).

Definition 2.8

Für Mengen A, M mit $A \subseteq M$ heißt die Menge $M \setminus A$ das Komplement von A bezüglich M, bezeichnet mit $C_M A$.

Wenn aus dem Zusammenhang hervorgeht, welche Menge M zugrunde gelegt wird, schreiben wir für $C_M A$ auch kurz $\bar{A}$ (vgl. Abbildung 2.7).

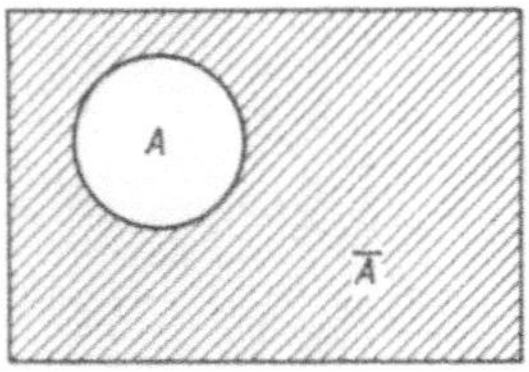

Abbildung 2.7

Beispiel 2.18

Wenn mit M die Menge aller in der DDR hergestellten Erzeugnisse und mit A die Menge der exportierten Erzeugnisse bezeichnet wird, so ist $C_M A = \bar{A}$ die Menge der in der DDR verbleibenden Erzeugnisse.

Satz 2.6

Für Teilmengen A, B einer gegebenen Menge M gilt:

a) $\bar{\bar{A}} = A$,

b) $A \cap \bar{A} = \emptyset$, $A \cup \bar{A} = M$,

c) $\overline{A \cap B} = \bar{A} \cup \bar{B}$, $\overline{A \cup B} = \bar{A} \cap \bar{B}$ (*de Morgansche Formeln*)

d) $A \subseteqq B \Rightarrow \bar{B} \subseteqq \bar{A}$

Übersicht über die Mengenoperationen

Operation	Name	Bedeutung
$M_1 \cap M_2$	Durchschnitt	$\{x: x \in M_1 \wedge x \in M_2\}$
$M_1 \cup M_2$	Vereinigung	$\{x: x \in M_1 \vee x \in M_2\}$
$M_1 \setminus M_2$	Differenz	$\{x: x \in M_1 \wedge x \notin M_2\}$
$\bar{A} = C_M A$	Komplement	$\{x \in M: x \notin A\}$ $(A \subseteqq M)$

2.4. Produktmengen, Relationen

2.4.1. Produktmengen, Relationsbegriff

Wir beschäftigen uns nun mit einem Begriff, der in besonderem Maße dazu beigetragen hat, daß die Mengenlehre zu einem Fundament der Mathematik wurde. Es handelt sich dabei um den Begriff des *geordneten Paares* $(a\ b)$ von Elementen a, b. Diesen Begriff kann man im Rahmen der Mengenlehre definieren. Wir wollen hier jedoch nur die charakteristische Eigenschaft geordneter Paare angeben:

Es gilt $(a\ b) = (c\ d) \Leftrightarrow (a = c \wedge b = d)$.

Definition 2.9

Für zwei Mengen M_1, M_2 heißt die Menge aller geordneten Paare $(a\ b)$ mit $a \in M_1$ und $b \in M_2$ die Produktmenge von M_1, M_2, in Zeichen: $M_1 \times M_2$ (gelesen: M_1 Kreuz M_2).

Es gilt also:

$M_1 \times M_2 = \{(a\ b): a \in M_1 \wedge b \in M_2\}$.

Beispiel 2.19

Auf Grund der genannten Definition ergibt sich für $M_1 = \{1\ 2\}$ und $M_2 = \{2\ 5\}$:

$M_1 \times M_2 = \{(1\ 2)\ \ (1\ 5)\ \ (2\ 2)\ \ (2\ 5)\}$

$M_2 \times M_1 = \{(2\ 1)\ \ (5\ 1)\ \ (2\ 2)\ \ (5\ 2)\}$

$M_1 \times M_1 = \{(1\ 1)\ \ (1\ 2)\ \ (2\ 1)\ \ (2\ 2)\}$

$M_2 \times M_2 = \{(2\ 2)\ \ (2\ 5)\ \ (5\ 2)\ \ (5\ 5)\}$.

Offensichtlich gilt im allgemeinen $M_1 \times M_2 \neq M_2 \times M_1$.

Der Begriff der Produktmenge läßt sich noch erweitern, wenn man sogenannte n-Tupel $(x_1 \;\; x_2 \;\; \dots \;\; x_n)$ von Elementen $x_1, x_2, \dots, x_n$ einführt. Ihre charakteristische Eigenschaft ist

$$(x_1 \;\; x_2 \;\; \dots \;\; x_n) = (y_1 \;\; y_2 \;\; \dots \;\; y_n) \Leftrightarrow x_i = y_i \quad (i = 1, 2, \dots, n).$$

Definition 2.10

Unter dem Produkt $M_1 \times M_2 \times \cdots \times M_n$ der Mengen $M_1, M_2, \dots, M_n$ $(n \geqq 2)$ verstehen wir die Menge aller n-Tupel $(x_1 \; x_2 \cdots x_n)$ von Elementen $x_1 \in M_1$, $x_2 \in M_2$, $\dots, x_n \in M_n$.

Es gilt also:

$$M_1 \times M_2 \times \cdots \times M_n = \{(x_1 \; x_2 \cdots x_n) : x_i \in M_i \quad (i = 1, 2, \dots, n)\}$$

Beispiel 2.20

Produkt	Element	Bezeichnung der Elemente
$M_1 \times M_2$	$(x_1 \;\; x_2)$	2 – Tupel (geordnetes Paar)
$M_1 \times M_2 \times M_3$	$(x_1 \;\; x_2 \;\; x_3)$	3 – Tupel (Tripel)
$M_1 \times M_2 \times M_3 \times M_4$	$(x_1 \;\; x_2 \;\; x_3 \;\; x_4)$	4 – Tupel (Quadrupel)
$M_1 \times M_2 \times M_3 \times M_4 \times M_5$	$(x_1 \;\; x_2 \;\; x_3 \;\; x_4 \;\; x_5)$	5 – Tupel
.	.	.
.	.	.
.	.	.

Nach diesen Vorbereitungen wollen wir nun den anschaulichen Begriff einer *Beziehung* zwischen Elementen von Mengen im Rahmen der Mengenlehre präzisieren.

Definition 2.11

Jede Teilmenge B von $M \times M$ heißt eine Relation oder eine Beziehung in der Menge M.

Beispiel 2.21

Gegeben ist die Menge $M = \{1 \;\; 6 \;\; 4\}$.

Dann ist

$M \times M = \{(1 \; 1) \;\; (1 \; 6) \;\; (1 \; 4) \;\; (4 \; 1) \;\; (6 \; 1) \;\; (4 \; 6) \;\; (4 \; 4) \;\; (6 \; 6) \;\; (6 \; 4)\}$.

Die Teilmenge $B_1 = \{(1 \; 6) \;\; (1 \; 4) \;\; (4 \; 6)\}$ ist nach Definition 2.11 eine Relation in der Menge M. Diese Relation entspricht der Kleinerbeziehung, denn es gilt:

$1 < 6$

$1 < 4$

$4 < 6$.

Die Teilmenge $B_2 = \{(1 \; 1) \;\; (4 \; 4) \;\; (6 \; 6)\}$ ist eine Relation, die der Gleichheitsbeziehung entspricht.
Die Teilmenge $B_3 = \{(1 \; 6) \;\; (4 \; 1)\}$ ist ebenfalls eine Relation in der Menge M.

Man verwendet bei einer beliebigen Relation B in einer Menge M auch die Schreibweise

aBb an Stelle von $(a \;\; b) \in B$

und sagt dann, a steht zu b in der Relation B.

Im Beispiel 2.21 ist B_1 die Kleinerrelation in M. An Stelle von $(a \ b) \in B$ wird also die bekannte Schreibweise $a < b$ benutzt.

Relationen in einer Menge M können spezielle Eigenschaften haben. Solche, die besonders wichtig sind und häufig auftreten, sind in der folgenden Tabelle zusammengestellt.

Definition 2.12

Es sei M eine Menge und B eine Relation in M.

B heißt ...	*wenn für alle a, b, c ∈ M gilt ...*
① *reflexiv*	aBa
② *irreflexiv*	$\sim aBa$
③ *symmetrisch*	$aBb \Rightarrow bBa$
④ *transitiv*	$(aBb \wedge bBc) \Rightarrow aBc$
⑤ *konnex*	$aBb \vee a = b \vee bBa$

Damit sich der Leser eine inhaltliche Vorstellung von diesen Eigenschaften machen kann, betrachten wir vier bekannte Relationen und überlegen, welche Eigenschaften erfüllt beziehungsweise nicht erfüllt sind.

Beispiel 2.22

M	*B*	Erfüllt	Nicht erfüllt
Menge N der natürlichen Zahlen	Kleinerbeziehung $m < n$	② ④ ⑤	① ③
Menge der Geraden einer Ebene	Parallelität $g_1 \parallel g_2$	① ③ ④	② ⑤
Beliebige Menge	Ungleichheit $a \neq b$	② ③ ⑤	① ④
Menge N der natürlichen Zahlen	Teilbarkeit m/n	① ④	② ③ ⑤

2.4.2. Ordnungsrelationen

Sehr häufig treten Relationen auf, die Eigenschaften besitzen, wie sie im Beispiel 2.22 für die Kleinerbeziehung in der Menge N zusammengestellt wurden. Es ist daher zweckmäßig, für Relationen dieser Art einen besonderen Namen einzuführen.

Definition 2.13

Eine Relation B in einer Menge M heißt (irreflexive) Ordnungsrelation, wenn sie irreflexiv, transitiv und konnex ist. Eine Menge, in der eine Ordnungsrelation erklärt ist, heißt eine geordnete Menge.

Eine irreflexive Ordnungsrelation ist die Menge B_1 im Beispiel 2.21. B_2 und B_3 sind keine irreflexiven Ordnungsrelationen.

Es ist üblich, auch im Falle einer beliebigen Ordnungsrelation B (in Anlehnung an die Kleinerbeziehung für Zahlen) statt $(a\ b) \in B$ die Schreibweise $a < b$ (gelesen: a kleiner (als) b) zu verwenden. Mit dieser Symbolik lassen sich die oben genannten charakteristischen Eigenschaften einer Ordnungsrelation folgendermaßen formulieren:

Für beliebige Elemente a, b, c aus M gilt:

1. $\sim a < a \ (a \nless a)$ (a ist nicht kleiner als a),
2. $(a < b \wedge b < c) \Rightarrow a < c$ (Aus $a < b$ und $b < c$ folgt $a < c$),
3. $a < b \vee a = b \vee b < a$ (Es gilt stets eine der Beziehungen: $a < b, \quad a = b, \quad b < a$).

An Stelle von $a < b$ werden wir auch $b > a$ (gelesen: b größer (als) a) schreiben.

Die Elemente einer geordneten Menge (zum Beispiel natürliche Zahlen in Verbindung mit der üblichen Kleinerbeziehung) kann man sich wie die Glieder einer Kette aneinandergereiht denken. Es genügt also zur Festlegung einer Ordnungsrelation in einer Menge M die Angabe einer *Reihenfolge* für die Elemente von M.

Häufig verwendet man Zahlenbereiche und die dort erklärte Kleinerbeziehung, um in Mengen von Objekten der Praxis eine Ordnungsrelation zu definieren.

Beispiel 2.23

In einer Menge M von Waren mit der Eigenschaft, daß zwei verschiedene Waren auch verschiedene Preise besitzen, kann man unter Verwendung des Preises eine Ordnungsrelation erklären:

$a < b$ bedeutet „a ist billiger als b" und

$b > a$ bedeutet „b ist teurer als a".

Für manche Überlegungen ist es nützlich zu wissen, daß eine Ordnungsrelation nicht nur konnex ist, sondern (auf Grund der übrigen Forderungen) sogar die Eigenschaft besitzt, daß stets genau einer der Fälle $a < b$, $a = b$, $b < a$ eintritt, also *Trichotomie* vorliegt.

Wenn für zwei Elemente a, b einer geordneten Menge die Aussage „$a < b$ oder $a = b$" erfüllt ist, verwendet man auch die Schreibweise $a \leqq b$. Es gilt also

$$a \leqq b \Leftrightarrow (a < b \vee a = b).$$

Im folgenden sei stets M eine nichtleere Menge, „$<$" eine Ordnungsrelation in M und L eine Teilmenge von M.

Definition 2.14

Ein Element $a \in M$ heißt eine obere (untere) Schranke von L, wenn für die Elemente $x \in L$ stets $x \leqq a$ $(x \geqq a)$ gilt. Die Teilmenge L heißt nach oben (unten) beschränkt, wenn eine obere (untere) Schranke existiert.

Beispiel 2.24

Es sei M die Menge der ganzen Zahlen. Dann ist die Menge $L = \{\cdots -3 \; -2 \; -1\}$ der negativen ganzen Zahlen nach oben beschränkt. Die Zahlen $-1, 0, 1, 2, \ldots$ sind obere Schranken, wobei nur die Schranke -1 Element von L ist.

Im allgemeinen braucht die Menge L keine ihrer oberen (unteren) Schranken zu enthalten. Es gilt aber:

Satz 2.7

Eine Menge L mit $L \subseteqq M$ enthält höchstens eine ihrer oberen Schranken.

Daher ist folgende Definition gerechtfertigt:

Definition 2.15

Ein Element a heißt das Maximum (das größte Element) von L (in Zeichen: $\max L$*), wenn a obere Schranke von L ist und $a \in L$ gilt. Ein Element a heißt das Minimum (das kleinste Element) von L (in Zeichen:* $\min L$*), wenn a untere Schranke von L ist und $a \in L$ gilt.*

Beispiel 2.25

a) Die Zahl -1 ist das Maximum der negativen ganzen Zahlen:

$-1 = \max\{\ldots \; -3 \; -2 \; -1\}.$

b) Die Menge der positiven rationalen Zahlen besitzt in der Menge der rationalen Zahlen zwar untere Schranken, aber kein Minimum.

Definition 2.16

Ist die Menge S_1 aller oberen Schranken von L nicht leer und existiert das Minimum von S_1, so heißt $\min S_1$ *das Supremum von L oder auch obere Grenze von L (in Zeichen:* $\sup L$*). Ist die Menge S_2 aller unteren Schranken von L nicht leer und existiert das Maximum von S_2, so heißt* $\max S_2$ *das Infimum von L oder auch untere Grenze von L (in Zeichen:* $\inf L$*).*

Es ist also $\sup L = \min S_1$, $\inf L = \max S_2$, das heißt, $\sup L$ ist die kleinste obere Schranke und $\inf L$ die größte untere Schranke von L.

Beispiel 2.26

Ist M die Menge der rationalen Zahlen und L die Menge der negativen rationalen Zahlen, so gilt $\sup L = 0$, während $\max L$ nicht existiert. Falls $\max L$ existiert, so gilt $\max L = \sup L$. Falls $\min L$ existiert, so gilt $\min L = \inf L$.

Es gibt Mengen, die zwar obere Schranken, aber kein Supremum haben. Dazu gehören unter anderem gewisse Teilmengen der Menge der rationalen Zahlen.

Beispiel 2.27

Die Menge $L = \{x{:}x \text{ positiv rational}, x^2 < 2\}$ ist im Bereich der rationalen Zahlen nach oben beschränkt. Sie hat aber in diesem Bereich kein Supremum, da dieses der Gleichung $x^2 = 2$ genügen müßte. Die Gleichung $x^2 = 2$ ist aber im Bereich der rationalen Zahlen nicht lösbar.

2.4.3. Äquivalenzrelationen, Klasseneinteilungen

Im Beispiel 2.22 wurde festgestellt, daß die Parallelität von Geraden eine reflexive, symmetrische und transitive Relation ist. Relationen mit diesen Eigenschaften besitzen große Bedeutung.

Definition 2.17

Eine Relation B in einer Menge M heißt eine Äquivalenzrelation, wenn sie reflexiv, symmetrisch und transitiv ist.

Die Relation B_2 im Beispiel 2.21 ist eine Äquivalenzrelation; B_1 und B_3 dagegen nicht. Statt $(a\ b) \in B$ schreibt man in diesem Falle häufig $a \simeq b(B)$ oder kurz $a \simeq b$ (gelesen: a äquivalent b). Unter Verwendung dieser Schreibweise kann man die oben genannten charakteristischen Eigenschaften einer Äquivalenzrelation folgendermaßen ausdrücken:

Für beliebige Elemente a, b, c aus M gilt:

1. $a \simeq a$ (Reflexivität)
2. $a \simeq b \Rightarrow b \simeq a$ (Symmetrie)
3. $(a \simeq b \wedge b \simeq c) \Rightarrow a \simeq c$ (Transitivität).

Beispiel 2.28

Äquivalenzrelationen sind:

a) die Parallelität von Geraden einer Ebene;

b) die Gleichheit in einer beliebigen Menge;

c) die in der Menge aller Betriebe der DDR durch die Formulierung „x hat dieselbe Eigentumsform wie y“ beschriebene Beziehung;

d) die Relation B_1 in der Menge M_1 aller gegenwärtig in der DDR hergestellten Personenkraftwagen:

$B_1 = \{(a\ b) \in M_1 \times M_1\colon a, b \text{ sind vom gleichen Typ}\}$;

e) die Relation B_2 in der Menge M_2 aller Lohnempfänger eines Betriebes:

$B_2 = \{(a\ b) \in M_2 \times M_2\colon a, b \text{ gehören zur gleichen Steuerklasse}\}$.

In engem Zusammenhang mit Äquivalenzrelationen steht in der Mengenlehre der Begriff einer Klasseneinteilung (einer Menge). Darunter hat man sich eine Aufteilung (Zerlegung) einer Menge M in nichtleere, elementfremde Teilmengen $K_1, K_2, \ldots$ vorzustellen (vergleiche Abbildung 2.8).

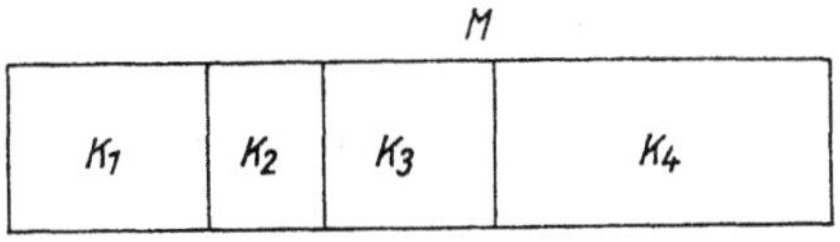

Abbildung 2.8

Die Aufteilung der Menge aller Schüler einer Schule in (Schul-) Klassen ist eine solche Zerlegung.

Definition 2.18

Eine Menge $\tilde{K}$ von Teilmengen einer Menge M heißt eine Klasseneinteilung oder Zerlegung von M, wenn $\tilde{K}$ folgende Eigenschaften hat:

1) $\emptyset \notin \tilde{K}$.

2) *Jedes Element von M liegt in wenigstens einer Menge aus $\tilde{K}$.*

3) *Je zwei verschiedene Mengen aus $\tilde{K}$ sind elementfremd.*

Die Elemente von $\tilde{K}$ werden Klassen genannt.

Beispiel 2.29

a) Für die Menge aller Betriebe der DDR ist die Einteilung in volkseigene Betriebe, genossenschaftliche Betriebe, Betriebe mit staatlicher Beteiligung, Privatbetriebe und sonstige Betriebe eine Klasseneinteilung im Sinne der Mengenlehre.

b) Eine Klasseneinteilung der Menge $M = \{1\ 2\ 3\ 4\}$ ist die Menge $\tilde{K} = \{\{1\}\ \ \{2\ 4\}\ \ \{3\}\}$.

Da die Klassen einer Klasseneinteilung $\tilde{K}$ elementfremde Mengen sind, ergibt sich (unter Verwendung von 2)), daß jedes Element $a \in M$ in genau einer Klasse $K \in \tilde{K}$ liegt. Diese Klasse K nennt man *Klasse von a* (bezüglich $\tilde{K}$) und schreibt dafür $[a]$. Das Element a heißt *ein Repräsentant von K.*

Beispiel 2.30

Für die im Beispiel 2.29b) genannte Klasseneinteilung $\tilde{K} = \{\{1\}\ \ \{2\ 4\}\ \ \{3\}\}$ gilt demzufolge $[1] = \{1\}$, $[2] = [4] = \{2\ 4\}$, $[3] = \{3\}$.

Der schon erwähnte enge Zusammenhang zwischen Äquivalenzrelationen und Klasseneinteilungen kommt in dem nachfolgend formulierten Sachverhalt zum Ausdruck.

Satz 2.8 *(Zusammenhang zwischen Äquivalenzrelationen und Klasseneinteilungen)*

Zu jeder Äquivalenzrelation B in einer Menge M gehört eine Klasseneinteilung von M. Die Klassen sind dabei die für jedes $a \in M$ gebildeten Mengen

$$\{x \in M: x \simeq a(B)\}.$$

Das heißt, man erhält die Klassen der zu B gehörigen Klasseneinteilung von M, indem man zu jedem $a \in M$ die Menge $[a]$ aller zu a (bezüglich B) äquivalenten Elemente von M bildet.

Die Klassen $[a]$ werden dann genauer *Äquivalenzklassen bezüglich B* oder auch *Abstraktionsklassen bezüglich B* genannt. Es gilt

$$a \simeq b \Leftrightarrow [a] = [b].$$

Umgekehrt wird durch jede Klasseneinteilung eine Äquivalenzrelation definiert.

Beispiel 2.31

a) Für die Parallelität von Geraden bestehen die Äquivalenzklassen jeweils aus den Geraden gleicher „Richtung“.

b) Zu der Äquivalenzrelation für Betriebe, gleiche Eigentumsform zu besitzen, gehört die im Beispiel 2.29a) genannte Klasseneinteilung.

c) Zu der Äquivalenzrelation des Beispiels 2.28d) gehören als Äquivalenzklassen die Mengen von PKW mit der gleichen Typenbezeichnung.

d) Zu der Äquivalenzrelation im Beispiel 2.28e) gehören als Äquivalenzklassen die Mengen der Lohnempfänger in der gleichen Steuerklasse.

2.5. Abbildungen, Funktionen, Operationen

Der Abbildungsbegriff stellt einen grundlegenden Begriff der Mengenlehre dar.

Definition 2.19

Für Mengen M_1, M_2 heißt jede Teilmenge $A \subseteq M_1 \times M_2$ eine Abbildung aus M_1 in M_2. Wenn $(x\ y) \in A$ gilt, heißt x ein Original oder Urbild von y und y ein Bild von x. Die Menge aller $x \in M_1$, für die ein Bild $y \in M_2$ existiert, heißt der Vorbereich (oder Definitionsbereich) von A, bezeichnet mit VbA. *Die Menge aller $y \in M_2$, für die ein Original $x \in M_1$ existiert, heißt Nachbereich (oder Wertebereich) von A, bezeichnet mit* NbA.

Damit gilt also für eine Abbildung A aus M_1 in M_2:

$$\mathrm{Vb}A = \{x \in M_1 : \exists y\ ((x\ y) \in A)\},$$

$$\mathrm{Nb}A = \{y \in M_2 : \exists x\ ((x\ y) \in A)\}.$$

Beispiel 2.32

Es sei M_1 die Menge aller Molkereibetriebe der DDR und M_2 die Menge aller Milchverkaufsstellen. Ordnet man jedem Molkereibetrieb die von ihm belieferten Verkaufsstellen zu, so ergibt sich eine Abbildung aus M_1 in M_2. Dabei wird im allgemeinen ein Betrieb mehrere Abnehmer beliefern und möglicherweise gibt es auch Geschäfte, die mehrere Zulieferer haben.

Kehrt man die einer Abbildung A zugrunde liegende Zuordnung um, das heißt, vertauscht man die Rolle von Original und Bild, so entsteht eine neue Abbildung. Man nennt sie die inverse Abbildung von A.

Definition 2.20

Für eine Abbildung A aus M_1 in M_2 heißt die Menge $\{(y\ x) \in M_2 \times M_1 : (x\ y) \in A\}$ die Umkehrabbildung oder inverse Abbildung von A. Sie wird mit A^{-1} bezeichnet.

Nach dieser Definition gilt also

$$A^{-1} = \{(y\ x) : (x\ y) \in A\},$$

und es ist $\mathrm{Vb}A^{-1} = \mathrm{Nb}A$, $\mathrm{Nb}A^{-1} = \mathrm{Vb}A$.

Die inverse Abbildung von A ist eine Abbildung aus M_2 in M_1. Sie entsteht dadurch, daß man in jedem geordneten Paar von A die Elemente vertauscht:

Beispiel 2.33

a) Für $A = \{(1\ 2)\ \ (2\ 3)\ \ (3\ 3)\}$ ist $A^{-1} = \{(2\ 1)\ \ (3\ 2)\ \ (3\ 3)\}$.

b) Die Umkehrabbildung der im Beispiel 2.32 genannten Abbildung ordnet jede Milchverkaufsstelle ihre Lieferbetriebe zu.

Von besonderer Bedeutung sind Abbildungen, für die gilt, daß jedes Original genau ein Bild bzw. jedes Bild genau ein Original hat.

Definition 2.21

Eine Abbildung A heißt eindeutig, wenn aus $(x\ y_1) \in A$ *und* $(x\ y_2) \in A$ *stets* $y_1 = y_2$ *folgt; eineindeutig, wenn A und* A^{-1} *eindeutig sind.*

Beispiel 2.34

a) Die Menge $A_1 = \{(1\ 5)\ \ (2\ 7)\ \ (3\ 5)\}$ ist eine eindeutige Abbildung. Jedes Original hat genau ein Bild. Wegen $(1\ 5) \in A_1$ und $(3\ 5) \in A_1$ ist A_1^{-1} nicht eindeutig und damit A_1 nicht eineindeutig.

b) Die Menge $A_2 = \{(1\ 5)\ \ (2\ 7)\ \ (2\ 8)\}$ ist keine eindeutige Abbildung. Jedes Bild hat genau ein Original. Also ist die Abbildung A_2^{-1} eindeutig.

c) Die Menge $A_3 = \{(1\ 7)\ \ (2\ 5)\ \ (3\ 6)\}$ ist eine eineindeutige Abbildung. Jedes Original hat genau ein Bild und umgekehrt.

In der Mathematik erhalten eindeutige Abbildungen wegen ihrer großen Bedeutung einen besonderen Namen.

Definition 2.22

Eine eindeutige Abbildung wird Funktion genannt.

Beispiel 2.35

Ordnet man gewissen Jahreszahlen die Anzahl der im entsprechenden Jahr von der DDR in die UdSSR exportierten Güterwagen zu, so ergibt sich beispielsweise die Funktion

$$\{(1964\ \ 938)\ \ (1965\ \ 343)\ \ (1966\ \ 131)\ \ (1967\ \ 395)\ \ (1968\ \ 585)\},$$

die man meist in Tabellenform angibt.

Nach der mengentheoretischen Auffassung ist also eine Funktion eine gewisse Menge von geordneten Paaren. Je nachdem, aus welcher Menge der Vorbereich bzw. der Nachbereich stammen, ergeben sich spezielle Klassen von Funktionen. Sind zum Beispiel der Vorbereich und der Nachbereich Mengen reeller Zahlen, so spricht man von *reellwertigen Funktionen einer reellen Veränderlichen.*
Als Zeichen für Funktionen verwenden wir üblicherweise kleine lateinische Buchstaben $f, g, h, \ldots$

Für eine Funktion f hat jedes $a \in \mathrm{Vb}f$ genau ein Bild b. Es gibt also genau ein b mit $(a\ b) \in f$. Dieses Element b bezeichnen wir mit $f(a)$ (gelesen: *f von a*) und nennen es *Funktionswert* an der Stelle a. Für die im Beispiel 2.35 genannte Funktion ist dann also

$$f(1964) = 938, \quad f(1965) = 343, \text{ usw.}$$

Wird in der Zeichenreihe „$f(x)$" für die Variable x ein Element aus dem Vorbereich von f eingesetzt, so entsteht die Bezeichnung für ein Objekt aus dem Nachbereich von f. Somit ist „$f(x)$" ein Term in der Variablen x. Unter Verwendung des Terms $f(x)$ läßt sich eine Funktion folgendermaßen beschreiben:

$$f = \{(x\ y) \colon x \in \mathrm{Vb}f \wedge y = f(x)\}.$$

Beispiel 2.36

Im konkreten Falle kann der Term $f(x)$ beispielsweise durch $x^2 + 1$, $\sqrt{x+2}$, $\sin x$ gegeben sein.

Zugehörige Funktionen sind:

$$f_1 = \{(x\,y)\colon x \in Z \wedge y = x^2 + 1\}$$

$$f_2 = \{(x\,y)\colon x \in Z \wedge x \geqq -2 \wedge y = \sqrt{x+2}\}$$

$$f_3 = \{(x\,y)\colon x \in Z \wedge y = \sin x\},$$

wobei wir mit Z die Menge aller reellen Zahlen bezeichnen.

Falls der Vorbereich einer Funktion f nicht angegeben wird, ist der größtmögliche Bereich, für den $f(x)$ erklärt ist, zu nehmen. Der Vorbereich einer Funktion f kann auch eine Menge von n-Tupeln $(x_1\, x_2 \cdots x_n)$ sein (in diesem Falle ist x eine Variable für n-Tupel). Man nennt dann f auch eine *Funktion von n Variablen.*

Beispiel 2.37

a) Die Menge

$$\left\{((x_1\, x_2\, x_3)\ \ y)\colon y = \frac{x_1^2 \cdot x_2}{x_3} \wedge x_1, x_2, x_3 \in Z \wedge x_3 \neq 0\right\}$$

ist eine Funktion von drei Variablen, die verkürzt als $y = f(x_1, x_2, x_3) = \dfrac{x_1^2 \cdot x_2}{x_3}$ geschrieben wird.

b) Die Akkumulationsrate A kann vereinfacht als Funktionswert einer Funktion von zwei Variablen aufgefaßt werden:

$$\{((IE)A)\colon A = \frac{I}{E} \wedge I, E \in Z \wedge I \geqq 0 \wedge E > 0\} \text{ oder kurz } A = \frac{I}{E}.$$

(I-Investitionen; E-Nationaleinkommen).

Um stärker hervorzuheben, daß einer Funktion eine gewisse Zuordnung zugrunde liegt, schreibt man für Funktionen f auch

$$f\colon x \to y = f(x), \quad x \in \mathrm{Vb}f.$$

Beispiel 2.38

Die Funktion f_1 und f_2 im Beispiel 2.36 lassen sich folgendermaßen darstellen:

$$f_1\colon x \to y = x^2 + 1, \quad x \in Z;$$

$$f_2\colon x \to y = \sqrt{x+2}\,, \ x \in Z \wedge x \geqq -2.$$

Wenn keine Verwechslungen zu befürchten sind, sagt man auch kurz „Funktion $y = x^2 + 1$, $x \in Z$“ oder allgemein „Funktion $y = f(x)$“.
Nicht jede Funktion ist mit Hilfe einer „Rechenvorschrift“ gegeben. Dies zeigen die folgenden Zuordnungen, von denen jede zu einer Funktion führt.

Beispiel 2.39

Originale	Bilder	
Tage eines Jahres	Mittlere Tagestemperaturen	
Tage eines Jahres	Tagesförderung an Kohle in der DDR	
Monatsgehälter	Monatlich abzuführende Steuern	
Waren	Preise je Wareneinheit	
Wegstrecken	Längen	
Menschen	Alter	zu einem bestimmten Zeitpunkt
Menschen	Gewicht	
Menschen	Größe	

Zur Überprüfung der Gleichheit von Funktionen kann man mitunter folgenden Satz heranziehen:

Satz 2.9

Zwei Funktionen f_1, f_2 sind genau dann gleich, wenn sie gleiche Definitionsbereiche haben und für jedes x aus dem Definitionsbereich gleiche Funktionswerte besitzen, das heißt, es gilt $f_1 = f_2$ genau dann, wenn

$$\mathrm{Vb}f_1 = \mathrm{Vb}f_2 \quad \text{und}$$

$$\forall x\,(x \in \mathrm{Vb}f_1 \Rightarrow f_1(x) = f_2(x))$$

gilt.

Definition 2.23

Ist die Umkehrabbildung f^{-1} einer Funktion f selbst eine Funktion, so heißt f^{-1} die Umkehrfunktion von f.

Satz 2.10

Eine Funktion besitzt genau dann eine Umkehrfunktion, wenn sie eineindeutig ist.

Beispiel 2.40

a) Die Funktion

$$f_1 = \{(1\ 2)\quad(2\ 4)\quad(3\ 6)\}$$

ist eineindeutig und besitzt die Umkehrfunktion

$$f_2^{-1} = \{(2\ 1)\quad(4\ 2)\quad(6\ 3)\}.$$

b) Die Funktion

$$f_2\colon x \to y = 2x + 3,\ x \in Z$$

hat die Umkehrfunktion

$$f_2^{-1}\colon y \to x = \frac{y-3}{2},\ y \in Z \qquad (\mathrm{Nb}f_2 = Z).$$

Man kann sie auch in der Form

$$f_2^{-1}\colon x \to y = \frac{x-3}{2},\ x \in Z$$

schreiben (vgl. Abbildung 2.10).

c) Die im Beispiel 2.39 genannten Funktionen besitzen keine Umkehrfunktionen.

Reellwertige Funktionen einer reellen Veränderlichen lassen sich geometrisch veranschaulichen, da die Menge $Z \times Z$ aller geordneten Paare reeller Zahlen auf die Menge aller Punkte einer Ebene eineindeutig abgebildet werden kann. Die Zuordnung Punkte P zu den Paaren $(x\ y)$ erfolgt unter Verwendung eines (kartesischen) Koordinatensystems (vgl. Abbildung 2.9).

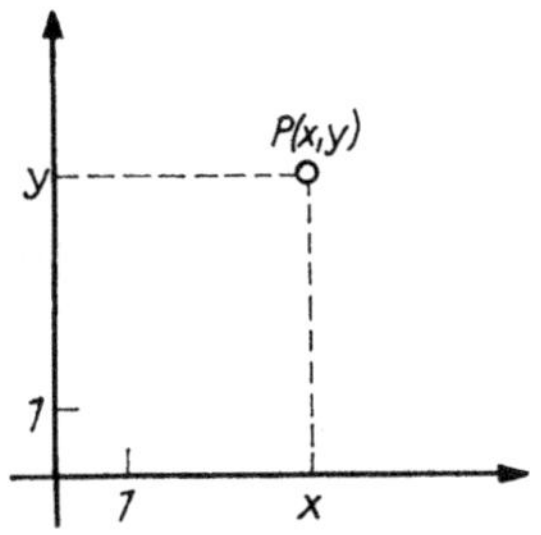

Abbildung 2.9

Auf diese Weise entspricht jeder reellen Funktion genau eine Punktmenge, die der *Graph* der Funktion genannt wird.

Beispiel 2.41

In der Abbildung 2.10 sind die Graphen der Funktionen

$$f_1 = \{(1\ 2)\ \ (2\ 4)\ \ (3\ 6)\},\quad f_2 = \{(x\ y):\ x \in Z \wedge y = 2x + 3\},\quad f_2^{-1} = \left\{(x\ y):\ x \in Z \wedge y = \frac{x-3}{2}\right\}$$

dargestellt (f_2, f_2^{-1} nur in einem Teilbereich).

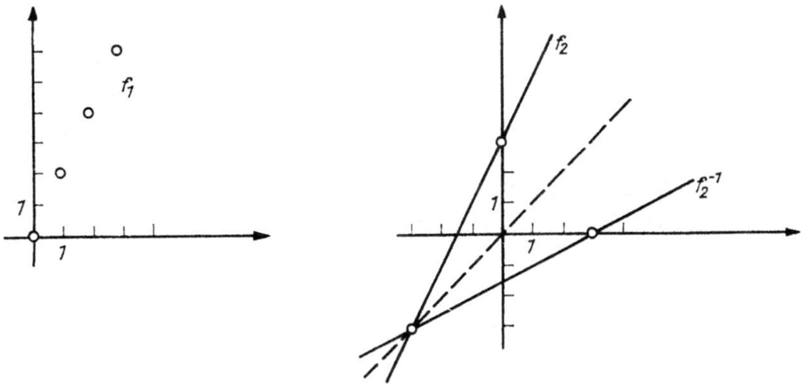

Abbildung 2.10

Durch „Nacheinanderanwendung" zweier Funktionen entsteht eine neue Funktion.

Definition 2.24

Für Funktionen f, g versteht man unter der Funktion $f \circ g$ (gelesen: f verknüpft mit g) die Funktion

$x \to y = f(g(x))$

mit $\mathrm{Vb}(f \circ g) = \{x\colon\ x \in \mathrm{Vb}g \wedge g(x) \in \mathrm{Vb}f\}$. *Die Funktion* $f \circ g\colon x \to y = f(g(x))$ *wird zusammengesetzte oder mittelbare Funktion genannt.*

Beispiel 2.42

Für

$f\colon x \to y = \sqrt{x}\,, \quad x \in Z \wedge x \geqq 0;$

$g\colon x \to y = x^3 - 1, \quad x \in Z$

ist $f \circ g$ die Funktion

$x \to y = \sqrt{x^3 - 1}\,, \quad x \in Z \wedge x \geqq 1.$

Auf $x \in \mathrm{Vb}(f \circ g)$ wird also zunächst die Funktion g und auf das Ergebnis $g(x)$ die Funktion f angewandt.

Wir führen den Begriff einer Operation ein.

Beispiel 2.43

Wir betrachten die Addition natürlicher Zahlen. Sie ordnet jedem geordneten Paar $(a\ \ b) \in N \times N$ genau eine natürliche Zahl $c = a + b$ zu. Die Addition ist also eine Funktion mit dem Vorbereich $N \times N$ und dem Nachbereich N. Man nennt sie auch eine zweistellige Operation in N.

Definition 2.25

Für eine beliebige Menge M heißt jede Funktion f mit $\mathrm{Vb}f = M^n$ *(Menge aller n-Tupel von Elementen aus M) und* $\mathrm{Nb}f \subseteq M$ *eine n-stellige Operation in M.*

Beispiel 2.44

Die Multiplikation natürlicher Zahlen ist eine 2-stellige Operation in N.

2.6. Gleichmächtigkeit von Mengen, Endlichkeit

Wir haben bereits in Beispielen anschaulich von dem Begriff einer endlichen Menge Gebrauch gemacht. Im allgemeinen verbindet man damit die Vorstellung, daß n Elemente ($n \in N$) vorliegen. Für einen folgerichtigen Aufbau der Mathematik ist es von großer Bedeutung, daß endliche Mengen auch ohne Verwendung des verhältnismäßig schwierigen Anzahlbegriffes charakterisiert werden können. Dazu kann man zunächst die Eigenschaft von Mengen, „gleichviele" Elemente zu besitzen, ohne Heranziehung von Zahlen formulieren. In der Abbildung 2.11 ist der Grundgedanke dazu angedeutet.

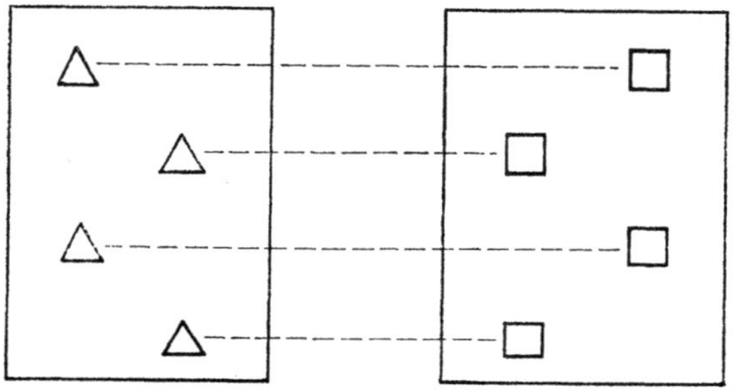

Abbildung 2.11

Definition 2.26

Eine Menge M_1 heißt gleichmächtig mit einer Menge M_2, wenn eine eineindeutige Abbildung f aus M_1 in M_2 existiert, so daß Vb$f = M_1$ *und* Nb$f = M_2$ *gilt.*

Die in der Abbildung 2.11 dargestellten Mengen M_1, M_2 sind gleichmächtig.

Auch die Menge G aller ganzen Zahlen und die Menge G' aller geraden ganzen Zahlen sind gleichmächtig, denn die Abbildung

$$f: g \to 2g, \quad g \in G$$

ist eine eineindeutige Abbildung aus G in G' mit Vb$f = G$ und Nb$f = G'$. Hier liegt also der merkwürdige Sachverhalt vor, daß zwar G' eine echte Teilmenge von G ist, G und G' aber „gleichviele" Elemente besitzen. Diese Eigenschaft bestimmter Mengen läßt sich zur Charakterisierung unendlicher bzw. endlicher Mengen verwenden.

Definition 2.27

Eine Menge M heißt endlich, wenn M mit keiner echten Teilmenge gleichmächtig ist. Eine Menge, die nicht endlich ist, heißt unendlich.

Aus der Definition ergibt sich, daß jede Teilmenge einer endlichen Menge endlich und jede Obermenge einer unendlichen Menge unendlich ist.

Definition 2.28

Eine Menge heißt abzählbar, wenn sie mit der Menge N der natürlichen Zahlen gleichmächtig ist.

Beispiel 2.45

Abzählbare Mengen sind die Menge G der ganzen Zahlen und die Menge R der rationalen Zahlen, während die Menge Z der reellen Zahlen nicht abzählbar ist.

Aufgaben

2.2.1 a) Welche Elemente enthält die Menge

$$M = \{x \in N: x^2 - 5x + 4 = 0\}?$$

(N Menge der natürlichen Zahlen 0, 1, 2, ...)

b) Beschreiben Sie die Menge $M = \{0\ 1\ 4\ 9\ 16\}$ in der Form $\{x: H(x)\}$!

2.2.2 Welche Inklusionen bestehen zwischen den Mengen

$$M_1 = \{x \in Z: x > 1\},$$

$$M_2 = \{x \in Z: x^2 > 1\},$$

$$M_3 = \{x \in Z: x^2 + 5x + 6 = 0\}?$$ (Z Menge der reellen Zahlen)

2.2.3 Machen Sie sich an geeignet gewählten Punktmengen anschaulich klar daß die für reelle Zahlen bekannte Gesetzmäßigkeit $a \nleqq b \Rightarrow b < a$ sich nicht auf die Inklusion $\subseteqq$, $\subset$ übertragen läßt!

2.3.4 Unter einer konvexen Punktmenge versteht man eine Punktmenge, die mit zwei verschiedenen Punkten auch die Punkte auf deren Verbindungsstrecke enthält.

Zeigen Sie: Wenn M_1, M_2 konvexe Punktmengen sind, dann ist auch $M_1 \cap M_2$ konvex!

2.3.5 Überlegen Sie sich die Gültigkeit der folgenden Behauptungen für beliebige Mengen M_1, M_2:

a) $(M_1 = \emptyset \wedge M_2 = \emptyset) \Leftrightarrow M_1 \cup M_2 = \emptyset$,

b) $(M_1 = \emptyset \vee M_2 = \emptyset) \Rightarrow M_1 \cap M_2 = \emptyset$!

2.3.6 Überlegen Sie sich, daß $(M_1 \setminus M_2) \cup M_2$ und $(M_1 \cup M_2) \setminus M_2$ im allgemeinen nicht mit M_1 übereinstimmen!

2.3.7 Zeigen Sie, daß innerhalb einer Menge M gilt:

a) $\bar{\emptyset} = M$, $\overline{M} = \emptyset$,

b) $A \setminus B = A \cap \overline{B}$, $\overline{A \setminus B} = \bar{A} \cup B \quad (A, B \subseteqq M)$.

2.4.8 Zeigen Sie, daß für Ordnungsrelationen die Trichotomie gilt, das heißt, daß stets genau einer der Fälle $a < b$, $a = b$, $b < a$ eintritt!

2.4.9 Welche Klasseneinteilungen besitzt die Menge $\{0\ 1\ 2\}$?

2.5.10 Prüfen Sie, ob die Funktionen

$$f_1 = \{(x\ y) : x \in Z \wedge x \geqq -1 \wedge y = x^4\},$$

$$f_2 = \left\{(x\ y) : x \in Z \wedge y = \frac{1}{2}x - 5\right\}$$

Umkehrfunktionen besitzen! Geben Sie im Falle der Existenz die Umkehrfunktion an!

3. Zahlenbereiche

3. Zahlenbereiche

3.1. Natürliche Zahlen

3.1.1. Peanosches Axiomensystem

Bedingt durch unmittelbare Bedürfnisse der Praxis entwickelte sich der heutige Zahlbegriff als Ergebnis eines langwierigen Prozesses.

Von der Schulmathematik her ist bekannt, daß man natürliche Zahlen uneingeschränkt addieren und multiplizieren sowie der „Größe" nach vergleichen kann, daß also zwei Operationen und eine Ordnungsrelation erklärt sind. Diese Vorstellungen sollen nun präzisiert werden.

Für die natürlichen Zahlen ist charakteristisch, daß man sie, ausgehend von der Zahl Null, durch wiederholte „Nachfolgerbildung" erhalten kann:

$0' = 1,\ 1' = 0'' = 2,\ \ 2' = 0''' = 3, \ldots$

Die mit „'" bezeichnete Funktion wird „Nachfolgerfunktion" genannt.

Definition 3.1

Die Elemente einer nichtleeren Menge N, für die eine Funktion f: $n \to n'$ $(n, n' \in N)$ definiert ist (n' wird dabei Nachfolger von n genannt), heißen natürliche Zahlen, wenn folgende Aussagen erfüllt sind:

Peanosches Axiomensystem

a) *Es gibt genau ein Element* $0 \in N$, *das nicht Nachfolger eines Elementes aus* N *ist, das heißt, es gilt stets* $n' \neq 0$.

b) *Die Funktion* f *ist eineindeutig, das heißt, aus* $m' = n'$ *folgt stets* $m = n$.

c) *Für jede Teilmenge* $M \subseteq N$ *gilt:*
Ist $0 \in M$ *und enthält* M *mit jedem* n *auch den Nachfolger* n', *so ist* $M = N$.

Aus Axiom c) folgt unmittelbar, daß man jede natürliche Zahl, von 0 ausgehend, durch wiederholte Nachfolgerbildung erreicht. Unter anderem folgt, daß stets $n \neq n'$ gilt (vgl. Aufgabe 3.1.2). Für die Elemente 0, $0'$, $0''$, $0'''$, ... $0^{(9)}$ führt man bekanntlich die Namen Null, Eins, ..., Neun und die Zeichen (Ziffern) 0, 1, ..., 9 ein.

Für je zwei Mengen N_1, N_2 in Verbindung mit einer den Axiomen a), b), c), genügenden Funktion f_1 bzw. f_2 gilt, daß sie „isomorph" sind, das heißt, daß sie gleichmächtig sind und sich hinsichtlich der Funktionen f_1, f_2 völlig gleichartig verhalten. Daher ist es gerechtfertigt, unabhängig von der konkreten Wahl der Menge N und der Funktion f, die Elemente von N „die natürlichen Zahlen" und N „die Menge der natürlichen Zahlen" zu nennen.

Auf Grund des Peanoschen Axiomensystems können nun Addition und Multiplikation für natürliche Zahlen erklärt werden.

Definition 3.2

Unter der Addition in der Menge N *der natürlichen Zahlen verstehen wir diejenige, mit „+" bezeichnete, zweistellige Operation in* N, *die jedem geordneten Paar* $(m\ n)$ *von natürlichen Zahlen genau eine natürliche Zahl* $m + n$ *zuordnet, so daß für beliebige* $m, n \in N$ *gilt:*

$$m + 0 = m,$$

$$m + n' = (m + n)'.$$

Durch die zweite Bedingung wird die Addition einer Zahl n' (zu einer Zahl m) auf die Addition des Vorgängers n zurückgeführt.

Während für die betrachtete Operation gemäß Definition 3.2 die Bezeichnung *Addition* üblich ist, wird die Zahl $m + n$ *Summe* von m, n genannt. Die Zahlen m und n heißen *Summanden* von $m + n$.

In ähnlicher Weise läßt sich nun unter Verwendung der Addition die Multiplikation einführen.

Definition 3.3

Unter der Multiplikation in der Menge N *der natürlichen Zahlen verstehen wir diejenige, mit „·" bezeichnete, zweistellige Operation, die jedem geordneten Paar* $(m\ n)$ *von natürlichen Zahlen genau eine natürliche Zahl* $m \cdot n$ *zuordnet, so daß für beliebige* $m, n \in N$ *gilt:*

$$m \cdot 0 = 0,$$

$$m \cdot n' = m \cdot n + m.$$

Für zwei Zahlen m, $n \in N$ heißt $m \cdot n$ *Produkt* von m, n. Die Zahlen m und n heißen *Faktoren* von $m \cdot n$. (Wir schreiben im folgenden statt $m \cdot n$ vereinfacht mn.)
Der Größenvergleich natürlicher Zahlen wird durch folgende Definition ermöglicht:

Definition 3.4

Für natürliche Zahlen m, n heißt m kleiner als n (in Zeichen: $m < n$), wenn eine natürliche Zahl $x \neq 0$ existiert, für die $m + x = n$ gilt.
Die Relation „<" ist irreflexiv, transitiv und konnex und damit eine Ordnungsrelation (vgl. Abschnitt 2.4.2.). Es gilt $n > 0$ für alle $n \in N$ mit $n \neq 0$.
Aus den bisherigen Definitionen ergeben sich folgende Gesetzmäßigkeiten für das Rechnen mit natürlichen Zahlen:

Satz 3.1

Für beliebige natürliche Zahlen a, b, c gilt:

$(a + b) + c = a + (b + c)$	(Assoziativität der Addition)	(3.1)
$a + b = b + a$	(Kommutativität der Addition)	(3.2)
$(ab)\,c = a(bc)$	(Assoziativität der Multiplikation)	(3.3)
$ab = ba$	(Kommutativität der Multiplikation)	(3.4)
$a(b + c) = ab + ac$	(Distributivität)	(3.5)
$a \not< a$	(Irreflexivität)	(3.6)
$(a < b \wedge b < c) \Rightarrow a < c$	(Transitivität)	(3.7)
$a < b \vee a = b \vee b < a$	(Konnexität)	(3.8)
$a < b \Rightarrow (a + c < b + c)$	(Monotonie der Addition)	(3.9)
$(a < b \wedge c > 0) \Rightarrow ac < bc$	(Monotonie der Multiplikation).	(3.10)

Aus k natürlichen Zahlen n_1, n_2, ..., n_k ($k \geqq 3$) gebildete Summen und Produkte sind von der Reihenfolge der Zahlen und der Beklammerung unabhängig. Daher ist die Schreibweise $n_1 + n_2 + n_3 + \cdots + n_k$, $n_1 n_2 n_3 \cdot \ldots \cdot n_k$ sinnvoll.
Mit Hilfe von Addition und Multiplikation können zwei weitere Verknüpfungen natürlicher Zahlen erklärt werden. Zur Vorbereitung formulieren wir folgenden Satz:

Satz 3.2

Für natürliche Zahlen a, b, c gilt:

Aus $a + c = b + c$ folgt $a = b$.

Aus $ac = bc$ und $c \neq 0$ folgt $a = b$.

Aus dem Satz 3.2 folgt, daß für natürliche Zahlen a, b jede der Gleichungen

$$b + x = a$$

$$bx = a \quad (b \neq 0)$$

in N höchstens eine Lösung x besitzt.

Definition 3.5

Im Falle der Existenz wird die Lösung von $b + x = a$ mit $a - b$, die Lösung von $bx = a (b \neq 0)$ mit $\frac{a}{b}$ oder auch $a:b$ bezeichnet. Die Zahl $a - b$ heißt Differenz aus a und b, die Zahl $\frac{a}{b}$ heißt Quotient aus a und b. Die Operation, die jedem geordneten Paar $(a\ b) \in N \times N$ im Falle der Existenz die Differenz $a - b$ zuordnet, heißt Subtraktion. Die Operation, die jedem geordneten Paar $(a\ b) \in N \times N$, $b \neq 0$ im Falle der Existenz den Quotienten $\frac{a}{b}$ zuordnet, heißt Division.

Nach dieser Festlegung gilt

$$b + (a - b) = a$$

$$b\frac{a}{b} = a.$$

3.1.2. Vollständige Induktion

Mit Hilfe des Axioms c) des Peanoschen Axiomensystems kann ein besonderes Beweisprinzip für die Gültigkeit von Aussagen über natürliche Zahlen hergeleitet werden.

Satz 3.3 (*Rechtfertigungssatz für Beweise durch vollständige Induktion*)

Eine Aussageform $H(n)$ gilt für alle natürlichen Zahlen n, wenn folgende Bedingungen erfüllt sind:

Es gilt $H(0)$.

Aus $H(k)$ folgt stets $H(k + 1)$.

Beweis:

Es sei M die Menge aller natürlichen Zahlen n, für die $H(n)$ gilt. Wegen der ersten Bedingung ist $0 \in M$. Wenn $k \in M$ gilt, so ist wegen der zweiten Bedingung auch $k + 1 = k' \in M$. Nach Axiom c, folgt $M = N$.

Wir nennen den Nachweis von $H(0)$ *Induktionsanfang*, $H(k)$ *Induktionsvoraussetzung* für k, $H(k + 1)$ *Induktionsbehauptung* für k und den Nachweis der Implikation $H(k) \Rightarrow H(k + 1)$ *Induktionsschritt* für k. Ist eine Aussage $\forall n\ H(n)$ durch vollständige Induktion zu beweisen, so ist der Induktionsanfang zu zeigen und für jedes k der Induktionsschritt zu vollziehen. Für gewisse Aufgabenstellungen ist Satz 3.3 folgendermaßen zu modifizieren.

Satz 3.4

Ist $a \in N$ und ist die Gültigkeit von $H(n)$ für $n \geqq a$ nachzuweisen, so ist zu zeigen:

Es gilt $H(a)$.

Für $k \geqq a$ folgt aus $H(k)$ stets *$H(k + 1)$.*

Beispiel 3.1

Wir beweisen unter Verwendung von Satz 3.4, daß für jede natürliche Zahl $n \geqq 1$ gilt:

$$1 + 2 + \cdots + n = \frac{n(n+1)}{2}.$$

Für $n = 1$ gilt $1 = \frac{1\,(1+1)}{2}$ (Induktionsanfang).

Sei k eine beliebige natürliche Zahl mit

$$1 + 2 + \cdots + k = \frac{k(k+1)}{2} \quad \text{(Induktionsvoraussetzung)},$$

dann gilt

$$1 + 2 + \cdots + k + (k+1) = \frac{k(k+1)}{2} + (k+1) = \frac{k^2 + 3k + 2}{2} = \frac{(k+1)(k+2)}{2}$$

(Induktionsbehauptung).

3.2. Ganze Zahlen

Der Bereich der natürlichen Zahlen hat den Nachteil, daß Subtraktion und Division nicht immer ausführbar sind. Die Differenz $a - b$ $(a, b \in N)$ existiert beispielsweise genau dann in N, wenn $a \geqq b$ ist.

Um die Subtraktion uneingeschränkt ausführen zu können, wird der Bereich N der natürlichen Zahlen zum Bereich G der ganzen Zahlen erweitert.

Definition 3.6

Die Elemente einer Obermenge G von N, für die eine Addition und eine Multiplikation definiert sind, heißen ganze Zahlen, wenn für beliebige Elemente $a, b, c \in G$ neben den Bedingungen (3.1) bis (3.5) aus Abschnitt 3.1.1. noch folgende Forderungen erfüllt sind:

a) *Jede Gleichung $b + x = a$ hat eine Lösung x mit $x \in G$. (Umkehrbarkeit der Addition)* (3.11)

b) *Die Summe (Das Produkt) von natürlichen Zahlen als Elemente von G stimmt mit der (dem) für natürliche Zahlen bereits definierten Summe (Produkt) überein.*

c) *Es gibt in G keine echte Teilmenge, die ebenfalls allen diesen Bedingungen genügt.*

Im Bereich der ganzen Zahlen besitzt jede Gleichung $b + x = a$ $(a, b \in G)$ sogar genau eine Lösung $x \in G$. Wir bezeichnen sie wieder mit $a - b$. In G ist also die Subtraktion stets eindeutig ausführbar. Für $a \in G$ hat $a + x = 0$ die Lösung $x = 0 - a$, die wir mit $-a$ bezeichnen und die *zu a entgegengesetzte Zahl* nennen. Es gilt also stets

$$a + (-a) = 0,$$

und damit $-(-a) = a$.

Mit Hilfe der eben eingeführten Bezeichnung kann die Menge der ganzen Zahlen folgendermaßen dargestellt werden.

$$G = N \cup \{-n: n \in N, n \neq 0\}$$
$$= \{\dots\ -3\ -2\ -1\ 0\ 1\ 2\ 3\ \dots\}.$$

Satz 3.5

Für a, b ∈ G gilt:

$$a - b = a + (-b)$$
$$(-a) + (-b) = -(a + b)$$
$$(-a) \cdot b = -(a \cdot b)$$
$$a \cdot (-b) = -(a \cdot b)$$
$$(-a) \cdot (-b) = a \cdot b$$
$$-a = (-1) \cdot a.$$

Die Möglichkeit des Größenvergleichs für natürliche Zahlen läßt sich auf den Bereich der ganzen Zahlen ausdehnen.
Eine ganze Zahl g mit $g \in N$ und $g > 0$ heißt positive ganze Zahl. Die zu den positiven ganzen Zahlen entgegengesetzten ganzen Zahlen heißen negative ganze Zahlen.

Aus Satz 3.5 ergibt sich:

Satz 3.6

Das Produkt aus zwei positiven ganzen Zahlen ist positiv.
Das Produkt aus einer positiven und einer negativen ganzen Zahl ist negativ.
Das Produkt aus zwei negativen ganzen Zahlen ist positiv.

Definition 3.7

Eine ganze Zahl g_1 heißt kleiner als eine ganze Zahl g_2 ($g_1 < g_2$), wenn es eine positive ganze Zahl g gibt, so daß $g_1 + g = g_2$ gilt.

3.3. Rationale Zahlen

Bekanntlich ist im Bereich der ganzen Zahlen nicht jede Gleichung $bx = a$ $(b \neq 0)$ lösbar, das heißt, die Division ist auch in G nicht uneingeschränkt ausführbar. So hat zum Beispiel die Gleichung $2x = 1$ in G keine Lösung.
Um die Division uneingeschränkt (mit Ausnahme der Division durch Null) ausführen zu können, wird der Bereich G der ganzen Zahlen zum Bereich R der rationalen Zahlen erweitert.

Definition 3.8

Die Elemente einer Obermenge R von G, für die eine Addition und eine Multiplikation definiert sind, heißen rationale Zahlen, wenn für beliebige Elemente a, b, c ∈ R die Bedingungen (3.1) bis (3.5) und (3.11) mit x ∈ R erfüllt sind und außerdem gilt:

a) Jede Gleichung $bx = a$ ($a, b \in R$, $b \neq 0$) hat eine Lösung $x \in R$ (Umkehrbarkeit der Multiplikation). (3.12)

b) *Die Summe (Das Produkt) von ganzen Zahlen als Elemente von R stimmt mit der (dem) für ganze Zahlen bereits definierten Summe (Produkt) überein.*

c) *Es gibt in R keine echte Teilmenge, die ebenfalls allen diesen Bedingungen genügt.*

Im Bereich der rationalen Zahlen besitzt jede Gleichung $bx = a$ ($a, b \in R$, $b \neq 0$) sogar genau eine Lösung x. Wir bezeichnen die Lösung von $bx = a$, ebenso wie bei natürlichen Zahlen, mit $\frac{a}{b}$ oder auch mit $a : b$. In R ist also die Division durch von 0 verschiedene Zahlen stets eindeutig ausführbar. Die Lösung $\frac{1}{a}$ der Gleichung $ax = 1$ ($a \neq 0$) heißt die zu a *inverse* (*reziproke*) *Zahl.*

Satz 3.7

Jede rationale Zahl läßt sich als Quotient $\frac{a}{b}$ ($b \neq 0$) *ganzer Zahlen* a, b *darstellen. Dabei gilt:*

$$\frac{a}{b} = \frac{c}{d} \Leftrightarrow ad = bc \quad (a, b, c, d \in G;\ b, d \neq 0).$$

Aus diesem Satz folgt:

$$\frac{a}{b} = \frac{ac}{bc} \quad \text{für} \quad c \neq 0.$$

Wir sagen, daß $\frac{ac}{bc}$ durch *Erweitern* aus $\frac{a}{b}$ und daß $\frac{a}{b}$ durch *Kürzen* aus $\frac{ac}{bc}$ hervorgegangen ist. Der Bruch $\frac{a}{b}$ ($a, b \in G$) heißt *weitestgehend gekürzt*, wenn sich a, b nicht in der Form $a = a'c$, $b = b'c$ mit $c \neq \pm 1$; $a', b', c \in G$, schreiben lassen. Es kann gezeigt werden, daß sich jede rationale Zahl durch einen weitestgehend gekürzten Bruch darstellen läßt.
Das Rechnen mit rationalen Zahlen kann unmittelbar auf die Addition und die Multiplikation ganzer Zahlen zurückgeführt werden.

Satz 3.8

Für rationale Zahlen $\frac{a}{b}, \frac{c}{d}$ *gilt:*

$$\frac{a}{b} + \frac{c}{d} = \frac{a \cdot d + b \cdot c}{b \cdot d}$$

$$\frac{a}{b} - \frac{c}{d} = \frac{a \cdot d - b \cdot c}{b \cdot d}$$

$$\frac{a}{b} \cdot \frac{c}{d} = \frac{a \cdot c}{b \cdot d}$$

$$\frac{a}{b} : \frac{c}{d} = \frac{a \cdot d}{b \cdot c}.$$

Die für ganze Zahlen eingeführte Ordnungsrelation läßt sich auch auf den Bereich der rationalen Zahlen fortsetzen:

Definition 3.9

$$\frac{a}{b} < \frac{c}{d} \Leftrightarrow a \cdot d < b \cdot c \quad (b, d > 0). \tag{3.13}$$

Wie üblich nennen wir eine rationale Zahl $\frac{a}{b}$ *positiv, wenn* $\frac{a}{b} > 0$, *negativ, wenn* $\frac{a}{b} < 0$ *ist.*

Wir stellen die Grundgesetze der Addition, Multiplikation und der Ordnung für rationale Zahlen zusammen.

Satz 3.9 (*Grundgesetze der Addition*)

Für beliebige Elemente $a, b, c \in R$ *gilt:*

$(a + b) + c = a + (b + c)$	(*Assoziativität*)	(3.14)
$a + b = b + a$	(*Kommutativität*)	(3.15)
Die Gleichung $b + x = a$ *hat eine Lösung* $x \in R$.	(*Umkehrbarkeit*).	(3.16)

Satz 3.10 (*Grundgesetze der Multiplikation*)

Für beliebige Elemente $a, b, c \in R$ *gilt:*

$(ab)\, c = a(bc)$	(*Assoziativität*)	(3.17)
$ab = ba$	(*Kommutativität*)	(3.18)
Die Gleichung $bx = a\, (b \neq 0)$ *hat eine Lösung* $x \in R$.	(*Umkehrbarkeit*)	(3.19)
$a(b + c) = ab + ac$	(*Distributivität*).	(3.20)

Satz 3.11 (*Grundgesetze der Ordnung*)

Für beliebige Elemente $a, b, c \in R$ *gilt:*

$a \not< a$	(*Irreflexivität*)	(3.21)
$(a < b \wedge b < c) \Rightarrow a < c$	(*Transitivität*)	(3.22)
$a < b \vee a = b \vee b < a$	(*Konnexität*)	(3.23)
$a < b \Rightarrow a + c < b + c$	(*Monotonie der Addition*)	(3.24)
$(a < b \wedge c > 0) \Rightarrow ac < bc$	(*Monotonie der Multiplikation*)	(3.25)

Im Gegensatz zu den ganzen Zahlen gilt für die rationalen Zahlen folgender Satz:

Satz 3.12

Die Menge R *der rationalen Zahlen ist dicht geordnet, das heißt, für* $a, b \in R$ *mit* $a < b$ *gibt es stets ein* $c \in R$ *mit* $a < c < b$.

Wir erläutern die geometrische Veranschaulichung der rationalen Zahlen auf der sogenannten *Zahlengeraden.*

Auf einer Geraden seien von einem Punkt P_0 ausgehend nach beiden Seiten gleichlange Strecken $\overline{P_0P_1}$, $\overline{P_1P_2}$, ... bzw. $\overline{P_0P_{-1}}$, $\overline{P_{-1}P_{-2}}$, ... abgetragen (vgl. Abbildung 3.1). Die äquidistanten Punkte $P_0, P_1, P_2, \ldots$ bzw. $P_{-1}, P_{-2}, P_{-3}, \ldots$ ordnet man der Reihe nach den natürlichen Zahlen 0, 1, 2, 3, 4, ... bzw. den negativen ganzen Zahlen -1, -2, -3, ... zu. Dadurch erhält man eine eineindeutige Abbildung der Menge G in die Menge der Punkte der Geraden.

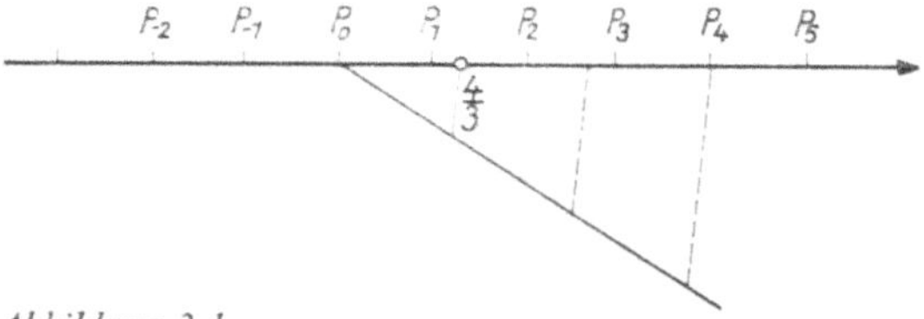

Abbildung 3.1

Diese Abbildung kann auf die Menge R aller rationalen Zahlen ausgedehnt werden.

Die Konstruktion des beispielsweise zur rationalen Zahl $\frac{4}{3}$ gehörigen Punktes erfolgt in der Abbildung 3.1.

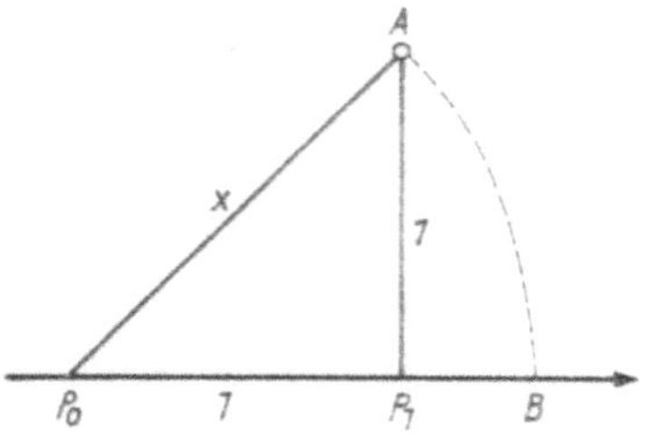

Abbildung 3.2

Obwohl die „rationalen" Punkte „beliebig eng" liegen (R ist dicht geordnet), gibt es Punkte auf der Zahlengeraden, die keiner rationalen Zahl zugeordnet sind:

Ist die Strecke $\overline{P_0A}$ die Diagonale eines Einheitsquadrates (vgl. Abbildung 3.2) und $\overline{P_0B}$ zu $\overline{P_0A}$ kongruent, so entspricht dem Punkt B keine rationale Zahl. Wäre nämlich B ein rationaler Punkt, so müßte sich die Länge x der Strecke $\overline{P_0A}$ in der Form $x = \frac{m}{n}$ darstellen lassen, wobei $\frac{m}{n}$ weitestgehend gekürzt ist. Wegen $1^2 + 1^2 = x^2$, also $x^2 = 2$, gilt dann $\frac{m}{n} \cdot \frac{m}{n} = 2$, $mm = 2nn$. Daher ist m eine gerade Zahl $2k$, denn das Produkt von ungeraden Zahlen ist wegen $(2k + 1)(2l + 1) = 2(2kl + k + l) + 1$ stets ungerade.

Aus $2 \cdot k \cdot k = n \cdot n$ folgt analog, daß auch n eine gerade Zahl $2 \cdot s$ ist, im Widerspruch dazu, daß $\frac{m}{n}$ bereits weitestgehend gekürzt ist.

Der Diagonalen eines Einheitsquadrates kann also im Bereich der rationalen Zahlen keine Länge zugeordnet werden. Die Gleichung $x^2 = 2$ hat damit im Bereich der rationalen Zahlen keine Lösung. Um diese Mängel zu beseitigen, wird der Bereich R der rationalen Zahlen zum Bereich Z der reellen Zahlen erweitert.

3.4. Reelle Zahlen

3.4.1. Begriff und Operationen

Mit Hilfe des Begriffs des Supremums einer Menge (vgl. Abschnitt 2.4.2.) wird nun der Begriff der reellen Zahl erklärt.

Definition 3.10

Die Elemente einer Obermenge Z von R heißen reelle Zahlen, wenn für sie eine Addition, eine Multiplikation und eine Ordnungsrelation definiert sind, die folgenden Bedingungen genügen:

a) Grundgesetze der Addition und Multiplikation (3.14) bis (3.20),

b) Die Summe (Das Produkt) von rationalen Zahlen als Elemente von Z stimmt mit der (dem) für rationale Zahlen bereits definierten Summe (Produkt) überein.

c) Grundgesetze der Ordnung (3.11) bis (3.25),

d) Die Kleinerbeziehung für rationale Zahlen als Elemente von Z stimmt mit der für rationale Zahlen bereits definierten Kleinerbeziehung überein.

e) Jede nichtleere, nach oben beschränkte Teilmenge von Z hat ein Supremum (Stetigkeit).

Wir kehren zunächst zur geometrischen Veranschaulichung von Zahlen zurück.
Nach Vorgabe von 2 Punkten P_0, P einer Zahlengeraden konnten wir jeder rationalen Zahl eineindeutig einen Punkt der Geraden zuordnen. Die dabei nicht erfaßten Punkte können nun den nichtrationalen reellen Zahlen, die man auch *irrational* nennt, in folgender Weise zugeordnet werden:

Es sei P ein solcher Punkt und M die Menge der rationalen Zahlen, die den links von P gelegenen „rationalen Punkten" entsprechen. Dann wird P der reellen Zahl $\sup M$ zugeordnet.

Die bereits für rationale Zahlen abgeleiteten Rechenregeln gelten auch im Bereich der reellen Zahlen, wobei insbesondere noch einmal an die Regeln für den Umgang mit entgegengesetzten Zahlen, an die eindeutige Ausführbarkeit von Subtraktion und Division (durch $b \neq 0$) und an die Grundregeln der Bruchrechnung erinnert sei.
Im folgenden betrachten wir einige (zum Teil schon aufgetretene) Gesetzmäßigkeiten und Begriffe, die mit der Ordnungsrelation in Z zusammenhängen.

Definition 3.11

Eine reelle Zahl a heißt positiv, wenn $a > 0$, *negativ, wenn* $a < 0$ *gilt.*

Zur Vereinfachung gewisser Formulierungen ordnet man den positiven reellen Zahlen das „Vorzeichen +" und den negativen reellen Zahlen das „Vorzeichen −" zu, während für die Zahl 0 kein Vorzeichen erklärt wird.
Im folgenden Satz formulieren wir unter anderem die Vorzeichenregeln.

Satz 3.13

Für reelle Zahlen a, b ist

$a \cdot b = 0$ *genau dann, wenn* $a = 0$ *oder* $b = 0$ *gilt (Nullteilerfreiheit),*

$a \cdot b$ positiv genau dann, wenn a, b gleiche Vorzeichen besitzen,

$a \cdot b$ negativ genau dann, wenn a, b verschiedene Vorzeichen besitzen.

Es werden nun einige wichtige, bisher noch nicht betrachtete Operationen und dazugehörige Rechenregeln für reelle Zahlen behandelt.

Definition 3.12

Die für jedes $a \in Z$ und für jedes $n \in N$ durch die Rekursionsgleichungen

$$a^0 = 1$$

$$a^{k+1} = a^k a \quad (k \in N) \tag{3.26}$$

eindeutig bestimmte reelle Zahl a^n heißt Potenz mit der Basis a und dem Exponenten n.
Nach dieser Definition gilt also

$$a^0 = 1, a^1 = 1a = a, a^2 = aa, a^3 = a^2a = aaa, \ldots$$

Insbesondere ist $0^0 = 1$.
Für das Rechnen mit Potenzen ist folgender Satz grundlegend:

Satz 3.14

Für Elemente $a, b \in Z$ und $m, n \in N$ gilt stets:

$$a^m b^m = (ab)^m \tag{3.27}$$

$$a^m a^n = a^{m+n} \tag{3.28}$$

$$(a^m)^n = a^{mn}. \tag{3.29}$$

Der Potenzbegriff wird nun schrittweise auf ganzzahlige, rationale und schließlich auf reelle Exponenten ausgedehnt. Dabei ist es jedoch erforderlich, die als Basis auftretenden Zahlen einzuschränken.

Definition 3.13

Für reelle Zahlen $a \neq 0$ versteht man unter der Potenz

$$a^{-n} \quad (n = 1, 2, 3, \ldots) \quad \textit{die Zahl } \frac{1}{a^n}.$$

Nach dieser Defination gilt also

$$a^{-n} = \frac{1}{a^n} \quad (n = 1, 2, 3, \ldots). \tag{3.30}$$

Damit können alle ganzen Zahlen als Exponenten auftreten. Die Potenzgesetze (3.27), (3.28), (3.29) gelten auch für $m, n \in G$.
Die Einführung von Potenzen mit rationalen Exponenten bzw. Wurzeln wird durch folgenden Satz vorbereitet.

Satz 3.15

Für jede reelle Zahl $a \geqq 0$ und jede natürliche Zahl $n \geqq 1$ hat die Gleichung $x^n = a$ genau eine Lösung x mit $x \in Z$ und $x \geqq 0$.

Definition 3.14

Die eindeutig bestimmte nichtnegative Lösung der Gleichung $x^n = a$ $(a \geqq 0, n = 1, 2, \ldots)$ *wird n-te Wurzel aus a (in Zeichen:* $\sqrt[n]{a}$*) genannt. Die Zahl a heißt Radikand von* $\sqrt[n]{a}$*. Statt* $\sqrt[2]{a}$ *schreibt man oft kürzer* $\sqrt{a}$*. Der Übergang von a zu* $\sqrt[n]{a}$ $(n \geqq 2)$ *heißt Radizieren.*

Aus dieser Definition folgt für $a \geqq 0$, $n = 1, 2, 3, \ldots$

$$\left(\sqrt[n]{a}\right)^n = a.$$

Satz 3.16

Es gilt:

$$\sqrt[n]{a}^{\,m} = \sqrt[n]{a^m} \quad (a \geqq 0;\ m, n \quad {}^{r}\ n \neq 0). \tag{3.31}$$

Definition 3.15

Für rationale Exponenten setzen wir fest:

a) $a^{\frac{m}{n}} = \sqrt[n]{a^m} \quad (a > 0;\ m, n \in N;\ n \neq 0)$

b) $a^{-r} = \frac{1}{a^r} \quad (r \in R, r > 0).$

Beispiel 3.2

$$a^{\frac{1}{2}} = \sqrt{a}; \quad a^{-\frac{2}{3}} = \frac{1}{\sqrt[3]{a^2}}$$

Die Potenzgesetze (3.27) bis (3.29) gelten auch für $a, b \in Z$, $a, b > 0$ und $m, n \in R$. Unter Verwendung der Wurzelschreibweise haben sie folgendes Aussehen:

$$\sqrt[q]{a^p} \cdot \sqrt[q]{b^p} = \sqrt[q]{(ab)^p},$$

$$\sqrt[q]{a^p} \cdot \sqrt[s]{a^r} = \sqrt[qs]{a^{ps+qr}},$$

$$\sqrt[s]{\left(\sqrt[q]{a^p}\right)^r} = \sqrt[sq]{a^{pr}} \quad (p, r \in G;\ q, s \in N;\ q, s \neq 0).$$

Abschließend er¹·¹ären wir nun Potenzen mit irrationalen Exponenten.

Definition 3.16

Für reelle Zahlen $a > 0$ *und irrationale Zahlen* $x > 0$ *ist die Potenz* a^x *das Supremum der Menge* $\{a^r : r \in R \text{ und } 0 < r < x\}$ *und die Potenz* a^{-x} *die Zahl* $\frac{1}{a^x}$.

Die Potenzgesetze (3.27) bis (3.29) gelten unter der Einschränkung $a, b > 0$ für alle reellen Zahlen als Exponenten.

Beispiel 3.3

Es gilt

$$\frac{a^{x_1}}{a^{x_2}} = a^{x_1}a^{(-x_2)} = a^{x_1-x_2}$$

für beliebige reelle Zahlen x_1, x_2 und $a > 0$.

3.4.2. Ungleichungen und absoluter Betrag

In diesem Abschnitt sollen Regeln zusammengestellt werden, die für den Umgang mit der Ordnungsrelation in Z und für das Rechnen mit absoluten Beträgen von grundlegender Bedeutung sind.

Allgemein versteht man unter Ungleichungen Zeichenreihen der Form $T_1 \neq T_2$, $T_1 < T_2$, $T_1 \leqq T_2$, $T_1 > T_2$ und $T_1 \geqq T_2$, wobei T_1, T_2 Terme bezeichnen. Also sind beispielweise $a + 3 \neq 7$, $3x^2 + 1 < 8x$ und $x^2 + y^2 \geqq 1$ Ungleichungen.

Die folgenden Regeln ergeben sich aus den Grundgesetzen für reelle Zahlen.

Satz 3.17

Für reelle Zahlen a, b, c, d gilt:

$$(a < b \wedge c < d) \Rightarrow a + c < b + d \tag{3.32}$$

$$(a < b \wedge c < d \wedge b > 0 \wedge c \geqq 0) \Rightarrow ac < bd \tag{3.33}$$

$$(a < b \wedge c < 0) \Rightarrow ac > bc \tag{3.34}$$

$$(a < b \wedge ab > 0) \Rightarrow \frac{1}{a} > \frac{1}{b} \tag{3.35}$$

$$(a < b \wedge ab < 0) \Rightarrow \frac{1}{a} < \frac{1}{b} \tag{3.36}$$

$$0 \leqq a < b \Rightarrow a^n < b^n \qquad (n \in N,\ n \geqq 1) \tag{3.37}$$

$$0 \leqq a < b \Rightarrow \sqrt[n]{a} < \sqrt[n]{b} \qquad (n \in N,\ n \geqq 1). \tag{3.38}$$

Beweis

(3.32): Aus $a < b$ bzw. $c < d$ folgt nach (3.24) $a + c < b + c$ bzw. $b + c < b + d$, so daß sich wegen (3.22) $a + c < b + d$ ergibt.

(3.33): Aus den Voraussetzungen folgt unter Verwendung von (3.25) $ac \leqq bc$ und $bc < bd$, so daß die Anwendung von (3.22) zu $ac < bd$ führt.

(3.34): Wegen $c < 0$ gilt $-c > 0$. Aus $a < b$ ergibt sich nach (3.25) $a(-c) < b(-c)$, also $-ac < -bc$. Addiert man auf beiden Seiten gemäß (3.24) $ac + bc$, so erhält man $bc < ac$.

(3.35): Wegen $ab > 0$ gilt $\frac{1}{ab} > 0$, so daß damit aus $a < b$ nach (3.25) auch $a \cdot \frac{1}{ab} < b \cdot \frac{1}{ab}$, also $\frac{1}{b} < \frac{1}{a}$ folgt.

(3.36): Wegen $\frac{1}{ab} < 0$ folgt aus $a < b$ nach (3.34) $\frac{1}{b} > \frac{1}{a}$.

(3.37): Den Beweis führen wir durch vollständige Induktion. Der Induktionsanfang ($n = 1$) ist trivial. Es sei k eine natürliche Zahl, für die $0 \leqq a < b \Rightarrow a^k < b^k$ (Induktionsvoraussetzung) gilt. Aus $a^k < b^k$ folgt nach (3.33) $a^k \cdot a < b^k \cdot b$ und damit gilt $0 \leqq a < b \Rightarrow a^{k+1} < b^{k+1}$.

(3.38): Es sei $0 \leqq a < b$. Dann ist $\sqrt[n]{a} \geqq 0$, $\sqrt[n]{b} > 0$. Wäre nun $\sqrt[n]{a} \geqq \sqrt[n]{b}$, so folgt unter Verwendung von (3.37) $a \geqq b$, im Widerspruch zu $0 \leqq a < b$.

Beispiel 3.4

Für welche reellen Zahlen a gilt: $-a < \dfrac{1-2a}{a}$?

Die Aufgabe besteht darin, die reellen Zahlen a anzugeben, die die Ungleichung erfüllen. Wir bestimmen die Erfüllungsmenge

$$E = \left\{a \in Z\colon\ -a < \frac{1-2a}{a}\right\},$$

indem wir die gegebene Ungleichung äquivalent umformen. Zunächst wird die Ungleichung mit a multipliziert, so daß im Hinblick auf die Anwendung von (3.25) und (3.34) die Fallunterscheidung $a > 0$ und $a < 0$ erforderlich ist. Der Fall $a = 0$ scheidet von vornherein aus.
Sei $a > 0$: Aus

$-a < \dfrac{1-2a}{a}$ ergibt sich durch äquivalente Umformungen:

$-a^2 < 1 - 2a$ Anwendung von (3.25),

$0 < a^2 - 2a + 1$ Anwendung von (3.24),

$0 < (a-1)^2$,

$a \neq 1$.

Damit erhalten wir als Menge der positiven Lösungen die Menge $M_1 = \{a \in Z\colon a > 0 \wedge a \neq 1\}$.
Sei $a < 0$: Aus

$-a < \dfrac{1-2a}{a}$ ergibt sich durch äquivalente Umformungen:

$-a^2 > 1 - 2a$ Anwendung von (3.34),

$0 > a^2 - 2a + 1$ Anwendung von (3.24),

$0 > (a-1)^2$.

Da das Quadrat einer reellen Zahl stets nichtnegativ ist, wird die letzte Ungleichung von keiner reellen Zahl erfüllt. Damit erhalten wir als Menge der negativen Lösungen $M_2 = \emptyset$.
Damit gilt für die gesuchte Erfüllungsmenge $E = M_1 \cup M_2 = M_1$.

Beispiel 3.5

Für welche reellen Zahlen gilt die Ungleichung

$(1 + a)^2 > 1 + 2a$?

Es ist

$(1 + a)^2 = 1 + 2a + a^2$.

Für $a \neq 0$ gilt $a^2 > 0$ und damit

$(1 + a)^2 > 1 + 2a$.

Für $a = 0$ gilt $a^2 = 0$ und damit

$(1 + a)^2 = 1 + 2a$.

Die Erfüllungsmenge der Ungleichung $(1 + a)^2 > 1 + 2a$ ist $E = \{a \in Z: a \neq 0\}$.

Satz 3.18 (*Bernoullische Ungleichung*)

Es gilt:

$$(1 + a)^n > 1 + na \quad (a \in Z, a > -1, a \neq 0, n \in N, n \geqq 2).$$

Beweis (durch vollständige Induktion)

Der Induktionsanfang $(1 + a)^2 = 1 + 2a + a^2 > 1 + 2a$ ist durch Beispiel 3.5 gegeben. Ist $k \in N$, $k \geqq 2$, so folgt aus der Induktionsvoraussetzung $(1 + a)^k > 1 + ka$ wegen $1 + a > 0$ nach (3.25) $(1 + a)^{k+1} > (1 + ka)(1 + a)$, also $(1 + a)^{k+1} > 1 + (k + 1)a + ka^2$ und damit wegen $ka^2 > 0$ die Induktionsbehauptung $(1 + a)^{k+1} > 1 + (k + 1)a$.

Beispiel 3.6

Gegeben sind zwei nichtnegative Zahlen a und b. Wir zeigen, daß das arithmetische Mittel $\frac{a+b}{2}$ größer oder gleich ist dem geometrischen Mittel $\sqrt{ab}$, das heißt, es gilt:

$$\frac{a+b}{2} \geqq \sqrt{ab}.$$

Aus

$$(a - b)^2 = a^2 - 2ab + b^2 \geqq 0$$

folgt:

$$\begin{aligned} a^2 - 2ab + b^2 + 4ab &\geqq 4ab \\ a^2 + 2ab + b^2 &\geqq 4ab \\ (a + b)^2 &\geqq 4ab \\ a + b &\geqq 2\sqrt{ab} \\ \frac{a+b}{2} &\geqq \sqrt{ab}. \end{aligned}$$

Mit Hilfe der Kleinerbeziehung läßt sich der häufig gebrauchte *Betrag* (Absolutbetrag) $|a|$ einer reellen Zahl a definieren.

Definition 3.17

$$|a| = \begin{cases} a \text{ für } a \geqq 0 \\ -a \text{ für } a < 0. \end{cases} \qquad (3.39)$$

Beispiel 3.7

$$\left|-\frac{1}{2}\right| = -\left(-\frac{1}{2}\right) = \frac{1}{2}, \quad \text{da} \quad -\frac{1}{2} < 0 \quad \text{gilt.}$$

$|3| = 3$, da $3 > 0$ gilt.

$|0| = 0$.

Ersichtlich ist stets $|a| \geqq 0$, da wegen $-a$ für $a \geqq 0$ und $-a > a$ für $a < 0$ sich

$$|a| = \max\{a \quad -a\} \quad \text{ergibt.} \tag{3.40}$$

Einen weiteren häufig verwendeten Beg ;ibt die folgende Definition wieder:

Definition 3.18

Für beliebige reelle Zahlen a, b mit $a <$ ┕ .leuten

$(a \quad b)$ *die Menge* $\{x \in Z\colon a < x < b\}$ *(offenes Intervall),*

$(a \quad b]$ *die Menge* $\{x \in Z\colon a < x \leqq b\}$ *(halboffenes Intervall),*

$[a \quad b)$ *die Menge* $\{x \in Z\colon a \leqq x < b\}$ *(halboffenes Intervall),*

$[a \quad b]$ *die Menge* $\{x \in Z\colon a \leqq x \leqq b\}$ *(abgeschlossenes Intervall).*

Beispiel 3.8

Intervalle sind

$(-3 \quad 3) \qquad = \{x \in Z\colon |x| < 3\}$,

$[2 - a \quad 2 + a] = \{x \in Z\colon |x - 2| \leqq a\} \quad (a > 0)$,

$(2 \quad 5] \qquad = \{x \in Z\colon 2 < x \leqq 5\}$,

$[-1 \quad 0) \qquad = \{x \in Z\colon -1 \leqq x < 0\}$.

Satz 3.19

Für reelle Zahlen a, b gilt:

$$|-a| = |a| \tag{3.41}$$

$$|a - b| = |b - a| \tag{3.42}$$

$$|ab| = |a| \cdot |b| \tag{3.43}$$

$$\left|\frac{a}{b}\right| = \frac{|a|}{|b|} \quad (b \neq 0). \tag{3.44}$$

Beweis

Die Regel (3.41) ergibt sich unmittelbar. Aus ihr folgt wegen $a - b = -(b - a)$ auch (3.42). Für $a = 0$ oder $b = 0$ ist (3.43) trivial. Ist $ab > 0$, so gilt $|ab| = ab = (-a)(-b) = |a| \cdot |b|$, und im Falle $ab < 0$ ist $|ab| = -ab = (-a)\,b = a(-b) = |a| \cdot |b|$. Zum Nachweis von (3.44) sei zunächst bemerkt, daß für $b \neq 0$ wegen $|b| \cdot \left|\frac{1}{b}\right| = 1$ stets $\left|\frac{1}{b}\right| = \frac{1}{|b|}$ gilt. Daraus ergibt sich durch Anwendung von (3.43) $\left|\frac{a}{b}\right| = |a| \cdot \left|\frac{1}{b}\right| = \frac{|a|}{|b|}$.

Satz 3.20

Für reelle Zahlen a, b gilt:

$||a| - |b|| \leqq |a \pm b| \leqq |a| + |b|$. (*Dreiecksungleichungen*) (3.45)

Beispiel 3.9

Für welche reellen Zahlen x gilt $|x - 2| < 3$?

Falls $x \geqq 2$ gilt, ist $|x - 2| = x - 2$, und im Falle $x < 2$ gilt $|x - 2| = -(x - 2)$.

Sei $x < 2$: Die Ungleichung $|x - 2| < 3$ ist mit $-(x - 2) < 3$, also mit $x > -1$ äquivalent.

Sei $x \geqq 2$: Die Ungleichung $|x - 2| < 3$ ist mit $x - 2 < 3$, also mit $x < 5$ äquivalent.

Damit erfüllen genau die reellen Zahlen x die Ungleichung, für die $-1 < x < 2$ oder $2 \leqq x < 5$, also insgesamt $-1 < x < 5$ gilt.

Allgemein ist eine Ungleichung der Form $|x - a| < b$ mit $a - b < x < a + b$ äquivalent.

3.4.3. Darstellung reeller Zahlen (Zahlensysteme)

Den meisten Regeln des praktischen Rechnens mit natürlichen, ganzen, rationalen und reellen Zahlen liegt die Tatsache zugrunde, daß im dekadischen Zahlensystem oder Dezimalsystem gearbeitet wird. Bekanntlich ist sowohl die Entstehung der Namen als auch die Wahl der Zeichen etwa für natürliche Zahlen dadurch beeinflußt, daß gewisse Zahleneinheiten $1 = 10^0$, $10 = 10^1$, $100 = 10^2$, $1000 = 10^3$ usw. verwendet werden, die Potenzen einer festen Grundzahl (nämlich „zehn") darstellen. So ist zum Beispiel die Ziffernfolge 1236 das Zeichen für die Zahl „eintausendzweihundertsechsunddreißig", wobei Schreibweise und Name durch die Festsetzung

$$1236 = \mathbf{1} \cdot 10^3 + \mathbf{2} \cdot 10^2 + \mathbf{3} \cdot 10^1 + \mathbf{6} \cdot 10^0$$

gerechtfertigt werden.

Eine allgemeine Definition bereiten wir durch den folgenden Satz vor.

Satz 3.21

Ist $m > 1$ eine natürliche Zahl, so gibt es zu jeder natürlichen Zahl $n \geqq 1$ genau eine Zerlegung der Form

$$n = z_k m^k + z_{k-1} m^{k-1} + \cdots + z_1 m^1 + z_0 m^0$$

mit natürlichen Zahlen $z_k \neq 0$, $0 \leqq z_i \leqq m - 1$ für $i = 0, 1, \ldots, k$.

Wie im Dezimalsystem müssen bei Verwendung einer beliebigen Grundzahl $m > 1$ für die ersten natürlichen Zahlen 0 bis $m - 1$ Zeichen eingeführt werden, die dann *m-adische Ziffern* genannt werden. Im Dezimalsystem sind das die Ziffern 0, 1, ..., 9. Im dyadischen System, in dem 2 als Grundzahl verwendet wird, sind die dyadischen Ziffern 0 für Null und L für Eins als Zeichen gebräuchlich.

Definition 3.19

Ist $n = z_k m^k + z_{k-1} m^{k-1} + \cdots + z_1 m^1 + z_0 m^0$

die (nach Satz 3.21) eindeutig bestimmte Zerlegung der natürlichen Zahl $n > 1$ *mit den m-adischen Ziffern* $z_k, z_{k-1}, \ldots, z_0$, *so heißt die Ziffernfolge*

$$z_k z_{k-1} \cdots z_1 z_0$$

die m-adische Darstellung der natürlichen Zahl n.

Dezimalsystem

Wir beschränken uns zunächst auf das Dezimalsystem, verwenden also als Grundzahl $m = 10$. Die in den folgenden Beispielen deutlich gemachten Gesetzmäßigkeiten können für beliebige Grundzahlen verallgemeinert werden.

Beispiel 3.10

Der bekannte Algorithmus des schriftlichen Multiplizierens beruht auf der gemäß Satz 3.21 gegebenen Zerlegung. Die folgende Gegenüberstellung macht das deutlich:

$$\begin{array}{l l}
\underline{23 \cdot 14} & \underline{(2 \cdot 10^1 + 3 \cdot 10^0) \cdot (1 \cdot 10^1 + 4 \cdot 10^0)} \\
23 & 2 \cdot 10^2 + 3 \cdot 10^1 \\
\underline{\;\;92} & \underline{\qquad\qquad 9 \cdot 10^1 + 2 \cdot 10^0} \\
322 & 3 \cdot 10^2 + 2 \cdot 10^1 + 2 \cdot 10^0
\end{array}$$

Auch für rationale Zahlen ist die Dezimaldarstellung üblich. So stellt der endliche Dezimalbruch 4,82 die rationale Zahl

$$\frac{482}{100} = \frac{400}{100} + \frac{80}{100} + \frac{2}{100} = 4 \cdot 10^0 + 8 \cdot 10^{-1} + 2 \cdot 10^{-2}$$

dar. Allgemein bezeichnet $z_k z_{k-1} \cdots z_0, e_1 e_2 e_3 \cdots e_l$ (z_i, e_j dekadische Ziffern) die rationale Zahl

$$z_k \cdot 10^k + \cdots + z_1 \cdot 10^1 + z_0 \cdot 10^0 + e_1 \cdot 10^{-1} + e_2 \cdot 10^{-2} + \cdots + e_l \cdot 10^{-l}.$$

Man nennt $z_k \cdots z_0, e_1 \cdots e_l$ einen *endlichen Dezimalbruch.*

Offensichtlich lassen sich gerade die rationalen Zahlen $\frac{p}{q}$ ($p, q \in N$, $q \neq 0$) als solche endlichen Dezimalbrüche schreiben, die sich zu einem Bruch erweitern lassen, dessen Nenner eine Zehnerpotenz ist. Ist $\frac{p}{q}$ schon weitestgehend gekürzt, so ist dafür notwendig und hinreichend, daß $q = 2^r \cdot 5^s$ ($r, s \in N$) ist.

Beispiel 3.11

$$\frac{3}{8} = \frac{375}{1000} = 0 \cdot 10^0 + 3 \cdot 10^{-1} + 7 \cdot 10^{-2} + 5 \cdot 10^{-3} = 0{,}375,$$

$$\frac{81}{25} = \frac{324}{100} = 3 \cdot 10^0 + 2 \cdot 10^{-1} + 4 \cdot 10^{-2} = 3{,}24.$$

Derartige Umformungen in endliche Dezimalbrüche sind also nicht möglich, wenn der Nenner des Bruches $\frac{p}{q}$ andere Primfaktoren als 2 und 5 enthält und diese sich nicht wegkürzen lassen.

Bei den Brüchen in Beispiel 3.11 führt auch das bekannte Verfahren der schriftlichen Division zum Ziel.

Beispiel 3.12

3 : 8 = 0,375
30
 60
  40

3 durch 8 gleich 0, Rest $3 = \frac{30}{10}$

$\frac{30}{10}$ durch 8 gleich $\frac{3}{10}$, Rest $\frac{6}{10} = \frac{60}{100}$

$\frac{60}{100}$ durch 8 gleich $\frac{7}{100}$, Rest $\frac{4}{100} = \frac{40}{1000}$

$\frac{40}{1000}$ durch 8 gleich $\frac{5}{1000}$, Rest $\frac{0}{1000}$

Führt man das eben angedeutete Verfahren für solche Brüche durch, die sich nicht als endliche Dezimalbrüche schreiben lassen, so wird man auf gewisse nichtabbrechende, also auf *unendliche Dezimalbrüche* geführt.

Beispiel 3.13

4 : 7 = 0,571 42857 ...
40
 50
  10
   30
    20
     60
      40
       50

4 durch 7 gleich 0, Rest $4 = \frac{40}{10}$

$\frac{40}{10}$ durch 7 gleich $\frac{5}{10}$, Rest $\frac{5}{10} = \frac{50}{100}$

$\frac{50}{100}$ durch 7 gleich $\frac{7}{100}$, Rest $\frac{1}{100} = \frac{10}{1000}$

$\frac{10}{1000}$ durch 7 gleich $\frac{1}{1000}$, Rest $\frac{3}{1000} = \frac{30}{10000}$

usw.

Die hier fortlaufend durchgeführte Division kann nicht abbrechen, da sich $\frac{4}{7}$ nicht zu einem Bruch mit Zehnerpotenznenner erweitern läßt. Offensichtlich müssen sich bei Division durch 7 spätestens nach der 6. Stelle die Reste wiederholen. Es entsteht also ein *periodischer* unendlicher Dezimalbruch. Bezogen auf das Beispiel schreibt man $\frac{4}{7} = 0,\overline{571428}$ (gelesen: null-komma-fünf-sieben-eins-vier-zwei-acht-periode).
Weitere Beispiele sind $\frac{5}{12} = 0,41666\ldots = 0,41\overline{6}$, $\frac{1}{3} = 0,\overline{3}$ usw.

Beispiel 3.14

Da wir mit den bisher behandelten unendlichen periodischen Dezimalbrüchen in bekannter Weise rechnen können, machen wir das Prinzip deutlich, wie ein periodischer Dezimalbruch in einen Bruch rückverwandelt werden kann. Ist $a = 0,41\overline{6}$ als Bruch zu schreiben, so bilden wir $10a = 4,1\overline{6}$.

Durch Differenzbildung ergibt sich $9a = 3,75$, also $a = \frac{375}{900} = \frac{5}{12}$.

Ist $z_k z_{k-1} \ldots z_0, e_1 e_2 \ldots e_n \ldots$ der Dezimalbruch der positiven rationalen Zahl $\frac{p}{q}$, so nennt man sinnvollerweise $-z_k z_{k-1} \ldots z_0, e_1 e_2 \ldots e_n \ldots$ die Dezimalbruchentwicklung der negativen rationalen Zahl $-\frac{p}{q}$. Auch die Dezimaldarstellung $z_k \ldots z_0$ einer ganzen Zahl kann in der Form $z_k \ldots z_0, 00 \ldots$ als Dezimalbruch geschrieben werden. Schließlich können die endlichen Dezimalbrüche als unendliche periodische Dezimalbrüche mit der Periode 0 aufgefaßt werden.

Damit ergibt sich zusammenfassend:

Satz 3.22

Jede rationale Zahl läßt sich als unendlicher periodischer Dezimalbruch schreiben, und umgekehrt stellt jeder unendliche periodische Dezimalbruch eine rationale Zahl dar.

Bei praktischen Rechnungen werden für unendliche Dezimalbrüche sogenannte Näherungsbrüche verwendet. Zur Charakterisierung des Zusammenhangs von unendlichen Dezimalbrüchen und Näherungsbrüchen gehen wir von dem unendlichen Dezimalbruch $0,\overline{571428}$ aus. Die Näherungsbrüche $d_0, d_1, d_2, d_3, \ldots$ sind hier

$d_0 = 0$
$d_1 = 0 + 5 \cdot 10^{-1}$
$d_2 = 0 + 5 \cdot 10^{-1} + 7 \cdot 10^{-2}$
$d_3 = 0 + 5 \cdot 10^{-1} + 7 \cdot 10^{-2} + 1 \cdot 10^{-3}$
. . . .

Setzt man $d_n' = d_n + \frac{1}{10^n}$ $(n \in N)$, so ergibt sich die in Abbildung 3.3 dargestellte geometrische Veranschaulichung. Die durch $[d_n, d_n']$ $(n \in N)$ gegebenen und fortlaufend ineinandergeschachtelten Intervalle ziehen sich auf den Punkt $\frac{4}{7}$ zusammen und charakterisieren im anschaulichen Sinne diesen Punkt.

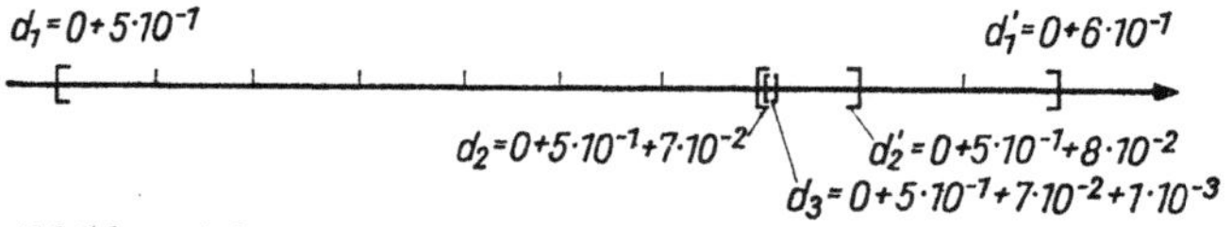

Abbildung 3.3

Damit ergibt sich die Frage, ob auch die Punkte, die irrationalen Zahlen entsprechen, durch derartige Intervallschachtelungen charakterisiert werden können. Wir lassen deshalb die Einschränkung fallen, daß die zu betrachtenden Dezimalbrüche endlich oder unendlich periodisch sind, lassen also auch unendliche nichtperiodische Dezimalbrüche zu. Endliche Dezimalbrüche werden im folgenden als periodische unendliche Dezimalbrüche geschrieben.

Es läßt sich zeigen, daß jede reelle Zahl im wesentlichen auf genau eine Weise in einen unendlichen Dezimalbruch entwickelt werden kann. Dabei beschränken wir die Darstellung aus methodischen Gründen auf reelle Zahlen a mit $0 \leqq a < 1$, da sich die Entwicklung jeder anderen reellen Zahl aus der Dezimalbruchentwicklung einer solchen Zahl a unmittelbar ergibt.

Definition 3.20

Ist der unendliche Dezimalbruch $0, e_1 e_2 \ldots e_n \ldots$ *gegeben und ist*

$$d_0 = 0$$

$$d_{n+1} = d_n + \frac{e_{n+1}}{10^{n+1}} \quad (n \in N),$$

so heißen d_0, d_1, d_2 *usw. Näherungsbrüche des unendlichen Dezimalbruchs* $0, e_1 e_2 \ldots e_n \ldots$.

Definiert man nun $d_n' = d_n + \frac{1}{10^n}$ $(n \in N)$, so ergibt sich, daß die für jede natürliche Zahl n gegebenen Intervalle $I_n = \{x\colon d_n \leqq x \leqq d_n'\}$ ineinandergeschachtelt sind (vgl. Abbildung 3.3). Der wesentliche Zusammenhang zwischen reellen Zahlen und unendlichen Dezimalbrüchen wird durch die beiden folgenden Sätze deutlich.

Satz 3.23

Zu jedem unendlichen Dezimalbruch $0, e_1 e_2 \ldots e_n \ldots$ *gibt es genau eine reelle Zahl* a *mit*

$$d_n \leqq a \leqq d_n' \quad (n \in N).$$

Diese eindeutig bestimmte reelle Zahl a *ist die kleinste obere Schranke der Menge aller Näherungsbrüche* d_n, *also* $a = \sup\{d_n\colon n \in N\}$.

Ist andererseits eine reelle Zahl a gegeben, so gibt es in gewissen Fällen zwei unendliche Dezimalbrüche, für deren Näherungsbrüche die Bedingung $d_n \leqq a \leqq d_n'$ gilt. Ist $a = \frac{3}{8}$, so gilt für die unendlichen Dezimalbrüche $0{,}375\bar{0}$ bzw. $0{,}374\bar{9}$

0	$\leqq a \leqq 1$	bzw. 0	$\leqq a \leqq 1$
$0{,}3$	$\leqq a \leqq 0{,}4$	$0{,}3$	$\leqq a \leqq 0{,}4$
$0{,}37$	$\leqq a \leqq 0{,}38$	$0{,}37$	$\leqq a \leqq 0{,}38$
$0{,}375$	$\leqq a \leqq 0{,}376$	$0{,}374$	$\leqq a \leqq 0{,}375$
$0{,}3750$	$\leqq a \leqq 0{,}3751$	$0{,}3749$	$\leqq a \leqq 0{,}3750$
$0{,}37500$	$\leqq a \leqq 0{,}37501$	$0{,}37499$	$\leqq a \leqq 0{,}37500$

. . . .

Offensichtlich existiert also für solche reellen Zahlen, die sich durch einen endlichen Dezimalbruch darstellen lassen, noch eine weitere Dezimalbruchentwicklung. Verschärft man nun die Bedingung $d_n \leqq a \leqq d_n'$ zu $d_n \leqq a < d_n'$, so kommen unendliche Dezimalbrüche mit der Periode 9 nicht mehr in Frage und man erhält den folgenden Satz.

Satz 3.24

Zu jeder reellen Zahl a *mit* $0 \leqq a < 1$ *gibt es genau einen unendlichen Dezimalbruch* $0, e_1 e_2 \ldots e_n \ldots$ *mit*

$$d_n \leqq a < d_n' \quad (n \in N).$$

Für jedes $n \in N$ ergibt sich e_{n+1} als die größte natürliche Zahl k, für die $d_n + \frac{k}{10^{n+1}} \leqq a$ gilt.

Beispiel 3.15

Es ist

$$\begin{array}{llll} 1^2 & \leqq 2 < 2^2, & \text{also } 1 & \leqq \sqrt{2} < 2 \\ 1{,}4^2 & \leqq 2 < 1{,}5^2, & 1{,}4 & \leqq \sqrt{2} < 1{,}5 \\ 1{,}41^2 & \leqq 2 < 1{,}42^2, & 1{,}41 & \leqq \sqrt{2} < 1{,}42 \\ 1{,}414^2 & \leqq 2 < 1{,}415^2, & 1{,}414 & \leqq \sqrt{2} < 1{,}415 \end{array}$$

....

Also ist $\sqrt{2} = 1{,}414\ldots$.

Abschließend formulieren wir analog zu Satz 3.22 als weiteres Ergebnis:

Satz 3.25

Jeder unendliche nichtperiodische Dezimalbruch stellt eine irrationale reelle Zahl dar, und jede irrationale Zahl besitzt eine unendliche nichtperiodische Dezimalbruchentwicklung.

Bei praktischen Rechnungen benutzt man für auftretende reelle Zahlen Näherungsbrüche mit einer Stellenzahl, die der geforderten Genauigkeit entspricht. So ist es vielfach üblich, für $\sqrt{2}$ zum Beispiel den Näherungsbruch 1,414 zu verwenden.

Dyadisches System

Das dyadische System (auch Binärsystem oder Dualsystem) hat im Zusammenhang mit der Entwicklung und Anwendung elektronischer Datenverarbeitungsanlagen große Bedeutung erlangt. Als Grundzahl wird dabei die Zahl 2 verwendet. Damit sind zur Darstellung reeller Zahlen nur zwei Ziffern erforderlich. Diese Ziffern werden mit 0 und L bezeichnet und *dyadische* (*Binär-*, *Dual-*) *Ziffern* genannt. Die Dualzahlen haben in der elektronischen Datenverarbeitung deshalb so große Bedeutung erlangt, weil für die Darstellung der Grundziffern 0 und L nur zwei Zustände technisch realisiert werden müssen.

Zunächst besprechen wir die *Konvertierung* und *Rekonvertierung* (Rückkonvertierung), worunter der Übergang von der Dezimaldarstellung in die Dualdarstellung beziehungsweise von der Dualdarstellung zur Dezimaldarstellung zu verstehen ist.

Beispiel 3.16

Die natürliche Zahl 39 läßt sich gemäß Satz 3.21 in der Form

$39 = 1 \cdot 2^5 + 0 \cdot 2^4 + 0 \cdot 2^3 + 1 \cdot 2^2 + 1 \cdot 2^1 + 1 \cdot 2^0$

schreiben. Folglich lautet ihre Dualdarstellung L00LLL.

Beispiel 3.17

Bei der Konvertierung geht man häufig nach folgendem Schema vor, das durch die rechtsstehende Darstellung gerechtfertigt wird.

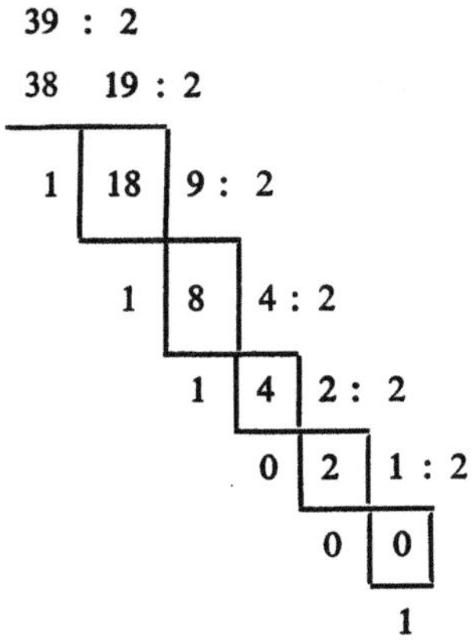

$$\begin{aligned}
39 &= 38 \cdot 2^0 + 1 \cdot 2^0 \\
&= 19 \cdot 2^1 + \mathbf{1} \cdot 2^0 \\
&= 18 \cdot 2^1 + 1 \cdot 2^1 + 1 \cdot 2^0 \\
&= 9 \cdot 2^2 + \mathbf{1} \cdot 2^1 + 1 \cdot 2^0 \\
&= 8 \cdot 2^2 + \mathbf{1} \cdot 2^2 + 1 \cdot 2^1 + 1 \cdot 2^0 \\
&= 4 \cdot 2^3 + \mathbf{0} \cdot 2^3 + 1 \cdot 2^2 + 1 \cdot 2^1 + 1 \cdot 2^0 \\
&= 2 \cdot 2^4 + \mathbf{0} \cdot 2^4 + 0 \cdot 2^3 + 1 \cdot 2^2 + 1 \cdot 2^1 + 1 \cdot 2^0 \\
&= \mathbf{1} \cdot 2^5 + 0 \cdot 2^4 + 0 \cdot 2^3 + 1 \cdot 2^2 + 1 \cdot 2^1 + 1 \cdot 2^0
\end{aligned}$$

Als dyadische Darstellung von 39 ergibt sich L00LLL, wobei die dyadischen Ziffern in der Reihenfolge von rechts nach links erhalten wurden, also in der Reihenfolge L, L, L, 0, 0, L.

Beispiel 3.18

Die Rückkonvertierung der Dualzahl L0L0 ergibt die Dezimalzahl

$1 \cdot 2^3 + 0 \cdot 2^2 + 1 \cdot 2^1 + 0 \cdot 2^0 = 10.$

Für das Rechnen im Dualsystem gilt der folgende Satz.

Satz 3.26

$0 + 0 = 0, \quad 0 + L = L + 0 = L, \quad L + L = L\,0,$

$0 \cdot 0 \;= 0, \quad 0 \cdot L = L \cdot 0 = 0, \quad L \cdot L = L.$

Die schriftliche Addition, Multiplikation und Division erläutern wir an Beispielen.

Beispiel 3.19 (Addition)

$$\begin{array}{rl}
 & \mathrm{L\,0\,0\,L\,L\,L} \\
+ & \mathrm{L\,0\,L\,0} \\
\hline
 & \mathrm{L\,L\,0\,0\,0\,L}
\end{array}
\quad \text{denn} \quad
\begin{array}{rr}
 & 1 \cdot 2^5 + 0 \cdot 2^4 + 0 \cdot 2^3 + 1 \cdot 2^2 + 1 \cdot 2^1 + 1 \cdot 2^0 \\
+ & 1 \cdot 2^3 + 0 \cdot 2^2 + 1 \cdot 2^1 + 0 \cdot 2^0 \\
= & 1 \cdot 2^5 + 1 \cdot 2^4 + 0 \cdot 2^3 + 0 \cdot 2^2 + 0 \cdot 2^1 + 1 \cdot 2^0
\end{array}$$

Betrachten wir die im Additionsschema kenntlich gemachte Stelle, so ist L (aus dem ersten Summanden), 0 (aus dem 2. Summanden) und der Übertrag L zu addieren, also L + 0 + L = L0. An der entsprechenden Stelle der Summe ergibt sich 0 und als neuer Übertrag L.

Beispiel 3.20 (Multiplikation)

Es ist 9 · 5 = 45. Im dyadischen System ergibt sich

$$\begin{array}{l}
\underline{\mathrm{L\,0\,0\,L \cdot L\,0\,L}} \\
\mathrm{L\,0\,0\,L} \\
\underline{\quad\;\;\mathrm{L\,0\,0\,L}} \\
\mathrm{L\,0\,L\,L\,0\,L}
\end{array}$$

Beispiel 3.21 (Division)

Es ist 1 : 5 = 0,2. Im dyadischen System ergibt sich kein endlicher, sondern ein unendlicher periodischer dyadischer Bruch.

$$\mathrm{L:L0L} = 0{,}00\mathrm{LL}00\mathrm{LL}\ldots = 0{,}\overline{00\mathrm{LL}}$$

```
 L:L0L
-0
 ──
 L0
- 0
 ──
 L00
-  0
 ───
 L000
- L0L
 ────
   LL0
-  L0L
   ───
     L   usw.
```

Soll eine rationale Zahl als dyadischer Bruch geschrieben werden, so ergeben genau die Brüche endliche dyadische Brüche, die sich zu Brüchen erweitern lassen, deren Nenner eine Potenz von 2 sind. Alle anderen führen zu periodischen unendlichen dyadischen Brüchen.

Beispiel 3.22

Dezimaldarstellung	Dyadische Darstellung
$\frac{1}{2} = 0{,}5$	$\frac{\mathrm{L}}{\mathrm{L0}} = 0{,}\mathrm{L}$
$\frac{1}{3} = 0{,}\overline{3}$	$\frac{\mathrm{L}}{\mathrm{LL}} = 0{,}\overline{0\mathrm{L}}$
$\frac{1}{4} = 0{,}25$	$\frac{\mathrm{L}}{\mathrm{L00}} = 0{,}0\mathrm{L}$
$\frac{1}{5} = 0{,}2$	$\frac{\mathrm{L}}{\mathrm{L0L}} = 0{,}\overline{00\mathrm{LL}}$
$\frac{1}{6} = 0{,}1\overline{6}$	$\frac{\mathrm{L}}{\mathrm{LL0}} = 0{,}0\overline{0\mathrm{L}}$
$\frac{1}{7} = 0{,}\overline{142857}$	$\frac{\mathrm{L}}{\mathrm{LLL}} = 0{,}\overline{00\mathrm{L}}$
$\frac{1}{8} = 0{,}125$	$\frac{\mathrm{L}}{\mathrm{L000}} = 0{,}00\mathrm{L}$
$\frac{1}{9} = 0{,}\overline{1}$	$\frac{\mathrm{L}}{\mathrm{L00L}} = 0{,}\overline{000\mathrm{LLL}}$
$\frac{1}{10} = 0{,}1$	$\frac{\mathrm{L}}{\mathrm{L0L0}} = 0{,}0\overline{00\mathrm{LL}}$

3.5. Komplexe Zahlen

3.5.1. Begriff der komplexen Zahl

Im Bereich der reellen Zahlen ist das Radizieren für nichtnegative Radikanden stets ausführbar. Damit diese Operation uneingeschränkt ausführbar wird, ist eine Erweiterung des Bereiches der reellen Zahlen erforderlich. Diese Erweiterung führt zum Bereich der *komplexen Zahlen.* Der Bereich der komplexen Zahlen entstand gegen Ende des 18. Jahrhunderts und gewann bald praktische Bedeutung.

Definition 3.21

Die Elemente einer Obermenge K von Z, für die eine Addition und eine Multiplikation definiert sind, heißen komplexe Zahlen, wenn folgende Forderungen erfüllt sind:

a) Für die Elemente von K gelten die Grundgesetze der Addition und Multiplikation (3.14) bis (3.20).

b) Die Summe (Das Produkt) von reellen Zahlen als Elemente von K stimmt mit der (dem) für reelle Zahlen bereits definierten Summe (Produkt) überein.

c) Die Menge K enthält ein Element i mit der Eigenschaft $i^2 = -1$.

d) Zu jedem Element z aus K gibt es genau zwei reelle Zahlen a, b, so daß sich z in der Form $z = a + ib$ *darstellen läßt.*

Definition 3.22

Ist $z = a + ib$, *so heißt*

a der Realteil von z (in Zeichen: $Re(z)$*),*

b der Imaginärteil von z (in Zeichen: $Im(z)$*).*

Die komplexe Zahl $\bar{z} = a - ib = Re(z) - i \cdot Im(z)$ *heißt die zu z konjugiert komplexe Zahl. Eine komplexe Zahl* $z = a + ib$ *heißt rein imaginär, wenn* $a = Re(z) = 0$ *und* $b = Im(z) \neq 0$ *gilt.*

Auf Grund von Definition 3.21 ergibt sich folgender Satz:

Satz 3.27

Zwei komplexe Zahlen sind genau dann gleich, wenn die Realteile und die Imaginärteile übereinstimmen:

$$a + ib = c + id \Leftrightarrow (a = c \wedge b = d).$$

Beispiel 3.23

Die Gleichung $x^2 + c = 0$ $(c > 0)$ hat als Lösungen die rein imaginären Zahlen $z_1 = i\sqrt{c}$ und $z_2 = -i\sqrt{c}$, da $z_1^2 = z_2^2 = c$ gilt. Die Zahlen z_1 und z_2 sind zueinander konjugiert komplex.

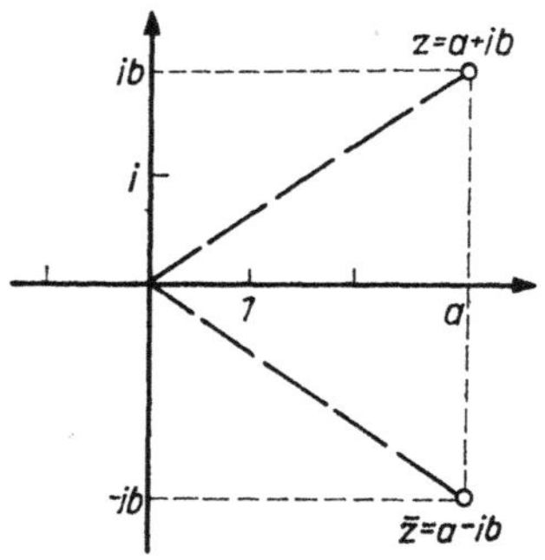

Abbildung 3.4

Zur Veranschaulichung der komplexen Zahlen wird die sogenannte *Gaußsche Zahlenebene* benutzt. Nach Wahl eines kartesischen Koordinatensystems in der Ebene wird der komplexen Zahl $z = a + ib$ der Punkt mit den Koordinaten $(a \;\; b)$ zugeordnet (vgl. Abbildung 3.4). Umgekehrt entspricht jedem Punkt der Ebene genau eine komplexe Zahl. Wegen der Eineindeutigkeit dieser Zuordnung können die Punkte mit den komplexen Zahlen identifiziert werden, so daß üblicherweise der Punkt $P(a \;\; b)$ mit $z = a + ib$ bezeichnet wird. Man nennt die betrachtete Ebene Gaußsche Zahlenebene. Den Punkten der einen Achse entsprechen die reellen Zahlen und den Punkten der anderen Achse (mit Ausnahme des Ursprungs) die rein imaginären Zahlen. Wir sprechen deshalb auch von reeller und imaginärer Achse.

Definition 3.23

Die reelle Zahl $|z| = \sqrt{a^2 + b^2}$ *heißt der absolute Betrag von* $z = a + ib$.

Offensichtlich stellt $|z|$ den Abstand des Punktes z vom Koordinatenursprung dar. Für reelle (komplexe) Zahlen z ist $|z|$ der übliche absolute Betrag, wie er von den reellen Zahlen her bekannt ist.

3.5.2. Rechnen mit komplexen Zahlen

Satz 3.28

Für die Addition, Subtraktion, Multiplikation und Division komplexer Zahlen gilt

$$(a + ib) + (c + id) = (a + c) + i(b + d) \qquad (\textit{Addition})$$

$$(a + ib) - (c + id) = (a - c) + i(b - d) \qquad (\textit{Subtraktion})$$

$$(a + ib) \cdot (c + id) = (ac - bd) + i(ad + bc) \qquad (\textit{Multiplikation})$$

$$(a + ib) : (c + id) = \frac{ac + bd}{c^2 + d^2} + i\,\frac{bc - ad}{c^2 + d^2} \quad (c + id \neq 0) \qquad (\textit{Division})$$

Beispiel 3.24

Es ist $i^1 = i$, $i^2 = -1$, $i^3 = i^2 \cdot i = -i$, $i^4 = i^2 \cdot i^2 = 1$, sowie $i^{-1} = \frac{1}{i} = \frac{i}{i^{2}} = -i$, $i^{-2} = i^{-1} \cdot i^{-1} = -1$, $i^{-3} = i^{-2} \cdot i^{-1} = i$, $i^{-4} = i^{-2} \cdot i^{-2} = 1$.

Allgemein gilt

$$i^n = \begin{cases} 1 & \text{für } n = 4k \\ i & \text{für } n = 4k+1 \\ -1 & \text{für } n = 4k+2 \\ -i & \text{für } n = 4k+3 \end{cases} \qquad i^{-n} = \begin{cases} 1 & \text{für } n = 4k \\ -i & \text{für } n = 4k+1 \\ -1 & \text{für } n = 4k+2 \\ i & \text{für } n = 4k+3 \end{cases}$$

mit k als natürliche Zahl.

Beispiel 3.25

Für die komplexen Zahlen $z_1 = 2 + i$ und $z_2 = -5 + 3i$ ergibt sich:

$z_1 + z_2 = -3 + 4i$

$z_1 - z_2 = 7 - 2i$

$z_1 \cdot z_2 = -13 + i$

$z_1 : z_2 = -\frac{7}{34} - \frac{11}{34}i.$

Weitere Rechenregeln für komplexe Zahlen geben die folgenden Sätze an.

Satz 3.29

Für komplexe Zahlen z_1, z_2 gilt:

$$\overline{z_1 \pm z_2} = \bar{z}_1 \pm \bar{z}_2 \tag{3.46}$$

$$\overline{z_1 \cdot z_2} = \bar{z}_1 \cdot \bar{z}_2 \tag{3.47}$$

$$\overline{\left(\frac{z_1}{z_2}\right)} = \frac{\bar{z}_1}{\bar{z}_2} \quad (z_2 \neq 0). \tag{3.48}$$

Satz 3.30

Für komplexe Zahlen z_1, z_2 gilt:

$$|z_1 \cdot z_2| = |z_1| \cdot |z_2| \tag{3.49}$$

$$\left|\frac{z_1}{z_2}\right| = \frac{|z_1|}{|z_2|} \quad (z_2 \neq 0). \tag{3.50}$$

Als Beispiel für die geometrische Darstellung der in K eingeführten Operationen veranschaulichen wir die Addition zweier komplexer Zahlen $z_1 = a_1 + ib_1$ und $z_2 = a_2 + ib_2$.

Nach Satz 3.28 gilt:

$Re(z_1 + z_2) = Re(z_1) + Re(z_2)$

$Im(z_1 + z_2) = Im(z_1) + Im(z_2)$.

Der Ursprungspunkt und die Punkte z_1, z_2 und $z_1 + z_2$ stellen also die Eckpunkte eines Parallelogramms dar (vgl. Abbildung 3.5).

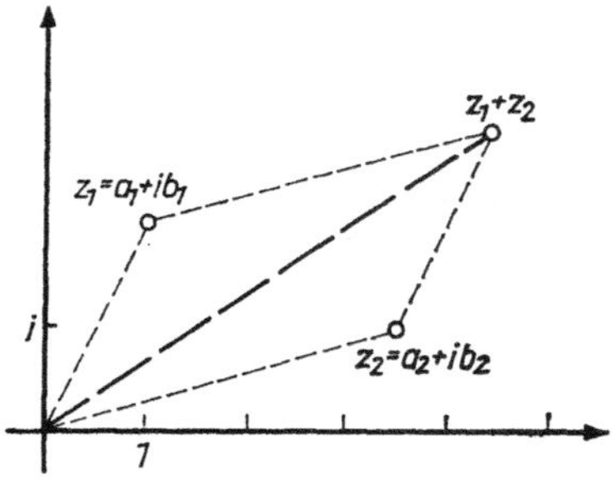

Abbildung 3.5

Entsprechend der geometrischen Darstellung ergibt sich

$|z_1 + z_2| = \sqrt{(a_1 + a_2)^2 + (b_1 + b_2)^2}.$

3.5.3. Polarkoordinaten, trigonometrische Darstellung

Die Lage eines Punktes in einer Ebene wurde bisher nach Einführung eines kartesischen Koordinatensystems durch die Angabe zweier Koordinaten charakterisiert. Eine weitere derartige Möglichkeit ist durch sogenannte ebene *Polarkoordinaten* gegeben. Wird nämlich in der betrachteten Ebene gemäß Abbildung 3.6 ein von 0 ausgehender Strahl 0X festgelegt, und ist eine Längeneinheit vorgegeben, so ist die Lage des Punktes P durch die Maßzahl r der Strecke $\overline{0P}$ und das Bogenmaß φ des Winkels $X0P$ eindeutig bestimmt. Dabei wurde der mathematisch positive Drehsinn der Ebene (Gegenuhrzeigersinn) zugrunde gelegt, so daß in Abbildung 3.6 $\varphi > 0$, dagegen $\varphi' < 0$ gilt.

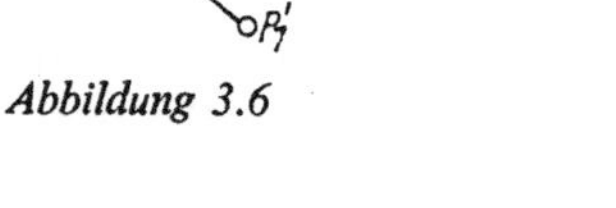

Abbildung 3.6

Auf diese Weise entspricht jedem Paar von Polarkoordinaten $(r\ \varphi)$ genau ein Punkt der Ebene. Umgekehrt ist jedoch zu beachten, daß zum Beispiel sowohl $(r\ \varphi)$ als auch $(r\ \varphi + 2\pi)$ den Punkt P charakterisieren. Das heißt, daß der zu P gehörende Winkel nur bis auf additive ganzzahlige Vielfache von 2π eindeutig bestimmt ist. Für 0 gilt zwar $r = 0$, jedoch bleibt φ unbestimmt.

Mit Hilfe von Polarkoordinaten kommen wir nun zur trigonometrischen Darstellung komplexer Zahlen.

Entsprechend Abbildung 3.7 gilt $\cos\varphi = \frac{a}{r}$, $\sin\varphi = \frac{b}{r}$. Also ist $a = r\cos\varphi$ und $b = r\sin\varphi$, so daß wir für $z \neq 0$ $z = r(\cos\varphi + i\sin\varphi)$ erhalten. Die Darstellung

$$z = r(\cos\varphi + i\sin\varphi) \tag{3.51}$$

heißt *trigonometrische Darstellung* der komplexen Zahl z.

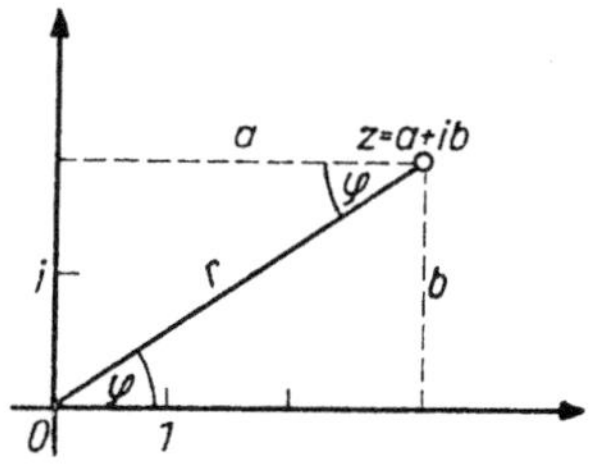

Abbildung 3.7

Es gilt

$$r = |z| = \sqrt{a^2 + b^2} \quad \text{und} \quad \cos\varphi = \frac{a}{\sqrt{a^2 + b^2}}, \quad \sin\varphi = \frac{b}{\sqrt{a^2 + b^2}}.$$

Wird dabei φ so gewählt, daß $-\pi < \varphi \leqq +\pi$ gilt, so nennt man φ das *Argument* oder *Arcus* von z, in Zeichen: $\arg z$ oder $\operatorname{arc} z$. Es gilt also stets $-\pi < \arg z \leqq \pi$.

Die Verwendung der trigonometrischen Darstellung komplexer Zahlen ist oft sehr vorteilhaft. Als erste Anwendung bilden wir das Produkt zweier von Null verschiedener komplexer Zahlen $z_1 = r_1(\cos\varphi_1 + i\sin\varphi_1)$ und

$z_2 = r_2(\cos\varphi_2 + i\sin\varphi_2)$. Es ist

$$z_1 \cdot z_2 = r_1 \cdot r_2[(\cos\varphi_1\cos\varphi_2 - \sin\varphi_1\sin\varphi_2) + i(\sin\varphi_1\cos\varphi_2 + \sin\varphi_2\cos\varphi_1)],$$

so daß sich nach Anwendung bekannter Additionstheoreme

$$z_1 \cdot z_2 = r_1 \cdot r_2(\cos(\varphi_1 + \varphi_2) + i \cdot \sin(\varphi_1 + \varphi_2)) \tag{3.52}$$

ergibt.

Die Beziehung (3.52) läßt sich verallgemeinern.

Satz 3.31

Ist $z_j = r_j(\cos\varphi_j + i\sin\varphi_j) \neq 0$ *für* $j = 1, \ldots, n$,

so gilt

$$z_1 \cdot z_2 \cdot \ldots \cdot z_n$$
$$= r_1 \cdot r_2 \cdot \ldots \cdot r_n(\cos(\varphi_1 + \varphi_2 + \cdots + \varphi_n) + i\sin(\varphi_1 + \varphi_2 + \cdots + \varphi_n)). \tag{3.53}$$

Beweis

Den Beweis führen wir durch vollständige Induktion (über die Anzahl n der Faktoren). Der Induktionsanfang ist für $n = 2$ durch (3.52) gegeben. Bei beliebigem $n \in N$ ist aus der Induktionsvoraussetzung, daß (3.53) für n Faktoren richtig ist, die Gültigkeit für $n + 1$ Faktoren, also die Beziehung

$z_1 \cdot z_2 \cdot \ldots \cdot z_n \cdot z_{n+1}$

$= r_1 \cdot r_2 \cdot \ldots \cdot r_n \cdot r_{n+1} \cdot (\cos(\varphi_1 + \varphi_2 + \cdots + \varphi_n + \varphi_{n+1}) + i \sin(\varphi_1 + \varphi_2 + \cdots + \varphi_n + \varphi_{n+1}))$

herzuleiten. Als abkürzende Schreibweise setzen wir $z = z_1 \cdot z_2 \cdot \ldots \cdot z_n$, $r = r_1 \cdot r_2 \cdot \ldots \cdot r_n$, $\varphi = \varphi_1 + \varphi_2 + \cdots + \varphi_n$. Nach der Induktionsvoraussetzung gilt dann $z = r(\cos\varphi + i \sin\varphi)$. Auf Grund von (3.52) folgt nun aber $z \cdot z_{n+1} = r \cdot r_{n+1} (\cos(\varphi + \varphi_{n+1}) + i \sin(\varphi + \varphi_{n+1}))$, also die Induktionsbehauptung. Damit ist Satz 3.31 bewiesen.

Sind in (3.53) alle n Faktoren gleich, also

$z_1 = z_2 = \cdots = z_n = z \neq 0$ mit $z = r(\cos\varphi + i \sin\varphi)$, so folgt

$$z^n = r^n (\cos(n\varphi) + i \sin(n\varphi)). \tag{3.54}$$

Nun gilt aber auch für $z \neq 0$

$$z^0 = r^0 (\cos(0 \cdot \varphi) + i \sin(0 \cdot \varphi)) \quad \text{und}$$

$$z^{-1} = \frac{1}{z} = \frac{\bar{z}}{z \cdot \bar{z}} = \frac{\bar{z}}{|z|^2}$$

$$= \frac{r}{r^2} (\cos\varphi - i \sin\varphi)$$

$$= r^{-1} (\cos(-\varphi) + i \sin(-\varphi)).$$

Aus der letzten Beziehung folgt für alle natürlichen Zahlen $n \neq 0$ $z^{-n} = (z^n)^{-1} = r^{-n} (\cos(-n\varphi) + i \sin(-n\varphi))$, womit gezeigt ist, daß (3.54) auch für alle ganzen Zahlen richtig ist. Ferner ergibt sich (3.54) auch für beliebige rationale Exponenten. Diese Ergebnisse führen zum folgenden Satz.

Satz 3.32 (*Satz des Moivre*)

Für jede komplexe Zahl $z = r(\cos\varphi + i \sin\varphi) \neq 0$ *und jede rationale Zahl* q *gilt*

$$z^q = r^q (\cos(q \cdot \varphi) + i \sin(q \cdot \varphi)). \tag{3.55}$$

Beispiel 3.26

Gesucht sind alle komplexen Zahlen z, die der Gleichung $z^3 = c$ genügen. Es sei c in trigonometrischer Darstellung $c = R(\cos\Phi + i \sin\Phi)$ gegeben. Nach (3.54) kommen als Lösung alle komplexen Zahlen z in Frage, für die gilt

$$z = \sqrt[3]{R} \left(\cos\frac{\Phi + 2k\pi}{3} + i \sin\frac{\Phi + 2k\pi}{3} \right) \quad (k \in G).$$

Wegen der Periodizität der Sinus- und Kosinusfunktion sind das die komplexen Zahlen

$$z_1 = \sqrt[3]{R} \left(\cos\frac{\Phi}{3} + i \sin\frac{\Phi}{3} \right) \quad (k = 0),$$

$$z_2 = \sqrt[3]{R} \left(\cos\frac{\Phi + 2\pi}{3} + i \sin\frac{\Phi + 2\pi}{3} \right) \quad (k = 1),$$

$$z_3 = \sqrt[3]{R} \left(\cos\frac{\Phi + 4\pi}{3} + i \sin\frac{\Phi + 4\pi}{3} \right) \quad (k = 2).$$

Wählen wir $c = 1$, so ist $R = 1$ und $\Phi = 0$. Es ergeben sich als Lösung der Gleichung $z^3 = 1$ die sogenannten dritten *Einheitswurzeln*:

$$z_1 = \cos 0 + i \sin 0 = 1$$

$$z_2 = \cos \frac{2\pi}{3} + i \sin \frac{2\pi}{3} = -\frac{1}{2} + \frac{i}{2}\sqrt{3}$$

$$z_3 = \cos \frac{4\pi}{3} + i \sin \frac{4\pi}{3} = -\frac{1}{2} - \frac{i}{2}\sqrt{3}.$$

Wegen $|z_1| = |z_2| = |z_3| = 1$ liegen die komplexen Zahlen z_1, z_2, z_3 auf dem Einheitskreis (vgl. Abbildung 3.8).

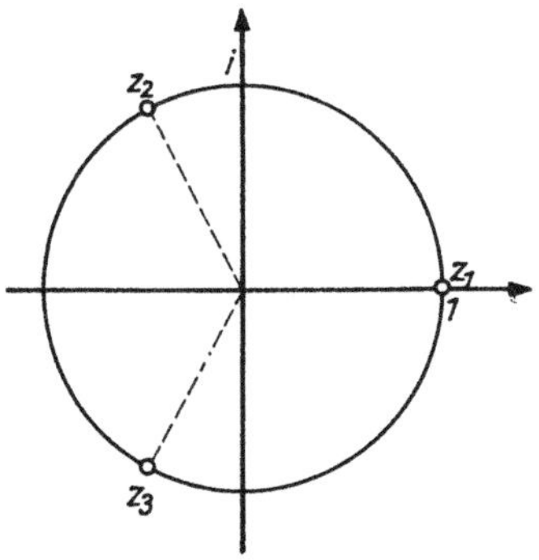

Abbildung 3.8

Aufgaben

3.1.1 Zeigen Sie unter Verwendung von (3.10), daß für $m, n \in N$ aus $m \cdot n = 0$ stets $m = 0$ oder $n = 0$ folgt!

3.1.2 Beweisen Sie durch vollständige Induktion, daß für natürliche Zahlen n stets $n \neq n'$ gilt!

3.1.3 Durch vollständige Induktion über n ist zu zeigen: Ist $m \in N$ und n die Anzahl der Summanden von $m + m + \cdots + m$, so gilt $m + m + \cdots + m = n \cdot m$.

3.4.4 Untersuchen Sie die Teilmenge $L = \{x \in R\colon\ -2 \leqq x < 3\}$ von R auf die Existenz von Maximum, Minimum, Supremum, Infimum!

3.4.5 Charakterisieren Sie die Menge aller Punkte $(x\ y)$, deren reellwertige Koordinaten x, y der Bedingung $|x| + |y| \leqq 1$ genügen!

3.4.6 Welcher Dezimalbruch wird durch den dyadischen Bruch LL0L,00LL dargestellt?

3.4.7 Konvertieren Sie die Zahl 31,75!

3.5.8 Schreiben Sie die komplexe Zahl $\frac{1+i}{1-i}$ in der Form $a + bi$ $(a, b \in R)$ und in trigonometrischer Darstellung!

3.5.9 Welche komplexen Zahlen sind Lösungen der Gleichung $z^6 = -1$?

4. Kombinatorik

4. Kombinatorik

4.1. Summenzeichen

In der Mathematik, Statistik usw. verwendet man zur verkürzten Darstellung oft auftretender Rechenoperationen bestimmte Symbole. So benutzt man das Zeichen $\sum$ als Kurzzeichen zur Symbolisierung einer Summe, das Symbol Π als Kurzzeichen für ein Produkt und das Symbol Δ als Kurzzeichen zur Darstellung einer Differenz.
Eine besondere Bedeutung kommt dabei dem Summenzeichen $\sum$ zu. Der Vorteil in der Anwendung dieses Symbols besteht darin, daß man mit ihm umfangreiche Summenausdrücke in eine kurze und übersichtliche Form überführen und mit diesem Summensymbol bestimmte Rechenoperationen ausführen kann, ohne die Summen selbst zu kennen. So kann man zum Beispiel die Summe der ersten zehn Quadratzahlen wie folgt schreiben:

$$1 + 4 + 9 + 16 + 25 + 36 + 49 + 64 + 81 + 100 = \sum_{x=1}^{10} x^2,$$

gelesen: Summe aller x^2 von $x = 1$ bis 10.

In dem Symbol $\sum\limits_{x=1}^{10} x^2$ bezeichnet man x^2 als allgemeinen Summanden, der das Bildungsgesetz für die Summanden der Summe angibt. Die Variable x, für die auch andere Symbole wie k, i, usw. gesetzt werden können, ist die *Summationsvariable*. Dabei ist zu beachten, daß diese Summationsvariable nur ganzzahlige Werte ($x \in G$) annehmen darf. Um die betreffende Summe exakt definieren zu können, müssen noch die untere und obere Summationsgrenze angegeben werden. Die Angabe $x = 1$

unter dem Summensymbol $\sum$ gibt die *untere Grenze*, die darüberstehende die *obere Grenze* an. Wird nun die Summationsvariable mit derjenigen ganzen Zahl belegt, die untere (obere) Summationsgrenze ist, so erhält man den ersten (letzten) Summanden der Summe. Umgekehrt gelangt man von der symbolischen Schreibweise zur ausführlich geschriebenen Summe, indem man die Summationsvariable eine Teilmenge der Menge der ganzen Zahlen – beginnend mit dem Zahlenwert der unteren Grenze und abschließend mit dem der oberen Grenze – durchlaufen läßt.

Beispiel 4.1

a) $6 + 8 + 10 + 12 + 14 = \sum_{x=3}^{7} 2x$

b) $1 + \frac{1}{3} + \frac{1}{5} + \frac{1}{7} + \frac{1}{9} + \frac{1}{11} = \sum_{x=1}^{6} \frac{1}{2x-1} = \sum_{x=0}^{5} \frac{1}{2x+1}$

c) $\frac{4}{3} - \frac{9}{5} + \frac{16}{7} - \frac{25}{9} + \frac{36}{11} - \frac{49}{13} + \frac{64}{15} = \sum_{\lambda=2}^{8} (-1)^{\lambda} \frac{\lambda^2}{2\lambda - 1}$

d) $\sum_{i=1}^{5} (-1)^i i^3 = -1 + 8 - 27 + 64 - 125$

e) $\sum_{\lambda=4}^{8} \frac{2\lambda}{2\lambda+1} = \sum_{\lambda=5}^{9} \frac{2(\lambda-1)}{2\lambda-1} = \frac{8}{9} + \frac{10}{11} + \frac{12}{13} + \frac{14}{15} + \frac{16}{17}.$

Beispiel 4.2

a) $a_1 + a_2 + \cdots + a_7 = \sum_{i=1}^{7} a_i$

b) $s_1 x_1 + s_2 x_2 + \cdots + s_n x_n = \sum_{i=1}^{n} s_i x_i$

c) $\frac{a_3}{b_3} + \frac{a_4}{b_4} + \cdots + \frac{a_{10}}{b_{10}} = \sum_{i=3}^{10} \frac{a_i}{b_i}$

d) $\sum_{i=1}^{5} a_i^2 = a_1^2 + a_2^2 + \cdots + a_5^2.$

Man bezeichnet die Variable i im Beispiel 4.2 als *Summationsindex*.

Allgemein gilt dann:

$$\sum_{i=m}^{n} a_i = a_m + a_{m+1} + \cdots + a_{n-1} + a_n \quad \begin{matrix} m \in N \\ n \in N \end{matrix} \ (m < n). \tag{4.1a}$$

Die Anzahl der Glieder dieser Summe beträgt $(n - m + 1)$, mit m als unterer und n als oberer Grenze.

Oft wird auch folgende auf Gauß zurückgehende Symbolik verwendet:

$$\sum_{i=1}^{n} a_i = [a]. \tag{4.1b}$$

Für den Umgang mit den Summenzeichen gelten folgende Sätze.

Satz 4.1

Es gilt:

$$\sum_{i=1}^{n}(a_i + b_i) = \sum_{i=1}^{n} a_i + \sum_{i=1}^{n} b_i. \tag{4.2a}$$

Beweis

$$\sum_{i=1}^{n}(a_i + b_i) = (a_1 + b_1) + (a_2 + b_2) + \cdots + (a_n + b_n) = (a_1 + a_2 + \cdots + a_n) + \\ + (b_1 + b_2 + \cdots + b_n) = \sum_{i=1}^{n} a_i + \sum_{i=1}^{n} b_i.$$

Für die Subtraktion gilt dementsprechend

$$\sum_{i=1}^{n}(a_i - b_i) = \sum_{i=1}^{n} a_i - \sum_{i=1}^{n} b_i. \tag{4.2b}$$

Für die Summierung von Produkten gilt kein entsprechender Satz. Es ist im allgemeinen

$$\sum_{i=1}^{n} a_i \cdot b_i \neq \sum_{i=1}^{n} a_i \cdot \sum_{i=1}^{n} b_i \quad (n > 1). \tag{4.3}$$

Satz 4.2

Es gilt:

$$\sum_{i=1}^{n} c \cdot a_i = c \cdot \sum_{i=1}^{n} a_i. \tag{4.4}$$

Beweis

$$\sum_{i=1}^{n} c \cdot a_i = c \cdot a_1 + c \cdot a_2 + \cdots + c \cdot a_n = c \cdot (a_1 + a_2 + \cdots + a_n) = c \cdot \sum_{i=1}^{n} a_i.$$

Satz 4.3

Es gilt;

$$\sum_{i=1}^{m} a_i + \sum_{i=m+1}^{n} a_i = \sum_{i=1}^{n} a_i \quad (m < n). \tag{4.5}$$

Beweis

$$\sum_{i=1}^{m} a_i + \sum_{i=m+1}^{n} a_i = (a_1 + a_2 + \cdots + a_{m-1} + a_m) + (a_{m+1} + a_{m+2} + \cdots + a_{n-1} + a_n) = \\ = (a_1 + a_2 + \cdots + a_m + a_{m+1} + \cdots + a_n) = \sum_{i=1}^{n} a_i.$$

Es kann aber auch vorkommen, daß sich die untere Grenze der zweiten Summe nicht unmittelbar an die obere Grenze der ersten Summe anschließt.

In diesem Falle gilt:

$$\sum_{i=1}^{m} a_i + \sum_{i=k}^{n} a_i = \sum_{i=1}^{n} a_i + \sum_{i=k}^{m} a_i \quad (k < m < n) \tag{4.6}$$

bzw.

$$\sum_{i=1}^{m} a_i + \sum_{i=k}^{n} a_i = \sum_{i=1}^{n} a_i - \sum_{i=m+1}^{k-1} a_i \quad (m < k < n). \tag{4.7}$$

Satz 4.4

Es gilt:

$$\sum_{i=m}^{n} c = (n - m + 1) \cdot c \qquad (m < n). \tag{4.8}$$

Beispiel 4.3

Nach Satz 4.4 gilt:

$$\sum_{i=5}^{10} 3 = (10 - 5 + 1) \cdot 3 = 6 \cdot 3 .$$

In vielen Fällen macht sich bei Anwendung des Summensymbols eine Transformation des Summationsindexes erforderlich. Dabei führt diese Transformation zu keiner wertmäßigen Veränderung der Glieder und deren Summe, sondern ist lediglich eine formale Umformung dieser Summenausdrücke.

Satz 4.5

Es gilt:

$$\sum_{i=m}^{n} a_i = \sum_{k=c}^{n+c-m} a_{k-c+m} \qquad (i = k - c + m). \tag{4.9}$$

Beispiel 4.4

Nach Satz 4.5 gilt:

$$\sum_{k=1}^{6} (3k + 2) = \sum_{i=0}^{5} (3i + 5) \quad \text{mit} \quad i = k - 1 .$$

Dann ist

$$\sum_{i=0}^{5} (3i + 2) + \sum_{k=1}^{6} (3k + 2) = \sum_{i=0}^{5} (3i + 2) + \sum_{i=0}^{5} (3i + 5) = \sum_{i=0}^{5} (6i + 7) .$$

In vielen praktischen Aufgabenstellungen der linearen Optimierung, zum Beispiel der Transportoptimierung, treten Anordnungen von Elementen in folgender Form auf:

$$\begin{array}{cccc|c} a_{11} & a_{12} & \cdots & a_{1n} & a_1 \\ a_{21} & a_{22} & \cdots & a_{2n} & a_2 \\ \cdots & \cdots & \cdots & \cdots & \cdots \\ a_{m1} & a_{m2} & \cdots & a_{mn} & a_m \\ \hline b_1 & b_2 & \cdots & b_n & S \end{array}$$

Gilt nun allgemein für die

Zeilensummen $\sum_{k=1}^{n} a_{ik} = a_i \quad (i = 1, 2, \cdots, m)$

und für die

Spaltensummen $\sum_{i=1}^{m} a_{ik} = b_k \quad (k = 1, 2, \ldots, n)$

und weiterhin

$$S = a_1 + a_2 + \cdots + a_m = b_1 + b_2 + \cdots + b^n = \sum_{i=1}^{m} a_i = \sum_{k=1}^{n} b_k,$$

so folgt

$$S = \sum_{i=1}^{m} \sum_{k=1}^{n} a_{ik} = \sum_{k=1}^{n} \sum_{i=1}^{m} a_{ik}. \tag{4.10}$$

Der Vergleich dieser beiden *Doppelsummen* zeigt, daß die Reihenfolge der Summation vertauschbar ist.
Als Beispiel für eine *Dreifachsumme* betrachten wir folgenden ökonomischen Sachverhalt aus der Optimierungsrechnung.

Beispiel 4.5

Wir bezeichnen mit

x_{iks}

die vom Erzeugnis s zu transportierende Menge von dem Lieferbetrieb i an den Empfangsbetrieb k.

c_{iks}

die Kosten für den Transport einer Einheit des Erzeugnisses s von dem Lieferbetrieb i an den Empfangsbetrieb k, und setzen 5 Lieferbetriebe, 3 Empfangsbetriebe und 4 verschiedene Erzeugnisse voraus. Für diesen Transport werden die Gesamttransportkosten ermittelt.
Da 5 Lieferbetriebe ($i = 1, 2, 3, 4, 5$), 3 Empfangsbetriebe $k = 1, 2, 3$) und 4 Erzeugnisse ($s = 1, 2, 3, 4$) vorliegen, ergibt sich eine Transportkostensumme aus $5 \cdot 3 \cdot 4 = 60$ Kostensummanden der Form $c_{iks} \cdot x_{iks}$. In verkürzter Darstellung ergibt sich folgender Summenausdruck:

$$Z = \sum_{i=1}^{5} \sum_{k=1}^{3} \sum_{s=1}^{4} c_{iks}\, x_{iks}.$$

Zusammenfassung

	im allgemeinen:
$\sum_{i=1}^{n} (a_i \pm b_i) = \sum_{i=1}^{n} a_i \pm \sum_{i=1}^{n} b_i$	$\sum_{i=1}^{n} a_i b_i \neq \sum_{i=1}^{n} a_i \cdot \sum_{i=1}^{n} b_i \quad (n > 1)$
$\sum_{i=1}^{n} c \cdot a_i = c \cdot \sum_{i=1}^{n} a_i$	$\sum_{i=m}^{n} c = (n - m + 1) \cdot c \quad (m < n)$
$\sum_{i=1}^{m} a_i + \sum_{i=m+1}^{n} a_i = \sum_{i=1}^{n} a_i \quad (m < n)$	$\sum_{i=1}^{m} a_i + \sum_{i=k}^{n} a_i = \sum_{i=1}^{n} a_i + \sum_{i=k}^{m} a_i \quad (k < m < n)$
	$\sum_{i=1}^{m} a_i + \sum_{i=k}^{n} a_i = \sum_{i=1}^{n} a_i - \sum_{i=m+1}^{k-1} a_i \quad (m < k < n)$
$\sum_{i=m}^{n} a_i = \sum_{k=c}^{n+c-m} a_{k-c+m} \quad (i = k - c + m)$	

4.2. Produktzeichen

Das Produktzeichen Π ist das Kurzzeichen zur Symbolisierung eines Produktes. Analog zum Summenzeichen kann man mit dem Produktsymbol Π bestimmte Rechenoperationen ausführen.

Wir führen folgende Schreibweise ein:

$$\prod_{i=m}^{n} a_i = a_m \cdot a_{m+1} \cdots a_{n-1} \cdot a_n \quad \begin{matrix} m \in N \\ n \in N \end{matrix} \quad (m < n) \tag{4.11}$$

(gelesen: Produkt aller a_i für $i = m$ bis n).

In diesem Symbol bezeichnet man den Term a_i als *allgemeinen Faktor*, i als *Multiplikationsindex*, m und n als *untere* bzw. *obere Grenze* des Index i. Die Anzahl der Faktoren des Produktes beträgt $(n - m + 1)$.

Ist zum Beispiel die Belegung

$a_1 = 4$; $a_2 = 5$; $a_3 = 2$; $a_4 = 6$; $a_5 = 10$; $a_6 = 3$

gegeben, so folgt aus (4.11)

$$\prod_{i=1}^{6} a_i = 4 \cdot 5 \cdot 2 \cdot 6 \cdot 10 \cdot 3 = 7200.$$

Ist das Produkt aus den geraden Zahlen von 2 bis 14 zu bilden, so kann man dies darstellen durch

$$2 \cdot 4 \cdot 6 \cdots 14 = \prod_{x=1}^{7} 2x.$$

Das Produkt der natürlichen Zahlen von 1 bis n läßt sich dann wie folgt schreiben:

$$1 \cdot 2 \cdot 3 \cdots (n-1) \cdot n = \prod_{x=1}^{n} x = n! \tag{4.12}$$

(Das Symbol $n!$ wird gelesen „n Fakultät")

Es ist zu beachten, daß das Symbol $n!$ zunächst nur für positive ganzzahlige Werte erklärt ist. Wir definieren zusätzlich

$$0! = 1.$$

Es besteht die Rekursionsformel

$$(n+1)! = n! \cdot (n+1).$$

Die Fakultäten 0! bis 10! haben folgende Werte:

$0! = 1$	$6! = 720$
$1! = 1$	$7! = 5040$
$2! = 2$	$8! = 40320$
$3! = 6$	$9! = 362880$
$4! = 24$	$10! = 3628800.$
$5! = 120$	

Für den Umgang mit dem Produktzeichen Π gelten folgende Sätze.

Satz 4.6

Es gilt:

$$\prod_{i=1}^{n}(a_i \cdot b_i) = \prod_{i=1}^{n} a_i \cdot \prod_{i=1}^{n} b_i . \qquad (4.13)$$

Beispiel 4.6

Nach Satz 4.6 ergibt sich:

$$\prod_{x=1}^{3}(3x+5)(3x+5) = \prod_{x=1}^{3}(3x+5)\prod_{x=1}^{3}(3x+5) = (8 \cdot 11 \cdot 14)(8 \cdot 11 \cdot 14).$$

Für die Division gilt dementsprechend:

$$\prod_{i=1}^{n}(a_i : b_i) = \prod_{i=1}^{n} a_i : \prod_{i=1}^{n} b_i . \qquad (4.14)$$

Für Produkte von Summen und Differenzen gilt kein entsprechender Satz. Es ist im allgemeinen

$$\prod_{i=1}^{n}(a_i \pm b_i) \neq \prod_{i=1}^{n} a_i \pm \prod_{i=1}^{n} b_i \quad (n > 1). \qquad (4.15)$$

Satz 4.7

Es gilt:

$$\prod_{i=1}^{n}(c \cdot a_i) = c^n \cdot \prod_{i=1}^{n} a_i . \qquad (4.16)$$

Beispiel 4.7

Nach Satz 4.7 ergibt sich:

$$\prod_{x=1}^{5} 2x = 2^5 \prod_{x=1}^{5} x$$

$$2 \cdot 4 \cdot 6 \cdot 8 \cdot 10 = 32 \cdot 1 \cdot 2 \cdot 3 \cdot 4 \cdot 5$$

$$3840 = 3840.$$

Satz 4.8

Es gilt:

$$\prod_{i=1}^{m} a_i \cdot \prod_{i=m+1}^{n} a_i = \prod_{i=1}^{n} a_i \quad (m < \mathrm{n}). \qquad (4.17)$$

Beispiel 4.8

Nach Satz 4.8 ergibt sich:

$$\prod_{x=1}^{3}(3x-2)\prod_{x=4}^{6}(3x-2) = \prod_{x=1}^{6}(3x-2)$$

$$(1 \cdot 4 \cdot 7) \cdot (10 \cdot 13 \cdot 16) = 1 \cdot 4 \cdot 7 \cdot 10 \cdot 13 \cdot 16.$$

Schließt sich die untere Grenze des zweiten Produktes *nicht* unmittelbar an die obere Grenze des ersten Produktes an, so gilt allgemein:

$$\prod_{i=1}^{m} a_i \cdot \prod_{i=k}^{n} a_i = \prod_{i=1}^{n} a_i \cdot \prod_{i=k}^{m} a_i \quad (k < m < n) \tag{4.18}$$

bzw.

$$\prod_{i=1}^{m} a_i \cdot \prod_{i=k}^{n} a_i = \prod_{i=1}^{n} a_i : \prod_{i=m+1}^{k-1} a_i \quad (m < k < n). \tag{4.19b}$$

Satz 4.9

Es gilt:

$$\prod_{i=m}^{n} c = c^{n-m+1} \quad (m < n). \tag{4.20}$$

Beispiel 4.9

Nach Satz 4.9 gilt:

$$\prod_{i=5}^{8} 2 \quad = 2^{8-5+1} = 2^4$$

$$2 \cdot 2 \cdot 2 \cdot 2 = \quad 2^4.$$

Zusammenfassung

$\prod_{i=1}^{n} (a_i \cdot b_i) = \prod_{i=1}^{n} a_i \cdot \prod_{i=1}^{n} b_i$	aber $\prod_{i=1}^{n} (a_i \pm b_i) \neq \prod_{i=1}^{n} a_i \pm \prod_{i=1}^{n} b_i \quad (n > 1)$
$\prod_{i=1}^{n} (a_i : b_i) = \prod_{i=1}^{n} a_i : \prod_{i=1}^{n} b_i$	
$\prod_{i=1}^{n} c \cdot a_i = c^n \cdot \prod_{i=1}^{n} a_i$	$\prod_{i=m}^{n} c = c^{n-m+1} \quad (m < n)$
$\prod_{i=1}^{m} a_i \cdot \prod_{i=m+1}^{n} a_i = \prod_{i=1}^{n} a_i \quad (m > n)$	$\prod_{i=1}^{m} a_i \cdot \prod_{i=k}^{n} a_i = \prod_{i=1}^{n} a_i \cdot \prod_{i=k}^{m} a_i \quad (k < m < n)$
	$\prod_{i=1}^{m} a_i \cdot \prod_{i=k}^{n} a_i = \prod_{i=1}^{n} a_i : \prod_{i=m+1}^{k-1} a_i \quad (m < k < n)$

4.3. Aufgaben der Kombinatorik

Bei technischen und ökonomischen Problemen treten häufig Aufgaben auf, bei denen nach den verschiedenen Möglichkeiten der Anordnung und Zusammenstellung von Elementen einer Menge gefragt wird. Es ist die Anzahl dieser Anordnungen zu berechnen. Aufgaben dieser Art behandelt die *Kombinatorik*. Sie beschäftigt sich mit den Gesetzen der Zusammenstellungen und möglichen Anordnungen von endlich vielen, beliebig gegebenen Elementen einer Menge. Zusammenstellungen aus diesen Elementen bezeichnet man als *Komplexionen*.

Zwei Komplexionen gelten in der Kombinatorik als verschieden, wenn in ihnen nicht genau die gleichen Elemente auftreten oder die Elemente in unterschiedlicher Anzahl enthalten sind. So sind zum Beispiel die beiden Komplexionen

abc und *abde*

bzw.

aabcc und *abbcc*

voneinander verschieden.

Treten dagegen in zwei Komplexionen genau die gleichen Elemente in der gleichen Anzahl auf, so unterscheidet man, je nachdem, ob diese Komplexionen in der praktischen Aufgabenstellung als gleich oder als verschieden aufgefaßt werden müssen,

a) Zusammenstellungen *ohne* Berücksichtigung der Anordnung,

b) Zusammenstellungen *mit* Berücksichtigung der Anordnung.

Darüberhinaus unterscheidet man noch

c) Zusammenstellungen *mit* Wiederholung,

d) Zusammenstellungen *ohne* Wiederholung

in Abhängigkeit davon, ob in einer solchen Zusammenstellung gleiche Elemente mehrmals auftreten dürfen oder nicht.

Die Zuordnung einer Aufgabe zu der einen oder anderen Art ist dabei abhängig von der konkreten praktischen Fragestellung, wie die folgenden Beispiele zeigen.

Beispiel 4.10

Das Morsealphabet besteht aus den beiden Elementen Punkt und Strich. Wieviel verschiedene Zeichen können aus diesen Elementen gebildet werden, wenn man festlegt, daß nicht mehr als fünf Elemente je Zeichen verwendet werden sollen? (Komplexionen nach b) und c))

Beispiel 4.11

In der statistischen Qualitätskontrolle hat der Begriff der Stichprobe eine besondere Bedeutung. Dabei wird aus einer zu überprüfenden Gesamtlieferung eine bestimmte Anzahl von Erzeugnissen beliebig ausgewählt und untersucht. Aus dem Ergebnis der Stichprobe schließt man dann auf die Qualität der Gesamtlieferung.

Wieviel verschiedene Möglichkeiten gibt es für Stichproben eines bestimmten Umfanges? (Komplexionen nach b) und d))

Beispiel 4.12

Sieben Personen sollen namentlich hintereinander in eine Liste eingetragen werden. Wieviel Möglichkeiten gibt es? (Komplexionen nach b) und d))

Beispiel 4.13

Wieviel verschiedene dreiziffrige Zahlen können Sie aus den vier Ziffern 1, 3, 4 und 6 bilden? (Komplexionen nach b) und c))

In der Kombinatorik unterscheidet man drei verschiedene Arten von Komplexionen:

a) *Permutationen,*

b) *Variationen,*

c) *Kombinationen.*

Jede kombinatorische Aufgabenstellung kann auf diese Komplexionsarten zurückgeführt werden.

4.4. Permutationen

Man bezeichnet jede Komplexion, in der n gegebene Elemente in irgendeiner Anordnung nebeneinanderstehen, als *Permutation* dieser n Elemente.
Zwei Permutationen derselben n Elemente heißen einander gleich, wenn die Reihenfolge der Elemente in beiden Permutationen übereinstimmt. Unterschiedliche Anordnungen dieser n Elemente bedeuten daher stets verschiedene Permutationen.

4.4.1. Permutationen ohne Wiederholung

Sind in einer Permutation sämtliche n Elemente voneinander verschieden, so spricht man von Permutationen *ohne* Wiederholung. Aus den beiden verschiedenen Elementen

a und b

kann man die Permutationen

ab und ba

bilden. Ihre Anzahl beträgt somit

$$P_2 = 2 = 1 \cdot 2.$$

Der Index 2 gibt hier die Anzahl der zu permutierenden Elemente an.
Sind drei Elemente a, b und c gegeben, so ist es möglich, jedes dieser drei Elemente an die erste Stelle zu setzen und die Permutationen der beiden restlichen Elemente folgen zu lassen:

$abc \quad bac \quad cab$

$acb \quad bca \quad cba.$

Ihre Anzahl beträgt

$$P_3 = 6 = 1 \cdot 2 \cdot 3.$$

Tritt ein viertes Element hinzu, so kann dieses wiederum bei jeder der sechs Permutationen P_3 an erster, zweiter, dritter oder vierter Stelle stehen. Die Anzahl der möglichen Zusammenstellungen aus vier Elementen beträgt somit

$$P_4 = 24 = 1 \cdot 2 \cdot 3 \cdot 4.$$

Allgemein ergibt sich folgender Satz:

Satz 4.10

Die Anzahl der Permutationen aus n verschiedenen Elementen (ohne Wiederholung) ist

$P_n = 1 \cdot 2 \cdots (n \cdot 1) \cdot n = n!.$ (4.21)

Sind die einzelnen Permutationen einer größeren Anzahl von Elementen darzustellen, so ist es erforderlich, die Vertauschungen in eine übersichtliche und geordnete Reihenfole zu bringen. Wenn man die einzelnen Permutationen wie die Wörter in einem Wörterbuch anordnet, bezeichnet man diese Reihenfolge als *lexikographische Anordnung* oder *Reihenfolge.* Dabei beginnt man stets mit der Permutation, die die Elemente in der natürlichen Reihenfolge umfaßt. Für die vier Elemente *a, b, c* und *d* ergibt sich dann folgende lexikographische Anordnung:

abcd	*bacd*	*cabd*	*dabc*
abdc	*badc*	*cadb*	*dacb*
acbd	*bcad*	*cbad*	*dbac*
acdb	*bcda*	*cbda*	*dbca*
adbc	*bdac*	*cdab*	*dcab*
adcb	*bdca*	*cdba*	*dcba*

Stehen zwei Elemente in einer Permutation entgegen ihrer als natürlich festgesetzten Reihenfolge, so spricht man von einer *Inversion* der Permutation. In der Zusammenstellung

cbda

bilden die Elemente

c und *b*
c und *a*
b und *a*
d und *a*

je eine Inversion, wenn als natürliche Reihenfolge *a, b, c, d* festgesetzt wird. Werden in einer beliebigen Permutation zwei benachbarte Elemente miteinander vertauscht, so verändert sich die Anzahl der Inversionen stets um eins. Sie nimmt um eins zu, wenn die zwei zu permutierenden Elemente vor der Vertauschung keine Inversion bildeten, und um eins ab, wenn beide Elemente vorher eine Inversion zum Ausdruck brachten.

Beispiel 4.14

Wieviel Permutationen der Elemente

a, b, c, d, e

gibt es, wenn die Permutationen mit *a, ca, ade* beginnen?
Wenn das Element *a* fest an erster Stelle stehen soll, können nur die restlichen vier Elemente permutiert werden. Es gibt daher

$P_4 = 4! = 1 \cdot 2 \cdot 3 \cdot 4 = 24$

Permutationen, die mit *a* beginnen.
Wenn die Permutation mit *ca* beginnt, können nur drei Elemente permutiert werden. Es gibt daher

$P_3 = 3! = 6$

Permutationen, die mit *ca* beginnen.

Wenn die Permutation mit *ade* beginnt, können nur zwei Elemente permutiert werden. Daher gibt es nur

$P_2 = 2! = 2$

Permutationen, die mit *ade* beginnen.

4.4.2. Permutationen mit Wiederholung

Aus den Elementen

a_1, a_2, b, c

können nach (4.21)

$P_4 = 4! = 24$

Permutationen gebildet werden, deren lexikographische Anordnung wie folgt lautet:

$a_1a_2bc \quad a_2a_1bc \quad ba_1a_2c \quad ca_1a_2b$
$a_1a_2cb \quad a_2a_1cb \quad ba_1ca_2 \quad ca_1ba_2$
$a_1ba_2c \quad a_2ba_1c \quad ba_2a_1c \quad ca_2a_1b$
$a_1bca_2 \quad a_2bca_1 \quad ba_2ca_1 \quad ca_2ba_1$
$a_1ca_2b \quad a_2ca_1b \quad bca_1a_2 \quad cba_1a_2$
$a_1cba_2 \quad a_2cba_1 \quad bca_2a_1 \quad cba_2a_1.$

Nimmt man nun die beiden Indizes 1 und 2 als Unterscheidungsmerkmal weg, so tritt das Element *a* mit Wiederholungen in den Permutationen auf.
Es fallen von den 24 Permutationen diejenigen zusammen, in denen nur eine Vertauschung der beiden Elemente a_1 und a_2 auftritt. Die Anzahl der Pernutationen reduziert sich dann auf

$$P_4^{(2)} = \frac{4!}{2!} = \frac{1 \cdot 2 \cdot 3 \cdot 4}{1 \cdot 2} = 12.$$

Satz 4.11

Wenn unter n Elementen n_1 gleiche Elemente einer ersten, n_2 Elemente einer zweiten, ..., n_k Elemente einer k-ten Art auftreten und $n_1 + n_2 + \cdots + n_k = n$ ist, dann ist die Anzahl der Permutationen dieser n Elemente

$$P_n^{(n_1 n_2 \cdots n_k)} = \frac{n!}{n_1! \cdot n_2! \cdots n_k!} \tag{4.22}$$

mit $n_1 + n_2 + \cdots + n_k = n$.

Beispiel 4.15

Wie groß ist die Anzahl der Permutationen aus den Elementen

$a, a, a, b, b, c, d, d, d, d,$?

Da sich das Element *a* dreimal, das Element *b* zweimal und das Element *d* viermal wiederholt, ergibt sich folgende Anzahl von Permutationen

$$P_{10}^{(3\ 2\ 1\ 4)} = \frac{10!}{3! \cdot 2! \cdot 1! \cdot 4!} = 12600.$$

4.5. Variationen

Die aus k Elementen bestehenden Komplexionen, die sich aus n Elementen *unter Berücksichtigung ihrer Anordnung* innerhalb der Zusammenstellungen bilden lassen, bezeichnet man als *Variationen* von n Elementen zur *k-ten Klasse* (Ordnung).
Auch bei den Variationen unterscheidet man zwischen Zusammenstellungen mit und ohne Wiederholung, je nachdem, ob in diesen Komplexionen gleiche Elemente auftreten oder nicht.

4.5.1. Variationen ohne Wiederholung

Bei den vier Elementen a, b, c, d stellen die Variationen zur 1. Klasse die Elemente selbst dar:

$a \quad b \quad c \quad d,$

ihre Anzahl beträgt

$V_4^{(1)} = 4.$

Die in Klammer stehende hochgestellte Zahl gibt die Klasse der Variationen an.
Die Variationen zur 2. Klasse findet man, indem man jede Variation zur 1. Klasse mit einem jeden der restlichen drei Elemente verbindet:

ab ba ca da
ac bc cb db
ad bd cd dc;

ihre Anzahl beträgt

$V_4^{(2)} = 4 \cdot 3 = 12.$

Die Variationen zur 3. Klasse ergeben sich, wenn jede der $4 \cdot 3 = 12$ Variationen 2. Klasse mit jedem der restlichen 2 Elementen verbunden wird:

abc bac cab dab
abd bad cad dac
acb bca cba dba
acd bcd cbd dbc
adb bda cda dca
adc bdc cdb dcb

$V_4^{(3)} = 4 \cdot 3 \cdot 2 = 24.$

Die Variationen zur 4. Klasse sind identisch mit den Permutationen aus den gegebenen $n = 4$ Elementen:

abcd bacd cabd dabc
abdc badc cadb dacb
acbd bcad cbad dbac
acdb bcda cbda dbca
adbc bdac cdab dcab
adcb bdca cdba dcba

$V_4^{(4)} = P_4 = 4 \cdot 3 \cdot 2 \cdot 1 = 24.$

Die Anzahl der Variationen zur k-ten Klasse wird durch den folgenden Satz angegeben.

Satz 4.12

Die Anzahl der Variationen von n Elementen zur k-ten Klasse ***ohne*** *Wiederholung beträgt*

$$V_n^{(k)} = n \cdot (n-1) \cdots (n-k+2) \cdot (n-k+1) \quad (k \leqq n). \tag{4.23}$$

Speziell gilt:

$V_n^{(1)} = n$

$V_n^{(2)} = n(n-1)$

$N_n^{(3)} = n(n-1)(n-2).$

Beweis

a) Der Satz ist für $k = 1$ und $k = 2$ richtig.

b) Der Satz sei richtig für $k = m < n$, das heißt, es gebe $V_n^{(m)} = n(n-1) \cdots (n-m+1)$ Variationen zur m-ten Klasse. Jede Variation zur m-ten Klasse ließe sich durch Hinzufügung eines der restlichen $n - m$ Elemente zu einer Variation zur $(m + 1)$-ten Klasse erweitern. Hierfür gibt es $n - m$ Möglichkeiten.
Wird das für alle

$V_n^{(m)} = n \cdot (n-1) \cdots (n-m+1)$

Variationen m-ter Klasse ausgeführt, so lassen sich daraus sämtliche Variationen $(m + 1)$-ter Klasse bilden. Ihre Anzahl ist dann $(n - m)$-mal so groß wie die Anzahl der Variationen m-ter Klasse, also gilt

$V_n^{(m+1)} = V_n^{(m)} \cdot (n-m) = n \cdot (n-1) \cdots (n-m+1) \cdot (n-m).$

Das entspricht aber der Aussage des Satzes 4.12 für $k = m + 1$. Damit ist der Satz bewiesen.

Beispiel 4.16

Wieviel Variationen ohne Wiederholung zur 3. Klasse gibt es aus den Elementen 1, 2, 3, 4, 5?
Nach Formel (4.23) gibt es

$V_5^{(3)} = 5 \cdot 4 \cdot 3 = 60$

Variationen.

Beispiel 4.17

Wieviel Variationen ohne Wiederholung zur 4. Klasse gibt es aus den Elementen a, b, c, d?
Nach Formel (4.23) gibt es

$V_4^{(4)} = 4 \cdot 3 \cdot 2 \cdot 1 = 24$

Variationen, dies ist aber gleich der Anzahl der Permutationen ohne Wiederholung aus den vier Elementen a, b, c, d.

4.5.2. Variationen mit Wiederholung

Für die drei Elemente a, b, c ergeben sich folgende Variationen mit Wiederholung zu den einzelnen Klassen:

1. Klasse: $a \quad b \quad c$ (identisch mit den Elementen selbst)

$$Vw_3^{(1)} = 3.$$

2. Klasse: Jedes dieser drei Elemente tritt mit jedem Element, auch mit sich selbst, in einer Komplexion auf:

$$\begin{matrix} aa & ba & ca \\ ab & bb & cb \\ ac & bc & cc. \end{matrix}$$

Ihre Anzahl beträgt

$$Vw_3^{(2)} = 3 \cdot 3 = 3^2 = 9.$$

3. Klasse: Jede dieser neun Variationen 2. Klasse wird nochmals mit jedem der drei Elemente verbunden:

$$\begin{matrix} aaa & baa & caa \\ aab & bab & cab \\ aac & bac & cac \\ aba & bba & cba \\ abb & bbb & cbb \\ abc & bbc & cbc \\ aca & bca & cca \\ acb & bcb & ccb \\ acc & bcc & ccc. \end{matrix}$$

Ihre Anzahl beträgt

$$Vw_3^{(3)} = 3 \cdot 3 \cdot 3 = 3^3 = 27.$$

Allgemein gilt für die Anzahl der Variationen mit Wiederholung zur k-ten Klasse der folgende Satz.

Satz 4.13

Die Anzahl der Variationen von n Elementen zur k-ten Klasse ***mit*** *Wiederholung beträgt*

$$Vw_n^{(k)} = n^k. \tag{4.24}$$

Insbesondere gilt:

1. Klasse: $Vw_n^{(1)} = n^1 = n$
2. Klasse: $Vw_n^{(2)} = n^2$
3. Klasse: $Vw_n^{(3)} = n^3$.

Beweis

a) Der Satz ist richtig für $k = 1$ und $k = 2$.

b) Wenn der Satz für $k = m$ als bewiesen angenommen wird, so gilt er auch für $k = m + 1$; denn die Variationen $(m + 1)$-ter Klasse ergeben sich aus den laut Voraussetzung vorhandenen n^m Variationen m-ter Klasse, indem man zu einer jeden von ihnen der Reihe nach jeweils eines der gegebenen n Elemente am Ende hinzufügt.

Die Anzahl beträgt dann

$$Vw_n^{(m+1)} = Vw_n^{(m)} \cdot n = n^m \cdot n = n^{m+1}.$$

Dies ist aber gleich der Aussage des Satzes 4.13 für $k = m + 1$. Damit ist der Satz bewiesen.

Beispiel 4.18

Das Blindenalphabet besteht aus den beiden Zeichen „eingestanzter Punkt“ und „Nicht-Punkt“. Diese beiden Zeichen stehen in folgendem Anordnungsschema

○ ○
○ ○
○ ○.

das jeweils einen bestimmten Buchstaben, eine bestimmte Ziffer oder Satzzeichen zum Ausdruck bringt.
Wieviel unterschiedliche Zeichen lassen sich auf diese Weise gewinnen?
Da sich die beiden Zeichen „Punkt“ und „Nicht-Punkt“ im Anordnungsschema wiederholen können, hat man es mit Zusammenstellungen mit Wiederholung zu tun. Weiterhin ist die Anordnung der Zeichen innerhalb des Schemas von Bedeutung, so daß man eine Zusammenstellung mit Berücksichtigung der Anordnung, das heißt also eine Variation aus den beiden Elementen „Punkt“ und „Nicht-Punkt“ vorliegen hat. Die Klasse der Variationen beträgt $k = 6$, da 6 Positionen für die Grundzeichen zur Verfügung stehen.
Nach Formel (4.24) ergibt sich dann für die Anzahl der Variationen aus zwei Elementen zur 6. Klasse mit Wiederholung:

$Vw_2^{(6)} = 2^6 = 64.$

Man besitzt mit diesem Schema 64 Variationsmöglichkeiten, die zur Darstellung des Alphabets, der Ziffern und Satzzeichen ausreichen.

Beispiel 4.19

Wieviel verschiedene Variationen zur 4. Klasse mit Wiederholung gibt es von den vier Elementen 1, 2, 3, 4?
Nach Formel (4.24) gibt es
$Vw_4^{(4)} = 4^4 = 256$ Variationen.

4.6. Kombinationen

Die aus k Elementen bestehenden Komplexionen, die sich aus n Elementen *ohne Berücksichtigung ihrer Anordnung* innerhalb der Zusammenstellungen bilden lassen, bezeichnet man als *Kombinationen* von n Elementen zur k-ten Klasse.
Auch bei den Kombinationen unterscheidet man zwischen Zusammenstellungen mit und ohne Wiederholung, je nachdem ob in diesen Komplexionen gleiche Elemente auftreten oder nicht.

4.6.1. Kombinationen ohne Wiederholung

Es sollen die Kombinationen ohne Wiederholung aus den Elementen a, b, c, d zu den verschiedenen Klassen gebildet werden.

1. Klasse: $a \quad b \quad c \quad d$ (identisch mit den Elementen selbst)

$C_4^{(1)} = 4.$

2. Klasse:

$ab \quad bc \quad cd$
$ac \quad bd$
ad

$C_4^{(2)} = 6.$

Diese Kombinationen 2. Klasse ergeben sich, wenn zu denen der 1. Klasse ein zusätzliches Element angefügt wird. Die Zusammenstellungen, die sich durch Permutation der Elemente ergeben, stellen hier – im Gegensatz zu den Variationen – jeweils gleiche Kombinationen dar und dürfen nicht einzeln ausgewiesen werden. So sind zum Beispiel die zwei Komplexionen

ab und *ba* bzw. *ac* und *ca*

zwei *verschiedene Variationen* aber *ein- und dieselbe Kombination.*

3. Klasse: *abc* *bcd*
abd
acd
$C_4^{(3)} = 4.$

4. Klasse: *abcd*
$C_4^{(4)} = 1.$

Geht man von n Elementen aus, so ergibt sich folgende Anzahl von Kombinationen ohne Wiederholung.

1. Klasse: $C_n^{(1)} = n$

2. Klasse: $C_n^{(2)} = \frac{n(n-1)}{1 \cdot 2}$

Die Aussage über die 2. Klasse folgt aus der Anzahl der Variationen zur 2. Klasse

$V_n^{(2)} = n(n-1),$

wenn man von denjenigen Variationen, die sich nur durch die Anordnung ihrer Elemente voneinander unterscheiden, stets nur eine Variation herausgreift. Bei 2 Elementen fallen jeweils

$P_2 = 2! = 2$

Variationen zu einer Kombination zusammen, also gilt:

$$C_n^{(2)} = \frac{V_n^{(2)}}{P_2} = \frac{n(n-1)}{1 \cdot 2} = \frac{n(n-1)}{2!} = \frac{n!}{2!(n-2)!}$$

Allgemein gilt für die Anzahl der Kombinationen ohne Wiederholung zur k-ten Klasse der folgende Satz.

Satz 4.14

Die Anzahl der Kombinationen von n Elementen zur k-ten Klasse ohne Wiederholung beträgt

$$C_n^{(k)} = \frac{V_n^{(k)}}{P_k} = \frac{n(n-1)(n-2)\cdots(n-k+1)}{1 \cdot 2 \cdot 3 \cdots k} \quad (k \leqq n). \tag{4.25a}$$

Als abkürzende Schreibweise für Quotienten der Form, wie sie in (4.25a) auftreten, wurde von Euler das Symbol $\binom{n}{k}$ eingeführt:

$$\frac{n(n-1)(n-2)\cdots(n-k+1)}{1 \cdot 2 \cdot 3 \cdots k} = \frac{n(n-1)\cdots(n-k+1)}{k!} = \frac{n!}{k!(n-k)!} = \binom{n}{k}. \tag{4.26}$$

Man liest dieses Symbol: n über k.

Unter Verwendung dieses Symbols geht die Formel (4.25a) für die Anzahl der Kombinationen von n Elementen zur k-ten Klasse ohne Wiederholung über in

$$C_n^{(k)} = \binom{n}{k} \quad (k \leqq n). \tag{4.25b}$$

Beispiel 4.20

Es wird die Anzahl der Kombinationen ohne Wiederholung aus den sieben Elementen a, b, c, d, e, f, g zur 3. Klasse berechnet. Nach Formel (4.25b) ergibt sich:

$$C_7^{(3)} = \binom{7}{3} = \frac{7 \cdot 6 \cdot 5}{1 \cdot 2 \cdot 3} = 35 \text{ Kombinationen.}$$

Beispiel 4.21

Wie groß ist die mögliche Anzahl der Vierer im Zahlenlotto (5 Zahlen aus 90 Zahlen)?

Da im Zahlenlotto jede Zahl nur einmal gezogen werden kann, liegt eine Zusammenstellung ohne Wiederholung vor. Weiterhin spielt die Reihenfolge, in der die Zahlen gezogen werden, keine Rolle, also hat man es mit Zusammenstellungen ohne Berücksichtigung der Anordnung zu tun, das heißt mit Kombinationen.

Bei einem Vierer im Zahlenlotto fehlt von den gezogenen fünf Zahlen jeweils eine. Aus diesen fünf Zahlen kann man somit

$$C_5^{(4)} = \binom{5}{4} = \frac{5 \cdot 4 \cdot 3 \cdot 2}{1 \cdot 2 \cdot 3 \cdot 4} = 5$$

Viererkombinationen bilden. Jede dieser Viererkombinationen muß nun mit einer der restlichen, nichtgezogenen Zahlen (90 — 5 = 85) verknüpft werden.

Die Anzahl der Vierer beträgt somit

$$C_5^{(4)} \cdot C_{85}^{(1)} = \binom{5}{4} \cdot \binom{85}{1} = 5 \cdot 85 = 425.$$

Für die Wahrscheinlichkeitsrechnung sind neben den bisherigen Aufgabenstellungen zur Kombinatorik noch folgende Fragen von Bedeutung:

a) Wieviel Kombinationen von n Elementen zur k-ten Klasse gibt es, die von den n Elementen m vorgegebene enthalten ($m \leqq k$)?

b) Wieviel Kombinationen aus n Elementen zur k-ten Klasse gibt es, die von den n Elementen m vorgegebene nicht enthalten?

c) Wieviel Kombinationen aus n Elementen zur k-ten Klasse gibt es, die mindestens eines von den m vorgegebenen aus den n Elementen enthalten?

Diese Aufgabenstellungen lassen sich sämtlich mit Hilfe der Formel (4.25b) lösen.

zu a) Bei der Frage nach der Anzahl der Kombinationen von n Elementen zur k-ten Klasse, die von den n Elementen *m vorgegebene enthalten sollen*, geht man davon aus, daß in diesen Kombinationen aus den restlichen $(n - m)$ Elementen, die nicht vorgegeben sind, jeweils noch $(k - m)$ Elemente bis zur erforderlichen Klassenzahl k fehlen. Es müssen daher aus diesen $(n - m)$ Elementen die Kombinationen zur $(k - m)$-ten Klasse gebildet werden, die den vorgegebenen m Elementen hinzuzufügen sind.

Es ergibt sich dann folgender Satz:

Satz 4.15

Die Anzahl der Kombinationen von n Elementen zur k-ten Klasse ohne Wiederholung, die m vorgegebene Elemente aus den n enthalten sollen, beträgt

$$C_{n-m}^{(k-m)} = \binom{n-m}{k-m} \quad (m \leqq k). \tag{4.27}$$

Beispiel 4.22

Wieviel Kombinationen zur 5. Klasse ohne Wiederholung von den 7 Elementen 1, 2, 3, 4, 5, 6, 7 enthalten die Elemente 1, 3 und 5?

Nach Formel (4.27) ergibt sich für $n = 7$, $m = 3$, $k = 5$

$$C_4^{(2)} = \binom{4}{2} = 6.$$

Die gesuchten Kombinationen lauten

12345, 12356, 12357, 13456, 13457, 13567.

Zu b) Bei der zweiten Aufgabenstellung soll *keines der m vorgegebenen Elemente* aus den n in den Kombinationen k-ter Klasse auftreten. Diese m Elemente dürfen daher bei der Bildung dieser Kombinationen nicht mit einbezogen werden. Es bleiben daher nur die restlichen $(n - m)$ Elemente für die Zusammenstellungen k-ter Klasse übrig.

Man erhält somit den folgenden Satz.

Satz 4.16

Die Anzahl der Kombinationen von n Elementen zur k-ten Klasse ohne Wiederholung, die keines der m vorgegebenen Elemente aus den n Elementen enthalten sollen, beträgt

$$C_{n-m}^{(k)} = \binom{n-m}{k} \quad (m \leqq n). \tag{4.28}$$

Beispiel 4.23

Wieviel Kombinationen zur 5. Klasse von den 7 Elementen 1, 2, 3, 4, 5, 6, 7 enthalten keines

$b\alpha$) der zwei Elemente 1 und 3; $b\beta$) der drei Elemente 1, 3 und 5?

Nach Formel (4.28) ergibt sich in der Aufgabe

$b\alpha$) für $n = 7$, $m = 2$, $k = 5$

$$C_5^{(5)} = \binom{5}{5} = 1;$$

die gesuchte Kombination lautet 24567;

$b\beta$) für $n = 7$, $m = 3$, $k = 5$

$$C_4^{(5)} = \binom{4}{5} = \frac{4 \cdot 3 \cdot 2 \cdot 1 \cdot 0}{1 \cdot 2 \cdot 3 \cdot 4 \cdot 5} = 0.$$

Es gibt somit keine Kombination, die keines der drei vorgegebenen Elemente 1, 3, 5 enthält, denn es bleiben nur die vier restlichen Elemente 2, 4, 6 und 7 übrig, aus denen man jedoch keine Kombination zur 5. Klasse ohne Wiederholung bilden kann.

Zu c) Bei der Frage nach der Anzahl der Kombinationen aus n Elementen zur k-ten Klasse, die *mindestens eines von den m vorgegebenen* aus den n Elementen enthalten sollen, muß man von der Gesamtzahl aller möglichen Kombinationen zur k-ten Klasse ausgehen und davon die Anzahl derjenigen Kombinationen subtrahieren, die keines der vorgegebenen m Elemente enthalten sollen.

Es ergibt sich dann der folgende Satz.

Satz 4.17

Die Anzahl der Kombinationen von n Elementen zur k-ten Klasse ohne Wiederholung, die mindestens eines der m vorgegebenen Elemente aus den n Elementen enthalten sollen, beträgt

$$C_n^{(k)} - C_{n-m}^{(k)} = \binom{n}{k} - \binom{n-m}{k}. \tag{4.29}$$

Beispiel 4.24

Wieviel Kombinationen zur 5. Klasse ohne Wiederholung der 7 Elemente 1, 2, 3, 4, 5, 6, 7 gibt es, die mindestens

$c\alpha$) eines der zwei Elemente 1 und 3; $c\beta$) eines der drei Elemente 1, 3 und 5 enthalten?

Nach Formel (4.29) folgt in der Aufgabe

$c\alpha$) für $n = 7$, $m = 2$, $k = 5$

$$C_7^{(5)} - C_5^{(5)} = \binom{7}{5} - \binom{5}{5} = 21 - 1 = 20;$$

$c\beta$) für $n = 7$, $m = 3$, $k = 5$

$$C_7^{(5)} - C_4^{(5)} = \binom{7}{5} - \binom{4}{5} = 21 - 0 = 21.$$

4.6.2. Kombinationen mit Wiederholung

In den bisherigen Kombinationen trat jedes der n Elemente höchstens einmal auf. Läßt man zu, daß in einer Kombination die Elemente mehrfach auftreten, dann liegen Kombinationen mit Wiederholung vor.

Es werden nun die Kombinationen mit Wiederholung von n Elementen 1, 2, 3, ..., n betrachtet.

1. Klasse: 1 2 3 4 ⋯ n.

Ihre Anzahl beträgt

$$Cw_n^{(1)} = n.$$

2. Klasse:

11	12	13	14 ⋯	1n
	22	23	24 ⋯	2n
		33	34 ⋯	3n
			⋯⋯	⋯
				nn.

Die Anzahl der Kombinationen zur 2. Klasse beträgt

$Cw_n^{(2)} = n + (n-1) + (n-2) + \cdots + 1.$

Dafür läßt sich unter Verwendung des Eulerschen Symbols schreiben

$$Cw_n^{(2)} = n + (n-1) + (n-2) + \cdots + 1 = \binom{n+1}{2}.$$

3. Klasse:

$$\left.\begin{array}{llll} 111 & 112 & 113\cdots 11n \\ & 122 & 123\cdots 12n \\ & & 133\cdots 13n \\ & & \cdots\cdots\cdots\cdot \\ & & 1nn \end{array}\right\} \text{Anzahl: } n + (n-1) + (n-2) \cdots + 1 = \binom{n+1}{2}$$

$$\left.\begin{array}{lll} 222 & 223 & 224\cdots 22n \\ & 233 & 234\cdots 23n \\ & & 244\cdots 24n \\ & & \cdots\cdots \\ & & 2nn \end{array}\right\} \text{Anzahl: } (n-1) + (n-2) + \cdots + 1 = \binom{n}{2}$$

$$\cdots\cdots\cdots\cdots\cdots\cdots\cdots\cdots\cdots\cdots\cdots\cdots$$

$$nnn \} \text{ Anzahl } 1 = \binom{2}{2}$$

Die Gesamtzahl aller Kombinationen ohne Wiederholung von n Elementen zur 3. Klasse beträgt dann

$$Cw_n^{(3)} = \binom{n+1}{2} + \binom{n}{2} + \binom{n-1}{2} + \cdots + \binom{2}{2}.$$

Dafür kann auch geschrieben werden:

$$Cw_n^{(3)} = \binom{n+1}{2} + \binom{n}{2} + \binom{n-1}{2} + \cdots + \binom{2}{2} = \binom{n+2}{3}.$$

Allgemein ergibt sich der folgende Satz.

Satz 4.18

Die Anzahl der Kombinationen mit Wiederholung von n Elementen zur k-ten Klasse beträgt

$$Cw_n^{(k)} = \binom{n+k-1}{k}. \tag{4.30}$$

Beispiel 4.25

Wir berechnen die Anzahl der Kombinationen mit und ohne Wiederholung zur 3., 5. und 6. Klasse von 6 Elementen.

Nach Formel (4.30) ergeben sich für $n = 6$, $k = 3, 5, 6$ folgende Anzahlen von Kombinationen mit Wiederholung:

$$Cw_6^{(3)} = \binom{8}{3} = 56$$

$$Cw_6^{(5)} = \binom{10}{5} = 252$$

$$Cw_6^{(6)} = \binom{11}{6} = 462.$$

Nach Formel (4.25 b) ergeben sich für $n = 6, k = 3, 5, 6$ folgende Anzahlen von Kombinationen ohne Wiederholung:

$$C_6^{(3)} = \binom{6}{3} = 20$$

$$C_6^{(5)} = \binom{6}{5} = 6$$

$$C_6^{(6)} = \binom{6}{6} = 1.$$

Zusammenfassung

Art der Zusammenstellungen	Anzahl der möglichen Zusammenstellungen	
	ohne Wiederholung	mit Wiederholung
Permutationen (P enthält *alle* n gegebenen Elemente)	$P_n = n!$ (alle n Elemente sind voneinander verschieden)	$P_n^{(n_1;\, n_2;\, \ldots\, n_k)} = \dfrac{n!}{n_1!\, n_2! \ldots n_k!}$ mit $n_1 + n_2 + \cdots + n_k = n$ (es treten k Gruppen von gleichen Elementen auf)
Variationen Zusammenstellungen von k Elementen aus einer Menge von n Elementen *mit Berücksichtigung ihrer Anordnung:* Variationen k-ter Klasse	$V_n^{(k)} = n(n-1)\ldots(n-k+1)$ $(k \leqq n)$	$Vw_n^{(k)} = n^k$
Kombinationen Zusammenstellungen von k Elementen aus einer Menge von n Elementen *ohne Berücksichtigung ihrer Anordnung:* Kombinationen k-ter Klasse	$C_n^{(k)} = \binom{n}{k}$ $(k \leqq n)$	$Cw_n^{(k)} = \binom{n+k-1}{k}$
a) *m vorgegebene Elemente* aus einer Menge von n Elementen müssen in den k Elementen *enthalten* sein.	$C_{n-m}^{(k-m)} = \binom{n-m}{k-m}$ $(m \leqq k)$	
b) *Keines der m* vorgegebenen Elemente aus einer Menge von n Elementen darf in den k Elementen *enthalten* sein.	$C_{n-m}^{(k)} = \binom{n-m}{k}$ $(m \leqq n)$	
c) *Mindestens eines von den m* vorgegebenen Elementen aus einer Menge von n Elementen muß in den k Elementen *enthalten* sein.	$C_n^{(k)} - C_{n-m}^{(k)} = \binom{n}{k} - \binom{n-m}{k}$	

4.7. Binomial- und Polynomialsatz

4.7.1. Eigenschaften des Eulerschen Symbols $\binom{n}{k}$

Im Abschnitt 4.6. wurde zur verkürzten Darstellung der Anzahl der Kombinationen ohne und mit Wiederholung das Eulersche Symbol $\binom{n}{k}$ eingeführt; dabei waren n und k natürliche Zahlen. Wir verwenden nun das Symbol

$$\frac{n(n-1)\cdots(n-k+1)}{1\cdot 2\cdots k}=\binom{n}{k}$$

auch für reelle n und natürliche k.

Ausdrücke dieser Art bezeichnet man als *Binomialkoeffizienten*, da sie für den binomischen Lehrsatz von Bedeutung sind.

Wir setzen fest:

$$\binom{n}{0}=1.$$

Beispiel 4.26

a) $\binom{7}{3}=\frac{7\cdot 6\cdot 5}{1\cdot 2\cdot 3}=35$

b) $\binom{\frac{1}{2}}{4}=\frac{\frac{1}{2}\cdot\left(-\frac{1}{2}\right)\cdot\left(-\frac{3}{2}\right)\cdot\left(-\frac{5}{2}\right)}{1\cdot 2\cdot 3\cdot 4}=-\frac{5}{128}$

c) $\binom{6}{1}=\frac{6}{1}=6$

d) $\binom{3}{5}=\frac{3\cdot 2\cdot 1\cdot 0\cdot(-1)}{1\cdot 2\cdot 3\cdot 4\cdot 5}=0$

e) $\binom{-2}{3}=\frac{(-2)\cdot(-3)\cdot(-4)}{1\cdot 2\cdot 3}=-4$

f) $\binom{6}{0}=1.$

Mit Hilfe des Binomialkoeffizienten lassen sich nun viele Berechnungen vereinfacht ausführen. Dazu ist jedoch die Kenntnis der folgenden Eigenschaften dieses Binomialkoeffizienten erforderlich.

Satz 4.19

Für $n\in N$, $k\in N$, $n<k$ gilt stets

$$\binom{n}{k}=0. \tag{4.31}$$

Beispiel 4.27

$$\binom{3}{4}=\frac{3\cdot 2\cdot 1\cdot 0}{1\cdot 2\cdot 3\cdot 4}=0.$$

Satz 4.20

Für $n\in N$, $k\in N$, $n\geqq k$ gilt die Symmetrieeigenschaft

$$\binom{n}{k}=\frac{n!}{k!\cdot(n-k)!}=\binom{n}{n-k}. \tag{4.32}$$

Beispiel 4.28

$$\binom{5}{3} = \frac{5!}{3! \cdot 2!} = \binom{5}{2} = 10.$$

Satz 4.21

Für $n \in Z$, $k \in N$, $n \geqq k$ gilt die Summeneigenschaft

$$\binom{n}{k} + \binom{n}{k+1} = \binom{n+1}{k+1}. \tag{4.33}$$

Beweis

Für $k = 0$ ergibt sich $1 + n = n + 1$, das heißt Formel (4.33) ist richtig.
Für $k \in N \backslash \{0\}$ folgt für den zweiten Summanden

$$\binom{n}{k+1} = \frac{n \cdot (n-1) \cdot \ldots \cdot (n-k+1)(n-k)}{1 \cdot 2 \cdot \ldots \cdot k(k+1)} = \frac{n(n-1) \cdot \ldots \cdot (n-k+1)}{1 \cdot 2 \cdot \ldots \cdot k} \cdot \frac{n-k}{k+1} = \binom{n}{k} \cdot \frac{n-k}{k+1}$$

und somit

$$\binom{n}{k} + \binom{n}{k+1} = \binom{n}{k} + \binom{n}{k} \cdot \frac{n-k}{k+1} = \binom{n}{k}\left[1 + \frac{n-k}{k+1}\right] = \binom{n}{k} \cdot \frac{n+1}{k+1} = \binom{n+1}{k+1}.$$

Beispiel 4.29

$$\binom{6}{4} + \binom{6}{5} = \binom{7}{5} = \binom{7}{2} = 21.$$

Satz 4.22

Für $n \in Z$, $k \in N$ gilt

$$\sum_{i=0}^{k} \binom{n+i}{i} = \binom{n+k+1}{k}. \tag{4.34}$$

Beweis

a) Der Satz ist richtig für $k = 0$.

b) Der Satz sei richtig für $k = m$, das heißt,

$$\sum_{i=1}^{m} \binom{n+i}{i} = \binom{n+m+1}{m} \tag{I}$$

dann gilt er auch für $k = m + 1$. Denn durch Addition des Ausdruckes $\binom{n+m+1}{m+1}$ auf beiden Seiten der Gleichung (I) ergibt sich

$$\sum_{i=0}^{m+1} \binom{n+i}{i} = \binom{n+m+1}{m} + \binom{n+m+1}{m+1}. \tag{II}$$

Unter Verwendung der Formel (4.33) geht die rechte Seite von (II) über in $\binom{n+m+2}{m+1}$, also gilt

$$\sum_{i=0}^{m+1} \binom{n+i}{i} = \binom{n+m+2}{m+1}.$$

Dies ist aber die Aussage des Satzes 4.22 für $k = m + 1$. Damit ist der Satz bewiesen.

Satz 4.23

$$\sum_{i=0}^{k-p} \binom{p+i}{p} = \binom{k+1}{p+1} \quad \text{mit } p \in N, k \in N, k \geqq p. \tag{4.35}$$

Beispiel 4.30

a) $p = 1, k = 10$: $\binom{1}{1} + \binom{2}{1} + \binom{3}{1} + \cdots + \binom{10}{1} = \binom{11}{2}$

$1 + 2 + 3 + \cdots + 10 = 55$

b) $p = 1, k = n$: $\binom{1}{1} + \binom{2}{1} + \binom{3}{1} + \cdots + \binom{n}{1} = \binom{n+1}{2}$

$1 + 2 + 3 + \cdots + n = \frac{(n+1)n}{1 \cdot 2} = \frac{n}{2}(1+n)$

c) $p = 2, k = n$: $\binom{2}{2} + \binom{3}{2} + \binom{4}{2} + \cdots + \binom{n}{2} = \binom{n+1}{3}$

$1 + 3 + 6 + \cdots + \frac{n(n-1)}{1 \cdot 2} = \frac{(n+1)n(n-1)}{6}.$

Als Additionstheorem für Binomialkoeffizienten wird folgender Satz bezeichnet:

Satz 4.24

$$\binom{a}{0}\binom{b}{n} + \binom{a}{1}\binom{b}{n-1} + \binom{a}{2}\binom{b}{n-2} + \cdots + \binom{a}{n}\binom{b}{0} = \binom{a+b}{n} \tag{4.36}$$

mit $a \in Z, b \in Z, n \in N$.

Beispiel 4.31

Für $a = 5, b = 4, n = 3$ ergibt sich nach dem Additionstheorem der Binomialkoeffizienten

$$\binom{5}{0}\binom{4}{3} + \binom{5}{1}\binom{4}{2} + \binom{5}{2}\binom{4}{1} + \binom{5}{3}\binom{4}{0} = \binom{9}{3} = 84.$$

4.7.2. Binomialsatz

Unter einem Binom versteht man einen zweigliedrigen Ausdruck $a + b$. Der Binomial- oder binomische Satz gibt das allgemeine Gesetz an, wie Potenzen $(a + b)^n$ mit $n \in N$ und beliebigem a und b in eine Summe entwickelt werden können.

Der Binomialsatz hat die folgende Form:

Satz 4.25

Für $n \in N$ *und beliebigem* a *und* b *gilt:*

$$(a+b)^n = \binom{n}{0}a^n + \binom{n}{1}a^{n-1}b + \binom{n}{2}a^{n-2}b^2 + \cdots + \binom{n}{n}b^n \tag{4.37a}$$

oder in verkürzter Form

$$(a+b)^n = \sum_{i=0}^{n} \binom{n}{i} a^{n-i}b^i. \tag{4.37b}$$

Beweis

a) Satz 4.25 ist richtig für $n = 1$.

b) Wenn der Satz für $n = k$ als richtig angenommen wird, das heißt,

$$(a+b)^k = \sum_{i=0}^{k} \binom{k}{i} a^{k-i} b^i \qquad \text{(I)},$$

dann gilt er auch für $n = k + 1$. Denn durch Multiplikation beider Seiten der Gleichung (I) mit $(a + b)$ erhält man

$$(a+b)^{k+1} = (a+b) \cdot \sum_{i=0}^{k} \binom{k}{i} a^{k-i} b^i = \sum_{i=0}^{k} \binom{k}{i} a^{k-i+1} b^i + \sum_{i=0}^{k} \binom{k}{i} a^{k-i} b^{i+1}$$

$$= a^{k+1} + \sum_{i=1}^{k} \binom{k}{i} a^{k-i+1} b^i + \sum_{i=0}^{k-1} \binom{k}{i} a^{k-i} b^{i+1} + b^{k+1}$$

$$= \binom{k+1}{0} a^{k+1} + \sum_{i=1}^{k} \binom{k}{i} a^{k-i+1} b^i + \sum_{i=1}^{k} \binom{k}{i-1} a^{k-i+1} b^i + \binom{k+1}{k+1} b^{k+1}$$

$$= \binom{k+1}{0} a^{k+1} + \sum_{i=1}^{k} \binom{k+1}{i} a^{k-i+1} b^i + \binom{k+1}{k+1} b^{k+1} = \sum_{i=0}^{k+1} \binom{k+1}{i} a^{k-i+1} b^i.$$

Dies ist aber die Aussage des Satzes 4.25 für $n = k + 1$. Damit ist der Satz bewiesen.

Beispiel 4.32

Wir berechnen

a) $(1 + x)^8$

b) $(3 - y)^5$.

a) Für $a = 1$, $b = x$, $n = 8$ ergibt sich

$$(1+x)^8 = \binom{8}{0} 1^8 + \binom{8}{1} 1^7 x + \binom{8}{2} 1^6 x^2 + \binom{8}{3} 1^5 x^3 + \binom{8}{4} 1^4 x^4 + \binom{8}{5} 1^3 x^5 + \binom{8}{6} 1^2 x^6 +$$

$$+ \binom{8}{7} 1 x^7 + \binom{8}{8} x^8 = 1 + 8x + 28x^2 + 56x^3 + 70x^4 + 56x^5 + 28x^6 + 8x^7 + x^8.$$

b) Für $a = 3$, $b = -y$, $n = 5$ ergibt sich

$$(3-y)^5 = \binom{5}{0} 3^5 + \binom{5}{1} 3^4(-y) + \binom{5}{2} 3^3(-y)^2 + \binom{5}{3} 3^2(-y)^3 + \binom{5}{4} 3(-y)^4 + \binom{5}{5} (-y)^5$$

$$(3-y)^5 = 243 - 405y + 270y^2 - 90y^3 + 15y^4 - y^5.$$

Der Binomialsatz läßt folgende Gesetzmäßigkeiten erkennen:

a) Die Anzahl der Glieder des entwickelten Potenzausdruckes ist um eins größer als der Exponent des Binoms.

b) Die einzelnen Summanden des entwickelten Potenzausdruckes sind mit Koeffizienten versehene Potenzprodukte, wobei die Summe der Exponenten dieser Potenzen in jedem Summanden gleich dem Exponenten des Binoms ist.

c) Die einzelnen Potenzprodukte sind in der entwickelten Form nach steigenden Potenzen des ersten Gliedes und fallenden Potenzen des zweiten Gliedes des Binoms geordnet.

d) Die Koeffizienten der einzelnen Potenzprodukte sind die Binomialkoeffizienten; sie sind symmetrisch angeordnet.

Es sei noch angeführt, daß der Binomialsatz eine Verallgemeinerung zuläßt, die eine Summenentwicklung von $(a + b)^m$ für beliebige reelle Zahlen m ermöglicht. Diese Verallgemeinerung ergibt für $a = 1$ und $b = x$ die *binomische Reihe*

$$(1 + x)^m = 1 + \binom{m}{1}x + \binom{m}{2}x^2 + \binom{m}{3}x^3 + \cdots + \binom{m}{n}x^n + \cdots$$

Für $m \in N$ bricht diese unendliche Reihe nach $m + 1$ Gliedern ab. Sie entspricht dann der Reihe im binomischen Lehrsatz für $a = 1$ und $b = x$.

Beispiel 4.33

Wir entwickeln den Ausdruck $(1 + a)^{\frac{1}{2}}$ in eine Binomische Reihe:

$$(1 + a)^{\frac{1}{2}} = 1 + \binom{\frac{1}{2}}{1}a + \binom{\frac{1}{2}}{2}a^2 + \binom{\frac{1}{2}}{3}a^3 + \binom{\frac{1}{2}}{4}a^4 + \cdots + \binom{\frac{1}{2}}{n}a^n + \cdots$$

$$= 1 + \frac{1}{2}a - \frac{1}{2 \cdot 4}a^2 + \frac{1 \cdot 3}{2 \cdot 4 \cdot 6}a^3 - \frac{1 \cdot 3 \cdot 5}{2 \cdot 4 \cdot 6 \cdot 8}a^4 + - \cdots$$

$$+ (-1)^{n-1}\frac{1 \cdot 3 \cdots (2n - 3)}{2 \cdot 4 \cdots 2n}a^n + \cdots.$$

4.7.3. Polynomialsatz

In Abschnitt 4.7.2. wurde eine allgemeingültige Formel für die Entwicklung von Potenzen zweigliedriger Summen (Binomen) dargestellt. Analog dazu bezeichnet man das Entwicklungsgesetz, das sich auf Potenzen von mehrgliedrigen Summen (Polynome) bezieht, als *polynomischen Lehrsatz* oder *Polynomialsatz.* Er kann in folgender Form dargestellt werden.

Satz 4.26

Für m beliebige Zahlen $a_1, a_2, \ldots_1, a_m$ *und* $n \in N$ *gilt stets:*

$$(a_1 + a_2 + \cdots + a_m)^n = \sum_{\alpha_1, \alpha_2, \ldots, \alpha_m} \frac{n!}{\alpha_1! \cdot \alpha_2! \cdots \alpha_m!} a_1^{\alpha_1} \cdot a_2^{\alpha_2} \cdots a_m^{\alpha_m} \tag{4.38}$$

mit $\alpha_1, \alpha_2, \alpha_3, \ldots, \alpha_m \in N$ *und* $\alpha_1 + \alpha_2 + \alpha_3 + \cdots + \alpha_m = n$.

Dabei gibt die rechte Seite der Gleichung die Summe aller Ausdrücke an, die aus dem allgemeinen Summanden hervorgehen, wenn für $\alpha_1, \alpha_2 . \alpha_3, \ldots, \alpha_m$ *nacheinander alle möglichen Zusammenstellungen ganzzahliger, nicht negativer Werte eingesetzt werden, so daß die Bedingung* $\sum_{i=1}^{m} \alpha_i = n$ *erfüllt ist.*

Beispiel 4.34

Wir berechnen $(a_1 + a_2 + a_3)^3$.

Nach Formel (4.38) ergibt sich

$$\sum_{\alpha_1 \alpha_2 \alpha_3} \frac{3!}{\alpha_1! \alpha_2! \alpha_3!} a_1^{\alpha_1} \cdot a_2^{\alpha_2} \cdot a_3^{\alpha_3} = \frac{3!}{3!} a_1^3 + \frac{3!}{3!} a_2^3 + \frac{3!}{3!} a_3^3 + \frac{3!}{2!\,1!} a_1^2 a_2^1 + \frac{3!}{2!\,1!} a_1^2 a_3^1 + \frac{3!}{1!\,2!} a_1^1 a_2^2$$

$$+ \frac{3!}{2!\,1!} a_2^2 a_3^1 + \frac{3!}{1!\,2!} a_1^1 a_3^2 + \frac{3!}{1!\,2!} a_2^1 a_3^2 + \frac{3!}{1!\,1!\,1!} a_1^1 a_2^1 a_3^1$$

$$= a_1^3 + a_2^3 + a_3^3 + 3a_1^2 a_2 + 3a_1^2 a_3 + 3a_1 a_2^2 + 3a_2^2 a_3 + 3a_1 a_3^2$$

$$+ 3a_2 a_3^2 + 6a_1 a_2 a_3 .$$

Aufgaben

4.1.1 Führen Sie den Beweis für die Richtigkeit

a) der Formeln (4.6) und (4.7);

b) der Formel (4.8);

c) der Formel (4.9).

4.1.2 Es sind folgende Summen unter Verwendung des Summenzeichens zu schreiben:

a) $4 + 6 + 8 + 10 + 12 + 14 + 16 + 18$

b) $\frac{1}{2} + \frac{3}{4} + \frac{5}{6} + \cdots + \frac{33}{34}$

c) $\frac{1}{27} + \frac{1}{64} + \frac{1}{125} + \cdots + \frac{1}{1000}$

d) $1 - \frac{2}{9} + \frac{3}{25} - \frac{4}{49} + \frac{5}{81}$.

4.1.3 Berechnen Sie das arithmetische Mittel nach der Formel

$$\bar{x} = \frac{\sum_{i=1}^{n} x_i \cdot h_i}{\sum_{i=1}^{n} h_i}$$

aus folgendem Zahlenmaterial:

x_i	2	3	6	7	10
h_i	3	7	11	4	5

4.1.4 Berechnen Sie die mittlere quadratische Abweichung nach der Formel

$$s = \sqrt{\frac{\sum_{i=1}^{n} (x_i - \bar{x})^2 \cdot h_i}{N - 1}} \quad \text{mit} \quad N = \sum_{i=1}^{n} h_i$$

aus dem Zahlenmaterial der Aufgabe 4.1.3.

4.1.5 Berechnen Sie aus dem Zahlenmaterial der Aufgabe 4.1.3:

a) $\sum_{i=1}^{n} x_i \cdot h_i$

b) $\sum_{i=1}^{n} x_i \cdot \sum_{i=1}^{n} h_i$

c) $\sum_{i=1}^{n} (x_i + h_i)$.

4.1.6 Berechnen Sie

$$\sum_{y=1}^{6} (3y - 4) + \sum_{y=1}^{6} (2y + 5).$$

4.1.7 Berechnen Sie den Preisindex von Paasche für vier Waren nach der Formel

$$I_p = \frac{\sum_{i=1}^{n} p_i^{(1)} \cdot q_i^{(1)}}{\sum_{i=1}^{n} p_i^{(0)} \cdot q_i^{(1)}}.$$

Dabei versteht man unter

$p_i^{(1)}$ Preis der i-ten Ware im Berichtszeitraum
$p_i^{(0)}$ Preis der i-ten Ware im Basiszeitraum
$q_i^{(1)}$ Verbrauchsmenge an der i-ten Ware im Berichtszeitraum.

Folgendes statistisches Zahlenmaterial ist gegeben:

	Ware 1	Ware 2	Ware 3	Ware 4
$p_i^{(0)}$	1,– M	3,20 M	2,10 M	5,– M
$p_i^{(1)}$	–,90 M	2,50 M	2,– M	3,– M
$q_i^{(1)}$	100 kg	80 kg	110 kg	10 kg

4.1.8 Berechnen Sie unter Zugrundelegung folgenden Zahlenmaterials

i	x_i	s_i
1	−3	530
2	−2	580
3	−1	590
4	0	640
5	+1	650
6	+2	670
7	+3	690

aus dem Normalgleichungssystem

$$a_0 \cdot n + a_1 \sum_{i=1}^{n} x_i = \sum_{i=1}^{n} s_i$$

$$a_0 \sum_{i=1}^{n} x_i + a_1 \sum_{i=1}^{n} x_i^2 = \sum_{i=1}^{n} s_i \cdot x_i$$

die Koeffizienten a_0 und a_1 und geben Sie die obige Entwicklung charakterisierende Näherungsfunktion $y = a_0 + a_1 x$ an.

4.2.9 Beweisen Sie

a) die Formel (4.13);
b) die Formel (4.16);
c) die Formel (4.17);
d) die Formel (4.18) und (4.19);
e) die Formel (4.20).

4.2.10 Berechnen Sie das geometrische Mittel $\mathring{x}$ nach folgender Formel

$$\mathring{x} = \sqrt[n]{\prod_{i=1}^{n} x_i}$$

aus dem Zahlenmaterial

x_i: 1, 2, 4, 5, 10.

4.2.11 Berechnen Sie

a) $\prod_{x=1}^{5} (x + 2) \cdot \prod_{x=1}^{5} (x - 2)$

b) $\prod_{i=0}^{4} (2i + 3)^2 \cdot \prod_{i=0}^{4} \frac{3i + 2}{4i^2 + 12i + 9}$

c) $\prod_{i=5}^{9} 4$.

4.2.12 Berechnen Sie aus folgenden Zahlen

a_i	3	2	7	5
b_i	2	3	5	6

a) $\prod_{i=1}^{n} (a_i + b_i)$

b) $\prod_{i=1}^{n} a_i + \prod_{i=1}^{n} b_i$

c) $\prod_{i=1}^{n} a_i \cdot \prod_{i=1}^{n} b_i$.

4.3.13 Lösen Sie das Beispiel 4.10.

4.3.14 Lösen Sie das Beispiel 4.12.

4.3.15 Lösen Sie das Beispiel 4.13.

4.3.16 Wieviel Möglichkeiten gibt es

a) 8 verschiedenfarbige Perlen,
b) 4 rote, 2 weiße und 2 grüne Perlen aneinanderzureihen?

4.3.17 Wieviel verschiedene Zusammenstellungen zu 10 Karten können bei einem Kartenspiel mit 32 Blatt auftreten?

4.3.18 Wieviel dreiziffrige Zahlen kann man aus den Ziffern 3, 5, 6 und 8 bilden?

4.3.19 Wieviel Kombinationen ohne Wiederholung zur 6. Klasse aus den Elementen 1 bis 9 enthalten

a) keines der Elemente 2, 4, 6 und 8,
b) alle Elemente 2, 4, 6 und 8,
c) mindestens eins der Elemente 2, 4, 6 und 8?

4.3.20 Bei der Programmsteuerung von Maschinen sowie bei der Erfassung und Auswertung von statistischen Daten besitzt die Lochkarte eine große Bedeutung. Sie ist nach dem Dezimalsystem aufgebaut und besteht aus 80 Lochspalten zu je 10 Lochstellen, die mit 0 bis 9 beziffert sind. Wieviel verschiedene Lochkombinationen sind möglich, wenn jede Lochspalte nur einmal gelocht werden darf und nicht gelochte Spalten unzulässig sind?

4.3.21 Eine Urne enthält 6 verschiedenfarbige Kugeln. Man entnimmt nun viermal nacheinander je eine Kugel, wobei die gezogene Kugel vor jeder neuen Ziehung wieder in die Urne zurückgelegt wird.
Wieviel verschiedene Fälle gibt es, in denen unter den 4 gezogenen Kugeln genau 2 Kugeln mit gleicher Farbe sind?

4.3.22 Wie lautet die 400. Permutation aus den Elementen 1, 2, 3, 4, 5, 6 bei natürlicher Anordnung?

4.3.23 Wieviel Möglichkeiten gibt es im Zahlenlotto für einen Dreier bei einer Ziehung?

4.3.24 Der Leiter eines Montagebetriebes will sich über den Einsatz seiner Mitarbeiter einen ständigen Überblick verschaffen. Er bedient sich dabei einer Magnettafel mit ein- und mehrfarbigen Symbolen, die jeweils einzelne Mitarbeiter repräsentieren. Es sind verschiedene Farben bzw. Farbzusammenstellungen erforderlich, und zwar für

8 Ingenieure,
28 Meister,
55 Facharbeiter.

Es ist die Anzahl der verschiedenen Farben für folgende Varianten zu berechnen:

a) Einfarbige Symbole;
b) zweigeteilte Symbole, die gleich- oder verschiedenfarbig sein können;
c) dreigeteilte Symbole, die gleich- oder verschiedenfarbig sein können;
d) viergeteilte Symbole, die gleich- oder verschiedenfarbig sein können;
e) übersichtliche Markierung:
Ingenieure – einfarbig;
Meister – zweifarbig, nicht spiegelbildlich, zweigeteilt;
Facharbeiter – dreifarbig, dreigeteilt.

4.3.25 Wieviel Kombinationen 4. Klasse von 8 Elementen ohne Wiederholung gibt es, wenn

a) alle drei vorgegebenen Elemente aus den 8 enthalten sein sollen;
b) keines der drei vorgegebenen Elemente aus den 8 enthalten sein soll;
c) mindestens eines der 3 vorgegebenen Elemente aus den 8 enthalten sein soll?

4.8.26 Es ist die allgemeine Formel für folgende Summen zu entwickeln:

a) $\binom{n}{0} + \binom{n}{1} + \binom{n}{2} + \binom{n}{3} + \cdots + \binom{n}{n}$

b) $\binom{n}{0}^2 + \binom{n}{1}^2 + \binom{n}{2}^2 + \binom{n}{3}^2 + \cdots + \binom{n}{n}^2$

c) $\binom{2}{2} + \binom{3}{2} + \binom{4}{2} + \binom{5}{2} + \cdots + \binom{n}{2}$.

4.8.27 Berechnen Sie

a) das 4. und 10. Glied von $(1 - a)^{30}$,

b) die ersten fünf Glieder von $(1 + b)^{20}$.

4.8.28 Entwicklen Sie den Ausdruck

$(2x - 3y)^6$.

4.8.29 Entwickeln Sie den Ausdruck

$(a + b + c)^4$.

4.8.30 Entwicklen Sie den Ausdruck

$(1 + x)^{-\frac{1}{3}}$.

5.
Lineare Algebra

5. Lineare Algebra

5.1. Matrixbegriff und spezielle Matrizen

In der Planung treten häufig lineare Beziehungen zwischen abhängigen Größen auf. Ein gutes Hilfsmittel für die Darstellung solcher Beziehungen ist die Matrizenrechnung. Sie erlaubt Vereinfachungen und Schematisierungen im Rechenablauf, so daß für die Rechnung vorteilhaft Rechenautomaten eingesetzt werden können. Dadurch kann die Planungsarbeit rationalisiert werden. Außerdem ermöglicht die Matrizenrechnung, komplizierte Zusammenhänge übersichtlich darzustellen. Den Vektor führen wir als eine spezielle Matrix ein, so daß in diesem Abschnitt die Vektorrechnung als Spezialfall der Matrizenrechnung behandelt wird.

Beispiel 5.1

Für die Fertigung von drei Erzeugnissen benötigen wir vier Maschinen. Die Bearbeitungszeiten je Erzeugniseinheit und die Maschinenzeitfonds sind der folgenden Tabelle zu entnehmen.

Tabelle 5.1

Maschine	Maschinenzeit (in Zeiteinheiten) je Einheit des Erzeugnisses			Maschinenzeitfonds in Zeiteinheiten
	1	2	3	
1	2	4	3	500
2	3	6	9	600
3	5	2	4	1000
4	7	1	7	750

Die Bearbeitungszeiten je Erzeugniseinheit können wir im rechteckigen Zahlenschema

$$\begin{bmatrix} 2 & 4 & 3 \\ 3 & 6 & 9 \\ 5 & 2 & 4 \\ 7 & 1 & 7 \end{bmatrix}$$

erfassen. Ein solches rechteckiges Zahlenschema nennen wir eine Matrix.

Definition 5.1

Das rechteckige Zahlenschema

$$\begin{bmatrix} a_{11} & a_{12} & \cdots & a_{1n} \\ a_{21} & a_{22} & \cdots & a_{2n} \\ \cdot & \cdot & \cdot & \cdot \\ a_{m1} & a_{m2} & \cdots & a_{mn} \end{bmatrix}$$

heißt Matrix mit m Zeilen und n Spalten oder mn-Matrix. Die reellen Zahlen dieses Schemas heißen Elemente der Matrix.

Später werden wir zulassen, daß die Elemente selbst Matrizen sind. Jedem Element sind zwei Indizes zugeordnet. Der erste Index nennt die Zeile, der zweite Index die Spalte, in der das Element steht. Das allgemeine Element a_{ij} steht in der Zeile i und in der Spalte j.

Die Matrix

$$\begin{bmatrix} 2 & 4 & 3 \\ 3 & 6 & 9 \\ 5 & 2 & 4 \\ 7 & 1 & 7 \end{bmatrix}$$

aus Beispiel 5.1 ist eine 4 · 3-Matrix, denn sie besitzt 4 Zeilen und 3 Spalten. Das Element a_{23} ist 9, das Element a_{41} ist 7.

In diesem Buch werden Matrizen durch halbfette große lateinische Buchstaben dargestellt, zum Beispiel $\boldsymbol{A}, \boldsymbol{B}$. Wollen wir zum Ausdruck bringen, daß die Matrix $\boldsymbol{A}$ m Zeilen und n Spalten besitzt, so schreiben wir

$$\underset{(m,\,n)}{\boldsymbol{A}}\,.$$

Oft verwenden wir auch die Bezeichnung

$$[a_{ij}].$$

In dieser Bezeichnung kommt zum Ausdruck, daß die a_{ij} die Elemente der Matrix sind.

Liegt eine Matrix mit m Zeilen und n Spalten vor, so sagen wir auch, die Matrix habe die *Ordnung* (m, n).

Definition 5.2

Eine Matrix, die nur eine Spalte besitzt, heißt Spaltenvektor.

$$\begin{bmatrix} b_1 \\ b_2 \\ \vdots \\ b_m \end{bmatrix}$$

ist ein Spaltenvektor mit m Komponenten.

In diesem Buch verwenden wir für Spaltenvektoren halbfette kleine lateinische Buchstaben. Oft verwenden wir für Spaltenvektoren auch die Bezeichnung $[b_i]$. In dieser Bezeichnung kommt zum Ausdruck, daß die b_i die Komponenten des Vektors sind.

Beispiel 5.2

Im Beispiel 5.1 können wir die Maschinenzeitfonds als Spaltenvektor

$$\begin{bmatrix} 500 \\ 600 \\ 1\,000 \\ 750 \end{bmatrix}$$

darstellen.

Definition 5.3

Eine Matrix, die nur eine Zeile besitzt, heißt Zeilenvektor.

$\boldsymbol{k}^T = [k_1 \; k_2 \; \cdots \; k_n]$

ist ein Zeilenvektor mit n Komponenten.

Als Kurzzeichen für Zeilenvektoren verwenden wir in diesem Buch halbfette kleine lateinische Buchstaben mit hochgestelltem T. Oft verwenden wir für Zeilenvektoren auch die Bezeichnung $[k_j]^T$.

Beispiel 5.3

Im Beispiel 5.1 können wir die auf der Maschine 1 benötigte Maschinenzeit je Erzeugniseinheit als Zeilenvektor [2 4 3] darstellen.

Definition 5.4

Eine Matrix mit einer Zeile und einer Spalte heißt Skalar.

Skalare sind reelle Zahlen, die wir durch kleine griechische oder lateinische Buchstaben darstellen.

Beispiel 5.4

$\alpha = [3] = 3; \;\; b = [-1{,}5] = -1{,}5.$

Definition 5.5

Eine Matrix, deren Elemente alle Null sind, heißt Nullmatrix **0**.

$$\mathbf{0} = \begin{bmatrix} 0 & 0 & . & . & . & 0 \\ 0 & 0 & . & . & . & 0 \\ \cdots & \cdots & \cdots & \cdots & \cdots & \cdots \\ 0 & 0 & . & . & . & 0 \end{bmatrix}.$$

Definition 5.6

Eine Matrix mit n Zeilen und n Spalten heißt quadratische Matrix n-ter Ordnung. Eine quadratische Matrix kann durch $\underset{(n,\,n)}{A}$ dargestellt werden.

$$\underset{(n,\,n)}{A} = \begin{bmatrix} a_{11} & a_{12} & \cdots & a_{1n} \\ a_{21} & a_{22} & \cdots & a_{2n} \\ \cdots & \cdots & \cdots & \cdots \\ a_{n1} & a_{n2} & \cdots & a_{nn} \end{bmatrix}.$$

Die Elemente einer quadratischen Matrix, bei denen der Zeilenindex mit dem Spaltenindex übereinstimmt, nennen wir *Diagonalelemente* der quadratischen Matrix. Das sind die Elemente a_{ii} oder a_{ij} mit $i = j$, also $a_{11}, a_{22}, \ldots, a_{nn}$.

Beispiel 5.5

Die Matrix

$$\underset{(3,\,3)}{A} = \begin{bmatrix} 3 & 4 & -5 \\ 4 & -1 & 1 \\ 2 & 5 & -2 \end{bmatrix}$$

ist eine quadratische Matrix dritter Ordnung. Ihre Diagonalelemente sind

$a_{11} = 3;\ \ a_{22} = -1;\ \ a_{33} = -2.$

Definition 5.7

Eine quadratische Matrix $A = [a_{ij}]$, *deren Elemente unterhalb (oberhalb) der Diagonalelemente alle Null sind, heißt obere (untere) Dreiecksmatrix.*

$a_{ij} = 0 \ \forall\, i, j \mid i > j \ (i < j).$

Wir kennzeichnen die obere (untere) Dreiecksmatrix durch ein hochgestelltes (tiefgestelltes) Dreieck am Matrizensymbol. $A^{\triangle}$ sagt aus, daß die Matrix A eine obere Dreiecksmatrix ist. $A_{\triangle}$ kennzeichnet die Matrix A als untere Dreiecksmatrix.

Beispiel 5.6

$$A^{\triangle} = \begin{bmatrix} 2 & 1 & 0 \\ 0 & 0 & 4 \\ 0 & 0 & 1 \end{bmatrix}$$ ist eine obere Dreiecksmatrix.

$$A_{\triangle} = \begin{bmatrix} 4 & 0 & 0 \\ 0 & 1 & 0 \\ 2 & 0 & 0 \end{bmatrix}$$ ist eine untere Dreiecksmatrix.

Definition 5.8

Eine quadratische Matrix $A = [a_{ij}]$, deren Nicht-Diagonalelemente alle Null sind, heißt Diagonalmatrix A_d.

$$A_d = \begin{bmatrix} a_{11} & 0 & \cdots & 0 \\ 0 & a_{22} & \cdots & 0 \\ \dots & \dots & \dots & \dots \\ 0 & 0 & \cdots & a_{nn} \end{bmatrix} \qquad a_{ij} = 0 \ \forall\, i,j \mid i \neq j\,.$$

Eine Diagonalmatrix ist also sowohl obere als auch untere Dreiecksmatrix. Über die Diagonalelemente wird nichts ausgesagt. Eine Diagonalmatrix kennzeichnen wir durch den Index *d*.
A_d sagte also aus, daß die Matrix A eine Diagonalmatrix ist.

Beispiel 5.6

Die Matrix $A_d = \begin{bmatrix} 3 & 0 & 0 \\ 0 & 0 & 0 \\ 0 & 0 & 4 \end{bmatrix}$ ist eine Diagonalmatrix.

Definition 5.9

Eine Diagonalmatrix, deren Diagonalelemente alle Eins sind, heißt Einheitsmatrix $E = [e_{ij}]$.

$$E = \begin{bmatrix} 1 & 0 & . & . & . & 0 \\ 0 & 1 & . & . & . & 0 \\ . & . & . & . & . & . \\ 0 & 0 & . & . & . & 1 \end{bmatrix} \qquad \begin{aligned} e_{ij} &= 0 \ \forall\, i,j \mid i \neq j \\ e_{ii} &= 1 \ \forall\, i\,. \end{aligned}$$

Beispiel 5.7

Die Einheitsmatrix dritter Ordnung hat folgende Gestalt:

$$E = \begin{bmatrix} 1 & 0 & 0 \\ 0 & 1 & 0 \\ 0 & 0 & 1 \end{bmatrix}.$$

Definition 5.10

Ein Vektor, dessen Komponenten alle Null sind, heißt Nullvektor **o**.

$$\mathbf{o} = \begin{bmatrix} 0 \\ 0 \\ \vdots \\ 0 \end{bmatrix} \qquad \text{oder } \mathbf{o}^T = [0 \ 0 \cdots 0]\,.$$

Definition 5.11

Ein Vekotr, dessen Komponenten alle Eins sind, heißt summierender Vektor **s**.

$$\mathbf{s} = \begin{bmatrix} 1 \\ 1 \\ \vdots \\ 1 \end{bmatrix} \qquad \text{oder } \mathbf{s}^T = [1 \ 1 \cdots 1]\,.$$

Definition 5.12

Ein Vektor, der genau eine Komponente mit dem Wert Eins besitzt, während alle anderen Komponenten Null sind, heißt Einheitsvektor.

Wir stellen Einheitsvektoren durch ein e mit einem Index i dar, also e_i. Der Index i gibt an, an welcher Stelle die Eins steht.

Die Einheitsvektoren mit drei Komponenten sind

$$e_1 = \begin{bmatrix} 1 \\ 0 \\ 0 \end{bmatrix}; \quad e_2 = \begin{bmatrix} 0 \\ 1 \\ 0 \end{bmatrix}; \quad e_3 = \begin{bmatrix} 0 \\ 0 \\ 1 \end{bmatrix}$$

bzw. $e_1^T = [1 \ 0 \ 0]$; $e_2^T = [0 \ 1 \ 0]$; $e_3^T = [0 \ 0 \ 1]$.

Oft ist es sinnvoll, aus einer Matrix einen Teil der Elemente herauszugreifen. Das führt zu folgender Definition.

Definition 5.13

Ein rechteckiges Zahlenschema, das aus einer Matrix A herausgegriffen wird, heißt Teilmatrix von A.

Beispiel 5.9

Im Beispiel 5.1 erfaßt die Matrix $A = \begin{bmatrix} 2 & 4 & 3 \\ 3 & 6 & 9 \\ 5 & 2 & 4 \\ 7 & 1 & 7 \end{bmatrix}$ die Maschinenzeitnormen für vier Maschinen und drei Erzeugnisse.

Die Matrix $A_1 = \begin{bmatrix} 2 & 4 & 3 \\ 3 & 6 & 9 \end{bmatrix}$ ist eine Teilmatrix von A. Sie erfaßt die Maschinenzeitnormen für die drei Erzeugnisse auf den ersten beiden Maschinen.

Die Matrix $A_2 = \begin{bmatrix} 5 & 2 & 4 \\ 7 & 1 & 7 \end{bmatrix}$ ist ebenfalls eine Teilmatrix von A. Sie erfaßt die Maschinenzeitnormen für die drei Erzeugnisse auf den letzten beiden Maschinen.

Wir können die Matrix A mit Hilfe der beiden Teilmatrizen A_1 und A_2 darstellen, $A = \begin{bmatrix} A_1 \\ A_2 \end{bmatrix}$.

Der Vektor $a_1 = \begin{bmatrix} 2 \\ 3 \\ 5 \\ 7 \end{bmatrix}$ ist ebenfalls eine Teilmatrix von A. Im Vektor a_1 erfassen wir die Maschinenzeitnormen für das erste Erzeugnis.

In der Teilmatrix $a_2 = \begin{bmatrix} 4 \\ 6 \\ 2 \\ 1 \end{bmatrix}$ erfassen wir die Maschinenzeitnormen für das zweite Erzeugnis und in

$a_3 = \begin{bmatrix} 3 \\ 9 \\ 4 \\ 7 \end{bmatrix}$ die Maschinenzeitnormen für das dritte Erzeugnis.

Es gilt $A = [a_1\ a_2\ a_3]$.
Der Vektor $\tilde{a}_1^T = [2\ 4\ 3]$ ist ebenfalls eine Teilmatrix von A. Er erfaßt die Maschinenzeitnormen für die erste Maschine. Im Vektor $\tilde{a}_2^T = [3\ 6\ 9]$ erfassen wir die Maschinenzeitnormen für die zweite Maschine, in $\tilde{a}_3^T = [5\ 2\ 4]$ die Normen für die dritte Maschine und in $\tilde{a}_4^T = [7\ 1\ 7]$ die Normen für die vierte Maschine. Es gilt

$$A = \begin{bmatrix} \tilde{a}_1^T \\ \tilde{a}_2^T \\ \tilde{a}_3^T \\ \tilde{a}_4^T \end{bmatrix}.$$

Beispiel 5.10

Die Matrix $A = \begin{bmatrix} a_{11} & a_{12} & a_{13} & a_{14} & a_{15} \\ a_{21} & a_{22} & a_{23} & a_{24} & a_{25} \\ a_{31} & a_{32} & a_{33} & a_{34} & a_{35} \\ a_{41} & a_{42} & a_{43} & a_{44} & a_{45} \end{bmatrix}$

enthält zum Beispiel die Teilmatrizen

$$A_{11} = \begin{bmatrix} a_{11} & a_{12} \\ a_{21} & a_{22} \end{bmatrix}; \quad A_{12} = \begin{bmatrix} a_{13} & a_{14} & a_{15} \\ a_{23} & a_{24} & a_{25} \end{bmatrix};$$

$$A_{21} = \begin{bmatrix} a_{31} & a_{32} \\ a_{41} & a_{42} \end{bmatrix}; \quad A_{22} = \begin{bmatrix} a_{33} & a_{34} & a_{35} \\ a_{43} & a_{44} & a_{45} \end{bmatrix}.$$

Es gilt $A = \begin{bmatrix} A_{11} & A_{12} \\ A_{21} & A_{22} \end{bmatrix}$.

Es ist immer möglich, Matrizen mit Hilfe von Vektoren darzustellen. Dazu betrachten wir die Matrix

$$A = \begin{bmatrix} a_{11} & a_{12} & \cdots & a_{1n} \\ a_{21} & a_{22} & \cdots & a_{2n} \\ \cdots & \cdots & \cdots & \cdots \\ a_{m1} & a_{m2} & \cdots & a_{mn} \end{bmatrix}.$$

Jede Spalte dieser Matrix können wir als Spaltenvektor schreiben, die erste Spalte als a_1, die zweite Spalte als a_2 usw.

$$A = [a_1\ a_2\ \cdots\ a_n]$$

$$\text{mit} \quad a_1 = \begin{bmatrix} a_{11} \\ a_{21} \\ \vdots \\ a_{m1} \end{bmatrix}; \quad a_2 = \begin{bmatrix} a_{12} \\ a_{22} \\ \vdots \\ a_{m2} \end{bmatrix}; \quad \ldots; \quad a_n = \begin{bmatrix} a_{1n} \\ a_{2n} \\ \vdots \\ a_{mn} \end{bmatrix}.$$

Jede Zeile dieser Matrix können wir als Zeilenvektor schreiben, die erste Zeile als $\tilde{a}_1^T$, die zweite Zeile als $\tilde{a}_2^T$ usw.

$$A = \begin{bmatrix} \tilde{a}_1^T \\ \tilde{a}_2^T \\ \vdots \\ \tilde{a}_m^T \end{bmatrix}$$

mit $\tilde{a}_1^T = [a_{11}\ a_{12}\ \cdots\ a_{1n}]$; $\tilde{a}_2^T = [a_{21}\ a_{22}\ \cdots\ a_{2n}]$; $\cdots$; $\tilde{a}_m^T = [a_{m1}\ a_{m2}\ \cdots\ a_{mn}]$.

Die Nullmatrix läßt sich mit Hilfe von Nullvektoren darstellen.

$$\mathbf{0} = [\mathbf{o}\ \mathbf{o} \cdots \mathbf{o}] = \begin{bmatrix} \mathbf{o}^T \\ \mathbf{o}^T \\ \\ \mathbf{o}^T \end{bmatrix}.$$

Die Einheitsmatrix läßt sich mit Hilfe der Einheitsvektoren darstellen.

$$\boldsymbol{E} = [\boldsymbol{e}_1\, \boldsymbol{e}_2 \cdots \boldsymbol{e}_n] = \begin{bmatrix} \boldsymbol{e}_1^T \\ \boldsymbol{e}_2^T \\ \vdots \\ \boldsymbol{e}_n^T \end{bmatrix}.$$

Durch die Einführung von Teilmatrizen sind wir in der Lage, eine Matrix aus Teilmatrizen aufzubauen. In diesem Falle können wir auch sagen, daß die Teilmatrizen die Elemente einer Matrix sind. Die Möglichkeit, daß die Elemente einer Matrix Matrizen sind, deuteten wir bereits nach der Definition 5.1 an.

5.2. Matrizenrelationen

5.2.1. Gleichheit von Matrizen

Definition 5.14

Zwei Matrizen $\boldsymbol{A}$ *und* $\boldsymbol{B}$ *heißen genau dann gleich, wenn beide Matrizen die gleiche Zeilen- und Spaltenzahl besitzen und wenn die entsprechenden Elemente (Elemente mit den gleichen Zeilen- und Spaltenindizes) gleich sind. Wir schreiben dann* $\boldsymbol{A} = \boldsymbol{B}$.

$\boldsymbol{A} = \boldsymbol{B}$ mit $\underset{(m_1,\, n_1)}{\boldsymbol{A}}$ und $\underset{(m_2,\, n_2)}{\boldsymbol{B}}$ ist gleichbedeutend mit

a) $m_1 = m_2$ und $n_1 = n_2$

und b) $a_{11} = b_{11};\ a_{12} = b_{12};\ \ldots;\ a_{1n} = b_{1n}$

$a_{21} = b_{21};\ a_{22} = b_{22};\ \ldots;\ a_{2n} = b_{2n}$

$\cdots\cdots\cdots\cdots\cdots\cdots\cdots\cdots$

$a_{m1} = b_{m1};\ a_{m2} = b_{m2};\ \ldots;\ a_{mn} = b_{mn}$,

allgemein $a_{ij} = b_{ij}$ für $i = 1, \ldots, m$ und $j = 1, \ldots, n$,
wenn

$$\boldsymbol{A} = \begin{bmatrix} a_{11}\ a_{12} \cdots a_{1n} \\ a_{21}\ a_{22} \cdots a_{2n} \\ \cdots\cdots\cdots \\ a_{m1}\ a_{m2} \cdots a_{mn} \end{bmatrix}$$

$$\text{und } \boldsymbol{B} = \begin{bmatrix} b_{11}\ b_{12} \cdots b_{1n} \\ b_{21}\ b_{22} \cdots b_{2n} \\ \cdots\cdots\cdots \\ b_{m1}\ b_{m2} \cdots b_{mn} \end{bmatrix}.$$

Beispiel 5.11

Gegeben sind die Matrizen

$$X = \begin{bmatrix} x_{11} & x_{12} & x_{13} & x_{14} \\ x_{21} & x_{22} & x_{23} & x_{24} \\ x_{31} & x_{32} & x_{33} & x_{34} \end{bmatrix} \quad \text{und} \quad A = \begin{bmatrix} 3 & 4 & -1 & 2 \\ 6 & 1 & -\frac{1}{2} & 5 \\ \frac{1}{3} & 0 & 10 & 3 \end{bmatrix}.$$

Aus $X = A$ folgt

$x_{11} = 3;\ \ x_{12} = 4;\ x_{13} = -1;\ \ x_{14} = 2$

$x_{21} = 6;\ \ x_{22} = 1;\ x_{23} = -\frac{1}{2};\ x_{24} = 5$

$x_{31} = \frac{1}{3};\ x_{32} = 0;\ x_{33} = \ 10;\ \ x_{34} = 3.$

Die angegebene Definition der Gleichheit von Matrizen gilt auch für Vektoren, die ja spezielle Matrizen sind. Zwei Vektoren können nur dann gleich sein, wenn sie beide Zeilen- oder beide Spaltenvektoren sind.

Ist $\boldsymbol{a} = [a_1\ a_2 \cdots a_n]^T$ und $\boldsymbol{b} = [b_1\ b_2 \cdots b_n]^T$, so bedeutet $\boldsymbol{a} = \boldsymbol{b}$

$a_1 = b_1,\ a_2 = b_2,\ \ldots,\ a_n = b_n.$

Beispiel 5.12

Die Vektoren $\boldsymbol{a}_1^T = [2\ -3\ 4]$ und $\boldsymbol{a}_2^T = [-3\ 2\ 4]$ haben die gleichen Komponenten 2; −3; 4, aber die entsprechenden Komponenten sind nicht alle gleich:

$$\begin{aligned} 2 &\neq -3 \\ -3 &\neq \ \ 2 \\ 4 &= \ \ 4. \end{aligned}$$

Also sind die beiden Vektoren nicht gleich.

Beispiel 5.13

Gegeben sind die Vektoren $\boldsymbol{x}^T = [x_1\ x_2\ x_3\ x_4]$ und $\boldsymbol{a}^T = \left[2\ \ -1\ \ \frac{1}{2}\ \ 50\right]$.

Aus $\boldsymbol{x}^T = \boldsymbol{a}^T$ folgt, daß $x_1 = 2$, $x_2 = -1$, $x_3 = \frac{1}{2}$, $x_4 = 50$ ist.

Beispiel 5.14

Gegeben sind die Vektoren $\boldsymbol{x}^T = [x_1\ x_2\ x_3]$ und der Nullvektor $\mathbf{o}$.

$\boldsymbol{x}^T = \mathbf{o}^T$ ist gleichbedeutend mit $x_1 = 0$, $x_2 = 0$, $x_3 = 0$.

Beispiel 5.15

Gegeben sind die Vektoren $\boldsymbol{a} = \begin{bmatrix} 2x_1 + 3x_2 + 4x_3 \\ x_1 - 5x_2 + 2x_3 \\ -3x_1 + x_2 - x_3 \end{bmatrix}$ und $\boldsymbol{b} = \begin{bmatrix} 5 \\ -17 \\ 9 \end{bmatrix}$.

$\boldsymbol{a} = \boldsymbol{b}$ ist gleichbedeutend mit

$$\begin{aligned} 2x_1 + 3x_2 + 4x_3 &= 5 \\ x_1 - 5x_2 + 2x_3 &= -17 \\ -3x_1 + x_2 - x_3 &= 9. \end{aligned}$$

Die Vektorgleichung $\begin{bmatrix} 2x_1 + 3x_2 + 4x_3 \\ x_1 - 5x_2 + 2x_3 \\ -3x_1 + x_2 - x_3 \end{bmatrix} = \begin{bmatrix} 5 \\ -17 \\ 9 \end{bmatrix}$

ist eine andere Darstellung des Gleichungssystems mit drei Gleichungen und drei Variablen.

Satz 5.1

Die Matrizengleichheit besitzt die Eigenschaft

a) der Reflexivität, das heißt $A = A$,

b) der Symmetrie, das heißt aus $A = B$ *folgt* $B = A$,

c) der Transitivität, das heißt aus $A = B$ *und* $B = C$ *folgt* $A = C$.

5.2.2. Ungleichheit von Matrizen

In der Praxis unseres wirtschaftlichen Lebens treten neben Gleichheitsbeziehungen sehr häufig Ungleichheitsbeziehungen zwischen ökonomischen Größen auf. Deshalb kommt der Lehre von den Ungleichheitsbeziehungen bei der Anwendung der Mathematik in der Wirtschaft zumindest ebenso große Bedeutung zu wie der Lehre von den Gleichheitsbeziehungen.

In diesem Abschnitt beschäftigen wir uns nur mit den Ungleichheitsbeziehungen und mit den dafür verwendeten Symbolen. In einem später folgenden Abschnitt behandeln wir das Rechnen mit Ungleichheitsbeziehungen und das Lösen von Ungleichungssystemen.

Bevor wir jetzt die Ungleichheit von Matrizen betrachten, wiederholen wir die Ungleichheit von reellen Zahlen, um dann die Ungleichheit von Matrizen auf die Ungleichheit der reellen Zahlen zurückführen zu können.

Ungleichheit von reellen Zahlen

Für die Behandlung von Ungleichungen benötigen wir die folgenden Beziehungen:

$a \neq b$ bedeutet, daß a verschieden von b ist.

$a < b$ bedeutet, daß a kleiner ist als b bzw. b größer ist als a.

$a > b$ bedeutet, daß a größer ist als b bzw. b kleiner ist als a.

$a \leqq b$ bedeutet, daß a entweder kleiner ist als b oder gleich b ist. Wir sagen auch, daß a höchstens gleich b ist oder daß a nicht größer als b ist.

$a \geqq b$ bedeutet, daß a entweder größer ist als b oder gleich b ist. Wir sagen auch, daß a mindestens gleich b ist oder daß a nicht kleiner als b ist.

Beispiel 5.16

Wir betrachten in einem Industriebetrieb die Normerfüllung zweier Brigaden. Die Norm sieht je Brigade und Tag die Produktion von 100 Einheiten eines Erzeugnisses vor. Die Istproduktion zeigt folgenden Stand:

Tabelle 5.2

Brigade	Produktion am	
	1. Tag	2. Tag
A	100	110
B	90	100

Wir bezeichnen die Tagesproduktion der Brigade A mit a, die der Brigade B mit b und die laut Norm vorgesehenen Produktionsstückzahlen mit n.

Dann gilt am ersten Tag $a = n$;
am zweiten Tag $a \neq n$, genauer $a > n$.
Wollen wir ein Urteil über die tägliche Normerfüllung der Brigade A für den gesamten betrachteten Zeitraum abgeben, so können wir feststellen, daß $a \geqq n$ gilt.
Die Brigade B hat am ersten Tag weniger hergestellt als die Norm vorsah, es gilt $b < n$.
Für den zweiten Tag gilt $b = n$.
Das Gesamturteil über die tägliche Normerfüllung der Brigade B lautet $b \leqq n$.

Ungleichheit von Matrizen

Definition 5.15

*Eine Matrix **A** heißt genau dann kleiner als eine Matrix **B**, wenn beide Matrizen die gleiche Zeilen- und Spaltenzahl besitzen und wenn die Elemente von **A** jeweils kleiner sind als die entsprechenden Elemente von **B**. Wir schreiben dann **A** < **B**.*

$\boldsymbol{A} < \boldsymbol{B}$ mit $\underset{(m_1,\, n_1)}{\boldsymbol{A}}$ und $\underset{(m_2,\, n_2)}{\boldsymbol{B}}$ ist gleichbedeutend mit

a) $m_1 = m_2$ und $n_1 = n_2$
(wir schreiben $m_1 = m_2 = m$ und $n_1 = n_2 = n$)

und b)
$$\begin{aligned} &a_{11} < b_{11};\; a_{12} < b_{12};\; \ldots;\; a_{1n} < b_{1n}\\ &a_{21} < b_{21};\; a_{22} < b_{22};\; \ldots;\; a_{2n} < b_{2n}\\ &\ldots\ldots\ldots\ldots\ldots\ldots\ldots\ldots\\ &a_{m1} < b_{m1};\; a_{m2} < b_{m2};\; \ldots;\; a_{mn} < b_{mn},\end{aligned}$$

allgemein $a_{ij} < b_{ij}$ für $i = 1, \ldots, m$ und $j = 1, \ldots, n$, wenn

$$\boldsymbol{A} = \begin{bmatrix} a_{11} & a_{12} & \cdots & a_{1n}\\ a_{21} & a_{22} & \cdots & a_{2n}\\ \cdots & \cdots & \cdots & \cdots\\ a_{m1} & a_{m2} & \cdots & a_{mn}\end{bmatrix}$$

und

$$\boldsymbol{B} = \begin{bmatrix} b_{11} & b_{12} & \cdots & b_{1n}\\ b_{21} & b_{22} & \cdots & b_{2n}\\ \cdots & \cdots & \cdots & \cdots\\ b_{m1} & b_{m2} & \cdots & b_{mn}\end{bmatrix}.$$

Ist $\boldsymbol{A} < \boldsymbol{B}$, so sagen wir auch, $\boldsymbol{B}$ sei größer als $\boldsymbol{A}$, und schreiben dafür $\boldsymbol{B} > \boldsymbol{A}$.

Beispiel 5.17

Gegeben sind $\boldsymbol{A} = \begin{bmatrix} 2 & 3 & -4\\ 1 & 0 & \frac{1}{2}\end{bmatrix}$

und $\boldsymbol{B} = \begin{bmatrix} 1 & 2{,}9 & -10\\ 0 & -2 & \frac{1}{10}\end{bmatrix}$.

Es gilt nicht $\boldsymbol{A} < \boldsymbol{B}$, sondern $\boldsymbol{B} < \boldsymbol{A}$ oder $\boldsymbol{A} > \boldsymbol{B}$, denn es ist

$1 < 2;\; 2{,}9 < 3;\; -10 < -4$

$0 < 1;\; -2 < 0;\; \frac{1}{10} < \frac{1}{2}$.

Die angegebene Kleiner-Beziehung von Matrizen gilt auch für Vektoren.
Ist $\boldsymbol{a} = [a_1\ a_2\ \cdots\ a_n]^T$ und $\boldsymbol{b} = [b_1\ b_2\ \cdots\ b_n]^T$, so ist $\boldsymbol{a} < \boldsymbol{b}$ gleichbedeutend mit $a_1 < b_1, a_2 < b_2, \ldots, a_n < b_n$.

Beispiel 5.18

Gegeben sind die Vektoren $\boldsymbol{a} = [2\quad -1\quad 3{,}49]$

$$\boldsymbol{b} = \left[3\quad -\frac{1}{2}\quad 3{,}5\right].$$

Es gilt $\boldsymbol{a} < \boldsymbol{b}$, denn $2 < 3$; $-1 < -\frac{1}{2}$; $3{,}49 < 3{,}5$.

Beispiel 5.19

$\boldsymbol{a} = [2\ -1\ 3{,}5]^T$; $\boldsymbol{b} = \left[3\ -\frac{1}{2}\ 3{,}5\right]^T$.
Es gilt nicht, daß $\boldsymbol{a} < \boldsymbol{b}$ ist, denn es ist zwar $2 < 3$; $-1 < -\frac{1}{2}$; aber es gilt $3{,}5 = 3{,}5$.

Beispiel 5.20

$\boldsymbol{x} = [x_1\ x_2\ x_3\ x_4]^T$.

$\boldsymbol{x} > \boldsymbol{0}$ bringt zum Ausdruck, daß $x_1 > 0$; $x_2 > 0$; $x_3 > 0$, $x_4 > 0$, das heißt, daß alle Komponenten von $\boldsymbol{x}$ positiv sind.

Definition 5.16

Eine Matrix $\boldsymbol{A}$ heißt genau dann kleiner oder gleich Matrix $\boldsymbol{B}$, wenn beide Matrizen die gleiche Zeilen- oder Spaltenzahl besitzen und wenn die Elemente von $\boldsymbol{A}$ kleiner oder gleich den entsprechenden Elementen von $\boldsymbol{B}$ sind. Wir schreiben dann $\boldsymbol{A} \leqq \boldsymbol{B}$.

$\boldsymbol{A} \leqq \boldsymbol{B}$ mit $\underset{(m_1,\, n_1)}{\boldsymbol{A}}$ und $\underset{(m_2,\, n_2)}{\boldsymbol{B}}$ ist gleichbedeutend mit

a) $m_1 = m_2$ und $n_1 = n_2$
(wir schreiben $m_1 = m_2 = m$ und $n_1 = n_2 = n$)

und b)
$$\begin{array}{l} a_{11} \leqq b_{11};\ a_{12} \leqq b_{12};\ \ldots;\ a_{1n} \leqq b_{1n} \\ a_{21} \leqq b_{21};\ a_{22} \leqq b_{22};\ \ldots;\ a_{2n} \leqq b_{2n} \\ \cdots\cdots\cdots\cdots\cdots\cdots\cdots\cdots \\ a_{m1} \leqq b_{m1};\ a_{m2} \leqq b_{m2};\ \ldots;\ a_{mn} \leqq b_{mn}, \end{array}$$
allgemein $a_{ij} \leqq b_{ij}$ für $i = 1, \ldots, m$; $j = 1, \ldots, n$,

wenn

$$\boldsymbol{A} = \begin{bmatrix} a_{11} & a_{12} & \cdots & a_{1n} \\ a_{21} & a_{22} & \cdots & a_{2n} \\ \cdots & \cdots & \cdots & \cdots \\ a_{m1} & a_{m2} & \cdots & a_{mn} \end{bmatrix} \quad \text{und } \boldsymbol{B} = \begin{bmatrix} b_{11} & b_{12} & \cdots & b_{1n} \\ b_{21} & b_{22} & \cdots & b_{2n} \\ \cdots & \cdots & \cdots & \cdots \\ b_{m1} & b_{m2} & \cdots & b_{mn} \end{bmatrix}.$$

Ist $\boldsymbol{A} \leqq \boldsymbol{B}$, so sagt man auch, $\boldsymbol{B}$ sei größer oder gleich $\boldsymbol{A}$, und schreibt dafür $\boldsymbol{B} \geqq \boldsymbol{A}$.

Beispiel 5.21

Gegeben sind $\boldsymbol{A} = \begin{bmatrix} 0 & 4 \\ 2 & 3 \\ -4 & 6 \end{bmatrix}$ und $\boldsymbol{B} = \begin{bmatrix} 1 & 5 \\ 4 & 7 \\ -3 & 6 \end{bmatrix}$.

Es gilt nicht $\boldsymbol{A} < \boldsymbol{B}$, denn es ist zwar $0 < 1$; $4 < 5$; $2 < 4$; $3 < 7$; $-4 < -3$, aber es ist $6 = 6$; folglich gilt $\boldsymbol{A} \leqq \boldsymbol{B}$.

Die angegebene Kleiner-oder-gleich-Beziehung von Matrizen gilt auch für Vektoren. Ist $\boldsymbol{a}^T = [a_1 \; a_2 \; \cdots \; a_n]$ und $\boldsymbol{b}^T = [b_1 \; b_2 \; \cdots \; b_n]$, so ist $\boldsymbol{a} \leqq \boldsymbol{b}$ gleichbedeutend mit $a_1 \leqq b_1; \ldots; a_n \leqq b_n$.

Beispiel 5.22

Für die Vektoren $\boldsymbol{a}$ und $\boldsymbol{b}$ des Beispiels 5.18 gilt auch $\boldsymbol{a} \leqq \boldsymbol{b}$.

Beispiel 5.23

Für die Vektoren des Beispiels 5.19 gilt zwar nicht $\boldsymbol{a} < \boldsymbol{b}$, aber es gilt $\boldsymbol{a} \leqq \boldsymbol{b}$.

Beispiel 5.24

$\boldsymbol{x}^T = [x_1 \; x_2 \; x_3 \; x_4]$.

$\boldsymbol{x} \geqq \boldsymbol{o}$ bringt zum Ausdruck, daß $x_1 \geqq 0$; $x_2 \geqq 0$; $x_3 \geqq 0$; $x_4 \geqq 0$, das heißt, daß alle Komponenten von $\boldsymbol{x}$ nicht negativ sind.

Beispiel 5.25

$$\boldsymbol{a} = \begin{bmatrix} 2x_1 + 3x_2 - x_3 \\ 4x_1 - x_2 + 5x_3 \\ x_1 + x_2 - x_3 \end{bmatrix}; \quad \boldsymbol{b} = \begin{bmatrix} 30 \\ 40 \\ 55 \end{bmatrix}.$$

$\boldsymbol{a} \geqq \boldsymbol{b}$ ist gleichbedeutend mit

$$\begin{aligned} 2x_1 + 3x_2 - x_3 &\geqq 30 \\ 4x_1 - x_2 + 5x_3 &\geqq 40 \\ x_1 + x_2 - x_3 &\geqq 55. \end{aligned}$$

Gilt für beliebige Matrizen $\boldsymbol{A} < \boldsymbol{B}$, so gilt auch $\boldsymbol{A} \leqq \boldsymbol{B}$. Wenn $\boldsymbol{A} = \boldsymbol{B}$ ist, so ist auch $\boldsymbol{A} \leqq \boldsymbol{B}$.
Mit den aufgeführten Ungleichheitsbeziehungen sind noch nicht alle Möglichkeiten der Ungleichheit von Matrizen erfaßt.

Satz 5.2

Für die Matrizengleichheit gilt:

a) *Die Kleiner-oder-gleich-Beziehung besitzt die Eigenschaft der Reflexivität, es gilt* $\boldsymbol{A} \leqq \boldsymbol{A}$.
   Die Kleiner-Beziehung besitzt diese Eigenschaft nicht.

b) *Die Kleiner-Beziehung und die Kleiner-oder-gleich-Beziehung besitzen die Eigenschaft der Transitivität,*

   aus $\boldsymbol{A} < \boldsymbol{B}$ *und* $\boldsymbol{B} < \boldsymbol{C}$ *folgt* $\boldsymbol{A} < \boldsymbol{C}$,

   aus $\boldsymbol{A} \leqq \boldsymbol{B}$ *und* $\boldsymbol{B} \leqq \boldsymbol{C}$ *folgt* $\boldsymbol{A} \leqq \boldsymbol{C}$.

Es gelten also nicht alle Eigenschaften der Gleichheitsbeziehung für Ungleichheitsbeziehungen. Das ist bei der Behandlung von Ungleichungen und Ungleichungssystemen zu berücksichtigen.

5.3. Matrizenoperationen

Bisher haben wir den Begriff der Matrix (einschließlich Vektor) und Relationen zwischen Matrizen kennengelernt. Damit sind wir in der Lage, in vielen Fällen umfangreiche Zahlenmengen geordnet darzustellen und Beziehungen zwischen den so geordneten Zahlenmengen kurz zu formulieren. Das ist ein großer Vorteil des Matrizenkalküls. Ein weiterer Vorteil liegt darin, daß Verknüpfungen dieser Zahlenmengen ebenfalls übersichtlich dargestellt werden können.

In diesem Abschnitt werden wir uns mit solchen Verknüpfungen, die wir Operationen nennen, beschäftigen.

Wir werden das Transponieren, die Addition, Subtraktion und Multiplikation von Matrizen einführen.

5.3.1. Transponieren

Beispiel 5.26

Im Beispiel 5.1 können wir die Bearbeitungszeiten je Erzeugniseinheit, die wir bereits in Tabelle 5.1 dargestellt haben, auch wie in Tabelle 5.3 schreiben.

Tabelle 5.3

		Maschine			
		1	2	3	4
Bearbeitungszeit	1	2	3	5	7
(in Maschinenzeiteinheiten)	2	4	6	2	1
je Einheit des Erzeugnisses	3	3	9	4	7

Demnach lassen sich die Bearbeitungszeiten je Erzeugniseinheit auch in Form der folgenden Matrix darstellen.

$$\boldsymbol{B} = \begin{bmatrix} 2 & 3 & 5 & 7 \\ 4 & 6 & 2 & 1 \\ 3 & 9 & 4 & 7 \end{bmatrix}.$$

Vergleichen wir diese Matrix mit der Matrix

$$\boldsymbol{A} = \begin{bmatrix} 2 & 4 & 3 \\ 3 & 6 & 9 \\ 5 & 2 & 4 \\ 7 & 1 & 7 \end{bmatrix},$$

die zur Tabelle 5.1 gehört, so stellen wir fest, daß beide Matrizen die gleichen Elemente besitzen, aber in anderer Anordnung. Die Zeilen (Spalten) der einen Matrix sind die Spalten (Zeilen) der anderen Matrix. Wir sagen, daß die Matrix $\boldsymbol{A}$ die transponierte Matrix zu $\boldsymbol{B}$ ist, oder $\boldsymbol{B}$ die transponierte Matrix zu $\boldsymbol{A}$.

Definition 5.17

Die Matrix, die entsteht, wenn wir in einer gegebenen Matrix A die Zeilen (Spalten) als entsprechende Spalten (Zeilen) schreiben, heißt transponierte Matrix A^T.

Das hochgestellte T deutet das Transponieren an.

Ist $A = [a_{ij}] = \begin{bmatrix} a_{11} & a_{12} & \cdots & a_{1n} \\ a_{21} & a_{22} & \cdots & a_{2n} \\ \cdot & \cdot & \cdots & \cdot \\ a_{m1} & a_{m2} & \cdots & a_{mn} \end{bmatrix}$,

so ist die transponierte Matrix

$$A^T = [a_{ji}] = \begin{bmatrix} a_{11} & a_{21} & \cdots & a_{m1} \\ a_{12} & a_{22} & \cdots & a_{m2} \\ \cdot & \cdot & \cdots & \cdot \\ a_{1n} & a_{2n} & \cdots & a_{mn} \end{bmatrix}.$$

Die transponierte Matrix von A^T ist wieder A:

$(A^T)^T = A.$

Ist A eine mn-Matrix, so ist A^T eine nm-Matrix.

Unter dem Transponieren von Vektoren verstehen wir die Umformung eines Spaltenvektors in einen Zeilenvektor bzw. die Umformung eines Zeilenvektors in einen Spaltenvektor. Der transponierte Vektor zu

$$\boldsymbol{a} = \begin{bmatrix} a_1 \\ a_2 \\ \vdots \\ a_n \end{bmatrix} \quad \text{ist } \boldsymbol{a}^T = [a_1\ a_2\ \cdots\ a_n],$$

der transponierte Vektor zu $\boldsymbol{a}^T$ ist $(\boldsymbol{a}^T)^T = \boldsymbol{a}$.

Damit können wir den Spaltenvektor $\boldsymbol{a}$ auch in der Form $\boldsymbol{a} = [a_1\ a_2\ \cdots\ a_n]^T$ darstellen, denn $[a_1\ a_2\ \cdots\ a_n]^T$ ist ja aus dem Zeilenvektor $[a_1\ a_2\ \cdots\ a_n]$ durch Transponieren hervorgegangen, ist also der Spaltenvektor

$$\boldsymbol{a} = \begin{bmatrix} a_1 \\ a_2 \\ \vdots \\ a_n \end{bmatrix}.$$

Jetzt wird auch verständlich, warum wir bei der Darstellung des Zeilenvektors in der Definition 5.3 ein hochgestelltes T benutzt haben. Es soll damit zum Ausdruck gebracht werden, daß ein transponierter Spaltenvektor, also ein Zeilenvektor, vorliegt.

Die Darstellung eines Spaltenvektors $\boldsymbol{a} = [a_1\ a_2\ \cdots\ a_n]^T$ fügt sich besonders günstig in unser Schriftbild ein.

Ist $A = \begin{bmatrix} \bar{\boldsymbol{a}}_1^T \\ \bar{\boldsymbol{a}}_2^T \\ \vdots \\ \bar{\boldsymbol{a}}_m^T \end{bmatrix} = [\boldsymbol{a}_1\ \boldsymbol{a}_2\ \cdots\ \boldsymbol{a}_n]$, so ist

$$A^T = [\bar{a}_1\ \bar{a}_2 \cdots \bar{a}_m] = \begin{bmatrix} a_1^T \\ a_2^T \\ \vdots \\ a_n^T \end{bmatrix}.$$

Definition 5.18

Gilt für eine Matrix A, daß sie der transponierten Matrix A^T gleich ist, also $A = A^T$, so heißt die Matrix A symmetrisch.

Wegen $A = [a_{ij}]$; $A^T = [a_{ji}]$ muß bei einer symmetrischen Matrix $a_{ij} = a_{ji}\ \forall\, i, j$ gelten.

Nur eine quadratische Matrix kann symmetrisch sein.

Beispiel 5.27

Die Matrix $B = \begin{bmatrix} 3 & 2 & 6 & 4 \\ 2 & 7 & 9 & -5 \\ 6 & 9 & -2 & 11 \\ 4 & -5 & 11 & 13 \end{bmatrix}$

ist symmetrisch.

Es gilt

$a_{11} = a_{11} = 3$; $a_{12} = a_{21} = 2$; $a_{13} = a_{31} = 6$; $a_{14} = a_{41} = 4$

$a_{22} = a_{22} = 7$; $a_{23} = a_{32} = 9$; $a_{24} = a_{42} = -5$

$a_{33} = a_{33} = -2$; $a_{34} = a_{43} = 11$

$a_{44} = a_{44} = 13$.

5.3.2. Matrizenaddition

Beispiel 5.28

Drei Produktionsbetriebe, die das gleiche Erzeugnis herstellen, beliefern vier Abnehmer. Die Lieferungen im ersten Halbjahr sind in Tabelle 5.4 angegeben, die Lieferungen im zweiten Halbjahr in Tabelle 5.5

Tabelle 5.4 Lieferungen im ersten Halbjahr

Betrieb	Abnehmer			
	1	2	3	4
1	a_{11}	a_{12}	a_{13}	a_{14}
2	a_{21}	a_{22}	a_{23}	a_{24}
3	a_{31}	a_{32}	a_{33}	a_{34}

Tabelle 5.5 Lieferungen im zweiten Halbjahr

Betrieb	Abnehmer			
	1	2	3	4
1	b_{11}	b_{12}	b_{13}	b_{14}
2	b_{21}	b_{22}	b_{23}	b_{24}
3	b_{31}	b_{32}	b_{33}	b_{34}

Die Lieferungen des ersten Halbjahres erfassen wir in der Matrix

$$A = \begin{bmatrix} a_{11} & a_{12} & a_{13} & a_{14} \\ a_{21} & a_{22} & a_{23} & a_{24} \\ a_{31} & a_{32} & a_{33} & a_{34} \end{bmatrix},$$

die Lieferungen des zweiten Halbjahres in der Matrix

$$B = \begin{bmatrix} b_{11} & b_{12} & b_{13} & b_{14} \\ b_{21} & b_{22} & b_{23} & b_{24} \\ b_{31} & b_{32} & b_{33} & b_{34} \end{bmatrix}.$$

Die Gesamtlieferungen im ersten und zweiten Halbjahr ergibt die Matrix

$$C = \begin{bmatrix} a_{11}+b_{11} & a_{12}+b_{12} & a_{13}+b_{13} & a_{14}+b_{14} \\ a_{21}+b_{21} & a_{22}+b_{22} & a_{23}+b_{23} & a_{24}+b_{24} \\ a_{31}+b_{31} & a_{32}+b_{32} & a_{33}+b_{33} & a_{34}+b_{34} \end{bmatrix}.$$

Die Elemente dieser Matrix C ergeben sich durch Addition der entsprechenden Elemente von A und B. Wir sagen, daß C die Summe der Matrizen A und B ist.

Definition 5.19

Sind A und B Matrizen gleicher Ordnung, so heißt die Matrix, deren Elemente sich als Summe der entsprechenden Elemente von A und B ergeben, die Summe $A + B$. Wir sagen auch, daß wir A und B addieren.

Ist $A = \begin{bmatrix} a_{11} & a_{12} & \cdots & a_{1n} \\ a_{21} & a_{22} & \cdots & a_{2n} \\ \cdots & \cdots & \cdots & \cdots \\ a_{m1} & a_{m2} & \cdots & a_{mn} \end{bmatrix}$ und $B = \begin{bmatrix} b_{11} & b_{12} & \cdots & b_{1n} \\ b_{21} & b_{22} & \cdots & b_{2n} \\ \cdots & \cdots & \cdots & \cdots \\ b_{m1} & b_{m2} & \cdots & b_{mn} \end{bmatrix}$,

so ist

$$A + B = \begin{bmatrix} a_{11}+b_{11} & a_{12}+b_{12} & \cdots & a_{1n}+b_{1n} \\ a_{21}+b_{21} & a_{21}+b_{22} & \cdots & a_{2n}+b_{2n} \\ \cdots & \cdots & \cdots & \cdots \\ a_{m1}+b_{m1} & a_{m2}+b_{m2} & \cdots & a_{mn}+b_{mn} \end{bmatrix}.$$

Kürzer können wir sagen:

Ist $\underset{(m,\,n)}{A} = [a_{ij}]$ und $\underset{(m,\,n)}{B} = [b_{ij}]$ so ist

$$A + B = [a_{ij} + b_{ij}].$$

Beispiel 5.29

$$A = \begin{bmatrix} 3 & -2 & 6 \\ 5 & 0{,}7 & 0 \end{bmatrix}; \quad B = \begin{bmatrix} -1 & 2 & 13 \\ -7 & 3 & 1 \end{bmatrix}$$

$$A + B = \begin{bmatrix} 2 & 0 & 19 \\ -2 & 3{,}7 & 1 \end{bmatrix}.$$

Beispiel 5.30

Die Matrizen $A = \begin{bmatrix} 2 & 1 & 4 \\ 3 & 0 & 2 \end{bmatrix}$ und $B = \begin{bmatrix} 4 & 6 \\ 1 & 3 \end{bmatrix}$

lassen sich nicht addieren, weil sie ungleiche Spaltenzahlen haben.

Die angegebene Addition von Matrizen gilt auch für Vektoren. Die Summe zweier Zeilen- (Spalten-) Vektoren ist wieder ein Zeilen- (Spalten-) Vektor.
Ein Zeilen- und ein Spaltenvektor lassen sich nicht addieren.

$$\text{Ist } \boldsymbol{a} = \begin{bmatrix} a_1 \\ a_2 \\ \vdots \\ a_n \end{bmatrix} \quad \text{und} \quad \boldsymbol{b} = \begin{bmatrix} b_1 \\ b_2 \\ \vdots \\ b_n \end{bmatrix},$$

so ist

$$\boldsymbol{a} + \boldsymbol{b} = \begin{bmatrix} a_1 + b_1 \\ a_2 + b_2 \\ \vdots \\ a_n + b_n \end{bmatrix}.$$

Entsprechend gilt $\boldsymbol{a}^T + \boldsymbol{b}^T = [a_1 + b_1 \quad a_2 + b_2 \cdots a_n + b_n]$.

Beispiel 5.31

Bei drei Erzeugnissen ergeben sich die benötigten Maschinenzeiten für die einzelnen Erzeugnisse folgendermaßen:

Tabelle 5.6

Maschine	Benötigte Maschinenzeit (in Zeiteinheiten) für die Menge		
	x_1	x_2	x_3
1	$2x_1$	$4x_2$	$3x_3$
2	$3x_1$	$6x_2$	$9x_3$
3	$5x_1$	$2x_2$	$4x_3$
4	$7x_1$	x_2	$7x_3$

Die benötigten Maschinenzeiten für die verschiedenen Erzeugnisse lassen sich als Vektoren darstellen:

$$\boldsymbol{t}_1 = \begin{bmatrix} 2x_1 \\ 3x_1 \\ 5x_1 \\ 7x_1 \end{bmatrix}; \quad \boldsymbol{t}_2 = \begin{bmatrix} 4x_2 \\ 6x_2 \\ 2x_2 \\ x_2 \end{bmatrix}; \quad \boldsymbol{t}_3 = \begin{bmatrix} 3x_3 \\ 9x_3 \\ 4x_3 \\ 7x_3 \end{bmatrix}.$$

Die insgesamt benötigte Maschinenzeit für alle Erzeugnisse wird durch folgenden Vektor dargestellt:

$$\boldsymbol{t} = \begin{bmatrix} 2x_1 + 4x_2 + 3x_3 \\ 3x_1 + 6x_2 + 9x_3 \\ 5x_1 + 2x_2 + 4x_3 \\ 7x_1 + x_2 + 7x_3 \end{bmatrix}.$$

Der Vektor $\boldsymbol{t}$ geht aus den Vektoren $\boldsymbol{t}_1$, $\boldsymbol{t}_2$, $\boldsymbol{t}_3$ durch Addition hervor: $\boldsymbol{t} = \boldsymbol{t}_1 + \boldsymbol{t}_2 + \boldsymbol{t}_3$.

Beispiel 5.32

$$a = \begin{bmatrix} 3 \\ 6 \\ 9 \end{bmatrix}; \quad b = \begin{bmatrix} -4 \\ 2 \\ -1{,}5 \end{bmatrix}; \quad a + b = \begin{bmatrix} -1 \\ 8 \\ 7{,}5 \end{bmatrix}.$$

Beispiel 5.33

$c^T = [-5 \quad 3 \quad 0 \quad -2{,}7]$; $d^T = [-12 \quad -4 \quad 18 \quad 3{,}5]$

$c^T + d^T = [-17 \quad -1 \quad 18 \quad 0{,}8]$.

Wir schreiben die Matrizen A und B mit Hilfe von Zeilenvektoren:

$$A = \begin{bmatrix} a_1^T \\ a_2^T \\ \vdots \\ a_m^T \end{bmatrix}; \quad B = \begin{bmatrix} b_1^T \\ b_2^T \\ \vdots \\ b_m^T \end{bmatrix}.$$

Dann ist

$$A + B = \begin{bmatrix} a_1^T + b_1^T \\ a_2^T + b_2^T \\ \vdots \\ a_m^T + b_m^T \end{bmatrix}.$$

Schreiben wir die Matrizen A und B mit Hilfe von Spaltenvektoren, dann gilt mit

$A = [c_1 \; c_2 \cdots c_n]$ und $B = [d_1 \; d_2 \cdots d_n]$

$A + B = [c_1 + d_1 \quad c_2 + d_2 \cdots c_n + d_n]$.

Satz 5.3

Für eine beliebige Matrix A und die Nullmatrix gilt immer

$A + 0 = A$.

Entsprechend gilt für Vektoren

$a + o = a$.

Die Nullmatrix hat also bei der Matrizenaddition ebenso wie der Nullvektor in der Vektoraddition die gleiche Bedeutung wie die Null in der Zahlenaddition.

Satz 5.4

Für die Matrizenaddition gelten

a) *das Kommutativgesetz* $A + B = B + A$,

b) *das Assoziativgesetz* $(A + B) + C = A + (B + C)$.

c) *die Monotoniegesetze:*

Aus $A = B$ folgt $A + C = B + C$,

aus $A < B$ *folgt* $A + C < B + C$,

aus $A \leqq B$ *folgt* $A + C \leqq B + C$.

Aus den Monotoniegesetzen folgt, daß Matrizenrelationen erhalten bleiben, wenn wir auf beiden Seiten der Relationen die gleiche Matrix addieren.

5.3.3. Matrizensubtraktion

Beispiel 5.34

Vier Produktionsbetriebe beliefern drei Abnehmer mit dem gleichen Erzeugnis. Die Jahreslieferungen sind in der Tabelle 5.7 dargestellt.

Tabelle 5.7 Jahreslieferungen

Betrieb	Abnehmer		
	1	2	3
1	450	230	1050
2	0	300	700
3	750	800	400
4	500	0	600

Die Lieferungen des letzten Quartals dieses Lieferjahres zeigt Tabelle 5.8.

Tabelle 5.8 Lieferungen im letzten Quartal

Betrieb	Abnehmer		
	1	2	3
1	200	200	100
2	0	100	150
3	300	200	0
4	100	0	200

Die Jahreslieferungen erfassen wir in der Matrix

$$A = \begin{bmatrix} 450 & 230 & 1050 \\ 0 & 300 & 700 \\ 750 & 800 & 400 \\ 500 & 0 & 600 \end{bmatrix},$$

die Lieferungen des letzten Quartals in der Matrix

$$A_2 = \begin{bmatrix} 200 & 200 & 100 \\ 0 & 100 & 150 \\ 300 & 200 & 0 \\ 100 & 0 & 200 \end{bmatrix}$$

und die Lieferungen der ersten drei Quartale in der Matrix

$$A_1 = \begin{bmatrix} 250 & 30 & 950 \\ 0 & 200 & 550 \\ 450 & 600 & 400 \\ 400 & 0 & 400 \end{bmatrix}.$$

Die Elemente der Matrix A_1 ergeben sich aus den Matrizen A und A_2 dadurch, daß die Elemente der Matrix A_2 von den entsprechenden Elementen der Matrix A subtrahiert werden. Wir sprechen von der Subtraktion der Matrix A_2 von der Matrix A.

Definition 5.20

Sind A und B Matrizen gleicher Ordnung, so heißt die Matrix, deren Elemente sich als Differenz der entsprechenden Elemente von A und B ergeben, die Differenz $A - B$. Wir sagen auch, daß wir B von A subtrahieren.

$$\text{Ist } A = \begin{bmatrix} a_{11} & a_{12} & \cdots & a_{1n} \\ a_{21} & a_{22} & \cdots & a_{2n} \\ \cdots & \cdots & \cdots & \cdots \\ a_{m1} & a_{m2} & \cdots & a_{mn} \end{bmatrix} \quad \text{und} \quad B = \begin{bmatrix} b_{11} & b_{12} & \cdots & b_{1n} \\ b_{21} & b_{22} & \cdots & b_{2n} \\ \cdots & \cdots & \cdots & \cdots \\ b_{m1} & b_{m2} & \cdots & b_{mn} \end{bmatrix},$$

so ist

$$A - B = \begin{bmatrix} a_{11} - b_{11} & a_{12} - b_{12} & \cdots & a_{1n} - b_{1n} \\ a_{21} - b_{21} & a_{22} - b_{22} & \cdots & a_{2n} - b_{2n} \\ \cdots & \cdots & \cdots & \cdots \\ a_{m1} - b_{m1} & a_{m2} - b_{m2} & \cdots & a_{mn} - b_{mn} \end{bmatrix}.$$

In Kurzschreibweise können wir die Differenz $A - B$ folgendermaßen darstellen:
Ist $\underset{(m,\,n)}{A} = [a_{ij}]$ und $\underset{(m,\,n)}{B} = [b_{ij}]$, so ist

$$A - B = [a_{ij} - b_{ij}].$$

Beispiel 5.35

Von den Matrizen $A = \begin{bmatrix} 6 & -1 & 0 \\ 3 & 2 & 1 \end{bmatrix}$ und $B = \begin{bmatrix} 3 & 0 \\ -6 & \frac{1}{3} \end{bmatrix}$

können wir keine Differenz berechnen, weil die beiden Matrizen ungleiche Spaltenzahlen besitzen.

Die angegebene Subtraktion von Matrizen gilt auch für Vektoren. Die Differenz zweier Zeilen- (Spalten-) Vektoren ist wieder ein Zeilen- (Spalten-) Vektor. Zwischen einem Zeilen- und einem Spaltenvektor läßt sich keine Differenz bilden.

$$\text{Mit } a = \begin{bmatrix} a_1 \\ a_2 \\ \vdots \\ a_n \end{bmatrix} \quad \text{und} \quad b = \begin{bmatrix} b_1 \\ b_2 \\ \vdots \\ b_n \end{bmatrix} \quad \text{ist} \quad a - b = \begin{bmatrix} a_1 - b_1 \\ a_2 - b_2 \\ \vdots \\ a_n - b_n \end{bmatrix}.$$

$$a^T - b^T = [a_1 - b_1 \quad a_2 - b_2 \cdots a_n - b_n].$$

Beispiel 5.36

Die benötigte Maschinenzeit auf vier Maschinen wird durch den Vektor

$$t = \begin{bmatrix} 450 \\ 500 \\ 1000 \\ 740 \end{bmatrix},$$

die zur Verfügung stehende Maschinenzeit durch den Vektor

$$f = \begin{bmatrix} 500 \\ 600 \\ 1000 \\ 750 \end{bmatrix}$$

dargestellt. Die verbleibende Maschinenzeit läßt sich durch folgenden Vektor erfassen:

$$\boldsymbol{r} = \begin{bmatrix} 50 \\ 100 \\ 0 \\ 10 \end{bmatrix}.$$

Die Komponenten des Vektors $[50\ 100\ 0\ 10]^T$ ergeben sich dadurch, daß von den Komponenten des Vektors $\boldsymbol{f}$ die entsprechenden Komponenten des Vektors $\boldsymbol{t}$ subtrahiert werden.

Es ist $\boldsymbol{r} = \boldsymbol{f} - \boldsymbol{t}$.

Schreiben wir die Matrizen $\boldsymbol{A}$ und $\boldsymbol{B}$ mit Hilfe von Zeilenvektoren,

$$\boldsymbol{A} = \begin{bmatrix} \boldsymbol{a}_1^T \\ \boldsymbol{a}_2^T \\ \vdots \\ \boldsymbol{a}_m^T \end{bmatrix}; \quad \boldsymbol{B} = \begin{bmatrix} \boldsymbol{b}_1^T \\ \boldsymbol{b}_2^T \\ \vdots \\ \boldsymbol{b}_m^T \end{bmatrix},$$

so ist

$$\boldsymbol{A} - \boldsymbol{B} = \begin{bmatrix} \boldsymbol{a}_1^T - \boldsymbol{b}_1^T \\ \boldsymbol{a}_2^T - \boldsymbol{b}_2^T \\ \vdots \\ \boldsymbol{a}_m^T - \boldsymbol{b}_m^T \end{bmatrix}.$$

Stellen wir die Matrizen $\boldsymbol{A}$ und $\boldsymbol{B}$ mit Hilfe von Spaltenvektoren dar,

$\boldsymbol{A} = [\boldsymbol{c}_1\ \boldsymbol{c}_2\ \cdots\ \boldsymbol{c}_n]$; $\boldsymbol{B} = [\boldsymbol{d}_1\ \boldsymbol{d}_2\ \cdots\ \boldsymbol{d}_n]$, so ist

$\boldsymbol{A} - \boldsymbol{B} = [\boldsymbol{c}_1 - \boldsymbol{d}_1\quad \boldsymbol{c}_2 - \boldsymbol{d}_2\ \cdots\ \boldsymbol{c}_n - \boldsymbol{d}_n]$.

Für die Matrizensubtraktion gilt nicht das Kommutativgesetz, das heißt, im allgemeinen gilt $\boldsymbol{A} - \boldsymbol{B} \neq \boldsymbol{B} - \boldsymbol{A}$.

Satz 5.5

Für die Matrizensubtraktion gelten die Monotoniegesetze:

Aus $\boldsymbol{A} = \boldsymbol{B}$ *folgt* $\boldsymbol{A} - \boldsymbol{C} = \boldsymbol{B} - \boldsymbol{C}$,

aus $\boldsymbol{A} < \boldsymbol{B}$ *folgt* $\boldsymbol{A} - \boldsymbol{C} < \boldsymbol{B} - \boldsymbol{C}$,

aus $\boldsymbol{A} \leqq \boldsymbol{B}$ *folgt* $\boldsymbol{A} - \boldsymbol{C} \leqq \boldsymbol{B} - \boldsymbol{C}$.

Aus den Monotoniegesetzen folgt, daß Matrizenrelationen erhalten bleiben, wenn wir auf beiden Seiten der Relationen die gleiche Matrix subtrahieren.

5.3.4. Multiplikation einer Matrix mit einem Skalar

Beispiel 5.37

Drei Produktionsbetriebe beliefern vier Abnehmer mit einem einheitlichen Erzeugnis. Die konstanten Lieferungen je Monat sind in Tabelle 5.9 dargestellt.

Tabelle 5.9

Betrieb	Abnehmer			
	1	2	3	4
1	300	200	0	200
2	100	50	200	300
3	400	100	300	0

Die Lieferungen lassen sich in folgender Matrix darstellen:

$$\boldsymbol{A} = \begin{bmatrix} 300 & 200 & 0 & 200 \\ 100 & 50 & 200 & 300 \\ 400 & 100 & 300 & 0 \end{bmatrix}.$$

Die Gesamtlieferungen des Jahres zeigt die Matrix

$$\boldsymbol{B} = \begin{bmatrix} 12 \cdot 300 & 12 \cdot 200 & 12 \cdot \ \ 0 & 12 \cdot 200 \\ 12 \cdot 100 & 12 \cdot \ 50 & 12 \cdot 200 & 12 \cdot 300 \\ 12 \cdot 400 & 12 \cdot 100 & 12 \cdot 300 & 12 \cdot \ \ 0 \end{bmatrix} = \begin{bmatrix} 3600 & 2400 & 0 & 2400 \\ 1200 & 600 & 2400 & 3600 \\ 4800 & 1200 & 3600 & 0 \end{bmatrix}.$$

Die Elemente der Matrix $\boldsymbol{B}$ ergeben sich aus denen der Matrix $\boldsymbol{A}$ durch Multiplikation mit 12. Wir sagen, daß sich die Matrix $\boldsymbol{B}$ ergibt, wenn wir die Matrix $\boldsymbol{A}$ mit dem Skalar 12 multiplizieren.

Definition 5.21

Werden alle Elemente der Matrix A mit einem Skalar α multipliziert, so sprechen wir von der Multiplikation der Matrix A mit dem Skalar α. Wir schreiben dafür αA.

Mit

$$\boldsymbol{A} = \begin{bmatrix} a_{11} & a_{12} & \cdots & a_{1n} \\ a_{21} & a_{22} & \cdots & a_{2n} \\ \cdots & \cdots & \cdots & \cdots \\ a_{m1} & a_{m2} & \cdots & a_{mn} \end{bmatrix} = [a_{ij}]$$

gilt

$$\alpha \boldsymbol{A} = \begin{bmatrix} \alpha a_{11} & \alpha a_{12} & \cdots & \alpha a_{1n} \\ \alpha a_{21} & \alpha a_{22} & \cdots & \alpha a_{2n} \\ \cdots & \cdots & \cdots & \cdots \\ \alpha a_{m1} & \alpha a_{m2} & \cdots & \alpha a_{mn} \end{bmatrix} = [\alpha a_{ij}].$$

Die angegebene Multiplikation einer Matrix mit einem Skalar gilt auch für die Multiplikation eines Vektors mit einem Skalar.

$$\text{Mit } \boldsymbol{a} = \begin{bmatrix} a_1 \\ a_2 \\ \vdots \\ a_n \end{bmatrix} \quad \text{gilt} \quad \alpha \boldsymbol{a} = \begin{bmatrix} \alpha a_1 \\ \alpha a_2 \\ \vdots \\ \alpha a_n \end{bmatrix}.$$

Entsprechend ist $\alpha \boldsymbol{a}^T = [\alpha a_1 \ \alpha a_2 \ \ldots \ \alpha a_n]$.

Beispiel 5.38

Für vier Maschinen können wir die Maschinenzeiten zur Bearbeitung einer Einheit eines Erzeugnisses als Vektor

$$z_1 = \begin{bmatrix} 2 \\ 3 \\ 5 \\ 7 \end{bmatrix}.$$

darstellen. Die Maschinenzeiten für zur Bearbeitung von x_1 Einheiten des Erzeugnisses erfassen wir in folgendem Vektor:

$$\boldsymbol{t}_1 = \begin{bmatrix} 2x_1 \\ 3x_1 \\ 5x_1 \\ 7x_1 \end{bmatrix}.$$

Der Vektor $\boldsymbol{t}_1$ geht aus dem Vektor z_1 dadurch hervor, daß jede Komponente des Vektors z_1 mit dem Skalar x_1 multipliziert wird.

$$\boldsymbol{t}_1 = x_1 z_1.$$

Beispiel 5.39

Die Multiplikation des Vektors $\boldsymbol{a} = \begin{bmatrix} 3 \\ -2 \\ 0 \end{bmatrix}$ mit dem Skalar $\alpha = \frac{1}{2}$ ergibt

$$\alpha \boldsymbol{a} = \frac{1}{2} \begin{bmatrix} 3 \\ -2 \\ 0 \end{bmatrix} = \begin{bmatrix} \frac{3}{2} \\ -1 \\ 0 \end{bmatrix}.$$

Schreiben wir die Matrix $\boldsymbol{A}$ mit Hilfe von Zeilenvektoren,

$$\boldsymbol{A} = \begin{bmatrix} \boldsymbol{a}_1^T \\ \boldsymbol{a}_2^T \\ \vdots \\ \boldsymbol{a}_m^T \end{bmatrix},$$

so ist

$$\alpha \boldsymbol{A} = \begin{bmatrix} \alpha \boldsymbol{a}_1^T \\ \alpha \boldsymbol{a}_2^T \\ \vdots \\ \alpha \boldsymbol{a}_m^T \end{bmatrix}.$$

Schreiben wir die Matrix $\boldsymbol{A}$ mit Hilfe von Spaltenvektoren

$$\boldsymbol{A} = [\boldsymbol{c}_1\ \boldsymbol{c}_2 \cdots \boldsymbol{c}_n],$$

so ist

$$\alpha \boldsymbol{A} = [\alpha \boldsymbol{c}_1\ \alpha \boldsymbol{c}_2 \cdots \alpha \boldsymbol{c}_n].$$

Durch diese Schreibweise führen wir die Multiplikation einer Matrix mit einem Skalar auf die Multiplikation von Vektoren mit einem Skalar zurück.

Beispiel 5.40

Die Multiplikation einer beliebigen Matrix A mit dem Skalar 1 läßt die Matrix unverändert: $1 \cdot A = A$.

Beispiel 5.41

Die Multiplikation einer Matrix

$$A = \begin{bmatrix} a_{11} & a_{12} & \cdots & a_{1n} \\ a_{21} & a_{22} & \cdots & a_{2n} \\ \cdots & \cdots & \cdots & \cdots \\ a_{m1} & a_{m2} & \cdots & a_{mn} \end{bmatrix}$$

mit dem Skalar -1 ergibt die Matrix

$$(-1)\, A = \begin{bmatrix} -a_{11} & -a_{12} & \cdots & -a_{1n} \\ -a_{21} & -a_{22} & \cdots & -a_{2n} \\ \cdots & \cdots & \cdots & \cdots \\ -a_{m1} & -a_{m2} & \cdots & -a_{mn} \end{bmatrix},$$

die wir auch mit $-A$ bezeichnen.

Satz 5.6

Für die Multiplikation einer Matrix mit einem Skalar gelten

a) das Kommutativgesetz $\alpha \cdot A = A \cdot \alpha$,

b) das Assoziativgesetz $(\alpha \cdot \beta) \cdot A = \alpha \cdot (\beta \cdot A)$

c) und die Distributivgesetze

$$\alpha \cdot (A + B) = \alpha \cdot A + \alpha \cdot B$$
$$(\alpha + \beta) \cdot A = \alpha \cdot A + \beta \cdot A.$$

Satz 5.7

Bei der Multiplikation einer Matrix mit einem Skalar gilt:

Aus $A = B$ folgt $\alpha \cdot A = \alpha \cdot B$ mit beliebigem α,

aus $A < B$ *folgt* $\alpha \cdot A < \alpha \cdot B$ *für* $\alpha > 0$,

aus $A < B$ *folgt* $\alpha \cdot A > \alpha \cdot B$ *für* $\alpha < 0$,

aus $A \leqq B$ *folgt* $\alpha \cdot A \leqq \alpha \cdot B$ *für* $\alpha > 0$,

aus $A \leqq B$ *folgt* $\alpha \cdot A \geqq \alpha \cdot B$ *für* $\alpha < 0$.

Die Gleichheit zweier Matrizen bleibt damit erhalten, wenn beide Matrizen mit einem beliebigen Skalar multipliziert werden. Die Matrizenrelationen $<$ und $\leqq$ bleiben dann erhalten, wenn beide Matrizen mit einem *positiven* Skalar multipliziert werden. Bei Multiplikation mit einem *negativen* Skalar ändert sich die Richung des Relationszeichens.

5.3.5. Multiplikation eines Zeilenvektors mit einem Spaltenvektor (Skalarprodukt)

Beispiel 5.42

Ein Betrieb stellt vier Erzeugnisse in der Menge x_1, x_2, x_3, x_4 zu den Einzelpreisen 20,–; 15,–; 32,– 50,– M her.

Benutzen wir den Produktionsvektor $\boldsymbol{x} = \begin{bmatrix} x_1 \\ x_2 \\ x_3 \\ x_4 \end{bmatrix}$ und den Preisvektor $\boldsymbol{p}^T = [20 \quad 15 \quad 32 \quad 50]$, so läßt sich die Preissumme $20x_1 + 15x_2 + 32x_3 + 50x_4$ mit Hilfe der Komponenten der Vektoren $\boldsymbol{p}^T$ und $\boldsymbol{x}$ beschreiben.

Den Ausdruck $20x_1 + 15x_2 + 32x_3 + 50x_4$ bezeichnen wir als Skalarprodukt der beiden Vektoren $\boldsymbol{p}^T$ und $\boldsymbol{x}$.

Definition 5.22

Der Skalar, der dadurch entsteht, daß die entsprechenden Komponenten der Vektoren $\boldsymbol{a}^T$ *und* $\boldsymbol{b}$ *(mit je n Komponenten) miteinander multipliziert und die auf diese Weise gewonnenen n Produkte addiert werden, heißt Skalarprodukt* $\boldsymbol{a}^T\boldsymbol{b}$.

Ist $\boldsymbol{a}^T = [a_1 \; a_2 \cdots a_n]$ und $\boldsymbol{b} = [b_1 \; b_2 \cdots b_n]^T$, so ist das Skalarprodukt von $\boldsymbol{a}^T$ und $\boldsymbol{b}$

$$\boldsymbol{a}^T\boldsymbol{b} = [a_1 \; a_2 \cdots a_n] \begin{bmatrix} b_1 \\ b_2 \\ \vdots \\ b_n \end{bmatrix}$$

$$= a_1b_1 + a_2b_2 + \cdots + a_nb_n = \sum_{i=1}^{n} a_ib_i.$$

Im Skalarprodukt ist der erste Vektor ein Zeilenvektor und der zweite Vektor ein Spaltenvektor.

Für die Berechnung des Skalarprodukts ist die folgende Anordnung günstig, die als *Falksche Anordnung* bezeichnet wird.

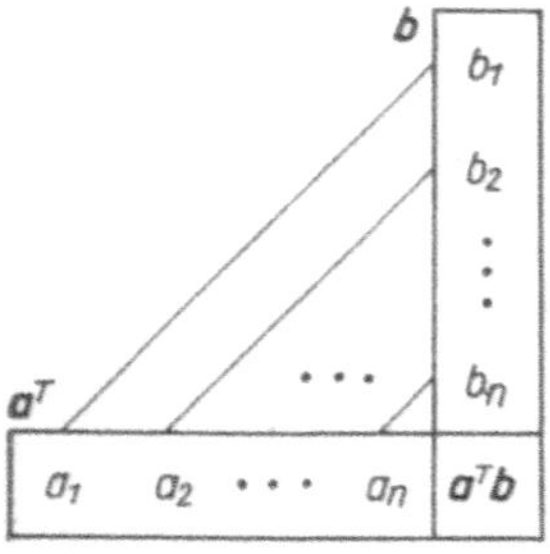

Abbildung 5.1

Die miteinander verbundenen Elemente werden multipliziert, die n Produkte addiert, im Schnittpunkt der Zeile und Spalte steht der erhaltene Skalar.

Beispiel 5.43

$$[3 \ \ -1 \ \ 4 \ \ 2]\begin{bmatrix} 6 \\ 5 \\ \frac{1}{2} \\ -\frac{3}{4} \end{bmatrix} = 3 \cdot 6 + (-1) \cdot 5 + 4 \cdot \frac{1}{2} + 2 \cdot \left(-\frac{3}{4}\right) = \frac{27}{2}.$$

Falksche Anordnung:

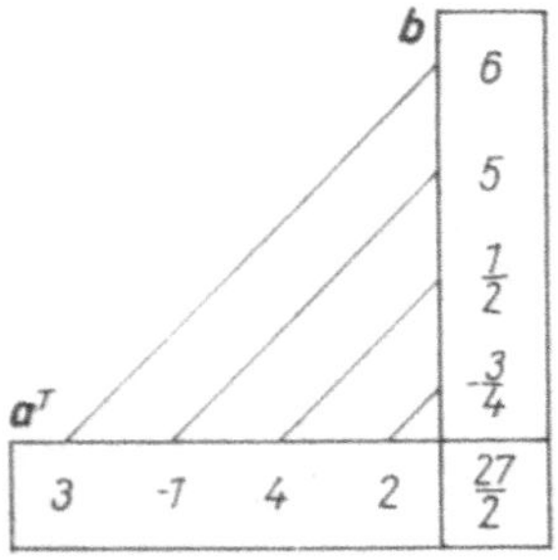

Abbildung 5.2

Beispiel 5.44

Mit $\boldsymbol{a} = [a_1 \ a_2 \cdots a_n]$ ist

$$\boldsymbol{a}^T\boldsymbol{s} = a_1 + a_2 + \cdots + a_n = \sum_{i=1}^{n} a_i.$$

$\boldsymbol{s}$ ist der summierende Vektor.

Falksche Anordnung:

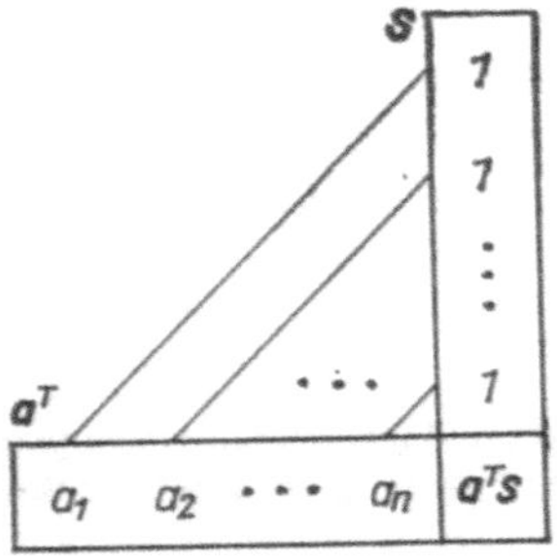

Abbildung 5.3

Beispiel 5.45

Die Gleichung $2x_1 + 3x_2 + 5x_3 = 20$ läßt sich mit Hilfe der Vektoren $\boldsymbol{a}^T = [2 \ 3 \ 5]$ und $\boldsymbol{x} = [x_1 \ x_2 \ x_3]^T$ als Skalarprodukt $\boldsymbol{a}^T\boldsymbol{x} = 20$ schreiben.

Satz 5.8

Für das Skalarprodukt gelten

a) das Kommutativgesetz $\boldsymbol{a}^T\boldsymbol{b} = \boldsymbol{b}^T\boldsymbol{a}$,

b) das Distributivgesetz $(\boldsymbol{a}^T + \boldsymbol{b}^T)\,\boldsymbol{c} = \boldsymbol{a}^T\boldsymbol{c} + \boldsymbol{b}^T\boldsymbol{c}$.

Satz 5.9

Für das Skalarprodukt gelten:

a) Aus $\boldsymbol{a}^T = \boldsymbol{b}^T$ *folgt* $\boldsymbol{a}^T\boldsymbol{c} = \boldsymbol{b}^T\boldsymbol{c}$ ($\boldsymbol{c}$ *beliebig*).

b) Aus $\boldsymbol{a}^T < \boldsymbol{b}^T$ *folgt* $\boldsymbol{a}^T\boldsymbol{c} < \boldsymbol{b}^T\boldsymbol{c}$ *für* $\boldsymbol{c} > \boldsymbol{o}$.

c) Aus $\boldsymbol{a}^T < \boldsymbol{b}^T$ *folgt* $\boldsymbol{a}^T\boldsymbol{c} > \boldsymbol{b}^T\boldsymbol{c}$ *für* $\boldsymbol{c} < \boldsymbol{o}$.

d) Aus $\boldsymbol{a}^T \leqq \boldsymbol{b}^T$ *folgt* $\boldsymbol{a}^T\boldsymbol{c} \leqq \boldsymbol{b}^T\boldsymbol{c}$ *für* $\boldsymbol{c} > \boldsymbol{o}$.

e) Aus $\boldsymbol{a}^T \leqq \boldsymbol{b}^T$ *folgt* $\boldsymbol{a}^T\boldsymbol{c} \geqq \boldsymbol{b}^T\boldsymbol{c}$ *für* $\boldsymbol{c} < \boldsymbol{o}$.

5.3.6. Multiplikation von Matrizen

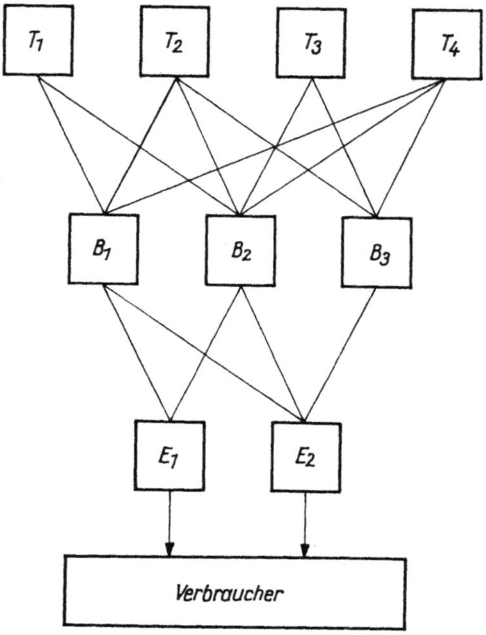

Abbildung 5.4

Beispiel 5.46

Wir betrachten einen Betrieb, der aus Einzelteilen Baugruppen montiert und aus diesen Baugruppen Enderzeugnisse fertigt. Der Tabelle 5.10 ist zu entnehmen, wieviel Einzelteile jeweils in eine Baugruppe eingehen.

Tabelle 5.10

Einzelteile	Erforderliche Anzahl von Einzelteilen je Einheit der Baugruppen		
	1	2	3
1	3	2	0
2	1	5	2
3	0	4	1
4	3	2	4

Tabelle 5.11 zeigt, wieviel Baugruppen jeweils in ein Enderzeugnis eingehen.

Tabelle 5.11

Baugruppen	Erforderliche Anzahl von Baugruppen je Einheit des Enderzeugnisses	
	1	2
1	4	5
2	3	1
3	0	2

Aus diesen beiden Tabellen können wir errechnen, wieviel Einzelteile über die Baugruppen jeweils in ein Enderzeugnis eingehen. Das Ergebnis dieser Rechnung zeigt Tabelle 5.12.

Tabelle 5.12

Einzelteile	Erforderliche Anzahl von Einzelteilen je Einheit des Enderzeugnisses	
	1	2
1	18	17
2	19	14
3	12	6
4	18	25

Die Daten der Tabelle 5.10 erfassen wir in einer Matrix $A = [a_{ij}]$, deren Elemente a_{ij} angeben, wieviel Einzelteile der Art i in eine Einheit der Baugruppe j eingehen.

$$A = \begin{bmatrix} 3 & 2 & 0 \\ 1 & 5 & 2 \\ 0 & 4 & 1 \\ 3 & 2 & 4 \end{bmatrix}.$$

Die Daten der Tabelle 5.11 erfassen wir in einer Matrix $B = [b_{jk}]$, deren Elemente b_{jk} angeben, wieviel Baugruppen der Art j in eine Einheit des Enderzeugnisses k eingehen.

$$B = \begin{bmatrix} 4 & 5 \\ 3 & 1 \\ 0 & 2 \end{bmatrix}.$$

Schließlich erfassen wir die Daten der Tabelle 5.12 in einer Matrix $C = [c_{ik}]$, deren Elemente c_{ik} angeben, wieviel Einzelteile der Art i über die Baugruppen in das Enderzeugnis k eingehen.

$$C = \begin{bmatrix} 18 & 17 \\ 19 & 14 \\ 12 & 6 \\ 18 & 25 \end{bmatrix}.$$

Wir wollen nun zeigen, wie die Matrix C aus den Matrizen A und B berechnet werden kann.
Das Element c_{11} ergibt sich als Skalarprodukt der ersten Zeile von A und der ersten Spalte von B.
Das Element c_{12} ergibt sich als Skalarprodukt der ersten Zeile von A und der zweiten Spalte von B.
Das Element c_{ik} ergibt sich als Skalarprodukt der i-ten Zeile von A und der k-ten Spalte von B.
Wir sagen, daß die Matrix C das Produkt der Matrizen A und B ist.

Definition 5.23

Die Matrix $\underset{(m,\,p)}{C} = [c_{ij}]$, *deren Element* c_{ij} *das Skalarprodukt der i-ten Zeile von* $\underset{(m,\,n)}{A}$ *und der j-ten Spalte von* $\underset{(n,\,p)}{B}$ *ist, heißt das Produkt der Matrizen* A *und* B*:*

$$C = AB.$$

Ist $A = \begin{bmatrix} \bar{a}_1^T \\ \bar{a}_2^T \\ \vdots \\ \bar{a}_m^T \end{bmatrix}$; $B = [b_1\ b_2\ \cdots\ b_p]$, so ist

$$C = AB = \begin{bmatrix} \bar{a}_1^T b_1 & \bar{a}_1^T b_2 & \cdots & \bar{a}_1^T b_p \\ \bar{a}_2^T b_1 & \bar{a}_2^T b_2 & \cdots & \bar{a}_2^T b_p \\ \cdots & \cdots & \cdots & \cdots \\ \bar{a}_m^T b_1 & \bar{a}_m^T b_2 & \cdots & \bar{a}_m^T b_p \end{bmatrix}.$$

Die Multiplikation $AB = C$ von Matrizen A und B ist nur durchführbar, wenn die Matrix A so viel Spalten besitzt, wie die Matrix B Zeilen hat.

Die Matrix C hat so viel Zeilen wie die Matrix A und so viel Spalten wie die Matrix B,

$$\underset{(m,\,n)}{A}\ \underset{(n,\,p)}{B} = \underset{(m,\,p)}{C}.$$

Beispiel 5.47

$$A = \begin{bmatrix} 3 & 1 & 4 \\ 2 & 0 & 3 \\ 4 & 1 & 6 \\ 5 & 2 & 1 \end{bmatrix}; \quad B = \begin{bmatrix} 4 & 3 \\ 5 & 9 \\ 1 & 2 \end{bmatrix}$$

$$AB = \begin{bmatrix} [3;\,1;\,4]\begin{bmatrix}4\\5\\1\end{bmatrix}; & [3;\,1;\,4]\begin{bmatrix}3\\9\\2\end{bmatrix} \\ [2;\,0;\,3]\begin{bmatrix}4\\5\\1\end{bmatrix}; & [2;\,0;\,3]\begin{bmatrix}3\\9\\2\end{bmatrix} \\ [4;\,1;\,6]\begin{bmatrix}4\\5\\1\end{bmatrix}; & [4;\,1;\,6]\begin{bmatrix}3\\9\\2\end{bmatrix} \\ [5;\,2;\,1]\begin{bmatrix}4\\5\\1\end{bmatrix}; & [5;\,2;\,1]\begin{bmatrix}3\\9\\2\end{bmatrix} \end{bmatrix} = \begin{bmatrix} 21 & 26 \\ 11 & 12 \\ 27 & 33 \\ 31 & 35 \end{bmatrix}.$$

Für die Berechnung des Produkts ist die Falksche Anordnung günstig:

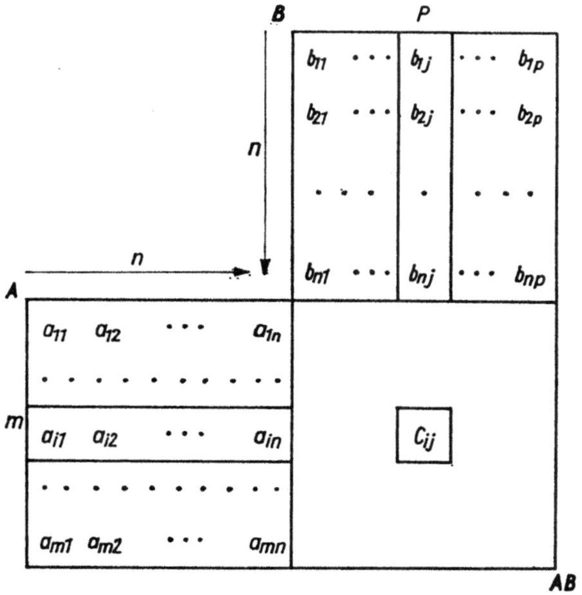

Abbildung 5.5

Beispiel 5.48

$$A = \begin{bmatrix} 2 & 1 & 3 \\ 1 & 4 & 5 \end{bmatrix}; \quad B = \begin{bmatrix} 3 & 2 & 3 & 6 \\ 1 & 1 & 0 & 7 \\ 6 & 4 & 7 & 0 \end{bmatrix}$$

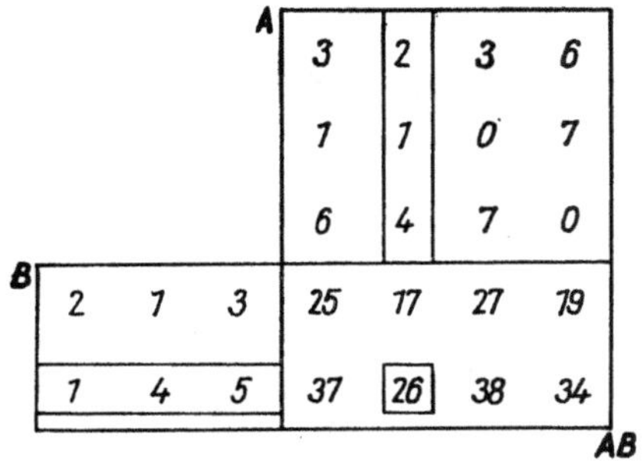

Abbildung 5.6

Die Berechnung des Elements $c_{22} = 26$ ist besonders hervorgehoben.

$$AB = \begin{bmatrix} 25 & 17 & 27 & 19 \\ 37 & 26 & 38 & 34 \end{bmatrix}.$$

Das Matrizenprodukt $\boldsymbol{AB}$ ist auch für den Sonderfall definiert, daß die Matrix $\boldsymbol{A}$ ein Zeilenvektor ist.

Mit $\boldsymbol{a}^T = [a_1 \; a_2 \; \cdots \; a_n]$; $\underset{(n,\,p)}{\boldsymbol{B}} = [\boldsymbol{b}_1 \; \boldsymbol{b}_2 \; \cdots \; \boldsymbol{b}_p]$, ist $\boldsymbol{a}^T\boldsymbol{B} = [\boldsymbol{a}^T\boldsymbol{b}_1 \;\; \boldsymbol{a}^T\boldsymbol{b}_2 \; \cdots \; \boldsymbol{a}^T\boldsymbol{b}_p]$ ein Zeilenvektor mit p Komponenten.

Beispiel 5.49

$$a^T = [30 \quad 40 \quad -20]; \quad B = \begin{bmatrix} 6 & 4 & 0 & 6 \\ 2 & -2 & 1 & 1 \\ 3 & 1 & -3 & 0 \end{bmatrix}$$

$$a^T B = \left[a^T \begin{bmatrix} 6 \\ 2 \\ 3 \end{bmatrix} \; a^T \begin{bmatrix} 4 \\ -2 \\ 1 \end{bmatrix} \; a^T \begin{bmatrix} 0 \\ 1 \\ -3 \end{bmatrix} \; a^T \begin{bmatrix} 6 \\ 1 \\ 0 \end{bmatrix} \right] = [200 \quad 20 \quad 100 \quad 220].$$

Das Produkt $a^T B$ mit $a = [a_1 \; a_2 \; \cdots \; a_n]$ und

$$B = \begin{bmatrix} \bar{b}_1^T \\ \bar{b}_2^T \\ \vdots \\ \bar{b}_n^T \end{bmatrix}$$ läßt sich auch in der Form

$$a^T B = a_1 \bar{b}_1^T + a_2 \bar{b}_2^T + \cdots + a_n \bar{b}_n^T = \sum_{i=1}^{n} a_i \bar{b}_i^T$$

schreiben.

Beispiel 5.50

Wir betrachten a^T und B aus Beispiel 5.49.

Dann ist $a^T B = 30\,[6 \quad 4 \quad 0 \quad 6] + 40\,[2 \quad -2 \quad 1 \quad 1] - 20\,[3 \quad 1 \quad -3 \quad 0]$

$= [180 \quad 120 \quad 0 \quad 180] + [80 \quad -80 \quad 40 \quad 40] + [-60 \quad -20 \quad 60 \quad 0]$

$= [200 \quad 20 \quad 100 \quad 220].$

Das Produkt AB mit $A = \begin{bmatrix} \bar{a}_1^T \\ \bar{a}_2^T \\ \vdots \\ \bar{a}_m^T \end{bmatrix}$ läßt sich in der Form $AB = \begin{bmatrix} \bar{a}_1^T B \\ \bar{a}_2^T B \\ \vdots \\ \bar{a}_m^T B \end{bmatrix}$

schreiben.

Beispiel 5.51

$$A = \begin{bmatrix} 3 & 1 \\ 2 & 0 \\ 4 & 1 \end{bmatrix}; \quad B = \begin{bmatrix} 4 & 3 \\ 5 & 9 \end{bmatrix}$$

$$AB = \begin{bmatrix} [3 \; 1] \begin{bmatrix} 4 & 3 \\ 5 & 9 \end{bmatrix} \\ [2 \; 0] \begin{bmatrix} 4 & 3 \\ 5 & 9 \end{bmatrix} \\ [4 \; 1] \begin{bmatrix} 4 & 3 \\ 5 & 9 \end{bmatrix} \end{bmatrix} = \begin{bmatrix} 17 & 18 \\ 8 & 6 \\ 21 & 21 \end{bmatrix}.$$

Das Matrizenprodukt AB ist auch für den Sonderfall definiert, daß die Matrix B ein Spaltenvektor ist.

Mit $\underset{(m,n)}{A} = \begin{bmatrix} \tilde{a}_1^T \\ \tilde{a}_2^T \\ \vdots \\ \tilde{a}_m^T \end{bmatrix}$ und $b = \begin{bmatrix} b_1 \\ b_2 \\ \vdots \\ b_n \end{bmatrix}$

ist $Ab = \begin{bmatrix} \tilde{a}_1^T b \\ \tilde{a}_2^T b \\ \vdots \\ \tilde{a}_m^T b \end{bmatrix}$ ein Spaltenvektor mit m Komponenten.

Beispiel 5.52

$$A = \begin{bmatrix} 2 & 3 & -1 \\ 4 & -2 & 3 \\ 1 & 1 & 10 \end{bmatrix}; \quad b = \begin{bmatrix} 20 \\ 30 \\ 100 \end{bmatrix}$$

$$Ab = \begin{bmatrix} [2 \quad 3 \quad -1]\, b \\ [4 \quad -2 \quad 3]\, b \\ [1 \quad 1 \quad 10]\, b \end{bmatrix} = \begin{bmatrix} 30 \\ 320 \\ 1050 \end{bmatrix}$$

Das Produkt Ab mit $A = [a_1 \; a_2 \cdots a_n]$ und $b = \begin{bmatrix} b_1 \\ b_1 \\ \vdots \\ b_n \end{bmatrix}$

läßt sich auch in der Form $Ab = a_1 b_1 + a_2 b_2 + \cdots + a_n b_n = \sum_{i=1}^{n} a_i b_i$ schreiben.

Beispiel 5.53

Wir betrachten A und b aus Beispiel 5.52.
Dann ist

$$Ab = \begin{bmatrix} 2 \\ 4 \\ 1 \end{bmatrix} 20 + \begin{bmatrix} 3 \\ -2 \\ 1 \end{bmatrix} 30 + \begin{bmatrix} -1 \\ 3 \\ 10 \end{bmatrix} 100 = \begin{bmatrix} 40 \\ 80 \\ 20 \end{bmatrix} + \begin{bmatrix} 90 \\ -60 \\ 30 \end{bmatrix} + \begin{bmatrix} -100 \\ 300 \\ 1000 \end{bmatrix} = \begin{bmatrix} 30 \\ 320 \\ 1050 \end{bmatrix}.$$

Das Produkt AB mit $B = [b_1 \; b_2 \cdots b_p]$ läßt sich in der Form $AB = [Ab_1 \; Ab_2 \cdots Ab_p]$ schreiben.

Beispiel 5.54

Wir betrachten A und B aus Beispiel 5.51.

$$AB = \left[\begin{bmatrix} 3 & 1 \\ 2 & 0 \\ 4 & 1 \end{bmatrix} \begin{bmatrix} 4 \\ 5 \end{bmatrix} \quad \begin{bmatrix} 3 & 1 \\ 2 & 0 \\ 4 & 1 \end{bmatrix} \begin{bmatrix} 3 \\ 9 \end{bmatrix} \right] = \begin{bmatrix} 17 & 18 \\ 8 & 6 \\ 21 & 21 \end{bmatrix}.$$

Satz 5.10

Ist im Matrizenprodukt einer der beiden Faktoren eine Nullmatrix, so ist das Produkt auch eine Nullmatrix.

$$\underset{(m,n)}{A} \; \underset{(n,p)}{0} = \underset{(m,p)}{0}; \quad \underset{(r,m)}{0} \; \underset{(m,n)}{A} = \underset{(r,n)}{0}.$$

Die Nullmatrix hat also in der Matrizenrechnung ähnliche Bedeutung wie die Null in der Zahlenrechnung.

Allerdings gibt es auch einen wichtigen Unterschied zwischen der Nullmatrix in der Matrizenrechnung und der Null in der Zahlenrechnung. In der Zahlenrechnung gilt, daß ein Produkt nur dann Null sein kann, wenn mindestens einer der beiden Faktoren Null ist. In der Matrizenrechnung dagegen kann ein Matrizenprodukt auch dann die Nullmatrix ergeben, wenn keiner der beiden Faktoren eine Nullmatrix ist.

Beispiel 5.55

Mit $\boldsymbol{A} = \begin{bmatrix} 2 & -1 \\ -4 & 2 \end{bmatrix}$ und $\boldsymbol{B} = \begin{bmatrix} 3 & -1 \\ 6 & -2 \end{bmatrix}$

ist $\boldsymbol{AB} = \boldsymbol{0}$, obwohl weder $\boldsymbol{A}$ noch $\boldsymbol{B}$ Nullmatrizen sind.

Satz 5.11

Wird eine Matrix mit der Einheitsmatrix multipliziert, so ändert sich die Matrix nicht.

$$\underset{(m,\,n)}{\boldsymbol{A}}\;\underset{(n,\,n)}{\boldsymbol{E}} = \boldsymbol{A};\quad \underset{(m,\,m)}{\boldsymbol{E}}\;\underset{(m,\,n)}{\boldsymbol{A}} = \boldsymbol{A}.$$

Die Einheitsmatrix hat also in der Matrizenrechnung die gleiche Bedeutung wie die Eins in der Zahlenrechnung.

Satz 5.12

Wird eine Matrix $\boldsymbol{A}$ von rechts (links) mit einem Einheitsvektor $\boldsymbol{e}_j$ multipliziert, so ist das Produkt die j-te Spalte (Zeile) von $\boldsymbol{A}$.

$$\boldsymbol{A}\boldsymbol{e}_j = [\boldsymbol{a}_1 \cdots \boldsymbol{a}_i \cdots \boldsymbol{a}_n]\,\boldsymbol{e}_j = \boldsymbol{a}_j$$

$$\boldsymbol{e}_j^T\boldsymbol{A} = \boldsymbol{e}_j^T \begin{bmatrix} \bar{\boldsymbol{a}}_1^T \\ \vdots \\ \bar{\boldsymbol{a}}_j^T \\ \vdots \\ \bar{\boldsymbol{a}}_m^T \end{bmatrix} = \bar{\boldsymbol{a}}_j^T.$$

Beispiel 5.56

$$\boldsymbol{A} = \begin{bmatrix} 2 & 4 & 0 & 1 \\ 3 & 2 & 1 & 1 \\ 1 & 0 & 2 & 1 \end{bmatrix};\quad \boldsymbol{A}\boldsymbol{e}_1 = \boldsymbol{A}\begin{bmatrix} 1 \\ 0 \\ 0 \\ 0 \end{bmatrix} = \begin{bmatrix} 2 \\ 3 \\ 1 \end{bmatrix};$$

$$\boldsymbol{A}\boldsymbol{e}_2 = \boldsymbol{A}\begin{bmatrix} 0 \\ 1 \\ 0 \\ 0 \end{bmatrix} = \begin{bmatrix} 4 \\ 2 \\ 0 \end{bmatrix};\quad \boldsymbol{A}\boldsymbol{e}_3 = \boldsymbol{A}\begin{bmatrix} 0 \\ 0 \\ 1 \\ 0 \end{bmatrix} = \begin{bmatrix} 0 \\ 1 \\ 2 \end{bmatrix};\quad \boldsymbol{A}\boldsymbol{e}_4 = \boldsymbol{A}\begin{bmatrix} 0 \\ 0 \\ 0 \\ 1 \end{bmatrix} = \begin{bmatrix} 1 \\ 1 \\ 1 \end{bmatrix}$$

$\boldsymbol{e}_1^T\boldsymbol{A} = [1\ \ 0\ \ 0]\,\boldsymbol{A} = [2\ \ 4\ \ 0\ \ 1]$; $\boldsymbol{e}_2^T\boldsymbol{A} = [0\ \ 1\ \ 0]\,\boldsymbol{A} = [3\ \ 2\ \ 1\ \ 1]$;
$\boldsymbol{e}_3^T\boldsymbol{A} = [0\ \ 0\ \ 1]\,\boldsymbol{A} = [1\ \ 0\ \ 2\ \ 1]$.

Satz 5.13

Wird eine Matrix A von rechts (links) mit einem summierenden Vektor multipliziert, so werden die Elemente jeder Zeile (Spalte) der Matrix addiert.

$$As = \begin{bmatrix} a_{11} & a_{12} & \cdots & a_{1n} \\ a_{21} & a_{22} & \cdots & a_{2n} \\ \cdots & \cdots & \cdots & \cdots \\ a_{m1} & a_{m2} & \cdots & a_{mn} \end{bmatrix} \begin{bmatrix} 1 \\ 1 \\ \vdots \\ 1 \end{bmatrix} = \begin{bmatrix} \sum_{j=1}^{n} a_{1j} \\ \sum_{j=1}^{n} a_{2j} \\ \cdots \\ \sum_{j=1}^{n} a_{mj} \end{bmatrix}.$$

$$s^T A = [1 \quad 1 \quad \cdots \quad 1] \begin{bmatrix} a_{11} & a_{12} & \cdots & a_{1n} \\ a_{21} & a_{22} & \cdots & a_{2n} \\ \cdots & \cdots & \cdots & \cdots \\ a_{m1} & a_{m2} & \cdots & a_{mn} \end{bmatrix} = \left[\sum_{i=1}^{m} a_{i1} \quad \sum_{i=1}^{m} a_{i2} \quad \cdots \quad \sum_{i=1}^{m} a_{in} \right].$$

Beispiel 5.57

$$A = \begin{bmatrix} 2 & 4 & 0 & 1 \\ 3 & 4 & 1 & 1 \\ 5 & 0 & 2 & 1 \end{bmatrix}; \quad As = \begin{bmatrix} 2+4+0+1 \\ 3+4+1+1 \\ 5+0+2+1 \end{bmatrix} = \begin{bmatrix} 7 \\ 9 \\ 8 \end{bmatrix};$$

$$s^T A = [2+3+5 \quad 4+4+0 \quad 0+1+2 \quad 1+1+1] = [10 \quad 8 \quad 3 \quad 3].$$

Satz 5.14

Für die Matrizenmultiplikation gelten

a) das Assoziativgesetz $(AB)\,C = A(BC)$ und

b) die Distributivgesetze

$$A(B + C) = AB + AC$$
$$(A + B)\,C = AC + BC.$$

Für die Matrizenmultiplikation gilt nicht das Kommutativgesetz, das heißt, im allgemeinen ist $AB \neq BA$.

Satz 5.15

Für die Matrizenmultiplikation gilt:

a) Aus $A = B$ folgt $A \cdot C = B \cdot C$ mit beliebigem C.
b) Aus $A = B$ folgt $D \cdot A = D \cdot B$ mit beliebigem D.
c) Aus $A < B$ folgt $A \cdot C < B \cdot C$ mit $C > 0$.
d) Aus $A < B$ folgt $D \cdot A < D \cdot B$ mit $D > 0$.
e) Aus $A < B$ folgt $A \cdot C > B \cdot C$ mit $C < 0$.
f) Aus $A < B$ folgt $D \cdot A > D \cdot B$ mit $D < 0$.
g) Aus $A \leqq B$ folgt $A \cdot C \leqq B \cdot C$ mit $C > 0$.
h) Aus $A \leqq B$ folgt $D \cdot A \leqq D \cdot B$ mit $D > 0$.
i) Aus $A \leqq B$ folgt $A \cdot C \geqq B \cdot C$ mit $C < 0$.
j) Aus $A \leqq B$ folgt $D \cdot A \geqq D \cdot B$ mit $D < 0$.

Matrizengleichheit bleibt also bei einer Multiplikation mit einer Matrix erhalten. Matrizenungleichheit bleibt erhalten, wenn wir mit einer Matrix multiplizieren, die nur positive Elemente besitzt. Bei einer Multiplikation mit einer Matrix, die nur negative Elemente besitzt, ändert sich die Richtung des Ungleichheitszeichens.

5.4. Linearkombination von Vektoren

Für unsere weiteren Darlegungen benötigen wir den Begriff Linearkombination, der unter anderem bei der Behandlung der Gleichungssysteme, Ungleichungssysteme und der linearen Optimierung eine Rolle spielt.

Beispiel 5.58

Im Abschnitt 5.3.6. haben wir das Produkt $\boldsymbol{a}^T\boldsymbol{B}$

$$\text{mit } \boldsymbol{a}^T = [a_1\ a_2\ \cdots\ a_n] \quad \text{und} \quad \boldsymbol{B} = \begin{bmatrix} \bar{\boldsymbol{b}}_1^T \\ \bar{\boldsymbol{b}}_2^T \\ \vdots \\ \bar{\boldsymbol{b}}_n^T \end{bmatrix}$$

in der Form $\boldsymbol{a}^T\boldsymbol{B} = a_1\bar{\boldsymbol{b}}_1^T + a_2\bar{\boldsymbol{b}}_2^T + \cdots + a_n\bar{\boldsymbol{b}}_n^T = \sum_{i=1}^{n} a_i\bar{\boldsymbol{b}}^T$ dargestellt.

Im gleichen Abschnitt haben wir das Produkt $\boldsymbol{Ab}$

$$\text{mit } \boldsymbol{A} = [\boldsymbol{a}_1\ \boldsymbol{a}_2\ \cdots\ \boldsymbol{a}_n]; \quad \boldsymbol{b} = \begin{bmatrix} b_1 \\ b_2 \\ \vdots \\ b_n \end{bmatrix}$$

in der Form $\boldsymbol{Ab} = \boldsymbol{a}_1b_1 + \boldsymbol{a}_2b_2 + \cdots + \boldsymbol{a}_nb_n = \sum_{j=1}^{n} \boldsymbol{a}_ib_i$ geschrieben.

Beiden Darstellungen ist gemeinsam, daß Vektoren mit Skalaren multipliziert und anschließend diese Produkte addiert werden. Wir sprechen in diesem Falle von Linearkombinationen.

Definition 5.24

Der Ausdruck $\alpha_1\boldsymbol{a}_1 + \cdots + \alpha_n\boldsymbol{a}_n = \sum_{i=1}^{n} \alpha_i\boldsymbol{a}_i$ *heißt Linearkombination der Vektoren* $\boldsymbol{a}_i$ $(i = 1, \ldots, n)$.
[*Die* α_i $(i = 1, \ldots, n)$ *sind Skalare. Die Vektoren* $\boldsymbol{a}_i$ *haben die gleiche Ordnung.*]

Die Linearkombination liefert einen Vektor $\boldsymbol{a} = \sum_{i=1}^{n} \alpha_i\boldsymbol{a}_i$. Wir sagen auch, daß der Vektor $\boldsymbol{a}$ eine Linearkombination der Vektoren $\boldsymbol{a}_i$ $(i = 1, \ldots, n)$ ist.

Beispiel 5.59

Wir multiplizieren den Vektor $\boldsymbol{a}_1 = \begin{bmatrix} 2 \\ 3 \\ 1 \end{bmatrix}$ mit dem Skalar $\alpha_1 = 2$, den Vektor $\boldsymbol{a}_2 = \begin{bmatrix} 0 \\ 1 \\ -3 \end{bmatrix}$ mit dem Skalar $\alpha_2 = -1$ und addieren die Ergebnisse.

$$\alpha_1\boldsymbol{a}_1 + \alpha_2\boldsymbol{a}_2 = 2\begin{bmatrix} 2 \\ 3 \\ 1 \end{bmatrix} + (-1)\begin{bmatrix} 0 \\ 1 \\ -3 \end{bmatrix}.$$

Den Ausdruck $\alpha_1 \boldsymbol{a}_1 + \alpha_2 \boldsymbol{a}_2$ nennen wir eine Linearkombination der Vektoren $\boldsymbol{a}_1$ und $\boldsymbol{a}_2$.

Diese Linearkombination ergibt den Vektor

$$\boldsymbol{a} = \alpha_1 \boldsymbol{a}_1 + \alpha_2 \boldsymbol{a}_2 = 2 \begin{bmatrix} 2 \\ 3 \\ 1 \end{bmatrix} + (-1) \begin{bmatrix} 0 \\ 1 \\ -3 \end{bmatrix} = \begin{bmatrix} 4 \\ 6 \\ 2 \end{bmatrix} + \begin{bmatrix} 0 \\ -1 \\ 3 \end{bmatrix} = \begin{bmatrix} 4 \\ 5 \\ 5 \end{bmatrix}$$

$\boldsymbol{a} = \begin{bmatrix} 4 \\ 5 \\ 5 \end{bmatrix}$ ist eine Linearkombination der Vektoren $\boldsymbol{a}_1 = \begin{bmatrix} 2 \\ 3 \\ 1 \end{bmatrix}$ und $\boldsymbol{a}_2 = \begin{bmatrix} 0 \\ 1 \\ -3 \end{bmatrix}$.

Beispiel 5.60

Das Gleichungssystem

$$\begin{aligned} 3x_1 + 4x_2 - x_3 &= -4 \\ x_1 - 3x_2 + 5x_3 &= 19 \\ -2x_1 + x_2 + 6x_3 &= 15 \end{aligned}$$

läßt sich mit Hilfe einer Linearkombination darstellen.

Mit $\boldsymbol{a}_1 = \begin{bmatrix} 3 \\ 1 \\ -2 \end{bmatrix}$; $\boldsymbol{a}_2 = \begin{bmatrix} 4 \\ -3 \\ 1 \end{bmatrix}$; $\boldsymbol{a}_3 = \begin{bmatrix} -1 \\ 5 \\ 6 \end{bmatrix}$; $\boldsymbol{a} = \begin{bmatrix} -4 \\ 19 \\ 15 \end{bmatrix}$

können wir das Gleichungssystem umformen in

$_1 x_1 + \boldsymbol{a}_2 x_2 + \boldsymbol{a}_3 x_3 = \boldsymbol{a}$.

Von allen Linearkombinationen sind für uns besonders jene interessant, in denen die Skalare keine negativen Zahlen sind, in denen also $\alpha_i \geqq 0$ $(i = 1, \ldots, n)$ gilt.

Definition 5.25

Die Linearkombination

$$\alpha_1 \boldsymbol{a}_1 + \cdots + \alpha_n \boldsymbol{a}_n = \sum_{i=1}^{n} \alpha_i \boldsymbol{a}_i \textit{ mit } \alpha_i \geqq 0 \; (i = 1, \ldots, n)$$

heißt nichtnegative Linearkombination.

Beispiel 5.61

$2\boldsymbol{a}_1 + (-1)\, \boldsymbol{a}_2$ ist keine nichtnegative Linearkombination.

$3\boldsymbol{a}_1 + \frac{1}{2} \boldsymbol{a}_2 + 0\boldsymbol{a}_3$ ist eine nichtnegative Linearkombination.

Beispiel 5.62

Das Gleichungssystem

$$\begin{aligned} 2x_1 + x_2 + 3x_3 &= 13 \\ x_1 + 2x_2 + x_3 &= 12 \\ 3x_1 + x_2 + 2x_3 &= 15, \end{aligned}$$

in dem die Variablen x_1, x_2, x_3 keine negativen Werte annehmen sollen, können wir mit Hilfe einer nichtnegativen Linearkombination schreiben.

Mit $a_1 = \begin{bmatrix} 2 \\ 1 \\ 3 \end{bmatrix}$; $a_2 = \begin{bmatrix} 1 \\ 2 \\ 1 \end{bmatrix}$; $a_3 = \begin{bmatrix} 3 \\ 1 \\ 2 \end{bmatrix}$; $a = \begin{bmatrix} 13 \\ 12 \\ 15 \end{bmatrix}$

gilt $a_1x_1 + a_2x_2 + a_3x_3 = a$ mit $x_1, x_2, x_3 \geqq 0$.

Unter allen nichtnegativen Linearkombinationen interessieren uns besonders jene, in denen die Summe der Skalare Eins ist, also $\sum_{i=1}^{n} \alpha_i = 1$.

Definition 5.26

Die Linearkombination

$$\alpha_1 a_1 + \cdots + \alpha_n a_n = \sum_{i=1}^{n} \alpha_i a_i \text{ mit } \alpha_i \geqq 0 \; (i = 1, \ldots, n)$$

und $\alpha_1 + \cdots + \alpha_n = \sum_{i=1}^{n} \alpha_i = 1$ *heißt konvexe Linearkombinaion.*

Beispiel 5.63

$\frac{1}{4} a_1 + \frac{1}{2} a_2 + \frac{1}{4} a_3$ ist eine konvexe Linearkombination.

$3a_1 + \frac{1}{2} a_2 + 0a_3$ ist keine konvexe Linearkombination.

Beispiel 5.64

Wir betrachten die konvexe Linearkombination der Vektoren

$a_1 = \begin{bmatrix} 1 \\ 4 \end{bmatrix}$ und $a_2 = \begin{bmatrix} 5 \\ 2 \end{bmatrix}$, also $\alpha_1 a_1 + \alpha_2 a_2 = \alpha_1 \begin{bmatrix} 1 \\ 4 \end{bmatrix} + \alpha_2 \begin{bmatrix} 5 \\ 2 \end{bmatrix}$ mit $\alpha_1, \alpha_2 \geqq 0$ und $\alpha_1 + \alpha_2 = 1$.

Wir ordnen den beiden Vektoren Punkte in einem Koordinatensystem zu. Dem Vektor a_1 ordnen wir den Punkt mit den Koordinaten (1; 4) und dem Vektor a_2 den Punkt mit den Koordinaten (5; 2) zu.

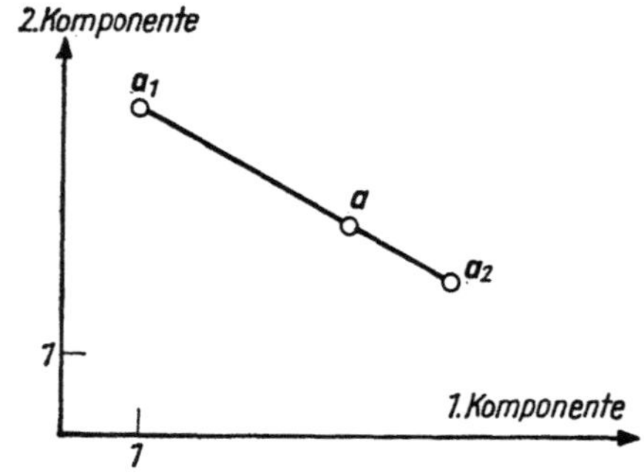

Abbildung 5.7

Jede konvexe Linearkombination der Vektoren a_1 und a_2 liefert einen Punkt auf der Verbindungsstrecke der Punkte (Vektoren) a_1 und a_2,

$$\text{zum Beispiel } \frac{1}{3}\boldsymbol{a}_1 + \frac{2}{3}\boldsymbol{a}_2 = \begin{bmatrix} \frac{11}{3} \\ \frac{8}{3} \end{bmatrix} = \boldsymbol{a}.$$

Umgekehrt läßt sich jeder Punkt der Verbindungsstrecke als konvexe Linearkombination der Vektoren $\boldsymbol{a}_1$, $\boldsymbol{a}_2$ darstellen.

Beispiel 5.65

Wir betrachten die konvexe Linearkombination der Vektoren

$$\boldsymbol{a}_1 = \begin{bmatrix} 1 \\ 3 \end{bmatrix};\ \boldsymbol{a}_2 = \begin{bmatrix} 5 \\ 2 \end{bmatrix};\ \boldsymbol{a}_3 = \begin{bmatrix} 4 \\ 7 \end{bmatrix}, \text{ also } \alpha_1\boldsymbol{a}_1 + \alpha_2\boldsymbol{a}_2 + \alpha_3\boldsymbol{a}_3 = \alpha_1 \begin{bmatrix} 1 \\ 3 \end{bmatrix} + \alpha_2 \begin{bmatrix} 5 \\ 2 \end{bmatrix} + \alpha_3 \begin{bmatrix} 4 \\ 7 \end{bmatrix}$$

mit $\alpha_1, \alpha_2, \alpha_3 \geqq 0$ und $\alpha_1 + \alpha_2 + \alpha_3 = 1$.

Wir ordnen den Vektoren Punkte im Koordinatensystem zu.

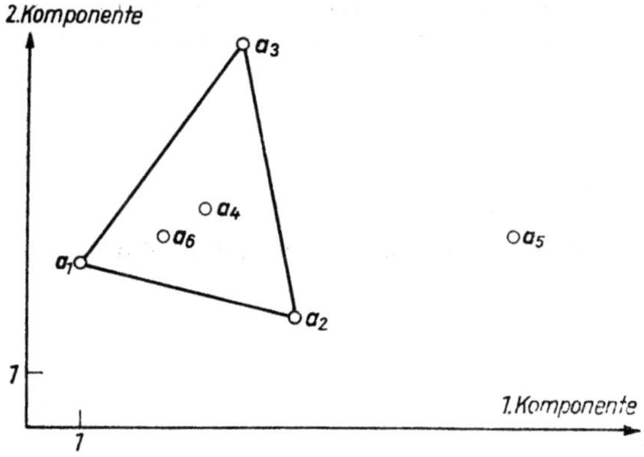

Abbildung 5.8

Jede konvexe Linearkombination der Vektoren $\boldsymbol{a}_1$, $\boldsymbol{a}_2$, $\boldsymbol{a}_3$ liefert einen Punkt im Dreieck oder auf dem Rande des Dreiecks.

$$\frac{1}{3}\boldsymbol{a}_1 + \frac{1}{3}\boldsymbol{a}_2 + \frac{1}{3}\boldsymbol{a}_3 = \begin{bmatrix} \frac{10}{3} \\ 4 \end{bmatrix} = \boldsymbol{a}_4 \text{ liegt innerhalb des Dreiecks.}$$

$$1\boldsymbol{a}_1 + 2\boldsymbol{a}_2 + \left(-\frac{1}{2}\right)\boldsymbol{a}_3 = \begin{bmatrix} 9 \\ \frac{7}{2} \end{bmatrix} = \boldsymbol{a}_5 \text{ liegt außerhalb des Dreiecks.}$$

$$2\boldsymbol{a}_1 + \frac{1}{2}\boldsymbol{a}_2 - \frac{1}{2}\boldsymbol{a}_3 = \begin{bmatrix} \frac{5}{2} \\ \frac{7}{2} \end{bmatrix} = \boldsymbol{a}_6 \text{ liegt innerhalb des Dreiecks, obwohl keine konvexe Linear-}$$

kombination vorliegt. Das hängt damit zusammen, daß sich der Vektor $\boldsymbol{a}_6$ auch als konvexe Linearkombination der Vektoren $\boldsymbol{a}_1$, $\boldsymbol{a}_2$, $\boldsymbol{a}_3$ darstellen läßt, $\boldsymbol{a}_6 = \frac{11}{19}\boldsymbol{a}_1 + \frac{9}{38}\boldsymbol{a}_2 + \frac{7}{38}\boldsymbol{a}_3$.

(Später werden wir zeigen, wie wir diese Skalare $\frac{11}{19}$, $\frac{9}{38}$ und $\frac{7}{38}$ finden können.)

Jeder Punkt im Dreieck oder auf dem Rande des Dreiecks läßt sich als konvexe Linearkombination der Vektoren $\boldsymbol{a}_1$, $\boldsymbol{a}_2$, $\boldsymbol{a}_3$ darstellen.

Beispiel 5.66

Ein Betrieb kann zwei Erzeugnisse herstellen, die über zwei Maschinen laufen müssen. Die Maschinenzeitnormen und die Maschinenzeitfonds sind der Tabelle 5.13 zu entnehmen.

Tabelle 5.13

Maschine	Erzeugnis		Fonds
	1	2	
1	2	4	200
2	3	1	240

Ein zulässiger Produktionsplan liegt vor, wenn die Fonds nicht überschritten werden. Die Produktionspläne erfassen wir in Vektoren mit zwei Komponenten. Die erste Komponente gibt die Produktionshöhe für das erste Erzeugnis und die zweite Komponente die Produktionshöhe für das zweite Erzeugnis an.

Zulässige Produktionspläne sind zum Beispiel:

$$\boldsymbol{x}_1 = \begin{bmatrix} 80 \\ 0 \end{bmatrix}; \quad \boldsymbol{x}_2 = \begin{bmatrix} 0 \\ 50 \end{bmatrix}; \quad \boldsymbol{x}_3 = \begin{bmatrix} 20 \\ 40 \end{bmatrix}; \quad \boldsymbol{x}_4 = \begin{bmatrix} 50 \\ 25 \end{bmatrix}.$$

Jede konvexe Linearkombination zulässiger Produktionspläne ist wieder ein zulässiger Produktionsplan, zum Beispiel:

$$\frac{1}{8}\boldsymbol{x}_1 + \frac{1}{8}\boldsymbol{x}_2 + \frac{1}{4}\boldsymbol{x}_3 + \frac{1}{2}\boldsymbol{x}_4 = \begin{bmatrix} 40 \\ \frac{115}{4} \end{bmatrix} = \boldsymbol{x}_5.$$

(Vgl. Abschnitte 5.12.2. und 6.4.)

5.5. Lineare Abhängigkeit und lineare Unabhängigkeit von Vektoren

Die lineare Abhängigkeit und lineare Unabhängigkeit sind wichtige Begriffe für die Lösung von linearen Gleichungssystemen, Ungleichungssystemen und linearen Optimierungsaufgaben.

Im zurückliegenden Abschnitt haben wir Linearkombinationen der Vektoren $\boldsymbol{a}_1, \ldots, \boldsymbol{a}_n$ betrachtet,

$$\alpha_1\boldsymbol{a}_1 + \cdots + \alpha_n\boldsymbol{a}_n.$$

Diese Linearkombinationen liefern wieder einen Vektor $\boldsymbol{a}$,

$$\alpha_1\boldsymbol{a}_1 + \cdots + \alpha_n\boldsymbol{a}_n = \boldsymbol{a}.$$

Wir sagten auch, daß wir den Vektor $\boldsymbol{a}$ als Linearkombination der Vektoren $\boldsymbol{a}_1, \ldots, \boldsymbol{a}_n$ dargestellt haben.

Wir wollen nun die Frage beantworten, ob wir den Nullvektor $\mathbf{o}$ als Linearkombination der Vektoren $\boldsymbol{a}_1, \ldots, \boldsymbol{a}_n$ darstellen können,

$$\alpha_1\boldsymbol{a}_1 + \cdots + \alpha_n\boldsymbol{a}_n = \mathbf{o}.$$

Die Frage kann bejaht werden, denn wir können alle α_i ($i = 1, \dots, n$) gleich Null setzen und erhalten dann den Nullvektor,

$$0 \cdot \boldsymbol{a}_1 + \cdots + 0\, \boldsymbol{a}_n = \boldsymbol{o}.$$

Wir sagen, wir haben den Nullvektor auf triviale Weise als Linearkombination der Vektoren $\boldsymbol{a}_1, \dots, \boldsymbol{a}_n$ dargestellt (trivial, weil alle $\alpha_i = 0$ sind).

Es fragt sich nun, ob wir auch auf nichttriviale Weise den Nullvektor als Linearkombination der Vektoren $\boldsymbol{a}_1, \dots, \boldsymbol{a}_n$ darstellen können. Die Antwort hängt von den Vektoren $\boldsymbol{a}_1, \dots, \boldsymbol{a}_n$ ab. Manchmal läßt sich aus den Vektoren $\boldsymbol{a}_1, \dots, \boldsymbol{a}_n$ der Nullvektor auf nichttriviale Weise bilden (nicht alle α_i sind Null).

Wählen wir andere Vektoren $\boldsymbol{a}_1, \dots, \boldsymbol{a}_n$, so läßt sich eventuell der Nullvektor nicht auf nichttriviale Weise (das heißt nur auf triviale Weise) als Linearkombination der Vektoren $\boldsymbol{a}_1, \dots, \boldsymbol{a}_n$ darstellen.

Beispiel 5.67

Aus den Vektoren $\boldsymbol{e}_1 = \begin{bmatrix} 1 \\ 0 \end{bmatrix}$ und $\boldsymbol{e}_2 = \begin{bmatrix} 0 \\ 1 \end{bmatrix}$ läßt sich der Nullvektor $\begin{bmatrix} 0 \\ 0 \end{bmatrix}$ nur auf triviale Weise als Linearkombination von $\boldsymbol{e}_1$ und $\boldsymbol{e}_2$ darstellen.

Wir wollen das zeigen und setzen deshalb an:

$\alpha_1 \boldsymbol{e}_1 + \alpha_2 \boldsymbol{e}_2 = \boldsymbol{o}$, also

$$\alpha_1 \begin{bmatrix} 1 \\ 0 \end{bmatrix} + \alpha_2 \begin{bmatrix} 0 \\ 1 \end{bmatrix} = \begin{bmatrix} 0 \\ 0 \end{bmatrix}.$$

Als Gleichungssystem ergibt sich

$$1 \cdot \alpha_1 + 0 \cdot \alpha_2 = 0$$
$$0 \cdot \alpha_1 + 1 \cdot \alpha_2 = 0,$$

das heißt, $\alpha_1 = 0$

$\alpha_2 = 0.$

Beispiel 5.68

Aus den Vektoren $\boldsymbol{a}_1 = \begin{bmatrix} 4 \\ 2 \end{bmatrix}$ und $\boldsymbol{a}_2 = \begin{bmatrix} 2 \\ 1 \end{bmatrix}$ läßt sich der Nullvektor nicht nur auf triviale Weise bilden, sondern außerdem auf nichttriviale Weise:

$$\begin{bmatrix} 0 \\ 0 \end{bmatrix} = 1 \begin{bmatrix} 4 \\ 2 \end{bmatrix} + (-2) \begin{bmatrix} 2 \\ 1 \end{bmatrix}.$$

Die Richtigkeit dieser Aussage können Sie durch Berechnung der rechten Seite leicht nachprüfen. Später werden wir zeigen, wie die Skalare 1 und -2 gefunden werden.

Beispiel 5.69

Aus den Vektoren $\boldsymbol{b}_1 = \begin{bmatrix} 4 \\ 2 \end{bmatrix}$ und $\boldsymbol{b}_2 = \begin{bmatrix} 1 \\ 1 \end{bmatrix}$ läßt sich der Nullvektor nur auf triviale Weise bilden.

Aus $\alpha_1 \boldsymbol{b}_1 + \alpha_3 \boldsymbol{b}_2 = \boldsymbol{o}$, also

$$\alpha_1 \begin{bmatrix} 4 \\ 2 \end{bmatrix} + \alpha_2 \begin{bmatrix} 1 \\ 1 \end{bmatrix} = \begin{bmatrix} 0 \\ 0 \end{bmatrix}$$

ergibt sich das Gleichungssystem

$4\alpha_1 + \alpha_2 = 0$

$2\alpha_1 + \alpha_2 = 0.$

Subtrahieren wir die zweite Gleichung von der ersten, so erhalten wir $2\alpha_1 = 0$ oder $\alpha_1 = 0$.
Setzen wir $\alpha_1 = 0$ in eine der beiden Gleichungen ein, so folgt $\alpha_2 = 0$.
Es gibt also nur die triviale Lösung $\alpha_1 = \alpha_2 = 0$.

Definition 5.27

Die Vektoren $\boldsymbol{a}_1, \ldots, \boldsymbol{a}_n$ heißen linear unabhängig, wenn der Nullvektor $\boldsymbol{o}$ nur auf triviale Weise als Linearkombination der Vektoren $\boldsymbol{a}_1, \ldots, \boldsymbol{a}_n$ dargestellt werden kann, das heißt, wenn die Gleichung

$$\alpha_1\boldsymbol{a}_1 + \cdots + \alpha_n\boldsymbol{a}_n = \boldsymbol{o}$$

nur die Lösung $\alpha_1 = \cdots = \alpha_n = 0$ hat.
Anderenfalls nennen wir die Vektoren linear abhängig.

Beispiel 5.70

Die Vektoren $\boldsymbol{e}_1 = \begin{bmatrix}1\\0\end{bmatrix}$ und $\boldsymbol{e}_2 = \begin{bmatrix}0\\1\end{bmatrix}$ aus Beispiel 5.67 sind linear unabhängig.

Die Vektoren $\boldsymbol{a}_1 = \begin{bmatrix}4\\2\end{bmatrix}$ und $\boldsymbol{a}_2 = \begin{bmatrix}2\\1\end{bmatrix}$ aus Beispiel 5.68 sind linear abhängig.

Die Vektoren $\boldsymbol{b}_1 = \begin{bmatrix}4\\2\end{bmatrix}$; $\boldsymbol{b}_2 = \begin{bmatrix}1\\1\end{bmatrix}$ aus Beispiel 5.69 sind linear unabhängig.

Satz 5.16

Die n Einheitsvektoren $\boldsymbol{e}_1, \boldsymbol{e}_2, \ldots, \boldsymbol{e}_n$ mit n Komponenten sind linear unabhängig.

Beweis

$$\alpha_1\boldsymbol{e}_1 + \alpha_2\boldsymbol{e}_2 + \cdots + \alpha_n\boldsymbol{e}_n = \boldsymbol{o}$$

lautet ausgeschrieben

$$\alpha_1 \begin{bmatrix}1\\0\\\vdots\\0\end{bmatrix} + \alpha_2 \begin{bmatrix}0\\1\\\vdots\\0\end{bmatrix} + \cdots + \alpha_n \begin{bmatrix}0\\0\\\vdots\\1\end{bmatrix} = \begin{bmatrix}0\\0\\\vdots\\0\end{bmatrix}$$

bzw. $\alpha_1 = 0$

$\alpha_2 = 0$

. . . .

$\alpha_n = 0.$

Diese Lösung ist eindeutig. Es gibt also nur die triviale Lösung $\alpha_1 = \alpha_2 = \cdots = \alpha_n = 0$.

Satz 5.17

Ist der Vektor $\boldsymbol{a}$ als Linearkombination der Vektoren $\boldsymbol{a}_1, \boldsymbol{a}_2, \ldots, \boldsymbol{a}_n$ darstellbar, so sind die Vektoren $\boldsymbol{a}_1, \boldsymbol{a}_2, \ldots, \boldsymbol{a}_n, \boldsymbol{a}$ linear abhängig.

Beweis

Es gilt $\boldsymbol{a} = \alpha_1 \boldsymbol{a}_1 + \alpha_2 \boldsymbol{a}_2 + \cdots + \alpha_n \boldsymbol{a}_n$.

Subtrahieren wir auf beiden Seiten $\boldsymbol{a}$, so erhalten wir

$\boldsymbol{o} = \alpha_1 \boldsymbol{a}_1 + \alpha_2 \boldsymbol{a}_2 + \cdots + \alpha_n \boldsymbol{a}_n + (-1)\,\boldsymbol{a}$.

Damit haben wir den Nullvektor auf nichttriviale Weise als Linearkombination der Vektoren $\boldsymbol{a}_1$, $\boldsymbol{a}_2, \ldots, \boldsymbol{a}_n, \boldsymbol{a}$ dargestellt.

Im nächsten Abschnitt werden wir zeigen, wie auf einfache Weise überprüft werden kann, ob gegebene Vektoren $\boldsymbol{a}_1, \boldsymbol{a}_2, \ldots, \boldsymbol{a}_n$ linear abhängig oder linear unabhängig sind.

5.6. Elementare Basistransformation

Die elementare Basistransformation ist ein zentraler Begriff, mit dem wir anschließend

- die lineare Abhängigkeit bzw. Unabhängigkeit gegebener Vektoren überprüfen,
- einen festen Vektor als Linearkombination gegebener Vektoren darstellen,
- die Lösbarkeit eines linearen Gleichungssystems überprüfen,
- lineare Gleichungssysteme lösen.
- lineare Ungleichungssysteme lösen.
- lineare Optimierungsaufgaben lösen.

Bevor wir den Begriff der elementaren Basistransformation kennenlernen, wollen wir den Begriff der Basis einführen.

Definition 5.28

n linear unabhängige Vektoren mit n Komponenten heißen Basis der Menge der Vektoren mit n Komponenten. Die Vektoren einer Basis nennen wir Basisvektoren.

Beispiel 5.71

Die Vektoren $\boldsymbol{e}_1 = \begin{bmatrix} 1 \\ 0 \end{bmatrix}$ und $\boldsymbol{e}_2 = \begin{bmatrix} 0 \\ 1 \end{bmatrix}$ bilden eine Basis für die Vektoren mit zwei Komponenten, denn $\boldsymbol{e}_1$ und $\boldsymbol{e}_2$ sind zwei linear unabhängige Vektoren (Beispiel 5.69) mit zwei Komponenten.

Die Vektoren $\boldsymbol{a}_1 = \begin{bmatrix} 4 \\ 2 \end{bmatrix}$ und $\boldsymbol{a}_2 = \begin{bmatrix} 2 \\ 1 \end{bmatrix}$ bilden keine Basis für die Vektoren mit zwei Komponenten, denn sie sind linear abhängig (Beispiel 5.69).

Die Vektoren $\boldsymbol{b}_1 = \begin{bmatrix} 4 \\ 1 \end{bmatrix}$ und $\boldsymbol{b}_2 = \begin{bmatrix} 1 \\ 1 \end{bmatrix}$ bilden eine Basis für die Vektoren mit zwei Komponenten, denn $\boldsymbol{b}_1$ und $\boldsymbol{b}_2$ sind zwei linear unabhängige Vektoren mit zwei Komponenten.

Satz 5.18

Die n Einheitsvektoren mit n Komponenten bilden eine Basis für die Vektoren mit n Komponenten.

Beweis

Nach Satz 5.16 sind die n Einheitsvektoren mit n Komponenten linear unabhängig.

Satz 5.19

*Jeder Vektor **c** mit n Komponenten läßt sich eindeutig als Linearkombination einer Basis $b_1, b_2, \ldots, b_n$ für die Vektoren mit n Komponenten darstellen,*

$$c = c_1 b_1 + c_2 b_2 + \cdots + c_n b_n.$$

Bei fester Basis ist die Darstellung eines Vektors als Linearkombination der Basisvektoren eindeutig. Beim Übergang zu einer anderen Basis ist natürlich auch eine Linearkombination mit anderen Skalaren $c_1, c_2, \ldots, c_n$ zu erwarten.

Beispiel 5.72

Der Vektor $c = \begin{bmatrix} 4 \\ 3 \end{bmatrix}$ läßt sich mit Hilfe der Basis $e_1 = \begin{bmatrix} 1 \\ 0 \end{bmatrix}$; $e_2 = \begin{bmatrix} 0 \\ 1 \end{bmatrix}$ eindeutig als $c = 4e_1 + 3e_2$ darstellen.

Gehen wir zur Basis $b_1 = \begin{bmatrix} 4 \\ 2 \end{bmatrix}$; $b_2 = \begin{bmatrix} 1 \\ 1 \end{bmatrix}$ über, so erhalten wir die eindeutige Darstellung

$$c = \frac{1}{2} b_1 + 2b_2.$$

Die Skalare für diese beiden Darstellungen ergeben sich durch Lösung der linearen Gleichungssysteme

$$c = c_1 e_1 + c_2 e_2,$$

$$c = c_1' b_1 + c_2' b_2.$$

Später werden wir eine einfachere Berechnung der Darstellung vorführen.

Definition 5.29

*Die eindeutig bestimmten Skalare $c_1, c_2, \ldots, c_n$ im Satz 5.19 heißen Koordinaten des Vektors **c** bezüglich der Basis $b_1, b_2, \ldots, b_n$.*

Beispiel 5.73

Im Beispiel 5.72 hat der Vektor $c = \begin{bmatrix} 4 \\ 3 \end{bmatrix}$ bezüglich der Basis $e_1 = \begin{bmatrix} 1 \\ 0 \end{bmatrix}$; $e_2 = \begin{bmatrix} 0 \\ 1 \end{bmatrix}$ die Koordinaten 4 und 3.

Bezüglich der Basis $b_1 = \begin{bmatrix} 4 \\ 2 \end{bmatrix}$; $b_2 = \begin{bmatrix} 1 \\ 1 \end{bmatrix}$ hat c die Koordinaten $\frac{1}{2}$ und 2.

Das Beispiel 5.73 zeigt, daß die Koordinaten von c mit den Komponenten von c übereinstimmen, wenn die Basis durch die Einheitsvektoren gebildet wird. Das gilt allgemein.

Satz 5.20

Wählen wir die Einheitsvektoren in ihrer natürlichen Reihenfolge $e_1, e_2, \ldots, e_n$ als Basis, so stimmen die Koordinaten eines Vektors bezüglich dieser Basis mit den Komponenten des Vektors überein.

Für unsere weiteren Darlegungen wollen wir die Darstellung eines Vektors $\boldsymbol{c}$ bezüglich der Basis $\boldsymbol{b}_1, \ldots, \boldsymbol{b}_n$

$$\boldsymbol{c} = c_1\boldsymbol{b}_1 + \cdots + c_n\boldsymbol{b}_n$$

vereinfachen. Dazu benutzen wir zwei Spalten. In die linke Spalte setzen wir die Basisvektoren, in die rechte Spalte die zugehörigen Koordinaten.

Tabelle 5.14

Basisvektoren	Koordinaten des Vektors $\boldsymbol{c}$
$\boldsymbol{b}_1$	c_1
$\boldsymbol{b}_2$	c_2
$\vdots$	$\vdots$
$\boldsymbol{b}_n$	c_n

Wir wollen aber immer beachten, daß die Tabelle folgendermaßen zu lesen ist:

$$\boldsymbol{c} = c_1\boldsymbol{b}_1 + c_2\boldsymbol{b}_2 + \cdots + c_n\boldsymbol{b}_n.$$

Beispiel 5.74

Für den Vektor $\boldsymbol{c}$ aus Beispiel 5.72 bzw. 5.73 ergeben sich folgende Tabellendarstellungen:

Tabelle 5.15

	$\boldsymbol{c}$
$\boldsymbol{e}_1$	4
$\boldsymbol{e}_2$	3

Tabelle 5.16

	$\boldsymbol{c}$
$\boldsymbol{b}_1$	$\frac{1}{2}$
$\boldsymbol{b}_2$	2

Die Darstellung der Koordinaten gemäß Tabelle 5.14 ist besonders vorteilhaft, wenn wir bezüglich der gleichen Basis verschiedene Vektoren darstellen wollen.

Beispiel 5.75

Tabelle 5.17

	$\boldsymbol{c}_1$	$\boldsymbol{c}_2$	$\boldsymbol{c}_3$
$\boldsymbol{b}_1$	3	1	0
$\boldsymbol{b}_2$	2	0	−5
$\boldsymbol{b}_3$	−4	−4	−1
$\boldsymbol{b}_4$	5	2	1

Diese Tabelle ist folgendermaßen zu lesen:

$$\boldsymbol{c}_1 = 3 \cdot \boldsymbol{b}_1 + 2 \cdot \boldsymbol{b}_2 + (-4) \cdot \boldsymbol{b}_3 + 5 \cdot \boldsymbol{b}_4$$

$$\boldsymbol{c}_2 = 1 \cdot \boldsymbol{b}_1 + 0 \cdot \boldsymbol{b}_2 + (-4) \cdot \boldsymbol{b}_3 + 2 \cdot \boldsymbol{b}_4$$

$$\boldsymbol{c}_3 = 0 \cdot \boldsymbol{b}_1 + (-5) \cdot \boldsymbol{b}_2 + (-1) \cdot \boldsymbol{b}_3 + 1 \cdot \boldsymbol{b}_4.$$

Im Beispiel 5.73 hat der Vektor $\boldsymbol{c} = \begin{bmatrix} 4 \\ 3 \end{bmatrix}$ bezüglich der Basis $\boldsymbol{e}_1 = \begin{bmatrix} 1 \\ 0 \end{bmatrix}$; $\boldsymbol{e}_2 = \begin{bmatrix} 0 \\ 1 \end{bmatrix}$ die Koordinaten 4 und 3, bezüglich der Basis $\boldsymbol{b}_1 = \begin{bmatrix} 4 \\ 2 \end{bmatrix}$; $\boldsymbol{b}_2 = \begin{bmatrix} 1 \\ 1 \end{bmatrix}$ die Koordinaten $\frac{1}{2}$ und 2.

Wir wollen nun zeigen, wie wir die Koordinaten eines Vektors bezüglich einer Basis umrechnen können in die Koordinaten bezüglich einer anderen Basis.
Wir führen an einem Beispiel die Umrechnung der Koordinaten vor.

Beispiel 5.76

Der Vektor $\boldsymbol{c}$ hat bezüglich der Basis $\boldsymbol{b}_1, \boldsymbol{b}_2$ die Koordinaten 4 und 5, es gilt also $\boldsymbol{c} = 4\boldsymbol{b}_1 + 5\boldsymbol{b}_2$.
Der Vektor $\boldsymbol{x}$ hat bezüglich der Basis $\boldsymbol{b}_1, \boldsymbol{b}_2$ die Koordinaten 8 und 1, es gilt also $\boldsymbol{x} = 8\boldsymbol{b}_1 + 1\boldsymbol{b}_2$.

Tabelle 5.18

	$\boldsymbol{c}$	$\boldsymbol{x}$
$\boldsymbol{b}_1$	4	8
$\boldsymbol{b}_2$	5	1

Wir wählen jetzt die Vektoren $\boldsymbol{c}$ und $\boldsymbol{b}_2$ als Basis und wollen die Koordinaten von $\boldsymbol{b}_1$ und $\boldsymbol{x}$ bezüglich dieser neuen Basis $\boldsymbol{c}, \boldsymbol{b}_2$ bestimmen.

$$\boldsymbol{c} = 4\boldsymbol{b}_1 + 5\boldsymbol{b}_2$$
$$\boldsymbol{x} = 8\boldsymbol{b}_1 + 1\boldsymbol{b}_2.$$

Aus $\boldsymbol{c} = 4\boldsymbol{b}_1 + 5\boldsymbol{b}_2$

folgt $\boldsymbol{b}_1 = \frac{1}{4}\boldsymbol{c} - \frac{5}{4}\boldsymbol{b}_2$.

Setzen wir $\boldsymbol{b}_1 = \frac{1}{4}\boldsymbol{c} - \frac{5}{4}\boldsymbol{b}_2$ in $\boldsymbol{x} = 8\boldsymbol{b}_1 + 1\boldsymbol{b}_2$ ein, so erhalten wir

$$\begin{aligned}\boldsymbol{x} &= 8\left(\frac{1}{4}\boldsymbol{c} - \frac{5}{4}\boldsymbol{b}_2\right) + 1\boldsymbol{b}_2 \\ &= 2\boldsymbol{c} - 10\boldsymbol{b}_2 + 1\boldsymbol{b}_2 \\ &= 2\boldsymbol{c} - 9\boldsymbol{b}_2.\end{aligned}$$

Also erhalten wir bezüglich der neuen Basis $\boldsymbol{c}, \boldsymbol{b}_2$ folgende Darstellung für $\boldsymbol{b}_1$ und $\boldsymbol{x}$:

$$\boldsymbol{b}_1 = \frac{1}{4}\boldsymbol{c} - \frac{5}{4}\boldsymbol{b}_2$$
$$\boldsymbol{x} = 2\boldsymbol{c} - 9\boldsymbol{b}_2.$$

$\boldsymbol{b}_1$ hat bezüglich der neuen Basis $\boldsymbol{c}, \boldsymbol{b}_2$ die Koordinaten $\frac{1}{4}$ und $-\frac{5}{4}$.
$\boldsymbol{x}$ hat bezüglich der neuen Basis $\boldsymbol{c}, \boldsymbol{b}_2$ die Koordinaten 2 und -9.

Tabelle 5.19

	$\boldsymbol{b}_1$	$\boldsymbol{x}$
$\boldsymbol{c}$	$\frac{1}{4}$	2
$\boldsymbol{b}_2$	$-\frac{5}{4}$	-9

Es ergibt sich die Frage, ob wir die Koordinaten der Tabelle 5.18 nicht einfacher in die Koordinaten der Tabelle 5.19 umrechnen können. Wir wollen festhalten, daß wir aus der alten Basis $\boldsymbol{b}_1, \boldsymbol{b}_2$ den Basisvektor $\boldsymbol{b}_1$ herausgenommen haben und dafür den Vektor $\boldsymbol{c}$ in die Basis hineingenommen haben.

Definition 5.30

Der Übergang von einer gegebenen Basis zu einer neuen Basis, die sich von der alten in einem Vektor unterscheidet, heißt elementare Basistransformation.

Wir wollen nun zeigen, wie sich bei einer elementaren Basistransformation die Koordinaten verändern.

Satz 5.21

Bilden die Vektoren $\boldsymbol{b}_1, \ldots, \boldsymbol{b}_{i-1}, \boldsymbol{b}_i, \boldsymbol{b}_{i+1}, \ldots, \boldsymbol{b}_n$ eine Basis und gilt

I) $\boldsymbol{x} = x_1\boldsymbol{b}_1 + \cdots + x_{i-1}\boldsymbol{b}_{i-1} + x_i\boldsymbol{b}_i + x_{i+1}\boldsymbol{b}_{i+1} + \cdots + x_n\boldsymbol{b}_n$

II) $\boldsymbol{c} = c_1\boldsymbol{b}_1 + \cdots + c_{i-1}\boldsymbol{b}_{i-1} + c_i\boldsymbol{b}_i + c_{i+1}\boldsymbol{b}_{i+1} + \cdots + c_n\boldsymbol{b}_n$

mit $c_i \neq 0$, so bilden auch die Vektoren

$\boldsymbol{b}_1, \ldots, \boldsymbol{b}_{i-1}, \boldsymbol{c}, \boldsymbol{b}_{i+1}, \ldots, \boldsymbol{b}_n$ eine Basis und es gilt

III) $\boldsymbol{b}_i = -\frac{c_1}{c_i}\boldsymbol{b}_1 - \cdots - \frac{c_{i-1}}{c_i}\boldsymbol{b}_{i-1} + \frac{1}{c_i}\boldsymbol{c} - \frac{c_{i+1}}{c_i}\boldsymbol{b}_{i+1} - \cdots - \frac{c_n}{c_i}\boldsymbol{b}_n$

IV) $\boldsymbol{x} = (x_1 - \delta c_1)\boldsymbol{b}_1 + \cdots + (x_{i-1} - \delta c_{i-1})\boldsymbol{b}_{i-1} + \delta\boldsymbol{c} + (x_{i+1} - \delta c_{i+1})\boldsymbol{b}_{i+1} + \cdots + (x_n - \delta c_n)\boldsymbol{b}_n$

mit $\delta = \frac{x_i}{c_i}$.

Beweis

Wir lösen $\boldsymbol{c} = c_1\boldsymbol{b}_1 + \cdots + c_{i-1}\boldsymbol{b}_{i-1} + c_i\boldsymbol{b}_i + c_{i+1}\boldsymbol{b}_{i+1} + \cdots + c_n\boldsymbol{b}_n$ nach $\boldsymbol{b}_i$ auf und erhalten damit die Koordinaten von $\boldsymbol{b}_i$ bezüglich der neuen Basis

$$\boldsymbol{b}_i = -\frac{c_1}{c_i}\boldsymbol{b}_1 - \cdots - \frac{c_{i-1}}{c_i}\boldsymbol{b}_{i-1} + \frac{1}{c_i}\boldsymbol{c} - \frac{c_{i+1}}{c_i}\boldsymbol{b}_{i+1} - \cdots - \frac{c_n}{c_i}\boldsymbol{b}_n.$$

Wir setzen $\boldsymbol{b}_i$ in $\boldsymbol{x} = x_1\boldsymbol{b}_1 + \cdots + x_{i-1}\boldsymbol{b}_{i-1} + x_i\boldsymbol{b}_i + x_{i+1}\boldsymbol{b}_{i+1} + \cdots + x_n\boldsymbol{b}_n$ ein und erhalten damit die Koordinaten von $\boldsymbol{x}$ bezüglich der neuen Basis.

$$\boldsymbol{x} = x_1\boldsymbol{b}_1 + \cdots + x_{i-1}\boldsymbol{b}_{i-1} + x_i\left(-\frac{c_1}{c_i}\boldsymbol{b}_1 - \cdots - \frac{c_{i-1}}{c_i}\boldsymbol{b}_{i-1} + \frac{1}{c_i}\boldsymbol{c} - \frac{c_{i+1}}{c_i}\boldsymbol{b}_{i+1} - \cdots - \frac{c_n}{c_i}\boldsymbol{b}_n\right) + $$

$$+ x_{i+1}\boldsymbol{b}_{i+1} + \cdots + x_n\boldsymbol{b}_n.$$

Nach Auflösung der Klammer und Zusammenfassung entsprechender Größen erhalten wir

$$\boldsymbol{x} = \left(x_1 - c_1\frac{x_i}{c_i}\right)\boldsymbol{b}_1 + \cdots + \left(x_{i-1} - c_{i-1}\frac{x_i}{c_i}\right)\boldsymbol{b}_{i-1} + \frac{x_i}{c_i}\boldsymbol{c} + \left(x_{i+1} - c_{i+1}\frac{x_i}{c_i}\right)\boldsymbol{b}_{i+1} + \cdots$$

$$+ \left(x_n - c_n\frac{x_i}{c_i}\right)\boldsymbol{b}_n.$$

Setzen wir $\frac{x_i}{c_i} = \delta$, so erreichen wir

$$\boldsymbol{x} = (x_1 - \delta c_1)\boldsymbol{b}_1 + \cdots + (x_{i-1} - \delta c_{i-1})\boldsymbol{b}_{i-1} + \delta\boldsymbol{c} + (x_{i+1} - \delta c_{i+1})\boldsymbol{b}_{i+1} + \cdots + (x_n - \delta c_n)\boldsymbol{b}_n.$$

Der Satz 5.21 gestattet die Umrechnung der Koordinaten bei einer elementaren Basistransformation. Wir bringen die alten und neuen Koordinaten in Tabellenform.

Tabelle 5.20

Alte Basis	$\downarrow$ c	x
b_1	c_1	x_1
$\vdots$	$\vdots$	$\vdots$
b_{i-1}	c_{i-1}	x_{i-1}
$\leftarrow$ b_i	$\boxed{c_i}$	x_i
b_{i+1}	c_{i+1}	x_{i+1}
$\vdots$	$\vdots$	$\vdots$
b_n	c_n	x_n

Tabelle 5.21

Neue Basis	b_i	x
b_1	$-\frac{c_1}{c_i}$	$x_1 - \delta c_1$
$\vdots$	$\vdots$	$\vdots$
b_{i-1}	$-\frac{c_{i-1}}{c_i}$	$x_i - \delta c_{i-1}$
c	$\frac{1}{c_i}$	$\delta = \frac{x_i}{c_i}$
b_{i+1}	$-\frac{c_{i+1}}{c_i}$	$x_{i+1} - \delta c_{i+1}$
$\vdots$	$\vdots$	$\vdots$
b_n	$-\frac{c_n}{c_i}$	$x_n - \delta c_n$

Durch die Pfeile deuten wir an, daß Vektor $\boldsymbol{b}_i$ aus der Basis entfernt und $\boldsymbol{c}$ in die Basis hineingezogen wird. Das Element c_i im Schnittpunkt der verlängerten Pfeile heißt *Hauptelement der Basistransformation*, es darf niemals Null sein.

Wir erkennen gewisse Regelmäßigkeiten bei der Umrechnung der Koordinaten bei der elementaren Basistransformation. Wir wollen diese Regelmäßigkeiten in vier *Umrechnungsregeln* formulieren, die uns angeben, wie wir die Koordinaten der Tabelle 5.21 aus denen der Tabelle 5.20 gewinnen.

a) Das Hauptelement c_i wird durch den Kehrwert $\frac{1}{c_i}$ ersetzt.

b) Mit dem Kehrwert $\frac{1}{c_i}$ des Hauptelementes multiplizieren wir die übrigen Elemente der Zeile, in der das Hauptelement steht, $\frac{1}{c_i} \cdot x_i = \frac{x_i}{c_i} = \delta$.

c) Mit dem negativen Kehrwert $-\frac{1}{c_i}$ des Hauptelementes multiplizieren wir die übrigen Elemente der Spalte, in der das Hauptelement steht,

$$-\frac{1}{c_i}c_1, \ldots, -\frac{1}{c_i}c_{i-1}, -\frac{1}{c_i}c_{i+1}, \ldots, -\frac{1}{c_i}c_n$$

d) Alle übrigen Koordinaten $(x_1, \ldots, x_{i-1}, x_{i+1}, \ldots, x_n)$ der Tabelle 5.20 rechnen wir auf folgende Weise um:

Vom alten Wert $(x_1, \ldots, x_{i-1}, x_{i+1}, \ldots x_n)$ wird das δ-fache des benachbarten Elementes $(c_1, \ldots, c_{i-1}, c_{i+1}, \ldots, c_n)$ der Spalte $\boldsymbol{c}$, das heißt der Spalte mit dem Hauptelement, subtrahiert,

also $x_1 - \delta c_1, \ldots, x_{i-1} - \delta c_{i-1}, x_{i+1} - \delta c_{i+1}, \ldots, x_n - \delta c_n$.

In Abbildung 5.9 ist für die Basistransformation ein Blockdiagramm angegeben, aus dem die Aufeinanderfolge der einzelnen Schritte besonders deutlich zu ersehen ist.

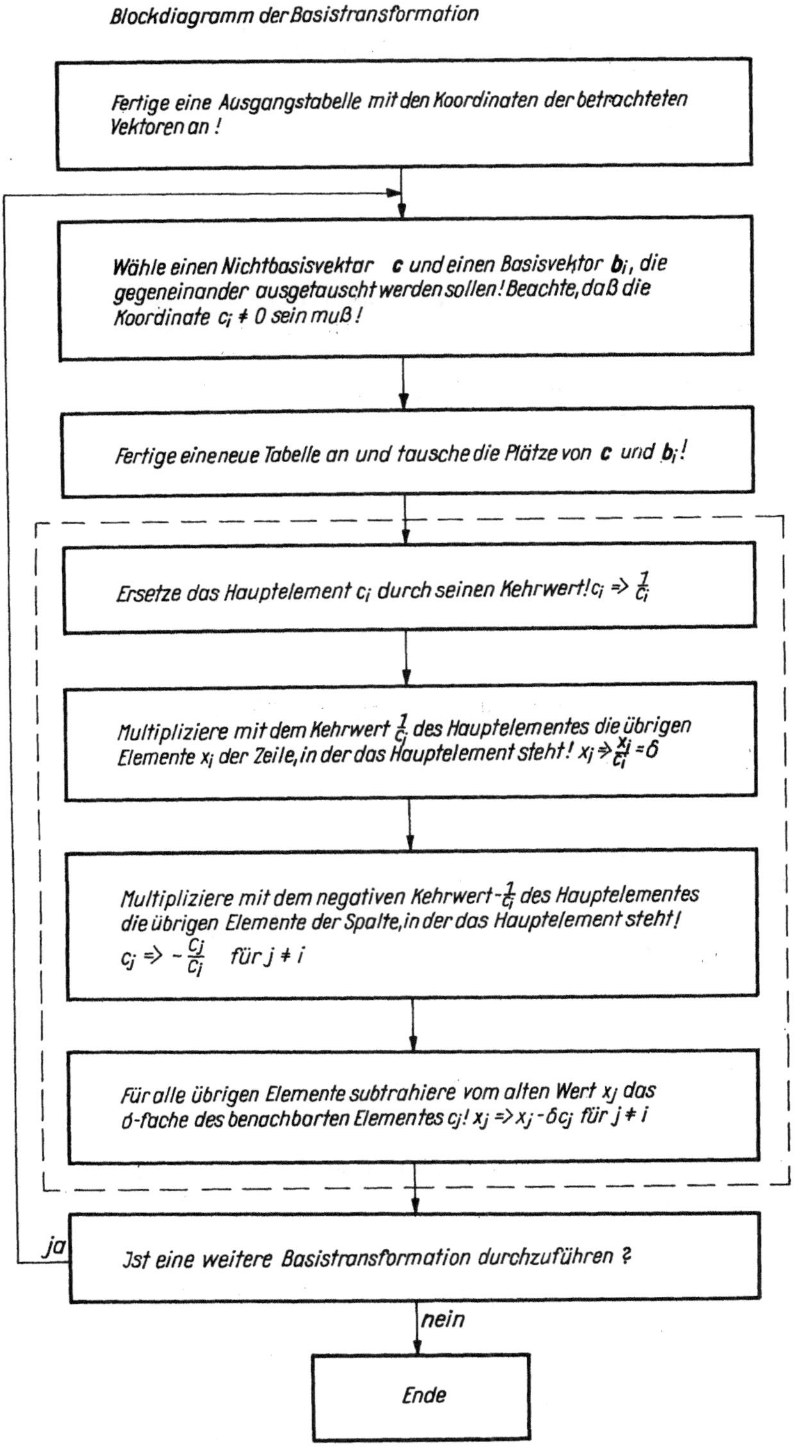

Abbildung 5.9

Beispiel 5.77

Im Beispiel 5.76 erfaßten wir die alten Koordinaten in der Tabelle 5.18.

Tabelle 5.18

	↓ c	x
← b_1	[4]	8
b_2	5	1

Wir wollen den Vektor b_1 aus der Basis entfernen und dafür den Vektor c in die Basis hineinnehmen. Wir versehen die beiden Vektoren mit einem Pfeil. Hauptelement der Basistransformation ist 4 (liegt im Schnittpunkt der verlängerten Pfeile). Wir rahmen das Hauptelement ein.

Die Tabelle 5.19 mit den neuen Koordinaten hat den gleichen Aufbau wie Tabelle 5.18, nur die Plätze von b_1 und c sind vertauscht.

Tabelle 5.19

	b_1	x
c	$\frac{1}{4}$	2
b_2	$-\frac{5}{4}$	−9

Wir berechnen jetzt die neuen Koordinaten nach den vier angegebenen Regeln.

a) An die Stelle der 4 tritt der Kehrwert $\frac{1}{4}$.

b) Mit $\frac{1}{4}$ multiplizieren wir die benachbarte 8,

$$\frac{1}{4} \cdot 8 = \frac{8}{4} = 2 = \delta.$$

c) Mit $-\frac{1}{4}$ multiplizieren wir 5, also

$$-\frac{1}{4} \cdot 5 = -\frac{5}{4}.$$

d) Als einziges Element haben wir noch die 1 umzurechnen,

$$1 - \delta \cdot 5 = 1 - 2 \cdot 5 = -9.$$

Selbstverständlich können wir mit Hilfe der elementaren Basistransformation auch die Koordinaten von mehreren Vektoren gleichzeitig umrechnen.

Beispiel 5.78

b_1, b_2, b_3, b_4 stellen eine Basis dar. Gegeben sind die Koordinaten der Vektoren c, x_1, x_2, x_3.

$$c = 1b_1 + 2b_2 + 3b_3 + 4b_4$$

$$x_1 = 11b_1 + 8b_2 + 6b_3 + 5b_4$$

$$x_2 = 10b_1 + 15b_2 + 9b_3 + 7b_4$$

$$x_3 = 20b_1 + 13b_2 + 3b_3 + 12b_4.$$

Tabelle 5.22

	↓ c	x_1	x_2	x_3
b_1	1	11	10	20
b_2	2	8	15	13
← b_3	$\boxed{3}$	6	9	3
b_4	4	5	7	12

Wir wollen b_3 aus der Basis herausnehmen und c hineinbringen. Die Koordinate 3 des Vektors c wird Hauptelement.

Tabelle 5.23

	b_3	x_1	x_2	x_3
b_1	$-\frac{1}{3}$	9	7	19
b_2	$-\frac{2}{3}$	4	9	11
c	$\frac{1}{3}$	2	3	1
b_4	$-\frac{4}{3}$	−3	−5	8

a) Der Kehrwert des Hauptelementes ist $\frac{1}{3}$.

b) Mit $\frac{1}{3}$ multiplizieren wir die übrigen Elemente in der Zeile des Hauptelementes:

$$\frac{1}{3}\cdot 6 = 2 = \delta_1; \quad \frac{1}{3}\cdot 9 = 3 = \delta_2; \quad \frac{1}{3}\cdot 3 = 1 = \delta_3.$$

Wir erhalten also für jeden der Vektoren x_1, x_2, x_3 ein spezielles δ.

c) Mit $-\frac{1}{3}$ multiplizieren wir die übrigen Elemente in der Spalte des Hauptelementes:

$$-\frac{1}{3}\cdot 1 = -\frac{1}{3}; \quad -\frac{1}{3}\cdot 2 = -\frac{2}{3}; \quad -\frac{1}{3}\cdot 4 = -\frac{4}{3}.$$

d) Zuerst rechnen wir die Koordinaten des Vektors x_1 um und beachten, daß $\delta_1 = 2$ ist, dann rechnen wir die Koordinaten von x_2 unter Beachtung von $\delta_2 = 3$ und schließen dann die Koordinatenumrechnung für Vektor x_3 an, wobei wir $\delta_3 = 1$ berücksichtigen.

x_1	x_2	x_3
$\delta_1 = 2$	$\delta_2 = 3$	$\delta_3 = 1$
$11 - 2\cdot 1 = 9$	$10 - 3\cdot 1 = 7$	$20 - 1\cdot 1 = 19$
$8 - 2\cdot 2 = 4$	$15 - 3\cdot 2 = 9$	$13 - 1\cdot 2 = 11$
$5 - 2\cdot 4 = -3$	$7 - 3\cdot 4 = -5$	$12 - 1\cdot 4 = 8.$

Bisher haben wir immer *einen* Vektor aus der Basis herausgenommen und gegen *einen* anderen Vektor ausgetauscht. Wir wollen jetzt *mehrere* Vektoren aus der Basis herausnehmen und gegen die gleiche Anzahl anderer Vektoren austauschen. Wir führen das so durch, daß wir erst *einen* Vektor austauschen und die neuen Koordinaten berechnen, dann führen wir im zweiten Schritt den Austausch *eines* Vektors durch usw.

Beispiel 5.79

b_1, b_2, b_3, b_4 stellen eine Basis dar. Gegeben sind die Koordinaten der Vektoren c_1, c_2, c_3, x.

$c_1 = 1 \cdot b_1 + 2 \cdot b_2 + 1 \cdot b_3 - 1 \cdot b_4$

$c_2 = 1 \cdot b_1 + 1 \cdot b_2 + 0 \cdot b_3 + 4 \cdot b_4$

$c_3 = 1 \cdot b_1 + 3 \cdot b_2 + 0 \cdot b_3 + 1 \cdot b_4$

$x = 0 \cdot b_1 - 4 \cdot b_2 + 2 \cdot b_3 - 1 \cdot b_4.$

Tabelle 5.24

	↓ c_1	c_2	c_3	x
← b_1	[1]	1	1	0
b_2	2	1	3	−4
b_3	1	0	0	2
b_4	−1	4	1	−1

Wir wollen b_1 gegen c_1 und b_2 gegen c_2 und b_3 gegen c_3 austauschen, um die neue Basis c_1, c_2, c_3, b_4 zu erhalten.

Schritt 1: Im ersten Schritt tauschen wir b_1 gegen c_1 aus. Die erste Koordinate des Vektors c_1, also 1, wird Hauptelement.

Tabelle 5.25

	b_1	↓ c_2	c_3	x
c_1	1	1	1	0
← b_2	−2	[−1]	1	−4
b_3	−1	−1	−1	2
b_4	1	5	2	−1

a) Der Kehrwert des Hauptelementes ist 1.

b) Mit 1 multiplizieren wir die übrigen Elemente der Zeile des Hauptelementes:

$1 \cdot 1 = 1 = \delta_1;\ 1 \cdot 1 = 1 = \delta_2;\ 1 \cdot 0 = 0 = \delta_3.$

c) Mit −1 multiplizieren wir die übrigen Elemente der Spalte des Hauptelementes:

$-1 \cdot 2 = -2;\ -1 \cdot 1 = -1;\ -1 \cdot (-1) = 1.$

d) Wir berechnen nacheinander die neuen Koordinaten der Vektoren c_2, c_3, x:

c_2	c_3	x
$\delta_1 = 1$	$\delta_2 = 1$	$\delta_3 = 0$
$1 - 1 \cdot 2 = -1$	$3 - 1 \cdot 2 = 1$	$-4 - 0 \cdot 2 = -4$
$0 - 1 \cdot 1 = -1$	$0 - 1 \cdot 1 = -1$	$2 - 0 \cdot 1 = 2$
$4 - 1 \cdot (-1) = 5$	$1 - 1 \cdot (-1) = 2$	$-1 - 0 \cdot (-1) = -1.$

Schritt 2: Im zweiten Schritt tauschen wir Vektor b_2 gegen c_2 aus. Wir müssen jetzt aber von Tabelle 5.25 ausgehen, weil ja auch der Vektor c_1 in der Basis bleiben soll. Die zweite Koordinate des Vektors c_2 (in Tabelle 5.25), also −1, wird Hauptelement.

a) Der Kehrwert des Hauptelementes ist −1.

b) Mit -1 multiplizieren wir die übrigen Elemente in der Zeile des Hauptelementes:

$$-1 \cdot (-2) = 2 = \delta_1; \ -1 \cdot 1 = -1 = \delta_2; \ -1 \cdot (-4) = 4 = \delta_3.$$

c) Mit dem negativen Kehrwert des Hauptelementes, also mit $-(-1) = 1$, multiplizieren wir die übrigen Elemente in der Spalte des Hauptelementes:

$$1 \cdot 1 = 1; \ 1 \cdot (-1) = -1; \ 1 \cdot 5 = 5$$

d) Wir berechnen nacheinander die neuen Koordinaten von $\boldsymbol{b}_1$, $\boldsymbol{c}_3$, $\boldsymbol{x}$:

$\boldsymbol{b}_1$	$\boldsymbol{c}_3$	$\boldsymbol{x}$
$\delta_1 = 2$	$\delta_2 = -1$	$\delta_3 = 4$
$1 - 2 \cdot 1 = -1$	$1 - (-1) \cdot 1 = 2$	$0 - 4 \cdot 1 = -4$
$-1 - 2 \cdot (-1) = 1$	$-1 - (-1) \cdot (-1) = -2$	$2 - 4 \cdot (-1) = 6$
$1 - 2 \cdot 5 = -9$	$2 - (-1) \cdot 5 = 7$	$-1 - 4 \cdot 5 = -21.$

Tabelle 5.26

	$\boldsymbol{b}_1$	$\boldsymbol{b}_2$	↓ $\boldsymbol{c}_3$	$\boldsymbol{x}$
$\boldsymbol{c}_1$	−1	1	2	−4
$\boldsymbol{c}_2$	2	−1	−1	4
← $\boldsymbol{b}_3$	1	−1	[−2]	6
$\boldsymbol{b}_4$	−9	5	7	−21

Schritt 3: Im dritten Schritt tauschen wir $\boldsymbol{c}_3$ gegen $\boldsymbol{b}_3$, gehen aber von Tabelle 5.26 aus. Die dritte Koordinate des Vektors $\boldsymbol{c}_3$ (in Tabelle 5.26), also -2, wird Hauptelement.

a) Der Kehrwert des Hauptelementes ist $-\frac{1}{2}$.

b) Mit $-\frac{1}{2}$ multiplizieren wir die übrigen Elemente in der Zeile des Hauptelementes:

$$-\frac{1}{2} \cdot 1 = -\frac{1}{2} = \delta_1; \ -\frac{1}{2} \cdot (-1) = \frac{1}{2} = \delta_2; \ -\frac{1}{2} \cdot 6 = -3 = \delta_3.$$

c) Mit dem negativen Kehrwert des Hauptelementes, also mit $-\left(-\frac{1}{2}\right) = \frac{1}{2}$, multiplizieren wir die übrigen Elemente in der Spalte des Hauptelementes:

$$\frac{1}{2} \cdot 2 = 1; \ \frac{1}{2} \cdot (-1) = -\frac{1}{2}; \ \frac{1}{2} \cdot 7 = \frac{7}{2}.$$

d) Wir berechnen nacheinander die neuen Koordinaten von $\boldsymbol{b}_1$, $\boldsymbol{b}_2$, $\boldsymbol{x}$:

$\boldsymbol{b}_1$	$\boldsymbol{b}_2$	$\boldsymbol{x}$
$\delta_1 = -\frac{1}{2}$	$\delta_2 = \frac{1}{2}$	$\delta_3 = -3$
$-1 - \left(-\frac{1}{2}\right) \cdot 2 = 0$	$1 - \frac{1}{2} \cdot 2 = 0$	$-4 - (-3) \cdot 2 = 2$
$2 - \left(-\frac{1}{2}\right)(-1) = \frac{3}{2}$	$-1 - \frac{1}{2} \cdot (-1) = -\frac{1}{2}$	$4 - (-3)(-1) = 1$
$-9 - \left(-\frac{1}{2}\right) \cdot 7 = -\frac{11}{2}$	$5 - \frac{1}{2} \cdot 7 = \frac{3}{2}$	$-21 - (-3) \cdot 7 = 0.$

Tabelle 5.27

	b_1	b_2	b_3	x
c_1	0	0	1	2
c_2	$\frac{3}{2}$	$-\frac{1}{2}$	$-\frac{1}{2}$	1
c_3	$-\frac{1}{2}$	$\frac{1}{2}$	$-\frac{1}{2}$	-3
b_4	$-\frac{11}{2}$	$\frac{3}{2}$	$\frac{7}{2}$	0

Damit haben wir b_1, b_2, b_3 aus der Basis entfernt und dafür c_1, c_2, c_3 in die Basis gebracht.

Wir wollen jetzt zeigen, wie mit Hilfe der elementaren Basistransformation überprüft werden kann, ob gegebene Vektoren $b_1, b_2, \ldots, b_n$ linear abhängig oder linear unabhängig sind. Dazu benutzen wir den Satz 5.22.

Satz 5.22

Kann durch elementare Basistransformation erreicht werden, daß sich alle Vektoren $b_1, b_2, \ldots, b_n$ *gleichzeitig in einer Basis befinden, so sind die Vektoren* $b_1, b_2, \ldots, b_n$ *linear unabhängig. Anderenfalls sind sie linear abhängig.*

Für die Überprüfung der linearen Abhängigkeit oder linearen Unabhängigkeit ist es günstig, von einer Basis auszugehen, die nur aus Einheitsvektoren besteht. Das hat den Vorteil, daß wir die Koordinaten der beteiligten Vektoren $b_1, b_2, \ldots, b_n$ bezüglich dieser Basis bereits kennen. Es sind die Komponenten der Vektoren $b_1, b_2, \ldots, b_n$.

Im ersten Schritt tauschen wir einen der Vektoren $b_1, b_2, \ldots, b_n$ gegen einen beliebigen Einheitsvektor aus. Im zweiten Schritt tauschen wir einen der verbliebenen Vektoren von $b_1, b_2, \ldots, b_n$ gegen einen weiteren Einheitsvektor aus usw.

Bringen wir auf diese Weise alle Vektoren $b_1, b_2, \ldots, b_n$ in die Basis, so sind nach Satz 5.22 die Vektoren $b_1, b_2, \ldots, b_n$ linear unabhängig.

Bekommen wir bei diesem Vorgehen nicht alle Vektoren $b_1, b_2, \ldots, b_n$ in die Basis, so sind sie linear abhängig. Das zeigt sich darin, daß zwar noch Einheitsvektoren in der Basis sind, daß aber ein weiterer Austausch nicht möglich ist, weil an der Stelle des Hauptelementes der Basistransformation eine Null steht, die als Hauptelement nicht zugelassen ist (Division durch Null).

Beispiel 5.80

Wir betrachten die Vektoren

$$a_1 = \begin{bmatrix} 4 \\ 2 \end{bmatrix} \quad \text{und} \quad a_2 = \begin{bmatrix} 2 \\ 1 \end{bmatrix}$$

aus Beispiel 5.68 im Abschnitt 5.5. Dort hatten wir die lineare Abhängigkeit behauptet.

Benutzen wir $e_1 = \begin{bmatrix} 1 \\ 0 \end{bmatrix}$ und $e_2 = \begin{bmatrix} 0 \\ 1 \end{bmatrix}$ als Basis, so erhalten wir $a_1 = 4e_1 + 2e_2$; $a_2 = 2e_1 + 1e_2$.

Tabelle 5.28

	a_1	a_2
e_1	$\boxed{4}$	2
e_2	2	1

Wir tauschen a_1 gegen e_1 aus.

Tabelle 5.29

	e_1	a_2
a_1	$\frac{1}{4}$	$\frac{1}{2}$
e_2	$-\frac{1}{2}$	0

Wir können a_2 nicht gegen e_2 austauschen, denn Null ist als Hauptelement nicht zugelassen. Würden wir a_2 gegen a_1 austauschen, dann hätten wir auch nur einen der Vektoren a_1, a_2 in der Basis. Wir können also nicht beide Vektoren a_1, a_2 gleichzeitig in der Basis unterbringen, die Vektoren a_1, a_2 sind linear abhängig.

Beispiel 5.81

Wir betrachten die Vektoren $b_1 = \begin{bmatrix} 4 \\ 2 \end{bmatrix}$ und $b_2 = \begin{bmatrix} 1 \\ 1 \end{bmatrix}$ aus Beispiel 5.68 im Abschnitt 5.5. Dort hatten wir über die Lösung eines Gleichungssystems die lineare Unabhängigkeit nachgewiesen.
Benutzen wir wieder $e_1 = \begin{bmatrix} 1 \\ 0 \end{bmatrix}$ und $e_2 = \begin{bmatrix} 0 \\ 1 \end{bmatrix}$ als Basis, so erhalten wir $b_1 = 4e_1 + 2e_2$; $b_2 = 1e_1 + 1e_2$.

Tabelle 5.30

	b_1	$\downarrow$ b_2
$\leftarrow e_1$	4	$\boxed{1}$
e_2	2	1

Wir tauschen b_2 gegen e_1 aus.

Tabelle 5.31

	$\downarrow$ b_1	e_1
b_2	4	1
$\leftarrow e_2$	$\boxed{-2}$	-1

Wir tauschen b_1 gegen e_2 aus.

Tabelle 5.32

	e_2	e_1
b_2	2	-1
b_1	$-\frac{1}{2}$	$\frac{1}{2}$

Beide Vektoren b_1 und b_2 befinden sich in der Basis, sie sind linear unabhängig.

5.7. Rang einer Matrix

Die Rangbestimmung hat unter anderem Bedeutung für die Überprüfung der Lösbarkeit linearer Gleichungssysteme. Wir führen den Rangbegriff auf den Begriff der linearen Unabhängigkeit zurück.

Satz 5.23

Die maximale Anzahl linear unabhängiger Spaltenvektoren einer Matrix A stimmt mit der maximalen Anzahl linear unabhängiger Zeilenvektoren der Matrix A überein.

Definition 5.31

Die maximale Anzahl linear unabhängiger Spalten- bzw. Zeilenvektoren der Matrix A heißt Rang der Matrix A.

Wir bezeichnen den Rang der Matrix A mit $r[A]$.

Die Definition des Ranges erlaubt es, die Rangbestimmung auf die Überprüfung der linearen Unabhängigkeit zurückzuführen.

Wenn wir den Rang der Matrix bestimmen wollen, tauschen wir so viel wie möglich Spaltenvektoren der Matrix gegen Vektoren einer gegebenen Basis aus. Die maximale Anzahl der Spaltenvektoren, die sich gleichzeitig in der Basis befinden, gibt dann den Rang der Matrix an.

Beispiel 5.82

Wir betrachten die Matrix $\boldsymbol{B} = \begin{bmatrix} 4 & 1 \\ 2 & 1 \end{bmatrix}$ mit den Spaltenvektoren $\boldsymbol{b}_1 = \begin{bmatrix} 4 \\ 2 \end{bmatrix}$, $\boldsymbol{b}_2 = \begin{bmatrix} 1 \\ 1 \end{bmatrix}$.

Im Beispiel 5.81 haben wir bereits festgestellt, daß die Vektoren $\boldsymbol{b}_1$ und $\boldsymbol{b}_2$ linear unabhängig sind. Die maximale Anzahl linear unabhängiger Spaltenvektoren von $\boldsymbol{B}$ ist $r = 2$.
Also hat die Matrix $\boldsymbol{B}$ den Rang $r = 2$.

Die Matrix $A = \begin{bmatrix} 4 & 2 \\ 2 & 1 \end{bmatrix}$ hat die Spaltenvektoren $\boldsymbol{a}_1 = \begin{bmatrix} 4 \\ 2 \end{bmatrix}$; $\boldsymbol{a}_2 = \begin{bmatrix} 2 \\ 1 \end{bmatrix}$.

Im Beispiel 5.81 haben wir festgestellt, daß diese beiden Vektoren $\boldsymbol{a}_1$ und $\boldsymbol{a}_2$ linear abhängig sind. Wir bekamen im Höchstfall einen der beiden Vektoren in die Basis. Die maximale Anzahl linear unabhängiger Spaltenvektoren von A ist $r = 1$. Also hat die Matrix A den Rang $r = 1$.

Beispiel 5.83

Wir betrachten die Matrix $A = \begin{bmatrix} 1 & 2 & 1 & 4 \\ 0 & -1 & 1 & 1 \\ 1 & 0 & -1 & 1 \end{bmatrix}$. Der erste Spaltenvektor ist $\boldsymbol{a}_1 = \begin{bmatrix} 1 \\ 0 \\ 1 \end{bmatrix}$, der zweite Spaltenvektor $\boldsymbol{a}_2 = \begin{bmatrix} 2 \\ -1 \\ 0 \end{bmatrix}$, der dritte Spaltenvektor $\boldsymbol{a}_3 = \begin{bmatrix} 1 \\ 1 \\ -1 \end{bmatrix}$ und der vierte Spaltenvektor $\boldsymbol{a}_4 = \begin{bmatrix} 4 \\ 1 \\ 1 \end{bmatrix}$.

Mit der Basis $\boldsymbol{e}_1 = \begin{bmatrix} 1 \\ 0 \\ 0 \end{bmatrix}$, $\boldsymbol{e}_2 = \begin{bmatrix} 0 \\ 1 \\ 0 \end{bmatrix}$, $\boldsymbol{e}_3 = \begin{bmatrix} 0 \\ 0 \\ 1 \end{bmatrix}$ erhalten wir folgende Darstellung:

$\boldsymbol{a}_1 = 1\boldsymbol{e}_1 + 0\boldsymbol{e}_2 + 1\boldsymbol{e}_3$

$\boldsymbol{a}_2 = 2\boldsymbol{e}_1 - 1\boldsymbol{e}_2 + 0\boldsymbol{e}_3$

$\boldsymbol{a}_3 = 1\boldsymbol{e}_1 + 1\boldsymbol{e}_2 - 1\boldsymbol{e}_3$

$\boldsymbol{a}_4 = 4\boldsymbol{e}_1 + 1\boldsymbol{e}_2 + 1\boldsymbol{e}_3.$

Tabelle 5.33

	↓ a_1	a_2	a_3	a_4
e_1	1	2	1	4
e_2	0	−1	1	1
← e_3	$\boxed{1}$	0	−1	1

Wir tauschen e_3 gegen a_1 aus.

Tabelle 5.34

	e_3	↓ a_2	a_3	a_4
← e_1	−1	$\boxed{2}$	2	3
e_2	0	−1	1	1
a_1	1	0	−1	1

Wir tauschen a_2 gegen e_1 aus.

Tabelle 5.35

	e_3	e_1	↓ a_3	a_4
a_2	$-\frac{1}{2}$	$\frac{1}{2}$	1	$\frac{3}{2}$
← e_2	$-\frac{1}{2}$	$\frac{1}{2}$	$\boxed{2}$	$\frac{5}{2}$
a_1	1	0	−1	1

Schließlich tauschen wir e_2 gegen a_3 aus.

Tabelle 5.36

	e_3	e_1	e_2	a_4
a_2	$-\frac{1}{4}$	$\frac{1}{4}$	$-\frac{1}{2}$	$\frac{1}{4}$
a_3	$-\frac{1}{4}$	$\frac{1}{4}$	$\frac{1}{2}$	$\frac{5}{4}$
a_1	$\frac{3}{4}$	$\frac{1}{4}$	$\frac{1}{2}$	$\frac{7}{2}$

Mehr als drei Spaltenvektoren können wir nicht in die Basis bringen. Die Matrix A hat den Rang $r = 3$.

Sie werden bemerkt haben, daß wir den Austausch der Vektoren willkürlich vorgenommen haben. Bei der Rangbestimmung ist es ohne Bedeutung, welche Vektoren gegeneinander ausgetauscht werden. Wir müssen aber darauf achten, daß die Spaltenvektoren von A, die wir bereits in die Basis gebracht haben, nicht wieder aus der Basis entfernt werden.

Bei der Rangbestimmung und bei der Überprüfung der linearen Abhängigkeit bzw. Unabhängigkeit von Vektoren interessieren uns die ursprünglichen Basisvektoren, die wir aus der Basis entfernt haben, nicht mehr. Deshalb brauchen wir sie nach der Entfernung aus der Basis nicht mehr in unseren Tabellen aufzuführen.

Bei unseren bisherigen Ranguntersuchungen galten alle Aussagen für Matrizen beliebiger Gestalt, also sowohl für quadratische als auch für nichtquadratische Matrizen.
Bei unseren weiteren Aussagen berücksichtigen wir nur quadratische Matrizen.

Definition 5.32

Eine quadratische Matrix mit n Spalten, die den Rang $r = n$ besitzt, heißt reguläre Matrix.
Eine quadratische Matrix mit n Spalten, die den Rang $r < n$ besitzt, heißt singuläre Matrix.

Beispiel 5.84

Die quadratische Matrix $\boldsymbol{B} = \begin{bmatrix} 4 & 1 \\ 2 & 1 \end{bmatrix}$ aus Beispiel 5.82 ist eine reguläre Matrix, denn ihr Rang $r = 2$ stimmt mit der Spaltenzahl überein.

Die quadratische Matrix $\boldsymbol{A} = \begin{bmatrix} 4 & 2 \\ 2 & 1 \end{bmatrix}$ aus Beispiel 5.82 ist eine singuläre Matrix, denn ihr Rang $r = 1$ ist kleiner als die Spaltenzahl.

5.8. Konvexe Mengen

Wir betrachten jetzt eine spezielle Menge, den linearen Raum. Der Begriff des Raumes wird von uns im übertragenen Sinne benutzt. Sie dürfen ihn nicht mit dem im täglichen Leben benutzten Raumbegriff identifizieren.

Definition 5.33

Eine Menge L heißt linearer Raum, wenn

a) in dieser Menge zwei Operationen, die wir Addition und Multiplikation nennen wollen, definiert und in der Menge L immer durchführbar sind;

b) für beliebige Elemente $x, y, z \in L$ und für beliebige Skalare α und β die Kommutativgesetze

$$x + y = y + x$$
$$\alpha x = x\alpha,$$

die Assoziativgesetze

$$(x + y) + z = x + (y + z)$$
$$\alpha(\beta x) = (\alpha\beta)\, x$$

und die Distributivgesetze

$$(\alpha + \beta)\, x = \alpha x + \beta x$$
$$\alpha(x + y) = \alpha x + \alpha y$$

gelten;

c) in der Menge L ein Nullelement 0 existiert, das für jedes $x \in L$ der Bedingung

$$x + 0 = x$$

genügt;

d) in der Menge L ein Einselement 1 *existiert, daß für jedes* $x \in L$

$1x = x$

gilt.

So bildet die Menge der reellen Zahlen einen linearen Raum, wenn wir unter Addition die Zahlenaddition und unter Multiplikation mit einem Skalar die Zahlenmultiplikation verstehen.
Auch die Menge der Vektoren bildet einen linearen Raum, wenn unter Addition die Vektoraddition und unter Multiplikation mit einem Skalar die Multiplikation eines Vektors mit einem Skalar verstanden wird. Das Nullelement ist der Nullvektor.

Definition 5.34

Der lineare Raum L, der durch die Vektoren mit n Komponenten gebildet wird, heißt Vektorraum.
Die Linearkombinationen der Vektoren $\boldsymbol{a}_1, \boldsymbol{a}_2, \ldots, \boldsymbol{a}_n$ bilden ebenfalls einen linearen Raum, den wir *Unterraum* des Vektorraumes nennen.
Die Linearkombinationen einer Basis $\boldsymbol{a}_1, \boldsymbol{a}_2, \ldots, \boldsymbol{a}_n$ bilden den Vektorraum selbst.

Definition 5.35

Die maximale Anzahl linear unabhängiger Vektoren im Vektorraum (oder Unterraum) heißt Dimension des Vektorraumes (oder Unterraumes).

Die Vektoren mit n Komponenten bilden einen Vektorraum der Dimension n, den wir mit L_n bezeichnen,
zum Beispiel die Vektoren mit einer Komponente den Vektorraum L_1 der Dimension Eins,
die Vektoren mit zwei Komponenten den Vektorraum L_2 der Dimension Zwei,
die Vektoren mit drei Komponenten den Vektorraum L_3 der Dimension Drei.

Definition 5.36

Die Menge $M = \{\boldsymbol{x} \mid \boldsymbol{a}^T\boldsymbol{x} \leqq b\}$, *das heißt die Menge aller* $\boldsymbol{x}$, *die der Bedingung* $\boldsymbol{a}^T\boldsymbol{x} \leqq b$ *genügen, heißt Halbraum.*

Beispiel 5.85

$[2 \;\; 3]\begin{bmatrix} x_1 \\ x_2 \end{bmatrix} \leqq 6$ legt einen Halbraum L fest, der durch alle Punkte $\begin{bmatrix} x_1 \\ x_2 \end{bmatrix}$ auf oder unterhalb der Geraden $[2 \;\; 3]\begin{bmatrix} x_1 \\ x_2 \end{bmatrix} = 6$ bzw. $2x_1 + 3x_2 = 6$ gegeben ist.

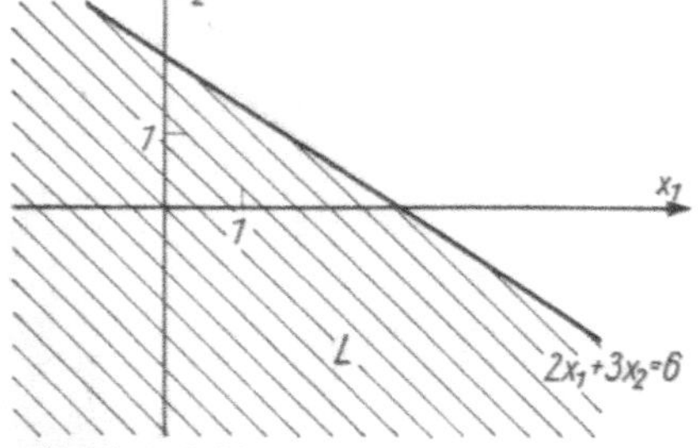

Abbildung 5.10

Definition 5.37

Die Menge $M = \{x \mid a^T x = b\} \subset L_n$, das heißt die Menge aller x des n-dimensionalen Raumes, die der Bedingung $a^T x = b$ genügen, heißt $(n-1)$-dimensionale Hyperebene.

Beispiel 5.86

$[2 \quad 3] \begin{bmatrix} x_1 \\ x_2 \end{bmatrix} = 6$ legt eine eindimensionale Hyperebene, das heißt eine Gerade, fest, die Gerade $2x_1 + 3x_2 = 6$ in der Abbidlung 5.10.

$[1 \quad 4 \quad 3] \begin{bmatrix} x_1 \\ x_2 \\ x_3 \end{bmatrix} = 20$ legt eine zweidimensionale Hyperebene, das heißt eine Ebene, fest, die Ebene $x_1 + 4x_2 + x_3 = 20$.

In unseren weiteren Untersuchungen spielen die konvexen Mengen eine entscheidende Rolle.

Definition 5.38

Eine Teilmenge K des n-dimensionalen Vektorraumes L_n heißt konvex, wenn mit beliebigen $a_1 \in K$ und $a_2 \in K$ auch jede konvexe Linearkombination von a_1 und a_2 (das heißt mit beliebigen $a_1 \in K$ und $a_2 \in K$ auch jeder Punkt der Verbindungsstrecke) zur Menge K gehört.

Beispiel 5.87

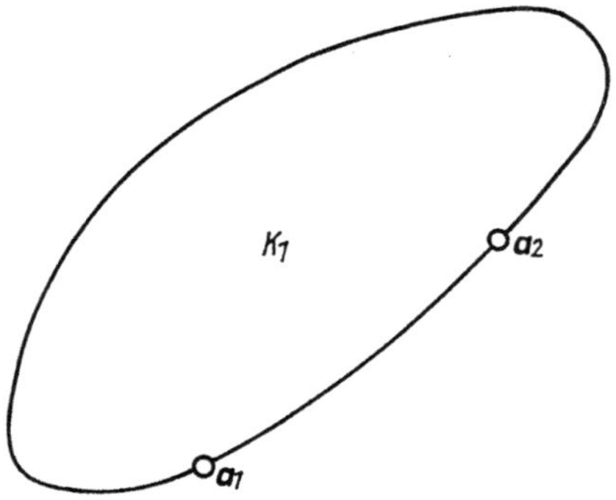

Abbildung 5.11

K_1 ist eine konvexe Menge.

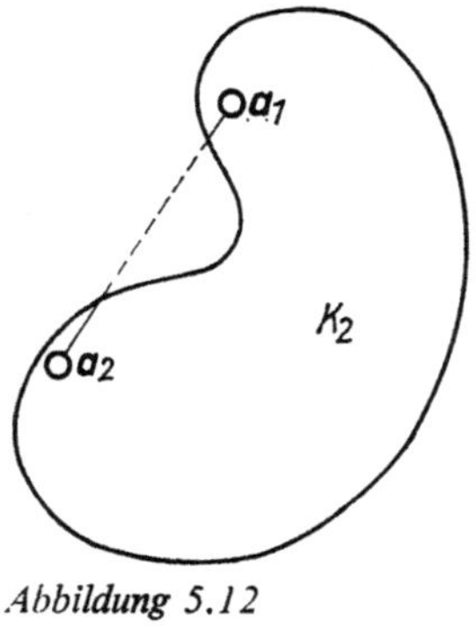

Abbildung 5.12

K_2 ist keine konvexe Menge (nicht alle Punkte der Verbindungsstrecke von $\boldsymbol{a}_1$ und $\boldsymbol{a}_2$ liegen in K_2).

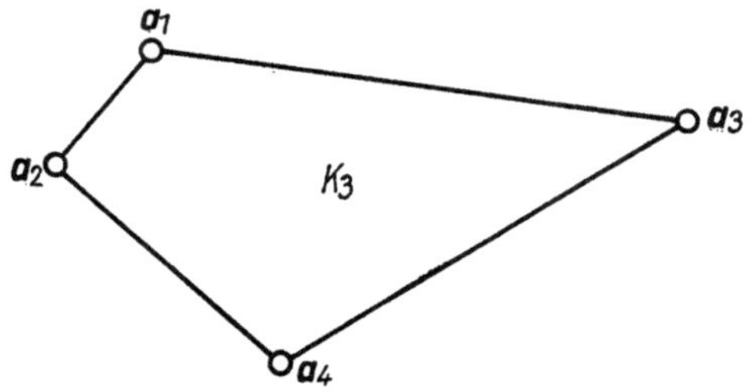

Abbildung 5.13

K_3 ist eine konvexe Menge.

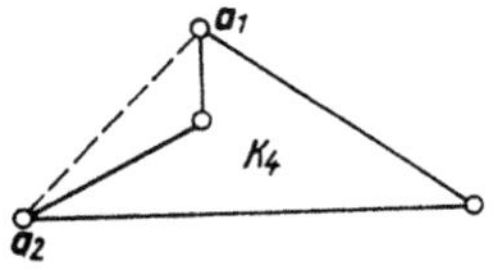

Abbildung 5.14

K_4 ist keine konvexe Menge (nicht alle Punkte der Verbindungsstrecke von $\boldsymbol{a}_1$ und $\boldsymbol{a}_2$ liegen in K_4).

Der Vektorraum, jeder Halbraum und jede Hyperebene sind konvexe Mengen.

Unter allen Vektoren einer konvexen Menge sind für uns die Eckpunkte von besonderer Bedeutung.

Definition 5.39

Ein Vektor einer konvexen Menge K heißt Eckpunkt, wenn er nicht als echte konvexe Linearkombination zweier beliebiger Vektoren $\boldsymbol{a}_1$ *und* $\boldsymbol{a}_2$ *aus K dargestellt werden kann.*

(Eine konvexe Linearkombination zweier Vektoren $\alpha_1\boldsymbol{a}_1 + \alpha_2\boldsymbol{a}_2$ ist echt, wenn sowohl $0 < \alpha_1 < 1$ als auch $0 < \alpha_2 < 1$ gilt.)

Die Menge K_1 aus Beispiel 5.87 hat unendlich viele Eckpunkte. Jeder Punkt auf dem Rande von K_1 ist Eckpunkt. Die Menge K_3 aus Beispiel 5.87 hat vier Eckpunkte, nämlich $\boldsymbol{a}_1$, $\boldsymbol{a}_2$, $\boldsymbol{a}_3$ und $\boldsymbol{a}_4$.

Für unsere praktischen Untersuchungen sind die beschränkten konvexen Mengen besonders wichtig.

Definition 5.40

Die konvexe Menge K heißt unbeschränkt, wenn zu jedem Vektor $\boldsymbol{a} \in K$ *ein Vektor* $\boldsymbol{h} \neq \boldsymbol{o}$ *gehört, so daß* $\boldsymbol{a} + \lambda\boldsymbol{h}$ *mit beliebigem* $\lambda \geqq 0$ *ebenfalls zur Menge K gehört. Anderenfalls heißt K beschränkt.*

Beispiel 5.88

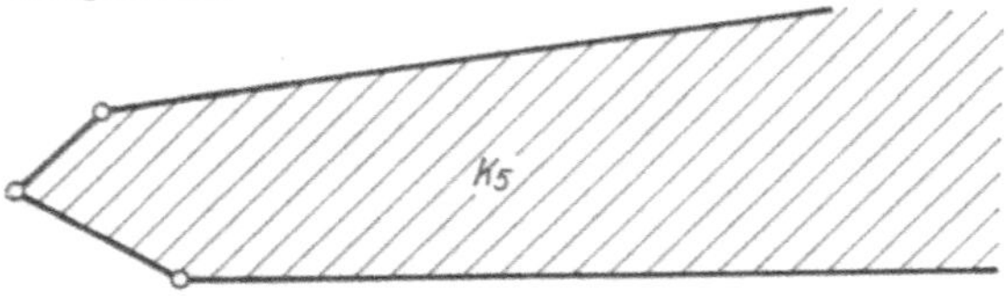

Abbildung 5.15

Die konvexe Menge K_5 ist unbeschränkt.
Die konvexen Mengen K_1 und K_3 im Beispiel 5.87 sind chränkt.
Der Vektorraum, der Halbraum und jede Hyperbene n er Dimension $n > 0$ sind unbeschränkt.

Definition 5.41

Eine beschränkte konvexe Menge heißt konvexes Polyeder, wenn die Anzahl der Eckpunkte endlich ist.

Beispiel 5.89

Die konvexe Menge K_1 im Beispiel 5.87 ist kein konvexes Polyeder, denn es liegen unendlich viele Eckpunkte vor.
Die konvexe Menge K_5 im Beispiel 5.88 ist kein konvexes Polyeder, denn sie ist unbeschränkt.
Die konvexe Menge K_3 im Beispiel 5.87 ist ein konvexes Polyeder.

Definition 5.42

Eine konvexe Menge K heißt konvexer Kegel, wenn mit $\boldsymbol{a} \in K$ und $\lambda \geqq 0$ auch $\lambda\boldsymbol{a} \in K$.

Beispiel 5.90

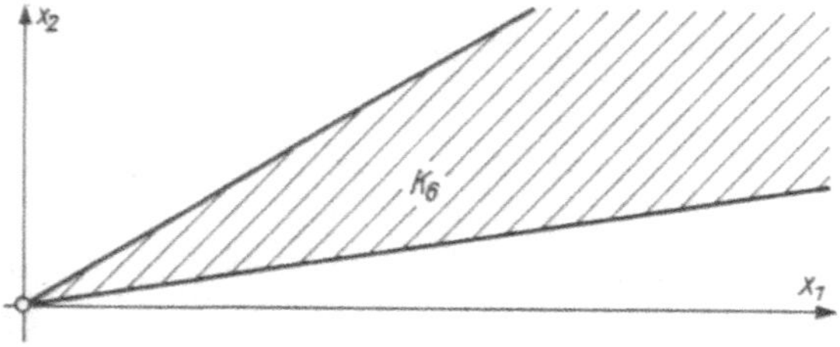

Abbildung 5.16

Die Menge K_6 ist ein konvexer Kegel.

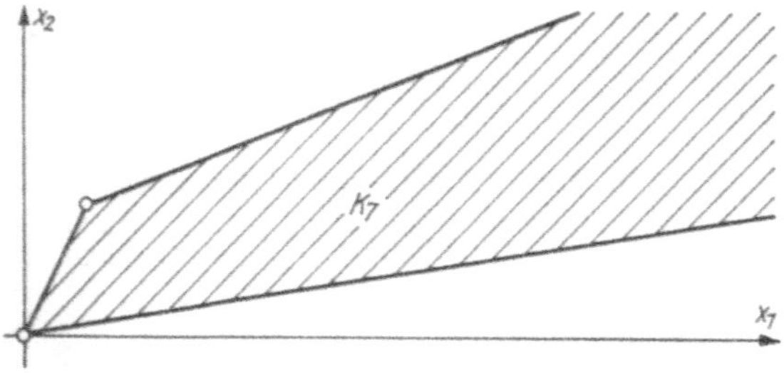

Abbildung 5.17

Die Menge K_7 ist kein konvexer Kegel.

Ein konvexer Kegel hat höchstens einen Eckpunkt.

5.9. Lineare Gleichungssysteme

In den Abschnitten 5.6. und 5.7. haben wir unter anderem die Voraussetzungen für die Lösung von linearen Gleichungssystemen geschaffen. Wir werden die Lösung mit Hilfe der Basistransformation durchführen.

5.9.1. Begriff des linearen Gleichungssystems

Definition 5.43

(1) $a_{11}x_1 + a_{12}x_2 + \cdots + a_{1n}x_n = b_1$

$a_{21}x_1 + a_{22}x_2 + \cdots + a_{2n}x_n = b_2$

$\cdots\cdots\cdots\cdots\cdots\cdots\cdots\cdots\cdots$

$a_{m1}x_1 + a_{m2}x_2 + \cdots + a_{mn}x_n = b_m$

mit den Konstanten a_{ij} $(i = 1, \ldots, m; j = 1, \ldots, n)$, b_i $(i = 1, \ldots, m)$ *und den Variablen* x_j $(j = 1, \ldots, n)$ *heißt lineares Gleichungssystem mit m Gleichungen und n Variablen.*

Sind alle b_i $(i = 1, \ldots, m)$ *gleich Null, so heißt das Gleichungssystem* ***homogen,*** *ansonsten* ***inhomogen.***

Mit Hilfe von Vektoren können wir dieses Gleichungssystem wie folgt darstellen:

(2) $\boldsymbol{a}_1x_1 + \boldsymbol{a}_2x_2 + \cdots + \boldsymbol{a}_nx_n = \boldsymbol{b}$

$$\text{mit } \boldsymbol{a}_1 = \begin{bmatrix} a_{11} \\ a_{21} \\ \vdots \\ a_{m1} \end{bmatrix};\ \boldsymbol{a}_2 = \begin{bmatrix} a_{12} \\ a_{22} \\ \vdots \\ a_{m2} \end{bmatrix}; \ldots;\ \boldsymbol{a}_n = \begin{bmatrix} a_{1n} \\ a_{2n} \\ \vdots \\ a_{mn} \end{bmatrix};\ \boldsymbol{b} = \begin{bmatrix} b_1 \\ b_2 \\ \vdots \\ b_m \end{bmatrix}.$$

Mit Hilfe von Matrizen erhalten wir folgende Darstellung:

(3) $\boldsymbol{Ax} = \boldsymbol{b}$

$$\text{mit } \boldsymbol{A} = \begin{bmatrix} a_{11} & a_{12} & \cdots & a_{1n} \\ a_{21} & a_{22} & \cdots & a_{2n} \\ \cdots & \cdots & \cdots & \cdots \\ a_{m1} & a_{m2} & \cdots & a_{mn} \end{bmatrix};\ \boldsymbol{x} = \begin{bmatrix} x_1 \\ x_2 \\ \vdots \\ x_n \end{bmatrix}.$$

Beispiel 5.91

Das Gleichungssystem

$-2x_1 + 3x_2 = -8$

$10x_1 - 10x_2 = 30$

läßt sich durch

$$\begin{bmatrix} -2 \\ 10 \end{bmatrix} x_1 + \begin{bmatrix} 3 \\ -10 \end{bmatrix} x_2 = \begin{bmatrix} -8 \\ 30 \end{bmatrix} \quad \text{oder} \quad \begin{bmatrix} -2 & 3 \\ 10 & -10 \end{bmatrix} \begin{bmatrix} x_1 \\ x_2 \end{bmatrix} = \begin{bmatrix} -8 \\ 30 \end{bmatrix}$$

darstellen.

Manchmal lassen sich lineare Gleichungssysteme in eine spezielle Form bringen, die als kanonische Form bezeichnet wird.

Definition 5.44

Ein lineares Gleichungssystem der Form

$$[\boldsymbol{E}\,\boldsymbol{R}]\,\boldsymbol{x} = \boldsymbol{b} \quad \textit{oder} \quad \boldsymbol{E}\boldsymbol{x}_B + \boldsymbol{R}\boldsymbol{x}_R = \boldsymbol{b} \quad \textit{mit} \quad \boldsymbol{x} = \begin{bmatrix} \boldsymbol{x}_B \\ \boldsymbol{x}_R \end{bmatrix}$$

heißt lineares Gleichungssystem in kanonischer Form.
($\boldsymbol{E}$ ist Einheitsmatrix.)

Die Darstellung eines Gleichungssystems in kanonischer Form ist höchstens dann möglich, wenn die Anzahl der Variablen mindestens gleich ist der Anzahl der Gleichungen.

Beispiel 5.92

$$x_1 + 2x_3 + 4x_4 + x_5 = 10$$
$$x_2 + 4x_3 + 3x_4 + 2x_5 = 5$$

bzw. $$\boldsymbol{E}\begin{bmatrix} x_1 \\ x_2 \end{bmatrix} + \begin{bmatrix} 2 & 4 & 1 \\ 4 & 3 & 2 \end{bmatrix}\begin{bmatrix} x_3 \\ x_4 \\ x_5 \end{bmatrix} = \begin{bmatrix} 10 \\ 5 \end{bmatrix}$$

ist ein lineares Gleichungssystem in kanonischer Form.

5.9.2. Lösbarkeit linearer Gleichungsysteme

Definition 5.45

Ein Vektor $\boldsymbol{x}_k$, der die Bedingung $\boldsymbol{A}\boldsymbol{x}_k = \boldsymbol{b}$ erfüllt, heißt Lösung des Gleichungssystems $\boldsymbol{A}\boldsymbol{x} = \boldsymbol{b}$.

Eine Lösung eines linearen Gleichungssystems $\boldsymbol{A}\boldsymbol{x} = \boldsymbol{b}$ ist also immer ein Vektor, wir sprechen auch vom Lösungsvektor. Wenn wir ein lineares Gleichungssystem lösen, so bedeutet das die Feststellung aller Lösungen $\boldsymbol{x}_k$.

Die Lösungen $\boldsymbol{x}_k$ des Gleichungssystems erfassen wir in der Lösungsmenge M, die eine konvexe Menge ist, falls sie nicht leer ist.

Ist ein Gleichungssystem $\boldsymbol{A}\boldsymbol{x} = \boldsymbol{b}$ nicht lösbar, gibt es also keinen Vektor $\boldsymbol{x}_k$, der die Bedingungen $\boldsymbol{A}\boldsymbol{x}_k = \boldsymbol{b}$ erfüllt, so ist die Lösungsmenge M leer, $M = \emptyset$.

Lineare Gleichungssysteme können genau eine Lösung, unendlich viele Lösungen oder gar keine Lösung besitzen. In diesem Abschnitt wollen wir zeigen, wie durch zwei Rangbestimmungen festgestellt werden kann, ob ein lineares Gleichungssystem gar keine Lösung, genau eine Lösung oder unendlich viele Lösungen besitzt.
Wir betrachten das Gleichungssystem

$$\boldsymbol{A}\boldsymbol{x} = \boldsymbol{b}.$$

und untersuchen den Rang der Matrizen $\boldsymbol{A}$ und $\boldsymbol{B} = [\boldsymbol{A}\,\boldsymbol{b}]$.

(Die Matrix $\boldsymbol{B}$ geht aus der Matrix $\boldsymbol{A}$ dadurch hervor, daß wir die Matrix $\boldsymbol{A}$ um die Spalte $\boldsymbol{b}$ erweitern.)

Satz 5.24

Das Gleichungssystem $\boldsymbol{A}\boldsymbol{x} = \boldsymbol{b}$ ist genau dann lösbar (hat eine oder unendlich viele Lösungen, also $M \neq \emptyset$), wenn der Rang der Matrix $\boldsymbol{A}$ mit dem Rang der Matrix $\boldsymbol{B} = [\boldsymbol{A}\ \boldsymbol{b}]$ übereinstimmt, das heißt wenn $r[\boldsymbol{A}] = r[\boldsymbol{B}]$.

Beispiel 5.93

Das Gleichungssystem

$$\begin{bmatrix} -2 & 3 \\ 10 & -10 \end{bmatrix} \begin{bmatrix} x_1 \\ x_2 \end{bmatrix} = \begin{bmatrix} -8 \\ 30 \end{bmatrix}$$

aus Beispiel 5.91 ist lösbar, denn sowohl die Matrix $\boldsymbol{A} = \begin{bmatrix} -2 & 3 \\ 10 & -10 \end{bmatrix}$ als auch die Matrix $\boldsymbol{B} = \begin{bmatrix} -2 & 3 & -8 \\ 10 & -10 & 30 \end{bmatrix}$ haben den Rang $r = 2$.

Das lineare Gleichungssystem

$$\begin{bmatrix} 2 & 3 & 4 \\ 1 & -5 & 2 \\ -3 & 1 & -6 \end{bmatrix} \begin{bmatrix} x_1 \\ x_2 \\ x_3 \end{bmatrix} = \begin{bmatrix} 20 \\ 10 \\ 50 \end{bmatrix}$$

ist nicht lösbar, denn die Matrix

$$\boldsymbol{A} = \begin{bmatrix} 2 & 3 & 4 \\ 1 & -5 & 2 \\ -3 & 1 & -6 \end{bmatrix}$$

hat den Rang 2, während die Matrix

$$\boldsymbol{B} = \begin{bmatrix} 2 & 3 & 4 & 20 \\ 1 & -5 & 2 & 10 \\ -3 & 1 & -6 & 50 \end{bmatrix}$$

den Rang 3 hat.

Für die Rangbestimmung der Matrizen $\boldsymbol{A}$ und $\boldsymbol{B} = [\boldsymbol{A}\ \boldsymbol{b}]$ brauchen wir nicht zwei getrennte Rechnungen durchzuführen.

Wir schreiben die Matrix $\boldsymbol{A}$ und den Vektor $\boldsymbol{b}$ in eine Rechentabelle, bringen so viel Spalten von $\boldsymbol{A}$ wie möglich in die Basis und lesen den Rang von $\boldsymbol{A}$ ab. Läßt sich jetzt *zusätzlich* der Vektor $\boldsymbol{b}$ in die Basis bringen, so ist der Rang der Matrix $[\boldsymbol{A}\ \boldsymbol{b}]$ um eins größer als der Rang der Matrix $\boldsymbol{A}$. Läßt sich $\boldsymbol{b}$ nicht *zusätzlich* in die Basis bringen, so hat $\boldsymbol{A}$ den gleichen Rang wie $[\boldsymbol{A}\ \boldsymbol{b}]$.

Beispiel 5.94

Wir benutzen das zweite Gleichungssystem aus Beispiel 5.93.

Tabelle 5.37

	$\downarrow$ $\boldsymbol{a}_1$	$\boldsymbol{a}_2$	$\boldsymbol{a}_3$	$\boldsymbol{b}$
$\boldsymbol{e}_1$	2	3	4	20
$\leftarrow$ $\boldsymbol{e}_2$	[1]	−5	2	10
$\boldsymbol{e}_3$	−3	1	−6	50

Tabelle 5.38

	$\downarrow$ $\boldsymbol{a}_2$	$\boldsymbol{a}_3$	$\boldsymbol{b}$
$\leftarrow$ $\boldsymbol{e}_1$	[13]	0	0
$\boldsymbol{a}_1$	−5	2	10
$\boldsymbol{e}_3$	−14	0	80

Tabelle 5.39

	$\boldsymbol{a}_3$	$\boldsymbol{b}$
$\boldsymbol{a}_2$	0	0
$\boldsymbol{a}_1$	2	10
$\boldsymbol{e}_3$	0	[80]

Aus der letzten Tabelle ist ersichtlich, daß die Matrix $\boldsymbol{A}$ den Rang 2 besitzt. Den Vektor $\boldsymbol{b}$ können wir noch zusätzlich in die Basis bringen, also hat die Matrix $[\boldsymbol{A}\ \boldsymbol{b}]$ den Rang 3.

Tabelle 5.40

	a_3
a_2	0
a_1	2
b	0

Wir wollen jetzt zeigen, wie mit Hilfe der Rangbestimmung festgestellt wird, ob ein lösbares Gleichungssystem genau eine Lösung oder unendlich viele Lösungen besitzt.

Satz 5.25

Das lösbare Gleichungssystem $Ax = b$ hat genau eine Lösung, wenn der gemeinsame Rang von A und $[A\, b]$ mit der Anzahl der Variablen übereinstimmt. Das Gleichungssystem hat unendlich viele Lösungen, wenn der gemeinsame Rang von A und $[A\, b]$ kleiner ist als die Anzahl der Variablen.

Beispiel 5.95

Das Gleichungssystem

$$\begin{bmatrix} -2 & 3 \\ 10 & -10 \end{bmatrix} \begin{bmatrix} x_1 \\ x_2 \end{bmatrix} = \begin{bmatrix} -8 \\ 30 \end{bmatrix}$$

aus Beispiel 5.93 ist lösbar, denn $A = \begin{bmatrix} -2 & 3 \\ 10 & -10 \end{bmatrix}$ und $B = \begin{bmatrix} -2 & 3 & -8 \\ 10 & -10 & 30 \end{bmatrix}$ haben beide den Rang $r = 2$.

Die Anzahl der Variablen ist $n = 2$. Das Gleichungssystem hat genau eine Lösung.

Das Gleichungssystem

$$\begin{bmatrix} 2 & 1 & 3 & 4 \\ 1 & 2 & 1 & 1 \\ 3 & 1 & 2 & 1 \\ 1 & 1 & 1 & 1 \end{bmatrix} \begin{bmatrix} x_1 \\ x_2 \\ x_3 \\ x_4 \end{bmatrix} = \begin{bmatrix} 13 \\ 12 \\ 15 \\ 8 \end{bmatrix}$$

ist lösbar, denn

$$A = \begin{bmatrix} 2 & 1 & 3 & 4 \\ 1 & 2 & 1 & 1 \\ 3 & 1 & 2 & 1 \\ 1 & 1 & 1 & 1 \end{bmatrix} \quad \text{und} \quad B = \begin{bmatrix} 2 & 1 & 3 & 4 & 13 \\ 1 & 2 & 1 & 1 & 12 \\ 3 & 1 & 2 & 1 & 15 \\ 1 & 1 & 1 & 1 & 8 \end{bmatrix}$$

haben beide den Rang $r = 3$. Die Anzahl der Variablen ist $n = 4$. Das Gleichungssystem hat unendlich viele Lösungen.

Definition 5.46

Ist $Ax = b$ ein lineares Gleichungssystem mit n Variablen und haben A und $B = [A\, b]$ den gemeinsamen Rang r, so heißt $f = n - r$ der Freiheitsgrad des linearen Gleichungssystems.

Demnach besitzt das lineare Gleichungssystem mit genau einer Lösung wegen $n = r$ den Freiheitsgrad $f = n - n = 0$. Ein lineares Gleichungssystem mit unendlich vielen Lösungen besitzt wegen $n > r$ den Freiheitsgrad $f = n - r > 0$.

Beispiel 5.96

Das lineare Gleichungssystem

$$\begin{bmatrix} -2 & 3 \\ 10 & -10 \end{bmatrix} \begin{bmatrix} x_1 \\ x_2 \end{bmatrix} = \begin{bmatrix} -8 \\ 30 \end{bmatrix}$$

aus Beispiel 5.95 hat den Freiheitsgrad $f = 2 - 2 = 0$. Das lineare Gleichungssystem

$$\begin{bmatrix} 2 & 1 & 3 & 4 \\ 1 & 2 & 1 & 1 \\ 3 & 1 & 2 & 1 \\ 1 & 1 & 1 & 1 \end{bmatrix} \begin{bmatrix} x_1 \\ x_2 \\ x_3 \\ x_4 \end{bmatrix} \begin{bmatrix} 13 \\ 12 \\ 15 \\ 8 \end{bmatrix}$$

hat den Freiheitsgrad $f = 4 - 3 = 1$.

5.9.3. Lineare Gleichungssysteme mit genau einer Lösung

Wir wollen jetzt zeigen, wie wir mit Hilfe der elementaren Basistransformation die Lösung des linearen Gleichungssystems $\boldsymbol{Ax} = \boldsymbol{b}$ mit m Gleichungen und n Variablen finden, wenn es genau eine Lösung besitzt. Wir können $m \geqq n$ voraussetzen, denn wäre $m < n$, so könnte der Rang von $\boldsymbol{A}$ nicht n sein. Betrachten wir das lineare Gleichungssystem in der Form

$$\boldsymbol{a}_1 x_1 + \boldsymbol{a}_2 x_2 + \cdots + \boldsymbol{a}_n x_n = \boldsymbol{b}$$

$$\text{mit } \boldsymbol{A} = [\boldsymbol{a}_1\ \boldsymbol{a}_2\ \cdots\ \boldsymbol{a}_n]; \ \boldsymbol{x} = \begin{bmatrix} x_1 \\ x_2 \\ \vdots \\ x_n \end{bmatrix},$$

so erkennen wir, daß es bei der Lösung des linearen Gleichungssystems nur darauf ankommt, den Vektor $\boldsymbol{b}$ als Linearkombination der Vektoren $\boldsymbol{a}_1, \boldsymbol{a}_2, \ldots, \boldsymbol{a}_n$ darzustellen.

Die Skalare $x_1, x_2, \ldots, x_n$ sind die Komponenten des eindeutig bestimmten Lösungsvektors $\boldsymbol{x}$.

Diese Überlegung führt auf folgenden Lösungsweg. Wir stellen die Vektoren $\boldsymbol{a}_1, \boldsymbol{a}_2, \cdots, \boldsymbol{a}_n, \boldsymbol{b}$ als Linearkombinationen der Basis $\boldsymbol{e}_1, \boldsymbol{e}_2, \ldots, \boldsymbol{e}_m$ dar (in diesem Falle sind die Koordinaten gerade die Komponenten von $\boldsymbol{a}_1, \boldsymbol{a}_2, \ldots, \boldsymbol{a}_n, \boldsymbol{b}$) und bringen nacheinander die Vektoren $\boldsymbol{a}_1, \boldsymbol{a}_2, \ldots, \boldsymbol{a}_n$ in die Basis. Dabei werden diese Vektoren $\boldsymbol{a}_1, \boldsymbol{a}_2, \ldots, \boldsymbol{a}_n$ gegen n der Einheitsvektoren $\boldsymbol{e}_1, \boldsymbol{e}_2, \ldots, \boldsymbol{e}_m$ ausgetauscht. Den Vektor $\boldsymbol{b}$ können wir nicht zusätzlich zu $\boldsymbol{a}_1, \boldsymbol{a}_2, \ldots, \boldsymbol{a}_n$ in die Basis bringen, denn wegen der Lösbarkeit des Gleichungssystems darf der Rang der Matrix $\boldsymbol{B} = [\boldsymbol{A}\ \boldsymbol{b}]$ nicht größer sein als der Rang von $\boldsymbol{A}$.

Damit erhalten wir nach n Basistransformationen den Vektor $\boldsymbol{b}$ als Linearkombination der Vektoren $\boldsymbol{a}_1, \boldsymbol{a}_2, \ldots, \boldsymbol{a}_n$ und können somit die gesuchte Lösung ablesen.

Tabelle 5.41
(*Ausgangstabelle*)

	a_1 $a_2 \cdots a_n$	b
e_1		
e_2		
$\vdots$		
e_n	A	b
e_{n+1}		
$\vdots$		
e_m		

Tabelle 5.42
(*Endtabelle*)

	e_1 $e_2 \cdots e_n$	b
a_1		x_1
a_2		x_2
$\vdots$		$\vdots$
a_n		x_n
e_{n+1}		0
$\vdots$		$\vdots$
e_m		0

Bei unserer Darstellung haben wir angenommen, daß wir die Einheitsvektoren $e_1, e_2, \ldots, e_n$ aus der Basis entfernt haben. Das ist ohne Bedeutung, es können n beliebige Einheitsvektoren sein.

Beispiel 5.97

Das Gleichungssystem $\begin{bmatrix} -2 & 3 \\ 10 & -10 \end{bmatrix} \begin{bmatrix} x_1 \\ x_2 \end{bmatrix} = \begin{bmatrix} -8 \\ 30 \end{bmatrix}$ hat genau eine Lösung, was wir im Beispiel 5.95 nachgewiesen haben. Es ist $m = n = 2$.

Tabelle 5.43

	a_1	a_2	b
e_1	$\boxed{-2}$	3	-8
e_2	10	-10	30

Tabelle 5.44

	e_1	a_2	b
a_1		$-\frac{2}{3}$	4
e_2		$\boxed{5}$	-10

Tabelle 5.45

	e_1	e_2	b
a_1			1
a_2			-2

Aus der Tabelle 5.45 lesen wir $b = 1a_1 - 2a_2$ ab.

Damit ist $x = \begin{bmatrix} 1 \\ -2 \end{bmatrix}$ die eindeutige Lösung.

Liegt ein lineares Gleichungssystem vor, so können wir die Überprüfung der Lösbarkeit und die Bestimmung einer eventuell vorhandenen Lösung sofort in einem Rechengang erledigen. So können wir am Beispiel 5.96 ablesen, daß $A = \begin{bmatrix} -2 & 3 \\ 10 & -10 \end{bmatrix}$ den Rang $r = 2$, $B = \begin{bmatrix} -2 & 3 & -8 \\ 10 & -10 & 30 \end{bmatrix}$ ebenfalls den Rang $r = 2$ besitzt. Damit ist die Lösbarkeit nachgewiesen. Der Vergleich des gemeinsamen Ranges mit der Anzahl der Variablen $n = 2$ zeigt, daß die Lösung eindeutig bestimmt ist. Außerdem können wir in der letzten Tabelle die eindeutige Lösung ablesen.

Beispiel 5.98

$$\begin{bmatrix} 1 & 0 \\ 3 & 1 \\ 4 & 1 \\ 2 & 1 \end{bmatrix} \begin{bmatrix} x_1 \\ x_2 \end{bmatrix} = \begin{bmatrix} 5 \\ 5 \\ 10 \\ 0 \end{bmatrix} \quad \text{mit} \quad m = 4; \quad n = 2, \quad \text{also} \quad n < m.$$

Tabelle 5.46

	a_1	a_2	b
e_1	$\boxed{1}$	0	5
e_2	3	1	5
e_3	4	1	10
e_4	2	1	0

Tabelle 5.47

	e_1	a_2	b
a_1		0	5
e_2		$\boxed{1}$	-10
e_3		1	-10
e_4		1	-10

Tabelle 5.48

	e_1	e_2	b
a_1			5
a_2			-10
e_3			0
e_4			0

Der Rang von $\boldsymbol{A} = \begin{bmatrix} 1 & 0 \\ 3 & 1 \\ 4 & 1 \\ 2 & 1 \end{bmatrix}$ ist $r = 2$. $\boldsymbol{B} = \begin{bmatrix} 1 & 0 & 5 \\ 3 & 1 & 5 \\ 4 & 1 & 10 \\ 2 & 1 & 0 \end{bmatrix}$ hat ebenfalls den Rang $r = 2$. Das Gleichungssystem ist also lösbar. Wegen $n = r = 2$ ist das Gleichungssystem eindeutig lösbar. Aus der letzten Tabelle lesen wir die Lösung $\boldsymbol{x} = \begin{bmatrix} 5 \\ -10 \end{bmatrix}$ ab.

5.9.4. Lineare Gleichungssysteme mit unendlich vielen Lösungen

Wir zeigen jetzt, wie wir mit Hilfe der elementaren Basistransformation die Lösungen des linearen Gleichungssystems $\boldsymbol{Ax} = \boldsymbol{b}$ mit m Gleichungen und n Variablen finden, das unendlich viele Lösungen besitzt. Wir bezeichnen den gemeinsamen Rang von $\boldsymbol{A}$ und $[\boldsymbol{A}\ \boldsymbol{b}]$ mit r. Wir können $m \geqq r$ voraussetzen, denn wäre $m < r$, so könnte der Rang von $\boldsymbol{A}$ nicht r sein.

Wir betrachten das lineare Gleichungssystem in der Form

$$\boldsymbol{a}_1 x_1 + \boldsymbol{a}_2 x_2 + \cdots + \boldsymbol{a}_r x_r + \boldsymbol{a}_{r+1} x_{r+1} + \cdots + \boldsymbol{a}_n x_n = \boldsymbol{b}$$

mit $\boldsymbol{A} = [\boldsymbol{a}_1\ \boldsymbol{a}_2 \cdots \boldsymbol{a}_r\ \boldsymbol{a}_{r+1} \cdots \boldsymbol{a}_n]$;

$\boldsymbol{x}^T = [x_1\ x_2 \cdots x_r\ x_{r+1} \cdots x_n]$

bzw. $\boldsymbol{A} = [\boldsymbol{A}_1\ \boldsymbol{A}_2]$ mit $\boldsymbol{A}_1 = [\boldsymbol{a}_1\ \boldsymbol{a}_2 \cdots \boldsymbol{a}_r]$;

$\boldsymbol{A}_2 = [\boldsymbol{a}_{r+1} \cdots \boldsymbol{a}_n]$

und $\boldsymbol{x} = \begin{bmatrix} \boldsymbol{x}_B \\ \boldsymbol{x}_R \end{bmatrix}$ mit $\boldsymbol{x}_B^T = [x_1\ x_2 \cdots x_r]$; $\boldsymbol{x}_R = [x_{r+1} \cdots x_n]$.

$\boldsymbol{A}_1$ soll den Rang r besitzen, was man nötigenfalls durch Umordnung der Spaltenvektoren immer erreichen kann.

Wie bei der Lösung eines linearen Gleichungssystems mit genau einer Lösung stellen wir die Vektoren $\boldsymbol{a}_1, \ldots, \boldsymbol{a}_r, \boldsymbol{a}_{r+1}, \ldots, \boldsymbol{a}_n, \boldsymbol{b}$ als Linearkombination der Einheitsvektoren $\boldsymbol{e}_1, \ldots, \boldsymbol{e}_m$ dar. Nacheinander bringen wir die Vektoren $\boldsymbol{a}_1, \ldots, \boldsymbol{a}_r$ mit Hilfe der elementaren Basistransformation in die Basis. Dabei werden die Vektoren $\boldsymbol{a}_1, \ldots, \boldsymbol{a}_r$ gegen r der Einheitsvektoren $\boldsymbol{e}_1, \ldots, \boldsymbol{e}_m$ ausgetauscht.

Die Vektoren $\boldsymbol{a}_{r+1}, \ldots, \boldsymbol{a}_n$ und $\boldsymbol{b}$ können wir nicht zusätzlich in die Basis bringen, sonst wäre der Rang von $\boldsymbol{A}$ bzw. $\boldsymbol{B} = [\boldsymbol{A}\ \boldsymbol{b}]$ größer als r.

Damit erhalten wir nach r Schritten die Vektoren $\boldsymbol{a}_{r+1}, \ldots, \boldsymbol{a}_n$ und $\boldsymbol{b}$ als Linearkombination der Vektoren $\boldsymbol{a}_1, \ldots, \boldsymbol{a}_r$.

Tabelle 5.49 (Ausgangstabelle)

	$x_1 \cdots x_r$ $\boldsymbol{a}_1 \cdots \boldsymbol{a}_r$	$x_{r+1} \cdots x_n$ $\boldsymbol{a}_{r+1} \cdots \boldsymbol{a}_n$	$\boldsymbol{b}$
$\boldsymbol{e}_1$ $\vdots$ $\boldsymbol{e}_r$ $\boldsymbol{e}_{r+1}$ $\vdots$ $\boldsymbol{e}_m$	$\boldsymbol{A}$		$\boldsymbol{b}$

Tabelle 5.50 (Endtabelle)

	$e_1 \cdots e_r$	$x_{r+1} \cdots x_n$ $a_{r+1} \cdots a_n$	b
$x_1\ a_1$ $\vdots\ \vdots$ $x_r\ a_r$		R	d
e_{r+1} $\vdots$ e_m		0	0

(Durch entsprechende Wahl des Hauptelementes für die Basistransformation oder auch durch Umordnung und entsprechende Numerierung können wir immer diese Form erreichen.)

Aus der Tabelle 5.50 lesen wir die *allgemeine Lösung* des linearen Gleichungssystems $\boldsymbol{Ax} = \boldsymbol{b}$ ab:

$$\boxed{\boldsymbol{x}_B = \boldsymbol{d} - \boldsymbol{R}\boldsymbol{x}_R} \quad \text{mit beliebigem } \boldsymbol{x}_R.$$

Hierin ist $\boldsymbol{x}_B = \begin{bmatrix} x_1 \\ \vdots \\ x_r \end{bmatrix}$ und $\boldsymbol{x}_R = \begin{bmatrix} x_{r+1} \\ \vdots \\ x_n \end{bmatrix}$.

Die Komponenten von $\boldsymbol{x}_B$ nennen wir *Basisvariable*, die Komponenten von $\boldsymbol{x}_R$ *Nichtbasisvariable* (freie Variable).

Spezielle Lösungen des linearen Gleichungssystems $\boldsymbol{Ax} = \boldsymbol{b}$ erhalten wir, wenn wir in der allgemeinen Lösung für $\boldsymbol{x}_R$ spezielle beliebig gewählte Werte einsetzen.

Wir zeigen jetzt, daß $\boldsymbol{x}_B = \boldsymbol{d} - \boldsymbol{R}\boldsymbol{x}_R$ tatsächlich die Gleichung $\boldsymbol{Ax} = \boldsymbol{b}$ erfüllt.

Aus $\boldsymbol{x}_B = \boldsymbol{d} - \boldsymbol{R}\boldsymbol{x}_R$ folgt $\boldsymbol{x}_B + \boldsymbol{R}\boldsymbol{x}_R = \boldsymbol{d}$

bzw. $\boldsymbol{E}\boldsymbol{x}_B + \boldsymbol{R}\boldsymbol{x}_R = \boldsymbol{d}$. Das ist die kanonische Form unseres Gleichungssystems.

Nach Multiplikation mit $\boldsymbol{A}_1$ von links erhalten wir

$\boldsymbol{A}_1[\boldsymbol{E}\boldsymbol{x}_B + \boldsymbol{R}\boldsymbol{x}_R] = \boldsymbol{A}_1\boldsymbol{d}$.

Diesen Ausdruck formen wir um in

$\boldsymbol{A}_1[\boldsymbol{E}\ \boldsymbol{R}] \begin{bmatrix} \boldsymbol{x}_B \\ \boldsymbol{x}_R \end{bmatrix} = \boldsymbol{A}_1\boldsymbol{d}$

bzw. $\boldsymbol{A}_1\ [\boldsymbol{e}_1 \cdots \boldsymbol{e}_r\ \boldsymbol{d}_{r+1} \cdots \boldsymbol{d}_n]\ \boldsymbol{x} = \boldsymbol{A}_1\boldsymbol{d}$

oder $[\boldsymbol{A}_1\boldsymbol{e}_1 \cdots \boldsymbol{A}_1\boldsymbol{e}_r\ \boldsymbol{A}_1\boldsymbol{d}_{r+1} \cdots \boldsymbol{A}_1\boldsymbol{d}_n]\ \boldsymbol{x} = \boldsymbol{A}_1\boldsymbol{d}$

mit $\boldsymbol{R} = [\boldsymbol{d}_{r+1} \cdots \boldsymbol{d}_n]$.

Nun ist $\boldsymbol{A}_1\boldsymbol{e}_1 = \boldsymbol{a}_1, \ldots, \boldsymbol{A}_1\boldsymbol{e}_r = \boldsymbol{a}_r, \boldsymbol{A}_1\boldsymbol{d}_{r+1} = \boldsymbol{a}_{r+1}, \ldots, \boldsymbol{A}_1\boldsymbol{d}_n = \boldsymbol{a}_n, \boldsymbol{A}_1\boldsymbol{d} = \boldsymbol{b}$

und damit folgt

$[\boldsymbol{a}_1 \cdots \boldsymbol{a}_r\ \boldsymbol{a}_{r+1} \cdots \boldsymbol{a}_n]\ \boldsymbol{x} = \boldsymbol{b}$

bzw. $\boldsymbol{Ax} = \boldsymbol{b}$.

Beispiel 5.99

$$\begin{bmatrix}1 & 1 & 4\\3 & 2 & 7\end{bmatrix}\begin{bmatrix}x_1\\x_2\\x_3\end{bmatrix}=\begin{bmatrix}\frac{5}{2}\\\frac{7}{2}\end{bmatrix}$$

Tabelle 5.51

	x_1 a_1	x_2 a_2	x_3 a_3	b
e_1	$\boxed{1}$	1	4	$\frac{5}{2}$
e_2	3	2	7	$\frac{7}{2}$

Tabelle 5.52

	e_1	x_2 a_2	x_3 a_3	b
x_1 a_1		1	4	$\frac{5}{2}$
e_2		$\boxed{-1}$	-5	-4

Tabelle 5.53

	e_1	e_2	x_3 a_3	
x_1 a_1			-1	$-\frac{3}{2}$
x_2 a_2			5	4

$$\boldsymbol{D}=\begin{bmatrix}-1\\5\end{bmatrix};\quad \boldsymbol{d}=\begin{bmatrix}-\frac{3}{2}\\4\end{bmatrix};\quad \boldsymbol{x}_B=\begin{bmatrix}x_1\\x_2\end{bmatrix};\quad \boldsymbol{x}_R=x_3\,.$$

Der gemeinsame Rang von $\boldsymbol{A}$ und $\boldsymbol{B}=[\boldsymbol{A}\ \boldsymbol{b}]$ ist $r=2$, der Freiheitsgrad ist $f=1$.

Die allgemeine Lösung unseres Gleichungssystems ist $\begin{bmatrix}x_1\\x_2\end{bmatrix}=\begin{bmatrix}-\frac{3}{2}\\4\end{bmatrix}-\begin{bmatrix}-1\\5\end{bmatrix}x_3$, x_3 beliebig.

Setzen wir in die allgemeine Lösung für x_3 spezielle Werte ein, so erhalten wir spezielle Lösungen, zum Beispiel

$$x_3=0;\quad x_1=-\frac{3}{2};\quad x_2=4$$

$$x_3=1;\quad x_1=-\frac{1}{2};\quad x_2=-1$$

$$x_3=-1;\quad x_1=-\frac{5}{2};\quad x_2=9\,.$$

Beispiel 5.100

$$\begin{bmatrix}1 & -1 & -1 & 2\\2 & 3 & -4 & 5\\3 & 2 & -5 & 7\\1 & 4 & -3 & 3\end{bmatrix}\begin{bmatrix}x_1\\x_2\\x_3\\x_4\end{bmatrix}=\begin{bmatrix}1\\6\\7\\5\end{bmatrix}.$$

Tabelle 5.54

	x_1 $\boldsymbol{a}_1$	x_2 $\boldsymbol{a}_2$	x_3 $\boldsymbol{a}_3$	x_4 $\boldsymbol{a}_4$	$\boldsymbol{b}$
$\boldsymbol{e}_1$	$\boxed{1}$	−1	−1	2	1
$\boldsymbol{e}_2$	2	3	−4	5	6
$\boldsymbol{e}_3$	3	2	−5	7	7
$\boldsymbol{e}_4$	1	4	−3	3	5

Tabelle 5.55

	x_2 $\boldsymbol{a}_2$	x_3 $\boldsymbol{a}_3$	x_4 $\boldsymbol{a}_4$	$\boldsymbol{b}$
x_1 $\boldsymbol{a}_1$	−1	−1	2	1
$\boldsymbol{e}_2$	5	−2	1	4
$\boldsymbol{e}_3$	5	−2	$\boxed{1}$	4
$\boldsymbol{e}_4$	5	−2	1	4

Tabelle 5.56

	x_2 $\boldsymbol{a}_2$	x_3 $\boldsymbol{a}_3$	$\boldsymbol{b}$
x_1 $\boldsymbol{a}_1$	−11	3	−7
$\boldsymbol{e}_2$	0	0	0
x_4 $\boldsymbol{a}_4$	5	−2	4
$\boldsymbol{e}_4$	0	0	0

Der gemeinsame Rang von $\boldsymbol{A}$ und $\boldsymbol{B} = [\boldsymbol{A}\ \boldsymbol{b}]$ ist $r = 2$, der Freiheitsgrad ist $f = 2$.

$$\boldsymbol{R} = \begin{bmatrix} -11 & 3 \\ 5 & -2 \end{bmatrix}; \quad \boldsymbol{d} = \begin{bmatrix} -7 \\ 4 \end{bmatrix}; \quad \boldsymbol{x}_B = \begin{bmatrix} x_1 \\ x_4 \end{bmatrix}; \quad \boldsymbol{x}_R = \begin{bmatrix} x_2 \\ x_3 \end{bmatrix}.$$

Die allgemeine Lösung ist

$$\begin{bmatrix} x_1 \\ x_4 \end{bmatrix} = \begin{bmatrix} -7 \\ 4 \end{bmatrix} - \begin{bmatrix} -11 & 3 \\ 5 & -2 \end{bmatrix} \begin{bmatrix} x_2 \\ x_3 \end{bmatrix}; \quad \begin{bmatrix} x_2 \\ x_3 \end{bmatrix} \text{ beliebig.}$$

Diese Lösung können wir auch aus der Tabelle 5.57 ablesen, die aus der Tabelle 5.56 durch Zeilenvertauschung hervorgeht.

Tabelle 5.57

	x_2 $\boldsymbol{a}_2$	x_3 $\boldsymbol{a}_3$	$\boldsymbol{b}$
x_1 $\boldsymbol{a}_1$	−11	3	−7
x_4 $\boldsymbol{a}_4$	5	−2	4
$\boldsymbol{e}_2$	0	0	0
$\boldsymbol{e}_4$	0	0	0

In unseren Darlegungen über die Lösung von linearen Gleichungssystemen mit unendlich vielen Lösungen ist der Fall der eindeutigen Lösung als Sonderfall enthalten. Wegen $r = n$ gibt es keine freie Variable, deshalb existieren $\boldsymbol{R}$ und $\boldsymbol{x}_R$ nicht. Es bleibt als Lösung $\boldsymbol{x}_B = \boldsymbol{d}$.

Bei der Lösung eines linearen Gleichungssystems kommt es nicht darauf an, welche Vektoren aus der Basis herausgenommen und welche dafür hineingenommen werden. Wichtig ist nur, daß r Spaltenvektoren der Matrix $\boldsymbol{A}$ in die Basis kommen.

Allerdings ist die Form der allgemeinen Lösung davon abhängig, welche Vektoren gegeneinander ausgetauscht werden.

5.10. Matrizeninversion

In diesem Abschnitt beschäftigen wir uns mit der Matrizeninversion oder Matrizenumkehr, das heißt mit der Berechnung der inversen Matrix oder Umkehrmatrix. Die inverse Matrix existiert nur für spezielle Matrizen.

Die Inversion hat praktische Bedeutung für die Lösung bestimmter Gleichungssysteme und bei der Lösung spezieller ökonomischer Probleme.

Wir betrachten nur reguläre quadratische Matrizen, das heißt, Matrizen $\underset{(n,\,n)}{A}$ mit dem Rang $r = n$.

Definition 5.47

Die quadratische Matrix $\boldsymbol{X}$ *mit der Eigenschaft* $\boldsymbol{AX} = \boldsymbol{E}$ *(*A *ist eine reguläre quadratische Matrix) heißt inverse Matrix von* $\boldsymbol{A}$*. Wir bezeichnen sie mit* $\boldsymbol{X} = \boldsymbol{A}^{-1}$*.*

Die inverse Matrix ist eindeutig bestimmt, das heißt, zu jeder regulären quadratischen Matrix gibt es genau eine inverse Matrix. Während bei der Multiplikation zweier Matrizen im allgemeinen die Reihenfolge der Matrizen nicht vertauscht werden darf, $\boldsymbol{A} \cdot \boldsymbol{B} \neq \boldsymbol{B} \cdot \boldsymbol{A}$, spielt die Reihenfolge bei der Multiplikation der Matrix A mit der inversen Matrix A^{-1} keine Rolle. Es gilt

$$A^{-1} \cdot A = A \cdot A^{-1}.$$

Die inverse Matrix $(A^{-1})^{-1}$ von A^{-1} ist die Matrix A. $(A^{-1})^{-1} = A$. Zweimalige Inversion führt also auf die Ausgangsmatrix zurück.

Wir berechnen die inverse Matrix mit Hilfe der elementaren Basistransformation. Wir suchen die Matrix X mit der Eigenschaft $\boldsymbol{AX} = \boldsymbol{E}$.

Schreiben wie die Matrizen X und $\boldsymbol{E}$ mit Hilfe von Spaltenvektoren,

also $\boldsymbol{X} = [\boldsymbol{x}_1 \cdots \boldsymbol{x}_n]$, $\boldsymbol{E} = [\boldsymbol{e}_1 \cdots \boldsymbol{e}_n]$,

so folgt aus $\boldsymbol{AX} = \boldsymbol{E}$

$$\boldsymbol{A}[\boldsymbol{x}_1 \cdots \boldsymbol{x}_n] = [\boldsymbol{e}_1 \cdots \boldsymbol{e}_n].$$

Diese letzte Beziehung ist gleichbedeutend mit den n Gleichungssystemen

$$\left.\begin{array}{l} \boldsymbol{Ax}_1 = \boldsymbol{e}_1 \\ \cdots\cdots\cdots \\ \boldsymbol{Ax}_n = \boldsymbol{e}_n \end{array}\right\} \quad \boldsymbol{Ax}_i = \boldsymbol{e}_i \quad (i = 1, \ldots, n).$$

Diese n Gleichungssysteme sind eindeutig lösbar, denn der gemeinsame Rang $r = n$ von A und $\boldsymbol{B}_i = [A \;\; \boldsymbol{e}_i]$ $(i = 1, \ldots, n)$ stimmt mit der Anzahl der Variablen überein. Da die n Gleichungssysteme die gleiche Matrix A aufweisen, können wir die Lösung der n Gleichungssysteme abkürzen.

Tabelle 5.58 (Anfangstabelle)

	$\boldsymbol{a}_1 \cdots \boldsymbol{a}_n$	$\boldsymbol{e}_1 \cdots \boldsymbol{e}_n$
$\boldsymbol{e}_1$ ⋮ $\boldsymbol{e}_n$	A	E

Wir bringen nacheinander die Vektoren $\boldsymbol{a}_1, \ldots, \boldsymbol{a}_n$ in die Basis und erhalten die Tabelle 5.59.

Tabelle 5.59 (Endtabelle)

	$\boldsymbol{e}_1 \cdots \boldsymbol{e}_n$	$\boldsymbol{e}_1 \cdots \boldsymbol{e}_n$
$\boldsymbol{a}_1$		
$\vdots$		A^{-1}
$\boldsymbol{a}_n$		

Im rechten Teil der Tabelle steht unter $\boldsymbol{e}_i$ die Lösung des Gleichungssystems $A\boldsymbol{x}_i = \boldsymbol{e}_i$, das heißt, die i-te Spalte der inversen Matrix A^{-1} ($i = 1, \ldots, n$). Damit steht also im rechten Teil der Tabelle die inverse Matrix A^{-1}.

Vergleichen wir den linken Teil der Tabelle 5.59 mit dem rechten Teil der Tabelle, so stellen wir fest, daß in beiden Teilen die Koordinaten der Einheitsvektoren bezüglich der Basis $\boldsymbol{a}_1, \ldots, \boldsymbol{a}_n$ stehen. Im linken Teil der Tabelle 5.59 steht also auch die inverse Matrix A^{-1}.

Wir können also die Berechnung der inversen Matrix abkürzen.

Tabelle 5.60 (Anfangstabelle)

	$\boldsymbol{a}_1 \cdots \boldsymbol{a}_n$	
$\boldsymbol{e}_1$		
...	A	

Tabelle 5.61 (Endtabelle)

	$\boldsymbol{e}_1 \cdots \boldsymbol{e}_n$	
$\boldsymbol{a}_1$		
...	A^{-1}	
$\boldsymbol{a}_n$		

Beispiel 5.101

Wir suchen die Inverse von $A = \begin{bmatrix} 1 & 4 \\ 2 & 1 \end{bmatrix}$.

Tabelle 5.62

	$\boldsymbol{a}_1$	$\boldsymbol{a}_2$
$\boldsymbol{e}_1$	1	4
$\boldsymbol{e}_2$	2	1

Tabelle 5.63

	$\boldsymbol{e}_1$	$\boldsymbol{a}_2$
$\boldsymbol{a}_1$	1	4
$\boldsymbol{e}_2$	−2	−7

Tabelle 5.64

	$\boldsymbol{e}_1$	$\boldsymbol{e}_2$
$\boldsymbol{a}_1$	$-\frac{1}{7}$	$\frac{4}{7}$
$\boldsymbol{a}_2$	$\frac{2}{7}$	$-\frac{1}{7}$

$$A^{-1} = \begin{bmatrix} -\frac{1}{7} & \frac{4}{7} \\ \frac{2}{7} & -\frac{1}{7} \end{bmatrix}.$$

Bei unserem bisherigen Vorgehen haben wir die Vektoren $\boldsymbol{e}_i$ gegen $\boldsymbol{a}_i$ ($i = 1, \ldots, n$) ausgetauscht. Dadurch konnten wir in der letzten Tabelle die inverse Matrix direkt ablesen.

Wenn wir den Austausch der Vektoren in anderer Weise durchführen, müssen in der letzten Tabelle die Spalten bzw. Zeilen in die natürliche Reihenfolge $\boldsymbol{e}_1, \ldots, \boldsymbol{e}_n$ bzw. $\boldsymbol{a}_1, \ldots, \boldsymbol{a}_n$ gebracht werden, damit wir die inverse Matrix A^{-1} einfach ablesen können.

Beispiel 5.10

$$A = \begin{bmatrix} 1 & 2 & 1 \\ 3 & 2 & 1 \\ 1 & 2 & 2 \end{bmatrix}.$$

Tabelle 5.65

	a_1	a_2	a_3
e_1	1	2	1
e_2	3	2	1
e_3	$\boxed{1}$	2	2

Tabelle 5.66

	e_3	a_2	a_3
e_1	-1	0	-1
e_2	-3	-4	$\boxed{-5}$
a_1	1	2	2

Tabelle 5.67

	e_3	a_2	e_2
e_1	$-\frac{2}{5}$	$\frac{4}{5}$	$-\frac{1}{5}$
a_3	$\frac{3}{5}$	$\frac{4}{5}$	$-\frac{1}{5}$
a_1	$-\frac{1}{5}$	$\frac{2}{5}$	$\frac{2}{5}$

Tabelle 5.68

	e_3	e_1	e_2
a_2	$-\frac{1}{2}$	$\frac{5}{4}$	$-\frac{1}{4}$
a_3	1	-1	0
a_1	0	$-\frac{1}{2}$	$\frac{1}{2}$

Nach Umordnung der Zeilen und Spalten erhalten wir Tabelle 5.69.

Tabelle 5.69

	e_1	e_2	e_3
a_1	$-\frac{1}{2}$	$\frac{1}{2}$	0
a_2	$\frac{5}{4}$	$-\frac{1}{4}$	$-\frac{1}{2}$
a_3	-1	0	1

$$A^{-1} = \begin{bmatrix} -\frac{1}{2} & \frac{1}{2} & 0 \\ \frac{5}{4} & -\frac{1}{4} & -\frac{1}{2} \\ -1 & 0 & 1 \end{bmatrix}.$$

Wir zeigen jetzt die Anwendung der Matrizeninversion bei der Lösung linearer Gleichungssysteme. Wir betrachten das lineare Gleichungssystem $Ax = b$ und nehmen an, daß die Matrix A mit n Zeilen und n Spalten den Rang $r = n$ besitzt. Dann existiert für die Matrix A die inverse Matrix A^{-1}.

Multiplizieren wir die Gleichung

$$Ax = b$$

von links mit A^{-1}, so erhalten wir

$$A^{-1}(Ax) = A^{-1}b$$

oder $(A^{-1}A)\,x = A^{-1}b$

bzw. $Ex = A^{-1}b$

und damit $x = A^{-1}b$.

Wenn wir also die inverse Matrix A^{-1} kennen, erhalten wir die Lösung des Gleichungssystems $Ax = b$, indem wir den Vektor b mit der inversen Matrix A^{-1} von links multiplizieren.

Die Lösung eines linearen Gleichungssystems mit Hilfe der inversen Matrix bringt erst dann einen Vorteil gegenüber unserem bisherigen Vorgehen, wenn ein lineares Gleichungssystem $Ax = b$ wiederholt mit konstanter Matrix A und verändertem Vektor b zu lösen ist bzw. die Matrix A^{-1} bereits bekannt ist. Dieser Sachverhalt tritt bei Planberechnungen in der Ökonomie auf, zum Beispiel bei betrieblichen oder volkswirtschaftlichen Verflechtungsbilanzen. Nähere Ausführungen zu diesem Problem finden Sie in [5.5], [5.6], [5.7], [5.8], [5.9].

Wir nehmen an, daß die Volkswirtschaft aus n Zweigen besteht. Die Produktion der Zweige, die Lieferungen zwischen den Zweigen und die Lieferungen für den Endverbrauch finden wir in der Tabelle 5.70.

Tabelle 5.70

Zweige	Produktion	Lieferung an den Zweig	Endverbrauch
1	x_1	$x_{11} \cdots x_{1j} \cdots x_{1n}$	y_1
$\vdots$	$\vdots$	$\cdots\cdots\cdots\cdots$	$\vdots$
i	x_i	$x_{i1} \cdots x_{ij} \cdots x_{in}$	y_i
$\vdots$	$\vdots$	$\cdots\cdots\cdots\cdots$	$\vdots$
n	x_n	$x_{n1} \cdots x_{nj} \cdots x_{nn}$	y_n

x_i ist die Produktion des Zweiges i, x_{ij} die Lieferung des Zweiges i an den Zweig j (dabei fassen wir den Verbrauch eines Zweiges an eigener Produktion als Lieferung an sich selbst auf) und y_i die Lieferung des Zweiges i für den Endverbrauch.
Zwischen diesen Größen bestehen folgende Beziehungen:

$$x_1 - \sum_{j=1}^{n} x_{1j} = y_1$$

$$\cdots\cdots\cdots\cdots\cdots$$

$$x_i - \sum_{j=1}^{n} x_{ij} = y_i$$

$$\cdots\cdots\cdots\cdots\cdots$$

$$x_n - \sum_{j=1}^{n} x_{nj} = y_n.$$

Führen wir den Produktionsvektor $x = [x_i]$, den Endverbrauchsvektor $y = [y_i]$ und die Matrix der zwischenzweiglichen Lieferungen $X = [x_{ij}]$ ein, so können wir diese Beziehungen auf folgende Weise darstellen:

$x - Xs = y$ (s ist ein summierender Vektor).

Ist die Lieferung x_{ij} an einen Zweig j dessen Produktion x_j proportional, gilt also

$$\frac{x_{ij}}{x_j} = a_{ij} = \text{konstant},$$

so bezeichnen wir diese Konstanten a_{ij} als Normen des direkten Verbrauchs.

Führen wir die Matrix

$A = [a_{ij}]$

der Normen des direkten Verbrauchs ein, so lassen sich die obigen Beziehungen durch

$x - Ax = y$

erfassen. Wegen $\boldsymbol{E}\boldsymbol{x} = \boldsymbol{x}$ erhalten wir daraus

$\boldsymbol{E}\boldsymbol{x} - \boldsymbol{A}\boldsymbol{x} = \boldsymbol{y}$ oder nach Anwendung des Distributivgesetzes

$(\boldsymbol{E} - \boldsymbol{A})\,\boldsymbol{x} = \boldsymbol{y}.$

Zur Matrix $\boldsymbol{E} - \boldsymbol{A}$ bestimmen wir die Inverse $(\boldsymbol{E} - \boldsymbol{A})^{-1}$, die wir als Matrix der Normen des vollen Verbrauchs bezeichnen. Multiplizieren wir die Gleichung

$(\boldsymbol{E} - \boldsymbol{A})\,\boldsymbol{x} = \boldsymbol{y}$

von links mit $(\boldsymbol{E} - \boldsymbol{A})^{-1}$, so erhalten wir

$$\begin{aligned} (\boldsymbol{E} - \boldsymbol{A})^{-1}(\boldsymbol{E} - \boldsymbol{A})\,\boldsymbol{x} &= (\boldsymbol{E} - \boldsymbol{A})^{-1}\,\boldsymbol{y} \quad \text{oder} \\ \boldsymbol{E}\boldsymbol{x} &= (\boldsymbol{E} - \boldsymbol{A})^{-1}\,\boldsymbol{y} \quad \text{bzw.} \\ \boldsymbol{x} &= (\boldsymbol{E} - \boldsymbol{A})^{-1}\,\boldsymbol{y}. \end{aligned}$$

Sind die Verbrauchsnormen a_{ij} über einen gewissen Zeitraum konstant, so lassen sich die Gleichungen

$(\boldsymbol{E} - \boldsymbol{A})\,\boldsymbol{x} = \boldsymbol{y}$

bzw. $\quad \boldsymbol{x} = (\boldsymbol{E} - \boldsymbol{A})^{-1}\,\boldsymbol{y}$

sehr gut für die Planung in der Volkswirtschaft verwenden.

Aus den Daten eines Berichtszeitraums können wir die Matrix $\boldsymbol{A}$ der Normen des direkten Verbrauchs bestimmen. Wenn $\boldsymbol{A}$ konstant ist, dann sind es auch $\boldsymbol{E} - \boldsymbol{A}$ und $(\boldsymbol{E} - \boldsymbol{A})^{-1}$, die wir aus $\boldsymbol{A}$ berechnen können.

Bezeichnen wir für einen Planzeitraum die Produktion mit $\boldsymbol{x}_p$ und den Endverbrauch mit $\boldsymbol{y}_p$, so gilt

$(\boldsymbol{E} - \boldsymbol{A})\,\boldsymbol{x}_p = \boldsymbol{y}_p$

bzw. $\quad \boldsymbol{x}_p = (\boldsymbol{E} - \boldsymbol{A})^{-1}\,\boldsymbol{y}_p.$

Wir unterscheiden zwei Aufgabenstellungen:

a) Die geplante Produktion $\boldsymbol{x}_p$ der Zweige ist gegeben. Dann errechnen wir den geplanten Endverbrauch $\boldsymbol{y}_p$, indem wir die Matrix $\boldsymbol{E} - \boldsymbol{A}$ mit dem Vektor $\boldsymbol{x}_p$ multiplizieren:

   $\boldsymbol{y}_p = (\boldsymbol{E} - \boldsymbol{A})\,\boldsymbol{x}_p.$

Beispiel 5.103

Für das Berichtsjahr liegen die Daten in der Tabelle 5.71 vor.

Tabelle 5.71

Zweig	Produktion	Lieferungen an den Zweig 1	2	3	Endverbrauch
1	10	1	2	6	1
2	20	3	4	3	10
3	30	4	2	9	15

Aus diesen Daten gewinnen wir die Matrix

$$A = \begin{bmatrix} \frac{1}{10} & \frac{2}{20} & \frac{6}{30} \\ \frac{3}{10} & \frac{4}{20} & \frac{3}{30} \\ \frac{4}{10} & \frac{2}{20} & \frac{9}{30} \end{bmatrix} = \begin{bmatrix} \frac{1}{10} & \frac{1}{10} & \frac{1}{5} \\ \frac{3}{10} & \frac{1}{50} & \frac{1}{10} \\ \frac{2}{5} & \frac{1}{10} & \frac{3}{10} \end{bmatrix}.$$

Dann berechnen wir

$$E - A = \begin{bmatrix} \frac{9}{10} & -\frac{1}{10} & -\frac{1}{5} \\ -\frac{3}{10} & \frac{4}{5} & -\frac{1}{10} \\ -\frac{2}{5} & -\frac{1}{10} & \frac{7}{10} \end{bmatrix}.$$

Wird für das Planjahr die Produktion $x_p = [10\ 30\ 10]^T$ geplant, so ergibt sich der geplante Endverbrauch

$$y_p = \begin{bmatrix} \frac{9}{10} & -\frac{1}{10} & -\frac{1}{5} \\ -\frac{3}{10} & \frac{4}{5} & -\frac{1}{10} \\ -\frac{2}{5} & -\frac{1}{10} & \frac{7}{10} \end{bmatrix} \begin{bmatrix} 10 \\ 30 \\ 10 \end{bmatrix}$$

$$y_p = \begin{bmatrix} 4 \\ 20 \\ 0 \end{bmatrix}.$$

b) Der geplante Endverbrauch y_p ist gegeben. Dann errechnen wir die geplante Produktion x_p der Zweige, indem wir die Matrix $(E - A)^{-1}$ mit dem Vektor y_p multiplizieren:

$$x_p = (E - A)^{-1}\, y_p.$$

Beispiel 5.104

Wir benutzen die Daten des Berichtsjahres aus dem Beispiel 5.103.

Die Inverse zu $E - A = \begin{bmatrix} \frac{9}{10} & -\frac{1}{10} & -\frac{1}{5} \\ -\frac{3}{10} & \frac{4}{5} & -\frac{1}{10} \\ -\frac{2}{5} & -\frac{1}{10} & \frac{7}{10} \end{bmatrix}$ ist $(E - A)^{-1} = \begin{bmatrix} \frac{11}{8} & \frac{9}{40} & \frac{17}{40} \\ \frac{5}{8} & \frac{11}{8} & \frac{3}{8} \\ \frac{7}{8} & \frac{13}{40} & \frac{69}{40} \end{bmatrix}$.

Wird für das Planjahr der Endverbrauch $y_p = [2 \;\; 19 \;\; 7]^T$ geplant, so ergibt sich die geplante Produktion

$$x_p = \begin{bmatrix} \frac{11}{8} & \frac{9}{40} & \frac{17}{40} \\ \frac{5}{8} & \frac{11}{8} & \frac{3}{8} \\ \frac{7}{8} & \frac{13}{40} & \frac{69}{40} \end{bmatrix} \begin{bmatrix} 2 \\ 19 \\ 7 \end{bmatrix}$$

$$x_p = \begin{bmatrix} 10 \\ 30 \\ 20 \end{bmatrix}.$$

5.11. Matrizengleichungen

Wir sprechen von einer *Matrizengleichung*, wenn in einer Gleichung eine oder mehrere Matrizen mit variablen Elementen vorkommen. Wir wollen uns mit Matrizengleichungen beschäftigen, in denen nur eine Matrix mit variablen Elementen vorkommt.

Eine Matrix heißt Lösung einer Matrizengleichung, wenn sie die Matrizengleichung befriedigt.

Eine Matrizengleichung heißt gelöst, wenn alle Lösungen der Matrizengleichung bestimmt sind.

Bei der Lösung von Matrizengleichungen stützen wir uns auf die Sätze, die wir für die Matrizenoperationen formuliert haben.

Wir betrachten nur lineare Matrizengleichungen. Das sind Gleichungen, in denen die Matrix mit variablen Elementen nur in der ersten Potenz vorkommt, also Gleichungen der Form

$$A_1XB_1 + A_2XB_2 + \cdots + A_nXB_n = C.$$

Wir wollen einige Sonderfälle dieser Gleichung betrachten:

a) Die Matrizengleichung läßt sich allein durch Matrizenaddition und Matrizensubtraktion lösen.

Beispiel 5.105

$A + X - C = D$

Wenn wir auf beiden Seiten die Matrix $\boldsymbol{A}$ subtrahieren und die Matrix $\boldsymbol{C}$ addieren, erhalten wir $\boldsymbol{X} = \boldsymbol{D} - \boldsymbol{A} + \boldsymbol{C}$.

b) Die Matrizengleichung läßt sich allein durch Multiplikation mit einem Skalar lösen.

Beispiel 5.106

$\alpha_1 \boldsymbol{X} + \alpha_2 \boldsymbol{X} = \boldsymbol{D}$

Daraus folgt $(\alpha_1 + \alpha_2)\,\boldsymbol{X} = \boldsymbol{D}$

Nach Multiplikation mit $\dfrac{1}{\alpha_1 + \alpha_2}$ $(\alpha_1 + \alpha_2 \neq 0)$ erhalten wir $\boldsymbol{X} = \dfrac{1}{\alpha_1 + \alpha_2}\,\boldsymbol{D}$.

c) Die Matrizengleichung läßt sich allein durch Multiplikation mit einer Matrix lösen.

Beispiel 5.107

$\boldsymbol{AX} = \boldsymbol{B}$; $\boldsymbol{A}$ ist eine reguläre quadratische Matrix. Nach Multiplikation mit der inversen Matrix $\boldsymbol{A}^{-1}$ von links erhalten wir

$\boldsymbol{A}^{-1}(\boldsymbol{AX}) = \boldsymbol{A}^{-1}\boldsymbol{B}$ bzw. $(\boldsymbol{A}^{-1}\boldsymbol{A})\,\boldsymbol{X} = \boldsymbol{A}^{-1}\boldsymbol{B}$.

Daraus folgt $\boldsymbol{EX} = \boldsymbol{A}^{-1}\boldsymbol{B}$ oder $\boldsymbol{X} = \boldsymbol{A}^{-1}\boldsymbol{B}$.

Sind in diesem Beispiel $\boldsymbol{X}$ und $\boldsymbol{B}$ Spaltenvektoren, so erhalten wir das lineare Gleichungssystem $\boldsymbol{Ax} = \boldsymbol{b}$ mit der Lösung $\boldsymbol{x} = \boldsymbol{A}^{-1}\boldsymbol{b}$.
Ist $\boldsymbol{b} = \boldsymbol{o}$, liegt also ein homogenes Gleichungssystem vor, so ist $\boldsymbol{x} = \boldsymbol{o}$ die Lösung.
Ist in $\boldsymbol{AX} = \boldsymbol{B}$ $\boldsymbol{B} = \boldsymbol{E}$, so ist $\boldsymbol{X} = \boldsymbol{A}^{-1}$ die Inverse von $\boldsymbol{A}$.
Ist in $\boldsymbol{AX} = \boldsymbol{B}$ die Matrix $\boldsymbol{B} = \boldsymbol{0}$, so ist $\boldsymbol{X} = \boldsymbol{0}$.

d) Die Matrizengleichung läßt sich allein durch Addition, Subtraktion und Multiplikation mit einem Skalar lösen.

Beispiel 5.108

$\alpha_1 \boldsymbol{X} + \boldsymbol{B} - \boldsymbol{AC} - \alpha_2 \boldsymbol{X} = \boldsymbol{D}$.

Nach Addition von $\boldsymbol{AC}$ und Subtraktion von $\boldsymbol{B}$ erhalten wir

$\alpha_1 \boldsymbol{X} - \alpha_2 \boldsymbol{X} = \boldsymbol{D} + \boldsymbol{AC} - \boldsymbol{B}$.

Daraus folgt

$(\alpha_1 - \alpha_2)\,\boldsymbol{X} = \boldsymbol{D} + \boldsymbol{AC} - \boldsymbol{B}$

und nach Multiplikation mit dem Skalar

$\dfrac{1}{\alpha_1 - \alpha_2}$ $(\alpha_1 - \alpha_2 \neq 0)$

$$\boldsymbol{X} = \frac{1}{\alpha_1 - \alpha_2}\,(\boldsymbol{D} + \boldsymbol{AC} - \boldsymbol{B})$$

e) Die variable Matrix tritt nur als Linksfaktor (Rechtsfaktor) auf.

Beispiel 5.109

$\boldsymbol{XA} - \boldsymbol{XB} + \boldsymbol{C} = \alpha \boldsymbol{XD} - \boldsymbol{F}$.

Nach Subtraktion von αXD und C erhalten wir

$XA - XB - \alpha XD = -F - C.$

Daraus folgt

$X(A - B - \alpha D) = -F - C.$

Ist $A - B - \alpha D$ eine reguläre quadratische Matrix, so multiplizieren wir von rechts mit $(A - B - \alpha D)^{-1}$ und erhalten $X = (-F - C)(A - B - \alpha D)^{-1}$.

Beispiel 5.110

$x - Ax = y.$

Aus dieser Gleichung folgt

$Ex - Ax = y$ bzw.

$(E - A)\,x = y.$

Ist $E - A$ eine reguläre quadratische Matrix, so können wir mit der Inversen $(E - A)^{-1}$ von links multiplizieren und erhalten

$(E - A)^{-1}\,[(E - A)\,x] = (E - A)^{-1}\,y$ oder

$[(E - A)^{-1}\,(E - A)]\,x = (E - A)^{-1}\,y$ bzw.

$Ex = (E - A)^{-1}\,y$ und damit

$x = (E - A)^{-1}\,y.$

Diese Gleichung wurde bereits im Abschnitt 5.10. im Zusammenhang mit der Verflechtungsbilanz aufgeführt.

Tritt X nur als Rechtsfaktor auf, so ergibt sich der gleiche Lösungsweg, aber zum Schluß ist die Multiplikation mit einer Inversen von links notwendig.

f) Die variable Matrix tritt sowohl als Links- als auch als Rechtsfaktor auf.

Beispiel 5.111

$AX = XA$; A ist eine reguläre quadratische Matrix.

Dann ist eine Lösung $X_1 = E$,

denn $AE = EA = A$.

Weitere Lösungen sind $X_2 = 0$,

denn $A \cdot 0 = 0A = 0$;

$X_3 = A$,

denn $AA = AA$;

$X_4 = A^{-1}$, denn $AA^{-1} = A^{-1}\,A = E$.

Darüber hinaus ist jede Linearkombination dieser vier Lösungen $\alpha_1 E_1 + \alpha_2 0 + \alpha_3 A + \alpha_4 A^{-1}$ wieder eine Lösung, was wir durch Einsetzen nachweisen.

$A(\alpha_1 E + \alpha_2 0 + \alpha_3 A + \alpha_4 A^{-1}) = (\alpha_1 E + \alpha_2 0 + \alpha_3 A + \alpha_4 A^{-1})\,A$

$\alpha_1 A + 0 + \alpha_3 AA + \alpha_4 E = \alpha_1 A + 0 + \alpha_3 AA + \alpha_4 E.$

Auch $A^2 = AA$, $A^3 = AAA, \ldots, A^n$

und $\alpha_1 A + \alpha_2 A^2 + \cdots + \alpha_n A^n$ sind Lösungen der Gleichung $AX = XA$.

5.12. Lineare Ungleichungssysteme

Bereits im Abschnitt 5.2.2. haben wir festgestellt, daß neben Gleichheitsbeziehungen sehr häufig Ungleichheitsbeziehungen zwischen ökonomischen Größen auftreten und daß deshalb der Lehre von den Ungleichungen bei der Anwendung der Mathematik in der Wirtschaft zumindest ebenso große Bedeutung zukommt wie der Gleichungslehre.
Wir werden uns aus diesem Grunde in diesem Abschnitt mit linearen Ungleichungssystemen beschäftigen.
Die Symbole für Ungleichheitsbeziehungen haben wir bereits im Abschnitt 5.2.2. eingeführt. Die Eigenschaften der Ungleichheitsbeziehungen und die Gesetze für das Rechnen mit Ungleichungen sind für Matrizen in den Abschnitten 5.2.2. und 5.3. behandelt worden. Da Skalare spezielle Matrizen sind, gelten die Ausführungen in den Abschnitten 5.2.2. und 5.3. auch für Skalare.

5.12.1. Begriff des linearen Ungleichungssystems

Definition 5.48

$$(1)\begin{cases}(1.1)\ \begin{cases}a_{11}x_1 + a_{12}x_2 + \cdots + a_{1n}x_n \leqq b_1\\ a_{21}x_1 + a_{22}x_2 + \cdots + a_{2n}x_n \leqq b_2\\ \cdots\cdots\cdots\cdots\cdots\cdots\cdots\cdots\\ a_{m1}x_1 + a_{m2}x_2 + \cdots + a_{mn}x_n \leqq b_m\end{cases}\\ (1.2)\ \ x_1, x_2, \ldots, x_n \geqq 0\end{cases}$$

mit den Konstanten a_{ij} ($i = 1, \ldots, m$, $j = 1, \ldots, n$), b_i ($i = 1, \ldots, m$) und den Variablen x_j ($j = 1, \ldots, n$) heißt lineares Ungleichungssystem mit den m Restriktionen (1.1) und den Nichtnegativitätsbedingungen (1.2).

Sind alle b_i ($i = 1, \ldots, m$) gleich Null, so heißt das Ungleichungssystem homogen, anderenfalls inhomogen.

Mit Hilfe von Vektoren können wir dieses Ungleichungssystem wie folgt darstellen:

$$(2)\ \boldsymbol{a}_1 x_1 + \boldsymbol{a}_2 x_2 + \cdots + \boldsymbol{a}_n x_n \leqq \boldsymbol{b}$$
$$x_1, x_2, \ldots, x_n \geqq 0$$

$$\text{mit } \boldsymbol{a}_1 = \begin{bmatrix} a_{11}\\ a_{21}\\ \vdots\\ a_{m1}\end{bmatrix}; \ldots; \boldsymbol{a}_2 = \begin{bmatrix} a_{12}\\ a_{22}\\ \vdots\\ a_{m2}\end{bmatrix}; \ldots; \boldsymbol{a}_n = \begin{bmatrix} a_{1n}\\ a_{2n}\\ \vdots\\ a_{mn}\end{bmatrix}; \ \boldsymbol{b} = \begin{bmatrix} b_1\\ b_2\\ \vdots\\ b_m\end{bmatrix}.$$

Mit Hilfe von Matrizen erhalten wir folgende Darstellung:

$$(3)\ \boldsymbol{A}\boldsymbol{x} \leqq \boldsymbol{b};\ \boldsymbol{x} \geqq \boldsymbol{0}$$

$$\text{mit } \boldsymbol{A} = \begin{bmatrix} a_{11} & a_{12} & \cdots & a_{1n}\\ a_{21} & a_{22} & \cdots & a_{2n}\\ \cdots & \cdots & \cdots & \cdots\\ a_{m1} & a_{m2} & \cdots & a_{mn}\end{bmatrix}; \ \boldsymbol{x} = \begin{bmatrix} x_1\\ x_2\\ \vdots\\ x_n\end{bmatrix}.$$

Jedes lineare Ungleichungssystem läßt sich auf die oben angegebene Form bringen.

a) Tritt in einem linearen Ungleichungssystem eine Restriktion der Form $a_{k1}x_1 + a_{k2}x_2 + \cdots + a_{kn}x_n \geqq b_k$ auf, so erhalten wir nach Multiplikation mit -1
$-a_{k1}x_1 - a_{k2}x_2 - \cdots - a_{kn}x_n \leqq -b_k$.

b) Tritt in einem linearen Ungleichungssystem eine Restriktion der Form $a_{e1}x_1 + a_{e2}x_2 + \cdots + a_{en}x_n = b_e$ auf, so können wir diese Gleichung durch die beiden Ungleichungen

$$\left.\begin{aligned} a_{e1}x_1 + a_{e2}x_2 + \cdots + a_{en}x_n &\leqq b_e \\ -a_{e1}x_1 - a_{e2}x_2 - \cdots - a_{en}x_n &\leqq -b_e \end{aligned}\right\}$$

ersetzen.

c) Die Nichtnegativitätsbedingung ist in vielen praktischen Anwendungen eine natürliche Forderung. Gibt es eine Variable x_j, die nicht der Bedingung $x_j \geqq 0$ genügen muß, so ersetzen wir sie durch $x_j = x_j' - x_j''$ mit $x_j' \geqq 0$, $x_j'' \geqq 0$. Damit ist die Variable x_j durch zwei Variable x_j' und x_j'' ersetzt, die der Nichtnegativitätsbedingung genügen. Bei dieser Ersetzung kann x_j jeden beliebigen Wert annehmen, denn
für $x_j' > x_j''$ ist $x_j > 0$,
für $x_j' = x_j''$ ist $x_j = 0$,
für $x_j' < x_j''$ ist $x_j < 0$.

Wir wollen ein Beispiel betrachten, in dem die Fälle a), b) und c) vorkommen.

Beispiel 5.112

$$\begin{aligned} x_1 + 2x_2 &\leqq 40 \\ 2x_1 + x_2 &= 10 \\ x_1 + x_2 &\geqq 5 \\ x_1 &\geqq 0 \\ x_2 &= \text{beliebig.} \end{aligned}$$

a) $x_1 + x_2 \geqq 5$ ersetzen wir durch
$-x_1 - x_2 \leqq -5$.

b) $2x_1 + x_2 = 10$ ersetzen wir durch

$$\left.\begin{aligned} 2x_1 + x_2 &\leqq 10 \\ -2x_1 - x_2 &\leqq -10 \end{aligned}\right\}.$$

c) Für x_2 setzen wir $x_2 = x_2' - x_2''$ mit $x_2' \geqq 0$, $x_2'' \geqq 0$. Damit erhalten wir das Ungleichungssystem in der Form (1):

$$\begin{aligned} x_1 + 2x_2' - 2x_2'' &\leqq 40 \\ 2x_1 + x_2' - x_2'' &\leqq 10 \\ -2x_1 - x_2' + x_2'' &\leqq -10 \\ -x_1 - x_2' + x_2'' &\leqq -5 \\ x_1, x_2', x_2'' &\geqq 0. \end{aligned}$$

Definition 5.49

Jeder Vektor $\boldsymbol{x}_k$, *für den* $\boldsymbol{A}\boldsymbol{x}_k \leqq \boldsymbol{b}$ gilt, *heißt Lösung des linearen Ungleichungssystems*

$\boldsymbol{A}\boldsymbol{x} \leqq \boldsymbol{b};\ \boldsymbol{x} \geqq \mathbf{o}.$

Eine Lösung muß die Restriktionen befriedigen, muß aber nicht die Nichtnegativitätsbedingung erfüllen.

Beispiel 5.113

Im Beispiel 5.112 ist $x_1 = -1$, $x_2 = 15$; $x_2'' = 3$ eine Lösung, denn die Restriktionen werden befriedigt. Wegen $x_1 = -1 < 0$ ist die Nichtnegativitätsbedingung verletzt.

Definition 5.50

Jeder Vektor $\boldsymbol{x}_k$, *für den* $\boldsymbol{A}\boldsymbol{x}_k \leqq \boldsymbol{b}$ *und* $\boldsymbol{x}_k \geqq \mathbf{o}$ *gilt, heißt zulässige Lösung des linearen Ungleichungssystems*

$\boldsymbol{A}\boldsymbol{x} \leqq \boldsymbol{b};\ \boldsymbol{x} \geqq \mathbf{o}.$

Beispiel 5.114

Im Beispiel 5.112 ist $x_1 = 4$; $x_2' = 5$; $x_2'' = 3$ eine zulässige Lösung, denn es werden alle Restriktionen und die Nichtnegativitätsbedingung erfüllt.

Ein Ungleichungssystem lösen heißt, die Menge M der zulässigen Lösungen zu bestimmen.

Satz 5.26

Die Menge M der zulässigen Lösungen von $\boldsymbol{A}\boldsymbol{x} \leqq \boldsymbol{b}$ *und* $\boldsymbol{x} \geqq \mathbf{o}$ *ist eine konvexe Menge, wenn sie nicht leer ist.*

Beweis: Sind $\boldsymbol{x}_1$ und $\boldsymbol{x}_2$ zwei zulässige Lösungen, so ist auch jede konvexe Linearkombination $\boldsymbol{x} = \alpha_1\boldsymbol{x}_1 + \alpha_2\boldsymbol{x}_2$ mit $\alpha_1 + \alpha_2 = 1$ und $\alpha_1, \alpha_2 \geqq 0$ eine zulässige Lösung. Aus $\boldsymbol{A}\boldsymbol{x}_1 \leqq \boldsymbol{b}$; $\boldsymbol{x}_1 \geqq \mathbf{o}$ und $\boldsymbol{A}\boldsymbol{x}_2 \leqq \boldsymbol{b}$; $\boldsymbol{x}_2 \geqq \mathbf{o}$ folgt $\boldsymbol{A}(\alpha_1\boldsymbol{x}_1) \leqq \alpha_1\boldsymbol{b}$ und $\boldsymbol{A}(\alpha_2\boldsymbol{x}_2) \leqq \alpha_2\boldsymbol{b}$ und damit $\boldsymbol{A}(\alpha_1\boldsymbol{x}_1 + \alpha_2\boldsymbol{x}_2) \leqq \alpha_1\boldsymbol{b} + \alpha_2\boldsymbol{b} = \alpha_1\boldsymbol{b} + (1-\alpha_1)\boldsymbol{b} = \boldsymbol{b}$.

Damit ist nach Definition 5.38 die Menge M eine konvexe Menge.

Es ist möglich, das lineare Ungleichungssystem

$\boldsymbol{A}\boldsymbol{x} \leqq \boldsymbol{b};\quad \boldsymbol{x} \geqq \mathbf{o}$

auf ein lineares Gleichungssystem

$\boldsymbol{A}\boldsymbol{x} + \boldsymbol{u} = \boldsymbol{b};\quad \boldsymbol{x} \geqq \mathbf{o},\ \boldsymbol{u} \geqq \mathbf{o}$

zurückzuführen. Der Vektor $\boldsymbol{u}$ heißt *Schlupfvektor*, seine Komponenten heißen *Schlupfvariable*.
Zu jeder zulässigen Lösung $\boldsymbol{x}_k$ von $\boldsymbol{A}\boldsymbol{x} \leqq \boldsymbol{b}$, $\boldsymbol{x} \geqq \mathbf{o}$ gehört eine zulässige Lösung $\boldsymbol{x}_k$, $\boldsymbol{u}_k$ mit $\boldsymbol{u}_k = \boldsymbol{b} - \boldsymbol{A}\boldsymbol{x}_k$ von $\boldsymbol{A}\boldsymbol{x} + \boldsymbol{u} = \boldsymbol{b}$ und umgekehrt.

Definition 5.51

$\boldsymbol{x}_k$ *heißt der primale Teil der Lösung (primale Lösung),* $\boldsymbol{u}_k$ *der duale Teil der Lösung (duale Lösung) von* $\boldsymbol{A}\boldsymbol{x} \leqq \boldsymbol{b};\ \boldsymbol{x} \geqq \mathbf{o}$ *bzw.* $\boldsymbol{A}\boldsymbol{x} + \boldsymbol{u} = \boldsymbol{b};\ \boldsymbol{x} \geqq \mathbf{o};\ \boldsymbol{u} \geqq \mathbf{o}.$

Beispiel 5.115

Das Beispiel 5.112 läßt sich auch in der Form

$$\begin{aligned}
x_1 + 2x_2' - 2x_2'' + u_1 \quad &= 40\\
2x_1 + x_2' - x_2'' + u_2 \quad &= 10\\
-2x_1 - x_2' - x_2'' + u_3 \quad &= -10\\
-x_1 - x_2' + x_2'' + u_4 &= -5\\
x_1, x_2', x_2'', u_1, u_2, u_3, u_4 &\geqq 0
\end{aligned}$$

schreiben.

$x_1 = 4;\ x_2' = 5;\ x_2'' = 3;\ u_1 = 32;\ u_2 = 0;\ u_3 = 0;\ u_4 = 1$

ist eine zulässige Lösung.

$\boldsymbol{x}_1 = \begin{bmatrix} 4 \\ 5 \\ 3 \end{bmatrix}$ ist der primale Teil und $\boldsymbol{u}_1 = \begin{bmatrix} 32 \\ 0 \\ 0 \\ 1 \end{bmatrix}$ der duale Teil dieser Lösung.

5.12.2. Normales Ungleichungssystem mit beschränkter Lösungsmenge

Lineare Ungleichungssysteme, die Aufgaben der ökonomischen Praxis richtig widerspiegeln, haben immer beschränkte Lösungsmengen.

Wir beginnen unsere Darlegungen mit einem speziellen Ungleichungssystem.

Definition 5.52

Das Ungleichungssystem $\boldsymbol{A}\boldsymbol{x} \leqq \boldsymbol{b}$; $\boldsymbol{x} \geqq \boldsymbol{o}$ *heißt normales Ungleichungssystem, wenn* $\boldsymbol{b} \geqq \boldsymbol{o}$ *ist.*

Beispiel 5.116

Das Beispiel 5.112 ist kein normales Ungleichungssystem.

Hingegen ist

$$\begin{aligned}
2x_1 + x_2 &\leqq 40 \\
x_1 + x_2 &\leqq 20 \\
x_1 + 3x_2 &\leqq 30 \\
x_1, x_2 &\geqq 0
\end{aligned}
\quad \text{bzw.} \quad
\begin{aligned}
2x_1 + x_2 + u_1 \quad &= 40\\
x_1 + x_2 + u_2 \quad &= 20\\
x_1 + 3x_2 + u_3 &= 30\\
x_1, x_2, u_1, u_2, u_3 &\geqq 0
\end{aligned}$$

ein normales Ungleichungssystem.

In einem normalen Ungleichungssystem gibt es immer eine zulässige Lösung, nämlich $\boldsymbol{x} = \boldsymbol{o}$, $\boldsymbol{u} = \boldsymbol{b}$, die *triviale Lösung*.

Wir betrachten die Restriktionen des normalen Ungleichungssystems in der Form

$\boldsymbol{A}\boldsymbol{x} + \boldsymbol{u} = \boldsymbol{b}$

oder $\boldsymbol{E}\boldsymbol{u} + \boldsymbol{A}\boldsymbol{x} = \boldsymbol{b}$

$$(\boldsymbol{E}\ \boldsymbol{A}) \begin{bmatrix} \boldsymbol{u} \\ \boldsymbol{x} \end{bmatrix} = \boldsymbol{b}.$$

Damit liegt ein Gleichungssystem vor, wie wir es in Abschnitt 5.9. untersucht haben. Das Gleichungssystem hat den Rang $r = m$ und besitzt $n + m$ Variable. Der Freiheitsgrad ist $f = n$. Eine zulässige Lösung ist die triviale Lösung

$$\boldsymbol{u} = \boldsymbol{b}; \quad \boldsymbol{x} = \boldsymbol{o}.$$

In der dadurch bestimmten allgemeinen Lösung $\boldsymbol{u} = \boldsymbol{b} - \boldsymbol{A}\boldsymbol{x}$ sind die Komponenten von $\boldsymbol{u}$ die Basisvariablen, die Komponenten von $\boldsymbol{x}$ die Nichtbasisvariablen.
Wir können für die Darstellung dieser Lösung die folgende Rechentabelle benutzen.

Tabelle 5.72

	$x_1 \cdots x_n$ $\boldsymbol{a}_1 \cdots \boldsymbol{a}_n$	$\boldsymbol{b}$
u_1 $\boldsymbol{e}_1$ $\vdots$ $\vdots$ u_m $\boldsymbol{e}_m$	$\boldsymbol{A}$	$\boldsymbol{b}$

Definition 5.53

Die triviale Lösung und jede aus ihr durch elementare Basistransformation hervorgehende zulässige Lösung heißt zulässige Basislösung des linearen Ungleichungssystems.

In der Basislösung nehmen die Nichtbasisvariablen den Wert Null an. Die Basisvariablen nehmen den Wert in der rechten Randspalte an.
Tauschen wir in der Tabelle 5.72 einen der Vektoren $\boldsymbol{a}_1, \ldots, \boldsymbol{a}_n$ gegen einen der Basisvektoren $\boldsymbol{e}_1, \ldots, \boldsymbol{e}_m$ aus, so erhalten wir eine weitere Basislösung des Gleichungssystems $\boldsymbol{A}\boldsymbol{x} + \boldsymbol{u} = \boldsymbol{b}$. Damit diese Lösung auch zulässige Lösung für unser Ungleichungssystem ist, müssen wir darauf achten, daß in der nächsten Rechentabelle unter $\boldsymbol{b}$ ein nichtnegativer Vektor steht. Das gilt auch für die weiteren Basistransformationen. Wir leiten jetzt ab, wie wir das Hauptelement der Basistransformation wählen müssen, damit aus einer zulässigen Lösung wieder eine zulässige Lösung hervorgeht.
Wir betrachten eine beliebige Rechentabelle mit zulässiger Lösung.

Tabelle 5.73

		$\overbrace{\cdots y_i \cdots}^{\boldsymbol{y}_R}$	$\boldsymbol{b}$
$\boldsymbol{y}_B$	y_1 $\vdots$ y_k $\vdots$ y_m	d_{1j} $\vdots$ d_{kj} $\vdots$ d_{mj}	d_1 $\vdots$ d_k $\vdots$ d_m

Die zulässige Lösung ist $\boldsymbol{y}_B = \begin{bmatrix} d_1 \\ \vdots \\ d_k \\ \vdots \\ d_m \end{bmatrix} \geqq \boldsymbol{o}; \boldsymbol{y}_R = \boldsymbol{o}.$

Die y stehen stellvertretend für irgendwelche der Komponenten von $\boldsymbol{x}$ und $\boldsymbol{u}$.
Nehmen wir an, daß d_{kj} das Hauptelement der Basistransformation ist. Dann erhalten wir nach der Basistransformation Tabelle 5.74.

Tabelle 5.74

	$\cdots y_k \cdots$	
y_1		$d_1 - \delta d_{1j}$
$\vdots$		$\vdots$
y_j		$\dfrac{d_k}{d_{kj}} = \delta$
$\vdots$		$\vdots$
y_m		$d_m - \delta d_{mj}$

Soll die Tabelle 5.74 eine andere zulässige Lösung liefern als Tabelle 5.73, so muß $\delta > 0$ sein. Das setzt voraus, daß $d_k > 0$ und $d_{kj} > 0$.
Das Hauptelement der Basistransformation muß also positiv sein, wenn aus einer zulässigen Lösung wieder eine zulässige Lösung hervorgehen soll.
Damit die Lösung aus Tabelle 5.74 zulässig ist, muß aber außerdem

$$\begin{matrix} d_1 - \delta d_{1j} \geqq 0 & & d_1 \geqq \delta d_{1j} & & \\ \vdots & \text{oder} & \vdots & \text{bzw.} & d_i \geqq \delta d_{ij} \quad (i = 1, \ldots, m, i \neq k) \\ d_m - \delta d_{mj} \geqq 0 & & d_m \geqq \delta d_{mj} & & \end{matrix}$$

gelten.
Ist $d_{ij} < 0$, so ist $d_i \geqq \delta d_{ij}$, denn $d_i \geqq 0$ während $\delta d_{ij} < 0$.
Ist $d_{ij} > 0$, so ist $d_i \geqq \delta d_{ij}$ gleichwertig mit $\delta \leqq \dfrac{d_i}{d_{ij}}$.
Demnach muß δ einen minimalen Quotienten bilden,

$$\delta = \min_{d_{ij} > 0} \frac{d_i}{d_{ij}} = \frac{d_k}{d_{kj}}.$$

Damit aus einer zulässigen Lösung wieder eine zulässige Lösung hervorgeht, müssen wir also bei der Wahl des Hauptelementes folgendes beachten:

a) Das Hauptelement muß positiv sein.
b) In der gegebenen Spalte darf nur ein solches positives d_{ij} gewählt werden, das mit dem entsprechenden Element d_i der letzten Spalte einen minimalen Quotienten $\dfrac{d_i}{d_{ij}}$ bildet.

Beispiel 5.117

Wir betrachten

$$\begin{aligned} 2x_1 + 4x_2 &\leqq 180 \\ 3x_1 + 3x_2 &\leqq 180 \\ 5x_1 \quad &\leqq 200 \\ x_1, x_2 &\geqq 0 \end{aligned}$$

mit der trivialen Lösung $x_1 = 0$; $x_2 = 0$; $u_1 = 180$; $u_2 = 180$; $u_3 = 200$.

Tabelle 5.75

	x_1 $\boldsymbol{a}_1$	x_2 $\boldsymbol{a}_2$	$\boldsymbol{b}$
u_1 $\boldsymbol{e}_1$	2	4	180
u_2 $\boldsymbol{e}_2$	3	3	180
u_3 $\boldsymbol{e}_3$	$\boxed{5}$	0	200

In der ersten Spalte sind alle drei Elemente positiv, die Quotienten sind $\frac{180}{2}, \frac{180}{3}, \frac{200}{5}$. Der kleinste Quotient ist $\frac{200}{5} = 40$. In der ersten Spalte muß die 5 als Hauptelement gewählt werden.
In der zweiten Spalte sind zwei positive Elemente, die Quotienten sind $\frac{180}{4}, \frac{180}{3}$. Der kleinste Quotient ist $\frac{180}{4} = 45$. In der zweiten Spalte muß die 4 als Hauptelement gewählt werden.
Wir wählen das Hauptelement in der ersten Spalte und erhalten Tabelle 5.76.

Tabelle 5.76

	u_3 e_3	x_2 a_2	b
u_1 e_1	$-\frac{2}{5}$	4	100
u_2 e_2	$-\frac{3}{5}$	3	60
x_1 a_1	$\frac{1}{5}$	0	40

Wir lesen die Basislösung $x_1 = 40$; $x_2 = 0$; $u_1 = 100$; $u_2 = 60$; $u_3 = 0$ ab.
In der zweiten Spalte der Tabelle 5.76 wird die 3 Hauptelement, denn $\frac{60}{3} < \frac{100}{4}$.

Tabelle 5.77

	u_3 e_3	u_2 e_2	
u_1 e_1	$\frac{2}{5}$	$-\frac{4}{3}$	20
x_2 a_2	$-\frac{1}{5}$	$\frac{1}{3}$	20
x_1 a_1	$\frac{1}{5}$	0	40

Wir lesen die Basislösung $x_1 = 40$; $x_2 = 20$; $u_1 = 20$; $u_2 = 0$; $u_3 = 0$ ab.
In der ersten Spalte der Tabelle 5.77 wird $\frac{2}{5}$ Hauptelement, denn $\frac{20}{\frac{2}{5}} < \frac{40}{\frac{1}{5}}$.

Tabelle 5.78

	u_1 e_1	u_2 e_2	
u_3 e_3	$\frac{5}{2}$	$-\frac{10}{3}$	50
x_2 a_2	$\frac{1}{2}$	$-\frac{1}{3}$	30
x_1 a_1	$-\frac{1}{2}$	$\frac{2}{3}$	30

Wir lesen die Basislösung $x_1 = 30$; $x_2 = 30$; $u_1 = 0$; $u_2 = 0$; $u_3 = 50$ ab.

In der zweiten Spalte kann nur $\frac{2}{3}$ als Hauptelement gewählt werden.

Tabelle 5.79

	u_1 e_1	x_1 a_1	
u_3 e_3	0	5	200
x_2 a_2	$\frac{1}{4}$	$\frac{1}{2}$	45
u_2 e_2	$-\frac{3}{4}$	$\frac{3}{2}$	45

Wir lesen die Basislösung $x_1 = 0$; $x_2 = 45$; $u_1 = 0$; $u_2 = 45$; $u_3 = 200$ ab.

Würden wir jetzt in der ersten Spalte das Hauptelement wählen, würden wir zur Tabelle 5.75 zurückkommen (in anderer Anordnung). Würden wir in der zweiten Spalte der Tabelle 5.79 das Hauptelement wählen, würden wir Tabelle 5.78 erhalten.

Wir haben alle Basislösungen berechnet.

Satz 5.27

Die Menge der Basislösungen eines linearen Ungleichungssystems ist endlich.

Beweis: Da es nur endlich viele Möglichkeiten gibt, aus den Vektoren $e_1, \ldots, e_m, a_1, \ldots, a_n$ m Vektoren als Basis auszuwählen, gibt es auch nur endlich viele Basislösungen.

Satz 5.28

Die Basislösungen des linearen Ungleichungssystems sind die Eckpunkte der konvexen Lösungsmenge M.

Satz 5.29

Die konvexe beschränkte Lösungsmenge M hat endlich viele Eckpunkte, ist also ein konvexes Polyeder.

Wir wollen jetzt formulieren, wie wir alle zulässigen Lösungen des beschränkten linearen Ungleichungssystems finden können.

Satz 5.30

Sind $\begin{bmatrix} x_1 \\ u_1 \end{bmatrix}, \begin{bmatrix} x_2 \\ u_2 \end{bmatrix}, \ldots, \begin{bmatrix} x_k \\ u_k \end{bmatrix}$ *die Basislösungen des beschränkten linearen Ungleichungssystems* $Ax + u = b$, $x \geqq o$, $u \geqq o$, *so ist die Menge M aller zulässigen Lösungen durch die Menge aller konvexen Linearkombinationen*

$$\begin{bmatrix} x \\ u \end{bmatrix} = \alpha_1 \begin{bmatrix} x_1 \\ u_1 \end{bmatrix} + \alpha_2 \begin{bmatrix} x_2 \\ u_2 \end{bmatrix} + \cdots + \alpha_k \begin{bmatrix} x_k \\ u_k \end{bmatrix}$$

mit $\alpha_1 + \alpha_2 + \cdots + \alpha_k = 1; \alpha_1, \alpha_2, \ldots, \alpha_k \geqq 0$ *gegeben.*

Beispiel 5.118

Im Beispiel 5.117 haben wir fünf Basislösungen. Diese Basislösungen sind die Eckpunkte des konvexen Fünfecks in der Abbildung 5.18.

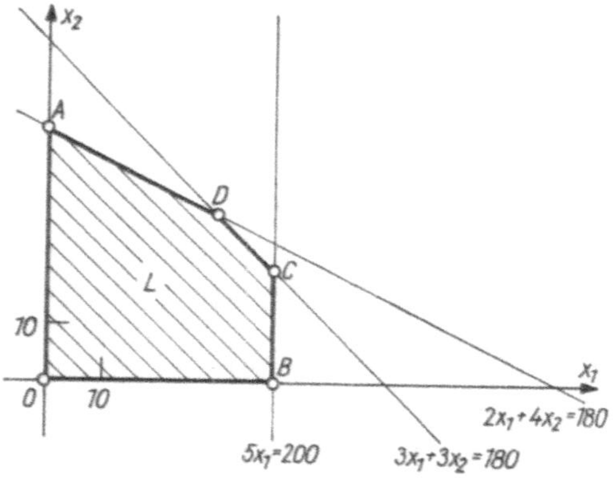

Abbildung 5.18

Alle Lösungen des Beispiels 5.117 sind durch

$$\begin{bmatrix} x_1 \\ x_2 \\ u_1 \\ u_2 \\ u_3 \end{bmatrix} = \alpha_1 \begin{bmatrix} 0 \\ 0 \\ 180 \\ 180 \\ 200 \end{bmatrix} + \alpha_2 \begin{bmatrix} 40 \\ 0 \\ 100 \\ 60 \\ 0 \end{bmatrix} + \alpha_3 \begin{bmatrix} 40 \\ 20 \\ 20 \\ 0 \\ 0 \end{bmatrix} + \alpha_4 \begin{bmatrix} 30 \\ 30 \\ 0 \\ 0 \\ 50 \end{bmatrix} + \alpha_5 \begin{bmatrix} 0 \\ 45 \\ 0 \\ 45 \\ 200 \end{bmatrix}$$

mit $\alpha_1 + \alpha_2 + \alpha_3 + \alpha_4 + \alpha_5 = 1$ und $\alpha_1, \alpha_2, \alpha_3, \alpha_4, \alpha_5 \geqq 0$ gegeben.

Auf das normale Ungleichungssystem mit unbeschränkter Lösungsmenge wollen wir nicht eingehen, weil praktische ökonomische Aufgaben immer beschränkte Lösungsmengen haben. Über normale lineare Ungleichungssysteme mit unbeschränkter Lösungsmenge können Sie in [5.1] nachlesen.

Nicht jedes lineare Ungleichungssystem ist ein normales Ungleichungssystem. Der allgemeine Fall des linearen Ungleichungssystems ist

$$\begin{aligned} \boldsymbol{A}_1\boldsymbol{x} &\leqq \boldsymbol{b}_1 \\ \boldsymbol{A}_2\boldsymbol{x} &\geqq \boldsymbol{b}_2 \\ \boldsymbol{x} &\geqq \boldsymbol{o} \end{aligned}$$

wobei wir $\boldsymbol{b}_1 \geqq \boldsymbol{o}$ und $\boldsymbol{b}_2 \geqq \boldsymbol{o}$ voraussetzen.

Durch Einführung des *Schlupfvektors* $\boldsymbol{u} = \boldsymbol{b}_1 - \boldsymbol{A}_1\boldsymbol{x}$ und des *Überschußvektors* $\boldsymbol{v} = \boldsymbol{A}_2\boldsymbol{x} - \boldsymbol{b}_2$ erhalten wir das Gleichungssystem.

$$\begin{aligned} \boldsymbol{A}_1\boldsymbol{x} + \boldsymbol{u} &= \boldsymbol{b}_1 \\ \boldsymbol{A}_2\boldsymbol{x} - \boldsymbol{v} &= \boldsymbol{b}_2 \\ \boldsymbol{x}, \boldsymbol{u}, \boldsymbol{v} &\geqq \boldsymbol{o}. \end{aligned}$$

Die Komponenten des Schlupfvektors nannten wir *Schlupfvariable*. Entsprechend heißen die Komponenten des Überschußvektors *Überschußvariable*. Während ein normales Ungleichungssystem immer eine zulässige Lösung besitzt, ist das beim allgemeinen Fall des linearen Ungleichungssystems nicht sicher. Auf die graphische Lösung linearer Ungleichungssysteme wird im Kapitel 6 eingegangen.

5.1.3 Determinanten

Wir haben die Matrix als ein rechteckiges Zahlenschema kennengelernt, als Spezialfall die quadratische Matrix.
Wir ordnen jetzt der quadratischen Matrix eine Zahl zu, die wir als Determinante bezeichnen. Der Determinantenbegriff ist im Zusammenhang mit der Lösung von linearen Gleichungssystemen entwickelt worden, besitzt aber heute in der Mathematik eine darüber hinausgehende Bedeutung. Wir verwenden ihn in diesem Buch bei der Behandlung nichtlinearer Funktionen.

Definition 5.54

Die Determinante $|A|$ ist eine Zahl, die der quadratischen Matrix

$$A = \begin{bmatrix} a_{11} & a_{12} & \cdots & a_{1n} \\ a_{21} & a_{22} & \cdots & a_{2n} \\ \cdots & \cdots & \cdots & \cdots \\ a_{n1} & a_{n2} & \cdots & a_{nn} \end{bmatrix}$$

durch folgende Vorschrift zugeordnet wird:

Für $n = 1$ ist

$$|A| = |a_{11}| = a_{11},$$

für $n = 2$ ist

$$|A| = \begin{vmatrix} a_{11} & a_{21} \\ a_{12} & a_{22} \end{vmatrix} = a_{11}\,a_{22} - a_{21}\,a_{12},$$

für $n = 3$ ist

$$|A| = \begin{vmatrix} a_{11} & a_{12} & a_{13} \\ a_{21} & a_{22} & a_{23} \\ a_{31} & a_{32} & a_{33} \end{vmatrix}$$

$$= a_{11}a_{22}a_{33} + a_{12}a_{23}a_{31} + a_{13}a_{21}a_{32} - a_{13}a_{22}a_{31} - a_{12}a_{21}a_{33} - a_{11}a_{23}a_{32},$$

für beliebiges $n \geqq 2$ ist

$$a)\ |A| = \begin{vmatrix} a_{11} & \cdots & a_{1n} \\ \cdots & \cdots & \cdots \\ a_{n1} & \cdots & a_{nn} \end{vmatrix}$$

$$= a_{i1}(-1)^{i+1}\,|A_{i1}| + a_{i2}(-1)^{i+2}\,|A_{i2}| + \cdots + a_{in}(-1)^{i+n}\,|A_{in}|$$

$$= \sum_{j=1}^{n} a_{ij}(-1)^{i+j}\,|A_{ij}| \quad \text{für ein } i \text{ mit } 1 \leqq i \leqq n$$

(Entwicklung nach der Zeile i)

b) $|A| = a_{1j}(-1)^{1+j}\,|A_{1j}| + a_{2j}(-1)^{2+j}\,|A_{2j}| + \cdots + a_{nj}(-1)^{n+j}\,|A_{nj}|$

$= \sum_{i=1}^{n} a_{ij}(-1)^{i+j}\,|A_{ij}|$ *für ein j mit* $1 \leqq j \leqq n$

(*Entwicklung nach der Spalte j*).

Dabei ist A_{ij} *eine Teilmatrix der Matrix A. Die Teilmatrix* A_{ij} *entsteht dadurch, daß in der Matrix A die Zeile i und die Spalte j gestrichen werden.*

Die Determinante einer quadratischen Matrix zweiter Ordnung wird berechnet, indem vom Produkt der Elemente in der Hauptdiagonale das Produkt der Elemente in der Nebendiagonale subtrahiert wird.

Als Gedächtnisstütze kann die Abbildung 5.19 benutzt werden. Vom Produkt der Elemente auf der ausgezogenen Linie wird das Produkt der Elemente auf der gestrichelten Linie subtrahiert.

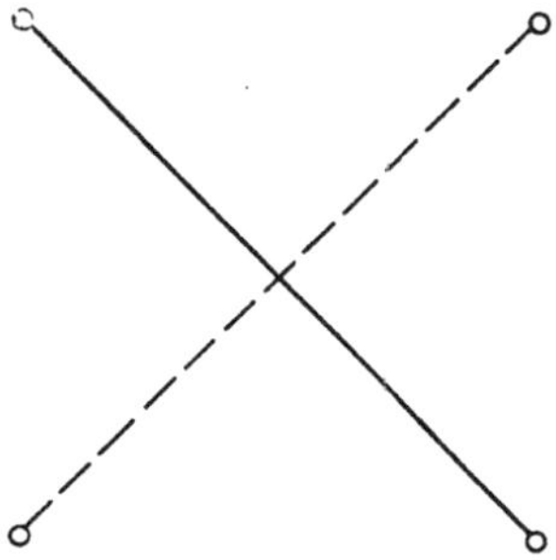

Abbildung 5.19

Beispiel 5.119

$A = \begin{bmatrix} 1 & 3 \\ 5 & 7 \end{bmatrix}, \quad |A| = 1 \cdot 7 - 3 \cdot 5 = -8$

Als Gedächtnisstütze für die Berechnung der Determinante einer quadratischen Matrix dritter Ordnung kann die Abbildung 5.20 benutzt werden.

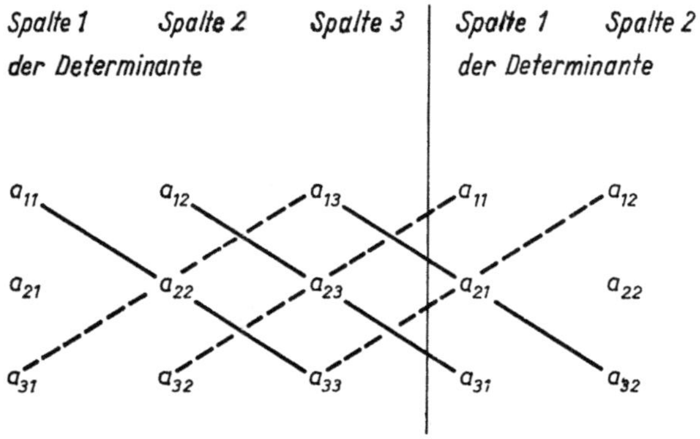

Abbildung 5.20

Die Produkte der Elemente, die durch ausgezogene Linien verbunden sind, müssen addiert werden, während die Produkte der Elemente, die durch gestrichelte Linien verbunden sind, subtrahiert werden müssen (Sarrussche Regel).

Beispiel 5.120

$$A = \begin{bmatrix} 2 & 1 & 4 \\ 3 & 5 & 9 \\ 7 & 6 & 8 \end{bmatrix}; \quad \begin{aligned} |A| = {} & 2\cdot 5\cdot 8 + 1\cdot 9\cdot 7 + 4\cdot 3\cdot 6 \\ & -4\cdot 5\cdot 7 - 1\cdot 3\cdot 8 - 2\cdot 9\cdot 6 \\ = {} & 80 + 63 + 72 - 140 - 24 - 108 \\ = {} & -57 \end{aligned}$$

Für die Berechnung der Determinanten von quadratischen Matrizen der Ordnung $n > 3$ lassen sich nicht solche einfachen Regeln angeben. Wir wollen deshalb den Fall $n > 3$ etwas ausführlicher behandeln. Dazu führen wir den Begriff der Unterdeterminante ein.

Definition 5.55

Werden in der Matrix A p Zeilen und p Spalten weggelassen, so entsteht eine neue Matrix $\bar{A}$, deren Determinante $|\bar{A}|$ als Unterdeterminante der Determinante $|A|$ bezeichnet wird.

Streichen wir in der Matrix A die Zeile r und die Spalte s, so entsteht eine Teilmatrix A_{rs} mit der Unterdeterminante $|A_{rs}|$.

Beispiel 5.121

Zur Determinante $|A|$ mit

$$A = \begin{bmatrix} 4 & 3 & 1 \\ 2 & 1 & 4 \\ 5 & 1 & 0 \end{bmatrix}$$

gehören unter anderem folgende Unterdeterminanten:

$$|A_{23}| = \begin{vmatrix} 4 & 3 \\ 5 & 1 \end{vmatrix}; \quad |A_{11}| = \begin{vmatrix} 1 & 4 \\ 1 & 0 \end{vmatrix}; \quad |A_{31}| = \begin{vmatrix} 3 & 1 \\ 1 & 4 \end{vmatrix}.$$

Mit dem Begriff der Unterdeterminante $|A_{ij}|$ läßt sich die Berechnungsvorschrift für Determinanten $|A|$ mit $n \geqq 2$ wie folgt formulieren:

Zu jedem Element a_{ij} einer *festen* Zeile (Spalte) berechnen wir die zugehörige Unterdeterminante $|A_{ij}|$. Die Elemente a_{ij} multiplizieren wir mit den zugehörigen Unterdeterminanten $|A_{ij}|$. Diese Produkte $a_{ij}\,|A_{ij}|$ addieren wir, wenn $i + j$ eine gerade Zahl ist, wir subtrahieren sie, wenn $i + j$ eine ungerade Zahl ist. Die so erhaltene Summe ist die gesuchte Determinante $|A|$. Wir sagen zu diesem Vorgehen, daß wir die Determinante nach der festen Zeile (Spalte) entwickelt haben.

Sind bei dieser Entwicklung die Unterdeterminanten nicht durch einfache Regeln zu berechnen, so müssen die Unterdeterminanten wiederum nach einer Zeile (Spalte) entwickelt werden usw., bis wir Unterdeterminanten erhalten, die nach einfachen Regeln zu berechnen sind.

Beispiel 5.122

Wir zeigen jetzt, daß bei $n = 2$ die Entwicklung nach einer Zeile (Spalte) genau die Berechnungsformel ergibt, die in der Definition für $n = 2$ angegeben ist. Die Entwicklung nach der ersten Zeile ergibt

$$|A| = \begin{vmatrix} a_{11} & a_{12} \\ a_{21} & a_{22} \end{vmatrix} = a_{11}\,|a_{22}| - a_{12}\,|a_{21}| = a_{11}\,a_{22} - a_{12}\,a_{21}.$$

Die Entwicklung nach der zweiten Spalte ergibt ebenfalls

$$|A| = -a_{12}\,|a_{21}| + a_{22}\,|a_{11}| = -a_{12}a_{21} + a_{22}a_{11}.$$

Beispiel 5.123

Wir zeigen jetzt, daß bei $n = 3$ die Entwicklung nach einer Zeile (Spalte) genau die Berechnungsformel ergibt, die in der Definition 5.54 für $n = 3$ angegeben ist. Die Entwicklung nach der zweiten Zeile ergibt

$$|A| = \begin{vmatrix} a_{11} & a_{12} & a_{13} \\ a_{21} & a_{22} & a_{23} \\ a_{31} & a_{32} & a_{33} \end{vmatrix} = -a_{21}\begin{vmatrix} a_{12} & a_{13} \\ a_{32} & a_{33} \end{vmatrix} + a_{22}\begin{vmatrix} a_{11} & a_{13} \\ a_{31} & a_{33} \end{vmatrix} - a_{23}\begin{vmatrix} a_{11} & a_{12} \\ a_{31} & a_{32} \end{vmatrix}$$

$$= -a_{21}(a_{12}a_{33} - a_{13}a_{32}) + a_{22}(a_{11}a_{33} - a_{13}a_{31}) - a_{23}(a_{11}a_{32} - a_{12}a_{31})$$

$$= a_{11}a_{22}a_{33} + a_{12}a_{23}a_{31} + a_{13}a_{21}a_{32} - a_{13}a_{22}a_{31} - a_{12}a_{21}a_{33} - a_{11}a_{23}a_{32}.$$

Die Entwicklung nach der dritten Spalte ergibt ebenfalls

$$|A| = a_{13}\begin{vmatrix} a_{21} & a_{22} \\ a_{31} & a_{32} \end{vmatrix} - a_{23}\begin{vmatrix} a_{11} & a_{12} \\ a_{31} & a_{32} \end{vmatrix} + a_{33}\begin{vmatrix} a_{11} & a_{12} \\ a_{21} & a_{22} \end{vmatrix}$$

$$= a_{13}(a_{21}a_{32} - a_{22}a_{31}) - a_{23}(a_{11}a_{32} - a_{12}a_{31}) + a_{33}(a_{11}a_{22} - a_{12}a_{21})$$

$$= a_{11}a_{22}a_{33} + a_{12}a_{23}a_{31} + a_{13}a_{21}a_{32} - a_{13}a_{22}a_{31} - a_{12}a_{21}a_{33} - a_{11}a_{23}a_{32}.$$

Beispiel 5.124

Wir berechnen die Determinante

$$|A| = \begin{vmatrix} 1 & 2 & 1 & -3 \\ 1 & -1 & 2 & 2 \\ -1 & -1 & 0 & 1 \\ 2 & 0 & 1 & 3 \end{vmatrix}$$

durch Entwicklung nach der dritten Zeile.

$$|A| = (-1)\begin{vmatrix} 2 & 1 & -3 \\ -1 & 2 & 2 \\ 0 & 1 & 3 \end{vmatrix} - (-1)\begin{vmatrix} 1 & 1 & -3 \\ 1 & 2 & 2 \\ 2 & 1 & 3 \end{vmatrix} + 0\begin{vmatrix} 1 & 2 & -3 \\ 1 & -1 & 2 \\ 2 & 0 & 3 \end{vmatrix} - 1\begin{vmatrix} 1 & 2 & 1 \\ 1 & -1 & 2 \\ 2 & 0 & 1 \end{vmatrix}.$$

Die Unterdeterminanten können wir bereits nach der Sarusschen Regel berechnen. Wir wollen sie aber zur Übung nach der ersten Zeile entwickeln.

$$|A| = -1\left(2\begin{vmatrix}2 & 2\\1 & 3\end{vmatrix} - 1\begin{vmatrix}-1 & 2\\0 & 3\end{vmatrix} - 3\begin{vmatrix}-1 & 2\\0 & 1\end{vmatrix}\right) + 1\left(1\begin{vmatrix}2 & 2\\1 & 3\end{vmatrix} - 1\begin{vmatrix}1 & 2\\2 & 3\end{vmatrix} - 3\begin{vmatrix}1 & 2\\2 & 1\end{vmatrix}\right)$$

$$+0\left(1\begin{vmatrix}-1 & 2\\0 & 3\end{vmatrix} - 2\begin{vmatrix}1 & 2\\2 & 3\end{vmatrix} - 3\begin{vmatrix}1 & -1\\2 & 0\end{vmatrix}\right) - 1\left(1\begin{vmatrix}-1 & 2\\0 & 1\end{vmatrix} - 2\begin{vmatrix}1 & 2\\2 & 1\end{vmatrix} + 1\begin{vmatrix}1 & -1\\2 & 0\end{vmatrix}\right)$$

$$= -1\,(2 \cdot 4 - 1\,(-3) - 3\,(-1)) + 1\,(1 \cdot 4 - 1\,(-1) - 3\,(-3))$$

$$+0\,(1 \cdot (-3) - 2\,(-1) - 3 \cdot 2) - 1\,(1\,(-1) - 2\,(-3) + 1 \cdot 2)$$

$$= -1 \cdot 14 + 1 \cdot 14 + 0(-7) - 1 \cdot 7$$

$$= -7\,.$$

(Selbstverständlich hätten wir auf die Berechnung der Determinante

$$\begin{vmatrix}1 & 2 & -3\\1 & -1 & 2\\2 & 0 & 3\end{vmatrix}$$

verzichten können, weil sie mit dem Faktor 0 auftritt. Wir haben die Berechnung zur Übung vorgeführt.)

Wir führen einige Eigenschaften der Determinanten an, mit deren Benutzung wir die Berechnung der Determinanten bequemer durchführen können.

Satz 5.31

Eine Determinante ändert ihren Wert nicht

a) wenn die zugehörige Matrix transponiert wird,

b) wenn in der zugehörigen Matrix zu einem Zeilenvektor (Spaltenvektor) ein mit einem beliebigen Skalar multiplizierter Zeilenvektor (Spaltenvektor) der Matrix addiert wird.

Satz 5.32

Eine Determinante ändert ihr Vorzeichen, wenn in der zugehörigen Matrix zwei Zeilen (Spalten) vertauscht werden.

Satz 5.33

Wird ein Zeilenvektor einer Matrix mit einem Skalar λ multipliziert, so wird die zugehörige Determinante ebenfalls mit λ multipliziert.

Satz 5.34

Eine Determinante ist Null,

a) wenn zwei Zeilenvektoren (Spaltenvektoren) der zugehörigen Matrix gleich sind,

b) wenn ein Zeilenvektor (Spaltenvektor) der zugehörigen Matrix ein Nullvektor ist.

Mit Hilfe des Satzes 5.31 können wir eine Matrix verändern, ohne die zugehörige Determinante zu verändern. Es ist günstig, eine Matrix mit Hilfe des genannten Satzes in eine Dreiecksmatrix umzuformen, denn die Determinante einer Dreiecksmatrix ist das Produkt der Elemente in der Hauptdiagonale. Beachten Sie bitte, daß sich bei den Umformungen verschiedene Matrizen ergeben, die alle die gleiche Determinante besitzen.

Beispiel 5.125

$$A = \begin{bmatrix} 1 & -1 & 2 \\ -1 & -1 & 0 \\ 2 & 0 & 1 \end{bmatrix}$$

$$A_1 = \begin{bmatrix} -3 & -1 & 2 \\ -1 & -1 & 0 \\ 0 & 0 & 1 \end{bmatrix}$$ (wir haben in der Matrix A den dritten Spaltenvektor mit -2 multipliziert und zum ersten Spaltenvektor addiert)

$$A_2 = \begin{bmatrix} -2 & -1 & 2 \\ 0 & -1 & 0 \\ 0 & 0 & 1 \end{bmatrix}$$ (wir haben in der Matrix A_1 den zweiten Spaltenvektor mit -1 multipliziert und zum ersten Spaltenvektor addiert)

A_2 ist eine obere Dreiecksmatrix.

$|A| = |A_1| = |A_2| = (-2) \cdot (-1) \cdot 1 = 2$

Wir haben hier nur den Satz 5.31 b) bei unseren Umformungen benutzt.

Beispiel 5.126

Wir berechnen die Determinante

$$|A| = \begin{vmatrix} 1 & 2 & 1 & -3 \\ 1 & -1 & 2 & 2 \\ -1 & -1 & 0 & 1 \\ 2 & 0 & 1 & 3 \end{vmatrix}$$

aus Beispiel 5.124 durch Umformungen.

$$A_1 = \begin{bmatrix} 1 & 2 & 1 & -3 \\ 0 & -2 & 2 & 3 \\ -1 & -1 & 0 & 1 \\ 2 & 0 & 1 & 3 \end{bmatrix}$$ (wir haben in der Matrix A die dritte Zeile zur zweiten Zeile addiert)

$$A_2 = \begin{bmatrix} 1 & 2 & 1 & -3 \\ 0 & -2 & 2 & 3 \\ 0 & 1 & 1 & -2 \\ 2 & 0 & 1 & 3 \end{bmatrix}$$ (wir haben in der Matrix A_1 die erste Zeile zur dritten Zeile addiert)

$$A_3 = \begin{bmatrix} 1 & 2 & 1 & -3 \\ 0 & -2 & 2 & 3 \\ 0 & 1 & 1 & -2 \\ 0 & -4 & -1 & 9 \end{bmatrix}$$ (wir haben in der Matrix A_2 die erste Zeile mit -2 multipliziert und zur vierten Zeile addiert)

$$A_4 = \begin{bmatrix} 1 & 2 & 1 & -3 \\ 0 & 0 & 4 & -1 \\ 0 & 1 & 1 & -2 \\ 0 & 0 & 3 & 1 \end{bmatrix}$$

(wir haben in der Matrix A_3 die dritte Zeile mit 4 multipliziert und zur vierten Zeile addiert)

$$A_5 = \begin{bmatrix} 1 & 2 & 1 & -3 \\ 0 & 1 & 1 & -2 \\ 0 & 0 & 4 & -1 \\ 0 & 0 & 3 & 1 \end{bmatrix}$$

(wir haben in der Matrix A_4 die dritte Zeile mit der zweiten Zeile vertauscht)

$$A_6 = \begin{bmatrix} 1 & 2 & 1 & -3 \\ 0 & 1 & 1 & -2 \\ 0 & 0 & 4 & -1 \\ 0 & 0 & 0 & \frac{7}{4} \end{bmatrix}$$

(wir haben in der Matrix A_5 die dritte Zeile mit $-\frac{3}{4}$ multipliziert und zur vierten Zeile addiert)

A_6 ist eine obere Dreiecksmatrix.

$$|A| = |A_1| = |A_2| = |A_3| = |A_4| = -|A_5| = -|A_6| = -\left(1 \cdot 1 \cdot 4 \cdot \frac{7}{4}\right) = -7 .$$

Wir haben bei diesen Umformungen Satz 5.31 b) und Satz 5.32 benutzt.

Es soll nun gezeigt werden, wie bestimmte Gleichungssysteme mit Hilfe von Determinanten gelöst werden können.

Satz 5.35 (*Cramersche Regel*)

Das Gleichungssystem $A \begin{bmatrix} x_1 \\ \vdots \\ x_j \\ \vdots \\ x_n \end{bmatrix} = b$ *mit*

regulärer quadratischer Matrix A besitzt die eindeutige Lösung

$$x_j = \frac{|A_j|}{|A|} \quad (j = 1, \ldots, n) .$$

Dabei entsteht die Matrix A_j *aus der Matrix*

$$A = [a_1 \cdots a_{j-1} a_j \quad a_{j+1} \cdots a_n]$$

dadurch, daß der Spaltenvektor a_j *durch den Vektor* b *ersetzt wird,*

$$A_j = [a_1 \cdots a_{j-1} b \quad a_{j+1} \cdots a_n] .$$

Eine quadratische Matrix A ist genau dann regulär, wenn die zugehörige Determinante $|A|$ von Null verschieden ist.

Beispiel 5.127

$$\begin{aligned} 2x_1 - x_2 + 2x_3 &= 1 \\ x_1 + 2x_2 - 3x_3 &= 2 \\ 3x_1 + x_2 - 2x_3 &= -1 \end{aligned}$$

$$|A| = \begin{vmatrix} 2 & -1 & 2 \\ 1 & 2 & -3 \\ 3 & 1 & -2 \end{vmatrix} = -5$$

$$|A_1| = \begin{vmatrix} 1 & -1 & 2 \\ 2 & 2 & -3 \\ -1 & 1 & -2 \end{vmatrix} = 0$$

$$|A_2| = \begin{vmatrix} 2 & 1 & 2 \\ 1 & 2 & -3 \\ 3 & -1 & -2 \end{vmatrix} = -35$$

$$|A_3| = \begin{vmatrix} 2 & -1 & 1 \\ 1 & 2 & 2 \\ 3 & 1 & -1 \end{vmatrix} = -20$$

$$x_1 = \frac{|A_1|}{|A|} = \frac{0}{-5} = 0; \quad x_2 = \frac{|A_2|}{|A|} = \frac{-35}{-5} = 7; \quad x_3 = \frac{|A_3|}{|A|} = \frac{-20}{-5} = 4.$$

Für unsere Darlegungen in Abschnitt 5.14 benötigen wir noch einige spezielle Unterdeterminanten.

Definition 5.56

Die Unterdeterminanten

$$|a_{11}|, \quad \begin{vmatrix} a_{11} & a_{12} \\ a_{21} & a_{22} \end{vmatrix}, \quad \begin{vmatrix} a_{11} & a_{12} & a_{13} \\ a_{21} & a_{22} & a_{23} \\ a_{31} & a_{32} & a_{33} \end{vmatrix}, \quad \ldots, \quad \begin{vmatrix} a_{11} & \cdots & a_{1n} \\ \cdots & \cdots & \cdots \\ a_{n1} & \cdots & a_{nn} \end{vmatrix}$$

heißen Hauptabschnittsdeterminanten der Determinante

$$|A| = \begin{vmatrix} a_{11} & \cdots & a_{1n} \\ \cdots & \cdots & \cdots \\ a_{n1} & \cdots & a_{nn} \end{vmatrix}.$$

Beispiel 5.128

Die Determinante

$$|A| = \begin{vmatrix} 1 & -1 & 2 \\ -1 & -1 & 0 \\ 2 & 0 & 1 \end{vmatrix}$$

hat die Hauptabschnittsdeterminanten

$$|1|, \quad \begin{vmatrix} 1 & -1 \\ -1 & -1 \end{vmatrix}, \quad \begin{vmatrix} 1 & -1 & 2 \\ -1 & -1 & 0 \\ 2 & 0 & 1 \end{vmatrix}.$$

5.14. Quadratische Formen und Definitheit

Wir werden in diesem Abschnitt einige Begriffe klären, die wir in der Differentialrechnung und in der nichtlinearen Optimierung benötigen.

Definition 5.57

Der Ausdruck $\boldsymbol{x}^T\boldsymbol{C}\boldsymbol{x}$ *mit der konstanten symmetrischen Matrix* $\underset{(n,\,n)}{\boldsymbol{C}}$ *und dem variablen Vektor* $\boldsymbol{x}^T = [x_1, \ldots, x_n]$ *heißt quadratische Form in den n Skalaren* $x_1, \ldots, x_n$.
Mit $\boldsymbol{C} = [c_{ij}]$ ist

$$\begin{aligned}\boldsymbol{x}^T\boldsymbol{C}\boldsymbol{x} = \quad & (c_{11}\, x_1 + c_{12}\, x_2 + \cdots + c_{1n}\, x_n)\, x_1 \\ & + (c_{21}\, x_1 + c_{22}\, x_2 + \cdots + c_{2n}\, x_n)\, x_2 \\ & \vdots \\ & + (c_{n1}\, x_1 + c_{n2}\, x_2 + \cdots + c_{nn}\, x_n)\, x_n .\end{aligned}$$

Beispiel 5.129

$$[x_1 \;\; x_2] \begin{bmatrix} 2 & 1 \\ 1 & 3 \end{bmatrix} \begin{bmatrix} x_1 \\ x_2 \end{bmatrix}$$
$$= (2x_1 + 1x_2)\, x_1 + (1x_1 + 3x_2)\, x_2$$
$$= 2x_1^2 + 2x_1x_2 + 3x_2^2$$

ist eine quadratische Form in den Variablen x_1, x_2.

Definition 5.58

Eine quadratische Form $\boldsymbol{x}^T\boldsymbol{C}\boldsymbol{x}$ *bzw. die Matrix* $\boldsymbol{C}$ *heißt positiv definit, wenn* $\boldsymbol{x}^T\boldsymbol{C}\boldsymbol{x} > 0$ *für alle* $\boldsymbol{x} \neq \boldsymbol{o}$.
Eine quadratische Form $\boldsymbol{x}^T\boldsymbol{C}\boldsymbol{x}$ *bzw. die Matrix* $\boldsymbol{C}$ *heißt positiv semidefinit, wenn* $\boldsymbol{x}^T\boldsymbol{C}\boldsymbol{x} \geqq 0$ für alle $\boldsymbol{x}$.

Beispiel 5.130

a) $[x_1 \;\; x_2] \begin{bmatrix} 1 & 0 \\ 0 & 1 \end{bmatrix} \begin{bmatrix} x_1 \\ x_2 \end{bmatrix} = x_1^2 + x_2^2$ ist positiv definit, denn $x_1^2 + x_2^2 > 0$ für $\begin{bmatrix} x_1 \\ x_2 \end{bmatrix} \neq \boldsymbol{o}$.
$x_1^2 + x_2^2 = 0$ nur für $x_1 = x_2 = 0$, also $\begin{bmatrix} x_1 \\ x_2 \end{bmatrix} = \boldsymbol{o}$.

b) $[x_1 \;\; x_2] \begin{bmatrix} 1 & 1 \\ 1 & 1 \end{bmatrix} \begin{bmatrix} x_1 \\ x_2 \end{bmatrix} = (x_1 + x_2)\, x_1 + (x_1 + x_2)\, x_2 = x_1^2 + 2x_1x_2 + x_2^2 = (x_1 + x_2)^2$ ist positiv semidefinit, denn $(x_1 + x_2)^2 \geqq 0$ für beliebige $\begin{bmatrix} x_1 \\ x_2 \end{bmatrix}$.
$(x_1 + x_2)^2$ ist aber nicht positiv definit, denn $(x_1 + x_2)^2 = 0$ für $x_1 = -x_2$, also $\begin{bmatrix} x_1 \\ x_2 \end{bmatrix} \neq \boldsymbol{o}$.

Wir können die Definitheit allein aus der Matrix $\boldsymbol{C}$ bestimmen.

Satz 5.36

Die quadratische Form $\boldsymbol{x}^T\boldsymbol{C}\boldsymbol{x}$ *bzw. die Matrix* $\boldsymbol{C}$ *ist genau dann positiv definit, wenn sämtliche Hauptabschnittsdeterminanten*

$$|c_{11}|, \quad \begin{vmatrix} c_{11} & c_{12} \\ c_{21} & c_{22} \end{vmatrix}, \ldots, \quad |\boldsymbol{C}| = \begin{vmatrix} c_{1n} & \cdots & c_{n1} \\ \cdots & \cdots & \cdots \\ c_{n1} & \cdots & c_{nn} \end{vmatrix}$$

positiv sind.

Die quadratische Form $x^T C x$ bzw. die Matrix C ist genau dann positiv semidefinit, wenn die Hauptabschnittsdeterminanten nicht negativ sind.

Beispiel 5.131

Wir betrachten die quadratische Form

$$[x_1 \ x_2] \begin{bmatrix} 1 & 0 \\ 0 & 1 \end{bmatrix} \begin{bmatrix} x_1 \\ x_2 \end{bmatrix} \quad \text{aus Beispiel 5.130a).}$$

Die Hauptabschnittsdeterminanten

$$|1| = 1 \quad \text{und} \quad \begin{vmatrix} 1 & 0 \\ 0 & 1 \end{vmatrix} = 1 \quad \text{sind positiv.}$$

Also ist die quadratische Form positiv definit

Beispiel 5.132

Wir untersuchen die quadratische Form

$$[x_1 \ x_2] \begin{bmatrix} 1 & 1 \\ 1 & 1 \end{bmatrix} \begin{bmatrix} x_1 \\ x_2 \end{bmatrix} \quad \text{aus Beispiel 5.130b).}$$

Die Hauptabschnittsdeterminanten

$$|1| = 1, \quad \begin{vmatrix} 1 & 1 \\ 1 & 1 \end{vmatrix} = 0 \quad \text{sind nicht negativ.}$$

Also ist die quadratische Form positiv semidefinit.

Aufgaben

5.2.1 a) Schreiben Sie die Vektorgleichung $\boldsymbol{a} = \boldsymbol{b}$ mit

$$\boldsymbol{a} = \begin{bmatrix} 2x_1 - 5x_2 \\ 3x_1 + x_2 \end{bmatrix}; \quad \boldsymbol{b} = \begin{bmatrix} -14 \\ 13 \end{bmatrix}$$

als lineares Gleichungssystem mit zwei Gleichungen und zwei Variablen!

b) Stellen Sie die Variablen dieses Gleichungssystems als Vektor dar!

5.2.2 Bringen Sie mit Hilfe von Vektoren zum Ausdruck, daß x_1, x_2, x_3, x_4

a) positive Zahlen,

b) nichtnegative Zahlen sind!

5.2.3 Bei der Planung der Maschinenbelastung für fünf Maschinen kann die benötigte Maschinenzeit durch einen Vektor $\boldsymbol{t}$ mit fünf Komponenten dargestellt werden, die zur Verfügung stehende Maschinenzeit ebenfalls durch einen Vektor $\boldsymbol{f}$ mit fünf Komponenten.

Welche Beziehung muß zwischen $\boldsymbol{t}$ und $\boldsymbol{f}$ bestehen?

5.2.4 Bei der Produktionsplanung kann die Produktionshöhe durch einen Vektor $\boldsymbol{x}$, die Mindestmenge, die zu fertigen ist, durch einen Vektor $\boldsymbol{m}$ und die Höchstmenge, die abgesetzt werden kann, durch einen Vektor $\boldsymbol{h}$ dargestellt werden. Bei 150 Erzeugnissen haben alle drei Vektoren 150 Komponenten. Welche Beziehungen müssen zwischen den genannten Vektoren bestehen?

5.2.5 Bringen Sie mit Hilfe von Matrizen zum Ausdruck, daß die Elemente der Matrix $\boldsymbol{A}$

a) positive Zahlen,
b) nichtnegative Zahlen sind!

5.3.6 Transponieren Sie die folgende Matrix!

$$\boldsymbol{A} = \begin{bmatrix} 0 & 3 & 4 & 7 & 2 \\ 1 & 5 & 10 & -1 & 3 \\ \frac{1}{2} & 2 & -\frac{1}{3} & 0 & 0 \end{bmatrix}.$$

5.3.7 Ein Betrieb stellt aus drei Rohstoffen vier Erzeugnisse her. Der Verbrauch an Rohstoff je Erzeugniseinheit ist der folgenden Tabelle zu entnehmen.

Rohstoff	Rohstoffbedarf (in Mengeneinheiten) je Einheit des Erzeugnisses			
	1	2	3	4
1	6	2	3	7
2	1	15	2	3
3	4	6	9	12

a) Schreiben Sie die Verbrauchsnormen als Matrix $\boldsymbol{A}$, in der das Element a_{ij} angibt, wie hoch der Verbrauch vom Rohstoff i für die Produktion einer Einheit des Erzeugnisses j ist!

b) Schreiben Sie die Verbrauchsnormen als Matrix $\boldsymbol{B}$, in der das Element b_{ij} angibt, wie hoch der Verbrauch vom Rohstoff j für die Produktion einer Einheit des Erzeugnisses i ist!

c) Welcher Zusammenhang besteht zwischen den beiden Matrizen aus a) und b)?

5.3.8 Wie lautet die transponierte Matrix zur

a) Nullmatrix $\underset{(m,\,n)}{\boldsymbol{0}}$ b) Einheitsmatrix $\boldsymbol{E}$

c) $\boldsymbol{D} = \begin{bmatrix} d_{11} & 0 & \cdots & 0 \\ 0 & d_{22} & \cdots & 0 \\ \cdots & \cdots & \cdots & \cdots \\ 0 & 0 & \cdots & d_{nn} \end{bmatrix}$ d) $\boldsymbol{K} = \begin{bmatrix} \boldsymbol{k}_1^T \\ \boldsymbol{k}_2^T \\ \vdots \\ \boldsymbol{k}_m^T \end{bmatrix}$?

5.3.9 Bilden Sie die Summe $\boldsymbol{a} + \boldsymbol{b}$!

a) $\boldsymbol{a}^T = [2 \quad 5 \quad -6]$; $\boldsymbol{b}^T = [-6 \quad 3 \quad 1{,}5]$

b) $\boldsymbol{a}^T = [0{,}2 \quad -4{,}7 \quad 5{,}2]$; $\boldsymbol{b}^T = [4{,}3 \quad -0{,}5 \quad 4{,}8]$

c) $\boldsymbol{a}^T = \left[\frac{13}{3} \quad 0 \quad -\frac{15}{4} \quad \frac{6}{5}\right]$; $\boldsymbol{b}^T = \left[-\frac{7}{3} \quad 0 \quad \frac{3}{2} \quad 2\right]$.

5.3.10 Schreiben Sie die Vektorgleichung

$$\boldsymbol{b}_1 + \boldsymbol{b}_2 + \boldsymbol{b}_3 = \boldsymbol{d}$$

$$\text{mit } \boldsymbol{b}_1 = \begin{bmatrix} 3x_1 \\ 2x_1 \\ 5x_1 \end{bmatrix}; \quad \boldsymbol{b}_2 = \begin{bmatrix} x_2 \\ -x_2 \\ 4x_2 \end{bmatrix}; \quad \boldsymbol{b}_3 = \begin{bmatrix} 5x_3 \\ 6x_3 \\ -x_3 \end{bmatrix}; \quad \boldsymbol{d} = \begin{bmatrix} 20 \\ 17 \\ 12 \end{bmatrix}$$

als lineares Gleichungssystem mit drei Gleichungen und drei Variablen!

5.3.11 Schreiben Sie folgende Vektorungleichung als lineares Ungleichungssystem:

$$\boldsymbol{c}_1 + \boldsymbol{c}_2 \leqq \boldsymbol{c}$$

$$\text{mit } \boldsymbol{c}_1 = \begin{bmatrix} 3x_1 \\ 2x_1 \\ 5x_1 \end{bmatrix}; \quad \boldsymbol{c}_2 = \begin{bmatrix} 7x_2 \\ 4x_2 \\ 2x_2 \end{bmatrix}; \quad \boldsymbol{c} = \begin{bmatrix} 400 \\ 500 \\ 600 \end{bmatrix}.$$

5.3.12 Bilden Sie die Summe $\boldsymbol{A} + \boldsymbol{B}$!

a) $\boldsymbol{A} = \begin{bmatrix} 2 & 4 \\ 1 & 3 \end{bmatrix}; \quad \boldsymbol{B} = \begin{bmatrix} 0 & 3 \\ 4 & 1 \end{bmatrix}$

b) $\boldsymbol{A} = \begin{bmatrix} 3 & 1 & -1 & 0 \\ 3 & -7 & 0 & 10 \\ 6 & 9 & 12 & 15 \end{bmatrix}; \quad \boldsymbol{B} = \begin{bmatrix} 6 & 0 & 3 & -3 \\ 8 & 4 & 0 & -4 \\ 32 & 16 & 8 & 4 \end{bmatrix}$

c) $\boldsymbol{A} = \begin{bmatrix} 3 & -6 & 0 \\ 4 & 3 & 1 \end{bmatrix}; \quad \boldsymbol{B}^T = \begin{bmatrix} 1 & 0 \\ 6 & 19 \\ -4 & 3 \end{bmatrix}$

5.3.13 Ein Betrieb liefert drei verschiedene Erzeugnisse an fünf Abnehmer. Die folgenden Tabellen geben die Lieferungen in den Monaten eines Quartals an.

Lieferungen im ersten Monat

Erzeugnis	Abnehmer				
	1	2	3	4	5
1	300	200	150	0	0
2	270	0	300	50	1000
3	0	300	200	400	10

Lieferungen im zweiten Monat

Erzeugnis	Abnehmer				
	1	2	3	4	5
1	0	200	0	200	200
2	500	300	200	500	100
3	250	250	200	0	300

Lieferungen im dritten Monat

Erzeugnis	Abnehmer				
	1	2	3	4	5
1	100	50	200	100	100
2	0	400	200	500	400
3	300	300	350	100	0

Die Lieferungen des ersten Monats werden in einer Matrix $\boldsymbol{A}_1$ erfaßt, die Lieferungen des zweiten Monats in einer Matrix $\boldsymbol{A}_2$, die Lieferungen des dritten Monats in einer Matrix $\boldsymbol{A}_3$.

a) Wie ergibt sich die Matrix $\boldsymbol{A}$ der Gesamtlieferungen der drei Monate aus den Matrizen $\boldsymbol{A}_1$, $\boldsymbol{A}_2$ und $\boldsymbol{A}_3$?

b) Berechnen Sie die Matrix $\boldsymbol{A}$!

5.3.14 Berechnen Sie $\boldsymbol{a} - \boldsymbol{b}$ und $\boldsymbol{b} - \boldsymbol{a}$!

a) $\boldsymbol{a}^T = [3 \quad 4 \quad 6]$; $\boldsymbol{b}^T = [8 \quad 2 \quad 3]$

b) $\boldsymbol{a}^T = \left[-\frac{1}{3} \quad \frac{2}{5} \quad \frac{13}{4} \quad 3\right]$; $\boldsymbol{b}^T = \left[\frac{4}{3} \quad -\frac{1}{5} \quad \frac{7}{4} \quad 4\right]$

c) $\boldsymbol{a} = \mathbf{o}$; $\boldsymbol{b}$ beliebig

d) $\boldsymbol{a}$ beliebig; $\boldsymbol{b} = \mathbf{o}$.

5.3.15 Bilden Sie die Differenzen $\boldsymbol{A} - \boldsymbol{B}$ und $\boldsymbol{B} - \boldsymbol{A}$!

a) $\boldsymbol{A} = \begin{bmatrix} 13 & 17 \\ -4 & 0 \end{bmatrix}$; $\boldsymbol{B} = \begin{bmatrix} -4 & 8 \\ -9 & 13 \end{bmatrix}$

b) $\boldsymbol{A} = \begin{bmatrix} -13 & 0 & -14 & 50 \\ 17 & 6 & 100 & 16{,}6 \\ 0{,}5 & 7{,}5 & 3{,}8 & -1{,}7 \end{bmatrix}$;

$$\boldsymbol{B} = \begin{bmatrix} 6{,}4 & -15 & 13 & -14{,}5 \\ -14 & 3{,}8 & 230 & 14{,}2 \\ 16{,}6 & 0 & 14 & -3{,}2 \end{bmatrix}$$

5.3.16 In fünf Lagern werden vier verschiedene Materialien gelagert. Der Lagerbestand zu Beginn des Jahres ist durch die Matrix

$$\boldsymbol{L}_0 = \begin{bmatrix} 300 & 400 & 0 & 200 \\ 600 & 0 & 350 & 50 \\ 200 & 150 & 80 & 0 \\ 300 & 120 & 1000 & 600 \\ 40 & 300 & 550 & 150 \end{bmatrix}$$

gegeben. Die Elemente l_{ij} der Matrix $\boldsymbol{L}_0 = [l_{ij}]$ geben an, wieviel Einheiten des Materials j im Lager i liegen. Der geplante Lagerbestand zum

Ende des Jahres ist durch die folgende Matrix gegeben:

$$L_1 = \begin{bmatrix} 800 & 400 & 300 & 600 \\ 1050 & 0 & 800 & 800 \\ 300 & 600 & 200 & 0 \\ 400 & 800 & 1000 & 750 \\ 1000 & 750 & 1100 & 300 \end{bmatrix}.$$

Im Laufe des Planjahres sind die Lager auf den geplanten Lagerbestand zu bringen. Die Lieferungen der verschiedenen Materialien an die einzelnen Lager sind in der Matrix $\boldsymbol{Z} = [z_{ij}]$ erfaßt, wobei z_{ij} angibt, wieviel Einheiten des Materials j ins Lager i zu bringen sind.

a) Welcher Zusammenhang besteht zwischen $\boldsymbol{L}_0$, $\boldsymbol{L}_1$ und $\boldsymbol{Z}$?

b) Berechnen Sie $\boldsymbol{Z}$!

5.3.17 Multiplizieren Sie den Vektor $\boldsymbol{a}$ mit dem Skalar α!

a) $\boldsymbol{a}^T = [3 \;\; -1 \;\; 10]$; $\alpha = 4$

b) $\boldsymbol{a}^T = \left[-2 \;\; 0 \;\; -\frac{1}{4} \;\; 6\right]$; $\alpha = \frac{1}{3}$

c) $\boldsymbol{a} = \boldsymbol{o}$; α beliebig

d) $\boldsymbol{a}$ beliebig; $\alpha = 0$.

5.3.18 Schreiben Sie $x_1\boldsymbol{a}_1 + x_2\boldsymbol{a}_2 = \boldsymbol{d}$

mit $\boldsymbol{a}_1 = \begin{bmatrix} 2 \\ -3 \end{bmatrix}$; $\boldsymbol{a}_2 = \begin{bmatrix} 1 \\ 4 \end{bmatrix}$; $\boldsymbol{d} = \begin{bmatrix} 10 \\ 20 \end{bmatrix}$

als lineares Gleichungssystem mit den Variablen x_1 und x_2!

5.3.19 Multiplizieren Sie die Matrix $\boldsymbol{A}$ mit dem Skalar α!

a) $\boldsymbol{A} = \begin{bmatrix} 3 & 2 & 4 & 5 \\ 1 & 4 & 6 & 9 \\ -3 & 0 & 8 & 1 \end{bmatrix}$; $\alpha = 3$

b) $\boldsymbol{A} = \begin{bmatrix} 100 & 20 & 30 & -10 & 40 \\ 3 & -2 & 4 & 8 & 6 \\ 1400 & 2 & -50 & 6 & 0 \end{bmatrix}$; $\alpha = 0{,}5$

c) $\boldsymbol{A} = \begin{bmatrix} \frac{2}{3} & -\frac{3}{5} & \frac{9}{7} \\ \frac{3}{4} & \frac{1}{4} & -\frac{7}{5} \\ -\frac{1}{3} & \frac{7}{11} & \frac{2}{3} \end{bmatrix}$; $\alpha = -\frac{1}{6}$

d) $\boldsymbol{A} = \boldsymbol{O}$; α beliebig

e) $\boldsymbol{A}$ beliebig; $\alpha = 0$

f) $\boldsymbol{A} = \underset{(3,3)}{\boldsymbol{E}}$; α beliebig.

5.3.20 Ein Betrieb besteht aus mehreren Abteilungen. Es werden mehrere Rohstoffe verarbeitet. Der konstante Verbrauch an Rohstoffen je Schicht kann der folgenden Tabelle entnommen werden.

Rohstoff	Rohstoffbedarf je Schicht (in Mengeneinheiten) in den Abteilungen			
	1	2	3	4
1	3	6	8	2
2	5	1	6	9
3	3	4	10	2
4	9	11	20	5
5	0	3	6	2

Der Rohstoffverbrauch je Schicht läßt sich durch eine Matrix $\boldsymbol{A}$ darstellen.

a) Der Rohstoffverbrauch je Woche (6 Arbeitstage zu je 3 Schichten) kann durch die Matrix $\boldsymbol{B}$ dargestellt werden. Welche Beziehung besteht zwischen $\boldsymbol{B}$ und $\boldsymbol{A}$?

b) Berechnen Sie die Matrix $\boldsymbol{B}$ des Rohstoffverbrauchs in den einzelnen Abteilungen je Woche!

5.3.21 In drei Lagern werden vier unterschiedliche Erzeugnisse gelagert. Der Lagerbestand zu Beginn des Jahres ist durch die Matrix

$$\boldsymbol{L}_0 = \begin{bmatrix} 400 & 600 & 700 \\ 300 & 200 & 1000 \\ 400 & 300 & 750 \\ 600 & 200 & 800 \end{bmatrix}$$

gegeben. Die Elemente l_{ij} der Matrix $\boldsymbol{L}_0 = [l_{ij}]$ geben an, wieviel Einheiten des Erzeugnisses i im Lager j liegen. Es ist geplant, im Laufe des Jahres den Lagern fünfmal die Mengen a_{ij} (a_{ij} ist Element der Matrix $\boldsymbol{A} = [a_{ij}]$) und dreimal die Mengen b_{ij} (b_{ij} ist Element der Matrix $\boldsymbol{B} = [b_{ij}]$) zu entnehmen.

a) Welche Beziehung muß zwischen $\boldsymbol{L}_0$, $\boldsymbol{A}$ und $\boldsymbol{B}$ bestehen?

b) Überprüfen Sie, ob diese Bedingung verletzt wird, wenn

$$\boldsymbol{A} = \begin{bmatrix} 40 & 80 & 100 \\ 20 & 24 & 80 \\ 60 & 50 & 30 \\ 60 & 40 & 40 \end{bmatrix} \quad \text{und } \boldsymbol{B} = \begin{bmatrix} 60 & 50 & 60 \\ 40 & 25 & 200 \\ 30 & 15 & 200 \\ 100 & 0 & 150 \end{bmatrix}!$$

5.3.22 Berechnen Sie das Skalarprodukt $\boldsymbol{a}^T\boldsymbol{b}$!

a) $\boldsymbol{a}^T = [2\ 4\ 6\ 1]$; $\boldsymbol{b} = [4\ 7\ 6\ 2]^T$

b) $\boldsymbol{a}^T = \left[\frac{1}{2}\ \ -4\ \ 3\right]$; $\boldsymbol{b} = \left[5\ \ -2\ \ -\frac{2}{3}\right]^T$

c) $\boldsymbol{a}^T = [a_1\ a_2\ a_3\ a_4\ a_5]$; $\boldsymbol{b} = \boldsymbol{s}$

d) $\boldsymbol{a}^T = [a_1\ a_2\ \cdots\ a_n]$; $\boldsymbol{b} = \boldsymbol{o}$.

5.3.23 Schreiben Sie

$$\begin{bmatrix} \boldsymbol{a}_1^T\boldsymbol{x} \\ \boldsymbol{a}_2^T\boldsymbol{x} \\ \boldsymbol{a}_3^T\boldsymbol{x} \\ \boldsymbol{a}_4^T\boldsymbol{x} \end{bmatrix} \leqq \begin{bmatrix} 180 \\ 240 \\ 300 \\ 150 \end{bmatrix}$$

mit $\boldsymbol{a}_1^T = [3 \;\; 4 \;\; -2]$; $\boldsymbol{a}_2^T = [2 \;\; 1 \;\; 4]$
$\boldsymbol{a}_3^T = [5 \;\; 1 \;\; 6]$; $\boldsymbol{a}_4^T = [3 \;\; -1 \;\; 1]$
$\boldsymbol{x} = [x_1 \;\; x_2 \;\; x_3]^T$

als lineares Ungleichungssystem!

5.3.24 Ein Betrieb kann ein einheitliches Erzeugnis nach vier verschiedenen Technologien herstellen. Wir bezeichnen die Mengen, die nach den verschiedenen Technologien hergestellt werden, mit x_1, x_2, x_3, x_4. Stellen Sie mit Hilfe eines Skalarproduktes dar, daß die hergestellte Gesamtmenge mindestens 400 beträgt!

5.3.25 Bilden Sie $\boldsymbol{Ab}$ mit

$$\boldsymbol{A} = \begin{bmatrix} 2 & 3 & -5 \\ 1 & -4 & 8 \end{bmatrix} \quad \text{und} \quad \boldsymbol{b} = \begin{bmatrix} 3 \\ 4 \\ 1 \end{bmatrix}!$$

5.3.26 Bilden Sie $\boldsymbol{As}$ mit

$$\boldsymbol{A} = \begin{bmatrix} a_{11} & a_{12} & a_{13} & a_{14} \\ a_{21} & a_{22} & a_{23} & a_{24} \\ a_{31} & a_{32} & a_{33} & a_{34} \end{bmatrix}!$$

5.3.27 Schreiben Sie

$$\boldsymbol{Ax} \leqq \boldsymbol{d} \text{ mit } \boldsymbol{A} = \begin{bmatrix} 4 & 3 & 0 \\ 3 & 1 & 4 \\ -2 & 0 & 3 \\ 4 & -1 & 2 \end{bmatrix}; \quad \boldsymbol{x} = \begin{bmatrix} x_1 \\ x_2 \\ x_3 \end{bmatrix}; \quad \boldsymbol{d} = \begin{bmatrix} 400 \\ 600 \\ 200 \\ 500 \end{bmatrix}$$

als lineares Ungleichungssystem mit vier Ungleichungen und drei Variablen!

5.3.28 Bilden Sie $\boldsymbol{a}^T\boldsymbol{B}$ mit

$$\boldsymbol{a}^T = [4 \;\; 3 \;\; 2]; \quad \boldsymbol{B} = \begin{bmatrix} 1 & 4 & 10 & 13 \\ -2 & 6 & -1 & 20 \\ 3 & 0 & 4 & 10 \end{bmatrix}!$$

5.3.29 Schreiben Sie $\boldsymbol{y}^T\boldsymbol{B} \leqq \boldsymbol{d}^T$ mit $\boldsymbol{y}^T = [y_1 \;\; y_2 \;\; y_3]$;

$$\boldsymbol{B} = \begin{bmatrix} 4 & 3 & -2 & 4 \\ 3 & 1 & 0 & -1 \\ 0 & 4 & 3 & 2 \end{bmatrix}$$

$\boldsymbol{d}^T = [400 \;\; 600 \;\; 200 \;\; 500]$

als lineares Ungleichungssystem mit drei Variablen und vier Ungleichungen!

5.3.30 Ein Betrieb stellt drei Erzeugnisse her, die auf vier Maschinen bearbeitet werden. Die Maschinenzeit je Erzeugniseinheit, die Maschinenzeitfonds und die Produktionsmenge sind der folgenden Tabelle zu entnehmen.

Maschine	Maschinenzeit (in Zeiteinheiten) je Einheit des Erzeugnisses			Maschinenzeitfonds in Zeiteinheiten
	1	2	3	
1	3	7	2	1000
2	1	4	3	1200
3	2	3	5	1500
4	6	1	4	1900
Produktionsmenge in Mengeneinheiten	x_1	x_2	x_3	

a) Führen Sie eine Matrix $\boldsymbol{A}$ für die benötigte Maschinenzeit je Erzeugniseinheit, einen Spaltenvektor $\boldsymbol{f}$ für die Maschinenzeitfonds und einen Spaltenvektor $\boldsymbol{x}$ für die Produktionsmenge ein!

(Das Element a_{ij} der Matrix $\boldsymbol{A} = [a_{ij}]$ gibt an, wieviel Maschinenzeit auf der Maschine i benötigt wird, um eine Einheit des Erzeugnisses j herzustellen.)

b) Welche Bedingungen muß der Vektor $\boldsymbol{x}$ erfüllen?

c) Führen Sie eine Matrix $\boldsymbol{B}$ für die je Erzeugniseinheit benötigte Maschinenzeit ein! (Das Element b_{ji} der Matrix $\boldsymbol{B} = [b_{ji}]$ gibt an, welche Maschinenzeit für die Produktion einer Einheit des Erzeugnisses j auf der Maschine i benötigt wird.)

d) Welche Bedingungen muß der Vektor $\boldsymbol{x}^T$ erfüllen?

e) Welcher Zusammenhang besteht zwischen der Matrix $\boldsymbol{B}$ und der Matrix $\boldsymbol{A}$?

f) Die je Erzeugniseinheit benötigte Gesamt-Maschinenzeit ergibt sich, wenn wir den summierenden Vektor $\boldsymbol{s}^T = [1 \;\; 1 \;\; 1 \;\; 1]$ mit der Matrix $\boldsymbol{A}$ multiplizieren. Berechnen Sie $\boldsymbol{s}^T\boldsymbol{A}$!

5.3.31 Bilden Sie das Produkt $\boldsymbol{AB}$!

a) $\boldsymbol{A} = \begin{bmatrix} 2 & 1 & 3 \\ 4 & 5 & 6 \end{bmatrix}$; $\boldsymbol{B} = \begin{bmatrix} 10 & 11 & 2 & 1 \\ 0 & 4 & 5 & 6 \\ 8 & 3 & 1 & 0 \end{bmatrix}$

b) $\boldsymbol{A} = \begin{bmatrix} 3 & -1 \\ -4 & 0 \\ 6 & -13 \end{bmatrix}$; $\boldsymbol{B} = \begin{bmatrix} -2 & 0 & 6 & -3 \\ 1 & -5 & 2 & 0 \end{bmatrix}$.

5.3.32 Ein Betrieb montiert aus Einzelteilen Baugruppen und fertigt aus den Baugruppen Enderzeugnisse.

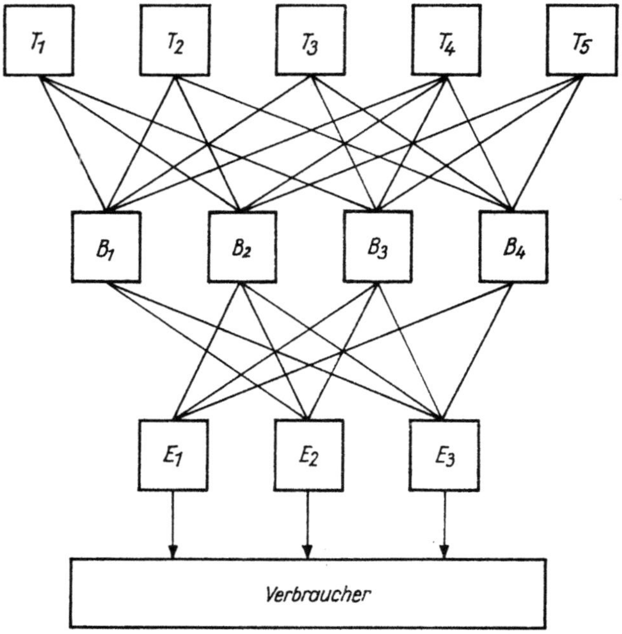

Abbildung 5.21

Die beiden folgenden Tabellen zeigen, wieviel Einzelteile für die Montage einer Baugruppe bzw. wieviel Baugruppen für die Fertigung eines Enderzeugnisses gebraucht werden.

Einzelteile	Erforderliche Anzahl von Einzelteilen je Einheit der Baugruppen			
	1	2	3	4
1	2	1	3	0
2	4	2	0	3
3	1	0	2	7
4	4	1	3	2
5	0	5	4	1

Baugruppen	Erforderliche Anzahl von Baugruppen je Einheit des Enderzeugnisses		
	1	2	3
1	0	1	4
2	3	2	1
3	4	1	6
4	3	0	2

a) Schreiben Sie die Matrix $A = [a_{ij}]$, deren Elemente a_{ij} angeben, wieviel Einzelteile der Art i für die Montage der Baugruppen j benötigt werden!

Schreiben Sie die Matrix $\boldsymbol{B} = [b_{jk}]$, deren Elemente b_{jk} angeben, wieviel Baugruppen der Art j für die Fertigung des Enderzeugnisses k gebraucht werden!

b) Der Betrieb soll vom ersten Enderzeugnis 300, vom zweiten Enderzeugnis 400 und vom dritten Enderzeugnis 500 Stück liefern. Fassen Sie diese Mengen in einem Vektor $\boldsymbol{z}$ zusammen!

c) Schreiben Sie für den Bedarf an Baugruppen den Vektor $\boldsymbol{y} = [y_1\ y_2\ y_3\ y_4]^T$! Wie läßt sich $\boldsymbol{y}$ aus $\boldsymbol{B}$ und $\boldsymbol{z}$ bestimmen?

d) Berechnen Sie $\boldsymbol{y}$!

e) Schreiben Sie für den Bedarf an Baugruppen den Vektor $\boldsymbol{x} = [x_1\ x_2\ x_3\ x_4\ x_5]^T$! Wie läßt sich $\boldsymbol{x}$ aus $\boldsymbol{A}$ und $\boldsymbol{y}$ berechnen?

f) Berechnen Sie $\boldsymbol{x}$!

g) Durch die Matrix $\boldsymbol{C} = [c_{i_k}]$ wird erfaßt, wie die Einzelteile über die Baugruppen in die Enderzeugnisse eingehen. Das Element c_{ik} gibt an, wieviel Einzelteile der Art i in das Enderzeugnis k eingehen. Wie läßt sich $\boldsymbol{C}$ aus $\boldsymbol{A}$ und $\boldsymbol{B}$ bestimmen?

h) Berechnen Sie $\boldsymbol{C}$!

i) Wie läßt sich $\boldsymbol{x}$ aus $\boldsymbol{C}$ und $\boldsymbol{z}$ bestimmen?

j) Berechnen Sie $\boldsymbol{x}$ mit Hilfe der Beziehung aus i)!

5.4.33 Bilden Sie Linearkombinationen der Vektoren

$$\boldsymbol{a}_1 = \begin{bmatrix} 0 \\ 2 \\ 1 \end{bmatrix}; \quad \boldsymbol{a}_2 = \begin{bmatrix} 4 \\ 1 \\ 0 \end{bmatrix}; \quad \boldsymbol{a}_3 = \begin{bmatrix} 1 \\ 0 \\ 0 \end{bmatrix}; \quad \boldsymbol{a}_4 = \begin{bmatrix} 2 \\ 2 \\ 2 \end{bmatrix}$$

mit folgenden Skalaren

	α_1	α_2	α_3	α_4
a)	4	2	1	-2
b)	1	3	4	5
c)	$\frac{1}{2}$	$\frac{3}{2}$	$-\frac{1}{2}$	$-\frac{1}{2}$
d)	1	0	0	0
e)	$\frac{1}{5}$	$\frac{2}{5}$	$\frac{1}{5}$	$\frac{1}{5}$.

Welche Linearkombinationen sind nichtnegative bzw. konvexe Linearkombinationen?

5.4.34 Stellen Sie das Gleichungssystem

$$\begin{aligned} x_1 + x_2 + x_3 &= 0 \\ 2x_1 + x_2 + 3x_3 &= -4 \\ x_1 &= 2 \\ -x_1 + 4x_2 + x_3 &= -1 \end{aligned}$$

mit Hilfe einer Linearkombination dar!

5.4.35 Ein Betrieb kann drei Erzeugnisse herstellen, die über drei Maschinen laufen müssen. Die Maschinenzeitnormen und die Maschinenzeitfonds sind der folgenden Tabelle zu entnehmen.

Maschine	Erzeugnis			Maschinen-zeitfonds
	1	2	3	
1	1	2	1	100
2	3	4	1	150
3	1	5	2	300

Suchen Sie durch Probieren drei Produktionspläne und erfassen Sie diese in drei Vektoren!

Bilden Sie vier konvexe Linearkombinationen der drei Vektoren und überprüfen Sie, ob diese konvexen Linearkombinationen zulässige Produktionspläne liefern!

5.6.36 Es gilt

$$c = 5b_1 + 4b_2 + 2b_3$$
$$x = 10b_1 + 2b_2 + \frac{1}{2}b_3$$

a) Berechnen Sie die Koordinaten von b_1 und x bezüglich der Basis c, b_2, b_3!

b) Berechnen Sie die Koordinaten von b_2 und x bezüglich der Basis b_1, c, b_3!

c) Berechnen Sie die Koordinaten von b_3 und x bezüglich der Basis b_1, b_2, c!

5.6.37 Es gilt

$$c = 2b_1 + b_2 + \frac{1}{2}b_3$$
$$x_1 = 4b_1 + 5b_2 + 3b_3$$
$$x_2 = b_1 + 8b_2 + \frac{1}{4}b_3$$
$$x_3 = 5b_1 + b_2 - b_3$$

a) Berechnen Sie die Koordinaten von b_1, x_1, x_2, x_3 bezüglich der Basis c, b_2, b_3!

b) Berechnen Sie die Koordinaten von b_2, x_1, x_2, x_3 bezüglich der Basis b_1, c, b_3!

c) Berechnen Sie die Koordinaten von b_3, x_1, x_2, x_3 bezüglich der Basis b_1, b_2, c!

5.6.38 Es gilt

$$c_1 = 2b_1 - b_2 + 3b_3$$
$$c_2 = -b_1 + 2b_2 - b_3$$
$$c_3 = b_1 + 4b_2 + 2b_3$$
$$x = 7b_1 + 13b_2 + 12b_3.$$

Bringen Sie nacheinander die Vektoren c_1, c_2, c_3 in die Basis!
Welche Koordinaten besitzt x bezüglich der Basis c_1, c_2, c_3?

5.6.39 Überprüfen Sie, ob die vorliegenden Vektoren linear abhängig oder linear unabhängig sind!

a) $\boldsymbol{b}_1 = \begin{bmatrix} 3 \\ 4 \\ 2 \end{bmatrix}; \quad \boldsymbol{b}_2 = \begin{bmatrix} 1 \\ 2 \\ 1 \end{bmatrix}; \quad \boldsymbol{b}_3 = \begin{bmatrix} 5 \\ 8 \\ 4 \end{bmatrix}$

b) $\boldsymbol{a}_1 = \begin{bmatrix} 3 \\ 1 \\ -2 \end{bmatrix}; \quad \boldsymbol{a}_2 = \begin{bmatrix} 4 \\ -3 \\ 1 \end{bmatrix}; \quad \boldsymbol{a}_3 = \begin{bmatrix} -1 \\ 5 \\ 6 \end{bmatrix}$

c) $\boldsymbol{c}_1 = \begin{bmatrix} 2 \\ 1 \\ 3 \\ 1 \end{bmatrix}; \quad \boldsymbol{c}_2 = \begin{bmatrix} 1 \\ 2 \\ 1 \\ 1 \end{bmatrix}; \quad \boldsymbol{c}_3 = \begin{bmatrix} 3 \\ 1 \\ 2 \\ 1 \end{bmatrix}; \quad \boldsymbol{c}_4 = \begin{bmatrix} 4 \\ 1 \\ 1 \\ 1 \end{bmatrix}$

d) $\boldsymbol{d}_1 = \begin{bmatrix} 2 \\ 7 \\ 6 \end{bmatrix}; \quad \boldsymbol{d}_2 = \begin{bmatrix} -1 \\ 1 \\ 3 \end{bmatrix}; \quad \boldsymbol{d}_3 = \begin{bmatrix} 2 \\ -5 \\ 0 \end{bmatrix}.$

5.7.40 Bestimmen Sie den Rang der Matrix $\boldsymbol{A}$!

a) $\boldsymbol{A} = \begin{bmatrix} 2 & -4 \\ -3 & 6 \end{bmatrix}$ b) $\boldsymbol{A} = \begin{bmatrix} 3 & 2 \\ 1 & 4 \end{bmatrix}$

c) $\boldsymbol{A} = \begin{bmatrix} 1 & 1 & 1 \\ 2 & 1 & 3 \\ 1 & 0 & 0 \\ -1 & 4 & 1 \end{bmatrix}$ d) $\boldsymbol{A} = \begin{bmatrix} 1 & 2 & 1 & -1 \\ 1 & 1 & 0 & 4 \\ 1 & 3 & 0 & 1 \end{bmatrix}$

e) $\boldsymbol{A} = \begin{bmatrix} 2 & 3 & -4 & 5 \\ 1 & -1 & -1 & 2 \\ 3 & 2 & -5 & 7 \\ 1 & 4 & -3 & 3 \end{bmatrix}$ f) $\boldsymbol{A} = \begin{bmatrix} 2 & 3 & 1 \\ 4 & 6 & 2 \\ -1 & -\frac{3}{2} & -\frac{1}{2} \end{bmatrix}$

g) $\boldsymbol{A} = \boldsymbol{0}$.

5.9.41 Überprüfen Sie die Lösbarkeit der folgenden linearen Gleichungssysteme!

a)
$$\begin{aligned} x_1 \phantom{{}+x_2} + 3x_3 - 2x_4 &= 5 \\ 3x_1 + x_2 + 4x_3 + x_4 &= 5 \\ 4x_1 + x_2 + 7x_3 - x_4 &= 10 \\ 2x_1 + x_2 + x_3 + 3x_4 &= 0 \end{aligned}$$

b) $\begin{bmatrix} 1 \\ 3 \end{bmatrix} x_1 + \begin{bmatrix} 5 \\ 2 \end{bmatrix} x_2 + \begin{bmatrix} 4 \\ 7 \end{bmatrix} x_3 = \begin{bmatrix} \frac{5}{2} \\ \frac{7}{2} \end{bmatrix}$

c) $\begin{bmatrix} 3 & 1 & 5 \\ 4 & 2 & 8 \\ 2 & 1 & 4 \end{bmatrix} \begin{bmatrix} x_1 \\ x_2 \\ x_3 \end{bmatrix} = \begin{bmatrix} 5 \\ 7 \\ 4 \end{bmatrix}$

d) $\begin{bmatrix} 3 & 4 & -1 \\ 1 & -3 & 5 \\ -2 & 1 & 6 \end{bmatrix} \begin{bmatrix} x_1 \\ x_2 \\ x_3 \end{bmatrix} = \begin{bmatrix} -4 \\ 19 \\ 15 \end{bmatrix}.$

5.9.42 Stellen Sie fest, ob die lösbaren Gleichungssysteme in der Aufgabe 5.9.41 genau eine Lösung oder unendlich viele Lösungen besitzen!

5.9.43 Bestimmen Sie die Lösungen der folgenden Gleichungssysteme!

a) $\begin{bmatrix} 4 & 3 \\ -1 & 5 \end{bmatrix} \begin{bmatrix} x_1 \\ x_2 \end{bmatrix} = \begin{bmatrix} 10 \\ 9 \end{bmatrix}$

b) $\begin{bmatrix} 1 & 1 \\ 1 & -1 \\ 3 & -1 \\ 4 & -2 \end{bmatrix} \begin{bmatrix} x_1 \\ x_2 \end{bmatrix} = \begin{bmatrix} -4 \\ 1 \\ -2 \\ -1 \end{bmatrix}$

c) $\begin{bmatrix} 2 & -5 & 1 \\ 1 & 6 & -1 \\ -3 & 1 & -2 \end{bmatrix} \begin{bmatrix} x_1 \\ x_2 \\ x_3 \end{bmatrix} = \begin{bmatrix} 9 \\ -7 \\ -8 \end{bmatrix}$

d) $\begin{bmatrix} -2 & 1 & -1 \\ 4 & -5 & 4 \\ 3 & -10 & 15 \\ 5 & -14 & 18 \end{bmatrix} \begin{bmatrix} x_1 \\ x_2 \\ x_3 \end{bmatrix} = \begin{bmatrix} 11 \\ -18 \\ -60 \\ -67 \end{bmatrix}.$

5.9.44 Für die Herstellung eines Erzeugnisses nach zwei Technologien stehen zwei Materialien zur Verfügung. Bei der ersten Technologie werden 40 Einheiten (E) des ersten und 50 E des zweiten Materials benötigt, bei der zweiten Technologie 65 E des ersten und 30 E des zweiten Materials. Der Betrieb hat einen Materialvorrat von 3600 E beim ersten und 2450 E beim zweiten Material. Wieviel Einheiten sind nach den verschiedenen Technologien herzustellen, wenn das Material voll verbraucht werden soll?

5.9.45

a) $\begin{bmatrix} 10 & -1 & 5 \\ -2 & 3 & 1 \\ 26 & 3 & 17 \end{bmatrix} \begin{bmatrix} x_1 \\ x_2 \\ x_3 \end{bmatrix} = \begin{bmatrix} 330 \\ 10 \\ 1010 \end{bmatrix}$

b) $\begin{bmatrix} 2 & 7 & -4 \\ -6 & -21 & 12 \\ -14 & -49 & 28 \end{bmatrix} \begin{bmatrix} x_1 \\ x_2 \\ x_3 \end{bmatrix} = \begin{bmatrix} -17 \\ 51 \\ 119 \end{bmatrix}$

5.9.46 Für die Herstellung von drei Erzeugnissen benötigt ein Betrieb zwei verschiedene Materialarten. Um eine Einheit des ersten Erzeugnisses herzustellen, braucht man 3 Einheiten des Materials M_1 und 7 Einheiten des Materials M_2, um eine Einheit des zweiten Erzeugnisses herzustellen 6 Einheiten des Materials M_1 und 5 Einheiten des Materials M_2, um eine Einheit des dritten Erzeugnisses herzustellen 8 Einheiten des Materials M_1 und 4 Einheiten des Materials M_2.

Material	Erzeugnis			Materialfonds
	1	2	3	
1	3	6	8	640
2	7	5	4	490

Vom Material M_1 stehen 640 Einheiten und vom Material M_1 490 Einheiten zur Verfügung.
Wieviel Einheiten sind von den einzelnen Erzeugnissen herzustellen, damit das gesamte Material verbraucht wird?

a) Stellen Sie das Gleichungssystem auf!
b) Bestimmen Sie die allgemeine Lösung dieser Gleichung!
c) Bestimmen Sie fünf spezielle Lösungen, indem Sie für die beliebig wählbare Variable bestimmte Werte einsetzen! (Beachten Sie dabei, daß es sich um Produktionszahlen handelt, die nicht negativ sein dürfen! Eine Lösung soll ganzzahlig sein, die anderen brauchen es nicht zu sein.)

5.10.47 Hat die Matrix A eine inverse Matrix? (Begründung)

a) $A = \begin{bmatrix} 2 & 3 & 1 \\ 1 & 4 & 1 \end{bmatrix}$ b) $A = \begin{bmatrix} 2 & -4 \\ -1 & 2 \end{bmatrix}$

c) $A = \begin{bmatrix} 1 & 2 & 3 \\ 3 & 1 & 4 \\ 2 & 5 & 2 \end{bmatrix}$ d) $A = \begin{bmatrix} 0 & 0 \\ 0 & 0 \end{bmatrix}$

e) $A = \begin{bmatrix} 1 & 0 \\ 0 & 1 \end{bmatrix}$.

5.10.48 Bestimmen Sie die inverse Matrix A^{-1}!

a) $A = \begin{bmatrix} 1 & 2 & 3 \\ 3 & 1 & 4 \\ 2 & 5 & 2 \end{bmatrix}$ b) $A = \begin{bmatrix} 3 & 4 & -1 \\ 1 & -3 & 5 \\ -2 & 1 & 6 \end{bmatrix}$

c) $A = \begin{bmatrix} 1 & 2 & 1 \\ 0 & -1 & 1 \\ 1 & 0 & -1 \end{bmatrix}$ d) $A = \begin{bmatrix} 1 & 0 & 0 \\ 0 & 1 & 0 \\ 0 & 0 & 1 \end{bmatrix}$.

5.10.49 Bestimmen Sie die inverse Matrix $(E - A)^{-1}$!

a) $A = \begin{bmatrix} 0 & \frac{1}{10} & \frac{1}{10} \\ \frac{1}{2} & 0 & \frac{1}{4} \\ \frac{1}{2} & \frac{3}{4} & 0 \end{bmatrix}$ b) $A = \begin{bmatrix} \frac{1}{10} & \frac{1}{10} & \frac{1}{5} \\ \frac{3}{10} & \frac{1}{5} & \frac{1}{10} \\ \frac{2}{5} & \frac{1}{10} & \frac{3}{10} \end{bmatrix}$.

5.12.50 Zur Herstellung von zwei unterschiedlichen Erzeugnissen werden drei verschiedene Materialien benötigt. Der Materialbedarf je Einheit und die Materialfonds sind der folgenden Tabelle zu entnehmen.

Material	Material je Einheit des Erzeugnisses		Materialfonds
	1	2	
1	3	6	240
2	6	4	360
3	0	5	150

Stellen Sie das Ungleichungssystem für die Produktionshöhe der beiden Erzeugnisse auf (berücksichtigen Sie dabei die Materialfonds)!

5.12.51 Bestimmen Sie für die folgenden Ungleichungssysteme die Basislösungen und die allgemeine Lösung!

a) $2x_1 + 4x_2 \leqq 180$
$3x_1 + 3x_2 \leqq 180$
$5x_1 + x_2 \leqq 200$
$x_1, x_2 \geqq 0$

b) $x_1 + 2x_2 \leqq 8$
$3x_1 + x_2 \leqq 9$
$x_1, x_2 \geqq 0$

c) $3x_1 + x_2 + 5x_3 \leqq 500$
$2x_1 + 4x_2 + 2x_3 \leqq 600$
$x_1, x_2, x_3 \geqq 0.$

5.12.52 Bestimmen Sie die Basislösungen und die allgemeine Lösung für die Produktionsplanaufgabe 5.12.50!

5.13.53 Berechnen Sie die folgenden Determinanten!

a) $\begin{vmatrix} 1 & 3 & 2 \\ 2 & 5 & 3 \\ -3 & -8 & -4 \end{vmatrix}$ b) $\begin{vmatrix} 2 & 4 & 10 \\ 0 & 1 & 7 \\ 0 & 0 & 3 \end{vmatrix}$ c) $\begin{vmatrix} -2 & -1 & 2 & 1 \\ 2 & -1 & 0 & 3 \\ -4 & 0 & 1 & 1 \\ -2 & -1 & 1 & -1 \end{vmatrix}$

d) $\begin{vmatrix} 0 & -2 & 1 & 1 \\ 2 & 0 & 2 & 1 \\ 0 & -2 & 2 & 1 \\ 1 & -2 & 1 & 2 \end{vmatrix}.$

5.13.54 Entwickeln Sie die Determinante

$$|A| = \begin{vmatrix} -2 & -1 & 2 & 1 \\ 2 & -1 & 0 & 3 \\ -4 & 0 & 1 & 1 \\ -2 & -1 & 1 & -1 \end{vmatrix}$$

a) nach den Elementen der ersten Zeile,
b) nach den Elementen der dritten Zeile,
c) nach den Elementen der zweiten Spalte,
d) nach den Elementen der vierten Spalte!

5.13.55 Bestimmen Sie die Hauptabschnittsdeterminaten der Determinanten in Aufgabe 5.13.53!

5.14.56 Untersuchen Sie, ob die folgenden quadratischen Formen positiv definit oder positiv semidefinit sind!

a) $[x_1 \;\; x_2] \begin{bmatrix} 2 & 1 \\ 1 & 3 \end{bmatrix} \begin{bmatrix} x_1 \\ x_2 \end{bmatrix}$

b) $[x_1 \;\; x_2] \begin{bmatrix} 1 & -1 \\ -1 & 1 \end{bmatrix} \begin{bmatrix} x_2 \\ x_1 \end{bmatrix}$

c) $[x_1 \;\; x_2] \begin{bmatrix} 1 & 3 \\ 3 & -2 \end{bmatrix} \begin{bmatrix} x_1 \\ x_2 \end{bmatrix}.$

6. Lineare Optimierung

6. Lineare Optimierung

6.1. Einleitung

Ein Anliegen sozialistischer Leitungs- und Planungstätigkeit besteht darin, für die Ausführung oder den Ablauf der Aufgaben und Vorgänge in einem bestimmten System unter Beachtung äußerer und innerer Beschränkungen, Forderungen und Gegebenheiten und ausgehend von den Zielen der sozialistischen Gesellschaft und ihrer einzelnen Glieder ein möglichst günstiges Programm zu ermitteln und durchzusetzen. Dazu ist die Untersuchung der Struktur und des Zustandes des Systems sowie eine genaue Formulierung des erstrebten Zieles erforderlich, damit man Aussagen über die durchzuführenden Handlungen sowie die Reihenfolge und den Umfang der Ausführungen erhält. Die soeben angedeutete Problematik tritt in allen Bereichen des gesellschaftlichen Lebens auf, vor allem leicht erkennbar in der Sphäre der materiellen Produktion, aber auch bei der Leitung und Planung geistiger Prozesse.
Wenn das zur Untersuchung stehende System eine solche Struktur besitzt, daß es selbst beziehungsweise jeder seiner Teile hinreichend genau durch mathematische Beziehungen beschrieben werden kann, dann läßt sich für das gestellte Problem ein mathematisches Optimierungsmodell konstruieren. Mittels eines solchen mathematischen Modells kann dann die gestellte Aufgabe mit mathematischen Methoden untersucht und gegebenenfalls gelöst werden. Die Ermittlung optimaler Pläne aus mathematischen Optimierungsmodellen bezeichnet man als mathematische Optimierung.
Die mathematische Optimierung ist ein äußerst wichtiges Gebiet bei der Anwendung mathematischer Methoden in der Ökonomie und in anderen gesellschaftlichen Bereichen. Sie ist ein wesentliches Werkzeug zur Erhöhung der Effektivität ökono-

mischer Prozesse. Die mathematische Optimierung trägt wesentlich zum nutzbringenden Einsatz der elektronischen Datenverarbeitung in allen Bereichen bei. Andererseits ist auf Grund des mit ihr verbundenen hohen numerischen Aufwandes die praktische Anwendung der mathematischen Optimierung ohne die Verwendung der elektronischen Rechentechnik nicht möglich.

Wir wollen nun mit wenigen Sätzen auf die Geschichte der mathematischen Optimierung eingehen. Der Beginn der so überaus stürmischen Entwicklung dieses Wissensgebietes liegt in der Zeit des zweiten Weltkrieges im militärischen Bereich. Nach dem Kriege drangen aber die bis dahin entwickelten Verfahren sehr schnell in die Sphäre der Wirtschaft und Verwaltung ein, und es begann ein rascher Aufschwung in der Entwicklung der Theorie und in der Anwendung der Ergebnisse des neuen Wissensgebietes. Diese Erscheinung ist dadurch zu erklären, daß beim damaligen – und noch viel mehr beim heutigen – Entwicklungsstande der Produktivkräfte und der Produktionsverhältnisse leistungsfähige wissenschaftliche Methoden zur Planung und Entscheidungsvorbereitung benötigt werden. Obwohl die Entwicklung der mathematischen Modellierung und Optimierung wirtschaftlicher Systeme in der heute bekannten Form erst nach dem zweiten Weltkrieg eingesetzt hat, liegen ihre wirtschaftswissenschaftlichen und mathematischen Wurzeln in früherer Zeit. Der Mathematiker Fourier scheint 1826 erstmalig eine Aufgabe untersucht zu haben, die mit der linearen Optimierung zusammenhängt. Besondere Erwähnung verdienen die frühen Arbeiten des sowjetischen Mathematikers L. W. Kantorowitsch. Im Jahre 1939 erschien seine ausführliche Arbeit „Mathematische Methoden in der Organisation und Planung der Produktion". In der Einleitung zu dieser Arbeit sagt Kantorowitsch: „Es gibt zwei Wege, die Effektivität einer Abteilung, eines Betriebes oder eines ganzen Industriezweiges zu steigern. Eine Möglichkeit besteht in den verschiedenen Verbesserungen der Technik, zum Beispiel neuem Zubehör für die Maschinen, Verbesserungen der Technologie und der Entdeckung neuer, besserer Rohstoffe. Die andere Möglichkeit, die bisher viel weniger benutzt wurde, besteht in der Verbesserung der Organisation und Planung der Produktion. Das schließt zum Beispiel solche Fragen ein, wie die Verteilung der Arbeiten auf die verschiedenen Maschinen des Werkes, die richtige Verteilung der Aufträge auf die Werke, die richtige Verteilung von Rohstoffen, Brennstoff und andere Faktoren". Kantorowitsch hat als erster erkannt, daß gewisse Klassen von Aufgaben der Produktionsorganisation wohldefinierte mathematische Strukturen besitzen, die einer praktischen numerischen Bearbeitung zugänglich sind. Neben Modellen für verschiedene ökonomische Aufgabenstellungen enthält die Arbeit die Skizze eines Lösungsverfahrens, das wesentliche Grundgedanken der später entwickelten Simplexmethode zur Lösung von linearen Optimierungsproblemen verwendet. In den folgenden Jahren hat Kantorowitsch weitere wichtige Beiträge zur Entwicklung der mathematischen Optimierung geleistet. Leider blieben die frühen Arbeiten von Kantorowitsch nahezu zwei Jahrzehnte unbeachtet, wodurch die Entwicklung der mathematischen Optimierung gewiß verzögert wurde.

Wir werden in diesem Kapitel eine Einführung in die Theorie und einige Lösungsverfahren der linearen Optimierung geben. Obwohl hier nicht der Platz ist, über Anwendungen der linearen Optimierung zu schreiben – das wird in einem Fortsetzungsband des vorliegenden Buches ausführlich geschehen – werden wir bei den Beispielen häufig von einer ökonomisch-technologischen Problemstellung ausgehen, die naturgemäß aber sehr vereinfacht formuliert werden muß.

6.2. Lineare Optimierungsmodelle und die Normalform der linearen Optimierungsaufgabe

Die bei der Anwendung von mathematischen Methoden zur Optimierung von Systemen und Prozessen zu leistende Arbeit zerfällt in zwei wesentliche Teilkomplexe. Zuerst ist ausgehend von einer genauen qualitativen und quantitativen Untersuchung des zu bearbeitenden Problems ein mathematisches Modell des Systems bzw. Prozesses zu konstruieren. Diese Aufgabe erfordert in jedem Falle gründliche schöpferische Tätigkeit und ist nur in echter Gemeinschaftsarbeit zu erfüllen. Als Ergebnis dieser Arbeit entsteht ein mathematisches Optimierungsmodell, das aus einer Reihe von mathematischen Beziehungen und Forderungen besteht. Im weiteren Verlauf der Untersuchung ist nun das mathematische Problem, das durch das mathematische Optimierungsmodell gestellt wird, zu lösen. Dieses Problem bezeichnen wir als Optimierungsaufgabe und deren Untersuchung und Lösung ist der Gegenstand der mathematischen Optimierung. Wir werden uns in diesem Kapitel nur mit der linearen Optimierung beschäftigen und deshalb zunächst einige kurze Bemerkungen zu linearen Optimierungsmodellen machen.

6.2.1. Lineare Optimierungsmodelle

Lineare Optimierungsmodelle besitzen allgemein die folgende Gestalt: Die zu optimierende Größe z steht mit den Variablen oder den Parametern $x_j; j = 1, 2, \dots, p$ des Modells in dem Zusammenhang

$$z = c_1x_1 + c_2x_2 + \cdots + c_px_p. \tag{6.1}$$

Die Variablen $x_1, x_2, \dots, x_p$ müssen dabei den Bedingungen

$$a_{i1}x_1 + a_{i2}x_2 + \cdots + a_{ip}x_p \left\{\begin{matrix} \leqq \\ = \\ \geqq \end{matrix}\right\} b_i; \quad i = 1, 2, \dots, q \tag{6.2}$$

genügen. Dabei ist das Symbol $\left\{\begin{matrix} \leqq \\ = \\ \geqq \end{matrix}\right\}$ so zu deuten, daß für gewisse i in (6.2) die Beziehung $\leqq$, für andere $=$ und für die übrigen $\geqq$ gelten muß. Ferner ist

$$x_j \geqq 0; \quad j \in T \tag{6.3}$$

vorgeschrieben, wobei T eine Teilmenge der Menge der Indizes $\{1 \;\; 2 \;\; \dots \;\; p\}$ ist. Die Größen $c_j; j = 1, 2, \dots, p$, $b_i; i = 1, 2, \dots, q$ und $a_{ij}; i = 1, 2, \dots, q; j = 1, 2, \dots, p$ sollen dabei vorgegebene reelle Zahlen bedeuten.

Aus den Beziehungen (6.1), (6.2) und (6.3) lassen sich sofort Bedingungen erkennen, die ein vorgegebenes praktisches Problem erfüllen muß, damit es sich durch ein lineares Optimierungsmodell beschreiben läßt.

Bedingung 1: **Jede der Forderungen und der Beschränkungen des Problems und auch die zu optimierende Größe muß von jeder einzelnen Variablen linear abhängen.**

Bedingung 2: **Jede der Relationen, die das Problem mathematisch beschreiben, muß sich als Summe der linearen Funktion von jeweils einer der Variablen darstellen lassen.**

Die Praxis hat gezeigt, daß für eine Vielzahl von Problemen diese Bedingungen zumindest in ausreichender Näherung erfüllt sind.

Die Modelle praktischer Probleme weichen in ihrer Form häufig von der Darstellung (6.1) bis (6.3) ab. Manchmal ist es vorteilhaft, die Variablen nicht durch einen Index sondern durch zwei oder mehr Indizes zu charakterisieren. Jede dieser Modellformen läßt sich jedoch durch Umbezeichnung der Variablen in die Gestalt (6.1) bis (6.3) überführen. Die mathematischen Beziehungen, die ein lineares Optimierungsmodell bilden, unterteilen wir gemäß der Darstellung (6.1) bis (6.3) in drei Klassen. Die erste, die durch (6.1) gegeben ist, enthält nur eine einzige Beziehung. Durch diese wird die zu optimierende (zu maximierende oder zu minimierende) Größe, die Zielgröße, in Abhängigkeit von den Variablen des Modells dargestellt. Wir nennen die Funktion $z(x_1, x_2, \ldots, x_p) = z(x)$ deshalb die *Zielfunktion* des Modells.

Die zweite Klasse, die durch (6.2) gegeben ist, enthält q lineare Gleichungen und (oder) Ungleichungen. Durch sie wird ein Teil der durch das zu modellierende Problem gestellten Forderungen und Einschränkungen abgebildet. Wir bezeichnen diese Beziehungen deshalb als die *Restriktionen* oder die *Nebenbedingungen* des Modells.

Durch die dritte Klasse, die durch (6.3) gegeben ist, wird für gewisse Variable x_j verlangt, daß sie nur nichtnegative Werte annehmen dürfen. Diese Forderung ist auf Grund der praktischen Bedeutung der Variablen bei den meisten Modellen für alle Variablen zu stellen. Wir bezeichnen diese Bedingungen als die *Nichtnegativitätsforderungen* des Modells. Die Nichtnegativitätsforderungen sind spezielle Beziehungen der Form (6.2). Sie könnten deshalb auch in (6.2) einbezogen werden. Wegen ihrer speziellen Gestalt und insbesondere wegen der späteren Untersuchungen fassen wir sie jedoch zu einer besonderen Klasse zusammen.

Die hier eingeführten Bezeichnungen für die drei verschiedenen Teile eines linearen Optimierungsmodells verwenden wir auch im folgenden für lineare Optimierungsaufgaben.

6.2.2. Normalform der linearen Optimierungsaufgabe

Wie wir zeigen werden, läßt sich jede durch ein lineares Optimierungsmodell gestellte lineare Optimierungsaufgabe stets in die folgende *Normalform* überführen:

Für die n Variablen $x_1\, x_2, \ldots, x_n$ sind reelle Zahlen zu ermitteln, die die *Restriktionen*

$$
\begin{aligned}
&a_{11}\, x_1 + a_{12}\, x_2 + \cdots + a_{1n}\, x_n = b_1 \\
&a_{21}\, x_1 + a_{22}\, x_2 + \cdots + a_{2n}\, x_n = b_2 \\
&\cdots\cdots\cdots\cdots\cdots\cdots\cdots\cdots\cdots \\
&a_{m1}\, x_1 + a_{m2}\, x_2 + \cdots + a_{mn}\, x_n = b_m
\end{aligned}
$$

und die Nichtnegativitätsforderungen

$x_j \geqq 0; \quad j = 1, 2, \ldots, n$

erfüllen und die der Zielfunktion

$z = c_1 x_1 + c_2 x_2 + \cdots + c_n x_n$

ihren maximalen Wert erteilen.

Dabei können wir stets

$$b_i \geqq 0; \quad i = 1, 2, \ldots, m \tag{6.4}$$

voraussetzen. Ist nämlich für irgendein i die rechte Seite der betreffenden Restriktion ursprünglich negativ, dann erreicht man durch Multiplikation der Beziehung mit (-1) gewiß die Gültigkeit von (6.4).

Im Weiteren werden wir lineare Optimierungsaufgaben stets ohne den Zwischentext in der Form

$$\begin{array}{l} a_{11} x_1 + a_{12} x_2 + \cdots + a_{1n} x_n = b_1 \\ a_{21} x_1 + a_{22} x_2 + \cdots + a_{2n} x_n = b_2 \\ \cdots\cdots\cdots\cdots\cdots\cdots\cdots\cdots \\ a_{m1} x_1 + a_{m2} x_2 + \cdots + a_{mn} x_n = b_m \end{array} \tag{6.5}$$

$$x_j \geqq 0; \quad j = 1, 2, \ldots, n \tag{6.6}$$

$$z = c_1 x_1 + c_2 x_2 + \cdots + c_n x_n \to \text{Max.} \tag{6.7}$$

darstellen.

Wir bezeichnen die Matrix aus den Koeffizienten a_{ij} des Gleichungssystems (6.5) mit $\boldsymbol{A}$ und den Vektor aus den rechten Seiten b_i dieses Systems mit $\boldsymbol{b}$. Wenn es sich bei der durch (6.5) bis (6.7) gegebenen linearen Optimierungsaufgabe um eine sinnvolle Aufgabe handeln soll, dann muß der Rang der Matrix $\boldsymbol{A}$ gleich dem Rang der Matrix $\boldsymbol{B} = [\boldsymbol{A} \;\; \boldsymbol{b}]$ sein,

$$r[\boldsymbol{A}] = r[\boldsymbol{B}] \tag{6.8}$$

weil gemäß Abschnitt 5.9 nur dann das System (6.5) lösbar ist. Ferner können wir für alle theoretischen Betrachtungen voraussetzen, daß die Gleichungen des Systems (6.5) voneinander linear unabhängig sind, weil die Gleichungen, die von anderen linear abhängig sind, als überflüssig gewiß weggelassen werden können. Wegen (6.8) muß dann aber $m \leqq n$ gelten, und es ist

$$r[\boldsymbol{A}] = m. \tag{6.9}$$

Bei sinnvollen Aufgaben muß sogar

$$m < n \tag{6.10}$$

sein, weil sonst das System (6.5) eindeutig lösbar ist und die Suche nach einer Lösung, die der Zielfunktion den maximalen Wert erteilt, gegenstandslos wird. Wir können somit das folgende Ergebnis formulieren:

Bei sinnvollen linearen Optimierungsaufgaben in Normalform muß die Anzahl der voneinander linear unabhängigen Restriktionen kleiner sein als die Zahl der Variablen.

Die Normalform der linearen Optimierungsaufgabe werden wir zukünftig bei den weiteren Untersuchungen in verschiedenen Formen schreiben, wobei wir jedesmal die für die betreffende Betrachtung günstigste wählen. Diese Formen werden wir jetzt angeben, wobei jedoch ausdrücklich bemerkt werden soll, daß sie sich sämtlich nur formal voneinander unterscheiden.

Unter Verwendung des Summationssymbols läßt sich die Aufgabe (6.5) bis (6.7) abgekürzt folgendermaßen darstellen:

$$\sum_{j=1}^{n} a_{ij}x_j = b_i; \quad i = 1, 2, \ldots, m \tag{6.5'}$$

$$x_j \geqq 0; \quad j = 1, 2, \ldots, n \tag{6.6'}$$

$$z = \sum_{j=1}^{n} c_j x_j \rightarrow \text{Max.} \tag{6.7'}$$

Fassen wir die Koeffizienten a_{ij} der einzelnen Variablen des Systems (6.5) zu Vektoren $\boldsymbol{a}_j$ mit m Komponenten, die Variablen x_j zu einem Vektor $\boldsymbol{x}$ mit m Komponenten und die Koeffizienten in der Zielfunktion c_j zu einem Vektor $\boldsymbol{c}$ mit m Komponenten zusammen, dann läßt sich (6.5) bis (6.7) in der Form

$$\boldsymbol{a}_1 x_1 + \boldsymbol{a}_2 x_2 + \cdots + \boldsymbol{a}_n x_n = \boldsymbol{b} \tag{6.5''}$$

$$\boldsymbol{x} \geqq \boldsymbol{0} \tag{6.6''}$$

$$z = \boldsymbol{c}^T \boldsymbol{x} \rightarrow \text{Max.} \tag{6.7''}$$

schreiben. Die Vektoren $\boldsymbol{a}_j$, die selbstverständlich die Spalten der Matrix $\boldsymbol{A}$ bilden, werden häufig als *Aktivitätsvektoren* bezeichnet, während der Vektor $\boldsymbol{b}$ der *Erfordernisvektor* genannt wird. Den Vektor $\boldsymbol{c}$ werden wir *Bewertungsvektor* nennen.

Verwenden wir schließlich die Matrix

$$\boldsymbol{A} = [\boldsymbol{a}_1 \boldsymbol{a}_2 \cdots \boldsymbol{a}_n],$$

dann erhält die Aufgabe (6.5) bis (6.7) die folgende Gestalt:

$$\boldsymbol{A}\boldsymbol{x} = \boldsymbol{b} \tag{6.5'''}$$

$$\boldsymbol{x} \geqq \boldsymbol{0}$$

$$z = \boldsymbol{c}^T \boldsymbol{x} \rightarrow \text{Max.} \tag{6.7'''}$$

Wir werden jetzt einige Begriffe einführen, die für die weiteren Untersuchungen bedeutungsvoll sind. In Abhängigkeit davon, welche der drei Forderungen der linearen Optimierungsaufgabe erfüllt ist, unterscheiden wir drei sogenannte Lösungstpyen.

Definition 6.1

Jeder Vektor $\boldsymbol{x}^T = [x_1 \; x_2 \cdots x_n]$, der das System der Restriktionen (6.5) erfüllt, heißt eine Lösung der linearen Optimierungsaufgabe (vgl. auch Definition 5.47).

Da eine so definierte Lösung nicht notwendig die Nichtnegativitätsforderungen erfüllt, gehört zu ihr bei einem praktischen Problem im allgemeinen kein praktisch realisierbarer Plan.

Definition 6.2

Jeder Vektor $\boldsymbol{x}$, der außer den Restriktionen (6.5) auch die Nichtnegativitätsforderungen (6.6) befriedigt, heißt eine zulässige Lösung der linearen Optimierungsaufgabe (vgl. auch Definition 5.48).

Zu jeder zulässigen Lösung gehört im Falle einer richtig modellierten praktischen Aufgabe stets ein praktisch realisierbarer Plan.

Definition 6.3

Jede zulässige Lösung, die der Zielfunktion (6.7) ihren Maximalwert erteilt, heißt eine Optimallösung (oder auch eine zulässige Optimallösung) der linearen Optimierungsaufgabe.

Bei jeder linearen Optimierungsaufgabe wird stets eine Optimallösung gesucht.

Definition 6.4

Die Menge aller zulässigen Lösungen einer linearen Optimierungsaufgabe heißt deren zulässiger Bereich.

Wir knüpfen jetzt an die Ausführungen des Kapitel 5. an und betrachten das lineare Gleichungssystem (6.5), das durch die Restriktionen der linearen Optimierungsaufgabe gebildet wird, etwas genauer. Wenn (6.9) gilt, dann läßt sich dieses System bekanntlich stets in eine *kanonische Form* überführen. Eine solche kanonische Form des Systems (6.5) schreiben wir in der Gestalt:

$$\begin{array}{llll} x_{B1} & & + y_{1,m+1}x_{R1} + \cdots + y_{1n}x_{R,n-m} = y_{10} \\ & x_{B2} & + y_{2,m+1}x_{R1} + \cdots + y_{2n}x_{R,n-m} = y_{20} \\ & \cdots\cdots & \cdots\cdots\cdots\cdots\cdots\cdots\cdots\cdots \\ & & x_{Bm} + y_{m,m+1}x_{R1} + \cdots + y_{mn}x_{R,n-m} = y_{m0} \end{array} \tag{6.11}$$

Dabei haben wir die Variablen, die nur noch genau in einer Gleichung des Systems jeweils mit dem Koeffizienten 1 auftreten, mit x_{Bi}; $i = 1, 2, \ldots, m$ und die übrigen mit x_{Rj}; $j = 1, 2, \ldots, n - m$ bezeichnet. Diese Bezeichnung der Variablen gibt jedoch keinerlei Auskunft über die ursprüngliche Numerierung der Variablen. Die in (6.11) gewählte Bezeichnung ist jedoch zur Erleichterung der theoretischen Betrachtungen sehr vorteilhaft. Für alle konkreten Systeme wird aber später die ursprüngliche Numerierung der Variablen beibehalten.

Die zu den Variablen x_{Bi} in (6.11) gehörenden Koeffizientenvektoren bilden die Einheitsmatrix der Ordnung m. Da diese regulär ist und durch elementare Transformationen aus dem zu den gleichen Variablen gehörenden Teil der Koeffizientenmatrix von (6.5) entstanden ist, ist auch die Matrix

$$\boldsymbol{B} = [\boldsymbol{a}_{B1}\boldsymbol{a}_{B2} \cdots \boldsymbol{a}_{Bm}] \tag{6.12}$$

regulär. Dabei sind die zu den x_{Bi} gehörenden Aktivitätsvektoren von (6.5) mit $\boldsymbol{a}_{Bi}$ bezeichnet worden. Die Aktivitätsvektoren $\boldsymbol{a}_{Bi}$; $i = 1, 2, \ldots, m$ sind somit linear unabhängig und bilden deshalb eine Basis des R^m.

Die Matrix $\boldsymbol{B}$ wird deshalb als *Basismatrix* des Systems (6.5) bezeichnet. Die Variablen x_{Bi} werden *Basisvariable* genannt, während die x_{Rj} *Nichtbasisvariable* heißen.

Aus (6.11) kann man sofort eine spezielle Lösung für dieses System und damit für (6.5) ablesen. Setzt man nämlich

$$x_{Rj} = 0; \quad j = 1, 2, \ldots, n - m, \tag{6.13}$$

dann ergibt sich aus (6.11) sofort

$$x_{Bi} = y_{i0}; \quad i = 1, 2, \ldots. m. \tag{6.14}$$

Diese Lösung heißt eine *Basislösung* des Systems (6.5) und wir bezeichnen sie stets mit

$$x_B^T = [x_{B1} x_{B2} \cdots x_{Bm}], \tag{615}$$

wobei wir die Nichtbasisvariablen nicht mit aufschreiben. Eine Basislösung muß nicht notwendig zulässige Lösung sein. Wir definieren aber:

Definition 6.5

Sind alle $x_{Bi} = y_{i0} \geqq 0$, dann ist durch (6.15) eine zulässige Basislösung gegeben.

Definition 6.6

Jede zulässige Basislösung $\mathbf{x}_B$, in der alle $x_{Bi} > 0$ sind, heißt nichtdegeneriert. Besitzt wenigstens eine der Komponenten x_{Bi} den Wert Null, dann heißt $\mathbf{x}_B$ eine degenerierte zulässige Basislösung.

Bei den späteren Betrachtungen in diesem Kapitel werden wir es meistens mit zulässigen Basislösungen zu tun haben.

Wir werden nun zeigen, daß und wie sich jede lineare Optimierungsaufgabe, die durch ein lineares Optimierungsmodell der Form (6.1) bis (6.3) gestellt wird, in die Normalform überführen läßt. Dazu stellen wir zuerst noch einmal zusammen, welche Abweichungen von der Normalform eintreten können:

a) Unter den Restriktionen treten Ungleichungen auf.

b) Gewisse der Variablen x_j können beliebige Werte annehmen.

c) Es ist das Minimum und nicht das Maximum der Zielgröße zu ermitteln.

Mit der Beseitigung jeder dieser drei Abweichungen werden wir uns jetzt beschäftigen.

Zu a). Da wir in der Normalform $b_i \geqq 0$ voraussetzen, müssen wir Ungleichungen mit dem Zeichen $\leqq$ und solche mit $\geqq$ gesondert betrachten, da sich beim Multiplizieren einer Ungleichung mit (-1) das Ungleichheitszeichen umkehrt (vgl. Abschnitt 5.12.1.). Wir wollen auch schon an dieser Stelle darauf hinweisen, daß echte Ungleichungen mit den Zeichen $<$ oder $>$ in linearen Optimierungsaufgaben im allgemeinen nicht zugelassen sind. Den Grund dafür werden wir später an geeigneter Stelle angeben.

Besitzt die i-te Restriktion einer linearen Optimierungsaufgabe die Gestalt

$$\sum_{j=1}^{n} a_{ij} x_j \leqq b_i; \quad b_i \geqq 0,$$

dann betrachten wir die Differenz

$$b_i - \sum_{j=1}^{n} a_{ij} x_j = x_{n+i}.$$

Wenn die Restriktion erfüllt sein soll, dann muß gewiß $x_{n+i} \geqq 0$ gelten. Aus der letzten Beziehung ergibt sich sofort

$$\sum_{j=1}^{n} a_{ij} x_j + x_{n+i} = b_i. \tag{6.16}$$

Die obige Ungleichung ist somit der Gleichung (6.16) äquivalent, wenn an die neu eingeführte *Schlupfvariable* x_{n+i} die Nichtnegativitätsforderung gestellt wird. Weil diese Schlupfvariable die Zielgröße des Ausgangsproblems natürlich nicht beeinflußt, geht sie in die Zielfunktion nicht ein, bzw. hat sie dort den Koeffizienten 0. Jede einzuführende Schlupfvariable läßt sich in jeder konkreten Aufgabe praktisch interpretieren. Wird zum Beispiel durch die obige Ungleichung ausgedrückt, daß die vorhandene Menge b_i eines Rohstoffes nicht überschritten werden darf, dann gibt x_{n+i} die nicht verwendete Menge des Rohstoffes an.

Besitzt die k-te Restriktion einer linearen Optimierungsaufgabe die Gestalt

$$\sum_{j=1}^{n} a_{kj}x_j \geqq b_k; \quad b_k \geqq 0,$$

dann muß für die Differenz

$$\sum_{j=1}^{n} a_{kj}x_j - b_k = x_{n+k}$$

gewiß $x_{n+k} \geqq 0$ gelten. Aus der letzten Beziehung ergibt sich

$$\sum_{j=1}^{n} a_{kj}x_j - x_{n+k} = b_k. \tag{6.17}$$

Die obige Ungleichung ist somit der Gleichung (6.17) äquivalent, wobei an die neu eingeführte *Überschußvariable* x_{n+k} die Nichtnegativitätsforderung gestellt wird. Selbstverständlich gehen auch Überschußvariable in die Zielfunktion nicht bzw. mit dem Koeffizienten 0 ein. Wird durch die obige Ungleichung zum Beispiel ausgedrückt, daß von einem bestimmten Erzeugnis mindestens die Menge b_k zu produzieren ist, dann bezeichnet x_{n+k} die über die geforderte Mindestmenge hinaus hergestellte Menge.

Zusammenfassend können wir feststellen:

Jede Ungleichung unter den Restriktionen einer linearen Optimierungsaufgabe läßt sich durch eine Gleichung ersetzen, wobei jeweils eine Schlupf- bzw. Überschußvariable einzuführen ist, an die die Nichtnegativitätsforderung gestellt werden muß.

Zu b). Ist x_j eine Variable in einer linearen Optimierungsaufgabe, die beliebige Werte – also auch negative – annehmen darf, dann setzen wir analog zu Abschnitt 5.12.1.

$$x_j = \overset{1}{x}_j - \overset{2}{x}_j \quad \text{mit} \quad \overset{1}{x}_j \geqq 0; \quad \overset{2}{x}_j \geqq 0, \tag{6.18}$$

sowohl in den Restriktionen als auch in der Zielfunktion der Aufgabe.

Jede nicht vorzeichenbeschränkte Variable wird also sowohl in den Restriktionen als auch in der Zielfunktion durch die Differenz zweier Variabler ersetzt. Nach der Lösung der Aufgabe wird aus den Werten dieser Variablen $\overset{1}{x}_j$, $\overset{2}{x}_j$ gemäß (6.18) der Wert der ursprünglichen Variablen x_j ermittelt.

Zu c) Der Fall, daß die Zielgröße einer linearen Optimierungsaufgabe nicht zu maximieren sondern zu minimieren ist, tritt in der Praxis sehr häufig auf. Ist in einer linearen Optimierungsaufgabe das Minimum der Zielfunktion

$$\bar{z} = d_1x_1 + d_2x_2 + \cdots + d_nx_n$$

zu ermitteln, dann ist diese Aufgabe zu der äquivalent, für die das Maximum der Zielfunktion

$$z = (-d_1)\,x_1 + (-d_2)\,x_2 + \cdots + (-d_n)\,x_n$$

gesucht wird. Offensichtlich gilt für jeden Vektor $\boldsymbol{x}$ die Beziehung

$$\bar{z}(\boldsymbol{x}) = -z(\boldsymbol{x}).$$

Ist somit $\boldsymbol{x}_0$ eine zulässige Optimallösung der Aufgabe mit der Zielfunktion $z(\boldsymbol{x})$, dann gilt ebenfalls $\bar{z}(\boldsymbol{x}_0) = -z(\boldsymbol{x}_0)$. Gäbe es eine zulässige Lösung $\boldsymbol{x}_1$ der ursprünglichen Aufgabe mit $\bar{z}(\boldsymbol{x}_1) < \bar{z}(\boldsymbol{x}_0)$, dann müßte offensichtlich auch $z(\boldsymbol{x}_1) > z(\boldsymbol{x}_0)$ gelten. Das widerspricht jedoch der Annahme, daß $\boldsymbol{x}_0$ Optimallösung ist. Somit ist tatsächlich

$$\bar{z}_{\min} = -z_{\max},$$

und die Optimallösungen beider Probleme stimmen überein.

In einem Minimalproblem werden somit die Bewertungskoeffizienten d_j durch

$$c_j = -d_j \tag{6.19}$$

ersetzt. Dann wird das entstandene Maximalproblem gelöst und danach der erhaltene Maximalwert $z_{\max}$ mit (-1) multipliziert, wodurch $\bar{z}_{\min}$ entsteht.

Damit haben wir alle möglichen Abweichungen von der Normalform beseitigt, und es ist gezeigt, daß sich tatsächlich jede lineare Optimierungsaufgabe in die Normalform überführen läßt. Zur Illustration der dazu nötigen Operationen wollen wir ein Beispiel betrachten.

Beispiel 6.1

Die lineare Optimierungsaufgabe

$$\begin{aligned} x_1 + 3x_2 - x_3 &\leqq 5 \\ 3x_1 \phantom{{}+3x_2} + x_3 &\geqq 6 \\ x_1 + x_2 + x_3 &= 8 \\ x_2,\ x_3 &\geqq 0 \end{aligned}$$

$$\bar{z} = 4x_1 - 2x_2 + x_3 \to \text{Min.}$$

ist in die Normalform zu überführen. Der Deutlichkeit halber erledigen wir die Überführung in zwei Schritten. Zuerst führen wir in die erste Ungleichung die Schlupfvariable x_4 und in die zweite die Überschußvariable x_5 ein und multiplizieren die Bewertungskoeffizienten mit (-1). Dadurch ergibt sich

$$\begin{aligned} x_1 + 3x_2 - x_3 + x_4 \phantom{{}-x_5} &= 5 \\ 3x_1 \phantom{{}+3x_2} + x_3 \phantom{{}+x_4} - x_5 &= 6 \\ x_1 + x_2 + x_3 &= 8 \\ x_2, x_3, x_4, x_5 &\geqq 0 \end{aligned}$$

$$z = -4x_1 + 2x_2 - x_3 \to \text{Max.}$$

Jetzt ersetzen wir x_1 durch $\overset{1}{x}_1 - \overset{2}{x}_1$ und erhalten die Aufgabe in der Normalform:

$$\begin{aligned} \overset{1}{x}_1 - \overset{2}{x}_1 + 3x_2 - x_3 + x_4 \phantom{{}-x_5} &= 5 \\ 3\overset{1}{x}_1 - 3\overset{2}{x}_1 \phantom{{}+3x_2} + x_3 \phantom{{}+x_4} - x_5 &= 6 \\ \overset{1}{x}_1 - \overset{2}{x}_1 + x_2 + x_3 &= 8 \\ \overset{1}{x}_1, \overset{2}{x}_1, x_2, x_3, x_4, x_5 &\geqq 0 \end{aligned}$$

$$z = -4\overset{1}{x}_1 + 4\overset{2}{x}_1 + 2x_2 - x_3 \to \text{Max.}$$

Bei gewissen Untersuchungen werden wir später lineare Optimierungsaufgaben in solcher Form betrachten, daß sämtliche Restriktionen als Ungleichungen gegeben sind. Auch in diese Gestalt läßt sich nach Abschnitt 5.12.1. jede lineare Optimierungsaufgabe bringen.

6.3. Graphische Lösung von linearen Optimierungsaufgaben in zwei Variablen

Wir untersuchen jetzt einige Beispiele für lineare Optimierungsaufgaben in zwei Variablen. Diese Aufgaben können in einfacher und sehr instruktiver Weise graphisch dargestellt und gelöst werden. Die praktische Bedeutung dieser graphischen Methode ist jedoch äußerst gering, da die realen Aufgaben meistens eine sehr große Zahl von Variablen enthalten. Die hier durchgeführten Betrachtungen sind jedoch sehr dazu geeignet, einen nützlichen Einblick in das Wesen der linearen Optimierung zu geben, der das Verständnis der allgemeinen Untersuchungen erleichtert.

Bei den Beispielen werden alle Restriktionen als lineare Ungleichungen auftreten. Jede von ihnen läßt sich somit in die Form

$$ax_1 + bx_2 \leqq d \tag{6.20}$$

bringen.

Bei jedem Beispiel werden ferner die Nichtnegativitätsforderungen $x_1 \geqq 0$; $x_2 \geqq 0$ auftreten, deren geometrische Bedeutung wir zuerst untersuchen wollen. In einem rechtwinkligen kartesischen x_1, x_2-System gilt $x_1 \geqq 0$ genau für die Punkte, die rechts der x_2-Achse und auf dieser Achse liegen. Entsprechend gilt $x_2 \geqq 0$ genau für die Punkte oberhalb der x_1-Achse und auf dieser Achse. Die so definierten beiden abgeschlossenen Halbebenen haben als Durchschnitt den abgeschlossenen ersten Quadranten (das heißt einschließlich der positiven x_1-Achse und der positiven x_2-Achse und des Koordinatenursprungs $\mathbf{0}^T = [0\ 0]$). Somit kommen als zulässige Lösungen für die Aufgabe nur Punkte $\boldsymbol{x}^T = [x_1\ x_2]$ aus dem abgeschlossenen ersten Quadranten in Frage.

Wir werden nun die Restriktionen der Gestalt (6.15) geometrisch interpretieren. Jede Ungleichung dieser Form definiert eine abgeschlossene Halbebene, die durch die Gerade

$$ax_1 + bx_2 < d$$

begrenzt wird. Um festzustellen, welche der beiden durch diese Gerade erzeugten offenen Halbebenen zu der Ungleichung

$$ax_1 + bx_2 < d$$

gehört, braucht man nur einen Punkt $\boldsymbol{x}_0^T = [\mathring{x}_1\ \mathring{x}_2]$, der nicht auf der Geraden liegt, in diese Ungleichung einzusetzen. Ist $a\mathring{x}_1 + b\mathring{x}_2 < d$, dann gehört die den Punkt $\boldsymbol{x}_0$ enthaltende Halbebene zur Ungleichung, im Falle $a\mathring{x}_1 + b\mathring{x}_2 > d$ ist es gerade die andere. Wenn die begrenzende Gerade nicht durch den Koordinatenursprung geht (das heißt im Falle $d \neq 0$), empfiehlt es sich, als Testpunkt $\boldsymbol{x}_0$ den Nullpunkt $\mathbf{0}^T = [0\ 0]$ zu wählen. Zum Zwecke der graphischen Darstellung erweist es sich als vorteilhaft, für die Gleichungen der begrenzenden Geraden die Achsenabschnittsform zu wählen für $d \neq 0$ also

$$\frac{a}{d}x_1 + \frac{b}{d}x_2 = 1$$

zu schreiben, weil dann durch $\frac{d}{a}$ der Schnittpunkt der Geraden mit der x_1-Achse und durch $\frac{d}{b}$ der Schnittpunkt mit der x_2-Achse gegeben ist. Der zulässige Bereich einer linearen Optimierungsaufgabe in zwei Variablen ist somit durch den Teil des Durchschnittes der zu allen Restriktionen gehörenden abgeschlossenen Halbebenen gegeben, der im ersten Quadranten des Koordinatensystems liegt. Gemäß Abschnitt 5.12.2 ist der zulässige Bereich somit konvex.

Die Zielfunktion hat bei zwei Variablen allgemein die Gestalt

$$z = c_1x_1 + c_2x_2. \tag{6.21}$$

Durch diese Beziehung wird für jedes feste z eine Gerade dargestellt. In (6.21) muß in sinnvollen Fällen wenigstens einer der Koeffizienten c_1, c_2 von Null verschieden sein. Wir nehmen an, es sei $c_2 \neq 0$ und lösen (6.21) nach x_2 auf:

$$x_2 = -\frac{c_1}{c_2}x_1 + \frac{z}{c_2}. \tag{6.22}$$

Im Falle $c_2 = 0$; $c_1 \neq 0$ wird durch (6.21) für jedes feste z eine zur x_2-Achse parallele Gerade dargestellt. Aus (6.22) ist ersichtlich, daß bei veränderlichem z eine Schar paralleler Geraden entsteht. Durch das Absolutglied $\frac{z}{c_2}$ in (6.22) wird angegeben, an welcher Stelle die betreffende Gerade die x_2-Achse schneidet. Durch diesen Schnittpunkt erhalten wir somit Auskunft über den Wert von z. Man überlegt sich leicht daß folgende Zusammenhänge bestehen:

Bei $c_2 > 0$ wird bei kleiner werdendem $\frac{z}{c_2}$ auch z kleiner, während bei wachsendem $\frac{z}{c_2}$ auch z größer wird.

Bei $c_2 < 0$ wird bei kleiner werdendem $\frac{z}{c_2}$ dagegen z größer, während bei wachsendem $\frac{z}{c_2}$ jetzt z kleiner wird.

Da wir bei allen Beispielen dieses Abschnittes das Maximum der Zielfunktion suchen, müssen wir immer z so groß wie möglich werden lassen. Zur Bestimmung der optimalen Geraden aus der durch (6.22) definierten Schar zeichnen wir eine beliebige dieser Geraden. Wir wählen zum Beispiel immer diejenige, die durch den Koordinatenursprung geht, für die also $z = 0$ ist. Diese Gerade verschieben wir dann so lange parallel zu sich selbst, daß im Falle $c_2 > 0$ der Abschnitt auf der x_2-Achse möglichst groß und im Falle $c_2 < 0$ der Abschnitt auf der x_2-Achse möglichst klein wird und außerdem die Gerade mit dem durch die Restriktionen und die Nichtnegativitätsforderungen definierten zulässigen Bereich noch wenigstens einen Punkt gemeinsam hat. Diesem Punkt oder diesen Punkten entsprechen dann die gesuchten Optimallösungen der Aufgabe. Der zugehörige Optimalwert für z ist dann aus dem Abschnitt auf der x_2-Achse und der Kenntnis von c_2 zu ermitteln oder durch Einsetzen einer Optimallösung in die Zielfunktion zu berechnen.

Beispiel 6.2

Wir betrachten die folgende Optimierungsaufgabe

$$\begin{aligned} x_1 + x_2 &\leqq 4 \\ 6x_1 + 2x_2 &\geqq 8 \\ x_1 + 5x_2 &\geqq 4 \\ x_1 \quad &\leqq 3 \\ x_2 &\leqq 2 \\ x_1, x_2 \quad &\geqq 0 \end{aligned}$$

$$z = 2x_1 + 3x_2 \rightarrow \text{Max.}$$

Die begrenzenden Geraden der durch die Restriktionen definierten Halbebenen lauten in der Achsenabschnittsform:

(I) $\quad \dfrac{x_1}{4} + \dfrac{x_2}{4} = 1$

(II) $\quad \dfrac{3}{4}x_1 + \dfrac{1}{4}x_2 = 1$

(III) $\quad \dfrac{x_1}{4} + \dfrac{5}{4}x_2 = 1$

(IV) $\quad \dfrac{x_1}{3} = 1$

(V) $\quad \dfrac{x_2}{2} = 1.$

Diese Geraden sind in der Abbildung 6.1 mit den gleichen römischen Ziffern versehen, die hier vor ihnen stehen. Um festzustellen, welche Halbebene zu jeder der Ungleichungen gehört, benutzen wir als Testpunkt den Koordinatenursprung. Wegen $0 + 0 < 4$ gehört zur ersten Ungleichung die den Koordinatenursprung enthaltende Halbebene. In der Abbildung 6.1 ist das durch die an der Grenzgeraden angebrachten Pfeile dargestellt. Zur zweiten und zur dritten Ungleichung gehört jeweils die den Punkt $\mathbf{0}^T = [0\ 0]$ nicht enthaltende Halbebene, während dieser Punkt in der zur vierten und in der zur fünften gehörigen Halbebene jeweils enthalten ist. Der Durchschnitt dieser Halbebenen ist in Abbildung 6.1 stark umrandet und schraffiert. Dieser Bereich ist ein konvexes Polyeder mit den Eckpunkten $\boldsymbol{a}_1, \boldsymbol{a}_2, \boldsymbol{a}_3, \boldsymbol{a}_4, \boldsymbol{a}_5$.

Die Auflösung der Gleichung, die die Zielfunktion definiert, nach x_2 liefert

$$x_2 = -\frac{2}{3}x_1 + \frac{z}{3}.$$

Für $z = 0$ ergibt sich daraus die Gleichung $x_2 = -\dfrac{2}{3}x_1$ der Geraden, die in der Abbildung 6.1 unterbrochen gezeichnet und durch (z_0) gekennzeichnet ist. Diese Gerade hat mit dem zulässigen Bereich keinen Punkt gemeinsam. Deshalb ist keiner ihrer Punkte zulässige Lösung der linearen Optimierungsaufgabe. Da in unserem Falle $c_2 = 3 > 0$ ist, müssen wir die Gerade (z_0) soweit wie möglich parallel verschieben, so daß der Abschnitt auf der x_2-Achse möglichst groß wird und die neue Gerade mindestens einen Punkt nnt dem zulässigen Bereich gemeinsam hat. Dadurch erhalten wir die durch (z_{max}) gekennzeichnete Gerade, die durch den Eckpunkt $\boldsymbol{a}_4$ des zulässigen Bereiches geht. Dieser Eckpunkt ist der Schnittpunkt der Geraden (I) und (V)

$$\boldsymbol{a}_4^T = [2\ 2].$$

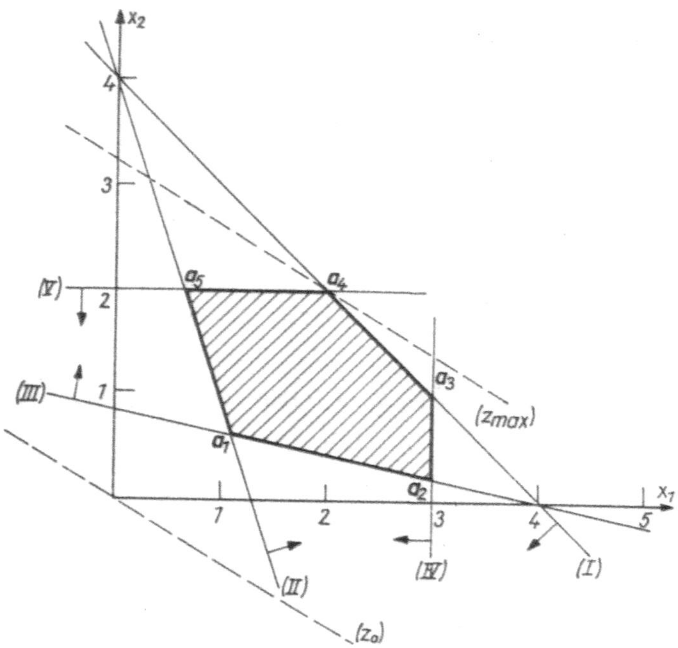

Abbildung 6.1

Dieser Eckpunkt liefert somit die einzige Optimallösung der Aufgabe. Durch Einsetzen dieses Vektors in die Zielfunktion finden wir

$z_{\max} = 10.$

Wir haben somit für dieses Beispiel eine einzige Optimallösung erhalten, die durch einen Eckpunkt des zulässigen Bereiches geliefert wird. Der zulässige Bereich ist ein konvexes Polyeder.

Beispiel 6.3

Für die lineare Optimierungsaufgabe

$$\begin{aligned} 3x_1 + 5x_2 &\leqq 15 \\ 5x_1 + 2x_2 &\leqq 10 \\ x_1, x_2 &\geqq 0 \\ z = 6x_1 + 10x_2 &\to \text{Max.} \end{aligned} \tag{6.23}$$

wird der zulässige Bereich, der in der Abbildung 6.2 stark umrandet und schraffiert ist, durch die Geraden

$$\begin{aligned} &\text{(I)} && \frac{x_1}{5} + \frac{x_2}{3} = 1 \\ &\text{(II)} && \frac{x_1}{2} + \frac{x_2}{5} = 1 \\ &\text{(III)} && x_1 = 0 \\ &\text{(IV)} && x_2 = 0 \end{aligned} \tag{6.24}$$

begrenzt. Der zulässige Bereich ist somit ein konvexes Polyeder mit den Eckpunkten $\boldsymbol{a}_1$, $\boldsymbol{a}_2$, $\boldsymbol{a}_3$, $\boldsymbol{a}_4$. Die nach x_2 aufgelöste Gleichung der Zielfunktion lautet

$$x_2 = -\frac{3}{5}x_1 + \frac{z}{10}.$$

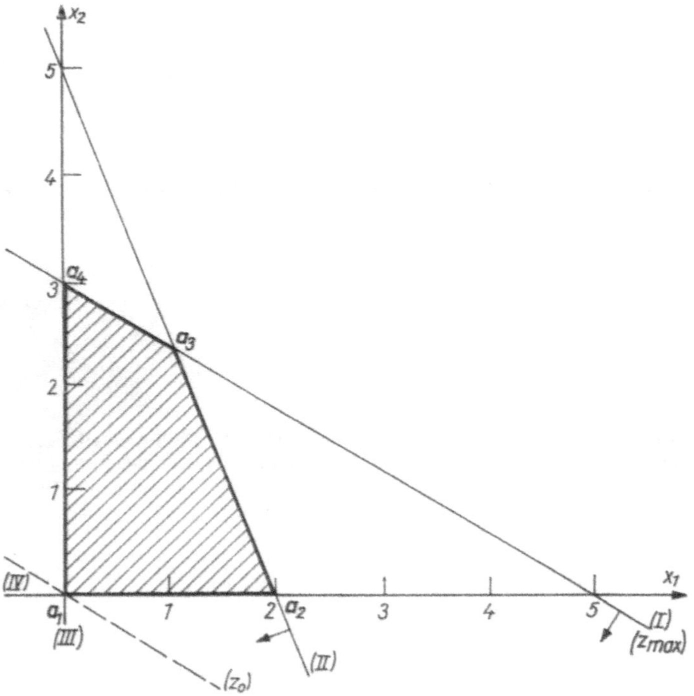

Abbildung 6.2

Die zu $z = 0$ gehörende Gerade ist in der Abbildung 6.2 wiederum durch (z_0) gekennzeichnet. Da hier $c_2 = 10 > 0$ ist, muß diese Gerade so weit als möglich parallel nach oben verschoben werden. Da alle Geraden der zur Zielfunktion gehörenden Schar zur begrenzenden Geraden (I) parallel sind, fällt die zum optimalen z gehörende Gerade mit dieser Grenzgeraden zusammen. Die Verbindungsstrecke der Eckpunkte $\boldsymbol{a}_3$ und $\boldsymbol{a}_4$ ist somit dem zulässigen Bereich und der optimalen Geraden gemeinsam. Die Eckpunkte sind

$$\boldsymbol{a}_3^T = \begin{bmatrix} \frac{20}{19} & \frac{45}{19} \end{bmatrix} \quad \text{bzw.} \quad \boldsymbol{a}_4^T = [0 \; 3].$$

Deshalb ist gemäß Abschnitt 5.12.2 jeder Vektor

$$\boldsymbol{x} = \lambda \begin{bmatrix} \frac{20}{19} \\ \frac{45}{19} \end{bmatrix} + (1 - \lambda) \begin{bmatrix} 0 \\ 3 \end{bmatrix} = \begin{bmatrix} \frac{20}{19}\lambda \\ 3 - \frac{12}{19}\lambda \end{bmatrix} \quad \text{mit} \quad 0 \leqq \lambda \leqq 1$$

Optimallösung der linearen Optimierungsaufgabe. Der zugehörige Maximalwert der Zielgröße beträgt

$$z_{\max} = 30.$$

Auch für diese Aufgabe ist der zulässige Bereich ein konvexes Polyeder. Jedoch liegt jetzt nicht eine einzige Optimallösung vor, sondern es gibt unendlich viele. Jeder Punkt der Verbindungsstrecke (bzw. der konvexen Linearkombination) der Eckpunkte $\boldsymbol{a}_3$ und $\boldsymbol{a}_4$ liefert eine solche.

Beispiel 6.4

Wir betrachten die Aufgabe

$$\begin{aligned} -x_1 + x_2 &\leqq 1 \\ -x_1 + 2x_2 &\leqq 4 \\ x_1, x_2 &\geqq 0 \\ z = 2x_1 + 2x_2 &\rightarrow \text{Max.} \end{aligned} \tag{6.25}$$

Der zu dieser Aufgabe gehörende zulässige Bereich, der in der Abbildung 6.3 schraffiert ist, wird durch die Geraden

$$\begin{aligned} &\text{(I)} && -x_1 + x_2 = 1 \\ &\text{(II)} && -\frac{x_1}{4} + \frac{x_2}{2} = 1 \\ &\text{(III)} && x_1 = 0 \\ &\text{(IV)} && x_2 = 0 \end{aligned} \tag{6.26}$$

begrenzt. Der zulässige Bereich ist eine konvexe Menge mit den endlich vielen Eckpunkten $\boldsymbol{a}_1, \boldsymbol{a}_2, \boldsymbol{a}_3$. Er ist jedoch nicht beschränkt, so daß er kein konvexes Polyeder bildet. Aus der Gleichung für die Zielfunktion ergibt sich

$$x_2 = -x_1 + \frac{z}{2}.$$

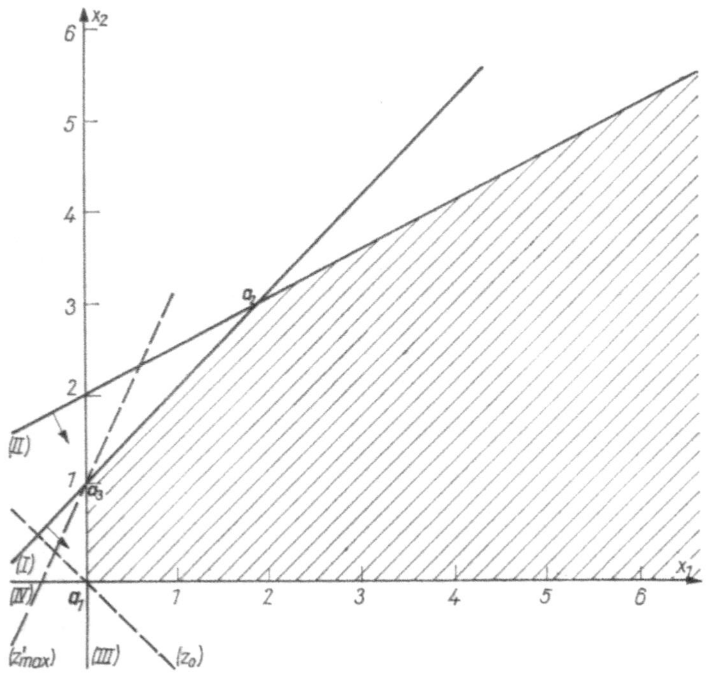

Abbildung 6.3

Die zu $z = 0$ gehörende Gerade $x_2 = -x_1$ ist in der Abbildung 6.3 wieder durch (z_0) gekennzeichnet. Wegen $c_2 = 2 > 0$ muß diese Gerade soweit wie möglich parallel nach rechts verschoben werden. Diese Verschiebung kann jetzt beliebig weit erfolgen, wobei die Gerade stets Punkte mit dem zulässigen Bereich gemeinsam hat. Wenn die Gerade beliebig weit nach rechts verschoben wird, dann wird dabei der Abschnitt auf der x_2-Achse ständig vergrößert, so daß z nach $+\infty$ strebt. Somit besitzt die vorliegende Aufgabe keine endliche Optimallösung. Wir sagen dann, die Aufgabe besitzt *unbeschränkte Lösungen*. Diese sind jedoch keine Optimallösungen. Unbeschränkte Lösungen können nur dann auftreten, wenn wenigstens eine der Variablen beliebig große Werte annehmen kann, das heißt wenn der zulässige Bereich nicht beschränkt ist. Andererseits können jedoch bei unbeschränktem zulässigen Bereich wohl Optimallösungen existieren.

Liegt zum Beispiel statt des gegebenen Beispiels eine Aufgabe mit den gleichen Restriktionen aber mit der Zielfunktion

$$z' = -2x_1 + x_2 \rightarrow \text{Max.} \tag{6.27}$$

vor, dann stellt die in der Abbildung 6.3 durch (z'_{max}) gekennzeichnete Gerade die optimale Gerade dar. Die einzige Optimallösung wird dabei durch den Eckpunkt $\boldsymbol{a}_3^T = [0, 1]$ geliefert, und der Optimalwert der Zielgröße ist $z'_{\text{max}} = 1$.

Für alle bisher betrachteten Beispiele ist der zulässige Bereich nicht leer. Das ist bei Aufgaben, die aus Modellen für praktische Probleme entspringen, auch die einzig sinnvolle Situation. Bei fehlerhaften oder unrealen Modellen können für die zugehörige lineare Optimierungsaufgabe jedoch auch andere Fälle eintreten.

Sind unter den Restriktionen einer linearen Optimierungsaufgabe beispielsweise die beiden einander widersprechenden Ungleichungen

$$\begin{aligned} x_1 + x_2 &\leqq 1 \\ -2x_1 - 2x_2 &\leqq -4 \end{aligned}$$

enthalten, dann existiert kein Punkt, der beiden durch diese Bedingungen definierten Halbebenen zugleich angehört. Unabhängig davon, wie die anderen Restriktionen lauten, ist der zulässige Bereich dann leer.

Auch dann, wenn die Restriktionen alle miteinander verträglich sind, kann auf Grund der Nichtnegativitätsforderungen der zulässige Bereich leer sein. Die zu den beiden Ungleichungen

$$\begin{aligned} -x_1 + x_2 &\leqq 0 \\ 3x_1 - x_2 &\leqq -2 \end{aligned}$$

gehörenden Halbebenen haben einen Durchschnitt, der vollständig im vierten Quadranten liegt (vgl. Abbildung 6.4). Somit lassen sich nicht gleichzeitig die Restriktionen und die Nichtnegativitätsforderungen erfüllen.

Zum Schluß dieses Abschnittes fassen wir die wesentlichen Eigenschaften der hier graphisch gelösten Beispiele zusammen. Diese Eigenschaften werden wir später auch für den allgemeinen Fall nachweisen.

a) Wenn der zulässige Bereich nicht leer ist, dann ist er konvex und besitzt nur endlich viele Eckpunkte.

b) Wenn der Optimalwert der Zielgröße endlich ist, dann ist wenigstens ein Eckpunkt des zulässigen Bereiches Optimallösung.

c) Nimmt die Zielfunktion in mehr als einem Eckpunkt ihren Optimalwert an, dann erreicht sie ihn auch für jede konvexe Linearkombination dieser Eckpunkte.

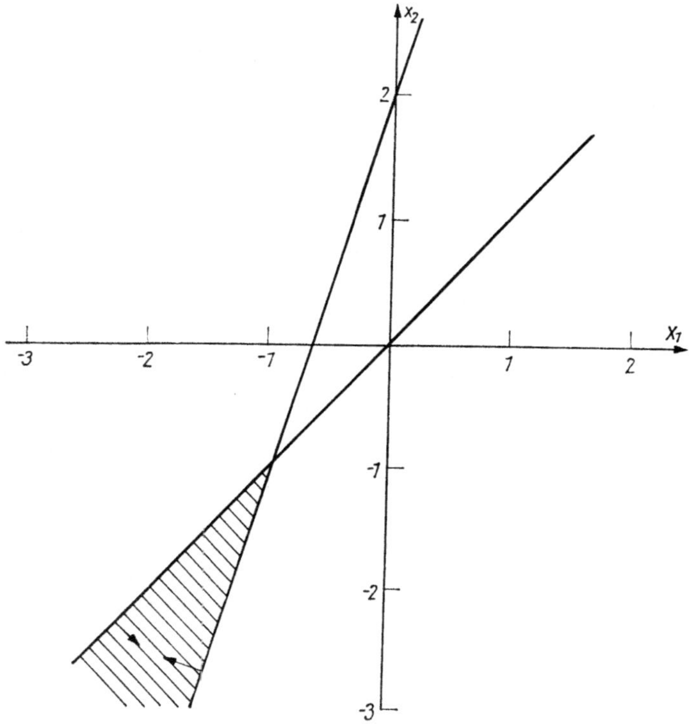

Abbildung 6.4

6.4. Grundlegende Eigenschaften linearer Optimierungsaufgaben

In diesem Abschnitt werden wir eine Reihe von Eigenschaften für lineare Optimierungsprobleme angeben, die für die weiteren Untersuchungen von großer Bedeutung sind bzw. einen Zusammenhang zu den geometrischen Betrachtungen des vorigen Abschnitts herstellen. Bei den Betrachtungen gehen wir stets von der Normalform der linearen Optimierungsaufgabe aus.

Satz 6.1

Ist der zulässige Bereich M nicht leer, dann bildet er eine konvexe Menge.

Der Beweis dieses Satzes verläuft analog zu dem des Satzes 5.26.

Jeder der n Aktivitätsvektoren $\boldsymbol{a}_1, \boldsymbol{a}_2, \ldots, \boldsymbol{a}_n$ besitzt m Komponenten mit $m < n$, so daß jeweils höchstens m von ihnen linear unabhängig sein können. Der folgende Satz, den wir ohne Beweis angeben, stellt einen Zusammenhang her zwischen den Eckpunkten des zulässigen Bereiches M und den zulässigen Basislösungen der zugehörigen linearen Optimierungsaufgabe.

Satz 6.2

Jede zulässige Basislösung $\boldsymbol{x}_B$ einer linearen Optimierungsaufgabe bildet einen Eckpunkt des zugehörigen zulässigen Bereiches M, und zu jedem Eckpunkt von M gehört wenigstens eine zulässige Basislösung.

Zu diesem Satz wollen wir nun noch einige Erläuterungen geben. Da jede zulässige Basislösung höchstens m positive Komponenten x_i enthalten kann, muß das gleiche auch für jeden Eckpunkt von M zutreffen. Darüber hinaus müssen die zu den positiven Komponenten x_i eines Eckpunktes gehörenden Aktivitätsvektoren $\boldsymbol{a}_i$ linear unabhängig sein. Ferner kann man jedem Eckpunkt von M genau m linear unabhängige Aktivitätsvektoren zuordnen, unter denen die zu den positiven Komponenten des Eckpunktes gehörenden enthalten sind. Diese Zuordnung muß jedoch, wenn der Eckpunkt weniger als m positive Komponenten besitzt, nicht eindeutig sein. Aus diesem Grunde können zu einem Eckpunkt mehrere (endlich viele) degenerierte zulässige Basislösungen gehören. Diese können sich jedoch voneinander nur dadurch unterscheiden, daß sie unterschiedliche Variable mit dem Wert Null enthalten, während die positiven Komponenten die gleichen sind und auch die gleichen Werte besitzen.

Wir beschäftigen uns nun mit Aussagen über die Anzahl der zulässigen Basislösungen einer linearen Optimierungsaufgabe. Es ist im allgemeinen nicht möglich, die genaue Anzahl auf einfache Weise festzustellen, jedoch können wir Schranken dafür angeben.

Satz 6.3

Jede lineare Optimierungsaufgabe besitzt höchstens $\binom{n}{m}$ *zulässige Basislösungen. Das heißt, der zulässige Bereich M besitzt höchstens* $\binom{n}{m}$ *Eckpunkte.*

(Vgl. auch Satz 5.27.)

Satz 6.4

Besitzt eine lineare Optimierungsaufgabe eine zulässige Lösung, dann existiert auch wenigstens eine zulässige Basislösung. Das heißt, ist der zulässige Bereich M nicht leer, dann hat er wenigstens einen Eckpunkt.

Der Beweis dieses Satzes ergibt sich sofort aus den Betrachtungen im Abschnitt 5.9.4.

Die bisherigen Aussagen dieses Abschnittes beziehen sich nur auf zulässige Lösungen bzw. zulässige Basislösungen. Wir wollen nun die Zielfunktion in die Untersuchungen aufnehmen und Eigenschaften zulässiger Optimallösungen betrachten. Dabei werden wir die angegebenen Sätze nicht beweisen. Die Beweise sind zum Beipsiel in [6.1] oder [6.3] enthalten.

Satz 6.5

Wenn eine lineare Optimierungsaufgabe eine Optimallösung besitzt, dann wird der Optimalwert der Zielfunktion nur auf dem Rande des zulässigen Bereiches angenommen.

Auf Grund dieses Satzes sind nur solche linearen Optimierungsaufgaben sinnvoll, bei denen der zulässige Bereich abgeschlossen ist, weil sonst die Punkte, in denen das Optimum angenommen wird, gegebenenfalls gar nicht dem zulässigen Bereich angehören. Hier wird somit klar, warum unter den Restriktionen keine echten Ungleichungen auftreten dürfen.

Satz 6.6

Wenn eine lineare Optimierungsaufgabe eine Optimallösung besitzt, dann wird der Optimalwert der Zielfunktion stets in wenigstens einem Eckpunkt des zulässigen Bereiches angenommen, das heißt, es existiert stets eine optimale zulässige Basislösung.

Satz 6.7

Existieren mehr als eine optimale zulässige Basislösung, dann ist jede konvexe Linearkombination von ihnen auch zulässige Optimallösung. (Bei der Bildung der Linearkombination sind die Nichtbasisvariablen mit dem Wert 0 *in die Lösungen aufzunehmen.)*

Aus Satz 6.7 können wir sofort folgern: Falls zwei zulässige Optimallösungen existieren, dann gibt es unendlich viele.

Wegen Satz 6.6 braucht man bei der Bearbeitung von linearen Optimierungsaufgaben nur zulässige Basislösungen zu betrachten. Bei der Lösung von linearen Optimierungsaufgaben könnte man somit theoretisch so vorgehen, daß man alle (endlich vielen) zulässigen Basislösungen ermittelt und davon diejenigen aussucht, für die die Zielfunktion ihren Optimalwert annimmt. Dieses Vorgehen ist jedoch praktisch nicht anwendbar, weil die Anzahl der zulässigen Basislösungen dafür im allgemeinen viel zu groß ist und jede Bestimmung einer Basislösung das Lösen eines linearen Gleichungssystems erfordert. Wir werden deshalb ein Lösungsverfahren besprechen, das nur relativ wenige der zulässigen Basislösungen tatsächlich erzeugt und benötigt.

6.5. Simplexmethode

Bisher ist kein Verfahren bekannt, das eine explizite Darstellung für eine Optimallösung einer linearen Optimierungsaufgabe angeben kann. Das ist nicht verwunderlich, da schon allein lineare Gleichungssysteme am wirksamsten mit iterativen Methoden gelöst werden. Aus diesem Grunde sind auch zur Lösung linearer Optimierungsaufgaben Iterationsverfahren entwickelt worden. Das bekannteste und am meisten verwendete ist die *Simplexmethode*. Die Grundgedanken für diese Methode wurden, wie schon erwähnt, von Kantorowitsch angegeben, während sie unabhängig davon von G. B. Dantzig in den ersten Jahren nach dem zweiten Weltkrieg in ausführlicher Entwicklung veröffentlicht wurde.

Die Simplexmethode stellt in ihrer ersten Phase eine zulässige Basislösung der linearen Optimierungsaufgabe her oder zeigt an, daß für die Aufgabe keine zulässige Lösung existiert. In der zweiten Phase werden dann schrittweise neue zulässige Basislösungen erzeugt, wobei in endlich vielen Schritten entweder eine optimale zulässige Basislösung gefunden wird oder zu erkennen ist, daß für die Aufgabe sogenannte unbeschränkte Lösungen existieren.

Wir unterscheiden zwischen der Simplexmethode, die aus den beiden soeben erwähnten Phasen besteht, und dem *Simplexalgorithmus*, der in der zweiten Phase aus einer vorliegenden zulässigen Basislösung eine neue erzeugt, die der Zielfunktion im allgemeinen einen größeren Wert erteilt.

6.5.1. Simplexalgorithmus

Der Simplexalgorithmus beginnt stets mit einer zulässigen Basislösung $x_B^T = [x_{B1}\, x_{B2} \cdots x_{Bm}]$ der linearen Optimierungsaufgabe, deren Existenz wir voraussetzen. Zu dieser zulässigen Basislösung gehört eine eindeutig bestimmte kanonische Form des Systems der Restriktionen, die ebenfalls als bekannt vorausgesetzt wird. Diese kanonische Form sei (siehe (6.11))

$$x_{Bi} + \sum_{j=1}^{n-m} y_{i,m+j} x_{Rj} = y_{i0}; \quad i = 1, 2, \ldots, m. \tag{6.28}$$

Da die Basislösung zulässig sein soll, muß gemäß (6.14) gewiß

$$y_{i0} \geqq 0; \quad i = 1, 2, \ldots, m \tag{6.29}$$

gelten. Aus (6.28) erhält man durch Auflösen nach den x_{Bi} sofort

$$x_{Bi} = y_{i0} - \sum_{j=1}^{n-m} y_{i,m+j} x_{Rj}. \tag{6.30}$$

Die Zielfunktion der Aufgabe

$$z = \sum_{j=1}^{n} c_j x_j$$

läßt sich in der Form

$$z = \sum_{i=1}^{m} c_{Bi} x_{Bi} + \sum_{j=1}^{n-m} c_{Rj} x_{Rj}$$

schreiben, wobei mit c_{Bi} die zu den Basisvariablen gehörenden Bewertungskoeffizienten und mit c_{Rj} die zu den Nichtbasisvariablen gehörenden bezeichnet sind. Setzen wir in diese Darstellung für z die Ausdrücke (6.30) ein, dann erhalten wir

$$z = \sum_{i=1}^{m} c_{Bi} \left(y_{i0} - \sum_{j=1}^{n-m} y_{i,m+j} x_{Rj} \right) + \sum_{j=1}^{n-m} c_{Rj} x_{Rj}$$

oder nach Umordnen

$$z = \sum_{i=1}^{m} c_{Bi} y_{i0} - \sum_{j=1}^{n-m} \left(\sum_{i=1}^{m} c_{Bi} y_{i,m+j} - c_{Rj} \right) x_{Rj}.$$

Hierbei ist durch

$$z_0 = \sum_{i=1}^{m} c_{Bi} y_{i0} = \sum_{i=1}^{m} c_{Bi} x_{Bi} \tag{6.31}$$

der Wert gegeben, den die vorliegende zulässige Basislösung der Zielfunktion erteilt. Setzen wir noch

$$y_{m+1,m+j} = \sum_{i=1}^{m} c_{Bi} y_{i,m+j} - c_{Rj}; \quad j = 1, 2, \ldots, n - m, \tag{6.32}$$

so ergibt sich für die Zielfunktion die Form

$$z + \sum_{j=1}^{n-m} y_{m+1,m+j} x_{Rj} = z_0. \tag{6.33}$$

In dieser Darstellung besitzt die Zielfuuktion die gleiche Gestalt wie jede der Gleichungen (6.28). Fügen wir (6.33) dem System (6.28) hinzu, dann ergibt sich

$$
\begin{array}{llllll}
x_{B1} & & + y_{1,m+1}x_{R1} & + \cdots + y_{1n}x_{R,n-m} & = y_{10} \\
& x_{B2} & + y_{2,m+1}x_{R1} & + \cdots + y_{2n}x_{R,n-m} & = y_{20} \\
\cdots & \cdots & \cdots & \cdots & \cdots \\
& x_{Bm} & + y_{m,m+1}x_{R1} & + \cdots + y_{mn}x_{R,n-m} & = y_{m0} \\
& z & + y_{m+1,m+1}x_{R1} & + \cdots + y_{m+1,n}x_{R,n-m} & = z_0 .
\end{array}
\tag{6.34}
$$

Das ist eine kanonische Form eines linearen Gleichungssystems aus $(m + 1)$ Gleichungen mit $(n + 1)$ Variablen. Die Basisvariablen sind $x_{B1}, x_{B2}, \ldots, x_{Bm}, z$.

Die lineare Optimierungsaufgabe kann jetzt folgendermaßen formuliert werden:

Für die Variablen x_{Bi}; $i = 1, 2, \ldots, m$, x_{Rj}; $j = 1, 2, \ldots, n - m$ und z sind Werte zu ermitteln, für die

$x_{Bi} \geqq 0; \quad i = 1, 2, \ldots, m$

$x_{Rj} \geqq 0; \quad j = 1, 2, \ldots, n - m$

und

$z = z_{\max}$

gilt und die das System (6.34) erfüllen.

Hierbei ist zu beachten, daß die Variable z im Gegensatz zu den übrigen nicht vorzeichenbeschränkt ist. Sie kann somit auch negative Werte annehmen. Mit $z_{\max}$ ist der Maximalwert der Zielfunktion bezeichnet. Kann die Zielfunktion beliebig große Werte annehmen (das heißt $z \to +\infty$), dann existiert $z_{\max}$ nicht, und es liegt der Fall unbeschränkter Lösungen vor.

Wie wir gesehen haben, kann aus einer kanonischen Form des Systems der Restriktionen, falls alle $y_{i0} \geqq 0$ sind, sofort eine zulässige Basislösung abgelesen werden. Aus dem System (6.34) erkennen wir darüber hinaus in z_0 den Wert, den diese zulässige Basislösung der Zielfunktion erteilt. Wir werden weiter zeigen, daß uns die letzte Gleichung von (6.34) darüber hinaus Auskunft gibt, ob die vorliegende zulässige Basislösung Optimallösung ist oder nicht. Bevor wir jedoch den betreffenden Satz formulieren und beweisen, führen wir die folgende Bezeichnung ein:

Definition 6.7

Die Koeffizienten $y_{m+1,m+j}$; $j = 1, 2, \ldots, n - m$ der Nichtbasisvariablen in der letzten Gleichung des Systems (6.34) heißen relative Bewertungskoeffizienten.

Diese Bezeichnung wurde deshalb gewählt, weil es sich einmal um Koeffizienten in der Zielfunktion handelt und andererseits diese Größen von der jeweiligen Basislösung abhängen.

Satz 6.8 (*Optimalitätskriterium*)

Eine zulässige Basislösung ist eine Optimallösung einer linearen Optimierungsaufgabe, wenn in der zugehörigen kanonischen Form (6.34) alle relativen Bewertungskoeffizienten $y_{m+1,m+j} \geqq 0$ sind.

Beweis

Sind in (6.34) alle $y_{m+1,m+j} \geqq 0$, dann ist wegen $x_{Rj} \geqq 0$; $j = 1, 2, \ldots, n-m$ für jede beliebige zulässige Lösung gewiß

$$\sum_{j=1}^{n-m} y_{m+1,m+j}\, x_{Rj} \geqq 0.$$

Somit folgt aus (6.33) sofort

$$z \leqq z_0.$$

Da für die vorliegende zulässige Basislösung aber alle $x_{Rj} = 0$ sind, ist für diese $z = z_0$ und somit tatsächlich

$$z_{\max} = z_0.$$

Der Satz 6.8 läßt sich auch schärfer formulieren:

Satz 6.9

Sind in (6.34) alle $y_{m+1,m+j} \geqq 0$, dann ist jede zulässige Lösung (die nicht notwendig Basislösung sein muß) mit $x_{Rj} = 0$ für $y_{m+1,m+j} > 0$ eine zulässige Optimallösung. Dagegen kann eine zulässige Lösung nicht optimal sein, wenn wenigstens ein $x_{Rj} > 0$ mit $y_{m+1,m+j} > 0$ existiert.

Der Beweis dieses Satzes verläuft analog zum Beweis des Satzes 6.8. Aus dem Satz 6.9 ergibt sich als Folgerung sofort der folgende Satz.

Satz 6.10

Eine optimale zulässige Basislösung ist die einzige existierende Optimallösung, wenn in der zugehörigen kanonischen Form der Aufgabe alle $y_{m+1,m+j} > 0$ sind.

Wir beschäftigen uns nun mit der Frage, ob aus einer zulässigen Basislösung, die nach Satz 6.8 nicht als optimal erkannt wird, eine neue zulässige Basislösung erzeugt werden kann, die der Zielfunktion nach Möglichkeit einen größeren Wert erteilt. Der folgende Satz wird darüber erschöpfend Auskunft geben. Sein Beweis, den wir wieder konstruktiv führen, liefert gleichzeitig ein Verfahren zur Herstellung einer solchen neuen zulässigen Basislösung.

Satz 6.11

a) *Ist in (6.34) der relative Bewertungskoeffizient $y_{m+1,m+s} < 0$ und wenigstens ein $y_{i,m+s} > 0$; $1 \leqq i \leqq m$, dann existiert eine neue zulässige Basislösung, die der Zielfunktion einen Wert z erteilt, so daß $z \geqq z_0$ gilt.*

b) *Ist in (6.34) der relative Bewertungskoeffizient $y_{m+1,m+s} < 0$ und sind alle $y_{i,m+s} \leqq 0$; $i = 1, 2, \ldots, m$, dann existieren zulässige Lösungen, für die die Zielfunktion beliebig große Werte annimmt (Fall unbeschränkter Lösungen).*

Beweis

Wenn $y_{m+1,m+s} < 0$ ist, versuchen wir die vorliegende Basislösung so abzuändern, daß die Nichtbasisvariable x_{Rs} einen möglichst großen Wert erhält, während alle übrigen Nichtbasisvariablen den

Wert Null behalten sollen. Aus der zur vorliegenden Basislösung gehörenden kanonischen Form (6.34) folgt dann

$$\begin{aligned} x_{Bi} &= y_{i0} - y_{i,m+s}\, x_{Rs}; \qquad i = 1, 2, \ldots, m \\ z &= z_0 - y_{m+1,m+s} x_{Rs}. \end{aligned} \tag{6.35}$$

Hieraus ist sofort ersichtlich, daß wegen $y_{m+1,m+s} < 0$ bei positivem x_{Rs} tatsächlich z größer ist als z_0. Je nachdem, wie die $y_{i,m+s}$; $i = 1, 2, \ldots, m$ beschaffen sind, sind nun entsprechend der Unterteilung im Satz 6.11 zwei Fälle zu unterscheiden:

a) Es ist wenigstens ein $y_{i,m+s} > 0$; $1 \leqq i \leqq m$.

Wir wollen eine neue zulässige Basislösung erzeugen, in der x_{Rs} als Basisvariable auftritt, während eine der ursprünglichen Basisvariablen zur Nichtbasisvariablen wird. Wie man aus (6.35) erkennt, kann jedoch x_{Rs} nicht beliebig groß werden, weil für $y_{i,m+s} > 0$ gewiß $x_{Bi} < 0$ wird, falls $x_{Rs} > \frac{y_{i0}}{y_{i,m+s}}$ ist. Wir wählen deshalb

$$x_{Rs} = \frac{y_{k0}}{y_{k,m+s}} = \min_{y_{i,m+s} > 0} \frac{y_{i0}}{y_{i,m+s}}. \tag{6.36}$$

Dabei ist das Minimum nur über die Quotienten zu bilden, in denen $y_{i,m+s} > 0$ ist.
Man überzeugt sich leicht, daß durch Einsetzen des nach (6.36) bestimmten Wertes für x_{Rs} in (6.35) eine zulässige Lösung entsteht. Für alle $y_{i,m+s} \leqq 0$ ist

$$x_{Bi} = y_{i0} - y_{i,m+s} x_{Rs} \geqq 0$$

für jedes $x_{Rs} \geqq 0$. Für alle $y_{i,m+s} > 0$ gilt wegen (6.36)

$$\frac{y_{i0}}{y_{i,m+s}} \geqq \frac{y_{k0}}{y_{k,m+s}},$$

woraus durch Multiplikation mit $y_{i,m+s} > 0$ sofort

$$y_{i0} \geqq \frac{y_{k0}}{y_{k,m+s}} y_{i,m+s}$$

folgt. Somit ist auch jetzt

$$x_{Bi} = y_{i0} - y_{i,m+s} x_{Rs} = y_{i0} - y_{i,m+s} \frac{y_{k0}}{y_{k,m+s}} \geqq 0.$$

Besonders zu bemerken ist, daß

$$x_{Bk} = y_{k0} - \frac{y_{k0}}{y_{k,m+s}} y_{k,m+s} = 0$$

wird, so daß tatsächlich wenigstens eine der ursprünglichen Basisvariablen den Wert Null erhalten hat.
Die neue zulässige Lösung lautet somit

$$\left.\begin{aligned} x_{Bi} &= y_{i0} - \frac{y_{k0}}{y_{k,m+s}} y_{i,m+s}; \qquad i = 1, 2, \ldots, m; \qquad i \neq k \\ x_{Rs} &= \frac{y_{k0}}{y_{k,m+s}} \\ x_{Bk} &= 0; \qquad x_{Rj} = 0; \qquad j = 1, 2, \ldots, n-m; \qquad j \neq s. \end{aligned}\right\} \tag{6.37}$$

Der neue Wert für die Zielfunktion ist gemäß (6.35) durch

$$z = z_0 - \frac{y_{k0}}{y_{k,m+s}} y_{m+1,m+s} \tag{6.38}$$

gegeben, wobei $z \geqq z_0$ ist.

Es bleibt noch zu zeigen, daß zu der zulässigen Lösung (6.37) eine kanonische Form der Gestalt (6.34) gehört, in der die x_{Bi}; $i = 1, 2, \ldots, m$; $i \neq k$ und x_{Rs} und z die Basisvariablen sind. Dazu unterwerfen wir das System (6.34) einer elementaren Basistransformation, so daß x_{Rs} Basisvariable wird und x_{Bk} als Nichtbasisvariable auftritt. Dabei bleiben gewiß x_{Bi}; $i = 1, 2, \ldots, m$; $i \neq k$ und z als Basisvariable erhalten. Auf die tatsächliche Ausführung einer solchen Transformation gehen wir später ausführlich ein.

b) Es sind alle $y_{i,m+s} \leqq 0$; $i = 1, 2, \ldots, m$.

Zur Behandlung dieses Falles kehren wir zu (6.35) zurück. Daraus ist ersichtlich, daß für beliebige $x_{Rs} > 0$ alle $x_{Bi} \geqq 0$ sind. Somit ist durch (6.35) für jedes beliebige positive x_{Rs} eine zulässige Lösung gegeben. Da aber $y_{m+1,m+s} < 0$ ist, wird

$$z = z_0 - y_{m+1,m+s} x_{Rs}$$

beliebig groß, wenn x_{Rs} wächst. In diesem Falle besitzt die lineare Optimierungsaufgabe unbeschränkte Lösungen und damit keine Optimallösung.

Der soeben bewiesene Satz bietet die Möglichkeit, ausgehend von irgendeiner zulässigen Basislösung der linearen Optimierungsaufgabe und der zugehörigen kanonischen Form, schrittweise neue zulässige Basislösungen und deren zugehörige kanonische Formen herzustellen, oder festzustellen, daß die Aufgabe unbeschränkte Lösungen besitzt. Wenn der Fall a) des Satzes 6.11 zutrifft, dann läßt sich eine neue zulässige Basislösung konstruieren. Ist dabei $y_{k0} > 0$, dann erteilt die neue zulässige Basislösung wegen (6.38) der Zielfunktion einen größeren Wert als die vorhergehende. Da bei einer nichtdegenerierten zulässigen Basislösung gewiß alle $y_{i0} > 0$; $i = 1, 2, \ldots, m$ sind, erhält man im Falle a), ausgehend von einer nichtdegenerierten zulässigen Basislösung, gewiß eine solche neue zulässige Basislösung, für die der Wert der Zielfunktion größer ist. Diese neue zulässige Basislösung kann aber jetzt degeneriert sein. Wenn nämlich in (6.36) das Minimum der Quotienten $\dfrac{y_{i0}}{y_{i,m+s}}$ mit $y_{i,m+s} > 0$ für mehr als einen Index angenommen wird, dann ist für alle diese Indizes k_t gemäß (6.37) gewiß $x_{Bk_t} = 0$. Weil aber nur eine der ursprünglichen Basisvariablen gegen die ursprüngliche Nichtbasisvariable x_{Rs} ausgetauscht wird, besitzt somit in der neuen zulässigen Basislösung wenigstens eine der Basisvariablen den Wert Null. Geht man von einer degenerierten zulässigen Basislösung aus, dann ist im Falle $y_{k0} = 0$ der neue Wert der Zielfunktion genau so groß wie der alte. Dasselbe kann auch mehrmals hintereinander geschehen, und es besteht dabei die Möglichkeit, daß eine schon früher aufgetretene zulässige Basislösung wieder erhalten wird. Diese Möglichkeit des „*Kreisens*“ im Simplexalgorithmus birgt die Gefahr in sich, daß der Algorithmus unendlich oft jeweils immer wieder in der gleichen Reihenfolge die gleichen zulässigen Basislösungen produziert und die gesuchte Optimallösung deshalb nicht gefunden wird. Es ist bisher jedoch noch kein Fall bekannt geworden, daß für eine praktische lineare Optimierungsaufgabe das „Kreisen“ wirklich eingetreten ist. Deshalb wird in den Rechenprogrammen für den Simplexalgorithmus meistens so verfahren, daß aus der Menge der Indizes für die das Minimum in (6.36) angenommen wird, willkürlich einer als k gewählt wird. Es sind aber auch Verfahren entwickelt worden, die im Falle der Degeneration die Möglichkeit des „Kreisens“ auch theoretisch ausschließen, so daß die Wiederholung schon früher aufgetretener zulässiger Basislösungen nicht vorkommen kann. Darauf wollen wir jedoch nicht eingehen. Die Behandlung der sogenannten Störungsmethode findet man zum Beispiel in [6.1] und [6.2].

Tritt aber bei jedem Übergang zu einer neuen zulässigen Basislösung eine Vergrößerung des Wertes der Zielfunktion ein, dann kann eine früher benutzte zulässige Basislösung nicht nochmals erzeugt werden, weil damit notwendig eine Verkleinerung des Wertes der Zielfunktion verbunden wäre. In diesem Falle ist die Endlichkeit des Simplexalgorithmus offensichtlich. Es gilt also der folgende Satz.

Satz 6.12

Ist für jede mit dem Simplexalgorithmus erzeugte zulässige Basislösung der Wert der Zielfunktion größer als für die vorhergehende zulässige Basislösung, dann liefert der Algorithmus nach endlich vielen Schritten entweder eine optimale zulässige Basislösung oder die Aussage, daß unbeschränkte Lösungen existieren.

Um die Voraussetzung für den Satz 6.12 zu garantieren, brauchen wir nur anzunehmen, daß alle beim Simplexalgorithmus benutzten zulässigen Basislösungen nichtdegeneriert sind. In jeder auftretenden kanonischen Form der Aufgabe sind nämlich gewiß alle $y_{i0} > 0$, so daß bei jedem Schritt eine Vergrößerung des Wertes der Zielfunktion eintritt. Für alle weiteren theoretischen Untersuchungen setzen wir deshalb die folgende Eigenschaft voraus:

Sowohl die erste zulässige Basislösung als auch alle durch den Simplexalgorithmus erzeugten sind nichtdegeneriert.

Damit ist die Endlichkeit des Simplexalgorithmus gesichert, und diese Annahme bedeutet keine Einschränkung der Allgemeinheit, da man sie mit der oben erwähnten Störungsmethode stets relaisieren kann.

6.5.2. Zur numerischen Durchführung des Simplexalgorithmus

Wir wollen uns nun der numerischen Durchführung des Simplexalgorithmus zuwenden. Zuerst sei bemerkt, daß dabei die bisher bei den theoretischen Betrachtungen nützliche Anordnung und Bezeichnung der Basisvariablen und der Nichtbasisvariablen in der kanonischen Form nicht praktisch ist, weil sie ein dauerndes Umordnen und Umbezeichnen erfordert. Deshalb lassen wir stets die ursprüngliche Numerierung der Variablen $x_1, x_2, \ldots, x_n$ bestehen und wir ändern auch nicht die Stellung der Variablen im Gleichungssystem. In dem kanonischen System der Form (6.34) bezeichnen wir jetzt die Koeffizienten der Variablen x_j mit y_{ij}; $i = 1, 2, \ldots, m + 1$; $j = 1, 2, \ldots, n$. Die Variable z, die in jeder solchen Form als Basisvariable auftritt, besitzt als Koeffizientenvektor stets den Einheitsvektor $e_{m+1}^T = [0\ 0 \cdots 0\ 1]$ der Ordnung $(m + 1)$. Die Koeffizientenvektoren der übrigen Basisvariablen sind die anderen Einheitsvektoren $e_1, e_2, \ldots, e_m$ der Ordnung $(m + 1)$. Ist also x_t; $1 \leqq t \leqq n$ die Basisvariable in der p-ten Gleichung, wobei $1 \leqq p \leqq m$ ist, dann gilt

$$y_t^T = [y_{t1}\ y_{t2} \cdots y_{tm}\ y_{t,m+1}] = e_p^T.$$

Wird durch eine elementare Basistransformation, wie im Beweis des Teiles a) von Satz 6.11, die Basisvariable der k-ten Gleichung gegen die ursprüngliche Nichtbasisvariable x_r ausgetauscht, dann entstehen die Koeffizienten y_{ij}^* der x_j; $j = 1, 2, \ldots, n$ in der neuen kanonischen Form aus den y_{ij} der alten kanonischen Form nach den

Beziehungen

$$\left.\begin{aligned} y_{kj}^* &= \frac{y_{kj}}{y_{kr}}; \quad j = 1, 2, \ldots, n \\ y_{ij}^* &= y_{ij} - \frac{y_{kj}}{y_{kr}} y_{ir}; \quad \begin{aligned} &i = 1, 2, \ldots, m+1; \quad i \neq k \\ &j = 1, 2, \ldots, n. \end{aligned} \end{aligned}\right\} \qquad (6.39)$$

Wir weichen hier von der Darstellung im Abschnitt 5.6. ab, indem auch die Koordinaten der Basisvektoren aufgeschrieben werden. Dadurch lassen sich die Umrechungsschritte *a* bis *d* aus Abschnitt 5.6. zusammenfassen.

Aus den Transformationsformeln ist sofort zu erkennen, daß die Koeffizientenvektoren der Basisvariablen jeder Gleichung außer der k-ten auch in der neuen kanonischen Form wieder Einheitsvektoren sind. Ist nämlich x_j in der alten kanonischen Form die Basisvariable der l-ten Gleichung ; $l \neq k$, dann gilt

$$y_{kj} = 0; \quad y_{ij} = 0; \quad i = 1, 2, \ldots, m; i \neq l; \quad y_{lj} = 1.$$

Damit ergibt sich aber aus (6.39) tatsächlich

$$y_{kj}^* = 0; \quad y_{ij}^* = 0; \quad i = 1, 2, \ldots, m; i \neq l; \quad y_{lj}^* = 1.$$

Somit sind auch in der neuen kanonischen Form die Basisvariablen der Gleichungen $i = 1, 2, \ldots, m$; $i \neq k$ der alten kanonischen Form wieder Basisvariable derselben Gleichung. Die gleichen Überlegungen zeigen, daß auch z in der neuen kanonischen Form wieder Basisvariable der letzten Gleichung ist. Weiter ist aus (6.39) ersichtlich, daß x_r die Basisvariable der k-ten Gleichung wird, denn es gilt

$$y_{kr}^* = \frac{y_{kr}}{y_{kr}} = 1$$

$$y_{ir}^* = y_{ir} - \frac{y_{kr}}{y_{kr}} y_{ir} = 0; \quad i = 1, 2, \ldots, m+1; \quad i \neq k.$$

Bezeichnen wir die neuen Werte der Basisvariablen bzw. die rechten Seiten der neuen kanonischen Form mit y_{i0}^*; $i = 1, 2, \ldots, m$, dann ergeben sich aus (6.37) für diese Beziehungen

$$y_{k0}^* = \frac{y_{k0}}{y_{kr}}$$

$$y_{i0}^* = y_{i0} - \frac{y_{k0}}{y_{kr}} y_{ir},$$

und setzen wir $z = y_{m+1,0}^*$; $z_0 = y_{m+1,0}$, dann erhält (6.38) die Form

$$y_{m+1,0}^* = y_{m+1,0} - \frac{y_{k0}}{y_{kr}} y_{m+1,r}.$$

Wir erkennen, daß alle dese Beziehungen von der Form (6.39) sind. Deshalb können wir die Transformationsformeln zum Übergang von einer kanonischen Form zu einer neuen, in der die ursprüngliche Basisvariable der k-ten Gleichung durch die ursprüngliche Nichtbasisvariable x_r ersetzt wird, zusammenfassend in der folgenden

Form schreiben

$$\left.\begin{aligned} y^*_{kj} &= \frac{y_{kj}}{y_{kr}}; \quad j = 0, 1, 2, \ldots, n \\ y^*_{ij} &= y_{ij} - \frac{y_{kj}}{y_{kr}} y_{ir}; \quad \begin{aligned} &i = 1, 2, \ldots, m+1; \quad i \neq k \\ &j = 0, 1, \ldots, n. \end{aligned} \end{aligned}\right\} \tag{6.40}$$

Zur Ausführung der numerischen Rechnung beim Simplexalgorithmus empfiehlt es sich, die Daten y_{ij} in einer Tabelle anzuordnen. Bei der Bearbeitung mittels Rechenautomaten werden bei jedem Schritt in dieser Tabelle die alten y_{ij} durch die neuen überschrieben. Führt man die Rechnung manuell aus, dann muß man natürlich bei jedem Schritt eine neue Tabelle anlegen. Zur Aufnahme weiterer notwendiger Informationen wird diese Tabelle mit „Vorspalten" und „Kopfzeilen" versehen. In die erste Vorspalte schreiben wir die Gleichungsnummern 1, 2, …, $m + 1$. Da wir ferner stets wissen müssen, welche Variable in der i-ten Gleichung Basisvariable ist, schreiben wir in der zweiten Vorspalte die Nummern der Basisvariablen auf. Eine Eintragung in der letzten Zeile dieser Spalte erübrigt sich, da in der $(m + 1)$-ten Gleichung stets z die Basisvariable ist. In die dritte Vorspalte tragen wir die Bewertungskoeffizienten der Basisvariablen ein, das heißt die Komponenten des Vektors c_B. In der ersten Kopfzeile stehen die Spaltennummern $j = 0, 1, \ldots, n$, während die zweite Kopfzeile die Bewertungskoeffizienten c_j der betreffenden Variablen x_j enthält. Als letzte Spalte bringen wir in der Tabelle noch die sogenannte Q-Spalte an, in die die im Laufe der Rechnung entstehenden und benötigten Quotienten $\frac{y_{i0}}{y_{ir}}$ für $y_{ir} > 0$ eingetragen werden. In der Tabelle 6.1 ist ein solches Simplextableau für den allgemeinen Fall angegeben.

Tabelle 6.1

GL. Nr.	B.V. Nr.	c_B	0	1	…	n	Q
				c_1	…	c_n	
1	$B1$	c_{B1}	y_{10}	y_{11}	…	y_{1n}	
2	$B2$	c_{B2}	y_{20}	y_{21}	…	y_{2n}	
⋮	⋮	⋮	⋮	⋮	⋱	⋮	
m	Bm	c_{Bm}	y_{m0}	y_{m1}	…	y_{mn}	
$m+1$			$y_{m+1,0}$	$y_{m+1,1}$	…	$y_{m+1,n}$	

Die in diesem Simplextableau in der $(m + 1)$-ten Zeile stehenden Daten $y_{m+1,j}$; $j = 0, 1, \ldots, n$ sind bei der Herstellung der kanonischen Form (6.34) durch Eliminieren der Basisvariablen aus der Zielfunktion entstanden. Gemäß (6.31) läßt sich jedoch $y_{m+1,0} = z_0$ in der Gestalt

$$y_{m+1,0} = \sum_{i=1}^{m} c_{Bi} y_{i0} \tag{6.41}$$

darstellen. Somit erhält man $y_{m+1,0}$ dadurch, daß man die Produktsumme aus den c_{Bi} und den ersten m Daten der Spalte 0 bildet. Nach (6.32) gilt

$$y_{m+1,j} = \sum_{i=1}^{m} c_{Bi} y_{ij} - c_j \tag{6.42}$$

für alle j, für die x_j Nichtbasisvariable ist. Es ergibt sich also $y_{m+1,j}$ dadurch, daß die Produktsumme aus den c_{Bi} und den ersten m Daten der Spalte j gebildet wird und davon der Bewertungskoeffizient c_j subtrahiert wird. Für jede Variable x_t, die Basisvariable ist, gilt $y_{m+1,t} = 0$. Ist x_l die Basisvariable der p-ten Gleichung, dann ist bekanntlich

$$y_l^T = [y_{1l}\, y_{2l} \cdots y_{pl} \cdots y_{ml}] = [0\; 0 \cdots 1 \cdots 0].$$

Somit ergibt sich

$$\sum_{i=1}^{m} c_{Bi} y_{il} - c_l = c_l - c_l = 0 = y_{m+1,l},$$

so daß die Formel (6.42) zur Berechnung aller $y_{m+1,j}; j = 0, 1, \ldots, n$ verwendet werden kann.

Mit den Formeln (6.41) und (6.42) können somit alle Daten der $(m + 1)$-ten Zeile des Simplextabelaus ermittelt werden, wenn die in den ersten m Zeilen bekannt sind. Zum Anlegen des Anfangstableaus für den Simplexalgorithmus ist somit nur die Kenntnis einer zulässigen Basislösung für das System der Restriktionen und die zugehörige kanonische Form dieses Systems erforderlich.

Ausgehend von dem in der Tabelle 6.1 angegebenen Tableau werden nun die Schritte des Simplexalgorithmus ausgeführt. Dazu ist zuerst die Betrachtung der $y_{m+1,j}$; $j = 1, 2, \ldots, n$ erforderlich. Sind nämlich alle $y_{m+1,j} \geqq 0$, so ist gemäß Satz 6.8 die vorliegende zulässige Basislösung eine optimale zulässige Basislösung. Ist dagegen wenigstens eines dieser $y_{m+1,j} < 0$; $1 \leqq j \leqq n$, dann läßt sich nach Satz 6.11 aus der vorliegenden zulässigen Basislösung gegebenenfalls eine neue zulässige Basislösung erzeugen, die der Zielfunktion einen größeren Wert erteilt. Wegen Satz 6.11 bietet der Austausch einer Basisvariablen gegen jede Nichtbasisvariable x_j mit $y_{m+1,j} < 0$ die Möglichkeit der Verbesserung des Wertes der Zielfunktion. Entsprechend (6.40) ist aber

$$y^*_{m+1,0} = y_{m+1,0} - \frac{y_{k0}}{y_{kr}} y_{m+1,r},$$

wenn die Nichtbasisvariable x_r die Basisvariable der k-ten Gleichung wird. Die Änderung des Wertes der Zielfunktion beträgt somit $\left(-\frac{y_{ko}}{y_{kr}} y_{m+1,r}\right)$. Da wir anstreben, der Zielfunktion einen möglichst großen Wert zu erteilen, wäre es sinnvoll, die Nichtbasisvariable x_r in die neue zulässige Basislösung einzuführen, für die $\left(-\frac{y_{ko}}{y_{kr}} y_{m+1,r}\right)$ maximal ist. Da jedoch die Gleichung k, in der die Basisvariable auszutauschen ist, erst nach der Bestimmung der in die neue Basislösung aufzunehmenden Variablen bestimmt werden kann, ist damit ein relativ großer Aufwand verbunden. Man müßte nämlich für jedes p; $1 \leqq p \leqq n$ mit $y_{m+1,p} < 0$ das zugehörige k_p ermitteln, danach die Größe $-\frac{y_{k_p o}}{y_{k_p p}} y_{m+1,p}$ berechnen und dann max $-\frac{y_{k_p o}}{y_{k_p p}} y_{m+1,p}$ bestimmen. Da sich jedoch nicht zeigen läßt, daß man dann mit den wenigsten Schritten eine optimale zulässige Basislösung erreicht, wenn man bei jedem Schritt die größtmögliche Verbesserung der Zielfunktion erreicht, ist der damit verbundene Aufwand nicht gerechtfertigt. Wir bestimmen deshalb die in die neue Basislösung einzuführende ursprüngliche Nichtbasisvariable x_r nach dem Kriterium

$$-y_{m+1,r} = \max(-y_{m+1,j})$$

oder

$$y_{m+1,r} = \min y_{m+1,j}. \tag{6.43}$$

Ist nach dem Kriterium (6.43) der Index r, der in die neue Basislösung einzuführenden Nichtbasisvariablen x_r gefunden, dann ist zu prüfen, ob alle $y_{ir} \leqq 0$ sind. Ist das der Fall, dann existieren nach Satz 6.11 unbeschränkte Lösungen, und der Algorithmus ist beendet. Anderenfalls ermitteln wir

$$\frac{y_{k0}}{y_{kr}} = \min_{y_{ir}>0} \frac{y_{i0}}{y_{ir}}. \tag{6.44}$$

Mit dem so festgelegten Index k – oder mit einem von denen, für die das Minimum angenommen wird – ist die Gleichung festgelegt, deren Basisvariable durch x_r zu ersetzen ist.

Nun wird bei manueller Bearbeitung das neue Simplextableau angelegt, wobei die y_{ij}^* nach (6.40) berechnet werden. Mit den Daten des neuen Tableaus wird das Verfahren wiederholt, wobei für die neuen Rechnungen die y_{ij}^* als y_{ij} gedeutet werden.

Wir wollen nun noch auf eine für die Rechnung günstige Durchführung der Transformationen (6.40) hinweisen. Zuerst werden dabei die Daten der k-ten Zeile, in der die Basisvariable ausgetauscht wird, des alten Tableaus durch y_{kr} dividiert. Dadurch entstehen die Daten y_{kj}^* der k-ten Zeile des neuen Tableaus. Danach werden die Größen in den Zeilen $i \neq k$ des neuen Tableaus gemäß

$$y_{ij}^* = y_{ij} - y_{kj}^* y_{ir}$$

berechnet. Von jedem Element der i-ten Zeile des alten Tableaus wird das mit y_{ir} multiplizierte entsprechende Element (das in der gleichen Spalte steht) der k-ten Zeile des neuen Tableaus subtrahiert. Die Rechnungen werden somit nach den Formeln

$$\left.\begin{aligned} y_{kj}^* &= \frac{y_{kj}}{y_{kr}}; && j = 1, 0, \ldots, n \\ y_{ij}^* &= y_{ij} - y_{kj}^* y_{ir}; && \begin{aligned} &i = 1, 2, \ldots, m+1; \quad i \neq k \\ &j = 0, 1, \ldots, n \end{aligned} \end{aligned}\right\} \tag{6.45}$$

ausgeführt, die mit (6.40) identisch sind. Aus (6.45) erkennt man sofort, daß

$$y_{ij}^* = y_{ij} \quad \text{für alle } j \text{ mit} \quad y_{kj}^* = y_{kj} = 0$$

gilt. In allen Spalten, des neuen Tableaus, für die $y_{kj}^* = 0$ ist, stimmen somit die Daten mit denen des alten Tableaus überein. Das trifft insbesondere für die Spalten zu, die zu den Variablen gehören, die sowohl in der alten als auch in der neuen zulässigen Basislösung Basisvariable sind. Weiterhin gilt aber auch

$$y_{ij}^* = y_{ij} \qquad \text{für alle } i \text{ mit } y_{ir} = 0,$$

so daß in allen Zeilen des neuen Tableaus, für die $y_{ir} = 0$ ist, ebenfalls die y_{ij}^* mit den y_{ij} übereinstimmen.

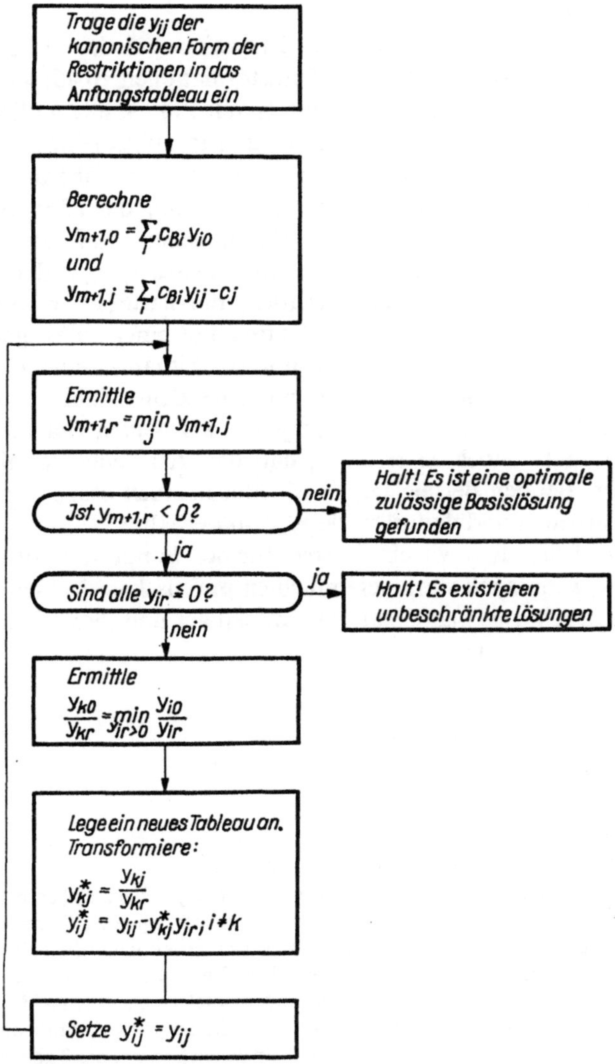

Abbildung 6.5

In der Abbildung 6.5 ist für den Simplexalgorithmus ein Blockdiagramm angegeben, aus dem die Aufeinanderfolge der einzelnen Operationen besonders deutlich ersichtlich ist. Dabei wird im Gegensatz zu der Beschreibung des Verfahrens zuerst

$$y_{m+1,r} = \min_{j=1,2,\dots,n} y_{m+1,j}$$

gebildet und dann gefragt, ob $y_{m+1,r} < 0$ ist. Dieses Vorgehen ist zumindest für einen Rechenautomaten rationeller, als erst zu fragen, ob alle $y_{m+1,j} \geqq 0$ sind und danach, falls das nicht gilt, $y_{m+1,r}$ zu ermitteln. Der Automat muß nämlich zur Beantwortung der ersten Frage alle $y_{m+1,j}$ mit der Zahl 0 vergleichen und zur Ermittlung von $y_{m+1,r}$ alle negativen $y_{m+1,j}$ miteinander. Bei dem im Blockdiagramm angegebenen Vorgehen sind alle $y_{m+1,j}$ miteinander zu vergleichen und danach ist noch eine Größe, nämlich $y_{m+1,r}$, mit der Zahl 0 zu vergleichen.
Wir wollen an dieser Stelle auf einige numerische Schwierigkeiten bei der Durchführung des Simplexalgorithmus hinweisen. Bei den Transformationen (6.45) sind Quotienten und Produkte zu bilden. Da bei jedem Automaten nur Zahlen mit endlich vielen Ziffern gespeichert und verarbeitet werden können, tritt im allgemeinen der Fall ein, daß die y_{ij} zumindest von einem gewissen Schritt an nur noch näherungsweise vorliegen. Das ist insbesondere auch für die $y_{m+1,j}$ der Fall, die über die Optimalität der vorliegenden zulässigen Basislösung Auskunft geben. Auf Grund der entstehenden Rundungsfehler kann es geschehen, daß für gewisse $y_{m+1,j}$, deren exakter Wert positiv ist, negative Werte errechnet werden, die natürlich relativ nahe bei Null liegen. Damit kann die Frage nach der Optimalität einer zulässigen Basislösung falsch beantwortet werden. Man kann sich in dieser Situation etwa dadurch helfen, daß bei jedem Schritt des Simplexalgorithmus eine kleine Zahl $\varepsilon > 0$ festgelegt und vereinbart wird, daß alle $y_{m+1,j}$ mit $|y_{m+1,j}| < \varepsilon$ als Nullen gedeutet werden. Die Festlegung von ε muß jedoch so erfolgen, daß dadurch keine Verfälschung des Ergebnisses eintritt. Bei den Beispielen, die wir hier manuell bearbeiten, werden wir stets mit Brüchen arbeiten und dadurch alle y_{ij} exakt erhalten.
Zum Schluß dieses Abschnittes behandeln wir ein Beispiel für den Simplexalgorithmus. Dazu gehen wir von einer, wenn auch stark vereinfachten praktischen Problemstellung aus, stellen zuerst das zugehörige mathematische Modell auf und lösen dann die betreffende lineare Optimierungsaufgabe.

Beispiel 6.5

Aus Rundeisenstangen der Länge $l = 20$ m sollen hergestellt werden:

mindestens 4000 Stücke der Länge $l_1 = 9$ m
mindestens 5000 Stücke der Länge $l_2 = 8$ m
mindestens 3000 Stücke der Länge $l_3 = 6$ m.

Gesucht wird ein solcher Zuschnittplan, bei dem möglichst wenig Abfall entsteht.
Zum Zwecke der Aufstellung eines mathematischen Modells für dieses *Zuschnittproblem*, stellen wir zuerst alle sinnvollen Möglichkeiten zusammen, nach denen aus einer der vorliegenden Stangen irgendwelche Anzahlen der Stücke in der geforderten Länge geschnitten werden können. Da dabei möglichst wenig Abfall entstehen soll, brauchen wir offensichtlich nur solche Zuschnittkombinationen zu berücksichtigen, bei denen sich aus dem Abfall keines der herzustellenden Stücke mehr abschneiden läßt, das heißt, bei denen der Abfall kleiner als 6 m ist. Diese sinnvollen Zuschnittkombinationen sind in der folgenden Tabelle 6.2 zusammengestellt. Dabei sind in den einzelnen Spalten der Tabelle die Zahlen der Stücke der verschiedenen Längen angegeben, die bei den betreffenden Zuschnittkombinationen aus einer Stange von 20 m Länge geschnitten werden. Die letzte Zeile der Tabelle enthält für die einzelnen Zuschnittkombinationen den entstehenden Abfall.
Wir bezeichnen mit x_i die Anzahl der Stangen, die nach der Kombination i zerschnitten werden sollen. Die Forderungen, daß von den einzelnen Längen vorgegebene Mindeststückzahlen herzustellen sind, liefern die Restriktionen des Modells. Wie aus der Tabelle 6.2 ersichtlich ist, liefert eine Stange, die nach der Kombination 1 zerschnitten wird, zwei Stücke von 9 m Länge. Zerschneidet man also x_1 Stangen nach der Kombination 1, dann fallen $2x_1$ Stücke von 9 m Länge an. Wenn eine

Tabelle 6.2

Kombination Nr.	1	2	3	4	5	6
Anzahl der 9 m Stücke	2	1	1	0	0	0
Anzahl der 8 m Stücke	0	1	0	2	1	0
Anzahl der 6 m Stücke	0	0	1	0	2	3
Abfall [m]	2	3	5	4	0	2

Stange nach der Kombination 2 zerschnitten wird, so entsteht ein Stück von 9 m Länge. Bei x_2 Stangen, die nach der Kombination 2 zerschnitten werden, entstehen somit x_2 Stücke von 9 m Länge. Zerschneidet man x_3 Stangen nach der Kombination 3, dann fallen x_3 Stücke von 9 m Länge an. Die weiteren Zuschnittkombinationen liefern keine Stücke von 9 m Länge. Bei jedem Zuschnittplan, bei dem x_i Stangen nach der Kombination i zerschnitten werden, entstehen somit insgesamt $2x_1 + x_2 + x_3$ Stücke von 9 m Länge. Um die vorgegebene Mindeststückzahl zu erreichen, muß also gelten:

$$2x_1 + x_2 + x_3 \geqq 4000.$$

Auf analoge Weise erhält man auf Grund der geforderten Mindeststückzahlen für die 8 m bzw. 6 m Stücke die Forderungen

$$x_2 + 2x_4 + x_5 \geqq 5000$$

bzw.

$$x_3 + 2x_5 + 3x_6 \geqq 3000.$$

Selbstverständlich sind auf Grund der Bedeutung der Variablen x_i für diese nur nichtnegative Werte sinnvoll.
Zur Aufstellung der Zielfunktion des Modells dienen die in der letzten Zeile der Tabelle 6.2 angegebenen Daten, die den Abfall je Stange bei der betreffenden Zuschnittkombination angeben. Somit ist der Gesamtabfall durch

$$\bar{z} = 2x_1 + 3x_2 + 5x_3 + 4x_4 + 2x_6$$

gegeben.
Das Modell für das gegebene Zuschnittproblem lautet somit:

$$\begin{aligned}
2x_1 + x_2 + x_3 \qquad\qquad\qquad\qquad &\geqq 4000\\
x_2 \qquad + 2x_4 + x_5 \qquad\quad &\geqq 5000\\
x_3 \qquad + 2x_5 + 3x_6 &\geqq 3000
\end{aligned}$$

$$x_j \geqq 0; \quad j = 1, 2, \ldots, 6$$

$$\bar{z} = 2x_1 + 3x_2 + 5x_3 + 4x_4 + 2x_6 \to \text{Min.}$$

Es ist zu bemerken, daß auf Grund der Bedeutung der x_i für diese Variablen hier nur ganzzahlige Werte sinnvoll sind. Da diese Forderung jedoch aus der Klasse der linearen Optimierungsaufgaben herausführt, wollen wir hier auf sie verzichten. Um die zugehörige lineare Optimierungsaufgabe zu lösen, überführen wir die durch das Modell gegebene Aufgabe zuerst in die Normalform. Dabei ergibt sich

$$\begin{aligned}
2x_1 + x_2 + x_3 \qquad\qquad\qquad - x_7 \qquad\qquad &= 4000\\
x_2 \qquad + 2x_4 + x_5 \qquad\qquad - x_8 \qquad &= 5000\\
x_3 \qquad + 2x_5 + 3x_6 \qquad\qquad - x_9 &= 3000
\end{aligned}$$

$$x_j \geqq 0; \quad j = 1, 2, \ldots, 9$$

$$z = -2x_1 - 3x_2 - 5x_3 - 4x_4 - 2x_6 \to \text{Max.}$$

Dabei geben x_7 bzw. x_8 bzw. x_9 die über die geforderte Mindeststückzahl der einzelnen Längen hergestellten Stücke an.
Wir können die vorliegende Aufgabe deshalb schon jetzt, ohne Benutzung der noch zu besprechenden Phase I der Simplexmethode, lösen, weil sich für die Restriktionen sehr leicht eine kanonische Form angeben läßt, zu der eine zulässige Basislösung gehört. Dazu dividieren wir die erste Gleichung durch 2, die zweite durch 2 und die dritte durch 3. Das System der Restriktionen lautet dann:

$$x_1 + \frac{1}{2}x_2 + \frac{1}{2}x_3 \qquad\qquad - \frac{1}{2}x_7 \qquad = 2000$$

$$\frac{1}{2}x_2 \qquad + x_4 + \frac{1}{2}x_5 \qquad - \frac{1}{2}x_8 \qquad = 2500$$

$$\frac{1}{3}x_3 \qquad + \frac{2}{3}x_5 + x_6 \qquad - \frac{1}{3}x_9 = 1000.$$

Das ist tatsächlich eine kanonische Form mit den Basisvariablen x_1, x_4, x_6. Die zugehörige Basislösung ist

$$\mathbf{x}_B^T = [x_1 \quad x_4 \quad x_6] = [2000 \quad 2500 \quad 1000].$$

Es handelt sich somit um eine zulässige Basislösung, für die gleichzeitig die eigentlich zu fordernde Ganzzahligkeit von selbst erfüllt ist.
Bei der Durchführung der folgenden Rechnung fassen wir die einzelnen Tableaus, die zu den Schritten des Simplexalgorithmus gehören, zu einer einzigen Tabelle zusammen, wobei die Tableaus durch starke Linien voneinander getrennt sind.
Für unsere Aufgabe legen wir das Anfangstableau an und tragen zuerst die Daten y_{ij} in die ersten drei Zeilen ein. (Siehe Tabelle 6.3.)
Nach (6.41) erhalten wir dann

$$y_{40} = (-2) \cdot 2000 + (-4) \cdot 2500 + (-2) \cdot 1000 = -16000$$

und gemäß (6.42)

$$y_{41} = 0; \quad y_{42} = 0; \quad y_{43} = \frac{10}{3}; \quad y_{44} = 0; \quad y_{45} = -\frac{10}{3}; \quad y_{46} = 0; \quad y_{47} = 1;$$

$$y_{48} = 2; \quad y_{49} = \frac{2}{3}.$$

Diese Daten tragen wir nun in die vierte Zeile des Aufgabentableaus ein.
Es ist jetzt

$$\min y_{4j} = y_{45} = -\frac{10}{3}.$$

Da $y_{45} < 0$ ist, ist die vorliegende zulässige Basislösung nicht optimal. In die neu zu bildende zulässige Basislösung wird x_5 als Basisvariable aufgenommen. Um das anzudeuten, schreiben wir in der Tabelle 6.3 rechts neben das Aufgabentableau $r = 5$. Ferner markieren wir dort durch einen vertikalen Strich die Spalte 5.
Da nicht alle $y_{i5} \leqq 0$; $i = 1, 2, 3$ sind, können wir tatsächlich eine neue zulässige Basislösung erzeugen. Dazu bilden wir zuerst die Quotienten $\dfrac{y_{20}}{y_{25}} = \dfrac{2500}{\frac{1}{2}} = 5000$ und $\dfrac{y_{30}}{y_{35}} = \dfrac{1000}{\frac{2}{3}} = 1500$ und tragen diese Werte in die betreffenden Zeilen der Q-Spalte ein. Nun erkennen wir, daß

$$\frac{y_{k0}}{y_{k5}} = \min_{y_{i5}>0} \frac{y_{i0}}{y_{i5}} = \frac{y_{30}}{y_{35}}$$

ist. Somit ist $k = 3$, und die Basisvariable x_6 der dritten Gleichung wird in der neuen zulässigen Basislöung durch x_5 ersetzt. Wir schreiben $k = 3$ ebenfalls rechts neben das Anfangstableau.

Tabelle 6.3

GL. Nr.	B.V. Nr.	c_B	0	1	2	3	4	5	6	7	8	9	Q	
				-2	-3	-5	-4	0	-2	0	0	0		
1	1	-2	2000	1	$\frac{1}{2}$	$\frac{1}{2}$	0	0	0	$-\frac{1}{2}$	0	0		
2	4	-4	2500	0	$\frac{1}{2}$	0	1	$\frac{1}{2}$	0	0	$-\frac{1}{2}$	0	5000	$r=5$
3	6	-2	1000	0	0	$\frac{1}{3}$	0	$\frac{2}{3}$	1	0	0	$-\frac{1}{3}$	1500	$k=3$
4			-16000	0	0	$\frac{10}{3}$	0	$-\frac{10}{3}$	0	1	2	$\frac{2}{3}$		
1	1	-2	2000	1	$\frac{1}{2}$	$\frac{1}{2}$	0	0	0	$-\frac{1}{2}$	0	0		
2	4	-4	1750	0	$\frac{1}{2}$	$-\frac{1}{4}$	1	0	$-\frac{3}{4}$	0	$-\frac{1}{2}$	$\frac{1}{4}$	7000	$r=9$
→ 3	5	0	1500	0	0	$\frac{1}{2}$	0	1	$\frac{3}{2}$	0	0	$-\frac{1}{2}$		$k=2$
4			-11000	0	0	5	0	0	5	1	2	-1		
1	1	-2	2000	1	$\frac{1}{2}$	$\frac{1}{2}$	0	0	0	$-\frac{1}{2}$	0	0		
→ 2	9	0	7000	0	2	-1	4	0	-3	0	-2	1		
3	5	0	5000	0	1	0	2	1	0	0	-1	0		
4			-4000	0	2	4	4	0	2	1	0	0		

Nun legen wir ein neues Tableau an und tragen zuerst die Daten in den drei Vorspalten ein. Die Zeile, in der die Basisvariable ausgetauscht wird, markieren wir zur Erleichterung der Rechnung am linken Rand des Tableaus durch einen Pfeil. Die Elemente dieser Zeile des neuen Tableaus berechnen wir zuerst, in dem wir entsprechend (6.45) die y_{3j} des alten Tableaus jeweils durch $y_{35} = \frac{2}{3}$ dividieren.

Dabei ergeben sich die in der dritten Zeile des zweiten Tableaus der Tabelle 6.3 eingetragenen Werte. Da $y_{31}^* = y_{32}^* = y_{34}^* = y_{37}^* = y_{38}^* = 0$ gilt, können wir die Daten der Spalten 1, 2, 4, 7, 8 aus dem alten Tableau in das neue übertragen. Weil $y_{15} = 0$ ist, können wir auch die restlichen Daten der ersten Zeile aus dem ersten Tableau in das zweite übertragen. Gemäß (6.45) erhalten wir für die restlichen Größen der zweiten Zeile des zweiten Tableaus:

$$y_{20}^* = y_{20} - y_{30}^* y_{25} = 2500 - 1500 \cdot \frac{1}{2} = 1750$$

$$y_{23}^* = y_{23} - y_{33}^* y_{25} = 0 - \frac{1}{2} \cdot \frac{1}{2} = -\frac{1}{4}$$

$$y_{25}^* = y_{25} - y_{35}^* y_{25} = \frac{1}{2} - 1 \cdot \frac{1}{2} = 0$$

$$y_{26}^* = y_{26} - y_{36}^* y_{25} = 0 - \frac{3}{2} \cdot \frac{1}{2} \qquad = -\frac{3}{4}$$

$$y_{29}^* = y_{29} - y_{39}^* y_{25} = 0 - \left(-\frac{1}{2}\right)\frac{1}{2} = \frac{1}{4}$$

Entsprechend ergibt sich für die restlichen Daten der vierten Zeile des zweiten Tableaus:

$$y_{40}^* = -16000 - 1500\left(-\frac{10}{3}\right) = -11000$$

$$y_{43}^* = \quad \frac{10}{3} - \frac{1}{2}\left(-\frac{10}{3}\right) = \quad 5$$

$$y_{45}^* = -\frac{10}{3} - 1 \cdot \left(-\frac{10}{3}\right) = \quad 0$$

$$y_{46}^* = \quad 0 - \frac{3}{2} \cdot \left(-\frac{10}{3}\right) = \quad 5$$

$$y_{49}^* = \frac{2}{3} - \left(-\frac{1}{2}\right)\left(-\frac{10}{3}\right) = -1.$$

Jetzt ist

$$\min y_{4j} = y_{49} = -1,$$

und wegen $y_{49} < 0$ ist der Algorithmus noch nicht beendet. Wir haben $r = 9$ ermittelt. Weiter erhalten wir

$$\frac{y_{20}}{y_{29}} = \frac{1750}{\frac{1}{4}} = 7000,$$

und das ist der einzige Quotient, der zu berechnen ist, weil $y_{19} = 0$ und $y_{39} < 0$ ist. Folglich ist $k = 2$. Die Basisvariable x_4 der zweiten Zeile wird deshalb in der neuen zulässigen Basislösung durch x_9 ersetzt. Das Ergebnis des auszuführenden Schrittes des Simplexalgorithmus ist im dritten Tableau der Tabelle 6.3 enthalten.

Da jetzt alle $y_{4j} \geqq 0$; $j = 1, 2, \ldots, 9$ sind, ist die zum dritten Tableau gehörende zulässige Basislösung eine Optimallösung. Die gefundene optimale zulässige Basislösung lautet somit

$$x_B^T = [x_1 \; x_9 \; x_5] = [2000 \; 7000 \; 5000],$$

und der zugehörige Optimalwert der Zielfunktion beträgt

$$z_{\min} = -\bar{z}_{\max} = 4000.$$

Die praktische Deutung dieses Ergebnisses liefert den folgenden optimalen Zuschnittplan:

Aus 2000 Stangen sind je 2 Stücke von 9 m Länge zu schneiden.
Aus 5000 Stangen sind je 1 Stück von 8 m Länge und 2 Stücke von 6 m Länge zu schneiden.

Bei diesem Plan werden (wegen $x_9 = 7000$) von den Stücken zu 6 m Länge 7000 über die geforderte Mindeststückzahl hinaus hergestellt, während von den anderen Längen (wegen $x_7 = x_8 = 0$) genau die geforderte Mindeststückzahl entsteht. Der bei diesem Plan anfallende Abfall beträgt 4000 m.

Das betrachtete Beispiel erlaubt uns noch eine interessante Bemerkung. Da für die erhaltene optimale zulässige Basislösung $y_{48} = 0$ gilt, obwohl x_8 nicht Basisvariable ist, kann nach Satz 6.9 die Variable x_8 positive Werte annehmen, ohne daß die Optimalität verloren geht. Weil alle $y_{i8} \leqq 0$ sind, kann x_8 sogar beliebig große Werte erreichen. Gemäß (6.35) ist durch

$$x_1 = 2000$$

$$x_9 = 7000 + 2x_8$$

$$x_5 = 5000 + \; x_8$$

$$x_8 \geqq 0 \text{ beliebig}$$

für jedes $x_8 \geqq 0$ eine zulässige Optimallösung gegeben. Damit existieren für unser Beispiel unendlich viele Optimallösungen. Dieses Ergebnis ist ausgehend von der Problemstellung auch sofort einleuchtend. Da bei der Zuschnittkombination 5 kein Abfall entsteht, können ohne Beeinflussung des Wertes der Zielfunktion nach dieser Kombination beliebig viele Stangen zerschnitten werden, was durch $x_5 = 5000 + x_8$ zum Ausdruck kommt. Mit der Vergrößerung des Wertes von x_5 erhöht sich natürlich auch die Anzahl der über die geforderten Mindeststückzahlen hinaus hergestellten Stücke der Längen 8 m und 6 m, was durch $x_8 \geqq 0$ bzw. $x_9 = 7000 + 2x_8$ ausgedrückt wird.
Es ist ganz offensichtlich, daß die zulässigen Optimallösungen, für die die Überschußvariablen beliebig große Werte annehmen, praktisch nicht sinnvoll sind, da für diese beliebig große Stückzahlen der Längen 8 m und 6 m über die geforderten Mindeststückzahlen hinaus hergestellt werden. Das vorliegende Modell ist nur dann praktisch sinnvoll, wenn für die zuviel hergestellten Stücke obere Schranken vorgegeben werden, d. h. wenn die Überschußvariablen gemäß $x_7 \leqq d_7$, $x_8 \leqq d_8$, $x_9 \leqq d_9$ nach oben eingeschränkt werden.

6.5.3. Erzeugung einer ersten zulässigen Basislösung und der zugehörigen kanonischen Form – die Phase I der Simplexmethode

Die zur Lösung vorgegebenen linearen Optimierungsaufgaben liegen gewöhnlich nicht in so günstiger Form wie die Aufgabe des soeben betrachteten Beispiels vor. Meistens läßt sich nicht durch so einfache Operationen eine zulässige Basislösung und deren zugehörige kanonische Form für das System der Restriktionen herstellen. Aus diesem Grunde wird ein Verfahren benötigt, mit dem für jede lineare Optimierungsaufgabe eine zulässige Basislösung und die zugehörige kanonische Form erzeugt werden können. An ein solches Verfahren sind jedoch noch weitere Forderungen zu stellen. Es muß anzeigen, ob für die vorgegebene Aufgabe überhaupt zulässige Lösungen existieren oder nicht. Da sich ferner die bei den theoretischen Betrachtungen verwendete Voraussetzung (6.9) über den Rang der Koeffizientenmatrix des Systems der Restriktionen in der Praxis nur mit großem Aufwand nachprüfen läßt, sollte ein solches Verfahren gleichzeitig die Aussonderung überflüssiger Restriktionen ermöglichen. Wir werden jetzt ein solches Verfahren besprechen, das im wesentlichen auf der Anwendung des Simplexalgorithmus auf eine, aus der vorgegebenen Aufgabe abgeleitete lineare Optimierungsaufgabe beruht.
Dazu gehen wir von einer linearen Optimierungsaufgabe in der Normalform (6.5) bis (6.7) aus. Dabei können wir ohne Einschränkung der Allgemeinheit annehmen, daß

$$b_i \geqq 0; \quad i = 1, 2, \ldots, m \tag{6.46}$$

gilt. Ist nämlich ursprünglich $b_i < 0$, dann kann man durch Multiplikation der betreffenden Gleichung mit (-1) die Bedingung (6.46) gewiß realisieren.
An Stelle des Systems (6.5) betrachten wir nun das folgende System

$$\begin{array}{llll} a_{11}x_1 + a_{12}x_2 + \cdots + a_{1n}x_n + x_{K1} & & & = b_1 \\ a_{21}x_1 + a_{22}x_2 + \cdots + a_{2n}x_n & + x_{K2} & & = b_2 \\ \cdots\cdots\cdots\cdots\cdots\cdots\cdots\cdots & & & \\ a_{m1}x_1 + a_{m2}x_2 + \cdots + a_{mn}x_n & & + x_{Km} & = b_m . \end{array} \tag{6.47}$$

Die hier gegenüber (6.5) neu eingeführten Variablen x_{Ki}; $i = 1, 2, \ldots, m$ bezeichnen wir als *künstliche Variable* im Gegensatz zu den x_j; $j = 1, 2, \ldots, n$, die als *reale*

Variable bezeichnet werden. Das System (6.47) befindet sich offensichtlich in kanonischer Form und durch

$$x_B^T = [x_{K1}\, x_{K2} \cdots x_{Km}] = [b_1\, b_2 \cdots b_m] \tag{6.48}$$

wird wegen (6.46) eine zulässige Basislösung geliefert. Diese erfüllt jedoch natürlich nicht das System (6.5). Es leuchtet jedoch sofort ein, daß jede zulässige Basislösung von (6.47), in der alle $x_{Ki} = 0$ sind, zugleich zulässige Basislösung von (6.5) ist. Aus diesem Grunde besteht unser Bestreben darin, ausgehend von der zulässigen Basislösung (6.48) eine zulässige Basislösung und die zugehörige kanonische Form für (6.47) zu finden, wobei alle $x_{Ki} = 0$ sind. Um dieses Vorhaben zu realisieren, betrachten wir die folgende lineare Optimierungsaufgabe:

$$\left.\begin{array}{l} a_{11}x_1 + a_{12}x_2 + \cdots + a_{1n}x_n + x_{K1} \qquad\qquad = b_1 \\ a_{21}x_1 + a_{22}x_2 + \cdots + a_{2n}x_n \qquad + x_{K2} \qquad = b_2 \\ \cdots\cdots\cdots\cdots\cdots\cdots\cdots\cdots\cdots\cdots \\ a_{m1}x_1 + a_{m2}x_2 + \cdots + a_{mn}x_n \qquad\qquad + x_{Km} = b_m \\ x_j \geqq 0; \quad j = 1, 2, \ldots, n \\ x_{Ki} \geqq 0; \quad i = 1, 2, \ldots, m \\ z_I = -x_{K1} - x_{K2} - \cdots - x_{Km} \to \text{Max.} \end{array}\right\} \tag{6.49}$$

Wir bemerken zuerst, daß für diese Aufgabe gewiß die Forderung (6.9) über den Rang der Koeffizientenmatrix erfüllt ist. Da die Koeffizientenmatrix der Restriktionen von (6.49) alle m Einheitsvektoren der Ordnung m enthält, ist ihr Rang nämlich gewiß m. Weil die negative Summe der künstlichen Variablen wegen $x_{Ki} \geqq 0$; $i = 1, 2, \ldots, m$ gewiß nicht größer als Null sein kann, gilt gewiß $z_I \leqq 0$. Somit können für die Aufgabe (6.49) keine unbeschränkten Lösungen existieren. Da (6.49) gewiß eine zulässige Lösung besitzt – nämlich die durch (6.48) gegebene – existiert folglich für diese Aufgabe stets eine optimale zulässige Basislösung. Eine solche können wir durch Anwenden des Simplexalgorithmus ermitteln.

Ist eine optimale zulässige Basislösung für (6.49) gefunden, dann können drei verschiedene Fälle eintreten:

a) Es ist $z_{I\max} < 0$.

b) Es ist $z_{I\max} = 0$, und die optimale zulässige Basislösung von (6.49) enthält keine künstlichen Variablen.

c) Es ist $z_{I\max} = 0$, und die optimale zulässige Basislösung von (6.49) enthält künstliche Variable mit dem Wert 0.

Diese drei Fälle wollen wir jetzt nacheinander diskutieren.

Zu a): In diesem Falle besitzt die Aufgabe (6.5) bis (6.7) keine zulässige Lösung, denn für jede solche wäre $z_I = 0$.

Zu b): Jetzt ist mit der optimalen zulässigen Basislösung von (6.49) eine zulässige Basislösung für (6.5) gefunden worden. Von dieser ausgehend kann der Simplexalgorithmus zur Lösung der Aufgabe (6.5) bis (6.7) angewendet werden. Da in diesem Falle eine zulässige Basislösung aus m realen Variablen existiert, ist gewiß $r[A] = r[(A\;\; b)] = m$, so daß auch keine der Restriktionen (6.5) von den übrigen linear abhängig ist.

Zu c): Dieser Fall tritt gewiß stets dann ein, wenn das System der Restriktionen (6.5) überflüssige Gleichungen enthält, das heißt Gleichungen, die von den übrigen linear abhängig sind. Es ist dann nämlich $r[A] < m$, so daß stets wenigstens eine der künstlichen Variablen Basisvariable in jeder Basislösung von (6.49) sein muß. Er kann aber auch vorkommen, wenn zu der gefundenen optimalen zulässigen Basislösung von (6.49) eine degenerierte zulässige Basislösung von (6.5) gehört.
Die soeben getroffenen Feststellungen müssen noch näher untersucht werden. Dazu betrachten wir eine Zeile l des optimalen Simplextableaus (das heißt des zur optimalen zulässigen Basislösung gehörenden Simplextableaus) der Aufgabe (6.49), in der eine künstliche Variable Basisvariable ist. Es ist also

$$x_{Bl} \equiv x_{Kl} = y_{l0} = 0.$$

Nun sind zwei verschiedene Fälle zu betrachten:
α) Es sind alle $y_{lj} = 0;\, j = 1, 2, \ldots, n$.
In diesem Falle ist die Gleichung l des Systems (6.5) von den übrigen linear abhängig, denn in der zugehörigen kanonischen Form sind die Koeffizienten sämtlicher Variablen 0, und es gilt auch $y_{l0} = 0$. Deshalb ist $r[A] < m$, und die Zeile l kann in dem Simplextableau gestrichen werden, wodurch sich die Zahl der künstlichen Variablen in der Basislösung um eins verringert.
β) Es existiert ein p mit $1 \leqq p \leqq n$, so daß $y_{lp} \neq 0$ ist.
Jetzt läßt sich, unabhängig davon ob $y_{lp} > 0$ oder $y_{lp} < 0$ ist, die künstliche Variable x_{Kl} in der Basislösung durch die reale Variable x_p ersetzen, wobei der Wert der Zielfunktion z_{I} nicht geändert wird. Beim Austausch der Basisvariablen der l-ten Zeile gegen die Variable x_p lauten die Transformationsformeln für die Werte der Basisvariablen gemäß (6.45)

$$y_{l0}^* = \frac{y_{l0}}{y_{lp}}$$

$$y_{i0}^* = y_{i0} - y_{l0}^* y_{ip}; \qquad i = 1, 2, \ldots, m+1; \qquad i \neq l.$$

Da jedoch jetzt $y_{l0} = 0$ ist, folgt daraus

$$y_{l0}^* = 0$$

$$y_{i0}^* = y_{i0}; \qquad i = 1, 2, = \ldots, m+1; \qquad i \neq l.$$

Wegen $y_{m+1,0}^* = z_{\text{I}}^*$ und $y_{m+1,0} = z_{\text{I}}$ gilt also tatsächlich $z_{\text{I}}^* = z_{\text{I}}$.
Indem wir also die Basisvariable x_{kl} der l-ten Zeile des optimalen Simplextableaus von (6.49) durch eine reale Variable x_p mit $y_{lp} \neq 0$ ersetzen, erhalten wir eine neue optimale zulässige Basislösung, die eine künstliche Variable weniger enthält. Dabei muß natürlich mittels der Transformationen (6.45) zu einen neuen Tableau übergegangen werden.
Durch wiederholtes Anwenden der unter α) bzw. β) beschriebenen Operationen können wir somit alle künstlichen Variablen aus der optimalen zulässigen Basislösung von (6.49) entfernen. Als Ergebnis erhalten wir eine optimale Lösung dieser Aufgabe, die zugleich zulässige Basislösung für (6.5) ist.
Damit ist uns die Möglichkeit gegeben, den Simplexalgorithmus zur Ermittlung einer zulässigen Basislösung (falls eine solche existiert) und der zugehörigen kanonischen Form von (6.5) anzuwenden. Dazu braucht nicht vorher bekannt zu sein, ob die Auf-

gabe überhaupt zulässige Lösungen besitzt oder ob das System (6.5) überflüssige Gleichungen enthält. Diese Informationen werden durch das Verfahren, das auch als *Methode der künstlichen Basis* bezeichnet wird, geliefert, und es werden auch die überflüssigen Gleichungen festgestellt und gestrichen.
Bei den bisher in diesem Abschnitt durchgeführten Betrachtungen haben wir in jede Gleichung des Systems (6.5) zur Konstruktion der Aufgabe (6.49) eine künstliche Variable eingeführt. Das ist jedoch bei vielen Aufgaben nicht erforderlich. Wenn gewisse der Aktivitätsvektoren von (6.5) bestimmte Forderungen erfüllen, dann können die zugehörigen Variablen gegebenenfalls beim Übergang zur Aufgabe (6.49) als Basisvariable Verwendung finden. Wir wollen zur Erleichterung der folgenden Darlegungen für solche Variablen einen speziellen Begriff einführen.

Definition 6.8

Enthält das System (6.5) Variable, deren Aktivitätsvektoren je genau eine von Null verschiedene Komponenten enthalten und sind diese Aktivitätsvektoren linear unabhängig, dann bezeichnen wir die betreffenden Variablen als Quasibasisvariable des Systems (6.5).

Im Sinne dieser Definition sind zum Beispiel im System der Restriktionen des Beispiels 6.6 die Variablen x_1, x_4, x_6 Quasibasisvariable. Wenn das System der Restriktionen der zu bearbeitenden Aufgabe solche Quasibasisvariable enthält, dann kann es zweckmäßig sein, dieses System umzuformen. Zuerst bemerken wir, daß natürlich jede Gleichung höchstens eine Quasibasisvariable enthalten kann. Bezeichnen wir mit S die Teilmenge von $M = \{1 \ 2 \ \dots \ m\}$, so daß S alle die Nummern der Gleichungen enthält, die eine Quasivariable enthalten, dann gilt

$$a_{ij_i}x_{j_i} + \sum_{\substack{j=1\\ j\neq j_i}}^{n} a_{ij}x_j = b_i; \qquad i \in S,$$

wobei die Variable x_{j_i} nur in der Gleichung i auftritt und $a_{ij_i} \neq 0$ ist. Nach Division durch a_{ij_i} gilt

$$x_{j_i} + \sum_{\substack{j=1\\ j\neq j_i}}^{n} \frac{a_{ij}}{a_{ij_i}} x_j = \frac{b_i}{a_{ij_i}}; \qquad i \in S.$$

In dieser Form nehmen wir die Gleichungen mit $i \in S$ in das System der Restriktionen auf. Dabei schreiben wir jedoch bei den theoretischen Betrachtungen an Stelle $\frac{a_{ij}}{a_{ij_i}}$ einfach wieder a_{ij} und an Stelle von $\frac{b_i}{a_{ij_i}}$ wieder b_i. Nun sorgen wir, falls das erforderlich ist, durch Multiplikation der in Frage kommenden Gleichungen mit (-1) dafür, daß alle $b_i \geqq 0$ sind. Danach besitzen in dem so umgeformten System alle Quasibasisvariablen entweder den Koeffizienten $(+1)$ oder den Koeffizienten (-1). Die Menge S teilen wir in zwei disjunkte Untermengen S_+ und S_-, so daß S_+ alle die Elemente von S enthält, für die der Koeffizient der Quasibasisvariablen positiv ist und S_- alle diejenigen für die dieser Koeffizient negativ ist. Die in den Gleichungen mit $i \in S_+$ enthaltenen Quasibasisvariablen können schon in (6.49) als echte

Basisvariable benutzt werden. Die Gleichungen mit $i \in S_-$ haben jetzt die Gestalt

$$-x_{j_i} + \sum_{\substack{j=1 \\ j \neq j_i}}^{n} a_{ij}x_j = b_i; \quad b_i \geqq 0; \quad i \in S_-.$$

Falls S_- nicht leer ist, ermitteln wir

$$b_q = \max_{i \in S_-} b_i.$$

Wird das Maximum nicht nur für einen Index angenommen, dann wählen wir einen von den betreffenden als q. Nun ersetzen wir für jedes $i \in S_-$; $j \neq q$ die i-te Gleichung durch die Differenz aus der q-ten minus der i-ten Gleichung. Wir erhalten dadurch

$$-x_{j_q} + x_{j_i} + \sum_{\substack{j=1 \\ j \neq j_i, a_q}}^{n} (a_{qj} - a_{ij})\, x_j = b_q - b_i; \quad i \in S_- \setminus q \qquad -x_{j_q} + \sum_{\substack{j=1 \\ j \neq j_q}}^{n} a_{qj}x_j = b_q.$$

Im System der Restriktionen ersetzen wir nun die Gleichungen mit $i \in S_- \setminus q$ durch die hier für diese i soeben ermittelten. Wegen $b_q - b_i \geqq 0$ können jetzt auch die x_{j_i}; $i \in S_- \setminus q$ als echte Basisvariable verwendet werden. Schreiben wir jetzt wieder an Stelle $a_{qj} - a_{ij}$ einfach a_{ij} und an Stelle von $b_q - b_i$ einfach b_i, dann wird statt (6.49) in der Phase I die folgende Aufgabe bearbeitet:

$$\left.\begin{aligned}
&\sum_{j=1}^{n} a_{ij}x_j \qquad = b_i; \quad i \in S \setminus q \\
&\sum_{j=1}^{n} a_{ij}x_j + x_{Ki} = b_i; \quad i \in T \\
&\qquad x_j \geqq 0; \quad j = 1, 2, \ldots, n \\
&\qquad x_{Ki} \geqq 0; \quad i \in T \\
&z_I = -\sum_{i \in T} x_{Ki} \to \text{Max.}
\end{aligned}\right\} \qquad (6.50)$$

Dabei ist mit T die bezüglich M zu $S \setminus q$ komplementäre Menge bezeichnet. Ist $S_- = \emptyset$, dann existiert q natürlich nicht und in (6.50) ist $S \setminus q$ durch S zu ersetzen. Enthält in (6.50) die Menge $S \setminus q$ (bzw. S) $m_1 \leqq m$ Elemente, dann befindet sich das System der Restriktionen von (6.50) in einer kanonischen Form, in der m_1 reale Variable und $(m - m_1)$ künstliche Variable Basisvariable sind. Die Zielfunktion z_I von (6.50) enthält dann natürlich auch nur die künstlichen Variablen.

Quasibasisvariable treten im System der Restriktionen einer linearen Optimierungsaufgabe gewiß stets dann auf, wenn bei deren Überführung in die Normalform Ungleichungen durch Einführen von Schlupf- oder Überschußvariablen in Gleichungen verwandelt wurden. Da man erwarten kann, daß die Phase I der Simplexmethode um so schneller beendet ist, je weniger künstliche Variable in (6.50) enthalten sind, ist zu empfehlen, die eben dargelegte Umformung des Systems der Restriktionen auszuführen, um möglichst wenige künstliche Variable verwenden zu müssen.

Beispiel 6.6

Die Konstruktion der in der Phase I zu bearbeitenden Aufgabe wollen wir jetzt nochmals an einem Beispiel erläutern. Dazu brauchen wir hier nur das System der Restriktionen der Ausgangsaufgabe zu betrachten. Dieses sei

$$\begin{aligned}
2x_1 \quad &+ 5x_3 \quad && - 2x_6 = \quad 4\\
3x_1 \quad &+ \ x_3 - x_4 && + 3x_6 = \quad 4\\
2x_1 - 3x_2 &- \ x_3 && - \ x_6 = -9\\
-x_1 \quad &+ 3x_3 \quad - 2x_5 && \quad = \quad 6.
\end{aligned}$$

Offensichtlich sind hier x_4, x_2, x_5 Quasibasisvariable, und es ist $S = \{2 \ 3 \ 4\}$. Zur Umformung dieses Systems dividieren wir zuerst die dritte Gleichung durch 3 und die vierte durch 2 und multiplizieren danach die dritte Gleichung mit (-1). Dadurch erhalten wir

$$\begin{aligned}
2x_1 \quad &+ 5x_3 && - 2x_6 = 4\\
3x_1 \quad &+ x_3 - x_4 && + 3x_6 = 4\\
-\frac{2}{3}x_1 + x_2 &+ \frac{1}{3}x_3 && + \frac{1}{3}x_6 = 3\\
-\frac{1}{2}x_1 \quad &+ \frac{3}{2}x_3 \quad - x_5 && \quad = 3.
\end{aligned}$$

Hieraus ist ersichtlich, daß $S_+ = \{3\}$; $S_- = \{2 \ 4\}$ ist. Wir erhalten

$$b_q = \max_{i \in S_-} b_i = \max \{4 \ 3\} = 4 = b_2.$$

Somit ersetzen wir die vierte Gleichung durch die Differenz aus der zweiten und der vierten. Das System erhält dann die Gestalt:

$$\begin{aligned}
2x_1 \quad &+ 5x_3 && - 2x_6 = 4\\
3x_1 \quad &+ x_3 - x_4 && + 3x_6 = 4\\
-\frac{2}{3}x_1 + x_2 &+ \frac{1}{3}x_3 && + \frac{1}{3}x_6 = 3\\
\frac{7}{2}x_1 \quad &- \frac{1}{2}x_3 - x_4 + x_5 && \quad = 1
\end{aligned}$$

Es ist S \ $q = \{3 \ 4\}$ und die in den Gleichungen 3 und 4 enthaltenen Quasibasisvariablen können bei der Herstellung der in der Phase I zu lösenden Aufgabe als Basisvariable verwendet werden. Diese Aufgabe lautet:

$$\begin{aligned}
2x_1 \quad &+ 5x_3 && - 2x_6 + x_{K1} \quad && = 4\\
3x_1 \quad &+ x_3 - x_4 && + 3x_6 \quad + x_{K2} && = 4\\
-\frac{2}{3}x_1 + x_2 &+ \frac{1}{3}x_3 && + \frac{1}{3}x_6 && = 3\\
-\frac{1}{2}x_1 \quad &+ \frac{3}{2}x_3 - x_4 + x_5 && && = 1
\end{aligned}$$

$x_j \geqq 0; j = 1, 2, \ldots, 6$

$x_{K1}, x_{K2} \geqq 0$

$z_I = -x_{K1} - x_{K2} \to \text{Max.}$

Eine zulässige Basislösung für diese Aufgabe ist durch

$x_B^T = [x_{K1} \ x_{K2} \ x_2 \ x_5] = [4 \ 4 \ 3 \ 1]$

gegeben.

6.5.4. Numerische Durchführung der zwei Phasen der Simplexmethode

Die Zusammenfassung des Verfahrens zur Ermittlung einer ersten zulässigen Basislösung und der zugehörigen kanonischen Form für das System der Restriktionen und des Simplexalgorithmus zur Ermittlung einer optimalen zulässigen Basislösung der vorgegebenen linearen Optimierungsaufgabe bildet die Simplexmethode. Der numerischen Durchführung dieser beiden Phasen wollen wir die folgenden Ausführungen widmen.

Phase I:

a) Für die in Normalform vorliegende Aufgabe sind die Restriktionen so umzuformen, daß möglichst viele der Quasibasisvariablen für die in dieser Phase zu lösende Aufgabe als Basisvariable verwendet werden können und außerdem alle $b_i \geqq 0$; $i = 1, 2, \ldots, m$ sind.

b) In jede Gleichung mit einer Nummer $i \in T$ ist eine künstliche Variable $x_{Ki} \geqq 0$ einzuführen, und es ist die Zielfunktion

$$z_I = -\sum_{i \in T} x_{Ki} \rightarrow \text{Max.}$$

zu bilden.

c) Die unter b) entstandene lineare Optimierungsaufgabe ist durch Anwenden des Simplexalgorithmus zu lösen.

d) α) Enthält die gefundene optimale zulässige Basislösung noch künstliche Variable mit positiven Werten, das heißt, es ist $z_{\mathrm{I\,max}} < 0$, dann existiert für die Ausgangsaufgabe keine zulässige Lösung. Das Verfahren endet hier.

β) Enthält die erhaltene optimale zulässige Basislösung künstliche Variable, die jedoch alle den Wert 0 besitzen, dann ist $z_{\mathrm{I\,max}} = 0$, und wir gehen zu e).

γ) Enthält die gefundene optimale zulässige Basislösung keine künstliche Variable, dann ist eine zulässige Basislösung für die Ausgangsaufgabe gefunden, und wir gehen zur Phase II über.

e) Durch Streichen überflüssiger Zeilen im Simplextableau bzw. durch Ersetzen der künstlichen Basisvariablen durch reale werden schrittweise alle künstlichen Variablen aus der Basislösung entfernt. Dadurch erhalten wir eine optimale zulässige Basislösung für die in der Phase I betrachtete Aufgabe, die zugleich zulässige Basislösung für die Ausgangsaufgabe ist. Nun gehen wir zur Phase II über.

Phase II:

Beim Übergang von der Phase I zur Phase II ist zu beachten, daß jetzt die Zielfunktion

$$z = c_1x_1 + c_2x_2 + \cdots + c_nx_n \rightarrow \text{Max.}$$

der Ausgangsaufgabe zu verwenden ist. Da die y_{ij}; $i = 1, 2, \ldots, m$; $j = 0, 1, \ldots, n$ von der Zielfunktion unabhängig sind, können wir diese Daten aus dem letzten Tableau der Phase I für das erste der Phase II benutzen. Die $y_{m+1,j}$ hängen jedoch von der Zielfunktion ab. Sie müssen deshalb zu Beginn der Phase II neu berechnet werden. Das geschieht nach den Formeln (6.41) und (6.42).

a) Mittels der Bewertungskoeffizienten der Ausgangsaufgabe und der im letzten Tableau der Phase I enthaltenen y_{ij} berechnen wir

$$y_{m+1,0} = \sum_{i=1}^{m} c_{Bi} y_{i0}$$

$$y_{m+1,j} = \sum_{i=1}^{m} c_{Bi} y_{ij} - c_j; \quad j = 1, 2, \ldots, n$$

und tragen diese Größen in das erste Tableau der Phase II ein. Man verwendet das letzte Tableau der Phase I zugleich als erstes für die Phase II. Dazu sind in der Phase I, wenn keine künstliche Variable mehr in der Basislösung ist, die $y_{m+1,j}$ bezüglich der Zielfunktion z_I nicht mehr zu berechnen, sondern es werden die $y_{m+1,j}$ bezüglich der Zielfunktion z berechnet und in dieses Tableau eingetragen.

b) Es wird der Simplexalgorithmus zur Bearbeitung der Ausgangsaufgabe angewendet.

In der Abbildung 6.6 ist der Ablauf der Simplexmethode durch ein Blockdiagramm dargestellt. Dabei ist der in der Abbildung 6.5 durch ein Blockdiagramm beschriebene Simplexalgorithmus als *Unterprogramm* jeweils nur durch ein Kästchen dargestellt.

In die Tableaus für die Phase I brauchen wir die zu den künstlichen Variablen gehörenden Spalten nicht aufzunehmen, da die einmal aus der Basislösung entfernten künstlichen Variablen, wie sich zeigen läßt, für die weiteren Rechnungen uninteressant sind. Ferner wissen wir, daß in der Phase I die Bewertungskoeffizienten aller realen Variablen 0 und aller künstlichen Variablen -1 sind. Diese Information braucht somit auch nicht in die Tableaus aufgenommen zu werden. Dagegen schreiben wir in die zweite Kopfzeile die Bewertungskoeffizienten der Ausgangsaufgabe, die in der Phase II benutzt werden. Die Tableaus haben somit stets die in der Tabelle 6.1 angegebene Gestalt, wobei jedoch in der c_{Bi}-Spalte in der Phase I die Bewertungskoeffizienten der Basisvariablen bezüglich der Zielfunktion z_I stehen.
Zum Abschluß der Betrachtungen zur Simplexmethode behandeln wir noch ein Beispiel. Dabei gehen wir wieder von einer praktischen Problemstellung aus, konstruieren das zugehörige lineare Optimierungsmodell und lösen die zugehörige lineare Optimierungsaufgabe, nachdem sie in eine dafür günstige Form gebracht wurde.

Beispiel 6.7

Es liegen drei verschiedene Ausgangsstoffe vor, die jeder drei hier interessierende Komponenten in bekannten Anteilen enthalten. Die Mengen der Komponenten, die in jeweils einer Mengeneinheit der verschiedenen Ausgangsstoffe enthalten sind, sind aus der folgenden Tabelle 6.4 abzulesen.

Aus diesen drei Ausgangsstoffen soll eine Mischung hergestellt werden, die je Mengeneinheit die drei Komponenten in Anteilen enthalten soll, die zwischen vorgegebenen Schranken liegen bzw. fest vorgegeben sind.

Eine Mengeneinheit soll enthalten:

von der Komponente 1 mindestens 0,01 und höchstens 0,03 Mengeneinheiten,
von der Komponente 2 mindestens 0,045 und höchstens 0,07 Mengeneinheiten,
von der Komponente 3 genau 0,05 Mengeneinheiten.

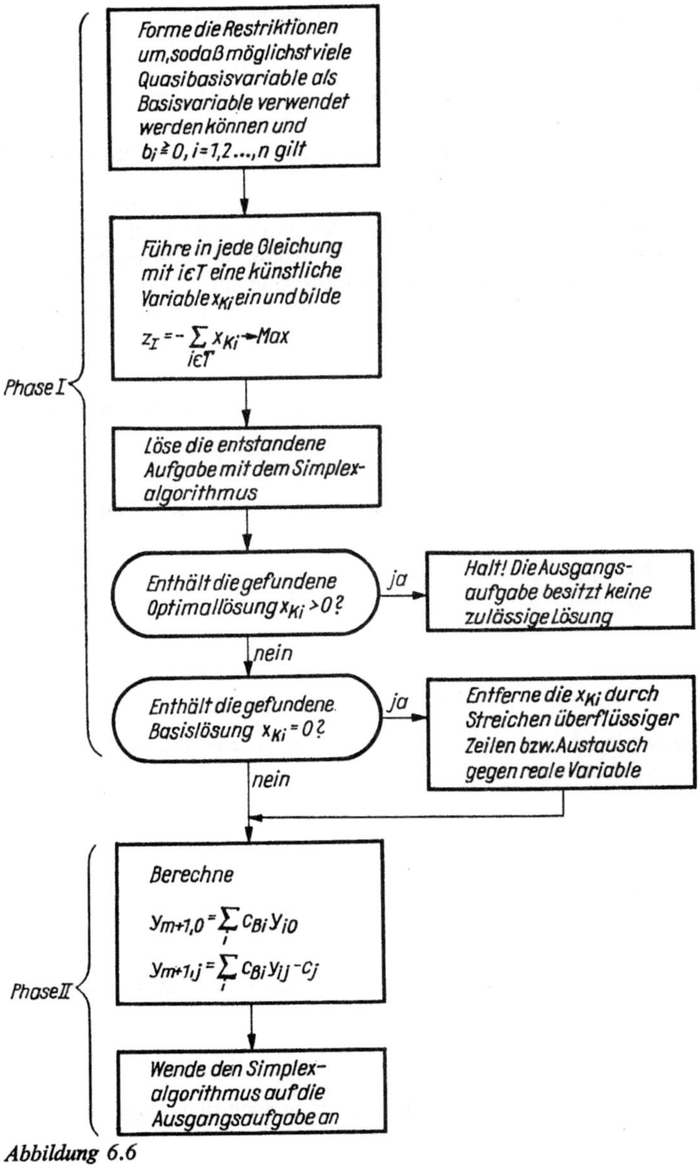

Abbildung 6.6

Tabelle 6.4

	Ausgangsstoff		
	1	2	3
Komponente 1	0,02	0,03	0,04
Komponente 2	0,03	0,01	0,06
Komponente 3	0,05	0,05	0,05

Der Gewinn, der bei Verwendung der verschiedenen Ausgangsstoffe zur Herstellung der Mischung erreicht wird, beträgt:

für den Ausgangsstoff 1 je Mengeneinheit 2 Zahlungseinheiten,
für den Ausgangsstoff 2 je Mengeneinheit 5 Zahlungseinheiten,
für den Ausgangsstoff 3 je Mengeneinheit 4 Zahlungseinheiten.

Gesucht wird eine Realisierung der Mischung, so daß der erzielte Gewinn je Mengeneinheit möglichst groß ist.
Wir setzen hier voraus, daß alle drei Ausgangsstoffe in ausreichender Menge zur Verfügung stehen, so daß keinerlei Forderungen über die maximal verwendbaren Mengen zu berücksichtigen sind.
Zur Aufstellung eines mathematischen Modells für dieses Mischungsproblem bezeichnen wir die je Mengeneinheit der Mischung eingesetzten Mengen der Ausgangsstoffe mit x_j; $j = 1, 2, 3$. Da bei dem Mischungsvorgang keine Mengenänderung eintritt, muß die Summe der Mengen aller eingesetzten Ausgangsstoffe gleich 1 sein. Somit muß

$$x_1 + x_2 + x_3 = 1$$

gelten. Auf Grund der in der Tabelle 6.4 angegebenen Daten enthält die Mischung zum Beispiel von der Komponente 1 die Menge

$$0{,}02x_1 + 0{,}03x_2 + 0{,}04x_3 .$$

Damit die Mischung die vorgegebenen Bedingungen erfüllt, müssen somit die folgenden beiden Ungleichungen

$$0{,}02x_1 + 0{,}03x_2 + 0{,}04x_3 \geqq 0{,}01$$
$$0{,}02x_1 + 0{,}03x_2 + 0{,}04x_3 \leqq 0{,}03$$

oder

$$2x_1 + 3x_2 + 4x_3 \geqq 1$$
$$2x_1 + 3x_2 + 4x_3 \leqq 3$$

gelten. Durch analoge Überlegungen erhalten wir zur Gewährleistung der Schranken für die Komponente 2 in der Mischung die Ungleichungen

$$3x_1 + x_2 + 6x_3 \geqq \frac{9}{2}$$
$$3x_1 + x_2 + 6x_3 \leqq 7,$$

und für die dritte Komponente, deren Anteil fest vorgegeben ist, ergibt sich die Gleichung

$$5x_1 + 5x_2 + 5x_3 = 5.$$

Der bei der Verwendung von x_j Mengeneinheiten des Ausgangsstoffes $j = 1, 2, 3$ zu erzielende Gewinn ist durch

$$z = 2x_1 + 5x_2 + 4x_3$$

gegeben.
Da für die x_j auf Grund ihrer Bedeutung nur nichtnegative Werte sinnvoll sind, lautet das mathematische Modell des vorliegenden Problems:

$$\begin{aligned}
x_1 + x_2 + x_3 &= 1\\
2x_1 + 3x_2 + 4x_3 &\geqq 1\\
2x_1 + 3x_2 + 4x_3 &\leqq 3\\
3x_1 + x_2 + 6x_3 &\geqq \frac{9}{2}\\
3x_1 + x_2 + 6x_3 &\leqq 7\\
5x_1 + 5x_2 + 5x_3 &= 5\\
x_j \geqq 0;\ j &= 1, 2, 3\\
z = 2x_1 + 5x_2 + 4x_3 &\rightarrow \text{Max.}
\end{aligned}$$

Die zugehörige Normalform der linearen Optimierungsaufgabe ist:

$$\begin{aligned}
x_1 + x_2 + x_3 &= 1 \\
2x_1 + 3x_2 + 4x_3 - x_4 &= 1 \\
2x_1 + 3x_2 + 4x_3 + x_5 &= 3 \\
3x_1 + x_2 + 6x_3 - x_6 &= \frac{9}{2} \\
3x_1 + x_2 + 6x_3 + x_7 &= 7 \\
5x_1 + 5x_2 + 5x_3 &= 5
\end{aligned}$$

$x_j \geqq 0; j = 1, 2, \ldots, 7$

$z = 2x_1 + 5x_2 + 4x_3 \to \text{Max.}$

Hier sind x_4, x_5, x_6, x_7 Quasibasisvariable, von denen x_5 und x_7 als Basisvariable für die in der Phase I zu lösende Aufgabe unmittelbar benutzt werden können. Da x_4 und x_6 negative Koeffizienten besitzen, ermitteln wir

$$\max\left(1, \frac{9}{2}\right) = \frac{9}{2} = b_4.$$

Somit ist die zweite Gleichung durch die Differenz aus der vierten und der zweiten zu ersetzen. Die entstehende Aufgabe lautet:

$$\begin{aligned}
x_1 + x_2 + x_3 &= 1 \\
x_1 - 2x_2 + 2x_3 + x_4 - x_6 &= \frac{7}{2} \\
2x_1 + 3x_2 + 4x_3 + x_5 &= 3 \\
3x_1 + x_2 + 6x_3 - x_6 &= \frac{9}{2} \\
3x_1 + x_2 + 6x_3 + x_7 &= 7 \\
5x_1 + 5x_2 + 5x_3 &= 5
\end{aligned}$$

$x_j \geqq 0; j = 1, 2, \ldots, 7$

$z = 2x_1 + 5x_2 + 4x_3 \to \text{Max.},$

so daß jetzt x_4, x_5, x_7 als Basisvariable für die Aufgabe in der Phase I benutzt werden können. Es ist nicht erforderlich, daß die in der Phase I zu lösende Aufgabe explizit aufgeschrieben wird. Wir brauchen nur zu beachten, daß in die Gleichung 1 die künstliche Variable x_{K1}, in die Gleichung 4 die künstliche Variable x_{K4} und in die Gleichung 6 die künstliche Variable x_{K6} eingeführt werden müssen und die Bewertungskoeffizienten für jede künstliche Variable -1 und für jede reale Variable 0 sind. Als Anfangsbasislösung haben wir dann

$$x_B^T = [x_{K1}\ x_4\ x_5\ x_{K4}\ x_7\ x_{K6}] = \left[1\ \ \frac{7}{2}\ \ 3\ \ \frac{9}{2}\ \ 7\ \ 5\right].$$

Das Anfangstableau für die Phase I ist in der Tabelle 6.5 enthalten.

Dabei sind für das Anfangstableau der Phase I die y_{7j}; $j = 0, 1, \ldots, 7$ gemäß (6.41) bzw. (6.42) mit den für die Phase I geltenden Bewertungskoeffizienten berechnet worden.

Für den ersten Schritt ergibt sich wegen

$$\min_{j=1,\ldots,7} y_{7j} = y_{73} = -12$$

Tabelle 6.5

	GL. Nr.	B.V. Nr.	c_B	0	1	2	3	4	5	6	7	Q	
					2	5	4	0	0	0	0		
	1	$K1$	-1	1	1	1	1	0	0	0	0	1	
	2	4	0	$\frac{7}{2}$	1	-2	2	1	0	-1	0	$\frac{7}{4}$	$r = 3$
	3	5	0	3	2	3	4	0	1	0	0	$\frac{3}{4}$	$k = 3$
	4	$K4$	-1	$\frac{9}{2}$	3	1	6	0	0	-1	0	$\frac{3}{4}$	
	5	7	0	7	3	1	6	0	0	0	1	$\frac{7}{6}$	
	6	$K6$	-1	5	5	5	5	0	0	0	0	1	
	7			$-\frac{21}{2}$	-9	-7	-12	0	0	1	0		
	1	K1	-1	$\frac{1}{4}$	$\frac{1}{2}$	$\frac{1}{4}$	0	0	$-\frac{1}{4}$	0	0	$\frac{1}{2}$	
	2	4	0	2	0	$-\frac{7}{2}$	0	1	$-\frac{1}{2}$	-1	0		$r = 1$
→	3	3	0	$\frac{3}{4}$	$\frac{1}{2}$	$\frac{3}{4}$	1	0	$\frac{1}{4}$	0	0	$\frac{3}{2}$	$k = 1$
	4	K4	-1	0	0	$-\frac{7}{2}$	0	0	$-\frac{3}{2}$	-1	0		
	5	7	0	$\frac{5}{2}$	0	$-\frac{7}{2}$	0	0	$-\frac{3}{2}$	0	1		
	6	K6	-1	$\frac{5}{4}$	$\frac{5}{2}$	$\frac{5}{4}$	0	0	$-\frac{5}{4}$	0	0	$\frac{1}{2}$	
	7			$-\frac{3}{2}$	-3	2	0	0	3	1	0		
→	1	1	0	$\frac{1}{2}$	1	$\frac{1}{2}$	0	0	$-\frac{1}{2}$	0	0		
	2	4	0	2	0	$-\frac{7}{2}$	0	1	$-\frac{1}{2}$	-1	0		$r = 6$
	3	3	0	$\frac{1}{2}$	0	$\frac{1}{2}$	1	0	$\frac{1}{2}$	0	0		$k = 4$
	4	K4	-1	0	0	$-\frac{7}{2}$	0	0	$-\frac{3}{2}$	-1	0		
	5	7	0	$\frac{5}{2}$	0	$-\frac{7}{2}$	0	0	$-\frac{3}{2}$	0	1		
	6	K6	-1	0	0	0	0	0	0	0	0		
	7												

Tabelle 6.5 (Fortsetzung)

GL. Nr.	B.V. Nr.	c_B	0	1	2	3	4	5	6	7	Q	
				2	5	4	0	0	0	0		
1	1	2	$\frac{1}{2}$	1	$\frac{1}{2}$	0	0	$-\frac{1}{2}$	0	0	1	
2	4	0	2	0	-3	0	1	-1	0	0		
3	3	4	$\frac{1}{2}$	0	$\frac{1}{2}$	1	0	$\frac{1}{2}$	0	0	1	$r = 2$
4	6	0	0	0	$\frac{7}{2}$	0	0	$\frac{3}{2}$	1	0	0	$k = 4$
5	7	0	$\frac{5}{2}$	0	$-\frac{7}{2}$	0	0	$-\frac{3}{2}$	0	1		
6			3	0	-2	0	0	1	0	0		
1	1	2	$\frac{1}{2}$	1	0	0	0	$-\frac{5}{7}$	$-\frac{1}{7}$	0		
2	4	0	2	0	0	0	1	$\frac{2}{7}$	$\frac{6}{7}$	0		
3	3	4	$\frac{1}{2}$	0	0	1	0	$\frac{2}{7}$	$-\frac{1}{7}$	0		
4	2	5	0	0	1	0	0	$\frac{3}{7}$	$\frac{2}{7}$	0		
5	7	0	$\frac{5}{2}$	0	0	0	0	0	1	1		
6			3	0	0	0	0	$\frac{13}{7}$	$\frac{4}{7}$	0		

$r = 3$. Weiter ist

$$\min_{y_{i3}>0} \frac{y_{i0}}{y_{i3}} = \frac{3}{4},$$

und dieses Minimum wird für $i = 3$ und für $i = 4$ angenommen. Wir wählen willkürlich $k = 3$. Wie im Abschnitt 6.5.1. dargelegt wurde, ist die neue zulässige Basislösung gewiß degeneriert. Diese ist im zweiten Tableau der Tabelle 6.5 enthalten, das wir aus dem ersten mittels der Transformationen (6.45) erhalten.

Jetzt ist $r = 1$ und

$$\min_{y_{i1}>0} \frac{y_{i0}}{y_{i1}} = \frac{1}{2},$$

wobei dieses Minimum für $i = 1$ und $i = 6$ angenommen wird. Wir wählen willkürlich $k = 1$. Durch Ausführen der Transformationen erhalten wir das dritte Tableau der Tabelle 6.5.
Da in der zu diesem Tableau gehörenden zulässigen Basislösung die noch enthaltenen künstlichen Variablen x_{K4} und x_{K6} jeweils den Wert 0 besitzen, brauchen wir die $y_{7j}; j = 0, 1, \ldots, 7$ nicht mehr zu berechnen; denn es ist gewiß $z_{\mathrm{I\,max}} = 0$. In der Zeile 6 des Tableaus, in der x_{K6} Basisvariable ist, sind jetzt alle $y_{6j} = 0; j = 0, 1, \ldots, 7$. Somit ist die Gleichung 6 des Systems der Restriktionen von den

übrigen linear abhängig und damit überflüssig. Das geht eigentlich schon aus der Problemstellung hervor. Da nämlich die Summe aller eingesetzten Mengen der einzelnen Ausgangsstoffe stets 1 sein muß ($x_1 + x_2 + x_3 = 1$) und die Komponente 3 in jedem Ausgangsstoff mit den Anteil 0,05 enthalten ist, muß in jeder beliebigen Mischung diese Komponente mit den Anteil 0,05 enthalten sein. ($0{,}05x_1 + 0{,}05x_2 + 0{,}05x_3 = 0{,}05(x_1 + x_2 + x_3) = 0{,}05$).

Wir haben diese Überlegung bei der Modellkonstruktion bewußt nicht angestellt, um die Wirkungsweise des Verfahrens zu demonstrieren. Die Zeile 6 des dritten Tableaus kann somit bei der weiteren Rechnung weggelassen werden, wodurch die künstliche Variable aus der Basislösung verschwindet. In der Zeile 4, in der x_{K4} mit dem Wert 0 Basisvariable ist, sind $y_{42} \neq 0$, $y_{45} \neq 0$ und $y_{46} \neq 0$. Wir können somit x_{K4} gegen eine der Variablen x_2, x_5 oder x_6 austauschen. Für die auszuführenden Transformationen wählen wir $r = 6$, während $k = 4$ jetzt von vornherein festgelegt ist. Dadurch erhalten wir das vierte Tableau der Tabelle 6.5, in der wir vorerst die $\boldsymbol{c}_B$-Spalte frei lassen und auch in die letzte Zeile nichts eintragen.

Jetzt enthält die gefundene zulässige Basislösung keine künstliche Variable mehr, so daß eine zulässige Basislösung für die Ausgangsaufgabe gefunden ist. Somit gehen wir zur Phase II über. Dazu benutzen wir gleich das soeben erzeugte vierte Tableau, indem wir in die $\boldsymbol{c}_B$-Spalte die zu den Basisvariablen gehörenden Bewertungskoeffizienten der Ausgangsaufgabe eintragen und die y_{6j}; $j = 0, 1, \ldots, 7$ nach (6.41) bzw. (6.42) berechnen.

Jetzt ist $r = 2$ und $k = 4$, und wir erhalten das fünfte Tableau der Tabelle 6.5. Da dort alle $y_{6j} \geqq 0$; $j = 1, 2, \ldots, 7$ sind, ist die zugehörige zulässige Basislösung eine optimale zulässige Basislösung für die zu lösende Aufgabe. Weil alle zu den Nichtbasisvariablen gehörenden $y_{6j} > 0$ sind, ist die zulässige Basislösung

$$\boldsymbol{x}_B^T = [x_1 \; x_4 \; x_3 \; x_2 \; x_7] = \left[\frac{1}{2} \; 2 \; \frac{1}{2} \; 0 \; \frac{5}{2}\right] \quad \text{mit } z_{\max} = 3$$

nach Satz 6.10 die einzige existierende Optimallösung.
Die erhaltene Optimallösung liefert uns die folgende optimale Realisierung der Mischung, wobei wir zur Deutung der Lösung zweckmäßiger Weise die ursprünglich gefundene Normalform der linearen Optimierungsaufgabe heranziehen.

Zur Herstellung einer Mengeneinheit der Mischung werden verwendet:

0,5 Mengeneinheiten des Ausgangsstoffes 1 und
0,5 Mengeneinheiten des Ausgangsstoffes 3.
Der Ausgangsstoff 2 wird nicht benutzt.
Dabei wird je Mengeneinheit der Mischung ein Gewinn von 3 Zahlungseinheiten erzielt.

Bei der Deutung der eingeführten Schlupf- und Überschußvariablen müssen wir beachten, daß diese nach der Multiplikation der Nebenbedingungen mit dem Faktor 100 eingeführt wurden. Deshalb sind ihre Werte durch 100 zu dividieren. Aus $x_4 = 2$ schließen wir somit, daß in der Mischung der Mindestgehalt der Komponente 1 um 0,02 Mengeneinheiten überschritten wird. Damit liegt der Anteil der Komponente 1 an der oberen Grenze 0,03, was auch durch $x_5 = 0$ zum Ausdruck kommt. Aus $x_7 = 2{,}5$ schließen wir, daß der Höchstgehalt an der Komponente 2 in der Mischung um 0,025 Mengeneinheiten unterschritten wird. Er liegt somit an der unteren Grenze 0,045, was auch durch $x_6 = 0$ deutlich wird.

6.6. Dualitätstheorie der linearen Optimierung

In diesem Abschnitt werden wir ein wichtiges und sehr interessantes Problem der linearen Optimierung behandeln. Wir werden sogenannte Paare dualer linearer Optimierungsaufgaben betrachten und Beziehungen zwischen den beiden Aufgaben untersuchen. Die gewonnenen Ergebnisse sind sowohl für die Entwicklung von Lösungsverfahren als auch für theoretische Untersuchungen von grundlegender Bedeutung. Ferner kann man für ein Paar zueinander dualer linearer Optimierungsaufgaben unter Verwendung derer Eigenschaften eine interessante und nützliche ökonomische Interpretation geben.

6.6.1. Paare dualer linearer Optimierungsaufgaben

Wir untersuchen jetzt vorerst eine lineare Optimierungsaufgabe in der folgenden Gestalt

$$\begin{aligned} \boldsymbol{R}\boldsymbol{x} &\leqq \boldsymbol{b} \\ \boldsymbol{x} &\geqq \boldsymbol{0} \\ z &= \boldsymbol{c}^T\boldsymbol{x} \rightarrow \text{Max.} \end{aligned} \tag{6.51}$$

Wie wir im Abschnitt 6.2.2. bemerkt haben, bedeutet das keine Einschränkung der Allgemeinheit, da sich jede Aufgabe auch in diese Form überführen läßt.
Unter Verwendung der gleichen Daten wie in (6.51) formulieren wir jetzt eine weitere lineare Optimierungsaufgabe.

$$\begin{aligned} \boldsymbol{R}^T\boldsymbol{w} &\geqq \boldsymbol{c} \\ \boldsymbol{w} &\geqq \boldsymbol{0} \\ Z &= \boldsymbol{b}^T\boldsymbol{w} \rightarrow \text{Min.} \end{aligned} \tag{6.52}$$

Diese beiden Aufgaben bezeichnen wir als zueinander dual. Eine von ihnen heißt Primalaufgabe und die andere Dualaufgabe. Die Bildungsvorschrift für die zu (6.51) gehörende Dualaufgabe (6.52) lautet somit folgendermaßen: Die Koeffizientenmatrix des Systems der Restriktionen ist die transponierte der Koeffizientenmatrix der Primalaufgabe (6.51). Der Bewertungsvektor der Primalaufgabe wird der Erfordernisvektor der Dualaufgabe und der Erfordernisvektor der Primalaufgabe wird der Bewertungsvektor der Dualaufaufgabe. Während die primalen Restriktionen sämtlich Ungleichungen der Form „$\leqq$“ sind, steht in allen dualen Restriktionen das Zeichen „$\geqq$“. Die primale Zielfunktion ist zu maximieren, während die duale zu minimieren ist.

Besitzt die Matrix $\boldsymbol{R} = [r_{ij}]$ die Ordnung (m, p), dann besitzt $\boldsymbol{b}$ in (6.51) m Komponenten, $\boldsymbol{c}$ und $\boldsymbol{x}$ besitzen p Komponenten. In (6.52) hat dann $\boldsymbol{R}^T$ die Ordnung (p, m) und $\boldsymbol{w}$ hat m Komponenten.

Die Aufgabe (6.52) kann auch in der folgenden Form geschrieben werden:

$$\begin{aligned} (-\boldsymbol{R}^T)\,\boldsymbol{w} &\leqq -\boldsymbol{c} \\ \boldsymbol{w} &\geqq \boldsymbol{0} \\ \bar{Z} &= (-\boldsymbol{b}^T)\,\boldsymbol{w} \rightarrow \text{Max.} \end{aligned} \tag{6.52'}$$

In dieser Darstellung besitzt die Dualaufgabe die gleiche Gestalt wie die Aufgabe (6.51). Gemäß der Bildungsvorschrift erhalten wir für (6.52′) die Dualaufgabe

$$\begin{aligned}(-\boldsymbol{R}^T)^T\,\boldsymbol{x} &\geqq (-\boldsymbol{b})\\ \boldsymbol{x} &\geqq \boldsymbol{0}\\ \bar{z} = (-\boldsymbol{c}^T)\,\boldsymbol{x} &\rightarrow \text{Min.}\end{aligned}$$

oder

$$\begin{aligned}\boldsymbol{R}\boldsymbol{x} &\leqq \boldsymbol{b}\\ \boldsymbol{x} &\geqq \boldsymbol{0}\\ z = \boldsymbol{c}^T\boldsymbol{x} &\rightarrow \text{Max.}\end{aligned}$$

Das ist aber genau die Aufgabe (6.51). Damit haben wir das folgende Ergebnis gefunden:

Satz 6.13

Die Dualaufgabe der Dualaufgabe ist wieder die ursprüngliche Primalaufgabe.

In diesem Sinne ist es gerechtfertigt, die Aufgaben (6.51) und (6.52) als ein zueinander *duales Paar* von linearen Optimierungsaufgaben zu bezeichnen. Es ist dabei völlig gleichgültig, welche der Aufgaben als Primalaufgabe und welche als Dualaufgabe bezeichnet wird.

Da sich, wie wir gesehen haben, jede lineare Optimierungsaufgabe in die Form (6.51) überführen läßt, kann offensichtlich auch zu jeder anderen Darstellung einer solchen Aufgabe eine zugehörige Dualaufgabe formuliert werden. Wir gehen jetzt von der folgenden Aufgabe aus:

$$\left.\begin{aligned}&\sum_{j=1}^{p} r_{ij}x_j \leqq b_i; \quad i = 1, 2, \ldots, m_1\\ &\sum_{j=1}^{p} r_{ij}x_j = b_i; \quad i = m_1 + 1, \ldots, m_2\\ &\sum_{j=1}^{p} r_{ij}x_j \geqq b_i; \quad i = m_2 + 1, \ldots, m\\ &x_j \geqq 0; \quad j = 1, 2, \ldots, p_1\\ &x_j \ \text{beliebig}; \quad j = p_1 + 1, \ldots, p_2\\ &x_j \leqq 0; \quad j = p_2 + 1, \ldots, p\\ &z = \sum_{j=1}^{p} c_jx_j \rightarrow \text{Max.}\end{aligned}\right\} \tag{6.53}$$

Wir haben hiermit die allgemeine Form einer linearen Optimierungsaufgabe vorliegen. Indem man gemäß Abschnitt 6.2.2. alle Restriktionen in solche mit dem Zeichen „$\leqq$“ umwandelt, für alle x_j, die beliebige Werte annehmen können, nichtnegative Variable eingeführt und die x_j mit der Forderung $x_j \leqq 0$ durch $\bar{x}_j = -x_j$ ersetzt, so daß die Forderungen $\bar{x}_j \geqq 0$ entstehen, kann für (6.53) die Gestalt (6.51) erreicht werden. Formuliert man dann die zugehörige Dualaufgabe und macht die ausgeführten

Umwandlungen wieder rückgängig, dann ergibt sich die Dualaufgabe von (6.53) in der Form

$$\left.\begin{array}{l} \sum_{i=1}^{m} r_{ij}w_i \geqq c_j; \quad j = 1, 2, \ldots, p_1 \\ \sum_{i=1}^{m} r_{ij}w_i = c_j; \quad j = p_1 + 1, \ldots, p_2 \\ \sum_{i=1}^{m} r_{ij}w_i \leqq c_j; \quad j = p_2 + 1, \ldots, p \\ w_i \geqq 0; \quad i = 1, 2, \ldots, m_1 \\ w_i \text{ beliebig}; \quad i = m_1 + 1, \ldots, m_2 \\ w_i \leqq 0; \quad i = m_2 + 1, \ldots, m \\ Z = \sum_{i=1}^{m} b_i w_i \rightarrow \text{Min.} \end{array}\right\} \quad (6.54)$$

Es läßt sich zeigen, daß auch (6.53) und (6.54) ein Paar dualer linearer Optimierungsaufgaben bilden.

Man erkennt, daß sich die Zeichen „$\leqq$“, „=“ oder „$\geqq$“ in den primalen Restriktionen nicht auf die dualen Restriktionen auswirken, sondern die Forderungen an die dualen Variablen hervorrufen. Dagegen wirken sich die Forderungen an die primalen Variablen auf die dualen Restriktionen aus. Man kann sagen, daß zu jeder primalen Restriktion eine duale Variable gehört. Es gelten dann die folgenden Beziehungen zwischen den Restriktionen und Variablen eines Paares zueinander dualer Aufgaben:

Zeichen in der primalen Restriktion	Forderung an die duale Variable
$\leqq$	$\geqq 0$
$=$	beliebig
$\geqq$	$\leqq 0$

Beispiel 6.8

Die zu der Aufgabe

$$4x_1 + 3x_2 + x_3 - x_4 \leqq 5$$
$$2x_1 + 3x_2 - x_3 - x_4 = 1$$
$$3x_1 + x_2 + x_3 + 2x_4 \geqq 2$$
$$x_2, x_3 \geqq 0$$
$$x_1 \text{ beliebig}$$
$$x_4 \leqq 0$$
$$z = 5x_1 + 6x_2 + 4x_3 + 10x_4 \rightarrow \text{Max.}$$

gehörende Dualaufgabe lautet

$$4w_1 + 2w_2 + 3w_2 = 5$$
$$3w_1 + 3w_2 + w_3 \geqq 6$$
$$w_1 - w_2 + w_3 \geqq 4$$
$$-w_1 - w_2 + 2w_3 \leqq 10$$

$w_1 \geqq 0$

w_2 beliebig

$w_3 \leqq 0$

$Z = 5w_1 + w_2 + 2w_3 \rightarrow$ Min.

6.6.2. Eigenschaften von Paaren dualer linearer Optimierungsaufgaben

Die Formulierung der Dualaufgabe zu einer vorgegebenen linearen Optimierungsaufgabe wäre sicher ohne große Bedeutung, wenn nicht zwischen den Aufgaben eines dualen Paares enge Beziehungen bestehen würden. Einigen der wichtigsten dieser Beziehungen wollen wir die folgenden Ausführungen widmen. Dabei betrachten wir stets ein duales Paar der Form (6.51), (6.52), bemerken aber ausdrücklich daß diese Beziehungen auch für duale Paare in der allgemeinen Form (6.53), (6.54) gelten.

Satz 6.14

Ist $\boldsymbol{x}$ eine beliebige zulässige Lösung von (6.51) und $\boldsymbol{w}$ eine beliebige zulässige Lösung von (6.52), dann gilt

$\boldsymbol{c}^T\boldsymbol{x} \leqq \boldsymbol{b}^T\boldsymbol{w}$, das heißt $z \leqq Z$.

Satz 6.15

Ist $\hat{\boldsymbol{x}}$ eine zulässige Lösung von (6.51) und $\hat{\boldsymbol{w}}$ eine zulässige Lösung von (6.52) und gilt

$\boldsymbol{c}^T\hat{\boldsymbol{x}} = \boldsymbol{b}^T\hat{\boldsymbol{w}}$, das heißt $z = Z$,

dann ist $\hat{\boldsymbol{x}}$ eine zulässige Optimallösung von (6.51) und $\hat{\boldsymbol{w}}$ eine zulässige Optimallösung von (6.52).

Beweise sind in [6.1] und [6.2] enthalten. Den Beweis des folgenden Satzes werden wir führen, da er konstruktiv ist und somit gleichzeitig eine praktische Anwendungsmöglichkeit liefert.

Satz 6.16

Wenn eine der Aufgaben (6.51), (6.52) eine zulässige Optimallösung besitzt, dann existiert eine solche auch für die andere Aufgabe.

Beweis

Es ist nur erforderlich, den Beweis für den Fall zu führen, daß (6.51) eine zulässige Optimallösung besitzt und daraus die Existenz einer solchen für (6.52) zu folgern, da die Aufgabe (6.52) in die Gestalt (6.51) überführt werden kann. Wir gehen so vor, daß wir aus einer mit der Simplexmethode

gewonnenen optimalen zulässigen Basislösung für (6.51) eine solche für (6.52) konstruieren. Damit ist der Satz dann vollständig bewiesen, weil nach Satz 6.6 mit einer zulässigen Optimallösung auch stets eine optimale zulässige Basislösung existiert.
Die Aufgabe (6.51) überführen wir in die Normalform

$$\left.\begin{aligned} \boldsymbol{R}\boldsymbol{x} + \boldsymbol{E}\boldsymbol{x}_s &= \boldsymbol{b} \\ \boldsymbol{x} &\geqq \boldsymbol{0} \\ \boldsymbol{x}_s &\geqq \boldsymbol{0} \\ z = \boldsymbol{c}^T\boldsymbol{x} &\to \text{Max.} \end{aligned}\right\} \tag{6.55}$$

Dabei ist $\boldsymbol{x}_s$ ein Vektor, dessen m Komponenten x_{p+i}; $i = 1, 2, \ldots, m$ die Schlupfvariablen bilden, und $\boldsymbol{E}$ ist die Einheitsmatrix der Ordnung m. Es sei $\boldsymbol{x}_B$ eine optimale zulässige Basislösung von (6.55), die mit der Simplexmethode ermittelt wurde. Im zugehörigen optimalen Simplextableau gilt dann gewiß

$$y_{m+1,\,j} \geqq 0; j = 1, 2, \ldots, p, p+1, \ldots, p+m.$$

Die Größen $y_{m+1,j}$ lassen sich in der folgenden Form darstellen:

$$\begin{aligned} y_{m+1,\,j} &= \boldsymbol{c}_B^T B^{-1}\boldsymbol{r}_j - c_j; \quad j = 1, 2, \ldots, p \\ y_{m+1,\,p+i} &= \boldsymbol{c}_B^T B^{-1}\boldsymbol{e}_i; \quad i = 1, 2, \ldots, m. \end{aligned} \tag{6.56}$$

Dabei ist $\boldsymbol{B}$ die zu $\boldsymbol{x}_B$ gehörende Basismatrix, $\boldsymbol{c}_B$ der Vektor der Bewertungskoeffizienten der Basisvariablen und $\boldsymbol{r}_j$ der Aktivitätsvektor der Variablen x_j. Die Begründung für diese Darstellungsform geben wir im Anschluß an diesen Beweis.
Aus (6.56) folgt wegen $y_{m+1,j} \geqq 0$

$$\boldsymbol{c}_B^T B^{-1}\boldsymbol{r}_j \geqq c_j; j = 1, 2, \ldots, p$$

oder

$$\boldsymbol{c}_B^T B^{-1}\boldsymbol{R} \geqq \boldsymbol{c}^T.$$

Setzen wir

$$\boldsymbol{w}^T = \boldsymbol{c}^T\boldsymbol{B}^{-1}, \tag{6.57}$$

dann gilt also

$$\boldsymbol{w}^T\boldsymbol{R} \geqq \boldsymbol{c}^T$$

oder

$$\boldsymbol{R}^T\boldsymbol{w} \geqq \boldsymbol{c}.$$

Damit ist der durch (6.57) definierte Vektor $\boldsymbol{w}$ mit m Komponenten eine Lösung der Aufgabe (6.52). Um zu zeigen, daß $\boldsymbol{w}$ sogar zulässige Lösung ist, verwenden wir die Beziehungen $y_{m+1,j} \geqq 0$; $j = p+1, \ldots, p+m$ für die Schlupfvariablen in (6.55). Nach (6.56) ist also

$$\boldsymbol{c}_B^T B^{-1}\boldsymbol{e}_i \geqq 0. \tag{6.58}$$

Somit ist jede Komponente von $\boldsymbol{c}_B^T\boldsymbol{B}^{-1} = \boldsymbol{w}^T$ nichtnegativ, so daß $\boldsymbol{w}$ tatsächlich zulässige Lösung ist. Aus (6.58) erkennt man aber auch sofort, daß die Komponenten von $\boldsymbol{w}$ durch die $y_{m+1,j}$; $j = p+1, \ldots, p+m$ gebildet werden:

$$\boldsymbol{w}^T = [y_{m+1,\,p+1}\; y_{m+1,\,p+2} \cdots y_{m+1,\,p+m}]. \tag{6.59}$$

Die zulässige Lösung $\boldsymbol{w}$ der Aufgabe (6.57) ist also aus dem optimalen Simplextableau der Aufgabe (6.55), die die Normalform für (6.51) ist, abzulesen.
Wir zeigen nun noch, daß $\boldsymbol{w}$ zulässige Optimallösung für (6.52) ist. Es gilt

$$Z = \boldsymbol{b}^T\boldsymbol{w} = \boldsymbol{w}^T\boldsymbol{b} = \boldsymbol{c}_B^T\boldsymbol{B}^{-1}\boldsymbol{b}.$$

Wegen

$$x_B = B^{-1}b \tag{6.60}$$

(Begründung anschließend an diesen Beweis) folgt somit

$$Z = c_B^T x_B = z.$$

Nach Satz 6.15 ist deshalb w eine zulässige Optimallösung für (6.52).
Wir geben jetzt die Begründung für die Darstellungen (6.56) und (6.60). Dazu betrachten wir das System der Restriktionen

$$Ax = b$$

einer linearen Optimierungsaufgabe. Kennen wir eine zulässige Basislösung x_B dieses Systems, zu der die Basismatrix B gehört, dann können wir schreiben

$$Bx_B + A^*x_R = b,$$

wobei A^* aus den nicht in B enthaltenen Spalten von A gebildet wird und x_R die Nichtbasisvariablen enthält. Die zu x_B gehörende kanonische Form ergibt sich aus obiger Darstellung des Gleichungssystems durch Multiplikation mit B^{-1}

$$B^{-1}Bx_B + B^{-1}A^*x_R = B^{-1}b$$

oder

$$x_B + B^{-1}A^*x_R = B^{-1}b.$$

Daraus liest man sofort

$$x_B = B^{-1}b$$

ab. Ferner ist durch $B^{-1}A^*$ die Matrix der y_{ij} für die Nichtbasisvariablen gegeben. Ist a_j der Aktivitätsvektor einer Nichtbasisvariablen x_j, dann ist also $y_j^T = (y_{1j}\, y_{2j} \cdots y_{mj})$

$$y_j = B^{-1}a_j.$$

Nach (6.42) ist

$$y_{m+1,\,j} = \sum_{i=1}^{m} c_{Bi}y_{ij} - c_j = c_B^T y_j - c_j$$

oder

$$y_{m+1,\,j} = c_B^T B^{-1} a_j - c_j.$$

Bisher ist somit die Darstellung (6.56) für die j, für die x_j Nichtbasisvariable ist, gezeigt. Sie gilt aber auch für die j, die zu den Basisvariablen gehören. Da in diesem Falle a_j eine Spalte von B ist, ist wegen $B^{-1}B = E$ durch $B^{-1}a_j$ ein Einheitsvektor gegeben, dessen Komponente mit dem Wert 1 an der Stelle steht, daß $c_B^T B^{-1} a_j = c_j$ ist. Somit gilt dann

$$y_{m+1,\,j} = c_B^T B^{-1} a_j - c_j = 0.$$

Durch den Beweis des Satzes 6.16 haben wir die Möglichkeit, aus dem optimalen Simplextableau einer Aufgabe eines dualen Paares eine zulässige Optimallösung für die andere Aufgabe abzulesen. Diese Eigenschaft kann dazu benutzt werden, den Rechenaufwand bei der Lösung gewisser linearer Optimierungsaufgaben zu verringern. Ist eine Aufgabe gegeben, die viele Ungleichungen unter den Restriktionen und relativ wenige Variable enthält, dann sind viele Schlupf- bzw. Überschußvariable einzuführen und die Dimension der zu lösenden Aufgabe wird relativ groß. Die zugehörige Dualaufgabe besitzt jedoch nur soviele Restriktionen, wie die Primalaufgabe reale Variable enthält. Deshalb kann die Lösung der Dualaufgabe wesentlich weniger Aufwand erfordern. Man bearbeitet deshalb die Dualaufgabe und liest aus dem zugehörigen optimalen Simplextableau eine zulässige Optimallösung für die ursprüngliche Aufgabe ab.

Beispiel 6.9

Wir betrachten die im Beispiel 6.2 graphisch gelöste Aufgabe, die wir jetzt in der Form (6.51) aufschreiben.

$$\begin{aligned}
x_1 + x_2 &\leqq 4\\
-6x_1 - 2x_2 &\leqq -8\\
-x_1 - 5x_2 &\leqq -4\\
x_1 \qquad &\leqq 3\\
x_2 &\leqq 2\\
x_1, x_2 &\geqq 0
\end{aligned}$$

$$z = 2x_1 + 3x_2 \rightarrow \text{Max.}$$

Zur Überführung dieser Aufgabe in die Normalform müßten wir 5 Schlupfvariable einführen, so daß eine Aufgabe mit 5 Nebenbedingungen in 7 Variablen entstehen würde.

Die zugehörige Dualaufgabe lautet:

$$\begin{aligned}
w_1 - 6w_2 + w_3 + w_4 \qquad &\geqq 2\\
w_1 - 2w_2 - 5w_3 \qquad + w_5 &\geqq 3
\end{aligned}$$

$$w_i \geqq 0;\ i = 1, 2, \ldots, 5$$

$$Z = 4w_1 - 8w_2 - 4w_3 + 3w_4 + 2w_5 \rightarrow \text{Min.}$$

Die Normalform dieser Aufgabe ist

$$\begin{aligned}
w_1 - 6w_2 - w_3 + w_4 \qquad - w_6 \qquad &= 2\\
w_1 - 2w_2 - 5w_3 \qquad + w_5 \qquad - w_7 &= 3
\end{aligned}$$

$$w_i \geqq 0;\ i = 1, 2, \ldots, 7$$

$$\bar{Z} = -4w_1 + 8w_2 + 4w_3 - 3w_4 - 2w_5 \rightarrow \text{Max.}$$

Diese Aufgabe enthält nur 2 Restriktionen in 7 Variablen.

Die Lösung dieser Aufgabe kann sofort mit der Phase II begonnen werden, da

$$w_B^T = [w_4\ w_5] = [2\ 3]$$

eine zulässige Ausgangsbasislösung darstellt. In der Tabelle 6.6 ist die Lösung mittels der Simplexmethode ausgeführt.

Tabelle 6.6

	GL. Nr.	B.V. Nr.	c_B	0	1	2	3	4	5	6	7	Q	
					−4	8	4	−3	−2	0	0		
	1	4	−3	2	1	−6	−1	1	0	−1	0	2	$r = 1$
	2	5	−2	3	1	−2	−5	0	1	0	−1	3	$k = 1$
	3			−12	−1	14	9	0	0	3	2		
→	1	1	−4	2	1	−6	−1	1	0	−1	0		
	2	5	−2	1	0	4	−4	−1	1	1	−1		
	3			−10	0	8	8	1	0	2	2		

Da im optimalen Tableau

$y_{36} = y_{3,p+1} = 2;\ y_{37} = y_{3,p+2} = 2$

ist, lautet eine zulässige Optimallösung für die vorgegebene Aufgabe

$x_1 = 2; \qquad x_2 = 2.$

Wegen $\bar{Z}_{\max} = -10$ ist $Z_{\min} = 10$ und somit $z_{\max} = 10$.

Satz 6.17

Besitzt eine der Aufgaben (6.51), (6.52) unbeschränkte Lösungen, dann existiert für die andere keine zulässige Lösung.

Beweis

Wir führen den Beweis für den Fall, daß (6.51) unbeschränkte Lösungen besitzt. Damit ist der Satz vollständig bewiesen, da (6.52) in die Form (6.51) gebracht werden kann.
Existieren für (6.52) zulässige Lösungen, dann gilt nach Satz 6.14 für jede solche Lösung $\boldsymbol{w}$ und jede beliebige zulässige Lösung $\boldsymbol{x}$ von (6.51) gewiß

$$z = \boldsymbol{c}^T\boldsymbol{x} \leqq \boldsymbol{b}^T\boldsymbol{w}.$$

Da jedoch nach Voraussetzung z beliebig groß werden kann, gibt es kein $\boldsymbol{w}$, dessen Komponenten alle endlich sind. Somit kann keine zulässige Lösung existieren.

Bevor wir den nächsten Satz angeben, ordnen wir die Restriktionen und die Nebenbedingungen der Aufgaben (6.51), (6.52) etwas anders an, weil sich dann die Aussage des Satzes leichter formulieren läßt. Wir zählen jetzt die Nichtnegativitätsforderungen zu den Restriktionen und wählen für die Aufgaben die folgende Anordnung:

$$x_j \geqq 0; \quad j = 1, 2, \ldots, p \qquad\qquad \sum_{i=1}^{m} r_{ij}w_i \geqq c_j; \quad j = 1, 2, \ldots, p$$

$$\sum_{j=1}^{p} r_{ij}x_j \leqq b_i; \quad i = 1, 2, \ldots, m \qquad\qquad w_i \geqq 0; \quad i = 1, 2, \ldots, m$$

$$z = \sum_{j=1}^{p} c_jx_j \to \text{Max.} \qquad\qquad Z = \sum_{i=1}^{m} b_iw_i \to \text{Min.}$$

Bei dieser Auffassung enthält jede der Aufgaben genau $(p + m)$ Restriktionen, und wir numerieren diese in jeder Aufgabe in der aufgeschriebenen Reihenfolge. Dann gilt der folgende Satz.

Satz 6.18

Für jedes Paar von Optimallösungen der Aufgaben (6.51), (6.52) gilt: Wenn die k-te Restriktion der einen Aufgabe als echte Ungleichung erfüllt ist, dann ist die k-te Restriktion der anderen als Gleichung erfüllt.

Auf einen Beweis dieses Satzes wollen wir verzichten. Um seine Bedeutung klarer hervortreten zu lassen, interpretieren wir jedoch die Aussagen dieses Satzes näher. Führen wir die Restriktionen der Aufgaben (6.51), (6.52) (jetzt ohne die Nichtnegativitätsforderungen) in Gleichungen über, dann lauten diese

$$\boldsymbol{Rx} + \boldsymbol{Ex}_s = \boldsymbol{b} \quad \text{bzw.} \quad \boldsymbol{R}^T\boldsymbol{w} - \boldsymbol{Ew}_s = \boldsymbol{c}.$$

Gemäß Satz 6.18 muß dann für jedes Paar von Optimallösungen gelten:

$$x_j w_{m+j} = 0; \quad j = 1, 2, \ldots, p \quad \text{und} \quad w_i x_{p+i} = 0; \quad i = 1, 2, \ldots, m \tag{6.61}$$

oder

$$\boldsymbol{x}^T \boldsymbol{w}_s = 0 \quad \text{und} \quad \boldsymbol{w}^T \boldsymbol{x}_s = 0.$$

Wenn nämlich zum Beispiel $x_j > 0$ ist, muß nämlich $\sum_{i=1}^{m} r_{ij} w_i = c_j$, das heißt $w_{m+j} = 0$, sein. Auf analoge Weise kann man alle weiteren Fälle diskutieren.

6.6.3. Ökonomische Interpretation eines Paares dualer linearer Optimierungsaufgaben

Um eine ökonomische Interpretation der zu einer linearen Optimierungsaufgabe gehörenden Dualaufgabe geben zu können, gehen wir von einer praktischen Problemstellung aus, zu der eine lineare Optimierungsaufgabe der Form (6.51) gehört.
Ein Betrieb kann aus m verschiedenen Einsatzstoffen p verschiedene Erzeugnisse herstellen. Dabei werden zur Herstellung einer Einheit des Erzeugnisses j genau a_{ij} Einheiten des Einsatzstoffes i benötigt, und der verfügbare Fonds dieses Einsatzstoffes beträgt b_i Mengeneinheiten. Der Gewinn des Betriebes je Einheit des Erzeugnisses j ist c_j. Es soll ein solches Produktionsprogramm ermittelt werden, bei dem der Betrieb den größten Gewinn erzielt.
Bezeichnen wir mit x_j die vom Erzeugnis j herzustellende Menge, dann lautet das zugehörige mathematische Modell

$$\sum_{j=1}^{p} a_{ij} x_j \leqq b_i; \quad i = 1, 2, \ldots, m$$

$$x_j \geqq 0; \quad j = 1, 2, \ldots, p$$

$$z = \sum_{j=1}^{p} c_j x_j \rightarrow \text{Max.}$$

Dabei wird durch die Restriktionen dafür gesorgt, daß die verfügbaren Fonds der einzelnen Einsatzstoffe nicht überschritten werden.
Die zugehörige Dualaufgabe lautet

$$\sum_{i=1}^{m} a_{ij} w_i \geqq c_j; \quad j = 1, 2, \ldots, p$$

$$w_i \geqq 0; \quad i = 1, 2, \ldots, m$$

$$Z = \sum_{i=1}^{m} b_i w_i \rightarrow \text{Min.}$$

Ist $\hat{\boldsymbol{x}}^T = [\hat{x}_1 \; \hat{x}_2 \; \cdots \; \hat{x}_p]$ eine zulässige Optimallösung der Primalaufgabe und $\hat{\boldsymbol{w}}^T = [\hat{w}_1 \; \hat{w}_2 \; \cdots \; \hat{w}_m]$ eine zulässige Optimallösung der Dualaufgabe, dann gilt nach Satz 6.15

$$Z_{\min} = z_{\max} = \sum_{i=1}^{m} b_i \hat{w}_i,$$

so daß der Optimalwert der Zielfunktion der Primalaufgabe von den Fonds b_i der Einsatzstoffe und den Komponenten $\hat{w}_i$ der Optimallösung der Dualaufgabe abhängt. Damit ist die Möglichkeit gegeben, Auskunft über die Änderung des Optimalwertes der Zielfunktion bei Änderung der Fonds b_i zu erhalten. Wird für ein festes $i = i_0$ der Fonds b_{i_0} um eine Einheit erhöht, während die übrigen Fonds b_i; $i \neq i_0$ fest bleiben, dann wird $z_{\max}$, wie aus der letzten Gleichung ersichtlich ist, um die Größe $\hat{w}_{i_0}$ erhöht. Es muß jedoch bemerkt werden, daß diese Aussage nur dann richtig ist, wenn die Basisvariablen der vorliegenden Optimallösung $\hat{x}$ auch nach der Änderung von b_{i_0} noch Basisvariable der Optimallösung sind. Die Komponenten $\hat{w}_i$ der Optimallösung der Dualaufgabe geben somit an, um wieviel sich der Optimalwert der Zielfunktion der Primalaufgabe erhöhen kann, wenn der Fonds b_i des Einsatzstoffes i um eine Einheit erhöht wird und die übrigen Fonds unverändert bleiben. Es handelt sich bei dieser Aussage um ein lokales Ergebnis, da sie nur bei Änderung eines einzigen Fonds und außerdem nur solange gilt, wie die Basisvariablen der vorliegenden Optimallösung Basisvariable bleiben. (Über den Einfluß der Änderung von b_i auf die Optimalität einer Lösung gibt der Abschnitt 6.9.2. nähere Auskunft.) An dieser Stelle kann auch die Aussage des Satzes 6.18 eine sehr sinnvolle Interpretation erfahren. Wird nämlich mit der Optimallösung $\hat{x}$ der Primalaufgabe für ein gewisses i die betreffende Restriktion als echte Ungleichung erfüllt

$$\sum_{j=1}^{p} a_{ij}\hat{x}_j < b_i,$$

dann hat die zugehörige Komponente $\hat{w}_i$ der Optimallösung der Dualaufgabe gewiß den Wert Null. Dieses Ergebnis ist sofort einzusehen.

Da der Fonds des Einsatzstoffes i durch die Optimallösung $\hat{x}$ nicht ausgenutzt wird, kann eine Erhöhung dieses Fonds keine Auswirkung auf den Optimalwert der Zielfunktion haben.

Da z die Dimension „Zahlungseinheit“ und b_i die Dimension „Einheit des Einsatzstoffes i“ besitzt, ergibt sich aus

$$z_{\max} = \sum_{i=1}^{m} b_i\hat{w}_i$$

für die $\hat{w}_i$ die Dimension „Zahlungseinheiten pro Einheit des Einsatzstoffes i“. Durch die Komponenten $\hat{w}_i$ der Optimallösung der Dualaufgabe wird somit in gewissem Sinne eine Bewertung der Einsatzstoffe geliefert. Diese Bewertung ist jedoch relativ. Sie hängt wesentlich ab von den Größen b_i der Fonds, den a_{ij} und den c_j. Aus den genannten Gründen bezeichnet man die Komponenten der Optimallösung der Dualaufgabe häufig als *objektiv bedingte Bewertungen* oder auch als *Schattenpreise*.

6.7. Dualer Simplexalgorithmus

Die Beziehungen zwischen den Aufgaben eines Paares dualer linearer Optimierungsaufgaben bieten die Möglichkeit, ein Lösungsverfahren für lineare Optimierungsaufgaben zu entwickeln, bei dem Überlegungen für die Dualaufgabe an Simplex-

tableaus der Primalaufgabe ausgeführt werden und somit allein durch Benutzung der Daten dieser Tableaus eine Optimallösung der Primalaufgabe gefunden wird.
Die Grundgedanken für den dualen Simplexalgorithmus im Gegensatz zu denen für den gewöhnlichen Simplexalgorithmus können folgendermaßen beschrieben werden. Während bei dem gewöhnlichen Simplexalgorithmus stets zulässige Basislösungen benutzt und die Bedingungen $y_{m+1,j} \geqq 0; j = 1, 2, \ldots, n$ angestrebt werden, verwendet der duale Simplexalgorithmus Basislösungen, für die stets $y_{m+1,j} \geqq 0; j = 1, 2, \ldots, n$ gilt, und es wird die Zulässigkeit angestrebt. Bei der Durchführung dieser Idee leistet die Dualitätstheorie hervorragende Dienste.

6.7.1. Theoretische Betrachtungen zum dualen Simplexalgorithmus

Wir werden den dualen Simplexalgorithmus nicht bis in alle Einzelheiten begründen, jedoch sollen einige theoretische Überlegungen dazu durchgeführt werden.
Gegeben sei die lineare Optimierungsaufgabe

$$\begin{aligned} \boldsymbol{A}\boldsymbol{x} &= \boldsymbol{b} \\ \boldsymbol{x} &\geqq \boldsymbol{0} \\ z &= \boldsymbol{c}^T\boldsymbol{x} \to \text{Max.}, \end{aligned} \tag{6.62}$$

wobei die Matrix $\boldsymbol{A}$ die Ordnung (m, n) mit $m < n$ besitzt.
Die zugehörige Dualaufgabe lautet

$$\begin{aligned} \boldsymbol{A}^T\boldsymbol{w} &\geqq \boldsymbol{c} \\ Z &= \boldsymbol{b}^T\boldsymbol{w} \to \text{Min.}, \end{aligned}$$

wobei die dualen Variablen w_i beliebige Werte annehmen können. Die Normalform dieser Aufgabe ist

$$\begin{aligned} \boldsymbol{A}^T\boldsymbol{w} - \boldsymbol{E}\boldsymbol{w}_s &= \boldsymbol{c} \\ \boldsymbol{w}_s &\geqq \boldsymbol{0} \\ Z &= (-\boldsymbol{b}^T)\,\boldsymbol{w} \to \text{Max.} \end{aligned} \tag{6.63}$$

Die Koeffizientenmatrix $[\boldsymbol{A}\ -\boldsymbol{E}]$ besitzt dabei die Ordnung $(n, m + n)$. Wir betrachten eine beliebige (nicht notwendig zulässige) Lösung $\boldsymbol{x}$ von (6.62) und irgend eine Lösung $\boldsymbol{w}$ der Dualaufgabe. Dann gilt

$$\boldsymbol{x}^T\boldsymbol{A}^T\boldsymbol{w} - \boldsymbol{x}^T\boldsymbol{w}_s = \boldsymbol{x}^T\boldsymbol{c}.$$

Wenn $\boldsymbol{x}^T\boldsymbol{w}_s = 0$ gilt, dann ist somit

$$\boldsymbol{x}^T\boldsymbol{A}^T\boldsymbol{w} = \boldsymbol{x}^T\boldsymbol{c}$$

oder wegen $\boldsymbol{x}^T\boldsymbol{A}^T = \boldsymbol{b}^T$

$$\boldsymbol{b}^T\boldsymbol{w} = \boldsymbol{c}^T\boldsymbol{x}.$$

Für jedes Lösungspaar $\boldsymbol{x}$, $\boldsymbol{w}$, für das

$$\boldsymbol{x}^T\boldsymbol{w}_s = 0 \tag{6.64}$$

gilt, ist somit $Z = z$.
Haben wir eine zulässige Lösung $\boldsymbol{x}$ für (6.62) gefunden, für die die Eigenschaft (6.64) zutrifft, dann ist diese nach Satz 6.15 eine zulässige Optimallösung.

Als zulässige Basislösung von (6.63) bezeichnen wir eine solche Basislösung, in der alle enthaltenen Überschußvariablen w_{m+j} nichtnegative Werte besitzen, während die Werte der w_i beliebig sein können. Wir betrachten jetzt eine solche zulässige Basislösung von (6.63) in der alle w_i; $i = 1, 2, \ldots, m$ Basisvariable sind. Diese enthält dann noch genau $(n - m)$ Überschußvariable. Die zugehörige Basismatrix kann dann – im allgemeinen nach Umordnen – in der Gestalt

$$\tilde{\boldsymbol{B}} = \begin{bmatrix} \boldsymbol{B}^T & \boldsymbol{0} \\ \boldsymbol{R} & -\boldsymbol{E} \end{bmatrix}$$

geschrieben werden. Dabei ist $\begin{bmatrix} \boldsymbol{B}^T \\ \boldsymbol{R} \end{bmatrix} = \boldsymbol{A}^T$, und $\boldsymbol{B}^T$ ist eine quadratische Matrix der Ordnung m, deren Zeilen durch Spalten von $\boldsymbol{A}$ gebildet werden. Wegen $r[\tilde{\boldsymbol{B}}] = n$ muß gewiß $r[\boldsymbol{B}^T] = m$ sein. Somit ist $\boldsymbol{B}$ eine Basismatrix für die Aufgabe (6.62). Unter unseren Voraussetzungen ist der Bewertungsvektor, der zur vorliegenden zulässigen Basislösung der Aufgabe (6.63) gehört, durch $\tilde{\boldsymbol{b}}_B^T = [-\boldsymbol{b}^T\ \boldsymbol{0}^T]$ gegeben. Die Größen, die über die Optimalität dieser Lösung Auskunft geben, bezeichnen wir mit $\tilde{y}_{n+1,i}$. Für die Nichtbasisvariablen, die sämtlich Überschußvariable sind, lauten diese nach der vorgenommenen Umordnung gemäß (6.56)

$$\tilde{y}_{n+1,\,m+i} = \tilde{\boldsymbol{b}}_B^T\tilde{\boldsymbol{B}}^{-1}(-\boldsymbol{e}_i); \qquad i = 1, 2, \ldots, m.$$

Wegen

$$\tilde{\boldsymbol{B}}^{-1} = \begin{bmatrix} (\boldsymbol{B}^T)^{-1} & \boldsymbol{0} \\ (\boldsymbol{R}\boldsymbol{B}^T)^{-1} & -\boldsymbol{E} \end{bmatrix}$$

ergibt sich

$$\tilde{y}_{n+1,\,m+i} = (-\boldsymbol{b}^T\boldsymbol{0}^T)\begin{bmatrix} (\boldsymbol{B}^T)^{-1} & \boldsymbol{0} \\ (\boldsymbol{R}\boldsymbol{B}^T)^{-1} & -\boldsymbol{E} \end{bmatrix}(-\boldsymbol{e}_i) = \boldsymbol{b}^T(\boldsymbol{B}^T)^{-1}\boldsymbol{e}_i$$

oder mit $\boldsymbol{b}^T(\boldsymbol{B}^T)^{-1} = \boldsymbol{x}_B^T$

$$\tilde{y}_{n+1,\,m+i} = \boldsymbol{x}_B^T\boldsymbol{e}_i = x_{Bi}. \tag{6.65}$$

Die vorliegende zulässige Basislösung für (6.63) ist nicht optimal, wenn ein $\tilde{y}_{n+1,\,m+1} < 0$ existiert. In diesem Falle wird die Variable w_{m+k} in die Basislösung eingeführt, für die

$$\tilde{y}_{n+1,\,m+k} = \min \tilde{y}_{n+1,\,m+i}$$

ist. Gibt es ein $\tilde{y}_{n+1,\,m+i} < 0$, dann existiert in der zugehörigen Basislösung für (6.62) wegen (6.65) ein $x_{Bi} < 0$. Damit die Eigenschaft (6.64) erhalten bleibt, muß somit x_{Bk} aus der Basislösung von (6.62) entfernt werden, wenn w_{m+k} in die Basislösung von (6.63) eintritt. Folglich ermitteln wir die aus der primalen Basislösung zu entfernende Variable gemäß

$$x_{Bk} = \min_{i=1,\ldots,m} x_{Bi}. \tag{6.66}$$

Bei Einführen der dualen Überschußvariablen w_{m+k} in die Basislösung von (6.63) soll eine der Überschußvariablen aus der Basislösung entfernt werden, da wir die Eigenschaft, daß alle dualen Variablen w_i; $i = 1, 2, \ldots, m$ in der Basislösung enthalten sind, beibehalten wollen. Das läßt sich auch stets durchführen, weil die w_i

nicht vorzeichenbeschränkt sind. Analog zu (6.44) ist die aus der Basislösung von (6.63) zu entfernende Variable w_{m+j} durch

$$\frac{\tilde{y}_{m+r,0}}{\tilde{y}_{m+r,k}} = \min_{\tilde{y}_{m+i,k}>0} \frac{\tilde{y}_{m+i,0}}{\tilde{y}_{m+i,k}}$$

bestimmt, wobei wir wieder die Umordnung ausgeführt denken, so daß in der Basislösung die Variablen w_i, $i = 1, 2, \ldots, m$ an den Stellen $1, 2, \ldots, m$ stehen.
Nun läßt sich zeigen, daß

$$w_{m+j} = y_{m+1,j}; \quad j = 1, 2, \ldots, n \tag{6.67}$$

gilt, so daß die Werte der dualen Überschußvariablen in einer zulässigen Lösung mit den vorausgesetzten Eigenschaften mit den $y_{m+1,j}$ für die zugehörige Basislösung der Aufgabe (6.62) übereinstimmen. Ferner kann man beweisen, daß

$$\tilde{y}_{m+j,k} = -y_{kj} \tag{6.68}$$

gilt.
Falls eine duale Überschußvariable w_{m+j} die Basislösung von (6.63) verläßt, kann die zugehörige Variable x_j der Aufgabe (6.62) in die Basislösung eintreten, ohne daß dabei (6.64) verletzt wird. Somit ist die in die Basislösung von (6.62) einzuführende Variable x_r durch

$$\frac{y_{m+1,r}}{-y_{kr}} = \min_{-y_{kj}>0} \frac{y_{m+1,j}}{-y_{kj}}$$

oder

$$\frac{y_{m+1,r}}{y_{kr}} = \max_{y_{kj}<0} \frac{y_{m+1,j}}{y_{kj}} \tag{6.69}$$

bestimmt.
Sind alle $y_{kj} \geqq 0$, dann sind wegen (6.68) alle $\tilde{y}_{m+j,k} \leqq 0$. In diesem Falle besitzt aber die Aufgabe (6.63) unbeschränkte Lösungen. Nach Satz (6.17) existiert dann für (6.62) keine zulässige Lösung. In dem Falle, daß (6.63) keine zulässige Lösung besitzt können wir schließen, daß für (6.62) entweder ebenfalls keine zulässige Lösung existiert oder diese Aufgabe unbeschränkte Lösungen besitzt.
Wir erkennen, daß mit dem hier dargelegten Verfahren die oben formulierten Grundgedanken für den dualen Simplexalgorithmus tatsächlich realisiert werden. Für jede zu einer zulässigen Basislösung der hier betrachteten Art von (6.63) gehörenden Basislösung von (6.62) sind tatsächlich wegen $w_{m+j} \geqq 0$; $j = 1, 2, \ldots, n$ und (6.67) die Bedingungen $y_{m+1,j} \geqq 0$ erfüllt. Da bei dem Vorgehen eine optimale zulässige Basislösung von (6.63) mit dem gewöhnlichen Simplexalgorithmus sicher in endlich vielen Schritten erzeugt wird und zu einer solchen wegen (6.65) eine zulässige Basislösung von (6.62) gehört, liefert der duale Simplexalgorithmus nach endlich vielen Schritten eine optimale zulässige Lösung für die Aufgabe (6.62). Da beim dualen Simplexalgorithmus wie beim gewöhnlichen bei jedem Schritt eine Basisvariable gegen eine Nichtbasisvariable ausgetauscht wird, erfolgen die beim Übergang von einem Tableau zum nächsten erforderlichen Transformationen nach den Formeln (6.45).

Um mit dem dualen Simplexalgorithmus beginnen zu können, benötigt man eine Ausgangsbasislösung der Aufgabe (6.62), für die alle $y_{m+1,j} \geqq 0$ sind. Im allgemeinen ist eine solche Basislösung nicht auf einfache Weise zu ermitteln. Wir geben jedoch einen Spezialfall an, für den eine solche Lösung sofort abzulesen ist. Wenn (6.62) aus einer Aufgabe dadurch entstanden ist, daß in jede Restriktion eine Schlupf- oder Überschußvariable eingeführt wurde, dann ist

$$\boldsymbol{A} = [\boldsymbol{R}\ \boldsymbol{D}],$$

wobei $\boldsymbol{D}$ eine Diagonalmatrix ist, deren Diagonalelemente die Werte $+1$ oder -1 besitzen. Eine Basislösung ist dann durch $\boldsymbol{x}_B = \boldsymbol{D}\boldsymbol{b}$ gegeben und für diese ist $\boldsymbol{c}_B = \boldsymbol{o}$. Wenn ferner alle $c_j \leqq 0; j = 1, 2, \ldots, p$ sind, dann gilt

$$y_{m+1,j} = \boldsymbol{c}_B^T \boldsymbol{D}^{-1} \boldsymbol{a}_j - c_j = -c_j \geqq 0.$$

Dieser Fall tritt jedoch in der Praxis sicher nicht allzu häufig auf. Der duale Simplexalgorithmus findet jedoch darüber hinaus Verwendung zum Beispiel bei der parametrischen linearen Optimierung und zum Teil auch in der diskreten linearen Optimierung.

6.7.2. Zur numerischen Durchführung des dualen Simplexalgorithmus

Wie wir gesehen haben, lassen sich beim dualen Simplexalgorithmus alle Rechnungen mit den Daten des Simplextableaus der vorgegebenen Aufgabe, die wir als Primalaufgabe interpretieren, durchführen. Aus diesem Grunde können Tableaus der gleichen Gestalt wie beim gewöhnlichen Simplexalgorithmus verwendet werden mit dem einzigen Unterschied, daß wir jetzt keine Q-Spalte sondern eine Q-Zeile benutzen. Liegt eine – im allgemeinen nicht zulässige – Basislösung mit der Eigenschaft $y_{m+1,j} \geqq 0; j = 1, 2, \ldots, n$ vor, dann sind die Schritte auszuführen, die aus dem in der Abbildung 6.7 dargestellten Blockdiagramm ersichtlich sind.

Beispiel 6.10

Ein Betrieb kann aus zwei Einsatzstoffen drei Erzeugnisse herstellen. Vom Einsatzstoff 1 sind maximal 50 Einheiten verfügbar, und es müssen mindestens 35 Einheiten verbraucht werden. Vom Einsatzstoff 2 sind maximal 70 Einheiten verfügbar, und es müssen mindestens 40 verbraucht werden. Zur Herstellung einer Einheit des Erzeugnisses 1 benötigt man 2 Einheiten des Einsatzstoffes 1 und eine des Einsatzstoffes 2. Für eine Einheit des Erzeugnisses 2 werden 3 Einheiten des Einsatzstoffes 1 und 2 Einheiten des Einsatzstoffes 2 benötigt, und für eine Einheit des Erzeugnisses 3 braucht man 4 Einheiten des Einsatzstoffes 1 und 5 Einheiten des Einsatzstoffes 2. Die Kosten für die Herstellung je einer Einheit der Erzeugnisse 1 bzw. 2 bzw. 3 seien 30 bzw. 20 bzw. 10 Mark. Gesucht wird ein Produktionsplan, für den die Gesamtkosten minimal sind.
Bezeichnen wir mit $x_j; j = 1, 2, 3$ die vom Erzeugnis j herzustellende Menge, dann lautet das zugehörige lineare Optimierungsmodell

$$\begin{aligned}
2x_1 + 3x_2 + 4x_3 &\leqq 50\\
2x_1 + 3x_2 + 4x_3 &\geqq 35\\
x_1 + 2x_2 + 5x_3 &\leqq 70\\
x_1 + 2x_2 + 5x_3 &\geqq 40\\
x_1, x_2, x_3 &\geqq 0\\
Z = 30x_1 + 20x_2 + 10x_3 &\to \text{Min.}
\end{aligned}$$

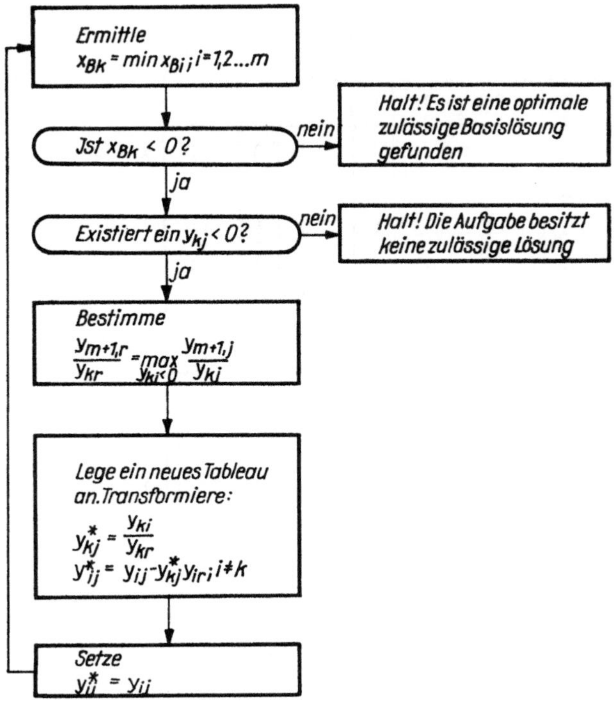

Abbildung 6.7

Diese Aufgabe überführen wir in die folgende Form

$$\begin{aligned}
2x_1 + 3x_2 + 4x_3 + x_4 \qquad\qquad &= 50\\
-2x_1 - 3x_2 - 4x_3 \quad + x_5 \qquad &= -35\\
x_1 + 2x_2 + 5x_3 \qquad + x_6 \quad &= 70\\
-x_1 - 2x_2 - 5x_3 \qquad\qquad + x_7 &= -40
\end{aligned}$$

$x_j \geqq 0; \quad j = 1, 2, \ldots, 7$

$z = -30x_1 - 20x_2 - 10x_3 \rightarrow \text{Max.}$

Dabei sind die zweite und die vierte Gleichung dadurch entstanden, daß sie nach Einführen je einer Schlupfvariablen mit (−1) multipliziert wurden. Die vorliegende Aufgabe ist von einem solchen Typ, für den eine Anfangsbasislösung mit $y_{m+1,j} \geqq 0$ sofort angegeben werden kann. Deshalb kann zu ihrer Lösung der duale Simplexalgorithmus verwendet werden. Die Anfangsbasislösung ist

$$x_B^T = [x_4 \; x_5 \; x_6 \; x_7] = [50 \; -35 \; 70 \; -40],$$

und es gilt

$$y_{51} = 30; \quad y_{52} = 20; \quad y_{53} = 10; \quad y_{54} = y_{55} = y_{57} = 0.$$

Das Anfangstableau ist im ersten Tableau der Tabelle 6.7 gegeben.
Dort ist

$$x_{Bk} = \min(50, -35, 70, -40) = -40 = x_{B4},$$

Tabelle 6.7

GL.	B.V. Nr.	c_B	0	1	2	3	4	5	6	7	
				−30	−20	−10	0	0	0	0	
1	4	0	50	2	3	4	1	0	0	0	$k = 4$
2	5	0	−35	−2	−3	−4	0	1	0	0	$r = 3$
3	6	0	70	1	2	5	0	0	1	0	
4	7	0	−40	−1	−2	−5	0	0	0	1	
5			0	30	20	10	0	0	0	0	
Q				−30	−10	−2					
1	4	0	18	$\frac{6}{5}$	$\frac{7}{5}$	0	1	0	0	$\frac{4}{5}$	
2	5	0	−3	$-\frac{6}{5}$	$-\frac{7}{5}$	0	0	1	0	$-\frac{4}{5}$	$k = 2$
3	6	0	30	0	0	0	0	0	1	1	$r = 7$
→ 4	3	−10	8	$\frac{1}{5}$	$\frac{2}{5}$	1	0	0	0	$-\frac{1}{5}$	
5			−80	28	16	0	0	0	0	2	
Q				$-\frac{70}{3}$	$-\frac{80}{7}$					$-\frac{5}{2}$	
1	4	0	15	0	0	0	1	1	0	0	
→ 2	7	0	$\frac{15}{4}$	$\frac{3}{2}$	$\frac{7}{4}$	0	0	$-\frac{5}{4}$	0	1	
3	6	0	$\frac{105}{4}$	$-\frac{3}{2}$	$-\frac{7}{4}$	0	0	$\frac{5}{4}$	1	0	
4	3	10	$\frac{35}{4}$	$\frac{1}{2}$	$\frac{3}{4}$	1	0	$-\frac{1}{4}$	0	0	
5			$-\frac{175}{2}$	25	$\frac{25}{2}$	0	0	$\frac{5}{2}$	0	0	
Q											

somit erhalten wir $k = 4$. Wegen $y_{41} < 0$; $y_{42} < 0$; $y_{43} < 0$ bilden wir die zugehörigen Quotienten

$$\frac{y_{51}}{y_{41}} = \frac{30}{-1} = -30; \quad \frac{y_{52}}{y_{42}} = \frac{20}{-2} = -10; \quad \frac{y_{53}}{y_{43}} = \frac{10}{-5} = -2.$$

Somit ist

$$\frac{y_{5r}}{y_{4r}} = \frac{y_{53}}{y_{43}} = -2,$$

so daß $r = 3$ wird.

Die weiteren Rechnungen sind in der Tabelle 6.7 zu verfolgen. Als optimale zulässige Basislösung erhalten wir

$$\boldsymbol{x}_{B\,\text{opt}}^T = [x_4 \ x_7 \ x_6 \ x_3] = \left[15 \ \ \frac{15}{4} \ \ \frac{105}{4} \ \ \frac{35}{4}\right]$$

mit

$$z_{\max} = -\frac{175}{2}, \quad \text{so daß} \quad Z_{\min} = \frac{175}{2} \quad \text{ist.}$$

Damit ist der folgende Produktionsplan optimal:

Es wird nur das Erzeugnis 3 hergestellt, und zwar zu $\frac{35}{4}$ Einheiten. Dabei werden 35 Einheiten des Ausgangsstoffes 1 ($x_5 = 0$; $x_4 = 15$) und $\frac{175}{4}$ Einheiten des Ausgangsstoffes 2 $\left(x_6 = \frac{105}{4}; x_7 = \frac{15}{4}\right)$ benötigt. Die entstehenden Kosten betragen $Z_{\min} = 87{,}5$.

6.8. Klassische Transportaufgabe

Obwohl mit der Simplexmethode ein Verfahren zur Verfügung steht, mit dem jede lineare Optimierungsaufgabe zumindest prinzipiell gelöst werden kann, erweist es sich als notwendig, für spezielle lineare Optimierungsaufgaben besondere Lösungsverfahren zu verwenden. Oft führt nämlich die Bearbeitung praktischer Probleme auf lineare Optimierungsaufgaben spezieller Gestalt mit vielen Restriktionen und Variablen, so daß die Anwendung der Simplexmethode in ihrer allgemeinen Form hohe Anforderungen an die Speicherkapazität der verwendeten Rechenanlage stellt und relativ lange Rechenzeiten erfordert. Aus diesen Gründen wurden für einige wichtige Klassen von linearen Optimierungsaufgaben unter Ausnutzung ihrer speziellen Struktur leistungsfähige spezielle Lösungsverfahren entwickelt, die sich häufig als Spezialfälle der Simplexmethode erweisen. Eine besonders wichtige und typische Aufgabenklasse wird durch die sogenannte *klassische Transportaufgabe* geliefert. Dieser speziellen linearen Optimierungsaufgabe wollen wir die folgenden Ausführungen widmen. Es soll ausdrücklich bemerkt werden, daß nicht nur Problemstellungen aus dem Transportwesen auf diese Aufgabe führen, sondern auch solche aus anderen Bereichen, zum Beispiel das lineare Zuordnungsproblem. Das Lösungsverfahren, das wir betrachten werden, ist ein Spezialfall der Simplexmethode. Es wird hier aber auf andere Art begründet, wobei die bei der praktischen Rechnung auszuführenden Schritte zum Führen der Beweise benutzt werden. Der Zusammenhang des Lösungsverfahrens mit der Simplexmethode ist in [6.3] dargestellt.

6.8.1. Problemstellung und Modellkonstruktion

Um eine konkrete Situation vor Augen zu haben, gehen wir von der folgenden Problemstellung aus:

Von m Ausgangsorten $i = 1, 2, \ldots, m$, in denen die Mengen a_i eines Gutes vorrätig sind, sollen n Bestimmungsorte $j = 1, 2, \ldots, n$ mit den Bedarfsmengen b_j so beliefert werden, daß die insgesamt entstehenden Transportaufwendungen (zum Beispiel Kosten oder Tonnenkilometer) möglichst gering ausfallen.

Dieses so allgemein formulierte Problem läßt sich ohne zusätzliche Annahmen nicht bearbeiten. Wir geben deshalb fünf Voraussetzungen an, unter denen sich das Problem durch das klassische Transportmodell beschreiben läßt.

Voraussetzung 1: Die Summe der in allen Ausgangsorten vorrätigen Mengen ist gleich der Summe der in allen Bestimmungsorten benötigten. Mathematisch läßt sich diese *Gleichgewichtsbedingung* folgendermaßen ausdrücken:

$$\sum_{i=1}^{m} a_i = \sum_{j=1}^{n} b_j. \tag{6.70}$$

Voraussetzung 2: Es existiert von jedem Ausgangsort zu jedem Bestimmungsort genau eine Transportverbindung.

Voraussetzung 3: Es gibt keine die Problematik beeinflussenden Begrenzungen der Kapazität der Transportwege.

Voraussetzung 4: Das zu transportierende Gut ist homogen in dem Sinne, daß keine Qualitätsunterschiede auftreten, die bei den Bestimmungsorten Forderungen nach der Belieferung von gewissen Ausgangsorten aus verursachen.

Voraussetzung 5: Die Transportaufwendungen sind entlang jeder Transportverbindung proportional zur transportierten Menge.

Sicherlich gibt es wenig praktische Transportaufgaben, für die alle diese Voraussetzungen erfüllt sind. Jedoch lassen sich die ersten vier umgehen, so daß sich die Aufgabe immer noch durch ein lineares Optimierungsmodell beschreiben läßt. Dabei kann sogar meistens das zugehörige Modell in die Form der klassischen Transportaufgabe überführt werden. Wir werden hier darauf nicht eingehen. Ausführungen dazu sind zum Beipsiel in [6.1] und [6.4] enthalten. Die Voraussetzung 5 ist jedoch unerläßlich, wenn die Aufgabe den Bereich der linearen Optimierung nicht verlassen soll.
Zur Konstruktion des zugehörigen Modells denken wir uns, wie schon in der Problemstellung angedeutet, die Ausgangsorte und auch die Bestimmungsorte jeweils mit 1 beginnend fortlaufend numeriert. Ferner sollen alle Vorrats- und Bedarfsmengen in der gleichen Einheit angegeben sein. Die für die Aufgabe wichtigen Größen werden durch die nachfolgend angegebenen Symbole bezeichnet:

m: Anzahl der Ausgangsorte,

n: Anzahl der Bestimmungsorte,

a_i; $i = 1, 2, \ldots, m$: im Ausgangsort i vorrätige Menge,

b_j; $j = 1, 2, \ldots, n$: im Bestimmungsort j benötigte Menge,

c_{ij}; $i = 1, 2, \ldots, m; j = 1, 2, \ldots, n$: spezifische Transportaufwendungen vom Ausgangsort i zum Bestimmungsort j (Aufwendungen je transportierte Mengeneinheit).

Diese Größen müssen bei jeder speziellen Aufgabe bekannt sein. Als Variable, für die aus der zugehörigen Optimierungsaufgabe Lösungswerte zu ermitteln sind, führen wir ein:

x_{ij}; $i = 1, 2, \ldots, m$; $j = 1, 2, \ldots, n$: vom Ausgangsort i zum Bestimmungsort j zu transportierende Menge.

Bei der Aufstellung des mathematischen Modells für das Transportproblem unter den Voraussetzungen 1 bis 5 drücken wir die Mengenbeziehungen für die einzelnen Ausgangsorte und Bestimmungsorte und den Gesamtaufwand durch mathematische

Beziehungen zwischen den soeben eingeführten Größen aus. Wegen der Gleichgewichtsbedingung (6.70) muß offensichtlich zur Erfüllung aller Bedarfsforderungen von jedem Ausgangsort die dort vorrätige Menge vollständig abtransportiert werden. Dadurch ist für jeden Ausgangsort eine Bedingung gegeben, die wir jetzt formulieren wollen. Die Mengensymbole x_{ij} sind so eingeführt worden, daß der erste Index den Ausgangsort und der zweite den Bestimmungsort angibt.
Wir betrachten jetzt einen bestimmten Ausgangsort mit der Nummer i. Dieser liefert an den Bestimmungsort 1 die Menge x_{i1}, an den Bestimmungsort 2 die Menge x_{i2} usw. Insgesamt wird von ihm somit die Menge

$$x_{i1} + x_{i2} + \cdots + x_{in} = \sum_{j=1}^{n} x_{ij}$$

ausgeliefert. Diese muß nach obiger Bemerkung dem Vorrat a_i gleich sein. Diese Überlegungen gelten gleichermaßen für jeden der Ausgangsorte, so daß die m Gleichungen

$$\sum_{j=1}^{n} x_{ij} = a_i; \quad i = 1, 2, \ldots, m$$

bestehen müssen.
Wegen (6.70) muß jeder Bestimmungsort genau die benötigte Menge erhalten. Daraus ergibt sich für jeden Bestimmungsort eine Gleichung. Wir betrachten einen bestimmten Bestimmungsort mit der Nummer j. Dieser erhält vom Ausgangsort 1 die Menge x_{1j}, vom Ausgangsort 2 die Menge x_{2j} usw. Insgesamt wird zu ihm somit die Menge

$$x_{1j} + x_{2j} + \cdots + x_{mj} = \sum_{i=1}^{m} x_{ij}$$

transportiert. Da diese Menge der benötigten Menge b_j gleich sein muß, und diese Überlegung für jeden der Bestimmungsorte zutrifft, müssen die n Gleichungen

$$\sum_{i=1}^{m} x_{ij} = b_j; \quad j = 1, 2, \ldots, n$$

bestehen.
Auf Grund der Bedeutung der x_{ij} sind für sie negative Werte nicht zulässig, so daß die Nichtnegativitätsforderungen

$$x_{ij} \geqq 0; \quad i = 1, 2, \ldots, m; \quad j = 1, 2, \ldots, n$$

zu stellen sind.
Jede Menge von Werten für die x_{ij}, durch die die eben angegebenen Bedingungen erfüllt sind, liefert einen realisierbaren Transportplan (eine zulässige Lösung). Die Zielfunktion, durch die ein optimaler Transportplan bestimmt wird, erhalten wir durch die folgende Überlegung: Beim Transport einer Mengeneinheit vom Ausgangsort i zum Bestimmungsort j entsteht der Aufwand c_{ij}. Werden auf diesem Wege x_{ij} Mengeneinheiten transportiert, dann ist wegen der Voraussetzung 5 damit der Aufwand $c_{ij}x_{ij}$ verbunden. Zur Berechnung des Gesamtaufwandes sind alle auf den einzelnen Strecken anfallenden Aufwendungen zu summieren, so daß wir

für den Gesamtaufwand z die Beziehung

$$z = \sum_{i=1}^{m} \sum_{j=1}^{n} c_{ij}x_{ij}$$

erhalten.
Die Gesamtheit der abgeleiteten Beziehungen bildet das klassische Transportmodell:

$$\left.\begin{array}{lll}
\sum_{j=1}^{n} x_{ij} = a_i; & i = 1, 2, ..., m & \\
\sum_{i=1}^{m} x_{ij} = b_j; & j = 1, 2, =..., n & \\
x_{ij} \geqq 0; & i = 1, 2, ..., m; & j = 1, 2, ..., n \\
z = \sum_{i=1}^{m} \sum_{j=1}^{n} c_{ij}x_{ij} \to \text{Min.} & &
\end{array}\right\} \quad (6.71)$$

Wir wollen nun die mit diesem Modell gegebene lineare Optimierungsaufgabe etwas näher betrachten und die Auswirkungen der Voraussetzungen 1 bis 5 erläutern. Die Aufgabe liegt bis auf die Tatsache, daß die Zielfunktion zu minimieren ist, in Normalform vor, denn die doppelt indizierten Variablen und Bewertungskoeffizienten können durch Umnumerieren leicht durch solche mit einem Index ersetzt werden. Die Restriktionen werden durch $(m + n)$ Gleichungen in $(m \cdot n)$ Variablen gebildet. Die Voraussetzung 1 wirkt sich in der Weise aus, daß alle Restriktionen Gleichungen sind. Die Voraussetzung 2 hat zur Folge, daß alle c_{ij} eindeutig gegeben sind und für alle x_{ij} positive Werte zugelassen werden können. Bei Fehlen der Voraussetzung 3 müssen weitere Einschränkungen für die x_{ij} in das Modell aufgenommen werden, die die Kapazitätsschranken berücksichtigen. Die Voraussetzung 4 bewirkt, daß im Modell keine besonderen Lieferwünsche berücksichtigt werden müssen, die ebenfalls zu weiteren Restriktionen führen würden. Die Voraussetzung 5 schließlich hat die Linearität der Zielfunktion zur Folge. Die für die klassische Transportaufgabe notwendigen Eingangsdaten und auch die Restriktionen lassen sich in übersichtlicher und für den später zu besprechenden Lösungsalgorithmus günstiger Weise in Tabellenform anordnen. In der Tabelle 6.8 sind die spezifischen Transport-

Tabelle 6.8

Ausgangsorte i	Bestimmungsorte j				Vorrat
	1	2	...	n	
1	c_{11}	c_{12}	...	c_{1n}	a_1
2	c_{21}	c_{22}	...	c_{2n}	a_2
.	.	.	.	.	.
.	.	.	.	.	.
.	.	.	.	.	.
m	c_{m1}	c_{m2}	...	c_{mn}	a_m
Bedarf	b_1	b_2	...	b_n	

aufwendungen c_{ij}, die Vorratszahlen a_i und die Bedarfszahlen b_j enthalten. Dabei steht im Kreuzungsfeld der i-ten Zeile und der j-ten Spalte die Größe c_{ij}. In der $(n + 1)$-ten Spalte stehen die a_i und in der $(m + 1)$-ten Zeile die b_j. Diese Tabelle bezeichnen wir als *Datentabelle* der klassischen Transportaufgabe.
Zur Darstellung der Restriktionen dient ein zur Datentabelle ähnliches Schema, das sich von dieser nur dadurch unterscheidet, daß jetzt an Stelle der c_{ij} die Variablen x_{ij} stehen. Dieses Schema ist in der Tabelle 6.9 dargestellt. Man erkennt sofort, daß

Tabelle 6.9

Ausgangsorte i	Bestimmungsorte j				Vorrat
	1	2	...	n	
1	x_{11}	x_{12}	...	x_{1n}	a_1
2	x_{21}	x_{22}	...	x_{2n}	a_2
⋮	⋮	⋮	⋮	⋮	⋮
m	x_{m1}	x_{m2}	...	x_{mn}	a_m
Bedarf	b_1	b_2	...	b_n	

die ersten m Restriktionen von (6.71) darin bestehen, daß die Summe der x_{ij} einer Zeile i gleich der in der letzten Spalte dieser Zeile stehenden Größe a_i ist. Die restlichen n Restriktionen von (6.71) werden durch die Forderung realisiert, daß die Summe der x_{ij} jeder Spalte j gleich ist der in der letzten Zeile der Spalte stehenden Größe b_j. Aus der Darstellung der Restriktionen in der Tabelle 6.9 erkennt man sofort, daß jede der Variablen x_{ij} genau in zwei der Restriktionen auftritt (in einer Zeilenbedingung und in einer Spaltenbedingung).

6.8.2. Eigenschaften der klassischen Transportaufgabe und die Erzeugung von zulässigen Basislösungen

Wenn für das klassische Transportproblem gefordert wird, daß von jedem Ausgangsort genau die dort vorrätige Menge a_i abtransportiert wird, und wenn wir verlangen, daß bei allen bis auf einen Bestimmungsort der Bedarf b_j genau erfüllt wird, dann muß offensichtlich wegen der Gleichgewichtsbedingung (6.70) der unberücksichtigt gebliebene Bestimmungsort notwendigerweise ebenfalls genau die Bedarfsmenge erhalten. Analoge Überlegungen gelten, wenn man die Mengenforderung für einen Ausgangsort unberücksichtigt läßt. Somit wird deutlich, daß irgend eine beliebige der Restriktionen von (6.71) überflüssig ist. Es läßt sich auch rein mathematisch beweisen, daß jede der $(m + n)$ Restriktionen von den übrigen $(m + n - 1)$ linear abhängig ist und daß es $(m + n - 1)$ linear unabhängige gibt. Somit gilt der folgende Satz.

Satz 6.19

Der Rang der Koeffizientenmatrix der Restriktionen der klassischen Transportaufgabe (6.71) ist $(m + n - 1)$.

Bei der Lösung der Aufgabe könnte somit stets eine beliebige der Restriktionen weggelassen werden. Für den speziellen Lösungsalgorithmus erweist es sich aber als vorteilhaft, alle Restriktionen beizubehalten.
Aus dem Satz 6.19 ergibt sich mit den Ausführungen im Abschnitt 6.2.2. über zulässige Basislösungen sofort die folgende Aussage.

Satz 6.20

Jede zulässige Basislösung der klassischen Transportaufgabe (6.71) enthält genau $(m + n - 1)$ nichtnegative Komponenten. (Im Falle der Degeneration besitzt mindestens eine davon den Wert 0.)

Diese Aussage kann man auch folgendermaßen formulieren: Jede zulässige Basislösung der Aufgabe (6.71) besitzt höchstens $(m + n - 1)$ positive Komponenten.
Im Abschnitt 6.2.2. haben wir festgestellt, daß eine lineare Optimierungsaufgabe nur dann sinnvoll ist, wenn die Anzahl der Variablen größer ist als die Zahl der linear unabhängigen Restriktionen in Gleichungsform. Für (6.71) muß somit

$$m \cdot n > m + n - 1$$

gelten. Daraus ergibt sich sofort die Forderung

$$m(n - 1) > n - 1,$$

die für $m > 1$, $n > 1$ gewiß erfüllt ist. Daß im Falle $m = 1$ oder $n = 1$ nur ein einziger realisierbarer Transportplan existiert, leuchtet sofort ein.
Während für die allgemeine lineare Optimierungsaufgabe die Existenz von zulässigen Basislösungen allgemein nicht nachgewiesen werden kann, besitzt jede klassische Transportaufgabe stets zulässige Basislösungen. Solche können darüber hinaus auf einfache Weise ohne die Einführung künstlicher Variabler gefunden werden. Diese Tatsache formulieren wir im folgenden Satz, dessen Beweis durch einen Algorithmus zur Ermittlung von Basislösungen erbracht wird.

Satz 6.21

Jede klassische Transportaufgabe besitzt zulässige Basislösungen.

Beweis: Algorithmus zur Erzeugung zulässiger Basislösungen.

Wir gehen von der Darstellung der Restriktionen in der Tabellenform aus (Siehe Tabelle 6.9). In diese tragen wir zuerst nur die Vorräte a_i und die Bedarfsgrößen b_j ein, während die Felder für die x_{ij} frei bleiben.
Nun wählen wir beliebig ein Feld (k, l); $1 \leqq k \leqq m$; $1 \leqq l \leqq n$ der Tabelle aus und erteilen der zu diesem Feld gehörenden Variablen x_{kl} den größtmöglichen Wert. Da der Ausgangsort k den Vorrat a_k und der Bestimmungsort l den Bedarf b_l besitzt, ist dieser größtmögliche Wert durch die kleinere dieser beiden Zahlen gegeben. Wir setzen also

$$x_{kl} = \min(a_k, b_l). \tag{6.72}$$

Es sind jetzt drei verschiedene Fälle zu unterscheiden.

Fall 1: Es ist $a_k < b_l$.

Nach (6.72) ist jetzt $x_{kl} = a_k$, und der gesamte Vorrat des Ausgangsortes k wird an den Bestimmungsort l geliefert. Aus diesem Grunde müssen wir $x_{kj} = 0; j = 1, 2, \ldots, n$; $j \neq l$ setzen. Diese Nullen werden jedoch nicht in die Tabelle eingetragen, sondern die betreffenden Felder bleiben leer.
Da der Vorrat des Ausgangsortes k verbraucht ist, streichen wir die Zeile k der Tabelle. Der Bestimmungsort l hat jetzt noch einen Restbedarf der Größe $b_l - a_k$. Wir ersetzen deshalb in der Tabelle b_l durch $b_l - a_k$. Danach wird das Verfahren wiederholt, indem ein neues nichtgestrichenes Feld gewählt wird.

Fall 2: Es ist $a_k > b_l$.

Nach (6.72) ist jetzt $x_{kl} = b_l$, und der Bedarf des Bestimmungsortes l ist vollständig gedeckt. Aus diesem Grunde müssen wir $x_{il} = 0$; $i = 1, 2, \ldots, m$; $i \neq k$ setzen, wobei diese Nullen wiederum nicht in die Tabelle eingetragen werden.
Da der Bedarf des Bestimmungsortes l vollständig gedeckt ist, streichen wir die Spalte l der Tabelle. Der Ausgangsort k hat jetzt noch einen Restvorrat von $a_k - b_l$. Wir ersetzen deshalb in der Tabelle a_k durch $a_k - b_l$. Danach wird das Verfahren wiederholt, indem ein neues nichtgestrichenes Feld gewählt wird.

Fall 3: Es ist $a_k = b_l$.

Nach (6.72) ist jetzt $x_{kl} = a_k = b_l$, und es ist sowohl der Vorrat des Ausgangsortes k völlig verbraucht als auch der Bedarf des Bestimmungsortes l vollständig gedeckt. Wir müssen deshalb jetzt $x_{il} = 0$; $i = 1, 2, \ldots, m$; $i \neq k$ und $x_{kj} = 0$; $j = 1, 2, \ldots, n$; $j \neq l$ setzen, wobei diese Nullen wiederum nicht in die Tabelle eingetragen werden.

Jetzt sind zwei Unterfälle zu betrachten:

a) Die Tabelle enthält noch mehr als zwei ungestrichene Reihen (Zeilen und Spalten). Darunter muß wenigstens eine Zeile und mindestens eine Spalte sein. Wir streichen dann entweder die Zeile k oder die Spalte l, so daß noch mindestens eine Zeile und eine Spalte ungestrichen bleiben. Wird die Zeile k gestrichen, dann ist in der Tabelle b_l durch $b_l - a_k = 0$ zu ersetzen. Nach dem Streichen der Spalte l dagegen wird a_k durch $a_k - b_l = 0$ ersetzt. Danach wird das Verfahren wiederholt, indem ein neues nichtgestrichenes Feld gewählt wird.

b) Die Tabelle enthält noch genau eine ungestrichene Zeile und genau eine ungestrichene Spalte. Da wir beim bisherigen Vorgehen stets den Gesamtvorrat und den Gesamtbedarf um jeweils die gleiche Größe verringert haben, kann wegen (6.70) dieser Fall nur eintreten, wenn $a_k = b_l$ ist, wobei mit a_k und b_l die abgeänderten Größen bezeichnet sind. Wir streichen jetzt sowohl die Zeile k als auch die Spalte l. Nun sind alle Zeilen und Spalten der Tabelle gestrichen, und das Verfahren endet.

Durch diesen Algorithmus wird gewiß eine zulässige Lösung für die klassische Transportaufgabe erzeugt, da nämlich alle Zeilen- und Spaltenbedingungen erfüllt und allen Variablen nichtnegative Werte zugeordnet werden. Ferner werden genau $(m + n - 1)$ Felder gewählt. In diese Felder werden Daten eingetragen. Die zu diesen Variablen gehörenden Aktivitätsvektoren der Restriktionen von (6.71) sind linear unabhängig, so daß durch sie eine zulässige Basislösung gebildet wird. Auf einen Beweis dieser Aussage wollen wir verzichten.

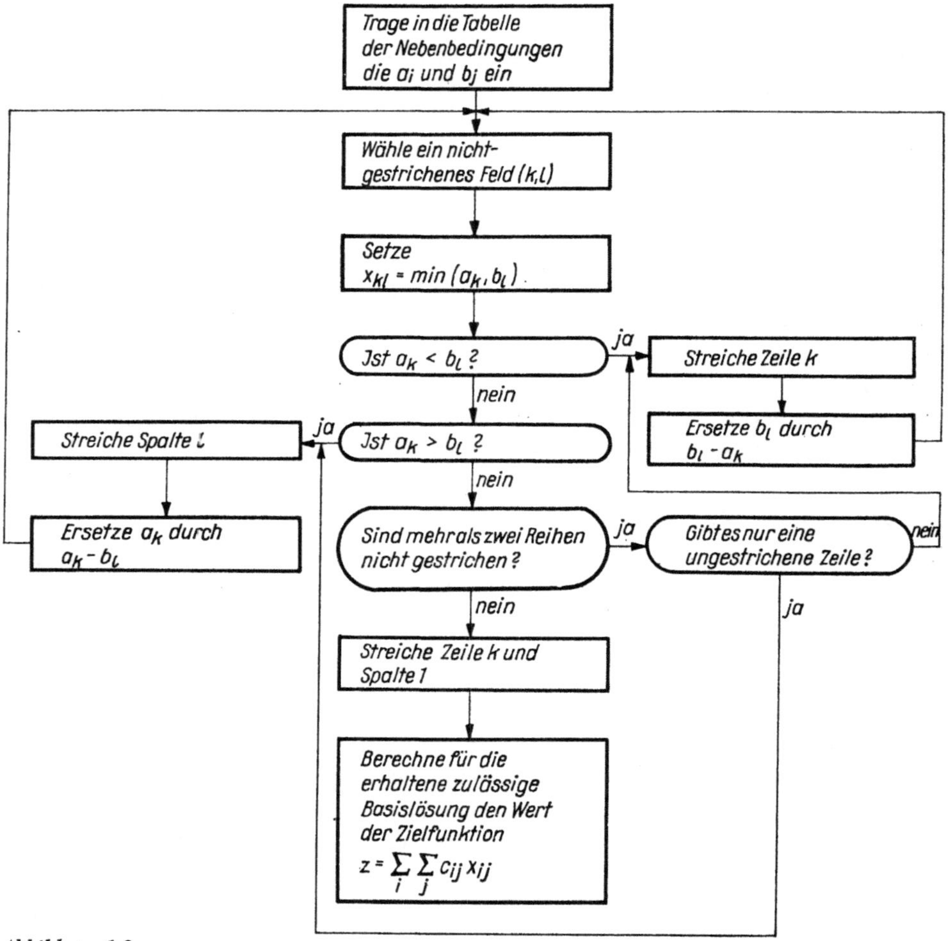

Abbildung 6.8

Genau dann, wenn bei der Durchführung des Algorithmus mindestens einmal der Fall 3a eintritt, entsteht eine degenerierte zulässige Basislösung, weil entweder $b_l = 0$ oder $a_k = 0$ zu setzen ist und somit entweder in der Spalte l oder in der Zeile k noch ein Feld zu wählen ist, in das dann aber der Wert 0 eingetragen werden muß.
In der Abbildung 6.8 ist der Algorithmus durch ein Blockdiagramm dargestellt. Dabei wird so verfahren, daß im Falle 3a stets die Zeile gestrichen wird, solange noch mehr als eine ungestrichene Zeile existiert. Ferner wird für die erhaltene zulässige Basislösung noch der Wert der Zielfunktion berechnet.

Der zum Beweis des Satzes 6.21 benutzte Algorithmus wird auch verwendet, um für den Anlauf des später behandelten Lösungsalgorithmus für die klassische Transportaufgabe eine Anfangslösung zu ermitteln. Die dabei verwendeten Verfahren unterscheiden sich voneinander nur durch die Vorschriften für die Auswahl eines nichtgestrichenen Feldes (k, l). Wir geben jetzt einige solche Auswahlregeln an und wenden jede von ihnen im Algorithmus zur Bestimmung je einer zulässigen Basislösung für die durch die Tabelle 6.10 gegebene klassische Transportaufgabe an. In den Tabellen lassen wir jetzt die Kopfzeile und die Vorspalte weg.

Nordwesteckenregel

Diese Auswahlregel hat ihren Namen daher, weil jeweils das Feld (k, l) in der linken oberen Ecke der Datentabelle aus den ungestrichenen Reihen gewählt wird. Auf

Tabelle 6.10

5	3	7	6	8	1	2
9	4	2	7	9	6	10
4	11	7	9	2	7	8
1	5	8	11	10	9	5
4	3	5	8	2	3	

Tabelle 6.11

2						2	
2	3	5				10	8; 5
		0	8			8	8;
			0	2	3	5	3
4	3	5	8	2	3		
2		0	0				

Tabelle 6.12

					2	2	
	3	5	1		1	10	5; 2; 1
4			2	2		8	6; 2
			5			5	
4	3	5	8	2	3		
			7		1		
			5				

Tabelle 6.13

	2					2	
	1	5	4			10	9; 4
			4	2	2	8	4; 2
4					1	5	1
4	3	5	8	2	3		
	1		4		1		

Tabelle 6.14

					2	2	
	3	5	1		1	10	5; 2; 1
			6	2		8	6
4			1			5	1
4	3	5	8	2	3		
			7		1		
			1				

Tabelle 6.15

4	0	6	0	7	0	0	
7	0	0	0	7	4	0	
2	7	5	2	0	5	2	0; 5
0	2	7	5	9	8	2	3
2	0	5	0	7	4		
	2		2				
			5				

Tabelle 6.16

					2	2	
	2	5	2		1	10	5; 4; 2
			6	2		8	6
4	1					5	1
4	3	5	8	2	3		
			2		1		

Tabelle 6.17

					1	0
	4	2	7		6	5
4			9	2		7
			11			9
−3	−1	−3	2	−5	1	

Tabelle 6.18

−3	−1	−3	2	−5	1	0
2	4	2	7	0	6	5
4	6	4	9	2	8	7
6	8	6	11	4	10	9
−3	−1	−3	2	−5	1	

Tabelle 6.19

8	4	10	4	13	0
7	0	0	0	9	0
0	5	3	0	0	−1
−5	−3	2	0	6	−1

der Landkarte entspricht nämlich die linke obere Ecke der Himmelsrichtung Nordwesten. Die Feldauswahl erfolgt hier demnach ohne Berücksichtigung der spezifischen Aufwendungen c_{ij}. Es wird stets zuerst das Feld (1, 1) und zuletzt das Feld (m, n) gewählt.

In der Tabelle 6.11 ist die unter Verwendung dieser Auswahlregel gefundene zulässige Basislösung für die obige Aufgabe dargestellt. Dabei werden in der angegebenen Reihenfolge die Felder (1, 1); (2, 1); (2, 2); (2, 3); (3, 3); (3, 4); (4, 4); (4, 5); (4, 6) gewählt. Die abgeänderten a_k bzw. b_l sind rechts neben bzw. unter der Tabelle an den entsprechenden Reihen angegeben. Der Fall 3a tritt bei der Besetzung der Felder (2,3) und (3, 4) ein; somit enthält die zulässige Basislösung zwei Komponenten mit dem Wert 0 und ist deshalb degeneriert. Der zugehörige Wert der Zielfunktion ist

$$z = 5 \cdot 2 + 9 \cdot 2 + 4 \cdot 3 + 2 \cdot 5 + 7 \cdot 0 + 9 \cdot 8 + 11 \cdot 0 + 10 \cdot 2 + 9 \cdot 3 = 169.$$

Bei den folgenden Auswahlregeln werden die spezifischen Aufwendungen c_{ij} herangezogen.

Auswahl nach dem Zeilenminimum der Aufwendungen

Die Auswahl der Felder (k, l) erfolgt jetzt so, daß jeweils von allen nichtgestrichenen Feldern einer Zeile dasjenige benutzt wird, zu dem der niedrigste spezifische Aufwand gehört. Gibt es mehrere solcher Felder, dann wählt man willkürlich eins von diesen. Dabei verbleibt man mit der Feldauswahl solange in einer bestimmten Zeile, bis diese gestrichen werden kann. Die Reihenfolge, in der die einzelnen Zeilen bearbeitet werden, ist beliebig. Häufig verfährt man so, daß die Zeilen, mit der ersten beginnend, der Reihe nach bearbeitet werden.

In der Tabelle 6.12 ist die unter Verwendung dieser Auswahlregel gefundene zulässige Basislösung für die durch die Tabelle 6.10 gegebene Aufgabe dargestellt. Dabei werden in der angegebenen Reihenfolge die Felder (1,6); (2,3); (2,2); (2,6); (2,5); (3,5); (3,1); (3,4); (4,4) gewählt. Der Fall 3a tritt niemals ein, so daß die Basislösung nichtdegeneriert ist. Der zugehörige Wert der Zielfunktion ist

$$z = 4 \cdot 4 + 4 \cdot 3 + 2 \cdot 5 + 7 \cdot 1 + 9 \cdot 2 + 11 \cdot 5 + 2 \cdot 2 + 1 \cdot 2 + 6 \cdot 1 = 130.$$

Auswahl nach dem Spaltenminimum der Aufwendungen

Hierbei erfolgt die Auswahl der Felder (k, l) analog zur Auswahl nach dem Zeilenminimum der Aufwendungen, wobei jetzt an Stelle der Zeilen die Spalten der Datenmatrix herangezogen werden. Die damit erhaltene zulässige Basislösung ist in der Tabelle 6.13 dargestellt. Die Felder werden in der Reihenfolge (4,1); (1,2); (2,2); (2,3); (2,4); (3,4); (3,5); (3,6); (4,6) verwendet. Die Lösung ist nicht degeneriert. Der zulässige Wert der Zielfunktion ist

$$z = 1 \cdot 4 + 3 \cdot 2 + 4 \cdot 1 + 2 \cdot 5 + 7 \cdot 4 + 9 \cdot 4 + 2 \cdot 2 + 7 \cdot 2 + 9 \cdot 1 = 115.$$

Auswahl nach dem Gesamtminimum der Aufwendungen

Jetzt wird aus allen ungestrichenen Feldern jeweils eines von denjenigen gewählt, zu denen die niedrigsten spezifischen Aufwendungen gehören. Es wird somit nicht nur eine Zeile oder eine Spalte der Datenmatrix sondern die ganze Matrix herangezogen. Gibt es mehrere Felder mit dem geringsten Aufwand, dann kann man beliebig eines davon verwenden. Wir verfahren so, daß dasjenige mit dem niedrigsten Zeilenindex und davon das mit dem kleinsten Spaltenindex benutzt wird.
Die so erhaltene zulässige Basislösung für das obige Beispiel ist in der Tabelle (6.14) dargestellt. Diese Basislösung ist nichtdegeneriert.
Die Felder werden in der Reihenfolge (1,6); (4,1); (2,3); (3,5); (2,2); (2,6); (2,4); (3,4); (4,4) verwendet. Der zugehörige Wert der Zielfunktion ist

$$z = 1 \cdot 4 + 4 \cdot 3 + 2 \cdot 5 + 7 \cdot 1 + 9 \cdot 6 + 11 \cdot 1 + 2 \cdot 2 + 1 \cdot 2 + 6 \cdot 1 = 110.$$

Bevor wir eine weitere Auswahlregel angeben, die von Vogel vorgeschlagen wurde, formulieren wir einen Satz, der hierbei Verwendung findet und darüber hinaus für den Lösungsalgorithmus von grundlegender Bedeutung ist.

Satz 6.22

Sind u_i; $i = 1, 2, \ldots, m$ und v_j; $j = 1, 2, \ldots, n$ beliebige reelle Zahlen, dann unterscheidet sich für jede zulässige Lösung der Gesamtaufwand für die Aufgabe mit den spezifischen Aufwendungen c_{ij} von dem der Aufgabe mit den spezifischen Aufwendungen

$$c'_{ij} = c_{ij} - u_i - v_j; \quad \begin{matrix} i = 1, 2, \ldots, m \\ j = 1, 2, \ldots, n \end{matrix} \tag{6.73}$$

um die Konstante

$$g = \sum_{i=1}^{m} a_i u_i + \sum_{j=1}^{n} b_j v_j \tag{6.74}$$

und beide Aufgaben besitzen dieselben Optimallösungen.

Dieser Satz ist zum Beispiel in [6.3] und [6.4] bewiesen worden. Nach ihm kann man also in der Datentabelle einer klassischen Transportaufgabe von allen c_{ij} einer Zeile ein und dieselbe beliebige Zahl subtrahieren und von allen c_{ij} einer Spalte ebenfalls. Eine solche Abänderung kann für jede Zeile und für jede Spalte vorgenommen werden. Die Aufgabe mit den neuen spezifischen Aufwendungen besitzt die gleichen Optimallösungen wie die ursprüngliche. Die Differenz der Zielfunktionen ist durch (6.74) gegeben.

Vogelsche Approximationsmethode

In jeder Zeile der Datentabelle wird von den c_{ij} die kleinste dieser Größen subtrahiert. Wir bilden also

$$c_{ij}^* = c_{ij} - \min_{j=1,\ldots,n} c_{ij}; \quad i = 1, 2, \ldots, m. \tag{6.75}$$

Danach wird in jeder Spalte der so entstandenen Datentabelle von den c_{ij}^* die kleinste dieser Größen subtrahiert. Wir bilden somit

$$c'_{ij} = c_{ij}^* - \min_{i=1,\ldots,m} c_{ij}^*; \quad j = 1, 2, \ldots, n. \tag{6.76}$$

Mit $u_i = \min\limits_j c_{ij}$ und $v_j = \min\limits_i c_{ij}^*$ ist diese Umformung eine Transformation der Aufwendungen gemäß (6.73), so daß der Satz 6.22 gilt. Die hier ausgeführte spezielle Transformation (6.75), (6.76) bezeichnen wir als *Reduktion der Datentabelle*. Die reduzierte Datentabelle enthält offensichtlich in jeder Zeile und in jeder Spalte mindestens eine Null.

Jetzt ordnen wir jeder Zeile und jeder Spalte der reduzierten Datentabelle eine sogenannte Differenz zu, indem wir die Differenz der beiden kleinsten c'_{ij} der Zeile bzw. Spalte bilden, wobei die kleinere Größe von der größeren subtrahiert wird, falls nicht beide gleich sind. Sind beide gleich, dann ergibt sich die Differenz 0. Diese Differenz tragen wir in der reduzierten Datentabelle an Stelle der a_i bzw. b_j ein. Wenn das Feld mit dem kleinsten Aufwand in einer Reihe (Zeile oder Spalte) nicht belegt wird, dann ist die Aufwanderhöhung in der Reihe am größten, zu der die größte Differenz gehört. Aus diesem Grund wählen wir die Reihe mit der größten Differenz (oder eine von ihnen) und wählen in dieser das Feld (k, l), zu dem das kleinste c'_{ij} gehört. Nach dem Einsetzen des zugehörigen Wertes für die Variable x_{kl} gemäß (6.72) ist nach Abbildung (6.8) entweder die Zeile k oder die Spalte l zu streichen. Wurde eine Zeile gestrichen, dann sind die Differenzen der Spalten neu zu berechnen, während sich die der Zeilen nicht ändern. Wurde eine Spalte gestrichen, dann sind die Differenzen der Zeilen neu zu berechnen und die der Spalten bleiben unverändert. Nach der Neuberechnung der Differenzen wird die Auswahlregel wiederholt, wobei natürlich nur ungestrichene Felder zu berücksichtigen sind.

Zur Anwendung dieser Regel auf das durch die Tabelle 6.10 gegebene Beispiel wird diese Datentabelle zuerst reduziert. Dazu subtrahieren wir von der ersten Zeile 1, von der zweiten 2, von der dritten 2 und von der vierten 1. Danach subtrahieren wir von der ersten Spalte 0, von der zweiten 2, von der dritten 0, von der vierten 5, von der fünften 0 und von der sechsten 0. Die reduzierten Aufwendungen sind in der Tabelle 6.15 enthalten. Die letzte Spalte dieser Tabelle enthält die Differenzen für die Zeilen, und in der letzten Zeile stehen die Differenzen für die Spalten.

Nun legen wir die Tabelle 6.16 zur Ermittlung einer zulässigen Basislösung an, in die wir zuerst die a_i und die b_j eintragen. Da gemäß Tabelle 6.15 die größte Differenz zur Spalte 5 gehört, wählen wir das Feld dieser Spalte mit dem kleinsten c'_{i5}. Das ist das Feld (3,5), und wir setzen $x_{35} = 2$. Die Spalte 5 ist zu streichen, so daß die Differenzen der Zeilen neu berechnet werden müssen. (Um die Übersichtlichkeit zu wahren, führen wir die Streichungen in der Tabelle 6.15 nicht aus.) Die geänderten Differenzen schreiben wir in der Tabelle 6.15 rechts neben bzw. unter die betreffenden Reihen. Die größte Differenz gehört jetzt zur Spalte 3, so daß wir das Feld (2,3) wählen und in der Tabelle 6.16 nun $x_{23} = 5$ setzen. Hiernach bleiben auch alle Zeilendifferenzen erhalten. Jetzt gehört die größte Differenz zur Spalte 6. Wir wählen somit das Feld (1,6) und setzen $x_{16} = 2$. Zu streichen ist die Zeile 1, und die Spaltendifferenzen sind für die nichtgestrichenen Spalten neu zu berechnen. Die größte Differenz gehört jetzt immer noch zur Spalte 6. Wir wählen also das Feld (2,6) und setzen $x_{26} = 1$. Nun ist die Spalte 6 zu streichen. Die Zeilendifferenzen sind für die ungestrichenen Zeilen neu zu berechnen. Die größte Differenz 2 gehört jetzt zur Zeile 4 und zu den Spalten 1, 2 und 4. Wir benutzen die Zeile 4 und wählen somit das Feld (4,1), wobei $x_{41} = 4$ gesetzt werden muß. Die Fortführung des Verfahrens liefert die in der Tabelle 6.16 enthaltene zulässige Basislösung. Der zugehörige Wert der Zielfunktion ist

$$z = 1 \cdot 4 + 4 \cdot 2 + 5 \cdot 1 + 2 \cdot 5 + 7 \cdot 2 + 9 \cdot 6 + 2 \cdot 2 + 1 \cdot 2 + 6 \cdot 1 = 107.$$

Für keine der hier angegebenen Auswahlregeln läßt sich allgemein zeigen, daß sie eine zulässige Basislösung mit kleinerem Gesamtaufwand liefert als die übrigen. Praktische Erfahrungen zeigen jedoch, daß häufig die zuletzt besprochene Vogelsche Approximationsmethode eine günstige Lösung liefert.

Die folgenden vier Sätze bilden die Grundlage der speziellen Lösungsmethode für die klassische Transportaufgabe. Die Beweise, die wir hier nicht durchführen wollen, sind in [6.4] enthalten. Jede Tabelle, die bei Durchführung des Algorithmus zur Ermittlung einer zulässigen Basislösung durch Streichen von Zeilen und Spalten und Abändern der a_i und b_j aus der ursprünglichen Tabelle der Restriktionen entsteht, bezeichnen wir als verkürzte Tabelle.

Satz 6.23

Für jede verkürzte Tabelle gilt die Gleichgewichtsbedingung (6.70).

Satz 6.24

Jede verkürzte Tabelle besitzt mindestens eine Reihe, in die genau eine Basisvariable eingetragen werden muß.

Satz 6.25

Jede beliebige zulässige Basislösung einer klassischen Transportaufgabe läßt sich durch den in der Abbildung (6.8) angegebenen Algorithmus erzeugen.

Satz 6.26

In jeder Zeile (Spalte) der Tabelle der Restriktionen existiert wenigstens eine Basisvariable, in deren Spalte (Zeile) noch mindestens eine weitere Basisvariable steht.

Die beiden folgenden Sätze enthalten wichtige Eigenschaften der klassischen Transportaufgabe, die für allgemeine lineare Optimierungsaufgaben nicht gelten.

Satz 6.27

Wenn in einer klassischen Transportaufgabe alle a_i und alle b_j ganze Zahlen sind, dann besitzen in jeder zulässigen Basislösung alle Basisvariablen ganzzahlige Werte.

Beweis

Durch den in der Abbildung 6.8 dargestellten Algorithmus können bei ganzzahligen a_i und b_j nur ganzzahlige Werte für die Basisvariablen entstehen. Wegen Satz 6.25 ist damit der Satz schon bewiesen.

Satz 6.28

Jede klassische Transportaufgabe besitzt stets eine optimale zulässige Basislösung.

Beweis

Nach Satz 6.21 existiert stets eine zulässige Basislösung. Auf Grund der Restriktionen in (6.71) und der Nichtnegativitätsforderungen sind alle Variablen gemäß

$$0 \leqq x_{ij} \leqq \min(a_i, b_j)$$

beschränkt, so daß die klassische Transportaufgabe keine unbeschränkten Lösungen besitzen kann.

6.8.3. Erzeugung einer optimalen zulässigen Basislösung

Wir werden jetzt untersuchen, wie sich feststellen läßt, ob eine zulässige Basislösung optimal ist oder nicht, und wie sich aus einer nichtoptimalen zulässigen Basislösung eine andere erzeugen läßt, die einen geringeren Gesamtaufwand verursacht. Bei diesem Vorhaben wird uns der Satz 6.22 wertvolle Dienste leisten. Durch spezielle Wahl der u_i und der v_j in (6.73) kann man nämlich erreichen, daß die c'_{ij} Auskunft geben über die Optimalität einer zulässigen Basislösung bzw. über deren zweckmäßige Abänderung. Die spezielle Wahl der u_i und v_j wird durch den folgenden Satz festgelegt.

Satz 6.29

Ist eine zulässige Basislösung der klassischen Transportaufgabe gegeben, dann lassen sich stets solche reellen Zahlen u_i und v_j bestimmen, daß

$$u_i + v_j = c_{ij} \quad \text{für alle } (i,j), \quad \text{für die } x_{ij} \text{ Basisvariable ist,} \tag{6.77}$$

gilt.

Beweis

Wir führen diesen Beweis konstruktiv, so daß er zugleich ein Verfahren zur praktischen Bestimmung der u_i und v_j liefert.

Da in jeder Zeile und jeder Spalte der Tabelle der zulässigen Basislösung wenigstens eine Basisvariable auftritt, enthält (6.77) als Variable genau alle u_i; $i = 1, 2, \ldots, m$

und alle $v_j; j = 1, 2, \ldots, n$. Weil es $(m + n - 1)$ Basisvariable gibt, ist (6.77) ein System aus $(m + n - 1)$ Gleichungen in $(m + n)$ Variablen. Somit kann gewiß eine der Größen u_i oder v_j beliebig gewählt werden.

Die Bestimmung der u_i und v_j erfolgt in einer Tabelle aus $(m + 1)$ Zeilen und $(n + 1)$ Spalten. Ist x_{kl} eine Basisvariable, dann tragen wir den spezifischen Aufwand c_{kl} in das Feld (k, l) dieser Tabelle ein. Das geschieht für alle $(m + n - 1)$ Basisvariablen. Die letzte Spalte der Tabelle dient zur Aufnahme der zu berechnenden u_i, und in die letzte Zeile werden die ermittelten v_j eingetragen. Bei der praktischen Durchführung der Rechnung werden wir stets $u_1 = 0$ wählen. Dafür führen wir auch den Beweis. (Man überlegt sich leicht, daß genauso für eine der Größen u_i oder v_j irgend eine beliebige reelle Zahl gewählt werden kann.)

Wir tragen $u_1 = 0$ in die Tabelle ein und ermitteln nun gemäß (6.77) aus

$$v_j = c_{1j} - u_1 = c_{1j}, \quad \text{für alle } j \text{, für die } c_{1j} \text{ eingetragen ist,}$$

eindeutig gewisse v_j (mindestens eins). Nun streichen wir die Zeile 1 und alle diejenigen Spalten mit bekannten v_j, die keine weitere Eintragung c_{ij} enthalten. Gemäß Satz 6.26 muß wenigstens eine Spalte mit bekanntem v_j ungestrichen bleiben; denn die eingetragenen c_{ij} stehen in den gleichen Feldern wie die Basisvariablen in der Tabelle der Basislösung. Ferner kann es in den ungestrichenen Spalten mit bekanntem v_j nur solche Eintragungen c_{ij} geben, daß in jeder ungestrichenen Zeile höchstens eines davon steht. Gäbe es nämlich in einer Zeile $k \neq 1$ zwei solcher c_{kj}, etwa c_{kp} und c_{kq}, dann müßten in der Zeile 1 die Eintragungen c_{1p} und c_{1q} stehen. In der zugehörigen Basislösung wären also x_{1p}, x_{1q}, x_{kp}, x_{kq} Basisvariable. Das ist aber nicht möglich, weil beim Algorithmus der Abbildung 6.8 nach Festlegung jeder Basisvariablen entweder die betreffende Zeile oder die Spalte gestrichen wird.

Somit können wir gemäß (6.77) aus

$$u_i = c_{ij} - v_j, \text{ für alle ungestrichenen Spalten } j \tag{6.78}$$
mit bekanntem v_j und alle i, für die c_{ij} eingetragen ist,

eindeutig gewisse u_i (mindestens eins) ermitteln. Wir führen diese Rechnung nacheinander für alle ungestrichenen Spalten mit bekanntem v_j aus (etwa mit der Spalte mit dem kleinsten Index beginnend) und streichen danach jedesmal die betreffende Spalte und alle Zeilen mit bekanntem u_i, die kein ungetrichenes c_{ij} mehr enthalten.

Wenn das Verfahren noch nicht beendet ist, dann gibt es gewiß mindestens eine ungestrichene Zeile mit bekanntem u_i. Wir berechnen dann nacheinander für alle Zeilen mit bekannten u_i (etwa mit der Zeile mit dem kleinsten Index beginnend) gemäß (6.77)

$$v_j = c_{ij} - u_i; \text{ für alle nichtgestrichenen Zeilen } i \tag{6.79}$$
mit bekanntem u_i und alle j, für die c_{ij} eingetragen ist.

Danach streichen wir jedesmal die betreffende Zeile und alle Spalten mit bekanntem v_j, die kein ungestrichenes c_{ij} mehr enthalten.

Wenn jetzt noch nicht alle u_i und v_j ermittelt sind, dann wiederholen wir das Verfahren beginnend mit (6.78).

Man überlegt sich leicht, daß mit diesem Verfahren in endlich vielen Schritten alle u_i und alle v_j bestimmt werden.

Die Abbildung 6.9 enthält ein Blockdiagramm für das durch den Beweis gegebene Verfahren zur Berechnung der u_i und v_j.

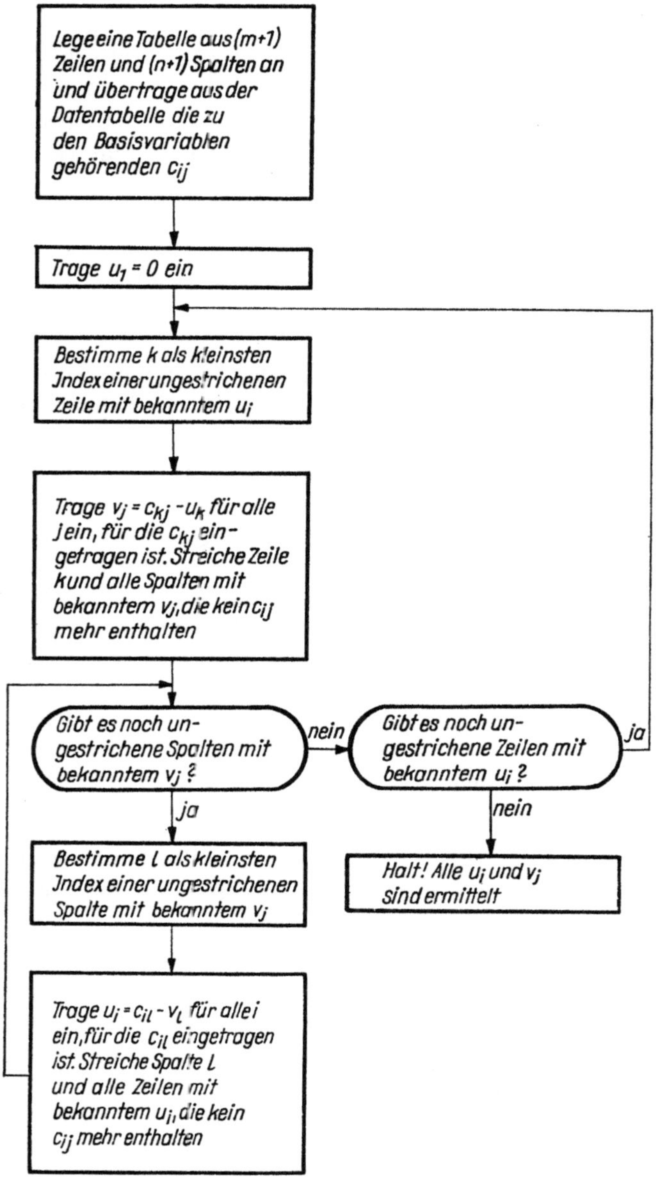

Abbildung 6.9

Zur Illustration des Verfahrens bestimmen wir nun zu der in der Tabelle 6.12 gegebenen zulässigen Basislösung für das durch die Tabelle 6.10 gegebene Beispiel die u_i und v_j. Zuerst legen wir eine Tabelle aus 5 Zeilen und 7 Spalten an und übertragen die zu den Basisvariablen gehörenden spezifischen Aufwendungen aus der

Datentabelle (Tabelle 6.10) in diese Tabelle (siehe Tabelle 6.17). Nachdem wir $u_1 = 0$ in die letzte Spalte eingetragen haben, ergibt sich $k = 1$. Da in der ersten Zeile nur c_{16} eingetragen ist, können wir nur $v_6 = 1 - 0 = 1$ berechnen und in die letzte Zeile eintragen. Nun ist die Zeile 1 zu streichen. (Die Streichungen führen wir in der Tabelle 6.17 nicht aus.) Da die Spalte 6 die einzige Spalte mit bekanntem v_j ist, ergibt sich $l = 6$.
Wir ermitteln $u_2 = 6 - 1 = 5$ und streichen die Spalte 6. Da es jetzt keine ungestrichene Spalte mit bekanntem v_j mehr gibt, aber die Zeile 2 nicht gestrichen ist, wird $k = 2$. Nun können wir $v_2 = 4 - 5 = -1$; $v_3 = 2 - 5 = -3$; $v_4 = 7 - 5 = 2$ eintragen und die Zeile 2 und die Spalten 2 und 3 streichen. Ungestrichen bleibt als einzige Spalte mit bekanntem v_j die Spalte 4, so daß $1 = 4$ ist. Damit können wir $u_3 = 9 - 2 = 7$; $u_4 = 11 - 2 = 9$ eintragen und die Spalte 4 und die Zeile 4 streichen. Jetzt sind wiederum alle Spalten mit bekanntem v_j gestrichen, und es ergibt sich $k = 3$. Damit können wir $v_1 = 4 - 7 = -3$ und $v_5 = 2 - 7 = -5$ eintragen und die Zeile 3 und die Spalten 1 und 5 streichen. Jetzt sind alle Zeilen und alle Spalten gestrichen, so daß alle u_i und v_j bekannt sind.
Die mit dem gemäß (6.77) ermittelten u_i und v_j nach (6.73) gebildeten c'_{ij} spielen für die weiteren Betrachtungen eine wichtige Rolle. Wir führen deshalb für sie eine spezielle Bezeichnung ein.

Definition 6.8

Erfüllen die zur Berechnung der c'_{ij} gemäß (6.73) verwendeten u_i und v_j bezüglich einer gegebenen zulässigen Basislösung die Bedingungen (6.77), dann werden die c'_{ij} als relative spezifische Aufwendungen (bezüglich der vorliegenden zulässigen Basislösung) bezeichnet.

Damit läßt sich nun leicht das *Optimalitätskriterium* für die klassische Transportaufgabe formulieren.

Satz 6.30

Gilt für die relativen spezifischen Aufwendungen bezüglich einer zulässigen Basislösung

$$c'_{ij} \geqq 0; \quad \begin{array}{l} i = 1, 2, \ldots, m \\ j = 1, 2, \ldots, n, \end{array} \tag{6.80}$$

dann ist die zulässige Basislösung eine Optimallösung der klassischen Transportaufgabe.

Beweis

Da (6.77) für die vorliegende zulässige Basislösung erfüllt ist, gilt gewiß $c'_{ij} = 0$ für alle (i, j), für die x_{ij} Basisvariable ist. Somit erteilt die Basislösung der Zielfunktion des gemäß (6.73) abgeänderten Problems den Wert $z'_0 = 0$. Wegen (6.80) muß aber für jede beliebige zulässige Lösung dieser Aufgabe gewiß $z' \geqq 0$ gelten, so daß $z'_0 = 0$ tatsächlich der Optimalwert der Zielfunktion der abgeänderten Aufgabe ist. Wegen Satz 6.22 ist die vorliegende zulässige Basislösung auch Optimallösung für die Ausgangsaufgabe.

Zur numerischen Berechnung der relativen spezifischen Aufwendungen c'_{ij} gehen wir folgendermaßen vor:

a) Wir verwenden die Tabelle zur Ermittlung der u_i und v_j und tragen in die noch leeren Felder dieser Tabelle die Größen

$$\bar{c}_{ij} = u_i + v_j; \quad \text{für alle } (i,j), \text{ für die } x_{ij} \text{ nicht Basisvariable ist,} \tag{6.81}$$

ein. Es soll ausdrücklich bemerkt werden, daß zwischen (6.77) und (6.81) ein grundlegender Unterschied besteht. Während gemäß (6.77) aus den vorgegebenen c_{ij} die u_i und v_j ermittelt werden, verlangt (6.81) die Bestimmung der $\bar{c}_{ij}$ aus den bekannten u_i und v_j. Jedoch ist selbstverständlich

$$\bar{c}_{ij} = c_{ij} \quad \text{für alle } (i,j), \text{ für die } x_{ij} \text{ Basisvariable ist.} \tag{6.82}$$

Wir bezeichnen deshalb alle Elemente (außer den u_i und v_j) der Tabelle durchgängig mit $\bar{c}_{ij}$.

b) Wir berechnen die relativen spezifischen Aufwendungen c'_{ij} gemäß

$$c'_{ij} = c_{ij} - \bar{c}_{ij}; \quad \begin{array}{l} i = 1, 2, \ldots, m \\ j = 1, 2, \ldots, n. \end{array} \tag{6.83}$$

Von den in der Datentabelle enthaltenen spezifischen Aufwendungen c_{ij} werden also die Größen $\bar{c}_{ij}$ subtrahiert. Wegen (6.82) ist dann tatsächlich

$c'_{ij} = 0$ für alle (i,j), für die x_{ij} Basisvariable ist.

Bei Verwendung eines Rechenautomaten werden die c'_{ij} durch Überspeichern an die gleichen Stellen geschrieben, an denen die $\bar{c}_{ij}$ stehen. Bei der Handrechnung ist für die c'_{ij} eine neue Tabelle anzulegen, die nur m Zeilen und n Spalten besitzt, weil sie die u_i und v_j nicht zu enthalten braucht. Für die in der Tabelle 6.12 enthaltene zulässige Basislösung des durch die Tabelle 6.10 gegebenen Beispiels, für die die u_i und v_j in der Tabelle 6.17 berechnet wurden, ermitteln wir nun die relativen spezifischen Aufwendungen. Dabei verwenden wir jetzt zur Errechnung der $\bar{c}_{ij}$ eine neue Tabelle. Gemäß (6.81) und (6.82) erhalten wir aus der Tabelle 6.17 die in der Tabelle 6.18 angegebenen $\bar{c}_{ij}$. Aus dieser errechnen wir nach (6.83) die in der Tabelle 6.19 enthaltenen c'_{ij}.
Sind die relativen spezifischen Aufwendungen bezüglich einer zulässigen Basislösung nicht alle nichtnegativ, dann liegt die Vermutung nahe, daß eine zulässige Basislösung existiert, die der Zielfunktion einen kleineren Wert erteilt. Tatsächlich gilt der folgende Satz.

Satz 6.31

Ist für eine zulässige Basislösung der klassischen Transportaufgabe wenigstens ein $c'_{kl} < 0$, dann existiert eine neue zulässige Basislösung, in der genau die ursprüngliche Nichtbasisvariable x_{kl} Basisvariable wird, so daß der zugehörige Gesamtaufwand nicht größer ist als für die ursprüngliche Lösung.

Beweis

Wir führen auch diesen Beweis konstruktiv, so daß mit ihm zugleich ein Verfahren zur Abänderung von Basislösungen bei der praktischen Lösung von klassischen

Transportaufgaben gegeben ist. Zuvor bemerken wir jedoch, daß wegen $c'_{kl} < 0$ in der Ausgangsbasislösung x_{kl} gewiß Nichtbasisvariable ist. Wenn in der neuen Lösung x_{kl} Basisvariable sein soll, dann muß genau eine der ursprünglichen Basisvariablen zur Nichtbasisvariablen werden. Dazu muß sie den Wert 0 erhalten. Die Abänderung der vorliegenden zulässigen Basislösung erfolgt in der Tabelle, in der sie dargestellt ist. Dazu tragen wir in das (leere) Feld (k, l) eine vorerst nicht bekannte nichtnegative Größe d ein. Das bedeutet, daß der Variablen x_{kl} der Wert $d \geqq 0$ erteilt wird. Die Tabelle enthält jetzt genau $(m + n)$ eingetragene Werte für die Variablen x_{ij}. Die Summe dieser Werte der k-ten Zeile ist jetzt $(a_k + d)$ und die der l-ten Spalte beträgt $(b_l + d)$, während die Summen aller übrigen Reihen unverändert bleiben. Wenn wir dennoch überhaupt eine zulässige Lösung mit $d > 0$ erhalten wollen, dann müssen die Werte gewisser ursprünglicher Basisvariabler abgeändert werden, damit die Zeilen- und Spaltensummenbedingungen durchgängig erfüllt sind. Weil jedoch außer x_{kl} keine weitere Nichtbasisvariable ihren Wert Null ändern soll, kann eine Veränderung an solchen Basisvariablen, die in ihrer Zeile oder Spalte allein stehen, nicht erfolgen. Dabei ist jedoch die Eintragung d im Feld (k, l) stets mit zu berücksichtigen. Aus diesem Grunde können wir Reihen mit genau einem eingetragenen Variablenwert streichen, da in ihnen keine Veränderungen erfolgen dürfen. Sind schon gewisse Reihen gestrichen worden, und gibt es dann Reihen mit genau einem ungestrichenen Variablenwert, dann können auch diese Reihen gestrichen werden. Die Streichungen werden somit solange fortgesetzt, bis jede ungestrichene Reihe mindestens zwei ungestrichene Variablenwerte enthält.

Für diesen Streichungsprozeß gelten die folgenden Aussagen:

a) Es bleiben mindestens zwei Zeilen und mindestens zwei Spalten ungestrichen.

Da die Zahl $(m + n)$ der Reihen mit der Zahl der eingetragenen Variablenwerte übereinstimmt und bei jeder Streichung einer Reihe auch genau ein Variablenwert gestrichen wird, ist stets die Anzahl der ungestrichenen Reihen gleich der Anzahl der ungestrichenen Variablenwerte. Sind $p < m$ Zeilen und $q < n$ Spalten gestrichen, dann enthält die Tabelle noch $(m - p) \cdot (n - q)$ ungestrichene Felder und $(m + n - p - q)$ ungestrichene Variablenwerte. Das ist natürlich nur möglich, wenn

$$(m - p) \cdot (n - q) \geqq m + n - p - q$$

gilt. Diese Bedingung ist aber gewiß verletzt, wenn $p = m - 1$ oder $q = n - 1$ oder beides zugleich ist.

b) Jede der ungestrichenen Reihen enthält genau zwei ungestrichene Variablenwerte.

Da nach Beendigung des Streichungsprozesses gewiß jede ungestrichene Reihe mindestens zwei ungestrichene Variablenwerte enthalten muß, gilt

$$m + n - p - q \geqq 2(m - p)$$
$$m + n - p - q \geqq 2(n - q).$$

Durch Addieren dieser beiden Bedingungen ergibt sich

$$2(m + n - p - q) \geqq 2(m + n - p - q).$$

Da in dieser Beziehung das Gleichheitszeichen gilt, müssen auch die beiden obigen Bedingungen Gleichungen sein.

c) Das Feld (k, l) bleibt bei dem Prozeß ungestrichen.

Nach jeder Streichung kann die Tabelle als verkürzte Tabelle aufgefaßt werden (nach gedachter Abänderung der a_i und b_j). Wird das Feld (k, l) gestrichen, dann ergibt sich am Ende des Prozesses eine verkürzte Tabelle, die in jeder Reihe genau zwei Basisvariable enthält. Das ist aber nach Satz 6.24 nicht möglich.
Nach der Beendigung des soeben dargelegten Streichungsprozesses sind genau die Reihen nicht gestrichen, in denen die eingetragenen Werte abzuändern sind. Diese Änderungen lassen sich jetzt in sehr einfacher Weise ausführen. Wir bezeichnen mit x_{ij} die ursprünglichen und mit x'_{ij} die neuen Werte der Variablen. Aus $x_{kl} = 0$ wird

$$x'_{kl} = x_{kl} + d = d.$$

Es existiert genau ein eingetragenes nichtgestrichenes x_{kj}; $j \neq l$, und es wird

$$x'_{kj} = x_{kj} - d.$$

Damit gilt $x'_{kl} + x'_{kj} = x_{kl} + x_{kj}$. Die Summe der Eintragungen der Zeile k ist wieder a_k. Es existiert genau ein eingetragenes nichtgestrichenes x_{ij}; $i \neq k$, und es wird

$$x'_{ij} = x_{ij} + d.$$

Damit gilt $x'_{kj} + x'_{ij} = x_{kj} + x_{ij}$, und die Summe der Eintragungen der Spalte j ist wieder b_j. Dieses Verfahren setzen wir fort, indem wir die ungestrichenen Reihen durchlaufen und d abwechselnd von den eingetragenen Werten subtrahieren und zu ihnen addieren. Da gewiß genau ein eingetragenes nichtgestrichenes $x_{\mu l}$; $\mu \neq k$ existiert, endet das Verfahren, wenn

$$x'_{\mu l} = x_{\mu l} - d$$

gesetzt wurde. Dabei bleiben die Zeilen- und Spaltensummen sämtlich ungeändert. Nun ist noch der Wert für d festzulegen. Das soll so geschehen, daß die neu entstehende Lösung wieder eine zulässige Basislösung ist. Dazu müssen wir

$$d = \min x_{ij}; \quad \text{für alle } (i, j), \text{ für die } x_{ij} - d \text{ zu bilden ist,} \tag{6.84}$$

setzen. Dadurch wird nämlich erreicht, daß mindestens eine der ursprünglichen Basisvariablen den Wert 0 erhält und somit zur Nichtbasisvariablen werden kann, während alle abgeänderten Werte nichtnegativ sind.
Mit dem nach (6.84) ermittelten Wert für d wird die in der Tabelle der ursprünglichen Basislösung angegebene Änderung tatsächlich ausgeführt. Bei der Automatenrechnung werden die neuen Werte an Stelle der alten in die gleiche Tabelle eingetragen, wobei jedoch in das Feld der neuen Nichtbasisvariablen die Zahl 0 nicht eingeschrieben wird. Bei der Handrechnung ist für die neue Lösung zweckmäßigerweise eine neue Tabelle anzulegen, die aber die a_i und die b_j nicht zu enthalten braucht.
Wenn der durch (6.84) festgelegte Wert für d mehreren x_{ij}, von denen d subtrahiert werden muß, gleich ist, dann erreichen in der neuen Lösung alle diese Variablen

den Wert 0. Wir müssen dann genau eine dieser Variablen aus der Basislösung entfernen (das heißt den Wert 0 in die Tabelle der neuen Lösung nicht eintragen), während die übrigen mit dem Wert 0 in der Basislösung bleiben. Welche dieser Variablen aus der Basislösung entfernt wird, ist gleichgültig. Die neue zulässige Basislösung ist dann gewiß degeneriert.

Es ist nun noch die Auswirkung der Änderungen auf den Wert der Zielfunktion zu untersuchen. Bezüglich der relativen spezifischen Aufwendungen c'_{ij} für die ursprüngliche Basislösung erteilt diese der Zielfunktion den Wert $z'_0 = 0$. In der neuen zulässigen Basislösung gehört zu $x_{kl} = d \geqq 0$ der relative spezifische Aufwand (bezüglich der ursprünglichen Lösung) $c'_{kl} < 0$, während zu allen übrigen Basisvariablen der relative spezifische Aufwand $c'_{ij} = 0$ gehört. Damit beträgt der Wert der Zielfunktion für die neue Lösung, bezogen auf die relativen spezifischen Aufwendungen für die ursprüngliche Lösung,

$$z'_1 = c'_{kl}d = z'_0 + c'_{kl}d.$$

Bezeichnen wir die Werte der Zielfunktion hinsichtlich der tatsächlichen spezifischen Aufwendungen c_{ij} mit z_0 bzw. z_1, dann gilt wegen Satz 6.22

$$z_1 = z_0 + c'_{kl}d. \tag{6.85}$$

Wegen $c'_{kl} < 0$ und $d \geqq 0$ ist damit $z_1 \leqq z_0$. Damit ist der Satz 6.31 vollständig bewiesen.

Wenn sich gemäß (6.84) ein $d > 0$ ergibt, dann tritt beim Übergang zur neuen zulässigen Basislösung eine echte Verkleinerung des Wertes der Zielfunktion ein. Da nur endlich viele zulässige Basislösungen existieren, muß dann mit endlich vielen derartigen Schritten eine optimale zulässige Basislösung erreicht werden. Wenn sich jedoch im Laufe der Rechnung einmal ein $d = 0$ ergibt, dann ist wie bei der Simplexmethode die Möglichkeit des „Kreisens“ gegeben. Das kann jedoch höchstens dann vorkommen, wenn eine degenerierte zulässige Basislösung abgeändert wird, weil $d = 0$ nur möglich ist, wenn wenigstens eine Basisvariable mit dem Wert 0 existiert. Man kann durch Störung der Aufgabe die Degeneration stets vermeiden. Darauf wollen wir jedoch nicht eingehen.

In der Abbildung 6.10 ist für das Verfahren zur Abänderung einer nichtoptimalen zulässigen Basislösung ein Blockdiagramm angegeben. Dabei wird gleichzeitig gemäß (6.85) der Wert der Zielfunktion für die neue zulässige Basislösung berechnet.

Zur Illustration dieses Verfahrens ändern wir die in der Tabelle 6.12 angegebene zulässige Basislösung für das durch die Tabelle 6.10 gegebene Beispiel ab. Die zu dieser Basislösung gehörenden c'_{ij} sind in der Tabelle 6.19 gegeben. Wegen $c'_{41} = -5$ wählen wir $(k, l) = (4, 1)$. Die Basislösung schreiben wir hier in der Tabelle 6.20 noch einmal auf, wobei die a_i und die b_j nicht mit angegeben werden. Nachdem in das Feld (4, 1) die Größe d eingetragen wurde, beginnen wir den Streichungsprozeß. Nach Abbildung 6.10 sind zuerst die Zeile 1 und die Spalten 2, 3, 5 und 6 zu streichen. Danach enthält die Zeile 2 nur noch eine ungestrichene Eintragung, so daß sie gestrichen wird. Jetzt ist der Streichungsprozeß beendet. Die Zeilen 3 und 4 und die Spalten 1 und 4 sind nicht gestrichen und enthalten je zwei ungestrichene Eintragungen. Wir müssen jetzt von $x_{31} = 4$ die Größe d subtrahieren, zu $x_{34} = 2$ ist d zu addieren und von $x_{44} = 5$ wird d subtrahiert. Den Wert für d erhalten wir somit aus

$$d = \min(4, 5) = 4.$$

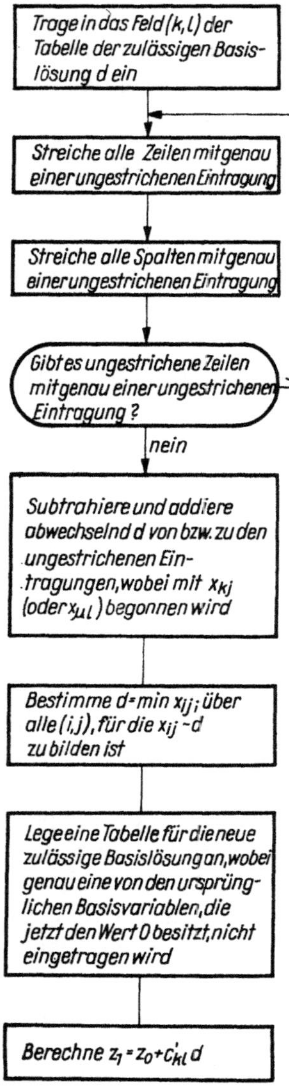

Abbildung 6.10

Tabelle 6.20

					2
	3	5	1		1
$4-d$			$2+d$	2	
d			$5-d$		

Tabelle 6.21

					2
	3	5	1		1
			6	2	
4			1		

Die durch Ausführung der Änderungen entstandene neue zulässige Basislösung ist in der Tabelle 6.21 enthalten. Da für die alte Basislösung der Wert der Zielfunktion $z_0 = 130$ beträgt und $c'_{kl} = -5$; $d = 4$ ist, erhalten wir den Wert der Zielfunktion für die neue Lösung zu

$$z_1 = 130 - 5 \cdot 4 = 110.$$

6.8.4. Zur numerischen Durchführung des Lösungsverfahrens für die klassische Transportaufgabe

Alle notwendigen Betrachtungen und Teilverfahren zur Lösung der klassischen Transportaufgabe sind schon in den beiden vorhergehenden Abschnitten enthalten.

Wir nehmen jetzt die Zusammenfassung dieser Ergebnisse zum Lösungsverfahren für die klassische Transportaufgabe vor.
Zuerst wird mit einer der Auswahlregeln nach dem in der Abbildung 6.8 dargestellten Verfahren eine erste zulässige Basislösung erzeugt und der zugehörige Wert z_0 der Zielfunktion berechnet. Für diese Basislösung werden dann mit dem Verfahren der Abbildung 6.9 die zugehörigen u_i und v_j bestimmt und danach in die gleiche Tabelle die Größen $\bar{c}_{ij} = u_i + v_j$ eingetragen. Anschließend werden in einer neuen Tabelle die relativen spezifischen Aufwendungen c'_{ij} angegeben. Wenn alle $c'_{ij} \geqq 0$ sind, dann ist die vorliegende zulässige Basislösung optimal. Anderenfalls muß sie abgeändert werden. Gemäß Satz 6.31 eignet sich als neue Basisvariable jede Variable mit negativem relativem spezifischem Aufwand. Um jedoch nach Möglichkeit eine relativ große Verbesserung der Zielgröße zu erreichen, wählen wir in Analogie zur Simplexmethode die Variable x_{kl} zum Eintritt in die Basislösung aus, für die

$$c'_{kl} = \min c' \qquad (6.86)$$

ist. Wenn der Minimalwert mehrfach angenommen wird, dann kann man jedes der zugehörigen Felder als (k, l) wählen. Nun wird nach dem Verfahren der Abbildung 6.10 die neue zulässige Basislösung ermittelt und der Wert z_1 der Zielfunktion berechnet. Mit dieser neuen zulässigen Basislösung, deren Zielgrößenwert jetzt mit z_0 bezeichnet wird, wird der Algorithmus beginnend mit der Bestimmung der u_i und v_j wiederholt. In endlich vielen Schritten wird eine optimale zulässige Basislosung erreicht.
In der Abbildung 6.11 ist ein Blockdiagramm für dieses Lösungsverfahren dargestellt. Dabei sind die Teilverfahren der Abbildungen 6.8, 6.9, 6.10 nur jeweils durch ein Kästchen wiedergegeben.

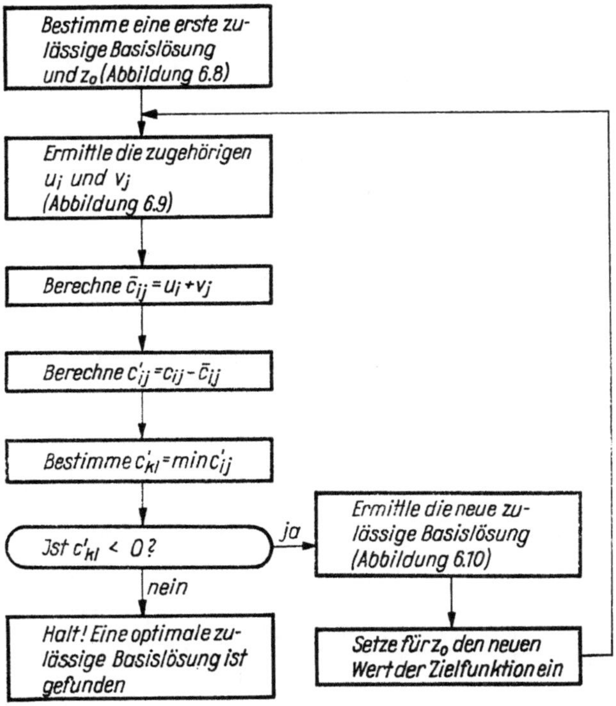

Abbildung 6.11

Zum Abschluß der Betrachtungen zur klassischen Transportaufgabe wollen wir nun noch ein Beispiel behandeln.

Beispiel 6.11

Fünf Wärmekraftwerke werden von vier Tagebauen mit Braunkohle versorgt. Der Kohlebedarf der einzelnen Kraftwerke (in Tonnen) in einem festen Zeitabschnitt, die im gleichen Zeitabschnitt von den einzelnen Tagebauen lieferbaren Mengen (in Tonnen) und die spezifischen Transportaufwendungen (in Mark) sind in der Tabelle 6.22 enthalten. Es ist ein Transportplan zu ermitteln, für den der Gesamtaufwand für alle Transporte minimal ist.

Tabelle 6.22

5	7	10	12	6	20000
3	1	15	20	4	12000
4	6	8	5	10	3000
12	16	9	3	12	14000
10000	8000	4000	15000	12000	

Mit dem Auswahlkriterium nach dem Gesamtminimum der Aufwendungen ermitteln wir nach Abbildung 6.8 die in der Tabelle 6.23 angegebene zulässige Basislösung. (Die hierin schon enthaltenen Subtraktionen und Additionen von d erfolgen später.)

Tabelle 6.23

$3000 + d$		4000	$1000 - d$	12000	20000	17000; 5000; 1000
4000	8000				12000	4000
$3000 - d$			d		3000	
			14000		14000	
10000	8000	4000	15000	12000		
6000			1000			
3000						

Der zugehörige Wert der Zielfunktion ist $z_0 = 213000$. Die u_i und v_j für den ersten Schritt des Algorithmus nach Abbildung 6.11 sind in der Tabelle 6.24 gemäß Abbildung 6.9 berechnet worden. Diese Tabelle enthält auch die $\bar{c}_{ij}$. Die relativen spezifischen Aufwendungen c'_{ij} sind in der Tabelle 6.25 zusammengestellt.

Tabelle 6.24

5	3	10	12	6	0
3	1	8	10	4	−2
4	2	9	11	5	−1
−4	−6	1	3	−3	−9
5	3	10	12	6	

Tabelle 6.25

0	4	0	0	0
0	0	7	10	0
0	4	−1	−6	5
16	22	8	0	15

Daraus ist

$$c'_{kl} = \min c'_{ij} = c'_{34} = -6$$

abzulesen, so daß die zulässige Basislösung aus der Tabelle 6.23 abgeändert werden muß. Das geschieht nach Abbildung 6.10 in der Tabelle 6.23. Dazu tragen wir d in das Feld (3, 4) ein. Dann sind zuerst die Zeile 4 und die Spalten 2, 3 und 5 zu streichen. (Damit die Übersichtlichkeit der Tabelle erhalten bleibt, haben wir die Streichungen nicht angebracht.) Danach wird die Zeile 2 gestrichen. Damit ist der Streichungsprozeß beendet, so daß die Zeilen 1 und 3 und die Spalten 1 und 4 ungestrichen bleiben. Die Abänderungen sind in den Feldern (1,4); (1,1) und (3,1), wie in der Tabelle 6.23 ersichtlich, durchzuführen. Der Wert für d ergibt sich zu

$$d = \min(1000, 3000) = 1000.$$

Die Abänderung mit diesem Wert für d liefert die in der Tabelle 6.26 enthaltene zulässige Basislösung, wobei die eingeschriebenen Abänderungen um d wiederum erst später angebracht werden.

Tabelle 6.26

4000 + d		4000 − d		12000
4000	8000			
2000 − d		d	1000	
			14000	

Wegen $z_0 = 213000$; $c'_{kl} = -6$ und $d = 1000$ ergibt sich nach (6.85)

$$z_1 = 213000 - 6 \cdot 1000 = 207000.$$

Wir setzen somit jetzt $z_0 = 207000$.
Die u_i, v_j, und $\overline{c}_{ij}$ für den zweiten Schritt des Lösungsalgorithmus stehen in der Tabelle 6.27, während die c'_{ij} in der Tabelle 6.28 enthalten sind.

Tabelle 6.27

5	3	10	6	6	0
3	1	8	4	4	−2
4	2	9	5	5	−1
2	0	7	3	3	−3
5	3	10	6	6	

Tabelle 6.28

0	4	0	6	0
0	0	7	16	0
0	4	−1	0	5
10	16	2	0	9

Es ist jetzt

$$c'_{kl} = \min c'_{ij} = c'_{33} = -1,$$

so daß die zulässige Basislösung der Tabelle 6.26 weiter abzuändern ist. Das geschieht in der Tabelle 6.26, wie dort ersichtlich ist. Wir erhalten

$$d = \min(4000, \ 2000) = 2000.$$

Die Ausführung der Abänderung mit diesem Wert für d liefert die in der Tabelle 6.29 angegebene zulässige Basislösung.

Tabelle 6.29

6000		2000		12000
4000	8000			
		2000	1000	
			14000	

Wegen $z_0 = 207000$, $c'_{kl} = -1$ und $d = 2000$ ergibt sich

$z_1 = 207000 - 1 \cdot 2000 = 205000$,

so daß wir $z_0 = 205000$ erhalten.

Die u_i, v_j und $\bar{c}_{ij}$ für den dritten Schritt stehen in der Tabelle 6.30, während die c'_{ij} in der Tabelle 6.31 enthalten sind. Da jetzt alle $c'_{ij} \geqq 0$ sind, ist das Verfahren beendet, und die in der Tabelle 6.29 enthaltene zulässige Basislösung ist eine Optimallösung.

Tabelle 6.30

5	3	10	7	6	0
3	1	8	5	4	−2
3	1	8	5	4	−2
1	−1	6	3	2	−4
5	3	10	7	6	

Tabelle 6.31

0	4	0	5	0
0	0	7	15	0
1	5	0	0	6
11	17	3	0	10

Der zugehörige optimale Transportplan lautet somit:

Zu liefern sind:

vom Tagebau 1 an das Kraftwerk 1: 6000 t
an das Kraftwerk 3: 2000 t
an das Kraftwerk 5: 12000 t

vom Tagebau 2 an das Kraftwerk 1: 4000 t
an das Kraftwerk 2: 8000 t

vom Tagebau 3 an das Kraftwerk 3: 2000 t
an das Kraftwerk 4: 1000 t

vom Tagebau 4 an das Kraftwerk 4: 14000 t

Der dabei insgesamt entstehende Transportaufwand beträgt 205000 M.

6.9. Parametrische lineare Optimierung

In vielen Fällen können die in ein lineares Optimierungsmodell für ein praktisches Problem eingehenden Daten a_{ij}, b_i und c_j nicht genau angegeben werden, oder es ist bekannt, daß sich diese Größen in Abhängigkeit von gewissen Parametern (zum Beispiel Zeit, Witterungsbedingungen, Rohstoffqualität) ändern. In diesem Zusammenhang sind die Fragen interessant, wie groß Änderungen der Eingangsdaten sein können, damit eine für feste Daten ermittelte Optimallösung als solche erhalten bleibt, oder wie die Optimallösungen für die einzelnen Parameterwerte lauten. Die mit diesen Fragen aufgeworfenen Probleme sind im allgemeinen recht kompliziert. An ihrer Lösung wird gegenwärtig noch gearbeitet. Wir werden hier zwei der einfachsten Fälle behandeln. Einige Beispiele für Anwendungen der parametrischen linearen Optimierung findet man in [6.5].

6.9.1. Lineare Abhängigkeit der Bewertungskoeffizienten von einem Parameter

Es wird eine lineare Optimierungsaufgabe untersucht, in der die Bewertungskoeffizienten lineare Funktionen eines einzigen Parameters sind. An Stelle der bisher verwendeten Bewertungskoeffizienten c_j treten somit jetzt lineare Funktionen $d_j + f_j t$; $j = 1, 2, \ldots, n$, wobei der Parameter t ein vorgegebenes Intervall $u \leqq t \leqq v$ durchlaufen soll. Der Vektor $\boldsymbol{c}$ wird also durch den Vektor $\boldsymbol{d} + \boldsymbol{f}t$ ersetzt.
Die lineare Optimierungsaufgabe in der Normalform besitzt jetzt die folgende Gestalt:

$$\left.\begin{aligned} &\sum_{j=1}^{n} a_{ij}x_j = b_i; \quad i = 1, 2, \ldots, m \\ &\qquad x_j \geqq 0; \quad j = 1, 2, \ldots, n \\ &z = \sum_{j=1}^{n} (d_j + f_j t)\, x_j \to \text{Max.}; \quad u \leqq t \leqq v. \end{aligned}\right\} \tag{6.86}$$

Diese Aufgabe verlangt die Ermittlung einer zulässigen Optimallösung für jeden Wert von t aus $[u, v]$.
Da weder die b_i noch die a_{ij} vom Parameter t abhängen, ist der zulässige Bereich von (6.86) für alle t der gleiche. Stellt man also fest, daß der zulässige Bereich für irgend einen Wert für t leer ist, dann besitzt (6.86) für keinen Wert von t eine zulässige Lösung. Ist der zulässige Bereich nicht leer, dann existiert gemäß Satz 6.4 für jedes t gewiß eine zulässige Basislösung. Die zu einer zulässigen Basislösung $\boldsymbol{x}_B$ von (6.86) gehörenden relativen Bewertungskoeffizienten lauten gemäß Abschnitt 6.6.2.

$$y_{m+1,j} = (\boldsymbol{d}_B^T + \boldsymbol{f}_B^T t)\, \boldsymbol{B}^{-1}\boldsymbol{a}_j - (d_j + f_j t).$$

Daraus ergibt sich durch Ausmultiplizieren und Umordnen

$$y_{m+1,j} = (\boldsymbol{d}_B^T \boldsymbol{B}^{-1}\boldsymbol{a}_j - d_j) + (\boldsymbol{f}_B^T \boldsymbol{B}^{-1}\boldsymbol{a}_j - f_j)\, t = g_j + h_j t. \tag{6.87}$$

Die g_j sind somit die relativen Bewertungskoeffizienten bezüglich $\boldsymbol{x}_B$ für die lineare Optimierungsaufgabe mit den Restriktionen von (6.86) und dem Bewertungsvektor $\boldsymbol{d}$ und die h_j diejenigen für die Aufgabe mit dem Bewertungsvektor $\boldsymbol{f}$. Jeder relative Bewertungskoeffizient von (6.86) ist somit eine lineare Funktion des Parameters t. Die Koeffizienten g_j bzw. h_j in diesen Funktionen sind gemäß (6.42) durch

$$g_j = \sum_{i=1}^{m} d_{Bi} y_{ij} - d_j \quad \text{bzw.} \quad h_j = \sum_{i=1}^{m} f_{Bi} y_{ij} - f_j; \quad j = 1, 2, \ldots, n \tag{6.88}$$

gegeben.

Der zu x_B gehörende Wert der Zielfunktion muß offensichtlich ebenfalls von t abhängen. Er ist nach Abschnitt 6.2.2. durch

$$z(t) = (d_B^T + f_B^T t)\, B^{-1} b = d_B^T B^{-1} b + f_B^T B^{-1} b t = \alpha + \beta t \tag{6.89}$$

gegeben. Somit ist auch z eine lineare Funktion von t und die Koeffizienten α bzw. β sind die Werte der Zielfunktion mit den Bewertungskoeffizienten d bzw. f. Gemäß (6.41) sind sie durch

$$\alpha = \sum_{i=1}^{m} d_{Bi} x_{Bi} \quad \text{bzw.} \quad \beta = \sum_{i=1}^{m} f_{Bi} x_{Bi} \tag{6.90}$$

gegeben.

Zur Lösung der Aufgabe (6.86) gehen wir nun folgendermaßen vor: Wir betrachten (6.86) zuerst für einen festen Parameterwert $t = \bar{t}$ mit $u \leqq \bar{t} \leqq v$. Dadurch entsteht eine gewöhnliche lineare Optimierungsaufgabe mit den festen Bewertungskoeffizienten $c_j = d_j + f_j \bar{t}$. Diese Aufgabe wird mit der Simplexmethode bearbeitet. Endet die Simplexmethode mit der Aussage, daß (6.86) für $t = \bar{t}$ keine zulässige Lösung besitzt, dann existiert für kein t eine zulässige Lösung.

Anderenfalls sind zwei Fälle zu unterscheiden:

Fall 1:

Die Simplexmethode hat für $t = t$ eine optimale zulässige Basislösung geliefert.

Fall 2:

Die Simplexmethode endete mit der Aussage, daß für $t = \bar{t}$ unbeschränkte Lösungen existieren.

Diese beiden Fälle sind jetzt zu untersuchen.

Zu Fall 1: Da eine optimale zulässige Basislösung vorliegt, ist nach Satz 6.8 gewiß

$$y_{m+1,j} = g_j + h_j \bar{t} \geqq 0; \quad j = 1, 2, \ldots, n$$

erfüllt. Um festzustellen, für welche Parameterwerte außer $t = \bar{t}$ die vorliegende zulässige Basislösung weiterhin optimal ist, müssen wir nachprüfen, für welche t die Ungleichungen

$$g_j + h_j t \geqq 0; \quad j = 1, 2, \ldots, n$$

erfüllt sind. Für alle $h_j > 0$ folgt daraus

$$-\frac{g_j}{h_j} \leqq t,$$

während sich für alle $h_j < 0$

$$-\frac{g_j}{h_j} \geqq t$$

ergibt. Setzen wir also

$$t_0 = \begin{cases} \max\limits_{h_j > 0} -\dfrac{g_j}{h_j} & \\ u, & \text{falls alle } h_j \leqq 0 \end{cases} \tag{6.91}$$

und

$$t_1 = \begin{cases} \min\limits_{h_j<0} -\dfrac{g_j}{h_j} \\ v, \quad \text{falls alle } h_j \geqq 0, \end{cases} \tag{6.92}$$

dann ist die vorliegende zulässige Basislösung gewiß für alle t mit $t_0 \leqq t \leqq t_1$ optimal. Man überlegt sich leicht, daß dagegen für $t < t_0$ und $t > t_1$ gewiß nicht $g_j + h_j t \geqq 0$ für alle j gelten kann. Das Intervall $[t_0, t_1]$ kann nicht leer sein, weil es gewiß $t = \bar{t}$ enthält. Somit ist gewiß $t_0 \leqq t_1$, und die vorliegende zulässige Basislösung ist optimal für ein abgeschlossenes t-Intervall.
Wenn $t_0 \leqq u$ und $t_1 \geqq v$ gilt, dann ist die Aufgabe (6.86) vollständig gelöst. Ist $t_1 < v$, dann sind noch die Parameterwerte $t_1 < t \leqq v$ zu untersuchen. Das Minimum in (6.92) werde für den Index r; $1 \leqq r \leqq n$ angenommen, so daß

$$t_1 = -\frac{g_r}{h_r}; \quad h_r < 0 \tag{6.93}$$

gilt. Sind im zugehörigen Simplextableau alle $y_{ir} \leqq 0$; $i = 1, 2, \ldots, m$, dann besitzt die Aufgabe für alle $t > t_1$ unbeschränkte Lösungen. Der Beweis hierzu ist in der Aufgabe 6.9.13 zu erbringen. Ist dagegen wenigstens ein $y_{ir} > 0$, dann führen wir die Variable x_r in die Basislösung ein. Das geschieht deshalb, weil nach (6.93) für $t > t_1$ gewiß $g_r + h_r t < 0$ ist. Die dafür aus der Basislösung zu entfernende Variable x_{Bk} ermitteln wir wie gewöhnlich durch

$$\frac{x_{Bk}}{y_{kr}} = \min_{y_{ir}>0} \frac{x_{Bi}}{y_{ir}}.$$

Die so erhaltene neue zulässige Basislösung ist gewiß für $t = t_1$ optimal. Entsprechend den Überlegungen bezüglich der ersten optimalen zulässigen Basislösung bestimmen wir jetzt einen Wert $t_2 \geqq t_1$, bis zu dem die neue Lösung optimal ist. Die Bestimmung von t_2 erfolgt gemäß (6.92), wobei dort die g_j und h_j für die neue Lösung zu verwenden sind und statt t_1 jetzt t_2 zu schreiben ist. Auf diese Weise fahren wir fort, bis ein $t_\nu \geqq v$ erhalten wird. Es läßt sich beweisen, daß $t_\nu \geqq v$ nach endlich vielen Schritten erreicht wird.
Ist $t_0 > u$, dann müssen noch die Parameterwerte $u \leqq t < t_0$ untersucht werden. Das Maximum in (6.91) werde für einen Index r; $1 \leqq r \leqq n$ angenommen, so daß

$$t_0 = -\frac{g_r}{h_r}; \quad h_r > 0 \tag{6.94}$$

gilt. Sind im zugehörigen Simplextableau alle $y_{ir} \leqq 0$, dann besitzt die Aufgabe für alle $t < t_0$ unbeschränkte Lösungen. Der Beweis hierzu ist ebenfalls in der Aufgabe 6.9.13 zu erbringen. Ist dagegen wenigstens ein $y_{ir} > 0$, dann führen wir die Variable x_r in die Basislösung ein, weil nach (6.94) für $t < t_0$ gewiß $g_r + h_r t < 0$ ist. Die dafür aus der Basislösung zu entfernende Variable x_{Bk} wird wie oben in der gewöhnlichen Weise ermittelt. Die so erhaltene neue zulässige Basislösung ist gewiß für $t = t_0$ optimal. Entsprechend den Überlegungen bezüglich der optimalen zulässigen Basislösung für $t = \bar{t}$ bestimmen wir jetzt eine untere Schranke $t_{-1} \leqq t_0$, bis zu der die neue Lösung optimal ist. Die Bestimmung von t_{-1} erfolgt gemäß (6.91), wobei die g_j und h_j für die neue Lösung zu verwenden sind und statt t_0 jetzt t_{-1} zu schreiben ist. Auf diese Weise fahren wir fort, bis ein $t_{-\mu} \leqq u$ erhalten wird.

Auf die hier angegebene Weise läßt sich in endlich vielen Schritten das ganze Intervall $[u, v]$ überdecken.

Zu Fall 2: Bei der Bearbeitung der Aufgabe (6.86) für $t = \bar{t}$ mit der Simplexmethode hat sich jetzt ergeben, daß unbeschränkte Lösungen existieren. Es gibt somit eine Nichtbasisvariable x_r, so daß $g_r + h_r\bar{t} < 0$ gilt und alle $y_{ir} \leqq 0$; $i = 1, 2, \ldots, m$ sind.

Wenn $h_r = 0$ ist, dann gilt $g_r + h_r t < 0$ für jedes t, so daß die Aufgabe (6.86) für alle t unbeschränkte Lösungen besitzt.

Ist $h_r > 0$, dann gilt $g_r + h_r t < 0$ gewiß für alle $t < t'$, wobei

$$t' = -\frac{g_r}{h_r}; \quad h_r > 0 \tag{6.95}$$

ist, so daß $g_r + h_r t' = 0$ gilt. Somit existieren für $t < t'$ gewiß unbeschränkte Lösungen. Für $t' > v$ ist die Aufgabe vollständig gelöst. Anderenfalls setzen wir $\bar{t} = t'$ und lösen die Aufgabe (6.86) für diesen neuen Wert für $\bar{t}$. Dabei gehen wir jedoch von der schon vorliegenden zulässigen Basislösung und dem zu ihr gehörenden Simplextableau aus. Hierbei tritt wieder entweder der Fall 1 oder der Fall 2 ein. Im Falle 1 setzen wir $t_0 = t'$, weil das der kleinste Wert für t ist, für den eine zulässige Optimallösung existiert.

Ist $h_r < 0$, dann gilt $g_r + h_r t < 0$ für alle $t > t''$, wobei

$$t'' = -\frac{g_r}{h_r}; \quad h_r < 0 \tag{6.96}$$

ist, so daß $g_r + h_r t'' = 0$ gilt. Für $t > t''$ existieren dann unbeschränkte Lösungen. Im Falle $t'' < u$ ist die Aufgabe vollständig gelöst. Anderenfalls setzen wir $\bar{t} = t''$ und lösen die Aufgabe (6.86) für diesen neuen Wert $\bar{t}$, wobei wieder von dem vorliegenden Simplextableau ausgegangen wird. Danach liegt wieder entweder der Fall 1 oder der Fall 2 vor. Im Falle 1 setzen wir $t_1 = t''$, weil das der größte Wert ist, für den eine zulässige Optimallösung existiert.

Aus den soeben angestellten Überlegungen können wir die folgenden Schlußfolgerungen ziehen:

Eine optimale zulässige Basislöung ist optimal für ein abgeschlossenes t-Intervall. (Ein solches Intervall kann auch nur einen einzigen Punkt enthalten.)

Für die Werte t_s mit $u < t_s < v$ ist sowohl die für $t_{s-1} \leqq t \leqq t_s$ als auch die für $t_s \leqq t \leqq t_{s+1}$ optimale zulässige Basislösung optimal. (Wir wollen noch bemerken, daß die in einem Intervall optimale zulässige Basislösung nicht eindeutig bestimmt sein muß.)

Die Menge der t, für die optimale zulässige Basislösungen existieren, ist zusammenhängend und abgeschlossen.

Analog verlaufen die Überlegungen, wenn die Aufgabe (6.86) für $-\infty < t < +\infty$ zu bearbeiten ist.

Die bei dem angegebenen Lösungsverfahren entstehenden Werte t_s, die die Intervallgrenzen für die t-Werte angeben, werden als *charakteristische Parameterwerte*

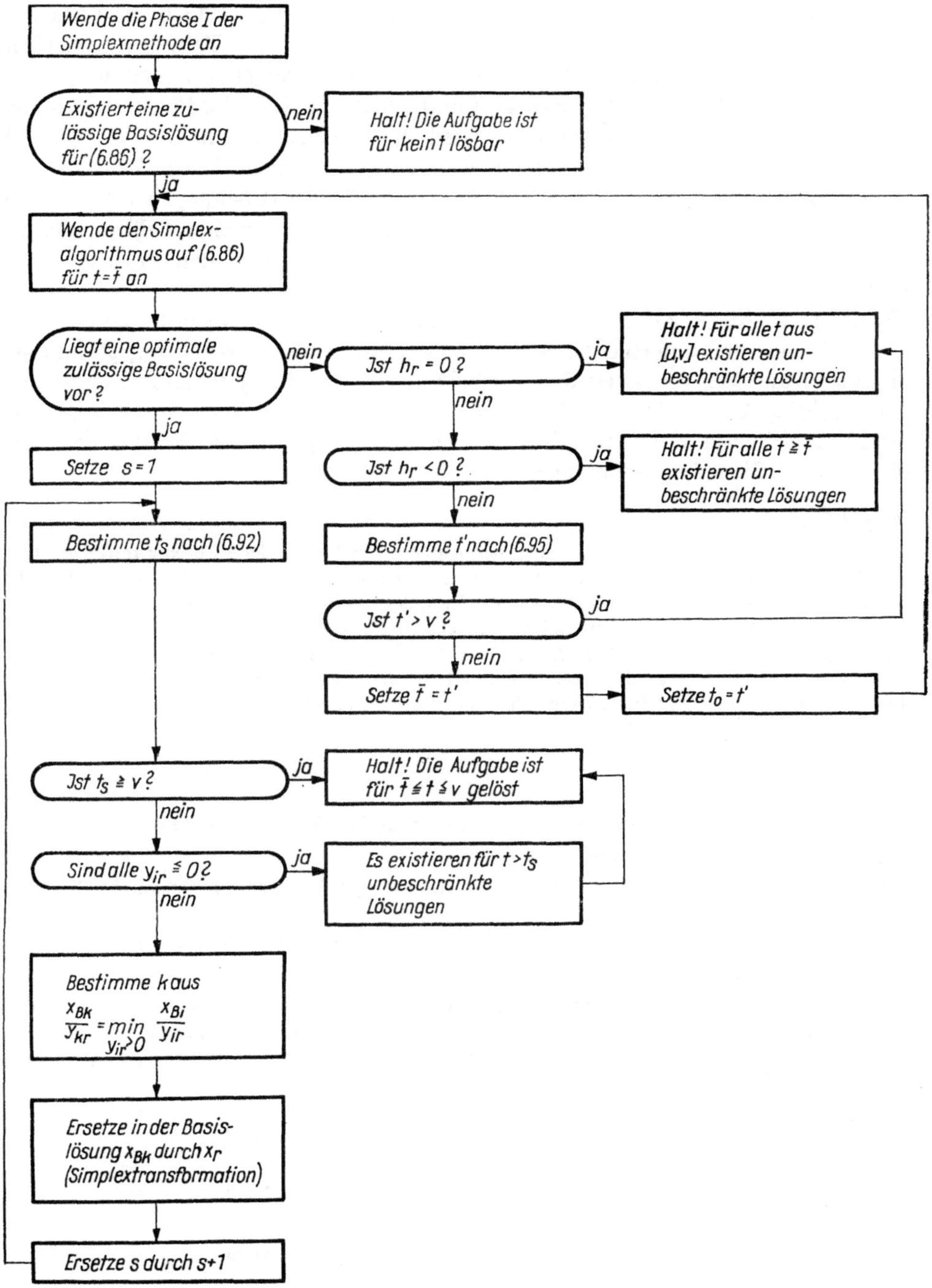

Abbildung 6.12

bezeichnet. Die zu den einzelnen Intervallen gehörenden optimalen zulässigen Basislösungen heißen *charakteristische Lösungen.*

Die praktische Durchführung des dargelegten Lösungsverfahrens für die Aufgabe (6.86) erfolgt vorteilhaft in Simplextableaus. Dabei sind jedoch zur Aufnahme weiterer Informationen gegenüber den bisher verwendeten Tableaus zusätzliche Zeilen und Spalten erforderlich. Im Anfangstableau bringen wir jetzt in je einer Kopfzeile die d_j bzw. f_j unter. Ferner sind in jedem Tableau der Phase II jetzt statt einer Zeile $(m + 1)$ zwei Zeilen $(m + 1)$ und $(m + 2)$ erforderlich. Die Zeile $(m + 1)$ dient zur Aufnahme von α und g_j; $j = 1, 2, \ldots, n$, während in der Zeile $(m + 2)$ die Größen β und h_j; $j = 1, 2, \ldots, n$ stehen. In der Phase II benötigen wir jetzt statt einer $\boldsymbol{c}_B$-Spalte je eine Spalte für $\boldsymbol{d}_B$ und $\boldsymbol{f}_B$. Die Daten eines solchen Tableaus werden beim Übergang zu einer neuen zulässigen Basislösung nach den Formeln (6.45) transformiert.

Bei der Durchführung des Lösungsverfahrens gehen wir von einem festen $t = \bar{t}$ mit $u \leqq \bar{t} \leqq v$ aus und untersuchen danach die Parameterwerte aus $\bar{t} < t \leqq v$ und dann diejenigen aus $u \leqq t < \bar{t}$. Ist die Bearbeitung für $t > \bar{t}$ abgeschlossen, dann muß man natürlich bei der Untersuchung für $t < \bar{t}$, falls diese noch erforderlich ist, vom Simplextableau für $t = \bar{t}$ ausgehen. In der Abbildung 6.12 ist für das Verfahren für $t > \bar{t}$ ein Blockdiagramm angegeben.

Beispiel 6.12

Wir betrachten das im Beispiel 6.5 und in der Aufgabe 6.5.3 behandelte Zuschnittproblem. Dort haben wir als Zielgröße minimalen Abfall bzw. minimalen Materialverbrauch gewählt. Jetzt bedenken wir, daß die Abfallstücke gegebenenfalls für andere Zwecke weiter verwendet werden können und daß natürlich die Verwendungsmöglichkeiten für längere Abfallstücke größer sind als für kurze. Um ein gemeinsames Maß für die Ausgangsstangen und die Abfallstücke zu erhalten, bewerten wir jede Ausgangsstange mit 20 Zahlungseinheiten und die einzelnen Abfallstücke proportional (Proportionalitätsfaktor t) zu ihrer Länge. Wenn wir somit x_i Stangen nach der Kombination i zerschneiden, dann entsteht ein Aufwand von

$$z_1 = 20 \sum_{i=1}^{6} x_i .$$

Bei Weiterverwendung der Abfallstücke ergibt sich gemäß Tabelle 6.2 ein Gewinn von

$$z_2 = 2tx_1 + 3tx_2 + 5tx_3 + 4tx_4 + 2tx_6 .$$

Unser Ziel besteht nun darin, die Differenz aus Gewinn und Aufwand zu maximieren. Die Zielfunktion lautet somit

$$\begin{aligned} z = z_1 + z_2 = (-20 + 2t)\,x_1 + (-20 + 3t)\,x_2 + (-20 + 5t)\,x_3 + (-20 + 4t)\,x_4 \\ -20x_5 + (-20 + 2t)\,x_6 . \end{aligned}$$

Da der Proportionalitätsfaktor t nicht bekannt ist, wollen wir uns einen Überblick über das Lösungsverhalten für $0 \leqq t \leqq 3$ verschaffen, so daß eine Aufgabe der Gestalt (6.86) entsteht.

Die Restriktionen dieser Aufgabe sind die gleichen wie beim Beispiel 6.5 bzw. wie bei der Aufgabe 6.5.3, so daß die Aufgabe folgendermaßen lautet:

$$\begin{aligned} x_1 + \frac{1}{2}x_2 + \frac{1}{2}x_3 \qquad\qquad\qquad - \frac{1}{2}x_7 \qquad\qquad &= 2000 \\ \frac{1}{2}x_2 \qquad + x_4 + \frac{1}{2}x_5 \qquad\qquad - \frac{1}{2}x_8 \qquad &= 2500 \\ \frac{1}{3}x_3 \qquad + \frac{2}{3}x_5 + x_6 \qquad\qquad - \frac{1}{3}x_9 &= 1000 \end{aligned}$$

$x_j \geqq 0;\ j = 1, 2, \ldots, 9$

$$z = (-20 + 2t)x_1 + (-20 + 3t)x_2 + (-20 + 5t)x_3 + (-20 + 4t)x_4 - 20x_5 + (-20 + 2t)x_6 \to \text{Max}.$$

Bei der Lösung der Aufgabe 6.5.3 entsteht offensichtlich eine optimale zulässige Basislösung für $t = 0$, so daß wir diese für die vorliegende Aufgabe gleich verwenden können. Diese Basislösung ist

$$x_B^T = [x_1 \quad x_4 \quad x_5] = [2000 \quad 1750 \quad 1500],$$

und die ersten drei Zeilen des zugehörigen Simplextableaus sind aus der Tabelle 6.39 abzulesen. Diese Daten übertragen wir in das Anfangstableau für die vorliegende Aufgabe, das in der Tabelle 6.32 enthalten ist. Die Daten der Zeilen 4 und 5 berechnen wir gemäß (6.90) bzw. (6.88).
Nach (6.92) ergibt sich jetzt

$$t_1 = \min\left\{-\frac{5}{-5}, -\frac{5}{-5}, -\frac{10}{-1}, -\frac{10}{-2}\right\} = 1.$$

Dieses Minimum wird für die Indizes 3 und 6 angenommen. Wir wählen willkürlich $r = 3$. Dann ergibt sich $k = 3$. Die entsprechende Simplextransformation ergibt das zweite Tableau der Tabelle 6.32.
Nach (6.92) ist jetzt

$$t_2 = \min\left\{-\frac{10}{-1}, -\frac{10}{-2}, -\frac{10}{-4}\right\} = \frac{5}{2},$$

und das Minimum wird für $r = 9$ angenommen. Es ist jetzt $k = 1$. Die Simplextransformation liefert das dritte Tableau der Tabelle 6.32. Jetzt ist

$$t_3 = \min\left\{-\frac{20}{-2}, -\frac{20}{-5}, -\frac{10}{-2}\right\} = 4.$$

Da jetzt $t_3 > v$ gilt, ist die gestellte Aufgabe gelöst. Wegen $\bar{t} = u$ ist eine Untersuchung für $t < \bar{t}$ nicht erforderlich.
Das erhaltene Ergebnis lautet folgendermaßen:
Für $0 \leqq t \leqq 1$ ist die zulässige Basislösung

$$\overset{1}{x}{}_B^T = [x_1 \quad x_4 \quad x_5] = [2000 \quad 1750 \quad 1500]$$

optimal und die Optimalwerte der Zielgröße sind durch

$$\overset{1}{z}_{\max} = -105000 + 11000\,t; \qquad 0 \leqq t \leqq 1$$

gegeben.
Für $1 \leqq t \leqq \frac{5}{2}$ ist die zulässige Basislösung

$$\overset{2}{x}{}_B^T = [x_1 \quad x_4 \quad x_3] = [500 \quad 2500 \quad 3000]$$

optimal und die Optimalwerte der Zielgröße sind durch

$$\overset{2}{z}_{\max} = -120000 + 26000\,t; \; 1 \leqq t \leqq \frac{5}{2}$$

gegeben.
Für $\frac{5}{2} \leqq t \leqq 4$ ist die zulässige Basislösung

$$\overset{3}{x}{}_B^T = [x_9 \quad x_4 \quad x_3] \leqq [1000 \quad 2500 \quad 4000]$$

Tabelle 6.32

	Gl. Nr.	B.V. Nr.	d_B	f_B	0	1	2	3	4	5	6	7	8	9	Q	
						−20	−20	−20	−20	−20	−20	0	0	0		
						2	3	5	4	0	2	0	0	0		
	1	1	−20	2	2000	1	$\frac{1}{2}$	$\frac{1}{2}$	0	0	0	$-\frac{1}{2}$	0	0	4000	$t_0 = 0; \quad t_1 = 1$
	2	4	−20	4	1750	0	$\frac{1}{2}$	$-\frac{1}{4}$	1	0	$-\frac{3}{4}$	0	$-\frac{1}{2}$	$\frac{1}{4}$		$r = 3$
	3	5	−20	0	1500	0	0	$\frac{1}{2}$	0	1	$\frac{3}{2}$	0	0	$-\frac{1}{2}$	3000	$k = 3$
	4				−105000	0	0	5	0	0	5	10	10	5		
	5				11000	0	0	−5	0	0	−5	−1	−2	1		
	1	1	−20	2	500	1	$\frac{1}{2}$	0	0	−1	$-\frac{3}{2}$	$-\frac{1}{2}$	0	$\frac{1}{2}$	1000	$t_2 = \frac{5}{2}$
	2	4	−20	4	2500	0	$\frac{1}{2}$	0	1	$\frac{1}{2}$	0	0	$-\frac{1}{2}$	0		$r = 9$
→	3	3	−20	5	3000	0	0	1	0	2	3	0	0	−1		$k = 1$
	4				−120000	0	0	0	0	−10	−10	10	10	10		
	5				26000	0	0	0	0	10	10	−1	−2	−4		
→	1	9	0	0	1000	2	1	0	0	−2	−3	−1	0	1		$t_3 = 4$
	2	4	−20	4	2500	0	$\frac{1}{2}$	0	1	$\frac{1}{2}$	0	0	$-\frac{1}{2}$	0		
	3	3	−20	5	4000	2	1	1	0	0	0	−1	0	0		
	4				−130000	−20	−10	0	0	10	20	20	10	0		
	5				30000	8	4	0	0	2	−2	−5	−2	0		

optimal und die Optimalwerte der Zielgröße sind durch

$$\overset{3}{z}_{\max} = -130000 + 30000\,t; \qquad \frac{5}{2} \leqq t \leqq 4$$

gegeben.
In der Abbildung 6.13 ist der Verlauf des Maximums der Zielgröße in Abhängigkeit von t dargestellt.

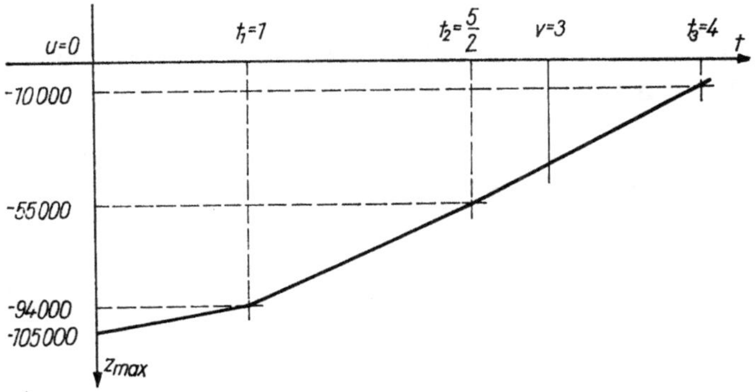

Abbildung 6.13

Aus dem letzten Tableau der Tabelle 6.32 erkennen wir noch, daß für alle $t > 4$ unbeschränkte Lösungen existieren, denn es ist $r = 7$, $g_{i7} \leqq 0$; $i = 1, 2, 3$ und $h_7 = -5 < 0$.

6.9.2. Lineare Abhängigkeit des Erfordernisvektors von einem Parameter

Jetzt betrachten wir eine lineare Optimierungsaufgabe, in der die Komponenten des Erfordernisvektors $\boldsymbol{b}$ lineare Funktionen ein und desselben Parameters sind. An Stelle der bisher verwendeten b_i, treten jetzt also die Ausdrücke $p_i + q_i t$; $i = 1, 2, \ldots, m$, wobei der Parameter t ein vorgegebenes Intervall $u \leqq t \leqq v$ durchlaufen soll. Die lineare Optimierungsaufgabe in der Normalform lautet jetzt:

$$\begin{aligned} &\sum_{j=1}^{n} a_{ij} x_j = p_i + q_i t; \qquad i = 1, 2, \ldots, m; \qquad u \leqq t \leqq v \\ &x_j \geqq 0; \quad j = 1, 2, \ldots, n \\ &z = \sum_{j=1}^{n} c_j x_j \rightarrow \text{Max.} \end{aligned} \tag{6.97}$$

Die Aufgabe besteht darin, für jeden Wert von t aus $[u, v]$ festzustellen, ob eine zulässige Optimallösung existiert, und eine solche gegebenenfalls zu ermitteln.
Obwohl die Dualaufgabe von (6.97) in die Gestalt der Aufgabe (6.86) überführt werden kann und deshalb zu ihrer Bearbeitung nach Abschnitt 6.6. das für (6.86) dargelegte Verfahren verwendet werden kann, soll auch für die Aufgabe (6.97) ein Lösungsverfahren angegeben werden. Das geschieht deshalb, weil in der Praxis die Bearbeitung der Dualaufgabe häufig unrationell ist.
Zuerst stellen wir fest, daß der zulässige Bereich von (6.97) jetzt selbstverständlich nicht mehr für alle t der gleiche ist. Die rechten Seiten des Systems der Restriktionen

sind Funktionen von t. Damit sind in jeder Lösung auch die x_j Funktionen von t. Liegt eine zulässige Basislösung $\boldsymbol{x}_B$ von (6.97) vor, dann gilt gemäß Abschnitt 6.6.2.

$$\boldsymbol{x}_B = \boldsymbol{B}^{-1}(\boldsymbol{p} + \boldsymbol{q}t) = \boldsymbol{B}^{-1}\boldsymbol{p} + \boldsymbol{B}^{-1}\boldsymbol{q}t = \boldsymbol{\sigma} + \boldsymbol{\varrho}t,$$

oder

$$x_{Bi} = \sigma_i + \varrho_i t,$$

so daß der Wert jeder Basisvariablen durch eine lineare Funktion von t gegeben ist. Dabei sind die σ_i die Werte der Basisvariablen für den Erfordernisvektor $\boldsymbol{p}$ und die ϱ_i die Werte der Basisvariablen für den Erfordernisvektor $\boldsymbol{q}$. Folglich gilt

$$\boldsymbol{\sigma} = \boldsymbol{B}^{-1}\boldsymbol{p} \quad \text{und} \quad \boldsymbol{\varrho} = \boldsymbol{B}^{-1}\boldsymbol{q}. \tag{6.98}$$

Der zur vorliegenden Basislösung gehörende Wert der Zielfunktion ist durch

$$z = \boldsymbol{c}_B^T \boldsymbol{x}_B = \boldsymbol{c}_B^T(\boldsymbol{\sigma} + \boldsymbol{\varrho}t) = \boldsymbol{c}_B^T\boldsymbol{\sigma} + \boldsymbol{c}_B^T\boldsymbol{\varrho}t = \gamma + \delta t \tag{6.99}$$

gegeben. Somit ist auch z eine lineare Funktion von t. Die darin auftretenden Koeffizienten sind durch

$$\gamma = \sum_{i=1}^{m} c_{Bi}\sigma_i \quad \text{bzw.} \quad \delta = \sum_{i=1}^{m} c_{Bi}\varrho_i \tag{6.100}$$

gegeben.

Die Bearbeitung der Aufgabe (6.97) beginnen wir damit, daß für einen festen Wert $\bar{t}$ mit $u \leqq \bar{t} \leqq v$ die Phase I der Simplexmethode angewendet wird, falls nicht eine zulässige Basislösung der Aufgabe (6.97) für ein festes t vorliegt. Dabei tritt gewiß einer der beiden Fälle auf:

Fall 1:

Die Phase I endet für $t = \bar{t}$ mit einer zulässigen Basislösung der Aufgabe (6.97).

Fall 2:

Die Phase I endet für $t = \bar{t}$ mit einer optimalen zulässigen Basislösung der dort zu betrachtenden Aufgabe, so daß $z_{I\max} < 0$ ist.

Zu Fall 1: Existieren für $t = \bar{t}$ unbeschränkte Lösungen, dann besitzt die Aufgabe (6.97) für kein t Optimallösungen. Nach Satz 6.17 ist nämlich der zulässige Bereich der zugehörigen Dualaufgabe leer. Die Dualaufgabe läßt sich aber in die Gestalt (6.86) bringen, so daß ersichtlich wird, daß deren zulässiger Bereich für *jedes* t leer ist.

Es liege jetzt eine zulässige optimale Basislösung

$$x_{Bi} = \sigma_i + \varrho_i \bar{t} \geqq 0; \quad i = 1, 2, \ldots, m \tag{6.101}$$

vor, so daß gewiß

$$y_{m+1,j} \geqq 0; \quad j = 1, 2, \ldots, n$$

gilt. Weil die Änderung von t keinen Einfluß auf die $y_{m+1,j}$ hat, bleibt das Optimalitätskriterium für die vorliegende Basislösung für alle t erfüllt. Damit die Basislösung jedoch zulässig bleibt, müssen die Ungleichungen

$$\sigma_i + \varrho_i t \geqq 0; \quad i = 1, 2, \ldots, m$$

erfüllt sein. Wir stellen jetzt fest, für welche Werte von t das eintritt. Für $\varrho_i = 0$ ist wegen (6.101) gewiß $\sigma_i \geqq 0$, so daß für die betreffenden i die Ungleichungen immer gelten. Natürlich kann $\varrho_i = 0$ nicht für alle i gelten, weil daraus nach (6.98) $\boldsymbol{q} = \boldsymbol{o}$ folgen würde.
Für $\varrho_i > 0$ gilt die betreffende Ungleichung gewiß für alle t mit

$$t \geqq -\frac{\sigma_i}{\varrho_i}; \quad \varrho_i > 0.$$

Für $\varrho_i < 0$ ist die betreffende Ungleichung dagegen für alle t mit

$$t \leqq -\frac{\sigma_i}{\varrho_i}; \quad \varrho_i < 0$$

erfüllt. Somit gelten alle Ungleichungen zugleich für alle t mit $t_0 \leqq t \leqq t_1$, wobei

$$t_0 = \begin{cases} \max\limits_{\varrho_i > 0} -\dfrac{\sigma_i}{\varrho_i} \\ u, \quad \text{falls alle } \varrho_i \leqq 0 \end{cases} \tag{6.102}$$

und

$$t_1 = \begin{cases} \min\limits_{\varrho_i < 0} -\dfrac{\sigma_i}{\varrho_i} \\ v, \quad \text{falls alle } \varrho_i \geqq 0 \end{cases} \tag{6.103}$$

sind. Die für $t = \bar{t}$ ermittelte optimale zulässige Basislösung ist deshalb zugleich für alle t aus $[t_0, t_1]$ zulässig und optimal. Dieses Intervall ist nicht leer, da es gewiß $\bar{t}$ enthält.
Wenn $t_0 \leqq u$ und $t_1 \geqq v$ gilt, dann ist die Aufgabe (6.97) schon vollständig gelöst. Ist $t_1 < v$, dann sind noch die Parameterwerte $t_1 < t \leqq v$ zu untersuchen. Es ist dann

$$t_1 = -\frac{\sigma_k}{\varrho_k}; \quad \varrho_k < 0, \tag{6.104}$$

so daß $\sigma_k + \varrho_k t_1 = 0$; $\sigma_i + \varrho_i t_1 \geqq 0$; $i \neq k$ und $\sigma_k + \varrho_k t < 0$ für $t > t_1$ gilt. Deshalb muß, um für $t > t_1$ eine zulässige Basislösung zu erhalten, die Basisvariable $x_{Bk} = \sigma_k + \varrho_k t$ aus der Basislösung entfernt werden. Da die vorliegende Basislösung für $t > t_1$ nicht zulässig ist, für sie aber das Optimalitätskriterium erfüllt ist, bietet sich hier sofort die Anwendung des dualen Simplexalgorithmus an. Damit ist die an Stelle von x_{Bk} in die Basislösung einzuführende Variable x_r in Übereinstimmung mit (6.69) durch

$$\frac{y_{m+1,r}}{y_{kr}} = \max_{y_{kj} < 0} \frac{y_{m+1,j}}{y_{kj}}$$

festgelegt. Wenn alle $y_{kj} \geqq 0$ sind, dann existiert für $t > t_1$ keine zulässige Lösung. Das überlegt man sich leicht unter Berücksichtigung der Ausführungen im Abschnitt 6.7.1. Anderenfalls ermitteln wir mittels der Simplextransformation die neue Basislösung, die gewiß für $t = t_1$ zulässig ist. Den Wert $t_2 \geqq t_1$, bis zu dem die neue Lösung zulässig bleibt, ermitteln wir nun entsprechend den Überlegungen für die Lösung für $t = \bar{t}$ aus (6.103). Dabei sind dort jetzt die neuen σ_i und ϱ_i zu verwenden und es ist t_2 statt t_1 zu schreiben. Auf diese Weise fahren wir fort, bis ein $t_\nu \geqq v$ erhalten wird.

Ist $t_0 > u$, dann sind noch die Parameterwerte $u \leqq t < t_0$ zu untersuchen. Es ist dann

$$t_0 = -\frac{\sigma_k}{\varrho_k}; \quad \varrho_k > 0, \tag{6.105}$$

so daß $\sigma_k + \varrho_k t_0 = 0, \sigma_i + \varrho_i t_0 \geqq 0; i \neq k$ und $\sigma_k + \varrho_k t < 0$ für $t < t_0$ gilt. Deshalb muß x_{Bk} aus der Basislösung entfernt werden. Die dafür einzuführende Variable x_r ist dabei wie oben zu ermitteln. Wenn alle $y_{kj} \geqq 0$ sind, dann existiert für $t < t_0$, keine zulässige Lösung. Anderenfalls bestimmen wir mittels der Simplextransformation die neue Basislösung, die gewiß für $t = t_0$ zulässig ist. Den Wert $t_{-1} \leqq t_0$, bis zu dem die neue Lösung zulässig bleibt, ermitteln wir gemäß (6.102) wobei die neuen σ_i und ϱ_i benutzt werden und t_{-1} statt t_0 geschrieben wird. Auf diese Weise fahren wir fort, bis ein $t_{-\mu} \leqq u$ erhalten wird.

Zu Fall 2: Die Simplexmethode hat jetzt die Aussage geliefert, daß die Aufgabe (6.97) für $t = \bar{t}$ keine zulässige Lösung besitzt. Es liegt eine optimale zulässige Basislösung für die in der Phase I zu untersuchende Aufgabe vor, und es ist $z_{I\max} < 0$. Wir führen nun das für den Fall 1 dargelegte Verfahren für die in der Phase I zu lösende Aufgabe durch. Existiert für ein t^* aus $[u, v]$ eine zulässige Lösung der Aufgabe (6.97), dann muß sich gewiß $z_{I\max} = 0$ ergeben. Von dieser Stelle an wird dann das Verfahren für die Aufgabe (6.97) weitergeführt. Gibt es kein t aus $[u, v]$ mit $z_{I\max} = 0$, dann besitzt (6.97) in $[u, v]$ keine zulässigen Lösungen. Die bei der Bearbeitung der Aufgabe in der Phase I erhaltenen Intervallgrenzen bezeichnen wir jedoch nicht mit t_s bzw. t_{-s}. Diese Bezeichnung wird nur für die t-Werte der Aufgabe (6.97) verwendet.

Die Werte t_s bzw. t_{-s} werden auch jetzt wieder als charakteristische Parameterwerte und die zugehörigen optimalen zulässigen Basislösungen als charakteristische Lösungen bezeichnet.

Die Durchführung der numerischen Rechnung bei der Lösung der Aufgabe (6.97) erfolgt auch jetzt wieder am vorteilhaftesten in Simplextableaus. Im Gegensatz zu den Tableaus für die gewöhnliche Simplexmethode ist jetzt jedoch die Spalte 0, in der die Werte y_{i0} der Basisvariablen stehen, zur Aufnahme der σ_i bzw. der ϱ_i in zwei Spalten zu unterteilen. Diese Größen werden auch getrennt nach den Transformationsformeln des Simplexalgorithmus transformiert. Nur dann, wenn zur Bestimmung der aus einer Basislösung zu entfernenden Variablen die Quotienten $\frac{x_{Bi}}{y_{ir}}$; $y_{ir} > 0$ zu bilden sind, muß der Wert von x_{Bi} für einen festen Wert von $t = t_s$ bzw. $t = t_{-s}$ gemäß $x_{Bi} = \sigma_i + \varrho_i t$ tatsächlich berechnet werden. Von dem Zeitpunkt an, von dem der duale Simplexalgorithmus verwendet wird, ist statt der Q-Spalte eine Q-Zeile zu benutzen.

Das Verfahren verläuft auch hier so, daß ausgehend von einem festen $t = \bar{t}$ mit $u \leqq \bar{t} \leqq v$ wiederum zuerst $t > \bar{t}$ betrachtet wird und dann die Untersuchung für $t < \bar{t}$ erfolgt. Nach Abschluß des Verfahrens für $t > \bar{t}$ ist zur Untersuchung von $t < \bar{t}$ wiederum vom Simplextableau für $t = \bar{t}$ auszugehen.

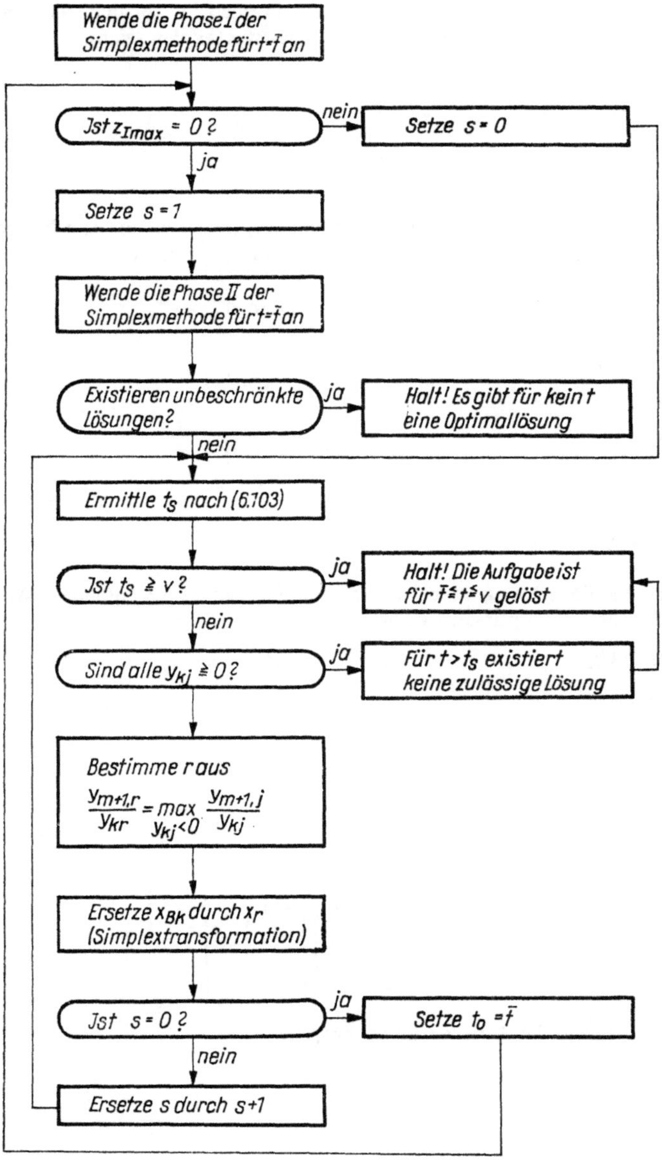

Abbildung 6.14

In der Abbildung 6.14 ist ein Blockdiagramm für $t > \bar{t}$ angegeben. Dabei ist, solange $z_{I\max} < 0$ gilt, die jeweilige obere Intervallgrenze stets mit t_0 bezeichnet worden, weil durch eine solche Größe schließlich der kleinste t-Wert $t_0 > \bar{t}$ geliefert wird, für den die Aufgabe zulässige Lösungen besitzt, falls das überhaupt eintritt.

Beispiel 6.13

Wir betrachten nochmals das im Beispiel 6.5 behandelte Zuschnittsproblem. Es sei jetzt bekannt, daß Aufträge über Stücke der Längen 9 m, 8 m und 6 m in gewissen Zeitabständen immer wieder an den Betrieb ergehen, wobei sich jedoch die geforderten Mindeststückzahlen in Abhängigkeit von einem Parameter t in bekannter Weise ändern. Die geforderten Mindeststückzahlen seien:

für $l_1 = 9$ m mindestens $4000 - 2t$

für $l_2 = 8$ m mindestens $5000 - 2t$

für $l_3 = 6$ m mindestens $3000 + 3t$,

wobei $-1000 \leqq t \leqq 2000$ gelten muß.
Um ein für alle mal die jeweils optimalen Zuschnittpläne zu ermitteln, lösen wir die zugehörige parametrische lineare Optimierungsaufgabe. Diese lautet in Analogie zum Beispiel 6.6

$$\begin{aligned}
x_1 + \frac{1}{2}x_2 + \frac{1}{2}x_3 \qquad\qquad - \frac{1}{2}x_7 \qquad\qquad &= 2000 - t \\
\frac{1}{2}x_2 \qquad + x_4 + \frac{1}{2}x_5 \qquad\qquad - \frac{1}{2}x_8 \qquad &= 2500 - t \\
\frac{1}{3}x_3 \qquad + \frac{2}{3}x_5 + x_6 \qquad\qquad - \frac{1}{3}x_9 &= 1000 + t
\end{aligned}$$

$$-1000 \leqq t \leqq 2000$$

$$z = -2x_1 - 3x_2 - 5x_3 - 4x_4 - 2x_6 \to \text{Max.}$$

Für $t = 0$ ist eine optimale zulässige Basislösung im letzten Tableau der Tabelle 6.3 enthalten. Wir wählen deshalb $\bar{t} = 0$. Die zu der für $t = 0$ optimalen Basislösung

$$x_B^T = [x_1 \; x_9 \; x_5] = [2000 \; 7000 \; 5000]$$

gehörende inverse Basismatrix lautet

$$B^{-1} = \begin{bmatrix} 1 & 0 & 0 \\ 0 & 4 & -3 \\ 0 & 2 & 0 \end{bmatrix}.$$

Damit finden wir gemäß (6.98)

$$\sigma = \begin{bmatrix} 1 & 0 & 0 \\ 0 & 4 & -3 \\ 0 & 2 & 0 \end{bmatrix} \begin{bmatrix} 2000 \\ 2500 \\ 1000 \end{bmatrix} = \begin{bmatrix} 2000 \\ 7000 \\ 5000 \end{bmatrix} \quad \text{und} \quad \varrho = \begin{bmatrix} 1 & 0 & 0 \\ 0 & 4 & -3 \\ 0 & 2 & 0 \end{bmatrix} \begin{bmatrix} -1 \\ -1 \\ 1 \end{bmatrix} = \begin{bmatrix} -1 \\ -7 \\ -2 \end{bmatrix}.$$

Das Anfangstableau ist im ersten Tableau der Tabelle 6.33 angegeben.
Wir erhalten jetzt nach (6.103)

$$t_1 = \min\left\{-\frac{2000}{-1}, -\frac{7000}{-7}, -\frac{5000}{-2}\right\} = 1000 = \frac{\sigma_2}{\varrho_2}.$$

Somit ist $k = 2$. Ferner ist

$$\max_{y_{2j}<0} \frac{y_{4j}}{y_{2j}} = 0 = \frac{y_{48}}{y_{28}},$$

so daß $r = 8$ ist. Die Simplextransformation liefert das zweite Tableau der Tabelle 6.33.
Jetzt ist

$$t_2 = \min\left\{-\frac{2000}{-1}\right\} = 2000,$$

so daß die Aufgabe für $0 \leqq t \leqq 2000$ gelöst ist.

Tabelle 6.33

Gl. Nr.	B.V. Nr.	c_B	0		1	2	3	4	5	6	7	8	9	
			σ	ϱ	-2	-3	-5	-4	0	-2	0	0	0	
1	1	-2	2000	-1	1	$\frac{1}{2}$	$\frac{1}{2}$	0	0	0	$-\frac{1}{2}$	0	0	
2	9	0	7000	-7	0	2	-1	4	0	-3	0	-2	1	$t_1 = 1000$
3	5	0	5000	-2	0	1	0	2	1	0	0	-1	0	$k = 2$
4			-4000	2	0	2	4	4	0	2	1	0	0	$r = 8$
							-4			$-\frac{2}{3}$		0		
1	1	-2	2000	-1	1	$\frac{1}{2}$	$\frac{1}{2}$	0	0	0	$-\frac{1}{2}$	0	0	
2	8	0	-3500	$\frac{7}{2}$	0	-1	$\frac{1}{2}$	-2	0	$\frac{3}{2}$	0	1	$-\frac{1}{2}$	
3	5	0	1500	$\frac{3}{2}$	0	0	$\frac{1}{2}$	0	1	$\frac{3}{2}$	0	0	$-\frac{1}{2}$	
4			-4000	2	0	2	4	4	0	2	1	0	0	

Zur Bearbeitung der Aufgabe für $t < 0$ gehen wir zum ersten Tableau der Tabelle 6.33 zurück und ermitteln nach (6.102) den Wert t_0, bis zu dem die zugehörige Basislösung optimal ist. Wir erhalten $t_0 = u$, weil alle $\varrho_i \leqq 0$ sind. Somit ist die Aufgabe vollständig gelöst. Als Ergebnis haben wir erhalten:

Für $-1000 \leqq t \leqq 1000$ ist $\overset{1}{x}{}_B^T = [x_1\; x_9\; x_5] = [2000 - t \quad 7000 - 7t \quad 5000 - 2t]$ optimal, und es gilt $z_{\min} = 4000 - 2t$.

Für $1000 \leqq t \leqq 2000$ ist $\overset{2}{x}{}_B^T = [x_1\; x_8\; x_5] = \left[2000 - t \quad -3500 + \frac{7}{2}t \quad 1500 + \frac{3}{2}t\right]$ optimal, und es gilt $z_{\min} = 4000 - 2t$.

6.10. Diskrete lineare Optimierung

Bei vielen praktischen Optimierungsaufgaben sind nur solche Lösungen sinnvoll, bei denen die Variablen gewisse diskrete Werte, zum Beispiel ganzzahlige, besitzen. Eine solche Aufgabe ist das im Beispiel 6.5 behandelte Zuschnittproblem. Weitere Beispiele für derartige Aufgaben sind in [6.6] und [6.7] enthalten. Derartige Optimierungsaufgaben sind nichtlinear, auch wenn die Restriktionen und die Zielfunktion die Gestalt linearer Formen haben. Wenn eine Aufgabe der Gestalt (6.3) bis (6.7) mit der zusätzlichen Forderung vorliegt, daß alle Variablen x_j nur ganzzahlige Werte annehmen dürfen, dann spricht man von einer *ganzzahligen linearen Optimierungsaufgabe*. Es treten auch solche Aufgaben auf, bei denen ein Teil der Variablen nur ganzzahlige Werte annehmen darf, während für die übrigen beliebige nichtnegative Werte zugelassen sind. Diese werden wir jedoch nicht behandeln. Schließlich haben auch Optimierungsaufgaben große Bedeutung, für die eine Darstellung in der Form (6.5) bis (6.7) nicht möglich oder nicht zweckmäßig ist und bei denen die Variablen nur diskrete Werte annehmen können. Zu deren Bearbeitung sind Lösungsmethoden entwickelt worden, auf die wir jedoch nicht eingehen werden.

6.10.1. Schnittebenenverfahren von Gomory

Wir betrachten die ganzzahlige lineare Optimierungsaufgabe:

$$\begin{aligned} &\boldsymbol{Ax} = \boldsymbol{b} \\ &\quad \boldsymbol{x} \geqq \boldsymbol{0};\ x_j \text{ ganzzahlig};\ j = 1, 2, \ldots, n \\ &z = \boldsymbol{c}^T\boldsymbol{x} \rightarrow \text{Max.} \end{aligned} \tag{6.106}$$

Zur Lösung dieser Aufgabe betrachten wir zuerst die lineare Optimierungsaufgabe, die aus (6.106) durch Weglassen der Ganzzahligkeitsforderungen entsteht. Diese bezeichnen wir zukünftig kurz als LA(6.106). Besitzt LA(6.106) keine zulässige Lösung oder unbeschränkte Lösungen, dann trifft das gleiche gewiß auch für (6.106) selbst zu. Wir nehmen jetzt an, daß durch die Bearbeitung von LA(6.106) die optimale zulässige Basislösung $\boldsymbol{x}_B$ mit der Basismatrix $\boldsymbol{B}$ erhalten wurde. Es sei

$$R = \{j;\ 1 \leqq j \leqq n \mid x_j \text{ Nichtbasisvariable}\}. \tag{6.107}$$

Aus der zur vorliegenden optimalen zulässigen Basislösung $\boldsymbol{x}_B$ von LA (6.106) gehörenden kanonischen Form ergibt sich

$$\boldsymbol{x}_B = \boldsymbol{y}_0 - \sum_{j \in R} \boldsymbol{y}_j x_j, \tag{6.108}$$

wobei $\boldsymbol{y}_0^T = [y_{10}\ y_{20} \cdots y_{m0}]$; $\boldsymbol{y}_j^T = [y_{1j}\ y_{2j} \cdots y_{mj}]$; $j = 1, 2, \cdots, n$ ist. Sind in (6.107) alle Komponenten von $\boldsymbol{y}_0$ ganze Zahlen, dann liegt (wegen $x_j = 0$) mit $\boldsymbol{x}_B$ eine ganzzahlige Optimallösung für LA(6.106) vor, die natürlich auch für (6.106) Optimallösung ist. Anderenfalls ist $\boldsymbol{x}_B$ für (6.106) nicht zulässig, weil diese Lösung nicht alle Ganzzahligkeitsforderungen erfüllt. Es ist dann gewiß eine Komponente $x_{Bl} = y_{l0}$ nicht ganz. Die l-te Gleichung von (6.108) lautet

$$x_{Bl} = y_{l0} - \sum_{j \in R} y_{lj} x_j. \tag{6.109}$$

Wir setzen jetzt

$$y_{l0} = g_{l0} + h_{l0};\quad y_{lj} = g_{lj} + h_{lj};\quad j \in R, \tag{6.110}$$

wobei mit g_{lj} die größte ganze Zahl kleiner oder gleich y_{lj} für $j = 0$ und $j \in R$ bezeichnet ist. Deshalb gilt gewiß

$$0 < h_{l0} < 1;\quad 0 \leqq h_{lj} < 1;\quad j \in R. \tag{6.111}$$

Durch Einsetzen von (6.110) in (6.109) erhalten wir

$$x_{Bl} = g_{l0} - \sum_{j \in R} g_{lj} x_j + h_{l0} - \sum_{j \in R} h_{lj} x_j.$$

Für jede ganzzahlige Lösung von (6.106) müssen gewiß x_{Bl} und x_j; $j \in R$ ganze Zahlen sein, so daß dafür

$$x_{Bl} - g_{l0} + \sum_{j \in R} g_{lj} x_j$$

eine ganze Zahl ist. Wegen

$$x_{Bl} - g_{l0} + \sum_{j \in R} g_{lj} x_j = h_{l0} - \sum_{j \in R} h_{lj} x_j$$

ist somit für jede ganzzahlige Lösung von (6.106) auch

$$h_{l0} - \sum_{j \in R} h_{lj} x_j$$

eine ganze Zahl. Da wegen (6.111) gewiß $\sum_{j \in R} h_{lj} x_j > 0$ ist und weil $0 < h_{l0} < 1$ gilt, muß

$$h_{l0} - \sum_{j \in R} h_{lj} x_j \leqq 0$$

oder

$$\sum_{j \in R} (-h_{lj})\, x_j \leqq -h_{l0} \tag{6.112}$$

für jede ganzzahlige Lösung von (6.106) erfüllt sein. Offensichtlich gilt (6.112) für die vorliegende optimale zulässige Basislösung $\boldsymbol{x}_B$ von LA(6.106) nicht, da in ihr $x_j = 0;\ j \in R$ ist. Fügen wir somit die Bedingung (6.112) zu den Restriktionen von (6.106) hinzu, dann entsteht eine Aufgabe, deren zulässiger Bereich kleiner ist als der von LA(6.106). Der neue zulässige Bereich enthält jedoch gewiß noch alle zulässigen (das heißt ganzzahligen) Lösungen von (6.106).
Durch (6.112) wird ein abgeschlossener Halbraum definiert, der durch die Hyperebene

$$\sum_{j \in R} (-h_{lj})\, x_j = -h_{l0}$$

begrenzt wird. Aus diesem Grunde nennen wir (6.112) *Schnittebene.*
Um die Zufügung von (6.112) zu den Restriktionen von (6.106) vorzunehmen, führen wir eine Schlupfvariable x_{n+1} ein. Dabei soll der Index $(n + 1)$ angeben, daß es sich um die erste Schnittebene handelt. Damit erhält (6.112) die Form

$$\sum_{j \in R} (-h_{lj})\, x_j + x_{n+1} = -h_{l0}.$$

An x_{n+1} braucht die Ganzzahligkeitsforderung nicht gestellt zu werden, jedoch ist x_{n+1} für jede ganzzahlige Lösung von (6.106) wegen der oben festgestellten Eigenschaften von selbst ganz.
Die Zufügung der Schnittebene zu den Restriktionen von (6.106) erfolgt nun in sehr einfacher Weise im optimalen Simplextableau von LA(6.106). Wir erweitern dieses Tableau um eine Spalte $(n + 1)$ und schieben zwischen die Zeile m und die ursprüngliche Zeile $(m + 1)$ eine neue Zeile ein. Die Schlupfvariable x_{n+1} wird mit dem Wert $(-h_{l0})$ Basisvariable in der neuen Zeile $(m + 1)$, während in den übrigen Zeilen die Basisvariablen mit den ursprünglichen Werten erhalten bleiben. In die Spalten $j \in R$ der neuen $(m + 1)$-ten Zeile setzen wir die Größen $(-h_{lj})$ ein, in das Feld $(m + 1, n + 1)$ schreiben wir eine 1 und in die übrigen Felder der Zeile $(m + 1)$ Nullen. In der Spalte $(n + 1)$ werden in alle noch leeren Felder Nullen eingetragen. Die ursprüngliche Zeile $(m + 1)$ wird jetzt als Zeile $(m + 2)$ einfach aus dem optimalen Simplextableau für LA(6.106) übernommen, wobei in das Feld $(m + 2, n + 1)$ eine Null eingetragen wird. Man kann sehr leicht zeigen, daß dieses Tableau das zu der Basislösung

$$\overset{1}{\boldsymbol{x}}_B = \begin{bmatrix} \boldsymbol{x}_B \\ x_{n+1} \end{bmatrix}$$

gehörende Simplextableau ist.

Die Basislösung $\overset{1}{x}_B$ der neuen Aufgabe ist jedoch wegen $-h_{l0} < 0$ gewiß nicht zulässig. Jedoch gilt

$$y_{m+2,j} \geqq 0; \quad j = 1, 2, \ldots, n + 1,$$

so daß das Optimalitätskriterium erfüllt ist. Somit liegt hier genau der Fall vor, der gemäß Abschnitt 6.7. mit dem dualen Simplexalgorithmus bequem bearbeitet werden kann. Auf das vorliegende Tableau wenden wir somit den dualen Simplexalgorithmus an und ermitteln mit ihm eine zulässige und damit optimale zulässige Basislösung für die um eine Restriktion erweiterte lineare Optimierungsaufgabe ohne Ganzzahligkeitsforderungen. Wenn die erhaltene zulässige Optimallösung ganzzahlig ist, dann ist sie zugleich für (6.106) optimal. Anderenfalls wird das Verfahren wiederholt, indem ausgehend von einer Basisvariablen mit nicht ganzzahligem Wert eine weitere Schnittebene konstruiert wird.

Wir haben bisher keine Regel dafür angegeben, welche nicht ganzzahlige Basisvariable zur Erzeugung der Schnittebene herangezogen werden soll. In der Praxis hat es sich bewährt, diejenige zu wählen, für die h_{i0} am größten ist. Es wird somit gemäß

$$h_{l0} = \max_{i} h_{i0} \tag{6.113}$$

bestimmt.

Da bei jedem neuen Schritt des Verfahrens eine Schnittebene den Restriktionen zugefügt wird, könnte man vermuten, daß beim Schritt p eine lineare Optimierungsaufgabe mit $(m + p)$ Restriktionen zu lösen ist. Man kann sich jedoch leicht überlegen, daß stets maximal $(n + 1)$ Restriktionen nötig sind, auch wenn $m + p > n + 1$ ist. Das erreicht man dadurch, daß jede Zeile, in der im optimalen Simplextableau eine Schlupfvariable x_{n+q}; $q \geqq 1$ Basisvariable ist, beim nächsten Schritt weggelassen wird.

Unter gewissen zusätzlichen Voraussetzungen läßt sich beweisen, daß theoretisch nach endlich vielen Schritten mit dem Verfahren eine ganzzahlige Optimallösung gefunden oder angezeigt wird, daß eine solche nicht existiert. Bei der praktischen Anwendung des Verfahrens treten jedoch gewisse numerische Schwierigkeiten auf. Da, wie wir schon früher bemerkt haben, die Daten der Simplextableaus im allgemeinen wegen der Rundungsfehler nicht genau sind, kann eine theoretisch ganzzahlige Basisvariable praktisch mit einem nicht ganzzahligen Wert erscheinen. Das könnte schließlich zur Folge haben, daß die gesuchte ganzzahlige Optimallösung weggeschnitten wird. In die Programme für Rechenautomaten sind deshalb Maßnahmen einzubauen, die diesen Effekt verhindern.

Das soeben dargelegte Verfahren soll jetzt auf ein Beispiel angewendet werden.

Beispiel 6.14

Wir betrachten die Aufgabe

$$\begin{aligned} \frac{1}{2}x_1 + x_2 + x_3 \qquad &= 4 \\ x_1 \qquad + \frac{1}{3}x_3 + x_4 &= 6 \end{aligned}$$

$x_j \geqq 0$ ganz; $j = 1, 2, 3, 4$

$z = 2x_1 + 5x_3 + x_4 \rightarrow \text{Max.}$

Tabelle 6.34

	Gl. Nr.	B.V. Nr.	c_B	0	1 (2)	2 (0)	3 (5)	4 (1)	5	6	
	1	3	5	4	$\frac{1}{2}$	1	1	0			$l=2$
	2	4	1	$\frac{14}{3}$	$\frac{5}{6}$	$-\frac{1}{3}$	0	1			
	3			$\frac{74}{3}$	$\frac{4}{3}$	$\frac{14}{3}$	0	0	5		
	1	3	5	4	$\frac{1}{2}$	1	1	0	0		$k=3$
	2	4	1	$\frac{14}{3}$	$\frac{5}{6}$	$-\frac{1}{3}$	0	1	0		$r=1$
	3	5	0	$-\frac{2}{3}$	$-\frac{5}{6}$	$-\frac{2}{3}$	0	0	1		
	4			$\frac{74}{3}$	$\frac{4}{3}$	$\frac{14}{3}$	0	0	0		
	Q				$\frac{8}{5}$	-7					
	1	3	5	$\frac{18}{5}$	0	$\frac{3}{5}$	1	0	$\frac{3}{5}$		
	2	4	1	4	0	-1	0	1	1		$l=3$
→	3	1	2	$\frac{4}{5}$	1	$\frac{4}{5}$	0	0	$-\frac{6}{5}$		
	4			$\frac{118}{5}$	0	$\frac{18}{5}$	0	0	$\frac{8}{5}$	6	
	1	3	5	$\frac{18}{5}$	0	$\frac{3}{5}$	1	0	$\frac{3}{5}$	0	
	2	4	1	4	0	-1	0	1	1	0	$k=4$
	3	1	2	$\frac{4}{5}$	1	$\frac{4}{5}$	0	0	$-\frac{6}{5}$	0	$r=5$
	4	6	0	$-\frac{4}{5}$	0	0	0	0	$-\frac{4}{5}$	1	
	5			$\frac{118}{5}$	0	$\frac{18}{5}$	0	0	$\frac{8}{5}$	0	
	Q								-2		
	1	3	5	3	0	$\frac{3}{5}$	1	0	0	$\frac{3}{4}$	
	2	4	1	3	0	-1	0	1	0	$\frac{5}{4}$	
	3	1	2	2	1	$\frac{4}{5}$	0	0	0	$-\frac{3}{2}$	
→	4	5	0	1	0	0	0	0	1	$-\frac{5}{4}$	
	5			22	0	$\frac{18}{5}$	0	0	6	2	

Eine optimale zulässige Basislösung und deren zugehöriges Simplextableau sind im ersten Tableau der Tabelle 6.34 enthalten. Da dort y_{10} ganz und y_{20} nicht ganz ist, haben wir $l = 2$. Wir ermitteln

$$h_{l0} = \frac{2}{3}; \quad h_{l1} = \frac{5}{6}; \quad h_{l2} = \frac{2}{3}; \quad h_{l3} = h_{l4} = 0.$$

Die Schnittebene lautet somit

$$-\frac{5}{6}x_1 - \frac{2}{3}x_2 + x_5 = -\frac{2}{3}.$$

Diese ist im zweiten Tableau der Aufgabe zugefügt. Die im dritten Tableau enthaltene zulässige Basislösung ist Optimallösung für die erweiterte Aufgabe, und es ist

$$h_{10} = \frac{3}{5}; \quad h_{30} = \frac{4}{5},$$

so daß $l = 3$ zu wählen ist. Wegen

$$h_{31} = 0; \quad h_{32} = \frac{4}{5}; \quad h_{33} = h_{34} = 0; \quad h_{35} = \frac{4}{5},$$

lautet die Schnittebene

$$-\frac{4}{5}x_2 - \frac{4}{5}x_5 + x_6 = -\frac{4}{5}.$$

Diese ist im vierten Tableau der Aufgabe zugefügt worden. Jetzt ist $k = 4$ und $r = 1$. Die zugehörige Simplextransformation liefert das fünfte Tableau, das optimal ist. Da darüberhinaus alle y_{i0}; $i = 1, 2, 3, 4$ ganz sind, liegt eine zulässige Optimallösung für die vorgegebene Aufgabe vor.
Diese lautet:

$$x_1 = 2; \quad x_3 = 3; \quad x_4 = 3; \quad x_2 = 0; \quad z_{\max} = 22.$$

Aufgaben

6.2.1 Die lineare Optimierungsaufgabe

$$\begin{aligned}
3x_1 + 2x_2 - x_3 + x_4 - 2x_5 + x_6 &\leqq 10\\
4x_1 + x_2 + 3x_3 - x_4 + 10x_5 &\geqq 5\\
x_1 + x_2 + 2x_3 + 3x_4 - x_6 &= 7\\
-3x_1 + 4x_2 + \frac{1}{2}x_3 - 2x_4 + 3x_5 + 5x_6 &\leqq 20
\end{aligned}$$

$$x_1, x_3, x_4, x_6 \geqq 0$$

$$\bar{z} = 10x_1 + 3x_2 - 4x_3 + 5x_4 + x_5 - x_6 \rightarrow \text{Min.}$$

ist in die Normalform zu überführen.

6.3.2 Die folgenden linearen Optimierungsaufgaben sind graphisch zu lösen.

a)
$$\begin{aligned}
2x_1 + 3x_2 &\leqq 6\\
x_1 + 4x_2 &\leqq 4\\
x_1, x_2 &\geqq 0
\end{aligned}$$

$$z = x_1 + \frac{3}{2}x_2 \rightarrow \text{Max.}$$

b) $x_1 + 2x_2 \leqq 5$
$x_1 + x_2 \geqq 1$
$x_1 - x_2 \geqq -1$
$3x_1 = x_2 \leqq 6$
$z = 2x_1 - x_2 \to \text{Max.}$

6.5.3 Ermitteln Sie für die Problemstellung des Beispiels 6.5 mit dem Simplexalgorithmus einen Zuschnittplan, für den möglichst wenig Stangen der Ausgangslänge $l = 20$ m verbraucht werden.

6.5.4 Die folgende lineare Optimierungsaufgabe ist mit der Simplexmethode zu lösen, wobei vorher die Restriktionen so umgeformt werden sollen, daß nur eine künstliche Variable in der Phase I verwendet werden muß.

$$\begin{aligned} 2x_1 + x_2 - x_4 + x_6 &= 1 \\ 4x_1 + 2x_2 - 2x_4 - x_7 &= 3 \\ 2x_1 - x_2 - x_3 + 2x_4 &= 3 \\ 2x_1 + x_2 + 3x_4 - x_5 &= 4 \end{aligned}$$
$x_j \geqq 0; \quad j = 1, 2, \ldots, 7$
$z = 5x_1 + 3x_2 + 6x_3 + x_4 + 2x_5 \to \text{Max.}$

6.5.5 Lösen Sie die folgende lineare Optimierungsaufgabe mit der Simplexmethode.

$$\begin{aligned} 2x_1 + x_2 - x_3 + x_4 + 2x_5 &= 8 \\ x_1 - x_2 + 2x_3 - 2x_4 - x_5 &= 3 \\ 5x_1 + 3x_2 - 7x_3 + 5x_4 + x_5 &= 21 \\ 4x_1 - x_2 + 3x_3 - 3x_4 &= 14 \end{aligned}$$
$x_j \geqq 0; \quad j = 1, 2, 3, 4, 5$
$z = -x_1 + 3x_2 - 3x_3 + 2x_4 - 4x_5 \to \text{Max.}$

6.6.6 Geben Sie die zur folgenden Aufgabe gehörende Dualaufgabe an:

$$\begin{aligned} 5x_1 + 6x_2 - x_3 + 4x_4 - 2x_5 &\leqq 3 \\ 2x_1 + 4x_2 + x_3 + x_4 + x_5 + x_6 &= 2 \\ x_1 - x_2 + 2x_3 - x_4 - x_5 - x_6 &= 1 \\ 2x_1 - 3x_2 + 4x_3 + x_4 + x_5 + 3x_6 &\geqq 4 \end{aligned}$$
$x_j \geqq 0; \quad j = 1, 2, \ldots, 6$
$z = 7x_1 + 2x_2 - x_3 + 3x_4 + 2x_5 - 3x_6 \to \text{Max.}$

6.6.7 Lösen Sie die lineare Optimierungsaufgabe

$$\begin{aligned} x_1 + x_2 + x_3 &\leqq 5 \\ 3x_1 - x_2 + 2x_3 &\leqq 6 \\ -x_1 + 2x_2 + x_3 &\leqq 3 \\ 4x_1 + 2x_2 - 3x_3 &\leqq 4 \\ -2x_1 + x_2 - x_3 &\leqq -1 \end{aligned}$$
$x_j \geqq 0; \quad j = 1, 2, 3$
$z = 4x_1 - 2x_3 + x_3 \to \text{Max.}$
dadurch, daß Sie die Dualaufgabe mit der Simplexmethode bearbeiten.

6.7.8 Aus Stangen der Länge $l = 16$ m sollen hergestellt werden:

Mindestens 1000 Stücke der Länge 9 m,
mindestens 2000 Stücke der Länge 6 m,
mindestens 3200 Stücke der Länge 4 m.

Es soll ein Zuschnittplan angegeben werden, bei dem die Zahl der benötigten Stangen minimal ist. Stellen Sie für dieses Zuschnittproblem ein lineares Optimierungsmodell auf, und lösen Sie die entstehende Aufgabe mit dem dualen Simplexalgorithmus.
Hinweis: Die Tabelle der sinnvollen Zuschnittkombinationen ist

Kombination Nr.	1	2	3	4	5
Anzahl der 9 m Stücke	1	1	0	0	0
Anzahl der 6 m Stücke	1	0	2	1	0
Anzahl der 4 m Stücke	0	1	1	2	4

6.8.9 Lösen Sie die klassische Transportaufgabe aus Beispiel 6.11, in dem Sie eine erste zulässige Basislösung mit der Vogelschen Approximationsmethode ermitteln.

6.8.10 Beweisen Sie die folgende Aussage: Sind c'_{ij} die relativen spezifischen Aufwendungen bezüglich einer nichtdegenerierten zulässigen Basislösung einer klassischen Transportaufgabe und gilt $c'_{ij} > 0$ für alle (i, j), für die x_{ij} Nichtbasisvariable ist, dann ist die vorliegende zulässige Basislösung die einzige existierende Optimallösung. Ist dagegen ein $c'_{pq} = 0$ und x_{pq} Nichtbasisvariable, dann besitzt die Aufgabe unendlich viele Optimallösungen.

6.8.11 An vier verschiedenen Baustellen werden Lastkraftwagen des gleichen Typs in den folgenden Anzahlen benötigt:

Baustelle 1: 3 LKW
Baustelle 2: 6 LKW
Baustelle 3: 4 LKW
Baustelle 4: 5 LKW

Diese Fahrzeuge sind in drei verschiedenen Garagen stationiert und zwar:

in Garage 1: 4 LKW
in Garage 2: 6 LKW
in Garage 3: 8 LKW

Die Entfernungen (in Kilometer) von den Garagen zu den Baustellen sind in der folgenden Tabelle zusammengestellt.

Garage	Baustelle			
	1	2	3	4
1	13	11	15	20
2	17	14	12	13
3	18	18	13	12

Ermitteln Sie einen Fahrplan für die Kraftwagen von den Garagen zu den Baustellen, so daß die insgesamt zurückzulegende Entfernung minimal wird.

6.8.12 Ist die im Beispiel 6.11 für die dort bearbeitete klassische Transportaufgabe gefundene optimale zulässige Basislösung die einzige existierende Optimallösung?

6.9.13 Beweisen Sie die folgenden Aussagen für parametrische lineare Optimierungsaufgaben der Form (6.86):

1. Ist x_B für $t_0 \leqq t \leqq t_1$ optimale zulässige Basislösung, wobei

$$t_1 = -\frac{g_r}{h_r} = \min_{h_j < 0} -\frac{g_j}{h_j}$$

ist, und sind alle $y_{ir} \leqq 0$, dann besitzt die Aufgabe für alle $t > t_1$ unbeschränkte Lösungen.

2. Ist x_B für $t_0 \leqq t \leqq t_1$ optimale zulässige Basislösung, wobei

$$t_0 = -\frac{g_r}{h_r} = \max_{h_j > 0} -\frac{g_j}{h_j}$$

ist, und sind alle $y_{ir} \leqq 0$, dann besitzt die Aufgabe für alle $t < t_0$ unbeschränkte Lösungen.

6.9.14 Lösen Sie die parametrische lineare Optimierungsaufgabe

$$\begin{aligned}
-2x_2 + x_3 + x_4 - x_5 &\leqq 0\\
2x_1 - 2x_3 + x_4 - x_5 &\leqq 0\\
-x_1 + 2x_2 + x_4 - x_5 &\leqq 0\\
x_1 + x_2 + x_3 &= 1\\
x_j \geqq 0; \quad j &= 1, 2, \ldots, 5\\
z = 3tx_1 + (-1 - 4t)x_2 + 2tx_3 + (1 - t)x_4 - x_5 &\rightarrow \text{Max.}; \quad -2 \leqq t \leqq 5
\end{aligned}$$

6.9.15 Lösen Sie die parametrische lineare Optimierungsaufgabe

$$\begin{aligned}
2x_1 + x_2 + x_3 - x_4 - x_5 &= 2 - t\\
4x_1 + 2x_2 + 2x_3 - 2x_4 + x_6 &= 7 + t; \quad -5 \leqq t \leqq 5\\
x_1 + x_2 + x_3 + x_4 &= 2\\
x_j \geqq 0; \quad j &= 1, 2, \ldots, 6\\
z = 3x_1 + 4x_2 + 2x_3 + 3x_4 + 2x_5 &\rightarrow \text{Max.}
\end{aligned}$$

6.10.16 Zur Aufgabenstellung des Beispiels 6.10 ist die zusätzliche Forderung zu stellen, daß von jedem der drei Produkte eine ganzzahlige Zahl von Einheiten herzustellen ist. Lösen Sie die zugehörige Optimierungsaufgabe mit dem Schnittebenenverfahren.

7.
Zahlenfolgen und -reihen

7. Zahlenfolgen und -reihen

Die mathematische Begriffsbildung der Zahlenfolge ist für den Aufbau der Analysis von grundsätzlicher Bedeutung. Arithmetische und geometrische Zahlenfolgen bilden die Grundlage einer Vielzahl von Methoden zur numerischen Auswertung von Problemen. Iterative Prozesse der Datenverarbeitung basieren häufig auf der Konstruktion von Zahlenfolgen (vgl. [7.1]). Von besonderer Wichtigkeit ist aber der Begriff des Grenzwertes, der hier zunächst für Zahlenfolgen erklärt und später auf allgemeinere Gesamtheiten ausgedehnt wird.
Im ersten Abschnitt dieses Kapitels beschäftigen wir uns mit dem Begriff der Zahlenfolge, einigen speziellen Zahlenfolgen und einfachen Eigenschaften von Zahlenfolgen. Die Einführung des Grenzwertbegriffes bei Zahlenfolgen und die Untersuchung konvergenter Zahlenfolgen sind Gegenstand des zweiten Abschnittes. Das Kapitel schließt mit einem Abschnitt über unendliche Reihen, deren Erklärung mit Hilfe der Zahlenfolge der Teilsummen erfolgt.

7.1. Begriff der Zahlenfolge, spezielle Zahlenfolgen

7.1.1. Erklärung der Zahlenfolge

Mit den natürlichen Zahlen 0, 1, 2, 3, ... haben wir bereits ein erstes Beispiel für eine Zahlenfolge kennengelernt. Weitere Beispiele dieser Art lassen sich leicht bilden. Das veranlaßt uns zu der folgenden Definition einer Zahlenfolge.

Definition 7.1

Wird jeder Zahl n aus der Menge der natürlichen Zahlen oder aus einer Teilmenge M nach irgendeiner Vorschrift genau eine reelle Zahl a_n zugeordnet, ist eine Zahlenfolge erklärt, die man mit $\{a_n\}$ oder

$$a_0, a_1, a_2, \ldots \quad \text{oder} \quad a_0, a_1, \ldots, a_n, \ldots$$

bezeichnet. Die a_n heißen Glieder der Zahlenfolge.

Ist M eine unendliche Menge, dann heißt die Folge unendlich, anderenfalls endlich.

Diese Definition gestattet es, die Zahlenfolge als spezielles Beispiel einer Funktion aufzufassen (vgl. Abschnitt 2.5.). Der Definitionsbereich ist die Menge der natürlichen Zahlen beziehungsweise die Teilmenge M. Der Wertebereich liegt in der Menge der reellen Zahlen.

Bei den meisten Zahlenfolgen, mit denen wir uns später zu beschäftigen haben, ist die Zuordnungsvorschrift durch einen formelmäßigen Ausdruck gegeben. So erklärt zum Beispiel $a_n = 2n$ die Zahlenfolge der geraden Zahlen 0, 2, 4, 6, ... Im Zusammenhang mit dem Newtonschen Verfahren in Abschnitt 8.4.7. werden wir rekursiv erklärte Zahlenfolgen betrachten. Als Beispiel für die rekursive Bildungsweise einer Zahlenfolge sei

$$a_n = a_{n-1} + a_{n-2}, \quad n = 2, 3, \ldots$$

$$a_0 = 1, \quad a_1 = 2$$

angegeben, wodurch die Zahlenfolge

$$1, 2, 3, 5, 8, 13, 21, 34, 55, \ldots$$

bestimmt ist. Jedes Glied der Zahlenfolge ist gleich der Summe der beiden vorangehenden Glieder.

Gelegentlich beginnt die Numerierung der Glieder a_n einer Zahlenfolge nicht mit Null, sondern mit einer anderen ganzen Zahl. Unzulässig ist jedoch jede Veränderung der Anordnung der Glieder einer Zahlenfolge, da das einer Änderung der Zuordnungsvorschrift gleichkommt.

In Kapitel 3 haben wir jeder reellen Zahl umkehrbar eindeutig einen Punkt auf der Zahlengerade zugeordnet. Das läßt eine geometrische Interpretation der Zahlenfolge zu. Wird dem Glied a_n der Zahlenfolge der Punkt A_n auf der Zahlengerade zugeordnet, entspricht der Zahlenfolge $\{a_n\}$ eine *Punktfolge* $\{A_n\}$. Die Punkte A_n sind die Bilder der Zahlen a_n. Ein Punkt kann auch das Bild mehrerer Glieder der Zahlenfolge sein, falls verschiedene Glieder der Folge gleich sind. Sämtliche Glieder der Zahlenfolge 1, 1, ..., 1, ... besitzen als Bild den Einheitspunkt.

7.1.2. Arithmetische Zahlenfolgen

Arithmetische Folgen stellen eine sehr einfache, spezielle Klasse von Zahlenfolgen dar. Vorbereitend führen wir den Begriff der *identisch konstanten Zahlenfolge* ein.

Definition 7.2

Eine Zahlenfolge heißt identisch konstant, wenn alle Glieder a_n gleich einer Konstanten c sind,

$$a_n = c.$$

Die Folge heißt dann auch identisch gleich c.

Definition 7.3

Eine Zahlenfolge $\{a_n\}$ wird arithmetisch genannt, wenn die Zahlenfolge $\{a_{n+1} - a_n\}$ identisch konstant, aber nicht identisch gleich Null ist.

Nach dieser Definition ist die Differenz $a_{n+1} - a_n$ von zwei aufeinanderfolgenden Gliedern einer arithmetischen Folge konstant. Schreiben wir

$$a_{n+1} - a_n = d, \quad d \neq 0$$
$$a_0 = a,$$

ist die arithmetische Zahlenfolge durch die *Differenz d* und das *Anfangsglied a* bestimmt. Daher lassen sich arithmetische Zahlenfolgen auch in der Form

$$a,\ a + d,\ a + 2d,\ a + 3d,\ \ldots,\ a + nd,\ \ldots$$

darstellen.
Die Zahlenfolge

$$1, 4, 7, 10, \ldots$$

ist offenbar arithmetisch mit dem Anfangsglied $a = 1$ und der Differenz $d = 3$.
Von Interesse ist noch die Frage, welche Summe die ersten $n + 1$ Glieder einer arithmetischen Folge besitzen,

$$s_n = a_0 + a_1 + a_2 + \cdots + a_n.$$

Schreiben wir dafür

$$s_n = a_n + a_{n-1} + a_{n-2} + \cdots + a_0,$$

ergibt die Summe dieser beiden Gleichungen

$$2s_n = (a_0 + a_n) + (a_1 + a_{n-1}) + (a_2 + a_{n-2}) + \cdots + (a_n + a_0).$$

Nun gilt aber

$$a_k + a_{n-k} = (a + kd) + (a + (n - k)\,d) = 2a + nd,$$

so daß wir

$$s_n = \frac{n+1}{2}(2a + nd) = \frac{n+1}{2}(a_0 + a_n)$$

finden.

7.1.3. Differenzenfolgen

In der Fehler-, Ausgleichs- und Näherungsrechnung werden sehr häufig Differenzenfolgen betrachtet. Bildet man zu einer Zahlenfolge $\{a_n\}$ die Folge $\{a_{n+1} - a_n\}$, wird sie *erste Differenzenfolge* der betrachteten Zahlenfolge genannt. Es ist üblich,

$$\Delta a_n = a_{n+1} - a_n$$

zu setzen, so daß sich die erste Differenzenfolge in der Form $\{\Delta a_n\}$ darstellt. Von jeder Differenzenfolge kann man eine weitere Differenzenfolge bilden. Wir gelangen daher zu der folgenden Definition.

Definition 7.4

Unter der k-ten Differenzenfolge einer Zahlenfolge $\{a_n\}$ versteht man die Zahlenfolge $\{\Delta^k a_n\}$. $\Delta^k a_n$ heißt k-te Differenz des Gliedes a_n und ist durch

$$\Delta^k a_n = \Delta^{k-1} a_{n+1} - \Delta^{k-1} a_n, \quad n = 1, 2, \ldots; \quad k = 1, 2, \ldots,$$

$$\Delta^1 a_n = \Delta a_n = a_{n+1} - a_n$$

definiert.

Es ist zweckmäßig, zur Berechnung der Differenzen die folgende Anordnung zu verwenden, bei der jede Zahl $\Delta^k a_n$ unterhalb der beiden Zahlen steht, von denen sie die Differenz ist:

$$\begin{array}{lllllllll}
a_1 & & a_2 & & a_3 & & a_4 & & a_5 \ \ldots \\
 & \Delta a_1 & & \Delta a_2 & & \Delta a_3 & & \Delta a_4 & \ldots\ldots \\
 & & \Delta^2 a_1 & & \Delta^2 a_2 & & \Delta^2 a_3 & & \ldots\ldots\ldots \\
 & & & \Delta^3 a_1 & & \Delta^3 a_2 & & & \ldots\ldots\ldots\ldots \\
 & & & & \ldots\ldots & \ldots\ldots & \ldots\ldots & \ldots\ldots & \ldots\ldots
\end{array}$$

Für die Zahlenfolge $\{n^2\}$ lautet dieses Anordnungsschema:

$$\begin{array}{ccccccccccccc}
0 & & 1 & & 4 & & 9 & & 16 & & 25 & & 36 \\
 & 1 & & 3 & & 5 & & 7 & & 9 & & 11 & \\
 & & 2 & & 2 & & 2 & & 2 & & 2 & &
\end{array}$$

Es ist leicht zu erkennen, daß für diese Zahlenfolge sämtliche zweiten Differenzen gleich 2 sind:

$$\Delta a_n = a_{n+1} - a_n = (n + 1)^2 - n^2 = 2n + 1,$$

$$\Delta^2 a_n = \Delta a_{n+1} - \Delta a_n = (2(n + 1) + 1) - (2n + 1) = 2.$$

Dieses Beispiel hat uns auf einen speziellen Typ von Differenzenfolgen, die *arithmetischen Folgen höherer Ordnung*, geführt.

Definition 7.5

Ist die k-te Differenzenfolge einer Zahlenfolge identisch konstant, aber nicht identisch gleich Null, wird die Zahlenfolge eine arithmetische Folge k-ter Ordnung genannt. Eine arithmetische Folge erster Ordnung heißt auch kurz arithmetische Folge.

Damit stellt die Zahlenfolge $\{n^2\}$ eine arithmetische Folge zweiter Ordnung dar.

7.1.4. Geometrische Zahlenfolgen

Neben den arithmetischen Folgen sind für uns die geometrischen Zahlenfolgen von besonderem Interesse.

Definition 7.6

Eine Zahlenfolge $\{a_n\}$ *wird geometrisch genannt, wenn alle ihre Glieder von Null verschieden sind und die Zahlenfolge*

$$\left\{\frac{a_{n+1}}{a_n}\right\}$$

identisch konstant ist.

Nach dieser Definition ist der Quotient $\frac{a_{n+1}}{a_n}$ von zwei aufeinanderfolgenden Gliedern einer geometrischen Folge konstant. Schreiben wir

$$\frac{a_{n+1}}{a_n} = q, \quad a_n \neq 0 \; \forall \, n,$$
$$a_0 = a,$$

ist die geometrische Folge durch den *Quotienten q* und das *Anfangsglied a* bestimmt. Daher lassen sich geometrische Zahlenfolgen auch in der Form

$$a, aq, aq^2, aq^3, \dots, aq^n, \dots$$

darstellen.

Offensichtlich ist die Zahlenfolge $\{2^n\}$ geometrisch mit dem Anfangsglied $a = 1$ und dem Quotienten $q = 2$.

Wie bei arithmetischen Folgen ist auch bei geometrischen die Summe der ersten $n + 1$ Glieder

$$s_n = a_0 + a_1 + a_2 + \cdots + a_n$$

von Interesse, für die wir auch

$$s_n = a(1 + q + q^2 + \cdots + q^n)$$

schreiben können. Nun bestätigt man durch Ausmultiplizieren sofort die Gleichung

$$(1 - q)(1 + q + q^2 + \cdots + q^n) = 1 - q^{n+1},$$

so daß wir für $q \neq 1$

$$1 + q + q^2 + \cdots + q^n = \frac{1 - q^{n+1}}{1 - q},$$
$$s_n = a\frac{1 - q^{n+1}}{1 - q}$$

erhalten. Für $q = 1$ gilt

$$s_n = a(\underbrace{1 + 1 + \cdots + 1}_{n + 1 \text{ Glieder}}) = (n + 1)\,a.$$

Zusammengefaßt ergibt sich die Summenformel

$$s_n = \begin{cases} a\dfrac{1 - q^{n+1}}{1 - q} & \text{für } q \neq 1 \\ (n + 1)\,a & \text{für } q = 1. \end{cases}$$

Geometrische Folgen treten in der Wirtschaftsmathematik gelegentlich als mathematisches Modell für Wachstumsvorgänge auf. Wir betrachten dazu den diskreten Zinseszinsvorgang. Am Anfang eines ersten Jahres möge ein gewisser Geldbetrag a vorhanden sein, zu dem am Ende des ersten Jahres ein Zinsbetrag ra hinzukommt. Die Größe r heißt *Jahreszinsrate.* Am Ende des ersten Jahres (Anfang des zweiten Jahres) steht damit der Geldbetrag

$$a_1 = a + ra = a(1 + r)$$

zur Verfügung. Dieses Geld wird im zweiten Jahre entsprechend verzinst; so daß wir am Ende des zweiten Jahres über den Betrag

$$a_2 = a_1 + ra_1 = a_1(1 + r) = a(1 + r)^2$$

verfügen. Am Ende des n-ten Jahres ist der Betrag auf

$$a_n = a(1 + r)^n$$

angewachsen. Man pflegt $1 + r = q$ zu setzen und q als *Aufzinsungsfaktor* zu bezeichnen. Die Geldbeträge am Ende eines jeden Jahres bilden damit eine geometrische Zahlenfolge. Meist schreibt man noch $a_n = k_n$, $a = k_0$ (k_n Kapital am Ende des n-ten Jahres, k_0 Anfangskapital) und nennt die Gleichung

$$k_n = k_0 q^n$$

Leibnizsche Zinseszinsformel.

Tritt zu dem Zinseszinsvorgang eine jährliche *Rentenzahlung* (am Anfang eines jeden Jahres) mit dem Betrag $\tilde{r}$ hinzu, steht am Ende des ersten Jahres wieder der Betrag $\tilde{r}q$ zur Verfügung. Im zweiten Jahr verzinst sich dieser Betrag, so daß er am Ende des zweiten Jahres auf $\tilde{r}q^2$ angewachsen ist. Außerdem erfolgt aber am Anfang des zweiten Jahres eine Rentenzahlung mit dem Betrag $\tilde{r}$, die sich ebenfalls im Laufe des Jahres verzinst. Damit steht am Ende des zweiten Jahres insgesamt der Betrag

$$\tilde{r}_2 = \tilde{r}q^2 + \tilde{r}q = \tilde{r}(q^2 + q)$$

zur Verfügung. Durch die Fortsetzung der Rentenzahlung wächst der Betrag am Ende des n-ten Jahres auf

$$\begin{aligned} \tilde{r}_n &= \tilde{r}(q^n + q^{n-1} + \cdots + q) \\ &= \tilde{r}q(1 + q + \cdots + q^{n-2} + q^{n-1}) \end{aligned}$$

an. Nach der Summenformel der geometrischen Folge ($q \neq 1$ hier vom Problem her gesichert) gilt

$$1 + q + q^2 + \cdots + q^{n-1} = \frac{1 - q^n}{1 - q},$$

so daß wir

$$\tilde{r}_n = \tilde{r}q\frac{1 - q^n}{1 - q}$$

schreiben können.

7.1.5. Beschrankte und monotone Zahlenfolgen

Betrachten wir die Zahlenfolge $\{2n + 1\}$, so fällt auf, daß sämtliche Glieder der Zahlenfolge größer oder gleich 1 sind. Das veranlaßt uns, *nach unten beschränkte Zahlenfolgen* zu erklären.

Definition 7.7

Eine Zahlenfolge $\{a_n\}$ heißt nach unten beschränkt, wenn eine Zahl k' existiert, so daß für alle n

$$a_n \geqq k'$$

gilt. k' wird untere Schranke der Zahlenfolge genannt.

Analog lassen sich *nach oben beschränkte Zahlenfolgen* erklären.

Definition 7.8

Eine Zahlenfolge $\{a_n\}$ heißt nach oben beschränkt, wenn eine Zahl k'' existiert, so daß für alle n

$$a_n \leqq k''$$

gilt. k'' wird obere Schranke der Zahlenfolge genannt.

Die Zahlenfolge $\{2n + 1\}$ ist nicht nach oben beschränkt, da es keine Zahl k'' geben kann, so daß

$$2n + 1 \leqq k'' \; \forall\, n$$

erfüllt ist. Denn diese Bedingung wird für

$$n > \frac{k'' - 1}{2}$$

verletzt.

Neben Zahlenfolgen, die nach unten oder nach oben beschränkt sind, betrachten wir noch sogenannte *beschränkte Zahlenfolgen.* Bei ihnen wird die Eigenschaft der Beschränktheit auf den Betrag der Glieder bezogen.

Definition 7.9

Eine Zahlenfolge $\{a_n\}$ heißt beschränkt, wenn eine positive Zahl k existiert, so daß für alle n

$$|a_n| \leqq k \tag{7.1}$$

gilt. k wird eine Schranke der Zahlenfolge genannt.

Für die Zahlenfolge

$$a_n = \frac{1}{2n^2}, \quad n = 1, 2, \ldots$$

gilt

$$|a_n| = \frac{1}{2n^2} \leqq \frac{1}{2} \quad \text{für alle } n.$$

Also ist die Zahlenfolge beschränkt und $k = \frac{1}{2}$ eine Schranke.

Die oben betrachtete Zahlenfolge $\{2n + 1\}$ kann dagegen nicht beschränkt sein. Wegen $|a_n| = a_n$ entspricht die Begründung dem Nachweis, daß die Zahlenfolge nicht nach oben beschränkt ist.

Die Ungleichung (7.1) können wir auch in der Form

$$-k \leqq a_n \leqq k \; \forall \, n \tag{7.2}$$

schreiben. Dann besagt (7.2), daß sämtliche Glieder der Zahlenfolge im Intervall $[-k, k]$ liegen.

Eine nach unten und oben beschränkte Zahlenfolge ist auch beschränkt, da es bei der Beschränktheit ja nur darauf ankommt, daß die Glieder in einem endlichen Intervall liegen. Andererseits muß auch eine beschränkte Zahlenfolge nach unten und oben beschränkt sein, weil offenbar $-k$ eine untere und k eine obere Schranke ist.

Wir wollen noch zwei Sätze über beschränkte Zahlenfolgen beweisen.

Satz 7.1

$\{b_n\}$ sei eine beschränkte Zahlenfolge mit der Schranke k. Für sämtliche Glieder a_n einer Zahlenfolge $\{a_n\}$ möge die Ungleichung

$$|a_n| \leqq |b_n| \tag{7.3}$$

gelten. Dann ist auch $\{a_n\}$ beschränkt und k ist eine Schranke.

Beweis

Nach Voraussetzung gilt wegen (7.1)

$$|b_n| \leqq k \; \forall \, n.$$

Weiterhin ist mit (7.3)

$$|a_n| \leqq |b_n| \leqq k \; \forall \, n,$$

so daß die Beschränktheit von $\{a_n\}$ nachgewiesen ist.

Satz 7.2

Eine geometrische Zahlenfolge ist für $|q| \leqq 1$ beschränkt.

Beweis

Nach Abschnitt 7.1.4. ist $a_n = aq^n$, so daß sich mit $|q| \leqq 1$ für alle n

$$|a_n| = |aq^n| = |a| \cdot |q^n| = |a| \cdot |q|^n \leqq |a|$$

ergibt. $|a|$ ist also eine Schranke der Zahlenfolge.

Viele Zahlenfolgen, mit denen wir uns später zu beschäftigen haben, besitzen die Eigenschaft der *Monotonie.* In ihr drückt sich ein ständiges Wachsen oder Fallen der Glieder einer Zahlenfolge aus.

Definition 7.10

Eine Zahlenfolge $\{a_n\}$ *heißt monoton wachsend, wenn*

$$a_n \leqq a_{n+1} \; \forall \, n$$

und streng monoton wachsend, wenn

$$a_n < a_{n+1} \; \forall \, n$$

gilt. Sie wird monoton fallend genannt, falls

$$a_n \geqq a_{n+1} \; \forall \, n$$

und streng monoton fallend, falls

$$a_n > a_{n+1} \; \forall \, n$$

gilt.

So ist zum Beispiel die Zahlenfolge $\{2n + 1\}$ streng monoton wachsend, da

$$a_{n+1} = 2(n + 1) + 1 = 2n + 3 > 2n + 1 = a_n$$

folgt. In

$$a_n = \frac{1}{2n^2}, \quad n = 1, 2, \ldots$$

finden wir wegen

$$a_{n+1} = \frac{1}{2(n + 1)^2} = \frac{1}{2n^2 + 4n + 2} < \frac{1}{2n^2} = a_n$$

ein Beispiel für eine streng monoton fallende Zahlenfolge. Ein Beispiel für eine monoton wachsende Zahlenfolge ist $\{n^2 - n + 1\}$.
Es gilt

$$a_{n+1} = (n + 1)^2 - (n + 1) + 1 = n^2 + n + 1 \geqq n^2 - n + 1 = a_n.$$

Die Zahlenfolge kann jedoch nicht streng monoton wachsend sein, da $a_0 = a_1 = 1$ ist. In der Zahlenfolge $\{(-1)^n n\}$ finden wir ein Beispiel für eine weder monoton wachsende noch fallende Zahlenfolge.

7.2. Konvergente Zahlenfolgen

7.2.1. Grenzwert von Zahlenfolgen

Der Konvergenzbegriff bei Zahlenfolgen ist für die weiteren Betrachtungen von besonderer Bedeutung, da auf ihm die Differential- und Integralrechnung und viele weitergehende Untersuchungen aufbauen.

Zur Einführung des Konvergenzbegriffes denken wir uns die Zahlenfolge $\{a_n\}$ als Punktfolge $\{A_n\}$ auf der Zahlengerade dargestellt (beachte Abschnitt 7.1.1.). Dann sagen wir, daß die Punktfolge $\{A_n\}$ gegen einen Punkt A der Zahlengerade (ihm möge die Zahl a entsprechen) konvergiert, wenn der Abstand der Punkte A_n und A mit wachsendem n beliebig klein wird. Dem Abstand der Punkte A_n und A entspricht der Betrag der Differenz $a_n - a$. Diese Vorstellung vom Konvergenzbegriff veranlaßt uns, die folgende Definition auszusprechen:

Definition 7.11

Eine Zahlenfolge $\{a_n\}$ konvergiert gegen den Grenzwert a, wenn für jede positive Zahl ε eine natürliche Zahl $N(\varepsilon)$ existiert, so daß für alle $n \geqq N(\varepsilon)$

$$|a_n - a| < \varepsilon \tag{7.4}$$

gilt. Diese Konvergenzaussage wird durch die Symbolik

$$\lim_{n \to \infty} a_n = a$$

oder

$$a_n \to a \quad \text{für} \quad n \to \infty$$

ausgedrückt.

Die beliebig starke Annäherung der Punkte A_n an den Punkt A wird mathematisch durch die beliebige Wahl von $\varepsilon > 0$ ausgedrückt. Konvergenz liegt also nur dann vor, wenn für jede Wahl von $\varepsilon > 0$ die Aussage von Definition 7.11 erfüllt ist. Es entspricht unserer Vorstellung, daß wir dabei vornehmlich an sehr kleine Zahlen $\varepsilon > 0$ denken. Auch mathematisch ist das begründet, da, falls die in Definition 7.11 gemachte Aussage für ein $\varepsilon > 0$ erfüllt ist, sie zwangsläufig für jedes $\varepsilon' > \varepsilon$ gelten muß. Daher bedient man sich auch häufig der Sprechweise, daß die Ungleichung (7.4) für jedes noch so kleine $\varepsilon > 0$ besteht.

Die Konvergenzaussage von Definition 7.11 beinhaltet, daß bei vorgegebenem $\varepsilon > 0$ für alle Indizes n, die der Bedingung $n \geqq N(\varepsilon)$ genügen, die zugehörigen Glieder a_n der Zahlenfolge die Ungleichung (7.4) erfüllen müssen. Damit ist $N(\varepsilon)$ der Index, von dem ab gesichert ist, daß für alle folgenden Glieder a_n ($n \geqq N(\varepsilon)$) die Ungleichung (7.4) besteht. Je kleiner wir ε wählen, desto größer wird im allgemeinen das $N(\varepsilon)$ sein müssen. Daher hängt der Index N von der Wahl von ε ab. Das hat uns auch dazu veranlaßt, die Abhängigkeit von ε durch $N(\varepsilon)$ auszudrücken.

Der Konvergenzbegriff läßt auch eine geometrische Interpretation zu. Für (7.4) können wir

$$-\varepsilon < a_n - a < \varepsilon$$

oder

$$a - \varepsilon < a_n < a + \varepsilon \tag{7.5}$$

schreiben. Dann besagt die Konvergenz einer Zahlenfolge $\{a_n\}$, daß für jedes $\varepsilon > 0$ von einem bestimmten Index $N(\varepsilon)$ ab sämtliche Glieder a_n mit $n \geqq N(\varepsilon)$ im Intervall (7.5) liegen. Das Intervall

$$(a - \varepsilon, a + \varepsilon)$$

bezeichnet man als eine ε-Umgebung der Zahl a. Auf Grund dieser Interpretation können wir sagen, daß bei einer konvergenten Zahlenfolge alle Glieder a_n, mit Ausnahme von höchstens endlich vielen, in einer beliebigen ε-Umgebung des Grenzwertes a liegen.

In der Definition 7.11 haben wir eine bequeme Symbolik für die Konvergenz einer Zahlenfolge eingeführt. Diese Symbolik darf jedoch nicht dazu verleiten, in den Grenzwertbegriff mathematische Unexaktheiten hineinzutragen. Will man die volle Aussage des Grenzwertbegriffes erfassen, bedient man sich dazu folgender Symbolik:

$$\forall\, \varepsilon > 0,\ \exists\, N(\varepsilon)\colon |a_n - a| < \varepsilon,\ \forall\, n \geqq N(\varepsilon). \tag{7.6}$$

Die Beziehung (7.6) wird wie folgt gelesen: Für alle $\varepsilon > 0$ existiert ein $N(\varepsilon)$, so daß $|a_n - a| < \varepsilon$ für alle $n \geqq N(\varepsilon)$ gilt.

Wegen der besonderen Bedeutung von Zahlenfolgen, die gegen den Grenzwert Null konvergieren, führen wir die folgende Bezeichnung ein.

Definition 7.12

Eine Zahlenfolge, die gegen Null konvergiert, heißt Nullfolge.

Für Nullfolgen gelten die Beziehungen (7.4) bis (7.6) mit $a = 0$.

Wir heben hervor, daß die Definition 7.11 kein konstruktives Prinzip zur Bestimmung des Grenzwertes enthält. Zuweilen ist es möglich, durch Betrachtung des Anfangsstückes einer Zahlenfolge einen Grenzwert zu vermuten.

Wir wollen an Hand einiger Beispiele den Konvergenznachweis bei Zahlenfolgen demonstrieren.

Beispiel 7.1

Vorgelegt sei die Zahlenfolge

$$a_n = \frac{1}{n}, \qquad n = 1, 2, \ldots$$

Die Betrachtung des Anfangsstückes läßt vermuten, daß es sich um eine Nullfolge handelt. Es ist

$$|a_n| = \frac{1}{n} < \varepsilon \quad \text{für} \quad n > \frac{1}{\varepsilon}.$$

Die Bedingung (7.4) mit $a = 0$ ist damit für alle $n \geqq N(\varepsilon)$ erfüllt, wenn wir

$$N(\varepsilon) > \frac{1}{\varepsilon}$$

wählen. Aus der letzten Ungleichung kann zu jedem $\varepsilon > 0$ ein $N(\varepsilon)$ berechnet werden, so daß für $n > N(\varepsilon)$ die Ungleichung $|a_n - a| < \varepsilon$ gilt.

Beispiel 7.2

Wir betrachten die Zahlenfolge

$$a_n = 1 + \frac{1}{n^2}, \qquad n = 1, 2, \ldots$$

Als Grenzwert können wir $a = 1$ erwarten. Es gilt

$$|a_n - a| = \left|\left(1 + \frac{1}{n^2}\right) - 1\right| = \frac{1}{n^2} < \varepsilon \quad \text{für} \quad n > \frac{1}{\sqrt{\varepsilon}}.$$

Wir haben also

$$N(\varepsilon) > \frac{1}{\sqrt{\varepsilon}}$$

zu wählen. Damit ist die Zahlenfolge konvergent.

Häufig ist es zum Nachweis der Konvergenz einer Zahlenfolge notwendig, die Glieder a_n abzuschätzen.

Beispiel 7.3

Für die Zahlenfolge

$$a_n = \frac{n}{n^3 + 4}, \qquad n = 0, 1, 2, \ldots$$

weisen wir nach, daß eine Nullfolge vorliegt. Wir finden ($n > 0$)

$$|a_n| = \frac{n}{n^3 + 4} < \frac{n}{n^3} = \frac{1}{n^2} < \varepsilon \quad \text{für} \quad n > \frac{1}{\sqrt{\varepsilon}}.$$

Also muß wieder $N(\varepsilon) > \frac{1}{\sqrt{\varepsilon}}$ sein.

7.2.2. Eigenschaften konvergenter Zahlenfolgen

In den folgenden Sätzen spiegeln sich wichtige Eigenschaften von Zahlenfolgen wider, die für viele Untersuchungen der Analysis benötigt werden. Gleichzeitig erleichtern uns einige dieser Sätze den Nachweis der Konvergenz von Zahlenfolgen. Weitere Sätze über konvergente Zahlenfolgen sind in [7.2], [7.3] zu finden.

Satz 7.3

Ist $\{a_n\}$ eine konvergente Zahlenfolge mit dem Grenzwert a, so stellt $\{a_n - a\}$ eine Nullfolge dar.

Beweis

Nach Voraussetzung ist für alle $\varepsilon > 0$ (7.5) für $n \geqq N(\varepsilon)$ erfüllt. Dann gilt aber auch $\forall\, \varepsilon > 0$

$$-\varepsilon < a_n - a < \varepsilon,$$

$$|a_n - a| < \varepsilon$$

für $n \geqq N(\varepsilon)$. Das entspricht der Behauptung, daß $\{a_n - a\}$ eine Nullfolge ist.

Satz 7.4

Ist eine Zahlenfolge identisch gleich c, so konvergiert sie gegen den Grenzwert c.

Beweis

Nach Definition 7.2 gilt für alle Glieder der Zahlenfolge $a_n = c$. Folglich ist

$$|a_n - a| = |c - c| = 0.$$

Damit ist für alle n der Betrag $|a_n - a|$ kleiner als jedes $\varepsilon > 0$.

Satz 7.5

Die geometrische Zahlenfolge $\{q^n\}$ ist für $|q| < 1$ eine Nullfolge.

Beweis

Für $0 < |q| < 1$ ist

$$\frac{1}{|q|} > 1.$$

Wir setzen

$$\frac{1}{|q|} = 1 + p \quad \text{mit} \quad p > 0.$$

Damit ergibt sich in Anwendung des binomischen Satzes aus Abschnitt 4.6.2.

$$|a_n| = |q^n| = \frac{1}{(1+p)^n} = \frac{1}{1 + \binom{n}{1}p + \binom{n}{2}p^2 + \cdots + p^n}.$$

Wegen $p > 0$ sind alle Glieder im Nenner positiv, so daß wir

$$|a_n| \leqq \frac{1}{1 + \binom{n}{1}p} = \frac{1}{1 + np} < \frac{1}{np} < \varepsilon \quad \text{für} \quad n > \frac{1}{\varepsilon p}$$

folgern können. Damit ist der Satz bewiesen.

Zum Beweis der beiden folgenden Sätze verweisen wir auf die Literatur ([7.1] bis [7.3]).

Satz 7.6

Eine Zahlenfolge kann nicht gegen zwei verschiedene Grenzwerte konvergieren.

Satz 7.7

Jede konvergente Zahlenfolge ist beschränkt. Ist k eine Schranke der Zahlenfolge, so gilt auch für den Grenzwert a

$$|a| \leqq k.$$

Nach Satz 7.7 besitzt jede konvergente Zahlenfolge die Eigenschaft der Beschränktheit. Es sei aber betont, daß keineswegs umgekehrt jede beschränkte Zahlenfolge auch konvergent ist. Die Zahlenfolge

0, 1, 0, 1, 0, 1, ...

ist offenbar beschränkt. In Aufgabe 7.2.22a wird gezeigt, daß die Zahlenfolge nicht konvergent ist.

Satz 7.8

$\{a_n\}$ und $\{b_n\}$ seien zwei konvergente Zahlenfolgen mit den Grenzwerten a bzw. b. Dann gilt:

$$\lim_{n\to\infty} (a_n + b_n) = a + b, \tag{7.7}$$

$$\lim_{n\to\infty} (a_n - b_n) = a - b, \tag{7.8}$$

$$\lim_{n\to\infty} a_n b_n = ab, \tag{7.9}$$

$$\lim_{n\to\infty} \frac{a_n}{b_n} = \frac{a}{b} \quad \text{falls } b_n \neq 0 \quad \text{für } n > n_0,\ b \neq 0. \tag{7.10}$$

Dieser Satz sichert, daß Summe, Differenz, Produkt und Quotient (unter den Zusatzvoraussetzungen von (7.10)) konvergenter Zahlenfolgen wieder konvergente Zahlenfolgen darstellen. Den Inhalt des Satzes bringt man auch dadurch zum Ausdruck, daß man sagt: Zwei konvergente Zahlenfolgen dürfen gliedweise addiert, subtrahiert, multipliziert und dividiert werden – das letztere jedoch nur, wenn die im Nenner stehende Zahlenfolge keine Nullfolge ist und sämtliche Glieder von einem Index n_0 an von Null verschieden sind. Damit haben wir einen Satz kennengelernt, der ein Rechnen mit Zahlenfolgen begründet.

Der *Beweis* von Satz 7.8 basiert im wesentlichen auf den Rechenregeln des absoluten Betrages. Wir beschränken uns auf den Nachweis der Behauptung (7.9). Es gilt

$$\begin{aligned} |a_n b_n - ab| &= |(a_n - a)\, b_n + (b_n - b)\, a| \\ &\leqq |(a_n - a)\, b_n| + |(b_n - b)\, a| \\ &= |b_n| \cdot |a_n - a| + |a| \cdot |b_n - b| . \end{aligned}$$

Nach Voraussetzung ist

$$|a_n - a| < \varepsilon \quad \text{für} \quad n \geqq N(\varepsilon),$$
$$|b_n - b| < \varepsilon' \quad \text{für} \quad n \geqq N'(\varepsilon').$$

Weiterhin ist $\{b_n\}$ als konvergente Zahlenfolge nach Satz 7.7 beschränkt. Bezeichnen wir mit k eine Schranke dieser Zahlenfolge, ist

$$|a_n b_n - ab| \leqq k \cdot \varepsilon + |a| \cdot \varepsilon' \quad \text{für} \quad n \geqq \max(N, N').$$

Der Betrag $|a_n b_n - ab|$ wird also für hinreichend große n beliebig klein, so daß die Konvergenzaussage (7.9) gefolgert werden kann.

Analog läßt sich der Beweis des folgenden Satzes führen.

Satz 7.9

$\{a_n\}$ sei eine konvergente Zahlenfolge mit dem Grenzwert a und c eine Konstante. Dann gilt

$$\lim_{n\to\infty} c \cdot a_n = ca.$$

Satz 7.10

$\{a_n\}$ und $\{b_n\}$ seien zwei konvergente Zahlenfolgen mit demselben Grenzwert a. Ist $\{c_n\}$ eine zu untersuchende Zahlenfolge, deren Glieder der Bedingung

$$a_n \leqq c_n \leqq b_n \quad \textit{für} \quad n > n_0$$

genügen, so gilt

$$\lim_{n \to \infty} c_n = a.$$

Für Nullfolgen gelten einige spezielle Aussagen, die wir wieder in Form von Sätzen formulieren wollen.

Satz 7.11

Ist $\{a_n\}$ eine Nullfolge, so muß auch $\{|a_n|\}$ eine Nullfolge sein.

Der Beweis ergibt sich aus (7.6) mit $a = 0$.

Satz 7.12

$\{a_n\}$ sei eine Nullfolge und $\{c_n\}$ eine beschränkte Zahlenfolge. Dann ist auch die Zahlenfolge $\{c_n a_n\}$ eine Nullfolge.

Beweis

Da $\{c_n\}$ eine beschränkte Zahlenfolge ist, gilt

$$|c_n| \leqq k \,\forall\, n.$$

Folglich finden wir zusammen mit der Konvergenz von $\{a_n\}$

$$|a_n c_n| \leqq k|a_n| \leqq k\varepsilon = \varepsilon' \quad \forall\, n \geqq N(\varepsilon).$$

Satz 7.13

$\{a_n\}$ sei eine Nullfolge und $\{c_n\}$ eine zu untersuchende Zahlenfolge, deren Glieder der Bedingung

$$|c_n| \leqq k|a_n| \,\forall\, n$$

mit einer festen positiven Zahl k genügen. Dann ist auch $\{c_n\}$ eine Nullfolge.

7.2.3. Divergente Zahlenfolgen

Nicht jede Zahlenfolge besitzt die Eigenschaft, gegen einen Grenzwert zu konvergieren. Man spricht dann von divergenten Zahlenfolgen. Aber auch das Verhalten divergenter Zahlenfolgen kann unterschiedlich sein. Wir führen daher die folgende Definition ein.

Definition 7.13

Läßt sich für eine Zahlenfolge $\{a_n\}$ zu jeder positiven Zahl G eine natürliche Zahl N(G) finden, so daß für alle $n \geqq N(G)$

$$a_n > G \tag{7.12}$$

gilt, heißt die Zahlenfolge bestimmt divergent mit dem uneigentlichen Grenzwert $+\infty$. *Diese Aussage wird durch die Symbolik*

$$\lim_{n\to\infty} a_n = +\infty$$

oder

$$a_n \to \infty \quad \textit{für } n \to \infty$$

ausgedrückt.

Die Definition geht von der Vorstellung aus, daß die Glieder einer bestimmt divergenten Zahlenfolge mit dem uneigentlichen Grenzwert $+\infty$ beliebig groß werden. Das wird mathematisch durch die beliebige Wahl einer Zahl $G > 0$ ausgedrückt. Dabei denken wir vornehmlich an die Wahl einer hinreichend großen positiven Zahl G. Denn ist die in Definition 7.13 gemachte Aussage für ein $G > 0$ erfüllt, muß sie auch für jedes $G' < G$ gelten. Daher verwendet man häufig die Sprechweise, daß die Ungleichung (7.12) für noch so große $G > 0$ erfüllt ist.
Wie bei konvergenten Zahlenfolgen fordert die Definition 7.13, daß bei gegebenem $G > 0$ für alle Indizes n mit $n \geqq N(G)$ die zugehörigen Glieder a_n der Zahlenfolge die Ungleichung (7.12) erfüllen. $N(G)$ ist also der Index, von dem ab gesichert ist, daß für alle folgenden Glieder a_n ($n \geqq N(G)$) die Ungleichung (7.12) besteht.
Man beachte, daß die in der Definition 7.13 eingeführte Symbolik nicht bedeutet, daß ∞ als eine Zahl aufzufassen ist. Wir haben es hier wieder nur mit einer bequemen Schreibweise für den mathematisch definierten Sachverhalt zu tun.

Beispiel 7.4

Die Zahlenfolge $\{n^2 + 1\}$ besitzt den uneigentlichen Grenzwert $+\infty$, da

$$a_n = n^2 + 1 > G \quad \text{für alle} \quad n \geqq N(G) = \sqrt{G - 1}$$

gilt ($G > 1$).

Analog kann die *bestimmte Divergenz* mit dem uneigentlichen Grenzwert $-\infty$ erklärt werden.

Definition 7.14

Läßt sich für eine Zahlenfolge $\{a_n\}$ *zu jeder positiven Zahl G eine natürliche Zahl* $N(G)$ *finden, so daß für alle* $n \geqq N(G)$

$$a_n < -G$$

gilt, heißt die Zahlenfolge bestimmt divergent mit dem uneigentlichen Grenzwert $-\infty$. *Diese Aussage wird durch die Symbolik*

$$\lim_{n\to\infty} a_n = -\infty$$

oder

$$a_n \to -\infty \quad \textit{für } n \to \infty$$

ausgedrückt.

Definition 7.15

Eine divergente Zahlenfolge, die weder den uneigentlichen Grenzwert $+\infty$ noch $-\infty$ besitzt, wird unbestimmt divergent genannt.

Auf Grund dieser Definitionen werden die divergenten Zahlenfolgen in bestimmt und unbestimmt divergente Zahlenfolgen aufgeteilt.

Beispiel 7.5

Wir betrachten die Zahlenfolge $\{(-1)^n\}$. Sie ist nur der Werte -1 und $+1$ fähig, so daß sie offenbar nicht konvergiert. Andererseits kann sie auch nicht bestimmt divergent sein, da man nur $G > 1$ zu wählen braucht.

Wir wollen noch einige Sätze über divergente Zahlenfolgen angeben.

Satz 7.14

Ist $\{a_n\}$ eine Nullfolge mit positiven Gliedern, gilt

$$\lim_{n\to\infty} \frac{1}{a_n} = +\infty.$$

Beweis

Nach Voraussetzung ist

$$a_n < \varepsilon \quad \text{für alle} \quad n \geqq N(\varepsilon).$$

Nun existiert zu jedem $G > 0$ ein $\varepsilon > 0$ mit $G = \dfrac{1}{\varepsilon}$, so daß

$$\frac{1}{a_n} > \frac{1}{\varepsilon} = G \quad \text{für alle} \quad n \geqq N(\varepsilon)$$

folgt.

Satz 7.15

Die geometrische Zahlenfolge $\{q^n\}$ ist für $q > 1$ bestimmt divergent.

Beweis

Wegen $q > 1$ können wir $q = 1 + p$ mit $p > 0$ setzen. Dann gilt

$$a_n = q^n = (1 + p)^n,$$

und durch Anwendung des binomischen Satzes aus Abschnitt 4.6.2. erhalten wir

$$a_n = 1 + \binom{n}{1} p + \binom{n}{2} p^2 + \cdots + p^n$$

$$> np > G \quad \text{für} \quad n > \frac{G}{p}; \qquad N(G) > \frac{G}{p}.$$

Satz 7.16

Die geometrische Zahlenfolge $\{q^n\}$ ist für $q < -1$ unbestimmt divergent.

Beweis

Die Glieder der Zahlenfolge sind beliebig großer positiver Werte und beliebig kleiner negativer Werte fähig. Damit kann die Zahlenfolge weder konvergent noch bestimmt divergent sein.

7.2.4. Konvergenzkriterien

Es gibt zwei Konvergenzkriterien bei Zahlenfolgen, die man wegen ihrer Wichtigkeit auch als Hauptkriterien zu bezeichnen pflegt. Sie gestatten, Aussagen über das Konvergenzverhalten einer Zahlenfolge zu machen. Das erste Hauptkriterium bezieht sich auf monotone Zahlenfolgen, während beim zweiten Hauptkriterium, auch Cauchysches Konvergenzkriterium genannt, beliebige Zahlenfolgen betrachtet werden. Wegen der recht umfangreichen Beweise müssen wir hier auf die Begründung verzichten (vgl. [7.2], [7n.3]) und uns auf die Interpretation der Konvergenzkriterien beschränken.
Wir haben im Abschnitt 7.2.3. gesehen, daß die Beschränktheit einer Zahlenfolge zum Nachweis ihrer Konvergenz nicht ausreicht. Setzen wir jedoch zusätzlich voraus, daß die Zahlenfolge auch noch monoton ist, kann die Konvergenz der Zahlenfolge gesichert werden. Das ist unter anderem die Aussage des folgenden ersten Hauptkriteriums.

Satz 7.17

Eine monotone und beschränkte Zahlenfolge ist stets konvergent. Eine monoton wachsende und nicht beschränkte Zahlenfolge ist bestimmt divergent mit dem uneigentlichen Grenzwert $+\infty$. Eine monoton fallende und nicht beschränkte Zahlenfolge ist bestimmt divergent mit dem uneigentlichen Grenzwert $-\infty$.

Auf Grund dieses Satzes kann häufig sehr einfach die Konvergenz einer Zahlenfolge nachgewiesen werden. So ist zum Beispiel nach Abschnitt 7.1.5. die Zahlenfolge

$$a_n = \frac{1}{2n^2}, \quad n = 1, 2, \ldots$$

beschränkt und streng monoton fallend. Die Konvergenz dieser Zahlenfolge ist also durch Satz 7.17 gesichert. Ebenso ist nach Abschnitt 7.1.5. die Zahlenfolge $\{2n + 1\}$ nicht beschränkt und streng monoton wachsend, so daß sich aus Satz 7.17 die bestimmte Divergenz mit dem uneigentlichen Grenzwert $+\infty$ ergibt.

Beispiel 7.6

Vorgelegt sei die Zahlenfolge

$$a_n = \left(1 + \frac{1}{n}\right)^n, \qquad n = 1, 2, \ldots \tag{7.13}$$

Der Nachweis der Konvergenz dieser Zahlenfolge kann sehr einfach mit Hilfe von Satz 7.17 geführt werden. Der Grenzwert dieser Zahlenfolge wird nach Euler mit e bezeichnet

$$\lim_{n\to\infty} \left(1 + \frac{1}{n}\right)^n = e.$$

Diese Grenzwertaussage wird bei anderen Betrachtungen der Analysis vielfach benötigt.
Wir beweisen zunächst, daß die vorgelegte Zahlenfolge (7.13) monoton wachsend ist. Dazu haben wir

$$a_n \leqq a_{n+1} \, \forall n$$

$$\left(1 + \frac{1}{n}\right)^n \leqq \left(1 + \frac{1}{n+1}\right)^{n+1} \forall n$$

zu zeigen. Aus der Behauptung folgt

$$\left(\frac{n+1}{n}\right)^n \leqq \left(\frac{n+2}{n+1}\right)^{n+1},$$

$$\frac{(n+1)^n}{n^n} \leqq \frac{(n+2)^{n+1}}{(n+1)^{n+1}},$$

$$\frac{n(n+1)^{n+1}}{(n+1)\,n^{n+1}} \leqq \frac{(n+2)^{n+1}}{(n+1)^{n+1}},$$

$$\frac{n}{n+1} \leqq \frac{(n+2)^{n+1}\,n^{n+1}}{(n+1)^{2n+2}},$$

$$\frac{n}{n+1} \leqq \frac{(n^2+2n)^{n+1}}{(n+1)^{2n+2}},$$

$$\frac{(n+1)-1}{n+1} \leqq \left\{\frac{(n+1)^2-1}{(n+1)^2}\right\}^{n+1},$$

$$1-\frac{1}{n+1} \leqq \left(1-\frac{1}{(n+1)^2}\right)^{n+1}.$$

Die Gültigkeit der letzten Ungleichung ergibt sich aus der sogenannten Bernoullischen Ungleichung

$$1+nx < (1+x)^n \quad \text{für} \quad x > -1,\, x \neq 0,\, n > 1, \tag{7.14}$$

wenn wir

$$x = -\frac{1}{(n+1)^2}$$

setzen und (7.14) nicht für n, sondern für $n+1$ aufschreiben. Da andererseits diese Ungleichungskette auch umgekehrt durchlaufen werden kann, ist die Aussage über die Monotonie der Zahlenfolge (7.13) bewiesen.

Zum Beweis der Beschränktheit wenden wir den binomischen Satz an:

$$|a_n| = \left(1+\frac{1}{n}\right)^n = 1 + \binom{n}{1}\frac{1}{n} + \cdots + \binom{n}{k}\frac{1}{n^k} + \cdots + \frac{1}{n^n}.$$

Jeder Summand läßt sich durch

$$\binom{n}{k}\frac{1}{n^k} = \frac{1}{k!}\left(1-\frac{1}{n}\right)\left(1-\frac{2}{n}\right)\cdot\ldots\cdot\left(1-\frac{k-1}{n}\right) \leqq \frac{1}{k!} = \frac{1}{2\cdot 3\cdot\ldots\cdot k} \leqq \frac{1}{2^{k-1}}$$

abschätzen. Dann finden wir durch Anwendung der Summenformel der geometrischen Folge von Abschnitt 7.1.4.

$$|a_n| = \left(1+\frac{1}{n}\right)^n \leqq 1 + 1 + \frac{1}{2} + \frac{1}{2^2} + \cdots + \frac{1}{2^{n-1}} < 1 + \frac{1}{1-\frac{1}{2}} = 3.$$

Als monotone und beschränkte Zahlenfolge ist damit die Konvergenz von (7.13) gesichert.

Beispiel 7.7

Wir wollen durch Anwendung von Satz 7.17 zeigen, daß die Zahlenfolge mit den Gliedern

$$a_n = 1 + \frac{1}{2} + \cdots + \frac{1}{n}, \qquad n = 1, 2, \ldots$$

den uneigentlichen Grenzwert $+\infty$ besitzt. Das monotone Wachsen der Zahlenfolge ist offensichtlich. Wir begnügen uns daher mit dem Nachweis, daß die Zahlenfolge nicht beschränkt ist:

$$|a_n| = 1 + \frac{1}{2} + \frac{1}{3} + \cdots + \frac{1}{n} \geqq 1 + \frac{1}{2} + \frac{1}{3} + \cdots + \frac{1}{2^m} \quad \text{für} \quad n \geqq 2^m$$

$$= \left(1 + \frac{1}{2}\right) + \left(\frac{1}{3} + \frac{1}{4}\right) + \left(\frac{1}{5} + \cdots + \frac{1}{8}\right) + \cdots + \left(\frac{1}{2^{m-1}+1} + \cdots + \frac{1}{2^m}\right)$$

$$> \frac{1}{2} + 2 \cdot \frac{1}{4} + 4 \cdot \frac{1}{8} + \cdots + 2^{m-1} \cdot \frac{1}{2^m} = \frac{1}{2} + \frac{1}{2} + \frac{1}{2} + \cdots + \frac{1}{2} = \frac{m}{2}.$$

Damit wird a_n mit wachsendem n größer als jede positive Zahl G und ist somit nicht beschränkt.

Wir wollen uns jetzt mit dem Cauchyschen Konvergenzkriterium für Zahlenfolgen beschäftigen, das eine notwendige und hinreichende Bedingung für die Konvergenz einer Zahlenfolge enthält.

Satz 7.18

Eine Zahlenfolge $\{a_n\}$ ist dann und nur dann konvergent, wenn für jede positive Zahl ε eine natürliche Zahl $N(\varepsilon)$ existiert, so daß für alle n, $m \geqq N(\varepsilon)$

$$|a_n - a_m| < \varepsilon \tag{7.15}$$

gilt.

Die notwendige und hinreichende Bedingung von Satz 7.18 ähnelt in ihrem Inhalt der Definition der Konvergenz (Definition 7.11). In der Ungleichung (7.15) tritt jedoch im Unterschied zu (7.4) der Grenzwert nicht auf. Für jede Wahl von $\varepsilon > 0$ muß sich ein Index $N(\varepsilon)$ finden lassen, so daß für alle Indizes n, m mit $n \geqq N(\varepsilon)$, $m \geqq N(\varepsilon)$ die Bedingung (7.15) besteht. Schreiben wir die Ungleichung in der Form

$$a_n - \varepsilon < a_n < a_m + \varepsilon, \tag{7.16}$$

besagt (7.16), daß jedes Glied a_m mit hinreichend großem m bei konvergenten Zahlenfolgen zum Mittelpunkt eines ε-Intervalls gemacht werden kann und alle Glieder a_n mit $n \geqq N(\varepsilon)$ in dieser ε-Umgebung von a_m liegen müssen.

Die Anwendung des Cauchyschen Konvergenzkriteriums wollen wir an zwei Beispielen erläutern:

Beispiel 7.8

Vorgelegt sei die Zahlenfolge mit dem Bildungsgesetz

$$\left.\begin{aligned} a_{n+1} &= \frac{a_n + a_{n-1}}{2}, \quad n = 1, 2, \ldots, \\ a_0 &= 0, \; a_1 = 1, \end{aligned}\right\} \tag{7.17}$$

deren Anfangsstück

$$0, 1, \frac{1}{2}, \frac{3}{4}, \frac{5}{8}, \ldots$$

lautet. Es ist

$$|a_1 - a_0| = 1,$$

$$|a_2 - a_1| = \frac{1}{2},$$

$$|a_3 - a_2| = \frac{1}{4}.$$

Wir übergehen den Nachweis, der durch vollständige Induktion zu führen wäre, daß allgemein

$$|a_{n+1} - a_n| = \left|\frac{a_n + a_{n-1}}{2} - a_n\right| = \left|\frac{a_n - a_{n-1}}{2}\right| = \frac{1}{2^n} \tag{7.18}$$

gilt. Weiterhin sind wegen (7.17) alle Glieder der Zahlenfolge nichtnegativ. Durch vollständige Induktion kann

$$a_0 < a_2 < a_4 < \cdots < a_{2n} < a_{2n+1} < a_{2n-1} < \cdots < a_3 < a_1 \tag{7.19}$$

bewiesen werden. Dann folgt aus (7.18), (7.19), daß zwischen zwei aufeinanderfolgenden Gliedern alle weiteren Glieder der Zahlenfolge liegen müssen. Setzen wir ohne Beschränkung der Allgemeinheit $m > n$ voraus, gilt

$$|a_n - a_m| \leqq |a_{n+1} - a_n| = \frac{1}{2^n} < \varepsilon \quad \text{für} \quad n \geqq N(\varepsilon) = \frac{1}{\sqrt[n]{\varepsilon}}.$$

Damit ist die Zahlenfolge nach Satz 7.18 konvergent.

Das Cauchysche Konvergenzkriterium enthält eine notwendige und hinreichende Bedingung für die Konvergenz einer Zahlenfolge. Es kann daher auch zum Nachweis der Divergenz einer Zahlenfolge herangezogen werden. Auch dafür wollen wir ein Beispiel anführen.

Beispiel 7.9

Vorgelegt sei die Zahlenfolge von Beispiel 7.7. Wir nehmen wieder ohne Beschränkung der Allgemeinheit $m > n$ an. Dann gilt

$$|a_n - a_m| = \frac{1}{n+1} + \frac{1}{n+2} + \cdots + \frac{1}{m},$$

$$\geqq \frac{1}{m} + \frac{1}{m} + \cdots + \frac{1}{m} = \frac{m-n}{m} = 1 - \frac{n}{m}.$$

Betrachten wir zu jedem n ein Glied $m = 2n$, ist

$$|a_n - a_m| = |a_n - a_{2n}| = 1 - \frac{n}{2n} = \frac{1}{2}.$$

Wählen wir $\varepsilon < \frac{1}{2}$, gibt es zu jedem noch so großen n ein Glied a_{2n}, das von a_n einen Abstand $> \varepsilon$ hat. Die Bedingung des Cauchyschen Konvergenzkriteriums ist damit nicht erfüllt und die Folge nicht konvergent.

7.3. Zahlenreihen

7.3.1. Begriff der unendlichen Reihe

Bereits in den Abschnitten 7.1.2. und 7.1.4. haben wir Teilsummen der Glieder arithmetischer und geometrischer Zahlenfolgen gebildet. Solche Teilsummen können aber für eine beliebige Zahlenfolge bestimmt werden. Die Teilsummen selbst können wir als Glieder einer Zahlenfolge auffassen. Das führt zum Begriff der unendlichen Reihe.

Definition 7.16

$\{a_n\}$ sei eine beliebige Zahlenfolge und

$$s_n = a_0 + a_1 + a_2 + \cdots + a_n = \sum_{i=0}^{n} a_i$$

Teilsumme der Glieder dieser Zahlenfolge. Die Zahlenfolge $\{s_n\}$ der Teilsummen heißt unendliche Reihe. Für unendliche Reihen wird die Symbolik

$$a_0 + a_1 + a_2 + \cdots + a_n + \cdots$$

oder

$$a_0 + a_1 + a_2 + \cdots$$

oder

$$\sum_{n=0}^{\infty} a_n \tag{7.20}$$

verwendet. Die Zahlen a_n werden Glieder der unendlichen Reihe genannt.

Damit können wir jeder unendlichen Zahlenfolge eine unendliche Reihe zuordnen. So gehört zum Beispiel zu der Zahlenfolge

$$\left\{\frac{1}{n^2 + 1}\right\}$$

die unendliche Reihe

$$1 + \frac{1}{2} + \frac{1}{5} + \cdots + \frac{1}{n^2 + 1} + \cdots$$

oder

$$1 + \frac{1}{2} + \frac{1}{5} + \cdots$$

oder

$$\sum_{n=0}^{\infty} \frac{1}{n^2 + 1}.$$

Durch Vorgabe der Glieder ($n = 0, 1, 2, \ldots$)

a) $a_n = \dfrac{(-1)^n}{3^n}$,

b) $a_n = \dfrac{1}{n + 1}$,

c) $a_n = (-1)^n$

sind die unendlichen Reihen

a) $\displaystyle\sum_{n=0}^{\infty} \frac{(-1)^n}{3^n}$ oder $1 - \dfrac{1}{3} + \dfrac{1}{3^2} - \dfrac{1}{3^3} + - \cdots$,

b) $\displaystyle\sum_{n=0}^{\infty} \frac{1}{n + 1}$ oder $1 + \dfrac{1}{2} + \dfrac{1}{3} + \dfrac{1}{4} + \cdots$,

c) $\displaystyle\sum_{n=0}^{\infty} (-1)^n$ oder $1 - 1 + 1 - 1 + - \cdots$

erklärt, denen wieder die Teilsummenfolgen $\{s_n\}$ mit den Gliedern

a) $$s_n = 1 - \frac{1}{3} + \frac{1}{3^2} - + \cdots + (-1)^n \frac{1}{3^n}$$

$$= \frac{1 - \left(-\frac{1}{3}\right)^{n+1}}{1 - \left(-\frac{1}{3}\right)} = \frac{3}{4}\left\{1 + \frac{(-1)^n}{3^{n+1}}\right\} = \frac{1}{4}\left\{3 + \frac{(-1)^n}{3^n}\right\},$$

b) $$s_n = 1 + \frac{1}{2} + \frac{1}{3} + \frac{1}{4} = + \cdots + \frac{1}{n},$$

c) $$s_n = 1 - 1 + 1 - + \cdots + (-1)^n = \begin{cases} 1 & \text{für gerades } n \\ 0 & \text{für ungerades } n \end{cases}$$

entsprechen.

Wie bei Zahlenfolgen ist es auch bei unendlichen Reihen gelegentlich wünschenswert, die Numerierung der Glieder nicht mit Null, sondern mit einer anderen ganzen Zahl m beginnen zu lassen. Dann soll unter dem Symbol

$$\sum_{n=m}^{\infty} a_n \quad \text{oder} \quad a_m + a_{m+1} + \cdots + a_n + \cdots \tag{7.21}$$

die Folge der Teilsummen

$$s_n = a_m + a_{m+1} + \cdots + a_n, \quad n = m, m + 1, \ldots$$

verstanden werden. Ebenso sollen die Zeichen

$$a_m + \sum_{n=m+1}^{\infty} a_n \quad \text{oder} \quad a_m + a_{m+1} + \sum_{n=m+2}^{\infty} a_n$$

dem Symbol (7.21) entsprechen.

Die Zahlenfolge mit den Gliedern

$$a_n = \frac{2n+1}{n-3}, \quad n = 4, 5, \ldots$$

erklärt dann zum Beispiel die unendliche Reihe

$$\sum_{n=4}^{\infty} \frac{2n+1}{n-3}$$

oder

$$9 + \frac{11}{2} + \frac{13}{3} + \frac{15}{4} + \cdots + \frac{2n+1}{n-3} + \cdots,$$

die der Teilsummenfolge mit den Gliedern

$$s_n = 9 + \frac{11}{2} + \frac{13}{3} + \frac{15}{4} + \cdots + \frac{2n+1}{n-3}$$

$$= \sum_{k=4}^{n} \frac{2k+1}{k-3}$$

entspricht.

Damit ist die unendliche Reihe lediglich eine neue, bequeme Bezeichnung für die Folge der Teilsummen einer Zahlenfolge. Alle oben eingeführten Bezeichnungen für Zahlenfolgen können also auf unendliche Reihen übertragen werden. Das bezieht sich auch auf den Konvergenzbegriff. Die Konvergenz unendlicher Reihen soll Gegenstand der weiteren Untersuchungen sein.

7.3.2. Summe einer unendlichen Reihe

Unter der *Summe einer unendlichen Reihe* verstehen wir den Grenzwert der Folge der Teilsummen. Die Verwendung der Bezeichnung „Summe“ für den Grenzwert der Teilsummenfolge ist historisch bedingt. Jedoch birgt diese Bezeichnung die Gefahr in sich, daß man sich unter der „Summe“ nicht einen Grenzwert, sondern ein Analogon zu einer endlichen Summe vorstellt. Das kann aber zu gefährlichen Fehlschlüssen bei unendlichen Reihen führen. Immer, wenn von der Summe einer unendlichen Reihe gesprochen wird, haben wir es mit einem Grenzprozeß zu tun. Auch bei der Symbolik für eine unendliche Reihe im Abschnitt 7.3.1. wurde das Summenzeichen verwendet. Das darf jedoch nicht dazu verleiten, die bei endlichen Summen geltenden Gesetze auch auf unendliche Reihen anzuwenden. Wir werden hier nicht begründen können, welche Gesetze endlicher Summen auch für bestimmte Klassen unendlicher Reihen Gültigkeit besitzen. Vielmehr müssen wir uns darauf beschränken, mit allem Nachdruck darauf hinzuweisen, daß eine unendliche Reihe nichts anderes als die Folge der Teilsummen einer Zahlenfolge und ihre Summe nichts anderes als der Grenzwert dieser Teilsummenfolge ist.
Die Erklärung der Summe einer unendlichen Reihe heben wir in einer Definition hervor.

Definition 7.17

Eine unendliche Reihe

$$\sum_{n=0}^{\infty} a_n$$

besitzt die Summe a, wenn die Zahlenfolge $\{s_n\}$ der Teilsummen gegen den Grenzwert a konvergiert. Man schreibt dann

$$\sum_{n=0}^{\infty} a_n = a. \qquad (7.22)$$

Durch die Gleichung (7.22) wird dem Symbol (7.20) ein neuer Inhalt gegeben. Bisher haben wir durch (7.20) die Folge der Teilsummen bezeichnet. Jetzt kann wegen (7.22) durch (7.20) auch der Grenzwert dieser Teilsummenfolge ausgedrückt werden. Andererseits ist die Schreibweise (7.22) sehr praktisch, da sie die Angabe der unendlichen Reihe und ihrer Summe enthält. Auf Grund der Definition 7.17 können wir für (7.22) auch

$$\lim_{n\to\infty} s_n = a$$

schreiben.

Beispiel 7.10

Vorgelegt sei die unendliche Reihe

$$\sum_{n=0}^{\infty} \frac{(-1)^n}{3^n}.$$

Wir wollen untersuchen, ob sie eine Summe besitzt. Dazu betrachten wir die Teilsummenfolge $\{s_n\}$. Nach Abschnitt 7.3.1. gilt

$$s_n = \frac{1}{4}\left\{3 + \frac{(-1)^n}{3^n}\right\}.$$

Durch Anwendung der Sätze aus Abschnitt 7.2.2. finden wir

$$\lim_{n\to\infty} s_n = \lim_{n\to\infty} \frac{3}{4} + \lim_{n\to\infty} \frac{(-1)^n}{3^n} = \frac{3}{4} + \lim_{n\to\infty} \frac{(-1)^n}{3^n}.$$

Die Zahlenfolge $\left\{\frac{(-1)^n}{3^n}\right\}$ ist offenbar eine Nullfolge; denn es gilt

$$|a_n| = \left|\frac{(-1)^n}{3^n}\right| = \frac{1}{3^n} < \varepsilon \quad \text{für} \quad n \geqq N(\varepsilon) > -\frac{\ln \varepsilon}{\ln 3} \quad \text{mit} \quad \varepsilon < 1.$$

Also ergibt sich

$$\lim_{n\to\infty} s_n = \frac{3}{4}$$

oder

$$\sum_{n=0}^{\infty} \frac{(-1)^n}{3^n} = \frac{3}{4}.$$

Auch die Definitionen bei divergenten Zahlenfolgen im Abschnitt 7.2.3. lassen sich auf unendliche Reihen übertragen.

Definition 7.18

Eine unendliche Reihe

$$\sum_{n=0}^{\infty} a_n$$

besitzt keine Summe, wenn die Zahlenfolge $\{s_n\}$ *der Teilsummen divergiert.*

Definition 7.19

Eine unendliche Reihe

$$\sum_{n=0}^{\infty} a_n \tag{7.23}$$

besitzt die uneigentliche Summe $+\infty$, *wenn die Zahlenfolge* $\{s_n\}$ *der Teilsummen bestimmt divergent mit dem uneigentlichen Grenzwert* $+\infty$ *ist. Man schreibt dann*

$$\sum_{n=0}^{\infty} a_n = +\infty. \tag{7.24}$$

Die unendliche Reihe (7.23) besitzt die uneigentliche Summe $-\infty$, wenn die Zahlenfolge $\{s_n\}$ bestimmt divergent mit dem uneigentlichen Grenzwert $-\infty$ ist. In diesem Falle schreibt man entsprechend

$$\sum_{n=0}^{\infty} a_n = -\infty . \tag{7.25}$$

Die Aussage von (7.24) ist damit der Grenzwertbeziehung

$$\lim_{n\to\infty} s_n = +\infty$$

äquivalent. Entsprechend können wir für (7.25)

$$\lim_{n\to\infty} s_n = -\infty$$

setzen.

Beispiel 7.11

Vorgelegt sei die unendliche Reihe

$$\sum_{n=1}^{\infty} \frac{1}{n},$$

die man als harmonische Reihe bezeichnet. Für die Teilsumme gilt

$$s_n = 1 + \frac{1}{2} + \frac{1}{3} + \cdots + \frac{1}{n}.$$

Die Zahlenfolge $\{s_n\}$ ist nach Beispiel 7.7 aus Abschnitt 7.2.4. nicht konvergent. Also existiert für die harmonische Reihe keine Summe. Andererseits erkennt man aber leicht, daß die Zahlenfolge $\{s_n\}$ bestimmt divergent mit dem uneigentlichen Grenzwert $+\infty$ ist,

$$\lim_{n\to\infty} s_n = +\infty .$$

Es gilt

$$\sum_{n=1}^{\infty} \frac{1}{n} = +\infty .$$

Dieses Beispiel zeigt zugleich: Auch wenn die Glieder a_n einer unendlichen Reihe eine Nullfolge bilden, kann daraus nicht gefolgert werden, daß die unendliche Reihe eine Summe besitzt.

7.3.3. Unendliche geometrische Reihe

Bereits in den Abschnitten 7.3.1. und 7.3.2. haben wir einige Beispiele für unendliche Reihen kennengelernt. Wir wollen uns jetzt noch ausführlicher mit der unendlichen geometrischen Reihe

$$a + aq + aq^2 + \cdots + aq^n + \cdots$$

beschäftigen, für die wir auch

$$\sum_{n=0}^{\infty} aq^n$$

schreiben können. Für die Teilsummen

$$s_n = a + aq + \cdots + aq^n$$

haben wir im Abschnitt 7.1.4. die Summenformel

$$s_n = a\frac{1 - q^{n+1}}{1 - q}, \qquad q \neq 1$$

hergeleitet. Unter der Voraussetzung $|q| < 1$ gilt nach den Sätzen aus Abschnitt 7.2.3.

$$\begin{aligned}\lim_{n\to\infty} s_n &= \lim_{n\to\infty} a\frac{1 - q^{n+1}}{1 - q} \\ &= \lim_{n\to\infty} \left\{\frac{a}{1 - q} - \frac{aq^{n+1}}{1 - q}\right\} \\ &= \lim_{n\to\infty} \frac{a}{1 - q} - \lim_{n\to\infty} \frac{aq^{n+1}}{1 - q} \\ &= \frac{a}{1 - q} - \frac{a}{1 - q} \lim_{n\to\infty} q^{n+1}.\end{aligned}$$

Nach Satz 7.5 ist die geometrische Zahlenfolge $\{q^n\}$ für $|q| < 1$ eine Nullfolge. Also kann

$$\lim_{n\to\infty} s_n = \frac{a}{1 - q}$$

oder

$$\sum_{n=0}^{\infty} aq^n = \frac{a}{1 - q}, \qquad |q| < 1 \tag{7.26}$$

gefolgert werden. Das Ergebnis fassen wir in einem Satz zusammen.

Satz 7.19

Die unendliche geometrische Reihe

$$\sum_{n=0}^{\infty} aq^n$$

besitzt für $|q| < 1$ *die Summe*

$$\frac{a}{1 - q}.$$

Die gleichen Überlegungen wie zum Beweis von Satz 7.19 führen zusammen mit Satz 7.15 und Satz 7.16 zu dem folgenden Ergebnis, das wir wieder in Form eines Satzes aussprechen.

Satz 7.20

Die unendliche geometrische Reihe besitzt für $|q| \geqq 1$ *keine Summe. Für* $q \geqq 1$, $a > 0$ *gilt*

$$\sum_{n=0}^{\infty} aq^n = +\infty.$$

Dagegen ist für $q \leqq -1$ *die Folge der Teilsummen unbestimmt divergent.*

Wir wollen noch die im Abschnitt 7.3.1. betrachtete unendliche Reihe

$$\sum_{n=0}^{\infty} (-1)^n$$

näher untersuchen, um dadurch gleichzeitig auf die Gefahren hinzuweisen, die bei einer unklaren Vorstellung über den Begriff „Summe einer unendlichen Reihe" entstehen können. Die vorgelegte unendliche Reihe kann als unendliche geometrische Reihe mit $a = 1$, $q = -1$ angesehen werden. Daher ist die Folge der Teilsummen nach Satz 7.20 unbestimmt divergent. Schreibt man jedoch für die unendliche Reihe

$$\sum_{n=0}^{\infty} (-1)^n = 1 - 1 + 1 - 1 + - \cdots,$$

so könnte man zu dem Irrtum verleitet werden, daß es sich wegen der falschen Beziehung

$$\sum_{n=0}^{\infty} (-1)^n = (1 - 1) + (1 - 1) + \cdots$$
$$= 0 + 0 + \cdots$$

um die Summation von unendlich vielen Nullen handelt. Dann würde die unrichtige Aussage

$$\sum_{n=0}^{\infty} (-1)^n = 0$$

gelten, und die unendliche Reihe besäße im Widerspruch zu Satz 7.20 die Summe Null. Einem solchen Vorgehen entspricht aber die Vorstellung, daß man die Summe einer unendlichen Reihe finden kann, indem alle Glieder der Reihe addiert werden. Diese Auffassung ist völlig sinnlos und zu verwerfen. Hält man sich dagegen an die Definition, so ist

$$s_0 = a_0 = 1,$$
$$s_1 = a_0 + a_1 = 1 - 1 = 0,$$
$$s_2 = a_0 + a_1 + a_2 = 1 - 1 + 1 = 1,$$
$$\dots$$
$$s_{2n} = 1,$$
$$s_{2n+1} = 0.$$

Die Zahlenfolge

$$\{s_n\} = \{1, 0, 1, 0, \dots\}$$

kann aber offenbar keinen Grenzwert besitzen.
Gleichzeitig zeigt dieses Beispiel, daß man bei einer unendlichen Reihe

$$a_0 + a_1 + a_2 + \cdots$$

nicht nach Belieben Klammern setzen darf. Ebenso ist es im allgemeinen nicht möglich, bei einer unendlichen Reihe Klammern wegzulassen. Die unendliche Reihe

$$(1 - 1) + (1 - 1) + (1 - 1) + \cdots$$

besitzt offenbar die Summe Null. Dagegen kommt nach unseren obigen Überlegungen der unendlichen Reihe

$$1 - 1 + 1 - 1 + 1 - 1 + - \cdots$$

kein Summenwert zu.

7.3.4. Konvergenzkriterien

Es gibt in der Literatur eine große Zahl von Sätzen, die aus den Eigenschaften der Glieder einer unendlichen Reihe Konvergenzaussagen herleiten. Durch Anwendung solcher Sätze ist es möglich, bei der Prüfung der Konvergenz einer unendlichen Reihe auf den Übergang zur Zahlenfolge der Teilsummen zu verzichten und unmittelbar aus den Eigenschaften der Glieder einer unendlichen Reihe die Konvergenz zu begründen. Sätze, mit deren Hilfe über das Konvergenzverhalten einer unendlichen Reihe entschieden werden kann, heißen, wie bei Zahlenfolgen, Konvergenzkriterien. Wir werden auf den Beweis der zu formulierenden Sätze grundsätzlich verzichten. Außerdem beschränken wir uns auf die Betrachtung von unendlichen Reihen

$$\sum_{n=0}^{\infty} a_n$$

mit positiven Gliedern. Dann muß für sämtliche Glieder der unendlichen Reihe die Ungleichung

$$a_n \geqq 0 \tag{7.27}$$

erfüllt sein. Es sei bemerkt, daß die Bezeichnungsweise „*unendliche Reihen mit positiven Gliedern*" gebräuchlich ist, obwohl wegen (7.27) einige oder auch alle Glieder der unendlichen Reihe gleich Null sein dürfen. Hinsichtlich der Angabe von Konvergenzkriterien für *unendliche Reihen mit beliebigen Gliedern* verweisen wir auf die Literatur, etwa auf [7.2] oder [7.3].

Satz 7.21

Eine unendliche Reihe mit positiven Gliedern a_n ist konvergent, wenn eine positive Zahl $q < 1$ existiert, so daß von einem bestimmten Index N ab

$$\frac{a_{n+1}}{a_n} \leqq q \quad \forall\, n \geqq N \tag{7.28}$$

gilt. Dagegen ist die unendliche Reihe divergent, falls die Beziehung

$$\frac{a_{n+1}}{a_n} \geqq 1 \quad \forall\, n \geqq N \tag{7.29}$$

besteht.

Das Kriterium, das auch als *Quotientenkriterium* bezeichnet wird, gibt eine hinreichende Bedingung für die Konvergenz bzw. Divergenz einer unendlichen Reihe. Es ist zu beachten, daß die Konvergenzbedingung (7.28) zusammen mit der Forderung $q < 1$ besagt, daß die Beziehung

$$\frac{a_{n+1}}{a_n} \leqq q < 1 \quad \forall\, n \geqq N$$

gelten muß. Es reicht keineswegs, zum Nachweis der Konvergenz die Ungleichung

$$\frac{a_{n+1}}{a_n} < 1 \quad \forall n \geqq N \tag{7.30}$$

zu bestätigen. Vielmehr ist es erforderlich, daß der in Satz 7.21 betrachtete Quotient kleiner als eine feste positive Zahl q ist, die wiederum kleiner als 1 sein muß. Wir wollen uns am Beispiel der harmonischen Reihe davon überzeugen, daß wir anderenfalls zu einer falschen Aussage gelangen können.

Beispiel 7.12

Vorgelegt sei die harmonische Reihe

$$\sum_{n=1}^{\infty} \frac{1}{n}$$

von Beispiel 7.11, von der wir bereits wissen, daß sie nicht konvergent ist. Es gilt

$$a_n = \frac{1}{n}$$

$$a_{n+1} = \frac{1}{n+1},$$

$$\frac{a_{n+1}}{a_n} = \frac{n}{n+1} < 1 \quad \text{für alle } n.$$

Die Bedingung (7.30) ist damit erfüllt. Jedoch wäre es falsch, daraus die Konvergenz der harmonischen Reihe zu folgern. Vielmehr hätten wir

$$\frac{n}{n+1} \leqq q < 1$$

nachzuweisen. Eine solche Beziehung kann aber nicht gelten, da nach den bekannten Aussagen über konvergente Zahlenfolgen

$$\lim_{n\to\infty} \frac{n}{n+1} = \lim_{n\to\infty} \left(1 - \frac{1}{n+1}\right) = \lim_{n\to\infty} 1 - \lim_{n\to\infty} \frac{1}{n+1} = 1$$

ist. Allgemein ist zu erkennen, daß das Quotientenkriterium keine Entscheidung im Falle

$$\lim_{n\to\infty} \frac{a_{n+1}}{a_n} = 1$$

zuläßt.

Wir zeigen jetzt noch an Hand eines einfachen Beispiels, wie mit Hilfe des Quotientenkriteriums die Konvergenz einer unendlichen Reihe gefolgert werden kann.

Beispiel 7.13

Für die unendliche Reihe

$$\sum_{n=1}^{\infty} \frac{n!}{n^n}$$

ergibt sich:

$$a_n = \frac{n!}{n^n}$$

$$a_{n+1} = \frac{(n+1)!}{(n+1)^{n+1}}$$

$$\frac{a_{n+1}}{a_n} = \frac{(n+1)!\,n^n}{(n+1)^{n+1}\,n!} = \frac{(n+1)\,n!\,n^n}{(n+1)(n+1)^n\,n!} = \frac{n^n}{(n+1)^n} = \left(\frac{n}{n+1}\right)^n$$

$$= \left(\frac{1}{\frac{n+1}{n}}\right)^n = \frac{1}{\left(1+\frac{1}{n}\right)^n} \leqq \frac{1}{2} = q < 1 \;\forall\, n.$$

Die unendliche Reihe ist also nach Satz 7.21 konvergent.

Wir wollen noch ein weiteres Konvergenzkriterium formulieren, das man auch als *Wurzelkriterium* zu bezeichnen pflegt.

Satz 7.22

Eine unendliche Reihe mit positiven Gliedern a_n ist konvergent, wenn eine positive Zahl $q < 1$ existiert, so daß von einem bestimmten Index N ab

$$\sqrt[n]{a_n} \leqq q \quad \forall\, n \geqq N \tag{7.31}$$

gilt. Dagegen ist die unendliche Reihe divergent, falls die Beziehung

$$\sqrt[n]{a_n} \geqq 1 \quad \forall\, n \geqq N \tag{7.32}$$

besteht.

Das Wurzelkriterium gibt wieder eine hinreichende Bedingung für die Konvergenz bzw. Divergenz einer unendlichen Reihe. Auch beim Wurzelkriterium ist zu beachten, daß aus der Gültigkeit der Ungleichung

$$\sqrt[n]{a_n} < 1 \quad \forall\, n \geqq N$$

nicht die Konvergenz der unendlichen Reihe gefolgert werden darf.

Beispiel 7.14

Die Konvergenz der unendlichen Reihe

$$\sum_{n=1}^{\infty} \frac{2^n}{n^n}$$

ist durch Anwendung des Wurzelkriteriums zu prüfen. Es gilt:

$$a_n = \frac{2^n}{n^n},$$

$$\sqrt[n]{a_n} = \sqrt[n]{\frac{2^n}{n^n}} = \frac{2}{n} \leqq \frac{1}{2} = q < 1 \quad \forall\, n \geqq 4.$$

Daraus ergibt sich nach Satz 7.22 die Konvergenzaussage.

Quotienten- und Wurzelkriterium bestimmen die praktisch weitaus wichtigen Vorgehen zur Konvergenzprüfung bei unendlichen Reihen. Das Quotientenkriterium ist oftmals bequemer anzuwenden. Dagegen liefert das Wurzelkriterium bisweilen auch dann noch brauchbare Aussagen, wenn das Quotientenkriterium versagt (man beachte, daß beide Kriterien nur hinreichende Bedingungen liefern).

Aufgaben

7.1.1 Welche Zahlenfolgen sind durch die Bildungsgesetze

a) $a_n = 2^n, n = 0, 1, 2, \ldots$

b) $a_n = \frac{(-1)^{n-1}}{n}, \quad n = 1, 2, \ldots$

c) $a_n = (-1)^n \frac{n+3}{2n}, \quad n = 1, 2, \ldots$

d) $a_n = \frac{2n+1}{n-3}, \quad n = 4, 5, 6, \ldots$

bestimmt?

7.1.2 Welchen Wert besitzt das 5-te Glied der durch

a) $a_n = -2n + 4, \quad n = 1, 2, \ldots$

b) $a_n = 2a_{n-1} + \frac{a_{n-2}}{2}, \quad n = 3, 4, \ldots$

$a_1 = 0, \; a_2 = 1$

gegebenen Zahlenfolge?

7.1.3 Wie lautet das Bildungsgesetz der Folge der ungeraden Zahlen

$a_1 = 1, a_2 = 3, a_3 = 5, a_4 = 7, \ldots$?

7.1.4 Gegeben sind drei Zahlenfolgen $\{a_n\}$, $\{b_n\}$, $\{c_n\}$ durch die Bildungsgesetze

$a_n = \frac{1}{n}, \quad b_n = (-1)^{n-1}\, 2n + 1, \quad n = 1, 2, \ldots$

$c_n = c_{n-1} \cdot c_{n-2}, \quad n = 3, 4, \ldots$

$c_1 = 1, c_2 = 2.$

Wie lauten die ersten sechs Glieder der durch die Vorschrift

$d_n = a_n + b_n + c_n$

erklärten Zahlenfolge?

7.1.5 Wie lautet das 101-te Glied einer arithmetischen Zahlenfolge mit dem Anfangsglied $a = 33$ und der Differenz $d = 8$?

7.1.6 Wie groß ist das Anfangsglied einer arithmetischen Zahlenfolge, deren Differenz $d = 2$ und deren 21-tes Glied $a_{20} = 30$ ist?

7.1.7 Wie groß ist die Summe der ersten 21 Glieder der Zahlenfolge $\{3n - 1\}$?

7.1.8 Es ist zu zeigen, daß die Zahlenfolge $\{2^n\}$ keine arithmetische Folge höherer Ordnung ist.

7.1.9 Es ist zu beweisen, daß die Zahlenfolge $\{n^3\}$ eine arithmetische Folge dritter Ordnung ist.

7.1.10 Wie groß ist das 9-te Glied einer geometrischen Zahlenfolge mit dem Anfangsglied $a = 2$ und dem Quotient $q = \frac{1}{2}$?

7.1.11 Wie groß ist der Quotient einer geometrischen Zahlenfolge, wenn $a = \frac{2}{3}$ und $a_4 = 54$ gegeben ist?

7.1.12 Bestimmen Sie die Summen der ersten $n + 1$ Glieder der Folgen

a) $\{2^n\}$ b) $\left\{\frac{1}{2^n}\right\}$.

7.1.13 Zeigen Sie, daß, wenn k' eine untere Schranke einer Zahlenfolge ist, auch jede Zahl, die kleiner als k' ist, eine untere Schranke dieser Zahlenfolge sein muß.

7.1.14 Beweisen Sie: Sind $\{a_n\}$ und $\{b_n\}$ zwei nach oben beschränkte Zahlenfolgen mit den oberen Schranken k_1'' bzw. k_2'', so ist auch die Zahlenfolge $\{a_n + b_n\}$ nach oben beschränkt und $k_1'' + k_2''$ eine obere Schranke.

7.1.15 $\{a_n\}$ sei eine nach oben beschränkte Zahlenfolge. Kann daraus gefolgert werden, daß auch $\{|a_n|\}$ nach oben beschränkt ist?

7.1.16 Es ist die Beschränktheit der Zahlenfolgen

a) $a_n = (-1)^n \frac{n + 3}{2n}, \quad n = 1, 2, \ldots$

b) $a_n = \frac{2n + 1}{n - 3}, \quad n = 4, 5, \ldots$

zu beweisen.

7.1.17 Welche Zahlenfolgen von Übung 7.1.1 sind monoton?

7.1.18 $\{a_n\}$ sei eine monoton fallende Zahlenfolge mit positiven Gliedern und $\{b_n\}$ eine monoton wachsende Zahlenfolge mit negativen Gliedern. Ist die Zahlenfolge $\{a_n b_n\}$ monoton?

7.1.19 Beweisen Sie das monotone Wachsen der geometrischen Zahlenfolge mit $a > 0$, $q > 1$.

7.2.20 Für die nachstehenden Zahlenfolgen ist zu zeigen, daß es sich um Nullfolgen handelt:

a) $a_n = \frac{(-1)^n}{n^2 + n}, \quad n = 1, 2, \ldots$

b) $a_n = \frac{3n^2 + 2n - 1}{n^4 + 1}, \quad n = 0, 1, 2, \ldots$

7.2.21 Untersuchen Sie die Konvergenz folgender Zahlenfolgen:

a) $a_n = \frac{n+1}{2n}, \quad n = 1, 2, \ldots$

b) $a_n = \frac{3n+2}{4n-1}, \quad n = 0, 1, 2, \ldots$

c) $a_n = \sqrt{4n^2 + 5n + 2} - 2n, \quad n = 0, 1, 2, \ldots$

d) $a_1 = 0{,}3;\ a_2 = 0{,}33;\ a_3 = 0{,}333;\ a_4 = 0{,}3333;\ \ldots$

e) $a_n = 1 + q + q^2 + \cdots + q^n, \quad |q| < 1.$

7.2.22 Zeigen Sie, daß die nachstehenden Zahlenfolgen keine Nullfolgen sind:

a) $a_n = \frac{1 + (-1)^n}{2}, \quad n = 1, 2, \ldots$

b) $\{q^n\}$ für $|q| > 1.$

7.2.23 Für die Glieder einer konvergenten Zahlenfolge $\{a_n\}$ mit dem Grenzwert a möge die Ungleichung

$|a_n| < k$ für alle n

gelten. Man überlege sich, daß dann nicht

$|a| < k$

gefolgert werden kann.

7.2.24 Ist $\{a_n\}$ eine konvergente Zahlenfolge mit dem Grenzwert a, gilt

$$\lim_{n\to\infty} a_n^2 = a^2.$$

7.2.25 Zeigen Sie an Hand der Zahlenfolgen

$$\left\{\frac{1}{4^n}\right\} \text{ und } \left\{\frac{1}{2^n}\right\},$$

daß der Quotient zweier Nullfolgen nicht notwendig wieder eine Nullfolge ist.

7.2.26 Es ist der folgende Satz zu beweisen: $\{b_n\}$ sei eine konvergente Zahlenfolge mit dem Grenzwert b, und für alle n möge $b_n \neq 0$, $b \neq 0$ gelten. Dann besteht die Grenzwertaussage

$$\lim_{n\to\infty} \frac{1}{b_n} = \frac{1}{b}.$$

7.2.27 Beweisen Sie

$$\lim_{n\to\infty} \ln n = +\infty.$$

7.3.28 Vorgelegt seien die Zahlenfolgen

a) $\left\{\frac{1}{2^n}\right\}$,

b) $\left\{(-1)^n \frac{n+3}{2n}\right\}$,

c) $\left\{\frac{n^2-1}{2n-6}\right\}$.

Wie lauten die Symbole für die durch sie erklärten unendlichen Reihen und die zugehörigen Teilsummen?

7.3.29 Welche Summe besitzt die unendliche Reihe

$$\sum_{n=0}^{\infty} \frac{1}{2^n}?$$

7.3.30 Hat die unendliche Reihe

$$\sum_{n=0}^{\infty} 2^n$$

eine uneigentliche Summe?

7.3.31 Es ist die Summe der unendlichen Reihe

$$\sum_{n=1}^{\infty} \frac{3}{10^n}$$

zu berechnen.

7.3.32 Die Konvergenz der unendlichen Reihe

$$\sum_{n=0}^{\infty} \frac{2^n}{n!}$$

ist durch Anwendung des Quotientenkriteriums nachzuweisen.

7.3.33 Beweisen Sie die Divergenz der unendlichen Reihe

$$\sum_{n=0}^{\infty} n^n 2^n$$

mittels des Wurzelkriteriums!

7.3.34 Kann über die Konvergenz der unendlichen Reihe

$$\sum_{n=1}^{\infty} \left(1 - \frac{1}{n}\right)^n$$

durch Anwendung des Wurzelkriteriums entschieden werden?

8. Differentialrechnung für Funktionen mit einer unabhängigen Variablen

8. Differentialrechnung für Funktionen mit einer unabhängigen Variablen

8.1. Funktionen mit einer unabhängigen Variablen

8.1.1. Eigenschaften und Typen von Funktionen

Die einfachsten Funktionen sind die *ganzen rationalen Funktionen* oder *Polynome*

$$y = f(x) = c_n x^n + c_{n-1} x^{n-1} + \cdots + c_1 x + c_0. \tag{8.1}$$

Die reellen Zahlen $c_n (\neq 0)$, c_{n-1}, ..., c_0 heißen *Koeffizienten*, die natürliche Zahl $n \geqq 0$ der *Grad* des Polynoms. Für $n = 0$ bezeichnet man die entstehende Funktion $y = f(x) = c_0$ als *konstante Funktion* oder kurz als Konstante. Für $n = 1$ bzw. $n = 2$ ergibt sich ein lineares bzw. quadratisches Polynom, deren Graph Gerade bzw. Parabel heißt. Den Graph eines Polynoms (8.1) bezeichnet man für $n \geqq 2$ auch als Parabel n-ten Grades. Setzt man ein Polynom gleich Null, so hat die entstehende Gleichung

$$c_n x^n + c_{n-1} x^{n-1} + \cdots + c_0 x + c_0 = 0 \tag{8.2}$$

höchstens n-reelle Zahlen als Lösungen. Ist n eine ungerade Zahl, so gibt es eine ungerade Anzahl reeller Lösungen von (8.2), also mindestens eine Lösung.

Ist a eine Nullstelle des Polynoms (8.1), so besitzt dieses eine Darstellung $f(x) = (x - a)\, h(x)$, wobei $h(x)$ ein Polynom vom Grad $n - 1$ ist. Hat ein Polynom (8.1) die n nicht notwendig voneinander verschiedenen reellen Nullstellen x_1, ..., x_n, so ist es in der Gestalt $a_n(x - x_1)(x - x_2) \cdot \ldots \cdot (x - x_n)$ darstellbar.

Da Polynome die einfachsten Funktionen sind, verwendet man sie zur *Approximation* von anderen Funktionen. Sind etwa für die Funktion $y = h(x)$ die Funktionswerte b_i in m Stellen a_i, $b_i = f(a_i)$, $i = 0, 1, \ldots, m$ bekannt, so sucht man nach einem Polynom n-ten Grades, das an den Stellen a_i die Werte b_i möglichst genau approximiert, das heißt gut annähert. Geometrisch bedeutet das, eine Parabel n-ten Grades zu finden, die $(m + 1)$ gegebenen Punkten $A_i = (a_i\ b_i)$ in der Ebene möglichst nahe kommt.

Dafür verwendet man unter der Voraussetzung $n < m$ die im Kapitel 9. behandelte Methode der kleinsten Quadratsumme.

Nimmt man dagegen $n = m$ an und setzt die Werte a_i, $i = 0, \ldots, m$ als voneinander verschieden voraus, so gibt es genau ein Polynom (8.1), das durch alle Punkte A_i, $i = 0, \ldots, m$ verläuft. Die Koeffizienten $c_n, \ldots, c_0$ des Polynoms kann man aus dem *Polynomansatz*

$$\sum_{j=0}^{n} c_j a_i^j = b_i, \qquad i = 0, 1, \ldots, m$$

(lineares Gleichungssystem von $(m + 1)$ Gleichungen in den $(n + 1)$ Variablen $c_n, \ldots, c_0$) erhalten. Für großes n wird jedoch der Rechenaufwand bei diesem Ansatz so groß, daß man zweckmäßiger die Newtonsche Interpolationsformel benutzt [8.1].

Summe, Differenz und Produkt zweier Polynome sind wiederum Polynome. Ein Quotient

$$y = f(x) = \frac{f_1(x)}{f_2(x)} = \frac{d_n x^n + \cdots + d_1 x + d_0}{c_m x^m + \cdots + c_1 x + c_0} \tag{8.3}$$

zweier Polynome $f_1(x)$ und $f_2(x)$ heißt eine *rationale Funktion*. Die rationalen Funktionen umfassen die Polynome als Spezialfälle. Der Definitionsbereich einer rationalen Funktion (8.3) besteht aus allen reellen Zahlen x, für die der Nenner nicht Null wird. Nichtrationale Funktionen sind zum Beispiel $\sqrt[n]{x}$, $\sin x$, $\cos x$, a^x, $\log x$. Diese Funktionen werden in den folgenden Teilabschnitten definiert und untersucht.

Definition 8.1

Eine Funktion heißt beschränkt (nach oben beschränkt, nach unten beschränkt), wenn ihr Wertevorrat beschränkt (nach oben beschränkt, nach unten beschränkt) ist.

Der Wertevorrat einer beschränkten Funktion $y = f(x)$ liegt also in einem gewissen endlichen Intervall der y-Achse.

Beispiel 8.1

Die Funktion $y = x^2 - 1$ ist nur nach unten, nicht aber nach oben beschränkt. In dem Intervall $-4 < x < 2$ ist diese Funktion beschränkt. $a = -4$ wie $a = -3$ sind eine untere Schranke, $b = 100$ und $b = 15$ sind obere Schranken.

Definition 8.2

Die größte (kleinste) untere (obere) Schranke g (bzw. $\bar{g}$) einer nach unten (oben) beschränkten Funktion heißt untere (obere) Grenze.

Definition 8.3

Gibt es in dem Wertevorrat einer Funktion $y = f(x)$ mit dem Definitionsbereich M einen größten Wert $\bar{g}$ bzw. einen kleinsten Wert g, so nennt man $\bar{g}$ bzw. g auch ab-

solutes Maximum bzw. absolutes Minimum der Funktion auf der Menge M und schreibt

$$\underline{g} = \min_{x \in M} f(x), \quad \bar{g} = \max_{x \in M} f(x). \tag{8.4}$$

Sowohl $\underline{g}$ als auch $\bar{g}$ heißen absolute Extremwerte der Funktion auf der Menge M.

Beispiel 8.2

Es ist

$$-1 = \min_{-\infty < x \leq 1} \frac{1}{x}, \quad -\frac{1}{2} = \max_{-2 \leq x \leq -1} \frac{1}{x},$$

während $\min\limits_{-2 \leq x < -1} \frac{1}{x}$ nicht definiert ist.

Definition 8.4

Eine Funktion $y = f(x)$ heißt gerade, wenn für alle x ihres Definitionsbereiches die Gleichung $f(x) = f(-x)$ erfüllt ist; gilt für alle x des Definitionsbereiches $f(-x) = -f(x)$, so heißt die Funktion ungerade.

Der Graph einer geraden Funktion verläuft symmetrisch zur y-Achse, derjenige einer ungeraden Funktion ist zentralsymmetrisch zum Koordinatenursprung.

Beispiel 8.3

Die Funktionen x^2, $x^2 - 1$, $\cos x$ und $|x|$ sind gerade, die Funktionen x, $\frac{1}{x}$, x^3, $\sin x$ und

$$y = f(x) = \operatorname{sign} x = \begin{cases} 1 & \text{für } x > 0 \\ -1 & \text{für } x < 0 \end{cases}$$

(vgl. Abbildung 8.1) sind ungerade.

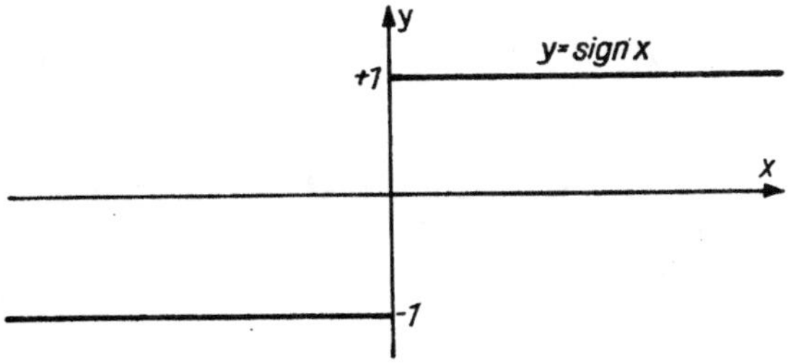

Abbildung 8.1

Definition 8.5

Eine Funktion $y = f(x)$ heißt periodisch mit der Periode p, wenn $p > 0$ die kleinste Zahl ist, für welche $f(x) = f(x + p)$ für alle x aus dem Definitionsbereich erfüllt ist.

Mit $f(x) = f(x + p)$ muß für eine periodische Funktion auch

$$f(x) = f(x + 2p) = f(x + 3p) = \cdots = f(x - p) = f(x - 2p) = \cdots = f(x + kp)$$

gelten, wo k eine beliebige ganze Zahl ist und vorausgesetzt wird, daß $x + kp$ stets zum Definitionsbereich der Funktion gehört. Die trigonometrischen Funktionen sind periodisch. Für $\cos x$ bzw. $\cos 2x$ ist $p = 2\pi$ bzw. $p = \pi$.

Definition 8.6

Eine Funktion $y = f(x)$ heißt in einem Intervall I (ihres Definitionsbereiches) monoton wachsend bzw. monoton fallend, wenn für beliebige Werte x_1, x_2 aus I mit $x_1 < x_2$ auch

$$f(x_1) \leqq f(x_2) \tag{8.5}$$

bzw. $$f(x_1) \geqq f(x_2) \tag{8.6}$$

ist.

Eine monoton wachsende wie auch eine monoton fallende Funktion nennt man kurz monoton. Die Graphen monoton wachsender (bzw. fallender) Funktionen verlaufen in der Richtung wachsender x-Werte entweder parallel zur x-Achse oder sie steigen an (bzw. fallen ab). Ist in (8.5) bzw. (8.6) das Gleichheitszeichen ausgeschlossen, so spricht man von *strenger Monotonie.*

Beispiel 8.4

Die Funktion $y = \operatorname{sign} x$ ist in $-\infty < x < +\infty$ monoton wachsend, $y = |x|$ ist streng monoton fallend im Intervall $0 \geqq x > -\infty$ und streng monoton wachsend im Intervall $0 \leqq x < +\infty$, $y = \sin x$ ist streng monoton wachsend bzw. fallend im Intervall $-\frac{\pi}{2} \leqq x \leqq +\frac{\pi}{2}$ bzw. $\frac{\pi}{2} \leqq x \leqq \frac{3}{2}\pi$, $y = \frac{1}{x}$ ist im ganzen Definitionsbereich streng monoton fallend und $y = x^3$ für $-\infty < x < +\infty$ streng monoton wachsend.

Definition 8.7

Die Funktion $x = f(x)$ heißt konkav bzw. konvex über einem Intervall I ihres Definitionsbereiches, wenn für beliebige Werte x_1, x_2 aus I und für alle

λ, $0 \leqq \lambda \leqq 1$,

gilt $$f(\lambda x_2 + (1 - \lambda)\, x_1) \geqq \lambda f(x_2) + (1 - \lambda) f(x_1) \tag{8.7}$$

bzw. $$f(\lambda x_2) + (1 - \lambda)\, x_1) \leqq \lambda f(x_2) + (1 - \lambda) f(x_1). \tag{8.8}$$

Die Definition einer konvexen Funktion läßt sich geometrisch veranschaulichen (vgl. Abbildung 8.2). Dazu wird die Beziehung (8.7) umgeformt:

$$f(x_1 + \lambda(x_2 - x_1)) \geqq f(x_1) + \lambda(f(x_2) - f(x_1)). \tag{8.9}$$

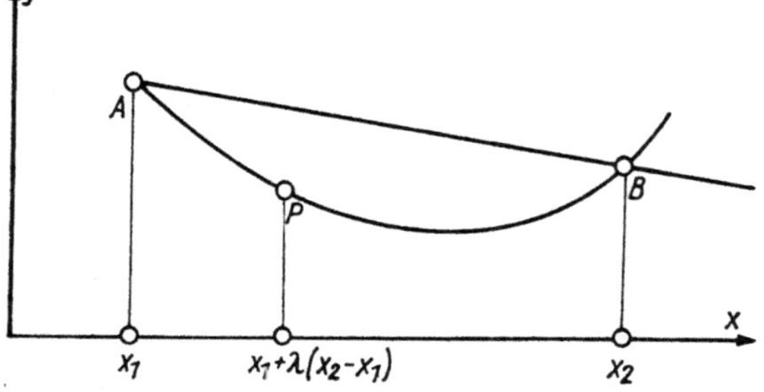

Abbildung 8.2

Daher bedeutet die Definition 8.7 einer konvexen Funktion, daß für jedes zwischen x_1 und x_2 gelegene x der Punkt $P = (x \; f(x))$ auf oder unterhalb der Verbindungsstrecke der beiden Punkte $A = (x_1 \; f(x_1))$, $B = (x_2 \; f(x_2))$ liegt. Mit anderen Worten: die Verbindungsstrecke zweier beliebiger Punkte des Graphen einer konvexen Funktion verläuft nicht unterhalb dieses Graphen. Entsprechend verläuft die Verbindungsstrecke zweier Punkte des Graphen einer konkaven Funktion nicht oberhalb des Graphen. Die in Abbildung 8.3 dargestellte Funktion $y = f(x)$ ist im Intervall $a \leqq x \leqq b$ weder konvex noch konkav, da die Verbindungsstrecke der Punkte A und B teils ober- teils unterhalb der Kurve liegt. In dem Intervall $a \leqq x \leqq c$ ist die Kurve konvex, in dem Intervall $c \leqq x \leqq b$ konkav.

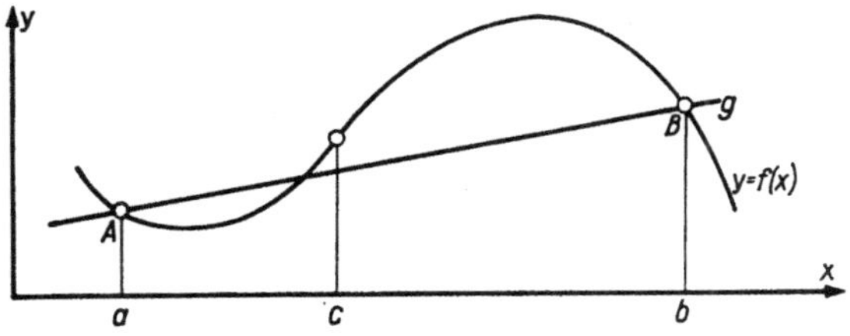

Abbildung 8.3

Die Funktion $y = x^2$ ist für $-\infty < x < +\infty$ konvex, die Funktion $y = x^3$ ist für $-\infty < x \leqq 0$ konkav und für $0 \leqq x < +\infty$ konvex. Ist $y = f(x)$ konkav, so ist $y = -f(x)$ konvex und umgekehrt. Ist für $0 < \lambda < 1$ in den Beziehungen (8.7) bzw. (8.8) das Gleichheitszeichen ausgeschlossen, so spricht man von *strenger Konvexität* bzw. *strenger Konkavität*.

Eine lineare Funktion $y = ax + b$, $a \neq 0$, ist für $-\infty < x < +\infty$ sowohl konvex als auch konkav, aber in keinem Teilintervall streng konvex oder streng konkav.

Den Begriff einer konvexen bzw. konkaven Funktion kann man leicht auf Funktionen mit mehreren Variablen übertragen. Diese Funktionen sind zum Beispiel in der nichtlinearen Optimierung von besonderem Interesse.

8.1.2. Grenzwerte von Funktionen

Definition 8.8

Als eine Umgebung des Punktes x_0 auf der x-Achse bezeichnet man jedes Intervall $a < x < b$, das den Punkt x_0 enthält, für das also $a < x_0 < b$ gilt.

Zum Beispiel ist für $\delta > 0$

$$x_0 - \delta < x < x_0 + \delta \tag{8.10}$$

eine Umgebung von x_0 mit dem Mittelpunkt x_0, aber auch $-\infty < x < +\infty$ ist eine solche Umgebung.

In diesem Abschnitt wird das Verhalten von Funktionen in (sehr kleinen) Umgebungen eines Punktes x_0 untersucht. Es interessiert, ob es bei vorgegebenem Wert x_0 für eine Funktion $y = f(x)$ einen Wert g gibt, für den die Funktionswerte von $y = f(x)$

in einer (kleinen) Umgebung von g, etwa

$$g - \varepsilon < g < g + \varepsilon, \tag{8.11}$$

liegen. Dabei bezeichnet ε eine beliebige positive Zahl. Anschaulich interpretiert: der Umgebung (8.11) entspricht ein zur x-Achse paralleler ε-Streifen der Breite 2ε, der Umgebung (8.10) ein zur y-Achse paralleler δ-Streifen der Breite 2δ (vgl. Abbildung 8.4).

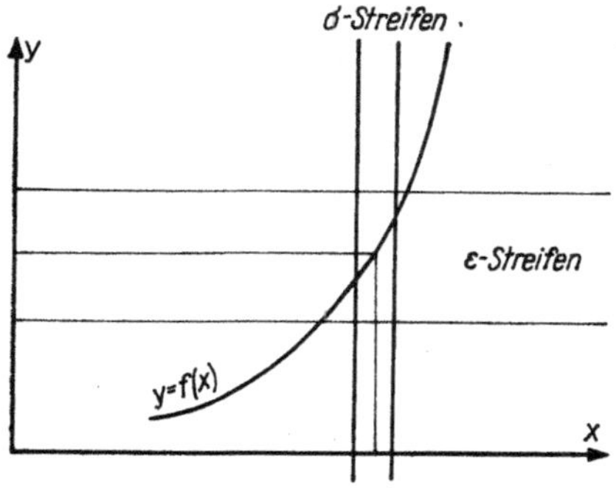

Abbildung 8.4

Definition 8.9

Die Funktion $y = f(x)$ sei in einer gewissen Umgebung (8.10) x_0, möglicherweise mit Ausnahme des Punktes x_0 definiert. Die Zahl g heißt Grenzwert der Funktion $y = f(x)$ an der Stelle x_0, wenn sich zu jeder noch so kleinen Zahl $\varepsilon > 0$ eine Zahl $\delta > 0$ angeben läßt, so daß für alle x aus der Umgebung (8.10)

$$|f(x) - g| < \varepsilon \tag{8.12}$$

gilt. Man schreibt dafür auch

$$\lim_{x \to x_0} f(x) = g. \tag{8.13}$$

Diese Definition läßt zu, daß die Funktion $f(x)$ an der Stelle x_0 nicht definiert ist bzw. der Funktionswert $f(x_0)$ nicht mit dem Grenzwert übereinstimmt. Letzteres wird durch das folgende Beispiel belegt:

Beispiel 8.5

Für die Funktion

$$y = f(x) = \begin{cases} 1 & \text{für} \quad x \neq 3 \\ 2 & \text{für} \quad x = 3 \end{cases}$$

ist an der Stelle $x_0 = 3$ der Grenzwert $g = 1 \neq f(x_0) = 2$. Für $f(x_0)$ an Stelle von g ist (8.12) für $\varepsilon < 1$ durch kein δ erfüllbar.

Der folgende Satz erlaubt es, bei der Bestimmung von Grenzwerten für Funktionen die Grenzwerte von Folgen zu benutzen (vgl. Kapitel 7.).

Satz 8.1

Die Funktion $y = f(x)$ sei in einer gewissen Umgebung der Stelle x_0, möglicherweise diese Stelle selbst ausgenommen, definiert. Die Funktion hat an der Stelle x_0 genau *dann den Grenzwert g, wenn für jede Folge $\{a_k\}$ mit $a_k \to x_0$ und $a_k \neq x_0$ stets auch für die Folge $\{f(a_k)\}$ der Funktionswerte $f(a_k) \to g$ gilt.*

Man beachte, daß es unendlich viele Folgen $\{a_k\}$ gibt, die gegen x_0 konvergieren. Die Auswahl

$$x_0 + \frac{(-1)^k}{k}, \quad x_0 + \frac{1}{k}, \quad x_0 + \frac{\sin k}{k}, \quad x_0 + \frac{(-1)^k}{2^k}$$

für das allgemeine Glied a_k der Folge nennt nur einige.

Für *alle* diese Folgen muß die Folge der Funktionswerte gegen g konvergieren. Nur dann garantiert der Satz 8.1 die Existenz des Grenzwertes g der Funktion. Offenbar kann man nicht für alle diese Folgen $\{a_k\}$ die Konvergenz der Folgen $\{f(a_k)\}$ nachprüfen. Das ist auch nicht nötig, da aus Kapitel 7. Gesetze für das Rechnen mit allgemeinen Folgen zur Verfügung stehen. So kann man die Existenz des Grenzwertes $g = x_0^2$ für die Funktion $y = f(x) = x^2$ jetzt einfach so zeigen: Sei $\{a_k\}$ eine beliebige gegen x_0 konvergierende Folge. Dann ist

$$\lim_{k\to\infty} f(a_k) = \lim_{k\to\infty} a_k \cdot a_k = \left(\lim_{k\to\infty} a_k\right) \cdot \left(\lim_{k\to\infty} a_k\right) = x_0 \cdot x_0 = x_0^2 = g.$$

In dieser Art findet der Satz 8.1 viele Anwendungen.

Zwei häufige praktische Anwendungen gehen von dem Gedanken aus, daß das, was für jede Folge gilt oder gelten soll, auch für eine besonders geeignete Folge gelten muß. Um zu zeigen, daß eine Funktion $y = f(x)$ an der Stelle x_0 keinen Grenzwert besitzt, genügt es nach Satz 8.1 *eine* Folge $\{a_k\}$ zu finden, die den Bedingungen des Satzes 8.2 genügt, aber für die die entsprechende Folge $\{f(a_k')\}$ nicht konvergiert. Oder man findet zwei Folgen $\{a_k\}$, $\{a_k'\}$, die beide den in Satz 8.1 gestellten Forderungen genügen, für die aber die Folgen $\{f(a_k)\}$ und $\{f(a_k')\}$ verschiedene Grenzwerte haben. Hat man sich von der *Existenz* des Grenzwertes g einer Funktion $y = f(x)$ in dem Punkt x_0 schon auf irgendeine Weise überzeugt, so kann man sich zu seiner *numerischen Berechnung* eine beliebige, den Bedingungen von Satz 8.1 genügende Folge $\{a_k\}$ auswählen, für die die Glieder der Folge $\{f(a_k)\}$ für die numerische Rechnung besonders geeignet sind. Diesen Gedanken greift man vielfach in der numerischen Mathematik auf.

Neben dem Grenzwert (8.13) betrachtet man zwei weitere Grenzwertbildungen, in denen man statt der zweiseitigen Umgebung (8.10) nur eine *linksseitige Umgebung*

$$x_0 - \delta < x < x_0, \quad \delta > 0 \tag{8.14}$$

oder eine *rechtsseitige Umgebung*

$$x_0 < x < x_0 + \delta, \quad \delta > 0 \tag{8.15}$$

des Punktes x_0 zugrunde legt. Anlaß dafür bieten Beispiele, in denen die Funktion $y = f(x)$ links oder rechts vom Punkt x_0 (das heißt für $x < x_0$ oder für $x > x_0$) überhaupt nicht definiert ist, oder bei denen der nun zu definierende, rechts- bzw. linksseitige Grenzwert ein unterschiedliches Resultat liefert.

Definition 8.10

Die Funktion $y = f(x)$ sei in einer gewissen rechtsseitigen Umgebung (8.15) definiert. Die Zahl g_1 heißt rechtsseitiger Grenzwert der Funktion an der Stelle x_0, wenn es zu beliebigem $\varepsilon > 0$ stets eine Zahl $\delta > 0$ gibt, so daß für alle x aus der rechtsseitigen Umgebung (8.15) $|f(x) - g_1| < \varepsilon$ ist. Man schreibt

$$\lim_{x \to x_0 + 0} f(x) = g_1 . \tag{8.16}$$

Entsprechend läßt sich ein linksseitiger Grenzwert in x_0

$$\lim_{x \to x_0 - 0} f(x) = g_2 \tag{8.17}$$

definieren.

Beispiel 8.6

Die Funktion $y = f(x) = \sqrt[3]{2 - x}$ ist nur für $-\infty < x \leqq 2$ definiert. Es gilt $\lim\limits_{x \to 2-0} f(x) = 0 = g_2$. Denn für beliebiges $\varepsilon > 0$ gilt mit $x = 2 - z$, $z > 0$

$$|f(x) - 0| = |f(x)| = \left|\sqrt[3]{2 - x}\right| = \left|\sqrt[3]{z}\right| < \varepsilon \Leftrightarrow z < \varepsilon^3.$$

Daher genügt es, $\delta = \varepsilon^3$ zu wählen.

Existiert sowohl der linksseitige als auch der rechtsseitige Grenzwert von $y = f(x)$ im Punkt x_0 *und* sind beide gleich, so ist dieser gemeinsame Wert gleich dem Grenzwert (8.13). Existiert mindestens einer der einseitigen Grenzwerte nicht oder sind sie verschieden, so existiert der zweiseitige Grenzwert (8.13) nicht. Es sei erwähnt, daß sich ein dem Satz 8.1 entsprechender Satz sowohl für linksseitige als auch für rechtseitige Grenzwerte beweisen läßt.

Geometrisch kommt die rechts- bzw. linksseitige Grenzwertbildung darin zum Ausdruck, daß man statt des ursprünglichen δ-Streifens nur dessen rechte bzw. linke Hälfte betrachtet.

Die drei bisher behandelten Grenzwertdefinitionen gehen von den Annahmen aus, daß die Funktion in einer gewissen Umgebung eines endlichen Wertes x_0 untersucht wird und der Grenzwert, falls er existiert, endlich ist. Es ist zweckmäßig, den Grenzwertbegriff nochmals zu erweitern, indem man diese Voraussetzungen schrittweise beiseite läßt. Das führt zu den Definitionen 8.11 und 8.12.

Definition 8.11

Die Funktion $y = f(x)$ sei für alle x aus dem Intervall

$$a \leqq x < +\infty \tag{8.18}$$

definiert. Die Zahl g heißt Grenzwert der Funktion

$y = f(x)$ *für* $x \to \infty$,

wenn es zu jeder Zahl $\varepsilon > 0$ eine Zahl $c \geqq a$ gibt, so daß

$$|f(x) - g| < \varepsilon \tag{8.19}$$

für alle $x \geqq c$ gilt. Man schreibt dafür

$$\lim_{x \to +\infty} f(x) = g . \tag{8.20}$$

Analog erklärt man den Grenzwert

$$g = \lim_{x \to +\infty} f(x) \tag{8.21}$$

Beispiel 8.7

Für die Funktion $y = f(x) = \frac{1}{x}$ (Abbildung 8.5) ist

$$\lim_{x \to -\infty} \frac{1}{x} = \lim_{x \to +\infty} \frac{1}{x} = 0,$$

denn es ist

$$|f(x) - 0| = \left|\frac{1}{x}\right| < \varepsilon \quad \text{für} \quad |x| > N = \frac{1}{\varepsilon}.$$

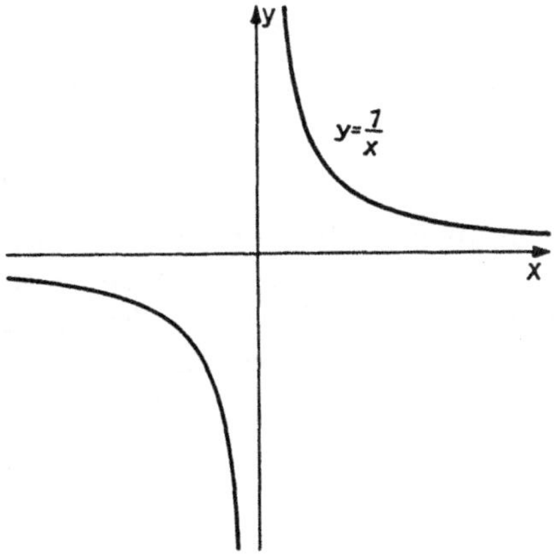

Abbildung 8.5

Satz 8.2

Eine Funktion $y = f(x)$ sei in dem Intervall $a \leqq x < +\infty$ bzw. $-\infty < x \leqq a$ definiert. Die Zahl g ist genau dann Grenzwert der Funktion für $x \to +\infty$ (bzw. $x \to -\infty$), wenn für jede Zahlenfolge $\{a_k\}$, deren sämtliche Glieder a_k den Bedingungen $a_k \geqq a$ (bzw. $a_k \leqq a$) und $\lim_{k \to \infty} a_k = +\infty$ (bzw. $\lim_{k \to \infty} a_k = -\infty$) genügen, die Folge $\{f(a_k)\}$ gegen die Zahl g konvergiert.

Geometrisch bedeutet $\lim_{x \to +\infty} f(x) = g$, daß der Graph der Funktion $f(x)$ für alle genügend großen Werte von x vollständig in dem zwischen den Geraden $y = g - \varepsilon$ und $y = g + \varepsilon$ liegenden ε-Streifen enthalten ist, das heißt, sich der Geraden $y = g$ „anschmiegt". In welcher Form dieses „Anschmiegen" verläuft, ob monoton oder nicht, ob von oben oder unten oder etwa in Gestalt einer Wellenlinie mit immer kleiner werdenden Amplituden, die die Gerade $y = g$ unendlich oft schneidet, darüber wird keine Festlegung getroffen.

Im Kapitel 7. wurden Sätze für das Rechnen mit Grenzwerten konvergenter Zahlenfolgen angegeben. Wegen der Sätze 8.1 und 8.2 lassen sich diese Sätze auf Grenzwerte von Funktionen übertragen.

Satz 8.3

Aus $\lim f(x) = g_1$ *und* $\lim h(x) = g_2$ *folgt*

$\lim (a_1 f(x) + a_2 h(x)) = a_1 g_1 + a_2 g_2$

für beliebige reelle Zahlen a_1, a_2 (8.22)

$\lim (f(x) \cdot h(x)) = g_1 \cdot g_2$ (8.23)

$\lim \frac{f(x)}{h(x)} = \frac{g_1}{g_2}$, *falls* $g_2 \neq 0$ *ist* (8.24)

$\lim |f(x)| = |\lim f(x)|$. (8.25)

Aus $\lim f(x) = g$ *und* $\lim h(x) = g$ *und der zusätzlichen Bedingung, daß für eine weitere Funktion* $k(x)$ *in allen betrachteten Punkten* $f(x) \leqq k(x) \leqq h(x)$ *gilt, folgt*

$\lim k(x) = g.$ (8.26)

Dabei steht lim *für* $x \to x_0$, $x \to x_0 - 0$, $x \to x_0 + 0$, $x \to +\infty$ *oder* $x \to -\infty$.

Ähnlich wie bei Zahlenfolgen lassen sich auch für die Grenzwertbildungen von allgemeinen Funktionen uneigentliche Grenzwerte einführen:

$\lim f(x) = +\infty$ bzw. $\lim f(x) = -\infty$. (8.27)

Ist der Grenzwert $\lim f(x)$ nicht vorhanden, so nennt man die Funktion $y = f(x)$ an der betreffenden Stelle x_0 (bzw. für $x \to +\infty$ oder $x \to -\infty$) *divergent*. Gilt $\lim f(x) = +\infty$, bzw. $\lim f(x) = -\infty$, so sagt man, die *Funktion* $y = f(x)$ wird an der betreffenden Stelle (bzw. für $x \to +\infty$ bzw. für $x \to -\infty$) *unendlich*.
Einige Beispiele mögen den Begriff des uneigentlichen Grenzwertes erläutern.

Beispiel 8.8

$$\lim_{x \to +\infty} \sqrt{x} = +\infty$$

$$\lim_{x \to 1-0} \frac{1}{1-x} = +\infty$$

$$\lim_{x \to 1+0} \frac{1}{1-x} = -\infty$$

$$\lim_{x \to -\infty} x^5 = -\infty$$

$$\lim_{x \to 0} \frac{1}{x^2} = +\infty$$

$$\lim_{x \to 1} \left| \frac{1}{1-x} \right| = +\infty.$$

8.1.3. Stetigkeit

Der Grenzwertbegriff erlaubt die Einführung des Begriffs der stetigen Funktion.

Definition 8.12

Eine Funktion $y = f(x)$ *sei in einer gewissen Umgebung des Punktes* x_0 *definiert. Sie heißt stetig in* x_0, *wenn in* x_0 *der Grenzwert der Funktion und der Funktionswert übereinstimmen, wenn also gilt*

$$\lim_{x \to x_0} f(x) = f(x_0). \tag{8.28}$$

Eine Funktion $y = f(x)$ ist also dann und nur dann stetig an der Stelle x_0, wenn gleichzeitig folgende Bedingungen erfüllt sind:

a) der Funktionswert $f(x_0)$ von $f(x)$ an der Stelle x_0 ist definiert,

b) der Grenzwert $\lim_{x \to x_0} f(x)$ existiert (und ist endlich),

c) Grenzwert und Funktionswert stimmen überein.

Ist mindestens eine dieser drei Eigenschaften nicht erfüllt, heißt die Funktion $f(x)$ *unstetig* an der Stelle x_0 und x_0 eine Unstetigkeitsstelle von $f(x)$.

Zu einer anschaulichen Interpretation der Stetigkeit können wiederum die ε- und δ-Streifen der Abbildung 8.3 dienen. Der Unterschied zur früheren Diskussion besteht nur darin, daß der Grenzwert g für stetige Funktionen gleichzeitig der Funktionswert $f(x_0)$ ist. Die geometrische Interpretation der Stetigkeit führt zu der Formulierung, eine Funktion sei an der Stelle x_0 stetig, wenn der Abstand zwischen den Funktionswerten $f(x)$ und $f(x_0)$ beliebig klein wird, wenn der Abstand zwischen x und x_0 genügend klein gewählt ist.

Mit der Beziehung $h = x - x_0$ kann man (8.28) auch in der Form

$$\lim_{x \to x_0} f(x_0 + h) = f(x_0) \tag{8.29}$$

ausdrücken. Nach Satz 8.1 ist auch die Formulierung

$$\forall \{a_k\} \; (a_k \to x_0) \Rightarrow \lim_{k \to \infty} f(a_k) = f\Big(\lim_{k \to \infty} a_k\Big) = f(x_0) \tag{8.30}$$

gleichwertig zu (8.28).

Beispiel 8.9

Die Funktion $f(x) = |x|$ (vgl. Abbildung 8.6) ist an der Stelle $x_0 = 0$ stetig, denn es gilt

$$\lim_{h \to 0} |0 + h| = \lim_{h \to 0} |h| = 0 = f(0)$$

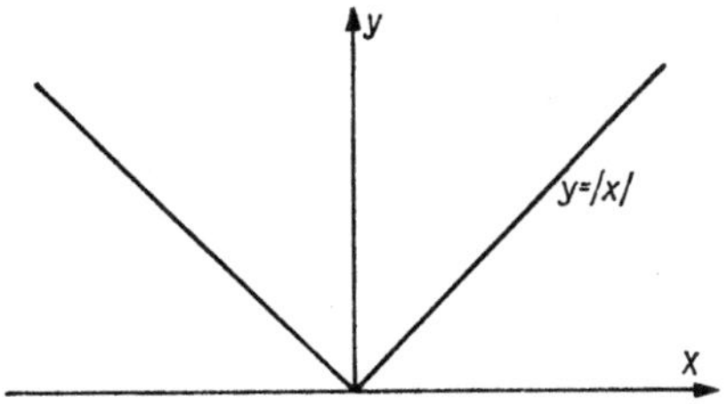

Abbildung 8.6

Definition 8.13

Eine Funktion $y = f(x)$ sei in einem gewissen Intervall

$x_0 \leqq x < x_0 + d$ (*bzw.* $x_0 - d < x \leqq x_0$)

definiert. Sie ist rechtsseitig (bzw. linksseitig) stetig in x_0, wenn

$$\lim_{x \to x_0 + 0} f(x) = f(x_0) \quad bzw. \quad \lim_{x \to x_0 - 0} f(x) = f(x_0)$$

ist.

Die einseitige Stetigkeit kann geometrisch unter der zusätzlichen Annahme, daß der Grenzwert gleich dem Funktionswert ist, wie die einseitige Grenzwertbildung veranschaulicht werden. Um den Begriff der Stetigkeit zu verstehen, ist es nützlich sich einen Überblick über einige mögliche Arten einer Unstetigkeit zu verschaffen. Das soll nun an Hand der drei oben genannten Kriterien geschehen.

Typ 1: Hebbare Unstetigkeit

Die Bedingung b sei erfüllt. Die Bedingung a oder die Bedingung c sei nicht erfüllt. Durch Ergänzung (falls a nicht erfüllt) oder Änderung (falls zwar a, nicht aber c erfüllt) erhält man aus der unstetigen Funktion $f(x)$ in

$$y = g(x) = \begin{cases} f(x) & \text{für } x \neq x_0 \\ \lim\limits_{x \to x_0} f(x) & \text{für } x = x_0 \end{cases}$$

eine in x_0 stetige Funktion.

Die Funktion $y = f(x) = \dfrac{x^k - a^k}{x - a}$ ist an der Stelle $x_0 = a$ nicht definiert.

(a nicht erfüllt: vgl. Aufgabe 8.8). Dieser Typ wird durch die in Abbildung 8.7 dargestellte Skizze symbolisiert.

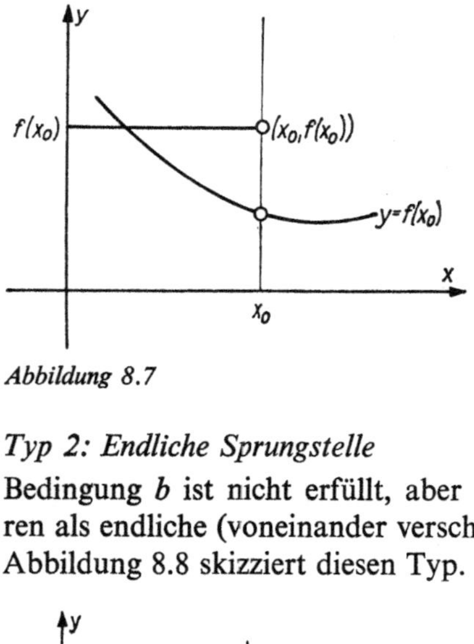

Abbildung 8.7

Typ 2: Endliche Sprungstelle

Bedingung b ist nicht erfüllt, aber beide Grenzwerte $\lim\limits_{x \to x_0 + 0} f(x)$, $\lim\limits_{x \to x_0 - 0} f(x)$ existieren als endliche (voneinander verschiedene) Zahlen.
Abbildung 8.8 skizziert diesen Typ.

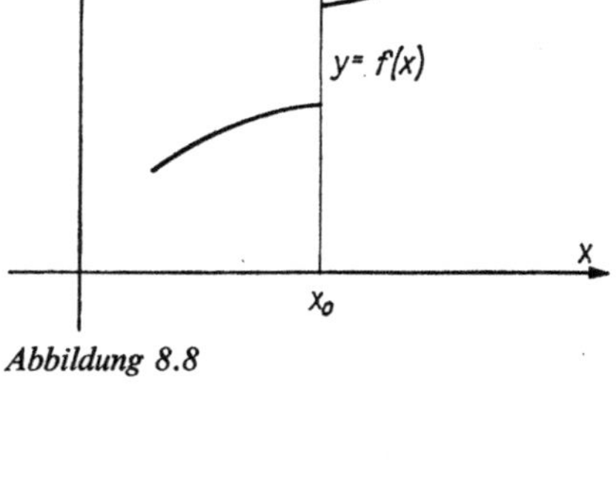

Abbildung 8.8

Typ 3: Unendlicher Sprung

Bedingung b ist nicht erfüllt; die beiden Grenzwerte $\lim_{x \to x_0 - 0} f(x)$ und $\lim_{x \to x_0 + 0} f(x)$ existieren, aber mindestens einer von ihnen ist uneigentlich.

Ein Beispiel für diesen Typ liefert die Funktion $y = \frac{1}{x}$ im Punkt $x_0 = 0$. Ihr in Abbildung 8.5 dargestellter Graph skizziert diesen Typ.

Typ 4: Nichtexistenz eines einseitigen Grenzwertes

Bedingung b nicht erfüllt; mindestens einer der Grenzwerte $\lim_{x \to x_0 + 0} f(x)$, $\lim_{x \to x_0 - 0} f(x)$ existiert nicht. Ein Beispiel ist die für $x \neq 0$ stetige Funktion $y = \sin \frac{1}{x}$, für die in $x_0 = 0$ weder der links- noch der rechtsseitige Grenzwert existiert (vgl. Abbildung 8.9).

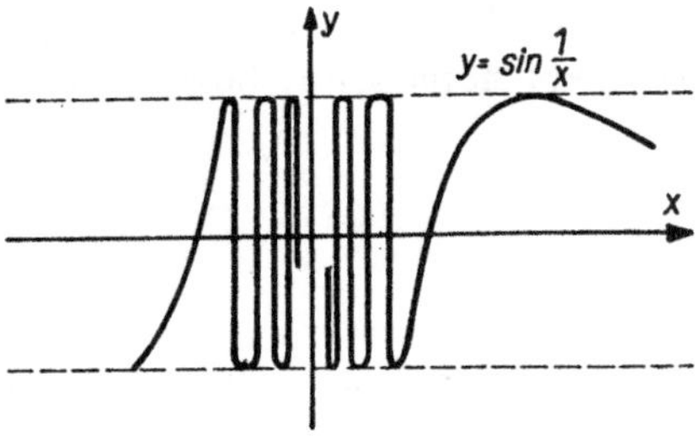

Abbildung 8.9

Aus den Formeln (8.22) bis (8.26) über die Grenzwerte von Funktionen ergibt sich unmittelbar, daß die Summe, die Differenz, das Produkt und der Quotient von zwei stetigen Funktionen wiederum stetig sind (letzteres nur dann, wenn der Nenner $\neq 0$ ist). Darüber hinaus ist mit $f(x)$ auch $|f(x)|$ stetig, aber nicht umgekehrt. Es ist sehr leicht, die Funktionen $y = c$, c Konstante, und $y = x$ als stetig nachzuweisen. Dann ergibt sich nach den vorstehenden Aussagen sofort die Stetigkeit aller rationalen Funktionen in allen Punkten ihres Definitionsbereiches.
Die Funktion $y = \sin x$ läßt sich als stetig in allen reellen x nachweisen. Dann sind aber wegen $\cos x = \sin\left(x + \frac{\pi}{2}\right)$ auch die cos-Funktion und nach den obigen Sätzen auch die tan- und cot-Funktion und alle aus den trigonometrischen Funktionen mit Hilfe von Addition, Subtraktion, Multiplikation, Division aufgebauten Funktionen in allen Punkten ihres Definitionsbereiches stetig. An den Stellen $\frac{\pi}{2} + k\pi$ (bzw. $k\pi$), $k = 0, \pm 1, \pm 2, \ldots$ die nicht zum Definitionsbereich gehören, hat die Funktion $y = \tan x$ (bzw. $y = \cot x$) eine Unstetigkeitsstelle vom Typ 3.
Die fundamentale Bedeutung des Stetigkeitsbegriffes erklärt sich aus den in den folgenden Sätzen zusammengestellten Eigenschaften von stetigen Funktionen.

Definition 8.14

Eine Funktion $y = f(x)$ ist stetig in einem Intervall I, wenn

a) I Teilmenge des Definitionsbereiches von $f(x)$ ist,

b) $f(x)$ stetig in allen inneren Punkten von I ist,

c) $f(x)$ im linken bzw. rechten Eckpunkt rechts- bzw. linksseitig stetig ist, wenn der entsprechende Randpunkt überhaupt zum Intervall I gehört.

Satz 8.4

Ist eine Funktion $y = f(x)$ in einer Umgebung U einer Stelle x_0 definiert und in x_0 stetig und $f(x_0) \neq 0$, so existiert eine Umgebung U' von x_0, für die die Werte $f(x)$, $x \in U'$, alle gleiches Vorzeichen haben.

Satz 8.5

Ist $t = g(x)$ eine in x_0 stetige Funktion und mit $t_0 = g(x_0)$ die Funktion $y = f(t)$ in t_0 stetig, so ist auch die mittelbare Funktion $y = f(g(x))$ im Punkt x_0 stetig.

Damit ist jede stetige Funktion von einer stetigen Funktion wiederum stetig. Dieser Satz liefert die Stetigkeit von sehr vielen Funktionen. So kann man nach obigen Feststellungen über trigonometrische Funktionen und Polynome sofort die Funktionen

$$\cos(5x^2 - 2x + 1), \quad \tan 2x, \quad \sin(\cos x)$$

als stetig in ihrem Definitionsintervall erkennen.

Satz 8.6

Jede in einem abgeschlossenen Intervall $a \leqq x \leqq b$ stetige Funktion $y = f(x)$ ist dort beschränkt.

Satz 8.7 (*Zwischenwertsatz von Bolzano*)

Die Funktion $y = f(x)$ sei in dem abgeschlossenen Intervall $a \leqq x \leqq b$ stetig und $f(a) \neq f(b)$.

Ist dann c ein Wert zwischen $f(a)$ und $f(b)$ (das heißt, $f(a) < c < f(b)$ oder $f(b) < c < f(a)$), so gibt es mindestens eine Stelle x_0, $a < x_0 < b$, für die $f(x_0) = c$ ist.

Man kann kurz sagen: eine stetige Funktion nimmt jeden Zwischenwert an. Besonders häufige Anwendung findet der Satz 8.7, wenn zum Beispiel $f(a) < 0, f(b) > 0$ ist und man garantieren möchte, daß es eine Stelle x_0 zwischen a und b gibt, für die $f(x_0) = 0$ ist.

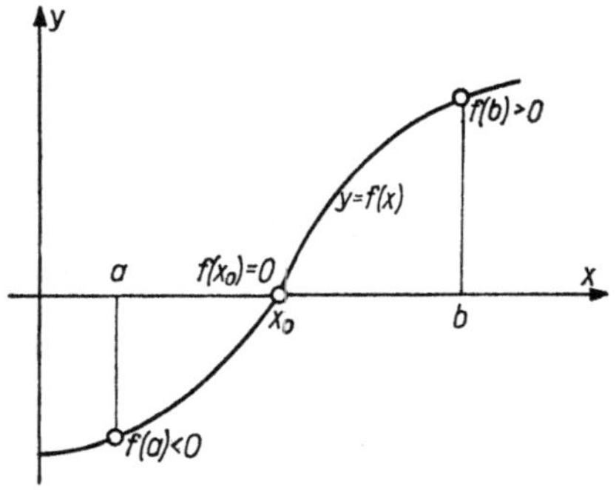

Abbildung 8.10

Anschaulich interpretiert bedeutet der Satz 8.7, daß der Wertevorrat einer in einem Intervall stetigen Funktion ein gewisses Intervall der y-Achse lückenlos ausfüllt.

Aus Satz 8.7 ergibt sich unmittelbar folgende Aussage. Ist $y = f(x)$ in $a \leqq x \leqq b$ stetig und streng monoton, so müssen für $f(x_0) = 0$, $a < x_0 < b$ die Funktionswerte im linken Teilintervall $a \leqq x \leqq x_0$ und im rechten Teilintervall $x_0 \leqq x \leqq b$ verschiedenes Vorzeichen haben (vgl. Abbildung 8.7).

Satz 8.8 (*Satz von Weierstraß über das Extremum*)

Sei $y = f(x)$ eine in dem abgeschlossenen Intervall $a \leqq x \leqq b$ stetige Funktion und $\underline{g}$ die untere, $\bar{g}$ die obere Grenze der Funktion in diesem Intervall. Dann gibt es Punkte $x_1, x_2, a \leqq x_i \leqq b, i = 1, 2,$ für die $f(x_1) = \underline{g}, f(x_2) = \bar{g}$ ist.

Satz 8.8 sichert also, daß unter den gegebenen Voraussetzungen die obere und untere Grenze des Wertevorrates auch tatsächlich angenommen wird, die Funktion also im Intervall $a \leqq x \leqq b$ in x_1 einen kleinsten, in x_2 einen größten Wert annimmt. Das Intervall muß für die Richtigkeit des Satzes notwendig abgeschlossen sein. Die Funktion $y = x$ ist in dem halboffenen Intervall $0 \leqq x < 1$ stetig, nimmt aber keinen größten Wert an. Das schließt natürlich nicht aus, daß spezielle Funktionen auch in offenen oder halboffenen Intervallen einen größten oder kleinsten Wert haben können, wie das Beispiel $y = \sin x$ in dem Intervall $-\infty < x < +\infty$ zeigt.

Aus Satz 8.8 folgt sofort, daß für eine im Intervall $a \leqq x \leqq b$ monotone stetige Funktion $\underline{g} = f(a)$ und $\bar{g} = f(b)$ (monoton wachsend) oder $\underline{g} = f(b)$ und $\bar{g} = f(a)$ (monoton fallend) ist.

Satz 8.9

Ist die Funktion $y = f(x)$ in dem Intervall I stetig und streng monoton, dann ist der Wertevorrat von $f(x)$ in I ein gewisses Intervall I' und in I' ist die Umkehrfunktion $x = g(y)$ von $y = f(x)$ stetig und streng monoton (vgl. Abbildung 8.11).

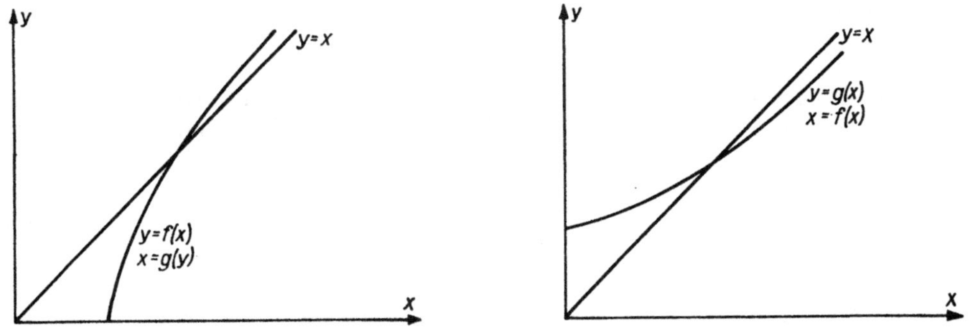

Abbildung 8.11

Da die Funktion $y = x^n$, n ganze Zahl $\neq 0$, in dem Intervall $0 \leqq x < +\infty$ streng monoton und stetig ist und den Wertevorrat $0 \leqq y < +\infty$ hat, so ist nach Satz 8.9 auch die Umkehrfunktion $y = \sqrt[n]{x}$ im Intervall $0 \leqq x < +\infty$ stetig und streng monoton.

8.2. Differenzierbarkeit

8.2.1. Differentialquotient

Der Begriff des Differentialquotienten wurde im wesentlichen von Leibniz und Newton bei der Lösung der Aufgaben, an eine Kurve eine Tangente zu legen bzw. die Bewegungsgesetze eines Körpers zu beschreiben, ausgearbeitet.
Zur Erklärung des Differentialquotienten einer Funktion $y = f(x)$ soll hier untersucht werden, wie man die Gleichung einer *Tangente* an den Graph der Funktion in einem Punkt $P = (x_0 \;\; f(x_0))$ ermitteln kann.
Dazu betrachtet man zunächst einen weiteren Kurvenpunkt $Q = (x \;\; f(x))$ und die *Sekante* genannte Verbindungsgerade von P und Q (Abbildung 8.12).

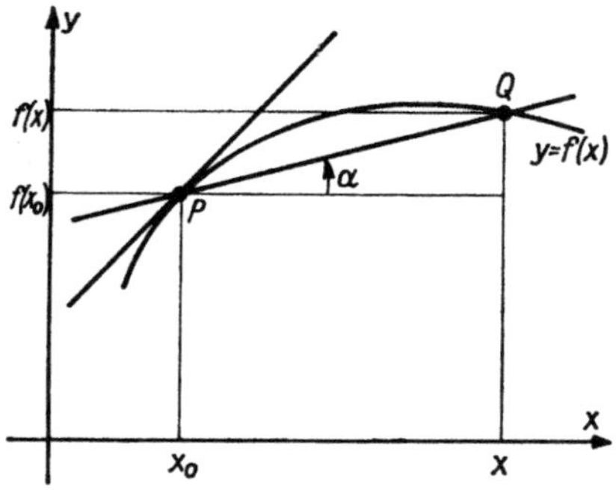

Abbildung 8.12

Anschaulich scheint die Sekante eine Grenzlage anzunehmen, wenn man den Punkt Q auf dem Graphen beliebig dicht an P heranrücken läßt, das heißt, unter Beschränkung auf Punkte $(x \;\; f(x))$ der Ebene den Grenzprozeß $x \to x_0$ betrachtet. Die sich in der Grenzlage ergebende Gerade nennt man Tangente. Da eine Gerade durch die Vorgabe eines Punktes $(a \;\; b)$ auf ihr und ihres Anstieges m durch die Gleichung

$$y - b = m(x - a) \tag{8.31}$$

bestimmt ist, hat man den Anstieg der Tangente durch P zu ermitteln. Der Anstieg der betrachteten Sekante (Tangens des Richtungswinkels mit der positiven x-Halbachse) ist:

$$\frac{f(x) - f(x_0)}{x - x_0}. \tag{8.32}$$

Der Ausdruck (8.32) wird als Quotient der Ordinatendifferenz $\Delta y = f(x) - f(x_0)$ und der Abszissendifferenz $\Delta x = x - x_0$ auch *Differenzenquotient* genannt.

Definition 8.15

Eine Funktion $y = f(x)$ sei in einer Umgebung g der Stelle x_0 erklärt. Existiert der Grenzwert

$$\lim_{x \to x_0} \frac{f(x) - f(x_0)}{x - x_0} = \lim_{x \to x_0} \frac{\Delta y}{\Delta x} = g, \tag{8.33}$$

so nennt man die Funktion $y = f(x)$ an der Stelle x_0 differenzierbar und bezeichnet g als Differentialquotient oder Ableitung der Funktion $y = f(x)$ an der Stelle x_0 und schreibt symbolisch

$$g = f'(x_0) = (y')_{x=x_0} = \left(\frac{\mathrm{d}y}{\mathrm{d}x}\right)_{x=x_0} = \left(\frac{\mathrm{d}f(x)}{\mathrm{d}x}\right)_{x=x_0}$$

Damit erhält man für die Gleichung der Tangente im Punkt $(x_0 \; f(x))$

$$y - f(x_0) = f'(x_0)(x - x_0). \tag{8.34}$$

Ist die Ableitung der Funktion $y = f(x)$ in allen Punkten eines offenen Intervalls I vorhanden, so ist die Ableitung, die jedem x_0 dieses Intervalls den Differentialquotienten $f'(x_0)$ zuordnet, wiederum eine Funktion, die man schlechthin als *Ableitung von $y = f(x)$* bezeichnet und durch

$$y', f'(x), \quad \frac{\mathrm{d}y}{\mathrm{d}x}, \quad \frac{\mathrm{d}f(x)}{\mathrm{d}x} \tag{8.35}$$

symbolisiert. Häufig schreibt man statt $\Delta x = x - x_0$ auch h, betrachtet also den Differenzenquotienten

$$\frac{f(x_0 + h) - f(x_0)}{h} \tag{8.36}$$

als Funktion von h, wobei $x \to x_0$ gleichwertig ist mit $h \to 0$. Will man schließlich ausdrücken, daß x_0 jeden Punkt eines Intervalls annehmen kann, so schreibt man auch x statt x_0 und erhält

$$f'(x) = \lim_{h \to 0} \frac{f(x + h) - f(x)}{h} = \lim_{\Delta x \to 0} \frac{f(x + \Delta x) - f(x)}{\Delta x}. \tag{8.37}$$

Wesentlich ist, daß bei der Grenzwertbildung (8.33) bzw. (8.37) ein gewisser x-Wert festgehalten wird, gegen den im Sinne des Abschnittes 8.1.2. ein variabler x-Wert strebt.

Zur *Differentiation*, das heißt zur Bestimmung der Ableitung einer vorgegebenen Funktion, hätte man nach Definition 8.15 den Differenzenquotient (8.32) zu bilden, diesen geeignet umzuformen und dann die Grenzwertbildung (8.33) vorzunehmen. Auf diesen in der Regel umständlichen Weg wird zum besseren Verständnis der Definition 8.15 nur kurz im Beispiel 8.10 eingegangen.

In der Praxis greift man auf die bekannten Ableitungen einiger elementarer Funktionen und auf allgemeine Differentiationsregeln zurück, mit deren Hilfe man die Differentiation von komplizierten Funktionen auf die elementaren Fälle zurückführen kann. Diese Differentiationsregeln sind im Abschnitt 8.2.2. zusammengestellt.

Beispiel 8.10

Für die Funktion $y = x^n$, n eine natürliche Zahl $\geqq 1$, ist der Differenzenquotient

$$g(h) = \frac{f(x + h) - f(x)}{h} = \frac{(x+h)^n - x^n}{h} = \frac{1}{h}\left(nhx^{n-1} + \binom{n}{2} x^{n-2}h^2 + \cdots + \binom{n}{n} h^n\right).$$

Man erhält $f'(x) = \lim\limits_{h \to 0} g(h) = n \cdot x^{n-1}$.

Beispiel 8.11

Für die Funktion $y = \sin x$ ist der Differenzenquotient

$$g(h) = \frac{f(x+h) - f(x)}{h} = \frac{1}{h}(\sin(x+h) - \sin x)$$

$$= \frac{1}{2} \cdot 2 \cdot \cos\left(x + \frac{h}{2}\right) \sin\frac{h}{2} = \cos\left(x + \frac{h}{2}\right) \cdot \frac{\sin\frac{h}{2}}{\frac{h}{2}}.$$

Es gilt $\lim\limits_{z \to 0} \frac{\sin z}{z} = 1$ (vgl. 8.2).

Daher erhält man für die Ableitung der Funktion $y = \sin x$

$$(\sin x)' = \lim_{h \to 0} g(h) = \lim_{h \to 0} \cos\left(x + \frac{h}{2}\right) \cdot \lim_{h \to 0} \frac{\sin\frac{h}{2}}{\frac{h}{2}} = \cos x.$$

Entsprechend läßt sich $(\cos x)' = -\sin x$ beweisen. Die Funktionen x^n, $\sin x$, $\cos x$ sind für alle x differenzierbar. Bekanntlich gilt gleiches für die Funktion $y = c$, c eine reelle Zahl, für die $y' = 0$ ist.

Der Unterscheidung von links- und rechtsseitigem Grenzwert, von rechts- und linksseitiger Stetigkeit entsprechen die folgenden Begriffe.

Definition 8.16

Die Funktion $y = f(x)$ sei in einer Umgebung $x_0 \leqq x < b$ bzw. $a < x \leqq x_0$ definiert. Existiert der Grenzwert

$$\lim_{h \to 0+0} \frac{f(x_0 + h) - f(x_0)}{h} \quad \textit{bzw.} \quad \lim_{h \to 0-0} \frac{f(x_0 + h) - f(x_0)}{h}, \tag{8.38}$$

so heißt er rechts- bzw. linksseitige Ableitung von $y = f(x)$ im Punkt x_0. Die Funktion $y = f(x)$ heißt im Punkt x_0 rechts- bzw. linksseitig differenzierbar.

Wie bei jeder Grenzwertbildung ist unter der Voraussetzung der Existenz und Gleichheit von rechts- und linksseitiger Ableitung dieser gemeinsame Wert auch gleich der Ableitung (8.33), während bei Verletzung einer dieser Voraussetzungen die Ableitung (8.33) nicht existiert.

Beispiel 8.12

Die Funktion $y = |x|$ ist für $x_0 = 0$ sowohl rechts- als auch linksseitig differenzierbar, aber nicht differenzierbar im Sinne der Definition 8.15.

In der Tat ergibt

$$g(h) = \frac{f(x_0 + h) - f(x_0)}{h} = \frac{|h|}{h}$$

für $h > 0$ die rechtsseitige Ableitung

$$\lim_{h \to 0+0} g(h) = 1,$$

für $h < 0$ die linksseitige Ableitung

$$\lim_{h \to 0-0} -\frac{h}{h} = -1.$$

Ist eine Funktion in einer Umgebung der Stelle x_0 definiert und hat der Differenzenquotient (8.36) als Funktion von h für $h \to 0$ im Sinne der Definition 8.11 den uneigentlichen Grenzwert $+\infty$ bzw. $-\infty$, ist also

$$\lim_{h \to 0} \frac{f(x_0 + h) - f(x)}{h} = +\infty \quad \text{bzw.} \quad = -\infty, \tag{8.39}$$

so sagt man auch, daß die Funktion $y = f(x)$ an der Stelle x_0 eine *uneigentliche Ableitung* besitzt oder daß die Ableitung in x_0 positiv bzw. negativ unendlich wird.

Definition 8.17

Eine Funktion $y = f(x)$ heißt differenzierbar in einem Intervall I, wenn

a) I Teilmenge des Definitionsbereiches von $f(x)$ ist,

b) $f(x)$ differenzierbar in allen inneren Punkten von I ist und

c) $f(x)$ im linken bzw. rechten Eckpunkt rechts- bzw. linksseitig differenzierbar ist, falls der entsprechende Randpunkt überhaupt zum Intervall I gehört.

Der folgende Satz gibt einen Zusammenhang zwischen der Stetigkeit und der Differenzierbarkeit einer Funktion.

Satz 8.10

Ist eine Funktion $y = f(x)$ differenzierbar in einem Intervall I, so ist sie dort auch stetig.

Dieser Satz ist nicht umkehrbar, wie das folgende Beispiel zeigt.

Beispiel 8.13

Die Funktion $f(x) = |x|$ ist an der Stelle $x_0 = 0$ stetig (vgl. Beispiel 8.9), aber nicht differenzierbar (vgl. Beispiel 8.12).

8.2.2. Differentiationsregeln

Die Differentiation von Funktionen $y = f(x)$ umfaßt zwei Aufgaben:

1. festzustellen, in welchen Punkten x des Definitionsbereiches eine Funktion differenzierbar ist, also der Grenzwert (8.37) oder wenigstens die Grenzwerte (8.38) existieren,

2. die genannten Grenzwerte auch tatsächlich mit Hilfe einfacher Regeln anzugeben.

Praktisch wichtiger ist die zweite Aufgabe, da viele Funktionen in allen Punkten ihres Definitionsbereiches differenzierbar sind. Folglich handelt es sich meistens nicht darum, die Ableitung in einem Punkt x_0 sondern in einem ganzen Intervall als Funktion von x zu bestimmen. Dazu benötigt man die Kenntnis der Ableitung einiger elementarer Funktionen, von denen wir zunächst nur die folgenden Typen, die zusammen mit ihren Ableitungen angegeben sind, als bekannt voraussetzen.

$y = f(x)$	$y' = f'(x)$	Definitionsbereich von $f(x)$	Definitionsbereich von $f'(x)$
c, c Konstante	0	$-\infty < x < +\infty$	$-\infty < x < +\infty$
x^n, n ganze Zahl, $\neq 0$	$n \cdot x^{n-1}$	$-\infty < x < +\infty$	$-\infty < x < +\infty$
$\sin x$	$\cos x$	$-\infty < x < +\infty$	$-\infty < x < +\infty$
$\cos x$	$-\sin x$	$-\infty < x < +\infty$	$< x < +\infty$
$\tan x$	$\frac{1}{\cos^2 x}$	$-\infty < x < +\infty$ und $x \neq \frac{\pi}{2} + k\pi$ k ganze Zahl	$-\infty < x < +\infty$ und $x \neq \frac{\pi}{2} + k\pi$
$\cot x$	$-\frac{1}{\sin^2 x}$	$-\infty < x < +\infty$ und $x \neq \pi k$, k ganze Zahl	$-\infty < x < +\infty$ un $x \neq k\pi$
$x^{\frac{1}{n}} = \sqrt[n]{x}$, n natürliche Zahl $\geqq 2$	$\frac{1}{n} \cdot \frac{1}{\sqrt[n]{x^{n-1}}}$	$0 \leqq x < +\infty$	$0 < x < +\infty$

Satz 8.11

Sind die Funktionen $f(x)$ und $g(x)$ in einem Intervall differenzierbar, dann gilt in diesem Intervall

$$(c_1 f(x) + c_2 g(x))' = c_1 f'(x) + c_2 g'(x) \quad \textit{mit } c_1, c_2 \textit{ beliebig reell,} \tag{8.40}$$

$$(f(x) \cdot g(x))' = f'(x)\, g(x) + f(x) \cdot g'(x) \tag{8.41}$$

$$\left(\frac{f(x)}{g(x)}\right)' = \frac{f'(x)\, g(x) - f(x)\, g'(x)}{g(x)^2} \quad \textit{für } g(x) \neq 0. \tag{8.42}$$

Satz 8.12

Ist die Funktion $t = g(x)$ an der Stelle $x = x_0$ differenzierbar und ist mit $t_0 = g(x_0)$ die Funktion $y = f(t)$ an der Stelle t_0 differenzierbar, so ist auch die mittelbare Funktion $y = f(g(x))$ an der Stelle x_0 differenzierbar und es gilt

$$\frac{\mathrm{d}}{\mathrm{d}x} f(g(x)) \bigg|_{x=x_0} = \frac{\mathrm{d}f(t)}{\mathrm{d}t} \bigg|_{t=t_0} \cdot \frac{\mathrm{d}g(x)}{\mathrm{d}x} \bigg|_{x=x_0} \tag{8.43}$$

Indem man sich auf ein x-Intervall bezieht, in dem die mittelbare Funktion $y = f(g(x))$ differenzierbar ist, schreibt man die Beziehung (8.43) auch in der besonders einprägsamen Form

$$\frac{\mathrm{d}y}{\mathrm{d}x} = \frac{\mathrm{d}y}{\mathrm{d}t} \cdot \frac{\mathrm{d}t}{\mathrm{d}x}. \tag{8.44}$$

Die Regel (8.43) bzw. (8.44) heißt Kettenregel.

In (8.43) bezeichnet man $\frac{\mathrm{d}y}{\mathrm{d}x} = \frac{\mathrm{d}f(t)}{\mathrm{d}t}$ auch als *äußere*, $\frac{\mathrm{d}t}{\mathrm{d}x} = \frac{\mathrm{d}g(x)}{\mathrm{d}x}$ als *innere Ableitung* der mittelbaren Funktion $y = f(g(x))$.

Ist w eine Funktion von v, v eine Funktion von u, u eine Funktion von t, so ist bei vorausgesetzter Differenzierbarkeit aller dieser Funktionen

$$\frac{dy}{dx} = \frac{dy}{dw} \cdot \frac{dw}{dv} \cdot \frac{dv}{du} \cdot \frac{du}{dt} \cdot \frac{dt}{dx}.$$

Beispiel 8.14

Die zusammengesetzte Funktion

$$y = (3x - 7)^2$$

soll nach x differenziert werden.

Mit $t = 3x - 7$ und $y = t^2$ erhalten wir

$$\frac{dy}{dt} = 2t, \qquad \frac{dt}{dx} = 3$$

also $y' = 2(3x - 7) \cdot 3 = 6 \cdot (3x - 7)$

Den Definitionsbereich von $y = f'(x)$ gibt man im allgemeinen nicht an, sondern meint die Ableitung in ihrem natürlichen Definitionsbereich.

Weitere Beispiele zur Anwendung der Kettenregel sind als Übungsaufgaben zu diesem Kapitel gestellt.

Satz 8.13

Besitzt die Funktion $y = f(x)$ in dem Intervall I eine Umkehrfunktion und ist die Funktion $f(x)$ in dem (inneren) Punkt x_0 des Intervalls I differenzierbar und $f'(x_0) \neq 0$, dann ist die Umkehrfunktion $x = g(y)$ in dem Punkt $y_0 = f(x_0)$ ebenfalls differenzierbar. Es gilt

$$g'(y_0) = \left(\frac{dg(y)}{dy}\right)_{y=y_0} = \frac{1}{f'(x_0)} = \frac{1}{\left(\frac{df(x)}{dx}\right)_{x=x_0}}. \tag{8.45}$$

Die Formel (8.45) schreibt man auch kurz

$$\frac{dx}{dy} = \frac{1}{\frac{dy}{dx}}.$$

Beispiel 8.15

In den offenen Intervallen $0 < x < +\infty$ und $0 < y < +\infty$ gilt für die Umkehrfunktion $x = g(y) = \sqrt[n]{y}$ der Funktion $y = f(x) = x^n$, n natürliche Zahl $\geqq 1$,

$$x' = \frac{d\sqrt[n]{y}}{dy} = \frac{1}{y'} = \frac{1}{\frac{dx^n}{dx}} = \frac{1}{nx^{n-1}} = \frac{1}{n \cdot \sqrt[n]{y^{n-1}}},$$

woran oben schon erinnert wurde.

8.2.3. Mittelwertsatz

Satz 8.14 (*Mittelwertsatz der Differentialrechnung*)

Eine Funktion $y = f(x)$ sei in dem abgeschlossenem Intervall $a \leqq x \leqq b$ stetig und in $a < x < b$ differenzierbar. Dann gibt es mindestens eine Stelle u mit $a < u < b$, für die

$$f'(u) = \frac{f(b) - f(a)}{b - a} \tag{8.46}$$

gilt.

Der Satz 8.14 läßt sich anschaulich interpretieren. (vgl. Abbildung 8.13).

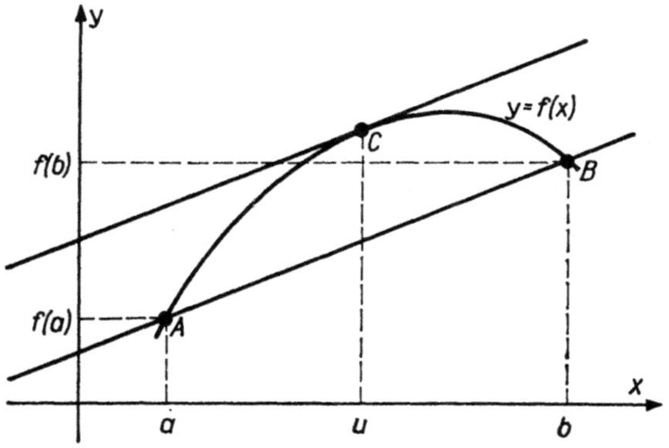

Abbildung 8.13

Die Steigung der durch die Punkte $A = (a\ f(a))$ und $B = (b\ f(b))$ verlaufenden Sekante ist gleich

$$\frac{f(b) - f(a)}{b - a}.$$

Daher besagt der Mittelwertsatz, daß es auf dem zwischen A und B gelegenen Teilstück des Graphen von $y = f(x)$ einen Punkt $C = (u\ f(u))$ gibt, in dem die Tangente an den Graph parallel zur betrachteten Sekante ist.

Der folgende Satz ist ein Spezialfall des Mittelwertsatzes.

Satz 8.15 (*Satz von Rolle*)

Die Funktion $y = f(x)$ sei im Intervall $a \leqq x \leqq b$ stetig und in $a < x < b$ differenzierbar. Ist $f(a) = f(b)$, so gibt es eine Stelle u, für die $a < u < b$ und $f'(u) = 0$ ist.

Dieser Satz sichert die Existenz einer Zwischenstelle, in der die Tangente parallel zur x-Achse verläuft und garantiert, daß zwischen zwei Nullstellen der Funktion mindestens eine Nullstelle der Ableitung liegt.

Neben der Schreibweise (8.46) sind noch andere Formulierungen des Mittelwertsatzes üblich.

Setzt man $a = x_0$, $b = x_0 + h$, $h \neq 0$, so garantiert der Satz die Existenz eines z, für das

$$f'(x_0 + zh) = \frac{f(x_0 + h) - f(x_0)}{h}, \quad 0 < z < 1$$

oder

$$f(x_0 + h) = f(x_0) + hf'(x_0 + zh), \quad 0 < z < 1 \tag{8.47}$$

ist. Dabei ist das Vorzeichen von h beliebig. In der Gestalt (8.47) wird der Mittelwertsatz häufig dazu verwendet, um eine erste Näherung für die Funktionswerte $f(x_0 + h)$ in einer Umgebung von x_0 zu erhalten, wenn $f(x_0)$ bekannt ist und man das Glied $f'(x_0 + h)$ abschätzen kann. Auf diese numerische Berechnung von Funktionswerten wird in den Abschnitten 8.2.4. und 8.3.1. näher eingegangen. Im Abschnitt 8.4. wird der Mittelwertsatz zur Diskussion des Monotonieverhaltens angewendet werden.

Aus dem Mittelwertsatz ergeben sich folgende Aussagen:

Satz 8.16

Ist eine Funktion $y = f(x)$ in einem Intervall I differenzierbar und dort überall $f'(x) = 0$, so ist $f(x)$ in I eine konstante Funktion.

Beweis

Für zwei beliebige Stellen x_1, x_2 mit $x_2 \neq x_1$ aus I muß wegen (8.46) und $f'(x) = 0$

$$\frac{f(x_2) - f(x_1)}{x_2 - x_1} = 0$$

gelten, das heißt $f(x_2) = f(x_1)$.

Satz 8.17

Sind die beiden Funktionen $y = f(x)$ und $y = g(x)$ in einem Intervall I differenzierbar und gilt dort überall $f'(x) = g'(x)$, so ist die Differenz $f(x) - g(x)$ eine Konstante.

Zum Beweis dieses Satzes braucht man nur Satz 8.16 auf die Funktion $h(x) = f(x) - g(x)$ anzuwenden.

8.2.4. Differentiale

In diesem Abschnitt wird eine Funktion $y = f(x)$ zu Grunde gelegt, die in einem gewissen (offenen) Intervall I differenzierbar ist. Es bezeichnet x_0 einen festen, x einen variablen Punkt in I. Unter $\Delta x = h$ soll stets die Differenz von einem variablen Punkt zu dem fixierten Punkt, hier also $x - x_0$ verstanden werden. Es ist zweckmäßig, grundsätzlich $\Delta x \neq 0$ vorauszusetzen. Diese Differenz soll unabhängig von ihrem Vorzeichen *Zuwachs* der unabhängigen Variablen x heißen. Entsprechend heißt $\Delta y = f(x) - f(x_0)$ Zuwachs der abhängigen Variablen y.

Häufig steht man vor dem Problem, bei vorgegebenem Wert $f(x_0)$ die Funktionswerte in einer Umgebung des Punktes x_0, etwa in dem Punkt $x_0 + h$, mit $f(x_0)$ zu vergleichen, das heißt, den Zuwachs Δy zu ermitteln. Dieser Zuwachs wird in der Regel von dem Zuwachs Δx der unabhängigen Variablen abhängen. Die genaue

Berechnung von Δy käme der Berechnung des Funktionswertes $f(x_0 + h)$ gleich. Das ist für kompliziertere Funktionen $y = f(x)$ umständlich. Daher strebt man eine *näherungsweise* Berechnung von Δy in *Abhängigkeit von dem Zuwachs* $h = \Delta x$ *an.* Für eine differenzierbare Funktion $f(x)$ ergibt sich für kleine Δx aus (8.47) die Näherung

$$\Delta y \approx f'(x_0) \cdot \Delta x. \tag{8.48}$$

Definition 8.18

Das Differential dy *der unabhängigen Variablen* y *im Punkt* x_0 *ist das Produkt*

$$\mathrm{d}y = \Delta x \cdot f'(x_0) \tag{8.49}$$

des Zuwachses Δx *der unabhängigen Variablen* x *mit dem Wert* $f'(x_0)$. *Das Differential* dx *der unabhängigen Variablen* x *ist eine neue Variable über dem Definitionsbereich der reellen Zahlen, von der gefordert wird, daß sie stets* $\neq 0$ *ist.*

Da auch $x - x_0$ eine Variable und $dx \neq 0$ ist, vereinbart man häufig

$$\mathrm{d}x = \Delta x. \tag{8.50}$$

Unter dieser Vereinbarung ist das Differential der unabhängigen Variablen einfach ihr Zuwachs und das Differential dy der abhängigen Variablen gegeben durch

$$\mathrm{d}y = f'(x_0) \cdot \mathrm{d}x. \tag{8.51}$$

Will man unterstreichen, daß der fixierte Punkt x_0 beliebig in einem Intervall gewählt werden kann, schreibt man auch x für x_0 und erhält statt (8.49) bzw. (8.51)

$$\mathrm{d}y = f'(x) \cdot \Delta x \tag{8.52}$$

$$\mathrm{d}y = f'(x) \cdot \mathrm{d}x. \tag{8.53}$$

Die Näherung (8.48) schreibt sich dann

$$\Delta y \approx \mathrm{d}y \tag{8.54}$$

und läßt sich leicht geometrisch veranschaulichen (Abbildung 8.14)

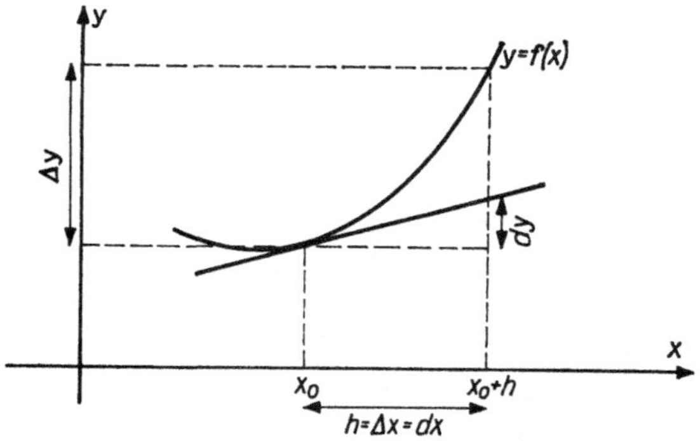

Abbildung 8.14

Ersetzt man in einer Umgebung von x_0 den Graph der Funktion durch die Tangente im Punkt $P = (x_0 \;\; f(x_0))$, so ersetzt man in dem Punkt $x_0 + h$ die Ordinate $y_0 + \Delta y$

durch die Ordinate $y_0 + dx \cdot \tan\alpha = y_0 + f'(x_0)\,dx$, nimmt also gerade die Annäherung (8.54) vor. Anschaulich entspricht diese Näherung (8.54) also der Ersetzung des Graph der Funktion $y = f(x)$ durch den Graph der linearen Funktion

$$y = f'(x_0) \cdot (x - x_0) + f(x_0). \tag{8.55}$$

Der Vorteil der Näherung (8.54) ist an Beispielen sofort offensichtlich.

Beispiel 8.16

Für die Funktion (vgl. Abbildung 8.15)

$$y = \frac{1}{x^2 - 1} \quad \text{gilt}$$

$$\Delta y = f(x_0 + \Delta x) - f(x_0) = -\frac{2x_0 + \Delta x}{(x_0^2 - 1)\,[(x_0 + \Delta x)^2 - 1]}\Delta x,$$

$$dy = f'(x_0)\,\Delta x = -\frac{2x_0}{(x_0^2 - 1)^2}\Delta x.$$

Offenbar hängt Δy in komplizierterer Weise von Δx ab, als dy.
An der Stelle $x_0 = -0{,}5$ ergibt sich für $\Delta x = 0{,}1$ der wahre Wert $\Delta y = 0{,}017$ und der Näherungswert $dy = 0{,}018$. Für $\Delta x = -0{,}5$ ergibt sich für Δy der Näherungswert $dy = -\frac{8}{9}$, während doch der Funktionswert im Punkt $x_0 + \Delta x = -1$ nicht definiert ist.

Dieses Beispiel zeigt deutlich, daß die Näherung (8.54) nur in einer genügend kleinen Umgebung von x_0 gut ist.

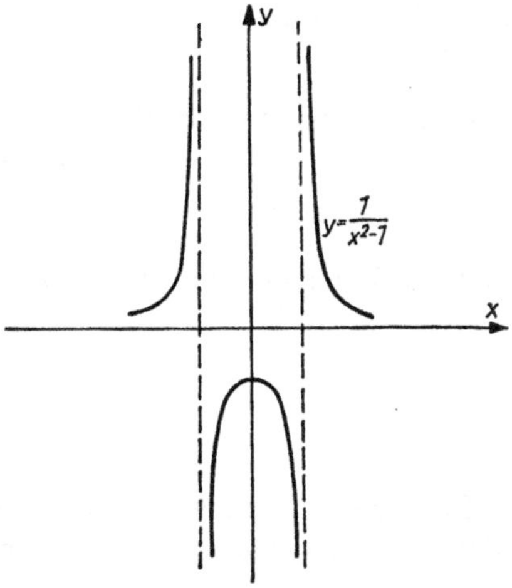

Abbildung 8.15

Die Notwendigkeit der Beschränkung auf solche x-Werte, die dicht bei x_0 liegen, entspricht der Tatsache, daß der absolute Fehler $|\Delta y - dy|$ nur für $\Delta x \to 0$ ebenfalls gegen Null strebt, während man sonst nichts über ihn aussagen kann. Für $\Delta x \to 0$ strebt unter der zusätzlichen Voraussetzung $f'(x_0) \neq 0$ nicht nur der absolute Fehler $|\Delta y - dy|$ gegen Null, sondern auch der relative Fehler $\left|\frac{\Delta y - dy}{dy}\right|$.

Die Annäherung (8.54) wird besonders häufig in der Fehlerrechnung verwendet. Dabei geht es um folgende Problemstellung. Sei u_0 irgendein Meßwert, der mit dem Meßfehler Δu behaftet ist. Ist nun $v = g(u)$ eine Funktion dieser Meßgröße, so stellt man die Frage, wie sich der Meßfehler von u_0 auf den Funktionswert $g(u_0)$ auswirkt.

Die Größe $|\Delta v| = |g(u_0 + \Delta u) - g(u_0)|$ heißt *absoluter Fehler*, den Wert

$$\left| \frac{g(u_0 + \Delta u) - g(u_0)}{g(u_0)} \right|$$

bezeichnet man als *relativen Fehler* und das Produkt des relativen Fehlers mit 100 als *prozentualen Fehler*. Existiert eine obere Grenze für $|\Delta u|$ bzw. $|\Delta v|$, so heißt sie *maximaler Fehler* der Größe u bzw. v.

Ist nun die Funktion $v = g(u)$ differenzierbar, so trifft man für kleine Werte von Δu zwei vereinfachende Annahmen:

a) Man kann die Differenz $\Delta v = g(u_0 + \Delta u) - g(u_0)$ durch das Differential $\mathrm{d}v = f'(u_0)\,\Delta u$ ersetzen.

b) $g(u)$ ist in dem Intervall $u_0 - |\Delta u| \leqq u \leqq u_0 + |\Delta u|$ eine monotone Funktion. Diese Voraussetzung ist für die praktisch wichtigen Funktionen erfüllt.

In der Praxis ist meistens die obere Grenze des absoluten Fehlers der Meßgröße bekannt. Sie sei mit Δu^* bezeichnet. Δv^* sei die obere Grenze des absoluten Fehlers $|\Delta v|$ der abhängigen Größe. Dann ist unter den obigen Annahmen für alle u aus dem Intervall

$$|v(u) - v(u_0)| \leqq \max\left[|v(u_0 + \Delta u) - v(u_0)|,\ |v(u_0 - \Delta u) - v(u_0)|\right]$$
$$= |f'(x_0) \cdot \Delta u| = |f'(x_0)| \cdot |\Delta u| \leqq |f'(x_0)|\, \Delta u^*.$$

Daher kann man die Größe $|f'(x_0)| \cdot \Delta u^*$ als maximalen Fehler von v ansehen, also

$$\Delta v^* = |f'(x_0)| \cdot \Delta u^* \qquad (8.56)$$

setzen.

Beispiele zu diesen Anwendungen der Beziehung (8.54) finden sich in den Aufgaben.

8.2.5. Ableitungen höherer Ordnung

Ist eine Funktion $y = f(x)$ in einem Intervall I differenzierbar, so hat $f'(x)$ an jeder Stelle $x \in I$ einen gewissen (endlichen) Wert, bestimmt in I also eine neue Funktion, die Ableitung $y' = f'(x)$.

Diese Funktion ist möglicherweise in I stetig oder sogar differenzierbar.

Fordert man in dem betrachteten Intervall I die Differenzierbarkeit von $f'(x)$, so ist das eine zusätzliche Voraussetzung. Ist sie erfüllt, so bezeichnet man die Ableitung $(f'(x))'$ von $f'(x)$ als *zweite Ableitung von* $f(x)$. Allgemein definiert man eine n-te Ableitung (Ableitung n-ter Ordnung)

$f^{(n)}(x)$ von $f(x)$ durch

$$f^{(n)}(x) = (f^{(n-1)}(x))', \quad n = 1, 2, 3, \ldots; \quad f^{(0)}(x) = f(x), \qquad (8.57)$$

wobei man voraussetzt, daß alle Ableitungen bis zur $(n-1)$-ten in I differenzierbar sind. Es heißen $f(x)$ bzw. $f'(x)$ auch nullte bzw. *erste Ableitung von* $f(x)$.

Besitzt eine Funktion $y=f(x)$ (an einer Stelle x_0 bzw. in einem Intervall I) alle Ableitungen bis einschließlich zur n-ten Ordnung, so heißt sie (an der Stelle bzw. in dem Intervall) *n-mal differenzierbar*. Ist dabei die n-te Ableitung auch noch stetig, so nennt man $y=f(x)$ *n-mal stetig differenzierbar*. Ebenso können *einseitige* Ableitungen n-ter Ordnung definiert werden.

Für einige Funktionen werden die n-ten Ableitungen angegeben.

$$y=f(x)=x^p,\ p>0 \text{ natürliche Zahl},\quad y^{(n)}=f^{(n)}(x)=\frac{p!}{(p-n)!}x^{p-n}$$

$$y=f(x)=\sin x,\quad y^{(n)}=f^{(n)}(x)=\sin\left(x+n\cdot\frac{\pi}{2}\right),$$

$$y=f(x)=\cos x,\quad y^{(n)}=f^{(n)}(x)=\cos\left(x+n\cdot\frac{\pi}{2}\right),\quad n=0,1,2,3,\ldots$$

Eine Funktion $y=f(x)$, die im Punkt x_0 n-mal differenzierbar ist, muß notwendig in einer gewissen Umgebung U von x_0 stetige Ableitungen bis einschließlich zur $(n-1)$-ten Ordnung besitzen. Lediglich die n-te Ableitung braucht nur an der Stelle x_0 zu existieren.

8.3. Satz von Taylor; Taylorsche Reihen

8.3.1. Satz von Taylor

Die Funktion $y=f(x)$ sei in einer Umgebung U des Punktes x_0 genügend oft differenzierbar. Möge $\Delta y=f(x_0+\Delta x)-f(x_0)$ bzw. $\Delta x=x-x_0$ den Zuwachs der abhängigen bzw. unabhängigen Variablen bezeichnen, sei $y_0=f(x_0)$. Dann kann man $|\Delta x|$ als Abstand des Punktes x vom Punkt x_0 ansehen, und Δy gibt den Unterschied der Funktionswerte, berechnet in den Punkten x und x_0.

Eines der wesentlichen Ziele des Abschnittes 8.3. ist, *den Zuwachs Δy der Funktion näherungsweise mit genügender, ja sogar beliebiger Genauigkeit durch den Zuwachs Δx der unabhängigen Variablen in einfacher Weise auszudrücken und den Fehler der Näherung anzugeben.*

Es wurde schon darauf hingewiesen, daß die Polynome in vieler Hinsicht die einfachsten Funktionen sind. Daher liegt es nahe, Δy durch ein Polynom in Δx auszudrücken und den Ansatz

$$\Delta y=f(x)-f(x_0)=y-y_0\approx\sum_{i=0}^{n}c_i(\Delta x)^i=c_0+c_1(x-x_0)+\cdots+c_n(x-x_0)^n \quad (8.58)$$

zu machen. Die Koeffizienten c_k, $k=1,2,\ldots,n$ sind vorerst unbekannt. Für c_0 wählt man den Wert 0, da sich aus (8.58) für $x=x_0$ sofort $0\approx x_0$ ergibt. Bei der Annäherung (8.58) entsteht im allgemeinen ein Näherungsfehler, der unter Hinweis auf den Grad des Näherungspolynoms $p_n(x)=\sum\limits_{i=0}^{n}c_i(\Delta x)^i$ mit R_n bezeichnet sei.

Denn gilt in (8.58) das Gleichheitszeichen, so ist $f(x)$ die Summe aus einem Polynom in x und der Konstanten y_0, also selbst ein Polynom. Der absolute Betrag dieses Fehlers muß sinnvollerweise kleiner als der absolute Betrag des kleinsten in die Rechnung eingehenden Ausdrucks in $(x - x_0)$ sein, das heißt kleiner als $|x - x_0|^n$, (wenn man für diese Überlegung $|x - x_0| < 1$ annimmt).
Mindestens muß man dieser Forderung genügen können, wenn $|x - x_0|$ genügend klein ist. Für $|x - x_0| \to 0$ muß der Fehler also stärker gegen Null streben als $|x - x_0|^n$, das heißt, mit $g(x) = \frac{R_n(\Delta x)}{(x-x_0)^n}$ muß $\lim\limits_{x \to x_0} g(x) = 0$ sein.

$$f(x) = f(x_0) + c_1(x - x_0) + \cdots + c_n(x - x_0)^n + R_n(\Delta x), \tag{8.59}$$

wobei wegen $\lim\limits_{x \to x_0} g(x) = 0$ offenbar $R_n(\Delta x)$ und die Ableitungen von $R_n(\Delta x)$ bis zur n-ten Ordnung einschließlich für $\Delta x = 0$ (das heißt $x = x_0$) Null sind.
Um Aufschluß über die Koeffizienten c_k zu erhalten, differenzieren wir beide Seiten von (8.59) nach x.
Dabei erhält man schrittweise

$$\begin{aligned}
f'(x) &= c_1 + 2c_2(x - x_0) + 3c_3(x - x_0)^2 + \cdots + nc_n(x - x_0)^{n-1} + R_n'(\Delta x)\\
f''(x) &= 2c_2 + 3 \cdot 2c_3(x - x_0) + \cdots + n(n - 1)\, c_n(x - x_0)^{n-2} + R_n''(\Delta x)\\
&\ldots\ldots\ldots\ldots\\
f^{(k)}(x) &= k \cdot (k - 1) \cdot \ldots \cdot 1c_k + \cdots + n(n - 1) \cdot \ldots \cdot (n - k + 1)\, c_n(x - x_0)^{n-k} + R_n^{(k)}(\Delta x)\\
f^{(n)}(x) &= n(n - 1) \cdot \ldots \cdot 2 \cdot 1 \cdot c_n + R_n^{(n)}(\Delta x)
\end{aligned} \tag{8.60}$$

und für $x = x_0$

$$f'(x_0) = c_1,\ f''(x_0) = 2c_2,\ \ldots, f^{(k)}(x_0) = k!c_k,\ \ldots, f^{(n)}(x_0) = n!c_n. \tag{8.61}$$

Das Ergebnis kann folgendermaßen formuliert werden:
Wenn es überhaupt eine Darstellung (8.59) für die Funktion $y = f(x)$ gibt, so muß sie notwendig die Gestalt

$$\begin{aligned}
f(x) = f(x_0) &+ \frac{f'(x_0)}{1!}(x - x_0) + \frac{f''(x_0)}{2!}(x - x_0)^2 + \cdots\\
&+ \frac{f^{(n)}(x_0)}{n!}(x - x_0)^n + R_n(\Delta x)
\end{aligned} \tag{8.62}$$

haben.

Definition 8.19

Sei $y = f(x)$ eine in einem Intervall $x_0 - h \leqq x \leqq x_0 + h$ n-mal differenzierbare Funktion. Ein Polynom $T_n(x)$ vom Grade n heißt Taylorpolynom n-ten Grades für die Funktion $y = f(x)$ an der Stelle x_0, wenn für alle x mit $x_0 - h \leqq x \leqq x_0 + h$ für die Differenz

$$f(x) - T_n(x) = R_n(\Delta x)$$

ist, wobei die Beziehung $\lim\limits_{x \to x_0} \dfrac{R_n(\Delta x)}{(x-x_0)^n} = 0$ (8.63)

gilt.

Jetzt kann man auch formulieren:

Wenn es überhaupt für eine Funktion $y = f(x)$ in x_0 ein Taylorpolynom n-ten Grades gibt, so muß es notwendig die Gestalt

$$T_n(x) = f(x_0) + \frac{f'(x_0)}{1!}(x - x_0) + \cdots + \frac{f^{(n)}(x_0)}{n!}(x - x_0)^n \tag{8.64}$$

haben.

Als nächstes wird man untersuchen, für welche Funktionen eine Darstellung (8.62), (8.63) tatsächlich existiert bzw. für welche Funktionen $y = f(x)$ die Funktion

$$R_n(\Delta x) = f(x) - f(x_0) - \frac{f'(x_0)}{1!}(x - x_0) - \cdots - \frac{f^{(n)}(x_0)}{n!} \tag{8.65}$$

unseren Voraussetzungen für (8.59) genügt.

Gewiß muß die Funktion $y = f(x)$ im Punkt x_0 n-mal differenzierbar sein, da sonst schon der Ansatz (8.62) sinnlos ist. Es läßt sich zeigen, daß diese Voraussetzung auch hinreichend für die Gültigkeit der Formel (8.62) ist.

Unter der stärkeren Voraussetzung, daß

$f(x)$ im Intervall $x_0 - h \leqq x \leqq x_0 + h$

mindestens n-mal stetig und im Intervall $x_0 - h < x < x_0 + h$ mindestens $(n + 1)$-mal differenzierbar ist, gilt

$$R_n(\Delta x) = \frac{f^{(n+1)}(x_0 + z(x - x_0))}{(n + 1)!} \cdot (x - x_0)^{n+1} \tag{8.66}$$

$0 < z < 1.$

Daraus ist ersichtlich, daß $R_n(\Delta x)$ die Voraussetzung (8.63) tatsächlich erfüllt.

Dieses Ergebnis wird im folgenden fundamentalen Satz zusammengefaßt.

Satz 8.18 (*Satz von Taylor*)

Ist die Funktion $y = f(x)$ in einer Umgebung U von x_0 mindestens $(n + 1)$-mal differenzierbar, so gibt es für jedes $x \in U$ ein z, $0 < z < 1$, so daß die Formel von Taylor

$$f(x) = T_n(x) + \frac{f^{(n+1)}(x_0 + z(x - x_0))}{(n + 1)!}(x - x_0)^{n+1}, \tag{8.67}$$

mit

$$T_n(x) = f(x_0) + \frac{f'(x_0)}{1!}(x - x_0) + \frac{f''(x_0)}{2!}(x - x_0)^2 + \cdots + \frac{f^{(n)}(x_0)}{n!}(x - x_0)^n \text{ gilt.} \tag{8.68}$$

Die Funktion $R_n = f(x) - T_n(x)$ heißt *Restglied.* Die in (8.66) verwendete Gestalt des Restgliedes heißt *Lagrangesche Form des Restgliedes.* Das Restglied in der Lagrangeschen Form hat dieselbe Gestalt, wie die Summanden des Taylorpolynoms, nur daß die $(n + 1)$-te Ableitung nicht in x_0, sondern in einem „Zwischenwert" $x_0 + z(x - x_0)$ genommen wird.

Speziell erhält man für $x_0 = 0$

$$\left.\begin{aligned} f(x) &= f(0) + \frac{f'(0)}{1!}x + \frac{f''(0)}{2!}x^2 + \cdots + \frac{f^{(n)}(0)}{n!} + R_n \\ R_n &= \frac{f^{(n+1)}(zx)}{(n + 1)!}, \quad 0 < z < 1. \end{aligned}\right\} \tag{8.69}$$

Die Handhabung der Taylorschen Formel sei an zwei Beispielen erläutert.

Beispiel 8.17

Man bestimme in $x_0 = 0$ das Taylorpolynom 2. Grades für

a) $y = f_1(x) = \sqrt{1+x}$,

und das Taylorpolynom fünften Grades für

b) $y = f_2(x) = \sin x$.

Zu a) Es ist

$$f_1'(x) = \frac{1}{2}\frac{1}{\sqrt{1+x}}, \quad f_1''(x) = -\frac{1}{4}\frac{1}{\sqrt{(1+x)^3}},$$

$$f_1(0) = 1, \quad f_1'(0) = \frac{1}{2}, \quad f_1''(0) = -\frac{1}{4}.$$

Somit gilt

$$f_1(x) = \sqrt{1+x} = 1 + \frac{1}{2}x - \frac{1}{8}x^2 + R_2 \tag{8.70}$$

Zu b) Es ist

$$f_2'(x) = \cos x, f_2''(x) = -\sin x, f_2'''(x) = -\cos x,$$

$$f_2^{(4)}(x) = \sin x, f_2^{(5)}(x) = \cos x;$$

$$f_2(0) = f_2''(0) = f_2^{(4)}(0) = 0,$$

$$f_2'(0) = f_2^{(5)}(0) = 1, \quad f_2'''(0) = -1.$$

Somit gilt

$$f_2(x) = \sin x = x - \frac{x^3}{3!} + \frac{x^5}{5!} + R_5. \tag{8.71}$$

An einem Beispiel sei die Anwendung des Lagrangeschen Restgliedes erläutert.

Beispiel 8.18

Man bestimme diejenigen Werte x für die die durch (8.71) begründete Näherungsformel

$$\sin x \approx x - \frac{x^3}{3!} \tag{8.72}$$

bis auf einen maximalen Fehler von 0,0005 richtig ist. Wegen (8.69) und (8.71) gilt für den absoluten Fehler

$$|R_n| = \frac{|\cos zx|}{5!}|x|^5$$

und aus

$$\frac{|\cos zx|}{5!}|x^5| \leqq \frac{|x^5|}{5!} < 0{,}0005, \quad |x|^5 < 5! \cdot 0{,}0005$$

erhält man als Lösung die x-Werte des Intervalls

$$-0{,}06 < x < +0{,}06.$$

Ausgangspunkt der Überglegungen dieses Abschnittes war das Bestreben, ein Polynom

$$p_n(x) = c_0 + c_1(x - x_0) + c_2(x - x_0)^2 + \cdots + c_n(x - x_0)^n \quad c_n \neq 0$$

durch geeignete Wahl der Koeffizienten c_k so zu bestimmen, daß $p_n(x)$ eine vorgegebene Funktion $y = f(x)$ in der Umgebung eines Punktes x_0 „möglichst gut" annähert. Dabei wurde präzisiert: „möglichst gut" bedeutet, daß für den Näherungsfehler $f(x) - p_n(x)$ die Beziehung

$$\lim_{(x-x_0)\to 0} \frac{f(x) - p_n(x)}{(x - x_0)^n} = 0$$

erfüllt ist.

Es besteht nun ein grundlegender Unterschied zwischen dieser und der im Abschnitt 8.1.1. erwähnten (und auch im Kapitel 9. behandelten) Verwendung von Polynomen als Näherungsfunktionen einer Funktion $f(x)$. Dort werden die Funktionswerte $b_k = f(a_k)$ in m Stellen $a_1, a_2, \ldots, a_m$ vorgegeben und das Polynom $p_n(x)$ nähert die Funktion $y = f(x)$ für $m = n + 1$ dann gut an, wenn der Graph von $p_n(x)$ *durch alle* Punkte $A_k = (a_k \;\; b_k)$, $k = 1, \ldots, m$ verläuft. Das wird nur dann erreicht, wenn man sämtlichen zunächst frei wählbaren Koeffizienten c_k ganz bestimmte (feste) Werte gibt. Für $m > n + 1$ ist es nicht einmal mehr möglich, $p_n(x)$ so zu bestimmen, daß sein Graph durch sämtliche Punkte $A_1, \ldots, A_m$ verläuft. Dieser Fall wird im Kapitel 9. behandelt. In den letzten beiden Fällen geht es sozusagen um eine Annäherung von $f(x)$ durch $p_n(x)$ *im Großen*: Das lokale Verhalten von $p_n(x)$ bezüglich eines *einzelnen* Punktes $(a_k \;\; b_k)$ ist uninteressant, weil – entsprechend der betrachteten Aufgabenstellung – unbeeinflußbar, da alle „freien" Koeffizienten c_i schon bei der Annäherung von $p_n(x)$ an die *Gesamtheit* der durch $f(x)$ vorgegebenen Bedingungen $(a_k \;\; b_k)$, $k = 1, \ldots, m$ verbraucht werden. In diesem Abschnitt 8.3.1. ist nur *ein* Punkt $A_1 = (x_0 \;\; f(x_0))$ vorgegeben. Man verlangt aber dafür auch, daß $p_n(x)$ dem Verhalten von $y = f(x)$ in der Umgebung dieses einen Punktes „möglichst gut" in dem oben präzisierten Sinn entspricht. Es geht hier also um eine Annäherung von $f(x)$ durch $p_n(x)$ „im Kleinen" (sprich: lokal!).

Diese lokale Annäherung kann man ebenfalls anschaulich interpretieren und erkennt dabei einen von der Rechnung (8.60) verschiedenen Weg zur Bestimmung der Koeffizienten c_i. Soll $p_n(x)$ die Funktion $y = f(x)$ an der Stelle x_0 annähern, so muß der Graph C_n von $p_n(x)$ durch den Punkt $(x_0 \;\; f(x_0))$ verlaufen. Das liefert

$$p_n(x_0) = c_0 = f(x_0).$$

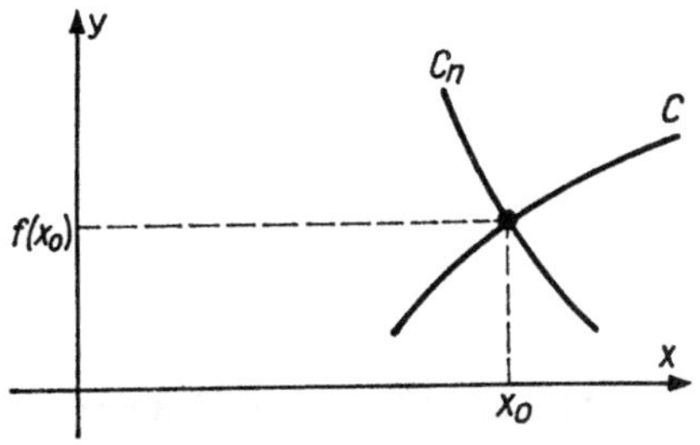

Abbildung 8.16

Dann können C_n und der Graph C von $y = f(x)$ in der Umgebung von x_0 aber noch ein wesentlich verschiedenes Verhalten zeigen (vgl. Abbildung 8.16) weil die durchschnittliche Änderung

$$\frac{f(x) - f(x_0)}{x - x_0}$$

der Funktionswerte von $f(x)$ ganz anders erfolgt als für das Polynom $y = p_n(x)$. Daher wird man im Sinne einer guten Annäherung fordern, daß für $x \to x_0$ der durchschnittliche Zuwachs der Funktionswerte für beide Funktionen gleich ist, das heißt

$$f'(x_0) = \lim_{x \to x_0} \frac{f(x) - f(x_0)}{x - x_0} = \lim_{x \to x_0} \frac{p_n(x) - p_n(x_0)}{x - x_0} = p_n'(x_0) = c_1$$

gilt. Dann ist man bezüglich der Tangente in der gleichen Situation wie im vorigen Schritt bezüglich der Funktionswerte. Die Anstiege der Tangenten an den Graph C und den Graph C_n von

$$p_n(x) = f(x_0) + f'(x_0)(x - x_0) + c_2(x - x_0)^2 + \cdots + c_n(x - x_0)^n \tag{8.72}$$

haben zwar einen gemeinsamen Wert im Punkt $(x_0 \;\; f(x_0))$, aber die durchschnittliche Änderung

$$\frac{f'(x) - f'(x_0)}{x - x_0}$$

dieses Anstieges für die Funktion $f(x)$ kann ganz anders erfolgen, als für das Polynom $p_n(x)$ aus (8.72). Daher wird man

$$f''(x_0) = \lim_{x \to x_0} \frac{f'(x) - f'(x_0)}{x - x_0} = \lim_{x \to x_0} \frac{p_n''(x) - p_n''(x_0)}{x - x_0} = 2c_2$$

fordern. So fährt man fort. Der Graph eines Polynoms n-ten Grades wird in diesem anschaulichen Sinne den Graph einer Funktion $y = f(x)$ an der Stelle x_0 „möglichst gut" annähern, wenn seine Ableitungen im Punkt x_0 mit den ersten n-Ableitungen von (fx) im Punkt x_0 übereinstimmen (vgl. Abbildung 8.17). Dabei gelangt man offen-

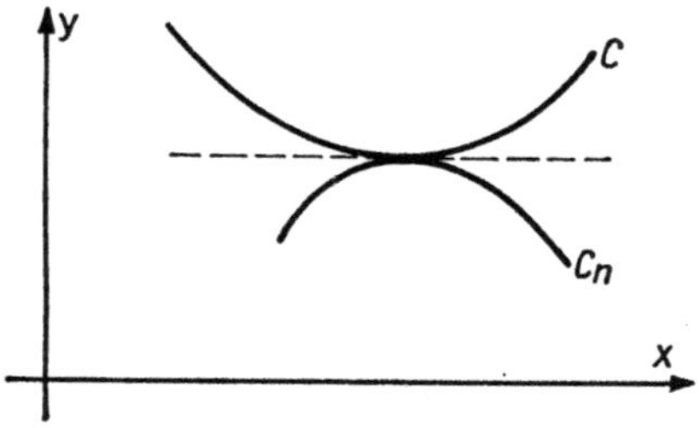

Abbildung 8.17

bar zu den Bedingungen (8.61). Das auf „anschaulichem Wege" bestimmte Näherungspolynom $p_n(x)$ ist das n-te Taylorpolynom von $y = f(x)$ im Punkte x_0.

Damit ist das n-te Taylorpolynom $T_n(x)$ der Funktion $y = f(x)$ unter allen Polynomen n-ten Grades dadurch ausgezeichnet, daß sein Graph den Graph der Funktion am besten annähert, sich ihm am besten anschmiegt.

Nachdem der Taylorsche Satz entsprechend seiner grundlegenden Bedeutung ausführlich interpretiert wurde, sollen abschließend einige Aspekte zusammengefaßt werden, die die Wichtigkeit dieses Satzes für Theorie und Praxis zeigen:

a) Der Taylorsche Satz gibt hinreichende Bedingungen für die Approximation einer Funktion $y = f(x)$ in der Umgebung einer Stelle x_0 durch den einfachsten Typ von Funktionen, durch Polynome, an.

b) In der Gestalt (8.67) macht der Taylorsche Satz häufig eine Aussage über das Grenzwertverhalten der Funktion $y = f(x)$ bei $x \to x_0$ möglich, indem man die sich aus (8.67) ergebende Beziehung

$$\lim_{x \to x_0} \frac{f(x)}{(x - x_0)^n} = \lim_{x \to x_0} \frac{T_n(x)}{(x - x_0)^n}$$

benutzt.

Will man zum Beispiel beweisen, daß $f(x)$ an der Stelle x_0 ein relatives Minimum besitzt, so genügt es, die Differenz

$$f(x) - f(x_0)$$

für alle hinreichend dicht bei x_0 liegenden Werte x als nicht negativ zu erkennen. In diesem Fall ersetzt man $f(x)$ durch sein n-tes Taylorpolynom an der Stelle x_0.

c) In der Formulierung (8.67) des Restgliedes R_n wird die Taylorsche Formel zur tatsächlichen näherungsweisen Berechnung von Funktionswerten $f(x)$ mit Hilfe des Taylorpolynoms $T_n(x)$ bei vorgegebener Genauigkeitsschranke verwendet. Der Ausdruck

$$|R_n| = \left| \frac{f^{(n+1)}(x_0 + z(x - x_0))}{(n + 1)!} \right| |x - x_0|^{n+1}, \tag{8.73}$$

$$0 < z < 1,$$

stellt den absoluten Fehler $|f(x) - T_n(x)|$, den man beim Ersetzen des Funktionswertes $f(x)$ durch den Wert $T_n(x)$ des Taylorpolynoms begeht, in Abhängigkeit von x_0, n und $\Delta x = x - x_0$ dar. Das bietet die Möglichkeit, bei vorgegebener Genauigkeitsschranke $\varepsilon > 0$ und

c₁) bei festem x_0 und festem n dasjenige Intervall $x_0 - |\Delta x| \leqq x \leqq x_0 + |\Delta x|$ zu bestimmen, in dem der absolute Fehler $|R|$

$$|R_n| = |f(x) - T_n(x)| < \varepsilon \tag{8.74}$$

ist. Diese auch in Beispiel 8.18 angewendete Überlegung ist die Grundlage für viele Näherungsformeln, in denen Funktionen durch ihre Taylorpolynome ersetzt werden [8.1].

c₂) bei festem x_0 und festem x-Wert dasjenige n zu bestimmen, für welches die Beziehung (8.74) gilt. Präziser formuliert: Wenn bei festem x_0 und festem x die Voraussetzungen des Satzes von Taylor für alle natürlichen Zahlen n erfüllt sind und die Zahlenfolge

$$R_0, R_1, R_2, R_3, \ldots, R_n, \ldots$$

eine Nullfolge ist, so kann man die Beziehung (8.74) für genügend großes n erreichen.

d) Die in den Punkten c$_1$) und c$_2$) genannten Möglichkeiten der angenäherten numerischen Berechnung von Funktionswerten sind nicht nur für solche Funktionen $y = f(x)$ möglich, für die schon ein explizites analytisches Bildungsgesetz vorliegt, wie zum Beispiel für

$$y = \frac{1}{\sqrt[5]{1 + x^3}},$$

und ein Taylorpolynom lediglich zur bequemeren Berechnung der Funktionswerte verwendet wird. Eine besondere Stärke des Satzes von Taylor besteht darin, daß man von einer Funktion $f(x)$ nur die genügend oftmalige Differenzierbarkeit, die Werte $f(x_0), f'(x_0), f''(x_0), \ldots$ in *einem* Punkt x_0, und die Aussage $R_n \to 0$ zu kennen braucht, um alle Funktionswerte in einer Umgebung U von x_0 mit beliebiger Genauigkeit berechnen zu können. Typische Beispiele für diese Anwendung sind die Behandlung der Exponential-, Logarithmus- und Potenzfunktion im Abschnitt 8.3.3. und die angenäherte Berechnung der Funktionswerte impliziter Funktionen.

8.3.2. Taylorsche Reihen

Zunächst soll ohne Hinweis auf den Satz von Taylor der im Kapitel 7. untersuchte Begriff der unendlichen Folge und unendlichen Reihe verallgemeinert werden.

Sei M die Menge aller Polynome, deren Koeffizienten reelle Zahlen sind. Eine *Folge von Polynomen*

$$p_0(x), p_1(x), p_2(x), \ldots, p_n(x), \ldots \tag{8.75}$$

ist eine eindeutige Abbildung g von der Menge der natürlichen Zahlen in die Menge M aller Polynome.

Ist eine Folge $a_0, a_1, \ldots, a_n, \ldots$ von reellen Zahlen vorgegeben, so ist

$$a_0, a_1x, a_2x^2, a_3x^3, \ldots, a_nx^n, \ldots \tag{8.76}$$

eine Folge von Polynomen. In einer Folge von Polynomen kann man für x eine beliebige reelle Zahl einsetzen, wobei eine Folge von Zahlen entsteht. So entsteht zum Beispiel für $x = \frac{1}{2}$ aus der Folge (8.76) die Zahlenfolge

$$a_0, \frac{1}{2}a_1, \frac{1}{4}a_2, \frac{1}{8}a_3, \ldots, \frac{1}{2^n}a_n, \ldots$$

Man sagt, die Folge von Polynomen (8.75) konvergiert im Punkt x_0 gegen den Wert g, wenn die Zahlenfolge

$$p_0(x_0), p_1(x_0), \ldots, p_n(x_0), \ldots,$$

die durch Einsetzen des festen Wertes x_0 für x in alle Polynome $p_n(x)$ entsteht, (im Sinne von Kapitel 7.) konvergent mit dem Grenzwert g ist.

Beispiel 8.19

Die Polynomfolge

$$1,\ 1+\frac{x}{1!},\ 1+\frac{x}{1!}+\frac{x^2}{2!},\ 1+\frac{x}{1!}+\frac{x^2}{2!}+\frac{x^3}{3!},\ldots,\ 1+\frac{x}{1!}+\frac{x^2}{2!}+\frac{x^3}{3!}+\cdots+\frac{x^n}{n!},\ldots$$

konvergiert absolut in *jedem* festen Punkt x_0. Man beachte, daß die Folge

$$\{p_n(x_0)\},\ p_n(x_0)=\sum_{k=0}^{n}\frac{1}{k!}\cdot x_0{}^k$$

die n-te Partialsumme der unendlichen Zahlenreihe $\sum_{k=0}^{\infty}\frac{x_0{}^k}{k!}$ ist. Diese unendliche Reihe ist nach dem Quotientenkriterium absolut konvergent, da

$$\frac{|x_0|^{k+1}}{(k+1)!}\cdot\frac{k!}{|(x_0)|^k}=\frac{|x_0|}{(k+1)}\leqq\frac{|x_0|}{|x_0|+1}=q<1$$

für $k\geqq|x_0|$ ist. Die Konvergenz der Reihe bedeutet aber gerade die Konvergenz der Folge $\{p_n(x_0)\}$.

Definition 8.20

Eine unendliche Potenzreihe

$$\sum_{k=0}^{\infty}a_kx^k \tag{8.77}$$

ist ein Symbol für die Folge von Polynomen

$$a_0,\ a_0+a_1x,\ a_0+a_1x+a_2x^2,\ \ldots,\ a_0+a_1x^2+\cdots\ a_nx^n,\ \ldots \tag{8.78}$$

Die Menge aller derjenigen reellen Zahlen, für die die Folge (8.78) der Polynome konvergiert, heißt Konvergenzbereich der Potenzreihe (8.77). Liegt ein Wert x nicht im Konvergenzbereich der Reihe (8.77), so heißt die Reihe in ihm divergent.

Die Potenzreihen sind in gewisser Hinsicht Verallgemeinerungen von Polynomen. Ihre Partialsummen sind Polynome. Während man bei Zahlenreihen die Frage stellt, ob eine vorgegebene Reihe konvergent ist oder nicht, scheint das Konvergenzproblem für Potenzreihen auf den ersten Blick unvergleichlich schwieriger zu sein, da man glauben könnte, für jeden einzelnen der unendlichen vielen reellen Werte, die man für x in eine Potenzreihe (8.77) einsetzen kann, die Konvergenz der entstehenden Zahlenreihe prüfen zu müssen.

Der folgende Satz zeigt jedoch, daß diese Schwierigkeiten nicht bestehen.

Satz 8.19

Wenn eine Potenzreihe an der Stelle $x_1\neq 0$ konvergiert, dann konvergiert sie absolut für alle x aus dem Intervall

$$-|x_1|<x<|x_1|.$$

Beispiel 8.19

Es konvergiert die Reihe

$$\sum_{k=0}^{\infty}\frac{x^k}{k+1}$$

bekanntlich für $x_1 = -1$ (alternierende Reihe) und daher ist

$$\sum_{k=0}^{\infty} \frac{x^k}{k+1} \quad \text{konvergent für } -1 < x < +1. \tag{8.79}$$

Bei dieser Anwendung ist wichtig, daß Satz 8.19 nicht die absolute Konvergenz der Potenzreihe an der Stelle x_1 voraussetzt, da ja

$$\sum_{k=0}^{\infty} \frac{|-1|^k}{k+1} = 1 + \frac{1}{2} + \frac{1}{3} + \frac{1}{4} + \cdots$$

eine divergente Reihe ist.

Aus Satz 8.19 kann man sofort eine Folgerung ziehen.

Folgerung:

Wenn eine Potenzreihe an der Stelle x_1 divergent ist, so divergiert diese Reihe auch für alle x, für die $|x| > |x_1|$ ist.

Beweis

Wäre die Potenzreihe an einer Stelle x_2, $|x_2| > |x_1|$ konvergent, so müßte sie nach Satz 8.19 in $|x_1| < |x_2|$ sogar absolut konvergent sein.

Offenbar konvergiert jede Potenzreihe (8.77) an der Stelle $x = 0$, sie liefert dort ja nur das Glied a_0. Daher sind drei Fälle möglich.

Entweder eine Potenzreihe konvergiert für alle reellen Zahlen x oder sie konvergiert für keine von Null verschiedene Zahl oder es gibt sowohl reelle Zahlen, für die sie divergiert, als auch solche, für die sie konvergiert. Im ersten bzw. zweiten der drei Fälle nennt man eine Potenzreihe *beständig konvergent* bzw. *nirgends konvergent.*

Ist eine Potenzreihe nicht beständig konvergent, so ist ihr Konvergenzbereich gewiß nach oben beschränkt. Es gibt dann eine obere Grenze r des Konvergenzbereiches mit der Eigenschaft: für alle x mit $|x| < r$ ist die Potenzreihe konvergent, für alle $|x|$ mit $|x| > r$ ist die Potenzreihe divergent. Diese Zahl r heißt *Konvergenzradius der Potenzreihe.* Für den speziellen Fall einer nirgends konvergenten Reihe ist $r = 0$, während man für eine überall konvergente Potenzreihe $r = \infty$ setzt. Um die Frage zu entscheiden, für welche Werte x eine Potenzreihe (8.77) konvergiert, hat man ihren Konvergenzradius zu bestimmen. Dabei ist dieser Konvergenzradius von den Koeffizienten $a_0, a_1, \ldots$ der Potenzreihe (8.77) abhängig. Diese Abhängigkeit wird durch den folgenden Satz präzisiert.

Satz 8.20

Ist die Folge $\left\{\sqrt[k]{|a_k|}\right\}$ konvergent mit dem Grenzwert h, so ist der Konvergenzradius r der Reihe (8.77) gegeben durch

$$r = \frac{1}{H} = \frac{1}{\lim\limits_{k\to\infty} \sqrt[k]{|a_k|}}, \tag{8.80}$$

wobei die Potenzreihe für $\lim\limits_{k\to\infty} \sqrt[k]{|a_k|} = \infty$ nirgends und für $\lim\limits_{k\to\infty} \sqrt[k]{|a_k|} = 0$ beständig konvergent ist.

Es sei hervorgehoben, daß für einen Konvergenzradius r, $0 < r < \infty$, nur die Konvergenz der Potenzreihe für $|x| < r$ und die Divergenz der Potenzreihe für $|x| > r$ ausgesagt wird. Ob dagegen die Reihen

$$\sum_{k=0}^{\infty} a_k r^k \quad \text{bzw.} \quad \sum_{k=0}^{\infty} a_k(-r)^k$$

konvergent sind, bleibt offen und muß im Einzelfall untersucht werden.
Konvergiert eine Potenzreihe (8.77) in dem Intervall I, so liefert die Abbildung

$$x \xrightarrow{f} \sum_{k=0}^{\infty} a_k x^k, \quad x \in I \tag{8.81}$$

eine Funktion $y = f(x)$ mit dem Definitionsbereich I. Auf dieser Feststellung beruht die große Wichtigkeit von Potenzreihen: *sie stellen in ihrem Konvergenzintervall Funktionen dar.* Das ist eine in diesem Kapitel noch nicht besprochene Art, eine Funktion zu definieren. Neben den Polynomen, den rationalen und trigonometrischen Funktionen und ihren (eventuell existierenden) Umkehrfunktionen sowie den daraus definierbaren mittelbaren Funktionen stehen die durch eine Potenzreihe dargestellten Funktionen als eigenständiger Typ. Wenn im folgenden gesagt wird, eine Funktion $y = f(x)$ sei durch einen analytischen Ausdruck gegeben, so hat man die durch eine unendliche Potenzreihe bezeichnete Grenzwertbildung (bei Voraussetzung der notwendigen Konvergenzvoraussetzungen) ebenso wie etwa die Addition, Multiplikation, Bildung von mittelbaren und Umkehrfunktionen zu den bei der Bildung von „analytischen Ausdrücken" zulässigen Prozessen zu rechnen.

Beispiel 8.20

Durch den „analytischen Ausdruck"

$$y = f(x) = \frac{1}{4x^2 - 1} \cdot \sin\left(\sqrt{x}\right) \cdot \sum_{k=1}^{\infty} \frac{x^k}{k} \tag{8.82}$$

ist eine Funktion überall dort definiert, wo sämtliche verwendeten Teilfunktionen definiert sind. Da man zeigen kann, daß

$$\lim_{k\to\infty} \sqrt[k]{\frac{1}{k}} = \lim_{k\to\infty} \frac{1}{\sqrt[k]{k}} = 1$$

ist, so ist nach Satz 8.20 für die im Ausdruck (8.82) auftretende Reihe $r = 1$. Die Reihe ist also für $-1 < x < +1$ konvergent, und daher ist der Definitionsbereich der obigen Funktion $y = f(x)$ gegeben durch

$$\left\{x\colon\ 0 \leqq x < \frac{1}{2} \quad \text{oder} \quad \frac{1}{2} < x < 1\right\}.$$

Eine Funktion $y = f(x)$ durch eine Potenzreihe darstellen zu können, schließt natürlich nicht die Möglichkeit aus, daß $f(x)$ sich auch mit Hilfe anderer analytischer Hilfsmittel; etwa des Wurzelzeichens oder der Bildung von mittelbaren Funktionen, darstellen läßt. Häufig wird man sogar danach streben, schon anderweitig definierte Funktionen noch zusätzlich durch Potenzreihen darzustellen, da diese Potenzreihen in ihrem Konvergenzgebiet besonders angenehme Eigenschaften haben, die im folgenden zu besprechen sind. *Eine Funktion $y = g(x)$ ist im Intervall I durch eine Potenzreihe (8.87) dargestellt, bedeutet:*

a) die Potenzreihe $\sum_{k=0}^{\infty} a_k x^k$ ist in I konvergent und

b) die Abbildung (8.81) stimmt in I mit der Abbildung

$x \to f(x)$

überein.

Satz 8.21

Ist

$$y = f(x) = \sum_{k=0}^{\infty} a_k x^k$$

und diese Reihe im Intervall I konvergent, so ist die Funktion $y = f(x)$ in I beliebig oft differenzierbar und ihre Ableitungen kann man durch gliedweises Differenzieren der Potenzreihe erhalten, das heißt,

$$\frac{f^{(n)}(x)}{n!} = \sum_{k=n}^{\infty} \binom{k}{n} a_k x^{k-n} = \sum_{k=0}^{\infty} \binom{n+k}{n} a_{n+k} x^k; \quad n = 1, 2, \ldots \tag{8.83}$$

Speziell ist für $n = 1$

$$f'(x) = \sum_{k=1}^{\infty} k a_k x^{k-1}. \tag{8.84}$$

Satz 8.22

Gilt $f(x) = \sum_{k=0}^{\infty} a_k x^k$ in dem Intervall I_1 und

$g(x) = \sum_{k=0}^{\infty} b_k x^k$ im Intervall I_2, so gilt in dem Intervall

$I_3 = I_1 \cap I_2$:

a) Die durch gliedweises Addieren oder Subtrahieren gebildeten Reihen

$$\sum_{k=0}^{\infty} (a_k + b_k)\, x^k \quad \text{bzw.} \quad \sum_{k=0}^{\infty} (a_k - b_k)\, x^k$$

konvergieren und stellen die Funktion $f(x) + g(x)$ bzw. $f(x) - g(x)$ dar.

b) Die Produktreihe

$$\sum_{k=0}^{\infty} (a_0 b_k + a_1 b_{k-1} + \cdots + a_{k-1} b_1 + a_k b_0)\, x^k$$

konvergiert in I_3 und stellt die Funktion $f(x)\, g(x)$ dar.

Satz 8.23 (*Identitätssatz für Potenzreihen*)

Sind die beiden Potenzreihen $\sum_{k=0}^{\infty} a_k x^k$ und $\sum_{k=0}^{\infty} b_k x^k$ beide in dem Intervall I konvergent und stellen beide in I ein und dieselbe Funktion dar, so gilt $a_k = b_k$ für alle k.

Läßt sich also eine Funktion in einem Intervall um den Nullpunkt in eine Potenzreihe entwickeln, so ist dies nur auf *genau eine* Art möglich. (Über die Größe des Intervalls wird dabei nichts vorausgesetzt; es kann insbesondere eine kleine Umgebung des Nullpunktes sein.) Hat man also auf zwei Wegen zwei Potenzreihen für ein und dieselbe Funktion gewonnen und gibt es irgendein Intervall, in dem beide Potenzreihen gleichzeitig konvergieren, so kann man auf $a_k = b_k$, $k = 0, 1, 2, 3, \dots$ schließen.

Beispiel 8.21

Die Funktion $y = f(x) = (1 + x)^\alpha$, α eine reelle Zahl, soll durch eine Potenzreihe dargestellt werden. Zur Gewinnung dieser Potenzreihe sei die *Methode der unbestimmten Koeffizienten verwendet.* Man wählt den Ansatz

$$f(x) = (1 + x)^\alpha = c_0 + c_1 x + c_2 x^2 + \cdots \tag{8.85}$$

und versucht die Koeffizienten und den Konvergenzradius der rechten Seite in (8.85) zu bestimmen.

Wegen $[(1 + x)^\alpha]' = \alpha(1 + x)^{\alpha - 1}$ ist

$$(1 + x) f'(x) = \alpha f(x) = \sum_{k=0}^{\infty} \alpha c_k x^k.$$

Andererseits erhält man durch gliedweise Differentation der Ausgangsreihe und Multiplikation mit $1 + x$

$$(1 + x) f'(x) = c_1 + (2c_2 + c_1)\, x + (3c_3 + 2c_2)\, x^2 + \cdots.$$

Wendet man Satz 8.23 auf die Funktion $(1 + x) f'(x)$ an, so erhält man durch Vergleich der Koeffizienten in den letzten beiden Potenzreihen

$$\alpha c_0 = c_1, \ \alpha c_1 = 2c_2 + c_1, \ \alpha c_2 = 3c_3 + 2c_2, \dots$$

Aus (8.85) folgt für $x = 0$ die Beziehung $(1 + 0)^\alpha = 1$ und damit $c_0 = 1$.

Dann gilt

$$c_1 = \alpha, \quad c_2 = \frac{\alpha(\alpha - 1)}{1 \cdot 2}, \quad c_3 = \frac{\alpha(\alpha - 1)(\alpha - 2)}{1 \cdot 2 \cdot 3}, \dots$$

allgemein

$$c_k = \frac{(-1)(-2) \cdot \ldots \cdot (-k + 2)(-k + 1)}{1 \cdot 2 \cdot \ldots \cdot k}.$$

Definiert man für beliebiges reelles α und jede natürliche Zahl k

$$\binom{\alpha}{k} = \frac{\alpha(\alpha - 1)(\alpha - 2) \cdot \ldots \cdot (\alpha - k + 1)}{k!}, \qquad \binom{\alpha}{0} = 1,$$

so kann man auch schreiben $c_k = \binom{\alpha}{k}$ und

$$(1 + x)^\alpha = \sum_{k=0}^{\infty} \binom{\alpha}{k} x^k. \tag{8.86}$$

Über die Konvergenz der Reihe (8.86) gibt das Quotientenkriterium Auskunft. Es ist

$$\left| \frac{c_{k+1}}{c_k} \right| = \left| \frac{\alpha(\alpha - 1) \cdot \ldots \cdot (\alpha - k)}{k!(k + 1)} \cdot \frac{k!}{\alpha(\alpha - 1) \cdot \ldots \cdot (\alpha - k + 1)} \cdot x \right| = \frac{|\alpha - k|}{k + 1} |x|,$$

also

$$\lim_{k\to\infty}\left|\frac{c_{k+1}}{c_k}\right| = |x| \lim_{k\to\infty}\left|\frac{\alpha+1}{k+1}-1\right| = |x|.$$

Die Reihe auf der rechten Seite von (8.86) konvergiert für $|x| < 1$ und divergiert für $|x| > 1$. Damit ist zunächst nur der Konvergenzradius $r = 1$ ermittelt, aber noch nicht die Gleichung (8.86) bewiesen. Im Konvergenzgebiet stellt

$$\sum_{k=0}^{\infty}\binom{\alpha}{k}x^k$$

jedenfalls eine gewisse Funktion $y = f(x)$ dar und es ist $f(0) = 1$. Um $f(x) = (1+x)^\alpha$ zu zeigen, betrachte man die Funktion

$$h(x) = \frac{f(x)}{(1+x)^\alpha}.$$

$$h'(x) = \frac{f'(x)\,(1+x)^\alpha - \alpha(1+x)^{\alpha-1}f(x)}{(1+x)^{2\alpha}} = 0.$$

Also ist $h(x)$ eine Konstante und zwar gleich 1, da $h(0) = 1$ ist. Damit ist die Beziehung (8.86) für $-1 < x < +1$ bewiesen.

Sei nun $y = f(x)$ in einer Umgebung der Stelle $x = 0$ beliebig oft differenzierbar. Dann gilt die Taylorsche Formel

$$f(x) = \sum_{k=0}^{\infty}\frac{f^{(k)}(0)}{k!}x^k + R_n(x) = T_n(x) + R_n(x).$$

Betrachtet man eine feste Stelle x, so wurde schon hervorgehoben, daß T_n und R_n nur von n abhängen. Offenbar ist

$$\lim_{n\to\infty} R_n = 0$$

gleichwertig mit

$$\lim_{n\to\infty}(f(x) - T_n(x)) = 0,$$

das heißt, mit

$$f(x) = \lim_{n\to\infty} T_n(x) = \sum_{k=0}^{\infty}\frac{f^{(k)}(0)}{k!}x^k.$$

Daraus läßt sich folgendes Resultat folgern:

Satz 8.24

Ist für die Umgebung $-u < x < +u$ stets

$$\lim_{n\to\infty} R_n(x) = 0,$$

wobei $R_n(x)$ das n-te Restglied der Funktion $y = f(x)$ in einer Umgebung von $x = 0$ bezeichnet, so konvergiert die Potenzreihe

$$\sum_{k=0}^{\infty}\frac{f^{(k)}(0)}{k!}\cdot x^k \tag{8.87}$$

und stellt die Funktion $y = f(x)$ dar.

Die Reihe (8.87) heißt die *Taylorreihe der Funktion $y = f(x)$ in einer Umgebung der Stelle $x = 0$.*

Wir haben eine Funktion $y = f(x)$ in eine Taylorreihe entwickelt. Diese Überlegungen kann man auch folgendermaßen deuten: Differenziert man eine gegebene Reihe

$$f(x) = \sum_{k=0}^{\infty} a_k x^k$$

mit positivem Konvergenzradius k mal und setzt $x = 0$, so erhält man

$$a_k = \frac{1}{k!} f^{(k)}(0),$$

das heißt, *jede Potenzreihe, die nicht nur im Punkt $x = 0$ konvergiert, ist die Taylorsche Reihe der durch sie dargestellten Funktion.*

Die allgemeine Taylorsche Reihe, die nach Potenzen von $h = x - x_0$ fortschreitet,

$$f(x) = \sum_{k=0}^{\infty} \frac{f^{(k)}(x_0)}{k!} \cdot (x - x_0)^k, \tag{8.88}$$

erhält man, wenn man die Reihe (8.87) für die Funktion $g(h) = f(x_0 + h)$ anwendet. Diese Reihe (8.88) konvergiert in einer Umgebung

$$x_0 - r < x < x_0 + r, \tag{8.89}$$

von $x = x_0$, wenn die für $g(h)$ gebildete Reihe im Intervall $|h| < r$ konvergent ist. Die obigen Sätze, zum Beispiel über die Differenzierbarkeit einer durch eine Potenzreihe dargestellten Funktion, übertragen sich auch auf die unendliche Reihe (8.88), nur daß man statt eines Intervalls $-r < x < r$ um den Punkt $x = 0$ jetzt ein Intervall $-r + x_0 < x < x_0 + r$ um den Punkt $x = x_0$ betrachtet. Häufig gibt man die Reihe (8.88) auch in der Form

$$f(x_0 + h) = \sum_{k=0}^{\infty} \frac{1}{k!} f^{(k)}(x_0)\, h^k \tag{8.90}$$

an.

8.3.3. Exponential-, Logarithmus- und Potenzfunktion

In diesem Abschnitt sollen zunächst Funktionen $y = f(x)$ mit der Eigenschaft

$$f'(x) = c \cdot f(x), \quad c \neq 0 \text{ Konstante} \tag{8.91}$$

behandelt und danach mit ihrer Hilfe die Logarithmus- und Potenzfunktion eingeführt und Möglichkeiten zu ihrer numerischen Berechnung gewiesen werden. Dabei bietet sich sowohl die Möglichkeit einer Anwendung wichtiger Sätze des bisher behandelten Teils der Differentialrechnung als auch der Bereitstellung von Funktionen, die für die Anwendung von außerordentlichem Interesse sind.
Funktionen mit der Eigenschaft (8.91) spielen bei Anwendungen in der Wirtschaft eine wichtige Rolle.

Wir betrachten die Potenzreihe

$$\sum_{k=0}^{\infty} \frac{x^k}{k!}, \tag{8.92}$$

die nach Beispiel 8.19 für $-\infty < x < +\infty$ konvergent ist. Sie stellt somit nach Satz 8.21 eine beliebig oft differenzierbare Funktion dar.

Definition 8.21

Die durch die Reihe (8.92) dargestellte Funktion heißt Exponentialfunktion und wird durch $\exp x$ *oder* e^x *symbolisiert.*

$$e^x = \sum_{k=0}^{\infty} \frac{x^k}{k!}. \tag{8.93}$$

Im folgenden werden einige Eigenschaften der Exponentialfunktion angegeben.

Satz 8.25

Die Exponentialfunktion besitzt folgende Eigenschaften:

a) $(e^x)' = e^x$; *das heißt,* (8.91) *ist mit* $c = 1$ *erfüllt,*

b) $e^0 = 1$,

c) $e^{x_1+x_2} = e^{x_1}e^{x_2}$,

d) $e^{-1} = \frac{1}{e^x}$

e) $(e^{x_1})^{x_2} = e^{x_1 \cdot x_2}$

f) Die Funktion e^x *ist in* $-\infty < x < +\infty$ *streng monoton wachsend, und es gilt*

$$\lim_{x \to +\infty} e^x = +\infty, \quad \lim_{x \to -\infty} e^x = 0. \tag{8.94}$$

Wir wollen hier nur die Eigenschaften a) und b) nachweisen.

Beweis

Zu a) Aus (8.93) ergibt sich

$$(e^x)' = \sum_{k=1}^{\infty} \frac{k}{k!} x^{k-1} = \sum_{k=1}^{\infty} \frac{x^{k-1}}{(k-1)!} = \sum_{k=0}^{\infty} \frac{x^k}{k!} = e^x.$$

Zu b) Aus

$$e^x = 1 + x + \frac{x^2}{2!} + \frac{x^3}{3!} + \cdots$$

ist die Behauptung sofort abzulesen.

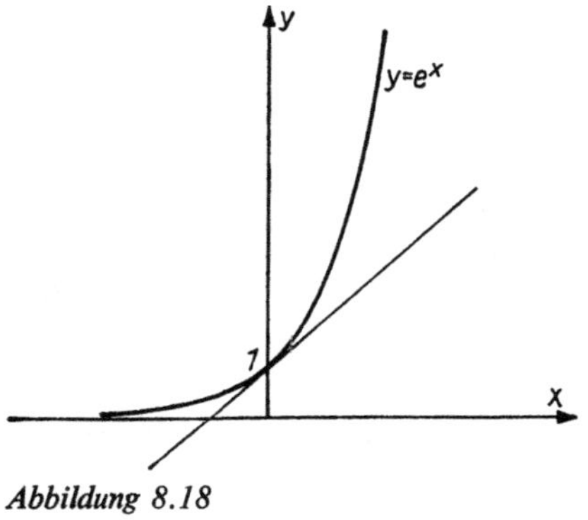

Abbildung 8.18

Der Wertevorrat von $y = e^x$ ist das Intervall $0 < y < +\infty$. Im Intervall $-\infty < x < +\infty$ ist die Funktion $y = e^x$ eineindeutig. Die Abbildung 8.18 zeigt den Graph der Funktion und die Tangente in $x_0 = 0$. Die eineindeutige Funktion e^x besitzt eine im Intervall $0 < x < +\infty$ definierte stetige Umkehrfunktion, die mit

$$x = \log y \qquad 0 < y < +\infty$$

bezeichnet wird und Logarithmusfunktion heißt. Nach Satz 8.13 ist $x = \log y$ im Intervall $0 < y < +\infty$ differenzierbar und

$$\frac{dx}{dy} = (\log y)' = \frac{1}{\frac{dy}{dx}} = \frac{1}{(e^x)'} = \frac{1}{e^x} = \frac{1}{y}.$$

Es ist

$$x = \log(e^x) \quad \text{und} \quad y = e^{\log y}. \tag{8.95}$$

Es sei hervorgehoben, daß die Symbole $y = e^x$ und $x = \log y$ ein und dasselbe bezeichnen. Genau dann, wenn $y_0 = e^{x_0}$ gilt, ist $x_0 = \log y_0$. Speziell ist $0 = \log(e^0) = \log 1$. Außerdem ist mit $y_1 = \exp x_1$, $y_2 = \exp x_2$

$$\log(y_1 y_2) = \log(e^{x_1} e^{x_2}) = \log(e^{x_1+x_2}) = x_1 + x_2 = \log y_1 + \log y_2.$$

Üblicherweise vertauscht man x und y und erhält die folgenden Eigenschaften für die Logarithmusfunktion.

Satz 8.26

Die Logarithmusfunktion besitzt die folgenden Eigenschaften:

a) $(\log x)' = \frac{1}{x}$, *für* $0 < x < \infty$

b) $\log 1 = 0$

c) $\log(x_1 x_2) = \log x_1 + \log x_2$

d) $\log(x_1^{x_2}) = x_2 \log x_1$

e) Die Funktion $\log x$ *ist in* $0 < x < \infty$ *streng monoton wachsend, und es gilt*

$$\lim_{x \to +\infty} \log x = +\infty, \quad \lim_{x \to 0} \log x = -\infty. \tag{8.96}$$

Da $\frac{1}{x}$ in $0 < x < \infty$ beliebig oft differenzierbar ist, gilt gleiches auch für $\log x$.

Die Abbildung 8.19 zeigt den Graph der Funktion $y = \log x$ und die Tangente im Punkt $x_0 = 1$.

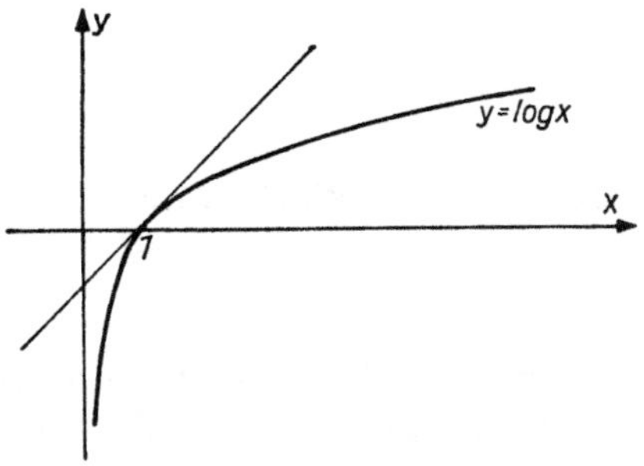

Abbildung 8.19

Die reelle Zahl e^1 bezeichnet man auch mit e. Es ist also nach (8.93)

$$e = 1 + \frac{1}{1!} + \frac{1}{2!} + \frac{1}{3!} + \frac{1}{4!} + \frac{1}{5!} \cdots + \frac{1}{n!} + \cdots \qquad (8.97)$$

Daraus erhält man sofort $2 < e$. Nach dem Satz von Taylor ist

$$e = 1 + 1 + \frac{1}{2} + R_2, \quad R_2 = \frac{e^z}{3!}, \quad 0 < z < 1,$$

$$0 < R_2 < \frac{e^1}{3!} = \frac{e}{3!}, \quad e < \frac{5}{2} + \frac{e}{3!}, \quad e < 3.$$

Die Abschätzung $2 < e < 3$ kann man beliebig verschärfen, indem man mehr Glieder der Reihe (8.97) berücksichtigt. So ist zum Beispiel auf neun Stellen genau

$e = 2{,}718\,281\,828$.

Für eine in einem Intervall von Null verschiedene differenzierbare Funktion $y = f(x)$ nennt man

$$\frac{f'(x)}{f(x)}$$

logarithmische Ableitung von $f(x)$, da für $f(x) > 0$ die logarithmische Ableitung einfach die Ableitung des Logarithmus von $f(x)$ ist:

$$\frac{\mathrm{d}}{\mathrm{d}x}(\log f(x)) = \frac{f'(x)}{f(x)}.$$

Die logarithmische Ableitung $\frac{f'(x)}{f(x)}$ wird bei folgendem, als *logarithmische Differentiation* bezeichneten Verfahren verwendet. Ist $y = f(x) = g(x)^{h(x)}$, $g(x) > 0$, nach x zu differenzieren, so differenziert man statt $y = f(x)$ die Funktion

$z = \log f(x) = h(x) \cdot \log g(x)$,

erhält

$$\frac{f'(x)}{f(x)} = \frac{\mathrm{d}}{\mathrm{d}x}\log f(x) = z'(x) = h'(x) \cdot \log g(x) + h(x)\frac{g'(x)}{g(x)}$$

und daraus die gesuchte Ableitung y' in der Form $y' = yz'$

$$f'(x) = g(x)^{h(x)} \left[h'(x) \log g(x) + h(x) \frac{g'(x)}{g(x)}\right].$$

Beispiel 8.22

Statt $y = (e^x)^{\sin x}$ differenziert man $z = \log y = \sin x \cdot \log e^x = x \sin x$. Mit $z' = \sin x + x \cos x$ ist

$y' = (e^x)^{\sin x} (\sin x + x \cos x)$.

Bisher wurde nur die spezielle Lösung $y = f(x) = e^x$ der Gleichung (8.91) untersucht. Der folgende Satz gibt einen Überblick über *alle* Lösungen der Gleichung (8.91).

Satz 8.27

Eine Funktion $y = f(x)$ ist dann und nur dann eine Lösung der Gleichung

$f'(x) = c \cdot f(x), \quad c \neq 0$ konstant,

wenn $f(x)$ die Form

$$y = f(x) = k \cdot e^{cx}, \ k \text{ konstant}, \ c \text{ konstant} \tag{8.98}$$

hat.

Beweis

Es gilt

$f'(x) = (k\, e^{cx})' = kc\, e^{cx} = cf(x)$.

Ist andererseits $f(x)$ irgendeine Funktion mit der Eigenschaft (8.91), so erhält man für die Hilfsfunktion

$u(x) = f(x) \cdot e^{-cx}$

die Ableitung

$$\begin{aligned} u'(x) &= f'(x)\, e^{-cx} - cf(x)\, e^{-cx} \\ &= (cf(x) - cf(x))\, e^{-cx} = 0. \end{aligned}$$

Daher ist $u(x)$ eine Konstante k, das heißt, $f(x) = k \cdot e^{cx}$.

Man hätte also Grund, im Sinne von Definition 8.21 die Funktion $y = f(x) = e^{cx}$ als allgemeine Exponentialfunktion zu bezeichnen. Das geschieht in einer etwas anderen Ausdrucksweise.

Definition 8.22

Die Funktion

$$y = f(x) = e^{x \log a}, \quad a > 0 \text{ konstant} \qquad -\infty < x < +\infty \tag{8.99}$$

heißt allgemeine Exponentialfunktion mit der Basis a und wird

$y = a^x$

geschrieben.

Jede Funktion a^x ist offenbar nach Definition vom Typ e^{cx}. Man braucht nur $\log a = c$ zu setzen. Dabei kann man sich auf $c \neq 0$, das heißt $a \neq 1$, beschränken, da $y = f(x) = e^0 = 1$ uninteressant ist. Umgekehrt ist auch jede Funktion e^{cx} als Funktion a^x auffaßbar. Denn $y = \log x$ nimmt als stetige Funktion mit dem Wertevorrat $-\infty < y < +\infty$ jeden Wert c mit $-\infty < c < +\infty$ an. Zu der vorgegebenen Konstanten c gibt es also einen Wert $a > 0$ mit $c = \log a$, und dann ist $e^{cx} = e^{x \log a} = a^x$. Daher ist die Definition 8.22 gerechtfertigt.
Aus den Eigenschaften von $y = e^x$ und $y = \log x$ folgen sofort die nachstehenden Aussagen über die Funktion $y = a^x$. Die mittelbare Funktion $y = a^x = e^t, t = x \log a$ ist eine in $-\infty < x < +\infty$ definierte und dort stetige und beliebig oft differenzierbare Funktion, deren 1. Ableitung durch

$$\frac{da^x}{dx} = a^x \log a \tag{8.100}$$

gegeben ist. Die Funktion $y = a^x$ ist stets positiv und für $a > 1$ streng monoton wachsend, für $0 < a < 1$ streng monoton fallend und hat den Wertevorrat $0 < y < +\infty$. Die Funktion $y = a^x$ ist im Intervall $-\infty < x < +\infty$ eine eineindeutige Abbildung und besitzt daher eine Umkehrfunktion $x = g(y)$, die durch

$$x = \log_a y, \quad 0 < y < +\infty, \quad 0 < a, \quad a \neq 1$$

symbolisiert und als *Logarithmusfunktion zur Basis a* bezeichnet wird. Die Logarithmusfunktion zur Basis a ist differenzierbar, und nach der Regel über die Ableitung einer Umkehrfunktion erhält man

$$\frac{\mathrm{d}x}{\mathrm{d}y} = \frac{\mathrm{d}(\log_a y)}{\mathrm{d}y} = \frac{1}{\frac{\mathrm{d}y}{\mathrm{d}x}} = \frac{1}{\frac{\mathrm{d}(a^x)}{\mathrm{d}x}} = \frac{1}{a^x \log a} = \frac{1}{\log a} \cdot \frac{1}{y}.$$

Die Beziehung für Funktion und Umkehrfunktion schreibt sich hier

$$x = \log_a (a^x), \quad y = \mathrm{a}^{\log_a y}. \tag{8.101}$$

Wie üblich sei die unabhängige Variable wieder mit x, die abhängige mit y bezeichnet und die Logarithmusfunktion in der Gestalt

$$y = \log_a x, \quad 0 < x < +\infty \tag{8.102}$$

verwendet, wobei

$$\frac{\mathrm{d}x}{\mathrm{d}y} = (\log_a x)' = \frac{1}{\log a} \cdot \frac{1}{x} \tag{8.103}$$

ist.

Für die allgemeine Exponentialfunktion mit der Basis $a > 0$ bzw. $b > 0$ gelten folgende Regeln

$$a^1 = a, \quad a^0 = 1, \quad a^{x_1} \cdot a^{x_2} = a^{x_1 + x_2}, \quad (a^{x_1})^{x_2} = a^{x_1 \cdot x_2}, \quad a^{(-x_1)} = \frac{1}{a^{x_1}} \tag{8.104}$$

$$a^{x_1} \cdot b^{x_1} = (a \cdot b)^{x_1}, \quad \frac{a^{x_1}}{b^{x_1}} = \left(\frac{a}{b}\right)^{x_1}$$

und für $x_1 > 0 \quad a^{x_1} \lesseqqgtr b^{x_1} \Leftrightarrow a \lesseqqgtr b$.

Daraus ergeben sich für die Umkehrfunktion $y = \log_a x$ die Regeln:

$$\log_a a = 1, \quad \log_a 1 = 0, \quad \log_a (x_1 x_2) = \log_a x_1 + \log_a x_2$$

$$\log_a \frac{x_1}{x_2} = \log_a x_1 - \log_a x_2, \quad \log_a x_1^t = t \log_a x_1. \tag{8.105}$$

Für $a > 1$ gilt $\log_a x_1 \lesseqqgtr \log_a x_2 \Leftrightarrow x_1 \lesseqqgtr x_2$,

für $0 < a < 1$ gilt

$$\log_a x_1 \lesseqqgtr \log_a x_2 \Leftrightarrow x_1 \gtreqqless x_2.$$

Speziell kann man natürlich als Basis a der allgemeinen Exponentialfunktion die reelle Zahl $e \neq 1$ wählen. Dann erhält man

$$\mathrm{e}^x = \mathrm{e}^{x \log e} = \mathrm{e}^{x \cdot 1} = \mathrm{e}^x.$$

Die obige Exponentialfunktion

$$y = \mathrm{e}^x = \sum_{k=0}^{\infty} \frac{x^k}{k!}$$

ist also in der Sprechweise der Definition 8.22 nichts anderes als die allgemeine Exponentialfunktion mit der Basis e. Entsprechend ist

$$\log x = \log_e x.$$

Unter allen allgemeinen Exponentialfunktionen ist die Funktion e^x in vielerlei Hinsicht die einfachste. Gleiches gilt für die Rolle der Funktion $\log x = \log_e x$ unter allen Funktionen $\log_a x$. Man vergleiche zum Beispiel die einfachen Formeln

$$(\log_e x)' = \frac{1}{x}, \quad (\mathrm{e}^x)' = \mathrm{e}^x$$

mit den komplizierteren Ausdrücken

$$(\log_a x)' = \frac{1}{\log_e a} \cdot \frac{1}{x}, \quad (a^x)' = a^x \cdot \log_e a.$$

Dieser Umstand (und seine weiteren Folgerungen) läßt die Verwendung der Funktion mit der Basis e soviel natürlicher erscheinen, daß man

$$\mathrm{e}^x \quad \text{bzw.} \quad \log x$$

auch schlechthin als die (!) Exponentialfunktion bzw. den (!) Logarithmus bezeichnet. (Aus drucktechnischen Gründen schreibt man oft $\exp x$ statt e^x.) Trotzdem sind für praktische Rechnungen die Logarithmen mit der Basis 10 (Briggsche Logarithmen) im Gebrauch. Sie haben den großen Vorteil, daß für ganze Zahlen n

$$\log_{10} 10^n = n \log_{10} 10 = n \cdot 1 = n$$

ist, so daß man nur die Briggschen Logarithmen der Zahlen zwischen 1 und 10 zu berechnen braucht, um sofort additiv (!) sämtliche Zehnerlogarithmen zu haben, indem ja zum Beispiel

$$\log_{10} 245 = \log_{10} (10^3 \cdot 2{,}45) = 3 + \lg 2{,}45$$

$$\log_{10} 0{,}0245 = \log_{10} (10^{-2} \cdot 2{,}45) = -2 + \lg 2{,}45 \quad \text{usw.}$$

ist. Dieser Sonderrolle der Logarithmen mit der Basis 10 trägt man Rechnung, indem man auch für $\log_{10} x$ ein besonderes Symbol einführt:

$$\lg x = \log_{10} x.$$

Da man zum Beispiel Logarithmen mit Hilfe unendlicher Reihen berechnet (vgl. [8.2]), zum praktischen Rechnen aber Briggsche Logarithmen verwendet, muß man die Logarithmen bezüglich einer Basis a (zum Beispiel $a = \mathrm{e}$) in die bezüglich einer anderen Basis b (zum Beispiel $b = 10$) bestimmten Logarithmen umrechnen können.

Sei dazu

$$y_1 = \log_a x, \; y_2 = \log_b x, \quad y_3 = \log_a b.$$

Dann ist

$$a^{y_2 \cdot y_3} = (a^{y_3})^{y_2} = b^{y_2} = x = a^{y_1},$$

also

$$y_2 \cdot y_3 = \log_a a^{y_2 \cdot y_3} = \log_a a^{y_1} = y_1$$

und

$$\left.\begin{aligned} &\log_a b \cdot \log_b x = \log_a x, \\ &\log_{10} x = \lg x = \frac{1}{\log 10} \cdot \log x, \\ &\log x (= \log_e x) = \frac{1}{\lg e} \cdot \lg x, \\ &\log_a \mathrm{e} = \frac{1}{\log a}. \end{aligned}\right\} \qquad (8.106)$$

Mit Hilfe der Exponentialfunktion kann man auch in eleganter Weise die Potenzfunktion $y = x^b$, b eine *beliebig reelle* Zahl, definieren.

Definition 8.23

Die Funktion

$$y = f(x) = \mathrm{e}^{b \log x}, \quad b \text{ beliebig konstant}, \quad 0 < x < +\infty \qquad (8.107)$$

heißt allgemeine Potenzfunktion und wird durch

$$y = x^b$$

symbolisiert.

Die Funktion $y = x^b$ ist stetig und es gelten die gewöhnlichen Potenzgesetze, die man aus (8.104) erhält, indem man dort unter a und b spezielle Werte der Variablen x versteht. Aus der letzten Regel von (8.104) folgt insbesondere, daß x^b für $b > 0$ streng monoton wachsend, für $b < 0$ streng monoton fallend ist. Daher besitzt $y = f(x) = x^b$ eine Umkehrfunktion $x = g(y)$, für die man wie folgt ermittelt:

$$y = \mathrm{e}^{b \log x}$$

$$\log y = \log \mathrm{e}^{b \log x} = b \log x$$

$$\log x = \frac{1}{b} \log y = \log \left(y^{\frac{1}{b}}\right)$$

$$x = \mathrm{e}^{\log x} = \mathrm{e}^{\log y^{\frac{1}{b}}} = g(y).$$

Daher bezeichnet man $y = f(x) = x^{\frac{1}{b}}$ auch als Umkehrfunktion von $y = x^b$, und schreibt

$$x^{\frac{1}{b}} = \sqrt[b]{x}.$$

Man nennt $\sqrt[b]{x}$ Wurzel mit dem *allgemeinen Wurzelexponenten* $b \neq 0$. Diese Aussagen sind für den Fall, daß b eine natürliche Zahl ist, schon im Abschnitt 8.1.1. als elementar vorausgesetzt worden. Jetzt dagegen ist die Potenzfunktion für eine beliebige reelle Zahl b definiert.

Die Funktion $y = x^b$ ist differenzierbar und es gilt

$$(x^b)' = [e^{b \log x}]' = e^{b \log x} \frac{b}{x} = bx^{b-1}. \tag{8.108}$$

8.4. Anwendungen der Differentialrechnung zur Untersuchung von Funktionen

8.4.1. Relative und absolute Extrema

Definition 8.24

Sei die Funktion $y = f(x)$ in dem Intervall I definiert und U eine Umgebung der Stelle $x_0 \in I$, $U \subseteqq I$. Gilt $f(x) \leqq f(x_0)$ oder $f(x) \geqq f(x_0)$ für alle $x \in U$, so heißt x_0 eine relative Extremstelle der Funktion $y = f(x)$. An der Stelle x_0 nimmt die Funktion $f(x)$ ein relatives Extremum $f(x_0)$ an; im Falle $f(x) \leqq f(x)_0$ ein relatives Maximum und im Falle $f(x) \geqq f(x_0)$ ein relatives Minimum.

Eine Funktion besitzt also an einer Stelle x_0 ein relatives Minimum, wenn es eine Umgebung U von x_0 gibt, in der die Funktion definiert ist und keine kleineren Werte als $f(x_0)$ annimmt. Diese Umgebung kann sehr klein sein. Die Funktionswerte außerhalb dieser geeigneten Umgebung werden bei dieser Definition völlig unbeachtet gelassen, die Definition trägt lokalen Charakter. Auf eben diesen Umstand weist der Zusatz „relativ" hin: ein relatives Minimum $f(x_0)$ ist nur kleinster Funktionswert relativ zu den Funktionswerten in einer genügend kleinen Umgebung von x_0. Entsprechend ist der Ausdruck relatives Maximum zu verstehen. Insbesondere kann in einem Intervall I der Wert eines relativen Minimums $f(x_1)$ größer als der Wert eines relativen Maximums $f(x_2)$ sein (Abbildung 8.20).

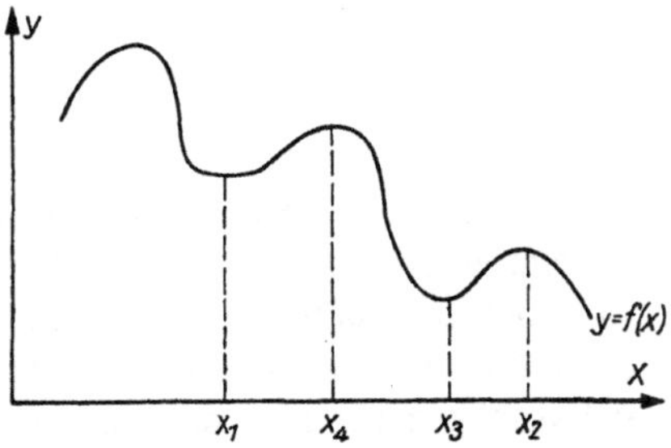

Abbildung 8.20

Besitzt eine stetige Funktion in den Punkten x_1 und x_3 (relative) Minima, so muß sie nach dem Satz 8.8 im Intervall $x_1 \leqq x \leqq x_3$ einen größten Wert annehmen, etwa $f(x_4)$, $x_1 < x_4 < x_3$. Dann ist $f(x_4)$ ein relatives Maximum der Funktion bezüglich der Umgebung $x_1 < x < x_3$ von x_4. Zwischen zwei verschiedenen Punkten, in denen eine stetige Funktion $y = f(x)$ relative Minima annimmt, liegt also stets eine Stelle, in der die Funktion ein relatives Maximum annimmt. Gibt es in einem Intervall I überhaupt nur endlich viele Extremstellen für eine stetige Funktion, so müssen diese relativen Maxima und Minima abwechselnd aufeinander folgen.

Definition 8.25

Sei die Funktion $y = f(x)$ definiert in dem Intervall I und $x_0 \in I$. Der Wert $y_0 = f(x_0)$ heißt größter bzw. kleinster Wert der Funktion im Intervall I, wenn

$$f(x) \leqq f(x_0) \quad bzw. \quad f(x) \geqq f(x_0)$$

für alle $x \in I$ gilt. Einen größten bzw. kleinsten Wert von $f(x)$ in I nennt man auch absolutes Extremum, und zwar absolutes Maximum im ersten, absolutes Minimum im zweiten Fall.

Während man durch die Definition 8.24 das Verhalten einer Funktion in einem Punkt kennzeichnen will und dazu eine an sich beliebige, wenn nur genügend kleine Umgebung U heranzieht, dient Definition 8.25 zur Kennzeichnung des Verhaltens einer Funktion in einem fest vorgegebenen Intervall I, sozusagen „im Großen". Ist $f(x_0)$ der kleinste Wert einer Funktion $y = f(x)$ in dem Teilintervall I ihres Definitionsbereiches, so wurde (im Unterschied zur Definition 8.24) in Definition 8.25 nicht vorausgesetzt, daß $f(x)$ in einer Umgebung von x_0 definiert ist. Der Punkt x_0 kann also insbesondere ein Randpunkt des vorgegebenen Intervalls I sein. Dabei wird dann natürlich vorausgesetzt, daß dieser Randpunkt überhaupt zu I gehört. Für den in Abbildung 8.21 dargestellten Fall nimmt $y = f(x)$ in dem linken Rand-

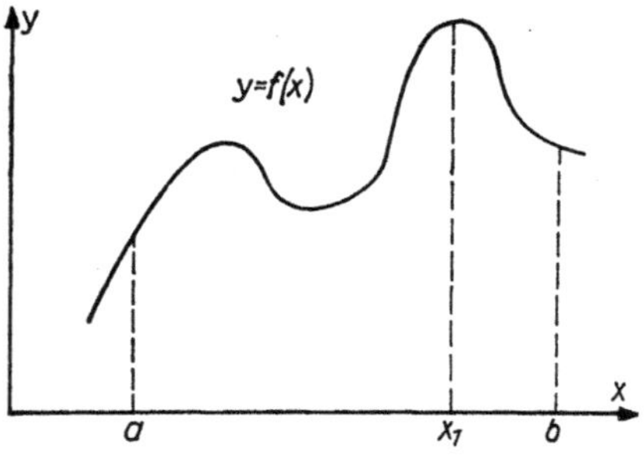

Abbildung 8.21

punkt a des Intervalls $a \leqq x \leqq b$ das absolute Minimum an, welches aber kein relatives Minimum von $f(x)$ ist. Dagegen ist das relative Maximum im Punkt x_1 gleichzeitig absolutes Maximum in diesem Intervall. Bei der Suche nach absoluten Extremwerten beschränkt man sich meistens auf den Fall der stetigen Funktionen in einem abgeschlossenen Intervall I, da dann der Satz 8.8 garantiert, daß $f(x)$ in I einen größten und kleinsten Wert annimmt. Weder eine stetige Funktion in einem nicht abgeschlossenen Intervall noch eine unstetige Funktion in einem abgeschlossenen Intervall müssen einen absoluten Extremwert besitzen. In einzelnen Fällen kann man jedoch aus der speziellen Gestalt der Funktion schließen, daß sie auch in einem vorgegebenen offenen Intervall einen größten bzw. kleinsten Wert annimmt. Wird ein kleinster Wert der Funktion $f(x)$ in einem inneren Punkt x_0 eines Intervalls I angenommen, so ist $f(x_0)$ offenbar nicht nur ein absolutes, sondern auch ein relatives Minimum der Funktion, da man ja jetzt etwa das Intervall I als die in Definition 8.24 erwähnte Umgebung U der Stelle x_0 ansehen kann. Um den größten und kleinsten Wert einer stetigen Funktion $y = f(x)$ in einem abgeschlossenen Teilintervall $a \leqq x \leqq b$ ihres Definitionsbereiches zu finden, kann man nach folgender Regel vorgehen:

a) Man bestimme die relativen Extremstellen von $f(x)$ ın $[a\ b]$ und berechne in ihnen die Funktionswerte. (Dabei wird vorausgesetzt, daß es in $[a\ b]$ nur endlich viele relative Extremstellen gibt und sich diese mit den im weiteren erwähnten Methoden auch tatsächlich bestimmen lassen.)

b) Man berechne die Funktionswerte $f(a)$ und $f(b)$ in den Randpunkten.

c) Man vergleiche die in a) und b) ermittelten Werte. Der größte (kleinste) Wert unter ihnen ist das absolute Maximum (Minimum) der Funktion $y = f(x)$ im Intervall $[a\ b]$.

Für Spezialfälle wie den einer in $a \leqq x \leqq b$ monoton wachsenden Funktion kann man sofort sagen, daß sie ihren größten (bzw. kleinsten) Wert an der Stelle b (bzw. a) annimmt.

Um den allgemeinen Fall zu behandeln, werden nun Bedingungen für relative Extremstellen angegeben. Diese Extremstellen sind stets innere Punkte der betrachteten Intervalle.

Satz 8.28

Die Funktion $y = f(x)$ sei im Intervall I differenzierbar. Eine notwendige Bedingung dafür, daß der Punkt $x_0 \in I$ ein relativer Extrempunkt ist, ist

$$f'(x_0) = 0. \tag{8.109}$$

Beweis

Angenommen, $f(x)$ hat in dem inneren Punkt $x_0 \in I$ ein relatives Maximum. Dann gilt für den rechtsseitigen Differenzenquotienten

$$\frac{f(x) - f(x_0)}{x - x_0} \leqq 0, \quad x > x_0$$

und daher auch

$$\lim_{x \to x_0 + 0} \frac{f(x) - f(x_0)}{x - x_0} = f'_r(x_0) \leqq 0.$$

Analog ist

$$\frac{f(x) - f(x_0)}{x - x_0} \geqq 0 \quad \text{für} \quad x < x_0, \quad \text{also}$$

$$\lim_{x \to x_0 - 0} \frac{f(x) - f(x_0)}{x - x_0} = f'_l(x_0) \geqq 0.$$

Nach Voraussetzung ist die Funktion differenzierbar in x_0, also linksseitige Ableitung $f'_l(x_0)$ gleich rechtsseitiger Ableitung $f'_r(x_0)$, und dieser gemeinsame Wert muß also Null sein. Eine analoge Überlegung gilt für das relative Minimum.

Geometrisch bedeutet $f'(x_0) = 0$, daß die Tangente an die Kurve parallel zur x-Achse verläuft, ihr Anstieg also Null ist. Die Bedingung (8.109) ist aber keineswegs *hinreichend* dafür, daß x_0 ein Extrempunkt der Funktion ist. So ist für $y = f(x) = x^3$

zwar $f'(0) = 0$ aber $f(x) < 0$ für alle $x < 0$ und $f(x) > 0$ für alle $x > 0$. Also ist $x = 0$ keine Extremstelle. Andererseits kann der Fall eintreten, daß die Funktion $y = f(x)$ in dem Punkt x_0 ein relatives Extremum hat, ohne das $f'(x_0) = 0$ ist, nämlich dann, wenn die in Satz 8.28 vorausgesetzte Differenzierbarkeit nicht gegeben ist. So hat die Funktion $y = |x|$ an der Stelle $x = 0$ ein relatives Minimum (vgl. Abbildung 8.6), aber $f'(x)$ ist an der Stelle $x = 0$ nicht definiert. Für die Punkte eines Intervalls, in denen eine vorgegebene Funktion nicht differenzierbar ist, versagt also das Kriterium (8.109).

Man nennt eine Stelle x_0, an der $f'(x_0) = 0$ ist, eine *stationäre Stelle* und $f(x_0)$ einen *stationären Wert* der Funktion. Damit wird die Tatsache charakterisiert, daß sich $f(x)$ in einer sehr kleinen Umgebung von x_0 nur wenig ändert. Jeder relative Extrempunkt einer differenzierbaren Funktion ist stationär, aber nicht umgekehrt. Zur Entscheidung, ob ein stationärer Punkt ein relativer Extrempunkt ist und welche Art von Extremwert gegebenenfalls vorliegt, kann man die in den folgenden Sätzen formulierten hinreichenden Kriterien heranziehen.

Satz 8.29

Die Funktion $y = f(x)$ sei in einer gewissen Umgebung U des Punktes x_0 stetig und, eventuell mit Ausnahme von x_0, differenzierbar. Die Ableitung $f'(x)$ möge für alle $x \in U$, $x < x_0$, gleiches Vorzeichen haben und dasselbe gelte für $x \in U$, $x > x_0$. Dann besitzt $y = f(x)$ in x_0 für

a) $\operatorname{sign} f'(x) = -1$ für $x < x_0$, $x \in U$ *und*
$\operatorname{sign} f'(x) = +1$ *für* $x > x_0$, $x \in U$ *ein relatives Minimum,*

b) $\operatorname{sign} f'(x) = +1$ *für* $x < x_0$, $x \in U$ *und*
$\operatorname{sign} f'(x) = -1$ *für* $x > x_0$, $x \in U$ *ein relatives Maximum*

c) $\underset{x < x_0,\ x \in U}{\operatorname{sign} f'(x)} = \underset{x > x_0,\ x \in U.}{\operatorname{sign} f'(x)}$ *keinen relativen Extremwert.*

Setzt man voraus, daß in einem Intervall $a < x < b$ nur endlich viele stationäre Punkte der Funktion $y = f(x)$ liegen, so ist also unter den Voraussetzungen des Satzes 8.29 ein Vorzeichenwechsel von $f'(x)$ beim Übergang von den Werten $x < x_0$ zu den Werten $x > x_0$ einer genügend kleinen Umgebung von x (man sagt auch: „beim Durchgang" durch x_0) notwendig und hinreichend dafür, daß $f(x_0)$ ein relativer Extrempunkt ist.

Nimmt man zusätzlich an, daß es in $(a\ b)$ nur in endlich vielen Punkten keine endliche Ableitung gibt, so gestattet Satz 8.29 eine erschöpfende Entscheidung, welche Punkte aus $(a\ b)$ relative Extrempunkte sind und ob die Funktionswerte in ihnen relative Maxima oder Minima darstellen. Man bezeichne mit $a_1, \ldots, a_n$ diejenigen Stellen aus $(a\ b)$, die stationär oder ohne endliche Ableitung sind, und untersuche das Vorzeichen der Ableitung in den Intervallen

$$a < x < a_1, \quad a_1 < x < a_2, \quad a_2 < x < a_3, \ldots, a_{n-1} < x < a_n, \quad a_n < x < b.$$

Beispiel 8.23

$y = f(x) = (x - 3)^3 (x + 1)^2$

$f'(x) = 3(x - 3)^2 (x + 1)^2 + 2(x - 3)^3 (x + 1) = (x + 1)(x - 3)^2 (5x - 3)$

ist in den Intervallen

$I_1: -\infty < x < -1, \qquad I_2: -1 < x < \frac{3}{5},$

$I_3: \frac{3}{5} < x < 3, \qquad I_4: 3 < x < \infty$

zu untersuchen. Die Funktion sign $f'(x)$ besitzt in I_1, I_2, I_3 bzw. I_4 die Werte $+1, -1, +1$ bzw. $+1$. Daher liegt in den stationären Stellen $-1, \frac{3}{5}, 3$ von $f(x)$ folgendes Verhalten vor:
in -1 ein relatives Maximum, in $\frac{3}{5}$ ein relatives Minimum, in 3 kein relativer Extremwert.

Satz 8.29 ist auch auf Fälle anwendbar, in denen schon die in Satz 8.28 formulierte notwendige Bedingung versagt.

Beispiel 8.24

So gilt für die Funktion $y = f(x) = |x|$

$\operatorname{sign}_{x>0}(|x|)' = \operatorname{sign}_{x>0}(-x)' = -1, \quad \operatorname{sign}_{x>0}(|x|)' = \operatorname{sign}_{x>0}(x)' = +1,$

womit $f(0) = 0$ als relatives Minimum nachgewiesen ist.

Der Beweis des Satzes 8.29 ergibt sich sofort aus der Anwendung des Mittelwertsatzes. Offenbar hat $f(x)$ in dem stationären Punkt x_0 dann und nur dann einen relativen Extremwert, wenn $f(x) - f(x_0)$ für alle genügend dicht bei x_0 gelegenen x ein und dasselbe Vorzeichen hat. Nach dem Mittelwertsatz ist

$$f(x) - f(x_0) = f'(x_0 + z(x - x_0))\,(x - x_0), \quad 0 < z < 1. \tag{8.110}$$

Indem man die möglichen Fälle für das Vorzeichen von f' und das der Ausdrücke $(x - x_0)$, $f(x) - f(x_0)$ berücksichtigt, liest man aus 8.110 sofort den Satz 8.29 ab. Die Überlegungen kann man sich in Abbildung 8.22 veranschaulichen. Satz 8.29 hat den Vorteil, nicht die Existenz der ersten Ableitung in x_0 und erst recht nicht die Existenz der höheren Ableitungen in einer Umgebung von x_0 zu verwenden. Ist dagegen die Funktion $y = f(x)$ genügend oft differenzierbar, so ist häufig das im folgenden Satz formulierte Kriterium leichter anzuwenden.

Satz 8.30

Die Funktion $y = f(x)$ sei in einer Umgebung U des stationären Punktes x_0 hinreichend oft differenzierbar.
Gilt

$$f'(x_0) = f''(x_0) = \cdots = f^{(n-1)}(x_0) = 0, \tag{8.132}$$

$f^{(n)}(x_0) \neq 0$, *so ist x_0 für gerades n ein relativer Extrempunkt und $f(x_0)$ für $f^{(n)}(x_0) > 0$ ein relatives Minimum, für $f^{(n)}(x_0) < 0$ ein relatives Maximum. Ist dagegen n eine ungerade Zahl, so ist x_0 kein relativer Extrempunkt.*

Dieses Kriterium kann aber versagen, auch wenn eine Funktion $y = f(x)$ in einer Umgebung von x_0 beliebig oft differenzierbar ist. Dieses Versagen liegt formal schon für die Funktion $y = C$ vor, deren Ableitungen in jedem Punkt sämtlich verschwinden. Sieht man hier noch sofort, daß für jedes x sowohl ein relatives Maximum als auch ein relatives Minimum vorliegt, so gibt es auch Funktionen, für die die Ableitungen beliebiger Ordnung in x_0 gleich Null sind, obwohl die Funktion in einer Umgebung von x_0 nicht konstant ist. In diesem (sehr seltenen) Falle ist der Satz 8.30 nicht anwendbar.

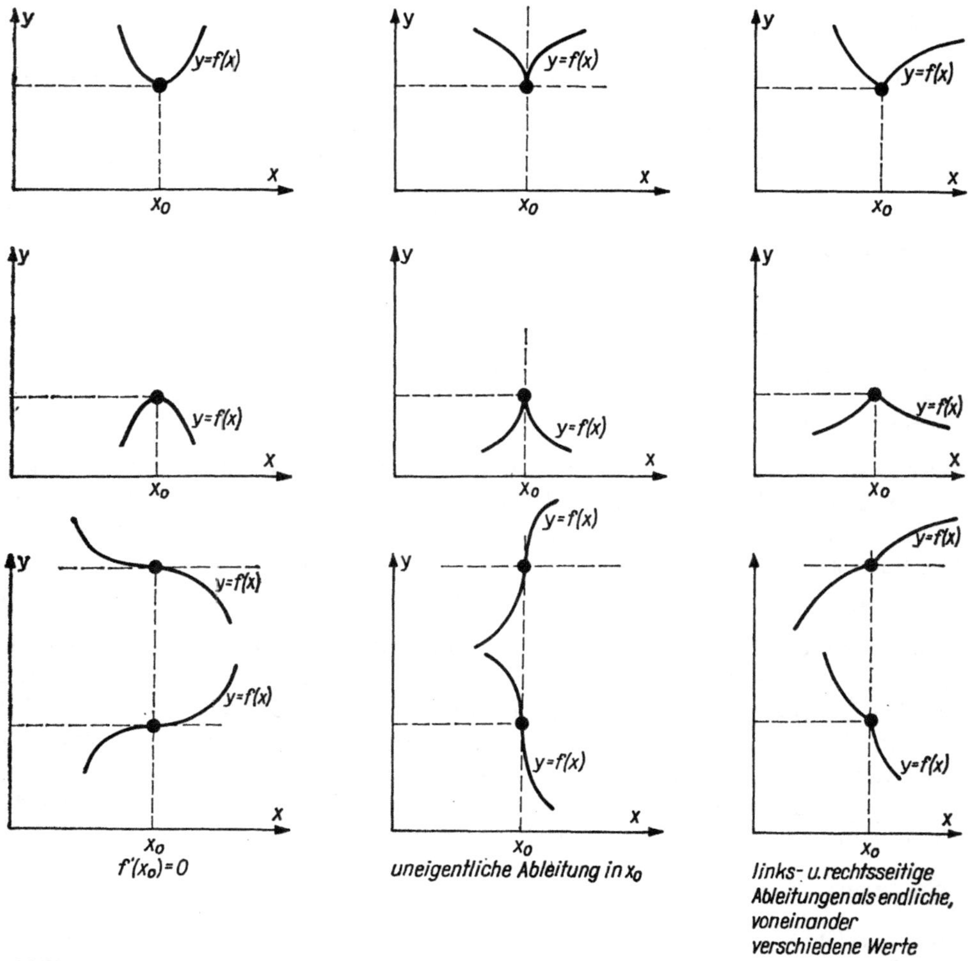

Abbildung 8.22

Beispiel 8.25

Für die im Beispiel 8.23 untersuchte Funktion

$y = f(x) = (x - 3)^3 \cdot (x + 1)^2$

ermittelt man mit

$f'(x) = (x - 3)^2 (x + 1) (5x - 3),$

$f''(x) = 4(x - 3) (5x^2 - 6x - 3)$

leicht

$f''(-1) < 0, \quad f''\left(\frac{3}{5}\right) > 0, \quad f''(3) = 0, \quad f'''(3) \neq 0$

und bestätigt damit $f(-1)$ bzw. $f\left(\frac{3}{5}\right)$ als relatives Maximum bzw. Minimum, während $f(3)$ nach Satz 8.30 kein relativer Extremwert ist.

Aus Satz 8.30 ergibt sich unmittelbar die nachstehende Folgerung.

Folgerung

Die Funktion $y = f(x)$ sei in einer Umgebung von x_0 zweimal differenzierbar. Dann ist $f(x_0)$ für

$f'(x_0) = 0, \quad f''(x_0) > 0$ *ein relatives Minimum,*

$f'(x_0) = 0, \quad f''(x_0) < 0$ *ein relatives Maximum*

der Funktion.

8.4.2. Monotonie, Konvexität, Konkavität

Die Begriffe Monotonie, Konvexität bzw. Konkavität einer Funktion sind im Abschnitt 8.1.1. ohne Verwendung der Differentialrechnung eingeführt worden. Hier sollen nun einige Sätze zusammengestellt werden, in denen diese Eigenschaften mit Hilfe der Ableitungen beschrieben werden. In diesem Abschnitt lassen wir die Beweise fort und verweisen den Leser auf die Literatur [8.3].
Die Monotonieuntersuchung einer Funktion $y = f(x)$ in einem Intervall I läßt sich vollständig mit Hilfe der ersten Ableitung durchführen. Beachtet man, daß die Ableitung geometrisch den Richtungswinkel der Tangente darstellt, so ist es einleuchtend, daß zum Beispiel für das monotone Wachstum von $f(x)$ in einem Intervall die Tangente an den Graph von $f(x)$ eine positive Steigung haben oder parallel zur x-Achse verlaufen muß.

Satz 8.31

Die Funktion $y = f(x)$ sei in einem Intervall I stetig und im Innern dieses Intervalls differenzierbar. Es ist $y = f(x)$ genau dann in I monoton wachsend (bzw. fallend), wenn für alle Punkte x im Innern von I

$$f'(x) \geqq 0 \quad (bzw.\ f'(x) \leqq 0) \tag{8.111}$$

gilt.

Ist $f(x)$ im Intervall I monoton wachsend, ohne streng monoton wachsend zu sein, so gibt es zwei Punkte x_1, x_2 aus I mit $x_1 < x_2$ und $f(x_1) = f(x_2)$. Dann folgt aus Definition 8.6, daß die Funktion im Intervall $x_1 \leqq x \leqq x_2$ konstant, das heißt, ihre Ableitung gleich Null ist. Das führt zu folgender Aussage.

Folgerung

Unter den Voraussetzungen von Satz 8.31 ist $y = f(x)$ genau dann streng monoton wachsend (fallend), wenn für alle Punkte x aus dem Innern von I

a) $f'(x) \geqq 0$ *(bzw.* $f'(x) \leqq 0$*) ist und*

b) $f'(x)$ *in keinem Teilintervall* $x_1 < x < x_2$ *von I identisch gleich Null ist.*

Beispiel 8.26

Die Funktion $y=f(x)=e^{-x}+x-1$ wächst streng monoton im Intervall $0 \leqq x < +\infty$. Denn es ist

$$f'(x) = -e^{-x}+1 \geqq 0$$

und $f'(x)=0$ nur für $x=0$.

Die Konvexität und Konkavität einer differenzierbaren Funktion $y=f(x)$ läßt sich durch das Monotonieverhalten der Ableitung $f'(x)$ beschrieben.

Satz 8.32

Die Funktion $y=f(x)$ sei in dem Intervall I stetig und in dessen Inneren differenzierbar. Dann ist $y=f(x)$ genau dann konvex über I, wenn $f'(x)$ in I monoton wachsend ist.

Beweis

Setzt man in der Definitionsgleichung (8.8) für konvexe Funktionen $1-\lambda=\lambda_1$, $\lambda=\lambda_2$ und beachtet, daß $x=x_1+\lambda(x_2-x_1)$, $0<\lambda<1$, gerade alle Punkte zwischen x_1 und x_2 liefert, so kann man diese Punkte jetzt in der Form

$$x=\lambda_1 x_1+\lambda_2 x_2 \tag{8.112}$$

erhalten, wobei

$$\lambda_1=\frac{x_2-x}{x_2-x_1}, \quad \lambda_2=\frac{x-x_1}{x_2-x_1} \tag{8.113}$$

ist. Die Definitionsgleichung (8.8) ist für $x_1<x<x_2$ gleichwertig zu

$$f(x) \leqq \frac{x_2-x}{x_2-x_1}f(x_1)+\frac{x-x_1}{x_2-x_1}f(x_2) \tag{8.114}$$

oder

$$\frac{f(x)-f(x_1)}{x-x_1} \leqq \frac{f(x_2)-f(x)}{x_2-x}. \tag{8.115}$$

Ist $f(x)$ konvex, also (8.115) richtig, so gilt

$$f'(x_1)=\lim_{x\to x_1+0}\frac{f(x)-f(x_1)}{x-x_1} \leqq \lim_{x\to x_1+0}\frac{f(x_2)-f(x)}{x_2-x}=\frac{f(x_2)-f(x_1)}{x_2-x_1}$$

und

$$f'(x_2)=\lim_{x\to x_2-0}\frac{f(x_2)-f(x)}{x_2-x} \geqq \lim_{x\to x_2-0}\frac{f(x)-f(x_1)}{x-x_1}=\frac{f(x_2)-f(x_1)}{x_2-x_1}$$

also $f'(x_1) \leqq f(x_2)$ und $f'(x)$ ist monoton wachsend.
Nun zur Umkehrung. Nach dem Mittelwertsatz ist

$$\frac{f(x)-f(x_1)}{x-x_1}=f'(u_1), \quad \frac{f(x_2)-f(x)}{x_2-x}=f'(u_2),$$

wo $x_1<u_1<x<u_2<x_2$ ist. Setzt man nun $f'(x)$ als monoton wachsend voraus, so ist $f'(u_1) \leqq f'(u_2)$ und (8.115) bewiesen.

Aus Satz 8.32 ergibt sich unter Anwendung von Satz 8.31 auf die Funktion $f'(x)$ folgende Aussage.

Satz 8.33

Sei die Funktion $y = f(x)$ im Intervall I zweimal differenzierbar. Es ist $f(x)$ genau dann konvex über I, wenn für alle x aus dem Innern von I

$$f''(x) \geqq 0 \tag{8.116}$$

gilt.

Notwendig und hinreichend für die strenge Konvexität von $f(x)$ über I ist dann die Bedingung (8.116) zusammen mit der Forderung, daß nicht für alle x eines Teilintervalls $x_1 < x < x_2$ von I die Beziehung $f''(x) = 0$ gilt.

In Abschnitt 8.1.1. wurde festgestellt, daß die Verbindungsgerade (Sehne) zweier beliebiger Punkte des Graphen einer konvexen Funktion nicht unterhalb dieses Graphen verläuft. Unter Voraussetzung der Differenzierbarkeit von $f(x)$ kann man daraus folgende Aussage über die Tangente herleiten:

Die Funktion $y = f(x)$ sei im Intervall I differenzierbar. Dann ist $f(x)$ genau dann konvex über dem Intervall I, wenn alle Punkte P des Graphen von $f(x)$ (die den x-Werten aus I entsprechen) oberhalb oder auf der Tangente in jedem dieser Punkte P liegen (vgl. Abbildung 8.23).

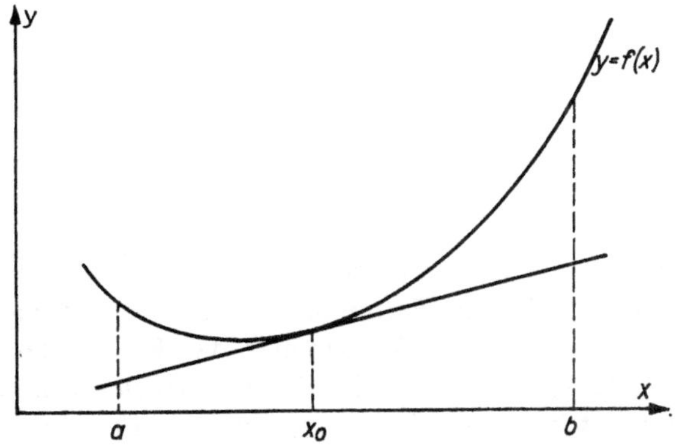

Abbildung 8.23

Aus den angeführten Aussagen über konvexe Funktionen erhält man sofort Eigenschaften konkaver Funktionen, indem man beachtet, daß $f(x)$ genau dann konkav ist, wenn $-f(x)$ konkav ist.

Einige Sätze über den größten und kleinsten Wert von konkaven bzw. konvexen Funktionen sind im Kapitel 12 enthalten.

Mit den vorstehenden Sätzen ist es einfach, das behauptete Verhalten der folgenden Funktionen zu beweisen.

$y = f(x) = x \cdot \log x$ *konvex über dem Intervall* $0 < x < \infty$,

$$da\, f''(x) = \frac{1}{x} > 0$$

$y = f(x) = a^x (a > 0,\ a \neq 1)$ *konvex über dem Intervall* $-\infty < x < \infty$,

$$da\, f''(x) = (\log a)^2\, a^x > 0$$

$y = f(x) = \log x$ *konkav über dem Intervall* $0 < x < \infty$,

da $f''(x) = -\frac{1}{x^2} < 0$

ist.

Definition 8.26

Eine Funktion $y = f(x)$ sei in einer gewissen Umgebung einer Stelle x_0 definiert. Ist die Funktion für $x_0 - \delta < x < x_0$ streng konvex (konkav) und für $x_0 < x < x_0 + \delta$ streng konkav (konvex), sagt man, daß die Funktion $y = f(x)$ an der Stelle x einen Wendepunkt besitzt.

Ebenso wie die Monotonie, Konvexität und Konkavität ist damit auch ein Wendepunkt ohne Voraussetzung der Differenzierbarkeit der Funktion definiert. Die in Abbildung 8.24 dargestellte Funktion hat in x_0 einen Wendepunkt. Es besteht eine

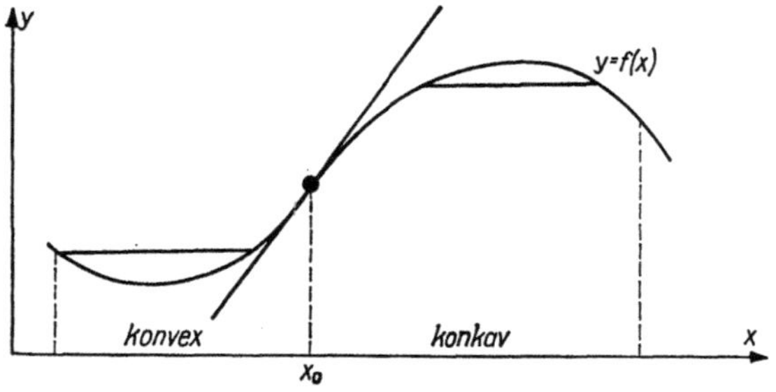

Abbildung 8.24

gewisse Analogie zwischen Wendepunkt und relativem Extrempunkt. Während eine stetige Funktion an der Stelle eines relativen Extrempunktes das Monotonieverhalten ändert, ändert eine Funktion an einem Wendepunkt das Konvexitätsverhalten (vgl. Abbildungen 8.15 und 8.17). Besitzt eine Funktion in einem Wendepunkt eine Tangente, so liegt für $x \in U$ der Graph mit $x < x_0$ oberhalb, für $x > x_0$ unterhalb bzw. für $x < x_0$ unterhalb, für $x > x_0$ oberhalb der Tangente.
Berücksichtigt man den Satz 8.33 und die entsprechende Aussage für konkave Funktionen, so liegt folgendes Ergebnis nahe.

Satz 8.34

Ist eine Funktion $y = f(x)$ an der Stelle x_0 zweimal differenzierbar, so ist notwendig dafür, daß an der Stelle x_0 ein Wendepunkt vorliegt, daß

$$f''(x_0) = 0$$

ist.

Ein hinreichendes Kriterium für einen Wendepunkt enthält der folgende Satz.

Satz 8.35

Eine Funktion $y = f(x)$ sei für x_0 mindestens n-mal differenzierbar ($n \geqq 3$). Gilt

$$f''(x_0) = f'''(x_0) = \cdots = f^{(n-1)}(x_0) = 0, \quad f^{(n)}(x_0) \neq 0,$$

so hat für eine ungerade Zahl n die Funktion in x_0 einen Wendepunkt, während für gerades n kein Wendepunkt vorliegt.

Beispiel 8.27

Für $f(x) = x^3 + x$ bzw.
$g(x) = x^4 + x$ ist

$f'(x) = 3x^2 + 1, \quad f''(x) = 6x, \quad f'''(x) = 6$

$g'(x) = 4x^3 + 1, \quad g''(x) = 12x^2, \quad g'''(x) = 24x, \quad g^{(IV)}(x) = 24.$

Daher besitzt $f(x)$ in $x_0 = 0$ einen Wendepunkt, während $g(x)$ in x_0 keinen Wendepunkt besitzt.

8.5. Ökonomische Anwendungen der Differentialrechnung

8.5.1. Optimale Losgröße

Ein Produktionsbetrieb fertigt ein gewisses Erzeugnis, dessen Bedarf während einer Zeitspanne der Länge T genau r beträgt. Der Bedarf an diesem Erzeugnis verteilt sich gleichmäßig, das heißt, hätte der Betrieb zu Beginn dieser Zeitspanne r Erzeugnisse auf Lager, dann würde sich der Lagerbestand fortlaufend linear verringern und am Ende der Zeitspanne null sein (vgl. Abbildung 8.25).

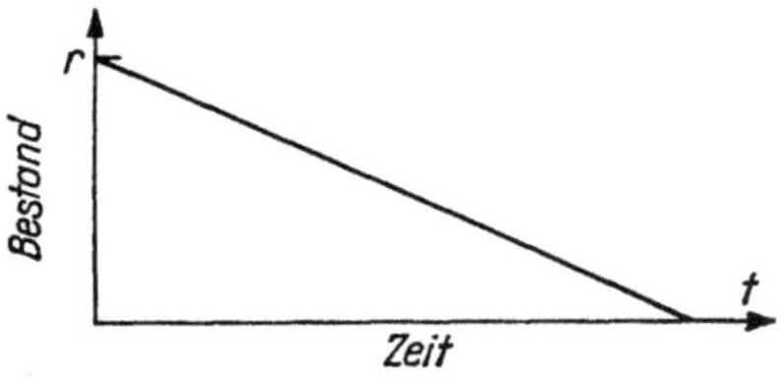

Abbildung 8.25

Der Betrieb fertigt das gefragte Erzeugnis in Losen. Unter einem *Los* verstehen wir eine endliche Anzahl konstruktiv gleichartiger Teile (Einzelteile, Erzeugnisse), die in einem Arbeitsgang in zusammenhängender Folge unter Gewährung einer einmaligen Vorbereitungs- und Abschlußzeit hergestellt werden. Die *Losgröße*, das heißt die Anzahl der zu einem Los zusammengefaßten Teile, beeinflußt die *Selbstkosten* und die *Lagerkosten* (Umlaufmittelbindung) des Produktionsloses. In den Selbstkosten kommt die spezifische Kostenhöhe und Struktur des Einzelteils und des Loses zum Ausdruck. Die Lagerkosten erfassen den Bestand der gefertigten Erzeugnisse. Bei Vergrößerung des Loses tritt offenbar eine Erhöhung der Lagerkosten und eine Senkung der Selbstkosten auf. Gesucht ist nun die *optimale Losgröße*, das heißt eine solche Losgröße, für die die insgesamt anfallenden Kosten (Selbstkosten und Lagerkosten) minimal ausfallen.

Um eine Formel für die optimale Losgröße zu erhalten, werden zunächst folgende weitere Bezeichnungen eingeführt:

x Losgröße
l Lagerkosten pro Erzeugnis und Zeiteinheit
u Lohn- und Materialkosten aller r Erzeugnisse
c Rüstkosten (Kosten für die Vorbereitung und den Abschluß) eines Loses.

Es werden nun Ausdrücke für die Lagerkosten $L(x)$ und die Selbstkosten (Fertigungskosten) $S(x)$ abgeleitet.
Um r Erzeugnisse zu produzieren, müssen offenbar $a = \frac{r}{x}$ Lose gefertigt werden. Wir denken uns die gegebene Zeitspanne der Länge T in a gleiche Teilintervalle der Länge $t = \frac{T}{a} = \frac{Tx}{r}$ zerlegt und nehmen an, daß zu Beginn jedes dieser Teilbereiche ein Los (x Erzeugnisse) gefertigt werden und damit auf Lager sind. Innerhalb dieser Teilintervalle verringert sich der Bestand an Erzeugnissen von x zu null linear (vgl. Abbildung 8.26).

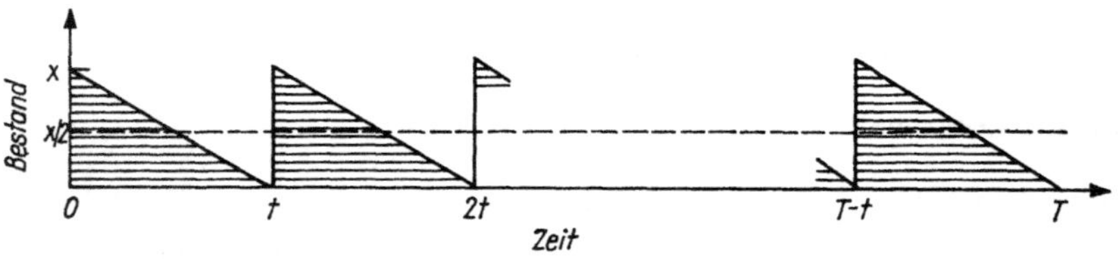

Abbildung 8.26

Während eines Teilbereiches werden offenbar dieselben Umlaufmittel gebunden wie bei dem konstanten Bestand $m = \frac{x}{2}$, der dem mittleren Bestand während dieses Intervalls entspricht. Diese Umlaufmittelbindung beträgt damit $L = m \cdot l \cdot t$. Für den betrachteten Zeitraum der Länge T (das heißt für die a Teilintervalle) ergeben sich dann die Lagerkosten

$$L(x) = a \cdot L = a \cdot m \cdot l \cdot t = \frac{lTx}{2}.$$

Die Selbstkosten setzen sich aus dem losunabhängigen Bestandteil u (Lohn- und Materialkosten) und dem losabhängigen Bestandteil $a \cdot c = \frac{r}{x} c$ (mit c als Rüstkosten) zusammen. Folglich gilt für die Selbstkosten

$$S(x) = u + \frac{r}{x} c.$$

Wir erkennen, daß mit zunehmender Losgröße x die Lagerkosten steigen und die Fertigungskosten sinken. Die Gesamtkosten $K(x)$, die bei der Produktion der r Erzeugnisse in Losen zu x Stück auftreten, betragen damit

$$K(x) = u + \frac{r}{x} c + \frac{lT}{2} x.$$

Die Abbildung 8.27 zeigt, daß die Kostenfunktion $K(x)$ ein eindeutiges Minimum aufweist. Aus

$$K'(x) = \frac{lT}{2} - \frac{rc}{x^2} = 0$$

folgt

$$x = \pm\sqrt{\frac{2cr}{lT}}.$$

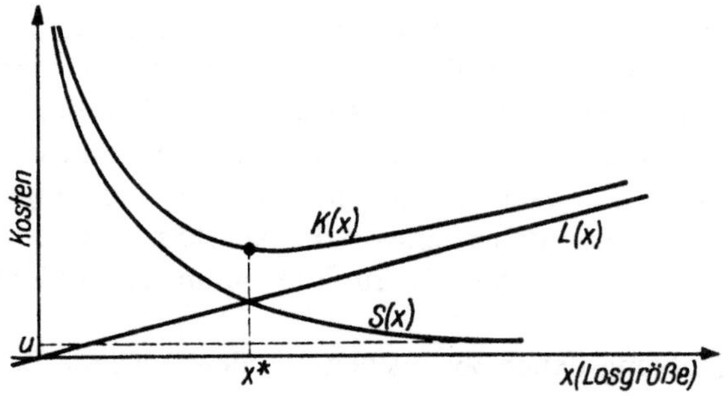

Abbildung 8.27

Offenbar muß die Losgröße x nichtnegativ sein. Daher interessiert im folgenden nur die Größe

$$x^* = \sqrt{\frac{2cr}{lT}}$$

Wegen $K''(x) = \frac{2rc}{x^3}$ folgt

$$K''(x^*) = \frac{2cr}{x^{*3}} > 0$$

oder die Tatsache, daß an der Stelle $x = x^*$ ein Minimum der Kostenfunktion vorliegt. Damit ist x^* die gesuchte optimale Losgröße.

Für die minimalen Kosten $K(x^*)$ ergibt sich

$$K(x^*) = u + \frac{lT}{2}\sqrt{\frac{2cr}{lT}} + rc\sqrt{\frac{lT}{2cr}}$$

oder der einfache Ausdruck

$$K(x^*) = u + \sqrt{2lTrc}.$$

Beispiel 8.28

Wir betrachten abschließend ein Zahlenbeispiel. Während eines Jahres (12 Monate = 360 Tage) hat ein Produktionsbetrieb $r = 40000$ Erzeugnisse (zum Beispiel Bauelemente) zu fertigen. Die Lagerkosten pro Stück und Monat betragen $l = 0{,}50$ (Mark). Die Rüstkosten für ein Los belaufen sich auf $c = 300$ (Mark). Dann ergibt sich die optimale Losgröße zu

$$x^* = \sqrt{\frac{2 \cdot 40000 \cdot 300}{0{,}5 \cdot 12}} = 2000.$$

Demzufolge müssen $a = \frac{40000}{2000} = 20$ Lose gefertigt werden. Diese werden in regelmäßigem Abstand von $t = \frac{12}{20} = 0{,}6$ Monaten oder 18 Tagen produziert.

8.5.2. Optimale Nutzungsdauer

Unter der Nutzungsdauer eines Arbeitsmittels (zum Beispiel einer Maschine) verstehen wir die Länge der Zeitspanne von der Inbetriebnahme des Arbeitsmittels bis zu dem Zeitpunkt, zu dem das Arbeitsmittel infolge des Verschleißes seine Funktionstauglichkeit verliert und nicht mehr genutzt werden kann. Die Nutzungsdauer eines Arbeitsmittels stellt die Summe aller ihrer Einsatz-, Instandsetzungs- und Lagerzeiten dar. Ohne laufende Reparaturen wird die Nutzungsdauer (als Laufzeit der Maschine) erheblich kürzer. Die anfallenden Reparaturkosten sind andererseits von der Nutzungsdauer abhängig; sie wachsen mit zunehmender Nutzungsdauer an. Gesucht ist eine optimale Nutzungsdauer eines Arbeitsmittels, das heißt eine solche Dauer für die Nutzung des Arbeitsmittels, für die minimale mittlere Kosten je Nutzungseinheit entstehen.

Um eine Formel für die optimale Nutzungsdauer anzugeben, werden folgende Bezeichnungen eingeführt:

x Nutzungsdauer
d insgesamt abzuschreibender Betrag
i laufende Nummer der Nutzungszeiteinheiten ($i = 0, 1, \ldots, x$)
R_i Reparaturkosten in der Nutzungszeiteinheit i.

Dann ergeben sich die Reparaturkosten während der Nutzungsdauer zu

$$R(x) = \sum_{i=0}^{x} R_i .$$

Damit betragen die je Nutzungszeiteinheit entstehenden mittleren Kosten

$$K(x) = \frac{d + R(x)}{x} = \frac{1}{x}\left(d + \sum_{i=0}^{x} R_i\right).$$

Diese Kostenfunktion besitzt eine eindeutige Minimalstelle, die der optimalen Nutzungsdauer entspricht (vgl. Abbildung 8.28).

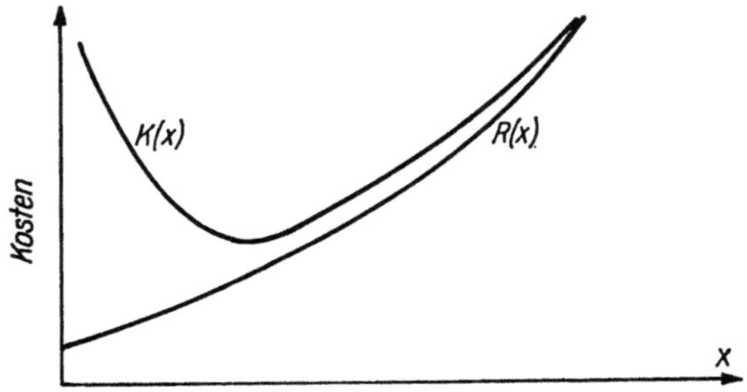

Abbildung 8.28

Um zu weitergehenden Aussagen zu gelangen, nehmen wir einen *linearen Trend*

$$R_i = a + bi \quad (b > 0)$$

in der Reparaturkostenentwicklung während der Nutzungsdauer an. Ein solcher Trend kann zum Beispiel durch eine statistische Auswertung vorliegender Werte für die Reparaturkosten R_i erkannt werden.

Wegen (vgl. Kapitel 4.)

$$\sum_{i=0}^{x} a = a(x+1) \qquad \sum_{i=0}^{x} bi = \frac{bx(x+1)}{2}$$

vereinfacht sich die obige Kostenfunktion $K(x)$ zu

$$K(x) = \frac{d}{x} + \left(a + \frac{b}{2}\right) + \frac{b}{2}x.$$

Aus

$$K'(x) = -\frac{d}{x^2} + \frac{b}{2} = 0$$

folgt

$$x = \pm\sqrt{\frac{2d}{b}}.$$

Offenbar muß die Nutzungsdauer x nichtnegativ sein. Daher interessiert im folgenden nur der Wert

$$x^* = \sqrt{\frac{2d}{b}}.$$

Aus $K''(x) = \frac{2c}{x^3}$ ergibt sich

$$K''(x^*) = \frac{2d}{x^{*3}} > 0$$

und damit der Sachverhalt, daß an der Stelle $x = x^*$ ein Minimum der Kostenfunktion vorliegt. Mithin ist x^* die gesuchte optimale Nutzungsdauer.
Für die minimalen mittleren Kosten $K(x^*)$ je Nutzungseinheit folgt schließlich

$$K(x^*) = a + \frac{b}{2} + \sqrt{2bd}.$$

Beispiel 8.29

Wir betrachten abschließend ein Zahlenbeispiel. In einem Produktionsbetrieb wurde im Jahre 1959 eine neue Drehmaschine eingesetzt. Ihr Anschaffungswert von 60 TM ist vollständig abzuschreiben. Damit ist zunächst die Größe $d = 60$ gegeben. Ferner sind vom Jahre 1959 (Jahr 0) bis zum Jahre 1969 (Jahr 10) folgende Reparaturkosten (in TM) für eine Drehmaschine registriert worden:

i	0	1	2	3	4	5	6	7	8	9	10
R_i	0	0,5	1,0	2,0	1,5	2,5	3,5	4,0	5,0	4,5	5,5

Eine statistische Auswertung der in der Tabelle stehenden Zeitreihe ergab den linearen Trend

$R_i = 0{,}18 + 0{,}58i.$

Damit sind die Größen $a = 0{,}18$ und $b = 0{,}58$ gegeben. Für die optimale Nutzungsdauer ergibt sich dann gemäß obiger Formel der Wert

$$x^* = \sqrt{\frac{2 \cdot 60}{0{,}58}} = 14{,}4.$$

Demzufolge ist die Drehmaschine nach 14,4 Jahren Nutzungsdauer auszusondern, das heißt, gegen Mitte des Jahres 1973 aus dem Produktionsprozeß zu nehmen. Die mittleren minimalen Kosten je Nutzungsjahr belaufen sich dann auf

$$K(x^*) = 0{,}18 + \frac{0{,}58}{2} + \sqrt{2 \cdot 0{,}58 \cdot 60} = 8{,}8 \text{ TM}.$$

8.5.3. Optimale Laufzeit von Fördersonden

Es wird die Förderung von Erdöl betrachtet. Die Fördermenge hängt von der Aktivität der Fördersonde ab. Diese Sonde wird während der Förderung laufend desaktiviert und muß daher gelegentlich erneuert werden. Während der Erneuerung ist die Erdölförderung unterbrochen. Es entstehen dabei Kosten, ohne daß Förderleistung erstellt wird. Daher wird einerseits ein möglichst seltener Sondenwechsel vorgesehen. Andererseits wird die Fördermenge (und damit der Gewinn des Betriebes) mit zunehmender Laufzeit (Einsatzzeit) der Sonde geringer. Damit ergibt sich die Frage nach einem kostenminimalen Erneuerungszeitpunkt einer Sonde.
Um diese Frage zu beantworten, werden zunächst folgende Größen eingeführt:

x Laufzeit der Sonde

$f(x)$ Fördermenge nach der Zeit x seit der letzten Sondenerneuerung

v variable Kosten (zum Beispiel Energiekosten) für die Förderanlage je Zeiteinheit

k konstante Kosten für eine Sondenerneuerung.

Damit fallen während einer Periode (Dauer zwischen zwei Erneuerungen) die Kosten $k + vx$ an. Die während der Laufzeit der Sonde geförderte Erdölmenge beträgt $f(x)$. Mithin entstehen je geförderter Mengeneinheit die Kosten

$$K(x) = \frac{k + vx}{f(x)}.$$

Bevor diese Kostenfunktion diskutiert wird, werden einige Eigenschaften der Ergiebigkeitsfunktion $f(x)$ angegeben. Zunächst ist $f(x)$ nichtnegativ und für alle nichtnegativen Zahlen erklärt. Weiter geht aus ihrer Definition hervor, daß $f(x)$ für $x > 0$ monoton wächst. Weiter ist ersichtlich, daß diese Funktion konkav ist; denn mit zunehmendem Argument x nimmt die Änderung der Funktion $f(x)$ ab (der Zuwachs an geförderter Menge nimmt ab!). Das bedeutet aber $f''(x) < 0$ für $x > 0$.

Wir diskutieren nun die oben angegebene Kostenfunktion, deren Graph in Abbildung 8.29 erkennen läßt, daß eine eindeutig bestimmte Minimalstelle existiert.

Aus

$$K'(x) = \frac{vf(x) - (k + vx)f'(x)}{f^2(x)} = 0$$

ergibt sich für die gesuchte Minimalstelle der Kostenfunktion $K(x)$ die Bestimmungsgleichung

$$vf(x) = (k + vx)f'(x).$$

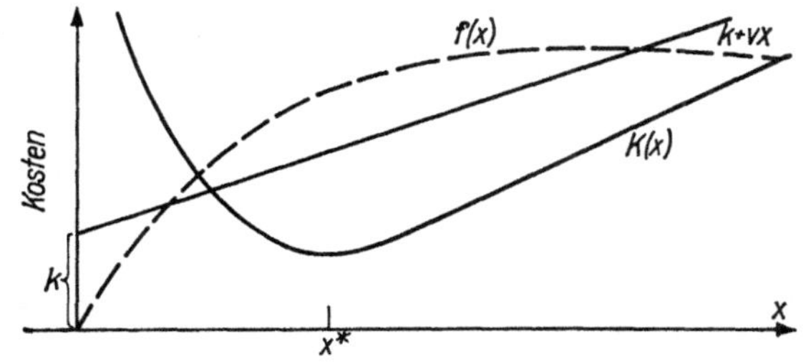

Abbildung 8.29

Sei $x^* > 0$ irgendeine Lösung dieser Gleichung (wie man solche Lösungen ermittelt – numerisch oder graphisch – soll hier nicht interessieren), das heißt, es gelte

$$vf(x)^* = (k + vx^*)f'(x^*).$$

Dann gilt für die zweite Ableitung

$$K''(x) = \frac{-(k + vx)f''(x)f^2(x) + [vf(x) - (k + vx)f'(x)]\,2f(x)f'(x)}{f^4(x)}$$

der Kostenfunktion $K(x)$ an der Stelle $x = x^*$

$$K''(x^*) = -\frac{(k + vx^*)\,b''(x^*)}{f^4(x^*)} > 0.$$

Wegen $k > 0$, $v > 0$ und $f''(x^*) < 0$ (vgl. oben) ist dieser Ausdruck positiv. Mithin ist x^* Minimalstelle der Kostenfunktion. Da es gemäß Abbildung 8.29 nur ein Minimum gibt, repräsentiert die einzige positive Lösung der obigen Bestimmungsgleichung die gesuchte kostenminimale Laufzeit einer Sonde.
Das entsprechende Kostenminimum beträgt

$$K(x^*) = \frac{k + vx}{f(x^*)}$$

oder wegen der aus obiger Bestimmungsgleichung hervorgehenden Beziehung

$$\frac{k + vx^*}{f(x^*)} = \frac{v}{f'(x^*)}$$

in einfacher Form

$$K(x^*) = \frac{v}{f'(x^*)}.$$

Beispiel 8.30

Wir erörtern abschließend ein Zahlenbeispiel. Gegeben seien die Parameter $k = 20000$ Mark, $v = 200$ Mark sowie die Ergiebigkeitsfunktion

$$f(x) = 1500x - 3x^2 \qquad (x \geqq 0).$$

Dann ergibt sich für die gesuchte kostenminimale Laufzeit x^* der Sonde die Bedingungsgleichung

$$200\,(1500x^* - 3x^{*2}) = (20000 + 200x^*)\,(1500 - 6x^*)$$

oder die quadratische Gleichung

$$x^{*2} + 200x^* - 50000 = 0$$

mit den Wurzeln

$$x^*_{1,2} = -100 \pm \sqrt{60000} = \begin{cases} +145 \\ -345. \end{cases}$$

Offenbar ist nur der positive Wert sinnvoll. Damit beträgt die kostenminimale Laufzeit einer Sonde 145 Zeiteinheiten. Die Minimalkosten belaufen sich auf

$$K(x^*_1) = \frac{v}{f'(x^*_1)} = \frac{200}{1500 - 870} = \frac{200}{630} = 0{,}317,$$

das heißt, auf 0,317 Mark je Einheit geförderten Erdöls.

Es wird nun die optimale Laufzeit von Fördersonden unter einem anderen Gesichtspunkt betrachtet. Bisher wurde die Laufzeit unter dem Aspekt der Kostenminimierung ermittelt.

Sei d die (konstante) Dauer für den Wechsel einer Sonde. Dann gibt die Funktion

$$F(x) = \frac{f(x)}{x + d}$$

die je Zeiteinheit geförderte Menge an Erdöl an. Der in Abbildung 8.30 dargestellte Graph dieser Funktion läßt erkennen, daß $F(x)$ ein eindeutig bestimmtes Maximum besitzt. Die diesem Maximum entsprechende (optimale) Laufzeit einer Sonde wird im folgenden angegeben.

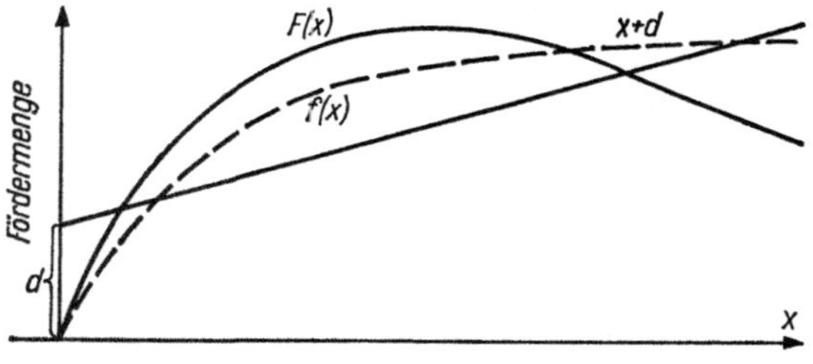

Abbildung 8.30

Aus

$$F'(x) = \frac{f'(x)(x + d) - f(x)}{(x + d)^2} = 0$$

folgt zunächst

$$(x + d) f'(x) - f(x) = 0.$$

Sei $\hat{x} > 0$ eine Lösung dieser Gleichung, dann gilt wegen

$$(\hat{x} + d) f'(\hat{x}) - f(\hat{x}) = 0$$

für die zweite Ableitung der gegebenen Funktion

$$F''(x) = \frac{(x + d)^3 f''(x) - 2(x + d)\,[(x + d) f'(x) - f(x)]}{(x + d)^4}$$

an der Stelle $x = \hat{x}$ der Ausdruck

$$F''(\hat{x}) = \frac{f''(\hat{x})}{\hat{x} + d}$$

oder wegen $f''(\hat{x}) < 0$ und $\hat{x} + d > 0$ die Aussage $F''(\hat{x}) < 0$. Damit liegt ein Maximum an der Stelle $x = \hat{x}$ vor. Da es aber gemäß Abbildung 8.30 nur eine einzige Maximalstelle gibt, muß diese mit der einzigen Lösung $\hat{x}$ der obigen Bestimmungsgleichung identisch sein. Damit stellt $\hat{x}$ eine solche Laufzeit einer Sonde dar, für die die je Zeiteinheit geförderte mittlere Erdölmenge maximal ausfällt.
Für die entsprechende maximale mittlere Menge $F(\hat{x})$ ergibt sich der Ausdruck

$$F(\hat{x}) = \frac{f(\hat{x})}{\hat{x} + d}$$

oder wegen der Beziehung

$$(\hat{x} + d)\,f'(\hat{x}) = f(\hat{x})$$

der einfachere Ausdruck

$$F(\hat{x}) = f'(\hat{x}).$$

Beispiel 8.31

Wir erörtern schließlich noch ein Zahlenbeispiel: Gegeben sei die Ergiebigkeitsfunktion

$$f(x) = 1\,500x - 3x^2$$

(siehe Beispiel 8.30) und die Wechseldauer

$$d = 30.$$

Dann ergibt sich für $\hat{x}$ die Bestimmungsgleichung

$$(\hat{x} + 30)\,(1\,500 - 6\hat{x}) = 1\,500\hat{x} - 3\hat{x}^2$$

oder

$$(\hat{x} + 30)\,(500 - 2\hat{x}) = 500\hat{x} - \hat{x}^2.$$

Diese liefert die quadratische Gleichung

$$\hat{x}^2 + 60\hat{x} - 15\,000 = 0$$

mit den Lösungen

$$\hat{x}_{1,2} = -30 \pm \sqrt{15\,900} = \begin{cases} +\ 96 \\ -156. \end{cases}$$

Offenbar ist nur die positive Lösung sinnvoll. Damit beträgt die mengenmaximale Laufzeit einer Sonde 96 Zeiteinheiten. Die entsprechende maximale Fördermenge beläuft sich auf

$$F(\hat{x}) = f'(\hat{x}) = 1\,500 - 6\hat{x} = 1\,500 - 6 \cdot 96 = 924$$

Mengeneinheiten pro Zeiteinheit.

8.5.4. Optimale Ankunftsintensität von Schiffen

In einem Seehafen werden Containerschiffe eines einheitlichen Typs abgefertigt. Hierfür steht ein Abfertigungsplatz (Liegeplatz) zur Verfügung. Die Abfertigungszeit der Schiffe ist konstant und beträgt eine Zeiteinheit. Die mittlere Anzahl der Schiffe, die in der Zeiteinheit eintreffen, die sogenannte *Ankunftsintensität* der Schiffe, sei x. Offenbar muß $x < 1$ sein, da sich sonst eine unbegrenzte Schlange wartender Schiffe ausbildet. Unter gewissen zusätzlichen Voraussetzungen (bezüglich der Ankunft der Schiffe) ergeben sich für den *Auslastungsgrad* c der Abfertigungsstelle und die mittlere Anzahl w der wartenden Schiffe (die *mittlere Schlangenlänge*) die Ausdrücke

$$c = x \qquad w = \frac{x^2}{2(1-x)}.$$

Der Seehafen kann die Intensität x beeinflussen. Es wird nämlich in Verträgen zwischen dem Hafen und den Reedereien festgelegt, wieviel Schiffe in einer gewissen Zeitspanne (zum Beispiel eines Jahres) abzufertigen sind. Um die kostenminimale Ankunftsintensität der Schiffe zu ermitteln, stellen wir zunächst die Kostenfunktion $K(x)$ auf. Diese gibt in Abhängigkeit von x die Kosten an, die im Mittel je Zeiteinheit anfallen.

Sind die spezifischen Kostenparameter

k_1 Kosten für die Abfertigungsstelle im Leer-Zustand je Zeiteinheit

k_2 Kosten für die Abfertigungsstelle im Besetzt-Zustand je Zeiteinheit

k_3 Kosten für ein wartendes Schiff je Zeiteinheit

mit $k_1 > k_2$ gegeben, dann betragen die mittleren Leerkosten $k_1(1-x)$, die mittleren Besetztkosten $k_2 x$ und die mittleren Wartekosten $\frac{k_3}{2} \cdot \frac{x^2}{1-x}$. Damit beläuft sich dann die gesuchte Kostenfunktion auf

$$K(x) = k_1 + (k_2 - k_1)x + \frac{k_3}{2} \cdot \frac{x^2}{1-x}.$$

Wir ermitteln nun die kostenminimale Intensität x^* für die Ankunft der Schiffe. Aus

$$K'(x) = k_2 - k_1 + \frac{k_3}{2} \cdot \frac{2x - x^2}{(1-x)^2} = 0$$

ergibt sich für x^* die Bestimmungsgleichung

$$(k_1 - k_2)(1 - x^*)^2 + \frac{k_3}{2}(2x^* - x^{*2}) = 0$$

oder die quadratische Gleichung

$$x^{*2} - 2x^* + \frac{k_1 - k_2}{k_1 - k_2 + \frac{k_3}{2}} = 0$$

mit den Lösungen

$$x^*_{1,2} = 1 \pm \sqrt{\frac{k_3}{2(k_1 - k_2) + k_3}} = 1 \pm q.$$

Aus $k_1 > k_2$ folgt $q < 1$. Demzufolge gelten die Aussagen $x_1^* > 1$ und $0 < x_2^* < 1$. Die Ungleichung $x_1^* > 1$ widerspricht der Voraussetzung $x < 1$. Mithin kommt für die optimale Ankunftsintensität nur die Größe x_2^* in Frage. Nun ist die Kostenfunktion $K(x)$ für $0 \leqq x < 1$ konvex. Denn es gilt

$$K''(x) = \frac{k_3}{2} \cdot \frac{(2 - 2x)(1 - x)^2 + 2(1 - x)(2x - x^2)}{(1 - x)^4}$$

oder

$$K''(x) = \frac{k_3}{(1 - x)^3} > 0 .$$

Damit stellt

$$x^* = 1 - \sqrt{\frac{k_3}{2(k_1 - k_2) + k_3}}$$

die gesuchte kostenminimale Ankunftsintensität x^* dar. Die entsprechenden minimalen Kosten $K(x^*)$ ergeben sich schließlich zu

$$K(x^*) = k_1 + (k_2 - k_1)\, x^* + \frac{k_3}{2} \cdot \frac{x^{*2}}{1 - x^*}$$

oder

$$K(x^*) = k_2 - k_3 + \sqrt{k_3[k_3 + 2(k_1 - k_2)]} .$$

Beispiel 8.32

Wir behandeln schließlich ein Zahlenbeispiel. Sind die Kostenparameter k_1, k_2 und k_3 mit $k_1 = 10$ $k_2 = 5$ und $k_3 = 10$ gegeben, dann betragen die kostenminimale Intensität

$$x^* = 1 - \sqrt{\frac{10}{2(10 - 5) + 10}} = 1 - \sqrt{\frac{1}{2}} = 1 - 0{,}794 = 0{,}206$$

und die minimalen mittleren Kosten

$$K(x^*) = 5 - 10 + \sqrt{10[10 + 2(10 - 5)]} = -5 + \sqrt{200} = -5 + 14{,}14 = 9{,}14 .$$

Aufgaben

8.1.1 Geben Sie eine ganze rationale Funktion dritten Grades

$$f(x) = ax^3 + bx^2 + cx + d$$

an, die die Eigenschaften

$$f(-1) = 0, \quad f(0) = 2, \quad f(1) = -3, \quad f(2) = 5$$

besitzt!

8.1.2 Zeigen Sie, daß die Funktion

$$f(x) = \frac{1 + x^2}{1 + x^4}$$

im Intervall $-\infty < x < \infty$ beschränkt ist!

8.1.3 Eine Funktion $y = f(x)$ ist im Intervall $[a\ b]$ definiert und monoton wachsend. Ermitteln Sie die untere und obere Grenze der Funktion in diesem Intervall!

8.1.4 Untersuchen Sie die folgenden Funktionen auf Stetigkeit

a) $f(x) = \begin{cases} \dfrac{x^2 - 4}{x - 2} & \text{für } x \neq 2 \\ A & \text{für } x = 2 \end{cases}$

b) $f(x) = \begin{cases} x \sin \dfrac{1}{x} & \text{für } x \neq 0 \\ 0 & \text{für } x = 0. \end{cases}$

8.1.5 Bestimmen Sie die Unstetigkeitsstellen der Funktionen

a) $f(x) = \dfrac{x}{(1 - x)^2}$

b) $f(x) = \dfrac{1 + x}{1 + x^3}$

c) $f(x) = \operatorname{sign}(x) = \begin{cases} 1 & \text{für } x > 0 \\ 0 & \text{für } x = 0 \\ -1 & \text{für } x < 0. \end{cases}$

Welchen Charakter besitzen die Unstetigkeitsstellen?

8.2.6 Ermitteln Sie die Ableitung der Funktion

$$y = f(x) = \frac{x^3}{3} + \frac{x^2}{2} - 2x.$$

Für welche Werte von x gilt

a) $f'(x) = 0$

b) $f'(x) = 10.$

8.2.7 Bilden Sie die erste Ableitung der Funktion

a) $f(x) = a^2 + 5a^2x^2 - x^5$

b) $f(x) = \dfrac{1}{x} + \dfrac{1}{\sqrt{x}} + \dfrac{1}{\sqrt[3]{x}}$

c) $f(x) = \dfrac{\sin x - x \cos x}{\cos x + x \sin x}.$

8.2.8 Ermitteln Sie das Differential dy der Funktion

a) $y = \dfrac{1}{x}$

b) $y = \dfrac{x}{\sqrt{1 - x^2}}$

c) $y = \sin x - x \cos x.$

8.2.9 Beweisen Sie die Näherungsformel

$$\sqrt{c^2 + b} \approx c + \frac{b}{2c}$$

mit $c > 0$ und $|b| \ll c$. Berechnen Sie sodann mittels dieser Formel Näherungswerte für die Ausdrücke

a) $\sqrt{5}$

b) $\sqrt{120}$

c) $\sqrt{34}$.

8.2.10 Mit welchem relativen Fehler reicht die Ermittlung des Durchmessers einer Kugel aus, damit ihre Oberfläche einen relativen Fehler von höchstens 1 % aufweist?

8.2.11 Ermitteln Sie die Ableitung n-ter Ordnung der Funktion

a) $f(x) = x^m$

b) $f(x) = \cos x$.

8.3.12 Geben Sie die Taylorsche Reihe der Funktion

$$f(x) = \frac{1 + x + x^2}{1 - x + x^2}$$

bis zum Glied mit x^2 explizit an.

8.3.13 Schätzen Sie den absoluten Fehler der Näherungsformel

a) $\sin x \approx x - \frac{x^3}{6}$ für $|x| \leqq \frac{1}{2}$

b) $\sqrt{1 + x} \approx 1 + \frac{x}{2} - \frac{x^2}{8}$ für $0 \leqq x \leqq 1$

ab!

8.3.14 Ermitteln Sie die n-te Ableitung der Funktion

$f(x) = x\,e^x$.

8.4.15 Untersuchen Sie die Funktionen $y = f(x)$ auf Extrema (Maxima, Minima):

a) $f(x) = 2 + x - x^2$

b) $f(x) = \left(1 + x + \frac{x^2}{2} + \cdots + \frac{x^n}{n!}\right) e^{-x}$

mit n als natürliche Zahl,

c) $f(x) = |x|$.

8.4.16 Ermitteln Sie den kleinsten und größten Wert der Funktion

a) $f(x) = x^2 - 4x + 6$ im Intervall $[-3 \quad 10]$

b) $f(x) = x + \frac{1}{x}$ im Intervall $[0{,}01 \quad 100]$

c) $f(x) = \sqrt{5 - 4x}$ im Intervall $[-1 \quad +1]$.

8.4.17 Bestimmen Sie das Infimum (untere Grenze) und das Supremum (obere Grenze) der folgenden Funktionen

a) $f(x) = \dfrac{1 + x^2}{1 + x^4}$ im Intervall $(0 \;\; \infty)$

b) $f(x) = x\,\mathrm{e}^{-0{,}01x}$ im Intervall $(-\infty \;\; \infty)$.

8.4.18 In welchen Intervallen sind die Funktionen

a) $f(x) = \dfrac{2x}{1 + x^2}$

b) $f(x) = x^n\,\mathrm{e}^{-x} \quad (n > 0,\; x \geqq 0)$

c) $f(x) = x + \sin x$

monoton (wachsend oder fallend)?

9.
Differentialrechnung für Funktionen mit mehreren unabhängigen Variablen

9. Differentialrechnung für Funktionen mit mehreren unabhängigen Variablen

9.1. Funktionen mit mehreren unabhängigen Variablen

Ökonomische und technische Erscheinungen werden im allgemeinen nicht durch einen, sondern durch mehrere Faktoren bestimmt. Eine Beschränkung auf Funktionen mit nur einer unabhängigen Variablen gibt daher in vielen Fällen nur eine unzureichende Widerspiegelung der objektiven Realität. Besonders in mathematisch-ökonomischen und statistisch-ökonomischen Modellen ist die Verwendung von Funktionen mehrerer Variablen zur Beschreibung der vielfach komplizierten Zusammenhänge und Abhängigkeiten zwischen ökonomischen Erscheinungen und Prozessen unumgänglich.

Beispiel 9.1

a) Die Zielfunktionen in Optimierungsproblemen sind im allgemeinen Funktionen von mehreren Variablen.

b) Das Produktionsvolumen eines Industriezweiges wird durch Faktoren, wie Grundmittel, Arbeitskräftezahl usw., bestimmt. Es kann somit als Funktion von zwei oder mehr Variablen dargestellt werden.

c) Der Verbrauch bestimmter Waren innerhalb eines Haushaltes kann als Funktion des Preises der Waren und der Personenzahl des Haushaltes modelliert werden.

9.1.1. Grundbegriffe und geometrische Darstellung

Entsprechend den Erklärungen im Kapitel 2. über den Funktionsbegriff definieren wir:

Definition 9.1

Sei M eine Teilmenge der Menge aller n-Tupel $(x_1 \cdots x_n)$ *und Z die Menge der reellen Zahlen. Dann verstehen wir unter einer Funktion von n unabhängigen Variablen eine eindeutige Abbildung f von M in Z.*

Wird durch die Abbildung oder Funktion f dem *n-Tupel* $(x_1 \cdots x_n)$ die Zahl y zugeordnet, so schreiben wir:

$$y = f(x_1 \cdots x_n).$$

Die n Variablen x_1, x_2, ... und x_n werden als unabhängige Variable und die Variable y als abhängige Variable bezeichnet.
Die Menge M ist der *Definitionsbereich* der Funktion f. Die Menge aller reellen Zahlen, die jeweils einem n-Tupel aus dem Definitionsbereich M durch f zugeordnet werden, ist der *Wertebereich* der Funktion f.
Wir betrachten einen einfachen Typ von Funktionen mit mehreren Variablen:

Definition 9.2

Eine Funktion f mit der Zuordnungsvorschrift

$$y = f(x_1 \cdots x_n) = a_1x_1 + a_2x_2 + \cdots + a_nx_n + c, \tag{9.1}$$

wobei $a_1, \ldots, a_n, c$ *reelle Konstante sind, heißt lineare Funktion von n Variablen.*

Beispiel 9.2

Die Zielfunktionen aller linearen Optimierungsprobleme im Kapitel 6. sind lineare Funktionen mehrerer Variablen.

Alle Funktionen, die nicht die Gestalt (9.1) haben bzw. sich nicht zu dieser Gestalt umformen lassen, heißen *nichtlineare Funktionen.*

Beispiel 9.3

In mathematischen Modellen der sozialistischen Produktion wird die Abhängigkeit der Warenproduktion der Betriebe und Kombinate von Faktoren, wie Grundmittel und Arbeitskräften usw., häufig näherungsweise durch Funktionen von mehreren Variablen dargestellt. Eine solche *Produktionsfunktion* ist zum Beispiel die folgende:

$$y = f(x\,z) = ax^bz^c \quad \text{mit} \quad a, b, c > 0.$$

Hierin bezeichnen y das Produktionsvolumen, x die Höhe der Grundmittel und z die Zahl der Arbeitskräfte.
Die Parameter a, b und c sind konstante Größen.
Diese Produktionsfunktion ist eine nichtlineare Funktion der zwei Variablen x und z.

Funktionen von zwei unabhängigen Variablen lassen sich häufig *graphisch* oder im räumlichen Modell *darstellen.* Für jedes Dupel $(x\,z)$ des Definitionsbereichs der Funktion f wird der dem Tripel $(x\,z\,f(x\,z))$ entsprechende Punkt in ein dreidimensionales Koordinatensystem eingezeichnet.
Hierdurch entsteht eine Fläche im dreidimensionalen Raum. Sie liegt genau über dem Definitionsbereich von f, der eine Teilmenge der x, z-Ebene ist. Die Höhe der Fläche über einem Punkt $(x\,z)$ der x, z-Ebene ist gerade der Funktionswert $y = f(x\,z)$.
In der Abbildung 9.1 ist der Definitionsbereich der Funktion durch die Bedingungen $a \leqq x \leqq b$ und $c \leqq z \leqq d$ gegeben.

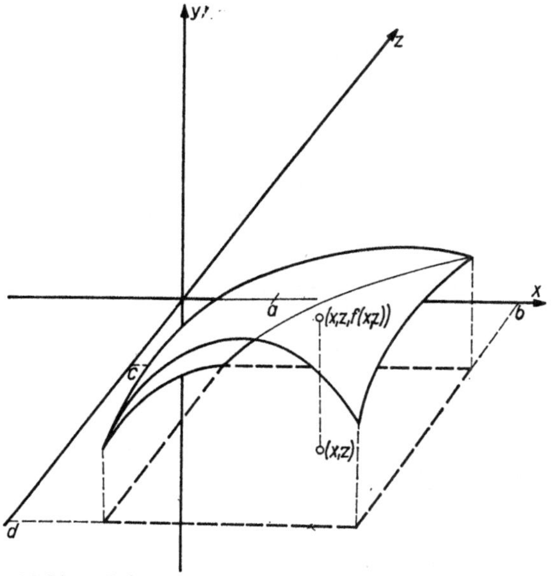

Abbildung 9.1

Für Funktionen mit mehr als zwei unabhängigen Variablen ist die graphische Darstellung nicht möglich.

9.1.2. Grenzwerte und Stetigkeit

In entsprechender Weise wie bei Funktionen einer Variablen führen wir den *Grenzwert* einer Funktion mehrerer Variablen ein. Hierzu werden wir die n-Tupel $(x_1 \cdots x_n)$ als Punkte bezeichnen.

Definition 9.3

Der veränderliche Punkt $X = (x_1 \cdots x_n)$ werde auf einem beliebigen Wege innerhalb des Definitionsbereiches der Funktion f gegen einen festen Punkt $C = (c_1 \cdots c_n)$ bewegt, das heißt, es gelte

$x_i \to c_i$ *für* $i = 1, \ldots, n.$

Dann heißt a der Grenzwert von f im Punkte C, wenn für eine beliebig kleine Zahl $\varepsilon > 0$ *die Ungleichung*

$|f(x_1 \ldots x_n) - a| < \varepsilon$

gilt, sobald X hinreichend nahe an C heranrückt, das heißt, sobald

$|x_i - c_i| < \delta$ *für alle i.*

Dabei ist $\delta > 0$ *geeignet zu wählen.*
Wir schreiben $\lim\limits_{X \to C} f(x_1 \cdots x_n) = a.$

Der Punkt C braucht nicht zum Definitionsbereich von f zu gehören.

Beispiel 9.4

Der wertmäßige Umsatz u einer Ware ist als Funktion des Preises p und der umgesetzten Menge q bestimmt:

$$u = f(p\ q) = p \cdot q.$$

Die Funktion f ist definiert für $p > 0$ und $q \geqq 0$, da der Preis immer eine positive Zahl ist, und da q als Mengenangabe nicht negativ sein kann. Der Punkt $C = (0\ 0)$ liegt damit nicht im Definitionsbereich. Aber f hat in C den Grenzwert 0, weil sich das Produkt $p \cdot q$ beliebig an Null annähert, wenn p und q gegen Null streben.

Der Begriff des Grenzwertes erlaubt es, für Funktionen mehrerer Variabler die *Stetigkeit* wie für Funktionen einer Variablen zu erklären.

Definition 9.3

Sei $C = (c_1 \cdots c_n)$ ein Punkt des Definitionsbereiches von f. Der veränderliche Punkt $X = (x_1 \cdots x_n)$ nähere sich auf beliebigem Wege innerhalb des Definitionsbereiches an C an. Die Funktion f heißt stetig im Punkte C, wenn hierbei stets gilt:

$$\lim_{X \to C} f(x_1 \cdots x_n) = f(c_1 \cdots c_n).$$

Diese Definition besagt, daß die Werte einer stetigen Funktion bei Annäherung an eine bestimmte Stelle, dem Funktionswert an dieser Stelle zustreben.

Beispiel 9.5

Die Kosten k beim Transport einer Tonne eines bestimmten Erzeugnisses werden als Funktion der beiden Variablen Menge q und Entfernung r berechnet. Für Mengen unter fünf Tonnen werden Lastkraftwagen eines leichteren Typs verwendet, für Ladungen von fünf Tonnen an aufwärts schwere Lkw. Dadurch ergibt sich folgende Transportkostenfunktion:

$$k = f(q\ r) = \begin{cases} 0{,}6\,\dfrac{r}{q} & \text{für} \quad 0 < q < 5 \\[2ex] 0{,}8\,\dfrac{r}{q} & \text{für} \quad 5 \leqq q < 20. \end{cases}$$

Betrachten wir die Funktion f im Punkt $C = (5\ \ 100)$, also die Transportkosten je Tonne für eine Ladung von 5 Tonnen in eine Entfernung von 100 km. Wir haben

$$f(5\ 100) = 0{,}8\,\frac{100}{5} = 16.$$

Rücken wir dagegen den Punkt $X = (q\ \ r)$ für $q < 5$ gegen C, so haben die entsprechenden Funktionswerte den Grenzwert

$$\lim_{X \to C} f(q\ r) = 0{,}6\,\frac{100}{5} = 12.$$

Funktionswert 16 und Grenzwert 12 stimmen nicht überein. In C ist f nicht stetig. Darüberhinaus ist f auch in allen übrigen Punkten mit $q = 5$ unstetig. Die Transportkosten weisen beim Übergang vom leichten zum schweren Lkw einen Sprung auf. An allen übrigen Stellen ist die Funktion stetig.

Es läßt sich zeigen, daß alle linearen Funktionen von mehreren Variablen stetig sind.

Aus stetigen Funktionen lassen sich gemäß folgender Regeln weitere stetige Funktionen konstruieren:

Satz 9.1

Sind g und f stetige Funktionen von mehreren Variablen, deren Definitionsbereiche übereinstimmen, dann sind auch die Funktionen

$f + g$

und $f \cdot g$

und für $g(x_1 \dots x_n) \neq 0$,

auch $\dfrac{f}{g}$

stetige Funktionen.

9.2. Ableitung und Differential

9.2.1. Partielle Ableitungen

Die *Differenzierbarkeit* von Funktionen mehrerer Variabler läßt sich auf die Differenzierbarkeit von Funktionen einer Variablen zurückführen.

Definition 9.4

Die Funktion $f(x_1 \dots x_n)$ *sei in einer Umgebung des festen Punktes* $C = (c_1 \cdots c_n)$ *definiert. Ist dann die Funktion von einer Variablen* $f(x_1\ c_2\ c_3 \cdots c_n)$ *an der Stelle* $x_1 = c_1$ *differenzierbar, dann heißt die Funktion* $f(x_1 \cdots x_n)$ *im Punkt C partiell nach* x_1 *differenzierbar. Die Ableitung von* $f(x_1\ c_2 \cdots c_n)$ *heißt partielle Ableitung der Funktion* $f(x_1 \cdots x_n)$ *nach* x_1 *im Punkt C.*

Die partielle Differenzierbarkeit und die partiellen Ableitungen nach den übrigen Variablen werden analog erklärt. Die Definition besagt, daß eine Funktion partiell nach einer bestimmten Variablen differenziert wird, indem man alle übrigen Variablen als konstant betrachtet und dann für die verbleibende Funktion von einer Variablen nach den bekannten Differentiationsverfahren die Ableitung bestimmt.

Je nach der Wahl des Punktes $C = (c_1 \cdots c_n)$ nimmt die partielle Ableitung von f nach x_i, sofern f in C nach x_i partiell differenzierbar ist, verschiedene Werte an. In diesem Sinne ist die partielle Ableitung einer Funktion selbst wieder eine Funktion von n Variablen. Sie wird mit folgenden Symbolen geschrieben:

$f_{x_i}(x_1 \cdots x_n)$

oder

$$\frac{\partial f(x_1 \cdots x_n)}{\partial x_1}$$

oder kurz

f_{x_i} bzw. $\dfrac{\partial f}{\partial x_i}$.

Wenn wir schreiben: $y = f(x_1 \cdots x_n)$, dann ist für die partielle Ableitung auch die Bezeichnung y_{x_i} und $\dfrac{\partial y}{\partial x_i}$ gebräuchlich.

Für die partiellen Ableitungen nach den übrigen Variablen werden die Symbole sinngemäß abgewandelt.

Der Definitionsbereich der partiellen Ableitung ist die Menge aller Punkte des Definitionsbereichs von f, in denen f nach der entsprechenden Variablen partiell differenzierbar ist.

Beispiel 9.6

Die Funktion $y = f(w\ x\ z) = 5w + x^2 + z^3$ hat folgende partielle Ableitungen:

a) Die Variablen x und z werden als Konstante betrachtet und f wird nach w wie eine Funktion einer Variablen abgeleitet. Wir erhalten die partielle Ableitung

$$y_w = \frac{\partial f(w\ x\ z)}{\partial w} = 5.$$

b) Jetzt werden w und z konstant gehalten und f wird nach x abgeleitet. Die partielle Ableitung lautet dann:

$$y_x = \frac{\partial f(w\ x\ z)}{\partial_x} = 2x.$$

c) Entsprechend wird nach z differenziert:

$$y_z = \frac{\partial f(x\ y\ z)}{\partial_z} = 3z^2.$$

In diesem Beispiel liegt der Sonderfall vor, daß in den partiellen Ableitungen nur eine oder gar keine der Variablen auftritt.

Beispiel 9.7

Für die im Beispiel 9.3 angeführte Produktionsfunktion

$$y = f(x\ z) = ax^b z^c$$

berechnen wir die partiellen Ableitungen.
Zunächst wird z konstant gehalten, und f wird nach x differenziert:

$$y_x = \frac{\partial f(x\ z)}{\partial x} = abx^{b-1}z^c.$$

Jetzt wird x konstant gehalten und f wird nach z abgeleitet:

$$y_z = \frac{\partial f(x\ z)}{\partial z} = acx^b z^{c-1}.$$

Hier treten beide Variablen wieder in den partiellen Ableitungen auf.
Die partiellen Ableitungen y_x und y_z geben näherungsweise an, wie stark in dem vorliegenden theoretischen Modell die Produktion relativ zum Wachstum des Faktors x bzw. z wächst, wenn jeweils der andere Faktor konstant bleibt.

Beispiel 9.8

Die Nachfrage y nach einer bestimmten Ware W_1 hänge von deren Preis p_1 und dem Preis p_2 einer zweiten gleichartigen Ware W_2 ab. Diese Abhängigkeit wird mit Hilfe einer Funktion f modelliert:

$$y = f(p_1\ p_2).$$

Die Ausdrücke

$$e_1 = \frac{y}{p_1} \cdot \frac{\partial y}{\partial p_1}$$

und

$$e_2 = \frac{y}{p_2} \cdot \frac{\partial y}{\partial p_2}$$

werden partielle *Elastizitäten* genannt [9.3]. Die Elastizität e_1 gibt näherungsweise an, um wieviel Prozent sich die Nachfrage nach W_1 verändert, wenn der Preis von W_1 um ein Prozent steigt, aber der von W_2 fest bleibt. Entsprechend ist e_2 die prozentuale Zunahme der Nachfrage nach W_1, wenn deren Preis konstant bleibt, aber der Preis der anderen Ware W_2 um ein Prozent steigt.
Daher ist e_1 im allgemeinen negativ und e_2 positiv. Der Ausdruck e_2 ist darüberhinaus ein Maß dafür, wie in der Nachfrage die Ware W_1 den Platz von W_2 übernehmen kann oder umgekehrt.
Die Deutung der Elastizitäten ergibt sich aus der Definition der Ableitung als Grenzwert des Differenzenquotienten (Kapitel 8.).

Für die Bildung der partiellen Ableitung von Funktionen mehrerer Variabler gelten die gleichen Rechenregeln wie für die Berechnung der Ableitung einer Funktion von einer Variablen. Nur ist hierbei stets zu beachten, daß beim Vorgang der Differentiation nach einer bestimmten Variablen alle übrigen Variablen als konstant zu betrachten sind.

9.2.2. Vollständiges Differential

Wir suchen nach einer näherungsweisen Darstellung, wie sich der Zuwachs oder die Abnahme der Funktionswerte $y = f(x_1 \cdots x_n)$ aus dem Zuwachs oder der Abnahme der Werte der einzelnen Variablen $x_1 \cdots x_n$ ergibt.
Wenn sich die x_i jeweils um die Größe $\Delta x_i = \mathrm{d}x_i$ ändern, so bezeichnen wir die dadurch hervorgerufene Veränderung der Funktionswerte mit Δy. Es gilt dann

$$\Delta y = f(x_1 + \mathrm{d}x_1 \cdots x_n + \mathrm{d}x_n) - f(x_1 \cdots x_n).$$

Für sehr viele Funktionen läßt sich Δy als lineare Funktion der $\mathrm{d}x_i$ zuzüglich einer Summe von Restfunktionen, die für $\mathrm{d}x_i \to 0$ sehr stark gegen Null streben, darstellen. Die Koeffizienten der linearen Funktion sind, wie nach den Überlegungen im Beispiel 9.7 zu erwarten war, die partiellen Ableitungen von f.
Es gilt also:

$$\begin{aligned}\Delta y = {} & \frac{\partial f}{\partial x_1}\mathrm{d}x_1 + \frac{\partial f}{\partial x_2}\mathrm{d}x_2 + \cdots + \frac{\partial f}{\partial x_n}\mathrm{d}x_n \\ & + g_1(\mathrm{d}x_1 \cdots \mathrm{d}x_n)\,\mathrm{d}x_1 + \cdots + g_n(\mathrm{d}x_1 \cdots \mathrm{d}x_n)\,\mathrm{d}x_n,\end{aligned} \tag{9.2}$$

wobei die Funktionen g_i der n Variablen $\mathrm{d}x_1 \cdots \mathrm{d}x_n$ den Grenzwert Null besitzen, sobald der Punkt $(\mathrm{d}x_1 \cdots \mathrm{d}x_n)$ dem Nullpunkt $(0 \cdots 0)$ zustrebt, das heißt, sämtliche Zunahmen oder Abnahmen der Variablen gegen Null streben.

Definition 9.5

Die Funktion f sei in jedem Punkt ihres Definitionsbereiches nach allen unabhängigen Variablen partiell differenzierbar. Der Zuwachs Δy der Funktion, der durch eine geringe Veränderung der Werte der Variablen jeweils um $\mathrm{d}x_1, \ldots, \mathrm{d}x_n$ entsteht, lasse sich in jedem Punkt in der Form (9.2) darstellen. Dann heißt die Funktion f vollständig differenzierbar. Der bezüglich der Variablen $\mathrm{d}x_1, \ldots, \mathrm{d}x_n$ lineare Teil der Darstellung (9.2) wird vollständiges Differential genannt und mit $\mathrm{d}y$ oder $\mathrm{d}f(x_1 \cdots \mathrm{d}x_n)$ oder kurz $\mathrm{d}f$ bezeichnet:

$$\mathrm{d}y = \frac{\partial f}{\partial x_1}\mathrm{d}x_1 + \cdots + \frac{\partial f}{\partial x_n}\mathrm{d}x_n. \tag{9.3}$$

Das vollständige Differential dy ist bei kleinen Veränderungen der Variablen eine gute Näherung für den Zuwachs Δy, da für hinreichend kleine dx_i der verbleibende Rest in Formel (9.2) außerordentlich klein wird.

Beispiel 9.9

Für die im Beispiel 9.3 angeführte Produktionsfunktion

$$y = f(x\ z) = ax^b z^c$$

haben wir im Beispiel 9.7 die partiellen Ableitungen

$$\frac{\partial f(x\ z)}{\partial x} = abx^{b-1}z^c$$

$$\frac{\partial f(x\ z)}{\partial z} = acx^b z^{c-1}$$

berechnet. Ohne hier den Beweis für die vollständige Differenzierbarkeit von f gemäß Formel (9.2) durch Bestimmung der Funktionen g_i zu führen, wollen wir das vollständige Differential dy nach (9.3) berechnen:

$$\begin{aligned} \mathrm{d}y &= \frac{\partial f}{\partial x}\,\mathrm{d}x + \frac{\partial f}{\partial z}\,\mathrm{d}y \\ &= abx^{b-1}z^c\mathrm{d}x + acx^b z^{c-1}\mathrm{d}z \\ &= ax^{b-1}z^{c-1}(bz\,\mathrm{d}x + cx\,\mathrm{d}z). \end{aligned}$$

Diese Beziehung erlaubt es, im vorliegenden Modell einen Näherungswert dy für den sich theoretisch ergebenden Produktionszuwachs Δy bei einer Erhöhung der Faktoren Grundmittel und Arbeitskräfte um die Werte dx bzw. dz zu berechnen.

Für vollständig differenzierbare Funktionen läßt sich die aus Kapitel 8. bekannte Kettenregel für die Differentiation einer *mittelbaren Funktion* verallgemeinern:

Satz 9.2 (*Kettenregel*)

Die Funktion $y = f(x_1 \cdots x_n)$ sei in jedem Punkte ihres Definitionsbereiches vollständig differenzierbar. Für die Variablen $x_1, \ldots, x_n$ werden entsprechend die differenzierbaren Funktionen $x_1 = h_1(z) \cdots x_n = h_n(z)$ der einen Variablen z eingesetzt. Die Punnkte $(h_1(z) \cdots h_n(z))$ sollen im Definitionsbereich von f liegen.
Die Ableitung der hierdurch entstehenden mittelbaren Funktion einer Variablen

$$y = g(z) = f(h_1(z) \cdots h_n(z))$$

wird dann folgendermaßen berechnet:

$$y' = g'(z) = \frac{\mathrm{d}g}{\mathrm{d}z} = \frac{\partial f}{\partial x_1}\cdot\frac{\mathrm{d}h_1}{\mathrm{d}z} + \frac{\partial f}{\partial x_2}\cdot\frac{\mathrm{d}h_2}{\mathrm{d}z} + \cdots + \frac{\partial f}{\partial x_n}\cdot\frac{\mathrm{d}h_n}{\mathrm{d}z}.$$

Das Differential lautet dann nach Kapitel 8.

$$\mathrm{d}y = \mathrm{d}g(z) = \left(\frac{\partial f}{\partial x_1}h_1' + \frac{\partial f}{\partial x_2}h_2' + \cdots + \frac{\partial f}{\partial x_n}h_n'\right)\mathrm{d}z. \tag{9.4}$$

Ein Vergleich zwischen (9.4) und (9.3) zeigt, daß wir bei vollständig differenzierbarer Funktion f das Differential dy = d$g(z)$ erhalten können, indem wir in der

Formel des vollständigen Differentials die Größen dx_i durch $h_i(z)\,dz = \frac{dh_i}{dz}\,dz$ ersetzen.

Beispiel 9.10

Die partiellen Ableitungen der Produktionsfunktion $y = ax^b z^c$ sind im Beispiel 9.7 bestimmt worden.
Jetzt werden in dem Modell zeitlich variable Grundmittel und Arbeitskräftezahlen betrachtet. Es wird angenommen, daß sich für einen bestimmten kurzen Zeitraum die Entwicklung dieser Faktoren durch folgende Funktionen der Zeit t darstellen läßt:

$$x = h(t) = x_0 + qt$$

$$z = k(t) = z_0 + p\sqrt{t}.$$

Dabei bezeichnen x_0, z_0, p, q, r positive Konstante.
Es gilt:

$$h'(t) = q$$

$$k'(t) = \frac{p}{2\sqrt{t}}.$$

Den zeitlichen Anstieg der Produktionskurve in diesem Modell erhalten wir als Ableitung von y nach t unter Verwendung der Kettenregel (Satz 9.2):

$$\begin{aligned} y' = \frac{dy}{dt} &= \frac{\partial f}{\partial x}\frac{dh}{dt} + \frac{\partial f}{\partial z}\frac{dk}{dt} \\ &= abh(t)^{b-1}\,k(t)^c\,h'(t) + ach(t)^b\,k(t)^{c-1}\,k'(t) \\ &= ab(x_0 + q_t)^{b-1}\left(z_0 + p\sqrt{t}\right)q + ac\,(x_0 + qt)^b\left(z_0 + p\sqrt{t}\right)^{c-1}\frac{p}{2\sqrt{t}}. \end{aligned}$$

Zu demselben Ergebnis wären wir gekommen, hätten wir in f die Funktionen h und k eingesetzt und die entstehende Funktion einer Variablen in bekannter Weise differenziert. Der Rechenaufwand wäre aber bedeutend größer, da die durch Einsetzen gebildete Funktion von t komplizierte Gestalt hat.

9.2.3. Partielle Ableitungen höherer Ordnung

Wie wir gesehen haben, sind partielle Ableitungen einer Funktion f von n Variablen im allgemeinen selbst wieder Funktionen dieser n Variablen. In vielen Fällen sind sie partiell differenzierbar.

Definition 9.6

Die Funktion f sei in einem Teilgebiet ihres Definitionsbereiches partiell nach der Variablen x_i differenzierbar. Ist die partielle Ableitung $\frac{\partial f(x_1, \ldots, x_n)}{\partial x_i}$ in einem Punkte partiell nach einer Variablen x_j differenzierbar, so nennt man die entsprechende partielle Ableitung der Funktion $\frac{\partial f}{\partial x_i}$ eine zweite partielle Ableitung oder partielle Ableitung zweiter Ordnung und bezeichnet sie mit folgenden Symbolen:

$$\frac{\partial^2 f(x_1 \cdots x_n)}{\partial x_i\,\partial x_j},\quad f_{x_i x_j}(x_1 \cdots x_n) \text{ oder kurz } y_{x_i x_j},\quad \frac{\partial^2 y}{\partial x_i\,\partial x_j}.$$

Die partiellen Ableitungen von partiellen Ableitungen zweiter Ordnung heißen partielle Ableitungen dritter Ordnung usw.

Wird mehrmals hintereinander nach denselben Variablen x_i partiell differenziert, so wird dies durch einen entsprechenden Exponenten an dem Symbol ∂x_i gekennzeichnet. Wird zum Beispiel $\frac{\partial f}{\partial x_i}$ wieder partiell nach x_i abgeleitet, dann schreiben wir:

$$f_{x_i x_i} = \frac{\partial^2 f}{\partial x_i^2}.$$

Beispiel 9.11

Die Funktion $y = f(w\ x\ z) = 5w + x^2 + z^3$ hat nach Beispiel 9.6 die partiellen Ableitungen

$$y_w = 5, \quad y_x = 2x, \quad y_z = 3z^2.$$

Die zweiten partiellen Ableitungen lauten:

$$y_{ww} = \frac{\partial^2 f}{\partial w^2} = 0 \quad y_{xw} = 0 \quad y_{zw} = 0$$

$$y_{wx} = \frac{\partial^2 f}{\partial w \partial x} = 0 \quad y_{xx} = 2 \quad y_{zx} = 0$$

$$y_{wz} = \frac{\partial^2 f}{\partial w \partial z} = 0 \quad y_{xz} = 0 \quad y_{zz} = 6z.$$

Beispiel 9.12

Die Produktionsfunktion $y = ax^b z^c$ mit den (ersten) partiellen Ableitungen $y_x = abx^{b-1}z^c$ und $y_z = acx^b z^{c-1}$ hat die zweiten partiellen Ableitungen:

$$y_{xx} = \frac{\partial^2 f}{\partial x^2} = ab(b-1)\,x^{b-2}z^c \qquad y_{zx} = abcx^{b-1}z^{c-1}$$

$$y_{xz} = \frac{\partial^2 f}{\partial x \partial z} = abcx^{b-1}z^{c-1} \qquad y_{zz} = ac(c-1)\,x^b z^{c-2}.$$

In den Beispielen 9.11 und 9.12 stimmen die zweiten partiellen Ableitungen y_{zx} und y_{xz} überein. Diese *Vertauschbarkeit* der Reihenfolge der einzelnen Differentiationsschritte tritt bei den gebräuchlichen Funktionen sehr häufig auf. Sie gilt jedoch nicht immer. Deshalb führen wir folgenden Satz an:

Satz 9.3

Existieren in einem Teilgebiet des Definitionsbereiches der Funktion f der zwei Variablen x und z die partiellen Ableitungen f_x, f_z, f_{xz}, f_{zx} und sind hier f_{xz} und f_{zx} stetig, dann gilt:

$$f_{xz} = f_{zx}.$$

Sind dagegen die zweiten partiellen Ableitungen in einem Punkt nicht stetig, dann ist in diesem Punkt die Vertauschbarkeit der Reihenfolge der Differentiation nicht gewährleistet.

Unter Verwendung der partiellen Ableitungen höherer Ordnung läßt sich der *Satz von Taylor* für Funktionen von mehreren Variablen verallgemeinern.

Wir geben ihn hier für Funktionen von zwei Variablen an.

Satz 9.4

Für die Funktion f der zwei Variablen x und z existieren in einem Teilgebiet ihres Definitionsbereiches sämtliche partielle Ableitungen bis zur Ordnung $m + 1$ *und seien stetig. Der feste Punkt* $(x_0\ z_0)$, *der variable Punkt* $(x_0 + h\ \ z_0 + k)$ *sowie die jeweilige Verbindungsstrecke zwischen den beiden Punkten sollen in diesem Gebiet liegen.*
Sind dann die Funktionswerte von f und sämtlichen partiellen Ableitungen im Punkte $(x_0\ y_0)$ *bekannt, dann läßt sich der Funktionswert in* $(x_0 + h\ \ z_0 + k)$ *folgendermaßen bestimmen:*

$$\begin{aligned}
&f(x_0 + h\ \ z_0 + k)\\
&= f(x_0\ z_0) + hf_x(x_0\ z_0) + kf_z(x_0\ z_0)\\
&\quad + \frac{1}{1\cdot 2}(h^2 f_{xx} + 2hkf_{xz} + k^2 f_{zz})\\
&\quad + \frac{1}{1\cdot 2\cdot 3}(h^3 f_{xxx} + 3h^2 k f_{xxz} + 3hk^2 f_{xzz} + k^3 f_{zzz})\\
&\quad + \cdots +\\
&\quad + \frac{1}{m!}\left\{h^m \frac{\partial^m f}{\partial x^m} + mh^{m-1}k\frac{\partial^m f}{\partial x^{m-1}\,\partial z} + \cdots + \binom{m}{i} h^{m-1}k^i \frac{\partial^m f}{\partial x^{m-i}\,\partial z^i} + \cdots + k^m \frac{\partial^m f}{\partial z^m}\right\}\\
&\quad + R_m. \qquad (9.5)
\end{aligned}$$

Hierbei ist unter sämtlichen vorkommenden partiellen Ableitungen deren Funktionswert an der Stelle $(x_0\ z_0)$ *zu verstehen.*
R_m *heißt das Restglied m-ter Ordnung. Es läßt sich folgendermaßen bestimmen:*

$$R_m = \frac{1}{(m+1)!}\left\{h^{m+1}\frac{\partial^{m+1} f}{\partial x^{m+1}} + \cdots + \binom{m+1}{i} h^{m+1-i}k^i \frac{\partial^{m+1} f}{\partial x^{m+1-i}\,\partial z^i} + \cdots + k^{m+1}\frac{\partial^{m+1} f}{\partial z^{m+1}}\right\},$$

wobei hier die Werte der Ableitungen an einer geeigneten Stelle zwischen $(x_0\ z_0)$ *und* $(x_0 + h\ \ z_0 + k)$, *und zwar im Punkt* $(x_0 + sh\ \ z_0 + sk)$ *mit* $0 \leqq s \leqq 1$, *zu nehmen sind.*

Da der Faktor s, der den Zwischenpunkt festlegt, im allgemeinen nicht bekannt ist, kann das Restglied meistens nur geschätzt werden. Bei vielen Funktionen lassen sich Schranken für das Restglied angeben. Dann kann die Darstellung (9.5) zur näherungsweisen Bestimmung von Funktionswerten verwendet werden, wobei das Restglied bzw. dessen Schranke den möglichen Fehler angibt.
Ein Spezialfall des Taylorschen Satzes ist der *Mittelwertsatz* der Differentialrechnung für Funktionen mehrerer Variabler. Wir setzen hierzu $m = 0$ und setzen in (9.5) das Restglied R_0 ein:

Satz 9.5 (*Mittelwertsatz*)

Die Funktion f habe in einem Teilgebiet ihres Definitionsbereichs stetige partielle Ableitungen f_x *und* f_z. *In diesem Gebiet liegen die Punkte* $(x_0\ z_0)$ *und* $(x_0 + h\ \ y_0 + k)$ *sowie deren Verbindungsstrecke. Dann gibt es einen Punkt* $(x_0 + sh\ \ z_0 + sk)$ *zwischen den Punkten* $(x_0\ z_0)$ *und* $(x_0 + h\ \ z_0 + k)$, *so daß gilt:*

$$f(x_0 + h\ \ z_0 + k) = f(y_0\ z_0) + hf_x(x_0 + sh\ \ z_0 + sk) + kf_z(x_0 + sh\ \ z_0 + sk).$$

Aus diesem Satz folgt, daß unter den angegebenen Voraussetzungen Funktionen, deren erste partielle Ableitungen überall gleich Null sind, konstant sind. Für jeden beliebigen Punkt $(x_0 + h \; z_0 + k)$ innerhalb des betrachteten Gebietes gilt dann nämlich

$$f(x_0 + h \;\; z_0 + k) + \; = f(x_0 \; z_0).$$

Der Mittelwertsatz gilt in analoger Form auch für Funktionen von mehr als zwei Variablen.

9.2.4. Fehlerabschätzungen

Aus dem Taylorschen Satz läßt sich eine Regel für die Abschätzung des Fehlers der Funktionswerte bei vorgegebenem Fehler der Werte der unabhängigen Variablen herleiten. Wir betrachten die partiell differenzierbare Funktion $y = f(x \; z)$. Für die Variablen x und z liegen die Meßwerte x_0 und z_0 vor. Hieraus wird $y_0 = f(x_0 \; y_0)$ berechnet. Es ist aber bekannt, daß die Messungen mit Fehlern behaftet sind. Die Meßwerte x_0 und z_0 sind nicht die wahren Werte der gemessenen Größen. Diese sind $x_0 + h$ und $z_0 + k$. Sie unterscheiden sich von den Meßwerten um die *absoluten Fehler* h und k, die unbekannt sind. Der den wahren Werten der Variablen entsprechende Funktionswert $y_0 + j$ ergibt sich aus dem Taylorschen Satz für $m = 1$:

$$y_0 + j = f(x_0 + h \;\; y_0 + k) = f(x_0 \; y_0) + hf_x + kf_z + x_n R_1 .$$

Also ist wegen $y_0 = f(x_0 \; z_0)$ der absolute Fehler j des Funktionswertes

$$j = hf_x(x_0 \; z_0) + kf_z(x_0 \; z_0) + R_1 .$$

Die Fehler h und k sind zwar unbekannt, aber bei vielen Meßverfahren läßt sich eine obere *Schranke für den Betrag des Fehlers* angeben. Diese Schranken nennen wir δx und δz. Es gilt also $|h| \leqq \delta x$ und $|k| \leqq \delta z$.
Wir gehen in der letzten Gleichung zu den absoluten Beträgen über und erhalten durch zweimalige Anwendung der Dreiecksungleichung $|a + b| \leqq |a| + |b|$ die Beziehung

$$|j| \leqq \delta x \, |f_x(x_0 \; z_0)| + \delta z \, |f_z(x_0 \; z_0)| + |R_1| .$$

Das Restglied R_1 strebt für $h, k \to 0$ stärker als h und k gegen Null, das heißt, für kleine Fehler in x und z wird es dem Betrage nach außerordentlich klein. Daher behält die Beziehung für hinreichend kleine δx und δz auch noch bei Vernachlässigung von R_1 ihre Gültigkeit.
Eine obere Schranke δy für den Betrag des Fehlers von y bei vorliegenden Meßwerten x_0 und z_0 mit Fehlerbeträgen kleiner als δx bzw. δz ergibt sich dann aus folgender Regel:

$$\delta y = \delta x |f_x(x_0 \; z_0)| + \delta z |f_z(x_0 \; z_0)| .$$

Es ist zu beachten, daß diese Regel nur für kleine δx und δz gültig ist. Für die meisten praktischen Aufgaben liefert sie jedoch ausreichende Abschätzungen. Nur in Fällen, in denen sich die Vernachlässigung des Restgliedes stark bemerkbar macht, wie dies bei Funktionen mit hohen Werten der zweiten partiellen Ableitungen und

bei größeren Fehlern in den unabhängigen Variablen vorkommt, empfiehlt es sich, in der verwendeten Formel des Taylorschen Satzes auch noch die Glieder mit den zweiten Ableitungen zu berücksichtigen. Dann wird nur das Restglied zweiter Ordnung R_2 vernachlässigt.
Wie der Taylorsche Satz, läßt sich die Fehlerregel auch für Funktionen mit beliebig vielen Variablen schreiben:

$$\delta y = \delta x_1 |f_{x_1}| + \delta x_2 |f_{x_2}| + \cdots + \delta x_n |f_{x_n}|.$$

Beispiel 9.13

Es wird die Summe $y = f(x\ z) = x + z$ zweier fehlerhafter Meßwerte x und z mit den Fehlerschranken δx und δz berechnet. Es ist die Fehlerschranke $\delta y = \delta x\,|f_x| + \delta_z\,|f_z|$ zu bestimmen.

Es ist $f_x(x\ z) = 1$

$f_y(x\ z) = 1.$

Daher ist die obere Schranke für den Betrag des Fehlers

$$\delta y = \delta x + \delta z.$$

Beispiel 9.14

Es werden die Kosten k, die für die Düngung eines Feldes der Länge x und der Breite z aufzuwenden sind, nach der Beziehung

$$k = f(x\ z_1) = pqxz$$

berechnet, wobei p der Preis je Mengeneinheit Düngemittel und q die je Quadratmeter einzubringende Düngemittelmenge bedeuten. Die Fehler bei der Längenmessung betragen mit Sicherheit weniger als 0,5 m. Die Maschine läßt sich so genau einstellen, daß die Abweichungen von der Sollmenge je Quadratmeter unter 0,02 Mengeneinheiten liegen. Der Preis p ist konstant.
Wir haben damit

$$\delta x = \delta z = 0{,}5$$

$$\delta q = 0{,}02.$$

Dann liegt der Fehler der berechneten Kosten, bezogen auf die tatsächlich auftretenden Kosten, sicher unter

$$\delta_k = 0{,}5\,|f_x| + 0{,}5\,|f_z| + 0{,}02\,|f_q|$$

Mit $f_x(x\ q\ z) = pqz$

$f_z(x\ q\ z) = pqx$

$f_q(x\ q\ z) = pxz$

ergibt sich

$$\delta_k = 0{,}5pqz + 0{,}5pqx + 0{,}02pxz.$$

Für eine Fläche mit $x = 100$ m, $z = 500$ m, einem Düngemittelpreis $p = 0{,}10$ M und einer notwendigen Menge je m^2 von $q = 1$ Mengeneinheit liegt bei berechneten Kosten von

$$k = pqxz = 1 \cdot 0{,}1 \cdot 100 \cdot 500 = 5000 \text{ [Mark]}$$

der Fehler unter

$$\delta_k = 0{,}5 \cdot 0{,}1 \cdot 1 \cdot 500 + 0{,}5 \cdot 0{,}1 \cdot 1 \cdot 100 + 0{,}02 \cdot 0{,}1 \cdot 100 \cdot 500 = 25 + 5 + 100 = 130 \text{ [Mark]}.$$

Wir sehen, daß der größte Teil des Fehlers, nämlich der Betrag 100, aus der Ungenauigkeit der Maschine resultiert.

9.3. Extremwerte

Auch für Funktionen mehrerer Veränderlicher tritt häufig die Frage auf, für welche speziellen Werte der Variablen diese Funktionen ihren größten oder kleinsten Wert annehmen. In ökonomischen Modellen muß beispielsweise untersucht werden, für welche Werte der Faktoren die Produktionsfunktion ihren größten Wert annimmt oder für welche Werte der kostenbestimmenden Faktoren die Kosten eines Prozesses oder eines Erzeugnisses am geringsten werden. In der Technik werden minimales oder maximales Volumen, minimales Gewicht, maximale Leistung usw. gesucht. Methoden zur Lösung einer umfangreichen Gruppe derartiger Probleme wurden bereits im Kapitel über lineare Optimierung und werden noch bei der nichtlinearen Optimierung angeführt.
Hier sollen die Möglichkeiten der Differentialrechnung bei der Bestimmung von Extremwerten dargestellt werden. Wir unterscheiden verschiedene Typen von Extremwerten.

Definition 9.7

Existiert im Wertebereich einer Funktion f ein größter Wert y_{max}, *dann heißt* y_{max} *das absolute (globale) Maximum von f. Das heißt,*

$y_{max} \geqq f(x_1 \cdots x_n)$ *für alle* $x_1, \ldots, x_n$ *des Definitionsbereiches.*

Definition 9.8

Wird das absolute Maximum y_{max} *im Punkt* $X = (x_1 \cdots x_n)$ *angenommen:*

$y_{max} = f(x_1 \cdots x_n)$,

dann heißt X der Punkt des absoluten Maximums.

Analog wird das *absolute Minimum* y_{min} und der *Punkt des absoluten Minimums* erklärt.
Es ist zu beachten, daß eine Funktion mehrere Punkte des absoluten Maximums bzw. des absoluten Minimums haben kann. Es tritt die Frage nach allgemeinen Bedingungen für die Existenz eines größten oder eines kleinsten Wertes einer Funktion auf. Hierauf gibt der folgende Satz Antwort.

Satz 9.6 (*Satz von Weierstraß*)

Eine Funktion f sei in einem beschränkten Definitionsbereich erklärt und stetig. Der Definitionsbereich schließe alle seine Randpunkte mit ein. Dann nimmt f in diesem Bereich sein absolutes Minimum und sein absolutes Maximum an.

Beispiel 9.15

a) Die Funktion $y = f(w\,x\,z) = w + x + z$ sei für alle Werte der Variablen w, x und z definiert. Die Funktion ist damit zwar stetig, aber der Definitionsbereich ist nicht beschränkt. Der Satz von Weierstraß ist damit nicht anwendbar. Die Funktion besitzt auch tatsächlich kein absolutes Maximum, denn wäre zum Beispiel die positive Zahl m das Maximum von f, dann brauchten wir nur $w = m$, $x = m$ und $z = m$ zu setzen und erhielten einen Funktionswert $y = f(m\,m\,m) = m + m + m = 3m$, der größer als m ist. Damit ist aber m kein Maximum.

b) Dieselbe Funktion f sei für $-1 < w < 1, -2 < x < 2$ und $-1 < z < 2$ erklärt. Der Definitionsbereich ist beschränkt, aber er schließt nicht seine Randpunkte, wie zum Beispiel $(-1\ -2\ 2)$, mit ein. Der Satz von Weierstraß ist also wieder nicht anwendbar. Die Funktionswerte können jetzt nicht mehr wie im Falle *a* beliebig groß werden, ihnen ist durch die Zahl 5 eine obere Grenze gesetzt, aber diesen Wert kann f nicht annehmen. Für $w \to 1, x \to 2$ und $z \to 2$ kommt $y = f(w\ x\ z)$ dem Wert 5 zwar beliebig nahe, bleibt aber immer kleiner als 5.

c) Dieselbe Funktion sei für $-1 \leqq w \leqq 1$, $-2 \leqq x \leqq 2$ und $-1 \leqq z \leqq 2$ erklärt. Der Definitionsbereich ist wieder beschränkt, diesmal enthält er aber auch alle seine Randpunkte, zum Beispiel $(-1\ -2\ 2)$. Damit sind die Voraussetzungen des Satzes von Weierstraß erfüllt. Die Funktion nimmt einen kleinsten und einen größten Wert an, und zwar $y_{\min} = -4$ im Punkt $(-1\ -2\ -1)$ und $y_{\max} = 5$ im Punkt $(1\ 2\ 2)$ an. Die Punkte des Minimums und des Maximums sind hier Randpunkte. Lineare Funktionen nehmen ihre absoluten Extremwerte stets in Randpunkten an. Von dieser Tatsache macht die lineare Optimierung Gebrauch.

Beispiel 9.16

a) Die Produktionsfunktion $y = f(x\ z) = ax^b z^c$ sei in einem mathematisch-ökonomischen Modell für alle positiven Grundmittelwerte und alle Arbeitskräftezahlen erklärt: $x > 0$, $z > 0$. Der Definitionsbereich ist damit weder beschränkt noch schließt er den Randpunkt $(0\ 0)$ ein. Der Satz von Weierstraß ist nicht anwendbar. Tatsächlich nimmt die Funktion im Definitionsbereich weder ein absolutes Minimum noch ein absolutes Maximum an. Für hinreichend hohe Grundmittelwerte und Arbeitskräftezahlen kann in diesem Modell jedes beliebig hohe Produktionsvolumen erreicht werden. Andererseits kann sich theoretisch die Produktion beliebig der Null nähern ohne jedoch tatsächlich ganz auf null zu sinken.

b) Dieselbe Produktionsfunktion sei jetzt theoretisch auch für den Grundmittelwert null und für null Arbeitskräfte sowie unter der zusätzlichen Einschränkung, daß die Grundmittel nicht 5 Mill. M und die Arbeitskräftezahl nicht 1000 übersteigen, erklärt:

$$0 \leqq x \leqq 5, \qquad 0 \leqq z \leqq 1000.$$

Jetzt haben wir einen beschränkten Definitionsbereich unter Einschluß der Randpunkte vor uns. Der Satz von Weierstraß ist anwendbar. Die Produktionsfunktion besitzt ein absolutes Minimum $y_{\min}$ und ein absolutes Maximum $y_{\max}$:

$$y_{\min} = f(0\ 0) = 0$$

$$y_{\max} = f(5\ \ 1000) = a5^b \cdot 1000^a.$$

Definition 9.9

Gilt für alle Punkte $X = (x_1 \cdots x_n)$ einer gewissen Umgebung des Punktes $M = (m_1 \cdots m_n)$ die Beziehung

$$f(x_1 \cdots x_n) \leqq f(m_1 \cdots m_n),$$

*dann heißt der Funktionswert $y_M = f(m_1 \cdots m_n)$ ein **relatives (lokales) Maximum** von f und der Punkt M Punkt eines relativen Maximums. Gilt sogar die Beziehung $f(x_1 \cdots x_n) < f(m_1 \cdots m_n)$, dann heißt y_m strenges relatives Maximum.*

Analog werden relative Minima erklärt.

Absolute Extremwerte sind spezielle relative Extremwerte.

9.3.1. Notwendige Bedingungen

Bei der Suche nach Extremwerten von Funktionen taucht die Frage auf, welchen Bedingungen ein Punkt im Definitionsbereich einer Funktion genügen muß, damit er als Punkt eines Extremwertes in Frage kommt.

Definition 9.10

Gelten in einem Punkte X im Inneren des Definitionsbereiches einer partiell differenzierbaren Funktion der Veränderlichen $x_1, \ldots, x_n$ die Beziehungen

$$f_{x_1} = 0, f_{x_2} = 0, \ldots, f_{x_n} = 0,$$

dann heißt X stationärer Punkt von f.

Beispiel 9.16

Die Funktion $f(x\ z) = x^2 + z^2$ hat die partiellen Ableitungen $f_x = 2x$ und $f_z = 2z$. Im Nullpunkt (0 0) gilt $f_x = 0$ und $f_z = 0$. Damit ist der Nullpunkt stationärer Punkt von f. Der Nullpunkt ist zugleich auch Punkt eines relativen und absoluten Minimums, denn es gilt

$$f(x\ z) = x^2 + z^2 \geqq f(0\ 0) = 0.$$

Die in den letzten drei Beispielen betrachteten Extremwerte illustrieren uns den folgenden Satz.

Satz 9.7

Die Funktion f sei in ihrem Definitionsbereich stetig und nach allen Variablen partiell differenzierbar. Ist M ein Punkt eines Extremwertes (relatives oder absolutes Minimum oder Maximum), dann ist M entweder ein Randpunkt des Definitionsbereiches oder ein stationärer Punkt von f.

Wie folgendes Beispiel zeigt, ist aber nicht jeder stationäre Punkt gleichzeitig Punkt eines Extremwertes.

Beispiel 9.17

Die Funktion $y = f(x\ z) = x^2 - z^2$ hat die partiellen Ableitungen $f_x(x\ z) = 2x$ und $f_z(x\ z) = -2z$. Also ist auch hier der Nullpunkt (0 0) ein stationärer Punkt von f. Aber (0 0) ist weder relatives Minimum noch Maximum, denn $y = f(x\ z)$ kann in jeder beliebig kleinen Umgebung des Nullpunktes positive und negative Werte annehmen, also Werte die größer bzw. kleiner als $f(0\ 0) = 0$ sind. Der Nullpunkt ist bezüglich der Variablen x bei konstantem z ein Minimum und bezüglich z bei konstantem x ein Maximum.

Das Beispiel 9.17 zeigt, daß die Beziehungen

$$\frac{\partial f(x_1 \cdots x_n)}{\partial x_i} = 0 \quad \text{für } i = 1, \ldots, n \tag{9.6}$$

zwar eine notwendige, aber keineswegs eine hinreichende Bedingung für einen Punkt eines Extremwertes ist. Dennoch lassen sich diese Beziehungen sehr gut zur Bestimmung von Extremwerten verwenden.

Satz 9.7 gibt nämlich an, daß als Punkte von Extremwerten nur Randpunkte des Definitionsbereiches und stationäre Punkte in Frage kommen. Suchen wir also Extremwerte, so untersuchen wir zunächst den Rand. Kommen Randpunkte nicht in Frage, so können die Extremwertstellen einer stetigen Funktion f nur noch Lösungen des Gleichungssystems (9.6) sein. Mit den Lösungen von (9.6) haben wir sämtliche möglichen Punkte relativer und absoluter Extremwerte im Innern des Definitionsbereichs erfaßt. Ob die Funktion an diesen Stellen dann tatsächlich einen Extremwert annimmt, ist aber noch im einzelnen zu prüfen, ebenso die Frage, ob es sich um ein Maximum oder um ein Minimum handelt.

Beispiel 9.18

Die Funktion $y = f(x\ z) = x^2 + z^2$ sei für $-1 \leqq x \leqq 1$ und $-2 \leqq z \leqq 2$ definiert. Sie ist auf Extremwerte zu untersuchen. Nach dem Satz von Weierstraß existieren sicher ein absolutes Maximum und ein absolutes Minimum. Diese sollen bestimmt werden. Es gibt zwei Möglichkeiten:

a) Randpunkte:

Auf dem Rand des Definitionsbereiches nimmt f für $x = 1$ und $z = 2$ seinen größten Wert 5 und für $x = 1$ und $z = 0$ seinen kleinsten Wert 1 an.

b) Punkte im Inneren des Definitionsbereichs:

Hier kommen als Punkte von Extremwerten nur die Lösungen des Gleichungssystems

$$\frac{\partial f(x\ z)}{\partial x} = 2x = 0$$

$$\frac{\partial f(x\ z)}{\partial z} = 2z = 0$$

in Frage.

Es gibt nur die eine Lösung $x = 0$, $z = 0$ mit $f(0\ 0) = 0$. Damit kann es im Innern höchstens einen Extremwert geben. Das absolute Maximum ist $f(1\ 2) = 5$, denn wäre dies nicht das absolute Maximum, müßte es ein Maximum im Innern geben, also in einem Punkt, der Lösung des Gleichungssystems ist. Der dort in Frage kommende Funktionswert 0 ist aber kleiner als 5.

Da es auf jeden Fall ein Minimum geben muß, liegt dies entweder im Randpunkt (1 0) oder im inneren Punkt (0 0). Wegen $f(1\ 0) > f(0\ 0)$ liegt im Nullpunkt (0 0) das absolute Minimum 0 vor.

9.3.2. Hinreichende Bedingungen

Im folgenden werden wir uns auf relative Extremwerte im Innern des Definitionsbereiches beschränken, auch wenn diese Einschränkung nicht mehr ausdrücklich genannt wird. Für Funktionen, die auch stetige zweite partielle Ableitungen haben, erhalten wir dann folgende hinreichende Kriterien für Extremwerte.

Satz 9.8

Ein Punkt $M = (m_1 \cdots m_n)$ sei stationärer Punkt der Funktion f der n Variablen $x_1, \ldots, x_n$. In M besitze f zweite partielle Ableitungen mit der Eigenschaft, daß

$$\sum_{i=1}^{n} \sum_{j=1}^{n} f_{x_i x_j}(m_1 \cdots m_n)\, \mathrm{d}x_i \mathrm{d}x_j$$

positiv (negativ) definit ist.

Im Punkte M liegt dann ein relatives Minimum (Maximum) vor.

Ist die quadratische Form im Satz 9.8 weder positiv noch negativ definit noch konstant gleich null, dann liegt im stationären Punkt kein Extremwert vor.

Für Funktionen von nur zwei unabhängigen Variablen läßt sich aus Satz 9.8 mit Hilfe der Theorie der quadratischen Formen eine einfache Regel zur Bestimmung von Extremwerten herleiten.

Satz 9.9

Die Funktion f der zwei Variablen x und z besitze stetige erste und zweite partielle Ableitungen. Ist dann der Punkt $(x_m\ z_m)$ *Lösung des Gleichungssystems*

$$f_x(x\ z) = 0$$

$$f_z(x\ z) = 0$$

und gilt im Punkte $(x_m\ z_m)$ *die Ungleichung*

$$f_{xx}f_{zz} - f_{xz}^2 > 0$$

dann ist $(x_m\ z_m)$ *Punkt eines relativen Extremwertes, und zwar eines Maximums, wenn* $f_{xx}(x_m\ z_m) < 0$, *und eines Minimums, wenn* $f_{xx}(x_m\ z_m) > 0$.

Gilt im Punkt $(x_m\ z_m)$ die umgekehrte Ungleichung

$$f_{xx}f_{zz} - f_{xz}^2 < 0$$

so liegt sicher kein Extremwert vor. Ist $f_{xx}f_{zz} - f_{xz}^2 = 0$, dann ist zur Entscheidung die Untersuchung von Ableitungen höherer Ordnung erforderlich.

Beispiel 9.19

Die Funktion $y = f(x\ z) = x^2 + z^2 + xz + x - z$ sei für alle x und z definiert. Es sind alle relativen Extremwerte zu bestimmen. Der Definitionsbereich enthält keine Randpunkte, also können nur stationäre Punkte Extremwertstellen sein. Die Funktion hat die partiellen Ableitungen:

$$f_x(x\ z) = 2x + z + 1$$

$$f_z(x\ z) = 2z + x - 1$$

$$f_{xx}(x\ z) = 2$$

$$f_{zz}(x\ z) = 2$$

$$f_{xz}(x\ z) = 1.$$

Die stationären Punkte erhalten wir als Lösung des Gleichungssystems

$$2x + z + 1 = 0$$

$$x + 2z - 1 = 0.$$

Die einzige Lösung ist $x_m = -1$ und $z_m = 1$.
Es gilt für alle x und z und damit auch im Punkt $(-1\ \ 1)$

$$f_{xx}f_{zz} - f_{xz}^2 = 2 \cdot 2 - 1 = 3 > 0.$$

Damit ist nach dem Satz 9.9 der Punkt $(-1\ 1)$ Punkt des relativen Minimums $f(-1\ 1) = 1 + 1 - 1 - 1 - 1 = -1$.
Weitere Extremwerte gibt es nach Satz 9.7 nicht.

9.3.3. Extremwerte unter Nebenbedingungen

In der linearen Optimierung wurden Extremwerte linearer Funktionen unter bestimmten Nebenbedingungen, die die Form von Gleichungen und Ungleichungen hatten, bestimmt. Hier sollen jetzt Extremwerte nichtlinearer Funktionen unter Berücksichtigung von Nebenbedingungen, die die Form von Gleichungen haben, untersucht werden.

Es werden die k Funktionen $f_i(x_1 \cdots x_n)$ für $i = 1, \ldots, k$ und die Funktion $y = f(x_1 \cdots x_n)$ vorgegeben. Die Funktion f sei wenigstens für alle Punkte, für die die Beziehungen

$$
\begin{aligned}
&f_1(x_1 \cdots x_n) = 0\\
&\ldots\ldots\ldots\ldots\ldots\\
&f_k(x_1 \cdots x_n) = 0
\end{aligned}
$$

gelten, definiert und nach allen Variablen partiell differenzierbar.

Dieses Gleichungssystem stellt die *Nebenbedingungen* dar, unter denen die relativen Extremwerte von f bestimmt werden sollen. Diese Extremwerte heißen dann bedingte relative Extremwerte. Zur Bestimmung der bedingten Extremwerte geben wir hier die Methode der *Lagrangeschen Multiplikatoren* an.

Wir stellen eine Hilfsfunktion, die Lagrange-Funktion

$$g = f + \sum_{i=1}^{k} \lambda_i f_i$$

auf. Hierin heißen die Faktoren λ_i Lagrangesche Multiplikatoren. Bei geeigneter Bestimmung der Multiplikatoren λ_i läßt sich folgender Satz beweisen:

Satz 9.10

Ein Punkt eines bedingten Extremwertes der Funktion f ist ein stationärer Punkt der Lagrangefunktion g.

Um sämtliche Stellen zu finden, an denen bedingte Extremwerte vorliegen können, brauchen wir nur die stationären Punkte von g zu finden. Diese sind nach Definition 9.10 durch die Lösungen des Gleichungssystems

$$
\begin{aligned}
&g_{x_1}(x_1 \cdots x_n, \lambda_1 \cdots \lambda_k) = \frac{\partial f}{\partial x_1} + \sum_{i=1}^{k} \lambda_i \frac{\partial f_i}{\partial x_1} = 0\\
&\ldots\ldots\ldots\ldots\ldots\ldots\ldots\ldots\ldots\ldots\\
&g_{x_n}(x_1 \cdots x_n, \lambda_1 \cdots \lambda_k) = \frac{\partial f}{\partial x_n} + \sum_{i=1}^{k} \lambda_i \frac{\partial f_i}{\partial x_n} = 0\\
&g_{\lambda_1}(x_1 \cdots x_n, \lambda_1 \cdots \lambda_k) = f_1(x_1 \cdots x_n) = 0\\
&\ldots\ldots\ldots\ldots\ldots\ldots\ldots\ldots\ldots\\
&g_{\lambda_k}(x_1 \cdots x_n, \lambda_1 \cdots \lambda_k) = f_k(x_1 \cdots x_n) = 0
\end{aligned}
$$

bestimmt. Wir erhalten daher zur Bestimmung eines stationären Punktes von g, also zur Bestimmung der $n + k$ Variablen $x_1, \ldots, x_n, \lambda_1, \ldots, \lambda_k$ ein Gleichungssystem mit $n + k$ Gleichungen:

$$
\left.
\begin{aligned}
&\frac{\partial f}{\partial x_1} + \sum_{i=1}^{k} \lambda_i \frac{\partial f_i}{\partial x_1} = 0\\
&\ldots\ldots\ldots\ldots\ldots\\
&\frac{\partial f}{\partial x_n} + \sum_{i=1}^{k} \lambda_i \frac{\partial f_i}{\partial x_n} = 0\\
&f_1(x_1 \cdots x_n) \qquad = 0\\
&\ldots\ldots\ldots\ldots\ldots\\
&f_k(x_1 \ldots x_n) \qquad = 0.
\end{aligned}
\right\} \qquad (9.7)
$$

Zur Lösung der Frage, ob die mit dem Gleichungssystem (9.7) bestimmten stationären Punkte von g tatsächlich bedingte Extremwerte von f sind, insbesondere ob ein Maximum oder ein Minimum vorliegt, sind besondere Betrachtungen, beispielsweise die Untersuchung von quadratischen Formen auf Definitheit, erforderlich.

Beispiel 9.20

Die Funktion $y = f(w\ x\ z) = w^2 + x^2 + z^2$ gibt das Quadrat des Abstandes eines Punktes $(w\ x\ z)$ vom Nullpunkt an.
Die Ausdrücke

$$w^2 + x^2$$
$$x^2 + z^2$$

geben das Quadrat des Abstandes eines Punktes $(w\ x\ z)$ von der z- bzw. w-Achse an.
Die Beziehungen

$$w^2 + x^2 = 1$$
$$x^2 + z^2 = 1$$

definieren damit je einen Zylinder mit dem Radius 1 um die z- bzw. w-Achse. Die Frage nach den Punkten auf der Schnittlinie beider Zylinder, die maximalen oder minimalen Abstand vom Koordinatenursprung haben, entspricht dann der Frage nach den Extremwerten der Funktion f unter den Nebenbedingungen

$$f_1(w\ x\ z) = w^2 + x^2 - 1 = 0$$
$$f_2(w\ x\ z) = x^2 + z^2 - 1 = 0.$$

Zur Lösung bestimmen wir die stationären Punkte der Lagrangefunktion.
Es ist

$$\frac{\partial f}{\partial w} = 2w$$
$$\frac{\partial f}{\partial x} = 2x$$
$$\frac{\partial f}{\partial z} = 2z$$

und

$$\frac{\partial f_1}{\partial w} = 2w$$
$$\frac{\partial f_1}{\partial x} = 2x$$
$$\frac{\partial f_1}{\partial z} = 0$$

und schließlich

$$\frac{\partial f_2}{\partial w} = 0$$
$$\frac{\partial f_2}{\partial x} = 2x$$
$$\frac{\partial f_2}{\partial z} = 2z.$$

Das Gleichungssystem (9.6) hat dann folgende Gestalt:

$$2w + \lambda_1(2w) + \lambda_2 \cdot 0 = 0$$

$$2x + \lambda_1(2x) + \lambda_2(2x) = 0$$

$$2z + \lambda_1 \cdot 0 + \lambda_2(2z) = 0$$

$$w^2 + x^2 - 1 = 0$$

$$x^2 + z^2 - 1 = 0.$$

Setzen wir zunächst: $w \neq 0$, $z \neq 0$.

Dann folgt aus der ersten Gleichung $\lambda_1 = -1$, aus der dritten Gleichung $\lambda_2 = -1$, aus der zweiten Gleichung $x = 0$, aus der vierten Gleichung $w = 1$ oder $w = -1$ und aus der fünften Gleichung $z = 1$ oder $z = -1$.

Wir haben damit die stationären Punkte

a) $(1 \quad 0 \quad 1)$ mit $f(1 \quad 0 \quad 1) = 2$

b) $(1 \quad 0 \; -1)$ mit $f(1 \quad 0 \; -1) = 2$

c) $(-1 \; 0 \quad 1)$ mit $f(-1 \; 0 \quad 1) = 2$

d) $(-1 \; 0 \; -1)$ mit $f(-1 \; 0 \; -1) = 2.$

Betrachten wir jetzt den Fall $w = 0$. Dann folgt aus der vierten Gleichung $x = 1$ oder $x = -1$ und aus der fünften Gleichung $z = 0$, weswegen wir den Fall $z = 0$ nicht mehr gesondert zu betrachten brauchen.

Wir haben daher für beliebige λ_1 und λ_2 die weiteren stationären Punkte

e) $(0 \quad 1 \; 0)$ mit $f(0 \quad 1 \; 0) = 1$

f) $(0 \; -1 \; 0)$ mit $f(0 \; -1 \; 0) = 1.$

Da auf Grund der Nebenbedingungen f sicher keine Werte unter 1 annehmen kann, liegen in den Fällen e) und f) absolute bedingte Minima vor.

Weiter gilt

$$f(w\;x\;z) = w^2 + x^2 + z^2 \leqq (w^2 + x^2) + (x^2 + z^2) = f_1(w\;x\;z) + f_2(w\;x\;z) = 1 + 1 = 2.$$

Größere Werte als zwei kann f also nicht annehmen. Damit liegen in den Punkten und a) bis d) absolute bedingte Maxima vor.

Die Punkte auf der Schnittlinie der beiden Zylinder mit größtem Abstand $\sqrt{2}$ vom Ursprung sind $(1\;0\;1)$, $(1\;0\;-1)$, $(-1\;0\;1)$ und $(-1\;0\;-1)$, und die mit dem geringsten Abstand 1 sind $(0\;1\;0)$ und $(0\;-1\;0)$.

Beispiel 9.21

Beim Aufstellen eines mathematisch-ökonomischen Modells wird folgende Produktionsfunktion untersucht:

$$y = f(x\;z) = ax^b z^c \quad (a, b, c > 0).$$

Hierin bedeuten jetzt x die Grundmittel und z die Lohnsumme. Verbreitet sind Modellansätze, in denen vorausgesetzt wird, daß $b + c = 1$ ist. Wir schreiben deshalb

$$y = f(x\;z) = ax^b z^{1-b}.$$

Es ist zu prüfen, wie innerhalb dieses Modells eine vorgegebene Summe $s(x\;z) = x + z = c$ auf Grundmittel und Lohn zu verteilen sind, um ein maximales Produktionsvolumen zu erhalten.

Wir bestimmen das Maximum der Funktion $f(x\;z)$ unter der Nebenbedingung

$$s^*(x\;z) = s(x\;z) - c = 0.$$

Die partiellen Ableitungen sind:

$$f_x = ab\left(\frac{x}{z}\right)^{b-1}$$

$$f_z(x\ z) = a(1-b)\left(\frac{x}{z}\right)^b$$

$$s_x^*(x\ z) = 1$$

$$s_y^*(x\ z) = 1.$$

Das Gleichungssystem (9.6) lautet dann

$$ab\left(\frac{x}{z}\right)^{b-1} + \lambda \cdot 1 = 0$$

$$a(1-b)\left(\frac{x}{z}\right)^b + \lambda \cdot 1 = 0$$

$$x + z - c = 0.$$

Aus den ersten beiden Gleichungen folgt für beliebigen Multiplikator $\lambda \neq 0$

$$b\left(\frac{x}{z}\right)^{b-1} = (1-b)\left(\frac{x}{z}\right)^b$$

und damit

$$\frac{b}{1-b} + \frac{x}{z},$$

das heißt,

$$x = \frac{bz}{1-b}.$$

Unter Verwendung der dritten Gleichung erhalten wir daraus

$$\left(1 + \frac{b}{1-b}\right)z = c$$

also

$$z = c(1-b)$$

und

$$x = cb.$$

Der entsprechende Funktionswert ist

$$f\big(cb\ \ c(1-b)\big) = a(cb)^b\,\big(c(1-b)\big)^{1-b}.$$

Durch Untersuchungen der zweiten partiellen Ableitungen läßt sich zeigen, daß dieser Funktionswert tatsächlich das bedingte Maximum ist. Wir sehen, daß in diesem Modell das höchste Produktionsvolumen zu erreichen ist, wenn die vorgegebenen Mittel zu Anteilen auf die einzelnen Faktoren verteilt werden, die den Exponenten der jeweiligen Faktoren in der Produktionsfunktion entsprechen.

9.3.4. Methode der kleinsten Quadratsumme

Die Ermittlung von Extremwerten mit Hilfe der Differentialrechnung bei mehreren Variablen spielt eine große Rolle bei der *Regressionsanalyse*, das heißt der Aufstellung analytischer Funktionen zur näherungsweisen Beschreibung von objektiv gegebenen Zusammenhängen zwischen verschiedenen Merkmalen ökonomischer Erscheinungen und Prozesse. Es sei hierbei nur an die in diesem Kapitel angeführten Produktionsfunktionen erinnert. Ausgangspunkt bei der Bestimmung solcher Funktionen, die einen wesentlichen Bestandteil der mathematisch-statistischen Modellierung darstellt, sind die praktische Erfahrung und theoretische ökonomische Überlegungen. So ergibt sich zum Beispiel sowohl aus politökonomischen, volks- und betriebswirtschaftlichen Erkenntnissen, als auch aus den statistischen Erfassungen, daß das Produktionsvolumen entscheidend durch Faktoren wie Grundmittel und Arbeitskräfte bestimmt wird. Es kommt nun darauf an, diesen Zusammenhang formelmäßig möglichst genau wiederzugeben. Da hierbei stets eine Vielzahl von Einflußfaktoren unberücksichtigt bleiben muß, ist es klar, daß im allgemeinen die analytische Funktion den Zusammenhang nur unter bestimmten Bedingungen, näherungsweise oder im Mittel darstellt. Aber es kann gefordert werden, die Abweichungen der Funktionswerte von den empirischen statistischen Werten möglichst gering werden. Hier wird das Problem zu einer Extremwertaufgabe.

Eines der wichtigsten Verfahren der Regressionsanalyse zur Bestimmung von Funktionen aus gegebenen statistischen Daten ist die *Methode der kleinsten Quadratsumme* oder *Methode der kleinsten Quadrate.*

Hierbei wird allgemein folgendermaßen vorgegangen:

Für ein Merkmal y wie auch für auf y wirkende Einflußfaktoren $u, v, w, x, \ldots$, liegen einander entsprechende statistische Zahlenreihen der Länge n vor:

$$\begin{array}{ll} y_1 & u_1\ v_1\ w_1\ x_1 \cdots \\ y_2 & u_2\ v_2\ w_2\ x_2 \cdots \\ \cdots & \cdots\cdots\cdots\cdots \\ y_n & u_n\ v_n\ w_n\ x_n \cdots \end{array}$$

Es soll die Abhängigkeit des Merkmals y von den Einflußfaktoren dargestellt werden. Hierfür wird ein bestimmter Typ von Funktionen vorgesehen, die alle die gleiche Gestalt haben und sich nur durch die Werte bestimmter *Regressionsparameter* $a_1\ a_2 \cdots a_k$ voneinander unterscheiden.

Wir schreiben zur Unterscheidung von den empirischen Werten y_i die Funktionswerte

$\tilde{y} = f_{(a_1 \ldots a_k)}\ (u\ v\ w\ x \cdots)$.

Das Problem besteht darin, die Parameter $a_1, \ldots, a_k$ möglichst günstig zu wählen. Als Gütekriterium dient die Summe der Quadrate der Abstände zwischen den empirischen Werten y_i und den Funktionswerten $\tilde{y}_i = f_{(a_1 \ldots a_k)}\ (u_i\ v_i\ w_i\ x_i \cdots)$. Das heißt, die folgende Funktion q soll ein Minimum annehmen:

$$q(a_1 \cdots a_k) = \sum_{i=1}^{n} (\tilde{y}_i - y_i)^2. \tag{9.8}$$

Die Parameter a_1 bis a_k stellen die unabhängigen Variablen der Funktion q dar. Sie müssen zur Lösung der Minimumaufgabe geeignet festgelegt werden. Dazu berechnen wir die partiellen Ableitungen von q nach den a_j:

$$\frac{\partial q}{\partial a_j} = \sum_{i=1}^{n} 2(\tilde{y}_i - y_i) \cdot \frac{\partial \tilde{y}_i}{\partial a_j}.$$

Hieraus folgt nach Satz 9.7 und Definition 9.10 als notwendige Bedingung für die gesuchten Parameter a_j, das System der *Normalgleichungen*

$$\left.\begin{array}{l} \sum_{i=1}^{n} (\tilde{y}_i - y_i) \frac{\partial \tilde{y}_i}{\partial a_1} = 0 \\ \cdots\cdots\cdots\cdots\cdots\cdots \\ \sum_{i=1}^{n} (\tilde{y}_i - y_i) \frac{\partial \tilde{y}_i}{\partial a_k} = 0. \end{array}\right\} \quad (9.9)$$

Als hinreichende Bedingung dafür, daß die hiermit gefundenen Werte a_j tatsächlich der Funktion g ein Minimum erteilen, erhalten wir aus Satz 9.8 die Forderung, daß die quadratische Form

$$\sum_{i=1}^{k} \sum_{j=1}^{k} \frac{\partial^2 q}{\partial a_i \, \partial a_j} \mathrm{d}a_i \, \mathrm{d}a_j \quad (9.10)$$

positiv definit ist.

Sind in der gesuchten Funktion nur zwei Parameter a_1 und a_2 enthalten, dann ist die Minimumseigenschaft einer Lösung des Normalgleichungssystems laut Satz 9.9 schon bewiesen, wenn gilt:

$$\left.\begin{array}{l} \frac{\partial^2 q}{\partial a_1^2} \frac{\partial^2 q}{\partial a_2^2} - \left(\frac{\partial^2 q}{\partial a_1 \, \partial a_2}\right)^2 > 0 \\ \text{und} \\ \frac{\partial^2 q}{a_1^2} > 0. \end{array}\right\} \quad (9.11)$$

Beispiel 9.22

Gegeben ist eine endliche Zahlenfolge y_i für die Werte des Merkmals y. Es besteht die Gewißheit, daß das Merkmal y wesentlich durch ein anderes Merkmal x beeinflußt wird, für das ebenfalls Werte x_i vorliegen. Die Abhängigkeit des Merkmals y von x soll durch eine lineare Funktion dargestellt werden. Lineare Funktionen haben die Gestalt

$$\tilde{y} = f_{(a_1 a_2)}(x) = a_1 + a_2 x$$

mit den beiden Parametern a_1, a_2.

Die Parameter sind so zu bestimmen, daß die Summe der Quadrate der Differenzen zwischen den theoretischen Werten $\tilde{y}_i = a_1 + a_2 x_i$ und den empirischen Werten y_i minimal wird. Die partiellen Ableitungen von f nach den Parametern lauten:

$$\frac{\partial \tilde{y}_i}{\partial a_1} = 1$$

$$\frac{\partial \tilde{y}_i}{\partial a_2} = x_i.$$

Damit haben wir die Normalgleichungen (9.8) zur Bestimmung von a_1 und a_2:

$$\sum_{i=1}^{n} (a_1 + a_2 x_i - y_i) \cdot 1 = 0$$

$$\sum_{i=1}^{n} (a_1 - a_2 x_i - y_i) \, x_i = 0,$$

das heißt,

$$a_1 n \qquad + a_2 \sum_{i=1}^{n} x_i = \sum_{i=1}^{n} y_i$$

$$a_1 \sum_{i=1}^{n} x_i + a_2 \sum_{i=1}^{n} x_i^2 = \sum_{i=1}^{n} x_i y_i .$$

Eine Überprüfung der Beziehung (9.11) zeigt, daß für die Lösung dieses Gleichungssystems ein Minimum der Quadratsumme vorliegt.

Beispiel 9.23

Es soll die Abhängigkeit des Merkmals y von zwei Einflußfaktoren x und z untersucht werden. Es liegen die empirischen Werte x_i, y_i und z_i vor.
Zur Modellierung des Zusammenhangs ist eine lineare Funktion

$$\tilde{y} = f(x\ z) = a_1 + a_2 x + a_3 z$$

vorgesehen.
Die partiellen Ableitungen von $\tilde{y}_i = f(x_i\ z_i)$ nach den Parametern a_1, a_2 und a_3 lauten:

$$\frac{\partial \tilde{y}_i}{\partial a_1} = 1$$

$$\frac{\partial \tilde{y}_i}{\partial a_2} = x_i$$

$$\frac{\partial \tilde{y}_i}{\partial a_3} = z_i .$$

Damit haben wir das Normalgleichungssystem (9.7) zur Bestimmung der Parameter:

$$\sum_{i=1}^{n} (a_1 + a_2 x_i + a_3 z_i - y_i) \cdot 1 = 0$$

$$\sum_{i=1}^{n} (a_1 + a_2 x_i + a_3 z_i - y_i) \cdot x_i = 0$$

$$\sum_{i=1}^{n} (a_1 + a_2 x_i + a_3 z_i - y_i) \cdot z_i = 0 .$$

Daraus folgt

$$\left.\begin{aligned} a_1 n \qquad + a_2 \sum_{i=1}^{n} x_i \quad + a_3 \sum_{i=1}^{n} z_i \quad &= \sum_{i=1}^{n} y_i \\ a_1 \sum_{i=1}^{n} x_i + a_2 \sum_{i=1}^{n} x_i^2 \quad + a_3 \sum_{i=1}^{n} z_i x_i &= \sum_{i=1}^{n} y_i x_i \\ a_1 \sum_{i=1}^{n} z_i + a_2 \sum_{i=1}^{n} z_i x_i + a_3 \sum_{i=1}^{n} z_i^2 \quad &= \sum_{i=1}^{n} y_i z_i . \end{aligned}\right\} \qquad (9.12)$$

Die Lösung a_1, a_2, a_3 dieses Gleichungssystems liefert, wie eine Überprüfung der Bedingungen (9.8) zeigt, eine lineare Funktion $\tilde{y} = a_1 + a_2 x + a_3 z$ mit der besten Anpassung an die empirischen Werte y_i (im Sinne der kleinsten Quadratsumme).

Beispiel 9.24

Für alle Industriezweige der DDR liegen die Produktionszahlen y_i eines Jahres und die entsprechenden Werte der Grundmittel x_i und die Arbeitskräftezahlen z_i vor. Zur Modellierung der objektiv gegebenen Abhängigkeit der y_i von den x_i und z_i soll eine geeignete Produktionsfunktion der Form

$$\tilde{y} = f(x \ z) = ax^b z^c$$

ermittelt werden.

Hier sind die Parameter a, b, c zu bestimmen. Der direkte Weg über das Normalgleichungssystem (9.7) ist schwierig, weil die partiellen Ableitungen von $f(x_i \ z_i)$ nach den Parametern b und c kompliziert sind.

Wir gehen einen einfacheren Weg, indem wir die Produktionsfunktion logarithmieren. Die entstehende Funktion

$$k(\log x \ \log z) = \log f(x \ z) = \log a + b \log x + c \log z$$

ist eine lineare Funktion der Variablen $\log x$ und $\log z$. Damit ist aber das Normalgleichungssystem (9.10) des Beispiels 9.23 zur Bestimmung von a, b und c anwendbar. Nur müssen die y_i, x_i und z_i durch $\log y_i$, $\log x_i$ bzw. $\log z_i$ ersetzt werden:

$$\begin{aligned}
n \log a \quad &+ b \sum_{i=1}^{n} \log x_i &&+ c \sum_{i=1}^{n} \log z_i &&= \sum_{i=1}^{n} \log y_i \\
\log a \sum_{i=1}^{n} \log x_i &+ b \sum_{i=1}^{n} (\log x_i)^2 &&+ c \sum_{i=1}^{n} \log z_i \log x_i &&= \sum_{i=1}^{n} \log y_i \log x_i \\
\log a \sum_{i=1}^{n} \log z_i &+ b \sum_{i=1}^{n} \log z_i \log x_i &&+ c \sum_{i=1}^{n} (\log z_i)^2 &&= \sum_{i=1}^{n} \log y_i \log z_i .
\end{aligned}$$

Die Lösung a, b, c dieses Gleichungssystems liefert dann die gesuchte lineare Funktion k und damit die Produktionsfunktion f. Es muß allerdings beachtet werden, daß f jetzt die günstigste Anpassung an die empirischen Werte nicht in dem Sinne darstellt, daß die Quadratsumme der Abweichungen zwischen empirischen und theoretischen Produktionszahlen minimal wird, sondern in dem Sinne, daß die Quadratsumme der Abweichungen zwischen den Logarithmen von empirischen und theoretischen Werten minimal wird.

Aufgaben

9.1.1 Stellen Sie die Funktion

$$y = \frac{1}{2}x + \frac{1}{2}z \quad \text{für} \quad -1 \leqq x \leqq 1, \quad -1 \leqq z \leqq 1$$

geometrisch dar!

9.2.2 Die produzierte Menge eines bestimmten Erzeugnisses wird wesentlich durch die Faktoren v, w, x und z bestimmt. Die Produktionsfunktion lautet

$$y = f(v \ w \ x \ z) = a_1 v - a_2 w^2 + a_3 \sqrt{xz}.$$

Bestimmen Sie die partiellen Ableitungen nach den einzelnen Faktoren!

9.2.3 Die Abhängigkeit der Nachfrage nach einer bestimmten Ware vom Preis p_1 dieser Ware und vom Preis p_2 einer ähnlichen Ware werde angenähert durch folgende Funktion wiedergegeben:

$$y = f(p_1 \ p_2) = 10 - p_1 + p_2^2.$$

Berechnen Sie die partiellen Nachfrageelastizitäten!

9.2.4 Bestimmen Sie die zweiten partiellen Ableitungen der Nachfragefunktion

$$y = f(p_1\, p_2) = 3{,}5 - 2p_1^2 + p_2^2.$$

9.2.5 Die Arbeitsproduktivität p_a ist der Quotient aus dem gesamten Produktionsvolumen q und dem Gesamtaufwand an lebendiger Arbeit t:

$$p_a = f(q\, t) = \frac{q}{t}.$$

Der Betrag des Fehlers bei der Bestimmung des Produktionsvolumens sei geringer als δq und der des Fehlers bei der Bestimmung der aufgewendeten Arbeit liege unterhalb von δt. Geben Sie eine obere Schranke für den Fehler der berechneten Arbeitsproduktivität an!

9.3.6 Bestimmen Sie sämtliche Extremwerte der für alle Werte von x und z definierten Funktion

$$y = f(x\, z) = 6x - 5z + 3x^2 + 2{,}5z^2.$$

9.3.7 Die Abhängigkeit eines statistischen Merkmals y von einem Merkmal x soll durch eine quadratische Regressionsfunktion

$$\tilde{y} = f(x) = a_1 + a_2x + a_3x^2$$

bei bestmöglicher Annäherung an die empirischen Werte y_i dargestellt werden.

Entwicklen Sie die Normalgleichungen zur Bestimmung der geeignetsten Parameter a_1, a_2 und a_3 mit Hilfe der Methode der kleinsten Quadrate!

10.
Integralrechnung mit einer unabhängigen Variablen

10. Integralrechnung mit einer unabhängigen Variablen

10.1. Unbestimmtes Integral

10.1.1. Stammfunktion

Es sei die Funktion $f(x)$ in einem beliebigen Intervall I gegeben.

Definition 10.1

Eine in I differenzierbare Funktion $F(x)$ heißt eine Stammfunktion oder ein unbestimmtes Integral von $f(x)$ in I, falls dort gilt

$$F'(x) = f(x). \tag{10.1}$$

Als eine Schreibweise für die Stammfunktion $F(x)$ verwendet man

$$F(x) = \int f(x)\,\mathrm{d}x. \tag{10.2}$$

Die Beziehungen (10.1) und (10.2) sagen dasselbe aus. Ist bei der Differentiationsaufgabe die Stammfunktion $F(x)$ gegeben und ihre Ableitung $f(x)$ zu bestimmen, so erhalten wir jetzt die umgekehrte Aufgabenstellung. Die Ableitung $f(x)$ ist gegeben, die Stammfunktion $F(x)$ gesucht.

Satz 10.1

Ist $F(x)$ eine Stammfunktion von $f(x)$ in I, so ist für jede beliebige Konstante c auch

$$F(x) + c$$

eine solche Stammfunktion. Jede Stammfunktion $F_0(x)$ von $f(x)$ in I ist für ein geeignetes c in dieser Form enthalten.

Beweis

Wegen $F'(x) = f(x)$ in I ist auch $(F(x) + c)' = f(x)$.
Also ist $F(x) + c$ Stammfunktion von $f(x)$ in I. Für $F_0(x) - F(x)$ gilt in I $(F_0(x) - F(x))' = F_0'(x) - F'(x) = f(x) - f(x) = 0$. Daraus folgt (vergleiche Kapitel 8) $F_0(x) - F(x) = c_0$ in I. $F_0(x) = F(x) + c_0$ ist dann die behauptete Darstellung für die Stammfunktion $F_0(x)$.

Nach diesem Satz ist die Stammfunktion $F(x)$ zu einer gegebenen Funktion $f(x)$ nur bis auf eine additive Konstante eindeutig bestimmt. Die Existenz von Stammfunktionen wird im Abschnitt 10.2. im Zusammenhang mit dem bestimmten Integral untersucht.
Es soll nachdrücklich bemerkt werden, daß das Zeichen $\int f(x)\,\mathrm{d}x$ bei Zugrundelegung eines Intervalls I, in dem $f(x)$ überhaupt eine Stammfunktion $F(x)$ besitzt, für die Funktionen einer Menge steht, nämlich für die Funktionen $F(x) + c$ (c beliebige Konstante, siehe Satz 10.1).
Bei Verwendung des Zeichens $\int f(x)\,\mathrm{d}x$ ist Vorsicht geboten, insbesondere beim Gebrauch des Gleichheitszeichens. Zum Beispiel darf man aus

$$\int f(x)\,\mathrm{d}x = F_1(x) \quad \text{und} \quad \int f(x)\,\mathrm{d}x = F_2(x)$$

im allgemeinen nicht schließen, daß $F_1(x) = F_2(x)$ ist, sondern nur, daß sich $F_2(x)$ von $F_1(x)$ um eine additive Konstante unterscheidet. Um daran zu erinnern, ist die Schreibweise $\int f(x)\,\mathrm{d}x = F(x) + c$ üblich. Ein exakter Gebrauch des Zeichens $\int f(x)\,\mathrm{d}x$ für das unbestimmte Integral in einem festen Intervall I ist dann möglich, wenn man unter $\int f(x)\,\mathrm{d}x$ die Menge aller Stammfunktionen von $f(x)$ in I versteht. Zur Vereinfachung wird im folgenden die additive Konstante c, auch Integrationskonstante genannt, weggelassen.

10.1.2. Grundregeln zur Ermittlung unbestimmter Integrale

Grundintegrale und einfachste Grundregeln

Die bekannten Differentiationsregeln der einfachen elementaren Funktionen geben in ihrer Umkehrung sofort eine Reihe von Integrationsformeln, die wir die *Grundintegrale* nennen. So führt die Differentiationsformel

$$\frac{d}{\mathrm{d}x}\ln|x| = \frac{1}{x}$$

zu der Integrationsformel

$$\int \frac{1}{x}\,\mathrm{d}x = \ln|x| + c.$$

Von der Richtigkeit der folgenden Formeln, die analog gewonnen werden, überzeugt man sich durch die Differentiation der rechten Seiten. Nochmals sei bemerkt, daß die Integrationskonstante c weggelassen wird.

$$\int x^n\,\mathrm{d}x = \frac{x^{n+1}}{n+1}$$

($n \neq -1$, ganze Zahl; ist $n < -1$, dann zusätzliche Einschränkung $x \neq 0$) (10.3)

$$\int x^\alpha \, dx = \frac{x^{\alpha+1}}{\alpha + 1} \quad (\alpha \neq -1, \text{ reelle Zahl}, x \neq 0) \tag{10.4}$$

$$\int \frac{dx}{x} = \ln |x| \quad (x \neq 0) \tag{10.5}$$

$$\int a^x \, dx = \frac{a^x}{\ln a} \quad (0 < a < 1 \text{ oder } a > 1) \tag{10.6}$$

$$\int e^x \, dx = e^x \tag{10.7}$$

$$\int \cos x \, dx = \sin x \tag{10.8}$$

$$\int \sin x \, dx = -\cos x \tag{10.9}$$

$$\int \frac{dx}{\cos^2 x} = \tan x \quad \left(x \neq \frac{\pi}{2} + k\pi, k = 0, \pm 1, \ldots\right) \tag{10.10}$$

$$\int \frac{dx}{\sin^2 x} = -\cot x \quad (x \neq k\pi, k = 0, \pm 1, \ldots) \tag{10.11}$$

$$\int \cosh x \, dx = \sinh x \tag{10.12}$$

$$\int \sinh x \, dx = \cosh x \tag{10.13}$$

$$\int \frac{dx}{\cosh^2 x} = \tanh x \tag{10.14}$$

$$\int \frac{dx}{\sinh^2 x} = -\coth x \quad (x \neq 0) \tag{10.15}$$

$$\int \frac{dx}{\sqrt{1 - x^2}} = \arcsin x + c_1 = -\arccos x + c_2 \quad (|x| < 1) \tag{10.16}$$

$$\int \frac{dx}{1 + x^2} = \arctan x + c_1 = -\operatorname{arccot} x + c_2 \tag{10.17}$$

$$\int \frac{dx}{\sqrt{1 + x^2}} = \operatorname{arsinh} x = \ln \left(x + \sqrt{1 + x^2}\right) \tag{10.18}$$

$$\int \frac{dx}{\sqrt{x^2 - 1}} = \ln \left|x + \sqrt{x^2 - 1}\right| = \begin{cases} \operatorname{arcosh} x & \text{für } x > 1 \\ -\operatorname{arcosh}(-x) & \text{für } x < -1 \end{cases} \tag{10.19}$$

$$\int \frac{dx}{1 - x^2} = \frac{1}{2} \ln \left|\frac{x + 1}{x - 1}\right| = \begin{cases} \operatorname{artanh} x & \text{für } |x| < 1 \\ \operatorname{arcoth} x & \text{für } |x| > 1 \end{cases}. \tag{10.20}$$

Falls die Funktionen $f_i(x)$ ($i = 1, 2, \ldots, p$) je ein unbestimmtes Integral besitzen, gilt (c_i, $i = 1, 2, \ldots, p$, konstant)

$$\begin{aligned} &\int (c_1 f_1(x) + c_2 f_2(x) + \cdots + c_p f_p(x)) \, dx \\ &= c_1 \int f_1(x) \, dx + c_2 \int f_2(x) \, dx + \cdots + c_p \int f_p(x) \, dx. \end{aligned} \tag{10.21}$$

Von der Gültigkeit der Formel (10.21) überzeugt man sich durch Differentiation der rechten Seite nach der Regel über die Differentiation einer Summe (Kapitel 8). Speziell erhält man aus Formel (10.21) die Beziehungen

$$\int cf(x)\,dx = c\int f(x)\,dx \quad (c \text{ konstant}) \tag{10.22}$$

und

$$\int (f(x) \pm g(x))\,dx = \int f(x)\,dx \pm \int g(x)\,dx. \tag{10.23}$$

Ein konstanter Faktor darf also vor das Integralzeichen gesetzt, eine Summe oder Differenz darf gliedweise integriert werden.

Beispiel 10.1

$$\int\left(2e^x - \frac{3}{x}\right)dx = 2\int e^x\,dx - 3\int\frac{1}{x}\,dx = 2e^x - 3\ln|x| + c \quad (x \neq 0).$$

Zur Problematik des Aufsuchens einer Stammfunktion sei bemerkt, daß schon einfach gebaute Funktionen wie $\frac{\sin x}{x}$, $\frac{1}{\ln x}$ und e^{-x^2} Stammfunktionen besitzen, die nicht mit Hilfe elementarer Funktionen dargestellt werden können. Hierin besteht ein großer Unterschied zur Differentialrechnung, da jede elementare Funktion eine Ableitung hat, die wiederum elementare Funktion ist (vgl. Kapitel 8.).
Die Technik des Integrierens besteht in dem Versuch, durch Anwendung verschiedener Integrationsregeln das zu bestimmende Integral auf Grundintegrale zurückzuführen. Dabei bieten Integraltafeln eine wertvolle Hilfe [10.4], [10.5].

Partielle Integration

Satz 10.2

Im Intervall I seien die Funktionen $f(x)$ und $g(x)$ differenzierbar, und $f'(x)\,g(x)$ besitze dort eine Stammfunktion, dann gilt

$$\int f(x)\,g'(x)\,dx = f(x)\,g(x) - \int f'(x)\,g(x)\,dx. \tag{10.24}$$

Die rechte Seite von (10.24) ist also eine Stammfunktion von $f(x)\,g'(x)$.

Beweis

Nach den Voraussetzungen des Satzes 10.2 ist die rechte Seite von (10.24) in I definiert und dort differenzierbar. Unter Verwendung der Produktregel der Differentialrechnung (Kapitel 8) erhält man für die Ableitung der rechten Seite von (10.24) $f'(x)\,g(x) + f(x)\,g'(x) - f'(x)\,g(x) = f(x)\,g'(x)$, das heißt den Integranden der linken Seite von (10.24).

Diese Formel wird die Regel über die *partielle Integration* genannt, sie gibt Hinweise, wie man gegebenenfalls ein unbestimmtes Integral der Gestalt $\int u(x)\,v(x)\,dx$ berechnen kann. Kennt man für einen der beiden Faktoren des Integranden, etwa für $v(x)$, eine Stammfunktion $V(x)$, so daß $V'(x) = v(x)$ ist, dann gilt nach (10.24)

$$\int u(x)\cdot v(x)\,dx = u(x)\,V(x) - \int u'(x)\,V(x)\,dx.$$

Die Formel (10.24) stellt dann Erfolge für die Bestimmung einer Stammfunktion der linken Seite in Aussicht, wenn das auf der rechten Seite stehende Integral einfacher ist als das gegebene. Wenn wir unter dem Differential einer differenzierbaren Funktion $f(x)$ zunächst nichts anderes als den formalen Ausdruck $f'(x)\,dx$ verstehen wollen, in Zeichen: $df = f'(x)\,dx$, dann kann man (10.24) die folgende Form geben

$$\int f\,dg = fg - \int g\,df. \tag{10.25}$$

Beispiel 10.2

$\int xe^x \, dx$

Wir setzen $f(x) = x$, $g'(x) = e^x$. Nach der Regel der partiellen Integration gilt

$$\int x\,e^x \, dx = x\,e^x - \int 1\,e^x \, dx = (x-1)\,e^x. \qquad (10.26)$$

Beispiel 10.3

$I_n(x) = \int x^n e^x \, dx \quad (n \geqq 1\text{, ganz}).$

Wir setzen $f(x) = x^n$, $g'(x) = e^x$. Dann gilt nach (10.24) $\int x^n e^x \, dx = x^n e^x - n \int x^{n-1} e^x \, dx$. Diese Gleichung stellt wegen $I_n = x^n e^x - nI_{n-1}$ eine Rekursionsformel dar. Das Auffinden einer Stammfunktion für I_n wird auf die Integration von I_{n-1} zurückgeführt. Geht man von n über $n-1$ zu niedrigeren Werten von n zurück, bis man bei $n = 1$ und $n = 0$ ($I_0(x) = e^x$) angelangt ist, so kann man mit der jeweiligen Rekursionsformel durch eine Kette von Substitutionen $I_n(x)$ erhalten:

$$I_n(x) = e^x(x^n - nx^{n-1} + n(n-1)\,x^{n-2} - + \cdots + (-1)^n\, n!).$$

Beispiel 10.4

$\int \ln x \, dx \quad (x > 0).$

Wird $f(x) = \ln x$ und $g'(x) = 1$ gesetzt, so gilt $f'(x) = \frac{1}{x}$, $g(x) = x$;

$$\int \ln x \, dx = x \ln x - \int \frac{1}{x}\, x \, dx = x(\ln x - 1).$$

Substitutionsregel

Satz 10.3

In einem t-Intervall J_t sei $g(t)$ eine differenzierbare Funktion, und $x = g(t)$ nehme in J_t die Werte des x-Intervalles J_x an, so daß für eine Funktion $f(x)$ in J_x die zusammengesetzte Funktion $f(g(t))$ in J_t definiert ist. Besitzt $f(x)$ in J_x eine Stammfunktion, dann hat auch $f(g(t)) \cdot g'(t)$ eine Stammfunktion, und es gilt

$$\left[\int f(x)\, dx\right]_{x = g(t)} = \int f(g(t)) \cdot g'(t)\, dt. \qquad (10.27)$$

Diese Beziehung heißt Substitutionsregel für unbestimmte Integrale. Ist $x = g(t)$ eine umkehrbare Funktion $\left(t = \overset{-1}{g}(x)\right)$, so läßt sich die Formel (10.27) wie folgt formulieren:

$$\int f(x)\, dx = \left[\int f(g(t))\, g'(t)\, dt\right]_{t = \overset{-1}{g}(x)}. \qquad (10.28)$$

In einfacher aber einprägsamer Form lautet die Substitutionsregel

$$\int f(x)\, dx = \int f(g)\, dg.$$

Die Gleichung (10.27) bzw. (10.28) gibt die Möglichkeit, unter dem Integral eine neue Variable einzuführen.

Beispiel 10.5

Als Anwendung der Substitutionsregel (10.27) sei zunächst das Integral

$$\int \frac{h'(t)}{h(t)}\, dt$$

zu berechnen. Setzt man $x = h(t)$, also $dx = h'(t)\,dt$, so folgt

$$\int \frac{h'(t)}{h(t)}\,dt = \left[\int \frac{dx}{x}\right]_{x=h(t)} = \Big[\ln|x|\Big]_{x=h(t)} = \ln|h(t)|. \tag{10.29}$$

Das Ergebnis besagt: Ist der Integrand ein Quotient, bei dem im Zähler die Ableitung des Nenners steht, so ist das unbestimmte Integral gleich dem Logarithmus des Absolutbetrages des Nenners.

Beispiel 10.6

$$\int \frac{t}{1+t^2}\,dt = \frac{1}{2}\int \frac{(1+t^2)'}{1+t^2}\,dt = \frac{1}{2}\ln(1+t^2).$$

Beispiel 10.7

Ein weiteres allgemeines Beispiel für die Anwendung der Substitutionsregel (10.27) ist der Fall, daß der Integrand als Produkt einer Funktion $h(t)$ mit ihrer Ableitung $h'(t)$ dargestellt werden kann. Es gilt

$$\int h(t)\,h'(t)\,dt = \left[\int x\,dx\right]_{x=h(t)} = \left[\frac{x^2}{2}\right]_{x=h(t)} = \frac{h^2(t)}{2}, \tag{10.30}$$

ein Ergebnis, das auch durch die Anwendung der partiellen Integration hätte erhalten werden können.

Im folgenden seien Beispiele für die Substitutionsregel in der Form (10.28) angeführt. Im Unterschied zu (10.27) wird von der Funktion $x = g(t)$ zusätzlich gefordert, daß sie umkehrbar sei.

Beispiel 10.8

Das Integral

$\int f(ax+b)\,dx \qquad (a \neq 0)$

soll berechnet werden. Setzt man $t = ax + b = \overset{-1}{g}(x)$, also $x = g(t) = \frac{t-b}{a}$, $dx = g'(t)\,dt = \frac{1}{a}\,dt$ und $f(ag(t)+b) = f(t)$, so erhält man nach (10.28)

$$\int f(ax+b)\,dx = \left[\int f(ag(t)+b)\,g'(t)\,dt\right]_{t=ax+b} = \frac{1}{a}\left[\int f(t)\,dt\right]_{t=ax+b} = \frac{1}{a}\Big[F(t)\Big]_{t=ax+b}$$
$$= \frac{1}{a}F(ax+b),$$

falls $f(t)$ eine Stammfunktion $F(t)$ besitzt.

Beispiel 10.9

$$\int \sin(2x+3)\,dx = \frac{1}{2}\left[\int \sin t\,dt\right]_{t=2x+3} = -\frac{1}{2}\Big[\cos t\Big]_{t=2x+3} = -\frac{1}{2}\cos(2x+3).$$

Ein allgemeingültiges Rezept für die Anwendung der Substitutionsregel gibt es nicht. Leider läßt sich das Integrieren nicht wie etwa das Differenzieren nach den bekannten Regeln schematisch durchführen. Beim Integrieren werden oft Einfälle und Überlegungen gebraucht, für die jedoch umfangreiche Übung eine bedeutende Hilfe sein kann.

10.1.3. Partialbruchzerlegung rationaler Funktionen

Unter einer *rationalen Funktion* $R(x)$ versteht man den Quotienten zweier Polynome

$$R(x) = \frac{P_m(x)}{Q_n(x)} = \frac{a_m x^m + a_{m-1}x^{m-1} + \cdots + a_1 x + a_0}{b_n x^n + b_{n-1}x^{n-1} + \cdots + b_1 x + b_0} \quad (a_m, b_n \neq 0),$$

wobei $P_m(x)$ ein beliebiges Polynom vom Grade m in x und $Q_n(x)$ ein solches vom Grade n in x sind, wobei das Nennerpolynom $Q_n(x)$ nicht identisch Null sein darf. Die Koeffizienten a_i $(i = 0, 1, \ldots, m)$ und b_j $(j = 0, 1, \ldots, n)$ sind reelle Konstanten.

Definition 10.2

Ist $m \geqq n$, so heißt $R(x) = \dfrac{P_m(x)}{Q_n(x)}$ eine unecht gebrochene rationale Funktion. Für $m < n$ nennt man $R(x)$ eine echt gebrochene rationale Funktion.

Da ein Polynom n-ten Grades höchstens n reelle Nullstellen besitzt, ist eine rationale Funktion $R(x)$ überall auf der x-Achse, mit Ausnahme der endlich vielen Nullstellen des Nennerpolynoms, definiert. Für Nennerpolynome, die keine reellen Nullstellen besitzen, wie zum Beispiel $Q_2(x) = x^2 + 1$, sind rationale Funktionen für jedes x erklärt.

Satz 10.4

Jede unecht gebrochene rationale Funktion $R(x) = \dfrac{P_m(x)}{Q_n(x)}$ läßt sich additiv zerlegen in ein Polynom $S_{m-n}(x)$ vom Grade $(m - n)$ und eine echt gebrochene rationale Funktion

$$R_1(x) = \frac{T_p(x)}{Q_n(x)} \quad (p < n), \tag{10.31}$$

so daß

$$R(x) = S_{m-n}(x) + R_1(x)$$

gilt.

Diese Zerlegung kann mit Hilfe der Polynomdivision erzeugt werden.

Beispiel 10.10

Gegeben ist die unecht gebrochene rationale Funktion $R(x) = \dfrac{2x^4 - 11x^3 + x^2 + 1}{x^2 - 1}$. Mit Hilfe des Divisionsalgorithmus für Polynome erhält man:

$$\begin{array}{lllll}
(2x^4 & -\,11x^3 & +\,x^2 & & +\,1) : (x^2 - 1) = 2x^2 - 11x + 3 \\
-2x^4 & & +\,2x^2 & & \\
\hline
 & -\,11x^3 & +\,3x^2 & & \\
 & +\,11x^3 & & -\,11x & \\
\hline
 & & 3x^2 & -\,11x & +\,1 \\
 & & -\,3x^2 & & +\,3 \\
\hline
 & & & -\,11x & +\,4
\end{array}$$

$$R(x) = \frac{2x^4 - 11x^3 + x^2 + 1}{x^2 - 1} = 2x^2 - 11x + 3 + \frac{-11x + 4}{x^2 - 1}.$$

Satz 10.5

Ist $P(x)$ ein Polynom n-ten Grades ($n \geqq 1$) und x_1 eine Nullstelle von $P(x)$, so kann $P(x)$ wie folgt zerlegt werden:

$$P(x) = (x - x_1)\, P_1(x),$$

wobei $P_1(x)$ ein Polynom vom Grade $n - 1$ ist.

Beweis

Nach dem Satz 10.4 gilt

$R(x) = \dfrac{P(x)}{x - x_1} = P_1(x) + \dfrac{c}{x - x_1}$, wobei $P_1(x)$ den Grad $(n - 1)$ hat. Hieraus folgt $P(x) = P_1(x)\,(x - x_1) + c$, so daß wegen $0 = P(x_1) = P_1(x_1)\,(x_1 - x_1) + c$ gilt $c = 0$ und damit $P(x) = (x - x_1)\, P_1(x)$.

Ist in Formel 10.31 das sogenannte Restpolynom $T_p(x)$ das Nullpolynom ($T_p(x) \equiv 0$), das heißt $P_m(x) = S_{m-n}(x) Q_n(x)$, so sagt man, das Polynom $P_m(x)$ sei durch $Q_n(x)$ teilbar. $S_{m-n}(x)$ und $Q_n(x)$ nennt man Teiler von $P_m(x)$.

Jedes Polynom $P(x)$ besitzt die Konstanten $c \neq 0$ und die Polynome $cP(x)$ als Teiler. Diese sind die unechten Teiler von $P(x)$. Falls es weitere Teiler von $P(x)$ überhaupt gibt, so heißen diese echte Teiler.

Definition 10.3

Ein Polynom, das keine echten Teiler besitzt, nennen wir ein Primpolynom.

Für eine Nullstelle x_0 des Polynoms $P(x)$ ist $(x - x_0)$ nach Satz 10.5 ein echter Teiler von $P(x)$ und zugleich ein Primpolynom.

Es läßt sich zeigen, daß es für Polynome mit reellen Koeffizienten nur lineare und quadratische Primpolynome gibt.

Jedes Polynom läßt sich in eindeutiger Weise (bis auf die Reihenfolge der Faktoren und multiplikative Konstanten) als Produkt von Primpolynomen darstellen [10.1]. Im allgemeinen ist es schwierig, diese Faktorzerlegung anzugeben.

Definition 10.4

Ist $Q(x)$ ein Primpolynom, so nennt man die rationale Funktion

$$R(x) = \frac{P(x)}{(Q(x))^n}, \quad n \geqq 1,$$

einen Partialbruch, falls der Grad von $P(x)$ kleiner als der Grad von $Q(x)$ ist.

Für die Primpolynome $(x - x_0)$ und $((x - \alpha)^2 + \beta^2)$ sind

$$\frac{A_n}{(x - x_0)^n} \quad (n \geqq 1) \quad \text{und} \quad \frac{M_n x + N_n}{((x - \alpha)^2 + \beta^2)^n} \quad (n \geqq 1) \tag{10.32}$$

(A_n, M_n, N_n reelle Konstanten)

nach Definition 10.4 (reelle) Partialbrüche.

Dann gilt der folgende, für die Integration rationaler Funktionen, wichtige Satz.

Satz 10.6

Jede echt gebrochene rationale Funktion $\frac{T_p(x)}{Q_n(x)}$ *(vergleiche (10.31)) läßt sich in eindeutiger Weise als Summe von endlich vielen Partialbrüchen der Form (10.32) darstellen. Dabei wird in der reellen Faktorzerlegung von* $Q_n(x)$ *nach Primpolynomen jedem Teil der Form* $(x - x_0)^k$ $(k \geqq 1)$ *eine Summe von Partialbrüchen*

$$\frac{A_1}{x - x_0} + \frac{A_2}{(x - x_0)^2} + \cdots + \frac{A_{k-1}}{(x - x_0)^{k-1}} + \frac{A_k}{(x - x_0)^k}$$

zugeordnet. Jedem Teil der Form $((x - \alpha)^2 + \beta^2)^m$ $(m \geqq 1)$ *wird eine Summe von Partialbrüchen*

$$\frac{M_1 x + N_1}{(x - \alpha)^2 + \beta^2} + \frac{M_2 x + N_2}{((x - \alpha)^2 + \beta^2)^2} + \cdots + \frac{M_m x + N_m}{((x - \alpha)^2 + \beta^2)^m}$$

zugeordnet.

Zum Beweis dieses Satzes verweisen wir auf [10.1]. Im folgenden werden Methoden zur Bestimmung der Koeffizienten A_i, M_i, N_i behandelt.

Rechnerische Herstellung der Partialbruchzerlegung

Für die Erläuterung von drei Methoden zur Bestimmung der Koeffizienten aus den Partialbrüchen (10.32) des Satzes 10.6 wird die echt gebrochene rationale Funktion

$$f(x) = \frac{x^2 + 1}{x^3 - x} \tag{10.33}$$

gewählt.

Methode des Koeffizientenvergleichs

Das Nennerpolynom von (10.33) besitzt die Faktorzerlegung in Primpolynome $x^3 - x = x(x - 1)(x + 1)$, und nach Satz 10.6 gilt der Ansatz

$$\frac{x^2 + 1}{x^3 - x} = \frac{A_1}{x} + \frac{B_1}{x - 1} + \frac{C_1}{x + 1}. \tag{10.34}$$

Multipliziert man (10.34) mit dem Nennerpolynom $x(x - 1)(x + 1)$ der gegebenen rationalen Funktion (10.33), so erhält man

$$x^2 + 1 = A_1(x^2 - 1) + B_1 x(x + 1) + C_1 x(x - 1).$$

Bringt man das rechts stehende Polynom auf die Normalform eines Polynoms, so muß es mit dem links stehenden identisch sein. Durch Vergleich der Koeffizienten ergeben sich die Gleichungen

$$\begin{aligned} 1 &= A_1 + B_1 + C_1, \\ 0 &= \phantom{A_1 + {}} B_1 - C_1, \\ 1 &= -A_1. \end{aligned}$$

Aus diesen erhält man für die unbekannten Zähler A_1, B_1, C_1 die Werte $A_1 = -1$, $B_1 = C_1 = 1$. Daher ist

$$f(x) = -\frac{1}{x} + \frac{1}{x - 1} + \frac{1}{x + 1} \tag{10.35}$$

die gesuchte Partialbruchzerlegung der rationalen Funktion $f(x)$ in (10.33).

Die entstehenden linearen Gleichungen besitzen stets genau eine Lösung, da Existenz und Eindeutigkeit einer Partialbruchzerlegung der Form (10.34) durch Satz 10.6 von vornherein gesichert ist.

Grenzwertmethode

Sollen die Koeffizienten A_1, B_1, C_1 der Zerlegung (10.34) bestimmt werden, so multipliziere man diese Gleichung zunächst mit der höchsten vorkommenden Potenz eines der Linearfaktoren. Da im Nennerpolynom von (10.33) sämtliche Linearfaktoren in der ersten Potenz vorkommen, ist hier die Auswahl eines Linearfaktors beliebig. Wir multiplizieren mit x und erhalten

$$\frac{x^2+1}{x^2-1} = A_1 + x\left[\frac{B_1}{x-1} + \frac{C_1}{x+1}\right].$$

Für $x \to 0$ erhält man sofort $A_1 = -1$. Multiplikation des Ansatzes (10.34) mit $x - 1$ ergibt

$$\frac{x^2+1}{x(x+1)} = B_1 + (x-1)\left[\frac{A_1}{x} + \frac{C_1}{x+1}\right].$$

Beim Grenzübergang $x \to 1$ entsteht $B_1 = 1$. Schließlich ergibt die Multiplikation von (10.34) mit $x + 1$

$$\frac{x^2+1}{x(x-1)} = C_1 + (x+1)\left[\frac{A_1}{x} + \frac{B_1}{x-1}\right].$$

Der Grenzübergang $x \to -1$ liefert $C_1 = 1$.

Diese Methode ist am bequemsten, wenn der Nenner der gegebenen rationalen Funktion nur *einfache reelle Nullstellen* hat, wie es bei der Funktion in (10.33) der Fall ist. Die Grenzwertmethode führt auch schnell zum Ziel, wenn der Nenner der vorgelegten rationalen Funktion nur Potenzen von Linearfaktoren enthält.

Methode des Einsetzens spezieller Werte

Zur Bestimmung der Koeffizienten ist es manchmal bequem, so viele spezielle, von den Nullstellen des Nenners verschiedene Werte für x einzusetzen, wie unbekannte Koeffizienten zu bestimmen sind. Setzt man im Ansatz (10.34) für x nacheinander die Werte

$$-\frac{1}{2},\ \frac{1}{2},\ 2$$

ein, so erhält man die Gleichungen

$$\frac{5}{3} = -A_1 - \frac{1}{3}B_1 + C_1,$$

$$-\frac{5}{3} = A_1 - B_1 + \frac{1}{3}C_1,$$

$$\frac{5}{3} = A_1 + 2B_1 + \frac{2}{3}C_1.$$

Hieraus folgt

$$A_1 = -1; \quad B_1 = C_1 = 1.$$

Zur Anwendung der drei behandelten Methoden sei bemerkt, daß es oft sehr vorteilhaft ist, die den höchsten Potenzen der Linearfaktoren entsprechenden Unbekannten nach der Grenzwertmethode, die übrigen nach der Methode des Koeffizientenvergleichs zu bestimmen. Außerdem ist es zweckmäßig, *vor* dem Ansatz der Partialbruchzerlegung für eine echt gebrochene rationale Funktion eine Division von Zähler und Nenner durch eventuell vorhandene gemeinsame Teiler von Zähler und Nenner durchzuführen.

Beispiel 10.11

Für die rationale Funktion

$$R(x) = \frac{(x+1)(3x^2+2x+1)}{(x+1)^3(x^2+1)}$$

ist die Partialbruchzerlegung anzugeben. Zunächst gilt für $x \neq -1$

$$R(x) = \frac{3x^2+2x+1}{(x+1)^2(x^2+1)} = \frac{A_1}{x+1} + \frac{A_2}{(x+1)^2} + \frac{M_1x+N_1}{x^2+1}.$$

Durch Multiplikation beider Seiten mit $(x+1)^2$ erhält man

$$\frac{3x^2+2x+1}{x^2+1} = A_2 + (x+1)\left[A_1 + (x+1)\frac{M_1x+N_1}{x^2+1}\right].$$

Mit der Grenzwertmethode erhalten wir für $x \to -1$ hieraus $A_2 = 1$. Um die Koeffizientenvergleichsmethode anwenden zu können, multiplizieren wir den Ansatz für die Partialbruchzerlegung mit dem Nenner $(x+1)^2(x^2+1)$ und erhalten

$$3x^2+2x+1 = A_1(x+1)(x^2+1) + x^2+1 + (M_1x+N_1)(x+1)^2. \tag{10.36}$$

Hieraus ergeben sich die Gleichungen

$$\begin{aligned} 0 &= A_1 + M_1, \\ 3 &= A_1 + 2M_1 + N_1 + 1, \\ 2 &= A_1 + M_1 + 2N_1, \\ 1 &= A_1 + N_1 + 1. \end{aligned}$$

Daraus folgt $M_1 = N_1 = 1$, $A_1 = -1$. Es gilt daher die Zerlegung

$$R(x) = \frac{3x^2+2x+1}{(x+1)^2(x^2+1)} = -\frac{1}{x+1} + \frac{1}{(x+1)^2} + \frac{x+1}{x^2+1}.$$

Eine weitere Möglichkeit, die Konstanten A_1, M_1 und N_1 aus (10.36) zu bestimmen, besteht in der Addition von $-(x^2+1)$ auf beiden Seiten der Gleichung (10.36). Dadurch erhalten wir

$$2x(x+1) = (x+1)[A_1(x^2+1) + (M_1x+N_1)(x+1)].$$

Division mit $x+1$ für $x \neq -1$ liefert

$$2x = A_1(x^2+1) + (M_1x+N_1)(x+1). \tag{10.37}$$

Entweder man vergleicht die Koeffizienten auf beiden Seiten oder wendet die Grenzwertmethode an. Für $x \to -1$ erhalten wir sofort $A_1 = -1$. Nach erneuter Umformung von (10.37) für $A_1 = -1$ lesen wir aus

$$(x+1)^2 = (x+1)(M_1x+N_1)$$

sofort $M_1 = N_1 = 1$ ab.

10.1.4. Integration rationaler Funktionen

Die Differentiation einer rationalen Funktion ergibt wieder eine rationale Funktion, während das unbestimmte Integral einer solchen Funktion nicht rational zu sein braucht, wie folgende Beispiele zeigen:

$$\int \frac{\mathrm{d}x}{x-a} = \ln|x-a|, \tag{10.38}$$

$$\int \frac{\mathrm{d}x}{(x-a)^2+b^2} = \frac{1}{b}\arctan\left(\frac{x-a}{b}\right). \tag{10.39}$$

Wir stellen uns die Aufgabe, zu einer beliebigen rationalen Funktion ein unbestimmtes Integral anzugeben. Nach Satz 10.4 kann jede rationale Funktion additiv in ein Polynom und eine echt gebrochene rationale Funktion zerlegt werden. Die Integration von Polynomen kann leicht durchgeführt werden (Grundintegral (10.3)). Nach Satz 10.6 über die Partialbruchzerlegung echt gebrochener rationaler Funktionen sind die Partialbrüche bis auf konstante Faktoren von einem der folgenden Typen:

$$\frac{1}{x-a}, \tag{10.40}$$

$$\frac{1}{(x-a)^n} \quad (n \geqq 2), \tag{10.41}$$

$$\frac{cx+d}{(x-a)^2+b^2}, \tag{10.42}$$

$$\frac{cx+d}{((x-a)^2+b^2)^n} \quad (n \geqq 2). \tag{10.43}$$

Die Integration einer beliebigen rationalen Funktion ist durchführbar, wenn diese vier Typen einzeln integriert werden können. Die Integration von (10.40) ist durch (10.38) bereits erledigt. Für $n \geqq 2$ erhält man sofort

$$\int \frac{1}{(x-a)^n}\,\mathrm{d}x = -\frac{1}{n-1}\,\frac{1}{(x-a)^{n-1}}. \tag{10.44}$$

Nach einer Umformung kann zu (10.42) ein unbestimmtes Intergral mit Hilfe von (10.29) und (10.39) wie folgt angegeben werden:

$$\begin{aligned} \int \frac{cx+d}{(x-a)^2+b^2}\,\mathrm{d}x &= \frac{c}{2}\int \frac{2(x-a)+2\left(a+\frac{d}{c}\right)}{(x-a)^2+b^2}\,\mathrm{d}x \\ &= \frac{c}{2}\ln\left((x-a)^2+b^2\right) + \frac{ac+d}{b}\arctan\left(\frac{x-a}{b}\right). \end{aligned} \tag{10.45}$$

Es bleibt noch (10.43) zu betrachten. Durch einfache Substitutionen gelangt man zu einem übersichtlicheren Ausdruck:

Wegen $b \neq 0$ (der Fall $b = 0$ ist auf die Integration der Funktion (10.41) zurückführbar) setzt man

$$\frac{x-a}{b} = t.$$

Man erhält

$$\int \frac{cx + d}{((x-a)^2 + b^2)^n} \mathrm{d}x = \frac{1}{b^{2n-1}} \int \frac{bct + ac + d}{(t^2 + 1)^n} \mathrm{d}t,$$

so daß die Behandlung von Integralen der Gestalt

$$\int \frac{t}{(t^2 + 1)^n} \mathrm{d}t \quad \text{und} \quad \int \frac{\mathrm{d}t}{(t^2 + 1)^n}$$

ausreicht. Mit der Substitution $t^2 + 1 = u$ ergibt sich für das erste Integral

$$\int \frac{t}{(t^2 + 1)^n} \mathrm{d}t = \frac{1}{2}\left[\int \frac{\mathrm{d}u}{u^n}\right]_{u=t^2+1} = -\frac{1}{2(n-1)}\left[u^{1-n}\right]_{u=t^2+1}$$

$$= -\frac{1}{2(n-1)} \cdot \frac{1}{(t^2 + 1)^{n-1}}. \tag{10.46}$$

Für die Integrale

$$I_n = \int \frac{\mathrm{d}t}{(t^2 + 1)^n} \quad (n \geqq 2) \tag{10.47}$$

geben wir eine Rekursionsformel an, mit der man I_n durch I_{n-1} ausdrücken kann, so daß man schließlich auf das Integral

$$I_1 = \int \frac{dt}{t^2 + 1} = \arctan t$$

geführt wird. Für die Zerlegung

$$\frac{1}{(t^2 + 1)^n} = \frac{t^2 + 1 - t^2}{(t^2 + 1)^n} = \frac{1}{(t^2 + 1)^{n-1}} - \frac{t^2}{(t^2 + 1)^n}$$

ergibt sich

$$I_n = I_{n-1} - \int t \frac{t}{(t^2 + 1)^n} \mathrm{d}t.$$

Das letzte Integral wird mit Hilfe der partiellen Integration bei Benutzung von (10.46) umgeformt:

$$\int t \frac{t}{(t^2 + 1)^n} \mathrm{d}t = -\frac{t}{2(n-1)(t^2 + 1)^{n-1}} + \frac{1}{2(n-1)} \int \frac{\mathrm{d}t}{(t^2 + 1)^{n-1}}.$$

Wir erhalten die Rekursionsformel

$$I_n = \frac{t}{2(n-1)(t^2 + 1)^{n-1}} + \frac{2n-3}{2(n-1)} I_{n-1}, \tag{10.48}$$

aus der ersichtlich ist, daß die Integrale (10.47) durch rationale Funktionen und Arcustangensfunktionen ausgedrückt werden können. Die Aufgabe der Integration rationaler Funktionen ist damit gelöst.

Beispiel 10.12

Für die rationale Funktion

$$R(x) = \frac{3x^2 + 2x + 1}{(x+1)^2 (x^2 + 1)}$$

soll eine Stammfunktion angegeben werden. Nach Beispiel 10.11 gilt die Partialbruchzerlegung

$$R(x) = -\frac{1}{x+1} + \frac{1}{(x+1)^2} + \frac{x+1}{x^2+1},$$

so daß folgt

$$\int R(x)\,dx = -\ln|x+1| - \frac{1}{x+1} + \frac{1}{2}\ln(x^2+1) + \arctan x \qquad (x \neq -1).$$

Beispiel 10.13

Gegeben ist die rationale Funktion

$$R(x) = \frac{x^5 + 2x^4 + 3x^3 + 2x^2 + 2x - 1}{(x^2+x+1)^2}.$$

Als Ergebnis der Division von Zähler- durch Nennerpolynom erhalten wir:

$$\begin{array}{l} (x^5 + 2x^4 + 3x^3 + 2x^2 + 2x - 1) : (x^4 + 2x^3 + 3x^2 + 2x + 1) = x \\ \underline{-x^5 - 2x^4 - 3x^3 - 2x^2 - \ x \qquad} \\ \qquad\qquad\qquad\qquad x - 1 \end{array}$$

$$R(x) = x + \frac{x-1}{(x^2+x+1)^2}.$$

Dann folgt

$$\int R(x)\,dx = \frac{x^2}{2} + \frac{1}{2}\int \frac{2x+1}{(x^2+x+1)^2}\,dx - \frac{3}{2}\int \frac{dx}{(x^2+x+1)^2}, \tag{10.49}$$

$$\int \frac{2x+1}{(x^2+x+1)^2}\,dx = \left[\int \frac{du}{u^2}\right]_{u=x^2+x+1} = -\left[\frac{1}{u}\right]_{u=x^2+x+1} = -\frac{1}{x^2+x+1};$$

wegen $x^2 + x + 1 = \left(x + \frac{1}{2}\right)^2 + \left(\frac{\sqrt{3}}{2}\right)^2$ substituieren wir $\frac{2x+1}{\sqrt{3}} = t$ beim zweiten Integral in (10.49) und erhalten

$$\int \frac{dx}{(x^2+x+1)^2} = 16\int \frac{dx}{[(2x+1)^2 + (\sqrt{3})^2]^2} = \frac{8\sqrt{3}}{9}\int \frac{dt}{(t^2+1)^2}.$$

Nach der Rekursionsformel (10.48) gilt

$$\int \frac{dt}{(t^2+1)^2} = \frac{t}{2(t^2+1)} + \frac{1}{2}\arctan t, \quad \text{für} \quad t = \frac{2x+1}{\sqrt{3}}$$

erhält man

$$\int \frac{dx}{(x^2+x+1)^2} = \frac{4}{9}\sqrt{3}\arctan\left(\frac{2x+1}{\sqrt{3}}\right) + \frac{1}{3}\,\frac{2x+1}{x^2+x+1}.$$

Zusammengefaßt nach (10.49) ist

$$\int R(x)\,dx = \frac{x^2}{2} - \frac{x+1}{x^2+x+1} - \frac{2}{3}\sqrt{3}\arctan\left(\frac{2x+1}{\sqrt{3}}\right).$$

10.1.5. Integration einiger spezieller Funktionen

Gegeben sei eine rationale Funktion von x und $\sqrt[n]{ax+b}$: die algebraische Funktion

$$R(x, \sqrt[n]{ax+b}) \quad (a \neq 0). \tag{10.50}$$

Zur Ermittlung einer Stammfunktion substituieren wir

$$\sqrt[n]{ax+b} = t, \quad x = \frac{t^n - b}{a}, \quad \mathrm{d}x = \frac{n}{a} t^{n-1}\,\mathrm{d}t$$

und erhalten

$$\int R(x, \sqrt[n]{ax+b})\,\mathrm{d}x = \left[\int R\left(\frac{t^n - b}{a}, t\right) \cdot \frac{n}{a} t^{n-1}\,\mathrm{d}t\right]_{t=\sqrt[n]{ax+b}}$$

$$= \left[\int R_1(t)\,\mathrm{d}t\right]_{t=\sqrt[n]{ax+b}}.$$

Obige Betrachtungen sind selbstverständlich nur für solche x gültig, für die $ax + b > 0$ ist. Der durch Substitution entstandene Integrand ist eine rationale Funktion $R_1(t)$. Im Abschnitt 10.1.3. ist die Integration solcher Funktionen ausführlich dargelegt.

Beispiel 10.14

$$\int \frac{\sqrt{x-1}}{x}\,\mathrm{d}x = 2\left[\int \frac{t^2}{1+t^2}\,\mathrm{d}t\right]_{t=\sqrt{x-1}} = 2\left[\int \left(1 - \frac{1}{1+t^2}\right)\mathrm{d}t\right]_{t=\sqrt{x-1}}$$

$$= [2t - 2\arctan t]_{t=\sqrt{x-1}} = 2\sqrt{x-1} - 2\arctan\left(\sqrt{x-1}\right) \quad (x > 1).$$

Das Integral der transzendenten Funktion $R(\mathrm{e}^x)$

$$\int R(\mathrm{e}^x)\,\mathrm{d}x \quad (R \text{ rationale Funktion}) \tag{10.51}$$

kann durch die Substitution $e^x = t$, $\mathrm{d}x = \frac{1}{t}\,\mathrm{d}t$ in folgender Weise umgeformt werden:

$$\int R(\mathrm{e}^x)\,\mathrm{d}x = \left[\int R(t)\frac{1}{t}\,\mathrm{d}t\right]_{t=\mathrm{e}^x} = \left[\int R_1(t)\,\mathrm{d}t\right]_{t=\mathrm{e}^x},$$

wobei $R_1(t)$ eine rationale Funktion in t bedeutet.

Die allgemeine Behandlung von $\int R(x, e^x)\,\mathrm{d}x$ (R rationale Funktion) ist bedeutend schwieriger und soll hier fortbleiben. Als Spezialfall hiervon wurde im Beispiel 10.3 das Integral

$$\int x^n \mathrm{e}^x\,\mathrm{d}x \quad (n \geqq 0, \text{ ganz}) \tag{10.52}$$

ausführlich behandelt. Für $n < 0$ kann das Integral (10.52) durch eventuell wiederholte partielle Integration auf das Integral

$$\int \frac{\mathrm{e}^x}{x}\,\mathrm{d}x$$

zurückgeführt werden. Dieses Integral besitzt keine elementare Stammfunktion.

10.2. Bestimmtes Integral

10.2.1. Flächeninhalt

Die Integralrechnung ist aus dem Bedürfnis heraus entstanden, den Flächeninhalt von „krummlinig begrenzten Figuren“ in der Ebene zu ermitteln. Als Grundaufgabe ergibt sich das folgende Problem: Man bestimme den Inhalt der Fläche desjenigen Teiles des ersten Quadranten der x, y-Ebene, der unterhalb einer durch eine *positive* Funktion $y = f(x)$ $(a \leqq x \leqq b,\ 0 < a < b)$ gegebenen Kurve liegt (vgl. Abbildung 10.1). Zur näherungsweisen Bestimmung des Flächeninhaltes wird die

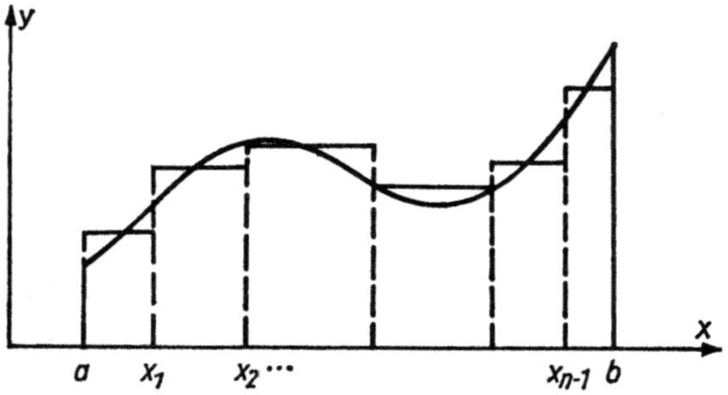

Abbildung 10.1

Kurve durch Treppenfunktionen approximiert. Der Flächeninhalt unter einer Treppenfunktion ist die Summe der Flächeninhalte von Rechtecken. Diese Betrachtungsweise legt die Definition des bestimmten Integrals nahe.
Als anschauliche Erläuterung für das beabsichtigte Vorgehen bei der Grundlegung des Integralbegriffs wird ein Beispiel angeführt.
Gegeben sei eine Parabel $y = x^2$ $(0 \leqq x \leqq a)$. Zur Berechnung des Inhalts der endlichen Fläche, die von der Parabel, der Geraden $x = a$ und der x-Achse begrenzt wird, nähern wir die Parabel durch ein „Treppenpolygon“ an, wobei die n Rechtecke dieses Treppenpolygons sämtlich die Breite $\frac{a}{n}$ haben. Ihre Höhe ist durch den Wert der Funktion $y = x^2$ am rechten Rande des jeweiligen Rechtecks gegeben, das heißt gleich (vgl. Abbildung 10.2)

$$\left(k\frac{a}{n}\right)^2 \quad \text{mit} \quad k = 1, 2, \ldots, n.$$

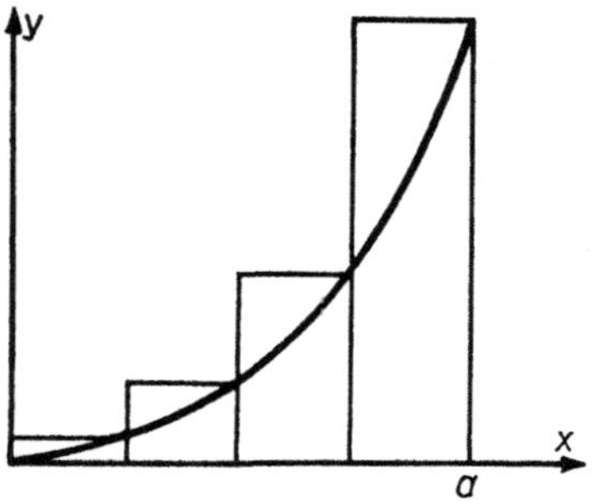

Abbildung 10.2 Obersumme bei einer Parabel

Für den Flächeninhalt O_n unterhalb des Treppenpolygons gilt

$$O_n = \sum_{k=1}^{n} \left(\frac{ka}{n}\right)^2 \frac{a}{n} = \frac{a^3}{n^3} \sum_{k=1}^{n} k^2 = \frac{a^3}{n^3} \cdot \frac{n(n+1)(2n+1)}{6} = \frac{a^3}{3}\left(1 + \frac{1}{n}\right)\left(1 + \frac{1}{2n}\right).$$

Bei „Verfeinerung" der Unterteilung des Intervalls [0 a] erhält man

$$\lim_{n \to \infty} O_n = \frac{a^3}{3}.$$

Anschaulich erwartet man, daß dieser Wert als Inhalt des unter der Parabel liegenden Flächenstücks anzusehen ist. Statt des Treppenpolygons, welches das vorliegende Flächenstück „von oben" annähert, hätte auch eine Approximation „von unten" durchgeführt werden können (vgl. Abbildung 10.3).

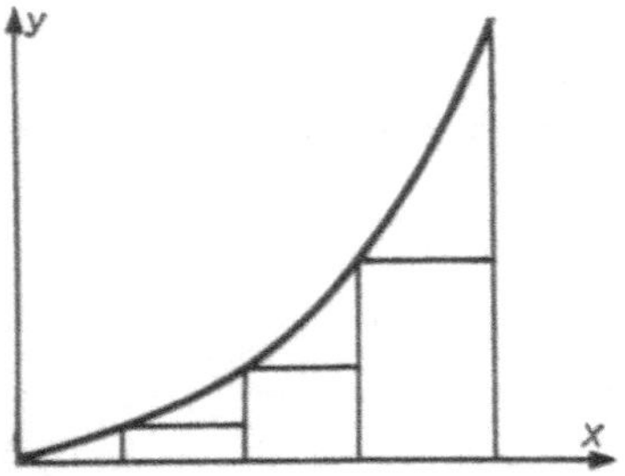

Abbildung 10.3 Untersumme bei einer Parabel

Als Höhe der Rechtecke ergibt sich der Wert von $y = x^2$ am linken Rande der Teilintervalle und als Inhalt des unteren Treppenpolygons

$$U_n = \sum_{k=0}^{n-1} \left(\frac{ka}{n}\right)^2 \frac{a}{n} = \frac{a^3}{n^3} \sum_{k=0}^{n-1} k^2 = \frac{a^3}{n^3} \frac{(n-1)\,n(2n-1)}{6} = \frac{a^3}{3}\left(1 - \frac{1}{n}\right)\left(1 - \frac{1}{2n}\right).$$

Es gilt

$$\lim_{n \to \infty} U_n = \frac{a^3}{3}.$$

Für die Differenz von „Obersumme" und „Untersumme" erhält man

$$O_n - U_n = \frac{a^3}{n}.$$

Diese Differenz ist gleich dem gesamten Flächeninhalt der schraffierten Rechtecke in Abbildung 10.4.

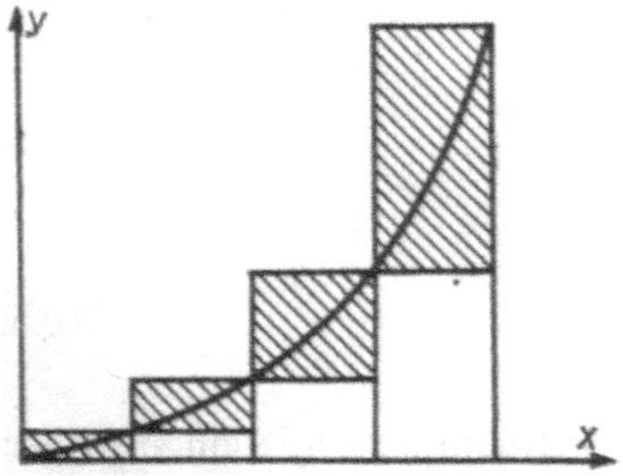

Abbildung 10.4 Integration bei einer Parabel

Es folgt $\lim_{n\to\infty} (O_n - U_n) = 0$,

und damit $\lim_{n\to\infty} O_n = \lim_{n\to\infty} U_n = \frac{a^3}{3}$.

Der gemeinsame Grenzwert der „Obersumme“ O_n und der „Untersumme“ U_n kann als Flächeninhalt des krummlinig begrenzten Flächenstücks angesehen werden. Später werden wir diesen Grenzwert bestimmtes Integral der Funktion $y = x^2$ in den Grenzen 0 bis a nennen. Im folgenden werden wir uns von diesem speziellen Beispiel lösen und den Integralbegriff allgemein begründen.

10.2.2. Bestimmtes (Riemannsches) Integral

Ober- und Unterintegral

Zunächst seien einige Feststellungen über die Zerlegungen eines beschränkten und abgeschlossenen Intervalles $[a\ b]$ getroffen.

Definition 10.5

Eine Menge $\{x_0\ x_1\ x_2\ \dots\ x_{n-1}\ x_n\}$ *reeller Zahlen, die*

$$a = x_0 < x_1 < x_2 < \cdots < x_{n-1} < x_n = b \tag{10.53}$$

erfüllen, heißt eine Zerlegung Z des Intervalles $[a, b]$. *Die Zahlen* x_ν $(\nu = 1, 2, \dots, n-1)$ *heißen die Teilungspunkte;* $\max_{1 \leqq \nu \leqq n} (x_\nu - x_{\nu-1})$ *heißt die Feinheit* $\delta(Z)$ *der Zerlegung Z.*

Seien Z_1, Z_2 zwei Zerlegungen desselben Intervalles, dann setzen folgendes wir fest.

Definition 10.6

Z_2 heißt Verfeinerung von Z_1, wenn jeder Teilungspunkt von Z_1 auch Teilungspunkt von Z_2 ist.

Aus dieser Definition erhält man sofort $\delta(Z_2) \leqq \delta(Z_1)$.
Es sei $f(x)$ eine auf dem beschränkten und abgeschlossenen Intervall $[a, b]$ definierte *beschränkte* Funktion. Einer Zerlegung Z dieses Intervalles $[a, b]$, die die Eigenschaft (10.53) besitzt, werden die Zahlen

$$O(Z) = \sum_{\nu=1}^{n} M_\nu \cdot (x_\nu - x_{\nu-1}), \tag{10.54}$$

$$U(Z) = \sum_{\nu=1}^{n} m_\nu \cdot (x_\nu - x_{\nu-1}) \tag{10.55}$$

zugeordnet. Dabei ist

$$M_\nu = \sup_{x \in [x_{\nu-1}, x_\nu]} f(x), \qquad m_\nu = \inf_{x \in [x_{\nu-1}, x_\nu]} f(x). \tag{10.56}$$

Wir nennen $O(Z)$ die der Zerlegung Z zugeordnete Obersumme, $U(Z)$ entsprechend die Untersumme.

Satz 10.7

Ist Z eine Verfeinerung von Z, so gilt*

$$O(Z) \leqq O(Z^*) \tag{10.57}$$

$$U(Z) \geqq U(Z^*). \tag{10.58}$$

Satz 10.8

Für je zwei Zerlegungen Z_1 und Z_2 gilt

$$U(Z_1) \leqq O(Z_2). \tag{10.59}$$

Beweis

Es sei Z eine gemeinsame Verfeinerung von Z_1 und Z_2, das heißt, die Teilungspunkte von Z_1 und Z_2 sind auch Teilungspunkte von Z. Dann gilt nach Satz 10.7

$$U(Z) \geqq U(Z_1), \quad O(Z) \leqq O(Z_2). \tag{10.60}$$

Da für jede Zerlegung Z

$$U(Z) \leqq O(Z) \tag{10.61}$$

ist, folgt aus (10.60) sofort die zu beweisende Ungleichung (10.59).

Nach diesem Satz erkennt man, daß die Menge aller Obersummen ein endliches Infimum, die Menge aller Untersummen ein endliches Supremum besitzt. Dieses Infimum bzw. Supremum nennt man das Ober- bzw. Unterintegral der Funktion $f(x)$ über dem Intervall $[a \;\; b]$:

$$\int_a^{\bar{b}} f(x)\,\mathrm{d}x = \inf_Z O(Z), \tag{10.62}$$

$$\int_{\underline{a}}^{b} f(x)\,\mathrm{d}x = \sup_Z U(Z). \tag{10.63}$$

Aus der Ungleichung 10.59 folgt

$$\int_{\underline{a}}^{b} f(x)\,\mathrm{d}x \leqq \int_a^{\bar{b}} f(x)\,\mathrm{d}x. \tag{10.64}$$

Satz 10.9

Zu jedem $\varepsilon > 0$ gibt es ein $\eta > 0$, so daß für alle Zerlegungen Z von $[a \;\; b]$, die $\delta(Z) < \eta$ erfüllen, gilt:

$$0 \leqq O(Z) - \int_a^{\bar{b}} f(x)\,\mathrm{d}x < \varepsilon, \tag{10.65}$$

$$0 \leqq \int_{\underline{a}}^{b} f(x)\,\mathrm{d}x - U(Z) < \varepsilon. \tag{10.66}$$

Definition 10.7

Eine Folge (Z_k) von Zerlegungen Z_k eines Intervalles $[a \;\; b]$ heißt eine ausgezeichnete Zerlegungsfolge dieses Intervalles, wenn die Feinheiten $\delta(Z_k)$ gegen Null streben für $k \to +\infty$.

Der Satz 10.9 zeigt uns, daß für jede ausgezeichnete Zerlegungsfolge (Z_k) von $[a\ \ b]$ gilt:

$$O(Z_k) \to \int_a^{\bar{b}} f(x)\,\mathrm{d}x, \quad U(Z_k) \to \int_{\bar{a}}^{b} f(x)\,\mathrm{d}x \quad (k \to +\infty). \tag{10.67}$$

Riemannsches Integral

Die Funktion $f(x)$ sei auf dem beschränkten und abgeschlossenen Intervall $[a\ \ b]$ gegeben und dort beschränkt.

Definition 10.8

$f(x)$ heißt integrierbar über $[a\ \ b]$, falls Ober- und Unterintegral von $f(x)$ (über $[a\ \ b]$) übereinstimmen:

$$\int_a^b f(x)\,\mathrm{d}x = \int_{\bar{a}}^{b} f(x)\,\mathrm{d}x = \int_a^{\bar{b}} f(x)\,\mathrm{d}x. \tag{10.68}$$

a heißt untere, b obere Grenze des (bestimmten) Integrals, $[a\ \ b]$ das Integrationsintervall, die Funktion $f(x)$ der Integrand, x die Integrationsvariable.

Ausdrücklich sei hervorgehoben, daß die Bezeichnung der Integrationsvariablen ähnlich wie die von Summationsindizes beliebig abgeändert werden darf.

Zur Unterscheidung von anderen Integralbegriffen spricht man bei diesem von *Riemannscher Integrierbarkeit* und von *Riemannschem Integral.*

Beispiel 10.15

Für die Konstante 1 sind alle Obersummen und Untersummen über $[a\ \ b]$ gleich $b - a$; Integrierbarkeit liegt daher vor. Für das Integral $\int_a^b 1\,\mathrm{d}x$, das den Wert $b - a$ besitzt, wird oft $\int_a^b \mathrm{d}x$ geschrieben:

$$\int_a^b 1\,\mathrm{d}x = \int_a^b \mathrm{d}x = b - a. \tag{10.69}$$

Als Beispiel einer nicht integrierbaren beschränkten Funktion sei folgendes angeführt.

Beispiel 10.16

Über dem Intervall $[0\ \ 1]$ sei durch

$$f(x) = \begin{cases} 0 \text{ für rationale } x \\ 1 \text{ für irrationale } x \end{cases}$$

eine beschränkte Funktion gegeben. In jedem Teilintervall ist die untere Grenze von $f(x)$ gleich 0, die obere gleich 1. Für jede Zerlegung Z von $[0\ \ 1]$ gilt $O(Z) = 1$, $U(Z) = 0$, also auch

$$\int_0^{\bar{1}} f(x)\,\mathrm{d}x = 1 \quad \text{und} \quad \int_{\bar{0}}^{1} f(x)\,\mathrm{d}x = 0.$$

Satz 10.10 (*Riemannsches Integrabilitätskriterium*)

$f(x)$ ist genau dann über $[a\ \ b]$ integrierbar, wenn es zu jedem $\varepsilon > 0$ eine Zerlegung Z des Intervalls $[a\ \ b]$ gibt, so daß gilt

$$O(Z) - U(Z) < \varepsilon. \tag{10.70}$$

Summendefinition

Es sei wieder Z die durch (10.53) gegebene Zerlegung von $[a\ b]$.

Definition 10.9

Eine Menge $B = \{\xi_1\ \xi_2\ \dots\ \xi_n\}$ *von Zahlen* ξ_ν $(\nu = 1, 2, \dots, n)$, *die den Ungleichungen*

$$x_{\nu-1} \leqq \xi_\nu \leqq x_\nu \quad (\nu = 1, 2, \dots, n) \tag{10.71}$$

genügen, heißt eine Zwischenpunktmenge von Z.

Wir bezeichnen

$$S(Z, B) = \sum_{\nu=1}^{n} f(\xi_\nu)(x_\nu - x_{\nu-1}) \tag{10.72}$$

als eine *Riemannsche* Summe. Für stetige Funktionen $f(x)$, die in beschränkten und abgeschlossenen Intervallen ihres Definitionsbereiches Supremum und Infimum annehmen, sind die Obersumme $O(Z)$ und die Untersumme $U(Z)$ spezielle Riemannsche Summen. Ist $f(x) \geqq 0$, so bedeutet die geometrische Veranschaulichung von $S(Z\ B)$ den Flächeninhalt unter einem Treppenpolygon, dessen obere (der x-Achse parallelen) Seiten jeweils zwischen den entsprechenden Seiten von $U(Z)$ und $O(Z)$ liegen.

Satz 10.11

Es sei (Z_k) $(k = 1, 2, \dots)$ *eine ausgezeichnete Zerlegungsfolge von* $[a\ b]$, (B_k) *eine Folge von zugehörigen Zwischenpunktmengen. Ist* $f(x)$ *über* $[a\ b]$ *integrierbar, so gilt*

$$S(Z_k\ B_k) \to \int_a^b f(x)\,\mathrm{d}x \quad \text{für} \quad k \to +\infty. \tag{10.73}$$

Beweis

Da für jede Zerlegung Z_k von $[a\ b]$ die Ungleichung

$$U(Z_k) \leqq S(Z_k\ B_k) \leqq O(Z_k) \tag{10.74}$$

besteht, kann nach Satz 10.9 mit Hilfe der Beziehungen (10.67) die Behauptung (10.73) sofort gefolgert werden.

Es sei bemerkt, daß in Umkehrung der Aussage des Satzes 10.11 das bestimmte Integral $\int_a^b f(x)\,\mathrm{d}x$ als Grenzwert von gewissen Folgen Riemannscher Summen erhalten werden kann (Summendefinition des Riemannschen Integrals).

Aus der Definition des bestimmten Integrals können einige wichtige, die obigen Sachverhalte ergänzende Eigenschaften des bestimmten Integrals relativ einfach hergeleitet werden, die im folgenden ohne Beweisführung angegeben werden [10.1].

Satz 10.12

Wenn $f(x)$ *über* $[a\ b]$ *integrierbar ist, so ist* $f(x)$ *auch über jedem Teilintervall* $[a_1\ b_1]$ $(a \leqq a_1 < b_1 \leqq b)$ *integrierbar.*

Satz 10.13

Wenn die Funktion $f(x)$ sowohl über $[a \quad b]$ als auch über $[b \quad c]$ integrierbar ist $(a < b < c)$, so ist sie auch über $[a \quad c]$ integrierbar, und es gilt

$$\int_a^c f(x)\,\mathrm{d}x = \int_a^b f(x)\,\mathrm{d}x + \int_b^c f(x)\,\mathrm{d}x. \tag{10.75}$$

Im folgenden soll die Definition des bestimmten Integrals dahingehend erweitert sein, daß die bisherige Voraussetzung, die untere Grenze sei kleiner als die obere (vgl. (10.53)), fallengelassen ist. Soll dann (10.75) für beliebige Zahlen a, b, c eines beschränkten und abgeschlossenen Intervalls gelten, so müssen notwendigerweise

$$\int_a^a f(x)\,\mathrm{d}x = 0 \tag{10.76}$$

und

$$\int_b^a f(x)\,\mathrm{d}x = -\int_a^b f(x)\,\mathrm{d}x \tag{10.77}$$

als Definitionen zugrunde gelegt werden. In Verallgemeinerung von (10.75) gilt der folgende Satz.

Satz 10.14

Sind $a_1, a_2, \ldots, a_n$ Zahlen eines beschränkten und abgeschlossenen Intervalls, über dem $f(x)$ integrierbar ist, so gilt

$$\int_{a_1}^{a_2} f(x)\,\mathrm{d}x + \int_{a_2}^{a_3} f(x)\,\mathrm{d}x + \cdots + \int_{a_{n-1}}^{a_n} f(x)\,\mathrm{d}x = \int_{a_1}^{a_n} f(x)\,\mathrm{d}x. \tag{10.78}$$

10.2.3. Integrierbarkeit monotoner und stetiger Funktionen

Sowohl die monotonen als auch die stetigen Funktionen sind integrierbar, wie die folgenden Ausführungen zeigen werden.

Satz 10.15

Jede auf dem beschränkten und abgeschlossenen Intervall $[a \quad b]$ monotone Funktion $f(x)$ ist über $[a \quad b]$ integrierbar.

Satz 10.16

Jede auf dem beschränkten und abgeschlossenen Intervall $[a \quad b]$ stetige Funktion $f(x)$ ist über $[a \quad b]$ integrierbar.

Definition 10.10

Eine Funktion $f(x)$ wird im beschränkten und abgeschlossenen Intervall $[a \quad b]$ stückweise stetig genannt, wenn sie für jedes x aus $[a \quad b]$ erklärt ist und in $[a \quad b]$ mit Ausnahme von höchstens endlich vielen „Sprungstellen“ stetig ist. Dabei heißt eine Unstetigkeitsstelle ξ von $f(x)$ in $[a \quad b]$ eine Sprungstelle, wenn die einseitigen Grenzwerte

$$\lim_{\substack{x \to \xi \\ (x > \xi)}} f(x) \quad \textit{und} \quad \lim_{\substack{x \to \xi \\ (x < \xi)}} f(x)$$

existieren. Ist ξ ein Randpunkt von $[a\ b]$, dann entfällt eine der beiden Forderungen nach Existenz der einseitigen Grenzwerte.

Speziell sind Treppenfunktionen stückweise stetig.

Es sei bemerkt, daß die im Satz 10.16 vorausgesetzte Stetigkeit der Funktionen $f(x)$ durch die stückweise Stetigkeit ersetzt werden darf. Dies kann mit Hilfe von Gleichung (10.75) aus Satz 10.13 und dem Sachverhalt, daß die Funktionswerte des Integranden an den Endpunkten des Intervalls ohne Einfluß auf Existenz und Wert des bestimmten Integrals sind, erkannt werden [10.1].

Beispiel 10.17

Gegeben sei die Treppenfunktion

$$f(x) = c_\nu \quad \text{für} \quad a_{\nu-1} < x < a_\nu \quad (\nu = 1, 2, \ldots, n)$$
$$(a = a_0 < a_1 < \cdots < a_{n-1} < a_n = b), \tag{10.79}$$

wobei die Werte von $f(x)$ in den endlich vielen Punkten $a_0, a_1, \ldots, a_n$ beliebig festgesetzt werden können. In jedem Intervall $[a_{\nu-1}\ a_\nu]$ ist die Funktion $f_\nu(x) = c_\nu$ $(\nu = 1, 2, \ldots, n)$ als stetige Funktion integrierbar. Für jede Zerlegung Z von $[a_{\nu-1}\ a_\nu]$ gilt $O(Z) = U(Z) = c_\nu(a_\nu - a_{\nu-1})$, so daß man erhält $\int\limits_{a_{\nu-1}}^{a_\nu} c_\nu \, dx = c_\nu (a_\nu - a_{\nu-1})$. Da der Wert des Integranden in den Endpunkten $a_{\nu-1}$ und a_ν ohne Einfluß auf die Größe des bestimmten Integrals ist, gilt

$$\int\limits_{a_{\nu-1}}^{a_\nu} f(x) \, dx = \int\limits_{a_{\nu-1}}^{a_\nu} f_\nu(x) \, dx = c_\nu(a_\nu - a_{\nu-1}) \quad (\nu = 1, 2, \ldots, n).$$

Als Gesamtergebnis erhalten wir mit Hilfe von (10.75) bzw. (10.78)

$$\int\limits_a^b f(x) \, dx = \sum_{\nu=1}^{n} c_\nu (a_\nu - a_{\nu-1}). \tag{10.80}$$

Es sei hervorgehoben, daß in den folgenden Abschnitten bei den vorkommenden Integranden meistens die Stetigkeit vorausgesetzt wird. Wir können dann sicher sein, daß die Integrale existieren. Ist zum Beispiel $f(x)$ eine stetige Funktion in $[a\ b]$, dann ist auch $cf(x)$ (c Konstante) eine stetige Funktion in $[a\ b]$ und daher nach Satz 10.16 integrierbar. Es gilt dann

$$\int\limits_a^b cf(x) \, dx = c \int\limits_a^b f(x) \, dx, \tag{10.81}$$

wie man bei Betrachtung der Ober- und Untersummen sofort erkennt.

10.2.4. Mittelwertsätze der Integralrechnung

Satz 10.17 (*Mittelwertsatz der Integralrechnung*)

Es sei $f(x)$ über das beschränkte und abgeschlossene Intervall $[a\ b]$ integrierbar. M bzw. m bedeute die obere bzw. untere Grenze von $f(x)$ in $[a\ b]$. Dann gibt es eine Zahl μ, die der Bedingung $m \leqq \mu \leqq M$ genügt, so daß gilt

$$\int\limits_a^b f(x) \, dx = \mu(b - a). \tag{10.82}$$

Ist die Funktion $f(x)$ über $[a \ b]$ integrierbar, dann ist sie dort notwendigerweise beschränkt. Sei k eine Schranke für die Beträge der Funktionswerte $f(x)$ über $[a \ b]$; das heißt, für alle x aus $[a \ b]$ gilt $|f(x)| \leqq k$. Dann kann wegen der Gültigkeit von Satz 10.17 unter den gemachten Voraussetzungen über $f(x)$ aus Gleichung 10.82 gefolgert werden

$$\left|\int_a^b f(x)\,\mathrm{d}x\right| \leqq k\,|b-a|. \tag{10.83}$$

Im Falle der Stetigkeit von $f(x)$ erhält man als Spezialfall zu Satz 10.17 den folgenden Satz.

Satz 10.18

Wenn $f(x)$ in dem beschränkten und abgeschlossenen Intervall $[a \ b]$ stetig ist, so existiert eine Stelle ξ mit $a < \xi < b$, so daß gilt

$$\int_a^b f(x)\,\mathrm{d}x = f(\xi)\,(b-a). \tag{10.84}$$

Anschaulich kann Satz 10.18 folgendermaßen gedeutet werden:

Der Flächeninhalt derjenigen endlichen Fläche, die durch die Geraden $x = a$, $x = b$, $y = 0$ und die zu einer nichtnegativen stetigen Funktion $f(x)$ gehörige Kurve begrenzt ist, läßt sich durch ein flächengleiches Rechteck mit der gleichen Basis ersetzen.

Um zu einer Erweiterung des Mittelwertsatzes der Integralrechnung zu gelangen, benutzen wir den folgenden Satz.

Satz 10.19

Wenn $f(x)$ und $g(x)$ über $[a \ b]$ integrierbar sind $(a < b)$ und

$$f(x) \leqq g(x) \quad \text{für alle } x \text{ aus } [a \ b] \tag{10.85}$$

gilt, so ist

$$\int_a^b f(x)\,\mathrm{d}x \leqq \int_a^b g(x)\,\mathrm{d}x. \tag{10.86}$$

Satz 10.20 (*Erweiterung des Mittelwertsatzes*)

Wenn die Funktionen $f(x)$ und $g(x)$ stetig über dem Intervall $[a \ b]$ sind und $g(x) \geqq 0$ in $[a \ b]$ ist, gibt es eine Stelle ξ mit $a \leqq \xi \leqq b$, so daß gilt

$$\int_a^b f(x)\,g(x)\,\mathrm{d}x = f(\xi) \cdot \int_a^b g(x)\,\mathrm{d}x. \tag{10.87}$$

Wir bemerken, daß dieser Satz für $g(x) \equiv 1$ in den Mittelwertsatz 10.18 übergeht.

10.2.5. Hauptsatz der Differential- und Integralrechnung

Die Funktion $f(x)$ sei in jedem beschränkten und abgeschlossenen Teilintervall des Intervalls J integrierbar. Bei festem $a \in J$ betrachtet man das Integral $\int_a^x f(t)\,\mathrm{d}t$

als Funktion $F(x)$ der oberen Grenze und das Integral $\int\limits_x^a f(t)\,dt$ als Funktion $G(x)$ der unteren Grenze für $x \in J$:

$$F(x) = \int\limits_a^x f(t)\,dt, \quad G(x) = \int\limits_x^a f(t)\,dt \quad (x \in J) \tag{10.88}$$

Wegen der Beziehung (10.77) gilt

$$-G(x) = -\int\limits_x^a f(t)\,dt = \int\limits_a^x f(t)\,dt = F(x). \tag{10.89}$$

Es genügt daher, einen der beiden Fälle in (10.88) zu untersuchen.

Satz 10.21

Das Integral ist eine stetige Funktion der oberen (und auch der unteren) Grenze.

Beweis

Für ein $x_0 \in J$ gilt wegen (10.77) und (10.75)

$$F(x_0+h) - F(x_0) = \int\limits_a^{x_0+h} f(t)\,dt - \int\limits_a^{x_0} f(t)\,dt = \int\limits_{x_0}^{x_0+h} f(t)\,dt. \tag{10.90}$$

In einer gewissen Umgebung von x_0, soweit diese zum Intervall J gehört, ist $f(x)$ beschränkt, so daß $|f(x)| \leqq k$ für eine Schranke k gilt. Wegen Ungleichung (10.83) kann aus (10.90) gefolgert werden: $|F(x_0+h) - F(x_0)| \leqq k \cdot |h|$ für alle hinreichend kleinen $|h|$, das heißt für solche h mit $x_0 + h \in J$.

Damit ist die Funktion $F(x)$ stetig in $x_0 \in J$, denn zu jedem $\varepsilon > 0$ gibt es eine Zahl $h(\varepsilon) = \frac{\varepsilon}{k}$, so daß für alle Punkte $x = x_0 + h$ mit $|h| < h(\varepsilon)$ gilt

$|F(x) - F(x_0)| \leqq k \cdot |h| < k \cdot h(\varepsilon) = \varepsilon.$

Im folgenden wird für die Funktion $f(x)$ im Intervall J die Stetigkeit vorausgesetzt.

Satz 10.22

Eine in einem Intervall J stetige Funktion $f(x)$ besitzt dort eine Stammfunktion, zum Beispiel für $a \in J$

$$F(x) = \int\limits_a^x f(t)\,dt. \tag{10.91}$$

Beweis

Aus der Gleichung (10.90) folgt nach dem Mittelwertsatz der Integralrechnung (Satz 10.18)

$$F(x_0+h) - F(x_0) = f(\xi)\,h \tag{10.92}$$

für ein $\xi \in [x_0 \;\; x_0+h]$ beziehungsweise $\xi \in [x_0+h \;\; x_0]$.

Wegen der Stetigkeit von $f(x)$ besitzt

$\dfrac{F(x_0+h) - F(x_0)}{h} = f(\xi)$ für $h \to 0$ einen Grenzwert, und zwar

$$\lim_{h \to 0} \frac{F(x_0+h) - F(x_0)}{h} = F'(x_0) = f(x_0). \tag{10.93}$$

Wegen (10.93) ist $F(x)$ in J eine Stammfunktion zu $f(x)$.

Wir bemerken, daß sich nur solche Stammfunktionen in der Gestalt (10.91) mit geeignetem $a \in J$, darstellen lassen, die im Intervall J eine Nullstelle besitzen.

Nach diesen Vorbereitungen ist es möglich, den sehr wichtigen *Hauptsatz der Differential- und Integralrechnung* zu behandeln.

Satz 10.23

Ist $f(x)$ im Intervall J stetig, so gilt für jede Stammfunktion $F(x)$ von $f(x)$ in J bei willkürlichen $a, b \in J$

$$\int_a^b f(t)\,\mathrm{d}t = F(b) - F(a). \tag{10.94}$$

Beweis

Für die spezielle Stammfunktion

$$F^*(x) = \int_a^x f(t)\,\mathrm{d}t$$

(siehe (10.91) in Satz 10.22) gilt

$$F^*(b) - F^*(a) = F^*(b) = \int_a^b f(t)\,\mathrm{d}t. \tag{10.95}$$

Nach Satz 10.1 läßt sich jede andere Stammfunktion in der Form $F(x) = F^*(x) + c$ (c Konstante) darstellen.
Wegen

$$F(b) - F(a) = F^*(b) - F^*(a) = \int_a^b f(t)\,\mathrm{d}t \tag{10.96}$$

gilt die Behauptung des Satzes.

Die rechte Seite von (10.94) wird mit $[(F(x)]_a^b$ abgekürzt.

Die große Bedeutung des Hauptsatzes liegt darin, daß mit ihm die Berechnung bestimmter Integrale stetiger Funktionen auf die Ermittlung von Stammfunktionen zurückgeführt ist. Für gewisse elementare Funktionen sind uns die Stammfunktionen bekannt. Eine Auswahl der Methoden zur Auffindung von Stammfunktionen ist im Abschnitt 10.1. angeführt.

Beispiel 10.18

$$\int_0^a x^2\,\mathrm{d}x = \left[\frac{x^3}{3}\right]_0^a = \frac{a^3}{3}$$

(vgl. Abschnitt 10.2.1).

10.2.6. Rechnen mit bestimmten Integralen

Um die bestimmten Integrale einfach handhaben zu können, werden im folgenden einige einfache Sätze angeführt.

Satz 10.24

Wenn die Funktionen $f_1(x)$ und $f_2(x)$ in einem Intervall J stetig sind, gilt bei willkürlichen $a, b \in J$

$$\int_a^b (c_1 f_1(x) + c_2 f_2(x))\,\mathrm{d}x = c_1 \int_a^b f_1(x)\,\mathrm{d}x + c_2 \int_a^b f_2(x)\,\mathrm{d}x \quad (c_1, c_2 \textit{ Konstante}). \tag{10.97}$$

Beweis

Wegen der Stetigkeit von $f_1(x)$ und $f_2(x)$ in J ist auch $c_1f_1(x) + c_2f_2(x)$ dort stetig, so daß nach Satz 10.16 die bestimmten Integrale $\int_a^b f_1(x)\,dx$, $\int_a^b f_2(x)\,dx$ und $\int_a^b (c_1f_1(x) + c_2f_2(x))\,dx$ existieren. Nach Satz 10.22 gibt es zu $f_1(x)$, $f_2(x)$ und $c_1f_1(x) + c_2f_2(x)$ in J Stammfunktionen. Nach dem Hauptsatz 10.23 gilt unter Verwendung von (10.21) die behauptete Gleichung in (10.97).

Spezialfälle von (10.97) sind:

$$\int_a^b (f_1(x) + f_2(x))\,dx = \int_a^b f_1(x)\,dx + \int_a^b f_2(x)\,dx \quad (c_1 = c_2 = 1), \tag{10.98}$$

$$\int_a^b cf(x)\,dx = c\int_a^b f(x)\,dx \quad (c_1 = c,\ c_2 = 0,\ f_1(x) = f(x)).$$

Behält man die Voraussetzungen von Satz 10.24 über die Funktionen $f_1(x)$ und $f_2(x)$ in J bei, so ist $f_1(x)\cdot f_2(x)$ stetig in J, und nach Satz 10.16 existiert das Integral $\int_a^b f_1(x)\cdot f_2(x)\,dx$. Ist zusätzlich noch $f_2(x) \neq 0$ in J, dann ist auch das Integral $\int_a^b \frac{f_1(x)}{f_2(x)}\,dx$ vorhanden, da $\frac{f_1(x)}{f_2(x)}$ stetig in J ist. Ohne Beweis sei noch der folgende Sachverhalt erwähnt.

Satz 10.25

Falls die Funktion $f(x)$ über $[a\ b]$ integrierbar ist, dann ist auch $|f(x)|$ über $[a\ b]$ integrierbar, und es gilt

$$\left|\int_a^b f(x)\,dx\right| \leqq \int_a^b |f(x)|\,dx.$$

Satz 10.26 (*Partielle Integration für bestimmte Integrale*)

Im Intervall J seien die Funktionen $f(x)$ und $g(x)$ stetig differenzierbar. Dann gilt bei willkürlichen $a, b \in J$

$$\int_a^b f(x)\,g'(x)\,dx = [f(x)\,g(x)]_a^b - \int_a^b f'(x)\,g(x)\,dx. \tag{10.99}$$

Beispiel 10.19

$$\int_0^1 xe^x dx = [xe^x]_0^1 - \int_0^1 e^x dx = e - [e^x]_0^1 = e - (e - 1) = 1.$$

Satz 10.27 (*Substitutionsregel für bestimmte Integrale*)

Sei $g(t)$ eine stetig differenzierbare und eindeutig umkehrbare Funktion im t-Intervall $[\alpha\ \beta]$, und nehme $x = g(t)$ in $[\alpha\ \beta]$ die Werte des x-Intervalls $[a\ b]$ mit $a = g(\alpha)$ und $b = g(\beta)$ an. Dann ist für eine stetige Funktion $f(x)$ über $[a\ b]$ die zusammengesetzte Funktion $f(g(t))$ in $[\alpha\ \beta]$ erklärt, und es gilt

$$\int_a^b f(x)\,dx = \int_\alpha^\beta f(g(t))\cdot g'(t)\,dt. \tag{10.100}$$

Beispiel 10.20

Man bestimme den Inhalt der Kreisfläche mit der Ungleichung $x^2 + y^2 \leqq a^2$ $(a > 0)$. Aus Symmetriegründen gilt für den gesuchten Inhalt I

$$I = 4 \cdot \int_0^a f(x)\,\mathrm{d}x = 4 \cdot \int_0^a \sqrt{a^2 - x^2}\,\mathrm{d}x.$$

Im t-Intervall $\left[0 \;\; \frac{\pi}{2}\right]$ ist die Substitutionsfunktion $x = g(t) = a \sin t$ eindeutig umkehrbar $\left(t = \arcsin \frac{x}{a}\right)$ mit $0 = \arcsin \frac{0}{a}$ und $\frac{\pi}{2} = \arcsin 1$. Bei Anwendung der Substitutionsregel in (10.100) erhält man bei Beachtung von $\mathrm{d}x = a \cos t\,\mathrm{d}t$ und $f(g(t)) = \sqrt{a^2 - a^2 \sin^2 t} = a\,|\cos t|$ $= a \cos t \;\left(t \in \left[0 \;\; \frac{\pi}{2}\right]\right)$

$$I = 4 \cdot \int_0^a \sqrt{a^2 - x^2}\,\mathrm{d}x = 4a^2 \int_0^{\frac{\pi}{2}} \cos^2 t\,\mathrm{d}t = 2a^2\,[t + \sin t \cos t]_0^{\frac{\pi}{2}} = a^2\pi.$$

10.3. Anwendungen der Integralrechnung

Im folgenden soll das bestimmte Integral mit Hilfe des Begriffs des Flächeninhalts gedeutet werden. Zunächst wiederholen wir die uns bisher bekannte Auffassung des Flächeninhalts durch folgende Definition.

Definition 10.11

Die Funktion $f(x)$ sei integrierbar und nichtnegativ $(f(x) \geqq 0)$ im Intervall $[a \;\; b]$. Dann soll das Integral $\int_a^b f(x)\,\mathrm{d}x$ den Flächeninhalt F der Menge

$M = \{(x \;\; y) \mid a \leqq x \leqq b$ und $0 \leqq y \leqq f(x)\}$ bedeuten.

Beispiel 10.21

Für die Menge $M = \{(x \;\; y) \mid 0 \leqq x \leqq \pi$ und $0 \leqq y \leqq \sin x\}$ ist nach Definition 10.11 der Flächeninhalt durch

$$F = \int_0^\pi \sin x\,\mathrm{d}x = [-\cos x]_0^\pi = 2$$

bestimmt.

Im weiteren können die Funktionswerte der Funktion $f(x)$, die wir als stetig in $[a \;\; b]$ voraussetzen wollen, sowohl positives als auch negatives Vorzeichen in $[a \;\; b]$ besitzen.

Für die Funktionen

$$f_1(x) = \frac{1}{2}(|f(x)| + f(x)), \quad f_2(x) = \frac{1}{2}(|f(x)| - f(x)) \tag{10.101}$$

gilt in $[a \;\; b]$

$$f_1(x) = \left\{\begin{array}{lll} f(x) & \text{für alle} & x \in [a \;\; b] \text{ mit } f(x) \geqq 0 \\ 0 & \text{für alle} & x \in [a \;\; b] \text{ mit } f(x) \leqq 0 \end{array}\right\},$$

$$f_2(x) = \left\{\begin{array}{lll} 0 & \text{für alle} & x \in [a \;\; b] \text{ mit } f(x) \geqq 0 \\ -f(x) & \text{für alle} & x \in [a \;\; b] \text{ mit } f(x) \leqq 0 \end{array}\right\}.$$

Wegen der vorausgesetzten Stetigkeit von $f(x)$ ist auch $|f(x)|$ stetig in $[a \;\; b]$. Die Funktionen $f_1(x)$ und $f_2(x)$ sind außerdem dort nichtnegativ. Wegen

$$f(x) = f_1(x) - f_2(x)$$

gilt nach Satz 10.24

$$\int_a^b f(x)\,\mathrm{d}x = \int_a^b f_1(x)\,\mathrm{d}x - \int_a^b f_2(x)\,\mathrm{d}x. \tag{10.102}$$

Hat M_1 (bzw. M_2) für die Funktion $f_1(x)$ (bzw. $f_2(x)$) dieselbe Bedeutung wie M für die Funktion $f(x)$, dann besitzt nach Definition 10.11 die Menge M_1 (bzw. M_2) den Flächeninhalt $F_1 = \int_a^b f_1(x)\,\mathrm{d}x$ (bzw. $F_2 \int_a^b f_2(x)\,\mathrm{d}x$), und wegen (10.102) gilt

$$\int_a^b f(x)\,\mathrm{d}x = F_1 - F_2.$$

Damit stellen wir allgemeiner fest: Es sei das Intervall $[a \;\; b]$ in endlich viele Teile so zerlegbar, daß in jedem einzelnen die stetige Funktion $f(x)$ entweder nichtnegative oder nichtpositive Funktionswerte hat. Dann ist $\int_a^b f(x)\,\mathrm{d}x$ gleich der Summe der Inhalte der Flächenstücke zwischen x-Achse und der Kurve $f(x)$, wobei oberhalb der x-Achse gelegene Flächenstücke mit positivem und unterhalb der x-Achse gelegene Stücke mit negativem Vorzeichen versehen werden.

Beispiel 10.22

$$\int_0^\pi \cos x\,\mathrm{d}x = [\sin x]_0^\pi = 0,$$

wobei

$$F_1 = \int_0^{\frac{\pi}{2}} f_1(x)\,\mathrm{d}x = \int_0^{\frac{\pi}{2}} \cos x\,\mathrm{d}x = 1, \qquad F_2 = \int_{\frac{\pi}{2}}^{\pi} f_2(x)\,\mathrm{d}x = \int_{\frac{\pi}{2}}^{\pi} (-\cos x)\,\mathrm{d}x = [-\sin x]_{\frac{\pi}{2}}^{\pi} = 1,$$

und $\int_0^\pi \cos x\,\mathrm{d}x = F_1 - F_2 = 0.$

Sei $f(x)$ eine Funktion über dem Intervall $[a \;\; b]$.
Dieses wird durch die Teilpunkte

$$x_\nu = a + \frac{\nu}{n}(b - a) \quad (\nu = 0, 1, 2, \ldots, n)$$

in n gleiche Teile zerlegt. Für jedes $n = 1, 2, \ldots$ bilde man

$$S_n = \frac{f(x_1) + f(x_2) + \cdots + f(x_n)}{n}. \tag{10.103}$$

Besitzt die Folge der Summen in (10.103) für $n \to \infty$ einen Grenzwert, so wird dieser als *Mittelwert der Funktion* $f(x)$ *in* $[a \;\; b]$ bezeichnet. Es gilt noch

$$S_n = \frac{1}{b-a} \sum_{\nu=1}^{n} f(x_\nu)\,(x_\nu - x_{\nu-1}).$$

Die Folge (S_n) hat einen Grenzwert, falls $f(x)$ über $[a \ \ b]$ integrierbar ist. Dann ist der Grenzwert gleich $\frac{1}{b-a}\int_a^b f(x)\,\mathrm{d}x$.

Definition 10.12

Als Mittelwert einer Funktion $f(x)$, die über dem beschränkten und abgeschlossenen Intervall $[a \ \ b]$ integrierbar ist, bezeichnet man

$$\mu = \frac{1}{b-a}\int_a^b f(x)\,\mathrm{d}x. \tag{10.104}$$

Diese Zahl μ ist mit der im Mittelwertsatz (vgl. Satz 10.17) eingeführten Zahl μ identisch.

Beispiel 10.23

Der Mittelwert der Funktion x^4 im Intervall $[-1 \ \ 1]$ ist

$$\mu = \frac{1}{2}\int_{-1}^{+1} x^4\,\mathrm{d}x = \frac{1}{10}\left[x^5\right]_{-1}^{+1} = \frac{1}{5}.$$

Die Potenzreihe

$$F(x) = \sum_{n=0}^{\infty} a_n x^n \tag{10.105}$$

habe den positiven Konvergenzradius r (vgl. Kapitel 8.). Sei x_1 eine Zahl mit der Eigenschaft $0 < |x_1| < r$, dann ist die Reihe in (10.105) im abgeschlossenen Intervall $[0 \ \ x_1]$ gleichmäßig konvergent, und es gilt

$$\int_0^{x_1} F(x)\,\mathrm{d}x = \int_0^{x_1}\left(\sum_{n=0}^{\infty} a_n x^n\right)\mathrm{d}x = \sum_{n=0}^{\infty}\left(\int_0^{x_1} a_n x^n\,\mathrm{d}x\right) = \sum_{n=0}^{\infty}\frac{a_n}{n+1}x_1^{n+1}. \tag{10.106}$$

Zur Vertauschung von Summation und Integration in (10.106) sagt man: Im Innern des Konvergenzintervalls darf eine Potenzreihe gliedweise integriert werden. Zur Begründung dieses Sachverhalts sei auf weiterführende Literatur verwiesen [10.1].

Beispiel 10.24

Aus $\frac{1}{1-x} = \sum_{n=0}^{\infty} x^n$ $(|x| < 1)$ folgt nach (10.106) durch gliedweise Integration von 0 bis x_1 $(|x_1| < 1)$

$-\left[\ln(1-x)\right]_0^{x_1} = \ln\frac{1}{1-x_1} = \sum_{n=0}^{\infty}\frac{x_1^{n+1}}{n+1}$. Indem man x_1 durch x ersetzt, erhält man die logarithmische Reihe

$$\ln\frac{1}{1-x} = \sum_{n=0}^{\infty}\frac{x^{n+1}}{n+1} \qquad (|x| < 1).$$

Beispiel 10.25

Aus

$$\frac{1}{1+x^2} = 1 - x^2 + x^4 - + \cdots = \sum_{n=0}^{\infty}(-1)^n x^{2n}$$

folgt durch Integration von 0 bis x

$$\arctan x = \sum_{n=0}^{\infty} (-1)^n \frac{x^{2n+1}}{2n+1} \qquad (|x| < 1).$$

Ökonomische Anwendung

Um Kosten und Gewinne, die zu unterschiedlichen Zeitpunkten entstehen, miteinander vergleichen zu können, ist es notwendig, einen festen Zeitpunkt t_0 als Bezugspunkt zu wählen. Liegt dieser Bezugspunkt t_0 vor der Zeit t ($t_0 < t$), kann die Vergleichbarkeitsforderung durch Abzinsen erfüllt werden, im Falle $t < t_0$ durch Aufzinsen. Die Summe aller abgezinsten Beträge heißt *Barwert*, die Summe aller aufgezinsten Beträge *Endwert*.
Ist α die stetige Zinsrate, so hat eine Mark (M) nach $t (t > 0)$ Jahren den Wert $e^{\alpha t}$.
Umgekehrt hat ein Gewinn von einer Mark (M), der nach t Jahren entsteht, den Barwert $e^{-\alpha t}$.
Während der Zeitdauer $T (0 \leqq t \leqq T)$ hat ein Gewinnzufluß $g(t)$ den Barwert

$$V = \int_0^T e^{-\alpha t} g(t)\, dt.$$

Der Zusammenhang zwischen stetiger und diskreter Zinsrate wird im Beispiel 11.29 untersucht.

Beispiel 10.26

Ein Industrieprojekt erfordert in der Gegenwart ($t = 0$) Investitionskosten a. Es liefert im Zeitintervall $0 \leqq t \leqq T$ einen konstanten Gewinn $g(t) = g$ (Stetiger Gewinnzufluß mit konstanter Rate). Der Barwert der die Kosten a übersteigenden Gewinne ist

$$V = -a + g \int_0^T e^{-\alpha t} dt = -a + \frac{g(1 - e^{-\alpha T})}{\alpha}.$$

Der Barwert bleibt endlich, wenn der Gewinnzufluß von unbegrenzter Dauer ist:

$$V = \lim_{T \to \infty} \left(-a + \frac{g}{\alpha}(1 - e^{-\alpha T})\right) = -a + \frac{g}{\alpha}.$$

Der Barwert v soll nach T Jahren durch Abschreibung mit einer konstanten Rate γ auf p Mark (M) vermindert werden. Wie groß ist die Rate γ zu wählen?

Nach T Jahren verkleinert sich der Barwert v durch Abschreibung mit einer konstanten Rate auf $ve^{-\gamma T}$, so daß gelten muß

$$p = ve^{-\gamma T} = e^{-\gamma T} \int_0^T e^{-\alpha t} g(t)\, dt - a e^{-\gamma T}.$$

Falls $g(t) = g$ ist, erhält man

$$p = e^{-\gamma T} \left[g \frac{(1 - e^{-\alpha T})}{\alpha} - a\right],$$

woraus folgt

$$\gamma = \frac{1}{T} \ln \left[g \frac{(1 - e^{-\alpha T})}{\alpha p} - \frac{a}{p}\right].$$

Eine Investition mit einer Dauer von T Jahren erfordere die Beschaffungskosten a und gebe einen Gewinnzufluß $g(t)$ $(0 \leqq t \leqq T)$ ab. Wie muß ein stetiger Zinssatz β gewählt sein, damit die Kosten a mit dem abgezinsten Wert des Gewinnzuflusses übereinstimmen?

$$a = \int_0^T e^{-\beta t} g(t)\, dt.$$

Falls $g(t) = g$, gilt

$$\frac{a}{g} = \int_0^T e^{-\beta t} dt = \frac{1 - e^{-\beta t}}{\beta}.$$

Zur Auflösung dieser Gleichung nach β ist es erforderlich, Näherungsverfahren zur Lösung tranzendenter Gleichungen heranzuziehen.

10.4. Uneigentliche Integrale

Das bestimmte Integral $\int_a^b f(x)\, dx$ wurde bisher nur für beschränkte Funktionen und beschränkte Integrationsintervalle erklärt. Bei einer Reihe von Anwendungen des bestimmten Integrals, zum Beispiel in der Wahrscheinlichkeitsrechnung, ist es wünschenswert, diese Voraussetzungen fallen zu lassen.

10.4.1. Integrale über unbeschränkte Intervalle

Die Funktion $f(x)$ sei in einem nach rechts nicht beschränkten Intervall $x \geqq a$ gegeben und für jedes feste $t > a$ über das Intervall $[a \quad t]$ integrierbar.

Definition 10.13

Existiert der Grenzwert

$$\lim_{\to +\infty} \int^t f(x)\, dx < \infty, \tag{10.107}$$

dann setzt man

$$\int_a^\infty f(x)\, dx = \lim_{t \to +\infty} \int_a^t f(x)\, dx. \tag{10.108}$$

Man sagt dann, das uneigentliche Integral $\int_a^\infty f(x)\, dx$ *ist konvergent. Ist der Grenzwert in (10.108) nicht vorhanden, so heißt* $\int_a^\infty f(x)\, dx$ *divergent.*

Beispiel 10.27

$$\int_0^\infty \frac{dx}{1+x^2} = \lim_{t\to+\infty} \int_0^t \frac{dx}{1+x^2} = \lim_{t\to+\infty} \arctan t = \frac{\pi}{2}.$$

Beispiel 10.28

Im Intervall $x \geqq 1$ sei die Funktionenschar $f(x) = x^{-\alpha}$ gegeben. Für $\alpha = 1$ gilt

$$\int_1^\infty \frac{1}{x}\,dx = \lim_{t\to+\infty} \int_1^t \frac{1}{x}\,dx = \lim_{t\to+\infty} \ln t = +\infty,$$

also ist das uneigentliche Integral divergent.

Man erhält für $\alpha < 1$

$$\int_1^\infty \frac{1}{x^\alpha}\,dx = \lim_{t\to\infty} \int_1^t \frac{1}{x^\alpha}\,dx = \lim_{t\to\infty} \frac{t^{1-\alpha}-1}{1-\alpha} = +\infty,$$

also ebenfalls Divergenz.

Für $\alpha > 1$ tritt wegen

$$\int_1^\infty \frac{1}{x^\alpha}\,dx = \lim_{t\to+\infty} \int_1^t \frac{1}{x^\alpha}\,dx = \lim_{t\to+\infty} \frac{t^{1-\alpha}-1}{1-\alpha} = \frac{1}{\alpha-1}$$

Konvergenz ein. Zusammenfassend gilt: das uneigentliche Integral $\int_1^\infty \frac{dx}{x^\alpha}$ ist genau dann konvergent wenn $\alpha > 1$ ist.

Entsprechend Definition 10.13 wird das uneigentliche Integral $\int_{-\infty}^a f(x)\,dx$ durch den Grenzwert $\lim_{t\to-\infty} \int_t^a f(x)\,dx$ definiert, falls dieser existiert.

Ist eine Funktion $f(x)$ in $-\infty < x < +\infty$ definiert, so kann man durch

$$\int_{-\infty}^\infty f(x)\,dx = \lim_{\substack{t\to+\infty \\ t'\to-\infty}} \int_{t'}^t f(x)\,dx \tag{10.109}$$

auch uneigentliche Integrale im Intervall $(-\infty \quad +\infty)$ erklären.

Beispiel 10.29

$$\int_{-\infty}^\infty x\,dx = \lim_{\substack{t\to+\infty \\ t'\to-\infty}} \int_{t'}^t x\,dx = \frac{1}{2} \lim_{\substack{t\to\infty \\ t'\to-\infty}} (t^2 - t'^2).$$

Dieser Grenzwert ist nicht vorhanden, da die Bewegungen von t gegen $+\infty$ und t' gegen $-\infty$ unabhängig voneinander sind. Für $t' = -t$ erhält man

$$\int_{-\infty}^\infty x\,dx = \lim_{t\to+\infty} \int_{-t}^t x\,dx = 0.$$

Auch wenn der in (10.109) erklärte Grenzwert nicht vorhanden ist, so kann der Grenzwert

$$\lim_{t \to +\infty} \int_{-t}^{t} f(x)\,\mathrm{d}x \tag{10.110}$$

existieren, wie das Beispiel 10.29 zeigt. Dieser Grenzwert heißt *Cauchyscher Hauptwert* des uneigentlichen Integrals $\int_{-\infty}^{\infty} f(x)\,\mathrm{d}x$.

Es sei ohne Nachweis bemerkt, daß $\int_{a}^{\infty} f(x)\,\mathrm{d}x$ konvergent ist, falls $\int^{\infty} |f(x)|\,\mathrm{d}x$ konvergiert.

Definition 10.14

Das Integral $\int_{a}^{\infty} f(x)\,\mathrm{d}x$ *heißt absolut konvergent, falls* $\int_{a}^{\infty} |f(x)|\,\mathrm{d}x$ *konvergiert.*

Die absolute Konvergenz eines Integrals kann durch Vergleichssätze festgestellt werden.

Satz 10.28

Ist $f(x)$ *integrierbar über jedes beschränkte Teilintervall von* $x \geqq a$ *und existiert ein* $\alpha > 1$, *so daß* $x^{\alpha} f(x)$ *beschränkt bleibt für alle* x *mit* $x > 0$ *und* $x > a$, *dann ist* $\int_{a}^{\infty} f(x)\,\mathrm{d}x$ *absolut konvergent.*

Beispiel 10.30

Das Integral $\int_{1}^{\infty} \mathrm{e}^{-x} x^{\beta}\,\mathrm{d}x$ ist für jeden reellen Wert von β konvergent. Wird $\alpha > 1$ beliebig gewählt, so gilt

$$x^{\alpha}\,\mathrm{e}^{-x}\,x^{\beta} = \mathrm{e}^{-x}\,x^{\alpha+\beta} \to 0 \quad \text{für} \quad x \to +\infty.$$

Also bleibt $x^{\alpha+\beta}\mathrm{e}^{-x}$ beschränkt für alle $x \geqq 1$. Nach Satz 10.28 ist das Integral daher absolut konvergent und damit konvergent.

10.4.2. Integrale von nicht beschränkten Funktionen

Die Funktion $f(x)$ sei in dem beschränkten, nach rechts offenen Intervall $[a\ b]$ gegeben, für jedes t in diesem Intervall über $[a\ t]$ integrierbar und in einer linksseitigen Umgebung von b, das heißt für alle x mit $t \leqq x < b$, nicht beschränkt.

Definition 10.15

Ist der linksseitige Grenzwert $\lim\limits_{\substack{t \to b \\ (t < b)}} \int_{a}^{t} f(x)\,\mathrm{d}x$ *als endlicher Wert vorhanden, dann setzt man*

$$\int_{a}^{b} f(x)\,\mathrm{d}x = \lim_{\substack{t \to b \\ (t < b)}} \int_{a}^{t} f(x)\,\mathrm{d}x. \tag{10.111}$$

Man sagt dann, das uneigentliche Integral $\int\limits_a^b f(x)\,\mathrm{d}x$ *sei konvergent. Ist der Grenzwert in (10.111) nicht vorhanden, so heißt* $\int\limits_a^b f(x)\,\mathrm{d}x$ *divergent.*

Beispiel 10.31

Im Intervall [0 1] ist $f(x) = \dfrac{1}{\sqrt{1-x^2}}$ gegeben, dann gilt

$$\int\limits_0^1 \frac{\mathrm{d}x}{\sqrt{1-x^2}} = \lim_{\substack{t\to 1\\(t<1)}} \int\limits_0^t \frac{\mathrm{d}x}{\sqrt{1-x^2}} = \lim_{\substack{t\to 1\\(t<1)}} \arcsin t = \frac{\pi}{2}.$$

Analog zu Definition 10.15 definiert man das an der unteren Integrationsgrenze uneigentliche Integral $\int\limits_a^b f(x)\,\mathrm{d}x$ durch den rechtsseitigen Grenzwert

$$\lim_{\substack{t\to a\\(t>a)}} \int\limits_t^b f(x)\,\mathrm{d}x,$$

falls dieser existiert.

Beispiel 10.32

$$\int\limits_{-1}^0 \frac{\mathrm{d}x}{\sqrt{1-x^2}} = \lim_{\substack{t\to -1\\(t>-1)}} \int\limits_t^0 \frac{\mathrm{d}x}{\sqrt{1-x^2}} = -\lim_{\substack{t\to -1\\(t>-1)}} \arcsin t = \frac{\pi}{2}.$$

Ist eine Funktion $f(x)$ im beiderseits offenen Intervall $(a\ b)$ gegeben, über jedes Intervall $[a_1\ b_1]$ $(a < a_1 < b_1 < b)$ integrierbar, jedoch weder in einer linksseitigen Umgebung von b noch in einer rechtsseitigen Umgebung von a beschränkt, so geht man folgendermaßen vor: Existieren für einen beliebigen, aber festen Punkt c mit $a < c < b$ die uneigentlichen Integrale $\int\limits_a^c f(x)\,\mathrm{d}x$ und $\int\limits_c^b f(x)\,\mathrm{d}x$, so wird man festsetzen:

$$\int\limits_a^b f(x)\,\mathrm{d}x = \int\limits_a^c f(x)\,\mathrm{d}x + \int\limits_c^b f(x)\,\mathrm{d}x. \tag{10.112}$$

Ist eines der Integrale auf der rechten Seite in (10.112) divergent, so ist auch das bezüglich beider Integrationsgrenzen uneigentliche Integral $\int\limits_a^b f(x)\,\mathrm{d}x$ divergent.

Beispiel 10.33

Gegeben ist das bezüglich beider Integrationsgrenzen uneigentliche Integral $\int\limits_{-1}^{1} \frac{dx}{\sqrt{1-x^2}}$. Da nach Beispiel 10.31 und 10.32 die Integrale $\int\limits_{0}^{1} \frac{dx}{\sqrt{1-x^2}}, \int\limits_{-1}^{0} \frac{dx}{\sqrt{1-x^2}}$ existieren, gilt

$$\int\limits_{-1}^{1} \frac{dx}{\sqrt{1-x^2}} = \int\limits_{-1}^{0} \frac{dx}{\sqrt{1-x^2}} + \int\limits_{0}^{1} \frac{dx}{\sqrt{1-x^2}} = \pi.$$

Im folgenden sei noch der Fall betrachtet, daß für $a < c < b$ die Integrale $\int\limits_a^c f(x)\,dx$ und $\int\limits_c^b f(x)\,dx$ nur bei c als uneigentliche Integrale anzusehen sind. Nach obigen Erklärungen kann dann das uneigentliche Integral $\int\limits_a^b f(x)\,dx$ durch

$$\lim_{\substack{t \to c (t < c)\\ t' \to c (t' > c)}} \left[\int\limits_a^t f(x)\,dx + \int\limits_{t'}^b f(x)\,dx\right] \tag{10.113}$$

festgesetzt werden, falls dieser Grenzwert existiert, wobei $t \to c\ (t < c)$ und $t' \to c\ (t' > c)$ unabhängig voneinander sind.

Auch wenn der Grenzwert (10.113) nicht vorhanden ist, kann

$$\lim_{\substack{\varepsilon \to 0\\ (\varepsilon > 0)}} \left[\int\limits_a^{c-\varepsilon} f(x)\,dx + \int\limits_{c+\varepsilon}^b f(x)\,dx\right] \tag{10.114}$$

existieren. Man bezeichnet (10.114) als *Cauchyschen Hauptwert* des Integrals $\int\limits_a^b f(x)\,dx$.

Beispiel 10.34

Man betrachte $\int\limits_{-1}^{+1} \frac{dx}{x}$. Dann gilt

$$\lim_{\substack{\varepsilon \to 0\\ (\varepsilon > 0)}} \left[\int\limits_{-1}^{-\varepsilon} \frac{dx}{x} + \int\limits_{\varepsilon}^{1} \frac{dx}{x}\right] = \lim_{\substack{\varepsilon \to 0\\ (\varepsilon > 0)}} \left([\ln|x|]_{-1}^{-\varepsilon} + [\ln|x|]_{\varepsilon}^{1}\right) = \lim_{\substack{\varepsilon \to 0\\ (\varepsilon > 0)}} (\ln\varepsilon - \ln\varepsilon) = 0.$$

Der Cauchysche Hauptwert von $\int\limits_{-1}^{+1} \frac{dx}{x}$ ist also vorhanden, während $\int\limits_{-1}^{+1} \frac{dx}{x}$ im Sinne von (10.113) divergent ist.

Aufgaben

10.1.1 $\int \frac{\mathrm{d}x}{\sqrt{x}}$

10.1.2 $\int (x^2 + 6x)\,\mathrm{d}x$

10.1.3 $\int \frac{\mathrm{d}x}{\sqrt{1 - a^2x^2}}$

10.1.4 $\int \sin^3 x \cos x\,\mathrm{d}x$

10.1.5 $\int \frac{\ln x}{x}\,\mathrm{d}x$

10.1.6 $\int \sqrt{2x + 3}\,\mathrm{d}x$

10.1.7 $\int \frac{\mathrm{d}x}{(6x + 1)^2}$

10.1.8 $\int \frac{\mathrm{d}x}{x^2 + 6x + 10}$

10.1.9 $\int \frac{x\,\mathrm{d}x}{a^2 + b^2x^2}$

10.1.10 $\int \frac{x}{\cos^2 x}\,\mathrm{d}x$

10.1.11 $\int \frac{\sin x \cos x}{1 + \sin^2 x}\,\mathrm{d}x$

10.1.12 $\int x\,\mathrm{e}^{x^2}\,\mathrm{d}x$

10.1.13 $\int \cos mx \cos nx\,\mathrm{d}x$

10.1.14 $\int \arcsin x\,\mathrm{d}x$

10.1.15 $\int \frac{5x + 7}{2x + 3}\,\mathrm{d}x$

10.1.16 $\int \frac{x^4 - 2x^2 + 2}{x^2 + 1}\,\mathrm{d}x$

10.1.17 $\int \frac{x-4}{(x^2-1)(x-1)}\,dx$

10.1.18 $\int \frac{dx}{(x^2+1)^2}$

10.1.19 $\int \frac{x-3}{x^2+x+1}\,dx$

10.1.20 $\int \frac{x}{\sqrt{x+1}}\,dx$

10.1.21 $\int \sqrt{1+x^2}\,dx$

10.1.22 $\int \frac{1}{x\sqrt{1+x^2}}\,dx$

10.2.23 $\int\limits_0^{\frac{\pi}{4}} \cos x\,dx$

10.2.24 $\int\limits_2^4 |x-3|\,dx$

10.2.25 $\int\limits_{-\frac{\pi}{4}}^{\frac{\pi}{3}} \tan x\,dx$

10.3.26 Man bestimme den Inhalt derjenigen endlichen Fläche, die von der Ellipse mit der Gleichung

$\frac{x^2}{a^2} + \frac{y^2}{b^2} = 1 \quad (a, b > 0)$ begrenzt wird.

10.3.27 Man weise nach, daß der Mittelwert einer ungeraden Funktion $f(x)$ im Intervall $[-h \;\; h]$ $(h > 0)$ Null ist.

10.3.28 Wie groß ist die Stelle ξ im Mittelwertsatz der Integralrechnung für die Funktion $f(x) = x^2$ im Intervall $[0 \;\; a]$ $(a > 0)$?

10.3.29 Man gebe eine obere Schranke für den Betrag von $\int\limits_0^1 \frac{e^{-x}}{1+x^2}\,dx$ an.

10.4.30 $\int\limits_1^{\infty} e^{-\alpha x}\,dx \quad (\alpha > 0)$

10.4.31 $\int\limits_{2}^{+\infty} \frac{dx}{\sqrt{x}}$

10.4.32 Man bestimme den Cauchyschen Hauptwert von $\int\limits_{-\infty}^{+\infty} \sin x \, dx$.

10.4.33 $\int\limits_{-1}^{1} \frac{dx}{x^2}$

10.4.34 $\int\limits_{0}^{\pi} \tan x \, dx$

11. Lineare Differential- und Differenzengleichungen

11. Lineare Differential- und Differenzengleichungen

11.1. Lineare Differentialgleichungen

11.1.1. Allgemeine Bemerkungen und Definitionen

Viele Vorgänge in Naturwissenschaft, Technik und Ökonomie lassen sich durch Angabe einer funktionalen Abhängigkeit $y = f(x)$ beschreiben. Häufig läßt sich jedoch der Zusammenhang zwischen der Variablen y und der unabhängigen Variablen x nicht unmittelbar angeben, während eine Abhängigkeit zwischen x, y und den Ableitungen von y nach x leicht erkennbar ist, das heißt, man kennt eine Relation

$$F(x \;\; y \;\; y' \;\; y'' \;\; \ldots \;\; y^{(n)}) = 0. \qquad (11.1)$$

Weil in diese Bestimmungsgleichung für $y(x)$ auch die Ableitungen und damit die Differentialquotienten eingehen, heißt (11.1) eine *Differentialgleichung*. Findet man eine Funktion $y = f(x)$, die die Relation (11.1) identisch erfüllt, so nennt man sie eine *spezielle* oder *partikuläre Lösung* dieser Differentialgleichung.

Beispiel 11.1

Man kann das Gesetz des organischen Wachstums mit einer Differentialgleichung beschreiben. Wenn y die Anzahl der Bakterien zur Zeit x ist und $y(x)$ in der Zeit $\mathrm{d}x$ um $\mathrm{d}y$ zunimmt, so ist $y' = \frac{\mathrm{d}y}{\mathrm{d}x}$ die Zunahmegeschwindigkeit, und diese ist proportional der Anzahl der Bakterien (α Proportionalitätsfaktor):

$$y' = \frac{\mathrm{d}y}{\mathrm{d}x} = \alpha y.$$

Man kann leicht bestätigen, daß

$$y = c\,\mathrm{e}^{\alpha x} \qquad (c \text{ reelle Konstante})$$

eine Lösung dieser Differentialgleichung ist; denn setzt man diese Funktion und ihre Ableitung $y' = \alpha c\, e^{\alpha x}$ in die Differentialgleichung ein, so erhält man die Identität

$$\alpha c\, e^{\alpha x} \equiv \alpha c\, e^{\alpha x}.$$

In der Lösungsfunktion tritt eine Konstante c auf. Ihre Bedeutung erkennt man, wenn man eine sogenannte *Anfangsbedingung* stellt. Im Zeitpunkt $x = 0$ sei die Anzahl der Bakterien $y(0) = y_0$. Dann ist $y(0) = y_0 = c\, e^{\alpha 0} = c$, das heißt, $c = y_0$, und damit ergibt sich als Lösung der Differentialgleichung

$$y = y_0\, e^{\alpha x}.$$

Wir beschäftigen uns in diesem Kapitel mit Differentialgleichungen des Typs (11.1), das heißt mit Differentialgleichungen, deren Lösungen $y = f(x)$ nur von *einer* unabhängigen Variablen x abhängen. Solche Differentialgleichungen nennt man *gewöhnliche Differentialgleichungen.* Im Gegensatz dazu nennt man Differentialgleichungen, in denen partielle Ableitungen nach *mehreren* unabhängigen Variablen vorkommen, *partielle Differentialgleichungen.* Die *Ordnung* einer Differentialgleichung richtet sich nach der Ableitung höchster Ordnung, die in der Gleichung auftritt. Beispielsweise ist die Differentialgleichung

$$y' + 3x^2y - 5 = 0$$

von erster Ordnung, die Differentialgleichung

$$y'' - 2y' + 3xy^2 + x^2 = 0$$

von zweiter Ordnung.

11.1.2. Differentialgleichung 1. Ordnung

Eine Differentialgleichung 1. Ordnung hat nach (11.1) und nach dem, was über ihre Ordnung gesagt wurde, die Gestalt

$$F(x\;\; y\;\; y') = 0. \tag{11.2}$$

Falls sich diese Gleichung nach y' auflösen läßt, nimmt sie die Form

$$y' = f(x\;\; y) \tag{11.3}$$

an. Für Gleichungen der Form (11.3) gilt der folgende Satz, der hier ohne Beweis angegeben wird. Er enthält eine Aussage über die Existenz und die Eindeutigkeit der Lösung.

Satz 11.1

Wenn von der Gleichung

$$y' = f(x\;\; y)$$

die Funktion $f(x\;\; y)$ *und ihre partielle Ableitung* $\dfrac{\partial f}{\partial y}$ *in einem zusammenhängenden Bereich* B *der* x, y*-Ebene, der den Punkt* $(x_0\;\; y_0)$ *enthält, existieren, so gibt es eine eindeutige Lösung* $y = \varphi(x)$ *dieser Gleichung, die den Bedingungen* $x = x_0$ *und* $y = y_0$ *genügt.*

Aus diesem Satz folgt, daß Gleichung (11.3) unendlich viele verschiedene Lösungen besitzt, die eine einparametrige Kurvenschar mit dem Scharparameter c (Integrationskonstante) darstellen, und daß durch jeden Punkt $(x_0\ \ y_0)$ aus B genau eine Lösungskurve geht.

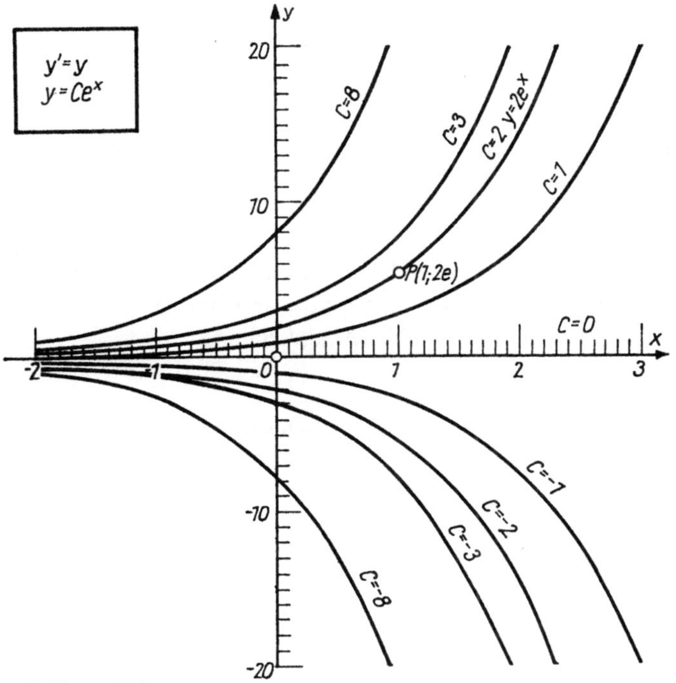

Abbildung 11.1

Die zum Beispiel 11.1 gehörende Kurvenschar $\varphi(x, c) = c\,e^{\alpha x}$ ist in Abbildung 11.1 angegeben. Hierbei ist $\alpha = 1$ gesetzt. Für $c > 0$ erhalten wir eine Kurvenschar in der oberen Halbebene, für $c < 0$ eine Schar in der unteren Halbebene und für $c = 0$ die x-Achse. Durch einen beliebigen vorgegebenen Punkt P (beispielsweise $x_0 = 1, y_0 = 2e$) geht genau eine Lösungskurve (aus $2e = c\,e^1$ folgt $c = 2$, und somit geht durch den Punkt $(1\ \ 2e)$ die Lösungskurve $y = 2\,e^x$). Diese Lösungskurve wird durch eine partikuläre Lösung beschrieben.

11.1.3. Trennung der Variablen

Falls in der Differentialgleichung $y' = f(x\ \ y)$ die Funktion $f(x\ \ y)$ ein Produkt von zwei Funktionen ist, von denen die eine nur von x, die andere nur von y abhängt, wenn also

$$f(x\ \ y) = g(x)\,h(y)$$

gilt, so kann man in der Differentialgleichung

$$y' = \frac{dy}{dx} = g(x)\,h(y)$$

die Variablen trennen und erhält die Gleichung

$$\frac{\mathrm{d}y}{h(y)} = g(x)\,\mathrm{d}x.$$

Integriert man beide Seiten, so können sich die unbestimmten Integrale nur durch eine Konstante unterscheiden:

$$\int \frac{1}{h(y)}\,\mathrm{d}y = \int g(x)\,\mathrm{d}x + c.$$

Durch Ausrechnung der beiden Integrale erhält man die Lösung $y(x)$ in impliziter Form mittels Stammfunktionen

$$H(y) = G(x) + c.$$

Falls eine Auflösung nach y algebraisch möglich ist, erhält man die explizite Form der Lösung. Weil in der Lösung noch eine Integrationskonstante enthalten ist, spricht man von der *allgemeinen Lösung* der Differentialgleichung.

Beispiel 11.2

Die Differentialgleichung $y' = xy$ ist zu lösen. Wir führen die Trennung der Variablen durch:

$$\frac{\mathrm{d}y}{\mathrm{d}x} = x\,y$$

$$\frac{\mathrm{d}y}{y} = x\,\mathrm{d}x$$

$$\int \frac{1}{y}\,\mathrm{d}y = \int x\,\mathrm{d}x + c$$

$$\ln|y| = \frac{x^2}{2} + c$$

$$|y| = \mathrm{e}^{\frac{x^2}{2}+}\quad.$$

Weil $y > 0$ ist, kann man auf die Absolutstriche verzichten:

$$y = \mathrm{e}^{\frac{x^2}{2}}\,\mathrm{e}^{c}.$$

Setzt man schließlich noch $c_1 = \mathrm{e}^c$, so erhält man die allgemeine Lösung:

$$y = c_1\,\mathrm{e}^{\frac{x^2}{2}}.$$

Beispiel 11.3

$$y' = \frac{y}{x}$$

$$\frac{\mathrm{d}y}{\mathrm{d}x} = \frac{y}{x}$$

$$\frac{\mathrm{d}y}{y} = \frac{\mathrm{d}x}{x}$$

$$\ln|y| = \ln|x| + \ln c$$

$$y = c\,x.$$

Beispiel 11.4

Bekanntlich ist die Geschwindigkeit des Zerfalls von Radium seiner Menge m zu jeder gegebenen Zeit direkt proportional, das heißt, die Zerfallsgeschwindigkeit $\frac{dm}{dt}$ genügt der Differentialgleichung

$$\frac{dm}{dt} = -km.$$

(Für $-k = \alpha$ ist das die Differentialgleichung des organischen Wachstums, die wir in Beispiel 11.1 behandelt haben.) In dieser Differentialgleichung bewirkt das Minuszeichen vor dem Proportionalitätsfaktor $k > 0$, daß bei wachsendem t eine Massenabnahme erfolgt. Nach Trennung der Variablen erhält man

$$\frac{dm}{m} = -k\,dt,$$

woraus durch Integration

$$\ln m = -kt + \ln c$$

folgt. Durch Zusammenfassung der Logarithmen und Auflösen nach m ergibt sich

$$\ln \frac{m}{c} = -kt$$

$$m = ce^{-kt}.$$

Setzt man voraus, daß für $t = 0$ die Masse des Radiums m_0 beträgt (Anfangsbedingung), so muß c der Bedingung

$$m_0 = ce^{-k \cdot 0} = c$$

genügen. Die partikuläre Lösung lautet also

$$m = m_0 e^{-kt}.$$

Den Proportionalitätsfaktor k ermittelt man aus Beobachtungen. Wenn $\alpha\,\%$ der ursprünglichen Radiummasse in der Zeit t_0 zerfallen, so gilt die Beziehung

$$\left(1 - \frac{\alpha}{100}\right) m_0 = m_0 e^{-kt_0},$$

woraus sich

$$k = -\frac{1}{t_0} \ln\left(1 - \frac{\alpha}{100}\right)$$

ergibt. Für k_{Radium} wurde bei Zugrundelegung eines Jahres als Zeitmaß

$$k_R = 0{,}00044 = 44 \cdot 10^{-5}$$

ermittelt. Setzt man k_R in die spezielle Lösung ein, so erhält man

$$m = m_0\, e^{-0{,}00044\, t}.$$

Hieraus kann man die Halbwertzeit des Radiums t_R, das heißt den Zeitraum, in dem genau die Hälfte der ursprünglichen Masse des Radiums zerfallen ist, bestimmen. Man setzt $m = \frac{m_0}{2}$ in die spezielle Lösung ein und erhält

$$\frac{m_0}{2} = m_0\, e^{-0{,}00044 t_R}$$

$$-\ln 2 = -0{,}00044 t_R$$

$$t_R = \frac{\ln 2}{0{,}00044} \approx 1590.$$

Folglich beträgt die Halbwertzeit des Radiums $t_R = 1590$ Jahre.

11.1.4. Lineare Differentialgleichung 1. Ordnung

Die Differentialgleichung (11.2) läßt sich besonders einfach behandeln, wenn die Größen y und y' nur linear auftreten.

Definition 11.1

Eine Differentialgleichung 1. Ordnung, die bezüglich der unbekannten Funktion $y(x)$ und ihrer Ableitung y' linear ist, heißt lineare Differentialgleichung. Sie hat die Gestalt

$$y' + p(x)\,y = q(x). \tag{11.4}$$

Als Lösungsverfahren geben wir hier die Methode der Variation der Konstanten nach Lagrange an, weil sich diese Methode ohne wesentliche Änderungen auch auf lineare Differentialgleichungen höherer Ordnung und auf lineare Differentialgleichungssysteme anwenden läßt.
Vorgelegt sei eine Differentialgleichung (11.4), die man *inhomogen* in bezug auf y' und y (kurz inhomogene Differentialgleichung) nennt, weil ein von y und y' freies Glied $q(x)$ auftritt. Dieser Differentialgleichung ordnen wir die in bezug auf y' und y *homogene Differentialgleichung* (kurz homogene Differentialgleichung) zu, die man dadurch erhält, daß man die rechte Seite gleich Null setzt:

$$y' + p(x)\,y = 0. \tag{11.5}$$

Wir lösen nun zunächst die homogene Differentialgleichung (11.5) und versuchen dann, ihre Lösung y so abzuändern, daß sie die inhomogene Differentialgleichung erfüllt. Die homogene Differentialgleichung (11.5) läßt sich stets durch Trennung der Variablen lösen.

$$\begin{aligned} y' &= -p(x)\,y \\ \frac{\mathrm{d}y}{y} &= -p(x)\,\mathrm{d}x \\ \ln|y| &= -\int p(x)\,\mathrm{d}x + c_2 \\ y &= \mathrm{e}^{-\int p(x)\,\mathrm{d}x + c_2} \\ y &= \mathrm{e}^{c_2}\,\mathrm{e}^{-\int p(x)\mathrm{d}x} \qquad c_1 = \mathrm{e}^{c_2} \\ \tilde{y}_H &= y = c_1\,\mathrm{e}^{-\int p(x)\mathrm{d}x}. \end{aligned} \tag{11.6}$$

(Mit $\tilde{y}$ bezeichnen wir die allgemeine Lösung einer Differentialgleichung. Der Index H soll andeuten, daß es sich um eine Lösung der homogenen Differentialgleichung handelt. Entsprechend bezeichnet y_J eine partikuläre und $\tilde{y}_J$ die allgemeine Lösung der inhomogenen Differentialgleichung.)
Diese Lösung erfüllt die Differentialgleichung (11.5). Unsere Aufgabe besteht darin, eine Lösung von (11.4) zu bestimmen. Wir zeigen deshalb, daß man unter Ausnutzung der Lösung (11.6) immer zu einer Lösung der inhomogenen Differentialgleichung gelangen kann, wenn man in (11.6) die Konstante c_1 durch eine Funktion $c_1(x)$ ersetzt. Beispielsweise hat die homogene Differentialgleichung

$$y' + y = 0$$

die allgemeine Lösung

$$\tilde{y}_H = c_1\,\mathrm{e}^{-x}.$$

Die inhomogene Differentialgleichung

$y' + y = 2x\,\mathrm{e}^{-x}$

hat die partikuläre Lösung

$y_J = x^2\,\mathrm{e}^{-x}$.

Vergleicht man $\tilde{y}_H$ mit y_J, so zeigt sich, daß die Konstante c_1 durch x_2 ersetzt werden muß. Allgemein nennt man das Verfahren zur Bestimmung der Funktion $c_1(x)$ aus der Lösung der homogenen Differentialgleichung *die Methode der Variation der Konstanten.* Im folgenden beschreiben wir dieses Verfahren.
In der Lösung (11.6) ersetzt man die Konstante c_1 durch eine Funktion $c_1(x)$:

$$y = c_1(x)\,\mathrm{e}^{-\int p(x)\,\mathrm{d}x}. \tag{11.7}$$

Durch Differentiation nach x erhält man

$$y' = c_1'(x)\,\mathrm{e}^{-\int p(x)\,\mathrm{d}x} + c_1(x)\,\mathrm{e}^{-\int p(x)\,\mathrm{d}x} \cdot \frac{\mathrm{d}}{\mathrm{d}x}[-\int p(x)\,\mathrm{d}x].$$

Weil $\frac{\mathrm{d}}{\mathrm{d}x}[-\int p(x)\,\mathrm{d}x] = -p(x)$ ist, ergibt sich

$$y' = c_1'(x)\,\mathrm{e}^{-\int p(x)\,\mathrm{d}x} - c_1(x)\,\mathrm{e}^{-\int p(x)\,\mathrm{d}x} \cdot p(x). \tag{11.8}$$

Um festzustellen, wie die noch unbekannte Funktion $c_1(x)$ beschaffen sein muß, damit (11.7) Lösung von (11.4) wird, setzt man y und y' gemäß (11.7) und (11.8) in die inhomogene Differentialgleichung (11.4) ein:

$$c_1'(x)\,\mathrm{e}^{-\int p(x)\,\mathrm{d}x} \underbrace{- c_1(x)\,p(x)\,\mathrm{e}^{-\int p(x)\,\mathrm{d}x} + p(x)\,c_1(x)\,\mathrm{e}^{-\int p(x)\,\mathrm{d}x}}_{=0} = q(x). \tag{11.9}$$

Da sich das zweite und dritte Glied kompensieren, bleibt eine Differentialgleichung für die Funktion $c_1(x)$ übrig, die man durch Trennung der Variablen lösen kann.

$$c_1'(x)\,\mathrm{e}^{-\int p(x)\,\mathrm{d}x} = q(x)$$

$$c_1'(x) = q(x)\,\mathrm{e}^{\int p(x)\,\mathrm{d}x}$$

$$c_1(x) = \int q(x)\,\mathrm{e}^{\int p(x)\,\mathrm{d}x}\,\mathrm{d}x + c.$$

Dabei ist c eine Integrationskonstante, die wir unbedingt berücksichtigen müssen, wenn wir die *allgemeine Lösung* der inhomogenen Differentialgleichung bestimmen wollen. Setzen wir nun $c_1(x)$ in (11.7) ein, so erhält man die allgemeine Lösung der inhomogenen linearen Differentialgleichung 1. Ordnung:

$$\tilde{y}_J = \underbrace{\mathrm{e}^{-\int p(x)\,\mathrm{d}x} \cdot \int q(x)\,\mathrm{e}^{\int p(x)\,\mathrm{d}x}\,\mathrm{d}x}_{y_J} + \underbrace{c\,\mathrm{e}^{-\int p(x)\,\mathrm{d}x}}_{\tilde{y}_H}.$$

Im zweiten Summanden der rechten Seite erkennen wir die allgemeine Lösung $\tilde{y}_H$ der homogenen Differentialgleichung (11.5), während der erste Summand y_J eine partikuläre Lösung (spezielle Lösung) der inhomogenen Differentialgleichung darstellt, denn y_J enthält selbst keine Integrationskonstante und erfüllt im Falle $c = 0$ die Differentialgleichung (11.4).

Zusammenfassend können wir folgenden Satz formulieren:

Satz 11.2

Die allgemeine Lösung der inhomogenen Differentialgleichung 1. Ordnung setzt sich additiv zusammen aus der allgemeinen Lösung der homogenen Differentialgleichung und einer partikulären Lösung der inhomogenen Differentialgleichung:

$$\tilde{y}_J = \tilde{y}_H + y_J. \tag{11.10}$$

Dieser Satz ist für das praktische Rechnen sehr wichtig; denn häufig kann man eine partikuläre Lösung der inhomogenen Differentialgleichung erraten. In diesem Fall berechnet man nur die allgemeine Lösung der homogenen Differentialgleichung und addiert die partikuläre Lösung.

Wir prägen uns nun die Methode der Variation der Konstanten noch an einigen Beispielen ein.

Beispiel 11.5

Es ist die allgemeine Lösung von

$$y' - 2xy = x$$

zu bestimmen.

Die zugehörige homogene Differentialgleichung

$$y' - 2xy = 0$$

läßt sich durch Trennung der Variablen lösen:

$$\frac{\mathrm{d}y}{\mathrm{d}x} = 2xy$$

$$\frac{\mathrm{d}y}{y} = 2x\,\mathrm{d}x$$

$$\ln|y| = x^2 + \ln c_1$$

$$\ln\left|\frac{y}{c_1}\right| = x^2$$

$$\tilde{y}_H = c_1 e^{x^2}.$$

In dieser allgemeinen Lösung der homogenen Differentialgleichung ersetzen wir die Konstante c_1 durch eine Funktion $c_1(x)$ und erhalten damit den Ansatz für die allgemeine Lösung der inhomogenen Differentialgleichung

$$y = c_1(x)\,\mathrm{e}^{x^2}.$$

Wir differenzieren nach x

$$y' = c_1'(x)\,\mathrm{e}^{x^2} + 2xc_1(x)\,\mathrm{e}^{x^2}$$

und setzen y und y' in die inhomogene Differentialgleichung ein:

$$c_1'(x)\,\mathrm{e}^{x^2} + 2xc_1(x)\,\mathrm{e}^{x^2} - 2xc_1(x)\,\mathrm{e}^{x^2} = x.$$

Das zweite und das dritte Glied addieren sich zu Null. (Das ist bei der Methode der Variation der Konstanten gesetzmäßig – vgl. (11.9).)

$$c_1'(x)\,\mathrm{e}^{x^2} = x$$

$$c_1'(x) = x\,\mathrm{e}^{-x^2}$$

$$c_1(x) = \int x\,\mathrm{e}^{-x^2}\,\mathrm{d}x.$$

Mit der Substitution $u = -x^2$, $du = -2x\, dx$ ergibt sich

$$c_1(x) = -\frac{1}{2}\int e^u\, du,$$

$$c_1(x) = -\frac{1}{2}e^u + c,$$

$$c_1(x) = -\frac{1}{2}e^{-x^2} + c.$$

Setzt man $c_1(x)$ in den Lösungsansatz für die inhomogene Differentialgleichung ein, so erhält man die allgemeine Lösung der inhomogenen Differentialgleichung:

$$\tilde{y}_J = -\frac{1}{2} + c\, e^{x^2}.$$

Beispiel 11.6

Für die Differentialgleichung

$$(x^2 + 1)\, y' + 2xy = 2x^2$$

ist die Lösung zu bestimmen, die die Anfangsbedingung $x_0 = 1$, $y_0 = 2$ erfüllt.

Zunächst formen wir die Differentialgleichung um.

$$y' + \frac{2x}{x^2+1}\, y = \frac{2x^2}{x^2+1}. \qquad (J)$$

Die Lösung der homogenen linearen Differentialgleichung

$$y' + \frac{2x}{x^2+1}\, y = 0 \qquad (H)$$

erhalten wir durch Trennung der Variablen:

$$\frac{dy}{y} = -\frac{2x}{x^2+1}\, dx$$

$$\ln |y| = -\ln (x^2 + 1) + \ln c_1$$

$$\tilde{y}_H = \frac{c_1}{x^2+1}.$$

Variation der Konstanten:

$$y = \frac{c_1(x)}{x^2+1}$$

$$y' = \frac{(x^2+1)\, c_1' - c_1 \cdot 2x}{(x^2+1)^2} = \frac{c_1'}{x^2+1} - \frac{2x}{(x^2+1)^2}\, c_1.$$

y und y' setzen wir in (J) ein:

$$\frac{c_1'}{x^2+1} - \frac{2x}{(x^2+1)^2}\, c_1 + \frac{2x}{(x^2+1)} \cdot \frac{c_1}{(x^2+1)} = \frac{2x^2}{x^2+1}$$

$$c_1' = 2x^2.$$

Die Integration dieser Gleichung liefert die Funktion

$$c_1(x) = \frac{2}{3}x^3 + c.$$

Setzen wir $c_1(x)$ in die allgemeine Lösung der homogenen Differentialgleichung ein, so erhalten wir die allgemeine Lösung der inhomogenen linearen Differentialgleichung (J)

$$\tilde{y}_J = \frac{1}{x^2+1}\left(\frac{2}{3}x^3 + c\right).$$

Nun bestimmen wir noch die partikuläre Lösung, die die Anfangsbedingung $x_0 = 1$, $y_0 = 2$ erfüllt, das heißt, wir suchen aus der Schar der Lösungskurven die heraus, die durch den Punkt $P_0(1\ 2)$ geht. Zu dieser Lösungskurve gehört ein ganz bestimmtes c, das wir aus $\tilde{y}_J$ durch Einsetzen der Koordinaten von P_0 errechnen:

$$2 = \frac{1}{1+1}\left(\frac{2}{3}\cdot 1 + c\right)$$

$$c = \frac{10}{3}.$$

Damit wird

$$y_J = \frac{1}{x^2+1}\left(\frac{2}{3}x^3 + \frac{10}{3}\right) = \frac{2(x^3+5)}{3(x^2+1)}$$

eine partikuläre Lösung der inhomogenen linearen Differentialgleichung, die gleichzeitig die Anfangsbedingung $x_0 = 1$, $y_0 = 2$ erfüllt.

11.1.5. Sätze über die Lösungen der homogenen linearen Differentialgleichungen n-ter Ordnung mit konstanten Koeffizienten

Viele praktische Probleme führen auf lineare Differentialgleichungen höherer Ordnung, die man in der allgemeinen Form

$$y^{(n)} + f_{n-1}(x)\,y^{(n-1)} + \cdots + f_1(x)y' + f_0(x)\,y = g(x)$$

angibt. Dabei ist $y = y(x)$ die gesuchte Funktion; die stetigen Funktionen $f_k(x)$ ($k = 1, 2, \ldots, n-1$) nennt man die Koeffizienten der linearen Differentialgleichung und $g(x)$ die *Störungsfunktion* oder das *Störglied.* Ist die Störungsfunktion $g(x)$ von Null verschieden, so nennt man die Differentialgleichung *inhomogen,* ist sie identisch Null, das heißt, gilt $g(x) \equiv 0$, so nennt man sie *homogen.* Da die Lösung von Differentialgleichungen mit variablen Koeffizienten im allgemeinen schwierig ist, beschränken wir uns hier auf die Lösung von Differentialgleichungen, bei denen die Koeffizienten reelle Konstanten sind. Sie haben die Form

$$y^{(n)} + a_{n-1}y^{(n-1)} + \cdots + a_1y' + a_0y = g(x). \tag{11.11}$$

Analog zu den linearen Differentialgleichungen 1. Ordnung bestimmt man zunächst die allgemeine Lösung der homogenen Differentialgleichung und leitet daraus die Lösung der inhomogenen Differentialgleichung ab. Wir beschäftigen uns deshalb zunächst mit der homogenen Differentialgleichung.

Die homogene lineare Differentialgleichung n-ter Ordnung hat die Gestalt

$$y^{(n)} + a_{n-1}y^{(n-1)} + \cdots + a_1y' + a_0y = 0. \tag{11.12}$$

Über die partikulären Lösungen einer homogenen linearen Differentialgleichung kann man folgendes aussagen:

Satz 11.3

Sind $y_1, y_2, \ldots, y_m$ partikuläre Lösungen der homogenen linearen Differentialgleichung (11.12), so ist auch jede Linearkombination

$$\sum_{k=1}^{m} c_k y_k \tag{11.13}$$

eine Lösung der Differentialgleichung (11.12).

Beweis

Da die Funktionen y_k Lösungen der Differentialgleichungen sind, gilt für jedes $k = 1, 2, \ldots, m$

$$y_k^{(n)} + a_{n-1} y_k^{(n-1)} + \cdots + a_1 y_k' + a_0 y_k = 0. \tag{11.14}$$

Setzt man in (11.12) für die Größe y und ihre Ableitungen die Linearkombination (11.13) ein, so erhält man

$$\left[\sum_{k=1}^{m} c_k y_k\right]^{(n)} + a_{n-1}\left[\sum_{k=1}^{m} c_k y_k\right]^{(n-1)} + \cdots + a_1\left[\sum_{k=1}^{m} c_k y_k\right]' + a_0 \sum_{k=1}^{m} c_k y_k = 0.$$

Durch Umordnung und Differentiation folgt hieraus

$$\sum_{k=1}^{m} c_k \left[y_k^{(n)} + a_{n-1} y_k^{(n-1)} + \cdots + a_1 y_k' + a_0 y_k\right] = 0.$$

Der Ausdruck in der eckigen Klammer verschwindet nach (11.14) für jedes $k = 1, 2, \ldots, m$; folglich ist auch (11.13) eine Lösung der Differentialgleichung, womit der Satz bewiesen ist.

Die Zusammenfassung der partikulären Lösungen $y_1, \ldots, y_m$ zur Linearkombination nennt man eine *Superposition* oder *Überlagerung der speziellen Lösungen.* Weil in der Linearkombination m willkürliche Konstanten c_k auftreten, ergibt sich eine Mannigfaltigkeit von Lösungen, die wir jetzt ordnen wollen. Zu diesem Zweck führen wir den Begriff der *linearen Unabhängigkeit* in bezug auf die Lösungen $y_1, \ldots, y_m$ ein.

Definition 11.2

m Funktionen $y_1(x), \ldots, y_m(x)$ heißen linear unabhängig voneinander, wenn eine Relation

$$\sum_{k=1}^{m} c_k y_k(x) = 0$$

für alle x in einem gewissen Intervall nur dann möglich ist, wenn alle $c_k = 0$ sind. Gibt es mindestens ein $c_k \neq 0$, so heißen die Funktionen $y_k(x)$ linear abhängig voneinander.

Beispiel 11.7

Die Funktionen $y_1 = \sin x$ und $y_2 = \sin 2x$ sind linear unabhängig; denn aus

$$c_1 \sin x + c_2 \sin 2x = 0$$

ergibt sich für $x = \frac{\pi}{2}$

$$c_1 \cdot 1 + c_2 \cdot 0 = 0.$$

woraus $c_1 = 0$ folgt. Dann muß aber

$$c_2 \sin 2x = 0$$

für alle x gelten. Das ist aber nur möglich, wenn auch $c_2 = 0$ ist.

Beispiel 11.8

Die Funktionen $y_1 = \sin^2 x$, $y_2 = \cos^2 x$, $y_3 = \cos 2x$ sind linear abhängig, denn wegen

$$\cos 2x = \cos^2 x - \sin^2 x$$

existiert eine Relation

$$c_1 \sin^2 x + c_2 \cos^2 x + c_3 \cos 2x = 0$$

für $c_1 = 1$, $c_2 = -1$, $c_3 = 1$.

Wir fragen nun, wieviel linear unabhängige Lösungen eine lineare Differentialgleichung n-ter Ordnung besitzt. Hierüber gibt der folgende Satz, den wir ohne Beweis angeben, Aufschluß.

Satz 11.4

Eine lineare Differentialgleichung n-ter Ordnung besitzt genau n linear unabhängige Lösungen.

Definition 11.3

Ein System von n linear unabhängigen Lösungen $y_1, y_2, \ldots, y_n$ der homogenen linearen Differentialgleichung n-ter Ordnung nennt man ein Fundamentalsystem.

Definition 11.4

Bilden die Funktionen $y_1, y_2, \ldots, y_n$ ein Fundamentalsystem, so heißt die Linearkombination

$$y_H = c_1 y_1 + c_2 y_2 + \cdots + c_n y_n \tag{11.15}$$

die allgemeine Lösung der homogenen linearen Differentialgleichung n-ter Ordnung.

Die allgemeine Lösung einer homogenen linearen Differentialgleichung n-ter Ordnung enthält n willkürliche Konstanten und stellt somit eine n-parametrige Schar von Lösungskurven dar. Schreibt man für die Stelle $x = x_0$ die Werte $y(x_0) = y_0$, $y'(x_0) = y_0'$, ..., $y^{(n-1)}(x_0) = y_0^{(n-1)}$ willkürlich vor, so erhält man n Bedingungen, die sogenannten *Anfangsbedingungen*. Setzt man diese in (11.15) und in die entsprechenden Ableitungen von (11.15) ein, so erhält man ein lineares Gleichungssystem aus n Gleichungen mit n Unbekannten $c_1, c_2, \ldots, c_n$. Diese lassen sich aus dem Gleichungssystem eindeutig bestimmen und ergeben, wieder in (11.15) eingesetzt, eine partikuläre Lösung der Differentialgleichung (11.12).

Bevor man nun die allgemeine Lösung einer linearen Differentialgleichung aufstellt, muß man sich vergewissern, ob die partikulären Lösungen $y_1, y_2, \ldots, y_n$ ein Fundamentalsystem bilden. Man muß also nachweisen, daß sie linear unabhängig sind.

Beispiel 11.9

Die Funktionen $y_1 = e^x$, $y_2 = e^{-x}$, $y_3 = \frac{e^x - e^{-x}}{2}$ $\left(\text{abkürzend schreibt man auch } \frac{e^x - e^{-x}}{2} = \sinh x\right)$ sind zwar partikuläre Lösungen der Differentialgleichung

$$y''' - y' = 0,$$

jedoch bilden sie kein Fundamentalsystem, denn wegen

$$y_3 = \frac{1}{2} y_1 - \frac{1}{2} y_2$$

hängt y_3 linear von y_1 und y_2 ab. Wählt man dagegen als dritte Lösung eine Konstante, so bilden $y_1 = e^x$, $y_2 = e^{-x}$, $y_3 = c$ ein Fundamentalsystem der angegebenen Differentialgleichung.

Ein einfaches Kriterium, mit dessen Hilfe man feststellen kann, ob partikuläre Lösungen einer homogenen linearen Differentialgleichung ein Fundamentalsystem bilden, kann mit der *Wronskischen Determinante* formuliert werden.

Definition 11.5

Ist jede der n Funktionen $y_1, y_2, \ldots, y_n$ mindestens $(n-1)$mal differenzierbar, so nennt man die Determinante

$$W(x) = \begin{vmatrix} y_1 & y_2 & \cdots & y_n \\ y_1' & y_2' & \cdots & y_n' \\ \ldots & \ldots & \ldots & \ldots \\ y_1^{(n-1)} & y_2^{(n-1)} & \cdots & y_n^{(n-1)} \end{vmatrix} \qquad (11.16)$$

die Wronskische Determinante des Funktionssystems $y_1, y_2 \ldots, y_n$.

Satz 11.5

Die partikulären Lösungen $y_1, y_2, \ldots, y_n$ der linearen homogenen Differentialgleichung n-ter Ordnung bilden ein Fundemantalsystem, wenn ihre Wronskische Determinante von Null verschieden ist.

Wenn die Wronskische Determinante Null wird, so sind die Funktionen $y_1, y_2, \ldots, y_n$ linear abhängig.

Die Wronskische Determinante ist eine Funktion von x. Man könnte deshalb annehmen, daß die Aussage der linearen Abhängigkeit oder Unabhängigkeit nur für eine bestimmte Stelle x_0 zutrifft, während sich die Verhältnisse im Nachbarpunkt ändern. Daß dies nicht möglich ist, garantiert der folgende Satz.

Satz 11.6

Die Wronskische Determinante $W(x)$ eines Lösungssystems $y_1, y_2, \ldots, y_n$ ist identisch Null, wenn sie auch nur an einer einzigen Stelle x_0 gleich Null ist. Ist dagegen der Wert von $W(x)$ an einer einzigen Stelle x_0 von Null verschieden, so verschwindet $W(x)$ nirgends.

Beispiel 11.10

Im Beispiel 11.9 hatten wir verschiedene Lösungssysteme der Differentialgleichung

$$y''' - y' = 0$$

betrachtet. Mit Hilfe der Wronskischen Determinante läßt sich sehr leicht zeigen, daß die partikulären Lösungen $y_1 = e^x$, $y_2 = e^{-x}$, $y_3 = c \neq 0$ ein Fundamentalsystem bilden. Es gilt

$$W(x) = \begin{vmatrix} e^x & e^{-x} & c \\ e^x & -e^{-x} & 0 \\ e^x & e^{-x} & 0 \end{vmatrix} = c \begin{vmatrix} e^x & -e^{-x} \\ e^x & e^{-x} \end{vmatrix} = c(e^0 + e^0) = 2c \neq 0.$$

Dagegen ist die Wronskische Determinante der partikulären Lösungen $y_1 = e^x, y_2 = e^{-x}, y_3 = \frac{e^x - e^{-x}}{2}$

$$W(x) = \begin{vmatrix} e^x & e^{-x} & \frac{e^x - e^{-x}}{2} \\ e^x & -e^{-x} & \frac{e^x + e^{-x}}{2} \\ e^x & e^{-x} & \frac{e^x - e^{-x}}{2} \end{vmatrix} = 0,$$

weil die 1. und die 3. Zeile in der Determinante gleich sind. Folglich sind die Funktionen y_1, y_2, y_3 linear abhängig.

(Für $\frac{e^x + e^{-x}}{2}$ wird die abkürzende Schreibweise $\cosh x$ benutzt.)

11.1.6. Homogene lineare Differentialgleichung 2. Ordnung

Wir betrachten die homogene lineare Differentialgleichung 2. Ordnung

$$y'' + a_1 y' + a_0 y = 0, \tag{11.17}$$

wobei a_0 und a_1 konstante, reelle Zahlen sind. Zur Auffindung von partikulären Lösungen dient der Ansatz

$$y = e^{\lambda x} \qquad (\lambda = \text{const}). \tag{11.18}$$

Geht man hiermit und mit den Ableitungen $y' = \lambda e^{\lambda x}$, $y'' = \lambda^2 e^{\lambda x}$ in (11.17) ein, so ergibt sich

$$(\lambda^2 + a_1\lambda + a_0)\, e^{\lambda x} = 0.$$

Da die Exponentialfunktion niemals Null wird, können wir durch $e^{\lambda x}$ dividieren und erhalten die sogenannte *charakteristische Gleichung* der linearen Differentialgleichung (11.17):

$$\lambda^2 + a_1\lambda + a_0 = 0. \tag{11.19}$$

Diese quadratische Gleichung hat zwei Wurzeln, die wir mit λ_1 und λ_2 bezeichnen. Für sie gilt

$$\lambda_1 = -\frac{a_1}{2} + \frac{1}{2}\sqrt{a_1^2 - 4a_0} \quad \text{und} \quad \lambda_2 = -\frac{a_1}{2} - \frac{1}{2}\sqrt{a_1^2 - 4a_0}.$$

Je nachdem, ob $a_1^2 > 4a_0$, $a_1^2 = 4a_0$, $a_1^2 < 4a_0$ gilt, sind die Wurzeln λ_1 und λ_2

a) reell und voneinander verschieden,

b) reell und einander gleich,

c) konjugiert komplex.

Wir diskutieren die einzelnen Fälle:

a) $a_1^2 > 4a_0$: Die Wurzeln der charakteristischen Gleichung sind reell und voneinander verschieden. Dann sind

$$y_1 = e^{\lambda_1 x} \quad \text{und} \quad y_2 = e^{\lambda_2 x}$$

partikuläre Lösungen von (11.17).

Die Wronskische Determinante

$$W(x) = \begin{vmatrix} e^{\lambda_1 x} & e^{\lambda_2 x} \\ \lambda_1 e^{\lambda_1 x} & \lambda_2 e^{\lambda_2 x} \end{vmatrix} = e^{(\lambda_1+\lambda_2)x}(\lambda_2 - \lambda_1)$$

ist wegen $\lambda_1 \neq \lambda_2$ von Null verschieden. Die Lösungen y_1 und y_2 sind linear unabhängig und bilden ein Fundamentalsystem. Zusammenfassend ergibt sich der folgende Satz.

Satz 11.7

Hat die charakteristische Gleichung einer homogenen linearen Differentialgleichung 2. Ordnung zwei verschiedene, reelle Wurzeln λ_1 und λ_2, so bilden die partikulären Lösungen

$$y_1 = e^{\lambda_1 x} \quad \text{und} \quad y_2 = e^{\lambda_2 x}$$

ein Fundamentalsystem. Die allgemeine Lösung hat die Form

$$\tilde{y}_H = c_1 e^{\lambda_1 x} + c_2 e^{\lambda_2 x}. \tag{11.20}$$

Beispiel 11.11

Es ist die Differentialgleichung

$$y'' + y' - 6y = 0$$

zu lösen.

Die charakteristische Gleichung

$$\lambda^2 + \lambda - 6 = 0$$

hat die beiden Wurzeln $\lambda_1 = 2, \lambda_2 = -3$. Weil die beiden Wurzeln reell und voneinander verschieden sind, bilden die partikulären Lösungen

$$y_1 = e^{2x} \quad \text{und} \quad y_2 = e^{-3x}$$

ein Fundamentalsystem. Folglich lautet die allgemeine Lösung der Differentialgleichung

$$\tilde{y}_H = c_1 e^{2x} + c_2 e^{-3x}.$$

b) $a_1^2 = 4a_0$: Die charakteristische Gleichung hat eine reelle Doppelwurzel. Dann liefert der Ansatz (11.18) nur die partikuläre Lösung

$$y_1 = e^{\lambda x}.$$

Da jedoch zum Fundamentalsystem einer linearen Differentialgleichung 2. Ordnung zwei linear unabhängige partikuläre Lösungen gehören, müssen wir noch eine weitere Lösung bestimmen, die von der ersten linear unabhängig sein muß. Wir behaupten, daß für den Fall der Doppelwurzel

$$y_2 = x e^{\lambda x}$$

die zweite Lösung des Fundamentalsystems ist. Dazu müssen wir beweisen, daß y_2 die Differentialgleichung (11.17) erfüllt und daß y_1 und y_2 linear unabhängig sind.

Durch zweimalige Differentiation von $y_2 = x e^{\lambda x}$ erhalten wir

$$y_2' = e^{\lambda x} + \lambda x e^{\lambda x} \quad \text{und} \quad y_2'' = 2\lambda e^{\lambda x} + \lambda^2 x e^{\lambda x}.$$

Setzt man y_2, y_2' und y_2'' in (11.17) ein, so ergibt sich:

$$\begin{aligned} 2\lambda e^{\lambda x} + \lambda^2 x e^{\lambda x} + a_1 (e^{\lambda x} + \lambda x e^{\lambda x}) + a_0 x e^{\lambda x} &= 0 \\ [(\lambda^2 + a_1\lambda + a_0) x + 2\lambda + a_1] e^{\lambda x} &= 0. \end{aligned}$$

Nach (11.19) ist $\lambda^2 + a_1\lambda + a_0 = 0$. Wegen $\lambda = -\frac{a_1}{2}$ (reelle Doppelwurzel) ist auch $2\lambda + a_1 = 0$. Die Differentialgleichung (11.17) wird also von der Funktion y_2 erfüllt.

Nun zeigen wir noch, daß y_1 und y_2 linear unabhängig sind. Hierzu verwenden wir die Wronskische Determinante:

$$W(x) = \begin{vmatrix} e^{\lambda x} & x\,e^{\lambda x} \\ \lambda\,e^{\lambda x} & e^{\lambda x} + \lambda x\,e^{\lambda x} \end{vmatrix} = (1 + \lambda x)\,e^{2\lambda x} - \lambda x\,e^{2\lambda x} = e^{2\lambda x}.$$

Weil $e^{\lambda x}$ stets von Null verschieden ist, sind y_1 und y_2 linear unabhängig.

Zusammenfassend formulieren wir:

Satz 11.8

Hat die charakteristische Gleichung einer linearen homogenen Differentialgleichung 2. Ordnung eine reelle Doppelwurzel λ, so bilden die partikulären Lösungen

$$y_1 = e^{\lambda x}, \quad y_2 = x\,e^{\lambda x}$$

ein Fundamentalsystem. Die allgemeine Lösung lautet dann

$$\tilde{y}_H = c_1\,e^{\lambda x} + c_2 x\,e^{\lambda x}. \tag{11.21}$$

Beispiel 11.12

Es ist die Differentialgleichung

$$y'' - 4y' + 4y = 0$$

zu lösen.

Die charakteristische Gleichung

$$\lambda^2 - 4\lambda + 4 = 0$$

hat die Doppelwurzel $\lambda = 2$. Die Funktionen

$$y_1 = e^{2x}, \quad y_2 = xe^{2x}$$

bilden ein Fundamentalsystem. Die allgemeine Lösung der Differentialgleichung lautet

$$\tilde{y}_H = c_1 e^{2x} + c_2 xe^{2x}.$$

c) $a_1^2 < 4a_0$: Die charakteristische Gleichung hat ein konjugiert komplexes Wurzelpaar.

$$\lambda_1 = \alpha + i\beta \quad \text{und} \quad \lambda_2 = \alpha - i\beta \quad (\alpha, \beta \text{ reell}),$$

wobei

$$\alpha = -\frac{a_1}{2} \quad \text{und} \quad \beta = \frac{1}{2}\sqrt{4a_0 - a_1^2}$$

reelle Zahlen sind. Die partikulären Lösungen erhält man dann nach Ansatz (11.18) in der komplexen Form

$$y_1^* = e^{(\alpha + i\beta)x} \quad \text{und} \quad y_2^* = e^{(\alpha - i\beta)x}.$$

Unter Verwendung der Eulerschen Formel $e^{i\varphi} = \cos\varphi + i\sin\varphi$, $e^{-i\varphi} = \cos\varphi - i\sin\varphi$ kann man hierfür schreiben:

$$y_1^* = e^{\alpha x}\,e^{i\beta x} = e^{\alpha x}(\cos\beta x + i\sin\beta x) = e^{\alpha x}\cos\beta x + i\,e^{\alpha x}\sin\beta x \tag{11.22a}$$

$$y_2^* = e^{\alpha x}\,e^{-i\beta x} = e^{\alpha x}(\cos\beta x - i\sin\beta x) = e^{\alpha x}\cos\beta x - i\,e^{\alpha x}\sin\beta x. \tag{11.22b}$$

Diese komplexen Funktionen einer reellen Variablen sind partikuläre Lösungen der Differentialgleichung (11.17). Jedoch ist es beim praktischen Rechnen einfacher, sich auf reelle Funktionen zu beschränken. Daß dies möglich ist, wird durch folgenden Satz garantiert.

Satz 11.9

Wenn irgendeine komplexe Funktion mit reellem Argument

$$y = u(x) + iv(x)$$

die Differentialgleichung (11.17) erfüllt, so sind auch die Funktionen $u(x)$ und $v(x)$ partikuläre Lösungen der Differentialgleichung.

Beweis

Die Funktion $y = u(x) + iv(x)$ erfüllt die Differentialgleichung. Deshalb gilt:

$$[u(x) + iv(x)]'' + a_1[u(x) + iv(x)]' + a_0[u(x) + iv(x)] \equiv 0$$

oder

$$[u''(x) + a_1u'(x) + a_0u(x)] + i[v''(x) + a_1v'(x) + a_0v(x)] \equiv 0.$$

Eine komplexe Zahl wird aber genau dann gleich Null, wenn sowohl der Realteil als auch der Imaginärteil gleich Null sind.

Folglich muß

$$u''(x) + a_1u'(x) + a_0u(x) = 0$$

und

$$v''(x) + a_1v'(x) + a_0v(x) = 0$$

gelten; das heißt aber, daß sowohl der Realteil $u(x)$ als auch der Imaginärteil $v(x)$ Lösungen der Differentialgleichung sind, womit der Satz bewiesen ist.

Aus diesem Satz und den Formeln (11.22) folgt, daß die reellen Funktionen

$$y_1 = e^{\alpha x} \cos \beta x \quad \text{und} \quad y_2 = e^{\alpha x} \sin \beta x$$

partikuläre Lösungen von (11.17) sind. Die Wronskische Determinante ist

$$W(x) = \begin{vmatrix} e^{\alpha x} \cos \beta x & e^{\alpha x} \sin \beta x \\ e^{\alpha x}[\alpha \cos \beta x - \beta \sin \beta x] & e^{\alpha x}[\alpha \sin \beta x + \beta \cos \beta x] \end{vmatrix} = \beta\, e^{2\alpha x}.$$

Da $\beta \neq 0$ ist, verschwindet sie nicht, und die Lösungen y_1 und y_2 sind linear unabhängig.

Als Ergebnis erhalten wir den folgenden Satz.

Satz 11.10

Sind die Wurzeln der charakteristischen Gleichung einer homogenen linearen Differentialgleichung zweiter Ordnung mit konstanten Koeffizienten konjugiert komplex, gilt also

$$\lambda_1 = \alpha + i\beta \quad \textit{und} \quad \lambda_2 = \alpha - i\beta \quad (\alpha, \beta \textit{ reell}),$$

so bilden

$$y_1 = e^{\alpha x} \cos \beta x \quad \textit{und} \quad y_2 = e^{\alpha x} \sin \beta x$$

ein Fundamentalsystem der Differentialgleichung, und die allgemeine Lösung der Differentialgleichung lautet

$$\tilde{y}_H = e^{\alpha x}(c_1 \cos \beta x + c_2 \sin \beta x). \tag{11.23}$$

Beispiel 11.13

Es ist die Differentialgleichung

$$y'' + 2y' + 5y = 0$$

zu lösen.

Die charakteristische Gleichung

$$\lambda^2 + 2\lambda + 5 = 0$$

hat die komplexen Wurzeln

$$\lambda_1 = -1 + 2i \quad \text{und} \quad \lambda_2 = -1 - 2i.$$

Nach Satz 11.9 bilden die partikulären Lösungen

$$y_1 = e^{-x} \cos 2x \quad \text{und} \quad y_2 = e^{-x} \sin 2x$$

ein Fundamentalsystem, und die allgemeine Lösung der Differentialgleichung lautet

$$\tilde{y}_H = e^{-x}(c_1 \cos 2x + c_2 \sin 2x).$$

11.1.7. Homogene lineare Differentialgleichung n-ter Ordnung

Gegeben sei die homogene lineare Differentialgleichung n-ter Ordnung

$$y^{(n)} + a_{n-1}y^{(n-1)} + \cdots + a_1y' + a_0y = 0 \tag{11.24}$$

mit konstanten Koeffizienten a_k ($k = 0, 1, 2, \ldots, n - 1$). Ebenso wie bei der homogenen linearen Differentialgleichung zweiter Ordnung, führt auch hier der Ansatz

$$y = e^{\lambda x}$$

auf die charakteristische Gleichung

$$\lambda^n + a_{n-1}\lambda^{n-1} + \cdots + a_1\lambda + a_0 = 0. \tag{11.25}$$

Für alle λ_k ($k = 1, 2, \ldots, n$), die (11.25) erfüllen, sind $y = e^{\lambda_k x}$ partikuläre Lösungen von (11.24). Durch die charakteristische Gleichung haben wir die Lösung der homogenen linearen Differentialgleichung n-ter Ordnung mit konstanten Koeffizienten auf die Lösung einer algebraischen Gleichung n-ten Grades zurückgeführt. Damit ist die Aufgabe jedoch noch nicht gelöst; denn es gibt zwar für den Fall $n = 2$ (vgl. Abschnitt 11.1.6.) eine einfache Auflösungsformel, jedoch sind die Auflösungsformeln für die Gleichungen dritten und vierten Grades recht kompliziert und für Gleichungen fünften und höheren Grades existieren keine allgemeinen Auflösungsformeln. Manchmal gelingt es, bei Gleichungen dritten und höheren Grades eine oder mehrere Wurzeln der Gleichung zu erraten, in allen anderen Fällen muß man zur Lösung der charakteristischen Gleichung Näherungsverfahren heranziehen.

Wir wollen jetzt, unabhängig davon, wie man zu den Lösungen der charakteristischen Gleichung gelangt, angeben, wie man von den Wurzeln der charakteristischen Gleichung zum Fundamentalsystem von (11.24) gelangen kann. Die Wurzeln der charakteristischen Gleichung (11.25) können reell oder komplex sein und dabei einfach oder mehrfach auftreten. Die folgende Übersicht zeigt die Gestalt der partikulären Lösungen in Abhängigkeit vom Lösungsverhalten der charakteristischen Gleichung.

Wurzeln der charakteristischen Gleichung	
einfach reell	λ
einfach konjugiert komplex	$\begin{cases}\lambda_1 = \alpha + i\beta \\ \lambda_2 = \alpha - i\beta\end{cases}$
k-fach reell	$\lambda_1 = \cdots = \lambda_k = \lambda$
k-fach konjugiert komplex	$\begin{cases}\lambda_{11} = \cdots = \lambda_{1k} = \alpha + i\beta \\ \lambda_{21} = \cdots = \lambda_{2k} = \alpha - i\beta\end{cases}$

$\triangleq$

Partikuläre Lösung
$y = e^{\lambda x}$
$\begin{cases}y_1 = e^{\alpha x}\cos\beta x \\ y_2 = e^{\alpha x}\sin\beta x\end{cases}$
$y_1 = e^{\lambda x},\ y_2 = x\,e^{\lambda x}, \ldots, y_k = x^{k-1}\,e^{\lambda x}$
$y_{11} = e^{\alpha x}\cos\beta x,\ y_{12} = xe^{\alpha x}\cos\beta x, \ldots, y_{1k} = x^{k-1}\,e^{\alpha x}\cos\beta x$ $y_{21} = e^{\alpha x}\sin\beta x,\ y_{22} = x\,e^{\alpha x}\sin\beta x, \ldots, y_{2k} = x^{k-1}\,e^{\alpha x}\sin\beta x$

Da die Wronskische Determinante für die in der Übersicht angegebenen Fälle ungleich Null ist, liegt mit den aufgeführten partikulären Lösungen jeweils ein Fundamentalsystem vor. Die allgemeine Lösung hat dann gemäß Definition 11.4 die Form

$$\tilde{y}_H = c_1 y_1 + c_2 y_2 + \cdots + c_n y_n.$$

Beispiel 11.14

Zu lösen ist die Differentialgleichung

$$y^{(\mathrm{IV})} - 4y''' + 5y'' - 4y' + 4y = 0.$$

Die charakteristische Gleichung

$$\lambda^4 - 4\lambda^3 + 5\lambda^2 - 4\lambda + 4 = 0$$

hat, wie man durch Einsetzen von Probewerten leicht findet, eine Wurzel $\lambda_1 = 2$.

Nun läßt sich die Gleichung durch Polynomdivision reduzieren:

$$(\lambda^4 - 4\lambda^3 + 5\lambda^2 - 4\lambda + 4) : (\lambda - 2) = \lambda^3 - 2\lambda^2 + \lambda - 2.$$

Das reduzierte Polynom

$$\lambda^3 - 2\lambda^2 + \lambda - 2 = 0$$

hat ebenfalls eine Wurzel $\lambda_2 = 2$, das heißt, $\lambda_{1,2} = 2$ ist eine reelle Doppelwurzel.

Wir reduzieren abermals:

$(\lambda^3 - 2\lambda^2 + \lambda - 2):(\lambda - 2) = \lambda^2 + 1.$

Die quadratische Gleichung $\lambda^2 + 1 = 0$ liefert das konjugiert komplexe Wurzelpaar

$\lambda_3 = i, \quad \lambda_4 = -i.$

Zu den verschiedenen Wurzeln der charakteristischen Gleichung gehören die partikulären Lösungen:

$\lambda_{1,2} = 2: \quad y_1 = e^{2x},\ y_2 = xe^{2x}$

$\lambda_3 = i: \quad y_3 = \cos x$

$\lambda_4 = -i: \quad y_4 = \sin x.$

Die allgemeine Lösung unserer Differentialgleichung 4. Ordnung lautet dann

$\tilde{y}_H = c_1 e^{2x} + c_2 x e^{2x} + c_3 \cos x + c_4 \sin x.$

11.1.8. Allgemeine Lösung der inhomogenen linearen Differentialgleichung

Gegeben sei die inhomogene lineare Differentialgleichung n-ter Ordnung

$$y^{(n)} + a_{n-1} y^{(n-1)} + \cdots + a_1 y' + a_0 y = g(x). \qquad (11.26)$$

Die allgemeine Lösung der inhomogenen linearen Differentialgleichung bestimmt man nach dem folgenden Satz, den wir ohne Beweis angeben. (Für die lineare Differentialgleichung 1. Ordnung haben wir den entsprechenden Satz 11.2 abgeleitet.)

Satz 11.11

Die allgemeine Lösung $\tilde{y}_J$ der inhomogenen linearen Differentialgleichung setzt sich additiv aus der allgemeinen Lösung $\tilde{y}_H$ der zugehörigen homogenen Differentialgleichung und aus einer partikulären Lösung y_J der inhomogenen Differentialgleichung zusammen:

$$\tilde{y}_J = \tilde{y}_H + y_J. \qquad (11.27)$$

Da wir die allgemeine Lösung der homogenen Differentialgleichung nach Abschnitt 11.1.6. bzw. 11.1.7. bereits kennen, bleibt nur die Aufgabe, eine spezielle Lösung der inhomogenen Differentialgleichung zu bestimmen. Das geschieht entweder durch die „*Methode der Variation der Konstanten*“ oder durch einen *Störgliedansatz.*

Wir entwickeln zunächst die erste Methode.

11.1.9. Methode der Variation der Konstanten für die inhomogene lineare Differentialgleichung 2. Ordnung

Wenn man die Differentialgleichung

$$y'' + a_1 y' + a_0 y = g(x) \qquad (11.28)$$

lösen will, so bestimmt man zunächst die Lösung der zugehörigen homogenen Differentialgleichung

$$y'' + a_1 y' + a_0 y = 0. \qquad (11.29)$$

Sind y_1 und y_2 zwei linear unabhängige partikuläre Lösungen von (11.29), so hat die allgemeine Lösung die Gestalt

$$\tilde{y}_H = c_1 y_1 + c_2 y_2. \tag{11.30}$$

Nun suchen wir eine partikuläre Lösung der inhomogenen Differentialgleichung (11.28) in der Form

$$y_J = c_1(x)\, y_1 + c_2(x)\, y_2 \tag{11.31}$$

mit den noch zu bestimmenden Funktionen $c_1(x)$ und $c_2(x)$. Wir gehen nun mit der Lösung (11.31) in die Differentialgleichung (11.28) ein:

$$\begin{array}{c|lcr} a_0 & y & = & c_1 y_1 + c_2 y_2 \\ a_1 & y' & = (c_1' y_1 + c_2' y_2) & + c_1 y_1' + c_2 y_2' \\ 1 & y'' & = (c_1' y_1 + c_2' y_2)' + c_1' y_1' + c_2' y_2' & + c_1 y_1'' + c_2 y_2'' \end{array}$$

$$y'' + a_1 y' + a_0 y = a_1(c_1' y_1 + c_2' y_2) + (c_1' y_1 + c_2' y_2)' + c_1' y_1' + c_2' y_2' + d_1 + d_2$$

mit $d_1 = c_1 y_1'' + a_1 c_1 y_1' + a_0 c_1 y_1 = c_1(y_1'' + a_1 y_1' + a_0 y_1)$

und $d_2 = c_2 y_2'' + a_1 c_2 y_2' + a_0 c_2 y_2 = c_2(y_2'' + a_1 y_2' + a_0 y_2)$.

d_1 und d_2 sind wegen (11.29) gleich Null. Wir erhalten mit

$$a_1(c_1' y_1 + c_2' y_2) + (c_1' y_1 + c_2' y_2)' + c_1' y_1' + c_2' y_2' = g(x) \tag{11.32}$$

eine Differentialgleichung für die beiden unbekannten Funktionen $c_1(x)$ und $c_2(x)$. Folglich haben wir noch die Möglichkeit, eine zweite Gleichung für die Funktionen $c_1(x)$ und $c_2(x)$ aufzustellen. Setzt man in (11.32) den ersten Klammerausdruck gleich Null,

$$c_1' y_1 + c_2' y_2 = 0,$$

so verschwindet auch der Ausdruck in der zweiten Klammer. Es bleiben dann zwei Bestimmungsgleichungen für c_1' und c_2' übrig:

$$\begin{aligned} c_1' y_1 + c_2' y_2 &= 0 \\ c_1' y_1' + c_2' y_2' &= g(x). \end{aligned} \tag{11.33}$$

Da die Koeffizientendeterminante dieses Systems eine Wronskische Determinante

$$\begin{vmatrix} y_1 & y_2 \\ y_1' & y_2' \end{vmatrix}$$

ist, die für linear unabhängige Funktionen y_1 und y_2 ungleich Null ist, kann man das System eindeutig lösen. Man findet

$$\begin{aligned} c_1' &= h_1(x) \\ c_2' &= h_2(x), \end{aligned}$$

woraus durch Integration schließlich

$$\begin{aligned} c_1(x) &= \int h_1(x)\, \mathrm{d}x + \bar{c}_1 = H_1(x) + \bar{c}_1 \\ c_2(x) &= \int h_2(x)\, \mathrm{d}x + \bar{c}_2 = H_2(x) + \bar{c}_2 \end{aligned}$$

folgt. $\bar{c}_1$ und $\bar{c}_2$ sind Integrationskonstanten.

Setzt man $c_1(x)$ und $c_2(x)$ schließlich noch in (11.31) ein, so erhält man die allgemeine Lösung der inhomogenen Differentialgleichung

$$\tilde{y}_J = H_1(x)\, y_1 + H_2(x)\, y_2 + \bar{c}_1 y_1 + \bar{c}_2 y_2 .$$

Da der Anteil $\bar{c}_1 y_1 + \bar{c}_2 y_2$ die allgemeine Lösung der homogenen Differentialgleichung ist, muß $H_1(x)\, y_1 + H_2(x)\, y_2$ eine partikuläre Lösung der inhomogenen Differentialgleichung sein.

Beispiel 11.15

Zu lösen ist die Differentialgleichung

$$y'' - y' - 2y = e^{2x}.$$

Die homogene Differentialgleichung

$$y'' - y' - 2y = 0$$

hat wegen

$$\lambda^2 - \lambda - 2 = (\lambda - 2)(\lambda + 1) = 0, \quad \lambda_1 = 2,\ \lambda_2 = -1$$

die allgemeine Lösung

$$\tilde{y}_H = c_1\, e^{2x} + c_2\, e^{-x}.$$

Variation der Konstanten:

$$\begin{array}{r|l} (-2) & y = \qquad\qquad c_1\, e^{2x} + c_2\, e^{-x} \\ (-1) & y' = \underbrace{c_1'\, e^{2x} + c_2'\, e^{-x}}_{0} + 2c_1\, e^{2x} - c_2\, e^{-x} \\ & y'' = 2c_1'\, e^{2x} - c_2'\, e^{-x} + 4c_1\, e^{2x} + c_2\, e^{-x} \end{array}$$

$$y'' - y' - 2y = 2c_1'\, e^{2x} - c_2'\, e^{-x} + 0 + 0.$$

Daraus folgt aus (11.33) das Gleichungssystem:

$$\begin{aligned} c_1'\, e^{2x} + c_2'\, e^{-x} &= 0 \\ 2c_1'\, e^{2x} - c_2'\, e^{-x} &= e^{2x}. \end{aligned}$$

Die Auflösung nach c_1' und c_2' liefert:

$$3c_1'\, e^{2x} = e^{2x} \quad \text{bzw.} \quad 3c_2'\, e^{-x} = -e^{2x}$$

oder

$$c_1' = \frac{1}{3} \qquad \text{bzw.} \quad c_2' = -\frac{1}{3}\, e^{3x},$$

woraus durch Integration

$$c_1(x) = \frac{1}{3}\, x + \bar{c}_1 \quad \text{bzw.} \quad c_2(x) = -\frac{1}{9}\, e^{3x} + \bar{c}_2$$

folgt. Durch Einsetzen in (11.31) erhalten wir die allgemeine Lösung der inhomogenen Differentialgleichung

$$\tilde{y}_J = \frac{1}{3}\, x\, e^{2x} - \frac{1}{9}\, e^{2x} + \bar{c}_1\, e^{2x} + \bar{c}_2\, e^{-x} = \frac{1}{9}(3x - 1)\, e^{2x} + \bar{c}_1\, e^{2x} + \bar{c}_2\, e^{-x}.$$

11.1.10. Variation der Konstanten für die inhomogene lineare Differentialgleichung n-ter Ordnung

Es sei die Differentialgleichung

$$y^{(n)} + a_{n-1}y^{(n-1)} + \cdots + a_1 y' + a_0 y = g(x) \tag{11.34}$$

zu lösen.

Man bestimmt zunächst wieder die Lösung der homogenen Differentialgleichung

$$y^{(n)} + a_{n-1}y^{(n-1)} + \cdots + a_1 y' + a_0 y = 0, \tag{11.35}$$

die nach (11.15) die Gestalt

$$\tilde{y}_H = c_1 y_1 + c_2 y_2 + \cdots + c_n y_n$$

hat, wobei $y_1, y_2, \ldots, y_n$ n linear unabhängige partikuläre Lösungen von (11.35) sind. Nun ersetzen wir die Konstanten c_k $(k = 1, 2, \ldots, n)$ durch noch zu bestimmende Funktionen $c_k(x)$, das heißt, wir machen den Ansatz

$$y = c_1(x)\, y_1 + c_2(x)\, y_2 + \cdots + c_n(x)\, y_n. \tag{11.36}$$

Die n Funktionen c_k haben wir zu berechnen, wozu uns zunächst nur als einzige Gleichung (11.34) zur Verfügung steht. Damit wir die $c_k(x)$ eindeutig festlegen können, haben wir die Möglichkeit, noch $(n - 1)$ Gleichungen zu ihrer Bestimmung vorzugeben. Setzen wir die $(n - 1)$ Gleichungen in der Form

$$\begin{aligned}
c_1' y_1 &+ c_2' y_2 + \cdots + c_n' y_n = 0 \\
c_1' y_1' &+ c_2' y_2' + \cdots + c_n' y_n' = 0 \\
&\cdots\cdots\cdots\cdots\cdots\cdots \\
c_1' y_1^{(n-2)} &+ c_2' y_2^{(n-2)} + \cdots + c_n' y_n^{(n-2)} = 0
\end{aligned}$$

an, so erreichen wir, daß in den Ableitungen $y, y', \ldots, y^{(n)}$ von (11.36) die Funktionen c_k nur jeweils mit ihren Ableitungen 1. Ordnung auftreten. Somit erhält (11.34) nach dem Ersetzen von $y, y', \ldots, y^{(n)}$ auch nur Ableitungen 1. Ordnung von $c_k(x)$. Infolgedessen können wir die aus (11.34) gewonnene Gleichung als n-te Gleichung für die Bestimmung der n Unbekannten $c_1', c_2' \cdots c_n'$ heranziehen und haben damit das folgende Gleichungssystem gefunden:

$$\begin{aligned}
c_1' y_1 &+ c_2' y_2 + \cdots + c_n' y_n = 0 \\
c_1' y_1' &+ c_2' y_2' + \cdots + c_n' y_n' = 0 \\
&\cdots\cdots\cdots\cdots\cdots\cdots \\
c_1' y_1^{(n-2)} &+ c_2' y_2^{(n-2)} + \cdots + c_n' y_n^{(n-2)} = 0 \\
c_1' y_1^{(n-1)} &+ c_2' y_2^{(n-1)} + \cdots + c_n' y_n^{(n-1)} = g(x).
\end{aligned} \tag{11.37}$$

Die Auflösung dieses Gleichungssystems (etwa nach der Cramerschen Regel) liefert die n Funktionen $c_1'(x), c_2'(x), \ldots, c_n'(x)$, woraus man durch Integration $c_1(x), c_2(x), \ldots, c_n(x)$ erhält. Setzt man schließlich die Funktionen $c_1(x), c_2(x), \ldots, c_n(x)$ in den Lösungsansatz (11.36) ein, so stellt (11.36) die allgemeine Lösung der inhomogenen Differentialgleichung (11.34) dar.

Beispiel 11.16

Es ist die allgemeine Lösung von

$y''' - 4y' = \sinh 2x$

zu bestimmen

$$\left(\sinh 2x = \frac{e^{2x} - e^{-2x}}{2}, \ \cosh 2x = \frac{e^{2x} + e^{-2x}}{2}\right).$$

Die homogene Differentialgleichung

$y''' - 4y' = 0$

hat wegen $\lambda^3 - 4\lambda = 0$ oder $\lambda_1 = 0, \lambda_2 = 2, \lambda_3 = -2$

die allgemeine Lösung

$\tilde{y}_H = c_1 + c_2\, e^{2x} + c_3\, e^{-2x}.$

Der Lösungsansatz

$y = c_1(x) + c_2(x)\, e^{2x} + c_3(x)\, e^{-2x}$

führt nach (11.37) auf das Gleichungssystem

$$\begin{aligned} c_1' + c_2'\, e^{2x} + \ c_3'\, e^{-2x} &= 0 \\ 2c_2'\, e^{2x} - 2c_3'\, e^{-2x} &= 0 \\ 4c_2'\, e^{2x} + 4c_3'\, e^{-2x} &= \sinh 2x. \end{aligned}$$

Aus der ersten und dritten Gleichung folgt

$$c_1'(x) = -\frac{1}{4}\sinh 2x,$$

also

$$c_1(x) = -\frac{1}{8}\cosh 2x + \bar{c}_1.$$

Aus den letzten beiden Gleichungen folgt

$8c_2'(x)\, e^{2x} = \sinh 2x,$

$$c_2'(x) = \frac{1}{8}\, e^{-2x}\left(\frac{e^{2x} - e^{-2x}}{2}\right),$$

$$c_2'(x) = \frac{1}{16}(1 - e^{-4x}),$$

$$\underline{c_2(x) = \frac{1}{16}x + \frac{1}{64}e^{-4x} + \bar{c}_2.}$$

Ebenso wird

$8c_3'(x)\, e^{-2x} = \sinh 2x,$

$$c_3'(x) = \frac{1}{8}\, e^{2x}\,\frac{e^{2x} - e^{-2x}}{2}.$$

$$c_3'(x) = \frac{1}{16}(e^{4x} - 1),$$

$$\underline{c_3(x) = \frac{1}{64}e^{4x} - \frac{1}{16}x + \bar{c}_3.}$$

Setzen wir nun noch $c_1(x)$, $c_2(x)$ und $c_3(x)$ in den Lösungsansatz ein, so erhalten wir als allgemeine Lösung der inhomogenen Differentialgleichung:

$$\tilde{y}_J = -\frac{1}{8}\cosh 2x + \bar{c}_1 + \frac{1}{16}x\,e^{2x} + \frac{1}{64}e^{-2x} + \bar{c}_2\,e^{2x} + \frac{1}{64}e^{2x} - \frac{1}{16}x\,e^{-2x} + \bar{c}_3\,e^{-2x}$$

$$\tilde{y}_J = \bar{c}_1 + \bar{c}_2\,e^{2x} + \bar{c}_3\,e^{-2x} - \frac{1}{8}\cosh 2x + \frac{1}{16}x(e^{2x} - e^{-2x}) + \frac{1}{64}(e^{2x} + e^{-2x})$$

$$\tilde{y}_J = \bar{c}_1 + \bar{c}_2\,e^{2x} + \bar{c}_3\,e^{-2x} - \frac{1}{8}\cosh 2x + \frac{1}{8}x\sinh 2x + \frac{1}{32}\cosh 2x$$

$$\tilde{y}_J = \bar{c}_1 + \bar{c}_2\,e^{2x} + \bar{c}_3\,e^{-2x} + \frac{1}{8}x\,\sinh x - \frac{3}{32}\cosh 2x.$$

11.1.11. Spezielle Lösungsansätze zur Bestimmung einer partikulären Lösung der inhomogenen linearen Differentialgleichung

Bisher haben wir die allgemeine Lösung der inhomogenen linearen Differentialgleichung mit der Methode der Variation der Konstanten berechnet. Dieses Verfahren läßt sich stets auf die allgemeine Lösung der homogenen linearen Differentialgleichung anwenden. Das Verfahren erfordert in den meisten Fällen einen großen Rechenaufwand. Wir wollen deshalb noch eine Methode erläutern, mit der man relativ leicht zu einer partikulären Lösung der inhomogenen Differentialgleichung kommen kann. Diese Methode wendet man vorzugsweise immer dann an, wenn die Störfunktion $g(x)$, die in (11.26) auf der rechten Seite steht, in der folgenden Gestalt auftritt:

a) $f(x) = a\,e^{vx}$ (11.38a)

b) $f(x) = a\cos vx + b\sin vx$ (11.38b)

c) $f(x) = a_m x^m + a_{m-1}x^{m-1} + \cdots + a_1 x + a_0.$ (11.38c)

Alle drei Funktionstypen haben die Eigenschaft, daß sie sich beim Differenzieren in ihrer Struktur reproduzieren, das heißt, eine Exponentialfunktion bleibt eine Exponentialfunktion, aus trigonometrischen Funktionen werden wieder trigonometrische Funktionen und Entsprechendes gilt für die Polynome. Diese Eigenschaft legt den Gedanken nahe, für die partikuläre Lösung der inhomogenen Differentialgleichung einen solchen Ansatz zu machen, der in seiner Struktur dem Störglied entspricht. Dadurch erreicht man, daß auf beiden Seiten der Differentialgleichung Funktionen gleicher Struktur stehen. Durch Koeffizientenvergleich kann man dann die allgemein angesetzten Koeffizienten a, b, v bestimmen. Wir erläutern diese Methode an je einem Beispiel.

Beispiel 11.17

Zu lösen sei die Differentialgleichung

$y''' - y'' - 4y' + 4y = 5\,e^{3x}.$

Die homogene Differentialgleichung

$y''' - y'' - 4y' + 4y = 0$

hat die charakteristische Gleichung

$$\lambda^3 - \lambda^2 - 4\lambda + 4 = 0$$

mit den Wurzeln $\lambda_1 = 1$, $\lambda_2 = 2$, $\lambda_3 = -2$. Folglich lautet die allgemeine Lösung der homogenen Differentialgleichung

$$\tilde{y}_H = c_1\,e^x + c_2\,e^{2x} + c_3\,e^{-2x}.$$

Um eine partikuläre Lösung der inhomogenen Differentialgleichung zu erhalten, machen wir, da das Störglied die Form von (11.38a) hat, den Ansatz

$$y_J = a\,e^{3x}.$$

Die allgemein angesetzte Funktion y_J und ihre Ableitungen

$$y_J' = 3a\,e^{3x},\ y_J'' = 9a\,e^{3x},\ y_J''' = 27a\,e^{3x}$$

setzen wir in die inhomogene Differentialgleichung ein:

$$27a\,e^{3x} - 9a\,e^{3x} - 12a\,e^{3x} + 4a\,e^{3x} = 5\,e^{3x}$$
$$10a\,e^{3x} = 5\,e^{3x}.$$

Durch Koeffizientenvergleich ergibt sich $a = \frac{1}{2}$, so daß die partikuläre Lösung die Form

$$y_J = \frac{1}{2}\,e^{3x}$$

hat. Nach Satz 11.11 lautet dann die allgemeine Lösung der inhomogenen Differentialgleichung

$$\tilde{y}_J = \tilde{y}_H + y_J = c_1\,e^x + c_2\,e^{2x} + c_3\,e^{-2x} + \frac{1}{2}\,e^{3x}.$$

Anmerkung: Falls die Störfunktion dieselbe Gestalt hat wie eine partikuläre Lösung der homogenen Differentialgleichung, so versagt dieser Ansatz. In diesem Fall führt die Methode der Variation der Konstanten zum Ziel.

Beispiel 11.18

Es ist die Differentialgleichung

$$y''' - y'' - 4y' + 4y = 8\cos 2x$$

zu lösen.

Die Lösung der homogenen Differentialgleichung ist bereits im Beispiel 11.17 berechnet worden. Das Störglied $g(x) = 8\cos 2x$ hat die Form (11.38b). Wir machen deshalb den Ansatz:

$$y_J = a\cos 2x + b\sin 2x.$$

(Weil sich die Kosinusfunktion beim Differenzieren über die Sinusfunktion reproduziert, müssen wir im Störgliedansatz *stets* die Summe beider Funktionen berücksichtigen.)

Die Ableitungen ergeben:

$$y_J' = -2a\sin 2x + 2b\cos 2x$$
$$y_J'' = -4a\cos 2x - 4b\sin 2x$$
$$y_J''' = 8a\sin 2x - 8b\cos 2x.$$

Wir setzen diese Ausdrücke in die Differentialgleichung ein:

$$8a\sin 2x - 8b\cos 2x + 4a\cos 2x + 4b\sin 2x + 8a\sin 2x - 8b\cos 2x + 4a\cos 2x + 4b\sin 2x = 8\cos 2x$$

$$(16a + 8b)\sin 2x + (8a - 16b)\cos 2x = 8\cos 2x.$$

Der Koeffizientenvergleich liefert das Gleichungssystem

$16a + 8b = 0,$

$8a - 16b = 8,$

woraus $a = \frac{1}{5}$, $b = -\frac{2}{5}$ folgt. Die partikuläre Lösung hat folglich die Gestalt

$$y_J = \frac{1}{5}\cos 2x - \frac{2}{5}\sin 2x.$$

Schließlich ergibt sich die allgemeine Lösung der inhomogenen Differentialgleichung zu

$$\tilde{y}_J = \tilde{y}_H + y_J = c_1\,e^x + c_2\,e^{2x} + c_3\,e^{-2x} + \frac{1}{5}\cos 2x - \frac{2}{5}\sin 2x.$$

Beispiel 11.19

Es ist die Differentialgleichung

$$y''' - y'' - 4y' + 4y = 3x^2 - x - 5$$

zu lösen.

Die Lösung der homogenen Differentialgleichung ist bereits aus Beispiel 11.17 bekannt. Da das Störglied die Form (11.38c) hat, setzen wir ein Polynom zweiten Grades an,

$$y_J = a_2x^2 + a_1x + a_0,$$

um die partikuläre Lösung zu erhalten.

Setzen wir diesen Ansatz und die Ableitungen

$$y_J' = 2a_2x + a_1$$
$$y_J'' = 2a_2$$
$$y_J''' = 0$$

in die Differentialgleichung ein, so erhalten wir

$$-2a_2 - 8a_2x - 4a_1 + 4a_2x^2 + 4a_1x + 4a_0 = 3x^2 - x - 5,$$

geordnet

$$4a_2x^2 + (4a_1 - 8a_2)\,x + (4a_0 - 4a_1 - 2a_2) = 3x^2 - x - 5.$$

Der Koeffizientenvergleich liefert:

$$x^2:\quad 4a_2 = 3 \qquad a_2 = \frac{3}{4}$$
$$x^1:\quad -8a_2 + 4a_1 = -1 \qquad a_1 = \frac{5}{4}$$
$$x^0:\quad -2a_2 - 4a_1 + 4a_0 = -5 \qquad a_0 = \frac{3}{8}.$$

Die partikuläre Lösung hat die Form

$$y_J = \frac{3}{4}x^2 + \frac{5}{4}x + \frac{3}{8},$$

und damit lautet die allgemeine Lösung der inhomogenen Differentialgleichung

$$\tilde{y}_J = \tilde{y}_H + y_J = c_1\,e^x + c_2\,e^{2x} + c_3\,e^{-2x} + \frac{3}{4}x^2 + \frac{5}{4}x + \frac{3}{8}.$$

Für den Fall, daß in der Differentialgleichung (11.26) der Koeffizient a_0 gleich Null ist, das heißt, daß das Glied mit y nicht auftritt, muß man den Polynomansatz noch mit x multiplizieren. Es wird dann

$$y_J = (a_m x^m - a_{m-1} x^{m-1} + \cdots + a_1 x + a_0)\, x$$

als Ansatz gewählt.

Wenn in der Differentialgleichung sowohl der Koeffizient a_0 als auch a_1 gleich Null sind, multipliziert man den Ansatz mit x^2.

Beispiel 11.20

Es ist die Differentialgleichung

$$y^{(IV)} + y'' = 3x^4 + 12x^2 - 50$$

zu lösen.

Die homogene Differentialgleichung

$$y^{(IV)} + y'' = 0$$

hat die charakteristische Gleichung

$$\lambda^4 + \lambda^2 = \lambda^2(\lambda^2 + 1) = 0,$$

woraus sich die Wurzeln $\lambda_1 = \lambda_2 = 0$, $\lambda_3 = i$, $\lambda_4 = -i$ ergeben. Nach (11.15) hat die allgemeine Lösung die Form

$$\tilde{y}_H = c_1 + c_2 x + c_3 \cos x + c_4 \sin x .$$

Zur Bestimmung einer partikulären Lösung setzen wir

$$y_J = (a_4 x^4 + a_3 x^3 + a_2 x^2 + a_1 x + a_0)\, x^2 = a_4 x^6 + a_3 x^5 + a_2 x^4 + a_1 x^3 + a_0 x^2$$

an. Die Ableitungen

$$y_J'' = 30a_4 x^4 + 20a_3 x^3 + 12a_2 x^2 + 6a_1 x + 2a_0$$
$$y_J^{(IV)} = 360a_4 x^2 + 120a_3 x + 24a_2$$

setzen wir in die Differentialgleichung ein:

$$360a_4 x^2 + 120a_3 x + 24a_2 + 30a_4 x^4 + 20a_3 x^3 + 12a_2 x^2 + 6a_1 x + 2a_0 = 3x^4 + 12x^2 - 50$$

oder

$$30a_4 x^4 + 20a_3 x^3 + (360a_4 + 12a_2)\, x^2 + (120a_3 + 6a_1)\, x + (24a_2 + 2a_0) = 3x^4 + 12x^2 - 50.$$

Der Koeffizientenvergleich ergibt:

x^4:	$30a_4$				$=$	3	$a_4 = \frac{1}{10}$
x^3:		$20a_3$			$=$	0	$a_3 = 0$
x^2:	$360a_4$		$+\,12a_2$		$=$	12	$a_2 = -2$
x:		$120a_3$		$+\,6a_1$	$=$	0	$a_1 = 0$
x^0:			$24a_2$	$+\,2a_0$	$=$	-50	$a_0 = -1.$

Die partikuläre Lösung hat die Form

$$y_J = \frac{1}{10}\, x^6 - 2x^4 - x^2.$$

Die allgemeine Lösung lautet dann

$$\bar{y}_J = \bar{y}_H + y_J = c_1 + c_2 x + c_3 \cos x + c_4 \sin x + \frac{1}{10} x^6 - 2x^4 - x^2.$$

11.1.12. Systeme von linearen Differentialgleichungen 1. Ordnung

Bei der Lösung mancher Probleme ist es nötig, Funktionen $y_1 = y_1(x)$, $y_2 = y_2(x)$, ..., $y_n = y_n(x)$ zu ermitteln, die einem System von Differentialgleichungen genügen, das die unabhängige Variable x, die gesuchten Funktionen $y_1, y_2, \ldots, y_n$ und ihre Ableitungen enthält. Man spricht dann von simultanen Systemen. Besteht dabei zwischen den Funktionen $y_1, y_2, \ldots, y_n$ und ihren Ableitungen ein linearer Zusammenhang, so handelt es sich um ein lineares Differentialgleichungssystem. Von besonderer Bedeutung sind Systeme von linearen Differentialgleichungen erster Ordnung. Sie haben die Gestalt

$$\begin{aligned} y_1' &= f_{11}(x)\, y_1 + f_{12}(x)\, y_2 + \cdots + f_{1n}(x)\, y_n + g_1(x) \\ y_2' &= f_{21}(x)\, y_1 + f_{22}(x)\, y_2 + \cdots + f_{2n}(x)\, y_n + g_2(x) \\ &\cdots\cdots\cdots\cdots\cdots\cdots\cdots\cdots \\ y_n' &= f_{n1}(x)\, y_1 + f_{n2}(x)\, y_2 + \cdots + f_{nn}(x)\, y_n + g_n(x), \end{aligned} \tag{11.39}$$

wobei die Funktionen $f_{ik}(x)$ für $i, k = 1, 2, \ldots, n$ und die sogenannten Störfunktionen $g_k(x)$ für $k = 1, 2, \ldots, n$ als stetig vorausgesetzt werden. Sind sämtliche $g_k(x)$ identisch Null, das heißt, gilt

$$g_1(x) = g_2(x) = \cdots = g_n(x) = 0,$$

so liegt ein homogenes Differentialgleichungssystem vor.

Ein System von n linearen Differentialgleichungen lösen, heißt n Funktionen $y_1, y_2, \ldots, y_n$ zu finden, die jede der n Differentialgleichungen erfüllen. Daß solche Lösungen überhaupt existieren und daß sie eindeutig sind, wollen wir hier nicht beweisen. Für uns ist vielmehr wichtig, daß wir durch ein Lösungsverfahren für (11.39) in der Lage sind, eine lineare Differentialgleichung n-ter Ordnung zu lösen.

Satz 11.12

Jede lineare Differentialgleichung n-ter Ordnung ist einem System von n linearen Differentialgleichungen, die alle von erster Ordnung sind, äquivalent.

Liegt beispielsweise eine Differentialgleichung in der Form

$$y^{(n)} + f_{n-1}(x)\, y^{(n-1)} + \cdots + f_1(x)\, y' + f_0(x)\, y = g(x)$$

vor, so braucht man nur

$$y = y_1,\; y_1' = y_2,\; y_2' = y_3,\; \ldots,\; y_{n-1}' = y_n$$

zu setzen, um das gesuchte System

$$\begin{aligned} y_1' &= y_2 \\ y_2' &= y_3 \\ &\cdots\cdots \\ y_{n-1}' &= y_n \\ y_n' &= -f_0(x)\, y_1 - f_1(x)\, y_2 - \cdots - f_{n-1}(x)\, y_n + g(x) \end{aligned}$$

zu erhalten. Dasselbe Verfahren kann man auch benutzen, um ein System von linearen Differentialgleichungen höherer Ordnung in ein System von linearen Differentialgleichungen 1. Ordnung überzuführen. Wir erläutern dieses Verfahren an einem Beispiel.

Beispiel 11.21

Gegeben sei das lineare Differentialgleichungssystem

$$\begin{aligned} y_1''' + 2y_2' &= \sin x \\ y_1 + y_2'' &= 0. \end{aligned}$$

Setzt man

$$y_1' = y_3,\; y_2' = y_4,\; y_3' = y_5,$$

so ergibt sich ein lineares Differentialgleichungssystem, das aus 5 Gleichungen 1. Ordnung besteht:

$$\begin{aligned} y_1' &= y_3 \\ y_2' &= y_4 \\ y_3' &= y_5 \\ y_4' &= -y_1 && (y_4' = y_2'') \\ y_5' &= -2y_4 + \sin x && (y_5' = y_3'' = y_1'''). \end{aligned}$$

Wir erkennen aus den beiden Beispielen, daß die Untersuchung von Systemen, die aus linearen Differentialgleichungen 1. Ordnung bestehen, besonders wichtig ist. Wir beschränken uns in unserer weiteren Betrachtung auf Systeme von linearen Differentialgleichungen mit konstanten Koeffizienten.

11.1.13. Homogene Systeme von linearen Differentialgleichungen 1. Ordnung mit konstanten Koeffizienten

Zur Vereinfachung unserer Betrachtung nehmen wir an, daß im System (11.39) alle Funktionen $f_{ik}(x)$ reelle Konstanten a_{ik} sind und daß alle $g_k(x)$ identisch verschwinden. Dann liegt ein System von n homogenen linearen Differentialgleichungen 1. Ordnung mit konstanten Koeffizienten vor (kurz: ein homogenes System). Es hat die Form

$$\begin{aligned} y_1' &= a_{11}y_1 + a_{12}y_2 + \cdots + a_{1n}y_n \\ y_2' &= a_{21}y_1 + a_{22}y_2 + \cdots + a_{2n}y_n \\ &\cdots\cdots\cdots\cdots\cdots\cdots \\ y_n' &= a_{n1}y_1 + a_{n2}y_2 + \cdots + a_{nn}y_n. \end{aligned} \tag{11.40}$$

Dieses homogene System besitzt n linear unabhängige Lösungssysteme

$$y_{1k}, y_{2k}, \ldots, y_{nk} \quad (\text{für } k = 1, 2, \ldots, n),$$

aus denen die allgemeine Lösung von (11.40) in der Form

$$\begin{aligned} y_1 &= c_1y_{11} + c_2y_{12} + \cdots + c_ny_{1n} \\ y_2 &= c_1y_{21} + c_2y_{22} + \cdots + c_ny_{2n} \\ &\cdots\cdots\cdots\cdots\cdots\cdots \\ y_n &= c_1y_{n1} + c_2y_{n2} + \cdots + c_ny_{nn} \end{aligned} \tag{11.41}$$

mit den willkürlichen Konstanten $c_1, \ldots, c_n$ aufgebaut wird (vgl. [11.3]).

Wir geben das Lösungsverfahren an und bedienen uns dabei der Matrizenschreibweise. Mit den Abkürzungen

$$\boldsymbol{y}' = \begin{bmatrix} y_1' \\ y_2' \\ \vdots \\ y_n' \end{bmatrix}; \quad \boldsymbol{y} = \begin{bmatrix} y_1 \\ y_2 \\ \vdots \\ y_n \end{bmatrix}; \quad \boldsymbol{A} = \begin{bmatrix} a_{11} & a_{12} & \cdots & a_{1n} \\ a_{21} & a_{22} & \cdots & a_{2n} \\ \cdots & \cdots & \cdots & \cdots \\ a_{n1} & a_{n2} & \cdots & a_{nn} \end{bmatrix}$$

kann man (11.40) in der Form

$$\boldsymbol{y}' = \boldsymbol{A}\boldsymbol{y} \tag{11.40'}$$

schreiben. Die allgemeine Lösung (11.41) des Systems (11.40) hat dann die Form

$$\tilde{\boldsymbol{y}}(x) = c_1\boldsymbol{y}_1 + c_2\boldsymbol{y}_2 + \cdots + c_n\boldsymbol{y}_n, \tag{11.41'}$$

oder

$$\tilde{\boldsymbol{y}}(x) = [\boldsymbol{y}_1\ \boldsymbol{y}_2 \cdots \boldsymbol{y}_n]\ \boldsymbol{c},$$

wobei

$$\boldsymbol{y}_1 = \begin{bmatrix} y_{11} \\ y_{21} \\ \vdots \\ y_{n1} \end{bmatrix}, \quad \boldsymbol{y}_2 = \begin{bmatrix} y_{12} \\ y_{22} \\ \vdots \\ y_{n2} \end{bmatrix}, \ldots, \boldsymbol{y}_n = \begin{bmatrix} y_{1n} \\ y_{2n} \\ \vdots \\ y_{nn} \end{bmatrix}$$

linear unabhängige Lösungsvektoren (Basisvektoren) sind und

$$\boldsymbol{c} = \begin{bmatrix} c_1 \\ c_2 \\ \vdots \\ c_n \end{bmatrix}$$ der Vektor der noch zu bestimmenden c_i ist.

In Analogie zu den linearen Differentialgleichungen n-ter Ordnung mit konstanten Koeffizienten machen wir für die Lösung des Systems (11.40), die aus den Funktionen $y_1, y_2, \ldots, y_n$ besteht, den Ansatz

$$\begin{aligned} y_1 &= c_1\,\mathrm{e}^{\lambda x} \\ y_2 &= c_2\,\mathrm{e}^{\lambda x} \\ &\cdots\cdots \\ y_n &= c_n\,\mathrm{e}^{\lambda x}. \end{aligned} \tag{11.42}$$

Mit dem Lösungsvektor

$$\boldsymbol{y} = \begin{bmatrix} y_1 \\ y_2 \\ \vdots \\ y_n \end{bmatrix}$$

und dem Koeffizientenvektor

$$\boldsymbol{c} = \begin{bmatrix} c_1 \\ c_2 \\ \vdots \\ c_n \end{bmatrix}$$

können wir kurz schreiben

$$\boldsymbol{y} = \boldsymbol{c}\,\mathrm{e}^{\lambda x}. \tag{11.42'}$$

$\boldsymbol{c}$ und der Parameter λ sind so zu bestimmen, daß das System (11.40') durch den Lösungsvektor (11.42') befriedigt wird. Wir bilden daher die 1. Ableitung von $\boldsymbol{y}$

$$\boldsymbol{y}' = \lambda \boldsymbol{c}\,\mathrm{e}^{\lambda x}$$

und setzen $\boldsymbol{y}'$ und $\boldsymbol{y}$ in (11.40') ein:

$$\lambda \boldsymbol{c}\,\mathrm{e}^{\lambda x} = \boldsymbol{A}\boldsymbol{c}\,\mathrm{e}^{\lambda x}.$$

Da $\mathrm{e}^{\lambda x}$ ein skalarer Faktor ist, der stets von Null verschieden ist, dürfen wir durch ihn dividieren und erhalten

$$\lambda \boldsymbol{c} = \boldsymbol{A}\boldsymbol{c}$$

oder unter Verwendung der Einheitsmatrix $\boldsymbol{E}$ ($\boldsymbol{c} = \boldsymbol{E}\boldsymbol{c}$)

$$\boldsymbol{A}\boldsymbol{c} - \lambda \boldsymbol{E}\boldsymbol{c} = \boldsymbol{o},$$

$$(\boldsymbol{A} - \lambda \boldsymbol{E})\,\boldsymbol{c} = \boldsymbol{o}. \tag{11.43'}$$

(11.43') bedeutet ausführlich geschrieben

$$\begin{array}{llll} (a_{11} - \lambda)\, c_1 & + a_{12}c_2 & + \cdots + a_{1n}c_n & = 0, \\ a_{21}c_1 & + (a_{22} - \lambda)\, c_2 & + \cdots + a_{2n}c_n & = 0, \\ \cdots & \cdots & \cdots & \cdots \\ a_{n1}c_1 & + a_{n2}c_2 & + \cdots + (a_{nn} - \lambda)\, c_n & = 0. \end{array} \tag{11.43}$$

Dieses homogene Gleichungssystem hat nur dann nichttriviale Lösungen $c_1, c_2, \ldots, c_n$, wenn der Rang kleiner als n wird. Das kann man aber durch geeignete Wahl des Parameters λ erreichen. Man nennt deshalb diejenigen λ-Werte, für die der Rang kleiner als n wird, *Eigenwerte* der Matrix $\boldsymbol{A}$. Es gibt bei einem System von n linearen Gleichungen n Eigenwerte: $\lambda_1, \lambda_2, \ldots, \lambda_n$, die allerdings auch mehrfach auftreten können. Die Eigenwerte kann man aus dem System (11.43) bestimmen. Am günstigsten ist es, hierfür die sogenannte charakteristische Gleichung der Matrix $\boldsymbol{A}$ zu verwenden, die sich durch Nullsetzen der Determinante der Koeffizientenmatrix $(\boldsymbol{A} - \lambda \boldsymbol{E})$ ergibt:

$$|\boldsymbol{A} - \lambda \boldsymbol{E}| = 0.$$

Wir bestimmen die Eigenwerte durch Elimination aus dem Gleichungssystem (11.43). Wir machen uns dieses Verfahren an einem Beispiel klar.

Beispiel 11.22

Man löse das homogene lineare Differentialgleichungssystem

$$y_1' = 2y_1 + y_2$$
$$y_2' = -4y_1 - 3y_2.$$

Der Rang des homogenen Gleichungssystems $(\boldsymbol{A} - \lambda \boldsymbol{E})\,\boldsymbol{c}$ soll kleiner als 2 werden. Dann müssen die beiden Gleichungen

$$(2 - \lambda)\, c_1 + c_2 = 0$$
$$-4c_1 + (-3 - \lambda)\, c_2 = 0$$

linear voneinander abhängen; das heißt, eine Gleichung muß ein Vielfaches (k-faches) der anderen sein. Das bedeutet

$$(2-\lambda)\,c_1 + c_2 = k[-4c_1 + (-3-\lambda)\,c_2] = -4kc_1 + (-3-\lambda)\,kc_2$$

oder nach Ausführung des Koeffizientenvergleichs

$$(2-\lambda) = -4k \quad \text{und} \quad 1 = (-3-\lambda)\,k.$$

Wir eliminieren k und erhalten

$$\frac{2-\lambda}{-4} = \frac{1}{-3-\lambda}$$

$$(2-\lambda)(-3-\lambda) = -4$$

$$\lambda^2 + \lambda - 2 = 0.$$

(Die letzte Gleichung erhalten wir auch, wenn wir $|A - \lambda E| = 0$ ausrechnen.) Die quadratische Gleichung in λ hat die beiden Wurzeln $\lambda_1 = 1$, $\lambda_2 = -2$, die Eigenwerte der obigen Matrix.

Das zum Eigenwert $\lambda_1 = 1$ gehörige homogene Gleichungssystem $(\boldsymbol{A} - \lambda_1 \boldsymbol{E})\,\boldsymbol{c}_1 = \boldsymbol{0}$ lautet ausführlich geschrieben

$$\begin{aligned} (2-\lambda_1)\,c_{11} + c_{21} \qquad\quad &= 0 \\ -4c_{11} + (-3-\lambda_1)\,c_{21} &= 0. \end{aligned}$$

(Die c_i und y_i aus (11.42), die zu den Werten λ_k gehören, bezeichnen wir jetzt mit c_{ik} und y_{ik}). Weil dieses System zur Bestimmung von c_{11} und c_{21} den Rang 1 hat, brauchen wir nur eine Gleichung zu berücksichtigen. Wir setzen $\lambda_1 = 1$ ein und erhalten

$$\begin{aligned} & (2-\lambda_1)\,c_{11} + c_{21} = 0 \\ \lambda_1 = 1: \qquad & c_{11} + c_{21} = 0 \\ & c_{21} = -c_{11}. \end{aligned}$$

Da in *einer* Gleichung mit zwei Variablen die eine Variable willkürlich gewählt werden darf, wählen wir $c_{11} = 1$, und damit folgt $c_{21} = -1$. Somit ist nach (11.42)

$$\begin{aligned} y_{11} &= c_{11}\,e^{\lambda_1 x} = e^x \\ y_{21} &= c_{21}\,e^{\lambda_1 x} = -e^x \end{aligned} \quad \text{oder} \quad \boldsymbol{y}_1 = \begin{bmatrix} y_{11} \\ y_{21} \end{bmatrix} = \begin{bmatrix} c_{11} \\ c_{21} \end{bmatrix} e^{\lambda_1 x} = \begin{bmatrix} 1 \\ -1 \end{bmatrix} e^x$$

ein partikuläres Lösungssystem bzw. ein Lösungsvektor von (11.40).

Für $\lambda_2 = -2$ erhalten wir aus der Gleichung

$$\begin{aligned} (2-\lambda_2)\,c_{12} + c_{22} &= 0 \\ 4c_{12} + c_{22} &= 0 \\ c_{22} &= -4c_{12}. \end{aligned}$$

Wählen wir $c_{12} = 1$, so folgt $c_{22} = -4$. Damit ist

$$\begin{aligned} y_{12} &= c_{12}\,e^{\lambda_2 x} = e^{-2x} \\ y_{22} &= c_{22}\,e^{\lambda_2 x} = -4\,e^{-2x} \end{aligned} \quad \text{oder} \quad \boldsymbol{y}_2 = \begin{bmatrix} y_{12} \\ y_{22} \end{bmatrix} = \begin{bmatrix} c_{12} \\ c_{22} \end{bmatrix} e^{\lambda_2 x} = \begin{bmatrix} 1 \\ -4 \end{bmatrix} e^{-2x}$$

ein weiteres partikuläres Lösungssystem von (11.40).

Die allgemeine Lösung des Differentialgleichungssystems ergibt sich nach (11.41′) durch

$$\tilde{\boldsymbol{y}} = c_1 \begin{bmatrix} 1 \\ -1 \end{bmatrix} e^x + c_2 \begin{bmatrix} 1 \\ -4 \end{bmatrix} e^{-2x} = \begin{bmatrix} c_1 \\ -c_1 \end{bmatrix} e^x + \begin{bmatrix} c_2 \\ -4c_2 \end{bmatrix} e^{-2x}.$$

Wir haben damit den Fall behandelt, daß die Eigenwerte reell und verschieden sind. Im Falle konjugiert komplexer Eigenwerte ändert sich am Rechenablauf nichts. Man ersetzt in der allgemeinen Lösung die reellen Eigenwerte λ_1 und λ_2 durch die komplexen Werte und mit Hilfe der Eulerschen Formeln führt man das Ergebnis in den Bereich der reellen Zahlen zurück.

Beispiel 11.23

Zu lösen ist das homogene lineare Differentialgleichungssystem

$$y_1' = 3y_1 + y_2$$
$$y_2' = -2y_1 + y_2.$$

Das System (11.43) lautet in unserem Fall

$$(3-\lambda)\,c_1 + c_2 = 0$$
$$-2c_1 + (1-\lambda)\,c_2 = 0.$$

Weil das System den Rang 1 haben soll, gilt für die Koeffizienten

$$3 - \lambda = -2k \quad \text{und} \quad 1 = (1-\lambda)\,k,$$

woraus

$$\lambda^2 - 4\lambda + 5 = 0$$

folgt. Die beiden Eigenwerte sind konjugiert komplex:

$$\lambda_1 = 2 + i, \quad \lambda_2 = 2 - i.$$

Aus der Gleichung des homogenen Systems

$$(3-\lambda_1)\,c_{11} + c_{21} = 0$$

ergibt sich für $\lambda_1 = 2 + i$

$$(3 - 2 - i)\,c_{11} + c_{21} = 0.$$

Für $c_{11} = 1$ erhalten wir $c_{21} = -1 + i$. Setzen wir diesen Wert in (11.42) ein, so bekommen wir eine partikuläre Lösung (Lösungsvektor):

$$y_{11} = c_{11}\,e^{\lambda_1 x} = e^{(2+i)x}$$
$$y_{21} = c_{21}\,e^{\lambda_1 x} = (-1+i)\,e^{(2+i)x} \quad \text{oder} \quad y_1 = \begin{bmatrix} y_{11} \\ y_{21} \end{bmatrix} = \begin{bmatrix} c_{11} \\ c_{21} \end{bmatrix} e^{\lambda_1 x} = \begin{bmatrix} 1 \\ -1+i \end{bmatrix} e^{(2+i)x}.$$

Für $\lambda_2 = 2 - i$ erhalten wir entsprechend $c_{12} = 1$, $c_{22} = -1 - i$ und damit eine zweite partikuläre Lösung:

$$y_{12} = c_{12}\,e^{\lambda_2 x} = e^{(2-i)x}$$
$$y_{22} = c_{22}\,e^{\lambda_2 x} = (-1-i)\,e^{(2-i)x} \quad \text{oder} \quad y_2 = \begin{bmatrix} y_{12} \\ y_{22} \end{bmatrix} = \begin{bmatrix} c_{12} \\ c_{22} \end{bmatrix} e^{\lambda_2 x} = \begin{bmatrix} 1 \\ -1-i \end{bmatrix} e^{(2-i)x}.$$

Die allgemeine Lösung lautet

$$y_1 = c_1 e^{(2+i)x} + c_2 e^{(2-i)x} = e^{2x}\{c_1 \cos x + c_1 i \sin x + c_2 \cos x - c_2 i \sin x\}$$
$$y_2 = c_1(-1+i)\,e^{(2+i)x} + c_2(-1-i)\,e^{(2-i)x}$$
$$= e^{2x}\{c_1(-1+i)\cos x + c_1 i(-1+i)\sin x + c_2(-1-i)\cos x - c_2 i(-1-i)\sin x\}.$$

Mit den Abkürzungen

$$a = c_1 + c_2$$
$$b = i(c_1 - c_2)$$

erhält die reelle Darstellung der allgemeinen Lösung die Form

$$\tilde{y}_1 = e^{2x}\{a \cos x + b \sin x\}$$
$$\tilde{y}_2 = e^{2x}\{(-a+b)\cos x + (-a-b)\sin x\}.$$

Es bleibt nun noch der Fall zu untersuchen, daß das Gleichungssystem (11.43) einen mehrfachen Eigenwert $\lambda_{1,2} = \lambda$ besitzt. Dann setzen wir die allgemeine Lösung des Differentialgleichungssystems entsprechend (11.21) wie folgt an:

$$\tilde{y} = c_1\,e^{\lambda x} + c_2 x\,e^{\lambda x}, \tag{11.44}$$

das heißt,

$$\tilde{y}_1 = a_1 e^{\lambda x} + b_1 x e^{\lambda x}$$
$$\tilde{y}_2 = a_2 e^{\lambda x} + b_2 x e^{\lambda x}.$$

Man bildet die 1. Ableitungen von y_1 und y_2 und setzt y_1, y_2, y_1', y_2' in das System ein, um durch Koeffizientenvergleich die Konstanten a_1, a_2, b_1, b_2 zu bestimmen. Wir führen dies an einem Beispiel durch.

Beispiel 11.24

Zu lösen ist das System

$$y_1' = 2y_1 + y_2$$
$$y_2' = 2y_2.$$

Das System (11.43)

$$(2 - \lambda)\, c_1 + c_2 = 0$$
$$(2 - \lambda)\, c_2 = 0$$

liefert durch Elimination von c_2 den doppelten Eigenwert $\lambda_{1,2} = \lambda = 2$. Deshalb machen wir für die allgemeine Lösung den Ansatz:

$$y_1 = a_1 e^{2x} + b_1 x e^{2x}$$
$$y_2 = a_2 e^{2x} + b_2 x e^{2x}.$$

Die Differentiation ergibt

$$y_1' = 2a_1 e^{2x} + b_1 e^{2x} + 2b_1 x e^{2x}$$
$$y_2' = 2a_2 e^{2x} + b_2 e^{2x} + 2b_2 x e^{2x}.$$

Wir setzen y_1, y_2, y_1' und y_2' in das Differentialgleichungssystem ein:

$$2a_1 e^{2x} + b_1 e^{2x} + 2b_1 x e^{2x} = 2a_1 e^{2x} + 2b_1 x e^{2x} + a_2 e^{2x} + b_2 x e^{2x}$$
$$2a_2 e^{2x} + b_2 e^{2x} + 2b_2 x e^{2x} = 2a_2 e^{2x} + 2b_2 x e^{2x}.$$

Nun ordnen wir nach e^{2x} und $x\, e^{2x}$

$$(2a_1 + b_1)\, e^{2x} + 2b_1 x e^{2x} \equiv (2a_1 + a_2)\, e^{2x} + (2b_1 + b_2)\, x e^{2x}$$
$$(2a_2 + b_2)\, e^{2x} + 2b_2 x e^{2x} \equiv 2a_2 e^{2x} + 2b_2 x e^{2x}$$

und vergleichen die Koeffizienten von

e^{2x}: $2a_1 + b_1 = 2a_1 + a_2$, das heißt, $b_1 = a_2$,

$2a_2 + b_2 = 2a_2$, das heißt, $b_2 = 0$.

$x\, e^{2x}$: $2b_1 = 2b_1 + b_2$,

$2b_2 = 2b_2$.

Aus diesem System liest man ab, daß man a_1 und b_1 beliebig wählen kann. Das Ergebnis enthält zwei willkürliche Konstanten, die allgemeine Lösung lautet:

$$\tilde{y}_1 = a_1 e^{2x} + b_1 x e^{2x}$$
$$\tilde{y}_2 = b_1 e^{2x}.$$

11.1.14. Inhomogene Systeme von linearen Differentialgleichungen 1. Ordnung mit konstanten Koeffizienten

Bei der Lösung des inhomogenen Systems

$$\begin{aligned} y_1' &= a_{11}y_1 + a_{12}y_2 + \cdots + a_{1n}y_n + g_1(x) \\ y_2' &= a_{21}y_1 + a_{22}y_2 + \cdots + a_{2n}y_n + g_2(x) \\ &\cdots\cdots\cdots\cdots\cdots\cdots\cdots\cdots \\ y_n' &= a_{n1}y_1 + a_{n2}y_2 + \cdots + a_{nn}y_n + g_n(x) \end{aligned} \tag{11.45}$$

kann man von der allgemeinen Lösung des homogenen Systems ausgehen und darauf die Methode der Variation der Konstanten anwenden. Da dieses Verfahren sehr aufwendig ist, beschränken wir uns auf die Bestimmung einer partikulären Lösung mit Hilfe des Störgliedansatzes. Für die allgemeine Lösung der inhomogenen Differentialgleichung gilt wieder der folgende Satz (vgl. Sätze 11.2 und 11.11).

Satz 11.13

Die allgemeine Lösung $\tilde{\boldsymbol{y}}_J$ des inhomogenen Systems setzt sich additiv zusammen aus der allgemeinen Lösung $\tilde{\boldsymbol{y}}_H$ des homogenen Systems und einer partikulären Lösung $\boldsymbol{y}_J$ des inhomogenen Systems:

$$\tilde{\boldsymbol{y}}_J = \tilde{\boldsymbol{y}}_H + \boldsymbol{y}_J. \tag{11.46}$$

Beispiel 11.25

Es ist das inhomogene Differentialgleichungssystem

$$\begin{aligned} y_1' &= y_1 + y_2 - 4\,\mathrm{e}^x \\ y_2' &= 4y_1 - 2y_2 + 6x - 1 \end{aligned}$$

zu lösen.

Wir lösen zunächst das homogene Differentialgleichungssystem

$$\begin{aligned} y_1' &= y_1 + y_2 \\ y_2' &= 4y_1 - 2y_2. \end{aligned}$$

Die Gleichung $(\boldsymbol{A} - \lambda\boldsymbol{E})\,\boldsymbol{c} = \boldsymbol{o}$ ergibt das homogene Gleichungssystem

$$\begin{aligned} (1-\lambda)\,c_1 + c_2 &= 0 \\ 4c_1 + (-2-\lambda)\,c_2 &= 0. \end{aligned}$$

Dieses System hat nur dann nichttriviale Lösungen $c_1 \neq 0$, und $c_2 \neq 0$ wenn der Rang gleich 1 ist. Dann sind aber die beiden Gleichungen linear abhängig, das heißt, eine Gleichung ist ein Vielfaches der anderen. Für die Koeffizienten gilt also

$$(1-\lambda) = 4k \quad \text{und} \quad 1 = (-2-\lambda)\,k,$$

wobei k das Vielfache angibt. Wir eliminieren aus beiden Gleichungen k und erhalten mit

$$\frac{1-\lambda}{4} = \frac{1}{-2-\lambda}$$

$$(-2-\lambda)(1-\lambda) = 4$$

$$\lambda^2 + \lambda - 6 = 0$$

eine Bestimmungsgleichung für λ. Wir erhalten die Eigenwerte (Wurzeln) $\lambda_1 = 2$ und $\lambda_2 = -3$.

Weil $\lambda_1 = 2$ eine Lösung des homogenen Gleichungssystems ist, ist der Rang 1. Es genügt eine Gleichung des Systems, um die c_{ik} zu bestimmen. Hierbei bezieht sich der 2. Index von c_{ik} auf das entsprechende λ_k.

$$(1 - \lambda_1)\, c_{11} + c_{21} = 0.$$

Wir setzen $\lambda_1 = 2$ in die 1. Gleichung ein und erhalten:

$$-c_{11} + c_{21} = 0$$
$$c_{21} = c_{11}.$$

Einen Koeffizienten können wir beliebig wählen, zum Beispiel $c_{11} = 1$. Dann erhält man nach (11.42) eine partikuläre Lösung des homogenen Differentialgleichungssystems:

$$y_1 = \begin{bmatrix} c_{11} \\ c_{21} \end{bmatrix} e^{\lambda_1 x} = \begin{bmatrix} 1 \\ 1 \end{bmatrix} e^{2x}.$$

Entsprechend verfahren wir für $\lambda_2 = -3$:

$$(1 - \lambda_2)\, c_{12} + c_{22} = 0$$
$$4c_{12} + c_{22} = 0$$
$$c_{22} = -4c_{12}.$$

Wählen wir $c_{12} = 1$, so erhalten wir als zweite partikuläre Lösung des homogenen Differentialgleichungssystems

$$y_2 = \begin{bmatrix} c_{12} \\ c_{22} \end{bmatrix} e^{\lambda_2 x} = \begin{bmatrix} 1 \\ -4 \end{bmatrix} e^{-3x}.$$

Die allgemeine Lösung des homogenen Differentialgleichungssystems lautet dann

$$\tilde{y}_H = c_1 \begin{bmatrix} 1 \\ 1 \end{bmatrix} e^{2x} + c_2 \begin{bmatrix} 1 \\ -4 \end{bmatrix} e^{-3x}$$

oder

$$\tilde{y}_1 = c_1\, e^{2x} + c_2\, e^{-3x}$$
$$\tilde{y}_2 = c_1\, e^{2x} - 4c_2\, e^{-3x}.$$

Nun müssen wir noch eine partikuläre Lösung des inhomogenen Differentialgleichungssystems bestimmen.

Da die Störfunktionen

$$g_1(x) = -4\, e^x$$
$$g_2(x) = 6x - 1$$

vom Typ der ganzen rationalen Funktion ersten Grades bzw. einer Exponentialfunktion sind, machen wir für eine partikuläre Lösung den Ansatz

$$y_1 = a_1 + b_1 x + d_1\, e^x$$
$$y_2 = a_2 + b_2 x + d_2\, e^x.$$

Diese Funktionen und ihre Ableitungen

$$y_1' = b_1 + d_1\, e^x$$
$$y_2' = b_2 + d_2\, e^x$$

setzen wir in das inhomogene Differentialgleichungssystem ein:

$$b_1 + d_1\, e^x = a_1 + b_1 x + d_1\, e^x + a_2 + b_2 x + d_2\, e^x - 4\, e^x$$
$$b_2 + d_2\, e^x = 4a_1 + 4b_1 x + 4d_1\, e^x - 2a_2 - 2b_2 x - 2d_2\, e^x + 6x - 1.$$

Wir fassen zusammen

$$(b_1 - a_1 - a_2) + (-b_1 - b_2)\,x - d_2\,e^x = -4\,e^x$$
$$(b_2 - 4a_1 + 2a_2) + (-4b_1 + 2b_2)\,x + (-4d_1 + 3d_2)\,e^x = 6x - 1$$

und führen den Koeffizientenvergleich durch für

$$\begin{array}{llll} e^x: & -d_2 = -4 & & d_2 = 4, \\ & -4d_1 + 3d_2 = 0 & & d_1 = 3. \\ x: & -b_1 - b_2 = 0 & & b_1 = -1, \\ & -4b_1 + 2b_2 = 6 & & b_2 = 1. \\ x^0: & b_1 - a_1 - a_2 = 0 & & a_1 = 0, \\ & b_2 - 4a_1 + 2a_2 = -1 & & a_2 = -1. \end{array}$$

Somit haben wir eine partikuläre Lösung des inhomogenen Differentialgleichungssystems bestimmt:

$$y_1 = -x + 3\,e^x$$
$$y_2 = -1 + x + 4\,e^x.$$

Die allgemeine Lösung des inhomogenen Differentialgleichungssystems ergibt sich nach Satz 11.13 zu

$$\tilde{y}_1 = c_1\,e^{2x} + c_2\,e^{-3x} - x + 3\,e^x,$$
$$\tilde{y}_2 = c_1\,e^{2x} - 4c_2\,e^{-3x} - 1 + x + 4\,e^x.$$

11.1.15. Eliminationsverfahren zur Lösung von linearen Differentialgleichungssystemen

Satz 11.12. (Abschnitt 11.1.12.) vermittelt einen Zusammenhang zwischen einer linearen Differentialgleichung n-ter Ordnung und einem System von linearen Differentialgleichungen 1. Ordnung. Bisher haben wir diesen Satz benutzt, um eine lineare Differentialgleichung n-ter Ordnung in ein System linearer Differentialgleichungen 1. Ordnung überzuführen. Man kann aber auch umgekehrt vorgehen und ein lineares Differentialgleichungssystem in eine lineare Differentialgleichung n-ter Ordnung überführen. Dieses Verfahren gilt sogar für Systeme von linearen Differentialgleichungen höherer Ordnung; denn im Abschnitt 11.1.12. wurde gezeigt, daß man ein System von linearen Differentialgleichungen höherer Ordnung in ein System von linearen Differentialgleichungen 1. Ordnung überführen kann. Die Ordnung der Differentialgleichung, die man erhält, kann nicht höher sein als die Summe der Ordnungen der Systemgleichungen.

Wir führen die Eliminationsmethode an einigen Beispielen durch und beschränken uns dabei auf Differentialgleichungen mit konstanten Koeffizienten.

Beispiel 11.26

Zu lösen ist das Differentialgleichungssystem

$$y_1' = y_2$$
$$y_2' = y_1.$$

Es sind die Funktionen $y_1(x)$ und $y_2(x)$ gesucht. Wir verknüpfen beide Gleichungen durch Elimination einer Funktion, beispielsweise y_2. Dazu differenzieren wir die 1. Gleichung

$$y_1'' = y_2'$$

und setzen in die zweite ein:

$y_1'' = y_1$.

Wir haben nun eine homogene lineare Differentialgleichung 2. Ordnung zu lösen:

$y_1'' - y_1 = 0$.

Die charakteristische Gleichung

$\lambda^2 - 1 = 0$

hat die Wurzeln

$\lambda_1 = 1, \quad \lambda_2 = -1$.

Damit erhalten wir die allgemeine Lösung der Funktion y_1

$\tilde{y}_1 = c_1\, e^x + c_2\, e^{-x}$.

Da $y_2 = y_1'$ ist (1. Gleichung des Differentialgleichungssystems), erhält man für y_2 die allgemeine Lösung

$\tilde{y}_2 = c_1\, e^x - c_2\, e^{-x}$.

Man muß bei der Bestimmung der allgemeinen Lösung stets darauf achten, daß man für alle Funktionen dieselben Integrationskonstanten verwendet. Am günstigsten ist es deshalb, wenn man nur eine allgemeine Lösung durch Integration und die andere durch Differentiation bestimmt.

Beispiel 11.27

Zu lösen ist das inhomogene Differentialgleichungssystem

$$y_1'' = 4y_1 - y_2' - 12$$
$$y_2'' = 10y_1' + y_2 - 7.$$

Wir benutzen y_2 aus der ersten Gleichung, um es aus der zweiten Gleichung zu eliminieren. Durch Differentiation der 1. Gleichung verschaffen wir uns y_2''.

$y_1''' = 4y_1' - y_2''$ oder $y_2'' = 4y_1' - y_1'''$.

Eingesetzt in die zweite Gleichung ergibt sich

$$4y_1' - y_1''' = 10y_1' + y_2 - 7$$
$$y_1''' + 6y_1' = -y_2 + 7.$$

Da wir in der 1. Gleichung nicht y_2, sondern nur $y_2' = 4y_1 - y_1'' - 12$ zur Verfügung haben, differenzieren wir die letzte Gleichung und ersetzen y_2':

$$y_1^{(IV)} + 6y_1'' = -y_2'$$
$$y_1^{(IV)} + 6y_1'' = -4y_1 + y_1'' + 12$$
$$y_1^{(IV)} + 5y_1'' + 4y_1 = 12.$$

Diese inhomogene Differentialgleichung 4. Ordnung können wir lösen:

a) Homogene Gleichung ($y_1 = y$):

$$y^{(IV)} + 5y'' + 4y = 0$$
$$\lambda^4 + 5\lambda^2 + 4 = (\lambda^2 + 1)(\lambda^2 + 4) = 0$$
$$\lambda_1 = i, \quad \lambda_2 = -i, \quad \lambda_3 = 2i, \quad \lambda_4 = -2i$$
$$\underline{\tilde{y}_H = c_1 \cos x + c_2 \sin x + c_3 \cos 2x + c_4 \sin 2x.}$$

b) Störgliedansatz:

$$y_J = a$$
$$y_J' = y_J'' = y_J''' = y_J^{(IV)} = 0$$
$$4a = 12, \quad a = 3$$
$$\underline{y_J = 3.}$$

Die allgemeine Lösung von y_1 lautet

$$\tilde{y}_1 = c_1 \cos x + c_2 \sin x + c_3 \cos 2x + c_4 \sin 2x + 3.$$

Nun gilt:

$$y_2 = -y_1''' - 6y_1' + 7$$
$$y_1' = -c_1 \sin x + c_2 \cos x - 2c_3 \sin 2x + 2c_4 \cos 2x$$
$$y_1''' = c_1 \sin x - c_2 \cos x + 8c_3 \sin 2x - 8c_4 \cos 2x.$$

Damit lautet die allgemeine Lösung y_2

$$\tilde{y}_2 = 5c_1 \sin x - 5c_2 \cos x + 4c_3 \sin 2x - 4c_4 \cos 2x + 7.$$

11.1.16. Ökonomische Anwendungen von Differentialgleichungen

Gewisse ökonomische Zusammenhänge lassen sich mit Hilfe von Differentialgleichungen bzw. Differentialgleichungssystemen beschreiben.

Wir geben einige Beispiele an.

Beispiel 11.28

(Logistische Funktion)

Für die Darstellung eines Trends, der zunächst progressiv wächst, dann in ein degressives Wachstum übergeht und schließlich fast konstant bleibt, verwendet man die logistische Funktion

$$y = \frac{a}{1 + b\,\mathrm{e}^{-ct}}.$$

Diese Funktion hat in der Bedarfsforschung der sozialistischen Wirtschaft Bedeutung.

Man kann diese Funktion folgendermaßen herleiten:

Man nimmt an, daß das Wachstumstempo $\frac{\mathrm{d}y}{\mathrm{d}t}$ der logistischen Funktion y zu einem beliebigen Zeitpunkt sowohl dem jeweiligen Wert von y als auch dem Abstand dieses Wertes vom Sättigungsniveau oder Sättigungsparameter a, das heißt der Größe $(a - y)$ direkt proportional ist. In Formeln bedeutet das:

$$\frac{\mathrm{d}y}{\mathrm{d}t} = ky\,(a - y) \quad (k \text{ Proportionalitätsfaktor}).$$

Der mit der Zeit t wachsende Faktor y wird als Impulsfaktor und der mit der Zeit abnehmende Faktor $(a - y)$ als Bremsfaktor bezeichnet. Nähert sich der Entwicklungsprozeß dem Sättigungsniveau, so streben der Bremsfaktor und damit auch das Wachstumstempo gegen Null. Das bedeutet, daß sich die Funktion y auf dem Niveau $y = a$ stabilisiert. Wir wollen nun die Differentialgleichung lösen. Trennung der Variablen ergibt

$$\frac{1}{y(a - y)}\,\mathrm{d}y = k\,\mathrm{d}t.$$

Die linke Seite zerlegen wir in Partialbrüche und integrieren

$$\frac{1}{a}\left(\frac{1}{y}+\frac{1}{a-y}\right)\mathrm{d}y = k\,\mathrm{d}t$$

$$\int\left(\frac{1}{y}+\frac{1}{a-y}\right)\mathrm{d}y = ak\int \mathrm{d}t$$

$$\ln y - \ln(a-y) = akt + d.$$

Die letzte Gleichung kann in der Form

$$\ln\frac{y}{a-y} = akt + d$$

oder

$$\frac{y}{a-y} = \mathrm{e}^{akt+d}$$

geschrieben werden.

Hieraus folgt durch Reziprokenbildung

$$a - y = y\,\mathrm{e}^{-akt}\,\mathrm{e}^{-d}.$$

Setzt man $c = ak$ und $b = e^{-d}$, so erhält man

$$a - y = y\,\mathrm{e}^{-ct}\,b.$$

Hieraus folgt durch Auflösung nach y die logistische Funktion

$$y = \frac{a}{1 + b\,\mathrm{e}^{-ct}}.$$

Bei praktischen Untersuchungen werden die Parameter a, b, c der logistischen Funktion durch Auswertung statistischer Daten ermittelt.

Beispiel 11.29 (Zinseszins)

Im Beispiel 11.1 hatten wir die Differentialgleichung

$$y' = \lambda y$$

betrachtet und die Lösung

$$y = y_0\,\mathrm{e}^{\lambda t}$$

gefunden. Dieses Beispiel, das für $\lambda > 0$ einen Wachstumsvorgang beschreibt, wollen wir jetzt ökonomisch interpretieren.

Die Veränderung eines Geldbetrages (durch Verzinsung) in der Zeiteinheit ist dem Wert des Geldbetrages proportional. Nennen wir den Geldbetrag y und die Veränderung des Geldbetrages y', so beschreibt die oben angeführte Differentialgleichung diesen Zusammenhang. Die Lösung dieser Differentialgleichung ist die Formel für die kontinuierliche Verzinsung, wenn y_0 den Anfangsgeldbetrag zur Zeit $t_0 = 0$ und λ die Zinsintensität (Maß für die Aufzinsung) bedeuten. Die Zinsintensität hängt mit der Zinsrate i wie folgt zusammen. Für die diskontinuierliche Verzinsung gilt die Zinseszinsformel

$$y = y_0(1 + i)^t.$$

Hierin bedeutet y den Geldbetrag nach t Jahren, y_0 den Anfangsgeldbetrag, i die Zinsrate und t die Anzahl der zinswirksamen Jahre. Um einen Zusammenhang zwischen i und λ herzustellen, verlangt man, daß die nach t vollen Jahren vorhandenen Geldbeträge für beide Verzinsungen gleich sein sollen:

$$y_0\,\mathrm{e}^{\lambda t} = y_0(1 + i)^t.$$

Hieraus folgt:

$e^{\lambda t} = (1 + i)^t$

$\lambda t = \ln (1 + i)^t$

$\lambda = \ln (1 + i).$

Damit haben wir gefunden:

Wenn zwischen i und λ die soeben abgeleitete Beziehung besteht, ist es für den nach einer Anzahl von vollen Jahren erreichten Geldbetrag gleichgültig, ob diskontinuierlich oder kontinuierlich verzinst wird. Bei Rechnungen der ökonomischen Praxis verwendet man die diskontinuierliche Verzinsung, bei Fragen der mathematisch-ökonomischen Theorie im Hinblick auf Steuer- und Regelungsmodelle die kontinuierliche Verzinsung.

Beispiel 11.30 (Absterbeordnung)*

Sogenannte Absterbeordnungen werden unter anderem in der Bevölkerungsstatistik zur Kalkulation von Versicherungsleistungen sowie in der Ersatztheorie benötigt und in Form von Funktionen angegeben. Diese Funktionen geben beispielsweise die Anzahl der noch lebenden Personen einer Personengesamtheit in Abhängigkeit vom Alter an. Dabei ist der Tod die einzige Ausscheideursache aus der betrachteten Personengesamtheit.

Bei der Herleitung einer solchen Absterbeordnung geht man davon aus, daß die Veränderung der Anzahl der Lebenden einer Personengesamtheit im Alter x bis zum Alter $(x + \mathrm{d}x)$ der noch vorhandenen Personenzahl $y = f(x)$ im Alter x proportional sein soll:

$y' = -\mu(x)\, y.$

$\mu(x)$ ist ein vom Alter x abhängiger Proportionalitätsfaktor, den man in diesem Zusammenhang die Sterbeintensität nennt. Das negative Vorzeichen auf der rechten Seite der Gleichung gibt die Richtung des Vorgangs, nämlich die Verringerung der Personengesamtheit an. Für den Proportionalitätsfaktor $\mu(x)$ sind eine ganze Reihe von Ansätzen gemacht worden. Wir betrachten den von Makeham (1860) verwendeten Ansatz

$\mu(x) = a + bc^x,$

wobei a, b, c noch zu bestimmende Konstanten sind. Die Differentialgleichung lautet dann

$y' = -(a + bc^x)\, y$

oder

$y' + (a + bc^x)\, y = 0.$

Das ist eine homogene lineare Differentialgleichung 1. Ordnung. Ihre allgemeine Lösung ist eine Funktion für die Anzahl y der in dieser Personengesamtheit noch vorhandenen Personen im Alter x. Wir lösen die Differentialgleichung durch Trennung der Variablen:

$$\frac{\mathrm{d}y}{\mathrm{d}x} = -(a + bc^x)\, y$$

$$\int \frac{\mathrm{d}y}{y} = -\int (a + bc^x)\, \mathrm{d}x$$

$$\ln y = -ax - \frac{b}{\ln c} c^x + d \quad (d \text{ Integrationskonstante}).$$

Um die in der Literatur übliche Form des *Gompertz-Makehamschen Sterblichkeitsgesetzes* zu erhalten, setzen wir

$$-a = \ln s, \qquad -\frac{b}{\ln c} = \ln g, \qquad d = \ln k$$

und erhalten

$\ln y = x \ln s + c^x \ln g + \ln k,$

* Vgl. Bader, H. / Fröhlich, S., Mathematik für Ökonomen, 4. Auflage, Verlag Die Wirtschaft, Berlin 1970, S. 405 ff.

woraus schließlich als allgemeine Lösung das „Gompertz-Makehamsche Sterblichkeitsgesetz“ folgt:

$$y = ks^x g^{c^x}.$$

In der Praxis nimmt das Alter x nur ganzzahlige Werte an, beispielsweise die Werte von $x = 0$ bis $x = 100$ bei Bevölkerungsgesamtheiten oder von $x = 18$ bis $x = 90$ bei Versicherungsgesamtheiten. Deshalb schreibt man symbolisch für $y = f(x)$ auch

$$y_x = ks^x g^{c^x}.$$

k, s, g und c sind Konstanten, die durch Anpassung des Sterblichkeitsgesetzes an bekanntes empirisches Material ermittelt werden müssen. Dazu gibt es eine ganze Reihe von Ausgleichsmethoden. Eine davon ist die Methode der kleinsten Quadratsumme.

Beispiel 11.31

G. Klaus betrachtet in seinem Buch „Kybernetik in philosophischer Sicht“ (Dietz-Verlag 1961, S. 117) das Verhalten dynamischer Systeme, das heißt Systeme, die sich unter bestimmten Einwirkungen zeitlich verändern. Ein solches System wird zum Beispiel durch

$$\frac{dx}{dt} = x' = 2x + y$$

$$\frac{dy}{dt} = y' = 3x - 2y$$

beschrieben. Wir lösen das System nach dem Eliminationsverfahren. Aus der 1. Gleichung eliminieren wir y:

$$y = x' - 2x.$$

Da wir in der zweiten Gleichung auch y' benötigen, differenzieren wir nach t:

$$y' = x'' - 2x'.$$

Setzen wir y und y' in die zweite Gleichung des Systems ein, erhalten wir

$$x'' - 2x' = 3x - 2x' + 4x$$

oder

$$x'' - 7x = 0.$$

Diese homogene lineare Differentialgleichung 2. Ordnung hat die charakteristische Gleichung

$$\lambda^2 - 7 = 0$$

mit den Wurzeln $\lambda_1 = \sqrt{7}$, $\lambda_2 = -\sqrt{7}$.

Die allgemeine Lösung für die abhängige Variable x lautet dann

$$\tilde{x} = c_1 e^{\sqrt{7}t} + c_2 e^{-\sqrt{7}t}.$$

Differenzieren wir, so ergibt sich

$$x' = \sqrt{7}\, c_1 e^{\sqrt{7}t} - \sqrt{7}\, c_2 e^{-\sqrt{7}t}.$$

Setzen wir x und x' in die Gleichung $y = x' - 2x$ ein, so erhalten wir die allgemeine Lösung für die unabhängige Variable y:

$$\tilde{y} = \left(\sqrt{7} - 2\right) c_1 e^{\sqrt{7}t} - \left(\sqrt{7} + 2\right) c_2 e^{-\sqrt{7}t}.$$

Die allgemeine Lösung des Systems lautet dann

$$\tilde{x} = c_1 e^{\sqrt{7}t} + c_2 e^{-\sqrt{7}t}$$

$$\tilde{y} = \left(\sqrt{7} - 2\right) c_1 e^{\sqrt{7}t} - \left(\sqrt{7} + 2\right) c_2 e^{-\sqrt{7}t}.$$

Beispiel 11.32

Bei der Untersuchung der Stabilität von dynamischen Systemen gibt Klaus in seinem Buch „Kybernetik in philosophischer Sicht" (Dietz-Verlag 1961, S. 192) zwei sogenannte Rückkopplungssysteme (jede der beiden Größen x und y wirkt auf die andere zurück) an:

$$S_1 \begin{cases} \dfrac{dx}{dt} = x' = 3x - 13y \\[2ex] \dfrac{dy}{dt} = y' = x - y \end{cases}$$

und

$$S_2 \begin{cases} \dfrac{dx}{dt} = x' = -3x - 17y \\[2ex] \dfrac{dy}{dt} = y' = x - y. \end{cases}$$

Wir lösen beide Systeme.

a) Zu S_1 gehört nach (11.43) das Gleichungssystem

$$(3 - \lambda)\, c_1 - 13c_2 = 0$$
$$c_1 - (1 + \lambda)\, c_2 = 0.$$

Da die Gleichungen linear abhängig sind, muß

$$3 - \lambda = k \quad \text{und} \quad -13 = -(1 + \lambda)\, k$$

gelten, woraus durch Elimination von k

$$\lambda^2 - 2\lambda + 10 = 0$$

folgt. Diese charakteristische Gleichung hat die Wurzeln

$$\lambda_1 = 1 + 3i \quad \text{und} \quad \lambda_2 = 1 - 3i.$$

Wir setzen λ_1 in die zweite Gleichung des Gleichungssystems

$$c_{11} - (1 + \lambda_1)\, c_{21} = 0$$

ein und erhalten

$$c_{11} = (2 + 3i)\, c_{21}.$$

Wählt man $c_{21} = 1$, so wird $c_{11} = (2 + 3i)$. Mit diesen Werten ergibt sich nach (11.42) eine partikuläre Lösung:

$$x_1 = c_{11}\, e^{\lambda_1 t} = (2 + 3i)\, e^{(1+3i)t}$$
$$y_1 = c_{21}\, e^{\lambda_1 t} = e^{(1+3i)t}$$

Entsprechend erhält man für λ_2:

$$c_{12} - (1 + \lambda_2)\, c_{22} = 0$$
$$c_{12} = (2 - 3i)\, c_{22}.$$

Für $c_{22} = 1$ wird $c_{12} = (2 - 3i)$. Eine zweite partikuläre Lösung ist dann

$$x_2 = c_{12}\, e^{\lambda_2 t} = (2 - 3i)\, e^{(1-3i)t}$$
$$y_2 = c_{22}\, e^{\lambda_2 t} = e^{(1-3i)t}.$$

Die allgemeine Lösung des Differentialgleichungssystems S_1 lautet somit

$$\tilde{x} = c_1 x_1 + c_2 x_2 = c_1(2 + 3i)\, e^{(1+3i)t} + c_2(2 - 3i)\, e^{(1-3i)t}$$
$$\tilde{y} = c_1 y_1 + c_2 y_2 = c_1\, e^{(1+3i)t} + c_2\, e^{(1-3i)t}.$$

Verwendet man die trigonometrische Schreibweise, so ergibt sich mit den Abkürzungen

$a_1 = c_1(2 + 3i) + c_2(2 - 3i)$

$b_1 = [c_1(2 + 3i) - c_2(2 - 3i)]\, i$

$a_2 = c_1 + c_2$

$b_2 = (c_1 - c_2)\, i$

die allgemeine Lösung

$\tilde{x} = e^t(a_1 \cos 3t + b_1 \sin 3t)$

$\tilde{y} = e^t(a_2 \cos 3t + b_2 \sin 3t).$

b) Zu S_2 gehört das Gleichungssystem

$(-3 - \lambda)\, c_1 - 17c_2 = 0$

$c_1 - (1 + \lambda)\, c_2 = 0.$

Aus $-3 - \lambda = k$ und $-17 = -(1 + \lambda)\, k$ ergibt sich die charakteristische Gleichung

$\lambda^2 + 4\lambda + 20 = 0$

mit den Wurzeln $\lambda_1 = -2 + 4i$ und $\lambda_2 = -2 - 4i$.

Für λ_1 lautet die zweite Gleichung

$c_{11} - (1 + \lambda_1)\, c_{21} = 0,$

$c_{11} = (-1 + 4i)\, c_{21}.$

Wählt man $c_{21} = 1$, so ergibt sich $c_{11} = -1 + 4i$. Wir erhalten eine partikuläre Lösung

$x_1 = c_{11}\, e^{\lambda_1 t} = (-1 + 4i)\, e^{(-2+4i)t}$

$y_1 = c_{21}\, e^{\lambda_1 t} = e^{(-2+4i)t}.$

Entsprechend für λ_2:

$c_{12} - (1 + \lambda_2)\, c_{22} = 0$

$c_{12} = (-1 - 4i)\, c_{22}.$

Mit $c_{22} = 1$ und $c_{12} = -1 - 4i$ lautet eine zweite partikuläre Lösung

$x_2 = c_{12}\, e^{\lambda_2 t} = (-1 - 4i)\, e^{(-2-4i)t}$

$y_2 = c_{22}\, e^{\lambda_2 t} = e^{(-2-4i)t}.$

Die allgemeine Lösung des Differentialgleichungssystems S_2 ist dann

$\tilde{x} = c_1x_1 + c_2x_2 = c_1(-1 + 4i)\, e^{(-2+4i)t} + c_2(-1 - 4i)\, e^{(-2-4i)t}$

$\tilde{y} = c_1y_1 + c_2y_2 = c_1\, e^{(-2+4i)t} + c_2\, e^{(-2-4i)t}.$

Mit den Abkürzungen

$a_1 = c_1(-1 + 4i) + c_2(-1 - 4i)$

$b_1 = [c_1(-1 + 4i) - c_2(-1 - 4i)]\, i$

$a_2 = c_1 + c_2$

$b_2 = (c_1 - c_2)\, i$

erhält die allgemeine Lösung des Systems S_2 die Form

$\tilde{x} = e^{-2t}(a_1 \cos 4t + b_1 \sin 4t),$

$\tilde{y} = e^{-2t}(a_2 \cos 4t + b_2 \cos 4t).$

Beide Systeme S_1 und S_2 sind Rückkopplungssysteme. Aus den Lösungen kann man ablesen, daß das erste System S_1 instabil ist, denn der Faktor e^t wirkt für wachsendes t als Verstärkungsfaktor. Dagegen enthält das System S_2 den Dämpfungsfaktor e^{-2t}, der für wachsendes t gegen Null geht. Das System ist stabil.

11.2. Differenzenrechnung

Bei unseren bisherigen Betrachtungen haben wir für die Variablen x und y, das heißt genauer für Definitionsbereich und Wertevorrat, stets *kontinuierliche* Mengen, zum Beispiel $0 < x < 1$, vorausgesetzt. Für viele Probleme ist es zweckmäßig, für irgendeine Variable nur eine *diskrete* Menge von Werten, zum Beispiel $0, 1, 2, \ldots$, zuzulassen. So legt man bei der Betrachtung wichtiger ökonomischer Größen (Produktionsergebnis, Einkommen, Konsum usw.) im allgemeinen gewisse Perioden, genauer gesagt, Zeitintervalle gleicher Länge (Tag, Monat, Quartal, Jahr) zugrunde. Alle Größen werden mit der Periode datiert, in der sie entstehen oder günstigerweise untersucht werden. So betrachtet man beispielsweise den Bevölkerungszuwachs für ein erstes Zeitintervall (1. Jahr), das wir *Anfangsperiode* nennen, dann für ein zweites Zeitintervall (2. Jahr) usw. Diesen Vorgang, der das Verhalten des Bevölkerungszuwachses oder ökonomischer Größen über der diskreten Menge von Zeitwerten untersucht, nennt man *Periodenanalyse*. Für diese Periodenanalyse haben die *Differenzengleichungen* große Bedeutung. Bevor wir uns jedoch den Differenzengleichungen zuwenden, wollen wir uns mit den Grundlagen der Differenzenrechnung vertraut machen.

11.2.1. Funktion und ihre Differenzen

Will man die Entwicklung eines Produktionsbetriebes während eines Jahres analysieren, so wird man eine Funktion y betrachten, die derart beschaffen ist, daß $y(x)$ der Produktionsumfang im Monat x und $y(x + 12)$ der Produktionsumfang im Monat $(x + 12)$ ist. Um die Produktionssteigerung oder -abnahme zu erfassen, definieren wir eine neue Funktion, deren Funktionswert in x die Differenz zwischen dem Produktionsumfang in den Monaten x und $(x + 12)$ ist. Da diese neue Funktion auf y bezogen ist, bezeichnen wir sie mit Δy, so daß

$$\Delta y(x) = y(x + 12) - y(x)$$

ist, wobei mit $\Delta y(x)$ der Funktionswert von Δy in x bezeichnet wird. $\Delta y(x)$ ist die Änderung des Produktionsumfangs während eines Jahres gegenüber dem Wert des Ausgangsmonats. Ist $\Delta y(x) > 0$, so ist eine Produktionssteigerung, und ist $\Delta y(x) < 0$, so ist eine Produktionsabnahme erfolgt.

In unserem Beispiel hat das Differenzintervall die Länge $h = 12$ (Monate). Die Intervallänge kann jede beliebige Zahl sein, unter der Voraussetzung, daß sowohl die Anfangs- als auch die Endwerte, für die die Funktionswerte bestimmt werden sollen, im Definitionsbereich der Funktion liegen. Wir erklären deshalb:

Definition 11.6

Gegeben sei eine Funktion y und eine beliebige Konstante h derart, daß sich mit x auch $(x + h)$ im Definitionsbereich von y befindet. Dann ist Δy diejenige Funktion, deren Funktionswert in Abhängigkeit von x mit $\Delta y(x)$ bezeichnet wird und durch

$$\Delta y(x) = y(x + h) - y(x) \tag{11.47}$$

bestimmt ist.

Das Symbol Δ heißt der Differenzenoperator, Δy die erste Differenz der Funktion y und h das Differenzenintervall.

Beispiel 11.33

Für die einfache Funktion

$y(x) = x$

erhalten wir nach (11.47)

$\Delta y(x) = \Delta x = (x + h) - x = h.$

Aus diesem Grund wird das Differenzenintervall oft mit Δx bezeichnet.

Beispiel 11.34

Es sei $y(x) = 3x + 1$ und $h = 1$. Dann ist

$\Delta y(1) = y(2) - y(1) = 7 - 4 = 3$

$\Delta y(4) = y(5) - y(4) = 16 - 13 = 3$

allgemein

$\Delta y(x) = y(x + 1) - y(x) = 3(x + 1) + 1 - (3x + 1) = 3.$

Weil diese lineare Funktion eine Gerade darstellt (Abbildung 11.2), muß jede Änderung des x-Wertes um eine Einheit eine gleichmäßige Änderung des y-Wertes hervorrufen.

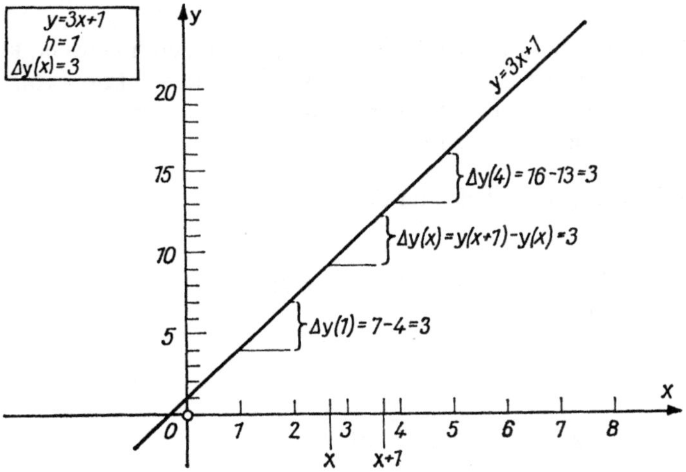

Abbildung 11.2

Beispiel 11.35

Es sei $y(x) = \frac{1}{2}x^2$ und $h = 1$ (vgl. Abbildung 11.3). Dann ist

$\Delta y(1) = y(2) - y(1) = 2 - \frac{1}{2} = \frac{3}{2}$

$\Delta y(3) = y(4) - y(3) = 8 - \frac{9}{2} = \frac{7}{2}$

allgemein

$\Delta y(x) = y(x + 1) - y(x) = \frac{1}{2}(x + 1)^2 - \frac{1}{2}x^2 = x + \frac{1}{2}.$

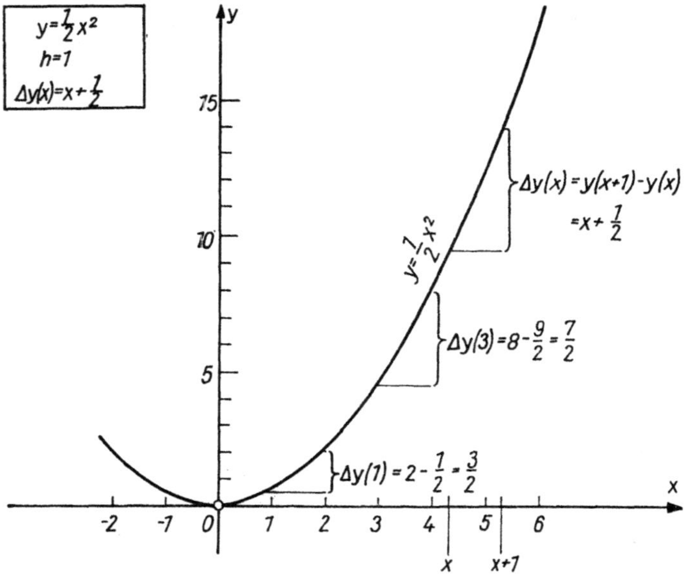

Abbildung 11.3

An den Beispielen erkennen wir, daß die erste Differenz $\Delta y(x)$, die durch Anwendung des Operators Δ auf den *Operanden* y entsteht, selbst wieder eine Funktion von x ist. Das legt den Gedanken nahe, auch auf die Funktion Δy den Operator Δ anzuwenden, das heißt den Ausdruck $\Delta(\Delta y)$ zu bilden.

Unter Verwendung von Formel (11.47) bedeutet das:

$$\begin{aligned}\Delta[\Delta y] &= \Delta[y(x+h) - y(x)]\\ &= [y(\{x+h\}+h) - y(x+h)] - [y(x+h) - y(x)]\\ &= y(x+2h) - 2y(x+h) + y(x).\end{aligned}$$

Beispiel 11.36

Ist die Funktion y durch die Gleichung $y = x^2$ gegeben, so ist

$$\Delta y = (x+h)^2 - x^2 = 2xh + h^2$$

und

$$\Delta(\Delta y) = \Delta[2xh + h^2] = [2(x+h)\,h + h^2] - [2xh + h^2] = 2h^2.$$

Die Konstante $2h^2$ ist demnach für jedes beliebige x der Wert der Funktion $\Delta(\Delta y)$. Diese Funktion wird mit $\Delta^2 y$ und ihr Wert in x mit $\Delta^2 y(x)$ bezeichnet. Folglich können wir schreiben

$$\Delta^2 y(x) = \Delta^2 x^2 = 2h^2.$$

Nun kann man auf die Funktion $\Delta^2 y$ wiederum den Differenzenoperator Δ anwenden und erhält dann

$$\Delta^3 y = \Delta(\Delta^2 y).$$

Allgemein erklären wir:

Definition 11.7

Gegeben seien eine Funktion y und deren erste Differenz Δy. Dann ist die mit $\Delta^2 y$ bezeichnete zweite Differenz von y die Differenz der ersten Differenz von y, das heißt,

$$\Delta^2 y = \Delta(\Delta y), \tag{11.48}$$

und der Wert der Funktion $\Delta^2 y$ in x ist demnach durch

$$\Delta^2 y(x) = \Delta y(x + h) - \Delta y(x) \tag{11.48'}$$

bestimmt.

Allgemein ist die mit $\Delta^n y$ bezeichnete n-te Differenz von y die Differenz der $(n - 1)$-ten Differenz von y; in Formeln:

$$\Delta^n y = \Delta(\Delta^{n-1} y) \quad \text{für } n = 2, 3, \ldots \tag{11.49}$$

Es ist zu beachten, daß Formel (11.49) für $n = 2$ zu

$$\Delta^2 y \equiv \Delta(\Delta^1 y)$$

wird.

Wir vereinbaren deshalb, den hochgestellten Index wegzulassen, wenn wir die erste Differenz einer Funktion schreiben, das heißt, an Stelle von $\Delta^1 y$ schreiben wir Δy. Damit (11.49) auch für $n = 1$ sinnvoll wird, vereinbaren wir, daß

$$\Delta^0 y \equiv y$$

sein soll, das heißt, daß Δ^0 derjenige Operator ist, der bei Anwendung auf eine Funktion y diese nicht verändert. Man nennt deshalb Δ^0 den *Identitätsoperator*.

Beispiel 11.37

Es ist die vierte Differenz der Funktion $y = x^3$ zu berechnen.

$$\begin{aligned}
\Delta y(x) &= \Delta x^3 = (x + h)^3 - x^3 = 3x^2h + 3xh^2 + h^3 \\
\Delta^2 y(x) &= \Delta y(x + h) - \Delta y(x) \\
&= [3(x + h)^2\, h + 3(x + h)\, h^2 + h^3] - [3x^2h + 3xh^2 + h^3] \\
&= [3x^2h + 6xh^2 + 3h^3 + 3xh^2 + 3h^3 + h^3] - [3x^2h + 3xh^2 + h^3] \\
&= 6xh^2 + 6h^3 \\
\Delta^3 y(x) &= \Delta^2 y(x + h) - \Delta^2 y(x) \\
&= [6(x + h)\, h^2 + 6h^3] - [6xh^2 + 6h^3] \\
&= 6h^3 \\
\Delta^4 y(x) &= \Delta^3 y(x + h) - \Delta^3 y(x) \\
&= 6h^3 - 6h^3 = 0.
\end{aligned}$$

Die Tatsache, daß sich die Potenz der Funktion bei Anwendung des Operators Δ jeweils um Eins verringert, trifft für alle Polynome zu. Wir werden diese Aussage im Satz 11.17 allgemein beweisen.

Beispiel 11.38

Es ist $\Delta^2 y$ für die Funktion $y = 3^x$ zu berechnen. Für das Differenzenintervall gelte $h = 1$.

$$\begin{aligned}
\Delta y(x) &= \Delta 3^x = 3^{x+1} - 3^x = 3^x(3^1 - 1) = 2 \cdot 3^x \\
\Delta^2 y(x) &= \Delta y(x + 1) - \Delta y(x) = 2 \cdot 3^{x+1} - 2 \cdot 3^x = 2 \cdot 3^x(3^1 - 1) = 4 \cdot 3^x.
\end{aligned}$$

11.2.2. Eigenschaften des Differenzenoperators

Im vorangehenden Abschnitt haben wir den Differenzenoperator auf einfache Funktionen angewendet. Wir haben aber nichts ausgesagt, wie man vorgehen muß, wenn Kombinationen dieser Funktionen vorliegen.

Beispiel 11.39

Es soll Δ auf die Funktion $y(x) = x^2 + 3^x$ angewendet werden.

$$\begin{aligned}\Delta y(x) = \Delta(x^2 + 3^x) &= [(x+h)^2 + 3^{x+h}] - [x^2 + 3^x]\\ &= x^2 + 2hx + h^2 + 3^{x+h} - x^2 - 3^x\\ &= 2hx + h^2 + 3^x(3^h - 1)\\ &= \Delta x^2 + \Delta 3^x\end{aligned}$$

(vgl. Beispiele 11.36 und 11.38).

Man erhält also die Relation

$$\Delta(x^2 + 3^x) = \Delta x^2 + \Delta 3^x.$$

Diese Eigenschaft, die das Rechnen mit Differenzen wesentlich vereinfacht, gilt ganz allgemein.

Satz 11.14

Die Differenz der Summe zweier Funktionen ist gleich der Summe ihrer Differenzen, das heißt, sind $y_1(x)$ und $y_2(x)$ zwei Funktionen, dann gilt

$$\Delta[y_1(x) + y_2(x)] = \Delta y_1(x) + \Delta y_2(x). \tag{11.50}$$

Beweis

Aus Definition 11.6 folgt

$$\begin{aligned}\Delta[y_1(x) + y_2(x)] &= [y_1(x+h) + y_2(x+h)] - [y_1(x) + y_2(x)]\\ &= [y_1(x+h) - y_1(x)] + [y_2(x+h) - y_2(x)]\\ &= \Delta y_1(x) + \Delta y_2(x).\end{aligned}$$

Ebenso leicht ist das kommutative Gesetz in bezug auf eine Konstante zu beweisen.

Satz 11.15

Ist c eine beliebige Konstante, dann ist die Differenz der Funktion $cy(x)$ gleich c mal der Differenz von $y(x)$, das heißt,

$$\Delta[cy(x)] = c\Delta y(x). \tag{11.51}$$

Beweis

Nach Formel (11.47) gilt

$$\begin{aligned}\Delta[cy(x)] &= cy(x+h) - cy(x),\\ &= c[y(x+h) - y(x)],\\ &= c\Delta y(x).\end{aligned}$$

Aus Satz 11.14 und Satz 11.15 ergibt sich durch vollständige Induktion, die wir nicht durchführen, der folgende Satz.

Satz 11.16

Sind $y_1, y_2, \ldots, y_n$ Funktionen und $c_1, c_2, \ldots, c_n$ willkürliche Konstanten, so gilt

$$\begin{aligned}&\Delta[c_1y_1(x) + c_2y_2(x) + \cdots + c_ny_n(x)]\\&= c_1\Delta y_1(x) + c_2\Delta y_2(x) + \cdots + c_n\Delta y_n(x).\end{aligned} \tag{11.52}$$

Unter Verwendung des Summenzeichens lautet (11.52)

$$\Delta \sum_{k=1}^{n} c_k y_k(x) = \sum_{k=1}^{n} c_k \Delta y_k(x). \tag{11.52'}$$

Beispiel 11.40

Die erste Differenz der Funktion $y(x) = \frac{1}{3}x^3 - 2e^x + \frac{1}{2}\ln x$ ergibt

$$\begin{aligned}\Delta y(x) &= \Delta\left[\frac{1}{3}x^3 - 2e^x + \frac{1}{2}\ln x\right] = \frac{1}{3}\Delta x^3 - 2\Delta e^x + \frac{1}{2}\Delta \ln x\\&= \frac{1}{3}[(x+h)^3 - x^3] - 2[e^{x+h} - e^x] + \frac{1}{2}[\ln(x+h) - \ln x]\\&= \frac{1}{3}[3x^2h + 3xh^2 + h^3] - 2e^x[e^h - 1] + \frac{1}{2}\ln\frac{x+h}{x}\\&= x^2h + xh^2 + \frac{1}{3}h^3 - 2e^x[e^h - 1] + \frac{1}{2}\ln\frac{x+h}{x}.\end{aligned}$$

Für das Rechnen mit Polynomen ist der folgende Satz wichtig.

Satz 11.17

Es sei y ein Polynom n-ten Grades

$$y(x) = a_0 + a_1x + a_2x^2 + \cdots + a_nx^n, \tag{11.53}$$

wobei $a_0, a_1, \ldots, a_n$ willkürliche reelle Konstanten mit $a_n \neq 0$ sind. Dann ist $\Delta^n y(x)$, also die n-te Differenz von y, eine konstante Funktion.

Alle nachfolgenden Differenzen $\Delta^p y(x)$ für $p > n$ sind Null.

Beweis

Wegen (11.52) gilt

$$\Delta y(x) = a_0\Delta 1 + a_1\Delta x + a_2\Delta x^2 + \cdots + a_n\Delta x^n.$$

Für eine natürliche Zahl m erhalten wir unter Verwendung des Binominalsatzes

$$\begin{aligned}\Delta x^m &= (x+h)^m - x^m\\&= x^m + \binom{m}{1}x^{m-1}h + \binom{m}{2}x^{m-2}h^2 + \cdots + h^m - x^m\\&= mx^{m-1}h + \frac{m(m-1)}{2}x^{m-2}h^2 + \cdots + h^m.\end{aligned}$$

Wir erkennen, daß durch Anwendung von Δ auf x^m eine endliche Zahl von Gliedern erzeugt wird, wobei x^{m-1} die höchste vorkommende Potenz von x ist. Das bedeutet jedoch, daß die Anwendung von Δ auf die Summe (11.53) für jeden Summanden höchstens endlich viele Glieder ergibt und der Exponent der höchsten vorkommenden Potenz $(n - 1)$ ist. Mit anderen Worten: Die Anwendung von Δ auf ein Polynom n-ten Grades führt zu einem Polynom $(n-1)$-ten Grades. Aus denselben Überlegungen folgt, daß die Anwendung von Δ^2 auf (11.53) ein Polynom $(n-2)$-ten Grades und die Anwendung von Δ^n auf (11.53) schließlich ein Polynom vom Grade $n - n = 0$, das heißt eine Konstante, liefert. Da die Differenz einer Konstanten Null ist, ist auch der letzte Teil des Satzes bewiesen.

11.3. Differenzengleichungen

11.3.1. Definitionen

In diesem Abschnitt beschäftigen wir uns mit den Begriffen Differenzengleichung und Lösung einer Differenzengleichung. Wir definieren:

Definition 11.8

Eine Gleichung, die eine Beziehung zwischen den Werten einer Funktion y und einer oder mehreren ihrer Differenzen $\Delta y, \Delta^2 y, \ldots, \Delta^n y$ für alle x-Werte irgendeiner Menge M von Zahlen (für die die Funktion $y(x)$ erklärt ist) herstellt, wird als Differenzengleichung über der Menge M bezeichnet.

Betrachten wir beispielsweise Funktionen y, die für alle reellen Zahlen x definiert sind, so sind die Gleichungen

$$\Delta y(x) + 5y(x) = 0$$

und

$$\Delta^2 y(x) - 3\Delta y(x) - y(x) = 4x - 3$$

Differenzengleichungen über der Menge Z der reellen Zahlen. Selbstverständlich kann man diese Gleichungen auch als Differenzengleichungen auffassen, die über einer anderen Menge, zum Beispiel der der ganzen Zahlen, definiert sind. Wählt man beispielsweise für M die Menge der positiven ganzen Zahlen und setzt man $h = 1$, so nehmen die Differenzen $\Delta y(x), \Delta^2 y(x), \ldots, \Delta^n y(x)$ y-Werte für die ganzen Zahlen $x + h,\ x + 2h, \ldots, x + nh$ an. Da man einer Differenzengleichung nicht ansieht, über welcher Zahlenmenge M die Funktion $y(x)$ erklärt ist, muß man die Zahlenmenge stets mit angeben.

Wir betrachten in den folgenden Abschnitten nur Zahlenmengen $M \subseteq N$, die aus einer endlichen oder unendlichen Menge aufeinanderfolgender natürlicher Zahlen bestehen. Dies ist keine Einschränkung der Allgemeinheit, denn man kann beweisen, daß eine Menge M, die aus irgendeiner endlichen oder unendlichen Menge äquidistanter x-Werte besteht, stets als Menge aufeinanderfolgender natürlicher Zahlen aufgefaßt werden kann. Dazu nehmen wir an, daß eine Menge äquidistanter x-Werte gegeben sei, die mit einer beliebigen Zahl x_0 beginnen und sich jeweils um h unterscheiden:

$$x_0,\ x_0 + h,\ x_0 + 2h, \ldots, x_0 + nh, \ldots$$

Stellen wir nun durch die Gleichung

$$k = \frac{x - (x_0 - ah)}{h} \tag{11.54}$$

eine Beziehung zwischen der neuen Variablen k und x her, wobei a eine nicht-negative ganze Zahl sein soll, so erhalten wir für

$$\begin{array}{ll} x = x_0 & k = a, \\ x = x_0 + h & k = a + 1, \\ \dots\dots\dots\dots & \\ x = x_0 + nh & k = a + n. \end{array}$$

Bei dieser Konstruktion sind die Funktionen für die Menge der k-Werte definiert. Für einen beliebigen k-Wert erhalten wir den entsprechenden x-Wert aus (11.54)

$$x = (x_0 - ah) + kh.$$

Für den Definitionsbereich der Funktionen, die durch Differenzengleichungen miteinander in Beziehung stehen, beschränken wir die Menge M auf aufeinanderfolgende Zahlen. Um diese Einschränkung des Definitionsbereiches zu verdeutlichen, bezeichnen wir die Menge mit N, verwenden an Stelle von x das Symbol k und schreiben an Stelle von $y(k)$ die Kurzfom y_k für den Wert von y in k. Da bei allen weiteren Betrachtungen aufeinanderfolgende Werte von k vorliegen, ist das Differenzenintervall h stets gleich 1.

Mit der Schreibweise $y(k) = y_k$ ergibt sich aus (11.47)

$$\Delta y(k) = \Delta y_k = y_{k+1} - y_k.$$

Entsprechend erhält man (vgl. (11.48) und (11.49)):

$$\Delta^2 y(k) = \Delta^2 y_k = y_{k+2} - 2y_{k+1} + y_k$$
$$\Delta^3 y(k) = \Delta^3 y_k = y_{k+3} - 3y_{k+2} + 3y_{k+1} - y_k$$

und allgemein:

$$\Delta^n y(k) = \Delta^n y_k = \sum_{i=0}^{n} (-1)^i \binom{n}{i} y_{k+n-i}.$$

Die zu Beginn dieses Abschnitts angegebenen Differenzengleichungen haben jetzt die Gestalt

$$\Delta y_k + 5y_k = 0 \qquad \text{oder} \qquad y_{k+1} + 4y_k = 0$$

und

$$\Delta^2 y_k - 3\Delta y_k - y_k = 4k - 3 \qquad \text{oder} \qquad y_{k+2} - 5y_{k+1} + 3y_k = 4k - 3.$$

Wir vereinbaren, daß eine in dieser Form geschriebene Differenzengleichung über irgendeiner Menge aufeinanderfolgender natürlicher Zahlen definiert sein soll und daß diese Menge mit einer beliebigen natürlichen Zahl beginnen und endlich oder unendlich sein kann. In jedem Fall muß festgelegt werden, welche Werte die ganze Zahl k annehmen kann.

Uns interessiert nun, was man unter der Lösung einer Differenzengleichung versteht und wann Differenzengleichungen überhaupt lösbar sind.

Definition 11.9

Eine Funktion y ist Lösung einer Differenzengleichung über einer Menge N, wenn die Werte von y die Differenzengleichung auf eine Identität über N zurückführen.

Beispiel 11.41

Gegeben sei die Differenzengleichung

$$y_{k+1} - y_k = 1 \qquad \text{für } k = 0, 1, 2, \ldots, n.$$

Eine Lösung lautet:

$$y_k = k;$$

denn setzt man $y_{k+1} = k + 1$ und $y_k = k$ in die Differenzengleichung ein, so wird diese zur Identität $(k + 1) - k \equiv 1$.

Allgemein läßt sich leicht zeigen, daß Funktionen

$$y_k = k + c,$$

wobei c eine beliebige reelle Konstante ist, ebenfalls diese Differenzengleichung erfüllen:

$$[(k + 1) + c] - [k + c] \equiv 1.$$

In Analogie zur Theorie der gewöhnlichen Differentialgleichungen nennt man eine Lösungsfunktion einer Differenzengleichung, die genau so viele willkürliche Konstanten c enthält, wie die Ordnung der Differenzengleichung angibt, die *allgemeine Lösung* der Differenzengleichung. Da c alle möglichen reellen Werte annehmen kann, liefert die allgemeine Lösung eine Lösungsschar. Durch Vorgabe einer sogenannten Anfangsbedingung y_0 (für $k = 0$) kann man aus der Lösungsschar eine *partikuläre Lösung* bestimmen.

Kehren wir zum Beispiel 11.41 zurück. Geben wir die Anfangsbedingung $y_0 = 5$ vor, und setzen wir diese sowie $k = 0$ in die allgemeine Lösung $y_k = k + c$ ein, so erhalten wir $5 = 0 + c$, also $c = 5$.

Somit ist

$$y_k = k + 5$$

eine partikuläre Lösung der Differenzengleichung $y_{k+1} - y_k = 1$ $(k = 0, 1, 2, \ldots)$, die die Anfangsbedingung $y_0 = 5$ erfüllt.

Beispiel 11.42

Die Differenzengleichung

$$y_{k+2} - 3y_{k+1} + 2y_k = 0 \qquad k = 0, 1, 2, \ldots$$

hat die allgemeine Lösung

$$y_k = c_1 + c_2\, 2^k.$$

Dies läßt sich leicht bestätigen; denn setzt man y_k, y_{k+1} und y_{k+2} in die Differenzengleichung ein, so erhält man

$$[c_1 + c_2\, 2^{k+2}] - 3[c_1 + c_2\, 2^{k+1}] + 2[c_1 + c_2\, 2^k] = c_2\, [2^{k+2} - 3 \cdot 2^{k+1} + 2 \cdot 2^k]$$
$$= c_2\, [2 \cdot 2^{k+1} - 3 \cdot 2^{k+1} + 2^{k+1}] = 0.$$

Suchen wir eine partikuläre Lösung, die der Anfangsbedingung

$$y_0 = 1 \quad \text{und} \quad y_1 = 4$$

genügt, so erhalten wir aus der allgemeinen Lösung für

$$y_0 = 1 \quad (k = 0): \qquad 1 = c_1 + c_2,$$
$$y_1 = 4 \quad (k = 1): \qquad 4 = c_1 + 2c_2.$$

Aus dem Gleichungssystem folgt $c_1 = -2$ und $c_2 = 3$, so daß die partikuläre Lösung lautet

$y_k = -2 + 3 \cdot 2^k \qquad$ für $k = 0, 1, 2, \ldots$

Machen wir für einige k-Werte die Probe:

Für $k = 2$ wird

$$\begin{aligned} y_k &= y_2 = -2 + 3 \cdot 2^2 = 10, \\ y_{k+1} &= y_3 = -2 + 3 \cdot 2^3 = 22, \\ y_{k+2} &= y_4 = -2 + 3 \cdot 2^4 = 46. \end{aligned}$$

Eingesetzt in die Differenzengleichung

$$y_{k+2} - 3y_{k+1} + 2y_k = 0,$$

ergibt sich

$$46 - 3 \cdot 22 + 2 \cdot 10 \equiv 0.$$

Entsprechend für $k = 3$:

$$\begin{aligned} y_k &= y_3 = 22 \\ y_{k+1} &= y_4 = 46 \\ y_{k+2} &= y_5 = 94 \end{aligned}$$

$$y_{k+2} - 3y_{k+1} + 2y_k = 94 - 3 \cdot 46 + 2 \cdot 22 \equiv 0.$$

Ebenso wie bei algebraischen Gleichungen oder Differentialgleichungen kann es vorkommen, daß Differenzengleichungen keine Lösungen haben. Beispielsweise gibt es keine reellwertige Funktion, die die Differenzengleichung

$$(y_{k+1} - y_k)^2 + y_k^2 = -1$$

erfüllt.

Es ist wichtig, sich allgemein darüber Klarheit zu verschaffen, wann eine Differenzengleichung überhaupt lösbar ist und ob eine Lösung eindeutig bestimmt ist. Es gelten entsprechende Existenz- und Eindeutigkeitssätze. Weil wir unsere weiteren Darlegungen jedoch auf die linearen Differenzengleichungen beschränken, formulieren wir den Existenz- und Eindeutigkeitssatz nur für diese.

11.3.2. Existenz- und Eindeutigkeitssatz für lineare Differenzengleichungen

Definition 11.10

Eine Differenzengleichung über einer Menge N ist linear, wenn sie in der Form

$$f_n(k)\, y_{k+n} + f_{n-1}(k)\, y_{k+n-1} + \cdots + f_1(k)\, y_{k+1} + f_0(k)\, y_k = g(k) \tag{11.55}$$

geschrieben werden kann, wobei $f_0, f_1, \ldots, f_n$ und g jeweils Funktionen von k sind, die für alle Werte k in der Menge N definiert sind.

Die Differenzengleichungen in den Beispielen 11.41 und 11.42 waren beide linear. Im Beispiel 11.41 gilt $n = 1, f_1(k) = 1, f_0(k) = -1$ und im Beispiel 11.42 ist $n = 2$, $f_2(k) = 1, f_1(k) = -3, f_0(k) = 2$. In beiden Beispielen sind die Koeffizienten f_0, f_1, f_2 konstante Funktionen, das heißt, sie ändern sich nicht mit k. Derartige Gleichungen nennt man *lineare Differenzengleichungen mit konstanten Koeffizienten.* Wir werden sie in den folgenden Abschnitten behandeln. Zunächst erklären wir noch, was wir unter der Ordnung einer Differenzengleichung verstehen.

Definition 11.11

Eine lineare Differenzengleichung über der Menge N ist von der Ordnung n, wenn in (11.55) sowohl $f_0(k)$ als auch $f_n(k)$ in jedem Punkt von N von Null verschieden sind.

Beispielsweise hat die Differenzengleichung

$y_{k+1} + 3y_k = g(k)$ die Ordnung 1,

$y_{k+1} + 3y_k = 0$ die Ordnung 1,

$y_{k+2} - 2y_{k+1} - y_k = g(k)$ die Ordnung 2,

$k^3 y_{k+3} + k^2 y_{k+2} + k y_{k+1} + y_k = 0$ die Ordnung 3, wenn $k = 0$ nicht in N enthalten ist.

Auf das letzte Beispiel ist Definition 11.11 nur anwendbar, wenn $f_0(k)$ und $f_n(k)$ für kein k aus N verschwinden. Würden wir $k = 0$ in N zulassen, so würden wir gegen die Forderung $f_3(k) = k^3 \neq 0$ für alle k aus N verstoßen.

Wir wollen nun für ein einfaches Beispiel die Lösung sukzessiv berechnen.

Dazu betrachten wir die lineare Differenzengleichung 2. Ordnung. Sie hat die Form

$$f_2(k)\, y_{k+2} + f_1(k)\, y_{k+1} + f_0(k)\, y_k = g(k) \quad k = 0, 1, 2, \ldots, \tag{11.56}$$

wobei die Koeffizienten $f_2(k)$ und $f_0(k)$ für alle k von Null verschieden sind. Setzen wir in (11.56) $k = 0$ ein, so ergibt sich

$$_2(0)\, y_2 + f_1(0)\, y_1 + f_0(0)\, y_0 = g(0).$$

Kennt man zwei aufeinanderfolgende Funktionswerte y_0 und y_1 (Anfangswerte), so kann man y_2 eindeutig ermitteln (ein Wert y_0 oder y_1 oder y_2 würde noch nicht ausreichen).

$$y_2 = \frac{1}{f_2(0)}\,[g(0) - f_1(0)\, y_1 - f_0(0)\, y_0].$$

Um y_3 zu berechnen, setzt man in (11.56) $k = 1$ und verwendet das bekannte Wertepaar y_1 und y_2. Man erhält

$$y_3 = \frac{1}{f_2(1)}\,[g(1) - f_1(1)\, y_2 - f_0(1)\, y_1].$$

Damit ist y_3 eindeutig bestimmt. Dieses Verfahren kann man fortsetzen. Auf diese Weise erzeugt man schließlich die partikuläre Lösung der Differenzengleichung (11.56) mit den beiden Anfangswerten y_1 und y_0.

Es ist auch möglich, ein beliebiges anderes Paar aufeinanderfolgender y-Werte zur Bestimmung einer speziellen Lösung zu benutzen. Das Verfahren muß dann auf aufsteigende und auf absteigende Indizes angewendet werden.

Verallgemeinert man dieses Verfahren auf eine lineare Differenzengleichung n-ter Ordnung, so erhält man den folgenden Existenz- und Eindeutigkeitssatz.

Satz 11.18

Die lineare Differenzengleichung n-ter Ordnung des Typs (11.55) über einer Menge N aufeinanderfolgender ganzzahliger Werte von k hat eine und nur eine Lösung y, wenn die Werte für n aufeinanderfolgende k-Werte vorgegeben sind.

Der Wert des Satzes besteht darin, daß er uns die Gewißheit gibt, daß eine lineare Differenzengleichung unter den angeführten Voraussetzungen ein Lösung haben muß. Läßt man dagegen eine Voraussetzung außer acht, so braucht keine eindeutige Lösung zu existieren.

Beispiel 11.43

Die lineare Differenzengleichung zweiter Ordnung

$$y_{k+2} - ky_{k+1} - y_k = 0 \qquad k = 0, 1, 2, \ldots$$

hat für die Anfangsbedingung $y_0 = 1$, $y_2 = 2$ keine Lösung; denn für $k = 0$ erhält man aus der Differenzengleichung

$$\begin{aligned} y_2 - y_0 &= 0 \\ 2 - 1 &= 0. \end{aligned}$$

Das ist ein Widerspruch, der zu erwarten war, denn wir haben gegen die Voraussetzung des Satzes 11.17 verstoßen, daß die y-Werte für zwei aufeinanderfolgende k-Werte willkürlich vorgegeben werden dürfen.

Geben wir dagegen $y_0 = 1$ und $y_1 = 2$ als Anfangsbedingung vor, so folgt für $k = 0$

$$\begin{aligned} y_2 - y_0 &= 0 \\ y_2 - 1 &= 0, \end{aligned}$$

also ein eindeutig bestimmtes $y_2 = 1$ ($y_3 = y_2 + y_1 = 3$, $y_4 = 2y_3 + y_2 = 7$ usw).

Für die Anfangsbedingung $y_1 = 2$, $y_2 = 1$ folgt für $k = 1$

$$\begin{aligned} y_3 - y_2 - y_1 &= 0 \\ y_3 - 1 - 2 &= 0 \end{aligned}$$

und damit ein eindeutig bestimmtes

$$y_3 = 3 \qquad (y_0 = y_2 = 1).$$

Beispiel 11.44

Die lineare Differenzengleichung

$$ky_{k+2} - y_{k+1} + y_k = 0 \qquad k = 0, 1, 2, \ldots$$

hat für eine vorgegebene Anfangsbedingung $y_0 = a$, $y_1 = b$ unendlich viele Lösungen für y_2; denn für $k = 0$ erhält man

$$-y_1 + y_0 = 0,$$

das heißt, a müßte gleich b sein und y_2 kann jeden beliebigen Wert annehmen. Es läßt sich y_2 auf diese Weise gar nicht berechnen. Die Ursache dafür ist, daß die Differenzengleichung über der angegebenen Menge von k-Werten ($k = 0$) nicht die Ordnung zwei hat.

11.3.3. Allgemeine Sätze über lineare Differenzengleichungen mit konstanten Koeffizienten

In der Differenzengleichung (11.56) seien die Koeffizienten $f_0(k)$, $f_1(k)$, ..., $f_n(k)$ reelle Konstanten. Wir nehmen an, daß $f_i(k) = c_i$ für $i = 0, 1, ..., n$ gilt. Dann hat (11.56) die Form

$$c_n y_{k+n} + c_{n-1} y_{k+n-1} + \cdots + c_1 y_{k+1} + c_0 y_k = g(k).$$

Weil bei einer Differenzengleichung n-ter Ordnung der Koeffizient von y_{k+n} nicht verschwinden darf, dürfen wir durch c_n dividieren. Setzen wir

$$\frac{c_i}{c_n} = a_i; \quad \text{für } i = 0, 1, ..., n-1 \quad \text{und} \quad \frac{g(k)}{c_n} = q(k),$$

so erhalten wir als lineare Differenzengleichung n-ter Ordnung mit konstanten Koeffizienten den Ausdruck

$$y_{k+n} + a_{n-1} y_{k+n-1} + \cdots + a_1 y_{k+1} + a_0 y_k = q(k). \tag{11.57}$$

Dabei ist $q(k)$ eine für $k = 0, 1, 2, ...$ definierte Funktion. Ist $q(k)$ identisch Null, das heißt, gilt

$$y_{k+n} + a_{n-1} y_{k+n-1} + \cdots + a_1 y_{k+1} + a_0 y_k = 0, \tag{11.58}$$

so heißt die Differenzengleichung homogen. Ist $q(k) \neq 0$, so heißt sie inhomogen. Analog zur Theorie der linearen Differentialgleichungen mit konstanten Koeffizienten kann man für lineare Differenzengleichungen mit konstanten Koeffizienten eine ähnliche Theorie aufbauen. Wir geben entsprechende Sätze und Definitionen an.

Satz 11.19

Sind $y^{(1)}$, $y^{(2)}$, ..., $y^{(n)}$ beliebige Lösungen der homogenen linearen Differenzengleichung (11.58), so ist die Linearkombination

$$c_1 y^{(1)} + c_2 y^{(2)} + \cdots + c_n y^{(n)} = \sum_{i=1}^{n} c_i y^{(i)} \tag{11.59}$$

mit den willkürlichen Konstanten c_1, c_2, ..., c_n ebenfalls eine Lösung der homogenen linearen Differenzengleichung (11.58).

Beweis

Wir müssen zeigen, daß (11.59) der homogenen linearen Differenzengleichung (11.58) genügt. Dazu setzen wir (11.59) in (11.58) ein und erhalten

$$\sum_{i=1}^{n} c_i y_{k+n}^{(i)} + a_{n-1} \sum_{i=1}^{n} c_i y_{k+n-1}^{(i)} + \cdots + a_1 \sum_{i=1}^{n} c_i y_{k+1}^{(i)} + a_0 \sum_{i=1}^{n} c_i y_k^{(i)} = 0.$$

Durch Umordnung, die für endliche Summen erlaubt ist, erhält man

$$c_1[y_{k+n}^{(1)} + a_{n-1} y_{k+n-1}^{(1)} + \cdots + a_1 y_{k+1}^{(1)} + a_0 y_k^{(1)}] + \cdots$$
$$+ c_n[y_{k+n}^{(n)} + a_{n-1} y_{k+n-1}^{(n)} + \cdots + a_1 y_{k+1}^{(n)} + a_0 y_k^{(n)}] = 0.$$

Für eine Lösung $y^{(i)}$ der homogenen Gleichung (11.58) gilt jedoch

$$y_{k+n}^{(i)} + a_{n-1} y_{k+n-1}^{(i)} + \cdots + a_1 y_{k+1}^{(i)} + a_0 y_k^{(i)} = 0.$$

Folglich ist jede eckige Klammer und damit auch die linke Seite der Gleichung gleich Null, womit bewiesen ist, daß die Linearkombination (11.59) der Differenzengleichung (11.58) genügt.

Wir fragen jetzt, unter welchen Bedingungen (11.59) die *allgemeine* Lösung von (11.58) ist. Im Satz 11.20 wird ein Kriterium dafür angegeben. Bevor wir jedoch diesen Satz formulieren, müssen wir noch eine Definition angeben:

Definition 11.12

Gilt für n partikuläre Lösungen $y^{(1)}, y^{(2)}, \ldots, y^{(n)}$ der homogenen linearen Differenzengleichung (11.58)

$$\begin{vmatrix} y_0^{(1)} & y_0^{(2)} & \cdots & y_0^{(n)} \\ y_1^{(1)} & y_1^{(2)} & \cdots & y_1^{(n)} \\ \cdots & \cdots & \cdots & \cdots \\ y_{n-1}^{(1)} & y_{n-1}^{(2)} & \cdots & y_{n-1}^{(n)} \end{vmatrix} \neq 0, \tag{11.60}$$

oder mit anderen Worten, hat die Matrix

$$\begin{bmatrix} y_0^{(1)} & y_0^{(2)} & \cdots & y_0^{(n)} \\ y_1^{(1)} & y_1^{(2)} & \cdots & y_1^{(n)} \\ \cdots & \cdots & \cdots & \cdots \\ y_{n-1}^{(1)} & y_{n-1}^{(2)} & \cdots & y_{n-1}^{(n)} \end{bmatrix}$$

den Rang n, so bezeichnet man die Lösungen $y^{(1)}, y^{(2)}, \ldots, y^{(n)}$ als Fundamentalsystem von (11.58).

Satz 11.20

Bilden n partikuläre Lösungen $y^{(1)}, y^{(2)}, \ldots, y^{(n)}$ der homogenen Differenzengleichung (11.58) ein Fundamentalsystem, so stellt

$$\tilde{y} = c_1 y^{(1)} + c_2 y^{(2)} + \cdots + c_n y^{(n)} \tag{11.61}$$

mit den willkürlichen Konstanten $c_1, c_2, \ldots, c_n$ die allgemeine Lösung von (11.58) dar.

Beweis

Wegen Satz 11.19 ist $\tilde{y}$ eine Lösung von (11.58). Wir müssen deshalb lediglich nachweisen, daß für eine beliebige Lösung y von (11.58) die Konstanten $c_1, c_2, \ldots, c_n$ so festgelegt werden können, daß $\tilde{y}$ und y identisch sind.

Nach Satz 11.18 ist eine Lösung genau dann eindeutig bestimmt, wenn man die Funktionswerte für n aufeinanderfolgende k-Werte $y_0, y_1, \ldots, y_{n-1}$ beliebig vorgibt. Deshalb müssen wir die $c_1, c_2, \ldots, c_n$ so berechnen, daß für beliebige Werte $y_0, y_1, \ldots, y_{n-1}$ die Beziehungen

$$\tilde{y}_0 = y_0, \tilde{y}_1 = y_1, \ldots, \tilde{y}_{n-1} = y_{n-1} \tag{11.62}$$

gelten. Für n aufeinanderfolgende k-Werte lautet (11.61)

$$\begin{aligned} \tilde{y}_0 &= c_1 y_0^{(1)} + c_2 y_0^{(2)} + \cdots + c_n y_0^{(n)} \\ \tilde{y}_1 &= c_1 y_1^{(1)} + c_2 y_1^{(2)} + \cdots + c_n y_1^{(n)} \\ &\cdots\cdots\cdots\cdots\cdots\cdots \\ \tilde{y}_{n-1} &= c_1 y_{n-1}^{(1)} + c_2 y_{n-1}^{(2)} + \cdots + c_n y_{n-1}^{(n)}. \end{aligned}$$

Unter Verwendung der Beziehungen (11.62) erhält man ein inhomogenes Gleichungssystem für die Variablen $c_1, c_2, \ldots, c_n$:

$$\begin{aligned} y_0 &= c_1 y_0^{(1)} + c_2 y_0^{(2)} + \cdots + c_n y_0^{(n)} \\ y_1 &= c_1 y_1^{(1)} + c_2 y_1^{(2)} + \cdots + c_n y_1^{(n)} \\ &\cdots\cdots\cdots\cdots\cdots\cdots \\ y_{n-1} &= c_1 y_{n-1}^{(1)} + c_2 y_{n-1}^{(2)} + \cdots + c_n y_{n-1}^{(n)}. \end{aligned}$$

Dieses inhomogene Gleichungssystem mit n Gleichungen und n Variablen hat den Rang n; denn die Koeffizientendeterminante ist nach Voraussetzung von Null verschieden. Deshalb ist es eindeutig nach $c_1, c_2, \ldots, c_n$ auflösbar, das heißt, wir können die Konstanten so bestimmen, daß $y \equiv \tilde{y}$ wird. Damit ist bewiesen, daß durch (11.61) die allgemeine Lösung von (11.58) dargestellt wird.

Zur Bestimmung der allgemeinen Lösung der inhomogenen linearen Differenzengleichung ist der folgende Satz wichtig.

Satz 11.21

Ist y^* eine partikuläre Lösung der inhomogenen linearen Differenzengleichung (11.57) und $\tilde{y}$ die allgemeine Lösung der zugehörigen homogenen linearen Differenzengleichung, so ist

$$\tilde{y}^* = \tilde{y} + y^* \tag{11.63}$$

die allgemeine Lösung der inhomogenen linearen Differenzengleichung.

Wie beim Beweis des Satzes 11.19 kann man auch hier zunächst zeigen, daß $\tilde{y}^*$ überhaupt eine Lösung von (11.57) ist. Der weitere Beweis, daß (11.63) die allgemeine Lösung von (11.57) ist, entspricht genau dem Beweis des Satzes 11.20. Wir verzichten deshalb an dieser Stelle auf den Nachweis.

Beispiel 11.45

Wir betrachten die inhomogene lineare Differenzengleichung 2. Ordnung

$$y_{k+2} - 7y_{k+1} + 12y_k = 2.$$

Sie hat die partikuläre Lösung $y^* = \frac{1}{3}$, denn die Differenzengleichung wird erfüllt:

$$\frac{1}{3} - 7 \cdot \frac{1}{3} + 12 \cdot \frac{1}{3} = 2.$$

Die homogene lineare Differenzengleichung

$$y_{k+2} - 7y_{k+1} + 12y_k = 0$$

hat die partikulären Lösungen $y^{(1)} = 3^k$ und $y^{(2)} = 4^k$, denn

$$3^{k+2} - 7 \cdot 3^{k+1} + 12 \cdot 3^k = 3^k(3^2 - 7 \cdot 3 + 12) = 3^k(9 - 21 + 12) = 0$$

$$4^{k+2} - 7 \cdot 4^{k+1} + 12 \cdot 4^k = 4^k(4^2 - 7 \cdot 4 + 12) = 4^k(16 - 28 + 12) = 0.$$

Wegen

$$\begin{vmatrix} 3^k & 4^k \\ 3^{k+1} & 4^{k+1} \end{vmatrix} = 3^k \cdot 4^{k+1} - 3^{k+1} \cdot 4^k = 3^k 4^k (4 - 3) \neq 0$$

bilden die Lösungen $y^{(1)} = 3^k$ und $y^{(2)} = 4^k$ ein Fundamentalsystem der homogenen Differenzengleichung. Ihre allgemeine Lösung lautet

$$\tilde{y} = c_1\, 3^k + c_2\, 4^k.$$

Die allgemeine Lösung der inhomogenen Differenzengleichung hat die Gestalt

$$\tilde{y}^* = c_1\, 3^k + c_2\, 4^k + \frac{1}{3}.$$

11.3.4. Lineare Differenzengleichung 1. Ordnung mit konstanten Koeffizienten

Die lineare Differenzengleichung erster Ordnung mit konstanten Koeffizienten hat entsprechend (11.57) die Form

$$a_1 y_{k+1} + a_0 y_k = q(k) \quad \text{für } k = 0, 1, 2, \ldots \tag{11.64'}$$

oder

$$y_{k+1} = -\frac{a_0}{a_1} y_k + \frac{q(k)}{a_1}.$$

Schreiben wir noch abkürzend $a = -\dfrac{a_0}{a_1}$ und $b = \dfrac{q(k)}{a_1}$, so lautet sie

$$y_{k+1} = a y_k + b. \tag{11.64}$$

Wir nehmen zuerst an, daß y_0 vorgegeben sei. Dann führt (11.64) für $k = 0$ zu

$$y_1 = a y_0 + b.$$

Unter Berücksichtigung des berechneten Wertes y_1 folgt aus (11.64) für $k = 1$

$$y_2 = a y_1 + b = a(a y_0 + b) + b = a^2 y_0 + ab + b = a^2 y_0 + b(1 + a).$$

Nun folgt aus (11.64) für $k = 2$

$$y_3 = a y_2 + b = a^3 y_0 + b(1 + a + a^2).$$

Dieses Verfahren kann man fortsetzen und erhält schließlich

$$y_k = a^k y_0 + b(1 + a + a^2 + \cdots + a^{k-1}) \qquad k = 1, 2, \ldots \tag{11.65}$$

Nach Satz 11.18 ist das die einzige Lösung von (11.64) mit vorgegebenem y_0. Die Lösung (11.65) kann man noch vereinfachen.

Der in (11.65) in runden Klammern stehende Ausdruck

$$1 + a + a^2 + \cdots + a^{k-1}$$

ist die Summe von k Gliedern einer geometrischen Reihe (Anfangsglied 1, Quotient a). Für diese gilt (vgl. Kapitel 7.)

$$1 + a + a^2 + \cdots + a^{k-1} = \begin{cases} \dfrac{1 - a^k}{1 - a} & \text{für } a \neq 1 \\ k & \text{für } a = 1. \end{cases}$$

Die Lösung (11.65) läßt sich dann in der Form

$$y_k = \begin{cases} a^k y_0 + b\dfrac{1 - a^k}{1 - a} & \text{für } a \neq 1 \\ y_0 + bk & \text{für } a = 1 \end{cases} \qquad k = 0, 1, 2, \ldots \tag{11.66}$$

schreiben. Weil man die Größe y_0 hier beliebig vorgeben kann, man könnte beispielsweise $y_0 = c$ setzen, ist (11.65) die allgemeine Lösung der inhomogenen linearen Differenzengleichung 1. Ordnung (11.64).

Für die homogene lineare Differenzengleichung 1. Ordnung gilt $b \equiv 0$, das heißt,

$$y_{k+1} - a y_k = 0.$$

Die allgemeine Lösung mit einem beliebigen Anfangswert lautet:

$$y_k = \begin{cases} a^k y_0 & \text{für } a \neq 1 \\ y_0 & \text{für } a = 1. \end{cases}$$

Beispiel 11.46

a) Es ist die Differenzengleichung

$$y_{k+1} - 2y_k = 3$$

zu lösen. Anfangsbedingung $y_0 = -2$.

Wir schreiben die Differenzengleichung in der Form (11.64)

$$y_{k+1} = 2y_k + 3.$$

Dann ist $a = 2$ und $b = 3$. Nach (11.66) erhalten wir dann

$$\tilde{y}_k^* = 2^k y_0 + 3\frac{1-2^k}{1-2} = 2^k y_0 - 3(1-2^k) = \underline{2^k(y_0+3) - 3}.$$

Unter Berücksichtigung der Anfangsbedingung ergibt sich

$$y_k^* = 2^k - 3.$$

b) Man löse die Differenzengleichung

$$y_{k+1} - y_k = 2.$$

Die Differenzengleichung lautet in der Form (11.64)

$$y_{k+1} = y_k + 2.$$

Hierbei ist $a = 1$ und $b = 2$. Aus (11.66) erhalten wir für den Fall $a = 1$

$$\tilde{y}_k^* = y_0 + 2k.$$

Beispiel 11.47 (Zinseszins)

Wenn für eine Geldsumme einfache Zinsen zum Zinssatz r vergütet werden, so ist der Betrag der Einlage zu einem beliebigen Zinstermin gleich dem Betrag der Einlage zu einem Zeitpunkt, der im Vergleich zu diesem Termin ein Jahr zurückliegt, plus dem Zins, der in diesem Jahr für das Anfangskapital vergütet wurde. Wir bezeichnen das Anfangskapital mit s_0, den Betrag der Einlage nach n Jahren mit s_n. Das Zinsgesetz hat dann die Form

$$s_{n+1} = s_n + rs_0 \qquad n = 0, 1, 2, \ldots$$

Dies ist eine lineare Differenzengleichung 1. Ordnung, die nach (11.66) die Lösung

$$s_n = s_0 + rs_0 n \qquad n = 0, 1, 2, \ldots$$

oder

$$s_n = s_0(1 + rn)$$

besitzt.

Betrachten wir noch den Fall, daß der Anfangsbetrag auf Zinseszinsen gelegt wird. Der Zinsfuß pro Zinsperiode wird mit i bezeichnet, der Betrag der Einlage nach n Zinsperioden mit s_n, der Anfangswert der Einlage mit s_0. Der in einer beliebigen Periode anfallende Zins wird vom Gesamtbetrag der am Anfang dieser Periode vorhandenen Einlage berechnet. Im Gegensatz dazu wurde beim einfachen Zins nur das Anfangskapital berücksichtigt. Wir erhalten jetzt die Differenzengleichung

$$s_{n+1} = s_n + is_n \quad \text{oder} \quad s_{n+1} = (1 + i)\, s_n \qquad n = 1, 2, \ldots$$

Diese lineare Differenzengleichung 1. Ordnung läßt sich nach (11.66) lösen, und man erhält die Standardformel für den Zinseszins:

$$s_n = (1 + i)^n\, s_0.$$

11.3.5. Homogene lineare Differenzengleichung 2. Ordnung mit konstanten Koeffizienten

Die homogene lineare Differenzengleichung 2. Ordnung mit konstanten Koeffizienten hat entsprechend (11.58) die Form

$$y_{k+2} + a_1 y_{k+1} + a_0 y_k = 0. \tag{11.67}$$

Da man die allgemeine Lösung dieser Differenzengleichung aus zwei partikulären Lösungen aufbaut, die ein Fundamentalsystem bilden, wollen wir in diesem Abschnitt eine Methode zur Bestimmung dieser partikulären Lösungen entwickeln.

Wir machen für die Lösungen der Differenzengleichung den Ansatz

$$y_k = m^k, \tag{11.68}$$

wobei m irgendeine von Null verschiedene Konstante ist. Wir schließen $m = 0$ aus, weil die Lösung $y_k = 0$ im Fundamentalsystem nicht enthalten sein kann, denn sonst wäre die Determinante (11.60) gleich Null. Mit dem Ansatz $y_k = m^k$ gehen wir in (11.67) ein und erhalten

$$m^{k+2} + a_1 m^{k+1} + a_0 m^k = 0.$$

Nach Division durch den gemeinsamen Faktor m^k, der von Null verschieden ist, erhalten wir die *charakteristische Gleichung*

$$m^2 + a_1 m + a_0 = 0 \tag{11.69}$$

der Differenzengleichung (11.67). Diese quadratische Gleichung hat zwei Wurzeln

$$m_1 = -\frac{a_1}{2} + \frac{1}{2}\sqrt{a_1^2 - 4a_0} \quad \text{und} \quad m_2 = -\frac{a_1}{2} - \frac{1}{2}\sqrt{a_1^2 - 4a_0},$$

denen die partikulären Lösungen

$$y_k^{(1)} = m_1^k \quad \text{und} \quad y_k^{(2)} = m_2^k$$

entsprechen. Je nach Beschaffenheit der Diskriminante $a_1^2 - 4a_0$ sind 3 verschiedene Fälle möglich:

a) Die Wurzeln m_1 und m_2 sind reell und voneinander verschieden:

$$a_1^2 > 4a_0.$$

b) Die Wurzeln m_1 und m_2 sind reell und einander gleich:

$$a_1^2 = 4a_0.$$

c) Die Wurzeln sind konjugiert komplex:

$$a_1^2 < 4a_0.$$

Diese 3 Fälle wollen wir nun untersuchen.

a) $a_1^2 > 4a_0$: Dann sind m_1 und m_2 reell und voneinander verschieden. Die partikulären Lösungen

$$y_k^{(1)} = m_1^k \quad \text{und} \quad y_k^{(2)} = m_2^k$$

bilden ein Fundamentalsystem, denn für die Determinante (11.60) gilt:

$$\begin{vmatrix} y_0^{(1)} & y_0^{(2)} \\ y_1^{(1)} & y_1^{(2)} \end{vmatrix} = \begin{vmatrix} 1 & 1 \\ m_1 & m_2 \end{vmatrix} = m_2 - m_1 .$$

Da der Fall $m_1 \neq m_2$ betrachtet wurde, ist die Determinante von Null verschieden. Nach Definition 11.12 bilden die Lösungen $y_k^{(1)}$ und $y_k^{(2)}$ ein Fundamentalsystem.

Die allgemeine Lösung ergibt sich dann nach Satz 11.20. Wir fassen das Ergebnis im folgenden Satz zusammen.

Satz 11.22

Hat die charakteristische Gleichung der homogenen linearen Differenzengleichung 2. Ordnung zwei verschiedene reelle Wurzeln m_1 und m_2, so bilden die partikulären Lösungen

$$y_k^{(1)} = m_1^k \quad \text{und} \quad y_k^{(2)} = m_2^k$$

ein Fundamentalsystem, und die allgemeine Lösung lautet

$$\tilde{y}_k = c_1 y_k^{(1)} + c_2 y_k^{(2)} = c_1 m_1^k + c_2 m_2^k, \tag{11.70}$$

wobei c_1 und c_2 willkürliche Konstanten sind.

Beispiel 11.48

Es ist die allgemeine Lösung der Differenzengleichung

$$y_{k+2} + 2y_{k+1} - 3y_k = 0$$

zu bestimmen.

Durch den Ansatz $y_k = m^k$ erhält man die charakteristische Gleichung

$$m^2 + 2m - 3 = 0.$$

Diese hat die Wurzeln $m_1 = 1$, $m_2 = -3$, und die entsprechenden partikulären Lösungen sind

$$y_k^{(1)} = 1, \quad y_k^{(2)} = (-3)^k.$$

Die allgemeine Lösung lautet:

$$\tilde{y}_k = c_1 + c_2(-3)^k$$

b) $a_1^2 = 4a_0$: Es liegt eine reelle Doppelwurzel $m_1 = m_2 = m = -\dfrac{a_1}{2}$ vor.

Die Lösungen $y_k^{(1)} = m_1^k = m^k$ und $y_k^{(2)} = m_2^k = m^k$ sind gleich und bilden kein Fundamentalsystem. Deshalb müssen wir noch eine zweite partikuläre Lösung bestimmen, die zusammen mit $y_k^{(1)}$ ein Fundamentalsystem bildet. Wir zeigen, daß

$$y_k^{(2)} = km^k$$

eine Lösung ist, die diese Forderung erfüllt.

α) Nachweis, daß $y_k^{(2)} = km^k$ überhaupt eine Lösung der Differenzengleichung ist: Wir ersetzen in der Differenzengleichung (11.67) y durch $y^{(2)}$:

$$\begin{aligned} y_{k+2}^{(2)} + a_1 y_{k+1}^{(2)} + a_0 y_k^{(2)} &= (k+2)\, m^{k+2} + a_1(k+1)\, m^{k+1} + a_0 k m^k \\ &= km^k(m^2 + a_1 m + a_0) + m^{k+1}(2m + a_1). \end{aligned}$$

Die erste Klammer verschwindet, denn in ihr steht die linke Seite der charakteristischen Gleichung (11.69) mit der Wurzel m. Die zweite Klammer verschwindet ebenfalls, denn für die Doppelwurzel gilt $m = -\frac{a_1}{2}$. Damit wird die gesamte rechte Seite gleich Null, also ist $y_k^{(2)}$ eine Lösung von (11.67).

β) Nachweis, daß $y_k^{(1)}$ und $y_k^{(2)}$ ein Fundamentalsystem von (11.67) bilden.

Wir setzen beide Lösungen in die Determinante (11.60) ein:

$$\begin{vmatrix} y_0^{(1)} & y_0^{(2)} \\ y_1^{(1)} & y_1^{(2)} \end{vmatrix} = \begin{vmatrix} 1 & 0 \\ m & m \end{vmatrix} = m.$$

Da m stets von Null verschieden ist, bilden $y_k^{(1)}$ und $y_k^{(2)}$ ein Fundamentalsystem.

Das Ergebnis fassen wir in einem Satz zusammen.

Satz 11.23

Hat die charakteristische Gleichung der homogenen linearen Differenzengleichung 2. Ordnung eine reelle Doppelwurzel $m_1 = m_2 = m$, so bilden die partikulären Lösungen

$$y_k^{(1)} = m^k \quad \text{und} \quad y_k^{(2)} = km^k$$

ein Fundamentalsystem, und die allgemeine Lösung lautet:

$$\tilde{y}_k = c_1 y_k^{(1)} + c_2 y_k^{(2)} = c_1 m^k + c_2 k m^k. \tag{11.71}$$

Beispiel 11.49

Es ist die allgemeine Lösung der Differenzengleichung

$$y_{k+2} - 6y_{k+1} + 9y_k = 0$$

zu bestimmen.

Durch den Ansatz $y_k = m^k$ erhält man die charakteristische Gleichung

$$m^2 - 6m + 9 = 0,$$

die eine reelle Doppelwurzel $m = 3$ hat. Das Fundamentalsystem lautet

$$y_k^{(1)} = 3^k, \qquad y_k^{(2)} = k \cdot 3^k.$$

Die allgemeine Lösung hat die Form

$$\tilde{y}_k = c_1\, 3^k + c_2 k \cdot 3^k.$$

c) $a_1^2 < 4a_0$: m_1 und m_2 sind konjugiert komplex, und es gelte

$$m_1 = \alpha + i\beta \quad \text{und} \quad m_2 = \alpha - i\beta \quad (\beta \neq 0).$$

Die partikulären Lösungen haben die Form

$$\hat{y}_k^{(1)} = m_1^k = (\alpha + i\beta)^k \quad \text{und} \quad \hat{y}_k^{(2)} = m_2^k = (\alpha - i\beta)^k. \tag{11.72}$$

Diese komplexen Lösungen werden wir durch reelle Lösungen ersetzen. Dazu benötigen wir den folgenden Satz.

Satz 11.24

Wenn eine komplexe Funktion

$$y_k = u_k + iv_k \qquad (u_k, v_k \text{ reell})$$

eine partikuläre Lösung der Differenzengleichung (11.67) ist, so sind die Funktionen u_k und v_k ebenfalls partikuläre Lösungen der Differenzengleichung.

Beweis

Da $y_k = u_k + iv_k$ Lösung von (11.67) ist, gilt

$$u_{k+2} + iv_{k+2} + a_1(u_{k+1} + iv_{k+1}) + a_0(u_k + iv_k) = 0,$$

also

$$(u_{k+2} + a_1 u_{k+1} + a_0 u_k) + i(v_{k+2} + a_1 v_{k+1} + a_0 v_k) = 0.$$

Da eine komplexe Zahl genau dann gleich Null ist, wenn sowohl der Realteil als auch der Imaginärteil verschwinden, gilt

$$u_{k+2} + a_1 u_{k+1} + a_0 u_k = 0$$

und

$$v_{k+2} + a_1 v_{k+1} + a_0 v_k = 0,$$

das heißt, u_k und v_k sind Lösungen der Differenzengleichung (11.67), womit der Satz bewiesen ist.

Damit wir unsere partikulären Lösungen (11.72) in Realteil und Imaginärteil aufspalten können, schreiben wir sie, unter Verwendung des Moivreschen Satzes

$$[r(\cos\varphi + i\sin\varphi)]^n = r^n[\cos n\varphi + i\sin n\varphi])$$

in der trigonometrischen Form

$$\hat{y}_k^{(1)} = (\alpha + i\beta)^k = [r(\cos\varphi + i\sin\varphi)]^k = r^k(\cos k\varphi + i\sin k\varphi)$$
$$\hat{y}_k^{(2)} = (\alpha - i\beta)^k = [r(\cos\varphi - i\sin\varphi)]^k = r^k(\cos k\varphi - i\sin k\varphi).$$

Nach Satz 11.24 sind

$$y_k^{(1)} = r^k\cos k\varphi \quad \text{und} \quad y_k^{(2)} = r^k\sin k\varphi$$

ebenfalls partikuläre Lösungen der Differenzengleichung (11.67). Sie bilden ein Fundamentalsystem, denn es ist

$$\begin{vmatrix} y_0^{(1)} & y_0^{(2)} \\ y_1^{(1)} & y_1^{(2)} \end{vmatrix} = \begin{vmatrix} 1 & 0 \\ r\cos\varphi & r\sin\varphi \end{vmatrix} = r\sin\varphi.$$

Weil im Fall konjugiert komplexer Wurzeln $\beta \neq 0$ gilt, sind sowohl $r = \sqrt{\alpha^2 + \beta^2}$ als auch $\sin\varphi = \dfrac{\beta}{\sqrt{\alpha^2 + \beta^2}}$ von Null verschieden, das heißt, $y_k^{(1)}$ und $y_k^{(2)}$ bilden ein Fundamentalsystem.

Wir fassen unsere Betrachtungen zusammen.

Satz 11.25

Hat die charakteristische Gleichung der homogenen linearen Differenzengleichung 2. Ordnung ein konjugiert komplexes Wurzelpaar

$$m_1 = \alpha + i\beta \quad \textit{und} \quad m_2 = \alpha - i\beta,$$

so bilden die partikulären Lösungen

$$y_k^{(1)} = r^k\cos k\varphi \quad \textit{und} \quad y_k^{(2)} = r^k\sin k\varphi$$

$\left(\text{wobei } r = \sqrt{\alpha^2 + \beta^2} \text{ und } \tan\varphi = \dfrac{\beta}{\alpha} \text{ gilt}\right)$

ein Fundamentalsystem, und die allgemeine Lösung lautet

$$\tilde{y}_k = c_1 y_k^{(1)} + c_2 y_k^{(2)} = r^k(c_1 \cos k\varphi + c_2 \sin k\varphi). \tag{11.73}$$

Beispiel 11.50

Zu lösen ist die Differenzengleichung

$$y_{k+2} - 6y_{k+1} + 12y_k = 0.$$

Der Ansatz $y_k = m^k$ führt zur charakteristischen Gleichung

$$m^2 - 6m + 12 = 0,$$

die ein konjugiert komplexes Wurzelpaar

$$m_1 = 3 + \sqrt{3}\,i \quad \text{und} \quad m_2 = 3 - \sqrt{3}\,i$$

besitzt. Wir berechnen

$$r = \sqrt{\alpha^2 + \beta^2} = \sqrt{9 + 3} = \sqrt{12} = 2 \cdot \sqrt{3}$$

und

$$\tan\varphi = \frac{\beta}{\alpha} = \frac{\sqrt{3}}{3}, \quad \text{also} \quad \varphi = \frac{\pi}{6}.$$

Das Fundamentalsystem lautet

$$y_k^{(1)} = (2\sqrt{3})^k \cos\frac{k\pi}{6} \quad \text{und} \quad y_k^{(2)} = (2\sqrt{3})^k \sin\frac{k\pi}{6}.$$

Die allgemeine Lösung hat die Form

$$\tilde{y}_k = (2\sqrt{3})^k \left(c_1 \cos\frac{k\pi}{6} + c_2 \sin\frac{k\pi}{6}\right).$$

11.3.6. Homogene lineare Differenzengleichung n-ter Ordnung mit konstanten Koeffizienten

Das Lösungsverfahren, das wir für die homogene lineare Differenzengleichung 2. Ordnung entwickelt haben, läßt sich unmittelbar auf die homogene lineare Differenzengleichung n-ter Ordnung übertragen. Ist eine homogene lineare Differenzengleichung n-ter Ordnung mit konstanten Koeffizienten gegeben,

$$y_{k+n} + a_{n-1} y_{k+n-1} + \cdots + a_1 y_{k+1} + a_0 y_k = 0, \tag{11.74}$$

so führt der Ansatz

$$y_k = m^k \tag{11.75}$$

zur charakteristischen Gleichung

$$m^n + a_{n-1} m^{n-1} + \cdots + a_1 m + a_0 = 0. \tag{11.76}$$

Diese algebraische Gleichung hat n Wurzeln $m_1, m_2, \ldots, m_n$, deren Bestimmung für $n = 3$ und $n = 4$ meist schwierig und für $n > 4$ im allgemeinen nur noch durch

Näherungsverfahren möglich ist. Je nachdem, ob die Wurzeln von (11.76) reell oder komplex und dabei einfach oder mehrfach auftreten, ergeben sich folgende partikuläre Lösungen:

Wurzeln der charakteristischen Gleichung		Partikuläre Lösung
einfach reell	m	$y_k = m^k$
einfach konjugiert komplex	$\begin{cases} m_1 = \alpha + i\beta \\ m_2 = \alpha - i\beta \end{cases}$	$\left.\begin{array}{l} y_k^{(1)} = r^k \cos k\varphi \\ y_k^{(2)} = r^k \sin k\varphi \end{array}\right\}$ mit $\begin{cases} r = \sqrt{\alpha^2 + \beta^2} \\ \tan\varphi = \dfrac{\beta}{\alpha} \end{cases}$
s-fach reell	$m_1 = m_2 = \cdots = m_s = m$	$y_k^{(1)} = m^k, y_k^{(2)} = km^k, \ldots, y_k^{(s)} = k^{s-1} m^k$
s-fach konjugiert komplex	$\begin{cases} m_{11} = \cdots = m_{1s} = \alpha + i\beta \\ m_{21} = \cdots = m_{2s} = \alpha - i\beta \end{cases}$	$y_k^{(11)} = r^k \cos k\varphi, y_k^{(12)} = kr^k \cos k\varphi, \ldots,$ $y_k^{(1s)} = k^{s-1} r^k \cos k\varphi$ $y_k^{(21)} = r^k \sin k\varphi, y_k^{(22)} = kr^k \sin k\varphi, \ldots,$ $y_k^{(2s)} = k^{s-1} r^k \sin k\varphi$

Mit Hilfe des Satzes 11.20 kann man nachweisen, daß die gefundenen n Lösungen ein Fundamentalsystem bilden. Die allgemeine Lösung der homogenen Differenzengleichung ergibt sich dann aus Formel (11.61)

$$\tilde{y} = c_1 y^{(1)} + c_2 y^{(2)} + \cdots + c_n y^{(n)}.$$

Beispiel 11.51

Man löse die Differenzengleichung

$$y_{k+3} - 3y_{k+2} + 4y_k = 0.$$

Der Ansatz $y_k = m^k$ führt zur charakteristischen Gleichung

$$m^3 - 3m^2 + 4 = 0.$$

Durch Einsetzen in die charakteristische Gleichung findet man zunächst die Wurzel $m_1 = -1$. Jetzt sind wir in der Lage, die Gleichung 3. Grades zu reduzieren:

$$(m^3 - 3m^2 + 4) : (m + 1) = (m^2 - 4m + 4) = (m - 2)^2.$$

Die quadratische Gleichung $(m - 2)^2 = 0$ liefert die beiden anderen Wurzeln $m_2 = m_3 = 2$.

Die partikulären Lösungen sind

$$\underline{y_k^{(1)} = (-1)^k}, \quad \underline{y_k^{(2)} = 2^k}, \quad \underline{y_k^{(3)} = k\, 2^k}.$$

Die allgemeine Lösung lautet

$$\tilde{y}_k = c_1(-1)^k + c_2\, 2^k + c_3 k 2^k = (-1)^k c_1 + 2^k(c_2 + kc_3).$$

11.3.7. Inhomogene lineare Differenzengleichung *n*-ter Ordnung mit konstanten Koeffizienten

Im Satz 11.21 wurde bewiesen, daß sich die allgemeine Lösung der inhomogenen Differenzengleichung additiv aus der allgemeinen Lösung der zugehörigen homogenen Gleichung und einer partikulären Lösung der inhomogenen Gleichung zusammensetzt. Die Bestimmung der allgemeinen Lösung der homogenen Differenzengleichung

haben wir in den Abschnitten 11.3.5. und 11.3.6. behandelt. Wir müssen nun noch eine Methode zur Bestimmung einer partikulären Lösung der inhomogenen Differenzengleichung angeben. Ähnlich wie bei den linearen Differentialgleichungen kann man auch hier mit sogenannten Störgliedansätzen arbeiten, die allerdings nur in einigen Fällen möglich sind. Bei Störgliedern einfacher mathematischer Struktur läßt sich diese Methode durchführen.
Machen wir uns die Methode an einigen typischen Formen klar. Das Störglied habe die Form:

a) $q(k) = ba^k$ (11.77a)

b) $q(k) = b \sin \nu k + c \cos \nu k$ (11.77b)

c) $q(k) = b_n k^n + b_{n-1} k^{n-1} + \cdots + b_1 k + b_0.$ (11.77c)

Dann wählt man den Störgliedansatz so, daß er in seiner Struktur dem Störglied entspricht. Wir betrachten einige Beispiele.

Beispiel 11.52

Zu lösen ist die Differenzengleichung

$$y_{k+2} - y_{k+1} - 2y_k = 3^k.$$

Die homogene Differenzengleichung

$$y_{k+2} - y_{k+1} - 2y_k = 0$$

hat die charakteristische Gleichung

$$m^2 - m - 2 = 0$$

mit den Wurzeln $m_1 = -1$, $m_2 = 2$.

Die allgemeine Lösung der homogenen Differenzengleichung lautet

$$\tilde{y}_k = c_1(-1)^k + c_2\, 2^k.$$

Da das Störglied die Form $q(k) = 3^k$ hat, machen wir einen Ansatz

$$y_k^* = b\, 3^k.$$

Mit diesem Ansatz gehen wir in die inhomogene Differenzengleichung ein

$$b\, 3^{k+2} - b\, 3^{k+1} - 2b\, 3^k = 3^k$$
$$b\, 3^k(3^2 - 3 - 2) = 3^k$$
$$4b\, 3^k = 3^k.$$

Koeffizientenvergleich liefert $4b = 1$, also $b = \frac{1}{4}$.

Durch den Ansatz $y_k^* = b\, 3^k$ finden wir die partikuläre Lösung

$$y_k^* = \frac{1}{4} 3^k.$$

Die allgemeine Lösung der inhomogenen Differenzengleichung lautet dann:

$$\tilde{y}_k^* = \tilde{y}_k + y_k^* = c_1(-1)^k + c_2\, 2^k + \frac{1}{4} 3^k.$$

Falls $q(k) = m^k$ (m Wurzel der charakteristischen Gleichung) ist, so versagt der Störgliedansatz. Ein Koeffizientenvergleich ist dann nicht möglich. Sobald das Störglied die Form einer partikulären Lösung der homogenen Gleichung hat, multipliziert man die rechte Seite des Ansatzes noch mit k, das heißt, man setzt an:

$$y_k^* = bka^k.$$

Beispiel 11.53

Wir lösen die Differenzengleichung

$$y_{k+2} - y_{k+1} - 2y_k = 2^k.$$

Die allgemeine Lösung der homogenen Differenzengleichung entnehmen wir Beispiel 11.52.

$$\tilde{y}_k = c_1(-1)^k + c_2\, 2^k.$$

Das Störglied $q(k) = 2^k$ ist die zweite partikuläre Lösung der homogenen Gleichung. Deshalb setzen wir für eine partikuläre Lösung der inhomogenen Gleichung

$$y_k^* = bk\, 2^k$$

an. Durch Einsetzen in die inhomogene Gleichung erhalten wir

$$b(k+2)\, 2^{k+2} - b(k+1)\, 2^{k+1} - 2bk\, 2^k = 2^k$$

$$b\, 2^k(k \cdot 2^2 + 2 \cdot 2^2 - k \cdot 2 - 2 - 2k) = 2^k$$

$$6b\, 2^k = 2^k \qquad \text{das heißt, } b = \frac{1}{6}.$$

Dann ist die partikuläre Lösung $y_k^* = \frac{1}{6} k\, 2^k$ und die allgemeine Lösung

$$\tilde{y}_k^* = \tilde{y}_k + y_k^* = c_1(-1)^k + c_2\, 2^k + \frac{1}{6} k\, 2^k.$$

Beispiel 11.54

Es ist die Differenzengleichung

$$y_{k+2} - y_{k+1} - 2y_k = 2 \sin \frac{k\pi}{2}$$

zu lösen.

Die allgemeine Lösung $\tilde{y}_k$ der homogenen Gleichung ist aus Beispiel 11.52 bekannt. Wir machen den Störgliedansatz

$$y_k^* = b \sin \frac{k\pi}{2} + c \cos \frac{k\pi}{2}.$$

Gehen wir damit in die Differenzengleichung ein, so folgt:

$$b \sin \frac{(k+2)\pi}{2} + c \cos \frac{(k+2)\pi}{2} - b \sin \frac{(k+1)\pi}{2} - c \cos \frac{(k+1)\pi}{2} - 2b \sin \frac{k\pi}{2}$$

$$- 2c \cos \frac{k\pi}{2} = 2 \sin \frac{k\pi}{2}.$$

Nun gilt:

$$\sin \frac{(k+2)\pi}{2} = \sin\left(\frac{k\pi}{2} + \pi\right) = -\sin \frac{k\pi}{2}\,; \cos \frac{(k+2)\pi}{2} = -\cos \frac{k\pi}{2}$$

$$\sin \frac{(k+1)\pi}{2} = \sin\left(\frac{k\pi}{2} + \frac{\pi}{2}\right) = \cos \frac{k\pi}{2}\,; \cos \frac{(k+1)\pi}{2} = -\sin \frac{k\pi}{2}.$$

Damit vereinfacht sich unsere Gleichung zu

$$(-3b + c) \sin \frac{k\pi}{2} + (-b - 3c) \cos \frac{k\pi}{2} = 2 \sin \frac{k\pi}{2}.$$

Koeffizientenvergleich:

$$-3b + c = 2; \quad -b - 3c = 0; \quad b = -\frac{3}{5}, c = \frac{1}{5}.$$

Die partikuläre Lösung hat die Form

$$y_k^* = -\frac{3}{5} \sin \frac{k\pi}{2} + \frac{1}{5} \cos \frac{k\pi}{2},$$

und die allgemeine Lösung ist

$$\tilde{y}_k^* = \tilde{y}_k + y_k^* = c_1(-1)^k + c_2\, 2^k - \frac{3}{5} \sin \frac{k\pi}{2} + \frac{1}{5} \cos \frac{k\pi}{2}.$$

Beispiel 11.55

Man löse die Differenzengleichung

$$y_{k+3} - 2y_{k+2} + 9y_{k+1} - 18y_k = 3k.$$

Die homogene Differenzengleichung

$$y_{k+3} - 2y_{k+2} + 9y_{k+1} - 18y_k = 0$$

hat die charakteristische Gleichung

$$m^3 - 2m^2 + 9m - 18 = 0.$$

Durch Einsetzen in die charakteristische Gleichung findet man die Wurzel $m_1 = 2$.

Wir reduzieren die charakteristische Gleichung:

$$(m^3 - 2m^2 + 9m - 18) : (m - 2) = m^2 + 9.$$

Aus $m^2 + 9 = 0$ folgen die konjugiert komplexen Wurzeln $m_2 = 3i$, $m_3 = -3i$. Die partikulären Lösungen der homogenen Differenzengleichung sind wegen

$$r = 3, \quad \varphi = \frac{\pi}{2}$$

$$y_k^{(1)} = 2^k, \quad y_k^{(2)} = 3^k \cos k\frac{\pi}{2}, \quad y_k^{(3)} = 3^k \sin k\frac{\pi}{2}.$$

Die allgemeine Lösung der homogenen Gleichung lautet

$$\tilde{y}_k = c_1 \cdot 2^k + c_2 \cdot 3^k \cos k\frac{\pi}{2} + c_3 \cdot 3^k \sin k\frac{\pi}{2}.$$

Für die partikuläre Lösung der inhomogenen Differenzengleichung machen wir den Störgliedansatz

$$y_k^* = b_1 k + b_0.$$

Mit diesem Ansatz gehen wir in die Differenzengleichung ein

$$b_1(k + 3) + b_0 - 2b_1(k + 2) - 2b_0 + 9b_1(k + 1) + 9b_0 - 18b_1 k - 18b_0 = 3k$$
$$-10b_1 k + 8b_1 - 10b_0 = 3k.$$

Koeffizientenvergleich:

$$-10b_1 = 3, \quad 8b_1 - 10b_0 = 0, \quad \text{das heißt}, \quad b_1 = -\frac{3}{10}, \quad b_0 = -\frac{6}{25}.$$

Es ergibt sich die partikuläre Lösung

$$y_k^* = -\frac{3}{10}k - \frac{6}{25},$$

und als allgemeine Lösung der inhomogenen Differenzengleichung erhalten wir

$$\tilde{y}_k^* = \tilde{y}_k + y_k^* = c_1 \cdot 2^k + c_2 \cdot 3^k \cos k\frac{\pi}{2} + c_3 \cdot 3^k \sin k\frac{\pi}{2} - \frac{3}{10}k - \frac{6}{25}.$$

11.3.8. Systeme linearer Differenzengleichungen 1. Ordnung mit konstanten Koeffizienten

Es sei ein System linearer Differenzengleichungen 1. Ordnung mit konstanten Koeffizienten in der Form

$$\begin{aligned} y_{k+1}^{(1)} &= a_{11}y_k^{(1)} + a_{12}y_k^{(2)} + \cdots + a_{1n}y_k^{(n)} \\ y_{k+1}^{(2)} &= a_{21}y_k^{(1)} + a_{22}y_k^{(2)} + \cdots + a_{2n}y_k^{(n)} \\ &\cdots\cdots\cdots\cdots\cdots \\ y_{k+1}^{(n)} &= a_{n1}y_k^{(1)} + a_{n2}y_k^{(2)} + \cdots + a_{nn}y_k^{(n)} \end{aligned} \qquad \text{für } k = 0, 1, 2, \ldots \tag{11.78}$$

und den Funktionswerten $y_0^{(1)}, y_0^{(2)}, \ldots, y_0^{(n)}$ gegeben.

Die Lösung kann – analog zur Theorie der Systeme linearer Differentialgleichungen – entweder nach dem Eliminationsverfahren oder nach dem Matrixverfahren bestimmt werden. Das Eliminationsverfahren führt zu einer Differenzengleichung n-ter Ordnung, deren Lösung wir in den Abschnitten 11.3.5. bis 11.3.7. behandelt haben; wir beschränken uns deshalb auf die Angabe eines Beispiels (11.56b).

Wir betrachten das Matrix-Verfahren:

Bedeuten

$$\boldsymbol{y}_{k+1} = \begin{bmatrix} y_{k+1}^{(1)} \\ y_{k+1}^{(2)} \\ \vdots \\ y_{k+1}^{(n)} \end{bmatrix}, \quad \boldsymbol{y}_k = \begin{bmatrix} y_k^{(1)} \\ y_k^{(2)} \\ \vdots \\ y_k^{(n)} \end{bmatrix}, \quad \boldsymbol{A} = \begin{bmatrix} a_{11} & a_{12} & \cdots & a_{1n} \\ a_{21} & a_{22} & \cdots & a_{2n} \\ \cdots & \cdots & \cdots & \cdots \\ a_{n1} & a_{n2} & \cdots & a_{nn} \end{bmatrix},$$

so können wir das System (11.78) in der Form

$$\boldsymbol{y}_{k+1} = \boldsymbol{A}\boldsymbol{y}_k \quad \text{für } k = 0, 1, 2, \ldots \tag{11.78'}$$

schreiben. Aus dem Anfangsvektor $\boldsymbol{y}_0$ kann man $\boldsymbol{y}_n$ sukzessive berechnen:

$$\begin{aligned} &\text{Für } k = 0 \text{ erhält man } \boldsymbol{y}_1 = \boldsymbol{A}\boldsymbol{y}_0, \\ &\text{für } k = 1 \text{ erhält man } \boldsymbol{y}_2 = \boldsymbol{A}\boldsymbol{y}_1 = \boldsymbol{A}(\boldsymbol{A}\boldsymbol{y}_0) = \boldsymbol{A}^2\boldsymbol{y}_0 \\ &\text{für } k = 2 \text{ erhält man } \boldsymbol{y}_3 = \boldsymbol{A}^3\boldsymbol{y}_0 \\ &\cdots\cdots\cdots\cdots\cdots \\ &\text{und allgemein} \quad \boldsymbol{y}_k = \boldsymbol{A}^k\boldsymbol{y}_0 \qquad (k = 1, 2, \ldots). \end{aligned} \tag{11.79}$$

Das Problem besteht hier in der Bestimmung der Potenzen der Matrix $\boldsymbol{A}$, was im allgemeinen, das heißt für nichtsymmetrische Matrizen, recht aufwendig ist.

Wir wollen hierauf nicht näher eingehen und beschränken uns darauf, ein Verfahren für den Fall $n = 2$ anzugeben.

Es sei $\boldsymbol{A}$ eine quadratische Matrix der Ordnung zwei mit voneinander verschiedenen Eigenwerten $\lambda_1 \neq \lambda_2$, die sich aus der charakteristischen Gleichung

$$|A - \lambda E| = 0$$

der Matrix $\boldsymbol{A}$ ergeben. Durch Auflösung des Gleichungssystems

$$\begin{aligned} \lambda_1^k &= a_k + \lambda_1 b_k \\ \lambda_2^k &= a_k + \lambda_2 b_k \end{aligned} \qquad (11.80)$$

bestimmt man die Konstanten a_k und b_k. Dann gilt

$$\boldsymbol{A}^k = a_k \boldsymbol{E} + b_k \boldsymbol{A}. \qquad (11.81)$$

Beispiel 11.56

Es ist das System von Differenzengleichungen

$$\begin{aligned} x_{k+1} &= x_k - y_k \\ y_{k+1} &= 2x_k + 4y_k \end{aligned}$$

(wir schreiben hier x_k statt $y_k^{(1)}$ und y_k statt $y_k^{(2)}$)
mit der Anfangsbedingung $x_0 = 1$, $y_0 = 0$

a) nach dem Matrix-Verfahren und

b) nach dem Eliminationsverfahren zu lösen.

Zu a) Matrix-Verfahren:

Zur Matrix $A = \begin{bmatrix} 1 & -1 \\ 2 & 4 \end{bmatrix}$ gehört die charakteristische Gleichung $\lambda^2 - 5\lambda + 6 = 0$ mit den Wurzeln $\lambda_1 = 2$ und $\lambda_2 = 3$.

Das Gleichungssystem (11.80) lautet dann

$$\begin{aligned} 2^k &= a_k + 2b_k \\ 3^k &= a_k + 3b_k. \end{aligned}$$

Dieses System hat die Lösungen

$$a_k = 3 \cdot 2^k - 2 \cdot 3^k \quad \text{und} \quad b_k = -2^k + 3^k.$$

Mit (11.81) ergibt sich dann aus (11.79)

$$\begin{aligned} \begin{bmatrix} x_k \\ y_k \end{bmatrix} &= \left[(3 \cdot 2^k - 2 \cdot 3^k) \begin{bmatrix} 1 & 0 \\ 0 & 1 \end{bmatrix} + (-2^k + 3^k) \begin{bmatrix} 1 & -1 \\ 2 & 4 \end{bmatrix} \right] \cdot \begin{bmatrix} 1 \\ 0 \end{bmatrix} \\ &= \left[\begin{bmatrix} 3 \cdot 2^k - 2 \cdot 3^k & 0 \\ 0 & 3 \cdot 2^k - 2 \cdot 3^k \end{bmatrix} + \begin{bmatrix} -2^k + 3^k & 2^k - 3^k \\ -2 \cdot 2^k + 2 \cdot 3^k & -4 \cdot 2^k + 4 \cdot 3^k \end{bmatrix} \right] \cdot \begin{bmatrix} 1 \\ 0 \end{bmatrix} \\ &= \begin{bmatrix} 2 \cdot 2^k - 3^k & 2^k - 3^k \\ -2 \cdot 2^k + 2 \cdot 3^k & -2^k + 2 \cdot 3^k \end{bmatrix} \begin{bmatrix} 1 \\ 0 \end{bmatrix} = \begin{bmatrix} 2 \cdot 2^k - 3^k \\ -2 \cdot 2^k + 2 \cdot 3^k \end{bmatrix} = \begin{bmatrix} 2^{k+1} - 3^k \\ -2^{k+1} + 2 \cdot 3^k \end{bmatrix}. \end{aligned}$$

Zu b) Eliminationsverfahren:

Aus der 1. Gleichung ergibt sich $y_k = -x_{k+1} + x_k$ und $y_{k+1} = -x_{k+2} + x_{k+1}$. Durch Einsetzen in die zweite Gleichung erhält man $-x_{k+2} + 5x_{k+1} - 6x_k = 0$.

Die zugehörige charakteristische Gleichung $m^2 - 5m + 6 = 0$ hat die Wurzeln $m_1 = 2$, $m_2 = 3$.

Der allgemeine Ausdruck für x_k lautet

$\tilde{x}_k = c_1 \cdot 2^k + c_2 \cdot 3^k$

und für $k+1$: $\tilde{x}_{k+1} = c_1 \cdot 2^{k+1} + c_2 \cdot 3^{k+1}$.

Dann lautet der allgemeine Ausdruck für $\tilde{y}_k$

$\tilde{y}_k = -\tilde{x}_{k+1} + \tilde{x}_k = c_1(-2^{k+1} + 2^k) + c_2(-3^{k+1} + 3^k) = -c_1 \cdot 2^k - 2c_2 \cdot 3^k$.

Um die Anfangsbedingung $x_0 = 1$, $y_0 = 0$ zu berücksichtigen, setzen wir $k = 0$

$\tilde{x}_0$: $1 = c_1 + c_2$

$\tilde{y}_0$: $0 = -c_1 - 2c_2$.

Hieraus folgt $c_1 = 2$, $c_2 = -1$, das heißt, unter Berücksichtigung der Anfangsbedingung ergibt sich die partikuläre Lösung

$x_k = 2 \cdot 2^k - 3^k = 2^{k+1} - 3^k$

$y_k = -2 \cdot 2^k + 2 \cdot 3^k = -2^{k+1} + 2 \cdot 3^k$.

11.4. Zusammenhang zwischen Differenzen- und Differentialgleichungen

Wenn man die Theorie der linearen Differenzengleichung und die der Differentialgleichungen vergleicht, so kann man feststellen, daß die Theorien ganz analog aufgebaut sind – jeder Formel, jedem Satz oder jedem Lösungsverfahren der Theorie der linearen Differenzengleichungen entspricht eine Formel, ein Satz oder ein Lösungsverfahren der Theorie der linearen Differentialgleichungen. Die Ursache für die Analogie besteht darin, daß die Ableitung einer Funktion als Grenzwert eines Differenzenquotienten definiert ist, denn man erklärt in der Differentialrechnung

$$y'(x) = \frac{dy}{dx} = \lim_{h \to 0} \frac{y(x+h) - y(x)}{h} = \lim_{h \to 0} \frac{\Delta y(x)}{h}. \tag{11.82}$$

Auf Grund dieser Definition kann man jede Aussage, die für die Differenzenrechnung gilt, in eine Aussage für die Differentialrechnung überführen und umgekehrt. Beispielsweise entsprechen sich

$$\frac{\Delta y(x)}{h} = \frac{y(x+h) - y(x)}{h} \quad \text{und} \quad \frac{dy}{dx} = y'(x) = \lim_{h \to 0} \frac{\Delta y(x)}{h}$$

$$\frac{\Delta^n y(x)}{h^n} = \frac{\Delta(\Delta^{n-1} y(x))}{h^n} \quad \text{und} \quad \frac{d^n y}{dx^n} = \frac{d}{dx}\left(\frac{d^{n-1} y}{dx^{n-1}}\right)$$

$$\Delta \sum_{i=1}^{n} c_i y_i = \sum_{i=1}^{n} c_i \Delta y_i \quad \text{und} \quad \frac{d}{dx} \sum_{i=1}^{n} c_i y_i = \sum_{i=1}^{n} c_i \frac{d}{dx} y_i$$

usw. Speziell kann man eine Differenzengleichung mit dem Grenzwert als Differentialgleichung schreiben oder umgekehrt, man kann eine Differentialgleichung durch eine Differenzengleichung annähern. Betrachten wir dazu folgendes Beispiel:

Beispiel 11.57

Zu lösen sei die Differentialgleichung

$y' = ay + b$ mit der Anfangsbedingung x_0, y_0.

Wegen (11.82) können wir die Ableitung y' in erster Näherung durch den Differenzenquotienten $\frac{\Delta y_k}{h}$ ersetzen und auf diese Weise die Differentialgleichung in eine Differenzengleichung überführen:

$$\frac{\Delta y_k}{h} = a y_k + b \qquad k = 0, 1, 2, \ldots$$

$$y_{k+1} - y_k = a h y_k + b h$$

$$y_{k+1} = (1 + ah)\, y_k + bh \qquad \text{mit der Anfangsbedingung } y_0.$$

Diese lineare Differenzengleichung 1. Ordnung hat nach (11.66) die Lösung

$$y_k = (1 + ah)^k y_0 + bh \frac{1 - (1 + ah)^k}{1 - (1 + ah)}$$

oder zusammengefaßt

$$y_k = (1 + ah)^k \left(y_0 + \frac{b}{a}\right) - \frac{b}{a} \qquad \text{für } k = 0, 1, 2, \ldots$$

Bilden wir von dieser Lösung den Grenzwert für $h \to 0$, so erhalten wir die Lösung der Differentialgleichung. Zunächst betrachten wir den Grenzwert

$$\lim_{h \to 0} (1 + ah)^k = \lim_{h \to 0} (1 + ah)^{\frac{x - x_0}{h}}, \text{ denn es gilt } x_k - x_0 = k \cdot h.$$

Mit der Abkürzung $ah = \xi$ und $\xi \to 0$ an Stelle $h \to 0$ ergibt sich

$$\lim_{h \to 0} (1 + ah)^k = \lim_{\xi \to 0} \left[(1 + \xi)^{\frac{1}{\xi}}\right]^{a(x - x_0)}$$

Wegen $\lim\limits_{\xi \to 0} (1 + \xi)^{\frac{1}{\xi}} = e$ erhalten wir

$$\lim_{h \to 0} (1 + ah)^k = e^{a(x - x_0)},$$

das heißt, die Lösung der Differentialgleichung lautet wegen

$$y(x) = \lim_{h \to 0} y_k$$

$$y(x) = \left(y_0 + \frac{b}{a}\right) e^{a(x - x_0)} - \frac{b}{a}.$$

Man kann sich durch Differentiation nach x und Einsetzen in die Differentialgleichung leicht davon überzeugen, daß die mit Hilfe der Differenzengleichung gefundene Lösung tatsächlich eine Lösung der Differentialgleichung ist.

Aufgaben

Es sind folgende Differentialgleichungen bzw. Systeme zu lösen:

11.1.1 $xy' = y \ln y$

11.1.2 $2y' \sqrt{x} = y$

11.1.3 $xy' - y = y^2$ (Anfangsbedingung: $x = 2, y = 4$)

11.1.4 $xy' - y^2 + 1 = 0$

11.1.5 $y' \tan x - y = 1$ $\left(\text{Anfangsbedingung: } x = \frac{\pi}{2}, y = 2\right)$

11.1.6 $y' + 2y = e^{3x}$ $\left(\text{Anfangsbedingung: } x = 0, y = \frac{11}{5}\right)$

11.1.7 $2xy' + y = 2x^3$

11.1.8 $y' \sin x \cos x - y = \sin^3 x$

11.1.9 $\frac{1}{x} y' + \frac{1}{1 + x^2} y = \frac{1}{\sqrt{1 + x^2}}$

11.1.10 $y'' - 6y' + 5y = x^2 + 2$

11.1.11 $y''' - 6y'' + 11y' - 6y = 0$

11.1.12 $y''' - 3y'' + 3y' - y = 0$

11.1.13 $y'''' + 4y''' + 4y'' = 16x^2 - 4$

11.1.14 $y'' + y = 0$

11.1.15 $y'' + 4y = 4 \cos 2x$

11.1.16 $y_1' + 25y_2 = 0$
$y_2' - 6y_2 - y_1 = 0$

11.1.17 $y_1' - 4y_1 - y_2 = 0$
$y_2' - y_2 + 2y_1 = -2\,\mathrm{e}^x$

11.1.18 $y_1' + 2y_2' - y_2 = -4\,\mathrm{e}^{-x}$
$y_2' + y_1 = 0$

11.1.19 $y_1' = y_1 + y_2$
$y_2' = 2y_1 + 2y_2 - 27x^2$

11.1.20 $y_1' = y_2 + 4y_1 + 3x$
$y_2' = y_2 - 2y_1 + \mathrm{e}^{-x}$

Es sind folgende Differenzengleichungen bzw. Systeme zu lösen:

11.3.21 $y_{k+1} = y_k - 5$ (Anfangswert: $y_0 = 2$)

11.3.22 $y_{k+1} = y_k + 3$

11.3.23 $y_{k+1} = 5y_k + 3$ $\left(\text{Anfangswert: } y_0 = \frac{1}{4}\right)$

11.3.24 $y_{k+1} = -3y_k - 1$

11.3.25 $y_{k+2} - 7y_{k+1} + 6y_k = 0$

11.3.26 $y_{k+2} - 6y_{k+1} + 9y_k = 0$

11.3.27 $y_{k+2} + 2y_{k+1} + 4y_k = 0$

11.3.28 $y_{k+3} + y_{k+2} - 9y_{k+1} - 9y_k = 0$

11.3.29 $y_{k+4} + y_k = 0$

11.3.30 $y_{k+4} + 2y_{k+3} + 3y_{k+2} + 2y_{k+1} + y_k = 0$

11.3.31 $y_{k+2} - 7y_{k+1} + 6y_k = k$

11.3.32 $y_{k+2} - 5y_{k+1} + 6y_k = 5^k$

11.3.33 $y_{k+2} - 5y_{k+1} + 6y_k = 2^k$

11.3.34 $y_{k+4} - \frac{5}{2} y_{k+3} + \frac{5}{2} y_{k+1} - y_k = 1$

11.3.35 $x_{k+1} = 3x_k + y_k$
$y_{k+1} = 12x_k - y_k$

11.3.36 $x_{k+1} = 6x_k + y_k$
$y_{k+1} = -4x_k + 2y_k$

11.3.37 $x_{k+1} = x_k + 2y_k$
$y_{k+1} = 3x_k + 2y_k$ (Anfangsbedingung: $x_0 = 1$, $y_0 = 0$)

12. Nichtlineare Optimierung

12. Nichtlineare Optimierung

Unter den mathematischen Methoden, die in der Wirtschaft angewendet werden, ist die lineare Optimierung zur Zeit am weitesten verbreitet. Ihrer Anwendung sind jedoch Grenzen gesetzt. In Abschnitt 6.2.1. wurden folgende Bedingungen für ein praktisches Problem formuliert, damit es durch ein lineares Optimierungsmodell beschrieben werden kann:

- Jede der Forderungen und der Beschränkungen des Problems und auch die zu optimierende Größe muß von jeder einzelnen Variablen linear abhängen.
- Jede der Forderungen und der Beschränkungen des Problems und auch die zu optimierende Größe muß sich als Summe der linearen Funktion von jeweils einer der Variablen darstellen lassen.

Zwar sind bei vielen praktischen Problemen diese Bedingungen in ausreichender Näherung erfüllt. Trotzdem muß infolge der notwendigen Vereinfachungen der Probleme ein größerer Modellfehler in Kauf genommen werden.
Bei der nichtlinearen Optimierung können wir auf die beiden formulierten Bedingungen verzichten. Das ermöglicht eine relativ genauere Modellierung der ökonomischen Probleme. Andererseits stehen aber eine Reihe von Schwierigkeiten der breiten Anwendung der nichtlinearen Optimierung entgegen. So sind die Anforderungen an die Modellierung der ökonomischen Probleme wesentlich höher als bei der Anwendung der linearen Optimierung und bedürfen umfassenderer Analysen der Erscheinungen. Daraus leiten sich auch höhere Anforderungen an das Informationssystem und das System der Datenerfassung ab. Weiterhin existieren bis heute

nur für sehr eingeschränkte Problemtypen der nichtlinearen Optimierung umfassende Lösungsaussagen und leistungsfähige Lösungsalgorithmen. Spezielle Aufgabenstellungen der nichtlinearen Optimierung, wie die hyperbolische, konvexe oder quadratische Optimierung, die den Hauptgegenstand der Untersuchungen dieses Kapitels bilden, lassen infolge der vorliegenden mathematischen Aussagen und Lösungsverfahren bereits größere Anwendungsmöglichkeiten zu. Für die ökonomische Praxis sind solche nichtlinearen Optimierungsaufgaben von besonderer Bedeutung, die den beiden oben formulierten Bedingungen hinsichtlich der Forderungen und Beschränkungen genügen und lediglich nichtlineare Abhängigkeiten bei der zu optimierenden Größe zulassen.

Gegenwärtig zeichnen sich bereits größere Anwendungsmöglichkeiten der nichtlinearen Optimierung ab. So sind zum Beispiel nichtlineare Optimierungsmodelle für Probleme der Preis- und Produktionsplanung, für Standort-, Transport-, Ernennungs-, Risiko-, Lagerhaltungs- und Wachstumsprobleme aufgestellt worden. In der Praxis werden häufig die Kosten als Optimierungskriterium gewählt. Bei betrieblichen Optimierungsprozessen können in erster Näherung die Kosten in linearer Abhängigkeit vom Produktions- und Leistungsumfang angesetzt werden. Eine Verbesserung der Modellierung ist möglich, wenn sogenannte konvexe Kostenfunktionen bei Kostenprogression und konkave Kostenfunktionen bei Kostendegression verwendet werden. Eine quadratische Zielfunktion ergibt sich, wenn die Parameter einer Regressionsfunktion nach der Methode der kleinsten Quadrate geschätzt werden und die Wählbarkeit der Parameter durch vorgegebene Schranken eingegrenzt wird (Regression unter Nebenbedingungen). Stochastische lineare Optimierungsaufgaben können für gewisse Problemstellungen in nichtlineare Optimierungsaufgaben überführt werden. Diese Hinweise lassen erwarten, daß der nichtlinearen Optimierung eine wachsende Bedeutung zukommen wird.

Wir werden in diesem Kapitel eine Einführung in die Theorie der nichtlinearen Optimierung geben und dabei besonders die Problemtypen untersuchen, die größere Anwendungsmöglichkeiten zulassen. Hinsichtlich der Lösungsverfahren für nichtlineare Optimierungsaufgaben werden wir das Schwergewicht auf die sogenannten Gradientenverfahren legen.

12.1. Problemstellungen der nichtlinearen Optimierung

12.1.1. Allgemeine Aufgabe der nichtlinearen Optimierung

Nichtlineare Optimierungsaufgaben besitzen allgemein folgende Gestalt: Die zu optimierende Größe z steht mit den Variablen x_j, $j = 1, 2, \ldots, p$ des Modells in dem allgemeinen funktionalen Zusammenhang

$$z = f(x_1 \;\; x_2 \;\; \ldots \;\; x_p). \tag{12.1}$$

Die Variablen $x_1, x_2, \ldots, x_p$ müssen den Bedingungen

$$g_i(x_1 \;\; x_2 \;\; \ldots \;\; x_p) \begin{Bmatrix} \leqq \\ = \\ \geqq \end{Bmatrix} b_i, \quad i = 1, 2, \ldots, q \tag{12.2}$$

genügen. Dabei ist das Symbol $\begin{Bmatrix} \leqq \\ = \\ \geqq \end{Bmatrix}$ wie im Abschnitt 6.2.1. zu verstehen.

Ferner ist

$$x_j \geqq 0;\ j \in T \tag{12.3}$$

vorgeschrieben, wobei T eine Teilmenge der Menge der Indizes $\{1\ \ 2\ \ \ldots\ \ p\}$ ist. Die Funktionen $f(x_1\ \ x_2\ \ \ldots\ \ x_p)$, $g_i(x_1\ \ x_2\ \ \ldots\ \ x_p)$, $i = 1, 2, \ldots, q$ und die Zahlen b_i, $i = 1, 2, \ldots, q$ sind gegeben.

Die Aufgaben der linearen Optimierung sind in (12.1) bis (12.3) für

$$f(x_1\ \ x_2\ \ \ldots\ \ x_p) = c_1x_1 + c_2x_2 + \cdots + c_px_p,$$
$$g_i(x_1\ \ x_2\ \ \ldots\ \ x_p) = a_{i1}x_1 + a_{i2}x_2 + \cdots + a_{ip}x_p, \quad i = 1, 2, \ldots, q$$

enthalten, wobei c_j, $j = 1, 2, \ldots, p$ und a_{ij}, $i = 1, 2, \ldots, q$; $j = 1, 2, \ldots, p$ gegebene reelle Zahlen bezeichnen.

Die Aufgabenstellung der nichtlinearen Optimierung ist sehr allgemein. Werden doch in (12.1) und (12.2) allgemeine funktionale Abhängigkeiten von den Variablen $x_1, x_2, \ldots, x_p$ zugelassen. Es ist daher nicht verwunderlich, daß in dieser Allgemeinheit keine Lösungsaussagen und Lösungsverfahren zur Verfügung stehen.

Die mathematischen Beziehungen, die ein nichtlineares Optimierungsmodell bilden, teilen wir wie in der linearen Optimierung gemäß der Darstellung (12.1) bis (12.3) in drei Klassen ein. Die erste, die durch (12.1) gegeben ist, bestimmt die *Zielfunktion* des Modells. Die durch (12.2) erklärte Klasse bildet die gestellten Forderungen und Einschränkungen des zu modellierenden Problems ab. Wir bezeichnen die Beziehungen (12.2) daher wieder als *Restriktionen* oder *Nebenbedingungen* des Modells. Durch (12.3) sind wie in der linearen Optimierung die *Nichtnegativitätsforderungen* des Modells gegeben.

Im folgenden werden wir für eine Funktion $g(x_1\ \ x_2\ \ \ldots\ \ x_p)$ der p Variablen $x_1, x_2, \ldots, x_p$ durch Einführung eines Vektors

$$\boldsymbol{x}^T = [x_1\ x_2 \cdots x_p]$$

die Kurzschreibweise $g(\boldsymbol{x})$ verwenden. Dann läßt sich die nichtlineare Optimierungsaufgabe (12.1) bis (12.3) in der Form

$$z = f(\boldsymbol{x}) \tag{12.1'}$$

$$g_i(\boldsymbol{x}) \left\{\begin{matrix} \leqq \\ = \\ \geqq \end{matrix}\right\} b_i, \quad i = 1, 2, \ldots, q \tag{12.2'}$$

$$x_j \geqq 0,\ j \in T \tag{12.3'}$$

schreiben.

Wie in der linearen Optimierung können wir für jede Variable x_j, die beliebige Werte annehmen darf,

$$x_j = \overset{1}{x}_j - \overset{2}{x}_j \quad \text{mit} \quad \overset{1}{x}_j \geqq 0,\ \overset{2}{x}_j \geqq 0 \tag{12.4}$$

setzen und x_j durch (12.4) in den Restriktionen und in der Zielfunktion beseitigen. So wird die Variable x_j durch die beiden Variablen $\overset{1}{x}_j$ und x_j ersetzt, die die Nichtnegativitätsforderung erfüllen. Es bedeutet daher keine Einschränkung der Allgemeinheit, wenn wir annehmen, daß sämtliche Variablen einer nichtlinearen Optimierungsaufgabe der Nichtnegativitätsforderung genügen. Nach Lösung der Aufgabe wird aus den Werten $\overset{1}{x}_j$, $\overset{2}{x}_j$ gemäß (12.4) der Wert der ursprünglichen Variablen x_j ermittelt. Durch dieses Vorgehen wird die Zahl der Variablen einer nichtlinearen Optimierungsaufgabe verändert. Trotzdem werden wir diese Zahl weiterhin mit p bezeichnen. Die nichtlineare Optimierungsaufgabe (12.1') bis (12.3') geht dann in die Gestalt

$$z = f(\boldsymbol{x}) \tag{12.1''}$$

$$g_i(\boldsymbol{x}) \begin{Bmatrix} \leqq \\ = \\ \geqq \end{Bmatrix} b_i, \quad i = 1, 2, \ldots, q \tag{12.2''}$$

$$\boldsymbol{x} \geqq \boldsymbol{0} \tag{12.3''}$$

über. Fassen wir noch die Zahlen b_i, $i = 1, 2, \ldots, q$ als Komponenten eines *Erfordernisvektors* $\boldsymbol{b}$ auf und die $g_i(\boldsymbol{x})$, $i = 1, 2, \ldots, q$ als Komponenten eines Vektors $\boldsymbol{g}(\boldsymbol{x})$, läßt sich (12.1'') bis (12.3'') in der Form

$$z = f(\boldsymbol{x}) \tag{12.1'''}$$

$$\boldsymbol{g}(\boldsymbol{x}) \begin{Bmatrix} \geqq \\ = \\ \leqq \end{Bmatrix} \boldsymbol{b} \tag{12.2'''}$$

$$\boldsymbol{x} \geqq \boldsymbol{0} \tag{12.3'''}$$

schreiben.

Analog zu Abschnitt 6.2.2. können wir die folgenden Definitionen geben, die drei Arten von Lösungstypen erklären.

Definition 12.1

Jeder Vektor $\boldsymbol{x}^T = [x_1 \quad x_2 \quad \ldots \quad x_p]$, *der das System der Restriktionen (12.2) erfüllt, heißt eine Lösung der nichtlinearen Optimierungsaufgabe.*

Definition 12.2

Jeder Vektor $\boldsymbol{x}$, *der außer den Restriktionen (12.2) auch die Nichtnegativitätsforderungen (12.3) befriedigt, heißt eine zulässige Lösung der nichtlinearen Optimierungsaufgabe.*

Definition 12.3

Jede zulässige Lösung, die der Zielfunktion (12.1) ihren optimalen Wert erteilt (bei Maximumaufgaben einen maximalen Wert und bei Minimumaufgaben einen minimalen Wert), heißt eine Optimallösung der nichtlinearen Optimierungsaufgabe.

Definition 12.4

Die Menge aller zulässigen Lösungen einer nichtlinearen Optimierungsaufgabe heißt deren zulässiger Bereich.

12.1.2. Graphische Lösung von nichtlinearen Optimierungsaufgaben in zwei Variablen

In der linearen Optimierung hat uns die graphische Lösung von Aufgaben mit zwei Variablen zu allgemeinen Einsichten hinsichtlich der Lösungsproblematik geführt.

Es liegt daher nahe, auch nichtlineare Optimierungsaufgaben in zwei Variablen graphisch zu lösen. Das wird jedoch nur dann sinnvoll und gegebenenfalls auch möglich sein, wenn die in (12.1'), (12.2') auftretenden Funktionen $f(x)$, $g_i(x)$, $i = 1, 2, \ldots, q$ eine einfache geometrische Darstellung zulassen. Die praktische Bedeutung der graphischen Methode ist daher bei nichtlinearen Optimierungsaufgaben noch geringer als bei linearen. Trotzdem ermöglichen solche Betrachtungen einen Einblick in das Wesen der nichtlinearen Optimierung und erleichtern das Verständnis der allgemeinen Untersuchungen. Die Erläuterungen der graphischen Lösungsmethode verbinden wir mit einem Beispiel.

Beispiel 12.1

Wir betrachten die folgende nichtlineare Optimierungsaufgabe

$$\begin{aligned} x_1^2 + x_2^2 &\leqq 16 \\ 6x_1 + 2x_2 &\geqq 8 \\ x_1 + 5x_2 &\geqq 4 \\ x_1 &\leqq 3 \\ x_1, x_2 &\geqq 0 \end{aligned}$$

$$z = 2x_1 + 3x_2 \rightarrow \text{Max.}$$

Gegenüber dem Beispiel 6.2 unterscheidet sich die formulierte Aufgabe nur dadurch, daß die lineare Nebenbedingung

$$x_1 + x_2 \leqq 4$$

durch die nichtlineare Nebenbedingung

$$x_1^2 + x_2^2 \leqq 16 \qquad (12.5)$$

ersetzt wurde und die Nebenbedingung

$$x_2 \leqq 2$$

fehlt. Die geometrische Interpretation der in der nichtlinearen Optimierungsaufgabe enthaltenen linearen Nebenbedingungen kann daher wie im Beispiel 6.2 erfolgen. Konzentrieren wir unsere Betrachtungen also auf die nichtlineare Nebenbedingung (12.5). Die Gleichung

$$x_1^2 + x_2^2 = 16 \qquad (12.6)$$

erklärt einen Kreis um den Koordinatenursprung mit dem Radius $r = 4$. Der Ungleichung (12.5) genügen dann alle Punkte $(x_1\ \ x_2)$, die im Inneren dieses Kreises oder auf dem Kreis selbst liegen. Der zulässige Bereich der nichtlinearen Optimierungsaufgabe ist somit durch den Teil des Durchschnittes der zu den linearen Restriktionen gehörenden abgeschlossenen Halbebenen und der zu der nichtlinearen Restriktion gehörenden abgeschlossenen Kreisfläche gegeben, der im ersten Quadranten des Koordinatensystems liegt. Führen wir noch, wie im Beispiel 6.2, die linearen Restriktionen in Achsenabschnittsform über, so lauten die begrenzenden Geraden sowie der begrenzende Kreis

(I) $x_1^2 + x_2^2 = 16$

(II) $\frac{3}{4}x_1 + \frac{1}{4}x_2 = 1$

(III) $\frac{1}{4}x_1 + \frac{5}{4}x_2 = 1$

(IV) $\frac{1}{3}x_1 = 1.$

Der Kreis und die Geraden sind in der Abbildung 12.1 wieder mit den gleichen römischen Ziffern versehen. Der zulässige Bereich ist in der Abbildung 12.1 stark umrandet und schraffiert.

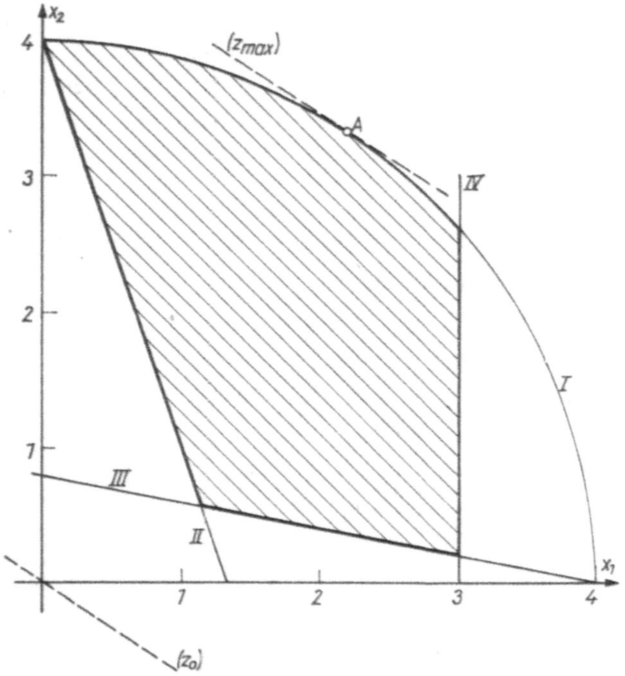

Abbildung 12.1

Die Zielfunktion ist bei der betrachteten nichtlinearen Optimierungsaufgabe linear und stimmt mit der Zielfunktion von Beispiel 6.2 überein. Für $z = 0$ ergibt sich die Gerade

$$x_2 = -\frac{2}{3} x_1,$$

die in der Abbildung 12.1 unterbrochen gezeichnet und durch (z_0) gekennzeichnet ist. Diese Gerade hat mit dem zulässigen Bereich keinen Punkt gemeinsam. Die Gerade (z_0) wird soweit wie möglich parallel verschoben, so daß der Abschnitt auf der x_2-Achse möglichst groß wird und die neue Gerade mindestens einen Punkt mit dem zulässigen Bereich gemeinsam hat. Dadurch erhalten wir die durch (z_{max}) gekennzeichnete Gerade, die durch den Punkt A geht, der auf dem Kreis (I) liegt.
Zur analytischen Bestimmung der Koordinaten des Punktes A haben wir zu beachten, daß die Gerade (z_{max}) Tangente an den Kreis (12.6) im Punkte A ist. Bezeichnen wir die Koordinaten von A mit a_1, a_2, lautet die Tangentengleichung nach den Ergebnissen der Analytischen Geometrie

$$a_1 x_1 + a_2 x_2 = 16.$$

Dafür können wir auch ($a_2 \neq 0$ kann hier angenommen werden)

$$x_2 = -\frac{a_1}{a_2} x_1 + \frac{16}{a_2} \qquad (12.7)$$

schreiben. Die betrachtete Tangente stimmt aber mit der Geraden (z_{max}) überein, die durch

$$z_{max} = 2x_1 + 3x_2$$

gegeben ist. Diese Gleichung überführen wir in die Form

$$x_2 = -\frac{2}{3}x_1 + \frac{1}{3}z_{\max}. \tag{12.8}$$

Beide Geraden (12.7) und (12.8) müssen den gleichen Anstieg besitzen, so daß die Beziehung

$$-\frac{a_1}{a_2} = -\frac{2}{3}$$

oder

$$a_1 = \frac{2}{3}a_2 \tag{12.9}$$

folgt. Andererseits müssen die Koordinaten von A der Gleichung (12.6) genügen

$$a_1^2 + a_2^2 = 16.$$

Daraus finden wir mit (12.9)

$$\frac{4}{9}a_2^2 + a_2^2 = 16$$

$$\frac{13}{9}a_2^2 = 16$$

$$a_2 = \sqrt{\frac{144}{13}} = \frac{12}{13}\sqrt{13} \approx 3{,}329.$$

Für a_1 ergibt sich

$$a_1 = \frac{2}{3}a_2 = \frac{8}{13}\sqrt{13} \approx 2{,}219.$$

Die nichtlineare Optimierungsaufgabe besitzt damit die einzige Optimallösung

$$x_1 \approx 2{,}219, \qquad x_2 \approx 3{,}329.$$

Für den maximalen Wert der Zielfunktion finden wir

$$z_{\max} \approx 2 \cdot 2{,}219 + 3 \cdot 3{,}329 \approx 14{,}425.$$

Beispiel 12.2

Um noch ein Beispiel für eine einfache nichtlineare Optimierungsaufgabe anzugeben, bei der die Zielfunktion nichtlinear ist, betrachten wir das Problem

$$\begin{aligned}
x_1 + x_2 &\leqq 4\\
6x_1 + 2x_2 &\geqq 8\\
x_1 + 5x_2 &\geqq 4\\
x_1 &\leqq 3\\
x_2 &\leqq 2\\
x_1, \quad x_2 &\geqq 0\\
z = x_1^2 + x_2^2 &\to \text{Max.}
\end{aligned}$$

Das Restriktionssystem stimmt mit dem von Beispiel 6.2 überein. Daher besitzt die nichtlineare Optimierungsaufgabe denselben zulässigen Bereich (Abbildung 12.2).

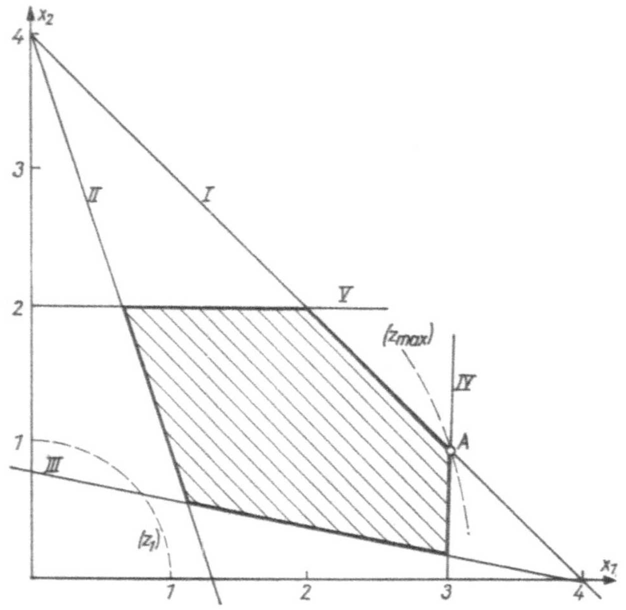

Abbildung 12.2

Die Zielfunktion hat die Gestalt

$$z = x_1^2 + x_2^2$$

und stellt für jedes feste z einen Kreis dar (für $z = 0$ entartet der Kreis in den Punkt $x_1 = x_2 = 0$). Bei veränderlichem z ergibt sich eine Kreisschar mit dem gemeinsamen Mittelpunkt im Koordinatenursprung. In der Abbildung 12.2 ist der Kreis

$$x_1^2 + x_2^2 = 1$$

eingezeichnet und mit (z_1) gekennzeichnet. Der Kreisradius wird soweit wie möglich vergrößert, so daß der neue Kreis mindestens noch einen Punkt mit dem zulässigen Bereich gemeinsam hat. Wir erhalten den in der Abbildung 12.2 mit (z_{max}) gekennzeichneten Kreis, der durch den Punkt A geht. A ist Schnittpunkt der beiden Geraden

(I) $\quad x_1 + x_2 = 4$

(IV) $\quad x_1 = 3$

und besitzt die Koordinaten

$$x_1 = 3, x_2 = 1.$$

Wir haben damit wieder genau eine Optimallösung erhalten. Der maximale Wert der Zielfunktion ist durch

$$z_{max} = 3^2 + 1^2 = 10$$

gegeben.

In diesen einfachen Beispielen ist es mühelos gelungen, die Lösung einer nichtlinearen Optimierungsaufgabe auf graphischem Wege zu ermöglichen. Es muß aber betont werden, daß die Analyse nichtlinearer Optimierungsaufgaben nicht zu so weitreichenden Ergebnissen wie im Abschnitt 6.3. geführt hat. Das ist nicht verwunderlich, wenn wir bedenken, mit welcher großen Fülle von Problemen wir in der nichtlinearen Optimierung zu rechnen haben. Die betrachteten Beispiele veranschaulichen lediglich den graphischen Lösungsweg und geben keineswegs Hinweise auf die Vielzahl der Besonderheiten, die bei nichtlinearen Optimierungsaufgaben auftreten können. Einige Besonderheiten der nichtlinearen Optimierung (bezogen auf die uns in diesem Kapitel hauptsächlich interessierenden Aufgabentypen) werden wir im Abschnitt 12.1.5. besprechen.

12.1.3. Konvexe Funktionen

Für die konvexe Optimierung, mit der wir uns später beschäftigen werden, ist der Begriff der konvexen Funktion erforderlich. Dazu betrachten wir eine konvexe Menge X des p-dimensionalen Raumes (der Begriff der konvexen Menge wurde im Abschnitt 5.11.2. erklärt), die auch mit dem p-dimensionalen Raum zusammenfallen kann. Ein Element der Menge X ist dann ein p-dimensionaler Vektor $\boldsymbol{x}^{\mathrm{T}} = [x_1 \; x_2 \; \cdots \; x_p]$ und mit zwei Vektoren $\boldsymbol{x}_1$, $\boldsymbol{x}_2$ aus X gehört auch jede konvexe Linearkombination

$$\lambda \boldsymbol{x}_1 + (1 - \lambda) \boldsymbol{x}_2, \quad 0 \leqq \lambda \leqq 1$$

zu X.

Definition 12.5

X sei eine konvexe Menge und $f(\boldsymbol{x})$ auf X erklärt. Dann heißt die Funktion $f(\boldsymbol{x})$ über der Menge X konvex, wenn für zwei beliebige Vektoren $\boldsymbol{x}_1$, $\boldsymbol{x}_2$ aus X und beliebige reelle Zahlen λ mit $0 \leqq \lambda \leqq 1$

$$f(\lambda \boldsymbol{x}_1 + (1 - \lambda) \boldsymbol{x}_2) \leqq \lambda f(\boldsymbol{x}_1) + (1 - \lambda) f(\boldsymbol{x}_2) \tag{12.10}$$

gilt.

Für den Fall einer unabhängigen Variablen sind konvexe Funktionen in den Abschnitten 8.1.1. und 8.4.2. behandelt worden.

Beispiel 12.3

Wir betrachten die Funktion von zwei Variablen

$$f(\boldsymbol{x}) = x_1^2 + x_2^2 + 3x_1 - x_2$$

für $x_1, x_2 \geqq 0$. Setzen wir

$$\boldsymbol{x}_1^T = [a_1 \; b_1], \quad \boldsymbol{x}_2^T = [a_2 \; b_2], \quad a_1, b_1, a_2, b_2 \geqq 0$$

gilt:

$$\boldsymbol{x} = \lambda \boldsymbol{x}_1 + (1 - \lambda) \boldsymbol{x}_2 = \begin{bmatrix} \lambda a_1 + (1 - \lambda) a_2 \\ \lambda b_1 + (1 - \lambda) b_2 \end{bmatrix}$$

$$f(\boldsymbol{x}_1) = a_1^2 + b_1^2 + 3a_1 - b_1, \quad f(\boldsymbol{x}_2) = a_2^2 + b_2^2 + 3a_2 - b_2,$$

$$\begin{aligned}(\lambda \boldsymbol{x}_1 + (1 - \lambda) \boldsymbol{x}_2) &= \{\lambda a_1 + (1 - \lambda) a_2\}^2 + \{\lambda b_1 + (1 - \lambda) b_2\}^2 \\ &\quad + 3\{\lambda a_1 + (1 - \lambda) a_2\} - \{\lambda b_1 + (1 - \lambda) b_2\} \\ &= \lambda^2 a_1^2 + (1 - \lambda)^2 a_2^2 + 2\lambda(1 - \lambda) a_1 a_2 \\ &\quad + \lambda^2 b_1^2 + (1 - \lambda)^2 b_2^2 + 2\lambda(1 - \lambda) b_1 b_2 \\ &\quad + 3\lambda a_1 + 3(1 - \lambda) a_2 - \lambda b_1 - (1 - \lambda) b_2 .\end{aligned}$$

Wegen $0 \leqq \lambda \leqq 1$ ist

$$0 \leqq 1 - \lambda \leqq 1, \quad \lambda^2 \leqq \lambda, \quad (1 - \lambda)^2 \leqq (1 - \lambda),$$

so daß wir

$$\begin{aligned} f(\lambda x_1 + (1 - \lambda) x_2) &\leqq \lambda a_1^2 + (1 - \lambda) a_2^2 + \lambda b_1^2 + (1 - \lambda) b_2^2 \\ &\quad + 3\lambda a_1 + 3(1 - \lambda) a_2 - \lambda b_1 - (1 - \lambda) b_2 \\ &= \lambda\{a_1^2 + b_1^2 + 3a_1 - b_1\} + (1 - \lambda)\{a_2^2 + b_2^2 + 3a_2 - b_2\} \\ &= \lambda f(x_1) + (1 - \lambda) f(x_2) \end{aligned}$$

schreiben können. Die vorgelegte Funktion ist also über der konvexen Menge $x_1, x_2 \geqq 0$ konvex.

Analog zur Definition konvexer Funktionen können konkave Funktionen erklärt werden.

Definition 12.6

X sei eine konvexe Menge und $f(\boldsymbol{x})$ auf X erklärt. Dann heißt die Funktion $f(\boldsymbol{x})$ über der Menge X konkav, wenn für zwei beliebige Vektoren $\boldsymbol{x}_1$, $\boldsymbol{x}_2$ aus X und beliebige reelle Zahlen λ mit $0 \leqq \lambda \leqq 1$

$$f(\lambda \boldsymbol{x}_1 + (1 - \lambda) \boldsymbol{x}_2) \geqq \lambda f(\boldsymbol{x}_1) + (1 - \lambda) f(\boldsymbol{x}_2) \tag{12.11}$$

gilt.

Neben den konvexen und konkaven Funktionen betrachtet man noch streng konvexe und streng konkave Funktionen. Wir beschränken uns hier auf die Angabe der Definition streng konvexer Funktionen. Die streng konkaven Funktionen können analog dazu erklärt werden.

Definition 12.7

X sei eine konvexe Menge und $f(\boldsymbol{x})$ auf X erklärt. Dann heißt die Funktion $f(\boldsymbol{x})$ über der Menge X streng konvex, wenn für zwei beliebige Vektoren $\boldsymbol{x}_1$, $\boldsymbol{x}_2$ aus X, $\boldsymbol{x}_1 \neq \boldsymbol{x}_2$, und beliebige reelle Zahlen λ mit $0 < \lambda < 1$

$$f(\lambda \boldsymbol{x}_1 + (1 - \lambda) \boldsymbol{x}_2) < \lambda f(\boldsymbol{x}_1) + (1 - \lambda) f(\boldsymbol{x}_2)$$

gilt.

Die linearen Funktionen besitzen sowohl die Eigenschaft der Konvexität als auch der Konkavität. Das heben wir in einem Satz hervor.

Satz 12.1

Jede lineare Funktion

$$f(\boldsymbol{x}) = a_1 x_1 + a_2 x_2 + \cdots + a_p x_p$$

ist im p-dimensionalen Raum sowohl konvex als auch konkav.

Beweis

Erklären wir einen Vektor $\boldsymbol{a}$ durch

$$\boldsymbol{a}^T = [a_1\ a_2\ \cdots\ a_p],$$

so können wir die lineare Funktion in der Form

$$f(x) = a^T x$$

schreiben. Für zwei beliebige Vektoren x_1, x_2 gilt

$$\begin{aligned} f(\lambda x_1 + (1-\lambda)\, x_2) &= a^T(\lambda x_1 + (1-\lambda)\, x_2) \\ &= \lambda a^T x_1 + (1-\lambda)\, a^T x_2 \\ &= \lambda f(x_1) + (1-\lambda) f(x_2). \end{aligned}$$

Damit ist sowohl (12.10) als auch (12.11) erfüllt und die Behauptung des Satzes bewiesen.

Man beachte, daß eine lineare Funktion aber nicht streng konvex oder streng konkav sein kann.

Die Zielfunktion und die Nebenbedingungen einer linearen Optimierungsaufgabe werden durch lineare Funktionen erklärt. Damit haben wir es in der linearen Optimierung mit einem Aufgabentyp zu tun, bei dem sämtliche im Optimierungsproblem auftretenden Funktionen sowohl konvex als auch konkav sind. Das zeigt uns schon, daß die Verwendung konvexer oder konkaver Funktionen bei nichtlinearen Optimierungsaufgaben eine hoffnungsvolle Verallgemeinerung der linearen Probleme erwarten läßt.

Fast selbstverständlich ist die Aussage des folgenden Satzes.

Satz 12.2

Ist eine Funktion $f(x)$ über einer konvexen Menge X konvex, so muß sie auch über jeder konvexen Teilmenge von X konvex sein.

Zum Beweis brauchen wir uns nur zu überlegen, daß die Ungleichung (12.10) für zwei Vektoren x_1, x_2 der konvexen Teilmenge gelten muß, da ja x_1,x_2 auch zu X gehören. Natürlich gilt auch ein entsprechender Satz für konkave Funktionen.

Satz 12.3

Die Funktionen $f_i(x)$, $i = 1, 2, \ldots, k$ seien über einer konvexen Menge X konvex. Dann ist auch die Funktion

$$f(x) = \sum_{i=1}^{k} f_i(x)$$

über X konvex. Ebenso ist die Summe konkaver Funktionen eine konkave Funktion.

Beweis

Wir wollen den Beweis des Satzes führen, um den Begriff der Konvexität zu festigen. Dazu haben wir die Gültigkeit der Ungleichung (12.10) (zum Nachweis der Konvexität) für beliebige Vektoren x_1, x_2 aus X und beliebige λ, $0 \leqq \lambda \leqq 1$, nachzuweisen. Es gilt

$$f(\lambda x_1 + (1-\lambda)\, x_2) = \sum_{i=1}^{k} f_i(\lambda x_1 + (1-\lambda)\, x_2).$$

Da die Funktionen $f_i(x)$, $i = 1, 2, \ldots, k$ nach Voraussetzung konvex sind, ist

$$f_i(\lambda x_1 + (1-\lambda)\, x_2) \leqq \lambda f_i(x_1) + (1-\lambda)\, f_i(x_2), \qquad i = 1, 2, \ldots, k,$$

so daß sich

$$\begin{aligned} f(\lambda x_1 + (1-\lambda) x_2) &\leqq \sum_{i=1}^{k} \{\lambda f_i(x_1) + (1-\lambda) f_i(x_2)\} \\ &= \lambda \sum_{i=1}^{k} f_i(x_1) + (1-\lambda) \sum_{i=1}^{k} f_i(x_2) \\ &= \lambda f(x_1) + (1-\lambda) f(x_2) \end{aligned}$$

ergibt. Der Beweis für die Summe konkaver Funktionen verläuft analog.

Wir wollen jetzt noch ohne Beweis zwei weitere Sätze über konvexe Funktionen mitteilen. Dazu führen wir vorbereitend den Begriff des *Gradienten* einer Funktion ein.

Definition 12.8

Die Funktion $f(x)$ möge in einem Bereich X erste partielle Ableitungen nach allen Variablen $x_1, x_2, \ldots, x_p$ besitzen. Dann wird der Vektor mit den Komponenten

$$\frac{\partial f(x)}{\partial x_i}, \quad i = 1, 2, \ldots, p$$

als Gradient der Funktion $f(x)$ bezeichnet. Man schreibt

$$\operatorname{grad} f(x) = \left[\frac{\partial f(x)}{\partial x_1} \cdots \frac{\partial f(x)}{\partial x_p}\right]^T. \tag{12.12}$$

Satz 12.4

Die Funktion $f(x)$ möge in einer konvexen Menge X partielle Ableitungen erster Ordnung nach allen Variablen $x_1, x_2, \ldots, x_p$ besitzen. $f(x)$ ist dann und nur dann konvex in X, wenn für beliebige Vektoren x_1, x_2 aus X

$$f(x_2) \geqq f(x_1) + (x_2 - x_1)^T \operatorname{grad} f(x_1) \tag{12.13}$$

gilt. $f(x)$ ist dann und nur dann streng konvex in X, wenn für beliebige x_1, x_2 mit $x_1 \neq x_2$

$$f(x_2) > f(x_1) + (x_2 - x_1)^T \operatorname{grad} f(x_1)$$

gilt.

Satz 12.5

Die Funktion $f(x)$ möge in einer konvexen Menge X stetige partielle Ableitungen zweiter Ordnung nach allen Variablen besitzen. Ist die Matrix

$$\begin{bmatrix} \frac{\partial^2 f(x)}{\partial x_1^2} & \frac{\partial^2 f(x)}{\partial x_1 \partial x_2} & \cdots & \frac{\partial^2 f(x)}{\partial x_1 \partial x_p} \\ \cdots & \cdots & \cdots & \cdots \\ \frac{\partial^2 f(x)}{\partial x_p \partial x_1} & \frac{\partial^2 f(x)}{\partial x_p \partial x_2} & \cdots & \frac{\partial^2 f(x)}{\partial x_p^2} \end{bmatrix}$$

für alle $x \in X$ positiv semidefinit bzw. positiv definit, so ist $f(x)$ in X konvex bzw. streng konvex.

Zum Begriff einer positiv definiten bzw. positiv semidefiniten Matrix sei auf Abschnitt 5.14. verwiesen.
Auf Grund der Sätze 12.4 und 12.5 ist es möglich, die Konvexität einer Funktion mittels der partiellen Ableitungen erster bzw. zweiter Ordnung zu prüfen.

Beispiel 12.4

Wir betrachten die Funktion $f(x)$ von Beispiel 12.3

$$f(x) = x_1^2 + x_2^2 + 3x_1 - x_2.$$

Es gilt

$$\frac{\partial f(x)}{\partial x_1} = 2x_1 + 3, \quad \frac{\partial f(x)}{\partial x_2} = 2x_2 - 1$$

$$\frac{\partial^2 f(x)}{\partial x_1^2} = 2, \quad \frac{\partial^2 f(x)}{\partial x_2^2} = 2, \quad \frac{\partial^2 f(x)}{\partial x_1 \partial x_2} = \frac{\partial^2 f(x)}{\partial x_2 \partial x_1} = 0.$$

Die Matrix

$$\begin{bmatrix} 2 & 0 \\ 0 & 2 \end{bmatrix}$$

ist aber offenbar positiv definit, so daß die strenge Konvexität der Funktion aus Satz 12.5 gefolgert werden kann. Dieses Beispiel zeigt zugleich, wie sich der Nachweis der Konvexität einer Funktion zum Teil erheblich vereinfachen kann, wenn die Funktion partielle Ableitungen entsprechender Ordnung besitzt.

Der Satz 12.4 läßt im eindimensionalen Raum noch eine einfache geometrische Veranschaulichung zu. X möge ein Intervall auf der x-Achse entsprechen. x_1 und x_2 sind zwei beliebige Punkte aus X. Dann lautet die Ungleichung (12.13)

$$f(x_2) \geqq f(x_1) + (x_2 - x_1) f'(x_1),$$

wofür wir für $x_1 < x_2$

$$\frac{f(x_2) - f(x_1)}{x_2 - x_1} \geqq f'(x_1) \tag{12.14}$$

schreiben können. (12.14) bringt die Tatsache zum Ausdruck, daß bei konvexen Funktionen die Steigung der die Punkte $(x_1 \; f(x_1))$ und $(x_2 \; f(x_2))$ verbindenden Sekante nicht kleiner als die Steigung der Tangente im Punkte $(x_1 \; f(x_1))$ sein kann (Abbildung 12.3). Eine entsprechende Interpretation lassen konkave Funktionen zu.

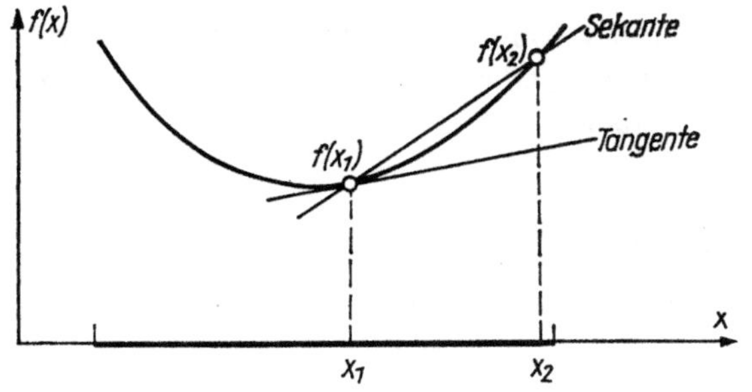

Abbildung 12.3

Abschließend wollen wir noch einen Satz formulieren, dessen Gültigkeit unmittelbar aus den Definitionen 12.5 und 12.6 folgt.

Satz 12.6

Ist eine Funktion $f(\boldsymbol{x})$ über einer konvexen Menge X konvex, dann ist die Funktion $-f(\boldsymbol{x})$ über X konkav und umgekehrt.

Die betrachteten Definitionen und Sätze über konvexe oder konkave Funktionen bilden eine wesentliche Grundlage für die weiteren Untersuchungen dieses Kapitels.

12.1.4. Globale und relative Extrema

In der nichtlinearen Optimierung tritt uns eine Problematik entgegen, die wir bisher bei linearen Optimierungsaufgaben nicht beobachtet haben. Wir müssen nämlich zwischen relativen und absoluten Extrema unterscheiden. Erinnern wir uns an die Definition des Maximums der Zielfunktion bei einer linearen Optimierungsaufgabe. Eine zulässige Lösung $\boldsymbol{x}^*$ (ein Element $\boldsymbol{x}^*$ des zulässigen Bereiches) haben wir eine Optimallösung genannt, wenn für eine beliebige zulässige Lösung $\boldsymbol{x}$ (ein beliebiges Element $\boldsymbol{x}$ des zulässigen Bereiches) die Ungleichung

$$z(\boldsymbol{x}^*) \geqq z(\boldsymbol{x}) \tag{12.15}$$

gilt (bei Maximumaufgaben). Einer Optimallösung liegt also die Vorstellung von einem globalen (absoluten) Extremum zugrunde, da die Ungleichung (12.15) für alle Elemente des betrachteten zulässigen Bereiches gelten muß. Andererseits entspricht auch die Suche nach globalen Extrema den ökonomischen Zielstellungen.
Von der Differentialrechnung her ist uns bekannt, daß in der Mathematik neben den globalen auch lokale (relative) Extrema untersucht werden. Wäre $\boldsymbol{x}^*$ eine lokale Optimallösung, müßte die Ungleichung (12.15) nur für alle $\boldsymbol{x}$ aus einer geeigneten Umgebung von $\boldsymbol{x}^*$ gelten. Die Anwendung von Methoden der Differentialrechnung zur Bestimmung des globalen Extremums hat aber nur dann einen Sinn, wenn unter den lokalen Extrema auch das globale Extremum zu finden ist. Diese Erkenntnis spielt auch für die Theorie der nichtlinearen Optimierung eine wesentliche Rolle. Bei der linearen Optimierung haben wir auf die Unterschiede zwischen relativen und absoluten Extrema nicht ausdrücklich hingewiesen, weil gezeigt werden kann, daß dort jedes relative Maximum (oder Minimum) zugleich ein absolutes Maximum (oder Minimum) ist.
Zur Verdeutlichung des soeben Gesagten wollen wir noch die Definition relativer und absoluter Extrema in Erinnerung rufen. Dabei beschränken wir uns darauf, die Definitionen für Maxima zu geben, und überlassen es dem Leser, die entsprechenden Formulierungen für Minima zu finden.

Definition 12.9

Eine auf einer abgeschlossenen Menge X definierte Funktion $f(\boldsymbol{x})$ nimmt ihr absolutes Maximum über X in $\boldsymbol{x}^*$ an, wenn für alle $\boldsymbol{x} \in X$ die Ungleichung

$$f(\boldsymbol{x}) \leqq f(\boldsymbol{x}^*)$$

gilt.

Definition 12.10

Eine auf einer Menge X definierte Funktion $f(\boldsymbol{x})$ nimmt in $\boldsymbol{x}^* \in X$ ein relatives Maximum an, wenn eine positive Zahl ε existiert, so daß für alle $\boldsymbol{x}$ aus der ε-Umgebung von $\boldsymbol{x}^*$ die Ungleichung

$$f(\boldsymbol{x}) \leqq f(\boldsymbol{x}^*)$$

gilt.

Wie wir wissen, ist der zulässige Bereich einer linearen Optimierungsaufgabe konvex, so daß die lineare Zielfunktion über einem konvexen Bereich betrachtet wird. Es gibt nun aber auch andere Klassen von Funktionen, bei denen jedes relative Extremum über einem konvexen Bereich zugleich das absolute Extremum ist. Dazu gehören die im Abschnitt 12.1.3. erklärten konvexen und konkaven Funktionen.

Satz 12.7

Für eine auf einer abgeschlossenen konvexen Menge X konvexe Funktion $f(\boldsymbol{x})$ ist jedes relative Minimum zugleich das absolute Minimum von $f(\boldsymbol{x})$ über X.

Satz 12.8

Für eine auf einer abgeschlossenen konvexen Menge X konkave Funktion $f(\boldsymbol{x})$ ist jedes relative Maximum zugleich das absolute Maximum von $f(\boldsymbol{x})$ über X.

Diese beiden Sätze lassen die Bedeutung konvexer oder konkaver Funktionen für die nichtlineare Optimierung erkennen. Zu ihrem Beweis verweisen wir auf [12.1].

Für eine konvexe (konkave) Funktion ist jedoch nicht notwendig jedes relative Maximum (Minimum) zugleich das absolute.

Über die Extrema konvexer oder konkaver Funktionen geben die folgenden Sätze Auskunft.

Satz 12.9

Eine auf einer konvexen Menge X streng konvexe (streng konkave) Funktion $f(\boldsymbol{x})$ kann das absolute Minimum (absolute Maximum) von $f(\boldsymbol{x})$ über X höchstens in einem Punkt annehmen.

Satz 12.10

Nimmt eine auf einer abgeschlossenen konvexen Menge X konvexe (konkave) Funktion $f(\boldsymbol{x})$ in zwei Punkten das globale Minimum (Maximum) an, so besitzt die Funktion auch für jede konvexe Linearkombination dieser beiden Punkte ein globales Minimum (Maximum).

Für unsere Betrachtungen ist noch der Fall von Interesse, daß die Funktion $f(\boldsymbol{x})$ stetige partielle Ableitungen erster Ordnung nach allen Variablen $x_1, x_2, \ldots, x_p$ besitzt. Dann können wir die Methoden der Differentialrechnung zur Bestimmung der relativen Extrema heranziehen, die uns unter den Bedingungen von Satz 12.7 und Satz 12.8 auch zu den absoluten Extrema führen. Nach den Ergebnissen der Differentialrechnung ist das Verschwinden sämtlicher partiellen Ableitungen erster Ordnung an der Extremwertstelle notwendig. Man kann nun zeigen, daß für die von uns betrachteten Funktionen diese Bedingung sogar hinreichend ist.

Satz 12.11

Eine Funktion $f(x)$ möge auf einer konvexen Menge X konvex (konkav) sein und in X stetige partielle Ableitungen erster Ordnung nach sämtlichen Variablen besitzen. Dann hat $f(x)$ in jedem Punkt $x^* \in X$ ein absolutes Minimum (Maximum), in dem sämtliche partiellen Ableitungen erster Ordnung den Wert Null annehmen:

$$\frac{\partial f(x^*)}{\partial x_i} = 0, \quad i = 1, 2, \ldots, p.$$

Diese Aussagen über die Extrema konvexer und konkaver Funktionen werden uns später den Aufbau einer Theorie der konvexen Optimierung ermöglichen.

12.1.5. Besonderheiten der nichtlinearen Optimierung

Wir wollen uns jetzt mit einigen Besonderheiten beschäftigen, die gegenüber der linearen Optimierung bei nichtlinearen Optimierungsaufgaben auftreten können. Auf eine solche Besonderheit sind wir schon im Abschnitt 12.1.4. aufmerksam geworden. Neben den in der nichtlinearen Optimierung zu bestimmenden globalen Extrema kann es zusätzlich lokale Extrema geben. Eine solche allgemeine Situation ist in der Abbildung 12.4 veranschaulicht. Betrachtet wird eine nichtlineare Optimierungsaufgabe in zwei Variablen und dem Restriktionssystem

$$g(x_1 \ \ x_2) \leqq 0$$
$$x_1, x_2 \geqq 0.$$

Der zulässige Bereich ist wie üblich schraffiert. Weiterhin wurde eine Reihe von Kurven $z = c$ eingetragen. Betrachtet wird eine Minimumaufgabe. Im Punkt A wird das globale Minimum angenommen. Da der zulässige Bereich aber nicht konvex ist, besitzt die Aufgabe zusätzlich in B ein lokales Minimum.

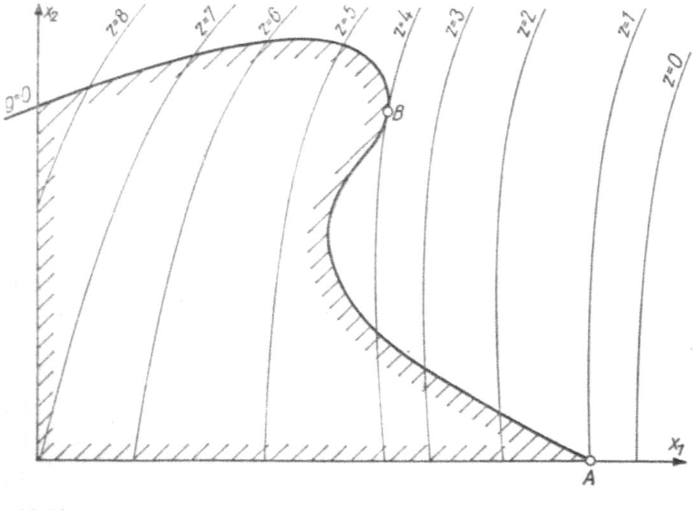

Abbildung 12.4

Treten bei einer nichtlinearen Minimumaufgabe neben dem globalen Minimum noch lokale Minima auf, so wird es mit den heute bekannten Lösungsverfahren meist

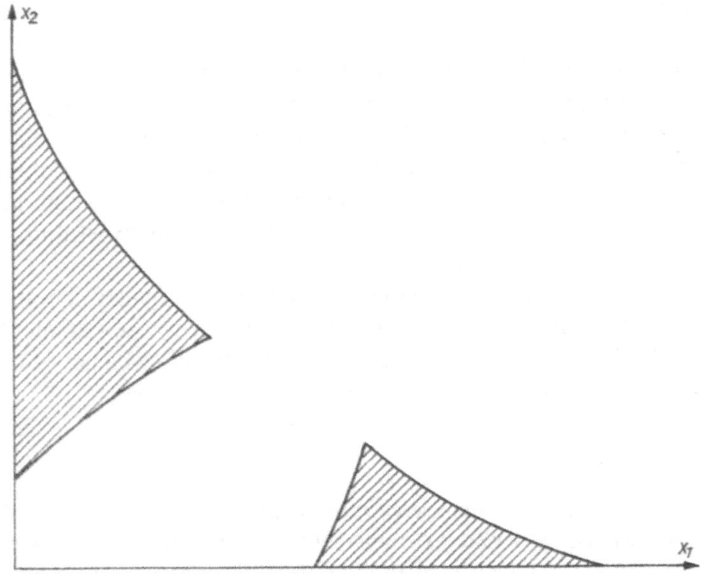

Abbildung 12.5

ausgeschlossen sein, das globale Minimum zu bestimmen. Im allgemeinen wird ein solcher Lösungsprozeß dann nur zu einem relativen Minimum führen.

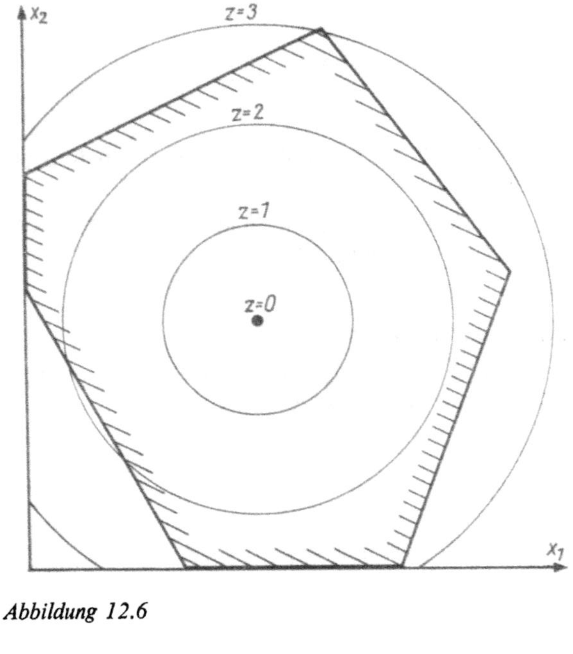

Abbildung 12.6

Bisher haben wir stets einen zulässigen Bereich betrachtet, der zusammenhängend ist. Bei Vorliegen nichtlinearer Restriktionen kann es jedoch leicht vorkommen, daß der zulässige Bereich aus mehreren nicht zusammenhängenden Teilbereichen besteht. Abbildung 12.5 veranschaulicht einen solchen Fall. Natürlich kann ein solcher Bereich nicht konvex sein.

Als eine weitere Besonderheit der nichtlinearen Optimierung ist die Tatsache anzusehen, daß das absolute Minimum bzw. Maximum nicht auf dem Rand des zulässigen Bereiches angenommen werden muß. In Abbildung 12.6 ist der Fall einer nichtlinearen Optimierungsaufgabe mit linearen Nebenbedingungen dargestellt. Gesucht wird das absolute Minimum. Für $z = c$ ergeben sich Kreise mit einem gemeinsamen Mittelpunkt, der im zulässigen Bereich liegt. Dem absoluten Minimum ($z = 0$) entspricht der Mittelpunkt dieser Kreisschar.

Die angeführten Besonderheiten bei nichtlinearen Optimierungsaufgaben können natürlich keineswegs alle Schwierigkeiten veranschaulichen, denen wir in der nichtlinearen Optimierung gegenüberstehen. Sie zeigen uns lediglich, mit welcher Fülle neuartiger Probleme wir in der nichtlinearen Optimierung rechnen müssen.

12.1.6. Aufgaben der konvexen Optimierung

Da die allgemeinen Probleme der nichtlinearen Optimierung offenbar viel zu allgemein sind, um zu Lösungsaussagen und Lösungsmethoden zu gelangen, müssen wir nach eingeschränkten Problemklassen suchen. Die Betrachtungen im Abschnitt 12.1.4. legen es nahe, nur konvexe oder konkave Funktionen in der Zielfunktion und in den Nebenbedingungen zuzulassen. Das führt uns zur Erklärung von Aufgaben der konvexen oder konkaven Optimierung.

Definition 12.11

Die nichtlineare Optimierungsaufgabe

$$z = f(\boldsymbol{x}) \to \text{Min.}$$
$$g_i(\boldsymbol{x}) \leqq 0, \qquad i = 1, 2, \ldots, q$$
$$\boldsymbol{x} \geqq \boldsymbol{o}$$

heißt ein Problem der konvexen Optimierung, wenn die Funktionen $f(\boldsymbol{x})$, $g_i(\boldsymbol{x})$, $i = 1, 2, \ldots, q$ konvex sind.

Ist das Maximum der Zielfunktion zu bestimmen, sind die Funktionen $f(\boldsymbol{x})$, $g_i(\boldsymbol{x})$, $i = 1, 2, \ldots, q$ konkav, und lauten die Nebenbedingungen

$$g_i(\boldsymbol{x}) \geqq 0, \quad i = 1, 2, \ldots, q,$$

sprechen wir von einer konkaven Optimierungsaufgabe.

Zwischen den Aufgaben der konvexen und konkaven Optimierung besteht ein enger Zusammenhang, der durch den folgenden Satz ausgedrückt wird.

Satz 12.12

Die konvexe Optimierungsaufgabe

$$z = f(\boldsymbol{x}) \to \text{Min.}$$
$$g_i(\boldsymbol{x}) \leqq 0, \qquad i = 1, 2, \ldots, q$$
$$\boldsymbol{x} \geqq \boldsymbol{o}$$

kann in die konkave Optimierungsaufgabe

$$z = -f(\boldsymbol{x}) \to \text{Max.}$$
$$-g_i(\boldsymbol{x}) \geqq 0, \quad i = 1, 2, \ldots, q$$
$$\boldsymbol{x} \geqq \boldsymbol{o},$$

und umgekehrt, überführt werden. Beide Aufgaben besitzen dieselben Optimallösungen. Lediglich die optimalen Werte der Zielfunktionen sind entgegengesetzt gleich.

Die Gültigkeit dieses Satzes erscheint wegen Satz 12.6 fast selbstverständlich. Der ausführliche Beweis ist in [12.2] zu finden. Wir werden uns im folgenden auf die Untersuchung konvexer Optimierungsaufgaben beschränken.

Beispiel 12.5

Wir betrachten die nichtlineare Optimierungsaufgabe

$$z = x_1^2 + x_2^2 + 3x_1 - x_2 \to \text{Min.}$$
$$3x_1 + 2x_2 \leqq 10$$
$$x_1 - x_2 \leqq 7$$
$$x_1, x_2 \geqq 0.$$

Nach Beispiel 12.3 oder Beispiel 12.4 ist die Zielfunktion konvex. Die linearen Funktionen

$$g_1(\boldsymbol{x}) = 3x_1 + 2x_2 - 10$$
$$g_2(\boldsymbol{x}) = x_1 - x_2 - 7$$

der Nebenbedingungen sind nach Satz 12.1 konvex. Folglich liegt eine Aufgabe der konvexen Optimierung vor.

Satz 12.13

Durch jede Aufgabe der linearen Optimierung ist ein Problem der konvexen Optimierung erklärt.

Der Beweis ergibt sich sofort aus der Definition der linearen Optimierungsaufgaben und Satz 12.1. Damit sind die linearen Optimierungsaufgaben als wichtiger Spezialfall in den Problemen der konvexen Optimierung enthalten.

Satz 12.14

Der zulässige Bereich einer konvexen Optimierungsaufgabe ist konvex, falls er nicht leer ist.

Damit überträgt sich die aus der linearen Optimierung bekannte Konvexität des zulässigen Bereiches auf konvexe Optimierungsaufgaben. Zum Beweis von Satz 12.14 verweisen wir auf [12.2].

Auf Grund der Ergebnisse von Abschnitt 12.1.4. und Satz 12.14 ergeben sich folgende Aussagen über konvexe Optimierungsaufgaben:

a) Jedes relative Minimum ist zugleich absolutes Minimum.

b) Ist die Zielfunktion einer konvexen Optimierungsaufgabe streng konvex, wird das absolute Minimum höchstens in einem Punkt angenommen.

c) Die Menge der Optimallösungen einer konvexen Optimierungsaufgabe ist konvex.

Damit haben wir weitere Eigenschaften linearer Optimierungsaufgaben bei der konvexen Optimierung wiedergefunden. Die Existenz von Optimallösungen bei konvexen Optimierungsaufgaben kann unter einschränkenden Annahmen über den zulässigen Bereich gesichert werden.

Satz 12.15

Ist der zulässige Bereich nicht leer und außerdem beschränkt, existiert wenigstens eine Optimallösung bei einer konvexen Optimierungsaufgabe.

Während bei linearen Optimierungsaufgaben bei einem unbeschränkten zulässigen Bereich aus der Beschränktheit der Zielfunktion auf die Existenz einer Optimallösung geschlossen werden konnte, ist eine solche Aussage bei konvexen Optimierungsaufgaben nicht richtig. Das zeigt bereits das einfache Beispiel

$$z = \mathrm{e}^{-x} \to \text{Min.}$$
$$x \geqq 0.$$

Der zulässige Bereich der nur von einer Variablen abhängenden Aufgabe ist durch $x \geqq 0$ gegeben und offenbar nicht beschränkt. Die Zielfunktion $z = e^{-x}$ ist für $x \geqq 0$ nach unten beschränkt, jedoch nimmt sie ihr Minimum null nicht an.
Damit haben wir eine weitreichende Übereinstimmung der Ergebnisse zwischen linearer und konvexer Optimierung hergeleitet. Das ist auch der Grund, weshalb die konvexe Optimierung heute bereits relativ weit entwickelt ist.
Auf einen wesentlichen Unterschied zur linearen Optimierung müssen wir jedoch hinweisen. Bei linearen Optimierungsaufgaben wurde die Optimallösung stets auf dem Rand des zulässigen Bereiches angenommen (falls eine Optimallösung existiert). Bei konvexen Optimierungsaufgaben kann eine Optimallösung sowohl auf dem Rand als auch im Inneren des zulässigen Bereiches liegen. Abbildung 12.6 veranschaulicht den Fall einer konvexen Optimierungsaufgabe, für die die Minimallösung im Inneren des zulässigen Bereiches liegt. Für jeden Wert von z bestimmt die Zielfunktion einen Kreis in der x_1, x_2-Ebene. Eine solche Zielfunktion ist aber offenbar konvex. Der zulässige Bereich ist durch ein lineares Restriktionssystem erklärt und folglich konvex. Würden wir den Mittelpunkt der Kreisschar außerhalb des zulässigen Bereiches legen, ergäbe sich eine auf dem Rand liegende Optimallösung.

12.1.7. Hyperbolische Optimierung

Bei den hyperbolischen Optimierungsaufgaben und den später zu erklärenden quadratischen Optimierungsaufgaben sind die Nebenbedingungen durch ein lineares Restriktionssystem wie in der linearen Optimierung gegeben, so daß die Nichtlinearität lediglich in der Zielfunktion auftritt.

Definition 12.12

Ist das Maximum bzw. Minimum der nichtlinearen Zielfunktion

$$z = \frac{Z}{N} = \frac{c_1x_1 + c_2x_2 + \cdots + c_px_p + c_0}{d_1x_1 + d_2x_2 + \cdots + d_px_p + d_0}$$

zu bestimmen, wobei die Variablen $x_1, x_2, \ldots, x_p$ *den linearen Nebenbedingungen*

$$a_{i1}x_1 + a_{i2}x_2 + \cdots + a_{ip}x_p \begin{Bmatrix} \leqq \\ = \\ \geqq \end{Bmatrix} b_i, \quad i = 1, 2, , \ldots, q$$

genügen müssen und außerdem die Nichtnegativitätsforderungen

$$x_j \geqq 0,\ j \in T$$

(*T eine Teilmenge der Indexmenge* $\{1 \ 2 \ \ldots \ p\}$) *erfüllt sein müssen, spricht man von einer hyperbolischen Optimierungsaufgabe.*

Wir wollen zeigen, daß sich jede hyperbolische Optimierungsaufgabe auf die folgende *Normalform* überführen läßt:

Für die n Variablen $x_1, x_2, \ldots, x_n$ sind reelle Zahlen zu ermitteln, die die Restriktionen

$$\left.\begin{aligned} a_{11}x_1 + a_{12}x_2 + \cdots + a_{1n}x_n &= b_1 \\ a_{21}x_1 + a_{22}x_2 + \cdots + a_{2n}x_n &= b_2 \\ \cdots\cdots\cdots\cdots\cdots\cdots\cdots\cdots & \\ a_{m1}x_1 + a_{m2}x_2 + \cdots + a_{mn}x_n &= b_m \end{aligned}\right\} \tag{12.16}$$

und die Nichtnegativitätsforderungen

$$x_j \geqq 0, \quad j = 1, 2, \ldots, n \tag{12.17}$$

erfüllen und die der Zielfunktion

$$z = \frac{c_1x_1 + c_2x_2 + \cdots + c_nx_n + c_0}{d_1x_1 + d_2x_2 + \cdots + d_nx_n + d_0} \tag{12.18}$$

ihren maximalen Wert erteilen. Dabei können wir

$$b_i \geqq 0, \quad i = 1, 2, \ldots, m \tag{12.19}$$

voraussetzen.

Da die Nebenbedingungen der hyperbolischen Optimierungsaufgabe linear sind, können wir sie durch das gleiche Vorgehen wie in Abschnitt 6.2.2. in die Gestalt (12.16) überführen. Ebenso lassen sich die Nichtnegativitätsforderungen (12.17) für alle Variablen erreichen. Ist das Minimum der Zielfunktion (12.18) zu bestimmen, betrachten wir die Aufgaben (12.16), (12.17) unter Maximierung der Zielfunktion

$$z = \frac{(-c_1)\,x_1 + (-c_2)\,x_2 + \cdots + (-c_n)\,x_n + (-c_0)}{d_1x_1 + d_2x_2 + \cdots + d_nx_n}.$$

Beispiel 12.6

Die hyperbolische Optimierungsaufgabe

$$\begin{aligned} x_1 + 3x_2 - x_3 &\leqq 5 \\ 3x_1 \qquad + x_3 &\geqq 6 \\ x_1 + \ x_2 + x_3 &= 8 \\ x_2, x_3 &\geqq 0 \end{aligned}$$

$$\bar{z} = \frac{4x_1 - 2x_2 + x_3}{x_1 + 3x_2 + 2x_3 + 7} \to \text{Min.}$$

ist in die Normalform zu überführen. Das Restriktionssystem entspricht dem Beispiel 6.1. Durch das gleiche Vorgehen wie in Beispiel 6.1 erhalten wir

$$\begin{aligned}
\overset{1}{x}_1 - \overset{2}{x}_1 + 3x_2 - x_3 + x_4 \qquad &= 5 \\
3\overset{1}{x}_1 - x\overset{2}{x}_1 \qquad + x_3 \qquad - x_5 &= 6 \\
\overset{1}{x}_1 + \overset{2}{x}_2 + x_2 + x_3 \qquad &= 8
\end{aligned}$$

$$\overset{1}{x}_1, \overset{2}{x}_1, x_2, x_3, x_4, x_5 \geqq 0.$$

Die Zielfunktion geht in

$$z = \frac{-4\overset{1}{x}_1 + 4\overset{2}{x}_1 + 2x_2 - x_3}{\overset{1}{x}_1 - \overset{2}{x}_1 + 3x_2 + 2x_3 + 7} \to \text{Max.}$$

über.

Die Normalform der hyperbolischen Optimierungsaufgabe kann unter Verwendung des Summationssymbols folgendermaßen dargestellt werden:

$$\sum_{j=1}^{n} a_{ij}x_j = b_i, \qquad i = 1, 2, \ldots, m \tag{12.16'}$$

$$x_j \geqq 0, \qquad j = 1, 2, \ldots, n \tag{12.17'}$$

$$z = \frac{\sum_{j=1}^{n} c_j x_j + c_0}{\sum_{j=1}^{n} d_j x_j + d_0} \to \text{Max.} \tag{12.18'}$$

Erklären wir eine Matrix $\boldsymbol{A}$ und Vektoren $\boldsymbol{b}$, $\boldsymbol{c}$, $\boldsymbol{x}$ wie in Abschnitt 6.2.2., fassen wir weiterhin die Zahlen d_j, $j = 1, 2, \ldots, n$ zu einem Vektor $\boldsymbol{d}$ der Dimension n zusammen, erhält die Aufgabe (12.16) bis (12.18) die Gestalt

$$\boldsymbol{Ax} = \boldsymbol{b} \tag{12.16''}$$

$$\boldsymbol{x} \geqq \boldsymbol{o} \tag{12.17''}$$

$$z = \frac{\boldsymbol{c}^T\boldsymbol{x} + c_0}{\boldsymbol{d}^T\boldsymbol{x} + d_0} \to \text{Max.} \tag{12.18''}$$

Mit der Lösung hyperbolischer Optimierungsaufgaben werden wir uns im Abschnitt 12.3. beschäftigen.

Die hyperbolische Optimierung ist für die ökonomische Praxis von besonderer Bedeutung, lassen sich doch durch solche Optimierungskriterien unter Beibehaltung eines linearen Restriktionssystems erweiterte Optimierungsmöglichkeiten finden. Durch das Optimierungskriterium der hyperbolischen Optimierung können zwei selbständige Teilkriterien, die sich gegenseitig beeinflussen, durch Quotientenbildung in einem Kriterium vereinigt werden. So werden in [12.3] folgende Möglichkeiten für die Wahl eines Optimierungskriteriums der hyperbolischen Optimierung in der Betriebspraxis angegeben:

a) Verhältnis von betrieblichem Gewinn zu den betrieblichen Selbstkosten,

b) Verhältnis von betrieblichem Gewinn zu einem betrieblichen Fonds (fondsbezogene Rentabilitätsrate),

c) Verhältnis von betrieblichem Gewinn zu einer bestimmten Einsatzgröße (zum Beispiel kontingentiertes Material, Arbeitskräftefonds),

d) Verhältnis von Warenproduktion zu den betrieblichen Selbstkosten,

e) Verhältnis von Devisenerlös zu den betrieblichen Selbstkosten.

Neben den hyperbolischen Optimierungsaufgaben werden in der betrieblichen Praxis heute auch Optimierungsprobleme der Form

$$\begin{aligned} \boldsymbol{A}\boldsymbol{x} &= \boldsymbol{b} \\ \boldsymbol{x} &\geqq \boldsymbol{o} \\ z &= \frac{\boldsymbol{c}_1^T\boldsymbol{x} + c_{01} + \lambda(\boldsymbol{c}_2^T\boldsymbol{x} + c_{02})}{\boldsymbol{d}^T\boldsymbol{x} + d_0} \to \text{Max.} \end{aligned}$$

betrachtet, die wir gleich in Normalform angegeben haben. Die lineare Zählerfunktion hängt dann linear von einem Parameter λ ab. Wir werden uns mit der Lösung solcher parametrischer Optimierungsaufgaben im Rahmen dieses Buches nicht beschäftigen. Jedoch erweitern sich dadurch die Optimierungsmöglichkeiten erneut, da man drei selbständige Teilkriterien in einem Zielkriterium vereinigen kann.

12.1.8. Quadratische Optimierung

Neben den hyperbolischen Optimierungsaufgaben besitzen die quadratischen Optimierungsprobleme für die Anwendung die größte Bedeutung. Auch in der quadratischen Optimierung wird das Restriktionssystem als linear angesetzt. Die Linearität der Zielfunktion (man denke etwa an eine Kostenoptimierung) kann dagegen häufig nicht als eine brauchbare Annäherung angesehen werden.

Definition 12.13

Bei einer quadratischen Optimierungsaufgabe ist das Minimum der Zielfunktion

$$z = \sum_{i=1}^{n} \sum_{j=1}^{n} c_{ij}x_ix_j + \sum_{i=1}^{n} c_ix_i \tag{12.20}$$

zu bestimmen, wobei die Variablen $x_1, x_2, \ldots, x_n$ den linearen Nebenbedingungen

$$\sum_{j=1}^{n} a_{ij}x_j = b_i, \quad i = 1, 2, \ldots, m \tag{12.21}$$

und den Nichtnegativitätsforderungen

$$x_j \geqq 0, \quad j = 1, 2, \ldots, n \tag{12.22}$$

genügen müssen.

Bei der Erklärung einer quadratischen Optimierungsaufgabe wurde bereits die *Normalform* zugrunde gelegt. Die Umwandlung der Nebenbedingungen und die Sicherung der Nichtnegativitätsforderungen für alle Variablen ist durch das Vorgehen im Abschnitt 6.2.2. bestimmt und wurde im Abschnitt 12.1.7. nochmals erläutert. Ist das Maximum der Zielfunktion zu ermitteln, kann wie üblich durch Änderung der Vorzeichen der Koeffizienten in der Zielfunktion zur Minimum-

aufgabe übergegangen werden. Dabei wurde in der Normalform die Minimierung der Zielfunktion verlangt, weil unter zusätzlichen Voraussetzungen quadratische Optimierungsaufgaben Spezialfälle der konvexen Optimierung sind.
In der Zielfunktion (12.20) tritt neben dem linearen Anteil eine quadratische Form auf.
Zur Angabe einer Matrizenschreibweise für quadratische Optimierungsaufgaben führen wir wie im Abschnitt 6.2.2. eine Matrix $\boldsymbol{A}$ und die Vektoren $\boldsymbol{b}, \boldsymbol{c}, \boldsymbol{x}$ ein. Fassen wir die Koeffizienten c_{ij}, $i, j = 1, 2, \ldots, n$ zu einer quadratischen Matrix $\boldsymbol{C}$ der Ordnung n zusammen, können wir die quadratische Optimierungsaufgabe in der Form

$$z = \boldsymbol{x}^T\boldsymbol{C}\boldsymbol{x} + \boldsymbol{c}^T\boldsymbol{x} \to \text{Min.} \tag{12.20'}$$

$$\boldsymbol{A}\boldsymbol{x} = \boldsymbol{b} \tag{12.21'}$$

$$\boldsymbol{x} \geqq \boldsymbol{o} \tag{12.22'}$$

schreiben.

Beispiel 12.7

Wir betrachten die quadratische Optimierungsaufgabe

$$\begin{aligned} z = -2x_1^2 + 6x_1x_2 - 7x_2^2 + x_1 - x_2 &\to \text{Max.} \\ x_1 - 2x_2 &\leqq 3 \\ x_1 + x_2 &\geqq 2 \\ 2x_1 + 3x_2 &= 3 \\ x_1, x_2 &\geqq 0. \end{aligned}$$

Die Überführung in die Normalform liefert

$$\begin{aligned} z = 2x_1^2 - 6x_1x_2 + 7x_2^2 - x_1 + x_2 &\to \text{Min.} \\ x_1 - 2x_2 + x_3 \qquad &= 3 \\ x_1 + x_2 \qquad - x_4 &= 2 \\ 2x_1 + 3x_2 \qquad &= 3 \\ x_1, x_2, x_3, x_4 &\geqq 0. \end{aligned}$$

Die in (12.20′) bis (12.22′) auftretenden Matrizen und Vektoren lauten im Beispiel

$$\boldsymbol{A} = \begin{pmatrix} 1 & -2 & 1 & 0 \\ 1 & 1 & 0 & -1 \\ 2 & 3 & 0 & 0 \end{pmatrix}, \quad \boldsymbol{b} = \begin{pmatrix} 3 \\ 2 \\ 3 \end{pmatrix},$$

$$\boldsymbol{x} = \begin{pmatrix} x_1 \\ x_2 \\ x_3 \\ x_4 \end{pmatrix}, \quad \boldsymbol{c} = \begin{pmatrix} -1 \\ 1 \\ 0 \\ 0 \end{pmatrix}, \quad \boldsymbol{C} = \begin{pmatrix} 2 & -3 & 0 & 0 \\ -3 & 7 & 0 & 0 \\ 0 & 0 & 0 & 0 \\ 0 & 0 & 0 & 0 \end{pmatrix}.$$

Bemerkung: Für die Matrix $\boldsymbol{C}$ hätten wir auch eine andere Darstellung geben können. So wäre es zum Beispiel möglich

$$\boldsymbol{C} = \begin{pmatrix} 2 & -6 & 0 & 0 \\ 0 & 7 & 0 & 0 \\ 0 & 0 & 0 & 0 \\ 0 & 0 & 0 & 0 \end{pmatrix}$$

zu schreiben. In dieser Form ist aber $\boldsymbol{C}$ nicht mehr symmetrisch. Die Symmetrie der Matrix $\boldsymbol{C}$ können wir aber in der quadratischen Optimierung günstig ausnutzen.

Wie in der linearen Optimierung ist es möglich, andere Normalformen für die quadratische Optimierung anzugeben. Wir gehen darauf jedoch nicht näher ein.
Wir wollen die quadratischen Optimierungsaufgaben jetzt unter einschränkenden Voraussetzungen betrachten, um zu sichern, daß sich ein Spezialfall der konvexen Optimierung ergibt. Dazu setzen wir den in Kapitel 5. eingeführten Begriff der Definitheit einer quadratischen Form als bekannt voraus.

Definition 12.14

Ist die in der Zielfunktion (12.20) einer quadratischen Optimierungsaufgabe auftretende quadratische Form

$$\sum_{i=1}^{n} \sum_{j=1}^{n} c_{ij} x_i x_j \tag{12.23}$$

symmetrisch und positiv semidefinit, sprechen wir von einem Problem der konvexen quadratischen Optimierung.

Die positive Semidefinitheit der quadratischen Form (12.23) ist mit der positiven Semidefinitheit der in (12.20′) auftretenden Matrix $\boldsymbol{C}$ gleichbedeutend.
Die Matrix $\boldsymbol{C}$ von Beispiel 12.7 ist symmetrisch und auch positiv semidefinit, da die vier Abschnittsdeterminanten

$$D_1 = 2,\ D_2 = \begin{vmatrix} 2 & -3 \\ -3 & 7 \end{vmatrix} = 5,\ D_3 = \begin{vmatrix} 2 & -3 & 0 \\ -3 & 7 & 0 \\ 0 & 0 & 0 \end{vmatrix} = 0,$$

$$D_4 = \begin{vmatrix} 2 & -3 & 0 & 0 \\ -3 & 7 & 0 & 0 \\ 0 & 0 & 0 & 0 \\ 0 & 0 & 0 & 0 \end{vmatrix} = 0$$

sämtlich nichtnegativ sind.
Die Berechtigung für die Bezeichnung konvexe quadratische Optimierungsaufgabe wird durch den folgenden Satz gegeben, zu dessen Beweis wir auf [12.2] verweisen.

Satz 12.16

Ist die Matrix $\boldsymbol{C}$ in der Zielfunktion

$$z = \boldsymbol{x}^T \boldsymbol{C} \boldsymbol{x} + \boldsymbol{c}^T \boldsymbol{x}$$

einer quadratischen Optimierungsaufgabe positiv semidefinit, besitzt die Zielfunktion die Eigenschaft der Konvexität.

Auf Grund dieses Satzes ist gesichert, daß konvexe quadratische Optimierungsaufgaben zu den Problemen der konvexen Optimierung zu zählen sind. Denn nach Satz 12.1 sind auch die linearen Funktionen der Nebenbedingungen konvex.
Auch das Vorliegen streng konvexer Zielfunktionen ist bei quadratischen Optimierungsaufgaben möglich. Dazu knüpfen wir an die Darstellung der Zielfunktion in der Form

$$z = \sum_{i=1}^{p} \sum_{j=1}^{p} c_{ij} x_i x_j + \sum_{i=1}^{p} c_i x_i \rightarrow \text{Min.} \tag{12.24}$$

an, bei der noch nicht die durch die Überführung in die Normalform gegebenenfalls notwendige Einführung von Schlupf- und Überschußvariablen erfolgt ist. Schreiben wir für (12.24) wieder

$$z = \boldsymbol{x}^T \boldsymbol{C} \boldsymbol{x} + \boldsymbol{c}^T \boldsymbol{x}, \qquad (12.25)$$

wobei allerdings jetzt die Matrix $\boldsymbol{C}$ quadratisch von der Ordnung p ist, gilt der folgende Satz.

Satz 12.17

Ist die Matrix $\boldsymbol{C}$ in der Zielfunktion (12.25) einer quadratischen Optimierungsaufgabe positiv definit, besitzt die Zielfunktion die Eigenschaft der strengen Konvexität.

Für unser Beispiel 12.7 lautet die in Satz 12.17 betrachtete Matrix

$$\boldsymbol{C} = \begin{bmatrix} 2 & -3 \\ -3 & 7 \end{bmatrix}.$$

Die positive Definitheit ergibt sich, da die beiden Abschnittsdeterminanten D_1 und D_2 positiv sind.

Man beachte, daß die Matrix $\boldsymbol{C}$ in der Normalform meist nicht positiv definit sein wird. Trotzdem übertragen sich die Ergebnisse über die Extrema streng konvexer Funktionen, wenn die Matrix $\boldsymbol{C}$ in (12.25) positiv definit ist.

Mit konvexen quadratischen Optimierungsaufgaben werden wir uns im Abschnitt 12.5. näher beschäftigen.

12.2. Approximationsmethoden für Probleme mit trennbaren Funktionen

Für einige Typen nichtlinearer Optimierungsaufgaben besteht die Möglichkeit, ein lineares Näherungsproblem anzugeben, das dann mit den Methoden von Kapitel 6 gelöst werden kann. Um das dabei zu beschreibende Vorgehen zu erläutern, führen wir vorbereitend den Begriff der Optimierungsaufgabe mit trennbaren Funktionen ein.

Definition 12.15

Eine Optimierungsaufgabe, bei der das Maximum oder Minimum einer Zielfunktion

$$z = \sum_{j=1}^{p} f_j(x_j)$$

zu bestimmen ist, wobei die Variablen $x_1, x_2, \ldots, x_p$ den Nebenbedingungen

$$\sum_{j=1}^{p} g_{ij}(x_j) \begin{Bmatrix} \leqq \\ = \\ \geqq \end{Bmatrix} b_i, \qquad i = 1, 2, \ldots, q$$

und den Nichtnegativitätsforderungen

$$x_j \geqq 0, \quad j = 1, 2, \ldots, p$$

genügen müssen, heißt ein Optimierungsproblem mit trennbaren Funktionen.

Das wesentliche bei Problemen mit trennbaren Funktionen ist, daß sich die Zielfunktion und die Funktionen der Nebenbedingungen als Summe von Funktionen darstellen lassen, die jeweils nur von einer Variablen abhängen. So sind zum Beispiel die linearen Optimierungsaufgaben als Spezialfall in den Problemen mit trennbaren Funktionen enthalten. Denn für die Zielfunktion

$$z = c_1x_1 + c_2x_2 + \cdots + c_px_p$$

können wir

$$f_j(x_j) = c_jx_j, \quad j = 1, 2, \ldots, p$$

setzen. Entsprechendes gilt für die linearen Funktionen der Nebenbedingungen. Andererseits braucht zum Beispiel die Zielfunktion einer quadratischen Optimierungsaufgabe nicht trennbar zu sein. Das trifft auch auf die Zielfunktion von Beispiel 12.7 zu, da das Produkt $6x_1x_2$ nicht in die Summe von Funktionen zerlegt werden kann, die nur von x_1 oder x_2 abhängen.

In der Definition 12.15 wurden die Nichtnegativitätsforderungen für alle Variablen vorgeschrieben. Ist das nicht erfüllt, kann durch das bekannte Vorgehen diese Voraussetzung gesichert werden.

Bei den weiteren Betrachtungen wollen wir uns auf Optimierungsprobleme mit trennbaren Funktionen der Gestalt

$$\sum_{j=1}^{p} g_{ij}(x_j) \leqq b_i, \quad i = 1, 2, \ldots, q \tag{12.26}$$

$$x_j \geqq 0, \quad j = 1, 2, \ldots, p \tag{12.27}$$

$$z = \sum_{j=1}^{p} f_j(x_j) \to \text{Min.} \tag{12.28}$$

beschränken und voraussetzen, daß die Funktionen $g_{ij}(x_j)$, $i = 1, 2, \ldots, q; j = 1, 2, \ldots, p$ sowie $f_j(x_j), j = 1, 2, \ldots. p$ konvex sind. Nach Satz 12.3 sind dann auch die Funktionen der Nebenbedingungen und die Zielfunktion konvex, so daß ein Problem der konvexen Optimierung vorliegt. Wir sprechen dann auch von *konvexen Optimierungsproblemen mit trennbaren Funktionen.*

Wegen Satz 12.12 kann das konkave Optimierungsproblem mit trennbaren Funktionen

$$\sum_{j=1}^{p} g_{ij}(x_j) \geqq b_i, \quad i = 1, 2, \ldots, q$$

$$x_j \geqq 0, \quad j = 1, 2, \ldots, p$$

$$z = \sum_{j=1}^{p} f_j(x_j) \to \text{Max.},$$

bei dem alle Funktionen $g_{ij}(x_j), i = 1, 2, \ldots, q; j = 1, 2, \ldots, p$ sowie $f_j(x_j), j = 1, 2, \ldots, p$ konkav sind, in ein konvexes Problem überführt werden. Ist die Voraussetzung der Konvexität oder Konkavität nicht erfüllt, kann die zu beschreibende Approximationsmethode formal auch angewandt werden. Jedoch werden wir dann im allgemeinen nicht einen Näherungswert für das gesuchte absolute Extremum, sondern nur einen Näherungswert für ein relatives Extremum erhalten.

Der Grundgedanke der Approximationsmethode ist denkbar einfach. Jede der Funktionen $g_{ij}(x_j), i = 1, 2, \ldots, q; j = 1, 2, \ldots, p$ und $f_j(x_j), j = 1, 2, \ldots, p$ wird im

Sinne einer linearen Interpolation durch ein Näherungspolygon, also eine stückweise lineare Funktion ersetzt. Zusätzlich setzen wir die auftretenden Funktionen als stetig voraus. Da alle Funktionen nur von einer Variablen abhängen, können wir das Vorgehen für eine stetige Funktion $h(x)$ beschreiben, die wir in einem Intervall $a \leqq x \leqq b$ betrachten. Entsprechend dem Vorgehen der linearen Interpolation teilen wir das Intervall $a \leqq x \leqq b$ durch Erklärung von $n + 1$ Stützstellen x^i, $i = 0, 1, \ldots, n$

$$a = x^0 < x^1 < x^2 < \cdots < x^n = b$$

in n Teilintervalle $[x^{i-1}\ x^i]$, $i = 1, 2, \ldots, n$ auf. Dann bestimmen wir die Funktionswerte von $h(x)$ an den Stützstellen und verbinden die benachbarten Kurvenpunkte $[x^{i-1}\ h(x^{i-1})]$ und $[x^i\ h(x^i)]$ durch eine Gerade (Abbildung 12.7). Der in der Abbildung 12.7 gestrichelt gezeichnete Polygonzug wird mit $\hat{h}(x)$ bezeichnet und bestimmt das gesuchte Näherungspolygon. Wir erkennen, daß dieses Vorgehen unabhängig von der Konvexität von $h(x)$ möglich ist. Durch Verkleinerung der Teilintervalle und durch geeignete Wahl der Stützstellen kann die Annäherung verbessert werden. In Abbildung 12.7 wurde $n = 4$ gewählt.

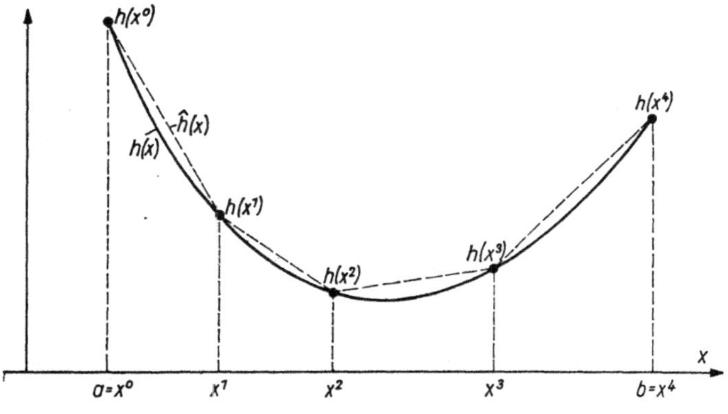

Abbildung 12.7

Wir nehmen jetzt an, daß aus ökonomischer Sicht die Wahl der Variablen x_j auf ein Intervall

$$a_j \leqq x_j \leqq b_j, \quad j = 1, 2, \ldots, p$$

eingeschränkt werden kann, das im besprochenen Sinne in Teilintervalle zerlegt wird. Dann wird jeder Funktion $g_{ij}(x_j)$, $i = 1, 2, \ldots, q$; $j = 1, 2, \ldots, p$ und $f_j(x_j)$, $j = 1, 2, \ldots, p$ ein Näherungspolygon $\hat{g}_{ij}(x_j)$, $\hat{f}_j(x_j)$ zugeordnet und das Ausgangsproblem (12.26) bis (12.28) wird durch das *Näherungsproblem*

$$\sum_{j=1}^{p} \hat{g}_{ij}(x_j) \leqq b_i, \quad i = 1, 2, \ldots, q \tag{12.29}$$

$$x_j \geqq 0, \quad j = 1, 2, \ldots, p \tag{12.30}$$

$$z = \sum_{j=1}^{p} \hat{f}_j(x_j) \to \text{Min.} \tag{12.31}$$

ersetzt.

Damit haben wir den Grundgedanken der Approximationsmethode beschrieben. Wir müssen uns jetzt nur noch mit der analytischen Bestimmung der Näherungspolygone beschäftigen. Dazu knüpfen wir an die oben betrachtete Funktion $h(x)$ und ihr Näherungspolygon $\hat{h}(x)$ an. In dem Teilintervall $x^{i-1} \leqq x \leqq x^i$ ist die Steigung der Geraden durch

$$\frac{h(x^i) - h(x^{i-1})}{x^i - x^{i-1}}$$

gegeben. Folglich lautet der analytische Ausdruck für das Näherungspolygon in diesem Teilintervall

$$\hat{h}(x) = h(x^{i-1}) + \frac{h(x^i) - h(x^{i-1})}{x^i - x^{i-1}}(x - x^{i-1}), \quad x^{i-1} \leqq x \leqq x^i.$$

Jedes x des Teilintervalles läßt sich als konvexe Linearkombination

$$x = \lambda x^i + (1 - \lambda)\, x^{i-1}, \quad 0 \leqq \lambda \leqq 1$$

der Intervallendpunkte darstellen. Dann gilt

$$x - x^{i-1} = \lambda(x^i - x^{i-1})$$
$$\hat{h}(x) = \lambda h(x^i) + (1 - \lambda)\, h(x^{i-1}), \quad x^{i-1} \leqq x \leqq x^i.$$

Setzen wir

$$\lambda_i = \lambda, \quad \lambda_{i-1} = (1 - \lambda),$$

existieren für jedes $x \in [x^{i-1} \;\; x^i]$ eindeutig bestimmte λ_i, λ_{i-1}, so daß

$$x = \lambda_i x^i + \lambda_{i-1}\, x^{i-1},$$
$$\hat{h}(x) = \lambda_i h(x^i) + \lambda_{i-1} h(x^{i-1})$$
$$\lambda_i + \lambda_{i-1} = 1, \quad \lambda_i, \lambda_{i-1} \geqq 0$$

ist. Dann können wir für jedes $x \in [a \;\; b]$

$$x = \sum_{i=0}^{n} \lambda_i x^i \tag{12.32}$$

$$\hat{h}(x) = \sum_{i=0}^{n} \lambda_i h(x^i) \tag{12.33}$$

$$\sum_{i=0}^{n} \lambda_i = 1, \quad \lambda_i = 0, \; i = 1, 2, \ldots, n \tag{12.34}$$

schreiben, wenn wir folgende zusätzliche Forderungen einführen:

a) Es sind höchstens zwei λ_i in (12.32) bis (12.34) positiv.

b) Gibt es zwei von Null verschiedene λ_i und λ_j $(i > j)$, so müssen sie benachbart sein, das heißt, es muß $j = i - 1$ gelten.

Mit diesen Einschränkungen sind die λ_i in (12.32) bis (12.34) eindeutig bestimmt. Das geschilderte Vorgehen können wir jetzt für jede Funktion $\hat{g}_{ij}, \hat{f}_i$ des Näherungsproblems (12.29) bis (12.31) durchführen. Dazu teilen wir die Intervalle $a_j \leqq x_j \leqq b_j$, $j = 1, 2, \ldots, p$ in n_j Teilintervalle mit den Stützstellen

$$a_j = x_{0j} < x_{1j} < x_{2j} < \cdots < x_{n_j j} = b_j$$

auf. Dann gilt

$$x_j = \sum_{k=0}^{n_j} \lambda_{kj} x_{kj}, \quad j = 1, 2, \ldots, p, \tag{12.32'}$$

$$\hat{g}_{ij}(x_j) = \sum_{k=0}^{n_j} \lambda_{kj} g_{ij}(x_{kj}), \quad i = 1, 2, \ldots, q; \; j = 1, 2, \ldots, p,$$

$$\hat{f}_j(x_j) = \sum_{k=0}^{n_j} \lambda_{kj} f_j(x_{kj}), \quad j = 1, 2, \ldots, p,$$

$$\sum_{k=0}^{n_j} \lambda_{kj} = 1, \quad j = 1, 2, \ldots, p,$$

$$\lambda_{kj} \geqq 0 \text{ für alle } k, j.$$

Außerdem dürfen für jedes j höchstens zwei λ_{kj} von Null verschieden sein und diese müssen zusätzlich benachbart sein.
Das Näherungsproblem (12.29) bis (12.31) geht in die Optimierungsaufgabe

$$\sum_{j=1}^{p} \sum_{k=0}^{n_j} \lambda_{kj} g_{ij}(x_{kj}) \leqq b_i, \quad i = 1, 2, \ldots, q \tag{12.35}$$

$$\sum_{k=0}^{n_j} \lambda_{kj} = 1, \quad j = 1, 2, \ldots, p \tag{12.36}$$

$$\lambda_{kj} \geqq 0 \text{ für alle } k, j \tag{12.37}$$

$$z = \sum_{j=1}^{p} \sum_{k=0}^{n_j} \lambda_{kj} f_j(x_{kj}) \to \text{Min.} \tag{12.38}$$

über, bei der die Variablen λ_{kj} zu bestimmen sind. Die $g_{ij}(x_{kj})$ und $f_j(x_{kj})$ sind als gegebene Zahlen anzusehen, da sie Funktionswerte der betrachteten Funktionen an den jeweiligen Stützstellen angeben. Durch (12.35), (12.36) sind lineare Nebenbedingungen gegeben. (12.37) entspricht den Nichtnegativitätsforderungen und (12.38) stellt eine lineare Zielfunktion dar. Sind die λ_{kj} berechnet, können die zugehörigen Werte der Variablen x_j aus (12.32') ermittelt werden.
Damit würden (12.35) bis (12.38) eine lineare Optimierungsaufgabe darstellen, wenn nicht noch die Zusatzforderungen zu erfüllen währen, daß für jedes j höchstens zwei λ_{kj} von Null verschieden sind und diese zusätzlich benachbart sein müssen. Es läßt sich aber zeigen (vgl. [12.1]), daß eine Optimallösung der linearen Optimierungsaufgabe (12.35) bis (12.38) diese Zusatzforderungen automatisch erfüllt, wenn das Ausgangsproblem (12.26) bis (12.28) konvex ist.

Satz 12.18

Jede konvexe Optimierungsaufgabe (12.26) bis (12.28) mit trennbaren Funktionen läßt sich näherungsweise durch die lineare Optimierungsaufgabe (12.35) bis (12.38) ersetzen.

Wir wollen abschließend noch einige Bemerkungen zur beschriebenen Approximationsmethode machen:

a) Die Zahl der Variablen in der linearen Optimierungsaufgabe (12.35) bis (12.38) kann selbst bei einem relativ kleinen Ausgangsproblem (12.26) bis (12.28) erheblich groß sein. Man muß daher mit beachtlichen Rechenzeiten für die Lösung des Näherungsproblems rechnen.

b) Während das Ausgangsproblem nur q Nebenbedingungen besitzt, hat die lineare Näherungsaufgabe $q + p$ Nebenbedingungen.

c) Tritt eine Variable x_k in sämtlichen Nebenbedingungen und in der Zielfunktion nur linear auf

$$g_{ik}(x_k) = a_{ik}x_k, \; f_k(x_k) = c_k x_k, \qquad i = 1, 2, ..., q,$$

braucht keine Einteilung in Teilintervalle vorgenommen zu werden, so daß die Variable x_k nicht durch die λ_{ik} ausgedrückt zu werden braucht. In der linearen Optimierungsaufgabe tritt dann auch x_k als Variable auf. Dadurch kann sich die Zahl der Variablen zum Teil beträchtlich verringern. Außerdem fällt in (12.36) die entsprechende Nebenbedingung fort.

d) Aus der Art der Polygonnäherung geht hervor, daß auch das Näherungsproblem (12.29) bis (12.31) konvex sein muß, wenn dies für das Ausgangsproblem gilt.

e) Man kann zeigen, daß jede zulässige Lösung des Näherungsproblems (12.29) bis (12.31) auch eine zulässige Lösung von (12.26) bis (12.28) ist, wenn das Ausgangsproblem konvex ist.

f) Da bei einer konvexen Optimierungsaufgabe grundsätzlich jedes relative Minimum zugleich absolutes Minimum ist, wird durch die Approximationsmethode eine Annäherung des absoluten Minimums erreicht.

g) Man kann zeigen, daß mit wachsender Verfeinerung der Einteilung der x_j-Intervalle die Folge der Optimalwerte der Zielfunktion des Näherungsproblems gegen den optimalen Wert der Zielfunktion des Ausgangsproblems konvergiert. Für die Optimallösungen gilt diese Aussage nur, wenn das Ausgangsproblem eine eindeutige Optimallösung besitzt.

Nähere Ausführungen zu dem Approximationsverfahren, die sich nicht auf die Betrachtung konvexer Probleme beschränken, sind in [12.1] zu finden.

Beispiel 12.8

Vorgelegt sei die Aufgabe der quadratischen Optimierung

$$3x_1 + 2x_2 \leqq 4$$
$$x_1 + 4x_2 \leqq 12$$
$$x_1, x_2 \geqq 0$$
$$z = 2x_1 - 3x_2 + x_2^2 \rightarrow \text{Min.}$$

Es ist zu erkennen, daß eine Aufgabe mit trennbaren Funktionen vorliegt. Den Nachweis der Konvexität übergehen wir.

Die in (12.26) bis (12.28) auftretenden Funktionen lauten:

$$g_{11}(x_1) = 3x_1, \qquad g_{12}(x_2) = 2x_2,$$
$$g_{21}(x_1) = x_1, \qquad g_{22}(x_2) = 4x_2,$$
$$f_1(x_1) = 2x_1, \qquad f_2(x_2) = x_2^2 - 3x_2.$$

Da x_1 in sämtlichen Nebenbedingungen und in der Zielfunktion nur linear auftritt, braucht es nicht durch entsprechende λ-Größen im Näherungsproblem ersetzt zu werden. Aus der Betrachtung der Nebenbedingungen erkennt man sofort, daß x_2 höchstens den Wert 2 annehmen kann (für $x_1 = 0$

ergibt sich aus der ersten Nebenbedingung $2x_2 \leqq 4$). Wir haben daher das Intervall $0 \leqq x_2 \leqq 2$ in Teilintervalle aufzuteilen. Wir wählen

$$x_{02} = 0, \quad x_{12} = \frac{1}{2}, \quad x_{22} = 1, \quad x_{32} = \frac{3}{2}, \quad x_{42} = 2.$$

An diesen Stützstellen haben wir die Funktionswerte der Funktionen

$$g_{i2}(x_2), \quad i = 1, 2, \quad f_2(x_2)$$

zu berechnen:

$$g_{12} = 2x_2$$

$$g_{12}(x_{02}) = 0, \quad g_{12}(x_{12}) = 1, \quad g_{12}(x_{22}) = 2, \quad g_{12}(x_{32}) = 3, \quad g_{12}(x_{42}) = 4$$

$$g_{22} = 4x_2$$

$$g_{22}(x_{02}) = 0, \quad g_{22}(x_{12}) = 2, \quad g_{22}(x_{22}) = 4, \quad g_{22}(x_{32}) = 6, \quad g_{22}(x_{42}) = 8$$

$$f_2 = x_2^2 - 3x_2$$

$$f_2(x_{02}) = 0, \quad f_2(x_{12}) = -\frac{5}{4}, \quad f_2(x_{22}) = -2, \quad f_2(x_{23}) = -\frac{9}{4}, \quad f_2(x_{42}) = -2.$$

Die lineare Optimierungsaufgabe des Näherungsproblems (12.35) bis (12.38) lautet:

$$\begin{aligned} 3x_1 + \lambda_{12} + 2\lambda_{22} + 3\lambda_{32} + 4\lambda_{42} &\leqq 4 \\ x_1 + 2\lambda_{12} + 4\lambda_{22} + 6\lambda_{32} + 8\lambda_{42} &\leqq 12 \\ \lambda_{02} + \lambda_{12} + \lambda_{22} + \lambda_{32} + \lambda_{42} &= 1 \\ x_1, \lambda_{02}, \lambda_{12}, \lambda_{22}, \lambda_{32}, \lambda_{42} &\geqq 0 \\ z = 2x_1 - \frac{5}{4}\lambda_{12} - 2\lambda_{22} - \frac{9}{4}\lambda_{32} - 2\lambda_{42} &\to \text{Min.} \end{aligned}$$

Gesucht sind die Variablen $x_1, \lambda_{02}, \lambda_{12}, \lambda_{22}, \lambda_{32}, \lambda_{42}$. Den Näherungswert für x_2 findet man aus (12.32')

$$x_2 = \frac{1}{2}\lambda_{12} + \lambda_{22} + \frac{3}{2}\lambda_{32} + 2\lambda_{42}.$$

Bereits bei diesem sehr einfachen Beispiel hat sich ein relativ umfangreiches lineares Optimierungsproblem ergeben. Wären auch noch Nichtlinearitäten in x_1 aufgetreten, hätte sich eine entsprechende Zahl von λ-Größen für x_1 ergeben. Eine Verfeinerung der Intervallteilung würde zu einem weiteren Anwachsen des linearen Optimierungsproblems führen.

12.3. Hyperbolische Optimierung

Die Aufgabenstellung der hyperbolischen Optimierung wurde bereits im Abschnitt 12.1.7. erläutert. Dort haben wir auch eine Normalform für hyperbolische Optimierungsaufgaben angegeben.

$$\begin{aligned} \boldsymbol{A}\boldsymbol{x} &= \boldsymbol{b} \\ \boldsymbol{x} &\geqq \boldsymbol{o} \\ z &= \frac{\boldsymbol{c}^T\boldsymbol{x} + c_0}{\boldsymbol{d}^T\boldsymbol{x} + d_0} \to \text{Max.}, \end{aligned}$$

an die wir die weiteren Betrachtungen anschließen wollen. Offen ist bisher geblieben, welche Aussagen über die Optimallösungen gemacht werden können und wie der

Lösungsprozeß hyperbolischer Optimierungsaufgaben erfolgen kann. Wir werden im folgenden sehen, daß eine hyperbolische Optimierungsaufgabe, unter gewissen zusätzlichen Voraussetzungen, durch ein äquivalentes lineares Optimierungsproblem ersetzt werden kann.

Zunächst setzen wir voraus, daß die lineare Funktion $\boldsymbol{d}^T\boldsymbol{x} + d_0$ des Nenners der Zielfunktion nicht proportional zum Zähler ist. Das erscheint sinnvoll, da es sich sonst um kein echtes Problem der hyperbolischen Optimierung handelt, und die Zielfunktion in eine Konstante entarten würde.

Weiterhin möge die Nennerfunktion für jedes $\boldsymbol{x}$ aus dem zulässigen Bereich von Null verschieden sein:

$$\boldsymbol{d}^T\boldsymbol{x} + d_0 \neq 0. \tag{12.39}$$

Diese Voraussetzung mag auf den ersten Blick etwas einschneidend erscheinen. Wenn wir aber berücksichtigen, daß die hyperbolische Optimierungsaufgabe das Abbild eines realen Prozesses sein muß, wird die Voraussetzung einleuchtend. In der Umgebung einer zulässigen Lösung $\boldsymbol{x}$, für die der Nenner verschwindet, müßte die Zielfunktion beliebig großer oder beliebig kleiner Werte fähig sein, wenn nicht gleichzeitig auch noch die Zählerfunktion an dieser Stelle verschwindet. Das beliebig starke Anwachsen von z würde zur Unlösbarkeit der Optimierungsaufgabe führen. Aber auch beliebig kleine Werte der Zielfunktion erscheinen für ein reales Optimierungskriterium nicht vertretbar. Ist die Voraussetzung (12.39) erfüllt, dann muß $\boldsymbol{d}^T\boldsymbol{x} + d_0$ immer das gleiche Vorzeichen haben. Deshalb können wir auch

$$\boldsymbol{d}^T\boldsymbol{x} + d_0 > 0 \quad \text{für alle zulässigen } \boldsymbol{x} \tag{12.40}$$

annehmen, da man anderenfalls durch Multiplikation des Zählers und Nenners mit -1 die Bedingung (12.40) sichern kann.

Vielfach ist die Gültigkeit von (12.40) unmittelbar erkennbar. Das trifft zum Beispiel für $d_0 > 0$, $\boldsymbol{d} > \boldsymbol{o}$ zu. Sollte sich jedoch die Voraussetzung (12.40) nicht durch solche einfachen Überlegungen prüfen lassen, kann man zu den Nebenbedingungen

$$\left.\begin{aligned} A\boldsymbol{x} &= \boldsymbol{b} \\ \boldsymbol{x} &\geqq \boldsymbol{o} \end{aligned}\right\} \tag{12.41}$$

der hyperbolischen Optimierungsaufgabe die Gleichung

$$\boldsymbol{d}^T\boldsymbol{x} + d_0 = 0 \tag{12.42}$$

hinzufügen und mit den Methoden aus Kapitel 6. (Phase I der Simplexmethode) prüfen, ob es eine zulässige Lösung gibt, die den Bedingungen (12.41) und (12.42) genügt.

Der zulässige Bereich einer hyperbolischen Optimierungsaufgabe ist durch ein System linearer Nebenbedingungen bestimmt. Daher können alle im Kapitel 6. hergeleiteten Aussagen über den zulässigen Bereich übernommen werden. Weiterhin gilt der folgende Satz.

Satz 12.19

Ist die Zusatzvoraussetzung (12.40) erfüllt und der zulässige Bereich nicht leer und beschränkt, dann existiert ein Eckpunkt des zulässigen Bereiches, in dem die Zielfunktion ihren maximalen Wert annimmt.

Wir wollen jetzt zeigen, daß einer hyperbolischen Optimierungsaufgabe eine äquivalente lineare Optimierungsaufgabe zugeordnet werden kann. Dann reduziert sich das Problem der Lösung einer hyperbolischen Optimierungsaufgabe auf die Lösung einer linearen Optimierungsaufgabe.
Bezeichnen wir mit t einen positiven Parameter, können wir für die hyperbolische Optimierungsaufgabe

$$\begin{aligned} A(t\boldsymbol{x}) &= t\boldsymbol{b} \\ t\boldsymbol{x} &\geqq \boldsymbol{o} \\ z &= \frac{\boldsymbol{c}^T(t\boldsymbol{x}) + tc_0}{\boldsymbol{d}^T(t\boldsymbol{x}) + td_0} \to \text{Max.} \end{aligned}$$

schreiben. Mit der Substitution

$$\boldsymbol{y} = t\boldsymbol{x} \tag{12.43}$$

ergibt sich

$$\begin{aligned} A\boldsymbol{y} &= t\boldsymbol{b} \\ \boldsymbol{y} &\geqq \boldsymbol{o}, \; t > 0 \\ z &= \frac{\boldsymbol{c}^T\boldsymbol{y} + tc_0}{\boldsymbol{d}^T\boldsymbol{y} + td_0} \to \text{Max.} \end{aligned}$$

Diesem Problem ordnen wir die lineare Optimierungsaufgabe

$$A\boldsymbol{y} - \boldsymbol{b}t = \boldsymbol{o} \tag{12.44}$$

$$\boldsymbol{d}^T\boldsymbol{y} + d_0 t = 1 \tag{12.45}$$

$$\boldsymbol{y} \geqq \boldsymbol{o}, \; t \geqq 0 \tag{12.46}$$

$$\tilde{z} = \boldsymbol{c}^T\boldsymbol{y} + c_0 t \to \text{Max.} \tag{12.47}$$

mit den Nebenbedingungen (12.44), (12.45), den Nichtnegativitätsforderungen (12.46) und der linearen Zielfunktion (12.47) zu. Die Optimierungsaufgabe (12.44) bis (12.47) hängt von den Variablen $y_1, y_2, \ldots, y_n$ (Komponenten des Vektors $\boldsymbol{y}$) und t ab. Durch die Gleichung (12.45) wird der Parameter t so gewählt, daß für jeden Vektor $\boldsymbol{y}$ der Nenner der Zielfunktion gleich eins ist. Dadurch können wir uns auf die Maximierung des Zählers der Zielfunktion beschränken.
Die Äquivalenz zwischen der linearen Optimierungsaufgabe (12.44) bis (12.47) und der gegebenen hyperbolischen Optimierungsaufgabe ist aber nur gesichert, wenn $t > 0$ ist. In (12.46) haben wir aber $t \geqq 0$ fordern müssen, um zu sichern, daß der zulässige Bereich der linearen Aufgabe abgeschlossen ist. Nun läßt sich aber zeigen, daß für einen beschränkten zulässigen Bereich der hyperbolischen Optimierungsaufgabe in der Optimallösung der zugehörigen linearen Aufgabe stets $t > 0$ gelten muß.

Satz 12.20

Ist die Zusatzvoraussetzung (12.40) erfüllt und der zulässige Bereich nicht leer und beschränkt, kann jeder hyperbolischen Optimierungsaufgabe eine äquivalente lineare Optimierungsaufgabe zugeordnet werden. Beide Aufgaben besitzen denselben optimalen Wert der Zielfunktion. Zu jeder Optimallösung ($\boldsymbol{y}$, t) der linearen Optimierungsaufgabe gehört eine Optimallösung der hyperbolischen Optimierungsaufgabe, die sich durch (12.43) ergibt.

Beispiel 12.9

Wir betrachten die hyperbolische Optimierungsaufgabe

$$\begin{aligned}
2x_1 + x_2 - x_3 + x_4 \qquad &= 5 \\
x_1 + 3x_2 \qquad + x_5 &= 3 \\
x_i \geqq 0,\ i = 1, 2, \ldots, 5 \\
\tilde{z} = \frac{x_1 + x_2 - x_3 + 7}{3x_1 + 2x_2 + x_3 + 1} &\to \text{Max.}
\end{aligned}$$

Die Zusatzvoraussetzung (12.40) ist offensichtlich erfüllt. Das zugeordnete lineare Optimierungsproblem lautet

$$\begin{aligned}
2y_1 + y_2 - y_3 + y_4 \qquad - 5t &= 0 \\
y_1 + 3y_2 \qquad + y_5 - 3t &= 0 \\
3y_1 + 2y_2 + y_3 \qquad + t &= 1 \\
y_i \geqq 0,\ i = 1, 2, \ldots, 5;\ t \geqq 0 \\
\hat{z} = y_1 + y_2 - y_3 + 7t &\to \text{Max.}
\end{aligned}$$

Zwischen den Variablen besteht der Zusammenhang

$$y_i = tx_i,\ i = 1, 2, \ldots, 5.$$

12.4. Satz von Kuhn-Tucker

12.4.1. Satz von Kuhn-Tucker für konvexe Probleme

Im Abschnitt 12.1.6. haben wir gesehen, daß jedes relative Minimum einer konvexen Optimierungsaufgabe

$$\begin{aligned}
g_i(\boldsymbol{x}) \leqq 0, \quad i = 1, 2, \ldots, q \\
\boldsymbol{x} \geqq \boldsymbol{o} \\
z = f(\boldsymbol{x}) \to \text{Min.}
\end{aligned}$$

zugleich das absolute Minimum ist. Diese Aussage wird durch Satz 12.11 noch dahingehend ergänzt, daß bei Vorliegen von stetigen partiellen Ableitungen für die Funktion $f(\boldsymbol{x})$ die notwendigen Bedingungen der Differentialrechnung für relative Extrema sogar hinreichend sind. Diese Ergebnisse fordern direkt dazu auf, das Vorgehen der Differentialrechnung bei der Untersuchung konvexer Optimierungsaufgaben zu verwenden. Zur Bestimmung der relativen Extrema von Extremwertaufgaben mit Nebenbedingungen haben wir im Kapitel 9. die *Lagrangesche Funktion* eingeführt. Wir erklären daher auch für die konvexe Optimierungsaufgabe eine Lagrangesche Funktion durch die Gleichung

$$F(\boldsymbol{x}\ \boldsymbol{u}) = f(\boldsymbol{x}) + \sum_{i=1}^{q} u_i g_i(\boldsymbol{x}). \tag{12.48}$$

Mit $u_1, u_2, \ldots, u_q$ werden die Lagrangeschen Multiplikatoren bezeichnet. Bei den klassischen Extremwertaufgaben der Differentialrechnung werden als Nebenbedingungen nur Gleichungen zugelassen. Bei den konvexen Optimierungsaufgaben treten jedoch als Nebenbedingungen Ungleichungen auf. Man kann daher die fol-

genden Betrachtungen in gewisser Weise als Erweiterung der Lagrangeschen Methode auf konvexe Optimierungsaufgaben bezeichnen.
Fassen wir die Lagrangeschen Multiplikatoren $u_1, u_2, \ldots, u_q$ zu einem Vektor $\boldsymbol{u}$ und die Funktionen $g_1(\boldsymbol{x}), g_2(\boldsymbol{x}), \ldots, g_q(\boldsymbol{x})$ zu einem Vektor $\boldsymbol{g}(\boldsymbol{x})$ zusammen, können wir für (12.48)

$$F(\boldsymbol{x}\ \boldsymbol{u}) = f(\boldsymbol{x}) + \boldsymbol{u}^T\boldsymbol{g}(\boldsymbol{x}) \tag{12.49}$$

schreiben.
Im Kapitel 9. haben wir den Begriff des *Sattelpunktes* einer Funktion mehrerer Variabler kennengelernt. Da der Sattelpunkt der Lagrangeschen Funktion für die Theorie von Kuhn und Tucker von grundsätzlicher Bedeutung ist, wollen wir diesen Begriff, bezogen auf die Lagrangesche Funktion, nochmals in Form einer Definition erklären.

Definition 12.16

Ein Punkt $\begin{pmatrix}\boldsymbol{x}^*\\ \boldsymbol{u}^*\end{pmatrix}$ *des* $(p+q)$*-dimensionalen Raumes mit* $\boldsymbol{x}^* \geqq \boldsymbol{o}$, $\boldsymbol{u}^* \geqq \boldsymbol{o}$ *heißt Sattelpunkt der Lagrangeschen Funktion bezüglich der Teilmenge* $\boldsymbol{x} \geqq \boldsymbol{o}$, $\boldsymbol{u} \geqq \boldsymbol{o}$, *wenn für alle* $\boldsymbol{x} \geqq \boldsymbol{o}$, $\boldsymbol{u} \geqq \boldsymbol{o}$ *die Sattelpunktsbedingung*

$$F(\boldsymbol{x}^*\ \boldsymbol{u}) \leqq F(\boldsymbol{x}^*\ \boldsymbol{u}^*) \leqq F(\boldsymbol{x}\ \boldsymbol{u}^*) \tag{12.50}$$

gilt.

Wegen (12.50) besitzt die Lagrangesche Funktion im Sattelpunkt $\begin{pmatrix}\boldsymbol{x}^*\\ \boldsymbol{u}^*\end{pmatrix}$ bezüglich $\boldsymbol{x}$ ein globales Minimum über dem Bereich $\boldsymbol{x} \geqq \boldsymbol{o}$ und bezüglich $\boldsymbol{u}$ ein globales Maximum über dem Bereich $\boldsymbol{u} \geqq \boldsymbol{o}$.

Satz 12.21

Ist $\begin{pmatrix}\boldsymbol{x}^*\\ \boldsymbol{u}^*\end{pmatrix}$ *ein Sattelpunkt der Lagrangeschen Funktion, so stellt* $\boldsymbol{x}^*$ *eine Optimallösung der konvexen Optimierungsaufgabe dar.*

Dieser Satz, zu dessen Beweis wir auf [12.4] verweisen, läßt die Bedeutung des Sattelpunktes der Lagrangeschen Funktion für die Theorie der konvexen Optimierung erkennen. Stellt man jedoch die Frage nach der Umkehrung dieses Satzes, ob also auch zu jeder Optimallösung einer konvexen Optimierungsaufgabe ein Sattelpunkt der Lagrangeschen Funktion gehört, erkennt man leicht, daß dieses ohne Zusatzvoraussetzungen nicht möglich ist. In [12.4] ist dafür ein sehr einfaches Beispiel angegeben worden: Für die konvexe Optimierungsaufgabe

$$\begin{aligned} x^2 &\leqq 0\\ x &\geqq 0\\ z &= -x \to \text{Min.}\end{aligned}$$

mit einer Variablen x lautet die Lagrangesche Funktion

$$F(x\ u) = -x + ux^2.$$

Den Bedingungen $x^2 \leqq 0$, $x \geqq 0$ kann nur der Punkt $x = 0$ genügen. Damit ist natürlich auch $x = 0$ Optimallösung. Die Sattelpunktsbedingung für $x^* = 0$ lautet

$$F(0\ u) \leqq F(0\ u^*) \leqq F(x\ u^*),$$

das heißt

$0 \leqq 0 \leqq -x + u^* x^2$

für passendes $u^* \geqq 0$. Die Ungleichung $0 \leqq -x + u^* x^2$ kann aber nicht für alle $x \geqq 0$ gelten. Also ist die Sattelpunktsbedingung nicht erfüllt und zur Optimallösung $x = 0$ der konvexen Optimierungsaufgabe gehört kein Sattelpunkt der Lagrangeschen Funktion.

Eine Zusatzvoraussetzung, die die Umkehrung von Satz 12.21 ermöglicht, ist die folgende:

Es existiert eine zulässige Lösung $\tilde{\boldsymbol{x}}$ der konvexen Optimierungsaufgabe, für die

$$g_i(\tilde{x}) < 0, \quad i = 1, 2, \ldots, q \tag{12.51}$$

gilt.

Die Umkehrung von Satz 12.21 ist Hauptanliegen des Satzes von Kuhn-Tucker. Aus diesem Grunde wird der Satz von Kuhn-Tucker auch als *Sattelpunkttheorem* bezeichnet. Zum Beweis des Satzes von Kuhn-Tucker verweisen wir auf [12.4].

Satz 12.22 (Kuhn-Tucker)

Ist die Zusatzvoraussetzung (12.51) erfüllt, so stellt ein Vektor $\boldsymbol{x}^* \geqq \boldsymbol{o}$ dann und nur dann eine Optimallösung der konvexen Optimierungsaufgabe dar, wenn ein Vektor $\boldsymbol{u}^* \geqq \boldsymbol{o}$ existiert, so daß $\begin{pmatrix}\boldsymbol{x}^*\\ \boldsymbol{u}^*\end{pmatrix}$ Sattelpunkt der Lagrangeschen Funktion ist.

Die Sattelpunktsbedingung (12.50) ist eine globale Bedingung für die Lagrangesche Funktion, da $F(\boldsymbol{x}^*\ \boldsymbol{u}^*)$ mit $F(\boldsymbol{x}^*\ \boldsymbol{u})$ und $F(\boldsymbol{x}\ \boldsymbol{u}^*)$ für alle $\boldsymbol{x} \geqq \boldsymbol{o}$, $\boldsymbol{u} \geqq \boldsymbol{o}$ verglichen wird. Sind die in der konvexen Optimierungsaufgabe auftretenden Funktionen jedoch differenzierbar, kann (12.50) durch eine lokale Bedingung ersetzt werden. Gleichzeitig erhält man dadurch den sogenannten lokalen Satz von Kuhn-Tucker. Vorbereitend dazu führen wir noch die beiden Gradientenvektoren

$$\operatorname{grad}_{\boldsymbol{x}} F = \left[\frac{\partial F}{\partial x_1}\ \frac{\partial F}{\partial x_2}\ \cdots\ \frac{\partial F}{\partial x_p}\right]^T,$$

$$\operatorname{grad}_{\boldsymbol{u}} F = \left[\frac{\partial F}{\partial u_1}\ \frac{\partial F}{\partial u_2}\ \cdots\ \frac{\partial F}{\partial u_q}\right]^T$$

der Lagrangeschen Funktion ein.

Satz 12.23

Ist die Zusatzvoraussetzung (12.51) erfüllt und besitzen die Funktionen $f(\boldsymbol{x})$, $g_i(\boldsymbol{x})$, $i = 1, 2, \ldots, q$ der konvexen Optimierungsaufgabe partielle Ableitungen erster Ordnung nach allen Variablen, so stellt ein Vektor $\boldsymbol{x}^* \geqq \boldsymbol{o}$ dann und nur dann eine Optimallösung der konvexen Optimierungsaufgabe dar, wenn ein Vektor $\boldsymbol{u}^* \geqq \boldsymbol{o}$ existiert, so daß

$$\operatorname{grad}_{\boldsymbol{x}} F(\boldsymbol{x}^*\ \boldsymbol{u}^*) \geqq \boldsymbol{o}, \tag{12.52}$$

$$\operatorname{grad}_{\boldsymbol{u}} F(\boldsymbol{x}^*\ \boldsymbol{u}^*) \leqq \boldsymbol{o}, \tag{12.53}$$

$$\boldsymbol{x}^{*T} \operatorname{grad}_{\boldsymbol{x}} F(\boldsymbol{x}^*\ \boldsymbol{u}^*) = 0, \tag{12.54}$$

$$\boldsymbol{u}^{*T} \operatorname{grad}_{\boldsymbol{u}} F(\boldsymbol{x}^*\ \boldsymbol{u}^*) = 0 \tag{12.55}$$

gilt.

Auf den Sätzen von Kuhn und Tucker bauen die meisten Lösungsverfahren der konvexen Optimierung auf. Wir wollen hier die Theorie von Kuhn-Tucker für konvexe Aufgaben nicht weiter verfolgen, sondern uns mit ihrer Spezialisierung auf quadratische Optimierungsaufgaben beschäftigen.

12.4.2. Bedingungen von Kuhn-Tucker für quadratische Probleme

Um einen besseren Anschluß an die Betrachtungen über konvexe Optimierungsaufgaben zu erhalten, gehen wir von der folgenden Normalform für quadratische Probleme aus:

$$\boldsymbol{A}\boldsymbol{x} \leqq \boldsymbol{b} \tag{12.56}$$

$$\boldsymbol{x} \geqq \boldsymbol{o} \tag{12.57}$$

$$z = \boldsymbol{x}^T\boldsymbol{C}\boldsymbol{x} + \boldsymbol{c}^T\boldsymbol{x} \rightarrow \text{Min.} \tag{12.58}$$

Diese Form unterscheidet sich von der im Abschnitt 12.1.8. betrachteten dadurch, daß als Nebenbedingungen nur Ungleichungen zugelassen werden. Daher ist auch der in (12.56) bis (12.58) auftretende Typ der Matrizen und Vektoren zu denen in (12.20′) bis (12.22′) im allgemeinen unterschiedlich. Da wir es aber mit einem linearen System von Nebenbedingungen zu tun haben, kann die Überführung auf die Form (12.56) bis (12.58) durch das aus Kapitel 6. bekannte Vorgehen erfolgen.

Für die quadratische Optimierungsaufgabe von Beispiel 12.7 erhalten wir

$$z = 2x_1^2 - 6x_1x_2 + 7x_2^2 - x_1 + x_2 \rightarrow \text{Min.}$$

$$\begin{aligned} x_1 - 2x_2 &\leqq 3 \\ -x_1 - x_2 &\leqq -2 \\ 2x_1 + 3x_2 &\leqq 3 \\ -2x_1 - 3x_2 &\leqq -3 \\ x_1, x_2 &\geqq 0. \end{aligned}$$

Dann gilt für die Matrizen und Vektoren der Form (12.56) bis (12.58)

$$\boldsymbol{A} = \begin{bmatrix} 1 & -2 \\ -1 & -1 \\ 2 & 3 \\ -2 & -3 \end{bmatrix}, \quad \boldsymbol{b} = \begin{bmatrix} 3 \\ -2 \\ 3 \\ -3 \end{bmatrix},$$

$$\boldsymbol{x} = \begin{bmatrix} x_1 \\ x_2 \end{bmatrix}, \quad \boldsymbol{C} = \begin{bmatrix} 2 & -3 \\ -3 & 7 \end{bmatrix}, \quad \boldsymbol{c} = \begin{bmatrix} -1 \\ 1 \end{bmatrix}.$$

Vergleichen wir diese Ergebnisse mit denen von Beispiel 12.7, erkennen wir die Unterschiedlichkeit der in den beiden Formen verwendeten Matrizen und Vektoren.

Die Lagrangesche Funktion für die quadratische Optimierungsaufgabe (12.56) bis (12.58) lautet dann

$$F(\boldsymbol{x}\ \boldsymbol{u}) = \boldsymbol{x}^T\boldsymbol{C}\boldsymbol{x} + \boldsymbol{c}^T\boldsymbol{x} + \boldsymbol{u}^T(\boldsymbol{A}\boldsymbol{x} - b).$$

Es gilt

$$\text{grad}_{\boldsymbol{x}} F = 2\boldsymbol{C}\boldsymbol{x} + \boldsymbol{c} + \boldsymbol{A}^T\boldsymbol{u},$$

$$\text{grad}_{\boldsymbol{u}} F = \boldsymbol{A}\boldsymbol{x} - \boldsymbol{b}.$$

Es läßt sich nun zeigen, daß bei konvexen quadratischen Optimierungsaufgaben auf die Zusatzbedingung (12.51) verzichtet werden kann. Außerdem soll hervorgehoben werden, daß die partiellen Ableitungen der Lagrangeschen Funktion für quadratische Optimierungsaufgaben grundsätzlich existieren.

Satz 12.24

Für konvexe quadratische Optimierungsaufgaben gelten die Sätze 12.22 und 12.23 ohne die Zusatzvoraussetzung (12.51).

Man führt nun durch die Gleichungen

$$\boldsymbol{v} = \mathrm{grad}_{\boldsymbol{x}} F$$
$$\boldsymbol{y} = -\mathrm{grad}_{\boldsymbol{u}} F$$

zwei Vektoren ein, deren Komponenten man als Hilfsvariable zu bezeichnen pflegt. Dann können wir für die Bedingungen (12.52) bis (12.55)

$$\boldsymbol{v}^* = \mathrm{grad}_{\boldsymbol{x}} F(\boldsymbol{x}^*\ \boldsymbol{u}^*) = 2\boldsymbol{C}\boldsymbol{x}^* + \boldsymbol{c} + \boldsymbol{A}^T\boldsymbol{u}^* \geqq \boldsymbol{o} \tag{12.59}$$
$$\boldsymbol{y}^* = -\mathrm{grad}_{\boldsymbol{u}} F(\boldsymbol{x}^*\ \boldsymbol{u}^*) = -\boldsymbol{A}\boldsymbol{x}^* + \boldsymbol{b} \geqq \boldsymbol{o} \tag{12.60}$$
$$\boldsymbol{x}^{*T}\boldsymbol{v}^* = 0 \tag{12.61}$$
$$\boldsymbol{u}^{*T}\boldsymbol{y}^* = 0 \tag{12.62}$$

schreiben. Fordern wir

$$\boldsymbol{v}^* \geqq \boldsymbol{o},\ \boldsymbol{y}^* \geqq \boldsymbol{o},$$

lassen sich die Bedingungen (12.61), (12.62) in einer Bedingung

$$\boldsymbol{x}^{*T}\boldsymbol{v}^* + \boldsymbol{u}^{*T}\boldsymbol{y}^* = 0$$

vereinigen, da alle Summanden dieser Skalarprodukte nichtnegativ sind. Für Satz 12.23 können wir dann die folgende Formulierung geben.

Satz 12.25

Ein Vektor $\boldsymbol{x}^* \geqq \boldsymbol{o}$ stellt dann und nur dann eine Optimallösung der konvexen quadratischen Optimierungsaufgabe (12.56) bis (12.58) dar, wenn Vektoren

$$\boldsymbol{u}^* \geqq \boldsymbol{o},\ \boldsymbol{v}^* \geqq \boldsymbol{o},\ \boldsymbol{y}^* \geqq \boldsymbol{o}$$

existieren, so daß

$$\boldsymbol{v}^* - 2\boldsymbol{C}\boldsymbol{x}^* - \boldsymbol{A}^T\boldsymbol{u}^* = \boldsymbol{c} \tag{12.63}$$
$$\boldsymbol{A}\boldsymbol{x}^* + \boldsymbol{y}^* = \boldsymbol{b} \tag{12.64}$$
$$\boldsymbol{x}^{*T}\boldsymbol{v}^* + \boldsymbol{u}^{*T}\boldsymbol{y}^* = 0 \tag{12.65}$$

gilt.

Die Bedingungen (12.63) und (12.64) von Satz 12.25 sind linear. Lediglich in (12.65) haben wir eine nichtlineare Bedingung gefunden.

Für das Beispiel 12.7, das wir einleitend zu diesen Untersuchungen in die Form (12.56) bis (12.58) überführt haben, lauten mit

$$\boldsymbol{u}^* = \begin{bmatrix} u_1^* \\ u_2^* \\ u_3^* \\ u_4^* \end{bmatrix}, \quad \boldsymbol{v}^* = \begin{bmatrix} v_1^* \\ v_2^* \end{bmatrix}, \quad \boldsymbol{y}^* = \begin{bmatrix} y_1^* \\ y_2^* \\ y_3^* \\ y_4^* \end{bmatrix}$$

die lokalen Kuhn-Tucker-Bedingungen von Satz 12.25

$$
\begin{aligned}
v_1^* - 4x_1^* + \ 6x_2^* - \ u_1^* + u_2^* - 2u_3^* + 2u_4^* &= -1\\
v_2^* + 6x_1^* - 14x_2^* + 2u_1^* + u_2^* - 3u_3^* + 3u_4^* &= 1\\
x_1^* - 2x_2^* + y_1^* &= 3\\
-x_1^* - \ x_2^* + y_2^* &= -2\\
2x_1^* + 3x_2^* + y_3^* &= 3\\
-2x_1^* - 3x_2^* + y_4^* &= -3\\
x_1^*v_1^* + x_2^*v_2^* + u_1^*y_1^* + u_2^*y_2^* + u_3^*y_3^* + u_4^*y_4^* &= 0\\
x_1^*, x_2^* &\geqq 0\\
u_1^*, u_2^*, u_3^*, u_4^* &\geqq 0\\
v_1^*, v_2^* &\geqq 0\\
y_1^*, y_2^*, y_3^*, y_4^* &\geqq 0.
\end{aligned}
$$

Bisher haben wir die Kuhn-Tucker-Bedingungen auf die Form (12.56) bis (12.58) bezogen. Viele Lösungsverfahren der quadratischen Optimierung knüpfen jedoch an die Normalform

$$\boldsymbol{A}\boldsymbol{x} = \boldsymbol{b} \tag{12.66}$$

$$\boldsymbol{x} \geqq \boldsymbol{o} \tag{12.67}$$

$$z = \boldsymbol{x}'\boldsymbol{C}\boldsymbol{x} + \boldsymbol{c}'\boldsymbol{x} \rightarrow \text{Min.} \tag{12.68}$$

an. Es ist daher wünschenswert, die Kuhn-Tucker-Bedingungen auch für diese Normalform zu kennen. Ohne daß wir die Herleitung der Bedingungen für die Aufgabe (12.66) bis (12.68) hier verfolgen, wollen wir doch das Ergebnis in einem Satz zusammenfassen.

Satz 12.26

Ein Vektor $\boldsymbol{x}^* \geqq \boldsymbol{o}$ stellt dann und nur dann eine Optimallösung der konvexen quadratischen Optimierungsaufgabe (12.66) bis (12.68) dar, wenn Vektoren $\boldsymbol{u}^*$ und $\boldsymbol{v}^* \geqq \boldsymbol{o}$ existieren, so daß

$$\boldsymbol{v}^* - 2\boldsymbol{C}\boldsymbol{x}^* - \boldsymbol{A}^T\boldsymbol{u}^* = \boldsymbol{c} \tag{12.69}$$

$$\boldsymbol{A}\boldsymbol{x}^* = \boldsymbol{b} \tag{12.70}$$

$$\boldsymbol{x}^{*T}\boldsymbol{v}^* = 0 \tag{12.71}$$

gilt.

In Satz 12.26 tritt nur noch ein Hilfsvektor $\boldsymbol{v}^*$ auf. Außerdem soll hervorgehoben werden, daß der Vektor $\boldsymbol{u}^*$ den Nichtnegativitätsforderungen nicht zu genügen braucht. Die Bedingungen (12.69) und (12.70) sind wieder linear. Lediglich (12.71) stellt eine nichtlineare Bedingung dar.

Für das Beispiel 12.7 lauten mit

$$u^* = \begin{bmatrix} u_1^* \\ u_2^* \\ u_3^* \end{bmatrix}, \quad v^* = \begin{bmatrix} v_1^* \\ v_2^* \\ v_3^* \\ v_4^* \end{bmatrix}$$

die lokalen Kuhn-Tucker-Bedingungen von Satz 12.26

$$\begin{aligned}
&v_1^* - 4x_1^* + 6x_2^* - u_1^* - u_2^* - 2u_3^* = -1\\
&v_2^* + 6x_1^* - 7x_2^* + 2u_1^* - u_2^* - 3u_3^* = 1\\
&v_3^* - u_1^* = 0\\
&v_4^* + u_2^* = 0\\
&x_1^* - 2x_2^* + x_3^* = 3\\
&x_1^* + x_2^* - x_4^* = 2\\
&2x_1^* + 3x_2^* = 3\\
&x_1^*v_1^* + x_2^*v_2^* + x_3^*v_3^* + x_4^*v_4^* = 0\\
&x_1^*, x_2^*, x_3^*, x_4^* \geqq 0\\
&v_1^*, v_2^*, v_3^*, v_4^* \geqq 0.
\end{aligned}$$

12.5. Quadratische Optimierung

12.5.1. Allgemeine Aussagen über quadratische Probleme

Bei quadratischen Optimierungsaufgaben werden, wie schon mehrfach bemerkt, lineare Nebenbedingungen betrachtet. Daher können solche Begriffe wie zulässige Basislösungen, Degeneration usw., die sich nur auf die Nebenbedingungen der Optimierungsaufgabe beziehen, aus der linearen Optimierung übernommen werden. Ebenso behalten alle Sätze von Kapitel 6. über den zulässigen Bereich Gültigkeit.
Bereits im Abschnitt 12.1. haben wir gesehen, daß bei Vorliegen relativer Extrema, die sich vom gesuchten absoluten Extremum unterscheiden, nicht gesichert werden kann, daß die Lösungsverfahren, falls sie überhaupt anwendbar sind, das absolute Extremum liefern. Wir werden die weiteren Betrachtungen daher auf konvexe quadratische Optimierungsaufgaben beschränken. Dann gelten alle im Abschnitt 12.1.6. gemachten Aussagen für Probleme der konvexen Optimierung auch für konvexe quadratische Optimierungsaufgaben.
Im Abschnitt 12.1.6. haben wir gesehen, daß bei einem nicht leeren und beschränkten zulässigen Bereich einer konvexen Optimierungsaufgabe wenigstens eine Optimallösung existiert (Satz 12.15). Jedoch konnte nicht wie in der linearen Optimierung gesichert werden, daß bei einem unbeschränkten zulässigen Bereich aus der Beschränktheit der Zielfunktion nach unten auf die Existenz einer Optimallösung geschlossen werden kann. Bei konvexen quadratischen Optimierungsaufgaben läßt sich jedoch diese Aussage bestätigen.

Satz 12.27

Ist der zulässige Bereich einer konvexen quadratischen Optimierungsaufgabe nicht leer und die Zielfunktion auf dieser Menge nach unten beschränkt, existiert wenigstens eine Optimallösung.

Damit haben wir bei konvexen quadratischen Optimierungsaufgaben eine zusätzliche Analogie zur linearen Optimierung gefunden.
Wir haben die Kuhn-Tucker-Bedingungen für konvexe quadratische Optimierungsaufgaben formuliert. Ein Teil dieser Bedingungen läßt eine einfache Interpretation

zu, mit der wir uns jetzt beschäftigen wollen. Es kann nämlich gezeigt werden, daß die linearen Kuhn-Tucker-Bedingungen zusammen mit den Nichtnegativitätsforderungen notwendige und hinreichende Bedingungen für die Lösbarkeit der quadratischen Optimierungsaufgabe sind.

Satz 12.28

Die konvexe quadratische Optimierungsaufgabe (12.56) bis (12.58) hat genau dann wenigstens eine Optimallösung, wenn die linearen Kuhn-Tucker-Bedingungen (12.63), (12.64) durch Vektoren

$\boldsymbol{x}^* \geqq \boldsymbol{o},\ \boldsymbol{u}^* \geqq \boldsymbol{o},\ \boldsymbol{v}^* \geqq \boldsymbol{o},\ \boldsymbol{y}^* \geqq \boldsymbol{o}$

gelöst werden können.

Es ist einleuchtend, daß ein entsprechender Satz auch für quadratische Optimierungsaufgaben in der Normalform (12.66) bis (12.68) gilt. Dabei fällt wieder die Nichtnegativitätsforderung für den Vektor $\boldsymbol{u}^*$ weg.

Satz 12.29

Die konvexe quadratische Optimierungsaufgabe (12.66) bis (12.68) hat genau dann wenigstens eine Optimallösung, wenn die linearen Kuhn-Tucker-Bedingungen (12.69), (12.70) durch Vektoren $\boldsymbol{u}^*$ *sowie*

$\boldsymbol{x}^* \geqq \boldsymbol{o},\ \boldsymbol{v}^* \geqq \boldsymbol{o}$

gelöst werden können.

12.5.2. Dualität

Auch zu einer quadratischen Optimierungsaufgabe kann man eine duale Aufgabe erklären, die wiederum ein Problem der quadratischen Optimierung ist. Wir beschränken uns hier auf die Erklärung des Dualproblems für quadratische Optimierungsaufgaben in der Form

$$\boldsymbol{Ax} \leqq \boldsymbol{b}$$
$$\boldsymbol{x} \geqq \boldsymbol{o}$$
$$z = \boldsymbol{x}^T\boldsymbol{Cx} + \boldsymbol{c}^T\boldsymbol{x} \to \text{Min.}$$

In diesem Zusammenhang sprechen wir dann wieder vom *Primalproblem.*

Definition 12.17

Als Dualproblem zur primalen Aufgabe (12.56) bis (12.58) bezeichnet man die quadratische Optimierungsaufgabe

$$2\boldsymbol{Cw} + \boldsymbol{A}^T\boldsymbol{u} + \boldsymbol{c} \geqq \boldsymbol{o} \tag{12.72}$$
$$\boldsymbol{u} \geqq \boldsymbol{o} \tag{12.73}$$
$$\hat{z} = -\boldsymbol{w}^T\boldsymbol{Cw} - \boldsymbol{b}^T\boldsymbol{u} \to \text{Max.} \tag{12.74}$$

Die Komponenten der Vektoren $\boldsymbol{u}$ und $\boldsymbol{w}$ sind die Dualvariablen. Man überzeugt sich leicht, daß diese Definition im linearen Falle ($\boldsymbol{C}$ gleich der Nullmatrix) mit der Definition des Dualproblems bei linearen Optimierungsaufgaben übereinstimmt.

Beispiel 12.10

Vorgelegt sei das Primalproblem

$$
\begin{aligned}
x_1 - 2x_2 &\leqq 3\\
-x_1 - x_2 &\leqq -2\\
2x_1 + 3x_2 &\leqq 3\\
-2x_1 - 3x_2 &\leqq -3\\
x_1, x_2 &\geqq 0\\
z = 2x_1^2 - 6x_1x_2 + 7x_2^2 - x_1 + x_2 &\to \text{Min.}
\end{aligned}
$$

von Abschnitt 12.4.2. Das zugehörige Dualproblem lautet:

$$
\begin{aligned}
&4w_1 - 6w_2 + u_1 - u_2 + 2u_3 - 2u_4 - 1 \geqq 0\\
&-6w_1 + 14w_2 - 2u_1 - u_2 + 3u_3 - 3u_4 + 1 \geqq 0\\
&u_1, u_2, u_3, u_4 \geqq 0\\
&\hat{z} = -2w_1^2 + 6w_1w_2 - 7w_2^2 - 3u_1 + 2u_2 - 3u_3 + 3u_4 \to \text{Max.}
\end{aligned}
$$

Für das Lösungsverhalten der primalen und dualen Aufgabe lassen sich ähnliche Sätze wie in der linearen Optimierung herleiten. Jedoch ist die Dualität bei quadratischen Aufgaben von nicht so grundsätzlicher Bedeutung, da eine nochmalige Dualisierung der dualen Aufgabe nicht wieder zur primalen Aufgabe zurückführt. Wir beschränken uns daher auf die Mitteilung einiger Dualitätssätze der konvexen quadratischen Optimierung.

Satz 12.30

Ist $\boldsymbol{x}$ eine zulässige Lösung des Primalproblems und $(\boldsymbol{w}\ \ \boldsymbol{u})$ eine zulässige Lösung des Dualproblems, gilt

$$z(\boldsymbol{x}) \geqq \hat{z}(\boldsymbol{w}\ \ \boldsymbol{u}).$$

Satz 12.31

Ist $\boldsymbol{x}^*$ eine zulässige Lösung des Primalproblems, $(\boldsymbol{w}^*\ \ \boldsymbol{u}^*)$ eine zulässige Lösung des Dualproblems und gilt

$$z(\boldsymbol{x}^*) = \hat{z}(\boldsymbol{w}^*\ \ \boldsymbol{u}^*),$$

so ist $\boldsymbol{x}^*$ eine Optimallösung des Primalproblems und $(\boldsymbol{w}^*\ \ \boldsymbol{u}^*)$ eine Optimallösung des Dualproblems. Die Extremwerte der beiden dualen Aufgaben stimmen also überein.

Satz 12.32

Das Primalproblem besitzt genau dann eine Optimallösung, wenn das Dualproblem eine Optimallösung besitzt.

Satz 12.33

Ist der zulässige Bereich des einen Problems leer, so ist entweder auch der zulässige Bereich des zweiten Problems leer oder die Zielfunktion ist auf dem zulässigen Bereich nicht beschränkt (beim Primalproblem nach unten, beim Dualproblem nach oben).

Die Dualitätssätze der linearen Optimierung ergeben sich durch Spezialisierung der hier angegebenen Sätze.
Wir wollen hier auf die Dualitätstheorie bei quadratischen Optimierungsaufgaben nicht weiter eingehen. Es existieren jedoch Verfahren zur Lösung quadratischer Optimierungsaufgaben, die auf gewissen Dualitätseigenschaften basieren.
Es gibt eine Vielzahl von Lösungsverfahren für konvexe quadratische Optimierungsaufgaben. Eine weitreichende Übersicht über Lösungsverfahren der konvexen quadratischen Optimierung ist in [12.5] zu finden. Im nächsten Abschnitt werden wir auf die sogenannten Gradientenverfahren eingehen, die zum großen Teil auch die Lösung von Aufgaben der konvexen Optimierung gestatten.

12.6. Gradientenverfahren

12.6.1. Allgemeines Vorgehen der Gradientenverfahren

Im Zusammenhang mit den Betrachtungen zur nichtlinearen Optimierung wollen wir noch etwas ausführlicher auf die sogenannten Gradientenverfahren zu sprechen kommen. Dabei werden wir das Schwergewicht auf quadratische Optimierungsaufgaben legen, obwohl die Verfahren meist auch zur Lösung von Problemen der konvexen Optimierung herangezogen werden können.
Zur Illustration des allgemeinen Vorgehens betrachten wir die konvexe Optimierungsaufgabe

$$\begin{aligned} z &= f(\boldsymbol{x}) \to \text{Min.} \\ g_i(\boldsymbol{x}) &\leqq 0, \qquad i = 1, 2, \ldots, q \\ \boldsymbol{x} &\geqq \boldsymbol{o}. \end{aligned}$$

Es wird angenommen, daß eine zulässige Lösung $\boldsymbol{x}_0$ für das Problem bekannt ist. Ein großer Vorteil der Gradientenverfahren ist, daß jede zulässige Lösung als Ausgangspunkt für den Lösungsprozeß verwendet werden kann, und es nicht notwendig ist, eine spezielle zulässige Lösung, wie etwa eine zulässige Basislösung, zu kennen. Es gibt auch spezielle Methoden zur Konstruktion einer zulässigen Lösung. Meist wird man jedoch in der Praxis eine zulässige Lösung des Problems kennen.
Im Falle linearer Restriktionen verzichtet man auf die Umwandlung von Ungleichungen in Gleichungen. Wir werden daher die linearen Restriktionen stets in der Form

$$\begin{aligned} \boldsymbol{A}\boldsymbol{x} &\leqq \boldsymbol{b} \\ \boldsymbol{x} &\geqq \boldsymbol{o}. \end{aligned}$$

den Betrachtungen zugrunde legen.
Von der Zielfunktion verlangen wir grundsätzlich, daß sie stetige partielle Ableitungen nach allen Variablen im ganzen zulässigen Bereich besitzt. Für Aufgaben der quadratischen Optimierung ist das, wie wir wissen, keine zusätzliche Forderung. Dann existiert auch der Gradientenvektor

$$\operatorname{grad} f(\boldsymbol{x})$$

in jedem Punkt des zulässigen Bereiches.

Nach unseren Voraussetzungen geht durch jeden Punkt $\boldsymbol{x}_0$ des zulässigen Bereiches eine Kurve

$$f(\boldsymbol{x}) = c,$$

deren geometrisches Bild als *Niveaufläche* bezeichnet wird. Der Gradientenvektor im Punkte $\boldsymbol{x}_0$ steht auf dieser Niveaufläche senkrecht (Abbildung 12.8).

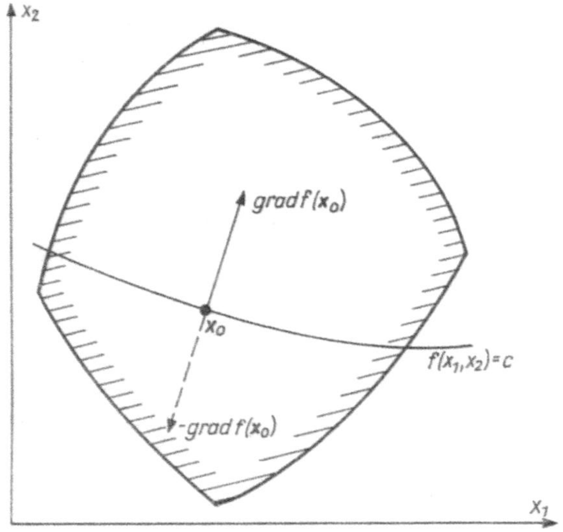

Abbildung 12.8

Wir nehmen zunächst an, daß $\boldsymbol{x}_0$ im Inneren des zulässigen Bereiches liegt. Der Gradientenvektor weist in die Richtung des stärksten Wachsens der Zielfunktion. Da wir das Minimum der Zielfunktion zu bestimmen haben, schreiten wir von $\boldsymbol{x}_0$ in der Richtung $-\operatorname{grad} f(\boldsymbol{x}_0)$ fort. Diese Bewegung auf dem Strahl $-\operatorname{grad} f(\boldsymbol{x}_0)$ wird solange fortgesetzt, bis man das Minimum der Zielfunktionen auf diesem Strahl erreicht hat, oder bis man zum Rand des zulässigen Bereiches gelangt ist. In jedem Falle erhält man so eine zulässige Lösung $\boldsymbol{x}_1$. Ist $\boldsymbol{x}_1$ wieder ein innerer Punkt des zulässigen Bereiches, kann in entsprechender Weise verfahren werden. Ist eine Bewegung in Richtung des negativen Gradienten infolge der Restriktionen nicht möglich, bewegt man sich in Richtung eines Vektors $\boldsymbol{s}$, der mit dem negativen Gradienten einen spitzen Winkel bildet, solange, bis man wieder das Minimum auf diesem Strahl erreicht hat, oder nicht mehr weiter kann, ohne den zulässigen Bereich zu verlassen. Beim gesamten Ablauf des Verfahrens wird der zulässige Bereich nicht verlassen. Die einzelnen Gradientenverfahren unterscheiden sich nur in der Art der Bestimmung des Richtungsvektors $\boldsymbol{s}$.

Wir wollen einen Iterationsschritt der Gradientenverfahren noch etwas ausführlicher beschreiben. Das Gradientenverfahren möge uns zu einem Iterationspunkt $\boldsymbol{x}_k$ geführt haben. In $\boldsymbol{x}_k$ wird eine Richtung $\boldsymbol{s}_k$, die gegebenenfalls auch mit dem negativen Gradienten zusammenfallen kann, gewählt. Die Richtung $\boldsymbol{s}_k$ muß der Bedingung genügen, daß der Strahl

$$\boldsymbol{x}_k + \lambda \boldsymbol{s}_k$$

für hinreichend kleine $\lambda > 0$ noch im zulässigen Bereich liegt. Dann heißt $\boldsymbol{s}_k$ eine *zulässige Richtung*. Ferner muß gesichert sein, daß der Wert der Zielfunktion wenigstens für kleine λ fällt. Ein solches $\boldsymbol{s}_k$ bezeichnet man als *brauchbar*. Jedes Verfahren bestimmt nun nach eigenen Vorschriften eine möglichst günstig erscheinende zulässige und brauchbare Richtung $\boldsymbol{s}_k$. Hat man ein solches $\boldsymbol{s}_k$ gefunden, ist die Berechnung der *Schrittlänge* λ_k wieder bei allen Verfahren gleich. λ_k' sei der Wert, für den der Strahl den zulässigen Bereich verläßt, λ_k'' der Wert, für den die Zielfunktion auf dem Strahl den minimalen Wert annimmt. Wir setzen

$$\lambda_k = \min(\lambda_k', \lambda_k'')$$

und finden den neuen Iterationspunkt $\boldsymbol{x}_{k+1}$ entsprechend der Vorschrift

$$\boldsymbol{x}_{k+1} = \boldsymbol{x}_k + \lambda_k \boldsymbol{s}_k .$$

Nach dieser allgemeinen Beschreibung der Grundgedanken der Gradientenmethoden wollen wir uns nun einem speziellen Gradientenverfahren zuwenden und uns gleichzeitig auf konvexe quadratische Optimierungsaufgaben beschränken.

12.6.2. Quadratischer Fall

Vorgelegt sei die konvexe quadratische Optimierungsaufgabe

$$\begin{aligned} \boldsymbol{Ax} &\leqq \boldsymbol{b} \\ \boldsymbol{x} &\geqq \boldsymbol{o} \\ z &= \boldsymbol{x}^T\boldsymbol{Cx} + \boldsymbol{c}^T\boldsymbol{x} \rightarrow \text{Min.} \end{aligned}$$

Im folgenden wollen wir das *Gradientenverfahren von Rosen* beschreiben, das wegen der Art der Bestimmung des Richtungsvektors auch als *Verfahren der projizierten Gradienten* bezeichnet wird. Andere Gradientenverfahren der konvexen quadratischen Optimierung werden in der Literatur, zum Beispiel in [12.5], beschrieben.
Ist $\boldsymbol{x}_k$ ein innerer Punkt des zulässigen Bereiches, kann man sich, wie beschrieben, in Richtung des negativen Gradienten bewegen. Liegt dagegen $\boldsymbol{x}_k$ auf dem Rand des zulässigen Bereiches, wird vielfach der negative Gradient aus dem zulässigen Bereich hinausweisen. Um den zulässigen Bereich nicht zu verlassen, projiziert man beim Verfahren von Rosen den negativen Gradientenvektor auf den Rand des zulässigen Bereiches und schreitet dann in Richtung des projizierten Gradientenvektors fort. Dieses Vorgehen ist in Abbildung 12.9 veranschaulicht. Da der projizierte Gradient auf dem Rand des zulässigen Bereiches liegt, muß auch $\boldsymbol{x}_{k+1}$ ein Randpunkt sein.
Um die Projektion des Gradienten noch weiter zu verdeutlichen, betrachten wir den dreidimensionalen Fall. Der Punkt $\boldsymbol{x}_k$ kann dann auf einer Seitenfläche (Dimension 2), auf einer Kante (Dimension 1) oder in einer Ecke (Dimension 0) liegen. Ist $\boldsymbol{x}_k$ auf einer Seitenfläche, aber nicht auf einer Kante, gelegen, projiziert man den negativen Gradienten auf die Seitenfläche. Liegt dagegen $\boldsymbol{x}_k$ auf einer Kante, wird die Projektion auf diese Kante vorgenommen. Wenn $\boldsymbol{x}_k$ Eckpunkt ist, erfolgt die Projektion auf eine geeignet gewählte Kante, auf welcher $\boldsymbol{x}_k$ liegt. Beim Verfahren von Rosen projiziert man also den negativen Gradienten auf eine mögliche Randmannigfaltigkeit geringster Dimension.

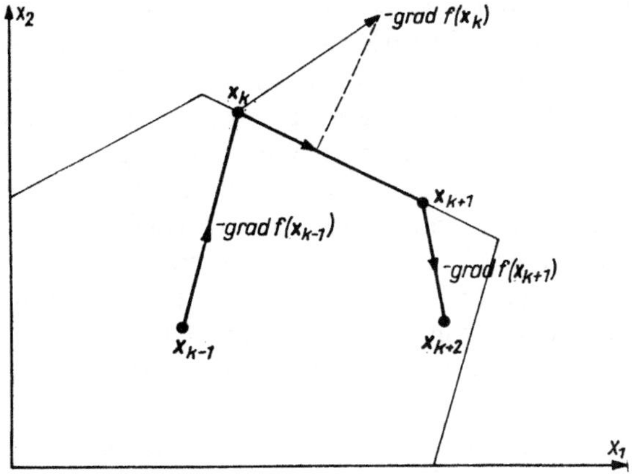

Abbildung 12.9

Aus diesen allgemeinen Bemerkungen geht hervor, daß wir uns zunächst mit der Frage zu beschäftigen haben, wie man analytisch die Projektion eines Vektors auf eine lineare Mannigfaltigkeit bestimmen kann. Dazu schreiben wir vorbereitend die Nebenbedingungen

$$a_{j1}x_1 + a_{j2}x_2 + \cdots + a_{jp}x_p - b_j \leqq 0, \quad j = 1, 2, \ldots, q$$

der quadratischen Optimierungsaufgabe durch Einführung eines Zeilenvektors

$$\boldsymbol{a}_j^T = [a_{j1}\ a_{j2}\ \cdots\ a_{jp}]$$

in der Form

$$\boldsymbol{a}_j^T\boldsymbol{x} - b_j \leqq 0, \quad j = 1, 2, \ldots, q. \tag{12.75}$$

Außerdem wollen wir die Nichtnegativitätsforderungen in das System der Nebenbedingungen (12.79) einbeziehen, so daß sich

$$\boldsymbol{a}_j^T\boldsymbol{x} - b_j \leqq 0, \quad j = 1, 2, \ldots, q + p \tag{12.76}$$

mit

$$\boldsymbol{a}_j = \boldsymbol{e}_i \text{ für } j = q + i,$$
$$b_j = 0 \text{ für } j > q$$

ergibt. Setzen wir

$$h_j(\boldsymbol{x}) = \boldsymbol{a}_j^T\boldsymbol{x} - b_j, \quad j = 1, 2, \ldots, q + p,$$

kann das lineare Restriktionssystem durch

$$h_j(\boldsymbol{x}) \leqq 0, \quad j = 1, 2, \ldots, q + p \tag{12.77}$$

ausgedrückt werden.

Durch jede Gleichung $h_j(\boldsymbol{x}) = 0$ ist eine $(n - 1)$-dimensionale lineare Mannigfaltigkeit bestimmt, die man *Hyperebene* nennt (für $n = 2$ ergibt sich eine Gerade und für $n = 3$ eine Ebene). Jeder Punkt $\boldsymbol{x}_k$, der eine Ungleichung $h_j(\boldsymbol{x}) \leqq 0$ in Gleichungsform $h_j(\boldsymbol{x}_k) = 0$ erfüllt, liegt auf der Hyperebene $h_j(\boldsymbol{x}) = 0$. Der Rand des zulässigen Bereiches besteht aus allen denjenigen Punkten, die sämtlichen Bedingungen (12.77) genügen und wenigstens eine Ungleichung in Gleichungsform erfüllen.

Liegt eine zulässige Lösung $\boldsymbol{x}_k$ auf mehreren Hyperebenen, können die Hyperebenen zum Teil linear abhängig sein. Dabei heißt ein System von Hyperebenen linear abhängig bzw. unabhängig, wenn der Rang des entsprechenden Systems der linearen Gleichungen kleiner bzw. gleich der Zahl der Gleichungen ist. Wir setzen nun voraus, daß $\boldsymbol{x}_k$ auf r linear unabhängigen Hyperebenen liegt (die Bestimmung von r ist Aufgabe der linearen Algebra). Dann liegt $\boldsymbol{x}_k$ im Durchschnitt dieser r Hyperebenen. Dabei verstehen wir unter dem Durchschnitt von r Hyperebenen die Menge aller Punkte, die auf sämtlichen dieser Hyperebenen liegen. Der Durchschnitt von r linear unabhängigen Hyperebenen ist eine $(p - r)$-dimensionale lineare Mannigfaltigkeit. So ist zum Beispiel der Durchschnitt von $p - 1$ linear unabhängigen Hyperebenen eine Gerade und der Durchschnitt von p linear unabhängigen Hyperebenen ein Punkt.

Wir bemerken noch, daß die Vektoren $\boldsymbol{a}_j$ von (12.76) senkrecht auf der Hyperebene $h_j(\boldsymbol{x}) = 0$ stehen. Sie werden daher auch *Normalenvektoren* genannt.

Beispiel 12.11

Wir wollen unsere Aussagen über Hyperebenen noch an einem Beispiel veranschaulichen. Vorgelegt sei die lineare Gleichung

$$4x_1 + 2x_2 = 24.$$

Die lineare Mannigfaltigkeit ist also in diesem Falle eine Gerade. Da wir hinsichtlich unserer Betrachtungen Geraden und Vektoren parallel verschieben können, reicht es aus, die Gerade

$$4x_1 + 2x_2 = 0$$

zu betrachten, die parallel zur vorgelegten Geraden durch den Koordinatenursprung geht. Der Zeilenvektor $\boldsymbol{a}^T = [4 \quad 2]$ steht auf dieser Geraden senkrecht. In der Abbildung 12.10 ist noch die Projektion eines Vektors $\boldsymbol{x}$ eingetragen, mit der wir uns erst später beschäftigen werden.

Wir kehren jetzt zu unseren allgemeinen Betrachtungen zurück. Der Punkt $\boldsymbol{x}_k$ möge auf dem Rand des zulässigen Bereiches liegen. Dann bestimmt man alle j, für die $h_j(\boldsymbol{x}_k) = 0$ gilt. Unter den so ausgewählten Hyperebenen mögen r linear unabhängige sein. Ohne Beschränkung der Allgemeinheit können wir annehmen, daß dieses die r ersten Hyperebenen $h_1(\boldsymbol{x}) = 0, \ldots, h_r(\boldsymbol{x}) = 0$ sind. Zu ihnen gehören die Normalenvektoren $\boldsymbol{a}_1, \boldsymbol{a}_2, \ldots, \boldsymbol{a}_r$, die wiederum eine Matrix

$$\boldsymbol{A}_r = \begin{bmatrix} \boldsymbol{a}_1^T \\ \boldsymbol{a}_2^T \\ \vdots \\ \boldsymbol{a}_r^T \end{bmatrix}$$

erklären. Die Projektion $\boldsymbol{x}_k^p$ des Vektors $\boldsymbol{x}_k$ kann mittels einer Projektionsmatrix $\boldsymbol{P}_r$ durch

$$\boldsymbol{x}_k^p = \boldsymbol{P}_r \boldsymbol{x}_k \tag{12.78}$$

berechnet werden. Für die Projektionsmatrix gilt

$$\boldsymbol{P}_r = \boldsymbol{E} - \boldsymbol{A}_r^T(\boldsymbol{A}_r \boldsymbol{A}_r^T)^{-1}\boldsymbol{A}_r. \tag{12.79}$$

In dem Beispiel 12.11 ist

$$\boldsymbol{A}_r = \boldsymbol{A}_1 = \boldsymbol{a}^T = [4 \quad 2].$$

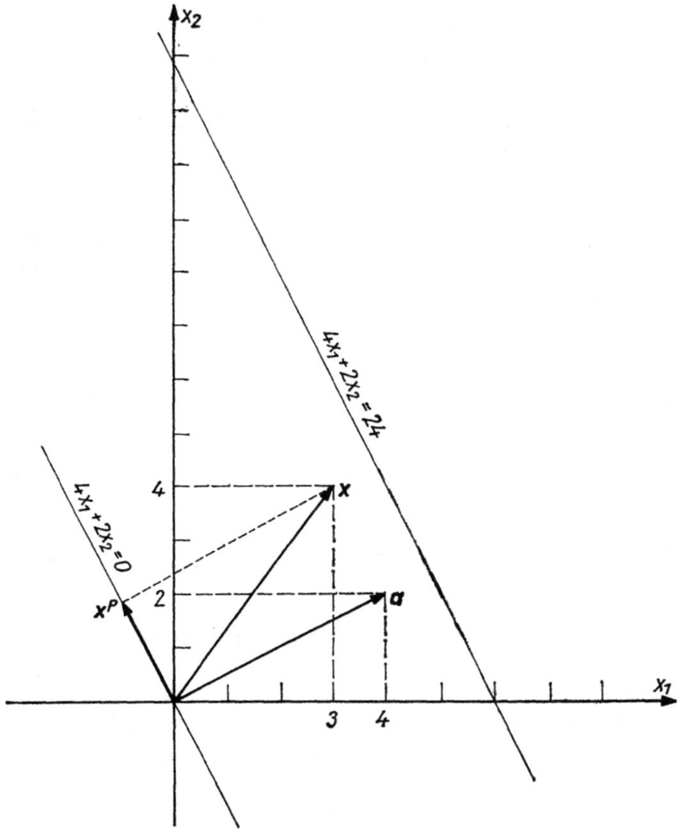

Abbildung 12.10

Folglich gilt

$$P_r = \begin{bmatrix}1 & 0\\0 & 1\end{bmatrix} - \begin{bmatrix}4\\2\end{bmatrix}\left\{[4\ \ 2]\begin{bmatrix}4\\2\end{bmatrix}\right\}^{-1}[4\ \ 2]$$

$$= \begin{bmatrix}1 & 0\\0 & 1\end{bmatrix} - \frac{1}{20}\begin{bmatrix}4\\2\end{bmatrix}[4\ \ 2] = \begin{bmatrix}1 & 0\\0 & 1\end{bmatrix} - \frac{1}{20}\begin{bmatrix}16 & 8\\8 & 4\end{bmatrix} = \frac{1}{5}\begin{bmatrix}1 & -2\\-2 & 4\end{bmatrix}.$$

Betrachten wir nun den Vektor $x^T = [3\ 4]$, finden wir wegen (12.78) für seine Projektion auf die Gerade

$$x^p = P_r x = \frac{1}{5}\begin{bmatrix}1 & -2\\-2 & 4\end{bmatrix}\begin{bmatrix}3\\4\end{bmatrix} = \begin{bmatrix}-1\\2\end{bmatrix}.$$

In Abbildung 12.10 kann dieses Ergebnis bestätigt werden. Gleichzeitig weist dieses Beispiel darauf hin, daß infolge der vorgenommenen Parallelverschiebung der Geraden unabhängig von der Tatsache, ob der Punkt x auf der Geraden liegt oder nicht, die Projektion von x auf die Gerade vorgenommen werden kann.

Wir bemerken noch, daß der Vektor x_k von $a_1, a_2, \ldots, a_r$ linear unabhängig ist, wenn

$$P_r x_k \neq o$$

gilt. Das bedeutet, daß die Projektion vom Nullvektor verschieden sein muß.

Wir werden das Verfahren von Rosen unter der zusätzlichen Voraussetzung beschreiben, daß sämtliche Hyperebenen, auf denen ein Randpunkt liegt, linear unabhängig sind.
Wir kommen nun zur Beschreibung des eigentlichen Gradientenverfahrens. Bei konvexen quadratischen Optimierungsaufgaben gilt

$$\operatorname{grad} f(\boldsymbol{x}) = 2\boldsymbol{C}\boldsymbol{x} + \boldsymbol{c}.$$

Ist $\boldsymbol{x}_k$ Randpunkt, nehmen wir wieder an, daß er auf den r linear unabhängigen Hyperebenen $h_j(\boldsymbol{x}) = 0$, $j = 1, 2, \ldots, r$ liegt. Zunächst wollen wir uns mit dem *Optimalitätskriterium* des Verfahrens beschäftigen.

Satz 12.34

Ein Randpunkt $\boldsymbol{x}_k$ stellt dann und nur dann eine Optimallösung einer konvexen quadratischen Optimierungsaufgabe dar, wenn

$$\boldsymbol{P}_r \operatorname{grad} f(\boldsymbol{x}_k) = \boldsymbol{o} \tag{12.80}$$

und

$$(\boldsymbol{A}_r\boldsymbol{A}_r^T)^{-1} \boldsymbol{A}_r \operatorname{grad} f(\boldsymbol{x}_k) \leqq \boldsymbol{o} \tag{12.81}$$

gilt.

Liegt $\boldsymbol{x}_k$ im Inneren des zulässigen Bereiches, lautet das Optimalitätskriterium

$$\operatorname{grad} f(\boldsymbol{x}_k) = \boldsymbol{o}. \tag{12.82}$$

Ohne den Beweis dieses Satzes zu geben, der auf den Kuhn-Tucker-Bedingungen aufbaut, wollen wir ihn doch interpretieren. Die Gleichung (12.80) besagt, daß der Gradientenvektor auf der linearen Mannigfaltigkeit, die durch den Durchschnitt der r Hyperebenen bestimmt ist, senkrecht steht. Daher läßt sich wegen der vorausgesetzten linearen Unabhängigkeit der Vektoren $\boldsymbol{a}_1, \boldsymbol{a}_2, \ldots, \boldsymbol{a}_r$ der Gradientenvektor $\operatorname{grad} f(\boldsymbol{x}_k)$ als Linearkombination dieser Vektoren darstellen

$$\operatorname{grad} f(\boldsymbol{x}_k) = \sum_{j=1}^{r} u_j \boldsymbol{a}_j. \tag{12.83}$$

Fassen wir die Koeffizienten $u_1, u_2, \ldots, u_r$ zu einem Vektor $\boldsymbol{u}$ zusammen, können wir dafür auch

$$\operatorname{grad} f(\boldsymbol{x}_k) = \boldsymbol{A}_r^T \boldsymbol{u}$$

schreiben. Man kann zeigen, daß die Bedingung (12.81) durch $\boldsymbol{u} \leqq \boldsymbol{o}$ ersetzt werden kann. Das bedeutet, daß in (12.83) alle Koeffizienten nichtpositiv sein müssen. Dann besagt das Optimalitätskriterium, daß in einem optimalen Randpunkt sich der Gradient der Zielfunktion als nichtpositive Linearkombination der Normalenvektoren der Hyperebenen darstellen lassen muß, auf denen der Randpunkt liegt.
Wir wenden uns nun dem Vorgehen zu, wenn die Optimalitätsbedingung für $\boldsymbol{x}_k$ nicht erfüllt ist. Dabei unterscheiden wir zwei Fälle. Es sei $\boldsymbol{x}_k$ zunächst stets Randpunkt.

Fall 1: $\boldsymbol{P}_r \operatorname{grad} f(\boldsymbol{x}_k) \neq \boldsymbol{o}$.

In diesem Falle ist $\boldsymbol{x}_k$ keine Ecke des zulässigen Bereiches ($r < p$), und der Durchschnitt der zu betrachtenden Hyperebenen hat mindestens die Dimension Eins.

Für den Richtungsvektor $\boldsymbol{s}_k$ wählen wir

$$\boldsymbol{s}_k = -\boldsymbol{P}_r \operatorname{grad} f(\boldsymbol{x}_k).$$

Jeder Vektor

$$\boldsymbol{x} = \boldsymbol{x}_k + \lambda \boldsymbol{s}_k \tag{12.84}$$

liegt für beliebige λ in der durch die r Hyperebenen bestimmten linearen Mannigfaltigkeit:

$$h_j(\boldsymbol{x}_k + \lambda \boldsymbol{s}_k) = 0, \quad j = 1, 2, \ldots, r.$$

Da $\boldsymbol{x}_k$ eine zulässige Lösung ist und nur auf den Hyperebenen $j = 1, 2, \ldots, r$ liegt, gilt

$$h_j(\boldsymbol{x}_k) < 0, \quad j = r + 1, \ldots, q + p.$$

Für gewisse Werte $\lambda > 0$ liegt der Vektor $\boldsymbol{x}$ von (12.84) im zulässigen Bereich. Wegen

$$h_j(\boldsymbol{x}_k + \lambda \boldsymbol{s}_k) = h_j(\boldsymbol{x}_k) + \lambda \boldsymbol{a}_j^T \boldsymbol{s}_k$$

schneidet die Gerade $\boldsymbol{x}_k + \lambda \boldsymbol{s}_k$ die Hyperebene $h_j(\boldsymbol{x}) = 0$ für

$$\lambda_j = -\frac{h_j(\boldsymbol{x}_k)}{\boldsymbol{a}_j^T \boldsymbol{s}_k} \neq 0. \tag{12.85}$$

Dabei ist zulässig, daß einige λ_j unendlich werden. Der Strahl $\boldsymbol{x}_k + \lambda \boldsymbol{s}_k$ verläßt damit den zulässigen Bereich für

$$\lambda' = \operatorname*{Min}_{\substack{j = r+1, \ldots, q+p \\ \lambda_j > 0}} \lambda_j. \tag{12.86}$$

Wir setzen nun

$$\boldsymbol{x}_k^* = \boldsymbol{x}_k + \lambda' \boldsymbol{s}_k$$

und betrachten das Parameterintervall $0 < \lambda \leqq \lambda'$.

Fall 1a: Es ist $\boldsymbol{s}_k^T \operatorname{grad} f(\boldsymbol{x}_k^*) = 0$.

Dann läßt sich zeigen, daß die Zielfunktion für $\lambda = \lambda'$ ihren kleinsten Wert annimmt. Daher wählen wir

$$\boldsymbol{x}_{k+1} = \boldsymbol{x}_k + \lambda' \boldsymbol{s}_k = \boldsymbol{x}_k^*. \tag{12.87}$$

Fall 1b: Es ist $\boldsymbol{s}_k^T \operatorname{grad} f(\boldsymbol{x}_k^*) > 0$.

Die Zielfunktion nimmt ihren kleinsten Wert für

$$\lambda'' = \lambda' \frac{\boldsymbol{s}_k^T \operatorname{grad} f(\boldsymbol{x}_k)}{\boldsymbol{s}_k^T \operatorname{grad} f(\boldsymbol{x}_k) - \boldsymbol{s}_k^T \operatorname{grad} f(\boldsymbol{x}_k^*)} \tag{12.88}$$

an, und man wählt

$$\boldsymbol{x}_{k+1} = \boldsymbol{x}_k + \lambda'' \boldsymbol{s}_k. \tag{12.89}$$

Fall 2: $\boldsymbol{P}_r \operatorname{grad} f(\boldsymbol{x}_k) = \boldsymbol{o}$ aber $u_j > 0$ für mindestens ein j.

In diesem Falle wählt man einen Index j mit $u_j > 0$ aus. Am günstigsten erscheint der Index, für den

$$\|\boldsymbol{a}_j\| \, u_j \quad \text{mit} \quad \|\boldsymbol{a}_j\| = \sqrt{a_{j1}^2 + a_{j2}^2 + \cdots + a_{jp}^2}$$

am größten wird. Diese Hyperebene $h_j(x) = 0$ wird nicht mehr berücksichtigt. Ohne Beschränkung der Allgemeinheit können wir annehmen, daß es gerade die Hyperebene $h_r(x) = 0$ ist. Dann gehen wir so vor, als wenn $\boldsymbol{x}_k$ nur auf den Hyperebenen $j = 1, 2, \ldots, r - 1$ liegen würde. Damit erhöht sich die Dimension des Durchschnittes der Hyperebenen um eins. Die zugehörige Projektionsmatrix sei $\boldsymbol{P}_{r-1}$. Man kann zeigen, daß dann

$$\boldsymbol{P}_{r-1} \operatorname{grad} f(\boldsymbol{x}_k) \neq \boldsymbol{o}$$

gilt. Für die neue lineare Mannigfaltigkeit haben wir damit den Sachverhalt von Fall 1 hergestellt, so daß wir

$$\boldsymbol{s}_k = -\boldsymbol{P}_{r-1} \operatorname{grad} f(\boldsymbol{x}_k) \tag{12.90}$$

setzen können.

Liegt $\boldsymbol{x}_k$ im Inneren des zulässigen Bereiches, wird

$$\boldsymbol{s}_k = -\operatorname{grad} f(\boldsymbol{x}_k)$$

gewählt. Die Berechnung von λ' bzw. λ'' erfolgt entsprechend (12.86) oder (12.88). In (12.86) ist nur $j = 1, 2, \ldots, q + p$ zu wählen.

Bevor wir das hergeleitete Verfahren noch etwas interpretieren, wollen wir das Vorgehen zunächst an einem Beispiel erläutern.

Beispiel 12.12

Wir betrachten die konvexe quadratische Optimierungsaufgabe (vgl. [12.5])

$$2x_1 + 3x_2 \leqq 6$$
$$x_1 + 4x_2 \leqq 5$$
$$x_1, x_2 \geqq 0$$
$$z = \frac{1}{2}x_1^2 + \frac{1}{2}x_2^2 - x_1 - 2x_2 \to \text{Min.}$$

Zunächst schreiben wir das System der Restriktionen in der Form

$$h_1(\boldsymbol{x}) = 2x_1 + 3x_2 - 6 \leqq 0$$
$$h_2(\boldsymbol{x}) = x_1 + 4x_2 - 5 \leqq 0$$
$$h_3(\boldsymbol{x}) = -x_1 \leqq 0$$
$$h_4(\boldsymbol{x}) = -x_2 \leqq 0.$$

Es gilt

$$\boldsymbol{a}_1^T = [2\ \ 3], \quad \boldsymbol{a}_2^T = [1\ \ 4], \quad \boldsymbol{a}_3^T = [-1\ \ 0], \quad \boldsymbol{a}_4^T = [0\ \ -1],$$
$$\|\boldsymbol{a}_1\| = \sqrt{13}, \quad \|\boldsymbol{a}_2\| = \sqrt{17}, \quad \|\boldsymbol{a}_3\| = 1, \quad \|\boldsymbol{a}_4\| = 1.$$

Weiterhin ist

$$\boldsymbol{C} = \frac{1}{2}\begin{bmatrix} 1 & 0 \\ 0 & 1 \end{bmatrix} = \frac{1}{2}\boldsymbol{E}, \quad \boldsymbol{c} = \begin{bmatrix} -1 \\ -2 \end{bmatrix}$$

$$\operatorname{grad} f(\boldsymbol{x}) = 2\boldsymbol{C}\boldsymbol{x} + \boldsymbol{c} = \boldsymbol{x} + \boldsymbol{c}.$$

Als Ausgangsvektor wählen wir

$$\boldsymbol{x}_0 = \frac{1}{5}\begin{bmatrix} 9 \\ 4 \end{bmatrix}.$$

Wir bestätigen sofort

$h_1(x_0) = 0,\ h_2(x_0) = 0,\ h_3(x_0) < 0,\ h_4(x_0) < 0.$

x_0 ist also eine zulässige Lösung. Weiterhin liegt x_0 im Durchschnitt der beiden ersten Hyperebenen.

a) Prüfung von x_0 auf Optimalität:

$$\operatorname{grad} f(x_0) = \frac{1}{5}\begin{bmatrix} 9 \\ 4 \end{bmatrix} + \begin{bmatrix} -1 \\ -2 \end{bmatrix} = \frac{1}{5}\begin{bmatrix} 4 \\ -6 \end{bmatrix}.$$

Offensichtlich muß

$$P_2 \operatorname{grad} f(x_0) = o \tag{12.91}$$

gelten, da sonst x_0 von den linear unabhängigen Vektoren a_1, a_2 linear unabhängig sein müßte, was im zweidimensionalen Raum unmöglich ist. Wir haben also noch die Bedingung (12.81) zu prüfen:

$$A_2 = \begin{bmatrix} 2 & 3 \\ 1 & 4 \end{bmatrix}, \quad A_2^{-1} = \frac{1}{5}\begin{bmatrix} 4 & -3 \\ -1 & 2 \end{bmatrix},$$

$$A_2A_2^T = \begin{bmatrix} 13 & 14 \\ 14 & 17 \end{bmatrix}, \quad (A_2A_2^T)^{-1} = \frac{1}{25}\begin{bmatrix} 17 & -14 \\ -14 & 13 \end{bmatrix},$$

$$(A_2A_2^T)^{-1} A_2 = \frac{1}{5}\begin{bmatrix} 4 & -1 \\ -3 & 2 \end{bmatrix},$$

$$u = (A_2A_2^T)^{-1} A_2 \operatorname{grad} f(x_0) = \frac{1}{25}\begin{bmatrix} 22 \\ -24 \end{bmatrix}.$$

Wegen $u_1 > 0$ ist x_0 nicht optimal.

b) Wegen (12.91) und $u_1 > 0$ liegt der zweite Fall vor.

Wir haben die Hyperebene $h_1(x) = 0$ unberücksichtigt zu lassen. A_1 besteht nur noch aus dem Vektor a_2^T

$A_1 = a_2^T = [1 \quad 4].$

Berechnung der Projektionsmatrix:

$$P_1 = \begin{bmatrix} 1 & 0 \\ 0 & 1 \end{bmatrix} - \begin{bmatrix} 1 \\ 4 \end{bmatrix}\left\{[1 \quad 4]\begin{bmatrix} 1 \\ 4 \end{bmatrix}\right\}^{-1} [1 \quad 4]$$

$$= \begin{bmatrix} 1 & 0 \\ 0 & 1 \end{bmatrix} - \frac{1}{17}\begin{bmatrix} 1 \\ 4 \end{bmatrix}[1 \quad 4] = \begin{bmatrix} 1 & 0 \\ 0 & 1 \end{bmatrix} - \frac{1}{17}\begin{bmatrix} 1 & 4 \\ 4 & 16 \end{bmatrix} = \frac{1}{17}\begin{bmatrix} 16 & -4 \\ -4 & 1 \end{bmatrix}.$$

Bestimmung des Richtungsvektors:

$$s_0 = -P_1 \operatorname{grad} f(x_0)$$

$$= -\frac{1}{17}\begin{bmatrix} 16 & -4 \\ -4 & 1 \end{bmatrix}\frac{1}{5}\begin{bmatrix} 4 \\ -6 \end{bmatrix} = \frac{22}{85}\begin{bmatrix} -4 \\ 1 \end{bmatrix}.$$

Berechnung von λ_3, λ_4 nach (12.85):

$$\lambda_3 = -\frac{h_3(x_0)}{a_3^T s_0} = -\frac{-\dfrac{9}{5}}{\dfrac{22}{85}[-1 \quad 0]\begin{bmatrix} -4 \\ 1 \end{bmatrix}} = \frac{\dfrac{9}{5}}{\dfrac{88}{85}} = \frac{153}{88}$$

$$\lambda_4 = -\frac{h_4(x_0)}{a_4^T s_0} = -\frac{-\dfrac{4}{5}}{\dfrac{22}{85}[0 \quad -1]\begin{bmatrix} -4 \\ 1 \end{bmatrix}} = \frac{\dfrac{4}{5}}{-\dfrac{22}{85}} < 0.$$

Weiter gilt:

$$\lambda' = \lambda_3 = \frac{153}{88}$$

$$\boldsymbol{x}_0^* = \boldsymbol{x}_0 + \lambda' \boldsymbol{s}_0 = \frac{1}{5}\begin{bmatrix}9\\4\end{bmatrix} + \frac{153}{88}\cdot\frac{22}{85}\begin{bmatrix}-4\\1\end{bmatrix} = \frac{1}{4}\begin{bmatrix}0\\5\end{bmatrix}$$

$$\operatorname{grad} f(\boldsymbol{x}_0^*) = \boldsymbol{x}_0^* + \boldsymbol{c} = \frac{1}{4}\begin{bmatrix}0\\5\end{bmatrix} + \begin{bmatrix}-1\\-2\end{bmatrix} = -\frac{1}{4}\begin{bmatrix}4\\3\end{bmatrix}$$

$$\boldsymbol{s}_0^T \operatorname{grad} f(\boldsymbol{x}_0^*) = \frac{22}{85}[-4 \quad 1]\left(-\frac{1}{4}\right)\begin{bmatrix}4\\3\end{bmatrix} = \frac{143}{170} > 0.$$

Es liegt der Fall 1 b vor, so daß λ'' zu berechnen ist:

$$\boldsymbol{s}_0^T \operatorname{grad} f(\boldsymbol{x}_0^*) = \frac{22}{85}[-4 \quad 1]\frac{1}{5}\begin{bmatrix}4\\-6\end{bmatrix} = -\frac{484}{425}$$

$$\lambda'' = \frac{153}{88}\cdot\frac{-\dfrac{484}{425}}{-\dfrac{484}{425}-\dfrac{143}{170}} = \frac{153}{88}\cdot\frac{88}{153} = 1.$$

Damit ergibt sich

$$\boldsymbol{x}_1 = \boldsymbol{x}_0 + \lambda'' \boldsymbol{s}_0 = \frac{1}{5}\begin{bmatrix}9\\4\end{bmatrix} + \frac{22}{85}\begin{bmatrix}-4\\1\end{bmatrix} = \frac{1}{17}\begin{bmatrix}13\\18\end{bmatrix}.$$

c) Prüfung von $\boldsymbol{x}_1$ auf Optimalität:

$$\operatorname{grad} f(\boldsymbol{x}_1) = \boldsymbol{x}_1 + \boldsymbol{c} = \frac{1}{17}\begin{bmatrix}13\\18\end{bmatrix} + \begin{bmatrix}-1\\-2\end{bmatrix} = -\frac{1}{17}\begin{bmatrix}4\\16\end{bmatrix}$$

Da im Falle 1 b sich die Zahl der beteiligten Hyperebenen nicht ändert, haben wir es mit der gleichen Projektionsmatrix $\boldsymbol{P}_1$ zu tun. Es gilt:

$$\boldsymbol{P}_1 \operatorname{grad} f(\boldsymbol{x}_1) = \frac{1}{17}\begin{bmatrix}16 & -4\\-4 & 1\end{bmatrix}\left(-\frac{1}{17}\right)\begin{bmatrix}4\\16\end{bmatrix} = \boldsymbol{o}$$

$$\boldsymbol{u} = (\boldsymbol{A}_1\boldsymbol{A}_1^T)^{-1}\boldsymbol{A}_1 \operatorname{grad} f(\boldsymbol{x}_1)$$

$$= \frac{1}{17}[1 \quad 4]\left(-\frac{1}{17}\right)\begin{bmatrix}4\\16\end{bmatrix} = \left[-\frac{4}{17}\right] < \boldsymbol{o}.$$

Damit ist $\boldsymbol{x}_1$ Optimallösung.

Bei dem geschilderten Vorgehen des Verfahrens von Rosen wird der negative Gradient grundsätzlich projiziert, wenn $\boldsymbol{x}_k$ auf dem Rand liegt. Dieses Vorgehen muß nicht immer vorteilhaft sein, vornehmlich dann, wenn der Anfangspunkt ungünstig war. Weist der negative Gradient in einem Randpunkt $\boldsymbol{x}_k$ in das Innere des zulässigen Bereiches, das heißt gilt

$$\boldsymbol{a}_j^T \operatorname{grad} f(\boldsymbol{x}_k) \geqq 0, \qquad j = 1, 2, \dots, r,$$

sollte man

$$\boldsymbol{s}_k = -\operatorname{grad} f(\boldsymbol{x}_k)$$

wählen. So gelangt man bisweilen leichter durch das Innere des zulässigen Bereiches in die Nähe des Optimalpunktes und braucht sich nicht über den Rand dem Optimalpunkt zu nähern.

Hinsichtlich der Gesamtheit der beteiligten Hyperebenen können folgende Möglichkeiten eintreten:

a) Die Menge der beteiligten Hyperebenen bleibt beim Übergang von $\boldsymbol{x}_k$ zu $\boldsymbol{x}_{k+1}$ gleich (Fall 1 b).

b) Eine Hyperebene wird unberücksichtigt gelassen (Fall 2 und Fortsetzung mit Fall 1 b).

c) Eine Hyperebene kommt hinzu (Fall 1 a).

d) Eine Hyperebene wird unberücksichtigt gelassen und eine andere kommt hinzu (Fall 2 und Fortsetzung mit Fall 1 a).

Kehrt man wieder in das Innere des zulässigen Bereiches zurück, so gibt es keine beteiligten Hyperebenen. Bei Degeneration können auch gleichzeitig mehrere Hyperebenen hinzukommen, wenn gleichzeitig mehrere λ_j das Minimum in (12.86) bestimmen.

Das Verfahren von Rosen kann auch zur Lösung linearer Optimierungsaufgaben herangezogen werden. In diesem Falle ist der Gradientenvektor konstant, so daß der Fall 1 b nie eintreten kann. Wählt man für $\boldsymbol{x}_0$ eine zulässige Basislösung, stimmt die Schrittfolge des Verfahrens von Rosen mit der Schrittfolge des Simplexverfahrens überein. Man bewegt sich also von einer Ecke stets zu einer benachbarten Ecke. Gleichzeitig erkennt man daraus, daß das Verfahren von Rosen in diesem Falle nach endlich vielen Schritten zur Optimallösung führt.

Bei konvexen quadratischen Optimierungsaufgaben braucht das Verfahren von Rosen nicht zur Optimallösung zu führen. Wenn zum Beispiel ständig die Menge der beteiligten Hyperebenen gleich bleibt, braucht man nicht zum Optimalpunkt zu gelangen, und das Verfahren bestimmt lediglich das Minimum in dieser Teilmannigfaltigkeit. Diesen Nachteil kann man durch eine Zusatzregel beheben, auf die wir hier jedoch nicht eingehen wollen.

Aufgaben

12.1.1 Ist der Vektor

$$\boldsymbol{x}^T = [2 \ \ 3 \ \ 0]$$

eine Lösung der nichtlinearen Optimierungsaufgabe

$$z = e^{x_1^2} + 3x_2 \to \text{Min.}$$
$$x_1^2 + x_2 - x_3^4 \leqq 16$$
$$x_1 + x_2 - x_3 \leqq 10$$
$$x_i \geqq 0, \quad i = 1, 2, 3?$$

Wie lautet der Erfordernisvektor dieser Aufgabe?

12.1.2 Die nichtlineare Optimierungsaufgabe

$$3x_1 + 5x_2 \leqq 15$$
$$5x_1 + 2x_2 \leqq 10$$
$$x_1, x_2 \geqq 0$$
$$z = 2x_1 - x_2^2 \to \text{Max.}$$

ist graphisch zu lösen.

12.1.3 Es ist zu zeigen, daß die Funktion

$$f(x) = 2x_1^2 + 3x_2^2$$

für $x_1, x_2 \geqq 0$ konvex ist.

12.1.4 Zeigen Sie durch Anwendung von Satz 12.5, daß die Funktion

$$f(x) = 2x_1^2 + x_2^2 + x_3^2 - 2x_1x_2 + 3x_3$$

konvex ist.

12.1.5 Stellt die nichtlineare Optimierungsaufgabe

$$\begin{aligned} & z = -2x_1^2 - x_2^2 - x_3^2 + 2x_1x_2 - 3x_3 \to \text{Max.} \\ & 3x_1 + 7x_2 - x_3 \leqq 15 \\ & -2x_1^2 - 3x_2^2 \geqq 7 \\ & x_1 + 2x_2 - 3x_3 \geqq -10 \\ & x_i \geqq 0, \quad i = 1, 2, 3 \end{aligned}$$

ein Problem der konvexen Optimierung dar?

12.1.6 Die hyperbolische Optimierungsaufgabe

$$\begin{aligned} x_1 - 2x_1 + x_3 &= 8 \\ 2x_1 - x_2 + x_3 &\geqq 10 \\ x_1 + x_2 - 2x_3 &\geqq 3 \\ x_1, x_2 &\geqq 0 \end{aligned}$$

$$\bar{z} = \frac{-3x_1 + 2x_2 - x_3 + 4}{x_1 + x_2} \to \text{Min.}$$

ist in die Normalform zu überführen.

12.1.7 Wie lauten die in der Normalform (12.20′) bis (12.22′) auftretenden Matrizen und Vektoren für die quadratische Optimierungsaufgabe

$$\begin{aligned} 2x_1 + 3x_2 - x_3 &\leqq 5 \\ x_1 + 2x_2 &\geqq 7 \\ x_1 + x_2 + x_3 &= 2 \\ x_1, x_2, x_3 &\geqq 0 \end{aligned}$$

$$z = 2x_1^2 + x_2^2 + x_3^2 - 2x_1x_2 + 3x_3 \to \text{Min.?}$$

12.1.8 Ist die in der Aufgabe 12.1.7 betrachtete quadratische Optimierungsaufgabe ein Problem der konvexen Optimierung?

12.2.9 Mittels der im Abschnitt 12.2.1. beschriebenen Approximationsmethode ist für das Problem mit trennbaren Funktionen

$$\begin{aligned} 4x_1 + x_2 &\leqq 4 \\ x_1^2 + 3x_2 &\leqq 9 \\ -x_1 - 2x_2 &\leqq -2 \\ x_1, x_2 &\geqq 0 \end{aligned}$$

$$z = x_1^2 + x_2^2 + 3x_1 - x_2 \to \text{Min.}$$

näherungsweise ein lineares Optimierungsproblem anzugeben. Die gewählten Teilintervalle sollen höchstens die Länge $\frac{1}{2}$ besitzen.

12.3.10 Wie lautet die der hyperbolischen Optimierungsaufgabe

$$x_1 - 2x_2 + x_3 \qquad = 1$$
$$2x_1 + 3x_2 \qquad + x_4 = -2$$
$$x_i \geqq 0, \quad i = 1, 2, 3, 4$$
$$z = \frac{x_1 + 2x_2 - x_3 - 4}{x_1 + x_2 + 3} \to \text{Max.}$$

zugeordnete lineare Optimierungsaufgabe?

12.4.11 Wie lauten die lokalen Kuhn-Tucker-Bedingungen von Satz 12.25 für die quadratische Optimierungsaufgabe von Aufgabe 12.1.7?

12.5.12 Wie lautet das Dualproblem für die quadratische Optimierungsaufgabe von Aufgabe 12.1.7?

12.6.13 Die quadratische Optimierungsaufgabe

$$x_1 + x_2 \leqq 2$$
$$x_1, x_2 \geqq 0$$
$$z = 2x_1^2 - 2x_1x_2 + 2x_2^2 - 6x_1 \to \text{Min.}$$

ist nach dem Verfahren von Rosen zu lösen. Als Ausgangsvektor soll

$$x_0^T = [0 \;\; 0]$$

gewählt werden.

13. Dynamische Optimierung

13. Dynamische Optimierung

13.1. Stellung der dynamischen Optimierung in der Optimierungstheorie

In den vorangegangenen Kapiteln über die Optimierung wurden die auftretenden Probleme je nach Gestalt der Zielfunktion und der Nebenbedingungen in lineare und nichtlineare, diese wieder in quadratische, konvexe usw. unterteilt. Für jede dieser Problemarten existieren spezielle Lösungsverfahren, die meist nur auf einen Aufgabentyp anwendbar sind, wie zum Beispiel die Simplexmethode. Weiterhin spielen in der nichtlinearen Optimierung insbesondere Differenzierbarkeitseigenschaften der auftretenden Funktionen eine wichtige Rolle.
Demgegenüber werden wir in diesem Kapitel mit der dynamischen Optimierung eine Methode kennenlernen, die als Lösungsprinzip für verschiedenartige Optimierungsprobleme anzusehen ist. Die dynamische Optimierung wurde weitgehend von Bellman entwickelt. Die Möglichkeit ihrer Anwendung ist unabhängig davon, welches der oben genannten Unterscheidungsmerkmale das betrachtete Problem aufweist, sofern es nur eine gewisse noch zu erläuternde Separabilitätseigenschaft besitzt. Die Methode der dynamischen Optimierung ist zum Beispiel auch dann anwendbar, wenn für die Variablen nur ganzzahlige oder andere diskrete Werte zugelassen sind – ein Fall, der in der linearen und nichtlinearen Optimierung zusätzliche Schwierigkeiten verursacht.
Wie unten ersichtlich wird, ist das Verfahren besonders für Probleme geeignet, die die Optimierung zeitabhängiger Prozesse betreffen. Optimierungsprobleme mit Prozeßcharakter treten beispielsweise bei der Planung der volkswirtschaftlichen Entwicklung über mehrere Jahre hinweg auf. Aus diesem Grunde ist es nötig, daß wir uns zunächst mit zeitabhängigen Systemen und Prozessen beschäftigen.

13.2. Mehrstufige Entscheidungsprozesse

13.2.1. Dynamische Systeme und Mehrstufenprozesse

Wir nehmen an, uns sei ein ökonomisches, technisches, physikalisches oder anderes System vorgegeben, das mit der Umwelt in Verbindung steht. Zu jedem Zeitpunkt t wirken auf das System m verschiedene äußere Einflüsse ein, die wir durch reelle Zahlen $y^1(t), \ldots, y^m(t)$ beschreiben. Wir wollen die $y^i(t)$ zunächst *Eingangssignale* des Systems im Zeitpunkt t nennen. Diese Signale werden nun das Systemverhalten beeinflussen. Wir setzen voraus, daß wir die Reaktion des Systems auf die Eingangssignale beobachten und in jedem Zeitpunkt t durch l reelle Zahlen $z^1(t), \ldots, z^l(t)$ beschreiben können, die wir die *Ausgangssignale* des Systems im Zeitpunkt t nennen. Zur Vereinfachung der Schreibweise fassen wir die Ein- und Ausgangssignale zu Vektoren

$$y(t) = \begin{bmatrix} y^1(t) \\ \vdots \\ y^m(t) \end{bmatrix}$$

$$z(t) = \begin{bmatrix} z^1(t) \\ \vdots \\ z^l(t) \end{bmatrix}$$

zusammen. Somit sind y und z Vektorfunktionen der Zeit, die in jedem Augenblick Werte aus den Vektorräumen R^m bzw. R^l annehmen. Die zeitliche Änderung des Systemausgangssignals $z(t)$ unter dem Einfluß des Eingangssignals $y(t)$ wollen wir einen Prozeß nennen.

Im folgenden beschränken wir uns auf eine solche Art von Prozessen, zu deren Beschreibung wir $y(t)$ und $z(t)$ nicht für alle t, sondern nur in endlich vielen Zeitpunkt ten $t_0, t_1, \ldots, t_N$ mit $t_0 < t_1 \cdots < t_N$ benötigen; wir nennen den Prozeß dann *diskret* oder einen *Mehrstufenprozeß* mit endlich vielen Stufen. Solche Prozesse liegen häufig bei ökonomischen Problemen etwa auf Grund der Einteilung in Planperioden vor. Das Zeitintervall $[t_{n-1}\ \ t_n]$ nennen wir die *n-te Stufe* des Prozesses, $y(t_n)$ bzw. $z(t_n)$ heißen Eingangs- bzw. Ausgangssignal der n-ten Stufe. Zur Vereinfachung der Formeln vereinbaren wir die Schreibweise

$$y_n := y(t_n), \quad n = 1, \ldots, N,$$
$$z_n := z(t_n), \quad n = 1, \ldots, N,$$

und sprechen statt von den Zeitpunkten t_n von den Zeitpunkten n, $0 \leqq n \leqq N$, n ganz.

Wir versuchen nun, einen mathematischen Zusammenhang zwischen Ein- und Ausgangssignalen des Systems zu formulieren, wobei wir uns auf eine spezielle Klasse von Systemen beschränken. Ein solcher Zusammenhang ermöglicht es, bei bekannten zukünftigen Eingangssignalen das Verhalten des Systems in der Zukunft vorherzusagen, oder, wenn wir über die Eingangssignale verfügen können, diese so festzulegen, daß das System in gewünschter Weise reagiert.

Ein sehr einfacher Fall liegt vor, wenn das System sich von den Eingangssignalen nicht beeinflussen läßt und die Ausgangssignale durch die Beziehung

$$z_n = S(z_{n-1}), \quad n = 1, \ldots, N, \tag{13.1}$$

beschrieben werden. Dabei ist S eine Abbildung des R^l in den R^l. Ein solches System wird beispielsweise durch ein Sparguthaben gebildet, das im Zeitpunkt $n = 0$ die Höhe z_0 besitzt, wobei keinerlei Ein- oder Auszahlungen vorgenommen werden. Ist z_n die Höhe des Guthabens zu Beginn des n-ten Jahres, so gilt

$$z_n = (1 + p)\, z_{n-1}, \qquad n = 1, \ldots, N,$$

wobei p der Zinsfuß ist. Systeme, die durch (13.1) beschrieben werden, sind im folgenden für uns ohne Interesse, da wir sie nicht beeinflussen können.

Andere Systeme werden durch eine Beziehung der Form

$$z_n = S(y_n), \qquad n = 1, \ldots, N, \tag{13.2}$$

beschrieben, wobei S hier eine Abbildung des R^m in den R^l ist, die das System charakterisiert. Es liegt eine momentane Zuordnung des Ausgangssignals zum Eingangssignal vor: Das Ausgangssignal der n-ten Stufe ergibt sich eindeutig aus deren Eingangssignal und wird durch das Geschehen während der n-ten Stufe nicht beeinflußt.

In der Mehrzahl der praktisch bedeutungsvollen Fälle läßt sich das System jedoch nicht durch eine Abhängigkeit der Form (13.2) beschreiben, das heißt, y_n reicht zur Bestimmung von z_n noch nicht aus. Vielmehr ist das Ausgangssignal der n-ten Stufe noch von den Eingangssignalen früherer Stufen (das heißt von der Vorgeschichte) und gewissen inneren Parametern des Systems abhängig.

Wir beschränken uns hier auf solche Systeme, für die folgende Voraussetzungen erfüllt sind:

1. z_n hängt nicht von den zukünftigen Eingangssignalen, das heißt von den y_k für $n + 1 \leqq k \leqq N$, ab. Diese Voraussetzung entspricht bei physikalischen Systemen dem Kausalgesetz: Im Zeitpunkt n haben die Eingangssignale $y_{n+1}, \ldots, y_N$ noch nicht auf das System eingewirkt, folglich kann es auf sie noch nicht reagiert haben.
2. Alle Einflüsse auf z_n, die aus dem Verlauf des Prozesses bis zum Zeitpunkt $(n - 1)$ stammen oder durch innere Parameter des Systems bedingt sind, lassen sich in einem p-dimensionalen Vektor x_{n-1}, dem Zustandsvektor der n-ten Stufe, zusammenfassen, der zusammen mit dem Eingangssingal y_n das Ausgangssignal z_n der n-ten Stufe eindeutig bestimmt:

$$z_n = S(x_{n-1}\ \ y_n), \qquad n = 1, \ldots, N. \tag{13.3}$$

Wir nennen x_{n-1} den Anfangszustand der n-ten Stufe oder den Endzustand der $(n - 1)$-ten Stufe. Der Zustand x_n zu Beginn der $(n + 1)$-ten Stufe wird natürlich von x_{n-1} verschieden sein, da nach der n-ten Stufe y_n mit zur Vorgeschichte gehört. Wir nehmen an, daß der Zustandsvektor der Beziehung

$$x_n = T(x_{n-1}\ \ y_n), \qquad n = 1, 2, \ldots, N, \tag{13.4}$$

(*Zustandsgleichung*) genügt. Eine eventuelle Abhängigkeit von z_n könnten wir durch Anwendung von (13.3) eliminieren. Der Anfangszustand x_0 muß bekannt sein, um das künftige Verhalten des Systems unter Einwirkung der Eingangssignale vorhersagen zu können. Er ergibt sich aus einer Analyse des Systems vor

Prozeßbeginn. In der Regel besitzt der Zustandsvektor eine konkrete Bedeutung, wie auch aus dem nachfolgenden Beispiel ersichtlich werden wird.

Will man einen konkreten Prozeß durch (13.3) und (13.4) beschreiben, so ist zunächst festzulegen, welchen maßgeblichen Einflüssen $\boldsymbol{y}_n$ das System unterliegt und welche Größen als Ausgangssignal $\boldsymbol{z}_n$ interessieren. Daraufhin muß eine genaue Analyse des Systems erfolgen, um zu ermitteln, welche Einflüsse unbedingt im Zustandsvektor berücksichtigt werden müssen, und um die Gestalt der Abbildungen $\boldsymbol{S}$ und $\boldsymbol{T}$ in (13.3) und (13.4) festzulegen. Da mit der Zahl der Komponenten des Zustandsvektors $\boldsymbol{x}_n$ der mathematische Aufwand wächst, ist hier ein Kompromiß erforderlich.

Beispiel 13.1

Um die eingeführten Begriffe zu veranschaulichen, betrachten wir einen Industriebetrieb, der im Laufe mehrerer Jahre verschiedene Erzeugnisse produziert. In jedem Jahr (das n-te Jahr betrachten wir als n-te Stufe) werden von zentraler Stelle, das heißt von außen, Mittel in diesen Betrieb investiert, die wir als Eingangssignal $\boldsymbol{y}_n$ betrachten. Uns interessiert, wie sich unter dem Einfluß der Investitionen die Arbeitsproduktivität verändert. Ihr Wert im n-ten Jahr dient uns somit als Ausgangssignal $\boldsymbol{z}_n$.

Es ist klar, daß die Arbeitsproduktivität im n-ten Jahr nicht nur von der Höhe der in diesem Jahr investierten Mittel, sondern auch davon abhängt, wie hoch das Niveau des Produktionsprozesses zu Beginn dieses Jahres war. Dieses Niveau beinhaltet solche Faktoren, wie:

Vorhandene Produktionsmittel, deren Qualität und Auslastung,

Qualifizierungsgrad der Arbeitskräfte,

Qualität der Leitungstätigkeit im Betrieb,

Grad der wissenschaftlichen Durchdringung des Produktionsprozesses.

Es gilt nun, aus diesen und ähnlichen Faktoren diejenigen auszuwählen, die maßgeblichen Einfluß auf die Auswirkung der vorgenommenen Investitionen haben. Sie wird man zum Zustandsvektor des Systems zusammenfassen. Sind alle wesentlichen Faktoren hierin erfaßt, so gibt (13.3) den Zusammenhang zwischen Investition $\boldsymbol{y}_n$, bereits erreichtem Niveau $\boldsymbol{x}_{n-1}$ der Produktion und Arbeitsproduktivität $\boldsymbol{z}_n$ an. Auf Grund der vorgenommenen Investition verändert sich der Zustandsvektor $\boldsymbol{x}_{n-1}$ und wird am Ende des Jahres zu $\boldsymbol{x}_n$ (vgl. (13.4)).

13.2.2. Mehrstufenentscheidungsprozesse

Im vorangegangenen Abschnitt hatten wir untersucht, wie das vorgelegte System auf eine Folge $\{\boldsymbol{y}_1 \; \dots \; \boldsymbol{y}_N\}$ von Eingangssignalen reagiert und uns speziellen Systemen zugewandt, die sich durch (13.3) und (13.4) beschreiben lassen. Zu interessanten und für Anwendungen bedeutungsvollen Problemen gelangen wir, wenn wir die Eingangssignale für die einzelnen Stufen nicht als fest vorgegeben betrachten, sondern diese innerhalb gewisser Grenzen frei gewählt werden können. Die Aufgabe soll darin bestehen, die Eingangssignale so festzulegen, daß der Prozeß in einem von uns vorgegebenen Sinne den besten Verlauf nimmt. Da in jeder Stufe eine Entscheidung über die Wahl des Eingangssignals verlangt wird, wollen wir die Signale im folgenden kurz *Entscheidungen* und den Prozeß einen *Entscheidungsprozeß* nennen.

Für die Bewertung des Prozeßverlaufes benötigen wir ein zahlenmäßiges Kriterium der Güte dieses Verlaufes. Dieses Kriterium sei gegeben in der Form

$$G(\boldsymbol{x}_0 \; \cdots \; \boldsymbol{x}_N \quad \boldsymbol{y}_1 \; \cdots \; \boldsymbol{y}_N \quad \boldsymbol{z}_1 \; \cdots \; \boldsymbol{z}_N)$$

einer reellwertigen Funktion der Anfangs- und Endzustände, Entscheidungen und Ausgangssignale jeder Stufe. Die eben eingeführte Funktion nennen wir den *Gewinn* oder die *Zielfunktion* des Prozesses.
Im oben angeführten Beispiel der Investition von Mitteln in einem Betrieb könnten wir als Gütekriterium zum Beispiel das Verhältnis der Gesamtmenge von Erzeugnissen (ausgedrückt in Geldeinheiten) zur Gesamtinvestitionssumme in N Jahren oder auch den in diesem Zeitraum erwirtschafteten Nettogewinn wählen.
Bisher hatten wir zugelassen, daß die Entscheidungen $\boldsymbol{y}_n$ beliebige Vektoren aus dem Entscheidungsraum R^m sein können. In praktischen Problemstellungen sind sie jedoch meist auf gewisse vorgegebene Bereiche dieses Raumes beschränkt. So sind in Beispiel 13.1 die jährlich investierten Summen nach oben hin beschränkt, da nicht beliebig hohe Mittel zur Verfügung stehen; nach unten hin ergibt sich eine Beschränkung dadurch, daß die investierten Mittel nicht negativ sein können. In einigen ökonomischen Problemen (vgl. Abschnitt 13.4.) ist die Entscheidung der n-ten Stufe in Abhängigkeit von ihrem Anfangszustand durch

$$0 \leqq y_n \leqq x_{n-1}, \qquad n = 1, \ldots, N, \tag{13.5}$$

in ihrem Variationsbereich eingeschränkt. Solche und ähnliche Nebenbedingungen wollen wir dadurch berücksichtigen, daß wir zu jedem Zustand $\boldsymbol{x} \in R^p$ eine Menge $Y(\boldsymbol{x}) \subseteqq R^m$ von Entscheidungen vorgeben; ist $\boldsymbol{x}_{n-1}$ der Anfangszustand der n-ten Stufe, so seien in dieser Stufe alle die Entscheidungen $\boldsymbol{y}_n$ zugelassen, für die gilt:

$$\boldsymbol{y}_n \in Y(\boldsymbol{x}_{n-1}), \qquad n = 1, \ldots, N. \tag{13.6}$$

Es läßt sich beispielsweise (13.5) in dieser Form schreiben, wenn man setzt:

$$Y(x) = [0 \quad x].$$

Wie in linearen und nichtlinearen Optimierungsproblemen werden auch bei unseren Betrachtungen die Nebenbedingungen wesentlich die Gestalt der Lösung bestimmen.

13.2.3. Separable Mehrstufenentscheidungsprozesse

Wir stellen zunächst fest, daß wir in der oben eingeführten Funktion G die im Argument auftretenden Ausgangssignale $z_1, \ldots, z_N$ mit Hilfe der Beziehung (13.3) durch die Zustände und Entscheidungen ausdrücken können; somit verbleibt eine Funktion

$$F(\boldsymbol{x}_0 \;\cdots\; \boldsymbol{x}_N \quad \boldsymbol{y}_1 \;\cdots\; \boldsymbol{y}_N)$$

der Zustände und Entscheidungen als Gütekriterium.
Um zu effektiven Aussagen über die Ermittlung optimaler Entscheidungen zu gelangen, ist es erforderlich, daß wir uns auf Zielfunktionen spezieller Gestalt beschränken. Gegenüber den Darlegungen in den Kapiteln 6. und 12., wo Linearität, Konvexität oder ähnliche Eigenschaften eine Rolle spielen, setzen wir hier eine Additivität der Zielfunktion voraus, die für die im folgenden zu entwickelnde Methode der dynamischen Optimierung ganz wesentlich ist: Das Gütekriterium lasse sich in der Form

$$F(\boldsymbol{x}_0 \;\cdots\; \boldsymbol{x}_N \quad \boldsymbol{y}_1 \;\cdots\; \boldsymbol{y}_N) = \sum_{n=1}^{N} u(\boldsymbol{x}_{n-1}\; \boldsymbol{y}_n) \tag{13.7}$$

darstellen, wobei $u(x\ y)$ eine gegebene reellwertige Funktion der Vektoren $x \in R^p$, $y \in R^m$ ist. Wir bezeichnen $u(x_{n-1}\ y_n)$ als den *Gewinn der n-ten Stufe;* er hängt nur von deren Anfangszustand und der in ihr getroffenen Entscheidung ab. Ist der Gesamtgewinn in der Form (13.7) als Summe von Stufengewinnen darstellbar, so wollen wir ihn *separabel* nennen. Die Stufengewinne sind jedoch nicht unabhängig voneinander, denn ihre Argumente hängen über die Zustandsgleichung (13.4) voneinander ab.
In manchen Problemen ergibt sich der Gewinn der n-ten Stufe zunächst als eine Funktion der Form $u'(x_{n-1}\ y_n\ x_n)$. Diesen Fall können wir jedoch unter Berücksichtigung von (13.4) auf (13.7) zurückführen.

13.2.4. Zusammenfassende Problemstellung

Für fest vorgegebenes x_0 sind der Maximalwert der Funktion

$$\sum_{n=1}^{N} u(x_{n-1}\ y_n) \tag{13.8}$$

unter den Nebenbedingungen

$$y_n \in Y(x_{n-1}), \quad n = 1, \ldots, N, \tag{13.9}$$
$$x_n = T(x_{n-1}\ y_n), \quad n = 1, \ldots, N \tag{13.10}$$

sowie die Entscheidungen $y_1, \ldots, y_N$ zu bestimmen, die den Nebenbedingungen (13.9) und (13.10) genügen und das Maximum der Zielfunktion (13.8) liefern.
Eine Folge $\{y_1, \ldots, y_N\}$ von Entscheidungen nennen wir im folgenden eine (N-stufige) *Politik*; genügt sie den Beziehungen (13.9) und (13.10), so nennen wir sie zulässig. Eine zulässige Politik und die Entscheidungen, aus denen sie besteht, nennen wir optimal, wenn sie (13.8) maximiert.

13.3. Lösungsverfahren

13.3.1. Optimalitätsprinzip

Für die Lösung des in Abschnitt 13.2.4. genannten Problems existieren verschiedene Verfahren. Wir wollen im folgenden die Methode der dynamischen Optimierung benutzen, die auf Bellman zurückgeht. Er formulierte das *Optimalitätsprinzip,* auf dem diese Methode basiert:
„Eine optimale Politik hat die Eigenschaft, daß, wie auch der Anfangszustand und die erste Entscheidung lauten, die verbleibenden Entscheidungen optimal sind bezüglich des aus der ersten Entscheidung resultierenden Zustandes."
Wir wollen die Aussage dieses Prinzips an Hand einer graphischen Darstellung verdeutlichen und betrachten dazu einen N-stufigen Prozeß mit einer eindimensionalen Zustandsvariablen x sowie dem festen Anfangszustand x_0 und nehmen an, wir hätten das Optimierungsproblem gelöst und eine optimale Politik $\{y_1^*, \ldots, y_N^*\}$ erhalten. Diese Politik liefert die in Abbildung 13.1 auf dem Streckenzug $x_0^* - x_1^* - x_N^*$ liegenden Zustände. Als Entscheidungen der Stufen können wir die Anstiege der Verbindungsstrecken zwischen den Zuständen für aufeinanderfolgende Zeitpunkte ansehen.

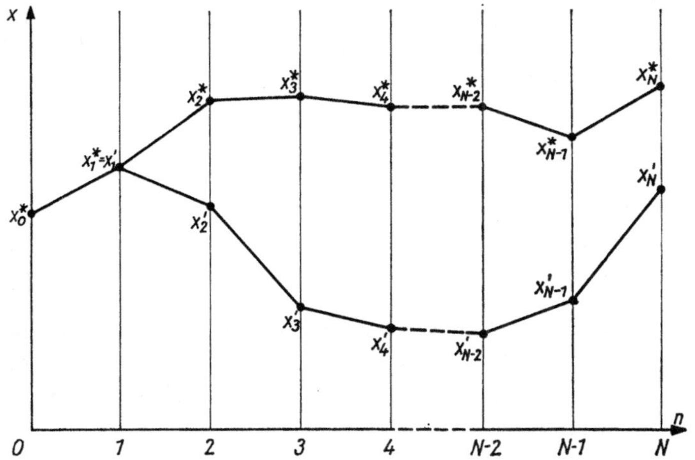

Abbildung 13.1

Das Optimalitätsprinzip besagt nun, daß auf Grund der Optimalität der Politik $\{y_1^*, \ldots, y_N^*\}$ für den N-Stufen-Prozeß mit dem Anfangszustand x_0^* die Politik $\{y_2^*, \ldots, y_N^*\}$ optimal für den $(N-1)$-stufigen Prozeß ist, der aus dem gegebenen durch Weglassen der ersten Stufe entsteht und im Zeitpunkt $n = 1$ mit dem Zustand $x_1^* = T(x_0^*\ y_1^*)$ beginnt. In Abbildung 13.1 entspricht dieser Politik der Streckenzug $x_1^* - x_N^*$.
Wäre diese Aussage falsch, so müßte eine $(N-1)$-stufige Politik $\{y_2', \ldots, y_N'\}$ existieren, die von $\{y_2^*, \ldots, y_N^*\}$ verschieden ist und einen größeren Gewinn des $(N-1)$-stufigen Prozesses liefert als die letztere:

$$\sum_{n=2}^{N} u(x_{n-1}'\ y_n') > \sum_{n=2}^{N} u(x_{n-1}^*\ y_n^*), \tag{13.11}$$

wobei $x_1' = x_1^*$ gilt. Der Politik $\{y_2', \ldots, y_N'\}$ entspreche der Zustandsverlauf $x_1' - x_N'$ in Abbildung 13.1. Aus (13.11) erhalten wir durch Addition von $u(x_0^*\ y_1^*)$:

$$u(x_0^*\ y_1^*) + \sum_{n=2}^{N} u(x_{k-1}'\ y_n') > \sum_{n=1}^{N} u(x_{n-1}^*\ y_n^*),$$

das heißt, die Politik $\{y_1^*, y_2', \ldots, y_N'\}$ (Streckenzug $x_0^* - x_1' - x_N'$) liefert einen größeren Gewinn des N-Stufen-Prozesses als die Politik $\{y_1^*, \ldots, y_N^*\}$. Dieses Ergebnis widerspricht jedoch der vorausgesetzten Optimalität dieser Politik. Somit kann (13.11) nicht gelten und das Optimalitätsprinzip ist richtig

13.3.2. Funktionalgleichungen

Typisch für die Methode der dynamischen Optimierung ist, daß die Entscheidungen, aus denen eine optimale Politik besteht, nicht alle zugleich, sondern nacheinander bestimmt werden. Dies geschieht mit Hilfe der sogenannten Funktionalgleichungen, die wir unter Verwendung des Optimalitätsprinzips herleiten wollen.
Zu diesem Zweck betrachten wir den vorgegebenen Prozeß nicht allein, sondern gemeinsam mit den Prozessen, die im Zeitpunkt n, $0 \leqq n \leqq N-1$, beginnen, im

Zeitpunkt N enden und aus den letzten $(N - n)$ Stufen des gegebenen Prozesses bestehen. Die Ermittlung einer optimalen Politik für einen solchen Teilprozeß erfordert die Maximierung seines Gewinnes

$$\sum_{k=n}^{N-1} u(x_k\ \ y_{k+1}) \tag{13.12}$$

unter den Nebenbedingungen

$$y_k \in Y(x_{k-1}), \quad k = n + 1, \ldots, N, \tag{13.13}$$
$$x_k = T(x_{k-1}\ \ y_k), \quad k = n + 1, \ldots, N. \tag{13.14}$$

Der optimale Wert von (13.12) hängt offenbar nur noch vom Zustand x_n zu Beginn des Teilprozesses ab, denn die folgenden Zustände ergeben sich aus x_n und den Entscheidungen, die durch die Forderung der Maximierung von (13.12) festgelegt werden. Somit können wir die Funktionen

$$f_n(x_n) = \max_{y_{n+1}, \ldots, y_N} \left\{ \sum_{k=n}^{N-1} u(x_k\ \ y_{k+1}) \right\}, \quad n = 0, 1, \ldots, N - 1 \tag{13.15}$$

definieren, die den optimalen Gewinn der im Zeitpunkt n beginnenden Teilprozesse in Abhängigkeit von ihren Anfangszuständen angeben (die Maximierung in (13.15) hat unter den Nebenbedingungen (13.13) und (13.14) zu erfolgen).

Wir nehmen nun an, es sei für den $(N - n)$-stufigen Teilprozeß mit dem Anfangszustand x_n eine optimale Politik $\{y^*_{n+1}, \ldots, y^*_N\}$ gegeben; folglich gilt

$$f_n(x_n) = \sum_{k=n}^{N-1} u(x^*_k\ \ y^*_{k+1}), \quad n = 0, 1, \ldots, N - 1,$$

$$x^*_k = T(x^*_{k-1}\ \ y^*_k), \quad k = n + 1, \ldots, N, \tag{13.16}$$

wobei $x_n = x^*_n$ gesetzt wurde. Die erste Entscheidung y^*_{n+1} transformiert den Zustand x_n während der ersten Stufe des Teilprozesses in

$$x^*_{n+1} = T(x_n\ \ y^*_{n+1}). \tag{13.17}$$

Auf Grund des Optimalitätsprinzips wissen wir, daß die restlichen Entscheidungen $y^*_{n+2}, \ldots, y^*_N$ eine optimale Politik für den nach dieser Stufe verbleibenden $(N - n - 1)$-stufigen Teilprozeß darstellen, wobei dessen Anfangszustand x^*_{n+1} ist. Folglich maximieren sie den Gewinn dieses Teilprozesses, und mit der Bezeichnung (13.15) folgt

$$f_{n+1}(x^*_{n+1}) = \sum_{k=n+1}^{N-1} u(x^*_k\ \ y^*_{k+1}). \tag{13.18}$$

Aus (13.16) und (13.18) ergibt sich

$$\begin{aligned} f_n(x_n) &= u(x_n\ \ y^*_{n+1}) + f_{n+1}(x^*_{n+1}) \\ &= u(x_n\ \ y^*_{n+1}) + f_{n+1}[T(x_n\ \ y^*_{n+1})]. \end{aligned} \tag{13.19}$$

Da $\{y^*_{n+1}, \ldots, y^*_N\}$ eine optimale Politik für den $(N - n)$-stufigen Teilprozeß ist, können wir die rechte Seite von (13.19) nicht vergrößern, wenn wir statt y^*_{n+1} beliebige zulässige Entscheidungen $y_{n+1} \in Y(x_n)$ zulassen. Damit erhalten wir

$$f_n(x_n) = \max_{y_{n+1} \in Y(x_n)} \{u(x_n\ \ y_{n+1}) + f_{n+1}[T(x_n\ \ y_{n+1})]\}, \quad n = 0, 1, \ldots, N - 2. \tag{13.20}$$

Für den maximalen Gewinn des einstufigen Teilprozesses ergibt sich eine sehr einfache Beziehung, da keine folgenden Stufen berücksichtigt werden müssen:

$$f_{N-1}(x_{N-1}) = \max_{y_N \in Y(x_{N-1})} \{u(x_{N-1} \quad y_N)\}. \tag{13.21}$$

Die Gleichungen (13.20) und (13.21) stellen die Funktionalgleichungen der dynamischen Optimierung dar. Mit ihrer Hilfe werden wir die optimalen Politiken ermitteln.

13.3.3. Lösung der Funktionalgleichungen

Wir beginnen die Optimierung mit der letzten Stufe. Sie zeichnet sich dadurch aus, daß ihr keine weiteren folgen und ihr Entscheidungsvektor ohne Berücksichtigung weiterer Stufen gewählt werden kann. Dieser Tatsache entspricht, daß in (13.21) im Gegensatz zu (13.20) in der geschweiften Klammer nur der Stufengewinn der N-ten Stufe auftritt.

Da wir den Zustand x_{N-1} zu Beginn der N-ten Stufe noch nicht kennen, geben wir ein beliebiges, festes $x_{N-1} \in R^p$ vor, wählen unter allen Entscheidungen aus der durch x_{N-1} festgelegten Entscheidungsmenge $Y(x_{N-1})$ diejenige aus, die in der geschweiften Klammer von (13.21) den größten Funktionswert liefert und bezeichnen sie durch $y_N^*(x_{N-1})$; dann ist

$$f_{N-1}(x_{N-1}) = u[x_{N-1} \quad y_N^*(x_{N-1})].$$

Dieses Vorgehen wiederholen wir für jeden möglichen Anfangszustand der N-ten Stufe (des einstufigen Teilprozesses). Damit kennen wir zu jedem möglichen Anfangszustand dieser Stufe ihre optimale Entscheidung $y_N^*(x_{N-1})$ und ihren optimalen Gewinn $f_{N-1}(x_{N-1})$. Da wir jetzt noch nicht wissen, wie sich x_{N-1} unter Berücksichtigung der früheren Stufen ergeben wird, nennen wir die $y_N^*(x_{N-1})$ die *bedingt-optimalen Entscheidungen* der N-ten Stufe.

Nachdem die letzte Stufe optimiert wurde, betrachten wir den im Zeitpunkt $N - 2$ beginnenden zweistufigen Teilprozeß. Für ihn lautet die Funktionalgleichung (13.20) speziell

$$f_{N-2}(x_{N-2}) = \max_{y_{N-1} \in Y(x_{N-2})} \{u(x_{N-2} \quad y_{N-1}) + f_{N-1}[T(x_{N-2} \quad y_{N-1})]\}. \tag{13.22}$$

Der Anfangszustand x_{N-2} dieses Teilprozesses ist uns noch nicht bekannt, deshalb bestimmen wir für jeden beliebigen, festen Zustand $x_{N-2} \in R^p$ die Entscheidung $y_{N-1}^*(x_{N-2})$ aus der Menge $Y(x_{N-2})$, die das Maximum in (13.22) liefert. Das ist möglich, da die in der geschweiften Klammer auftretende Funktion $f_{N-1}(x_{N-1})$ vom vorigen Schritt her bekannt ist. Damit kennen wir nun auch $f_{N-2}(x_{N-2})$ und zu jedem Anfangszustand der $(N - 1)$-ten Stufe ihre bedingt-optimale Entscheidung.

Die genannten Schritte wiederholen wir an Hand von (13.20) für $n = N - 3$, $N - 4$ usw., bis das Verfahren mit $n = 0$ abbricht. Wir kennen also $f_n(x_n)$ für $n = 0, \ldots, N - 1$, und die bedingt-optimalen Entscheidungen $y_n^*(x_{n-1})$ der n-ten Stufe für $n = 1, \ldots, N$. Somit können wir für jede Stufe angeben, welche Entscheidung in ihr zur Optimierung des folgenden Teilprozesses getroffen werden muß, vorausgesetzt, daß uns der Anfangszustand dieser Stufe bekannt ist.

Während für $n = 2, 3, \ldots, N$ über die Anfangszustände x_{n-1} der Stufen nichts ausgesagt werden konnte, ändert sich der Sachverhalt bei der ersten Stufe, denn der Anfangszustand des Prozesses ist in der Problemstellung fest vorgegeben (vgl. Abschnitt 13.2.4.); wir bezeichnen ihn durch x_0^*. Da wir zu jedem Anfangszustand x_0 der ersten Stufe die zugehörige bedingt-optimale Entscheidung $y_1^*(x_0)$ kennen, sind wir nun in der Lage, die erste *optimale* Entscheidung y_1^* des Prozesses anzugeben:

$$y_1^* = y_1^*(x_0^*).$$

Mit dieser Entscheidung liegt jedoch auch der Zustand zu Beginn der zweiten Stufe fest:

$$x_1^* = T(x_0^* \;\; y_1^*);$$

die zweite optimale Entscheidung des Prozesses ist die zum Zustand x_1^* gehörige bedingt-optimale Entscheidung der zweiten Stufe:

$$y_2^* = y_2^*(x_1^*).$$

Fahren wir in dieser Weise fort, so erhalten wir aus

$$x_n^* = T(x_{n-1}^* \;\; y_n^*), \qquad n = 1, 2, \ldots, N,$$
$$y_n^* = y^*(x_{n-1}^*), \qquad n = 1, 2, \ldots, N,$$

alle optimalen Zustände und Entscheidungen und haben eine optimale Politik $\{y_1^*, \ldots, y_N^*\}$ gewonnen. Der optimale Gewinn des Prozesses hat den Wert $f_0(x_0^*)$; offensichtlich können wir ihn bereits angeben, bevor wir die optimalen Politiken konstruieren.

Zusammenfassend können wir zwei Phasen bei der Ermittlung der Lösung des Optimierungsproblems unterscheiden. Die erste beinhaltet die Bestimmung der bedingt-optimalen Entscheidungen, wobei man mit der letzten Stufe beginnt und schrittweise die früheren Stufen berücksichtigt („Rückwärtsrechnung“). In der zweiten Phase werden – ausgehend vom vorgegebenen Anfangszustand des Prozesses und unter Zuhilfenahme der Zustandsgleichung – aus den bedingt-optimalen Entscheidungen die optimalen Entscheidungen und die zugehörigen Zustände ermittelt („Vorwärtsrechnung“).

13.3.4. Fragen der praktischen Auswertung der Funktionalgleichungen

Was haben wir bisher erreicht? Wollten wir bei der Lösung des Problems (13.8) bis (13.10) auf die Methode der dynamischen Optimierung verzichten, so könnten wir zunächst mit Hilfe von (13.10) alle Zustände außer x_0 aus (13.8) und (13.9) eliminieren, denn aus (13.10) folgt

$$x_1 = T(x_0 \;\; y_1),$$
$$x_2 = T(x_1 \;\; y_2) = T[T(x_0 \;\; y_1) \;\; y_2],$$
$$x_3 = T(x_2 \;\; y_3) = T\{T[T(x_0 \;\; y_1) \;\; y_2] \;\; y_3\}$$

usw. Diese Ausdrücke können wir in (13.8) und (13.9) einsetzen und wir erhalten eine „zustandsfreie“ Form des Optimierungsproblems, da x_0 fest vorgegeben ist. Das so entstandene Optimierungsproblem ist im allgemeinen nichtlinear und nichtkonvex, so daß die zur Zeit bekannten systematischen Lösungsmethoden der nichtlinearen Optimierung im allgemeinen nicht praktikabel sind. Somit verbleiben nur Suchverfahren, um das Maximum der Zielfunktion zu bestimmen. Deren Anwendung wird jedoch dadurch erschwert, daß in dem gewonnenen Problem N Entscheidungsvektoren mit je m Komponenten, also $N \cdot m$ Variable zugleich bestimmt werden müssen.

Demgegenüber tritt in jeder der Funktionalgleichungen (13.20) bzw. (13.21) nur ein Entscheidungsvektor auf, das heißt, bei der Bestimmung der Maxima in diesen Gleichungen sind jeweils nur m Variable optimal zu bestimmen. Dafür ist der Optimierungsvorgang N-mal zu wiederholen. Im allgemeinen ist es bedeutend leichter, N Optimierungsprobleme mit je m zu bestimmenden Variablen zu lösen als ein Optimierungsproblem mit $N \cdot m$ Variablen, so daß sich bei Anwendung der Methode der dynamischen Optimierung gegenüber dem oben geschilderten Verfahren beträchtliche Vorteile ergeben.

Offen bleibt noch, wie die Maxima in (13.20) und (13.21) ermittelt werden. Bei dem Problem

$$\max_{\boldsymbol{y}_{n+1} \in Y(\boldsymbol{x}_n)} \{u(\boldsymbol{x}_n \;\; \boldsymbol{y}_{n+1}) + f_{n+1}[\boldsymbol{T}(\boldsymbol{x}_n \;\; \boldsymbol{y}_{n+1})]\} \tag{13.23}$$

handelt es sich nicht um eine einzelne Aufgabe, sondern um eine ganze Schar von Optimierungsproblemen. Der Zustandsvektor $\boldsymbol{x}_n$ durchläuft einen gegebenen Bereich des Zustandsraumes R^p oder den gesamten R^p; für jeden möglichen dieser Vektoren ist (13.23) zu lösen. Somit spielen die Komponenten von $\boldsymbol{x}_n$ die Rolle von Parametern, die während der Maximierung fest bleiben; man nennt (13.23) deswegen ein *parametrisches Optimierungsproblem.* Jedem Vektor $\boldsymbol{x}_n$ ist einmal [vgl. (13.20)] der Maximalwert $f_n(\boldsymbol{x}_n)$ von (13.23), zum anderen der Entscheidungsvektor $\boldsymbol{y}^*_{n+1}(\boldsymbol{x}_n)$ (die bedingt-optimale Entscheidung) zugeordnet, der dieses Maximum liefert. In den meisten Fällen ist es nicht möglich, $f_n(\boldsymbol{x}_n)$ und $\boldsymbol{y}^*_{n+1}(\boldsymbol{x}_n)$ in geschlossener Form anzugeben, da die Probleme zu kompliziert sind. Man wendet daher ein Näherungsverfahren an, das wir für den Fall einer eindimensionalen Zustandsvariablen erläutern wollen.

Der Grundgedanke besteht darin, das gesamte parametrische Optimierungsproblem nur für diskrete Werte der Komponenten von $\boldsymbol{x}_n$ zu lösen und die Ergebnisse für Zwischenwerte näherungsweise durch Interpolation zu bestimmen. Da wir nur endlich viele Probleme lösen können, ist es zunächst erforderlich, den Variationsbereich des Parametervektors $\boldsymbol{x}_n$ geeignet einzuengen. In den meisten praktischen Fällen ist diese Beschränkung ganz natürlich gegeben, zum Beispiel, wenn in $\boldsymbol{x}_n$ die Größen gewisser Ressourcen dargestellt werden.

Eventuell muß man den Variationsbereich von $\boldsymbol{x}_n$ von Stufe zu Stufe an Hand der Beziehungen (13.9) und (13.10) ermitteln.

Wir nehmen nun an, daß der Vektor $\boldsymbol{x}_n$ nur eine Komponente x_n besitzt. Die Variable x_n variiere im abgeschlossenen Intervall $[a \;\; b]$ der reellen Zahlengeraden. Aus diesem Intervall wählen wir r verschiedene Punkte (sogenannte Gitterpunkte) aus. Häufig wählt man sie äquidistant (jedoch ist auch eine andere Unterteilung des Intervalles möglich):

$$x_n^{(\varrho)} = a + \frac{b-a}{r-1}\varrho, \qquad \varrho = 0, 1, \ldots, r-1.$$

Das Problem (13.23) wird jetzt nacheinander für $x_n = x_n^{(\varrho)}$, $\varrho = 0, 1, \ldots, r-1$, gelöst. Als Ergebnis stehen $f_n(x_n)$ und $\boldsymbol{y}^*_{n+1}(x_n)$ an den Stellen $x_n^{(\varrho)}$ zur Verfügung.

Bei der Lösung von (13.23) benötigen wir die Funktionswerte $f_{n+1}(x_{n+1})$ an den Stellen $T(x_n^{(\varrho)}\ y_{n+1})$. Diese Stellen werden aber im allgemeinen keine Gitterpunkte des x_{n+1} zugeordneten Intervalles sein, in denen $f_{n+1}(x_{n+1})$ bekannt ist, sondern Zwischenwerte. Man hilft sich, indem man den gesuchten Funktionswert $f_{n+1}[T(x_n^{(\varrho)}\ y_{n+1})]$ durch (meistens lineare) Interpolation aus den Funktionswerten in den der Stelle $T(x_n^{(\varrho)}\ y_{n+1})$ benachbarten Gitterpunkten berechnet. Der hierbei entstehende Fehler kann durch Verwendung von Interpolationsformeln höherer Ordnung oder durch Verengung des Gitterpunktabstandes, das heißt Verwendung einer größeren Anzahl von Gitterpunkten, verkleinert werden. In beiden Fällen steigt der notwendige Rechenaufwand mit der geforderten Genauigkeit an.

Zu bemerken ist noch, daß in der „Vorwärtsrechnung“ (vgl. Abschnitt 13.3.3.) bei der Ermittlung der optimalen aus den bedingt-optimalen Entscheidungen ebenfalls eine Interpolation erforderlich ist, da die letzteren nur an den Gitterpunkten vorliegen.

Wir haben bisher erreicht, das parametrische Optimierungsproblem (13.23) auf mehrere getrennte Optimierungsprobleme mit jeweils festem Parameterwert x_n zurückzuführen. Die verbleibende Maximierung in (13.23) wird, da sie oft analytisch nicht möglich ist, näherungsweise numerisch ausgeführt. Zu diesem Zwecke gibt man auf der Entscheidungsmenge $Y(x_n)$ (x_n fest) ein Netz von Gitterpunkten vor. Die geschweifte Klammer in (13.23) wird für jeden dieser Gitterpunkte berechnet, die erhaltenen Werte werden verglichen und der größte davon als $f_n(x_n)$ bezeichnet. Der Vektor y_{n+1}, der das Maximum liefert, ist die bedingt-optimale Entscheidung $y_{n+1}^*(x_n)$. Natürlich entstehen hierbei Fehler, da das gesuchte Maximum zwischen den Gitterpunkten liegen kann. Diese Fehler werden einerseits um so kleiner, je enger das Gitter gewählt wird. Damit steigt andererseits der Rechenaufwand an, da die Zahl der zu berechnenden und zu vergleichenden Klammerwerte in (13.23) zunimmt.

Die Anwendung des geschilderten Verfahrens ist mit leistungsfähigen elektronischen Digitalrechnern durchaus möglich, hat aber ihre Grenzen für höhere Dimensionen des Entscheidungsvektors. Kann beispielsweise jede Komponente des m-dimensionalen Vektors y_{n+1} unabhängig von den anderen μ Werte durchlaufen, so ist – für ein festes x_n – die geschweifte Klammer in (13.23) insgesamt μ^m-mal zu berechnen, zu speichern und anschließend zu vergleichen. Hier setzt besonders die Speicherkapazität der zur Zeit verfügbaren Digitalrechner für größere m eine Grenze. Dieser Sachverhalt wird in der Literatur gelegentlich als Dimensionsschwierigkeit bezeichnet [13.1]. Mit Hilfe spezieller Suchverfahren für das Maximum kann der Rechenaufwand mitunter verringert werden; weiterhin existieren Verfahren, die den Speicherbedarf verringern, dafür aber mehr Rechenzeit erfordern [13.3].

13.3.5. Umkehrung der Optimierungsrichtung

Bevor wir die Ergebnisse in einem Beispiel anwenden, soll noch eine andere Darstellungsweise der Methode der dynamischen Optimierung angegeben werden.

Mitunter liegt die Zustandsgleichung des betrachteten Systems in der Form

$$x_{n-1} = S(x_n\ y_n) \tag{13.24}$$

vor, wobei $S(x_n \; y_n)$ eine Vektorfunktion der Vektorvariablen x_n und y_n ist. Der Anfangszustand x_{n-1} der n-ten Stufe ergibt sich also eindeutig aus dem Endzustand x_n und der Entscheidung y_n der n-ten Stufe. Es läßt sich (13.24) aus (13.4) gewinnen, falls (13.4) eindeutig nach x_{n-1} auflösbar ist.

Der Gewinn der n-ten Stufe sei $v(x_n \; y_n)$, wobei v eine reellwertige Funktion der Vektorvariablen x_n und y_n ist. Liegt der Stufengewinn zunächst in der Form $u'(x_{n-1} \; y_n \; x_n)$ oder $u(x_{n-1} \; y_n)$ vor, so kann man ihn durch Anwendung von (13.24) in die Gestalt $v(x_n \; y_n)$ bringen.

Die Entscheidung y_n der n-ten Stufe darf Werte aus einer gegebenen Menge $\overline{Y}(x_n)$ annehmen, die vom Endzustand x_n der n-ten Stufe abhängt.

Das Problem besteht nun darin, für vorgegebenen Endzustand x_N des Prozesses den Maximalwert der Funktion

$$\sum_{n=1}^{N} v(x_n \; y_n) \tag{13.25}$$

unter den Nebenbedingungen

$$y_n \in \overline{Y}(x_n), \quad n = 1, 2, \ldots, N, \tag{13.26}$$

$$x_{n-1} = S(x_n \; y_n), \quad n = 1, 2, \ldots, N, \tag{13.27}$$

sowie eine optimale Politik $\{y_1^*, \ldots, y_N^*\}$ zu ermitteln.

Das Optimalitätsprinzip lautet in einer für diese Prozeßdarstellung günstigen Form:

„Eine optimale Politik hat die Eigenschaft, daß, wie auch der Endzustand und die letzte Entscheidung lauten, die verbleibenden Entscheidungen optimal sind bezüglich des aus der letzten Entscheidung resultierenden Zustandes."

Um die Funktionalgleichungen herzuleiten, betrachten wir den vorliegenden Prozeß gemeinsam mit den Teilprozessen, die im Zeitpunkt Null beginnen und im Zeitpunkt n, $1 \leqq n \leqq N$, enden und somit aus den ersten n Stufen des gegebenen N-Stufen-Prozesses bestehen. Der optimale Gewinn eines solchen n-Stufen-Prozesses hängt offenbar nur noch von seinem Endzustand x_n ab, denn die Zustände $x_0, \ldots, x_{n-1}$ ergeben sich aus x_n und den Entscheidungen $y_1, \ldots, y_n$, die optimal gewählt werden. Wir bezeichnen den optimalen Gewinn des im Zeitpunkt n endenden Teilprozesses mit dem Endzustand x_n durch $g_n(x_n)$:

$$g_n(x_n) = \max_{y_1, \ldots, y_n} \left\{ \sum_{k=1}^{n} v(x_n \; y_n) \right\}, \quad n = 1, \ldots, N. \tag{13.28}$$

Die Maximierung muß dabei unter den Nebenbedingungen

$$y_k \in \overline{Y}(x_k), \quad k = 1, 2, \ldots, n, \tag{13.29}$$

$$x_{k-1} = S(x_k \; y_k), \quad k = 1, 2, \ldots, n, \tag{13.30}$$

erfolgen. Die Herleitung der Funktionalgleichungen kann ähnlich wie in Abschnitt 13.3.2. erfolgen, nur wird jetzt statt der ersten die letzte Stufe des Teilprozesses abgespalten. Dem Leser wird die Durchführung dieser Ableitung als Übungsaufgabe empfohlen. Wir wollen hier einen anderen Weg beschreiten. Wir formen (13.28) um:

$$g_n(x_n) = \max_{y_n} \left\{ \max_{y_1, \ldots, y_{n-1}} \left[\sum_{k=1}^{n-1} v(x_k \; y_k) + v(x_n \; y_n) \right] \right\}.$$

Da der zweite Term in der inneren geschweiften Klammer nicht von den Entscheidungen $y_1, \ldots, y_{n-1}$ abhängt, erhalten wir

$$g_n(x_n) = \max_{y_n} \left\{ \left[\max_{y_1, \ldots, y_{n-1}} \left(\sum_{k=1}^{n-1} v(x_k \;\; y_k) \right) \right] + v(x_n \;\; y_n) \right\}.$$

In der eckigen Klammer steht der optimale Gewinn des $(n - 1)$-stufigen Teilprozesses mit dem Endzeitpunkt $n - 1$ (vgl. (13.28)). Sein Endzustand x_{n-1} ergibt sich gemäß (13.30) zu

$$x_{n-1} = S(x_n \;\; y_n).$$

Damit erhalten wir endgültig

$$g_n(x_n) = \max_{y_n \in \bar{Y}(x_n)} \{g[S(x_n \;\; y_n)] + v(x_n \;\; y_n)\}, \qquad n = 2, \ldots, N. \tag{13.31}$$

Für den einstufigen Teilprozeß gilt

$$g_1(x_1) = \max_{y_1 \in \bar{Y}(x_1)} \{v(x_1 \;\; y_1)\}. \tag{13.32}$$

(13.31) und (13.32) sind die Funktionalgleichungen, die der in diesem Abschnitt verwendeten Beschreibungsart des Prozesses entsprechen. Ihre Lösung geschieht ähnlich wie die der Funktionalgleichungen (13.20), (13.21), nur beginnen wir hier mit der ersten Stufe und enden mit der letzten. Auch hier können wir zwei Phasen unterscheiden:

1. Phase: Ausgehend von der ersten Stufe und unter schrittweiser Berücksichtigung der folgenden Stufen löst man die Funktionalgleichungen (13.31) und (13.32) und erhält den optimalen Gewinn $g_n(x_n)$ des n-stufigen Teilprozesses sowie die bedingten optimalen Entscheidungen $y_n^*(x_n)$ der n-ten Stufe in Abhängigkeit von ihrem Endzustand x_n („Vorwärtsrechnung").

2. Phase: Aus dem vorgegebenen Endzustand x_N^* des Prozesses und den bedingten optimalen Entscheidungen der Stufen ermittelt man unter Verwendung der Zustandsgleichung (13.27) schrittweise die optimalen Entscheidungen und die zugehörigen Zustände.

Das hier vorgestellte Verfahren nennt man auch „Optimierung in Prozeßrichtung", das zuvor beschriebene dagegen „Optimierung entgegen der Prozeßrichtung".
Welche der dargelegten Methoden man verwendet, hängt zunächst davon ab, in welcher Beschreibungsart der betrachtete Prozeß vorliegt. Stehen beide Darstellungen zur Verfügung, so kann zum Beispiel die Gestalt der Funktionen $\boldsymbol{T}$ und $\boldsymbol{S}$ für die Wahl des benutzten Verfahrens maßgebend sein. Ein weiterer Gesichtspunkt bei der Wahl der Optimierungsrichtung ist die Gestalt der Anfangs- und Endbedingungen: Bei der Optimierung entgegengesetzt zur Prozeßrichtung hatten wir den Anfangszustand x_0 des Prozesses, beim anderen Verfahren dagegen seinen Endzustand x_N fest vorgegeben. Es kann aber auch gefordert sein, daß Anfangs- und Endzustand vorgegebene Werte annehmen. Mitunter sind auch für Anfangs- bzw. Endzustand vorgegebene Mengen X_0 bzw. X_N zugelassen, und es wird gefordert, $x_0 \in X_0$ bzw. $x_N \in X_N$ so zu wählen, daß der Gewinn des Prozesses optimal wird. Alle diese Gesichtspunkte spielen bei der Wahl der Optimierungsrichtung eine Rolle.

13.4. Ein Verteilungsproblem

Wir wollen die bisherigen Ergebnisse in diesem Abschnitt zur Lösung eines speziellen Mehrstufenentscheidungsproblems verwenden. Es steht eine bestimmte Menge $x_0 \geqq 0$ an Mitteln (Geld, Maschinen, Material oder ähnlichem) zur Verfügung, die in zwei Industriebetriebe, die damit wirtschaften, investiert werden sollen. Erhält der Betrieb I zu Beginn eines Jahres die Mittel $y \geqq 0$, so erzielt er am Jahresende den Gewinn $g(y)$. Da für dessen Erwirtschaftung ein Teil der eingesetzten Mittel verbraucht wird, verringern sich diese bis zum Jahresende auf die Höhe $\varphi(y) \leqq y$. Für den Betrieb II lauten die eingesetzten Mittel $y' \geqq 0$, der Gewinn $h(y')$ und die verbleibenden Mittel $\psi(y') \leqq y'$. Am Jahresende werden die übrig gebliebenen Mittel beider Betriebe zusammengefaßt und für das nächste Jahr neu aufgeteilt. Dieser Vorgang wird während mehrerer Jahre wiederholt. Das Ziel besteht darin, die Verteilung zu Beginn jeden Jahres so vorzunehmen, daß der im Verlauf von N Jahren erzielte Gesamtgewinn beider Betriebe maximal wird.

Zunächst müssen wir das verbal formulierte Problem in eine geeignete mathematische Schreibweise übertragen; dies geschieht mit Hilfe der in Abschnitt 13.2. eingeführten Begriffe. Als Prozeßstufen bieten sich hier die Jahre an. Betrachten wir das $(n + 1)$-te Jahr, so benötigen wir die Kenntnis der zu Beginn dieses Jahres vorhandenen Mittel x_n, um sie verteilen zu können. Es ergibt sich x_n aus den anfangs eingesetzten Mitteln x_0 und der Verteilung der jeweils zur Verfügung stehenden Mittel in den ersten n Jahren. Somit enthält x_n die für uns wesentlichen Informationen aus der Vorgeschichte des $(n + 1)$-ten Jahres und kann als Zustandsvariable des aus den zwei Betrieben bestehenden Systems angesehen werden.

Die Mittel x_n, die zu Beginn des $(n + 1)$-ten Jahres zur Verfügung stehen, sind gleichzeitig die, die im n-ten Jahr verblieben sind; daher gilt einerseits

$$x_n = \varphi(y_n) + \psi(y_n');$$

dabei sind y_n bzw. y_n' die im n-ten Jahr in den Betrieben I bzw. II investierten Mittel. Andererseits gilt

$$y_n + y_n' = x_{n-1}, \tag{13.33}$$

da x_{n-1} im n-ten Jahr vollständig auf die Betriebe aufgeteilt werden soll. Aus den letzten beiden Beziehungen folgt

$$x_n = \varphi(y_n) + \psi(x_{n-1} - y_n) \tag{13.34}$$

als spezielle Form der Zustandsgleichung für den vorliegenden Fall. Die im Betrieb I investierten Mittel y_n, die wir als Entscheidung der n-ten Stufe ansehen, können wir unter der Nebenbedingung

$$0 \leqq y_n \leqq x_{n-1}$$

frei wählen. Die Ungleichung besagt, daß nicht mehr Mittel im Betrieb I investiert werden können, als vom Vorjahr her zur Verfügung stehen.

Der im n-ten Jahr erzielte Gewinn ergibt sich aus den investierten Mitteln zu

$$g(y_n) + h(y_n')$$

oder mit (13.33) zu

$$g(y_n) + h(x_{n-1} - y_n).$$

Der im Verlauf von N Jahren erhaltene Gesamtgewinn beträgt

$$\sum_{n=1}^{N} [g(y_n) + h(x_{n-1} - y_n)].$$

Dieser ist zu maximieren. Somit lautet unser Optimierungsproblem einschließlich Nebenbedingungen:

$$\max_{y_1,\dots,y_N} \left\{ \sum_{n=1}^{N} [g(y_n) + h(x_{n-1} - y_n)] \right\}, \tag{13.35}$$

$$\left.\begin{aligned} &0 \leqq y_n \leqq x_{n-1}, &(13.36)\\ &x_n = \varphi(y_n) + \psi(x_{n-1} - y_n). &(13.37)\end{aligned}\right\} n = 1, 2, \dots, N.$$

Eine optimale Politik besteht aus den in den Jahren 1, 2, ..., N im Betrieb I investierten Mitteln $y_1^*, y_2^*, \dots, y_N^*$. Die Mittel für Betrieb II ergeben sich dann aus (13.33) und (13.37).

Dieses Problem hat die gleiche Gestalt wie das im Abschnitt 13.2.4. gegebene; somit können wir die Funktionalgleichungen (13.20), (13.21) auf unseren speziellen Fall übertragen und erhalten

$$f_n(x_n) = \max_{0 \leqq y_{n+1} \leqq x_n} \{g(y_{n+1}) + h(x_n - y_{n+1}) + f_{n+1}[\varphi(y_{n+1}) + \psi(x_n - y_{n+1})]\}, \quad n = 0, 1, \dots, N-2,$$

$$f_{N-1}(x_{N-1}) = \max_{0 \leqq y_N \leqq x_{N-1}} \{g(y_N) + h(x_{N-1} - y_N)\}.$$

Diese Gleichungen wollen wir für das spezielle Problem

$$g(y) = y^2, \; h(y') = 2y'^2, \tag{13.38}$$

$$\varphi(y) = 0{,}75y, \; \psi(y') = 0{,}25y' \tag{13.39}$$

lösen. Sie lauten hier:

$$f_n(x_n) = \max_{0 \leqq y_{n+1} \leqq x_n} \{y_{n+1}^2 + 2(x_{n-1} - y_n)^2 + f_{n+1}[0{,}75y_{n+1} + 0{,}25(x_n - y_{n+1})]\}, \quad n = 0, 1, \dots, N-2, \tag{13.40}$$

$$f_{N-1}(x_{N-1}) = \max_{0 \leqq y_N \leqq x_{N-1}} \{y_N^2 + 2(x_{N-1} - y_N)^2\}. \tag{13.41}$$

Nach dem allgemeinen Lösungskonzept aus Abschnitt 13.3.3. beginnen wir mit (13.41). Durch $F_{N-1}(x_{N-1}\; y_N)$ bezeichnen wir den Ausdruck in der geschweiften Klammer von (13.41)

$$F_{N-1}(x_{N-1}\; y_N) = 3y_N^2 - 4x_{N-1}y_N + 2x_{N-1}^2.$$

Für jedes feste x_{N-1} ist $F_{N-1}(x_{N-1}\; y_N)$ ein Polynom zweiten Grades in y_N mit positiver zweiter Ableitung nach y_N und somit eine konvexe Funktion von y_N. Ihr Bild ist eine nach oben geöffnete Parabel (vgl. Abbildung 13.2). Daher nimmt F_{N-1} sein Maximum nur in den Randpunkten des zulässigen y_N-Intervalls $[0\; x_{N-1}]$ an. Die gesuchte Extremstelle ermitteln wir durch Vergleich. Im linken Randpunkt ist

$$F_{N-1}(x_{N-1}\; 0) = 2x_{N-1}^2,$$

im rechten Randpunkt

$$F_{N-1}(x_{N-1}\; x_{N-1}) = x_{N-1}^2$$

(vgl. Abbildung 13.2). Der maximale Gewinn der letzten Stufe ergibt sich somit, wenn wir – unabhängig von x_{N-1} – sämtliche zur Verfügung stehenden Mittel im

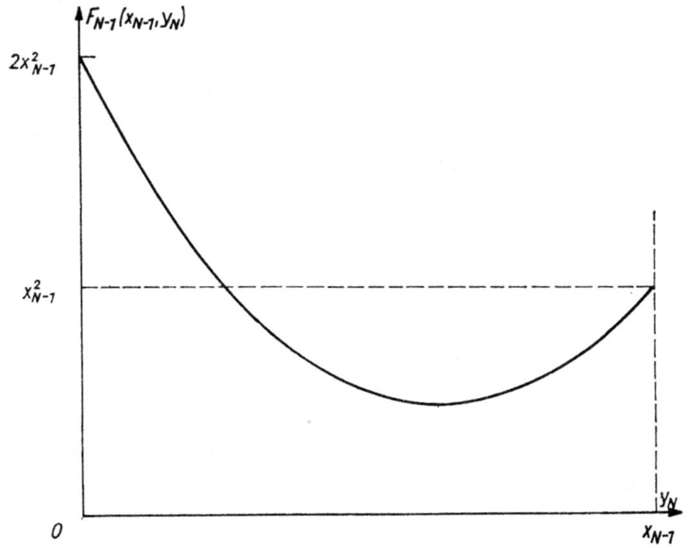

Abbildung 13.2

Betrieb II investieren. Für die bedingt-optimale Entscheidung der n-ten Stufe gilt also

$$f^*_N(x_{N-1}) \equiv 0. \tag{13.42}$$

Dieses Ergebnis ist unmittelbar einleuchtend, wenn man (13.38) betrachtet. Der hohe Verbrauch des Betriebes II (vgl. (13.39)) spielt keine Rolle, da für keine weiteren Stufen Mittel zur Verfügung stehen müssen.

Mit der getroffenen bedingt-optimalen Entscheidung erhalten wir aus (13.41) als bedingt-optimalen Gewinn des letzten Jahres

$$f_{N-1}(x_{N-1}) = F_{N-1}[x_{N-1} \;\; y^*_N(x_{N-1})] = 2x^2_{N-1}.$$

Nachdem die letzte Stufe optimiert ist, können wir zur Betrachtung der letzten zwei Stufen, das heißt zu Gleichung (13.40) mit $n = N - 2$, übergehen, da $f_{N-1}(x_{N-1})$ bekannt ist:

$$f_{N-2}(x_{N-2}) = \max_{0 \leqq y_{N-1} \leqq x_{N-2}} \{y^2_{N-1} + 2(x_{N-2} - y_{N-1})^2 + 2[0{,}75y_{N-1} + 0{,}25(x_{N-2} - y_{N-1})]^2\}.$$

Den Ausdruck in der geschweiften Klammer bezeichnen wir durch $F_{N-2}(x_{N-2} \;\; y_{N-1})$; für jedes feste x_{N-2} ist er ein Polynom zweiten Grades in y_{N-1}, das ebenso wie $F_{N-1}(x_{N-1} \;\; y_N)$ konvex ist.

Daher liegt sein Maximum bezüglich y_{N-1} auf dem Rand des Intervalles $[0 \;\; x_{N-2}]$.

Wir bilden

$$F_{N-2}(x_{N-2} \;\; 0) = 2{,}125x^2_{N-2}$$
$$F_{N-2}(x_{N-2} \;\; x_{N-2}) = 2{,}125x^2_{N-2};$$

die Entscheidungen $y_{N-1} = 0$ und $y_{N-1} = x_{N-2}$ liefern den gleichen Gewinn der letzten zwei Stufen. Somit ergeben sich zwei Möglichkeiten für die bedingt-optimale

Entscheidung der $(N - 1)$-ten Stufe, die wir durch obere Indizes unterscheiden:

$$y_{N-1}^{*(1)}(x_{N-2}) \equiv 0, \quad y_{N-1}^{*(2)}(x_{N-2}) \equiv x_{N-2}. \tag{13.43}$$

Im vorletzten Jahr haben wir also die Wahl, die gesamten Mittel entweder im Betrieb I oder II zu investieren. Der optimale Gewinn der letzten zwei Stufen lautet in jedem Fall:

$$f_{N-2}(x_{N-2}) = F_{N-2}(x_{N-2}\ \ 0) = F_{N-2}(x_{N-2}\ \ x_{N-2}) = 2{,}125x_{N-2}^2.$$

Nun wenden wir uns Gleichung (13.40) für $n = N - 3$ zu. Mit den soeben gewonnenen Ergebnissen erhalten wir

$$f_{N-3}(x_{N-3}) = \max_{0 \leqq y_{N-2} \leqq x_{N-3}} \{y_{N-2}^2 + 2(x_{N-3} - y_{N-2})^2 + \\ + 2{,}125[0{,}75y_{N-2} + 0{,}25(x_{N-3} - y_{N-2})]^2\};$$

der Term $F_{N-3}(x_{N-3}\ \ y_{N-2})$ in der geschweiften Klammer ist wieder ein konvexes Polynom zweiten Grades in y_{N-2} und nimmt sein Maximum am Rand des Intervalles $[0\ \ x_{N-3}]$ an. Wir erhalten für die Randpunkte:

$$F_{N-3}(x_{N-3}\ \ 0) \approx 2{,}133x_{N-3}^2,$$
$$F_{N-3}(x_{N-3}\ \ x_{N-3}) \approx 2{,}195x_{N-3}^2.$$

Da der zweite Wert größer ist als der erste, stellt

$$y_{N-2}^*(x_{N-3}) \equiv x_{N-3}$$

die bedingt-optimale Entscheidung der $(N - 2)$-ten Stufe dar, das heißt, die gesamten Mittel sind im Betrieb I zu investieren. Der Gewinn der letzten drei Stufen beträgt

$$f_{N-3}(x_{N-3}) = F_{N-3}(x_{N-3}\ \ x_{N-3}) \approx 2{,}195x_{N-3}^2.$$

Allgemein hat die Funktionalgleichung (13.40) die Gestalt

$$f_n(x_n) = \max_{0 \leqq y_{n+1} \leqq x_n} \{F_n(x_n\ \ y_{n+1})\}$$

mit

$$F_n(x_n\ \ y_{n+1}) = y_{n+1}^2 + 2(x_n - y_{n+1})^2 + \\ + C_{n+1}[0{,}75y_{n+1} + 0{,}25(x_n - y_{n+1})]^2, \tag{13.44}$$

da

$$f_{n+1}(x_{n+1}) = C_{n+1} \cdot x_{n+1}^2, \quad C_{n+1} > 0$$

gilt. Stets ist $F_n(x_n\ \ y_{n+1})$ für festes x_n ein konvexes Polynom zweiten Grades in y_{n+1}, so daß das Maximum dieses Polynoms für $y_{n+1} = 0$ oder $y_{n+1} = x_n$ angenommen wird. Aus (13.44) folgt

$$F_n(x_n\ \ 0) = [2 + 0{,}625C_{n+1}]\, x_n^2,$$
$$F_n(x_n\ \ x_n) = [1 + 0{,}5625C_{n+1}]\, x_n^2.$$

Setzen wir $C_{n+1} > 2$ voraus, so ist $F_n(x_n\ \ x_n) > F_n(x_n\ 0)$ und als bedingt-optimale Entscheidung der $(n + 1)$-ten Stufe ergibt sich

$$y_{n+1}^*(x_n) \equiv x_n.$$

Wir erhalten

$$f_n(x_n) = F_n(x_n\ \ x_n) = C_n x_n^2$$

mit

$C_n = 1 + 0{,}5625 C_{n+1}$.

Da $C_{n+1} > 2$ vorausgesetzt war, gilt auch $C_n > 2$ und wir können den durchgeführten Schluß für die n-te, $(n-1)$-te usw. bis zur ersten Stufe wiederholen. Da die Voraussetzung $C_{n+1} > 2$ bereits für $n = N - 3$ erfüllt war, erhalten wir das Ergebnis, daß für die erste bis $(N-2)$-te Stufe die bedingt-optimalen Entscheidungen

$$y^*_{n+1}(x_n) \equiv x_n, \quad n = 0, 1, \ldots, N-3, \tag{13.45}$$

lauten, das heißt, die gesamten zur Verfügung stehenden Mittel sind im Betrieb I zu investieren. Auf Grund der zwei gleichwertigen Möglichkeiten für $y^*_{N-1}(x_{N-2})$ (vgl. (13.43)) erhalten wir die folgenden optimalen Politiken:

Optimale Politik 1: Vom ersten bis zum $(N-2)$-ten Jahr werden die jeweils zu Jahresbeginn vorhandenen Mittel vollständig dem Betrieb I zur Verfügung gestellt. In den letzten zwei Jahren erhält Betrieb II sämtliche Mittel.

Optimale Politik 2: Im letzten Jahr erhält Betrieb II sämtliche Mittel, in den übrigen Jahren dagegen Betrieb I.

Offensichtlich sind diese Ergebnisse unabhängig von der Stufenzahl N.

Oft ist es in den Anwendungen günstig, wenn das betrachtete Optimierungsproblem mehrere optimale Politiken besitzt. Bei der Wahl der tatsächlich benutzten Politik können dann weitere Forderungen, die in die Zielfunktion und die Nebenbedingungen des Optimierungsproblems nicht aufgenommen wurden, berücksichtigt werden. Benötigt man nur eine Politik, so wählt man aus den Alternativen für die bedingt-optimalen Entscheidungen stets nur eine aus (in unserem Beispiel kann eine der Möglichkeiten (13.43) gestrichen werden.)
Nach dieser Zwischenbetrachtung wollen wir die Auswertung unseres Beispiels fortsetzen. Nach Ermittlung der bedingt-optimalen Entscheidungen jeder Stufe hat die „Vorwärtsrechnung“ zu erfolgen, um die tatsächlichen optimalen Entscheidungen zu bestimmen (vgl. Abschnitt 13.3.3.). Zu diesem Zwecke wählen wir einen Prozeß von fünfjähriger Dauer ($N = 5$).
Da wir zu jedem Anfangszustand jeder Stufe deren optimale Entscheidung kennen und die Mittel x^*_0 zu Beginn der ersten Stufe bekannt sind, können wir ihre optimale Entscheidung angeben; sie lautet nach (13.45) mit $n = 0$:

$$y^*_1 = y^*_1(x^*_0) = x^*_0 .$$

Aus (13.37) folgt damit für die zu Beginn des zweiten Jahres vorhandenen Mittel:

$$x^*_1 = 0{,}75 y^*_1 = 0{,}75 x^*_0 ,$$

das heißt, sie haben sich nach dem ersten Jahr auf 75 % des Anfangswertes verringert. Wegen (13.45) werden sie wieder im Betrieb I investiert:

$$y^*_2 = y^*_2(x^*_1) = x^*_1 = 0{,}75 x^*_0 ,$$

daraus folgt weiter

$$x^*_2 = 0{,}75 y^*_2 = 0{,}75^2 x^*_0 \approx 0{,}563 x^*_0 ,$$
$$y^*_3 = x^*_2 \approx 0{,}563 x^*_0 ,$$
$$x^*_3 = 0{,}75 y^*_3 \approx 0{,}422 x^*_0 .$$

Wählen wir die erste optimale Politik, so werden nach dem dritten Jahr sämtliche Mittel im Betrieb II investiert (vgl. (13.43) und (13.42)), es gilt also:

$$\begin{aligned} y_4^* &= 0, \\ x_4^* &= 0{,}25x_3^* \approx 0{,}105x_0^*, \\ y_5^* &= 0, \\ x_5^* &= 0{,}25x_4^* \approx 0{,}026x_0^*. \end{aligned}$$

Dabei sind x_5^* die am Ende des fünften Jahres noch vorhandenen Mittel, die im Rahmen des betrachteten Prozesses nicht mehr verwendet werden.
Für die zweite optimale Politik ergibt sich:

$$\begin{aligned} y_4^* &= x_3^* \approx 0{,}422x_0^*, \\ x_4^* &= 0{,}75y_4^* \approx 0{,}316x_0^*, \\ y_5^* &= 0, \\ x_5^* &= 0{,}25x_4^* \approx 0{,}079x_0^*. \end{aligned}$$

Bei dieser Politik bleiben am Ende des Prozesses mehr Mittel übrig als bei der ersten. Schließlich interessieren wir uns noch für den erzielten Gewinn. Diesen erhält man im allgemeinen als $f_0(x_0^*)$; diese Funktion haben wir jedoch nicht ermittelt, da wir bereits aus einigen Eigenschaften der Funktionalgleichung die optimalen Politiken erfahren konnten. Wir gehen deshalb auf (13.35) zurück, setzen unsere optimalen Entscheidungen und Zustände ein und erhalten

$$f_0(x_0^*) = \sum_{m=1}^{N} [y_n^{*2} + 2(x_{n-1}^* - y_n^*)^2] \approx 2{,}257x_0^{*2}.$$

Mitunter ist auch von Interesse, wie der Gewinn im Laufe der Jahre anwächst. Die Größe

$$G_k = \sum_{n=1}^{k} [y_n^{*2} + 2(x_{n-1}^* - y_n^*)^2], \qquad k = 1, \ldots, N,$$

ist der Gewinn der ersten k Prozeßstufen bei Benutzung einer optimalen Politik. Für die beiden optimalen Politiken ergeben sich die Werte nach Tabelle 13.1.

Tabelle 13.1

k \ $\frac{G_k}{x_0^{*2}}$	Erste optimale Politik	Zweite optimale Politik
1	1,000	1,000
2	1,563	1,563
3	1,879	1,879
4	2,235	2,000
5	2,257	2,257

Ein Vergleich beider Politiken zeigt, daß die erste nach der vierten Stufe einen größeren Gewinn liefert als die zweite; sie ist daher vorzuziehen, wenn der erwirtschaftete Gewinn aus Gründen der Weiterverwendung möglichst schnell zur Verfügung stehen soll. Andererseits bleiben bei dieser Politik am Prozeßende weniger Mittel übrig als bei der zweiten.

Wir wollen noch bemerken, daß man die als G_k bezeichneten Größen im allgemeinen aus

$$G_k = f_0(x_0^*) - f_k(x_k^*)$$

als Differenz zwischen Gesamtgewinn und Gewinn der letzten $(N - k)$ Prozeßstufen erhält.

Das betrachtete Verteilungsproblem (13.35) bis (13.37) besitzt zahlreiche Varianten. Zum Beispiel kann das Problem so gestellt sein, daß die in jedem Jahr erwirtschafteten Gewinne (oder ein festgelegter Prozentsatz davon) zusammen mit den verbliebenen Mitteln im nächsten Jahr investiert werden und der Gewinn am Ende des letzten Jahres (bzw. zuzüglich der nicht investierten Gewinnanteile früherer Jahre) maximiert werden soll. Denkbar ist auch, daß die am Ende jedes Jahres verbliebenen Mittel den betreffenden Betrieben belassen und nur die erzielten Gewinne umverteilt werden. Auf diese Weise kann man zahlreiche reale Aufgabenstellungen behandeln.

In der Literatur wurden zahlreiche solcher Probleme – auch anderer Art als Verteilungsprobleme – behandelt [13.1], [13.2], [13.6].

13.5. Wertung des Verfahrens und Ausblick

Wir erwähnten bereits, daß die Zerlegung eines Optimierungsproblems mit $N \cdot m$ Variablen in N Probleme mit je m Variablen dessen Lösung erleichtert. Das ist insbesondere dann der Fall, wenn analytische Lösungsmethoden versagen und nur Suchverfahren möglich sind. Diesen Sachverhalt wollen wir an Hand eines Beispiels erläutern.

Wir nehmen an, daß ein N-Stufen-Entscheidungsprozeß mit der Dimension m des Entscheidungsvektors vorliegt. Um eine Näherungslösung für eine optimale Politik zu finden, lassen wir in jeder Stufe jede Komponente des Entscheidungsvektors μ Werte (Gitterpunktskoordinaten) durchlaufen. Wollten wir ohne Anwendung der dynamischen Optimierung alle Möglichkeiten für die Entscheidungsvektoren ausprobieren, so hätten wir bei $N \cdot m$ Variablen $\mu^{N \cdot m}$ Kombinationsmöglichkeiten, das heißt zu prüfende Politiken, für die jeweils der Wert der Zielfunktion berechnet werden muß, worauf der größte dieser Werte ausgesondert wird. Wenden wir dagegen die Methode der dynamischen Optimierung an, so haben wir N Probleme mit je einem Entscheidungsvektor mit m Variablen; das bedeutet, daß nur $N \cdot \mu^m$ Funktionswerte zu berechnen sind. Der Größenunterschied zur oben genannten Zahl ist offensichtlich (man setze zum Beispiel $N = 10$, $m = 2$, $\mu = 100$). Der Ausschluß einer großen Zahl von Politiken wird durch das Optimalitätsprinzip geleistet: Optimieren wir die Entscheidung einer bestimmten Stufe, so lassen wir nicht alle möglichen Entscheidungen für die folgenden Stufen zu, sondern nur die optimalen Fortsetzungen. Dieser Sachverhalt findet seinen Ausdruck in (13.20), denn in der geschweiften Klammer steht der optimale Gewinn der folgenden Stufen.

Der Ausschluß einer großen Anzahl von Politiken von vornherein auf Grund des Lösungsverfahrens macht häufig erst die Anwendung von Suchverfahren möglich.

Aus dem numerischen Lösungsverfahren ergibt sich weiterhin, daß Beschränkungen der Entscheidungsvariablen den Lösungsvorgang erleichtern, da die Zahl der zu prüfenden Entscheidungen verringert wird. Trotz des Gesagten scheitert die Anwendung der dynamischen Optimierung auf die Behandlung von Mehrstufenentscheidungsprozessen für größere Dimensionszahlen m des Entscheidungsvektors oft noch an der Leistungsfähigkeit der zur Zeit verfügbaren Rechenautomaten.

Wir kommen nun zu einigen Aspekten, die für die Anwendung der dynamischen Optimierung wichtig sind. Charakteristisch für diese Methode ist, daß nach der erfolgten Lösung des gegebenen Problems nicht nur eine optimale Politik $\{y_1^*, \ldots, y_N^*\}$ und die zugehörigen Zustände $x_0^*, x_1^*, \ldots, x_N^*$, sondern zugleich die Funktionen $f_n(x_n)$ sowie die bedingt-optimalen Entscheidungen $y_{n+1}^*(x_n)$ jeder Stufe bekannt sind. Man stelle sich nun vor, daß der Prozeß gemäß der optimalen Politik bis zur $(n-1)$-ten Stufe gesteuert wird, in der n-ten Stufe jedoch eine unvorhergesehene Störung eintritt. Sie bewirkt, daß der Endzustand dieser Stufe vom vorausberechneten Wert x_n^* abweicht und den Wert x_n' annimmt:

$$x_n' \neq x_n^* = T(x_{n-1}^* \; y_n^*).$$

Damit sind jedoch die Entscheidungen $y_{n+1}^*, \ldots, y_N^*$ nicht mehr optimal für die letzten Stufen, da sie während der Vorwärtsrechnung unter der Voraussetzung ermittelt wurden, daß der Endzustand der n-ten Stufe den vorausberechneten Wert $T(x_{n-1}^* \; y_n^*)$ annimmt. Somit muß für die restlichen Stufen eine neue optimale Politik $\{y_{n+1}', \ldots, y_N'\}$ ermittelt werden. Da aber die bedingt optimalen Entscheidungen vorliegen, braucht in dieser Situation nur die wenig aufwendige Vorwärtsrechnung für die letzten Stufen wiederholt zu werden:

$$\begin{aligned} y_{n+k}' &= y_{n+k}^*(x_{n+k-1}') \\ x_{n+k}' &= T(x_{n+k-1}' \; y_{n+k}'). \qquad k = 1, \ldots, N-n \end{aligned}$$

Das kann im Notfall sehr schnell geschehen. Gleichzeitig kann für die restlichen Stufen der sich unter den gestörten Bedingungen ergebende optimale Gewinn zu $f_n(x_n')$ angegeben und mit dem ursprünglich erwarteten Wert $f_n(x_n^*)$ verglichen werden.

Die Abweichung eines bestimmten Zustandes vom vorausberechneten Wert kann natürlich auch durch die Abweichung einer Entscheidung vom optimalen Wert verursacht sein. Die obigen Überlegungen lassen sich dann wiederholen. Auf diese Weise kann man auch untersuchen, wie sich der optimale Gewinn verhält, wenn man eine Entscheidung vom optimalen Wert abweichen läßt. Dann erhält man Aussagen, wie genau eine optimale Politik eingehalten werden muß, damit eine festgelegte Abweichung vom optimalen Gewinn des Prozesses nicht überschritten wird.

Abschließend wollen wir noch auf einige allgemeinere Problemstellungen als die im Abschnitt 13.2.4. angegebenen hinweisen.

Eine einfache Erweiterung stellen die zeitabhängigen Prozesse dar. Bei diesen sind die Funktionen $u(x \; y)$, $T(x \; y)$ sowie die Mengen $Y(x)$ nicht für alle Stufen die gleichen, sondern von Stufe zu Stufe unterschiedlich. Man indiziert dann diese Funktionen bzw. Mengen lediglich mit der Stufennummer; diese Indizes treten dann auch in den Funktionalgleichungen auf. Deren Lösungsverfahren ändert sich dabei nicht.

In der Praxis treten oft Nebenbedingungen der Form

$$\sum_{n=1}^{N} g(x_{n-1} \; y_n) \leqq c$$

auf, wo g eine reellwertige Funktion und c eine gegebene reelle Konstante bedeuten. Eine solche Nebenbedingung kann man etwa derart interpretieren, daß in der n-ten Stufe die Menge $g(x_{n-1}\ y_n)$ einer bestimmten Ressource verbraucht wird und der Gesamtverbrauch während des Prozesses den Wert c nicht überschreiten darf. Solche Nebenbedingungen lassen sich mit Hilfe von Lagrange-Multiplikatoren behandeln [13.2].

Eine natürliche Verallgemeinerung von Prozessen mit sehr großer Stufenzahl bilden die unendlich-stufigen Prozesse, bei denen der Vorgang der stufenweisen Gewinnbildung und Zustandsänderung unbeschränkt lange fortgesetzt wird. Für solche Prozesse existieren besondere Verfahren zur Ermittlung optimaler Politiken, da die Funktionalgleichung sich von (13.20), (13.21) unterscheidet (vgl. [13.1], [13.2], [13.5]).

Bei stochastischen Mehrstufenentscheidungsprozessen ist die Auswirkung einer bestimmten getroffenen Entscheidung nicht vorhersagbar; man kann lediglich sagen, mit welcher Wahrscheinlichkeit sich bestimmte Werte des Stufengewinns und des neuen Zustandes einstellen. Auch hier ist die Methode der dynamischen Optimierung anwendbar, stößt aber bald auf Grenzen infolge der zur Zeit verfügbaren Rechenkapazitäten (vgl. [13.1], [13.2], [13.4]).

Bei allen bisherigen Problemen hatten wir das gegebene System nur in diskreten Zeitpunkten betrachtet. Demgegenüber durchläuft die Zeit bei stetigen Entscheidungsprozessen ein Intervall der reellen Zahlengeraden. Die Zustandsänderung wird dann nicht durch (13.4), sondern zum Beispiel durch ein gewöhnliches Differentialgleichungssystem beschrieben:

$$\frac{d\boldsymbol{x}(t)}{\mathrm{d}t} = G(\boldsymbol{x}(t)\ \boldsymbol{y}(t));$$

hierzu treten noch Anfangs- oder Randbedingungen für $\boldsymbol{x}(t)$, zum Beispiel $\boldsymbol{x}(t_0) = \boldsymbol{x}_0$, wobei t_0 und $\boldsymbol{x}_0$ fest gegeben sind. Als Zielfunktion dient ein Integral der Form

$$\int_{t_0}^{t_1} H[\boldsymbol{x}(t)\ \boldsymbol{y}(t)]\,\mathrm{d}t,$$

wenn der Prozeß im Zeitintervall $[t_0\ \ t_1]$ verläuft.

Solche Probleme nähert man oft durch diskrete Probleme an und löst diese mit Hilfe der oben entwickelten Methoden. Es existieren jedoch auch spezielle Verfahren für die Lösung stetiger Entscheidungsprobleme mittels dynamischer Optimierung, die ohne diese Näherung auskommen (vgl. [13.1], [13.2], [13.4], [13.5]).

Aufgaben

13.1 Betrachtet werde ein Produktionsprozeß von N Jahren Dauer. Eine in diesem Prozeß befindliche Maschine liefert in Abhängigkeit von ihrem Alter x_{n-1} zu Beginn des n-ten Jahres den Ertrag $E(x_{n-1})$ in diesem Jahr. Auf Grund des Verschleißes ist $E(x_{n-1})$ eine abnehmende Funktion von x_{n-1}. Am Ende jeden Jahres ist daher zu entscheiden, ob die Maschine durch eine neue ersetzt oder ein weiteres Jahr lang benutzt wird. Die Kosten

P für eine neue Maschine werden vom Ertrag des soeben abgelaufenen Jahres bestritten.

Aus Sicherheitsgründen muß die Maschine auf jeden Fall nach dreijährigem Gebrauch erneuert werden.

Man bestimme eine optimale Ersatzpolitik für einen Prozeß von acht Jahren Dauer, wobei mit einer neuen Maschine begonnen wird. Gegeben ist weiter $P = 5$ sowie $E(x_{n-1})$ nach folgender Tabelle:

x_{n-1}	0	1	2
$E(x_{n-1})$	8	7	4

13.2 Ein Betrieb benötigt zur Durchführung seines Produktionsprogramms während eines Jahres eine gewisse Menge eines Rohstoffs, der jeweils am Beginn von sechs aufeinanderfolgenden Zweimonatsperioden eingekauft wird. Die Preise des Rohstoffs sind in den einzelnen Zeitabschnitten verschieden (saisonbedingte Preisschwankungen). Die Lagerkapazität beträgt $S = 9$ Mengeneinheiten. Zu Beginn des ersten Zeitabschnitts sind im Lager zwei Mengeneinheiten vorhanden; die eingekauften Rohstoffmengen werden vor der Verarbeitung zwischengelagert. Am Ende des sechsten Zeitabschnitts soll der Lagerbestand Null sein.

Man ermittle die zu Beginn der Zeitabschnitte einzukaufenden Mengen so, daß möglichst geringe Kosten entstehen. Gegeben sind folgende Daten:

Zeitabschnitt	n	1	2	3	4	5	6
Verbrauch im n-ten Zeitabschnitt	d_n	8	5	3	2	7	4
Preis je Mengeneinheit	p_n	11	18	13	17	20	10

13.3 Betrachtet wird ein Arbeitsgegenstand, der vom Rohzustand durch gewisse technologische Operationen in den Endzustand (Enderzeugnis) zu überführen ist. In der Abbildung 13.3 geben die Pfeile bestimmte Bearbeitungsvarianten

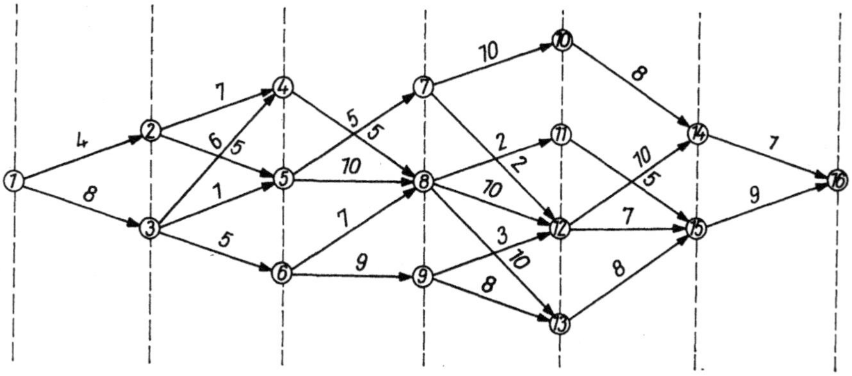

Abbildung 13.3

(mögliche technologische Operationen) an. Die sich daraus ergebenden Bearbeitungszustände sind als Knoten des Netzwerks dargestellt. Knoten 1 entspricht dem Rohzustand, Knoten 16 dem Endzustand des Erzeugnisses. Um den Arbeitsgegenstand vom Zustand i durch eine technologische Operation in den Zustand j zu überführen, ist eine Bearbeitungszeit t_{ij} erforderlich, die neben dem entsprechenden Pfeil eingetragen ist.
Gesucht ist eine Folge von Bearbeitungsprozessen (charakterisiert durch die Zustandsfolge), die garantiert, daß der Endzustand in kürzester Zeit erreicht wird.

14. Graphentheorie

14. Graphentheorie

Die Graphentheorie ist eine junge mathematische Disziplin. Sie befaßt sich mit der Untersuchung kombinatorischer Strukturen. Obwohl das von dem ungarischen Mathematiker D. König verfaßte erste Lehrbuch über Graphentheorie bereits im Jahre 1936 erschien, blieb in der Folgezeit die Graphentheorie als mathematische Disziplin weithin unbeachtet. Erst mit Beginn der fünfziger Jahre unseres Jahrhunderts setzte ein Aufschwung in der Entwicklung der Graphentheorie ein. Der Grund hierfür muß vor allem darin gesucht werden, daß eine Mathematisierung von Wissenschaften und Technik erfolgte und die Untersuchung diskreter Strukturen große Bedeutung erlangte.

Die von der Graphentheorie untersuchten Objekte, die sogenannten Graphen, sind aus verschiedenen Erscheinungen der objektiven Realität durch weitgehende Abstraktion entstanden. Graphen sind besonders häufig bei der Modellierung verschiedenartigster Sachverhalte in Ökonomie und Technik anzutreffen. Die Graphen theorie besitzt bereits heute ein großes Anwendungsgebiet: So finden wir Graphen in der Physik und in der Chemie; in der Elektrotechnik treten Graphen meist unter der Bezeichnung „Netzwerke“ auf. In der Nachrichtentechnik werden Kommunikationsnetze, im Transportwesen Transportnetze, in der Regelungstechnik Signalflußgraphen untersucht, usw. Ein weiteres Feld für Anwendungen bietet sich der Graphentheorie speziell in der Netzplantechnik. Die Lösung von Optimierungsaufgaben mit Mitteln der Graphentheorie ist insbesondere in dem Buch [14.2] dargestellt.

14.1. Grundlagen

Ein *Graph G* besteht aus einer Menge X von Elementen erster Art, den sogenannten *Knotenpunkten*, und einer Menge U von Elementen zweiter Art. Zwischen den Elementen der Mengen X und U besteht eine Beziehung, die wir *Inzidenz* nennen. Das bedeutet: Jedem Element $u \in U$ ist durch eine auf U erklärte Funktion f (die sogenannte *Inzidenzfunktion*) eindeutig ein geordnetes oder ungeordnetes Paar von Knotenpunkten $P, Q \in X$ zugeordnet. Wir sagen: Das Element $u \in U$ ist mit den beiden Knotenpunkten P und Q *inzident*, oder auch: *u verbindet P mit Q.*
Ist jedem Element $u \in U$ ein ungeordnetes Paar $f(u) = (P\;\;Q)$ zugeordnet, so heißt G ein *ungerichteter* Graph, die Elemente von U heißen *Kanten*. Die der Kante u zugeordneten Knotenpunkte P, Q sind die *Endpunkte* von u. Man schreibt $G = (X\;\;U; f)$ oder kurz $G = (X\;\;U)$.
Ist jedem Element $u \in U$ ein geordnetes Paar $[P\;\;Q]$ zugeordnet, so ist G ein *gerichteter* Graph, und die Elemente von U werden als *Bögen* bezeichnet. Ist dem Bogen u das geordnete Paar $f(u) = [P\;\;Q]$ zugeordnet, so nennt man P den *Startpunkt* und Q den *Zielpunkt* des Bogens u; P und Q heißen *Endpunkte* von u. Man schreibt $G = [X\;\;U; f]$ oder kurz $G = [X\;\;U]$.
Zwei Knotenpunkte P und Q, die durch eine Kante oder einen Bogen miteinander verbunden sind, heißen *benachbart* oder *adjazent*. Zwei Kanten oder Bögen, die einen Endpunkt gemeinsam haben, werden ebenfalls *benachbart* oder *adjazent* genannt. Zwei Knotenpunkte können durchaus auch durch mehrere Kanten bzw. Bögen miteinander verbunden sein. Ist mehreren Elementen von U jeweils das gleiche Knotenpunktepaar zugeordnet, dann spricht man von einem *Graphen G mit Mehrfachkanten* bzw. *-bögen*. Ein Element von U, dem ein Knotenpunktpaar der Form $(P\;\;P)$ bzw. $[P\;\;P]$ zugeordnet ist, heißt eine *Schlinge*. Graphen ohne Schlingen und Mehrfachkanten werden *schlichte* Graphen genannt. Bei schlichten Graphen ist jedes Knotenpunktepaar höchstens einer Kante zugeordnet. In diesem Falle kann man die Kante bzw. den Bogen mit dem zugeordneten Knotenpunktepaar identifizieren: $u = (P\;\;Q)$ bzw. $u = [P\;\;Q]$. Damit kann man die Menge U eines schlichten Graphen als eine Teilmenge der Produktmenge $X \times X$ auffassen: $U \subseteq X \times X$.
Jede der beiden Mengen X und U kann endlich oder unendlich sein. Sind X und U beide endlich, so nennen wir G einen *endlichen* Graphen, anderenfalls einen *unendlichen* Graphen.
Es ist üblich, Graphen zu veranschaulichen, indem man den verschiedenen Knotenpunkten von X verschiedene Punkte in einer Zeichenebene zuordnet und die Kanten durch Kurvenbögen darstellt, die die jeweils zugeordneten Punkte der Zeichenebene miteinander verbinden. Dabei sollen die den Kanten entsprechenden Kurvenbögen stets so gezeichnet werden, daß genau ihren Endpunkten Knotenpunkte entsprechen.
Unsere Umwelt bietet uns viele Möglichkeiten, durch Abstraktion Beispiele für Graphen zu erhalten:

Beispiel 14.1

Aus dem Eisenbahnnetz der DDR kann man einen ungerichteten Graphen G wie folgt erhalten: Die Menge aller Knotenpunkte X wird durch die Bahnhöfe gebildet. Zwei Knotenpunkte sind genau dann durch eine Kante miteinander verbunden, wenn es eine direkte Streckenverbindung zwischen den beiden zugehörigen Bahnhöfen gibt.

Beispiel 14.2

Abbildung 14.1a zeigt den Schaltplan einer elektrischen Baugruppe. Ihm ist der ungerichtete Graph der Abbildung 14.1b zugeordnet.

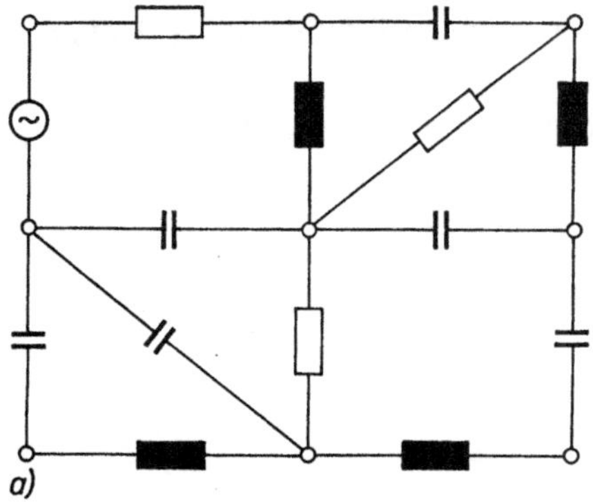

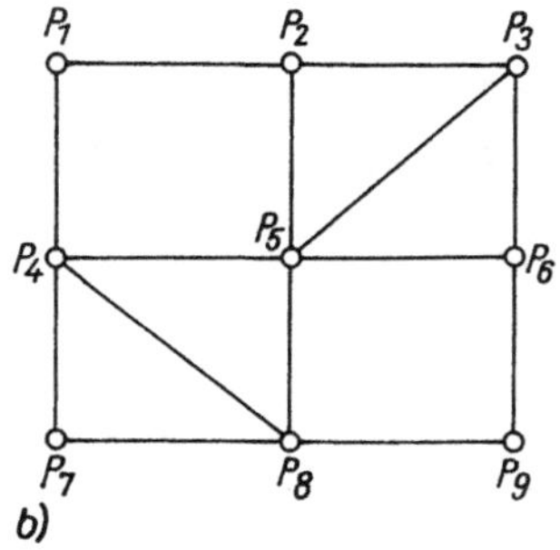

Abbildung 14.1

Beispiel 14.3

X sei eine gewisse Menge von Menschen. Die Menge U sei wie folgt festgelegt: Das ungeordnete Paar $(P\ Q)$ mit $P, Q \in X$ gehöre als Kante genau dann zu U, wenn die Menschen P und Q miteinander in Briefwechsel stehen.

Beispiel 14.4

Ein gerichteter Graph G repräsentiere ein Nachrichtennetz, bestehend aus Sendern und Empfängern. Die Sender und Empfänger bilden die Knotenpunkte von G. Ein Bogen $[P\ Q]$ wird genau dann eingeführt, wenn von P nach Q Information übertragen werden kann.

Damit können wir die Graphen in *gerichtete*, *ungerichtete* und *gemischte* Graphen einteilen, je nachdem ob der Graph nur Bögen, nur Kanten oder sowohl Bögen als auch Kanten enthält. Abbildung 14.2 zeigt einen gerichteten Graphen. Gemischte Graphen spielen in der Theorie kaum eine Rolle und sollen auch hier im wesentlichen außer Betracht bleiben.

Ein *Untergraph* eines gegebenen Graphen $G = (X\ U)$ bzw. $G = [X\ U]$ ist ein Graph $H = (Y\ V)$ bzw. $H = [Y\ V]$ mit $Y \subseteq X$ und $V \subseteq U$. Dabei darf V nur solche

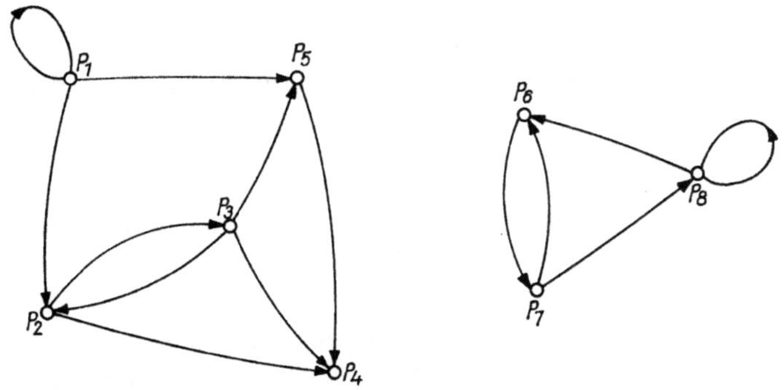

Abbildung 14.2

Kanten bzw. Bögen von U enthalten, deren Endpunkte beide zu Y gehören. Abbildung 14.3a zeigt einen Untergraphen des Graphen von Abbildung 14.1.

Ein von einer Knotenpunktmenge $Y \subseteq X$ *aufgespannter Untergraph* eines gegebenen Graphen $G = (X\ U)$ bzw. $G = [X\ U]$ ist ein Untergraph $H = (Y\ V)$ von G mit der Eigenschaft: Ist $u \in U$ und liegen die beiden mit u inzidenten Knotenpunkte P, Q in Y, so sei $u \in V$.

Abbildung 14.3b zeigt den von der Knotenpunktmenge $Y = \{P_4\ P_5\ P_6\ P_7\ P_8\ P_9\}$ aufgespannten Untergraphen des Graphen von Abbildung 14.1.

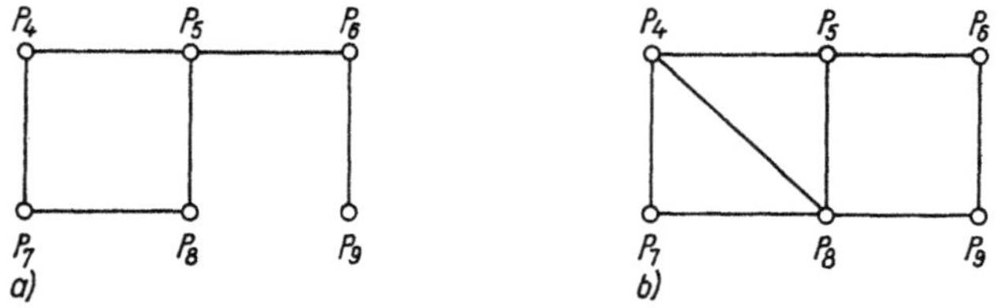

Abbildung 14.3

14.1.1. Ungerichtete Graphen

In diesem Abschnitt bezeichne der Kürze halber das Wort „Graph" stets einen ungerichteten Graphen.

Eine alternierende Folge von Knotenpunkten und Kanten eines Graphen G der Form

$$P_0, u_1, P_1, u_2, P_2, \ldots, P_{i-1}, u_i, P_i, \ldots, P_{l-1}, u_l, P_l, \tag{14.1}$$

wobei jede in der Folge vorkommende Kante u_i mit den beiden benachbarten Knotenpunkten P_{i-1} und P_i inzidiert, heißt eine *Kantenfolge* von G. Tritt in (14.1) jede Kante von G höchstens einmal auf, dann nennen wir die Kantenfolge (14.1) einen *Kantenzug*. Ein Kantenzug, in dem jeder Knotenpunkt nur höchstens einmal auftritt, ist ein *Weg*. Ist bei einem Kantenzug $P_0 = P_l$, so heißt der Kantenzug *geschlossen*, anderenfalls *offen*. Ein geschlossener Weg ist ein *Kreis*. Gelegentlich wird (14.1) auch kurz in der Form

$$u_1, u_2, u_3, \ldots, u_i \ldots, u_l \tag{14.2}$$

geschrieben.

Ist (14.1) ein offener Weg, so bezeichnet man P_0 als den *Anfangspunkt* und P_l als den *Endpunkt* des Weges.

Beispiel 14.5

In der Abbildung 14.4 ist beispielsweise die Kantenfolge $P_1, u_2, P_3, u_6, P_5, u_{12}, P_7, u_7, P_4$ ein die beiden Knotenpunkte P_1 und P_4 verbindender Weg, die Kantenfolge $P_2, u_4, P_5, u_6, P_3, u_5, P_2$ ist ein Kreis.

Wir unterscheiden ferner zusammenhängende und nichtzusammenhängende Graphen. Ein Graph G heißt *zusammenhängend*, wenn es zu je zwei beliebigen Knotenpunkten von G stets einen Weg gibt, der diese beiden Knotenpunkte miteinander verbindet.

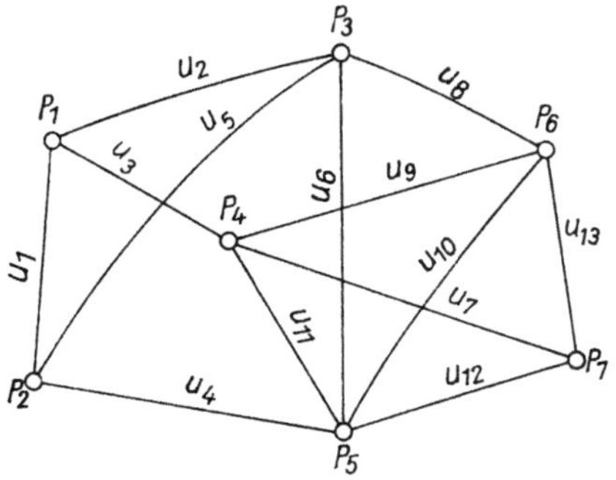

Abbildung 14.4

Anderenfalls heißt *G nicht-zusammenhängend.* Jeder nicht-zusammenhängende Graph besteht aus mehreren zusammenhängenden Teilen, den *Komponenten* von *G.* Dabei ist nicht ausgeschlossen, daß eine Komponente nur aus einem einzigen Knotenpunkt besteht und keine Kante besitzt. Ein Knotenpunkt ohne inzidente Kante heißt *isolierter* Knotenpunkt. Die Abbildung 14.5 zeigt einen nicht-zusammenhängenden Graphen, der aus vier Komponenten besteht; P_9 ist ein isolierter Knotenpunkt.

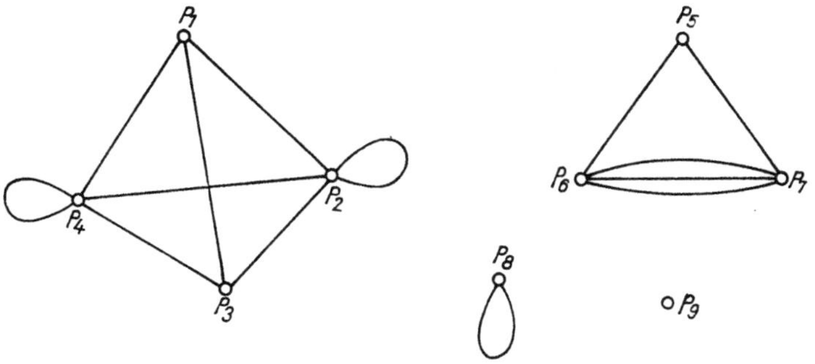

Abbildung 14.5

Die *Valenz* $v(P)$ eines Knotenpunktes P ist die Anzahl der mit P inzidierenden Kanten; Schlingen werden dabei doppelt gezählt. ($v(P)$ wird manchmal auch als der *Grad* des Knotenpunktes P bezeichnet.)

Satz 14.1

Der Graph G habe m Kanten und die n Knotenpunkte $P_1, P_2, \ldots, P_n$. *Dann gilt*

$$\sum_{i=1}^{m} v(P_i) = 2m. \tag{14.3}$$

Isolierte Knotenpunkte haben die Valenz 0. Knotenpunkte von der Valenz 1 werden gelegentlich als *Endknotenpunkte* von G bezeichnet. Haben alle Knotenpunkte von G die gleiche Valenz r, so nennen wir *G regulär vom Grade r.* Ein zusammenhängender regulärer Graph G vom Grade 2 ist ein Kreis. Ein spezieller regulärer Graph ist der *vollständige* Graph $\langle n \rangle$ mit n Knotenpunkten: Bei ihm sind je zwei Knotenpunkte durch genau eine Kante verbunden. Abbildung 14.6 zeigt den vollständigen Graphen $\langle 5 \rangle$ mit fünf Knotenpunkten.

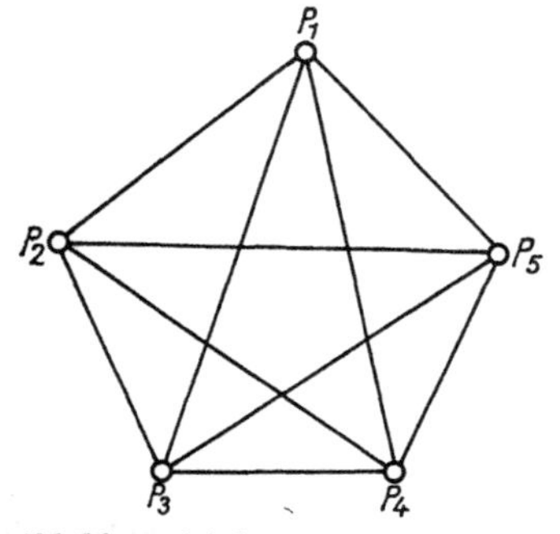

Abbildung 14.6

Der vollständige Graph $\langle n \rangle$ besitzt genau $\binom{n}{2}$ Kanten. Er ist regulär vom Grade $n - 1$.

Satz 14.2

Jeder endliche Graph G besitzt eine gerade Anzahl von Knotenpunkten ungerader Valenz.

Beweis

Wir nehmen eine Klasseneinteilung der Menge X der Knotenpunkte von G vor: Zwei Knotenpunkte P, Q von G gehören genau dann zur selben Klasse X_i, wenn $v(P) = v(Q) = i$. Dann gilt, wenn k die höchste vorkommende Valenz bezeichnet,

$$X = X_0 + X_1 + X_2 + \cdots + X_k.$$

Nach (14.3) gilt

$$2m = 0 \cdot |X_0| + 1 \cdot |X_1| + 2 \cdot |X_2| + \cdots + k \cdot |X_k|,$$

daraus folgt

$$2m - 2 \cdot |X_2| - 2 \cdot |X_3| - 4 \cdot |X_4| - 4 \cdot |X_5| - \cdots = |X_1| + |X_3| + |X_5| + \cdots$$

Da rechts die Anzahl der Knotenpunkte ungerader Valenz steht, folgt daraus die Behauptung des Satzes.

G heißt ein *paarer* Graph, wenn sich die Knotenpunktmenge X derart in zwei Klassen zerlegen läßt, daß zwei beliebige adjazente Knotenpunkte stets zu verschiedenen Klassen gehören. Abbildung 14.7 zeigt einen paaren Graphen.

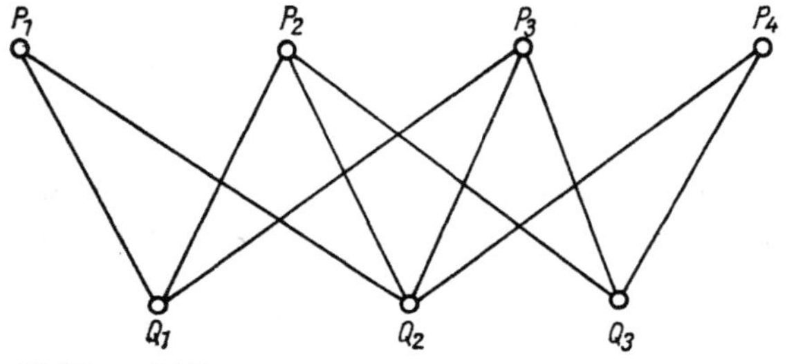

Abbildung 14.7

14.1.2. Gerichtete Graphen

Viele Begriffe der Graphentheorie werden sowohl für gerichtete als auch für ungerichtete Graphen benutzt. In einigen Fällen reichen jedoch die für ungerichtete Graphen geprägten Begriffe bei gerichteten Graphen nicht aus. Deshalb geben wir nun einige Definitionen an, die speziell für gerichtete Graphen benutzt werden.
Ist dem Bogen u von G das Knotenpunktepaar $[P\ Q]$ zugeordnet, dann sagen wir: u ist mit P *nach außen inzident*, mit Q *nach innen inzident*. Die *Ausgangsvalenz* $v^+(P)$ eines Knotenpunktes P ist die Anzahl der mit P nach außen inzidenten Bögen, entsprechend ist die *Eingangsvalenz* $v^-(P)$ die Anzahl der mit P nach innen inzidenten Bögen. $v(P) = v^+(P) + v^-(P)$ ist die Valenz von P.
Eine alternierende Folge von Knotenpunkten und Bögen eines gerichteten Graphen G der Form

$$P_0, u_1, P_1, u_2, P_2, u_3, P_3, \ldots, P_{i-1}, u_i, P_i, \ldots, P_{l-1}, u_l\, P_l, \tag{14.4}$$

wobei für einen beliebigen Bogen u_i der Folge entweder P_{i-1} Startpunkt und P_i Zielpunkt oder P_{i-1} Zielpunkt und P_i Startpunkt von u_i ist, heißt eine *Bogenfolge* von G. Kommt in (14.4) kein Bogen mehr als einmal vor, dann ist (14.4) ein *Bogenzug*. Kommt in (14.4) kein Knotenpunkt (und damit auch kein Bogen) mehr als einmal vor, dann sprechen wir von einer *Kette*. Eine Kette der Form (14.4), bei der für jeden Bogen u_i der Knotenpunkt P_{i-1} Startpunkt und der Knotenpunkt P_i Zielpunkt ist, heißt eine *Bahn*. Eine geschlossene Kette ist ein *Zyklus*, eine geschlossene Bahn ist ein *Kreis*. Die *Länge* einer Kette (einer Bahn, eines Zyklus, eines Kreises) ist die Anzahl der darin enthaltenen Bögen.
Ein gerichteter Graph G heißt *zusammenhängend*, wenn es zu je zwei beliebigen Knotenpunkten P, Q von G stets eine Kette gibt, die beide verbindet. G heißt *stark zusammenhängend*, wenn es zu jedem beliebigen geordneten Knotenpunktepaar P, Q von G stets eine Bahn gibt, die von P nach Q führt.
Denken wir uns, daß wir die Bögen durchwandern können, und zwar nur in der vorgegebenen Richtung; dann gilt: Bei einem stark zusammenhängenden Graphen kann man stets von einem beliebigen Knotenpunkt zu einem beliebigen anderen Knotenpunkt gelangen. Daraus folgt unmittelbar der folgende Satz.

Satz 14.3

In einem stark zusammenhängenden Graphen liegt jeder Bogen auf einem Kreis.

Ein Knotenpunkt P mit $v^-(P) = 0$ heißt eine *Quelle*, ein Knotenpunkt Q mit $v^+(Q) = 0$ heißt eine *Senke*.

Satz 14.4

Ein stark zusammenhängender Graph G besitzt keine Quellen und keine Senken.

14.1.3. Durchlaufungen

Man bezeichnet das Jahr 1736 als die „Geburtsstunde" der Graphentheorie. In diesem Jahr gab L. Euler eine Lösung des inzwischen berühmt gewordenen Königsberger Brückenproblems an.

Königsberger Brückenproblem: Im damaligen Königsberg, dem heutigen Kaliningrad, gab es sieben Brücken, die den Fluß Pregel überspannten (Abbildung 14.8a). Ein damals beliebtes Problem lautet: Wie hat ein Wanderer seinen Spaziergang einzurichten, wenn er über jede der sieben Brücken genau einmal laufen und an den Anfangspunkt seiner Wanderung zurückkehren soll?

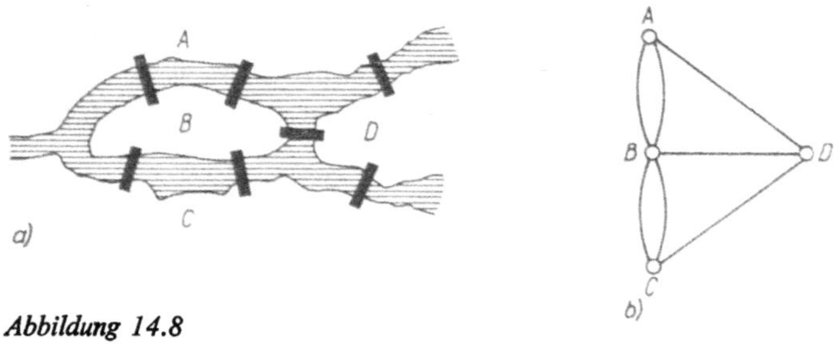

Abbildung 14.8

L. Euler betrachtete bei der Lösung dieses Problems den in der Abbildung 14.8b gezeigten Graphen *G*, wobei den Ufergebieten Knotenpunkte und den Brücken Kanten des Graphen entsprechen. Die graphentheoretische Formulierung des Problems lautet: *Gibt es in G einen geschlossenen Kantenzug, der alle Kanten von G enthält?* Einen solchen Kantenzug bezeichnet man zu Ehren L. Eulers als eine geschlossene *Eulersche Linie*. Ein offener, alle Kanten von *G* enthaltender Kantenzug wird auch als offene Eulersche Linie bezeichnet. Euler bewies den folgenden Satz und gab damit für das Königsberger Brückenproblem eine negative Antwort.

Satz 14.5

Ein ungerichteter Graph G ohne isolierte Knotenpunkte besitzt genau dann eine geschlossene Eulersche Linie, wenn er zusammenhängend ist und wenn alle Knotenpunkte gerade Valenzen haben.

Für gerichtete Graphen lautet der entsprechende Satz.

Satz 14.6

Ein gerichteter Graph G ohne isolierte Knotenpunkte besitzt genau dann eine geschlossene gerichtete Eulerlinie (das heißt einen geschlossenen Bogenzug, der alle Bögen von G enthält und bei dessen Durchlaufung alle Bögen in ihrer Richtung durchlaufen werden), wenn G zusammenhängend ist und wenn für jeden Knotenpunkt P von G gilt

$$v^+(P) = v^-(P). \tag{14.5}$$

Beispiel 14.5

In der Unterhaltungsmathematik findet man oft Aufgaben der folgenden Art: Man zeichne die in der Abbildung 14.9 gezeigte Figur, ohne den Zeichenstift abzusetzen (siehe auch Aufgabe 14.1.2). Es handelt sich hierbei um das Problem, in einem gegebenen Graphen eine offene oder geschlossene Eulersche Linei zu finden.

Anstatt nun nach einem geschlossenen Kantenzug zu fragen, der alle Kanten eines gegebenen Graphen enthält, kann man auch nach einem Weg oder Kreis von *G* fragen, der alle Knotenpunkte von G enthält. Ein solcher Weg oder Kreis wird *Hamiltonlinie* bzw. *Hamiltonkreis* von G genannt. Für gerichtete Graphen kann ganz entsprechend die Frage nach einer alle Knotenpunkte des Graphen enthaltenden Bahn (bzw. einem solchen Kreise) gestellt werden.

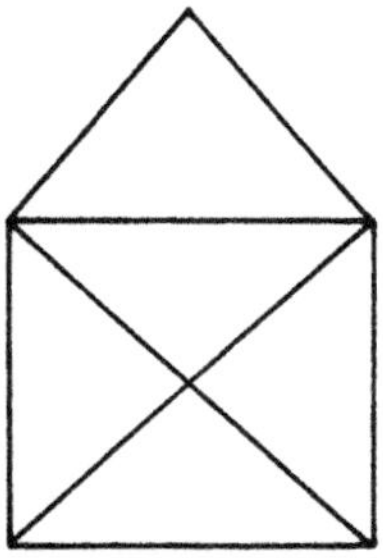

Abbildung 14.9

Obwohl sich beide Probleme, nämlich die Fragen nach der Existenz von Eulerlinien und Hamiltonlinien, ganz ähnlich formulieren lassen, sind jedoch die Probleme, die Hamiltonlinien betreffen, im allgemeinen ungleich schwieriger zu lösen. Während in Satz 14.5 eine einfache notwendige und hinreichende Bedingung für die Existenz einer Eulerlinie vorliegt, ist eine entsprechende Bedingung für Hamiltonlinien nicht bekannt. Lediglich einige hinreichende Kriterien konnten gefunden werden, von denen wir eines im folgenden ohne Beweis mitteilen.

Satz 14.7

Gilt für jeden Knotenpunkt P eines schlichten Graphen G mit n Knotenpunkten

$$v(P) \geqq \frac{n}{2}, \qquad (14.6)$$

so besitzt G einen Hamiltonkreis.

Das folgende Beispiel aus der Unterhaltungsmathematik kann zurückgeführt werden auf die Aufgabe der Bestimmung eines Hamiltonkreises in einem geeigneten Graphen.

Beispiel 14.6 (Rösselsprung)

Ist es möglich, von irgendeinem Feld eines Schachbrettes aus mit einem Rössel in jedes Feld des Schachbrettes genau einmal zu gelangen und am Schluß in das Ausgangsfeld zurückzukehren?
Die graphentheoretische Formulierung dieser Aufgabe lautet: Wir ordnen jedem Schachbrettfeld einen Knotenpunkt eines Graphen G zu und verbinden zwei Knotenpunkte P, Q von G genau dann durch eine Kante, wenn das dem Knotenpunkt P zugeordnete Schachbrettfeld von dem Q entsprechenden Feld aus durch einen Rösselsprung erreichbar ist. Enthält dieser Graph G einen Hamiltonkreis?

Es sind zahlreiche Lösungen des Rösselsprungproblems bekannt. Eine davon ist in der Abbildung 14.10 angegeben. (Auf die Angabe des zugehörigen Graphen G, der immerhin 64 Knotenpunkte hat, muß allerdings verzichtet werden.)

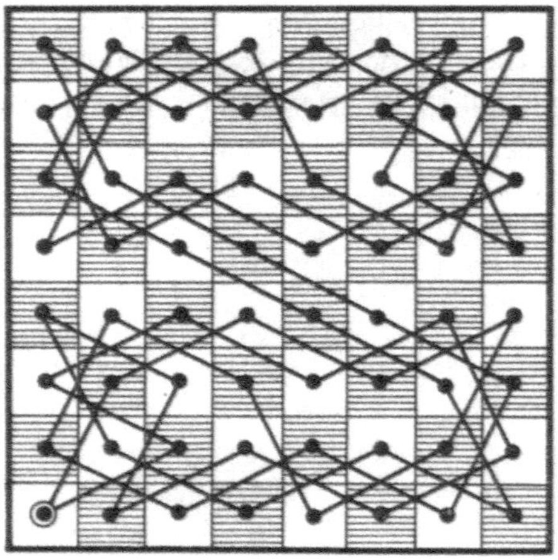

a)

18	45	26	39	20	43	24	33
27	38	19	44	25	32	21	42
46	17	36	29	40	23	34	37
37	28	47	16	35	30	41	22
54	9	62	3	48	15	60	5
63	2	55	8	61	4	49	14
10	53	64	57	12	51	6	59
1	56	11	52	7	58	13	50

b)

Abbildung 14.10

Ein bekanntes Problem, für dessen Lösung es bis jetzt ebenfalls noch keine befriedigende graphentheoretische Methode gibt, ist das sogenannte Rundreiseproblem.

Rundreiseproblem:

Angenommen, ein Handelsvertreter habe n Städte zu besuchen; l_{ij} sei die Entfernung zwischen der Stadt i und der Stadt j. Gesucht ist eine geschlossene Reiseroute von minimaler Gesamtlänge, die alle n Städte enthält, wobei jede Stadt genau einmal aufgesucht werden soll.
Mit anderen Worten: Gegeben sei ein vollständiger ungerichteter Graph G mit n Knotenpunkten, bei dem jeder Kante u_j eine Zahl l_j, ihre *Länge*, zugeordnet ist (ein solcher Graph wird auch ein *kantenbewerteter Graph* genannt). Gesucht ist ein Hamiltonkreis K des Graphen G von kürzester Gesamtlänge

$$l(K) = \sum_{u_j \in k} l_j = \text{Min!} \tag{14.7}$$

Die Existenzfrage ist hier offenbar ohne Belang: Es ist klar, daß es einen kürzesten Rundreiseweg gibt. Es kommt vielmehr auf einen effektiven Algorithmus an, der die Bestimmung eines solchen minimalen Hamiltonkreises gestattet.
(Für die Lösung des Rundreiseproblems mit Methoden der mathematischen Optimierung siehe [14.7].)

14.1.4. Graphen und Matrizen

Die Angabe der Adjazenz- und Inzidenzbeziehungen zwischen den Knotenpunkten und Kanten bzw. Bögen eines Graphen kann mittels Matrizen erfolgen. Das ist insbesondere häufig dann von Vorteil, wenn graphentheoretische Algorithmen für elektronische Rechenanlagen programmiert werden sollen. Ein Nachteil liegt jedoch darin, daß bei Verwendung von Matrizen die den graphentheoretischen Methoden eigene Anschaulichkeit verloren geht. In der Theorie der Graphen kann man jedoch auf die Benutzung geeigneter Matrizen nicht verzichten.

Als *Adjazenzmatrix* $A = [a_{ik}]$ eines ungerichteten schlichten Graphen G mit n Knotenpunkten $P_1, P_2, \ldots, P_n$ bezeichnet man die (n, n)-Matrix mit den Elementen

$$a_{ik} = \begin{cases} 1, & \text{wenn die Knotenpunkte } P_i \text{ und } P_k \text{ adjazent sind,} \\ 0, & \text{sonst.} \end{cases} \tag{14.8}$$

Für beliebige ungerichtete Graphen definiert man die Adjazenzmatrix wie folgt:

$$a_{ik} = \begin{cases} j, & \text{wenn } i \neq k \text{ ist und die Knotenpunkte } P_i \text{ und } P_k \text{ durch } j \text{ Kanten miteinander verbunden sind,} \\ 0, & \text{wenn } i \neq k \text{ ist und } P_i \text{ und } P_k \text{ nicht adjazent sind,} \\ 2p, & \text{wenn } i = k \text{ ist und } p \text{ die Anzahl der mit } P_i \text{ inzidenten Schlingen angibt.} \end{cases} \tag{14.9}$$

Die durch (14.8) definierte Adjazenzmatrix A eines schlichten ungerichteten Graphen G hat folgende Eigenschaften:

a) A besteht nur aus Nullen und Einsen.

b) Alle Elemente der Hauptdiagonalen von A sind 0.

c) A ist symmetrisch.

d) Die Zeilensumme der i-ten Zeile ist gleich $v(P_i)$.

e) A ist durch G bis auf die Reihenfolge der Zeilen und Spalten eindeutig bestimmt.

Jede quadratische Matrix mit den Eigenschaften a, b, c kann als die Adjazenzmatrix eines schlichten ungerichteten Graphen aufgefaßt werden.
Die Eigenschaften c, d und e kommen auch der Adjazenzmatrix eines beliebigen ungerichteten Graphen zu.

Beispiel 14.7

Abbildung 14.11 zeigt einen ungerichteten schlichten Graphen G und seine Adjazenzmatrix A.

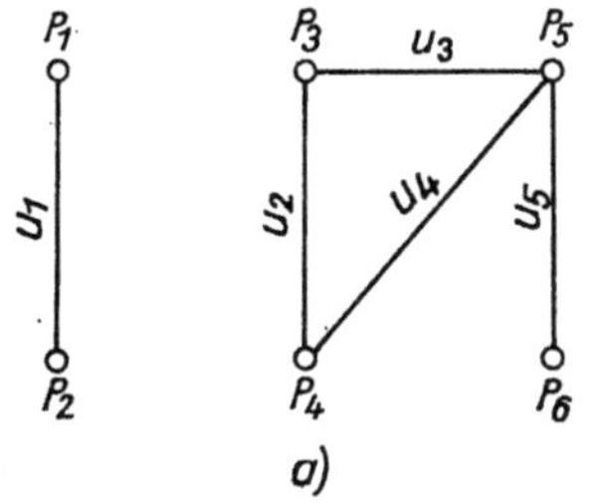

a)

$$A = \begin{bmatrix} 0 & 1 & 0 & 0 & 0 & 0 \\ 1 & 0 & 0 & 0 & 0 & 0 \\ 0 & 0 & 0 & 1 & 1 & 0 \\ 0 & 0 & 1 & 0 & 1 & 0 \\ 0 & 0 & 1 & 1 & 0 & 1 \\ 0 & 0 & 0 & 0 & 1 & 0 \end{bmatrix}$$

b)

Abbildung 14.11

Die *Adjazenzmatrix* $A = [a_{ik}]$ eines gerichteten schlichten Graphen $G = [X \;\; U]$ ist definiert durch

$$a_{ik} = \begin{cases} +1, & \text{wenn } [P_i \;\; P_k] \in U, \\ -1, & \text{wenn } [P_k \;\; P_i] \in U, \\ 0, & \text{sonst.} \end{cases} \tag{14.10}$$

Beispiel 14.8

Abbildung 14.12 gibt einen gerichteten schlichten Graphen und seine Adjazenzmatrix A an.

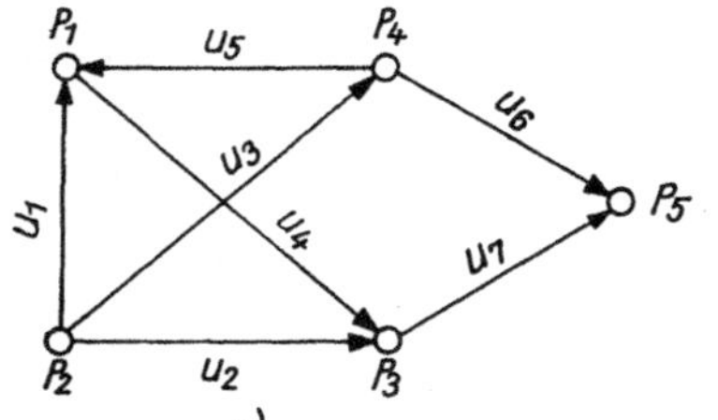

a)

$$A = \begin{bmatrix} 0 & -1 & 1 & -1 & 0 \\ 1 & 0 & 1 & 1 & 0 \\ -1 & -1 & 0 & 0 & 1 \\ 1 & -1 & 0 & 0 & 1 \\ 0 & 0 & -1 & -1 & 0 \end{bmatrix}$$

b)

Abbildung 14.12

Als *Inzidenzmatrix* $\boldsymbol{B} = [b_{ik}]$ eines ungerichteten Graphen G mit n Knotenpunkten $P_1, P_2, \ldots, P_n$ und m Kanten $u_1, u_2, \ldots, u_m$ bezeichnen wir die (n, m)-Matrix mit den Elementen

$$b_{ik} = \begin{cases} 1, \text{ wenn } P_i \text{ und } u_k \text{ inzidieren und } u_k \text{ keine Schlinge ist,} \\ 2, \text{ wenn } P_i \text{ und } u_k \text{ inzidieren und } u_k \text{ eine Schlinge ist,} \\ 0, \text{ sonst.} \end{cases} \tag{14.11}$$

Beispiel 14.9

Die Inzidenzmatrix $\boldsymbol{B}$ des Graphen G von Abbildung 14.11a ist

$$\boldsymbol{B} = \begin{bmatrix} 1 & 0 & 0 & 0 & 0 \\ 1 & 0 & 0 & 0 & 0 \\ 0 & 1 & 1 & 0 & 0 \\ 0 & 1 & 0 & 1 & 0 \\ 0 & 0 & 1 & 1 & 1 \\ 0 & 0 & 0 & 0 & 1 \end{bmatrix}.$$

In der Inzidenzmatrix eines ungerichteten schlichten Graphen G stehen in jeder Spalte genau zwei Einsen, sonst lauter Nullen. Die Summe der Elemente der i-ten Zeile ist wieder $v(P_i)$.

Die *Inzidenzmatrix* $\boldsymbol{B} = [b_{ik}]$ eines gerichteten schlichten Graphen G mit den n Knotenpunkten $P_1, P_2, \ldots, P_n$ und den m Bögen $u_1, u_2, \ldots, u_m$ ist die (n, m)-Matrix mit den Elementen

$$b_{ik} = \begin{cases} +1, \text{ wenn } P_i \text{ Startpunkt des Bogens } u_k \text{ ist,} \\ -1, \text{ wenn } P_i \text{ Zielpunkt des Bogens } u_k \text{ ist,} \\ 0, \text{ sonst.} \end{cases} \tag{14.12}$$

Beispiel 14.10

Die Inzidenzmatrix $\boldsymbol{B}$ des gerichteten schlichten Graphen von Abbildung 14.12a ist

$$\boldsymbol{B} = \begin{bmatrix} -1 & 0 & 0 & 1 & -1 & 0 & 0 \\ 1 & 1 & 1 & 0 & 0 & 0 & 0 \\ 0 & -1 & 0 & -1 & 0 & 0 & 1 \\ 0 & 0 & -1 & 0 & 1 & 1 & 0 \\ 0 & 0 & 0 & 0 & 0 & -1 & -1 \end{bmatrix}.$$

In der Inzidenzmatrix $\boldsymbol{B}$ eines gerichteten schlichten Graphen G stehen in jeder Spalte genau eine $+1$ und eine -1, sonst aber lauter Nullen.
Die *Valenzmatrix* $V = (v_{ik})$ eines ungerichteten Graphen ist definiert durch

$$v_{ik} = \begin{cases} v(P_i) & \text{für } i = k, \\ 0 & \text{für } i \neq k. \end{cases} \tag{14.13}$$

14.1.5. Bäume und Gerüste

In diesem Abschnitt betrachten wir nur ungerichtete Graphen. Die entsprechenden Definitionen und Sätze für gerichtete Graphen lassen sich leicht aus denen für ungerichtete Graphen gewinnen.
Ein ungerichteter Graph G ohne Kreise heißt ein *Wald*. Ist G kreislos und überdies zusammenhängend, so sprechen wir von einem *Baum*. Abbildung 14.13 zeigt einen Baum.

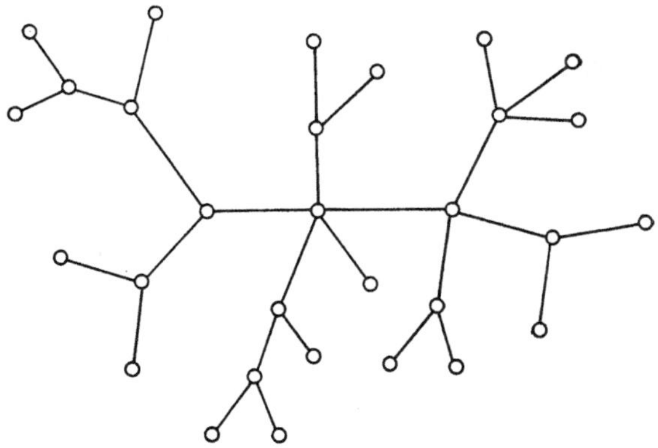

Abbildung 14.13

Satz 14.8

Ein Baum G mit $n > 1$ Knotenpunkten hat folgende Eigenschaften:

a) *Zwei beliebige Knotenpunkte von G sind durch genau einen Weg miteinander verbunden.*

b) *G hat $m = n - 1$ Kanten (gilt auch im Falle $n = 1$).*

c) *Verbindet man zwei beliebige Knotenpunkte von G durch eine zusätzliche Kante, so entsteht genau ein Kreis.*

d) *G hat wenigstens zwei Endknotenpunkte, das heißt Knotenpunkte der Valenz 1.*

Besitzt ein zusammenhängender Graph G Kreise, dann kann man stets durch sukzessives Entfernen von Kanten aus G zu einem Untergraphen von G gelangen, der alle Knotenpunkte von G enthält, zusammenhängend und kreisfrei ist. Man hat dabei nur bei jedem Schritt für jede verbliebene Kante nachzuprüfen, ob sie auf einem Kreis liegt oder nicht. Liegt sie auf einem Kreis, dann wird sie entfernt, anderenfalls nicht.

Ein solcher zusammenhängender kreisfreier, alle Knotenpunkte von G enthaltender Untergraph H von G heißt ein *Gerüst* von G. Offenbar besitzt ein zusammenhängender Graph G mit wenigstens einem Kreis mehrere verschiedene Gerüste. In der Theorie der elektrischen Netzwerke ist es zum Beispiel wichtig, alle verschiedenen Gerüste eines vorgelegten Graphen zu kennen. Der folgende schon auf G. Kirchhoff zurückgehende Satz gibt die Möglichkeit, die Anzahl der verschiedenen Gerüste eines Graphen G zu bestimmen.

Satz 14.9 (*Matrix-Gerüst-Satz*)

Bildet man für einen ungerichteten, n Knotenpunkte enthaltenden Graphen G mit der Adjazenzmatrix $\boldsymbol{A}$ *und der Valenzmatrix* $\boldsymbol{V}$ *die neue Matrix* $\boldsymbol{M} = \boldsymbol{V} - \boldsymbol{A}$ *und bezeichnet man mit* $\boldsymbol{M}_j$ $(1 \leqq j \leqq n)$ *die durch Streichen der j-ten Zeile und der j-ten Spalte aus* $\boldsymbol{M}$ *entstehende Teilmatrix, so gilt*

$|\boldsymbol{M}_1| = |\boldsymbol{M}_2| = \cdots = |\boldsymbol{M}_n| =$ Anzahl der verschiedenen Gerüste von G.

Zum Beweis dieses Satzes sei verwiesen auf [14.9].

Beispiel 14.11

Wir bestimmen die Anzahl der verschiedenen Gerüste des Graphen von Abbildung 14.14.

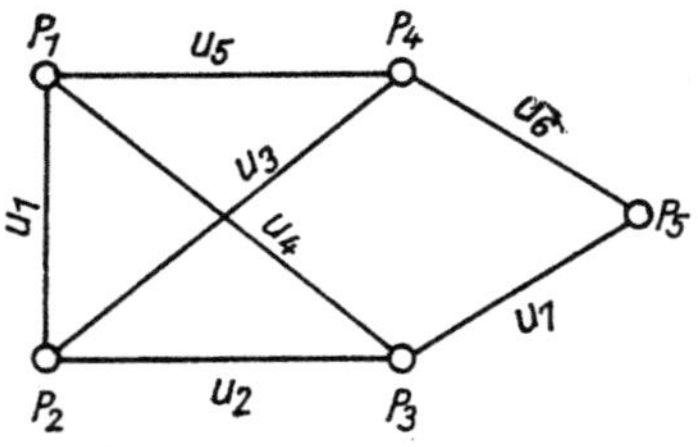

Abbildung 14.14

$$\boldsymbol{A} = \begin{bmatrix} 0 & 1 & 1 & 1 & 0 \\ 1 & 0 & 1 & 1 & 0 \\ 1 & 1 & 0 & 0 & 1 \\ 1 & 1 & 0 & 0 & 1 \\ 0 & 0 & 1 & 1 & 0 \end{bmatrix}, \qquad \boldsymbol{V} = \begin{bmatrix} 3 & 0 & 0 & 0 & 0 \\ 0 & 3 & 0 & 0 & 0 \\ 0 & 0 & 3 & 0 & 0 \\ 0 & 0 & 0 & 3 & 0 \\ 0 & 0 & 0 & 0 & 2 \end{bmatrix},$$

$$\boldsymbol{M} = \boldsymbol{V} - \boldsymbol{A} = \begin{bmatrix} 3 & -1 & -1 & -1 & 0 \\ -1 & 3 & -1 & -1 & 0 \\ -1 & -1 & 3 & 0 & -1 \\ -1 & -1 & 0 & 3 & -1 \\ 0 & 0 & -1 & -1 & 2 \end{bmatrix}.$$

Wir bilden die Matrix $\boldsymbol{M}_1$ und berechnen $|\boldsymbol{M}_1|$:

$$|\boldsymbol{M}_1| = \begin{vmatrix} 3 & -1 & -1 & 0 \\ -1 & 3 & 0 & -1 \\ -1 & 0 & 3 & -1 \\ 0 & -1 & -1 & 2 \end{vmatrix} = 24.$$

Also hat der Graph von Abbildung 14.14 genau 24 verschiedene Gerüste.

Minimalgerüste

Im folgenden wollen wir uns mit einem interessanten Problem beschäftigen und einen graphentheoretischen Lösungsalgorithmus dazu angeben, der besonders eindringlich die Vorteile graphentheoretischer Methoden bei der Lösung gewisser Optimierungsprobleme zum Ausdruck bringt.

Gegeben sei ein ungerichteter, schlichter und zusammenhängender Graph G mit einer Kantenbewertung, das heißt, jeder Kante $(P_i \; P_k)$ sei eine reelle Zahl $d_{ik} \geqq 0$ zugeordnet, die man die *Länge* der Kante $(P_i \; P_k)$ nennt.

Problem des Minimalgerüstes

Man bestimme ein Gerüst H von G mit minimaler Gesamtlänge

$$l(H) = \sum_{(P_i \; P_k) \in H} d_{ik}. \tag{14.14}$$

Auf dieses Problem wird man etwa bei der Einrichtung eines neuen Fernsprechnetzes geführt, bei dem jeder Ort mit jedem anderen Ort verbunden sein soll, entweder direkt oder über gewisse Zwischenstationen. Verzweigungen sollen nur in den Orten selbst möglich sein. Jedem Ort wird dann ein Knotenpunkt eines Graphen G zugeordnet; d_{ik} sind die (bekannten) Installationskosten für eine direkte Fernsprechleitung zwischen den Orten P_i und P_k. Das Netz soll nun so projektiert werden, daß die Investitionskosten, die durch das Verlegen der Leitungen entstehen, so klein wie möglich sind.

Wir geben nun einen Algorithmus für die Bestimmung eines Minimalgerüstes eines zusammenhängenden, schlichten, kantenbewerteten Graphen G mit n Knotenpunkten an.

Algorithmus: Wir bestimmen eine endliche Folge von Untergraphen $H_1, H_2, \ldots, H_n$ von G, wobei H_n ein Minimalgerüst von G sein wird.

a) Der Untergraph H_1 bestehe aus einem beliebigen Knotenpunkt von G, nennen wir ihn Q_0.

b) Der Untergraph H_i entstehe aus H_{i-1} $(i \leqq n)$, indem wir unter allen Kanten von G, von denen ein Endpunkt zu H_{i-1} und der andere nicht zu H_{i-1} gehört, eine kürzeste auswählen und diese Kante einschließlich ihres nicht zu H_{i-1} gehörenden Endpunktes zu H_{i-1} hinzufügen.

c) Der Algorithmus endet, wenn alle Knotenpunkte von G zu einem Untergraphen – dieser wird H_n sein – gehören. H_n ist ein Minimalgerüst von G.

Der Beweis dafür, daß dieser Algorithmus ein Minimalgerüst von G liefert, ist in [14.9] zu finden.

Beispiel 14.12

Abbildung 14.15a zeigt einen Graphen, von dem wir ein Minimalgerüst bestimmen wollen. Wir setzen $P_8 = Q_0$. Dann liefert der Algorithmus etwa eine Knotenpunktfolge der Form $P_8, P_6, P_3, P_4, P_5, P_1, P_2, P_7$. Abbildung 14.15b zeigt das zugehörige Minimalgerüst. Seine Gesamtlänge ist $l(H) = 9$.

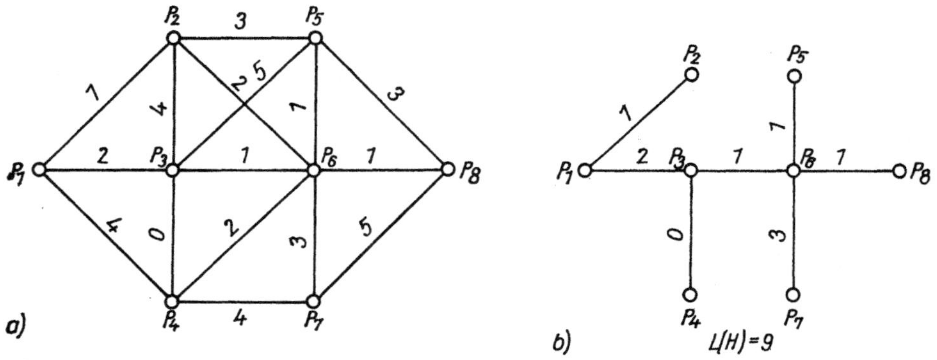

Abbildung 14.15

Hierzu einige Bemerkungen:

a) Sind die den Kanten zugeordneten Längen paarweise verschieden, so ist das Minimalgerüst von G eindeutig bestimmt.

b) Dieser Algorithmus ist sehr effektiv. (Er ermöglicht ohne besondere Hilfsmittel in sehr kurzer Zeit aus den 2773 verschiedenen Gerüsten von G (siehe Aufgabe 14.1.9) ein minimales herauszufinden.)

14.1.6. Planare Graphen

Dieser Abschnitt ist einer speziellen Klasse von Graphen, den planaren Graphen, gewidmet. Um Wiederholungen zu vermeiden, betrachten wir in diesem Abschnitt ausschließlich ungerichtete Graphen. Ein Graph G heißt *planar*, wenn er sich ohne Überschneidung von Kanten in der Ebene darstellen läßt. Eine solche Darstellung eines planaren Graphen in der Ebene wird auch als eine *planare Repräsentation* von G bezeichnet. Der Graph von Abbildung 14.14 ist planar, Abbildung 14.16 zeigt eine planare Repräsentation dieses Graphen.

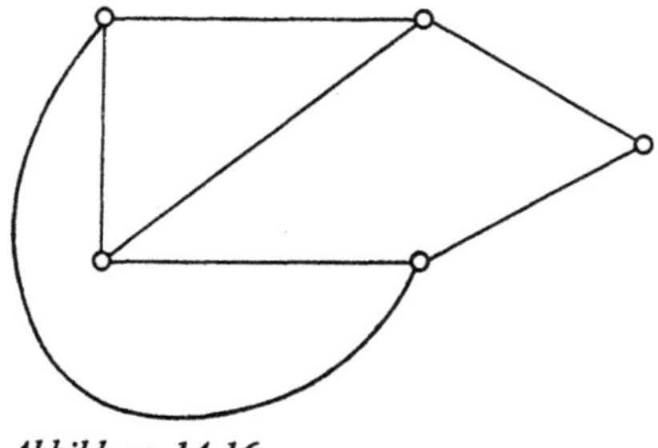

Abbildung 14.16

Es kann für einen planaren Graphen G durchaus mehrere verschiedene planare Repräsentationen geben, die sich aber alle durch gewisse Umformungen ineinander überführen lassen.

Bei der Darstellung eines planaren Graphen in der Ebene wird die Ebene in Gebiete zerlegt, die die *Flächen* von G genannt werden. Man kann also bei den planaren Graphen außer den Knotenpunkten und Kanten auch noch die Flächen als Grundbestandteile betrachten. Zwischen diesen drei Arten von Elementen eines planaren Graphen besteht ein enger Zusammenhang, den wir im folgenden Satz kennenlernen wollen.

Gegeben sei eine planare Repräsentation eines planaren Graphen G mit n Knotenpunkten, m Kanten, f Flächen und p Komponenten. Dann gilt der folgende Satz.

Satz 14.10

Ist eine beliebige planare Repräsentation eines planaren Graphen G gegeben, so gilt

$$n - m + f - p = 1. \tag{14.15}$$

Für zusammenhängende Graphen, also $p = 1$, trägt die Formel (14.15) die Bezeichnung *Eulersche Polyederformel:*

$$n - m + f = 2. \tag{14.16}$$

Beweis

(durch vollständige Induktion über die Anzahl der Kanten von G):

Für $m = 0$ und beliebiges (festes) n ist $f = 1$ und $p = n$, also ist (14.15) erfüllt. Angenommen, die Formel (14.15) sei richtig für alle planaren Repräsentationen aller planarer Graphen mit weniger als k Kanten ($k \geqq 1$). Der planare Graph G mit n Knotenpunkten und k Kanten läßt sich aus einem geeigneten planaren Graphen G' mit n Knotenpunkten und $k - 1$ Kanten durch Hinzufügen einer geeigneten Kante u gewinnen. G' erfüllt nach Induktionsannahme (14.15). Wir fügen nun zu G' die Kante u hinzu, so daß wieder G entsteht. Es sind zwei Fälle möglich:

Im ersten Fall verbindet u zwei Knotenpunkte, die zu verschiedenen Komponenten von G' gehören. Bei Hinzufügen von u verringert sich die Anzahl der Komponenten um 1, die Anzahl der Kanten wächst um 1, die Anzahl der Knotenpunkte und die Anzahl der Flächen ändern sich nicht. Also bleibt (14.15) gültig.

Im zweiten Fall verbindet u zwei Knotenpunkte, die ein und derselben Komponente von G' angehören. In diesem Fall erhöht sich f um 1 und m um 1, während n und p unverändert bleiben. Also gilt auch in diesem Falle die Formel (14.15).

Aus den Beziehungen (14.15) bzw. (14.16) lassen sich leicht einige Eigenschaften planarer Graphen ableiten.

Satz 14.11

Ein schlichter zusammenhängender planarer Graph G enthält wenigstens einen Knotenpunkt P mit $v(P) \leqq 5$.

Beweis

Für kleine Knotenpunktanzahlen ($n \leqq 5$) ist der Satz offenbar richtig, so daß wir diese trivialen Fälle von der Betrachtung ausschließen können.

Angenommen, jeder Knotenpunkt von G habe einen Grad $\geqq 6$. Dann ist die doppelte Anzahl der Kanten $\geqq 6n$. Da außerdem G als schlicht vorausgesetzt wird, wird jede Fläche von G durch wenigstens 3 Kanten berandet, also ist die doppelte Anzahl der Kanten auch $\geqq 3f$. Hieraus ergibt sich

$$2m \geqq 6n \quad \text{und} \quad 2m \geqq 3f,$$

und somit

$$\frac{m}{3} \geqq n \quad \text{und} \quad \frac{2m}{3} \geqq f.$$

Mittels (14.16) ergibt sich hieraus der Widerspruch

$$m + 2 = n + f \leqq \frac{m}{3} + \frac{2m}{3} = m.$$

Eine wichtige Aufgabe ist, von einem gegebenen Graphen G zu entscheiden, ob er planar ist oder nicht. Betrachten wir hierzu ein Beispiel.

Beispiel 14.13

Von drei Häusern sollen die Wasser-, Gas- und Stromleitungen so zu den drei gegebenen Anschlußstellen (siehe Abbidlung 14.17) verlegt werden, daß keine zwei Leitungen sich überkreuzen. Wie kann dieses Problem gelöst werden?

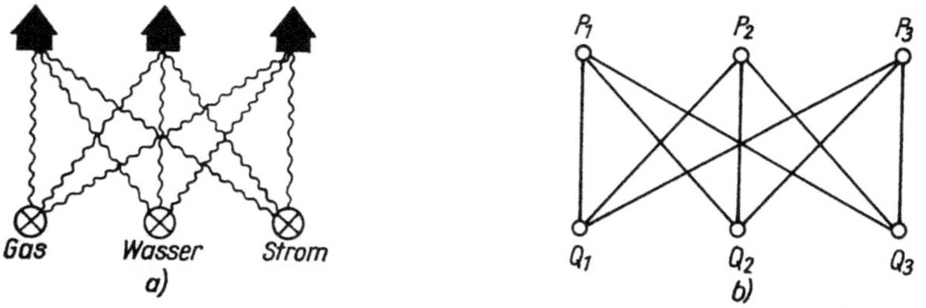

Abbildung 14.17

Die graphentheoretische Formulierung dieser Aufgabe lautet: Ist der in Abbildung 14.17b dargestellte paare Graph planar? Wenn ja, wie sieht eine planare Repräsentation dieses Graphen aus? (Vgl. Aufgabe 14.1.11).

Der Graph von Abbildung 14.17 hat die Besonderheit, daß sich seine Knotenpunkte derart in zwei Klassen X_1 und X_2 einteilen lassen, daß jeder Knotenpunkt der einen Klasse mit jedem Knotenpunkt der anderen Klasse durch genau eine Kante verbunden ist, während Knotenpunkte der gleichen Klasse nicht adjazent sind. Ein solcher Graph wird *vollständiger paarer Graph* genannt und mit $K_{m,n}$ bezeichnet, wenn X_1 genau m und X_2 genau n Knotenpunkte enthält. Abbildung 14.17b zeigt also den vollständigen paaren Graphen $K_{3,3}$.

In der Abbildung 14.18 ist eine *Unterteilung* des $K_{3,3}$ gezeigt. Sie entsteht aus dem Graphen $K_{3,3}$, indem auf den Kanten (endlich viele) zusätzliche Knotenpunkte von der Valenz 2 eingezeichnet werden.

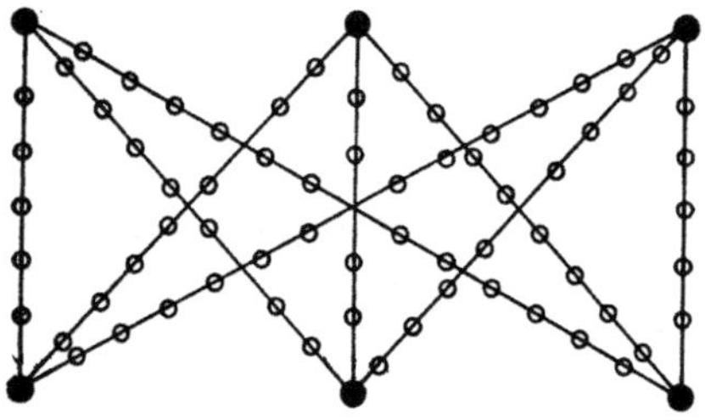

Abbildung 14.18

Nun können wir eine notwendig und hinreichende Bedingung dafür angeben, daß ein gegebener Graph planar ist.

Satz 14.12

Ein Graph G ist dann und nur dann planar, wenn er keinen Untergraphen enthält, der eine Unterteilung des $K_{3,3}$ oder des $\langle 5 \rangle$ ist.

Als Folgerung hieraus ergibt sich, daß der Graph $K_{3,3}$ von der Abbildung 14.17b nichtplanar ist. Damit besitzt das im Beispiel 14.13 genannte Problem keine Lösung. Planare Graphen besitzen eine weitere Besonderheit, die man durch den Begriff der „Dualität" kennzeichnen kann. Wir können nämlich jedem planaren Graphen G einen dazu *dualen Graphen* G^* auf folgende Art zuordnen:

Es sei eine planare Repräsentation von G gegeben. Im Innern einer jeden Fläche von G werde ein Punkt markiert. Die Menge dieser Punkte bildet die Knotenpunktmenge von G^*. Zwei Knotenpunkte P_i^* und P_k^* werden in G^* durch genau soviele Kanten miteinander verbunden, wie die entsprechenden Flächen von G gemeinsame Kanten haben. Dabei soll jede Kante von G von genau einer Kante von G^* geschnitten werden (Abbildung 14.19).

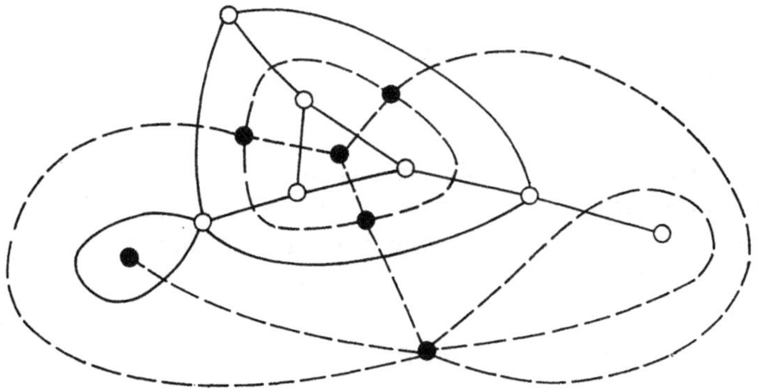

Abbildung 14.19

Offenbar ist der zu einem planaren Graphen G duale Graph G^* ebenfalls planar. Interessant ist, daß der duale Graph G^* eines planaren Graphen G stets zusammenhängend ist. Ist G selbst zusammenhängend, so gilt $(G^*)^* = G$. Ist G zusammenhängend und hat G^* genau n^* Knotenpunkte, m^* Kanten und f^* Flächen, so gilt stets $n^* = f, f^* = n$ und $m^* = m$.

14.2. Anwendungen der Graphentheorie in der Ökonomie

In den folgenden Abschnitten sollen einige Möglichkeiten der Anwendung der Graphentheorie besonders im Bereich der Ökonomie aufgezeigt werden. Leider ist es unmöglich, auf wenigen Seiten auch nur einen annähernd vollständigen Überblick über die Vielfalt der Anwendungsmöglichkeiten zu geben. Es sollen vielmehr Anregungen und Hinweise sein, überall dort, wo kombinatorische Strukturen erkennbar sind, mit graphentheoretischen Methoden zu arbeiten.

14.2.1. Kürzeste Wege

Auf einer Straßenkarte der DDR soll die kürzeste Verbindung zwischen zwei Orten A und B bestimmt werden.

Die graphentheoretische Formulierung dieser Aufgabe lautet folgendermaßen: Gegeben sei ein ungerichteter, zusammenhängender und schlichter kantenbewerteter Graph $G = (X \quad U|\vartheta)$, wobei ϑ eine gegebene Kantenbewertung von G ist, die jeder Kante $(P_i \quad P_k)$ eine nicht-negative Zahl d_{ik} zuordnet. Zwei Knotenpunkte – sagen wir P_1 und P_n – seien besonders ausgezeichnet. Gesucht ist unter allen Wegen, die P_1 und P_n miteinander verbinden, einer von kleinster Länge, das heißt ein Weg W mit der Eigenschaft

$$l(W) = \sum_{(P_i \quad P_k) \in W} d_{ik} = \text{Min!} \tag{14.17}$$

Zur Bestimmung eines kürzesten Weges W zwischen zwei Knotenpunkten P_1 und P_n von G gibt es mehrere Algorithmen, von denen wir im folgenden einen kennenlernen werden.

Algorithmus

Jedem Knotenpunkt P_i von G werde eine Größe $t_i = t(P_i)$ (eine Markierung, auch „Potential" genannt) wie folgt zugeordnet:

a) Es sei $t_1 = t(P_1) = 0$.

b) X_i sei die Menge der bereits mit einer Markierung versehenen Knotenpunkte. Wir betrachten nun alle Kanten von G, von denen ein Knotenpunkt, sagen wir P_j, bereits markiert ist, während der andere Knotenpunkt P_k noch ohne Markierung ist. Unter all diesen Kanten wählen wir eine aus, für die

$$t(P_j) + d_{jk} \tag{14.18}$$

minimal ausfällt. Dann wird der Knotenpunkt P_k mit

$$t(P_k) = t(P_j) + d_{jk} \tag{14.19}$$

markiert, und wir setzen

$$X_{i+1} = X_i \cup \{P_k\}. \tag{14.20}$$

c) Der Algorithmus endet, wenn P_n markiert ist. $t(P_n)$ gibt die Länge eines kürzesten Weges von P_1 nach P_n an.

Den Beweis hierfür findet der Leser in [14.9].

Der Algorithmus liefert noch mehr als die Länge eines kürzesten Weges von P_1 nach P_n. Zeichnen wir uns nämlich die Kanten, die von dem Algorithmus ausgewählt werden, in der durch den Algorithmus bestimmten Reihenfolge auf, so entsteht ein Baum, denn bei jedem Schritt des Algorithmus wird ein markierter Knotenpunkt mit einem nicht markierten verbunden, das heißt also, es wird eine „hängende Kante" hinzugefügt. Ein Kreis kann nicht entstehen, denn dann müßten zwei markierte Knotenpunkte durch eine Kante verbunden werden. Der auf diese Weise gebildete Baum gibt einen kürzesten Weg W von P_1 nach P_n an. Außerdem zeigen die Markierungen der Knotenpunkte die Länge eines kürzesten Weges von P_1 zu dem jeweiligen Knotenpunkt an. Deshalb bezeichnet man diesen Baum auch als *Entfernungsbaum bezüglich* P_1.

Beispiel 14.14

In Abbildung 14.20a ist ein kantenbewerteter Graph G angegeben. Abbildung 14.20b zeigt diesen Graphen einschließlich der den Knotenpunkten gemäß des vorstehenden Algorithmus zugeordneten Potentiale für den Fall, daß ein kürzester Weg von P_1 nach P_8 bestimmt werden soll. Die stark ausgezeichneten Kanten bilden einen Entfernungsbaum.

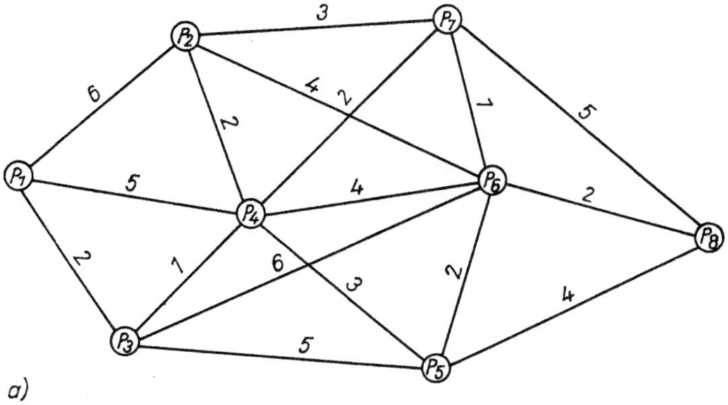

a)

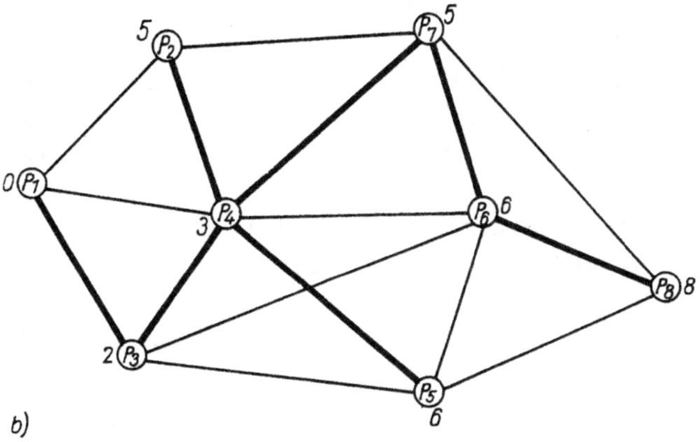

b)

Abbildung 14.20

Für gerichtete Graphen gibt es einen entsprechenden Algorithmus. Allerdings ist es möglich, daß es überhaupt keine Bahn von P_1 nach P_n gibt: In diesem Falle bricht der Algorithmus ab, ohne daß der Knotenpunkt P_n markiert wurde.

Das Problem des kürzesten Weges in einem Graphen gehört zu der allgemeinen Klasse der *Spannungsprobleme* auf Graphen, auf die wir im Abschnitt 14.2.3. kurz eingehen werden.

Gelegentlich ist es jedoch erforderlich, nicht einen kürzesten Weg zwischen zwei Knotenpunkten zu bestimmen, sondern einen längsten. Ein solches Problem trifft man in der *Netzplantechnik* bei der Bestimmung des *kritischen Weges* in einem Netzplan an.

14.2.2. Einiges über Netzplantechnik

Die Netzplantechnik ist eine spezielle Disziplin innerhalb der Anwendung mathematischer Methoden in der Ökonomie und dient als Hilfsmittel bei der Leitung und Planung komplexer ökonomischer Prozesse. Die Methoden der Netzplantechnik lassen sich überall dort anwenden, wo sich der komplexe Prozeß aus mehreren Teilprozessen zusammensetzt. Die Teilprozesse werden *Vorgänge* genannt. In [14.4] wird unterschieden zwischen *Vorgängen* und *Aktivitäten*. Bei Aktivitäten werden im Gegensatz zu den Vorgängen außer der benötigten Zeit auch noch die erforderlichen Ressourcen berücksichtigt.
Die Graphentheorie liefert nun Möglichkeiten der mathematischen Modellierung solcher Prozesse. Wir wollen dies an einem Beispiel erläutern:

Beispiel 14.14

Der Prozeß „Bau einer neuen Werkhalle" kann in mehrere Teilprozesse unterteilt werden, wobei zwischen den einzelnen Teilprozessen gewisse technologische Abhängigkeiten bestehen. So kann z. B. das Fundament der neuen Halle erst dann betoniert werden, wenn die Baugrube bereits ausgehoben ist. Der Vorgang „Ausheben der Baugrube" muß also zeitlich dem Vorgang „Betonierung des Fundamentes" vorausgehen. Gewisse andere Vorgänge können wiederum unabhängig voneinander ausgeführt werden, wie etwa „Ausheben der Baugrube" und „Beschaffung von Montageteilen für die Dachkonstruktion".

Um zu einem graphentheoretischen Modell zu gelangen, müssen gewisse Übereinkünfte getroffen werden. Wir vereinbaren:

a) Jedem Vorgang ordnen wir einen Bogen $[P_i \;\; P_k]$ zu. Die Endpunkte werden *Ereignisse* des Vorgangs genannt. Mit t_{ik} bezeichnen wir die *Dauer* des Vorganges $[P_i \;\; P_k]$, das ist diejenige Zeit, die zur Bearbeitung dieses Teilprozesses erforderlich ist.

b) Ein Vorgang $[P_i \;\; P_k]$ kann erst dann beginnen, wenn *alle* Vorgänge, die auf Grund technologischer Gegebenheiten dem Vorgang $[P_i \;\; P_k]$ vorausgehen müssen, abgeschlossen sind.

c) Zu jedem Vorgang müssen alle unmittelbar vorangehenden Vorgänge bekannt sein.

Wir können dann auf Grund dieser Kenntnisse einen sogenannten *Netzplan* aufstellen. Ein solcher Netzplan hat einige Besonderheiten:

a) Ein Netzplan N ist ein zusammenhängender, bogenbewerteter, gerichteter Graph. Es läßt sich stets einrichten, daß N genau eine Quelle und genau eine Senke hat. Die Quelle A ist das *Anfangs-* oder *Startereignis*, die Senke E das *End-* oder *Zielereignis*.

b) Es gibt wenigstens eine Bahn von A nach E.

c) In einem Netzplan N gibt es keine Kreise. Denn angenommen, es gäbe einen Kreis, dann könnte auf Grund der gemachten Vereinbarungen überhaupt kein Vorgang, der auf dem Kreis liegt, begonnen werden.

d) In jedem Netzplan N können die Ereignisse stets so numeriert werden, daß das Anfangsereignis irgendeines Vorgangs eine kleinere Nummer besitzt als dessen Endereignis. Eine solche Numerierung der Ereignisse von N kann wie folgt vorgenommen werden:

α) Wir setzen $N = N_0$ und bezeichnen die (nach Voraussetzung einzige) Quelle A von N mit E_0, das heißt, wir geben A die Nummer 0.

β) N_i entstehe aus N_{i-1}, indem alle Quellen von N_{i-1} und alle von den Quellen ausgehenden Vorgänge aus N_{i-1} entfernt werden. N_i habe k_i Quellen mit $k_i > 0$. (Anderenfalls hat N_i und somit auch N Kreise.) Die k_i Quellen von N_i werden mit dem kleinsten noch nicht vergebenen Nummern numeriert und mit E_j bezeichnet, wenn j die Nummer des Ereignisses ist.

γ) Am Schluß erhält E die größte Nummer, das heißt, wir setzen $E = E_n$.

Wir nehmen im folgenden für jeden Vorgang $[E_i \quad E_k]$ von N an, daß $i < k$ gilt.
Ein Netzplan N ist also ein sehr spezieller gerichteter bogenbewerteter Graph. Die Bewertungen der Bögen haben den Charakter einer Dauer und sind somit nicht negativ.

Eine entscheidende Phase der Netzplantechnik ist die Ablaufplanung. Dazu gehören insbesondere die Modellierung des Prozesses, die Aufteilung des Prozesses in geeignete Teilprozesse, die Ermittlung der Dauer der einzelnen Vorgänge, die Bestimmung der unmittelbar einem Vorgang vorausgehenden Vorgänge und nicht zuletzt die Aufstellung eines Netzplanes selbst.

Wir nehmen im folgenden an, ein Netzplan liege vor, einschließlich der Dauer der Vorgänge, und die Forderungen, die an einen Netzplan gestellt werden, seien erfüllt (vgl. [14.4]). In Abbildung 14.21 ist ein Netzplan dargestellt.

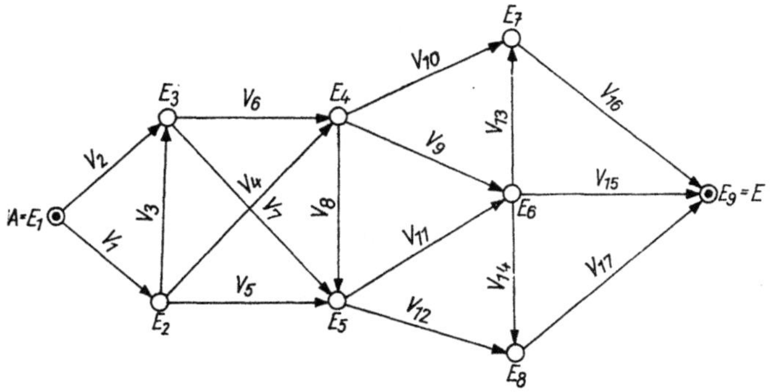

Abbildung 14.21

In diesem Netzplan kann zum Beispiel der Vorgang V_{11} erst dann beginnen, wenn alle drei Vorgänge V_5, V_7, V_8 abgeschlossen sind. Wir sagen, ***das Ereignis E_i ist eingetreten***, wenn alle in E_i einlaufenden Vorgänge abgeschlossen sind.

Faßt man die Dauer t_j für den Vorgang V_j als dessen „Länge" auf, dann kann das Ereignis E_i frühestens zu einem Zeitpunkt $T(E_i)$ eintreten, wobei $T(E_i)$ nicht kleiner als die Länge irgendeiner von A nach E_i führenden Bahn ist; $T(E_i)$ ist damit auch nicht kleiner als die Länge $l\,(A \quad E_i)$ einer längsten von A nach E_i führenden Bahn. Das Ereignis E_i kann aber auch zu dem Zeitpunkt $T(E_i) = l(A \quad E_i)$ wirklich eintreten. Daraus folgt: Um den frühestmöglichen Termin für die Vollendung des gesamten Prozesses zu bestimmen, ist also die Länge einer längsten Bahn von A nach E zu ermitteln.

Die Ereignisse und Vorgänge, die auf einer längsten Bahn von A nach E liegen, werden *kritische* Ereignisse und Vorgänge genannt.

Wird die Dauer der kritischen Vorgänge nicht eingehalten und etwa überzogen, dann vergrößert sich notwendig die Länge einer längsten Bahn von A nach E, und der vorher bestimmte Vollendungstermin des Prozesses kann nicht eingehalten werden. Deshalb muß den kritischen Ereignissen und Vorgängen besondere Aufmerksamkeit geschenkt werden.

Wir geben im folgenden einen Algorithmus für die Bestimmung einer längsten Bahn von A nach E in einem Netzplan an.

Algorithmus

a) Der Knotenpunkt A erhält die Markierung $T(A) = 0$. Wir setzen
$X_1 = \{A\} = \{E_1\}$.

b) Ist $X_k = \{E_1 \quad E_2 \quad \dots \quad E_k\}$ die Menge der bereits markierten Knotenpunkte des Netzplanes N, dann wird als nächster der Knotenpunkte E_{k+1} markiert mit

$$T(E_{k+1}) = \max_{\substack{i \\ [E_i \quad E_{k+1}] \in N}} [T(E_i) + t_{i,k+1}], \tag{14.21}$$

wobei $t_{i,\,k+1}$ die Dauer des Vorganges $[E_i \quad E_{k+1}]$ ist, falls ein solcher Vorgang in N existiert; man setze anschließend
$X_{k+1} = X_k \cup \{E_{k+1}\}$.

c) Der Algorithmus endet, wenn $E = E_n$ markiert ist. $T(E)$ ist die Länge eines längsten Weges von A nach E.

Eine längste Bahn von A nach E kann auf folgende Weise erhalten werden: Wir bestimmen von E ausgehend einen Vorgänger E_j mit

$$T(E) = T(E_n) = T(E_j) + t_{jn},$$

dann ist E_j ein kritisches Ereignis und $[E_j, E_n]$ ein kritischer Vorgang. Wir suchen danach einen Vorgänger E_i von E_j, für den

$$T(E_j) = T(E_i) + t_{ij} \tag{14.22}$$

gilt.

Indem wir so fortfahren, erhalten wir eine längste Bahn von A nach E (siehe Aufgabe 14.2.12).

Die Ermittlung einer längsten Bahn in einem Netzplan bildet den Kern der *Methode des kritischen Weges.*

Ist man daran interessiert, die Zeit, die man zur Ausführung eines Prozesses benötigt, zu verkürzen, so muß man unbedingt die Dauer von kritischen Vorgängen verkürzen, etwa durch Intensivierung der Arbeiten an dem entsprechenden Teilprozeß. Dadurch verringert sich die Dauer von gewissen Vorgängen, so daß der Fall eintreten kann, daß ehemals kritische Vorgänge nun nicht mehr auf längsten Bahnen von A nach E liegen und somit nicht mehr kritisch sind. Dafür können aber vorher nicht kritische Vorgänge auf einmal zu kritischen Vorgängen geworden sein. Auf alle Fälle macht es sich erforderlich, den Netzplan neu durchzurechnen und von neuem alle kritischen Bahnen zu ermitteln.

Ein anderes graphentheoretisches Modell wird von der sogenannten *METRA-Potential-Methode* verwendet. Sie ordnet den Vorgängen die Knotenpunkte eines Graphen zu, während die Bögen die Abhängigkeiten der Vorgänge untereinander widerspiegeln. Ereignisse treten in diesem Graphen nicht mehr in Erscheinung. Die METRA-Potential-Methode ist geeignet, etwas kompliziertere Abhängigkeiten zwischen den einzelnen Vorgängen zu berücksichtigen (näheres hierzu findet der Leser in [14.4], [14.4], [14.5]).

Die Methode des kritischen Weges und die METRA-Potential-Methode sind netzplantechnische Methoden für die *Zeitplanung*. In der Netzplantechnik wurden darüberhinaus jedoch auch Methoden der Kostenplanung und der Ressourcenplanung entwickelt ([14.4], [14.5]).

Man erkennt unschwer, daß die Netzplantechnik von außerordentlich großer volkswirtschaftlicher Bedeutung ist. Für weiterführende Darstellungen sei auf die Spezialliteratur im Literaturverzeichnis verwiesen.

Die in den letzten Abschnitten betrachteten Probleme über kürzeste Wege und längste Bahnen können als Spezialfälle von sogenannten *Spannungsproblemen* angesehen werden, mit denen wir uns im nächsten Abschnitt kurz befassen wollen.

14.2.3. Spannungen auf Graphen

Von nun ab betrachten wir nur noch gerichtete Graphen. G sei ein gerichteter Graph mit den Knotenpunkten $P_1, P_2, \ldots, P_n$ und den Bögen $u_1, u_2, \ldots, u_m$.

Wir betrachten irgendeinen Zyklus Z von G, der durch die Bogenfolge

$$(u_{i_1}, u_{i_2}, \ldots u_{i_r}) \tag{14.23}$$

gegeben sei, und denken uns diesen Zyklus in einer bestimmten Weise durchlaufen. Dadurch ist dem Zyklus Z eine bestimmte Durchlaufsrichtung zugewiesen, und wir können zwischen Bögen unterscheiden, deren Orientierungen mit der festgelegten Durchlaufsrichtung übereinstimmen, und solchen, deren Orientierungen der festgelegten Durchlaufsrichtung des Zyklus entgegengesetzt sind. Ist Z ein beliebiger mit einer Durchlaufsrichtung versehener Zyklus von G, so bezeichnen wir mit Z^+ die Menge der Bögen von Z, deren Richtung mit der Durchlaufsrichtung von Z übereinstimmt, und mit Z^- die Menge der Bögen von Z, deren Richtungen der Durchlaufsrichtung von Z entgegengesetzt sind.

Wir ordnen nun jedem Zyklus Z von G einen Vektor

$$z^T = [z_1\ z_2 \cdots z_m] \tag{14.24}$$

zu mit

$$z_i = \begin{cases} +1, \text{ wenn } u_i \in Z^+, \\ -1, \text{ wenn } u_i \in Z^-, \\ 0, \text{ wenn } u_i \notin Z. \end{cases} \tag{14.25}$$

Wir fassen diese Vektoren z als Elemente eines m-dimensionalen Vektorraumes R^m auf. Die Summe zweier Vektoren z_1 und z_2 bildet zwar keinen Zyklus, man kann aber zeigen, daß sich jeder geschlossene Bogenzug von G als Summe von Zyklen schreiben läßt.

Eine *Spannung* auf G ist ein Vektor

$$\boldsymbol{\delta}^T = [\delta_1 \; \delta_2 \cdots \delta_m] \tag{14.26}$$

mit der Eigenschaft: Für jeden Zyklus Z von G gilt

$$\sum_{u_j \in Z^+} \delta_j - \sum_{u_k \in Z^-} \delta_k = 0. \tag{14.27}$$

Die Komponente δ_i des Vektors $\boldsymbol{\delta}$ bezeichnen wir als die *Bogenspannung* des Bogens u_i.

Die Beziehung (14.27) ist in der Elektrotechnik unter der Bezeichnung „Kirchhoffsche Maschenregel" bekannt.

Satz 14.13

Ist $\boldsymbol{\delta}$ eine auf dem schlichten zusammenhängenden Graphen G gegebene Spannung, dann gibt es stets eine bis auf eine additive Konstante eindeutig bestimmte Knotenfunktion t, die jedem Knotenpunkt P von G eine reelle Zahl $t(P)$, das Potential von P genannt, zuordnet mit der Eigenschaft:

Ist $u_j = [P_i \;\; P_k]$, dann gilt

$$\delta_j = t(P_k) - t(P_i). \tag{14.28}$$

Umgekehrt kann man aus einer Knotenfunktion von G stets eine Spannung auf G herleiten.

Satz 14.14

Ist t eine auf G definierte Knotenfunktion und ordnen wir jedem Bogen $u_j = [P_i \;\; P_k]$ von G die Zahl

$$\delta_j = t(P_k) - t(P_i) \tag{14.29}$$

zu, dann ist $\boldsymbol{\delta}^T = [\delta_1 \; \delta_2 \ldots \delta_m]$ eine Spannung auf G.

Im folgenden suchen wir nun nicht irgendwelche Spannungen auf einem Graphen G, sondern solche, die noch gewissen zusätzlichen Bedingungen genügen.

Dazu betrachten wir einen Graphen G mit den Knotenpunkten $P_1, P_2, \ldots, P_n$ und den Bögen $u_1, u_2, \ldots, u_m$. Wir betrachten P_1 und P_n als ausgezeichnete Knotenpunkte und nehmen an, der Bogen $[P_n \;\; P_1]$ sei in G enthalten; anderenfalls fügen wir diesen Bogen zu G hinzu. Wir wählen die Bezeichnung der Bögen G so, daß $u_1 = [P_n \;\; P_1]$ ist. Der Bogen u_1 spielt in den folgenden Betrachtungen eine besondere Rolle, wir nennen ihn *Rückkehrbogen.*

Ferner seien für jeden Bogen u_j $(j \neq 1)$ zwei Zahlen a_j und b_j mit $a_j \leqq b_j$ gegeben. Dann lautet das Mazimalspannungsproblem.

Maximalspannungsproblem:

Man bestimme auf G eine Spannung

$$\boldsymbol{\delta}^T = [\delta_1 \; \delta_2 \cdots \delta_m]$$

mit den Eigenschaften

a) $a_j \leqq \delta_j \leqq b_j$ für alle j mit $2 \leqq j \leqq m$,

b) δ_1 ist maximal. (14.30)

Als erste Frage erhebt sich hier die Frage nach der Existenz einer Spannung, die die Eigenschaft *a* hat.

Satz 14.15 (*Existenzsatz für Spannungen*)

Eine Spannung $\boldsymbol{\delta}^T = [\delta_1\ \delta_2 \dots \delta_m]$ mit $a_j \leqq \delta_j \leqq b_j$ für alle j mit $2 \leqq j \leqq m$ existiert dann und nur dann, wenn für jeden Zyklus Z von G

$$\sum_{\substack{j \\ u_j \in Z^-}} b_j \geqq \sum_{\substack{j \\ u_j \in Z^+}} a_j$$

$$\sum_{\substack{j \\ u_j \in Z^+}} b_j \geqq \sum_{\substack{j \\ u_j \in Z^-}} a_j \qquad (14.31)$$

gilt.

Zum Beweis dieses Satzes siehe [14.2].

Das Problem der Bestimmung einer kritischen Bahn in einem Netzplan ist nichts anderes als ein Maximalspannungsproblem, und zwar für den speziellen Fall $b_2 = b_3 = \cdots = b_m = +\infty$.

Setzt man nämlich für jeden Bogen $u_j = [P_i\ \ P_k]$

$\delta_j = t(P_k) - t(P_i)$,

so ist beim Problem der kritischen Bahn in einem Netzplan die Aufgabe zu lösen, eine Knotenfunktion t auf G zu bestimmen mit

$t(P_k) - t(P_i) \geqq a_j$, wobei a_j die „Länge" des Bogens u_j ist,

$t(P_1) = 0$ (14.32)

$t(P_n) = \text{Min!}$

das heißt, die Spannung $\delta_1 = t(P_1) - t(P_n)$ ist zu maximieren.

Ganz entsprechend kann gezeigt werden, daß das Problem des kürzesten Weges in einem Graphen (oder besser: das Problem der Bestimmung einer kürzesten Bahn in einem gerichteten Graphen) auf ein Minimalspannungsproblem zurückgeführt werden kann:

$t(P_k) - t(P_i) \leqq b_j$ (in diesem Fall entspricht b_j der Länge des Bogens u_j, während $a_2 = a_3 = \cdots = a_m = -\infty$ ist),

$t(P_1) = 0$ (14.33)

$t(P_n) = \text{Max!}$

das heißt, die Spannung $\delta_1 = t(P_1) - t(P_n)$ ist zu minimieren.

Algorithmen für das allgemeine Maximalspannungsproblem und für das allgemeine Problem der kürzesten Bahn kann der Leser in [14.2] und [14.9] finden.

14.2.4. Ströme auf Graphen

Es sei X_1 eine Teilmenge der Knotenpunktmenge X von G. Mit $\omega^+(X_1)$ bezeichnen wir die Menge aller Bögen von U, deren Startpunkte zu X_1 gehören, während die Zielpunkte X_1 nicht angehören. Entsprechend ist $\omega^-(X_1)$ die Menge aller Bögen von U, deren Zielpunkte zu X_1 und deren Startpunkte nicht zu X_1 gehören. $\omega^+(X_1)$ heißt die *Menge der mit der Knotenpunktmenge X_1 nach außen inzidenten Bögen*, $\omega^-(X_1)$ ist die *Menge der mit X_1 nach innen inzidenten Bögen*. Die Bogenmenge

$$\omega(X_1) = \omega^+(X_1) \cup \omega^-(X_1) \tag{14.34}$$

heißt der von der Knotenpunktmenge X_1 erzeugte *Cozyklus*.
Ein Cozyklus $\omega(X_1)$ heißt *elementar*, wenn er minimal ist, das heißt, wenn keine echt Teilmenge von $\omega(X_1)$ ebenfalls ein Cozyklus von G ist.
Wir können jedem Cozyklus $\omega(X_1)$ einen Vektor

$$\boldsymbol{w}^T = [w_1\ w_2 \cdots w_m] \tag{14.35}$$

zuordnen mit

$$w_j = \begin{cases} +1, \text{ wenn } u_j \in \omega^+(X_1), \\ -1, \text{ wenn } u_j \in \omega^-(X_1), \\ \ \ 0, \text{ wenn } u_j \notin \omega(X_1). \end{cases} \tag{14.36}$$

Ein Vektor

$$\boldsymbol{\varphi}^T = [\varphi_1\ \varphi_2 \cdots \varphi_m],$$

durch den jedem Bogen u_j eine reelle Zahl φ_j zugeordnet ist, heißt ein *Strom* auf G (die Zahl φ_j ist der *Fluß* im Bogen u_j), wenn für jeden Knotenpunkt P_i von G gilt

$$\sum_{\substack{j \\ u_j \in \omega^+(P_i)}} \varphi_j - \sum_{\substack{j \\ u_j \in \omega^-(P_i)}} \varphi_j = 0. \tag{14.37}$$

Diese Beziehung tritt uns in der Elektrizitätslehre als „Kirchhoffsche Knotenregel" entgegen.
Man kann nun die Flüsse φ_j in den Bögen nicht willkürlich vorgeben, um einen Strom auf G zu erhalten, denn die Flüsse sind untereinander durch die Beziehung (14.37) verknüpft. Es erhebt sich nun hieraus die Frage: Wieviele Flüsse kann man vorgeben und auf welchen Bögen kann man sie vorgeben, damit auf G ein Strom festgelegt ist?
Es gilt folgender Satz, den wir ohne Beweis angeben wollen.

Satz 14.16

Ist $H = [Y\ \ V]$ ein Gerüst eines zusammenhängenden schlichten Graphen $G = [X\ \ U]$, dann ist ein Strom φ auf G eindeutig bestimmt, wenn die Flüsse auf allen Bögen von G vorgegeben werden, die nicht zu dem Gerüst H gehören.

Den Beweis findet der Leser in [14.2].

Man kann also bei einem Graphen G mit n Knotenpunkten und m Kanten insgesamt $m - n + 1$ Flüsse beliebig vorgeben, woraus sich die restlichen berechnen lassen.
Bevor wir das allgemeine Maximalstromproblem formulieren, wollen wir ein Beispiel betrachten.

Beispiel 14.15

In einem Verkehrsnetz soll von einem Ort A, dem Herstellungsort, zu einem anderen Ort B, dem Bestimmungsort, eine gewisse Menge von Erzeugnissen transportiert werden. Wir setzen voraus, daß der Transport längs vorgegebener Transportwege erfolgt und daß unterwegs weder Erzeugnisse verlorengehen noch hinzukommen. Außerdem werden gewisse Einschränkungen gemacht: Die längs des Weges u_j transportierte Menge pro Zeiteinheit darf eine vorgegebene obere Grenze d_j nicht überschreiten. Wie groß ist die maximale Menge von Erzeugnissen, die pro Zeiteinheit von A nach B transportiert werden kann? Wie ist der Transport zu organisieren?

Wir nehmen an, G sei ein zusammenhängender Graph mit den Knotenpunkten P_1, $P_2, \ldots, P_n$ und den Bögen $u_1, u_2, \ldots, u_m$, wobei $u_1 = [P_n \quad P_1]$ der Rückkehrbogen von G ist. Jedem Bogen u_j mit $j \neq 1$ seien zwei reelle Zahlen c_j und d_j mit $c_j \leqq d_j$ zugeordnet.

Maximalstromproblem:

Man bestimme auf G einen Strom

$\boldsymbol{\varphi}^T = [\varphi_1 \; \varphi_2 \cdots \varphi_m]$

mit den Eigenschaften

a) $c_j \leqq \varphi_j \leqq d_j$ für alle j mit $2 \leqq j \leqq m$,

b) φ_1 ist maximal. (14.38)

Ein Strom $\boldsymbol{\varphi}$ mit der Eigenschaft a) wird manchmal auch als ein *zulässiger* Strom bezeichnet. Hat er außerdem die Eigenschaft b), so heißt er ein *Maximalstrom*; φ_1 ist sein *Wert*. Die Frage nach der Existenz von zulässigen Strömen auf Graphen beantwortet der folgende Satz.

Satz 14.17 (*Existenzsatz für Ströme*)

Ein Strom $\boldsymbol{\varphi}^T = [\varphi_1 \; \varphi_2 \ldots \varphi_m]$ *mit*

$c_j \leqq \varphi_j \leqq d_j$ *für alle* j *mit* $2 \leqq j \leqq m$

existiert genau dann, wenn für jeden elementaren Cozyklus ω *gilt*

$$\sum_{\substack{j \\ u_j \in \omega^-}} d_j \geqq \sum_{\substack{j \\ u_j \in \omega^+}} c_j, \qquad \sum_{\substack{j \\ u_j \in \omega^+}} d_j \geqq \sum_{\substack{j \\ u_j \in \omega^-}} c_j. \tag{14.39}$$

Zum Beweis dieses Satzes siehe [14.2].

Wir betrachten im folgenden nur den Spezialfall $c_2 = c_3 = \cdots = c_m = 0$ und geben dafür einen Algorithmus an. Der allgemeine Fall läßt sich mit demselben Algorithmus lösen wie der Spezialfall, vorausgesetzt, man kennt einen zulässigen Strom als Anfangsstrom. Die Größe d_j bezeichnet man als die *Kapazität des Bogens* u_j. Wir nehmen an, daß alle d_j ganzzahlig und endlich sind.

Der Algorithmus für die Bestimmung eines Maximalstromes auf einem Graphen fußt auf einem Satz, den man als den ***Satz von Ford und Fulkerson*** bezeichnet. Diesen Satz wollen wir zunächst kennenlernen.

Es seien X_1 eine Teilmenge der Knotenpunktmenge X von G und $X_2 = X - X_1$. Ferner sei $P_1 \in X_1$ und $P_n \in X_2$. Die Bogenmenge $\omega^+(X_1)$ bezeichnet man als einen *Schnitt, der den Knotenpunkt* P_n *von dem Knotenpunkt* P_1 *trennt.* Wir können diesen Schnitt auch durch das geordnete Paar X_1, X_2 charakterisieren und mit $(X_1 \quad X_2)$ bezeichnen. Die Bezeichnung „Schnitt“ rührt daher, daß es nach Entfernen aller

Bögen des Schnittes $(X_1 \ X_2)$ aus G keine Bahn mehr von P_1 nach P_n gibt. Die *Kapazität des Schnittes* $(X_1 \ X_2)$ ist

$$c(X_1 \ X_2) = \sum_{\substack{j \\ u_j \in (X_1 \ X_2)}} d_j. \tag{14.40}$$

Ein den Knotenpunkt P_n vom Knotenpunkt P_1 trennender Schnitt $(X_1 \ X_2)$ mit minimaler Kapazität heißt *Minimalschnitt.*

Wir beweisen nun den folgenden Satz.

Satz 14.18

Ein zulässiger Strom

$$\varphi = [\varphi_1 \ \varphi_2 \ \dots \ \varphi_n]$$

auf G ist genau dann ein Maximalstrom, wenn gilt

$$\varphi_1 = c(X_1 \ X_2), \tag{14.41}$$

wobei $(X_1 \ X_2)$ *ein den Knotenpunkt* P_n *vom Knotenpunkt* P_1 *trennender Minimalschnitt ist.*

Mit anderen Worten: *Die maximale Stromstärke ist gleich der minimalen Schnittkapazität.*

Beweis

Einerseits gilt für einen beliebigen Strom φ und einen beliebigen Schnitt $(X_1 \ X_2)$, der den Knotenpunkt P_n von dem Knotenpunkt P_1 trennt, die Beziehung

$$\varphi_1 \leqq c(X_1 \ X_2). \tag{14.42}$$

Das folgt unmittelbar aus

$$\varphi_1 \leqq \sum_{u_j \in (X_1 \ X_2)} \varphi_j \leqq \sum_{u_j \in (X_1 \ X_2)_4} d_j = c(X_1 \ X_2) \tag{14.43}$$

für jeden Strom φ und jeden Schnitt $(X_1 \ X_2)$.

Andererseits werden wir zeigen, daß es einen Strom φ und einen Schnitt $(X_1 \ X_2)$ gibt, für die (14.41) gelten. Daraus folgt dann die Behauptung.

Wir konstruieren nun einen Strom φ und einen Schnitt $(X_1 \ X_2)$, für die (14.41) gelten, und zwar mit Hilfe des folgenden Algorithmus.

Algorithmus

Der Algorithmus ist ein iterativer Markierungsalgorithmus, er ordnet jedem Knotenpunkt und jedem Bogen von G eine bestimmte Markierung zu.

Wir beginnen den Algorithmus mit dem Nullstrom $\varphi = [0 \ 0 \ \dots \ 0]$. Jeder Bogen u_j erhält zunächst eine Markierung $[d_j \ \ 0]$, wobei an erster Stelle des geordneten Zahlenpaares die in (14.38) angegebene Kapazität des Bogens u_j steht. An zweiter Stelle steht der jeweils durch den Algorithmus ermittelte Fluß im Bogen u_j. Die Knotenpunkte erhalten ihre Markierungen wie folgt:

a) Der Knotenpunkt P_1 erhält die Markierung $[- \ \ \infty]$.

b) Ist P_l ein mit $[P_l^+ \ \ \varepsilon(P_l)]$ oder mit $[P_l^- \ \ \varepsilon(P_l)]$ markierter Knotenpunkt und P_k ein zu P_l adjazenter und noch unmarkierter Knotenpunkt, dann wird P_k entweder

mit

$[P_i^+ \ \varepsilon(P_k)]$ markiert, wenn $[P_i \ P_k] \in U$ und

$\varphi[P_i \ P_k] < d[P_i \ P_k]$ ist,

wobei $\varepsilon(P_k) = \min\ [\varepsilon(P_i) \quad d[P_i \ P_k] - \varphi[P_i \ P_k]]$

ist,

oder mit

$[P_i^- \ \varepsilon(P_k)]$ markiert, wenn $[P_k \ P_i] \in U$ und $\varphi[P_k \ P_i] > 0$ ist, wobei

$\varepsilon(P_k) = \min\ [\varepsilon(P_i) \quad \varphi[P_k \ P_i]]$ ist.

c) Dieser Markierungsprozeß wird solange fortgesetzt, bis entweder P_n markiert ist (Fall a), oder P_n nicht markiert ist und keine weiteren Markierungen mehr angebracht werden können (Fall b).

Je nachdem, ob Fall a oder Fall b eingetreten ist, können wir den Strom vergrößern, oder der Algorithmus hat uns bereits einen Maximalstrom geliefert.

Fall a: Angenommen, P_n ist markiert mit $[P_r^+ \ \varepsilon(P_n)]$ oder mit $[P_r^- \ \varepsilon(P_n)]$. Dann können wir eine Kette K finden, die P_1 mit P_n verbindet, längs derer der Strom erhöht werden kann, und zwar um die ganzzahlige Größe $\varepsilon(P_n)$. Diese Kette kann man mittels der an erster Stelle der Knotenpunktmarkierungen stehenden Angaben finden:

$P_n, P_r, \ldots, P_1,$

wobei von P_n aus die Kette rückwärts ermittelt wird. Durchläuft man nun diese Kette K von P_1 nach P_n, so bezeichnet man einen Bogen, der dabei in positiver Richtung durchlaufen wird, als *Vorwärtsbogen*; wird er entgegengesetzt seiner Richtung durchlaufen, so heißt er ein *Rückwärtsbogen* dieser Kette. Alle Bögen u_j erhalten nun eine neue Markierung $[d_j \ \varphi_j']$ mit

$$\varphi_j' = \begin{cases} \varphi_j + \varepsilon(P_n), & \text{wenn } u_j \text{ Vorwärtsbogen der Kette } K \text{ ist,} \\ \varphi_j - \varepsilon(P_n), & \text{wenn } u_j \text{ ein Rückwärtsbogen der Kette } K \text{ ist,} \\ \varphi_j, & \text{wenn } u_j \notin K. \end{cases}$$

$\boldsymbol{\varphi}'^T = [\varphi_1' \ \varphi_2' \ \cdots \ \varphi_n']$ ist, wie man leicht nachweist, ein zulässiger Strom. Er hat im Bogen u_1 den Wert

$\varphi_1' = \varphi_1 + \varepsilon(P_n) > \varphi_1.$

Nun werden alle Knotenpunktmarkierungen gelöscht und der Algorithmus beginnt mit $\boldsymbol{\varphi}'$ statt $\boldsymbol{\varphi}$ von vorn.

Da $\varepsilon(P_n)$ auf Grund der Voraussetzung, daß alle d_j ganzzahlig sind, ebenfalls stets eine positive ganze Zahl ist, und da somit bei einer jeden Markierung von P_n durch den Algorithmus der Wert φ_1 des Stromes $\boldsymbol{\varphi}$ um eine ganze Zahl erhöht werden kann, muß nach endlich vielen Schritten einmal der Fall *b* eintreten. Der Algorithmus kommt also im Falle, daß alle Bogenkapazitäten ganzzahlig sind, in endlich vielen Schritten zu einem Ende. (Für beliebige reelle Bogenkapazitäten d_j kann dies nicht garantiert werden.) Mehr noch: Der Maximalstrom $\boldsymbol{\varphi}$ hat ganzzahlige Komponenten.

Fall b: Angenommen, P_n ist nicht markiert und es können keine weiteren Markierungen an die Knotenpunkte mehr angebracht werden. X_1 sei die Menge der markierten Knotenpunkte von G, $X_2 = X - X_1 \neq \emptyset$ ist dann die Menge der nicht markierten Knotenpunkte.
Wir zeigen: $(X_1 \;\; X_2)$ ist ein Minimalschnitt, der den Knotenpunkt P_n von P_1 trennt.
Denn angenommen, es ist $u_j = [P_i \;\; P_k] \in (X_1 \;\; X_2)$ mit $P_i \in X_1$ und $P_k \in X_2$, dann ist notwendig

$$\varphi_j = d_j,$$

denn anderenfalls könnte P_k noch markiert werden und X_1 wäre nicht maximal.

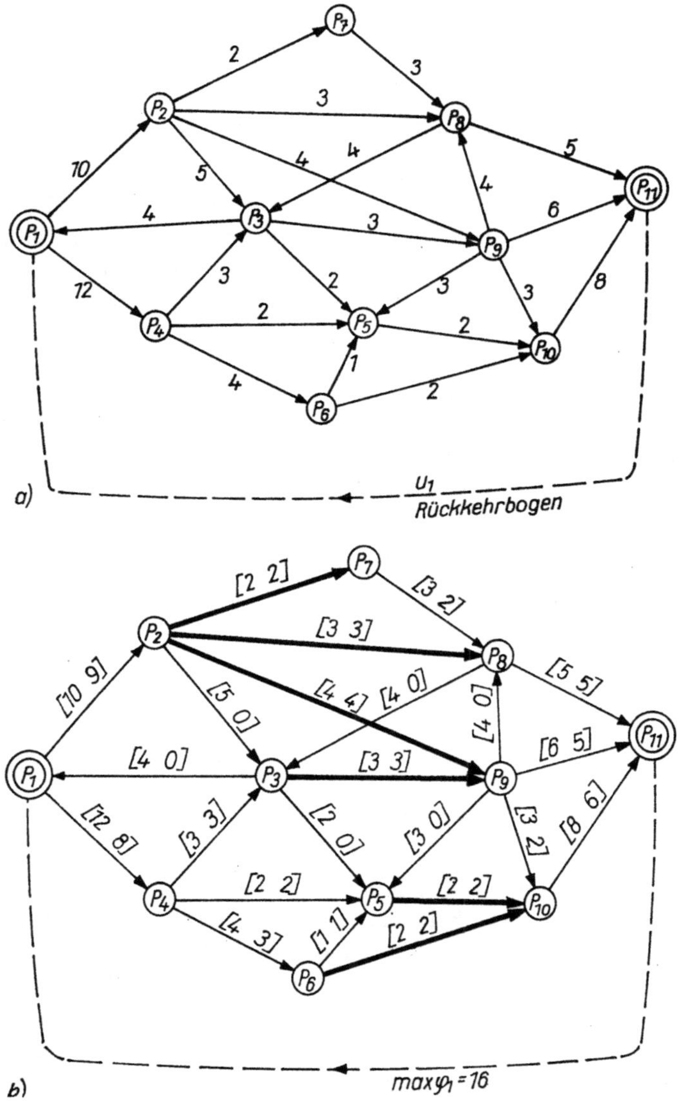

Abbildung 14.22

Ist dagegen $u_j = [P_k \;\; P_l]$ ein Bogen aus U mit $P_k \in X_2$ und $P_l \in X_1$, so ist notwendig

$\varphi_j = 0$,

denn anderenfalls würde sich P_k wieder markieren lassen. Daraus folgt:

$$\varphi_1 = \sum_{u_j \in (X_1 \;\; X_2)} \varphi_j' = \sum_{u_j \in (X_1 \;\; X_2)} d_j = c(X_1 \;\; X_2).$$

Damit haben wir einen Strom $\boldsymbol{\varphi} = [\varphi_1' \;\; \varphi_2' \; \ldots \; \varphi_m']$ und einen Schnitt $(X_1 \;\; X_2)$ gefunden, für die die Beziehung (14.41) gelten. $\boldsymbol{\varphi}$ ist also ein Maximalstrom und $(X_1 \;\; X_2)$ ist ein Minimalschnitt.

Beispiel 14.16

In Abbildung 14.22a ist ein gerichteter Graph dargestellt, dessen Bögen die angegebenen Kapazitäten haben sollen. Es soll ein Maximalstrom von P_1 nach P_{11} ermittelt werden. In Abbildung 14.22b ist eine Lösung angegeben.

Aufgaben

14.1.1 Beweisen Sie den Satz 14.1.

14.1.2 Beweisen Sie:
Ein Graph G ohne isolierte Knotenpunkte besitzt genau dann einen offenen Kantenzug, der alle Knotenpunkte und Kanten von G enthält, wenn G zusammenhängend ist und wenn es in G genau zwei Knotenpunkte ungerader Valenz gibt, während alle anderen Knotenpunkte gerade Valenzen haben.

14.1.3 Beweisen Sie:
Ist G ein Graph, bei dem jeder Knotenpunkt gerade Valenz hat, so liegt jede Kante von G in einem Kreis.

14.1.4 Beweisen Sie:
Ist G ein zusammenhängender Graph mit genau $2p$ Knotenpunkten ungerader Valenz, dann enthält $G\,p$ paarweise kantenfremde Wege, so daß jede Kante von G zu genau einem dieser Wege gehört.

14.1.5 Wenn A die Adjazenzmatrix eines schlichten ungerichteten Graphen ist, was geben die Elemente der Matrizen $A^2, A^3, \ldots, A^n$ an?

14.1.6 Man bezeichnet mit $d(P_i, P_k)$ die Anzahl der Kanten eines kürzesten die beiden Knotenpunkte P_i und P_k verbindenden Weges in einem ungerichteten Graphen. Wie kann man $d(P_i, P_k)$ mittels der Adjazenzmatrix berechnen?

14.1.7 Wie kann man aus der Adjazenzmatrix A eines Graphen G erkennen, ob der Graph zusammenhängend ist oder nicht?

14.1.8 Geben Sie alle verschiedenen Gerüste des Graphen von Abbildung 14.14 an.

14.1.9 Berechnen Sie die Anzahl der Gerüste des Graphen von Abbildung 14.15.

14.1.10 Leiten Sie aus Satz 14.9 den Satz von Cayley her: Der vollständige Graph $\langle n \rangle$ besitzt insgesamt n^{n-2} verschiedene Gerüste.

14.1.11 Man zeige mit Hilfe der Beziehung (14.15), daß der Graph G von Abbildung 14.17b nicht planar ist.

14.1.12 Die Vorgänge in dem Netzplan von Abbildung 14.21 haben die folgenden Dauern:

Vorgang	V_1	V_2	V_3	V_4	V_5	V_6	V_7	V_8	V_9	V_{10}
Dauer	4	2	5	3	1	5	3	6	3	2

Vorgang	V_{11}	V_{12}	V_{13}	V_{14}	V_{15}	V_{16}	V_{17}
Dauer	4	1	3	4	1	2	6

Man bestimme eine kritische Bahn von A nach E und die Termine $T(E_i)$ für das frühestmögliche Eintreten der Ereignisse E_i $(1 \leqq i \leqq 9)$.

15. Wahrscheinlichkeitsrechnung

15. Wahrscheinlichkeitsrechnung

15.1. Einführung in die Wahrscheinlichkeitsrechnung

15.1.1. Gegenstand der Wahrscheinlichkeitsrechnung

In vielen Bereichen der objektiven Realität gibt es sich vollziehende Prozesse und Vorgänge, die streng determiniert sind. Es bestehen in diesen Fällen eindeutige kausale Zusammenhänge und Abhängigkeiten. Einer bestimmten Ursache kann unter gegebenen Bedingungen eindeutig eine Wirkung zugeordnet werden. Wird diese Ursache – etwa in einem Experiment – realisiert, dann tritt die erwartete Wirkung mit Gewißheit ein. Man denke in diesem Zusammenhang zum Beispiel an mechanische Vorgänge, wie den freien Fall.

Neben diesen Vorgängen sind Erscheinungen und Ereignisse zu beobachten, die nicht eindeutig determiniert sind. Solche Erscheinungen treten nicht nur in Bereichen auf, die Gegenstand naturwissenschaftlicher Disziplinen (wie beispielsweise der Thermodynamik, der Genetik und der Biochemie) sind. Auch viele Ereignisse in der Ökonomie und der Technik sind nicht eindeutig determiniert.

Ereignisse, die bei einem gegebenen Bedingungskomplex nicht eindeutig determiniert sind, heißen zufällige Ereignisse. Zufällige Ereignisse sind zum Beispiel das Ereignis Wappen beim Wurf mit einer Münze, die Augenzahl 8 beim Wurf mit zwei Würfeln, die Dauer von höchstens 6 Stunden für die Abfertigung eines Schiffes in einem Überseehafen, eine bestimmte Größe des (absoluten oder relativen) Fehlers einer Messung und eine gewisse Verteilung defekter Erzeugnisse innerhalb eines Postens gefertigter Erzeugnisse.

Definition 15.1

Ein Ereignis heißt (in Bezug auf einen gewissen Komplex von Bedingungen) zufällig, wenn es bei der Realisierung dieses Komplexes eintreten kann, aber nicht eintreten muß.

Aus dieser Begriffsbestimmung geht hervor, daß die Eigenschaft eines Ereignisses, zufällig zu sein, relativ zum betreffenden Bedingungskomplex ist. Wird dieser Komplex verändert, dann kann sich der Charakter des Ereignisses ändern. Das betrachtete Ereignis kann dabei zu einem sicheren bzw. unmöglichen Ereignis werden, das heißt, zu einem Ereignis, das bei der Realisierung des neuen Bedingungskomplexes notwendigerweise eintritt bzw. nicht eintreten kann. Dieser Sachverhalt wird im nachfolgenden Beispiel verdeutlicht.

Beispiel 15.1

Wird ein Wurf mit zwei Würfeln ausgeführt, dann ist das Ereignis, wenigstens 7 Augen zu erzielen, offenbar zufällig. Es bleibt auch zufällig, wenn mit drei Würfeln gewürfelt wird. Dieses Ereignis wird allerdings sicher, wenn ein Wurf mit sieben Würfeln erfolgt. Schließlich stellt das betrachtete Ereignis ein unmögliches Ereignis dar, wenn nur mit einem Würfel operiert wird.

Die Aussage, daß ein Ereignis (bezüglich eines gewissen Komplexes von Bedingungen) zufällig ist, beinhaltet die Feststellung, daß dieser Komplex nicht alle Ursachen widerspiegelt, die zum Eintreten des Ereignisses erforderlich sind. Das Stattfinden eines zufälligen Ereignisses ist die Folge des (mehr oder weniger zufälligen) Wirkens einer Vielzahl (meist) unkontrollierbarer ursächlicher Einflußfaktoren, die der betreffende Bedingungskomplex nur unvollständig erfaßt.

Die Wahrscheinlichkeitsrechnung ist eine mathematische Disziplin, die sich mit den Gesetzmäßigkeiten zufälliger Ereignisse beschäftigt. Sie sieht ihre Aufgabe nicht darin (wie vielfach vermutet wird), vorherzusagen, ob dieses oder jenes (isolierte) zufällige Ereignis bei Realisierung des entsprechenden Bedingungskomplexes eintritt. Die Wahrscheinlichkeitsrechnung befaßt sich vielmehr mit Massenerscheinungen.

Definition 15.2

Eine Massenerscheinung ist eine Gesamtheit zufälliger Ereignisse, die unter demselben Komplex von Bedingungen auftreten und – bei entsprechender wiederholter Realisierung dieses Komplexes – beliebig oft beobachtet werden können.

Beispiel 15.2

In der Abteilung für Qualitätskontrolle eines Betriebes wird ein Posten von Drehteilen geprüft, die unter ein und denselben technologischen Bedingungen gefertigt wurden. Die Qualität eines Drehteils wird durch die Größe seines Durchmessers angezeigt. Die Gesamtheit der bei der Prüfung des Postens erhaltenen Ergebnisse repräsentiert eine Massenerscheinung, sofern der Umfang des Postens nicht gering ist. Diese Massenerscheinung genügt gewissen statistischen Gesetzmäßigkeiten, deren Kenntnis eine Beurteilung der Qualität aller gefertigten Drehteile ermöglicht.

Die weiteren Ausführungen werden zeigen, daß den Massenerscheinungen bestimmte Gesetzmäßigkeiten zugrunde liegen, obwohl über das Resultat der Realisierung des betreffenden Bedingungskomplexes im Einzelfall nichts ausgesagt werden kann. Die Wahrscheinlichkeitsrechnung untersucht diese spezifischen Gesetzmäßigkeiten.

Die Herausbildung der Wahrscheinlichkeitsrechnung als mathematische Disziplin reicht bis in das 17. Jahrhundert zurück. Verschiedene Fragestellungen, die bei Glücksspielen aufgetreten sind, gaben den Anstoß, daß sich bedeutende Mathematiker jener Zeit wie Fermat (1601–1665), Pascal (1623–1662) und Bernoulli (1654–1705) mit der Untersuchung zufälliger Ereignisse beschäftigten. Später wurden die dabei erzielten Erkenntnisse auch auf praktische Probleme angewandt. In diesem Zusammenhang bildeten sich allmählich die analytischen Methoden der Wahrscheinlichkeitsrechnung und die Elemente der mathematischen Statistik heraus. An dieser Entwicklung hatten vor allem Moivre (1667–1754), Laplace (1749–1827), Gauß (1777 bis 1855) und Poisson (1781–1840) entscheidenden Anteil.

Die weitere Herausbildung der Wahrscheinlichkeitsrechnung als mathematische Disziplin ist insbesondere das Verdienst der russischen Mathematiker Tschebyscheff (1821–1894), Markow (1856–1922) und Ljapunow (1857–1918), die den Grundstein für die international anerkannte sowjetische Schule der Wahrscheinlichkeitsrechnung legten. Diesen Forschern verdankt die Wahrscheinlichkeitsrechnung die Präzisierung einer Reihe von Begriffen sowie die Theorie der Grenzwertsätze. Kolmogoroff begründete schließlich im Jahre 1933 die moderne Wahrscheinlichkeitsrechnung, indem er den Wahrscheinlichkeitsbegriff axiomatisch erklärte. Heute sind es besonders sowjetische Wissenschaftler, die an dem weiteren Ausbau der mathematischen Disziplin Wahrscheinlichkeitsrechnung arbeiten.

Die Anwendung der Wahrscheinlichkeitsrechnung war zunächst (bis zum 19. Jahrhundert) bei weitem auf den naturwissenschaftlichen Bereich (wie Physik, Astronomie und Geodäsie) beschränkt. Um die Jahrhundertwende fanden die Methoden der Wahrscheinlichkeitsrechnung auch in solchen Disziplinen, wie biologische, technische, ökonomische und Agrarwissenschaften, Eingang. Mittels dieser Methoden wurden vornehmlich statistische Untersuchungen (statistische Auswertungen von Datenmaterial) vorgenommen. Die von W. I. Lenin durchgeführten statistischen Untersuchungen haben sich beispielgebend auf die Entwicklung der Statistik und ihrer Anwendung in der Ökonomie ausgewirkt.

Die Durchsetzung des wissenschaftlich-technischen Fortschritts erfordert unentbehrlich die Anwendung der Wahrscheinlichkeitsrechnung in der Praxis. Im Zusammenhang mit der Anwendung mathematischer Methoden in der Ökonomie sind insbesondere die wahrscheinlichkeitstheoretischen Methoden von Bedeutung. Es wird an dieser Stelle auf Lagerhaltungsmodelle, Bedienungsmodelle, Konfliktmodelle und Prognosemodelle hingewiesen. Erst die auf dem dialektischen Materialismus beruhende stochastische Betrachtungsweise, die den Zufall als objektive Kategorie berücksichtigt, ermöglicht eine der Realität adäquate Modellierung und Optimierung ökonomisch-technischer Prozesse und Verhaltensweisen.

Die für eine solche Betrachtungsweise erforderlichen mathematischen Grundlagen werden in diesem Kapitel entwickelt.

15.1.2. Ereignisse und deren Wahrscheinlichkeit

Jede wissenschaftliche Disziplin enthält eine Reihe grundlegender Begriffe, auf die alle anderen Begriffsbildungen zurückgeführt werden. Solche Begriffe sind zum Beispiel für die Geometrie Punkt, Gerade und Inzidenz und für die Mechanik Kraft, Masse und Beschleunigung. Diese Begriffe, aus denen alle übrigen Begriffsbildungen der Disziplin abgeleitet werden können, werden in Axiomen formuliert. Dabei stellen

Axiome Aussagen dar, die in der praktischen Erfahrung der menschlichen Gesellschaft bereits so oft bestätigt worden sind, daß ihre Gültigkeit als gewiß angesehen werden kann.
Solche grundlegenden Begriffsbildungen gibt es auch in der Disziplin Wahrscheinlichkeitsrechnung. Zu ihnen gehören die Begriffe des Zufallsversuches, des zufälligen Ereignisses und dessen Wahrscheinlichkeit.

Definition 15.3

Ein Zufallsversuch ist eine Realisierung eines gewissen Komplexes von Bedingungen.

Beispiele für einen Zufallsversuch (kurz: Versuch) sind der Wurf mit einer Münze, das Würfeln und die Untersuchung der Qualität eines Erzeugnisses.

Definition 15.4

Ein zufälliges Ereignis ist jeder Tatbestand, der als Resultat eines Versuches auftritt.

Ein zufälliges Ereignis (kurz: Ereignis) ist damit jedes Ereignis, das bei der Realisierung eines gewissen Bedingungskomplexes zustande kommt. Es ist stets in Relation zu diesem Komplex zu sehen. Ereignisse werden im folgenden mit großen lateinischen Buchstaben bezeichnet. Zu den zufälligen Ereignissen werden auch das sichere Ereignis S und das unmögliche Ereignis U gezählt.

Definition 15.5

Die Gesamtheit aller Ereignisse, die bei einem Versuch auftreten können, heißt Ereignisfeld des Versuches.

Das Ereignisfeld eines Versuches repräsentiert damit die Menge aller möglichen Ergebnisse eines Experiments, die bei der Realisierung des betreffenden Bedingungskomplexes zustande kommen.

Beispiel 15.3

Betrachtet wird das Ereignisfeld, das zum Versuch „Wurf mit einem Würfel" gehört. Elemente dieser Menge sind zum Beispiel die folgenden Ereignisse:

A_i: die Augenzahl i würfeln ($i = 1, 2, \ldots, 6$)

A: eine gerade Augenzahl würfeln

B: eine ungerade Augenzahl würfeln

C: höchstens 5 Augen würfeln

D: wenigstens 2 Augen würfeln

E: eine Augenzahl würfeln, die eine Quadratzahl darstellt

F: eine Augenzahl würfeln, die eine Primzahl ist

G: die Würfelseite mit der Augenzahl 1 liegt unten.

Offenbar gehören das sichere Ereignis S und das unmögliche Ereignis U zu jedem Ereignisfeld. Für Ereignisse, die Elemente ein und desselben Ereignisfeldes sind, werden nunmehr Relationen und Verknüpfungen eingeführt.

Definition 15.6

Das zu einem Ereignis A komplementäre oder entgegengesetzte Ereignis $\bar{A}$ besteht darin, daß das Ereignis A nicht eintritt.

Offenbar ist das zu $\bar{A}$ entgegengesetzte Ereignis das Ereignis A. Das bedeutet: $\overline{(\bar{A})} = A$. Mithin kann von zueinander entgegengesetzten Ereignissen A und $\bar{A}$ gesprochen werden. Die Ereignisse S und U sind zueinander entgegengesetzt:

$$\bar{U} = S \qquad \bar{S} = U. \tag{15.1}$$

Die Ereignisse A und B bzw. A_6 und C des Beispiels 15.3 sind zueinander entgegengesetzt. Der Übergang von einem Ereignis A zu dem entgegengesetzten Ereignis $\bar{A}$ führt nicht aus dem betreffenden Ereignisfeld heraus.

Definition 15.7

Das Ereignis A umfaßt das Ereignis B (in Zeichen: $A \supset B$), wenn bei jedem Eintreten des Ereignisses B auch das Ereignis A eintritt.

Umfaßt das Ereignis A das Ereignis B und B das Ereignis C, dann umfaßt A auch C. Oder: Aus $A \supset B$ und $B \supset C$ folgt $A \supset C$.
Weiter gelten für ein beliebiges Ereignis A die Beziehungen

$$A \supset A, \qquad S \supset A \supset U. \tag{15.2}$$

Für die Ereignisse des Beispiels 15.3 bestehen zum Beispiel die Relationen $A \supset A_k$ ($k = 2, 4, 6$), $B \supset A_j$ ($j = 1, 3, 5$) und $A_j \supset C$.

Definition 15.8

Zwei Ereignisse A und B heißen gleich oder äquivalent (in Zeichen: $A = B$), wenn zugleich $A \supset B$ und $B \supset A$ erfüllt ist. Zwei nicht gleiche Ereignisse A und B heißen ungleich (in Zeichen: $A \neq B$).

Die Ereignisse A_6 und G des Beispiels 15.3 sind äquivalent. Äquivalente Ereignisse werden künftig mit demselben Symbol bezeichnet.

Definition 15.9

Die Summe zweier Ereignisse A und B (in Zeichen: $A + B$) ist das Ereignis, daß wenigstens eines der beiden Ereignisse eintritt (daß das Ereignis A oder das Ereignis B eintritt).

Entsprechend wird die Summe von mehr als zwei Ereignissen definiert. Für die Summe von Ereignissen gilt

$$A + A = A, \quad A + \bar{A} = S, \quad A + S = S, \quad A + U = A, \quad A + B \supset A, B \tag{15.3}$$

Ferner gelten für die Addition von Ereignissen das Kommutativ- und das Assoziativgesetz:

$$A + B = B + A, \quad (A + B) + C = A + (B + C). \tag{15.4}$$

Mit zwei Ereignissen liegt auch deren Summe im Ereignisfeld.

Für die Ereignisse im Beispiel 15.3 bestehen zum Beispiel die Relationen: $A = A_2 + A_4 + A_6$, $B = A_1 + A_3 + A_5$, $E = A_1 + A_4$ und $F = A_1 + A_2 + A_3 + A_5$.

Definition 15.10

Ein Ereignis A heißt zerlegbar, wenn es sich als Summe $A_1 + A_2$ zweier Ereignisse A_1 und A_2 mit $A_j \neq U$ und $A_j \neq A$ ($j = 1, 2$) darstellen läßt. Ein nicht zerlegbares Ereignis heißt Elementarereignis.

In dieser Definition wird von den trivialen Zerlegungen $A + A = A$ und $A + U = A$ eines Ereignisses A abgesehen.

Die Ereignisse A, B, C, D, E und F des Beispiels 15.3 sind zerlegbar, die Ereignisse G und A_i ($i = 1, 2, \ldots, 6$) hingegen elementar.

Definition 15.11

Die Differenz zweier Ereignisse A und B (in Zeichen: $A - B$) ist das Ereignis, daß das Ereignis A, aber nicht das Ereignis B eintritt.

Mit zwei Ereignissen liegt auch deren Differenz im Ereignisfeld. Für die Differenz von Ereignissen bestehen die folgenden Beziehungen

$$A - A = U, \quad A - U = A, \quad S - A = \bar{A}. \tag{15.5}$$

Für die Ereignisse des Beispiels 15.3 gilt zum Beispiel $E - A_1 = A_4$, $B - D = A_1$, $F - A_2 = B$ $E - A_4 = A_1$ und $A - D = U$.

Definition 15.12

Das Produkt zweier Ereignisse A und B (in Zeichen: AB) ist das Ereignis, daß sowohl das Ereignis A als auch das Ereignis B eintritt.

Entsprechend wird das Produkt von mehr als zwei Ereignissen definiert. Es gelten die folgenden Eigenschaften für die Multiplikation von Ereignissen

$$AA = A, \quad A\bar{A} = U, \quad AS = A, \quad AU = U, \quad AB \subset A, B. \tag{15.6}$$

Ferner gelten das Kommutativ- und das Assoziativgesetz:

$$AB = BA, \quad (AB)C = A(BC). \tag{15.7}$$

Mit zwei Ereignissen liegt auch deren Produkt im Ereignisfeld.

Für die Ereignisse des Beispiels 15.3 gelten in diesen Zusammenhang zum Beispiel folgende Relationen $EF = A_1$, $DE = A_4$ und $AE = A_4$.

Es gelten die Distributivgesetze

$$A(B + C) = AB + BC, \quad A + BC = (A + B)(A + C). \tag{15.8}$$

Definition 15.13

Zwei Ereignisse A und B heißen unvereinbar oder unverträglich, wenn $AB = U$ gilt.

Zwei unverträgliche Ereignisse schließen damit einander aus: Tritt das eine Ereignis ein, dann kann das andere nicht stattfinden.

Die Ereignisse A und B des Beispiels 15.3 sind unverträglich; die Elementarereignisse $A_1, A_2, \ldots, A_6$ dieses Beispiels bilden eine Menge paarweise unverträglicher Ereignisse.

Definition 15.14

Eine Menge von Ereignissen $A_1, A_2, \ldots, A_n$ heißt ein vollständiges System, wenn

$$A_1 + A_2 + \cdots + A_n = S \tag{15.9}$$

und

$A_i A_j = U \quad i, j = 1, 2, \ldots, n; \; i \neq j$

gilt, das heißt, wenn bei jedem Versuch genau eines der Ereignisse auftritt.

Die Ereignisse $A_1, A_2, \ldots, A_6$ des Beispiels 15.3 bilden ein vollständiges System, denn bei jedem Wurf mit einem Würfel erscheint genau eine Augenzahl. Weiter stellen die Ereignisse Z: „Zahl" und W: „Wappen" beim Wurf mit einer Münze ein vollständiges System von Ereignissen dar, sofern ausgeschlossen wird, daß die Münze nach einem Wurf hochkant steht.

Die Differenz von zwei Ereignissen läßt sich als Produkt zweier Ereignisse darstellen. Es gilt

$$A - B = A\bar{B}; \tag{15.10}$$

denn das Ereignis $A - B$ bedeutet den Sachverhalt, daß sowohl das Ereignis A als auch das Ereignis $\bar{B}$ (nicht B) stattfindet.

Beispiel 15.4

In einer Produktionshalle eines Betriebes sind 3 Maschinen M_1, M_2 und M_3 im Einsatz. Mit A_i werden die Ereignisse bezeichnet, daß die Maschine M_i ($i = 1, 2, 3$) während einer bestimmten Zeitspanne nicht ausfällt und damit den Reparaturdienst nicht beansprucht. Von Interesse sind die folgenden Ereignisse (bezogen auf diese Zeitspanne):

A: wenigstens eine Maschine fällt nicht aus
B: keine Maschine fällt aus
C: nur die dritte Maschine fällt aus
D: alle Maschinen fallen aus
E: nur eine Maschine fällt aus.

Es werden nun einige Beziehungen zwischen diesen Ereignissen angegeben: Zunächst bedeutet das Ereignis A, daß nicht alle Maschinen ausfallen. Folglich gilt $A = \bar{D}$ oder $D = \bar{A}$. Weiter umfaßt A die Ereignisse B, C und E, das heißt $A \supset B$, $A \supset C$ und $A \supset E$. Schließlich zieht das Ereignis C das Ereignis E nach sich: $E \supset C$. Nunmehr werden die Ereignisse $A, B, \ldots, E$ als Ausdrücke in den Elementarereignissen A_1, A_2 und A_3 dargestellt. Es ergibt sich der Reihe nach

$$A = A_1 + A_2 + A_3$$
$$B = A_1 A_2 A_3$$
$$C = A_1 A_2 \bar{A}_3$$
$$D = \bar{A}_1 \bar{A}_2 \bar{A}_3$$
$$E = \bar{A}_1 A_2 A_3 + A_1 \bar{A}_2 A_3 + A_1 A_2 \bar{A}_3 .$$

Das Ereignis A läßt sich auch durch den komplizierteren Ausdruck

$$A = A_1 \bar{A}_2 \bar{A}_3 + \bar{A}_1 A_2 \bar{A}_3 + \bar{A}_1 \bar{A}_2 A_3 + \bar{A}_1 A_2 A_3 + A_1 \bar{A}_2 A_3 + A_1 A_2 \bar{A}_3 + A_1 A_2 A_3$$

erfassen. Die ersten 3 Summanden dieses Terms bedeuten das Ereignis, daß nur zwei Maschinen ausfallen, der letzte Summand repräsentiert das Ereignis B und der Rest der Summe ist identisch mit dem Ereignis E. Auf Grund der Ausdrücke für A und D sowie der Relation $\bar{A} = D$ besteht folgender interessanter Zusammenhang

$$\overline{A_1 + A_2 + A_3} = \bar{A}_1 \bar{A}_2 \bar{A}_3 .$$

Aus dem Beispiel 15.4 geht folgender Sachverhalt hervor: Sind A und B beliebige Ereignisse, dann gilt

$$\overline{A + B} = \overline{AB}.$$

Wird diese Beziehung mit $\bar{A}$ an Stelle A und $\bar{B}$ an Stelle B notiert, dann folgt $\overline{\bar{A} + \bar{B}} = AB$. Wird nun in dieser Ereignisgleichung beiderseits zum entsprechenden entgegengesetzten Ereignis übergegangen, dann ergibt sich

$$\overline{AB} = \bar{A} + \bar{B}.$$

Die erhaltenen Formeln lassen sich auf den Fall beliebig vieler Ereignisse $A_1, A_2, \ldots, A_n$ ausdehnen. Das Ereignis lautet

$$\overline{A_1 + A_2 + \cdots + A_n} = \bar{A}_1 \bar{A}_2 \cdots \bar{A}_n, \quad \overline{A_1 A_2 \cdots A_n} = \bar{A}_1 + \bar{A}_2 + \cdots + \bar{A}_n \tag{15.11}$$

oder in Worten: Das komplementäre Ereignis einer Summe (eines Produktes) von Ereignissen ist damit gleich dem Produkt (der Summe) der entsprechenden komplementären Ereignisse der Summanden (der Faktoren).

Es wird nun ein weiterer fundamentaler Begriff der Wahrscheinlichkeitsrechnung erörtert, der Begriff der Wahrscheinlichkeit eines Ereignisses.

Jedes zufällige Ereignis – das Ereignis U ausgeschlossen – besitzt die objektive Möglichkeit, bei einem Versuch in Erscheinung zu treten. Ob diese Möglichkeit im konkreten Einzelfall zur Wirklichkeit wird, hängt vom Zufall ab. Diese objektive Möglichkeit ist bei den einzelnen Ereignissen unterschiedlich ausgeprägt. Jedem Ereignis ist damit ein Möglichkeitsgrad zugeordnet, der bei dem einen Ereignis größer, bei einem anderen Ereignis kleiner ausfällt. Dieser Möglichkeitsgrad ist offenbar am größten für das sichere Ereignis S und am geringsten für das unmögliche Ereignis U.

Von den Ereignissen A und C des Beispiels 15.3 besitzt das Ereignis C den größeren Möglichkeitsgrad. Bezüglich der Ereignisse A und E des Beispiels 15.4 ist dieser Grad beim Ereignis E am geringsten.

Um nun zwei (oder mehrere) Ereignisse hinsichtlich ihres Möglichkeitsgrades vergleichen zu können, ist es erforderlich, für diesen Grad ein quantitatives Maß einzuführen. Dieses Maß eines Ereignisses muß offenbar umso größer ausfallen, je größer dessen Grad der Möglichkeit ist, bei einem Versuch realisiert zu werden. Diese Bewertung eines Ereignisses ist die Wahrscheinlichkeit des Ereignisses. Damit ergibt sich die folgende Definition.

Definition 15.15

Die Wahrscheinlichkeit eines (zufälligen) Ereignisses A (in Zeichen: $P(A)$) ist der quantitative Ausdruck der objektiven Möglichkeit des Eintretens dieses Ereignisses.

Die durch diese Begriffsbestimmung erklärte Wahrscheinlichkeit eines Ereignisses existiert objektiv, unabhängig vom menschlichen Bewußtsein. Sie bringt zum Ausdruck, daß zwischen dem Ereignis und dem betreffenden Bedingungskomplex, bei dessen Realisierung es auftreten kann, ein wohlbestimmter und objektiver Zusammenhang besteht. Dieser quantitative Möglichkeitsgrad eines Ereignisses ist eine zum betreffenden Bedingungskomplex relative Bewertung des Ereignisses. Ändert sich dieser Komplex, dann kann sich diese Bewertung ändern.

15.1.3. Klassische Definition der Wahrscheinlichkeit

Es wird ein Ereignisfeld betrachtet, das endlich viele Elementarereignisse besitzt. Diese werden mit $E_1, E_2, \ldots, E_n$ bezeichnet.

Satz 15.1

Die Elementarereignisse $E_1, E_2, \ldots, E_n$ eines Ereignisfeldes bilden ein vollständiges System von Ereignissen, das heißt, es gilt

$$E_1 + E_2 + \cdots + E_n = S \tag{15.12}$$

und $E_iE_j = U \quad i, j = 1, 2, \ldots, n;\ i \neq j.$

Es wird nun vorausgesetzt, daß die betrachteten Elementarereignisse gleichmöglich sind. Diese Annahme beinhaltet, daß keines der Elementarereignisse einen größeren objektiven Möglichkeitsgrad besitzt als irgendein anderes. Solche Elementarereignisse werden mitunter auch Chancen des Ereignisfeldes genannt.

Die Ereignisse $A_1, A_2, \ldots, A_6$ des Beispiels 15.3 repräsentieren alle Elementarereignisse des betreffenden Ereignisfeldes. Sie sind gleichmöglich, sofern der verwendete Würfel „ideal" ist. Andernfalls sind die Elementarereignisse nicht gleichmöglich. Dann ist wenigstens eine Seite des Würfels den anderen Seiten gegenüber ausgezeichnet, was zum Beispiel bei einem gezinkten Würfel der Fall ist.

Definition 15.16

Ein Elementarereignis E_k heißt günstig für das Ereignis A, wenn $A \supset E_k$ gilt.

Die für ein Ereignis A günstigen Elementarereignisse werden mithin von dem Ereignis A umfaßt.

Für die Ereignisse A bzw. B des Beispiels 15.3 sind die Elementarereignisse A_2, A_4 und A_6 bzw. A_1, A_3 und A_5 günstig. Für das Ereignis F dieses Beispiels sind alle elementaren Ereignisse – bis auf A_4 und A_6 – günstig.

Definition 15.17 (*Klassische Definition der Wahrscheinlichkeit*)

Die Wahrscheinlichkeit $P(A)$ eines Ereignisses A, das zu einem Ereignisfeld mit m gleichmöglichen Elementarereignissen gehört und für das $g(A)$ Elementarereignisse günstig sind, beträgt

$$P(A) = \frac{g(A)}{m}. \tag{15.13}$$

Aus dieser Definition leiten sich die folgenden Aussagen ab:

$$P(S) = 1, \quad P(U) = 0, \quad P(E_k) = \frac{1}{m} \quad k = 1, 2, \ldots, m; \tag{15.14}$$

denn für S sind alle m Elementarereignisse günstig, für U überhaupt kein Elementarereignis, und für *ein* Elementarereignis ist nur dieses Ereignis selbst günstig. Damit gilt $g(S) = m$, $g(U) = 0$ und $g(E_k) = 1$.

Vielfach wird die klassische Definition der Wahrscheinlichkeit wie folgt (weniger präzise) formuliert: Die Wahrscheinlichkeit $P(A)$ eines Ereignisses A ist das Verhältnis der Anzahl der für das Ereignis A günstigen Fälle zur Anzahl der überhaupt möglichen Fälle.

Beispiel 15.5

Es wird das Beispiel 15.3 betrachtet, um die Wahrscheinlichkeiten der dort genannten Ereignisse zu berechnen. Unter der Annahme, daß der Würfel „ideal" ist, repräsentieren die Ereignisse A_i ($i = 1, 2, \ldots, 6$) die gleichmöglichen Elementarereignisse (Chancen) des betreffenden Ereignisfeldes mit $m = 6$. Aus (15.14) folgt dann für diese Ereignisse

$$P(A_i) = \frac{1}{6} \quad (i = 1, 2, \ldots, 6).$$

Für die Ereignisse $A, B, \ldots, G$ werden jeweils sämtliche günstige Elementarereignisse ermittelt

A: A_2, A_4, A_6

B: A_1, A_3, A_5

C: $A_1, A_2, \ldots, A_5$

D: $A_2, \ldots, A_6$

E: A_1, A_4

F: A_1, A_2, A_3, A_5

G: A_6.

Mithin gilt für die Anzahl g der günstigen Elementarereignisse nacheinander $g(A) = 3$, $g(B) = 3$, $g(C) = 5$, $g(D) = 5$, $g(E) = 2$, $g(F) = 4$ und $g(G) = 1$. Die Formel (15.13) liefert sodann die folgenden Wahrscheinlichkeiten für die Ereignisse $A, B, \ldots, G$:

$$P(A) = \frac{1}{2}, \quad P(B) = \frac{1}{2}, \quad P(C) = \frac{5}{6}, \quad P(D) = \frac{5}{6}, \quad P(E) = \frac{1}{3}, \quad P(F) = \frac{2}{3}, \quad P(G) = \frac{1}{6}.$$

Wie die Definition 15.17 zeigt, ist der klassische Wahrscheinlichkeitsbegriff nur auf Ereignisse eines Ereignisfeldes anwendbar, das eine endliche Anzahl gleichmöglicher Elementarereignisse besitzt. Ist eine der genannten Voraussetzungen (Endlichkeit, Gleichmöglichkeit) nicht erfüllt, dann führt die Formel (15.13) zu falschen Aussagen. Beispielsweise kann diese Formel zur Berechnung der Wahrscheinlichkeiten der Ereignisse des Beispiels 15.3 nicht benutzt werden, wenn der Würfel gezinkt ist. Zwar ist die Anzahl der Elementarereignisse endlich, aber sie sind nicht mehr gleichmöglich. Ebenso ist die klassische Definition nicht anwendbar, wenn die Anzahl der Elementarereignisse des Ereignisfeldes unendlich ist. In diesem Falle kann die geometrische Definition der Wahrscheinlichkeit, auf die hier nicht eingegangen wird, vielfach wertvolle Dienste leisten (vgl. [15.1]). Weiter soll nicht verschwiegen werden daß es zuweilen recht kompliziert bzw. nicht möglich ist, alle endlich vielen gleichmöglichen Elementarereignisse im Ereignisfeld ausfindig zu machen.

Sind die Voraussetzungen für die Formel (15.13) erfüllt, dann gestattet sie die exakte Berechnung der Wahrscheinlichkeit eines Ereignisses A. Die Ermittlung der Größen m und $g(A)$ erfordert dabei in der Regel kombinatorische Überlegungen.

Beispiel 15.6

Aus einer Urne, in der sich 2 weiße, 3 schwarze und 5 rote Kugeln befinden, wird zufällig (das heißt, aufs Geratewohl) eine Kugel ausgewählt. Wie groß ist die Wahrscheinlichkeit dafür, daß bei dieser Ziehung eine weiße (Ereignis W), eine schwarze (Ereignis S) bzw. eine rote Kugel (Ereignis R) erhalten wird? Die $m = 10$ Kugeln seien von 1 bis 10 durchnumeriert. Die Ereignisse K_i, bei der Ziehung die Kugel mit der Nummer i zu erhalten, sind offenbar die gleichmöglichen Elementarereignisse des vorliegenden Ereignisfeldes. Für die Ereignisse W, S und R sind der Reihe nach

$g(W) = 2$, $g(S) = 3$ und $g(R) = 5$ Elementarereignisse günstig. Damit betragen die gesuchten Wahrscheinlichkeiten

$$P(W) = \frac{2}{10} = 0{,}2$$

$$P(S) = \frac{3}{10} = 0{,}3$$

$$P(R) = \frac{5}{10} = 0{,}5.$$

Beispiel 15.7

Wie groß ist die Wahrscheinlichkeit dafür, im Zahlenlotto mit einem Tip einen „Fünfer“ (Ereignis F), einen „Vierer“ (Ereignis V), einen „Dreier“ (Ereignis D) bzw. einen „Zweier“ (Ereignis Z) zu erzielen? Nach den Gesetzen der Kombinatorik (vgl. Kapitel 4.) gibt es

$$m = \binom{90}{5} = \frac{90 \cdot 89 \cdot 88 \cdot 87 \cdot 86}{1 \cdot 2 \cdot 3 \cdot 4 \cdot 5} = 43\,949\,268$$

verschiedene Tips im Zahlenlotto. Jeder dieser Tips hat die gleiche Möglichkeit, zu einem „Fünfer“ zu werden. Diese m Tips stellen die gleichmöglichen Elementarereignisse des vorliegenden Ereignisfeldes dar. Für die Ereignisse F, V, D und Z sind der Reihe nach

$$g(F) = 1$$

$$g(V) = \binom{5}{1}\binom{85}{1} = 425$$

$$g(D) = \binom{5}{2}\binom{85}{2} = 35\,700$$

$$g(Z) = \binom{5}{3}\binom{85}{3} = 987\,700$$

Elementarereignisse günstig. (Die Größe $g(D)$ ergibt sich beispielsweise folgendermaßen: Aus einem „Fünfer“ wird ein „Dreier“, wenn 2 der 5 Glückszahlen – $\binom{5}{2}$ Möglichkeiten – durch 2 der übrigen 85 Zahlen – $\binom{85}{2}$ Möglichkeiten – ersetzt werden; mithin existieren $\binom{5}{2}\binom{85}{2}$ verschiedene „Dreier“).

Damit lauten die gesuchten Wahrscheinlichkeiten

$$P(F) = 6{,}8 \cdot 10^{-8}, \quad P(V) = 9{,}7 \cdot 10^{-6}, \quad P(D) = 8{,}1 \cdot 10^{-4}, \quad P(Z) = 2{,}2 \cdot 10^{-2}.$$

Beispiel 15.8

Gewürfelt wird mit zwei „idealen“ Würfeln. Gesucht ist die Wahrscheinlichkeit dafür, daß bei einem Wurf 8 Augen (Ereignis A), mindestens 10 Augen (Ereignis M) bzw. höchstens 3 Augen (Ereignis H) als Summe erzielt werden. Ein Wurf mit zwei „idealen“ Würfeln besitzt offenbar $m = 6^2 = 36$ gleichmögliche Ausgänge. Bezeichnen A_i und B_i die Ereignisse, daß der erste bzw. zweite Würfel i Augen angibt ($i = 1, 2, \ldots, 6$), dann lauten diese Ausgänge im einzelnen

$$A_1B_1,\ A_1B_2,\ A_1B_3,\ A_1B_4,\ A_1B_5,\ A_1B_6,$$
$$A_2B_1,\ A_2B_2,\ A_2B_3,\ A_2B_4,\ A_2B_5,\ A_2B_6,$$
$$A_3B_1,\ A_3B_2,\ A_3B_3,\ A_3B_4,\ A_3B_5,\ A_3B_6,$$
$$A_4B_1,\ A_4B_2,\ A_4B_3,\ A_4B_4,\ A_4B_5,\ A_4B_6,$$
$$A_5B_1,\ A_5B_2,\ A_5B_3,\ A_5B_4,\ A_5B_5,\ A_5B_6,$$
$$A_6B_1,\ A_6B_2,\ A_6B_3,\ A_6B_4,\ A_6B_5,\ A_6B_6.$$

Diese Ausgänge stellen die $m = 36$ gleichmöglichen Elementarereignisse des vorliegenden Ereignisfeldes dar. Für das Ereignis A sind die Elementarereignisse A_2B_6, A_3B_5, A_4B_4, A_5B_3 und A_6B_2 günstig; damit gilt $g(A) = 5$. Für das Ereignis M sind günstig A_4B_6, A_5B_5, A_6B_4, A_5B_6, A_6B_5 und A_6B_6; folglich ist $g(M) = 6$. Schließlich sind die Elementarereignisse A_1B_1, A_1B_2 und A_2B_1 für das Ereignis H günstig; mithin gilt $g(H) = 3$. Für die gesuchten Wahrscheinlichkeiten ergibt sich damit $P(A) = \frac{5}{36}$, $X(M) = \frac{1}{6}$ und $P(H) = \frac{1}{12}$.

15.1.4. Statistische Definition der Wahrscheinlichkeit

Es ist bereits festgestellt worden, daß über das Eintreten eines zufälligen Ereignisses A eines Ereignisfeldes (einer Massenerscheinung) bei einem bestimmten (Einzel-) Versuch nichts ausgesagt werden kann. Wird allerdings das Eintreten oder Ausbleiben des Ereignisses A in einer Serie von Versuchen (unter gleichbleibenden Bedingungen!) beobachtet und registriert, dann lassen sich gewisse Aussagen über das Eintreten (und Ausbleiben) des Ereignisses A als Versuchsresultat gewinnen. Auf diese Aussagen wird im folgenden eingegangen.

Definition 15.18

Ein Ereignis A einer Massenerscheinung trete in einer Serie von n Versuchen $h(A)$ – mal auf. Dann heißen $h(A)$ die absolute Häufigkeit und

$$r(A) = \frac{h(A)}{n} \tag{15.15}$$

die relative Häufigkeit des Ereignisses A in der Versuchsserie.

Die eingeführten Häufigkeiten besitzen die Eigenschaften

$$0 \leqq h(A) \leqq n, \qquad 0 \leqq r(A) \leqq 1. \tag{15.16}$$

Die folgende Tabelle weist die Häufigkeiten $h(A)$ und $r(A)$ für das Ereignis A: eine „6“ beim Wurf mit einem „idealen“ Würfel, in 4 (praktisch durchgeführten) Versuchsserien aus.

Tabelle 15.1

Serien-Nr.	n	$h(A)$	$r(A)$
1	100	19	0,19
2	100	15	0,15
3	150	24	0,16
4	200	34	0,17

Die Tabelle 15.1 macht insbesondere deutlich, daß die Häufigkeiten $h(A)$ und $r(A)$ eines Ereignisses A in einer Versuchsreihe instabil sind, einen zufälligen Charakter besitzen.

Die nächste Tabelle 15.2 bringt zum Ausdruck, daß sich die relative Häufigkeit $r(A)$ eines Ereignisses A innerhalb einer sehr großen Versuchsserie stabilisiert. Es handelt sich in dieser Tabelle um die relative Häufigkeit $r(A)$ des Ereignisses A: „Zahl“ beim Wurf mit einer Münze, in 3 Versuchsserien, die tatsächlich durchgeführt wurden (vgl. hierzu [15.1]).

Tabelle 15.2

Serien-Nr.	n	$h(A)$	$n(A)$
1	4040	2048	0,5080
2	12000	6019	0,5016
3	24000	12012	0,5005

Dieses Phänomen, nämlich die Stabilisierung der relativen Häufigkeit $r(A)$ eines Ereignisses A in einer sehr großen Versuchsserie, läßt den Schluß zu, daß es im allgemeinen eine feste Zahl gibt, um die die relative Häufigkeit schwankt und der sie sich um so mehr nähert, je größer der Umfang der Versuchsserie ist. Diese Zahl wird im ersten Fall den Wert $\frac{1}{6}$, im zweiten Fall den Wert $\frac{1}{2}$ annehmen.

Definition 15.19 (*Statistische Definition der Wahrscheinlichkeit*)

Die Größe, der sich die relative Häufigkeit eines Ereignisses A bei unbeschränktem Umfang der Versuchsserie nähert, heißt die Wahrscheinlichkeit P(A) des Ereignisses A.

Die relative Häufigkeit r(A) eines Ereignisses in einer sehr großen Versuchsreihe heißt die statistische oder praktische Wahrscheinlichkeit des Ereignisses A.

Die statistische Wahrscheinlichkeit eines Ereignisses A wird als Näherungswert für die Wahrscheinlichkeit $P(A)$ verwendet. Der Zusammenhang zwischen $r(A)$ und $P(A)$ läßt sich folgendermaßen darstellen: Es gilt für beliebige $\varepsilon > 0$

$$\lim_{n \to \infty} P(|r(A) - P(A)| > \varepsilon) = 0. \tag{15.17}$$

Die Wahrscheinlichkeit dafür, daß die relative Häufigkeit eines Ereignisses in einer Serie von n unabhängigen Versuchen um mehr als eine beliebig kleine Größe $\varepsilon > 0$ von der Wahrscheinlichkeit dieses Ereignisses abweicht, wird verschwindend klein, wenn die Anzahl n der Versuche unendlich (hinreichend groß) ist.

Die mathematische Begründung für den in der vorstehenden Definition fixierten Sachverhalt liefert das Gesetz der großen Zahlen, das im Abschnitt 15.3. behandelt wird. Diese statistische Definition der Wahrscheinlichkeit $P(A)$ eines Ereignisses A ist – im Gegensatz zur klassischen Definition – auf jedes Ereignis A einer Massenerscheinung anwendbar. Die Berechnung der Wahrscheinlichkeit ist allerdings praktisch nur näherungsweise – über die entsprechende relative Häufigkeit – möglich und erfordert die Durchführung einer großen Reihe von Versuchen. Die folgenden Beispiele demonstrieren die Anwendung der Formel (15.17).

Beispiel 15.9

In der Abteilung Gütekontrolle eines Betriebes wird ein Posten von 1500 Erzeugnissen untersucht, die unter gleichen technologischen Bedingungen gefertigt wurden. Dabei erweisen sich 1450 Erzeugnisse als normgerecht (Ereignis N), davon 900 von der Qualitätsstufe I (Ereignis E) und 550 von der Qualitätsstufe II (Ereignis Z). Lediglich 50 Erzeugnisse genügen der Norm nicht und stellen damit Ausschuß dar (Ereignis A). Gesucht sind die Wahrscheinlichkeiten der Ereignisse N, E, Z und A. Die Prüfung des Postens bildet eine Serie von $n = 1500$ Versuchen. Die absoluten bzw. relativen Häufigkeiten der betrachteten Ereignisse belaufen sich auf

$$h(N) = 1450, \quad h(E) = 900, \quad h(Z) = 550, \quad h(A) = 50$$

beziehungsweise

$$r(N) = \frac{1450}{1500} = 0{,}967, \quad r(E) = \frac{900}{1500} = 0{,}6, \quad r(Z) = \frac{550}{1500} = 0{,}367, \quad r(A) = \frac{50}{1500} = 0{,}033.$$

Da diese relativen Häufigkeiten zu einer großen Versuchsserie gehören, können sie gemäß Definition 15.19 als Näherungswerte für die gesuchten Wahrscheinlichkeiten angesehen werden. Mithin gilt

$$P(N) \approx 0{,}967, \quad P(E) \approx 0{,}6, \quad P(Z) \approx 0{,}367, \quad P(A) \approx 0{,}033.$$

Beispiel 15.10

Die Schiffe einer Linie eines Überseehafens werden an einem bestimmten Liegeplatz abgefertigt. Um Aussagen über die Abfertigungszeit der Schiffe an dieser Bedienungsstelle zu gewinnen, wird die Abfertigungszeit T von 500 Schiffen erfaßt. Nach Einteilung der erfaßten Daten in Gruppen mit einer Breite von einer Stunde ergibt sich die Tabelle 15.3.

Tabelle 15.3

Ereignis	Abfertigungszeit	Abs. Häufigkeit	Rel. Häufigkeit
A_1	$0 < T \leqq 1$	200	0,4
A_2	$1 < T \leqq 2$	140	0,28
A_3	$2 < T \leqq 3$	90	0,18
A_4	$3 < T \leqq 4$	50	0,10
A_5	$4 < T < \infty$	20	0,04

Für die in dieser Tabelle genannten Ereignisse $A_1, A_2, \ldots, A_5$ ergeben sich die folgenden Näherungswahrscheinlichkeiten

$$P(A_1) \approx 0{,}4, \quad P(A_2) \approx 0{,}28, \quad P(A_3) \approx 0{,}18, \quad P(A_4) \approx 0{,}10, \quad P(A_5) \approx 0{,}04.$$

Aus der statistischen Definition der Wahrscheinlichkeit eines Ereignisses ergeben sich die bereits bekannten Eigenschaften

$$P(S) = 1, \qquad P(U) = 0;$$

denn in jeder Versuchsserie tritt das sichere Ereignis S bei jedem Versuch auf, das unmögliche Ereignis U bei keinem Versuch. Das bedeutet:

$$h(S) = n, \; h(U) = 0 \quad \text{bzw.} \quad r(S) = 1, \; r(U) = 0.$$

15.1.5. Axiomatische Definition der Wahrscheinlichkeit

Die bisher behandelten Definitionen der Wahrscheinlichkeit eines Ereignisses können nicht vollauf befriedigen. Auf die Unzulänglichkeiten der klassischen Definition ist bereits hingewiesen worden. Die statistische Definition trägt mehr einen beschreibenden als einen mathematischen Charakter. Sie geht nicht darauf ein, weshalb die relative Häufigkeit für das Eintreten eines Ereignisses für große Versuchsserien stabil ist. Obwohl diese Begriffsbestimmung für praktische Anwendungen – im Zusammenhang mit der angewandten Statistik – völlig ausreichend ist, verlangt die Wahrscheinlichkeitsrechnung als mathematische Disziplin eine allgemeingültige und exakte Definition des Begriffes der Wahrscheinlichkeit eines zufälligen Ereignisses. Die auf dieses Erfordernis ausgerichteten Forschungen zu Beginn des 20. Jahrhunderts führten zu der axiomatischen Definition der Wahrscheinlichkeit.
Im folgenden wird die von Kolmogorow formulierte axiomatische Definition dargestellt.

Definition 15.20 (*Axiomatische Definition der Wahrscheinlichkeit*)

Für die Ereignisse eines Ereignisfeldes gilt:

Axiom 1: Jedem Ereignis A ist eine nichtnegative Zahl $P(A)$ zugeordnet. Diese Zahl heißt die Wahrscheinlichkeit des Ereignisses A:

$$P(A) \geqq 0. \tag{15.18}$$

Axiom 2: Die Wahrscheinlichkeit des sicheren Ereignisses S beträgt 1:

$$P(S) = 1. \tag{15.19}$$

Axiom 3: Die Wahrscheinlichkeit der Summe zweier unverträglicher Ereignisse A und B ist die Summe der Wahrscheinlichkeiten P(A) und P(B) dieser Ereignisse:

$$P(A + B) = P(A) + P(B). \tag{15.20}$$

Diese Definition erklärt den Begriff der Wahrscheinlichkeit durch bestimmte Eigenschaften der Wahrscheinlichkeit. Alle weiteren Eigenschaften lassen sich aus diesen Axiomen ableiten. Wird andererseits eines der Axiome fortgelassen, dann liefert diese Definition nur noch eine unvollständige Charakterisierung des Begriffes der Wahrscheinlichkeit als objektive Bewertungsgröße eines Ereignisses. Damit beinhaltet das Kolmogorowsche Axiomensystem das Minimum an Forderungen, die an einen Wahrscheinlichkeitsbegriff gestellt werden müssen, damit er den praktischen Erfahrungen adäquat ist.

Im folgenden werden einige Eigenschaften der Wahrscheinlichkeit eines Ereignisses aus der axiomatischen Definition abgeleitet.

Als Vorbereitung für diese Ableitungen dient der folgende Satz.

Satz 15.2

Für zwei identische Ereignisse A und B gilt

$$P(A) = P(B). \tag{15.21}$$

Gemäß dieses Satzes sind die Wahrscheinlichkeiten der beiden Seiten einer Ereignisgleichung identisch. Diese Erkenntnis wird im weiteren häufig beachtet.

Satz 15.3

Für die Wahrscheinlichkeit des zu einem Ereignis A entgegengesetzten Ereignisses $\bar{A}$ gilt

$$P(\bar{A}) = 1 - P(A). \tag{15.22}$$

Die Wahrscheinlichkeit des unmöglichen Ereignisses ist 0:

$$P(U) = 0. \tag{15.23}$$

Für die Wahrscheinlichkeit eines Ereignisses A gilt

$$0 \leqq P(A) \leqq 1. \tag{15.24}$$

Beweis

Wird auf die unter (15.3) angegebene Relation $A + \bar{A} = S$ das Axiom 3 angewandt – die Ereignisse A und $\bar{A}$ sind gemäß (15.6) unverträglich –, dann folgt $P(A) + P(\bar{A}) = P(S)$. Wird nun Axiom 2 beachtet, dann ergibt sich $P(A) + P(\bar{A}) = 1$ oder die Aussage (15.22). Wird in der – soeben bewiesenen – Beziehung (15.22) für das beliebige Ereignis A das sichere Ereignis eingesetzt, dann resultiert in Verbindung mit Axiom 2 die Behauptung (15.23). Nun zur Aussage (15.24): Entsprechend Axiom 1 genügt es offenbar, lediglich $P(A) \leqq 1$ zu beweisen. Dieser Nachweis erfolgt indirekt: Gäbe es ein Ereignis A mit $P(A) > 1$, dann wäre die Wahrscheinlichkeit $1 - P(A)$ des betreffenden komplementären Ereignisses $\bar{A}$ negativ. Dann würde aber ein Ereignis – nämlich $\bar{A}$ – mit negativer Wahrscheinlichkeit existieren. Dieser Sachverhalt widerspricht dem Axiom 1. Mithin gilt die Aussage $P(A) \leqq 1$ und damit die letzte Behauptung (15.24).

Satz 15.4

Umfaßt das Ereignis A das Ereignis B, dann gilt

$$P(A) \geqq P(B). \tag{15.25}$$

Beweis

Wird das Axiom 3 auf die Beziehung $A = B + (A - B)$ mit den unverträglichen Ereignissen B und $A - B$ angewandt, dann folgt $P(A) = P(B) + P(A - B)$. Auf Grund des Axioms 1 ist die Größe $P(A - B)$ nicht negativ. Mithin ergibt sich die Behauptung (15.25).

Die axiomatische Definition der Wahrscheinlichkeit eines zufälligen Ereignisses bildet die Grundlage der modernen Wahrscheinlichkeitsrechnung. Sie ermöglicht – im Vergleich zur klassischen und statistischen Begriffsbestimmung – keine direkte Ermittlung der Wahrscheinlichkeit eines Ereignisses. Lediglich auf der Grundlage von Rechenregeln, die aus der axiomatischen Definition hergeleitet werden können, gestattet sie eine indirekte numerische Bestimmung der Wahrscheinlichkeit $P(A)$ eines Ereignisses A. Dabei wird die gesuchte Wahrscheinlichkeit $P(A)$ aus den Wahrscheinlichkeiten der Ereignisse berechnet, auf die sich das Ereignis A zurückführen läßt.

15.1.6. Rechnen mit Wahrscheinlichkeiten

Im folgenden werden einige weitere Eigenschaften der Wahrscheinlichkeit $P(A)$ eines Ereignisses A abgeleitet, die für die praktische Anwendung der Wahrscheinlichkeitsrechnung von besonderer Bedeutung sind. Sie führen zu den sogenannten Rechenregeln der Wahrscheinlichkeitsrechnung. Zunächst gilt folgender Satz.

Satz 15.5 (*Spezieller Additionssatz der Wahrscheinlichkeitsrechnung*)

Sind $A_1, A_2, \ldots, A_n$ endlich oder abzählbar unendlich viele, paarweise unverträgliche Ereignisse, dann folgt

$$P\left(\sum_{i=1}^{n} A_i\right) = \sum_{i=1}^{n} P(A_i). \tag{15.26}$$

Aus diesem Satz ergibt sich der folgende Satz.

Satz 15.6

Bilden die Ereignisse $A_1, A_2, \ldots, A_n$ ein vollständiges System von Ereignissen, dann gilt

$$\sum_{i=1}^{n} P(A_i) = 1. \tag{15.27}$$

Diese Beziehung wird vielfach die *Vollständigkeitsrelation des Ereignissystems* genannt.

Der Additionssatz 15.5, der die paarweise Unverträglichkeit der Ereignisse voraussetzt, wird nun verallgemeinert.

Satz 15.7 (*Allgemeiner Additionssatz der Wahrscheinlichkeitsrechnung*)

Sind $A_1, A_2, \ldots, A_n$ endlich oder abzählbar unendlich viele Ereignisse, dann gilt

$$P\left(\sum_{i=1}^{n} A_i\right) = \sum_{i=1}^{n} P(A_i) - \sum_{1 \leqq i < j \leqq n} P(A_i A_j) + \sum_{1 \leqq i < j < k \leqq n} P(A_i A_j A_k) + \cdots + (-1)^{n-1} P(A_1 A_2 \cdot \ldots \cdot A_n). \quad (15.28)$$

Das bedeutet für $n = 2$

$$P(A_1 + A_2) = P(A_1) + P(A_2) - P(A_1 A_2) \quad (15.29)$$

und für $n = 3$

$$P(A_1 + A_2 + A_3) = P(A_1) + P(A_2) + P(A_3) - P(A_1 A_2) - P(A_1 A_3) - P(A_2 A_3) + P(A_1 A_2 A_3). \quad (15.30)$$

Aus dem Satz 15.7 folgt der folgende Satz.

Satz 15.8

Sind $A_1, A_2, \ldots, A_n$ beliebige Ereignisse, dann gilt

$$P\left(\sum_{i=1}^{n} A_i\right) \leqq \sum_{i=1}^{n} P(A_i). \quad (15.31)$$

Dieser Satz liefert offenbar eine obere Grenze für die Wahrscheinlichkeit einer Summe von beliebigen Ereignissen. Diese Grenze ist nur dann sinnvoll, wenn sie kleiner als 1 ausfällt.

Beispiel 15.11

Ein Schütze zielt auf eine Zehnerscheibe. Die folgende Tabelle zeigt, mit welchen – aus Beobachtungen gewonnenen – Wahrscheinlichkeiten der Schütze mit einem Schuß wieviel Ringe erzielt.

Tabelle 15.4

Ereignisse	A_1	A_2	A_3	A_4	A_5
Anzahl der Ringe	10	9	8	7	höchstens 6
Wahrscheinlichkeiten	0,70	0,20	0,05	0,02	0,03

Gesucht ist die Wahrscheinlichkeit dafür, daß der Schütze mit einem Schuß höchstens 9 Ringe (Ereignis A), mindestens 7 Ringe (Ereignis B) bzw. wenigstens 9 Ringe erzielt (Ereignis C).

Auf Grund der Relationen

$$A = \bar{A}_1 = A_2 + A_3 + A_4 + A_5, \quad B = \bar{A}_5 = A_1 + A_2 + A_3 + A_4, \quad C = A_1 + A_2$$

liefert der (spezielle) Additionssatz die Wahrscheinlichkeiten

$$P(A) = 0{,}30, \quad P(B) = 0{,}97, \quad P(C) = 0{,}90.$$

Beispiel 15.12

Für ein Erzeugnis, das in einem gewissen Betrieb gefertigt wird, bestehen 4 Qualitätsstufen. Wir betrachten die Ereignisse

Q_1: Erzeugnis gehört zur Qualitätsstufe 1
Q_2: Erzeugnis gehört zur Qualitätsstufe 2
Q_3: Erzeugnis gehört zur Qualitätsstufe 3
Q_4: Erzeugnis genügt nicht der Norm (Ausschuß).

Aus langjährigen statistischen Erfassungen geht hervor, daß ein Erzeugnis mit den folgenden Wahrscheinlichkeiten zu den einzelnen Qualitätsstufen gehört:

$$P(Q_1) = 0{,}70, \quad P(Q_2) = 0{,}20, \quad P(Q_3) = 0{,}06, \quad P(Q_4) = 0{,}04.$$

Von Interesse sind die Wahrscheinlichkeiten dafür, daß ein Erzeugnis zur Qualitätsstufe 1 (Ereignis A), zur Qualitätsstufe 2 oder 3 gehört (Ereignis B) bzw. normgerecht ist (Ereignis C). Offenbar gilt

$$A = Q_1, \quad B = Q_2 + Q_3, \quad C = A + B = Q_1 + Q_2 + Q_3.$$

Weiter sind die Ereignisse $Q_1, \ldots, Q_4$ unvereinbar. Damit ergeben sich die Wahrscheinlichkeiten

$$P(A) = 0{,}70, \quad P(B) = 0{,}26, \quad P(C) = 0{,}96.$$

Beispiel 15.13

Gegeben ist ein nicht idealer Würfel. Die Wahrscheinlichkeit, bei einem Wurf eine ungerade Augenzahl zu erzielen (Ereignis A), beträgt 0,45. Die Wahrscheinlichkeit, bei einem Wurf mit diesem Würfel mindestens 5 Augen zu erhalten (Ereignis B), beläuft sich auf 0,35. Mit einer Wahrscheinlichkeit von 15% liefert der Würfel bei einem Wurf eine „5". Gesucht ist die Wahrscheinlichkeit für das Ereignis $A + B$, das heißt, daß bei einem Wurf eine ungerade Augenzahl oder wenigstens 5 Augen erzielt werden. Die Ereignisse A und B mit den Wahrscheinlichkeiten $P(A) = 0{,}45$ und $P(B) = 0{,}35$ sind offenbar unverträglich. Es gilt nämlich $P(AB) = 0{,}15$ und damit $AB \neq U$. Der allgemeine Additionssatz liefert die gesuchte Wahrscheinlichkeit zu

$$P(A + B) = P(A) + P(B) - P(AB) = 0{,}65.$$

Betrachtet wird ein (zufälliges) Ereignis A, das mit einer gewissen Wahrscheinlichkeit (bei einem Versuch) in Erscheinung tritt, wenn ein ganz bestimmter Komplex von Bedingungen realisiert ist. Wird die Wahrscheinlichkeit dieses Ereignisses ohne weitere Bedingungen betrachtet, dann wird von der *unbedingten Wahrscheinlichkeit* dieses Ereignisses gesprochen. Bisher sind ausnahmslos die unbedingten Wahrscheinlichkeiten von Ereignissen erörtert worden. Werden allerdings zusätzliche Bedingungen berücksichtigt, die im allgemeinen eine Erweiterung oder Reduzierung des ursprünglichen Bedingungskomplexes bewirken und demzufolge den Möglichkeitsgrad des Ereignisses A beeinflussen, so spricht man von der bedingten Wahrscheinlichkeit des Ereignisses A. Das Ereignis B möge diese zusätzlichen Bedingungen repräsentieren.

Definition 15.21

Die bedingte Wahrscheinlichkeit eines Ereignisses A unter der Bedingung B – in Zeichen $P(A/B)$ – ist die Wahrscheinlichkeit für das Eintreten des Ereignisses A unter der Voraussetzung, daß das Ereignis B eingetreten ist.

Es gelten folgende Eigenschaften für die bedingte Wahrscheinlichkeit:

$$P(A/A) = 1, \quad P(A/S) = P(A), \quad P(A/\bar{A}) = P(A/U) = 0. \tag{15.32}$$

Satz 15.9

Die bedingte Wahrscheinlichkeit $P(A/B)$ eines Ereignisses A unter der Bedingung B wird wie folgt berechnet

$$P(A/B) = \begin{cases} \dfrac{P(AB)}{P(B)}, & \textit{falls } P(B) > 0 \\ 0, & \textit{falls } P(B) = 0. \end{cases} \tag{15.33}$$

Beispiel 15.14

Es wird das Beispiel 15.12 betrachtet und nunmehr nach der Wahrscheinlichkeit dafür gefragt, daß ein normgerechtes Erzeugnis (Ereignis $\overline{Q}_4$) zur i-ten Qualitätsstufe gehört (Ereignis Q_i, $i = 1, 2, 3$). Offenbar handelt es sich um die bedingten Wahrscheinlichkeiten $P(Q_i/\overline{Q}_4)$ $(i = 1, 2, 3)$, die sich unter Beachtung von $Q_i \subset \overline{Q}_4$ $(i = 1, 2, 3)$ gemäß Formel (15.33) zu

$$P(Q_i/\overline{Q}_4) = \frac{P(Q_i\overline{Q}_4)}{P(\overline{Q}_4)} = \frac{P(Q_i)}{P(\overline{Q}_4)} \qquad (i = 1, 2, 3)$$

oder

$$P(Q_1/\overline{Q}_4) = \frac{0{,}70}{0{,}96} = 0{,}729$$

und entsprechend

$$P(Q_2/\overline{Q}_4) = 0{,}208, \quad P(Q_3/\overline{Q}_4) = 0{,}063$$

ergeben.

Beispiel 15.15

Gegeben sind zwei Urnen U_1 und U_2; die erste enthält 2 weiße und 2 schwarze, die zweite 4 weiße und 5 schwarze Kugeln. Wie groß ist die Wahrscheinlichkeit dafür, daß eine weiße Kugel aus der ersten bzw. zweiten Urne aufs Geratewohl gezogen wird? Mit den Ereignissen A: weiße Kugel ziehen und B_j: Ziehung aus Urne U_j $(j = 1, 2)$ ist offenbar nach den bedingten Wahrscheinlichkeiten $P(A/B_j)$ $(j = 1, 2)$ gefragt. Diese ergeben sich gemäß klassischer Definition der Wahrscheinlichkeit zu

$$P(A/B_1) = 0{,}6, \quad P(A/B_2) = 0{,}444.$$

Die behandelten Additionssätze – Satz 15.5 und Satz 15.7 – zeigen, wie sich die Wahrscheinlichkeit einer Summe von Ereignissen aus den Wahrscheinlichkeiten der einzelnen Ereignisse berechnen läßt. Sie wurden zwar nur für unbedingte Wahrscheinlichkeiten formuliert, lassen sich aber auch entsprechend für bedingte Wahrscheinlichkeiten aussprechen.

Im folgenden wird nun untersucht, wie sich die Wahrscheinlichkeit eines Produktes von Ereignissen ermitteln läßt.

Satz 15.10 (*Multiplikationssatz der Wahrscheinlichkeitsrechnung*)

Für zwei beliebige Ereignisse A und B gilt

$$P(AB) = P(A)\,P(B/A), \qquad P(AB) = P(B)\,P(A/B). \tag{15.34}$$

Die Wahrscheinlichkeit eines Produktes von zwei Ereignissen ist gleich dem Produkt aus der Wahrscheinlichkeit des einen Ereignisses unter der Bedingung, daß das andere eingetreten ist, und der (unbedingten) Wahrscheinlichkeit des Ereignisses, dessen Auftreten die Bedingung darstellt.

Beweis

Offenbar genügt es, die Relation (15.34_1) zu beweisen; denn bei Vertauschung von A und B ergibt sich wegen $AB = BA$ die Relation (15.34_2) aus (15.34_1). Die zu beweisende Beziehung ist zunächst für $P(B) = 0$ klar; auf beiden Seiten der Gleichung steht die Null. Für $P(B) > 0$ folgt die Behauptung aus der Formel (15.33), die nur mit $P(B)$ zu erweitern ist.

Dieser Multiplikationssatz läßt sich induktiv auf beliebig viele Ereignisse ausdehnen.

Satz 15.11 (*Allgemeiner Multiplikationssatz der Wahrscheinlichkeitsrechnung*)

Sind $A_1, A_2, \ldots, A_n$ endlich oder abzählbar unendlich viele Ereignisse, dann gilt für die Wahrscheinlichkeit des Produktes dieser Ereignisse

$$P(A_1A_2\cdots A_n) = P(A_1)\,P(A_2/A_1)\,P(A_3/A_1A_2)\cdots P(A_n/A_1A_2, \ldots, A_{n-1}). \tag{15.35}$$

Die folgenden Beispiele verdeutlichen die Aussage des Multiplikationssatzes.

Beispiel 15.16

In einem Betrieb sind 98 % aller gefertigten Erzeugnisse eines bestimmten Typs normgerecht (Ereignis A). Allerdings sind nur 75 % der normgerechten Erzeugnisse von der Qualitätsstufe 1 (Ereignis B). Gesucht ist die Wahrscheinlichkeit dafür, daß ein Erzeugnis des besagten Typs normgerecht ist und zur Qualitätsstufe 1 gehört? Offenbar sind die Wahrscheinlichkeiten $P(AB) = 0{,}98$ und $P(B/A) = 0{,}75$ gegeben. Für die gesuchte Wahrscheinlichkeit $P(AB)$ folgt damit gemäß Formel (15.34)

$$P(AB) = P(A)\,P(B/A) = 0{,}98 \cdot 0{,}75 = 0{,}735.$$

Beispiel 15.17

In einer Urne befinden sich 3 weiße, 5 schwarze und 2 rote Kugeln. Es werden zufällige Ziehungen ohne Zurücklegung vorgenommen, das heißt, eine aus der Urne aufs Geratewohl gezogene Kugel wird nicht in die Urne zurückgelegt. Wie groß ist die Wahrscheinlichkeit dafür, bei drei Ziehungen zunächst eine rote Kugel, dann eine weiße und schließlich nochmals eine rote Kugel zu ziehen? Mit den Ereignissen

A_1: die erste Ziehung liefert eine rote Kugel
A_2: die zweite Ziehung liefert eine weiße Kugel
A_3: die dritte Ziehung liefert eine rote Kugel

ist nach der Wahrscheinlichkeit des Produktes $A_1A_2A_3$ gefragt, für die gemäß (15.35) gilt

$$P(A_1A_2A_3) = P(A_1)\,P(A_2/A_1)\,P(A_3/A_1A_2).$$

Unter Benutzung der klassischen Definition der Wahrscheinlichkeit ergeben sich die Wahrscheinlichkeiten

$$P(A_1) = \frac{1}{5}, \quad P(A_2/A_1) = \frac{1}{3}, \quad P(A_3/A_1A_2) = \frac{1}{8}.$$

Die gesuchte Wahrscheinlichkeit beträgt damit

$$P(A_1A_2A_3) = \frac{1}{120} = 0{,}008.$$

Aus den Multiplikationssatz (15.34) werden nun einige Schlußfolgerungen gezogen.

Satz 15.12

Bilden die Ereignisse $A_1, A_2, \ldots, A_n$ ein vollständiges System, dann gilt für ein beliebiges Ereignis B

$$P(B) = \sum_{j=1}^{n} P(A_j)P(B/A_j). \tag{15.36}$$

Beweis

Die Ereignisse $A_1, A_2, \ldots, A_n$ bilden ein vollständiges System. Daher folgt aus (15.9) und $SB = B$ die Ereignisgleichung

$$B = \left(\sum_{j=1}^{n} A_j\right) B = \sum_{j=1}^{n} A_jB.$$

Wegen der paarweisen Unverträglichkeit der Ereignisse A_jB ($j = 1, 2, \ldots, n$) liefert der Additionssatz (15.26) den Ausdruck

$$P(B) = \sum_{j=1}^{n} P(A_jB).$$

Wird schließlich die erste Beziehung in (15.34) beachtet, dann ergibt sich die Behauptung (15.36).

Die Relation (15.36) wird vielfach die Formel für die *totale* oder vollständige Wahrscheinlichkeit des Ereignisses B genannt.

Beispiel 15.18

In einer Fertigungsabteilung eines Betriebes sind 3 Maschinen im Einsatz, die dieselben Teile herstellen. Die erste Maschine stellt 40% der Produktion, die zweite Maschine 35% und die dritte Maschine nur 25% während einer bestimmten Zeitspanne her. Statistische Untersuchungen haben ergeben, daß die erste Maschine eine Ausschußquote von 2%, die zweite Maschine von 3% und die dritte Maschine von 5% aufweist. Mit welcher Wahrscheinlichkeit ist ein in dieser Abteilung produziertes Erzeugnis Ausschuß (Ereignis B)? Die Ereignisse A_j: ein Erzeugnis stammt von der j-ten Maschine ($j = 1, 2, 3$) bilden ein vollständiges System mit den entsprechenden Wahrscheinlichkeiten $P(A_1) = 0{,}4$, $P(A_2) = 0{,}35$ und $P(A_3) = 0{,}25$. Bezüglich des Ereignisses B sind die bedingten Wahrscheinlichkeiten

$$P(B/A_1) = 0{,}02\,, \quad P(B/A_2) = 0{,}03\,, \quad P(B/A_3) = 0{,}05$$

bekannt. Die gesuchte totale Wahrscheinlichkeit für das Ereignis B beträgt gemäß Formel (15.36)

$$P(B) = 0{,}4 \cdot 0{,}02 + 0{,}35 \cdot 0{,}03 + 0{,}25 \cdot 0{,}05 = 0{,}031\,.$$

Beispiel 15.19

Im Bereich Damenkonfektion eines Kaufhauses wird nach langjährigen Erfahrungen folgendes Sortiment geführt.

Tabelle 15.5

Größenklasse	Sortimentsanteil	Änderungswahrscheinlichkeit
groß (g)	26%	18%
mittel (m)	44%	10%
klein (k)	30%	15%

Aus dieser Tabelle ist auch ersichtlich, welchen Anteil die Klassen (g), (m) und (k) an dem Gesamtsortiment besitzen und mit welchen Wahrscheinlichkeiten Kleidungsstücke dieser Klassen beim Verkauf eine Änderung erfordern. Gesucht ist die Wahrscheinlichkeit dafür, daß beim Verkauf eines Kleidungsstückes eine Änderung notwendig wird. Für die Ereignisse A_j: ein Kleidungsstück gehört zur j-ten Größenklasse ($j = 1, 2, 3$), die ein vollständiges System repräsentieren, und B: eine Änderung eines Kleidungsstückes ist erforderlich, liegen die Wahrscheinlichkeiten

$$P(A_1) = 0{,}26\,, \qquad P(A_2) = 0{,}44\,, \qquad P(A_3) = 0{,}30\,,$$

$$P(B/A_1) = 0{,}18\,, \quad P(B/A_2) = 0{,}10\,, \quad P(B/A_3) = 0{,}15$$

vor. Die Formel für die totale Wahrscheinlichkeit ergibt

$$P(B) = 0{,}26 \cdot 0{,}18 + 0{,}44 \cdot 0{,}10 + 0{,}30 \cdot 0{,}15 = 0{,}136\,.$$

Damit ist mit einer Wahrscheinlichkeit von 13,6% eine Änderung erforderlich.

Eine weitere Schlußfolgerung aus dem Multiplikationssatz führt zum Satz 15.13.

Satz 15.13 (*Formel von Bayes*)

Bilden die Ereignisse $A_1, A_2, \ldots, A_n$ ein vollständiges System, so gilt für ein beliebiges Ereignis $B \neq U$

$$P(A_i/B) = \frac{P(B/A_i)\,P(A_i)}{\sum\limits_{j=1}^{n} P(B/A_j)\,P(A_j)} \quad (i = 1, 2, \ldots, n). \tag{15.37}$$

Beweis

Auf Grund (15.34) ergibt sich zunächst

$$P(A_iB) = P(B)\,P(A_i/B) = P(A_i)\,P(B/A_i) \qquad (i = 1, 2, \ldots, n)$$

oder wegen $P(B) \neq 0$

$$P(A_i/B) = \frac{P(A_i)\,P(B/A_i)}{P(B)}.$$

Wird schließlich für $P(B)$ der Ausdruck (15.36) eingesetzt, dann resultiert die behauptete Aussage (15.37).

Es sei bekannt, daß ein Ereignis B eingetreten ist, das nur zusammen mit einem Ereignis eines vollständigen Systems $A_1, A_2, \ldots, A_n$ auftreten kann. Dann kann jetzt mittels der Bayesschen Formel quasi nachträglich, die Wahrscheinlichkeit dafür berechnet werden, daß gleichzeitig mit dem (eingetretenen) Ereignis B auch das Ereignis A_i des vollständigen Systems eingetreten ist. Daher wird die bedingte Wahrscheinlichkeit $P(A_i/B)$ auch *a*-posteriori-Wahrscheinlichkeit genannt. Die Wahrscheinlichkeiten auf der rechten Seite der Beziehung (15.37) heißen im Gegensatz dazu a-priori-Wahrscheinlichkeiten.

Beispiel 15.20

Einer der im Beispiel 15.15 beschriebenen Urnen U_1 und U_2 wird eine Kugel entnommen. Die betreffende Urne wird aufs Geratewohl ausgewählt. Die Ziehung liefert eine weiße Kugel. Mit welcher Wahrscheinlichkeit entstammt diese Kugel der Urne U_1 bzw. U_2? Offenbar besitzen die Ereignisse

A_j: aus der Urne U_j wird eine Kugel gezogen

B: die gezogene Kugel ist weiß

die Wahrscheinlichkeiten

$$P(A_1) = P(A_2) = 0{,}5, \quad P(B/A_1) = 0{,}6, \quad P(B/A_2) = 0{,}444.$$

Dann folgt aus der Bayesschen Formel für die erste Wahrscheinlichkeit

$$P(A_1/B) = \frac{0{,}5 \cdot 0{,}6}{0{,}5 \cdot 0{,}6 + 0{,}5 \cdot 0{,}444} = \frac{0{,}3}{0{,}522} = 0{,}575.$$

Die zweite Wahrscheinlichkeit lautet dann

$$P(A_2/B) = 1 - P(A_1/B) = 0{,}425.$$

Das behandelte Beispiel 15.20 läßt folgende Interpretation der Bayesschen Formel als sinnvoll erscheinen: Eine gewisse Wirkung (Ereignis B) ist beobachtet (festgestellt) worden. Die Ursache, die diese Wirkung hervorgerufen hat, ist allerdings unbekannt. Demgegenüber ist aber bekannt, daß nur eine endliche Anzahl n möglicher einander ausschließender Ursachen (Bedingungen) $A_1, A_2, \ldots, A_n$ für diese Wirkung

B in Frage kommen. Ist darüber hinaus noch bekannt, mit welcher Wahrscheinlichkeit jede dieser Ursachen das Ergebnis B bewirkt, dann ermöglicht die Bayessche Formel die Berechnung der Wahrscheinlichkeit dafür, daß die (beobachtete) Wirkung B durch die Ursache A_i $(i = 1, 2, \ldots, n)$ bedingt wurde. Damit können auf Grund der Formel von Bayes die alternativen „Hypothesen" geprüft werden, daß die Wirkung B durch die Ursache A_i $(i = 1, 2, \ldots, n)$ hervorgerufen wurde, das heißt, die objektiven Möglichkeitsgrade der Sachverhalte ermittelt werden, daß die Ursache A_i $(i = 1, 2, \ldots, n)$ das Resultat B bewirkt hat.

Die folgenden Beispiele unterstreichen diese Deutung der Bayesschen Formel.

Beispiel 15.21

In einem Betrieb sind 96% aller Erzeugnisse eines bestimmten Typs normgerecht. Bei der Qualitätskontrolle dieser Erzeugnisse wird ein Kontrollsystem angewandt, das 98% der normgerechten Erzeugnisse als normgerecht und 95% der nicht normgerechten Erzeugnisse als nicht normgerecht erkennt. Es wird nun ein Erzeugnis nach diesem System geprüft und dabei als normgerecht ausgewiesen. Damit ergeben sich die beiden Hypothesen: das als normgerecht erkannte Erzeugnis ist wirklich normgerecht oder entspricht nicht der Norm. Die Wahrscheinlichkeit der Richtigkeit dieser Alternativhypothesen wird nachstehend ermittelt. Offenbar bestehen für die Ereignisse

A_1: Erzeugnis ist normgerecht, $A_2 = \bar{A}_1$

B: Erzeugnis wird als normgerecht ausgewiesen

die Wahrscheinlichkeiten

$$P(A_1) = 0{,}96, \quad P(A_2) = 0{,}04, \quad P(B/A_1) = 0{,}98, \quad P(B/A_2) = 0{,}05.$$

Gesucht sind die Wahrscheinlichkeiten $P(A_1/B)$ und $P(A_2/B)$, die sich gemäß Formel (15.37) wie folgt berechnen:

$$P(A_1/B) = \frac{0{,}96 \cdot 0{,}98}{0{,}96 \cdot 0{,}98 + 0{,}04 \cdot 0{,}05} = \frac{0{,}9408}{0{,}9428} = 0{,}998, \quad P(A_2/B) = 0{,}002.$$

Die aufgestellten Hypothesen sind folglich mit einer Wahrscheinlichkeit von 99,8% bzw. 0,2% richtig.

Beispiel 15.22

Eine Stadt wird von 3 Betrieben B_1, B_2, B_3 mit Glühbirnen versorgt. Der Betrieb B_1 liefert 30%, der Betrieb B_2 50% und der Betrieb B_3 20% des gesamten Aufkommens. Eine Glühbirne aus dem Betrieb B_1, B_2 bzw. B_3 ist mit einer Wahrscheinlichkeit von 97%, 99% bzw. 98% normgerecht. Eine Glühbirne soll normgerecht heißen, wenn sie wenigstens 1000 Stunden brennt. Ein Einwohner dieser Stadt kaufte eine Glühbirne, die – wie sich später herausstellte – 1500 Stunden brannte, ehe sie ausfiel. Mit welcher Wahrscheinlichkeit ist die Hypothese aufrechtzuerhalten, daß diese Glühbirne aus dem Werk B_2 stammt? Für die gegebenen Ereignisse

A_j: die Glühbirne stammt aus dem Betrieb B_j $(j = 1, 2, 3)$

B: die Glühbirne ist normgerecht

liegen die Wahrscheinlichkeiten

$$P(A_1) = 0{,}3, \quad P(A_2) = 0{,}5, \quad P(A_3) = 0{,}2,$$
$$P(B/A_1) = 0{,}97, \quad P(B/A_2) = 0{,}99, \quad P(B/A_3) = 0{,}98$$

vor. Die verlangte Wahrscheinlichkeit beträgt gemäß Formel (15.37)

$$P(A_2/B) = \frac{0{,}5 \cdot 0{,}99}{0{,}3 \cdot 0{,}97 + 0{,}5 \cdot 0{,}99 + 0{,}2 \cdot 0{,}98} = \frac{0{,}495}{0{,}982} = 0{,}504.$$

Mit einer Wahrscheinlichkeit von 50,4% ist damit die Hypothese gültig, daß die normgerechte Glühbirne vom Betrieb B_2 stammt.

15.1.7. Unabhängigkeit und Abhängigkeit von Ereignissen

Es werden nun die Begriffe Unabhängigkeit und Abhängigkeit von Ereignissen eingeführt.

Definition 15.22

Ein Ereignis A heißt unabhängig von dem Ereignis $B \neq U$, wenn

$$P(A) = P(A/B) \tag{15.38}$$

gilt. Ist diese Gleichung nicht erfüllt, dann heißt das Ereignis A abhängig von dem Ereignis B.

Satz 15.14

Ist ein Ereignis $A \neq U$ unabhängig von dem Ereignis $B \neq U$, dann ist auch das Ereignis B unabhängig von dem Ereignis A.

Beweis

Aus den Relationen (15.34) folgt zunächst für zwei beliebige Ereignisse A und B

$$P(A)\,P(B/A) = P(B)\,P(A/B). \tag{15.39}$$

Ist nun A unabhängig von B, dann resultiert auf Grund (15.38) aus dieser Gleichung die Aussage $P(B) = P(B/A)$ und damit die Unabhängigkeit des Ereignisses A von B.

Der vorstehende Satz legt folgende Begriffsbestimmung nahe.

Definition 15.23

Zwei Ereignisse A und B heißen unabhängig voneinander, wenn für jedes Ereignis die unbedingte Wahrscheinlichkeit und die (durch das andere Ereignis) bedingte Wahrscheinlichkeit übereinstimmen. Zwei nicht voneinander unabhängige Ereignisse heißen voneinander abhängig.

Die in den Definitionen 15.22 und 15.23 festgelegten Begriffe entsprechen offenbar der naiven Vorstellung von der Unabhängigkeit und der Abhängigkeit zweier Ereignisse: Ein Ereignis A heißt unabhängig von dem Ereignis B, wenn A von B nicht abhängt, das heißt, wenn A nicht durch B beeinflußt wird. Wird allerdings das Ereignis A durch das Ereignis B beeinflußt, dann heißt das Ereignis A abhängig von dem Ereignis B. So hängt zum Beispiel bei einem Wurf mit 2 Würfeln das Ereignis A: „der eine Würfel zeigt eine 6" nicht von dem Ereignis B: „der andere Würfel zeigt eine 1" ab. Dagegen hängt aber das Ereignis A: „ein Erzeugnis gehört zur Qualitätsstufe 1" von dem Ereignis B: „das Erzeugnis ist normgerecht" ab.

Satz 15.15 (*Spezieller Multiplikationssatz der Wahrscheinlichkeitsrechnung*)

Für zwei unabhängige Ereignisse A und B gilt

$$P(AB) = P(A)\,P(B). \tag{15.40}$$

Beweis

Sind die Ergebnisse A und B unabhängig (voneinander), dann vereinfachen sich die beiden Terme für $P(AB)$ in (15.34) wegen $P(A) = P(B/A)$ und $P(B) = P(B/A)$ zu (15.40).

Beispiel 15.23

In einer Urne befinden sich zwei weiße und vier schwarze Kugeln. Es werden Ziehungen (aus dieser Urne) mit Zurücklegung vorgenommen, das heißt, nach jeder Ziehung wird die entnommene Kugel wieder in die Urne zurückgelegt. Bei Ziehungen mit Zurücklegung ist offenbar der Ausgang einer Ziehung unabhängig von dem Ergebnis der vorhergehenden Ziehung.
Gesucht ist die Wahrscheinlichkeit dafür, daß bei zwei Ziehungen mit Zurücklegung beide Male eine weiße Kugel erhalten wird. Für die Ereignisse A_i: „die i-te Ziehung liefert eine weiße Kugel" liegen die Wahrscheinlichkeiten $P(A_i) = \frac{1}{3}$ $(i = 1, 2)$ vor. Wegen der Unabhängigkeit dieser Ereignisse folgt schließlich aus Satz 15.15

$$P(A_1 A_2) = P(A_1)\, P(A_2) = \frac{1}{3} \cdot \frac{1}{3} = \frac{1}{9}.$$

Beispiel 15.24

Die Behandlung der Problematik des Beispiels 15.21 wird fortgesetzt. Die Wahrscheinlichkeit dafür, daß ein bei der Kontrolle als normgerecht erkanntes Erzeugnis tatsächlich normgerecht ist, beträgt 99,8%. Damit werden zwei Tausendstel aller als normgerecht ausgewiesenen Erzeugnisse wirklich der Norm nicht entsprechen. Dieser Anteil ist relativ hoch, das heißt, das angewandte Kontrollverfahren ist relativ ungenau. Um diesem Mangel des Verfahrens entgegenzuwirken, werden nunmehr alle Erzeugnisse doppelt geprüft, das heißt, zweimal hintereinander kontrolliert. Wie groß ist nunmehr die Wahrscheinlichkeit dafür, daß ein normgerechtes Erzeugnis die doppelte Kontrolle besteht, das heißt, nach doppelter Kontrolle als normgerecht deklariert wird. Das Ergebnis der zweiten Kontrolle eines Erzeugnisses ist offenbar unabhängig davon, welches Ergebnis die erste Kontrolle dieses Erzeugnisses zeitigte. Für die Ereignisse

A_1: Erzeugnis ist normgerecht, $A_2 = \bar{A}_1$
C: Erzeugnis besteht die doppelte Kontrolle

bestehen augenscheinlich die Wahrscheinlichkeiten

$$P(A_1) = 0{,}96, \quad P(A_2) = 0{,}04, \quad P(C/A_1) = 0{,}98^2, \quad P(C/A_2) = 0{,}05^2.$$

Die gesuchte Wahrscheinlichkeit beträgt damit gemäß Formel (15.36)

$$P(C) = 0{,}96 \cdot 0{,}98^2 + 0{,}04 \cdot 0{,}05^2 = 0{,}9221.$$

Bei (nur) einfacher Kontrolle erwies sich diese Wahrscheinlichkeit zu 0,9428 (vgl. Aufgabe 15.31). Schließlich interessiert die Wahrscheinlichkeit dafür, daß ein bei doppelter Kontrolle als normgerecht deklariertes Erzeugnis wirklich normgerecht ist. Die Formel von Bayes (15.37) liefert

$$P(A_1/C) = \frac{0{,}96 \cdot 0{,}98^2}{0{,}96 \cdot 0{,}98^2 + 0{,}04 \cdot 0{,}05} = \frac{0{,}9220}{0{,}9221} = 0{,}9999.$$

Die Genauigkeit der Qualitätsprüfung bei doppelter Kontrolle der Erzeugnisse hat sich damit erheblich vergrößert, sie ist von 99,80% auf 99,99% gestiegen.

Die Begriffe der Unabhängigkeit und der Abhängigkeit von Ereignissen werden nun verallgemeinert.

Definition 15.24

Eine Menge von Ereignissen $A_1, A_2, \ldots, A_n$ heißt (insgesamt) unabhängig, wenn für jedes Ereignis A_i $(i = 1, 2, \ldots, n)$ und für beliebige Ereignisse $A_{j_1}, A_{j_2}, \ldots, A_{j_r}$ $(i \neq j_k \in \{1\ 2\ \ldots\ n\}, k = 1, 2, \ldots, r < n)$ dieser Menge die Ereignisse A_i und $A_1, A_2, \ldots, A_{j_r}$ voneinander unabhängig sind.

Die Unabhängigkeit von mehr als zwei Ereignissen ist damit auf die Unabhängigkeit zweier Ereignisse zurückgeführt. Es kann gezeigt werden (vgl. [15.1]), daß für die

Unabhängigkeit einer Menge von Ereignissen die paarweise Unabhängigkeit ihrer Elemente nicht ausreicht.

Satz 15.16

Eine Menge von Ereignissen bleibt (insgesamt) unabhängig, wenn irgend welche dieser Ereignisse durch ihre komplementären Ereignisse ersetzt werden.

Satz 15.17 (*Spezieller Multiplikationssatz der Wahrscheinlichkeitsrechnung*)

Sind die Ereignisse $A_1, A_2, \ldots, A_n$ (insgesamt) unabhängig, dann gilt

$$P(A_1 A_2 \cdot \ldots \cdot A_n) = P(A_1)\, P(A_2) \cdot \ldots \cdot P(A_n). \qquad (15.41)$$

Die Wahrscheinlichkeit eines Produktes von (insgesamt) unabhängigen Ereignissen ist gleich dem Produkt der Wahrscheinlichkeiten der einzelnen Ereignisse.

Beispiel 15.25

Ein Facharbeiter bedient (wartet) drei Maschinen M_1, M_2 und M_3, die unabhängig voneinander arbeiten. Die Wahrscheinlichkeit dafür, daß die Maschine M_i ($i = 1, 2, 3$) im Laufe einer Stunde keiner Wartung durch den Facharbeiter bedarf, beträgt der Reihe nach 90%, 80% bzw. 85%. Wie groß ist die Wahrscheinlichkeit dafür, daß im Verlaufe einer Stunde diese drei Maschinen keine Aufmerksamkeit erfordern? Über die unabhängigen Ereignisse A_i: die Maschine M_i ($i = 1, 2, 3$) arbeitet während der betrachteten Zeitspanne ungestört, deren Wahrscheinlichkeiten $P(A_1) = 0{,}9$, $P(A_2) = 0{,}8$ und $P(A_3) = 0{,}85$ betragen, ergibt sich die gesuchte Wahrscheinlichkeit auf Grund des Satzes 15.17 zu

$$P(A_1A_2A_3) = P(A_1)\, P(A_2)\, P(A_3) = 0{,}9 \cdot 0{,}8 \cdot 0{,}85 = 0{,}612.$$

Beispiel 15.26

Ein Schütze trifft unter bestimmten Bedingungen ein gewisses Ziel mit der Wahrscheinlichkeit (Treffsicherheit) von 90%. Wie groß ist die Wahrscheinlichkeit dafür, daß er in einer Serie von 5 Schüssen jedesmal das Ziel trifft? Die unabhängigen Ereignisse A_i: der Schütze trifft beim i-ten Schuß, besitzen offenbar die gleiche Wahrscheinlichkeit $P(A_i) = 0{,}9$ ($i = 1, 2, \ldots, 5$). Gemäß Formel (15.41) beträgt dann die gesuchte Wahrscheinlichkeit

$$P(A_1A_2 \cdot \cdots \cdot A_5) = P(A_1)\, P(A_2) \cdot \cdots \cdot P(A_5) = 0{,}9^5 = 0{,}590.$$

Aus dem Satz 15.17 folgt Satz 15.18.

Satz 15.18 (*Spezieller Additionssatz der Wahrscheinlichkeitsrechnung*)

Sind die Ereignisse $A_1, A_2, \ldots, A_n$ (insgesamt) unabhängig, dann gilt:

$$P(A_1 + A_2 + \cdots + A_n) = 1 - ([1 - P(A_1)]\,[1 - P(A_2)] \cdot \cdots \cdot [1 - P(A_n)]). \qquad (15.42)$$

Beispiel 15.27

Gegeben ist ein System, das aus n unabhängigen Teilsystemen $S_1, S_2, \ldots, S_n$ besteht. Das Gesamtsystem funktioniert nur dann, wenn alle seine Teilsysteme funktionieren. Diese Besonderheit liegt zum Beispiel bei einem System vor, dessen Teilsysteme in Serie geschaltet sind. Die Teilsysteme sind allerdings unzuverlässig, das heißt, sie unterliegen gewissen Störungen, die zu ihrem Ausfall führen können. Damit ist dann auch das Gesamtsystem ein unzuverlässiges System. Die Ausfallwahrscheinlichkeit des Teilsystems S_i – bezogen auf eine gewisse Zeiteinheit – beträgt a_i ($i = 1, 2, \ldots, n$). Mit welcher Wahrscheinlichkeit arbeitet das Gesamtsystem ungestört (Ereignis A) bzw. fällt das Gesamtsystem aus (Ereignis $\bar{A}$)? Die unabhängigen Ereignisse A_i: das Teilsystem S_i funktioniert nicht, besitzen die Wahrscheinlichkeiten $P(A_i) = a_i$ ($i = 1, 2, \ldots, n$). Das Gesamtsystem arbeitet nicht, wenn wenigstens ein Teilsystem nicht funktioniert. Mithin folgt aus Satz 15.18

$$P(\bar{A}) = P(A_1 + \cdots + A_n) = 1 - \prod_{i=1}^{n} (1 - a_i).$$

Schließlich arbeitet das Gesamtsystem mit der Wahrscheinlichkeit

$$P(A) = \prod_{i=1}^{n} (1 - a_i).$$

Diese Wahrscheinlichkeit $P(A)$ bzw. die Wahrscheinlichkeiten $1 - a_i$ ($i = 1, 2, \ldots, n$) werden die Zuverlässigkeit des Gesamtsystems bzw. der Teilsysteme S_i ($i = 1, 2, \ldots, n$) genannt.

Beispiel 15.28

Ein Betrieb fertigt ein gewisses Erzeugnis, das mit der Wahrscheinlichkeit d defekt ist. Nach der Fertigung wird jedes Erzeugnis durch k Kontrolleure $K_1, K_2, \ldots, K_k$ geprüft. Mit einer Wahrscheinlichkeit g_j erkennt der Kontrolleur K_j ($j = 1, 2, \ldots, k$) den – soweit vorhandenen – Defekt eines Erzeugnisses. Mit welcher Wahrscheinlichkeit wird nun ein defektes Erzeugnis aussortiert (Ereignis A)? Ein Erzeugnis wird aussortiert (Ereignis A), wenn es defekt ist (Ereignis B) und als defektes Erzeugnis erkannt wird (Ereignis C); weiter wird es als defektes Erzeugnis erkannt (Ereignis C), wenn wenigstens ein Kontrolleur den Defekt erkennt. Mithin gilt

$$P(B) = d, \qquad P(C) = 1 - \prod_{j=1}^{k} (1 - g_j).$$

Wegen der Unabhängigkeit der Ereignisse B und C folgt schließlich aus (15.40) die gesuchte Aussortierwahrscheinlichkeit

$$P(A) = P(B)\,P(C) = d\left[1 - \prod_{j=1}^{k} (1 - g_j)\right].$$

Mit den Zahlen

$$k = 4, \quad g_j = 0{,}98, \quad (j = 1, 2, 3, 4), \quad d = 0{,}02$$

lautet diese Wahrscheinlichkeit

$$P(A) = 0{,}0199999968 \approx 0{,}02.$$

Beispiel 15.28

Bei einer soziologischen Umfrage wurden 10 Personen befragt. Die auf eine bestimmte Frage erhaltenen quantitativen Angaben einer Person werden – auf Grund vergleichender Betrachtungen – mit einer Wahrscheinlichkeit von 20% als fehlerhaft eingeschätzt. Wie groß ist die Wahrscheinlichkeit dafür, daß alle zu dieser Frage erhaltenen Angaben einwandfrei sind? Offenbar ergibt sich diese Wahrscheinlichkeit zu $0{,}8^{20} \approx 0{,}0115\%$ oder $1{,}15\%$.

Abschließend wird nochmals auf die für die Wahrscheinlichkeitsrechnung so wichtigen Begriffe der Unabhängigkeit und Abhängigkeit zweier Ereignisse eingegangen. Beide Begriffsbildungen spiegeln einen bestimmten Sachverhalt wider. Zu erkennen ist aber, daß der Begriff der Abhängigkeit umfassender ist als der der Unabhängigkeit. Die Abhängigkeit reicht von der Gleichheit zweier Ereignisse bis zur Unabhängigkeit zweier Ereignisse. Es gibt mithin ein ganzes Spektrum von Abhängigkeiten. Der Grad der Abhängigkeit zweier Ereignisse kann mit dem Korrelationskoeffizienten für Ereignisse quantitativ erfaßt werden (vgl. [15.2]).

15.1.8. Zufallsgrößen

In den vorangegangenen Abschnitten wurden zufällige Ereignisse und deren Gesetzmäßigkeiten untersucht. Dabei bedeutete ein zufälliges Ereignis jeden Tatbestand, der als Resultat eines Versuches auftritt. Es wird nunmehr vorausgesetzt, daß sich jedes Resultat eines Versuches durch eine (eindimensionale reelle) Größe erfassen läßt. Diese Größe ist offenbar eine Variable, da sie mehrerer Werte fähig ist; denn jeder Versuch hat wenigstens zwei mögliche Ausgänge. Es ist dem Zufall überlassen, welchen Wert ihres Wertevorrats diese Variable in einem Einzelversuch annimmt. Es kann damit nicht vorhergesagt werden, welchen Wert diese Größe in einem Einzelversuch annimmt.

Definition 15.25

Eine (eindimensionale) Zufallsvariable oder Zufallsgröße ist eine Variable, die bei einem Versuch verschiedener Werte fähig ist. Es ist dem Zufall überlassen, welchen ihrer möglichen Werte (Realisierungen) die Zufallsvariable in einem Einzelversuch annimmt.

Einfache Beispiele für Zufallsvariable sind:

a) die Anzahl der Ringe bei einem Schuß auf eine Zehnerscheibe,

b) die tägliche Anzahl der Neugeborenen in einer Stadt,

c) die Dauer eines Telefonats,

d) das Gewicht eines Hühnereis.

Diese Beispiele lassen bereits erkennen, daß es zwei Typen von Zufallsgrößen gibt.

Definition 15.26

Eine Zufallsgröße heißt diskret, die endlich viele oder abzählbar unendliche viele Realisierungen besitzt. Eine Zufallsgröße heißt stetig, deren Realisierungen wenigstens ein Intervall der reellen Zahlengeraden kontinuierlich ausfüllen.

Die unter a) und b) genannten Zufallsgrößen sind diskret, die unter c) und d) genannten sind stetig.

Beispiel 15.29

Die Augenzahl beim Wurf mit einem Würfel ist eine diskrete Zufallsgröße, deren Realisierungen die ganzen Zahlen 1, 2, 3, 4, 5 und 6 sind.

Beispiel 15.30

Die Dauer für die Reparatur eines defekten Aggregats ist eine stetige Zufallsvariable, die alle positiven Zahlen unterhalb einer Schranke (zum Beispiel: 10 Stunden) als ihre Realisierungen aufweist.

Beispiel 15.31

In einem Betrieb werden Kugeln für Kugellager gefertigt. Die hergestellten Kugeln werden zu je 1000 Stück automatisch abgepackt. Die Anzahl der Kugeln einer Packung, die zur Qualitätsstufe 1 gehören, ist eine diskrete Zufallsvariable mit den Realisierungen 1, 2, ..., 1000.

Beispiel 15.32

Der Abstand des Treffpunktes eines Geschosses von dem Mittelpunkt eines Ziels ist eine stetige Zufallsgröße, deren Realisierungen offenbar alle nichtnegativen Zahlen sind.

Im folgenden werden Zufallsgrößen mit großen lateinischen Buchstaben, ihre Realisierungen mit kleinen lateinischen Buchstaben bezeichnet.
Der Begriff der Zufallsgröße ist ein grundlegender Begriff der Wahrscheinlichkeitsrechnung. Er geht im wesentlichen auf Tschebyschew zurück und wurde insbesondere durch die sowjetische Schule der Wahrscheinlichkeitsrechnung präzisiert und verallgemeinert.
Aus dem Gesagten geht hervor, daß eine (eindimensionale) Zufallsgröße eine Abbildung der Ereignisse eines Ereignisfeldes in die Menge der reellen Zahlen induziert. Es erweist sich – auch für praktische Untersuchungen – vielfach als zweckmäßig, an Stelle des Ereignisfeldes mit der betreffenden Zufallsgröße bzw. an Stelle der Ereignisse des Ereignisfeldes mit den entsprechenden Realisierungen der Zufallsgrößen zu operieren. Dieser Zusammenhang zwischen Ereignissen und (Zahlen-) Mengen, spielt in der modernen Wahrscheinlichkeitsrechnung eine besondere Rolle.
Um über eine Zufallsgröße Bescheid zu wissen, ist es vor allem nötig, die Realisierungen der Zufallsgröße zu kennen. Die Kenntnis ihres Wertevorrats genügt bereits in der klassischen Mathematik (Analysis), um eine Variable zu charakterisieren. In diesem Zusammenhang wird nämlich keine Betrachtung darüber angestellt, ob die Variable eine ihrer Realisierungen häufiger annimmt als eine andere oder in einem Teilintervall ihrer Realisierungen häufiger auftritt als in einem anderen.
Die Kenntnis des Wertevorrates einer Zufallsvariablen reicht allerdings allein noch nicht aus, um das Wesen dieser Größe zu erfassen. Diese Feststellung unterstreicht auch das folgende Beispiel.

Beispiel 15.33

Betrachtet werden zwei Würfel, ein idealer und ein gezinkter. Mit X_1 bzw. X_2 wird die Augenzahl bezeichnet, die beim Wurf mit dem idealen bzw. gezinkten Würfel erzielt wird. Offenbar besitzen die Zufallsgrößen X_1 und X_2 dieselben Realisierungen, nämlich die ganzen Zahlen 1 bis 6. Die Zufallsgrößen sind aber in ihrem Wesen unterschiedlich. Beim Wurf mit dem idealen Würfel sind die Ereignisse A_1: $X_1 = 1$ und A_2: $X_1 = 6$ gleichwahrscheinlich. Demgegenüber ist beim Wurf mit dem gefälschten Würfel das Ereignis A_2 wahrscheinlicher als das Ereignis A_1, wenn die Seite mit der Sechs gezinkt ist.

Es genügt also nicht allein, zu wissen, welche Realisierungen eine Zufallsgröße besitzt. Um eine Zufallsgröße in ihrem Wesen zu erfassen, muß vielmehr noch bekannt sein, wie die Zufallsgröße auf ihrem Wertevorrat verteilt ist, das heißt, mit welchen Wahrscheinlichkeiten sie die einzelnen Realisierungen annimmt (im diskreten Fall) bzw. sie in den einzelnen zulässigen Wertebereichen auftritt (im stetigen Fall).
Jede Charakterisierung des Verhaltens einer Zufallsgröße, die eine Beziehung zwischen den Realisierungen bzw. den einzelnen zulässigen Wertebereichen der Zufallsgröße und den entsprechenden Wahrscheinlichkeiten beinhaltet, heißt ein *Verteilungsgesetz* der Zufallsgröße. Es gibt verschiedene Formen des Verteilungsgesetzes einer Zufallsgröße.

Definition 15.27

Die Verteilungsfunktion einer Zufallsgröße X ist die für jedes reelle z erklärte (eindeutige und reellwertige) Funktion

$$F(z) = P(X < z). \tag{15.43}$$

Der Wert der Verteilungsfunktion einer Zufallsgröße X an der Stelle z ist damit die Wahrscheinlichkeit dafür, daß die Zufallsgröße X einen Wert annimmt, der kleiner als die Zahl z ist.

Offenbar gilt $0 \leqq F(z) \leqq 1$.

Satz 15.19

Für die Verteilungsfunktion F(z) einer Zufallsgröße X gilt

$$\lim_{z \to -\infty} F(z) = 0 \qquad \lim_{z \to \infty} F(z) = 1 \tag{15.44}$$

sowie

$$F(z_1) \geqq F(z_2) \qquad \text{für} \qquad z_1 > z_2 . \tag{15.45}$$

Beweis

Die Ereignisse A: „$X < -\infty$" und B: „$X < \infty$" sind unmöglich bzw. sicher. Mithin gilt $P(A) = 0$ und $P(B) = 1$ oder (15.44). Weiter umfaßt das Ereignis A_1: „$X < z_1$" das Ereignis A_2: „$X < z_2$", falls $z_1 < z_2$ besteht. Aus Satz 15.4 oder Formel (15.25) folgt dann $P(A_1) \geqq P(A_2)$ oder (15.45).

Ohne Beweis (vgl. hierzu [15.1]) werden die folgenden Eigenschaften einer Verteilungsfunktion angeführt.

Satz 15.20

Die Verteilungsfunktion F(z) einer Zufallsgröße ist an jeder Stelle z mindestens linksseitig stetig und kann nur höchstens abzählbar unendlich viele Sprungstellen besitzen.

Beispiele für Verteilungsfunktionen werden in den folgenden Abschnitten angegeben. Ist die Verteilungsfunktion einer Zufallsgröße bekannt, dann lassen sich alle Fragen bezüglich dieser Variablen beantworten.

Die Bedeutung der Verteilungsfunktion einer Zufallsgröße besteht vor allem darin, daß mit ihrer Hilfe in einfacher Weise Intervallwahrscheinlichkeiten berechnet werden können, das heißt, Wahrscheinlichkeiten dafür, daß die Zufallsgröße in vorgegebenen Intervallen vorkommt. So wird im Zusammenhang mit dem Beispiel 15.31 die Wahrscheinlichkeit dafür von Interesse sein, daß die Anzahl der zur Qualitätsstufe 1 gehörigen Kugeln einer Packung zwischen 990 und 1000 liegt. Bezüglich des Beispiels 15.30 kann die Wahrscheinlichkeit dafür interessieren, daß die Reparatur eines Aggregats mindestens 4 Stunden, aber weniger als 6 Stunden in Anspruch nimmt. Intervallwahrscheinlichkeiten lassen sich nach der folgenden Formel bestimmen.

Satz 15.21

Ist X eine Zufallsgröße mit der Verteilungsfunktion F(z), dann gilt

$$P(a \leqq X < b) = F(b) - F(a). \tag{15.46}$$

Beweis

Zwischen den Ereignissen

A: $X < a$, B: $X < b$, C: $a \leqq X < b$

besteht der Zusammenhang $C = \bar{A}B$. Wird nun auf diese Ereignisgleichung der Additionssatz (15.29) angewandt, dann folgt

$$P(C) = P(\bar{A}B) = P(\bar{A}) + P(B) - P(\bar{A} + B).$$

Nun gilt aber $\bar{A} + B = S$, so daß sich
$P(C) = 1 - P(A) + P(B) - 1 = P(B) - P(A)$
ergibt. Wegen $P(A) = F(a)$ und $P(B) = F(b)$ ist damit die Formel (15.46) bewiesen.

Das folgende Beispiel demonstriert die Brauchbarkeit der Verteilungsfunktion einer Zufallsgröße zur Berechnung von Intervallwahrscheinlichkeiten.

Beispiel 15.34

Die Zeit T, die zwischen der Ankunft zweier Schiffe in einem Hafen verstreicht (die sogenannte Zwischenankunftszeit), ist eine stetige Zufallsgröße. Ihre Verteilungsfunktion – bezogen auf die Zeiteinheit Stunde – sei

$$F(z) = \begin{cases} 0 & \text{für} \quad z \leqq 0 \\ 1 - e^{-2z}, & \text{für} \quad z > 0. \end{cases} \tag{15.47}$$

Von Interesse sind die Wahrscheinlichkeiten dafür, daß während einer Zeitspanne von 15 Minuten kein Schiff eintrifft, und dafür, daß zwischen der Ankunft zweier Schiffe weniger als 90 Minuten vergehen.
Offenbar ist nach den Wahrscheinlichkeiten der Ereignisse A: „$T \geqq 0{,}25$" und B: „$T < 1{,}5$" gefragt. Sie ergeben sich aus (15.43) und (15.46) zu

$$P(A) = P(T \geqq 0{,}25) = 1 - P(T < 0{,}25) = 1 - F(0{,}25) = e^{-0{,}5} = 0{,}6065$$

$$P(B) = P(T < 1{,}5) = F(1{,}5) = 1 - e^{-3} = 0{,}9502.$$

Es wird nun der Begriff der stochastischen Konvergenz einer Folge von Zufallsgrößen eingeführt, der für praktische Untersuchungen – im Zusammenhang mit dem Gesetz der großen Zahlen (vgl. Abschnitt 15.3.) – bedeutungsvoll ist.

Definition 15.28

Eine Folge von Zufallsgrößen $X_1, X_2, \ldots$, heißt stochastisch konvergent oder in Wahrscheinlichkeit konvergent gegen die Zufallsgröße X, wenn bei beliebig vorgegebener Zahl $\varepsilon > 0$

$$\lim_{n \to \infty} P(|X_n - X| < \varepsilon) = 1 \tag{15.48}$$

gilt, das heißt, die Wahrscheinlichkeit für das Bestehen der Ungleichung $|X_n - X| < \varepsilon$ für $n \to \infty$ gegen 1 strebt.

Die (Grenz-) Zufallsgröße X in (15.48) darf eine Konstante c sein. In diesem Falle folgt aus der stochastischen Konvergenz der Folge $X_1, X_2, \ldots$ gegen den Grenzwert c nicht die Tatsache, daß eine Folge $x_1, x_2, \ldots$ von Realisierungen dieser Zufallsgrößen im Sinne der klassischen Analysis (vgl. Kapitel 7.) gegen den Limes c strebt. Aus der Definition 15.28 folgt in diesem Zusammenhang nur, daß die Wahrscheinlichkeit für die Gültigkeit der Ungleichheit $|X_n - c| \geqq \varepsilon$ für $n \to \infty$ gegen Null strebt.
Der Begriff der stochastischen Konvergenz von Zufallsgrößen ist bereits im Zusammenhang mit der statistischen Definition der Wahrscheinlichkeit $P(A)$ eines Ereignisses A implizit benutzt worden. Wird nämlich mit $X_n(A)$ die relative Häufigkeit für das Auftreten des Ereignisses A in einer Serie unabhängiger Versuche des Umfanges n bezeichnet, dann kann an Stelle der Formel (15.17), die die statistische Definition der Wahrscheinlichkeit $P(A)$ erklärt,

$$\lim_{n \to \infty} P(|X_n(A) - P(A)| < \varepsilon) = 1 \tag{15.49}$$

geschrieben werden. Damit ergibt sich der folgende Satz.

Satz 15.22 (*Andere Fassung der statistischen Definition der Wahrscheinlichkeit eines Ereignisses*)

Die relative Häufigkeit des Auftretens eines Ereignisses in einer Serie unabhängiger Versuche konvergiert stochastisch gegen die Wahrscheinlichkeit (des Eintretens) dieses Ereignisses bei einem Einzelversuch, wenn der Umfang der Serie gegen unendlich strebt.

Bislang sind ausschließlich eindimensionale Zufallsvariable betrachtet worden. Die diesbezüglich angestellten Überlegungen werden nun verallgemeinert.

Definition 15.29

Eine n-dimensionale Zufallsvariable ist ein n-Tupel $(X_1\ X_2\ \ldots\ X_n)$, *dessen Elemente (Koordinaten)* X_i $(i = 1, 2, \ldots, n)$ *eindimensionale Zufallsgrößen sind. Sie heißt diskret bzw. stetig, wenn alle n Elemente diskret bzw. stetig sind.*

Die Dimension der Zufallsgröße muß nicht endlich sein. Sind nicht alle Elemente stetig bzw. diskret, dann liegt eine gemischte mehrdimensionale Zufallsgröße vor. In diesem Kapitel werden nur diskrete und stetige mehrdimensionale Zufallsgrößen erörtert.

Beispiel 15.35

Aus der im Beispiel 15.18 beschriebenen Urne werden 5 Kugeln zufällig ausgewählt. X_1, X_2 bzw. X_3 sei die Anzahl der hierbei gezogenen schwarzen, weißen bzw. roten Kugeln. Das Tripel $(X_1\ X_2\ X_3)$ stellt offenbar eine dreidimensionale diskrete Zufallsvariable dar.

Beispiel 15.36

In der Statistik einer Klinik werden die Größe X_1 und das Gewicht X_2 der behandelten Patienten registriert. Offenbar repräsentiert $(X_1\ X_2)$ eine zweidimensionale stetige Zufallsvariable.

Beispiel 15.37

Das Fertigungsprogramm eines Betriebes umfaßt n Erzeugnistypen $E_1, \ldots, E_n$. Sei X_i die Anzahl der Erzeugnisse E_i $(i = 1, 2, \ldots, n)$, die während einer Zeiteinheit produziert werden. Das n-Tupel $(X_1\ \ldots\ X_n)$ ist eine n-dimensionale diskrete Zufallsgröße.

Die Realisierungen einer mehrdimensionalen Zufallsvariablen $(X_1\ \ldots\ X_n)$, das heißt, die möglichen n-Tupel von Werten, derer die Zufallsvariable fähig ist, stellen Punkte des n-dimensionalen Euklidischen Raumes dar. Im diskreten Fall ist die Menge dieser Punkte höchstens abzählbar unendlich. Ist die Zufallsgröße stetig, dann ist die Menge ihrer Realisierungen überabzählbar unendlich. (Dieser Sachverhalt ist auch bei den gemischten mehrdimensionalen Zufallsvariablen gegeben.)

Jede Charakterisierung des Zusammenhangs zwischen den einzelnen Realisierungen bzw. den einzelnen Teilbereichen des Wertevorrats des n-Tupels und den betreffenden Wahrscheinlichkeiten heißt ein Verteilungsgesetz der Zufallsgröße. Es gibt verschiedene Formen des Verteilungsgesetzes einer Zufallsgröße.

Eine Charakterisierung des Verhaltens einer mehrdimensionalen Zufallsveränderlichen ermöglicht ihre Verteilungsfunktion.

Definition 15.30

Die Verteilungsfunktion $F(z_1\ z_2\ \ldots\ z_n)$ *einer mehrdimensionalen Zufallsgröße* $(X_1\ \ldots\ X_n)$ *ist die für jedes reelle n-Tupel* $(z_1\ z_2\ \ldots\ z_n)$ *erklärte (eindeutige und reellwertige) Funktion*

$$F(z_1\ z_2\ \ldots\ z_n) = P(X_1 < z_1 \text{ und } X_2 < z_2 \text{ und } \ldots \text{ und } X_n < z_n). \qquad (15.50)$$

Für die vorstehende Verteilungsfunktion gilt offenbar $0 \leqq F(z) \leqq 1$. Weitere Aussagen über diese Funktion ergeben sich durch Verallgemeinerung der Sätze 15.19 und 15.21. Diese Aussagen werden im folgenden der Einfachheit halber für $n = 2$ formuliert. Auf einen entsprechenden Beweis wird an dieser Stelle verzichtet (vgl. hierzu [15.2]).

Satz 15.23

Die Verteilungsfunktion $F(z_1 \ z_2)$ einer zweidimensionalen Zufallsgröße $(X_1 \ X_2)$ besitzt folgende Eigenschaften

$$\lim_{z_1 \to -\infty} F(z_1 \ z_2) = \lim_{z_2 \to -\infty} F(z_1 \ z_2) = 0, \quad \lim_{z_1, z_2 \to \infty} F(z_1 \ z_2) = 1 \tag{15.51}$$

$$\lim_{z_1 \to \infty} F(z_1 \ z_2) = F_1(z_1) \qquad \lim_{z_2 \to \infty} F(z_1 \ z_2) = F_2(z_2) \tag{15.52}$$

$$F(z_1' \ z_2) \geqq F(z_1 \ z_2) \text{ für } z_1' > z_1 \text{ und alle } z_2 \tag{15.53}$$

$$F(z_1 \ z_2') \geqq F(z_1 \ z_2) \text{ für } z_2' > z_2 \text{ und alle } z_1. \tag{15.54}$$

Dabei stellen $F_1(z)$ und $F_2(z)$ die Verteilungsfunktion der eindimensionalen Zufallsgrößen X_1 bzw. X_2 dar. Ferner gilt

$$P(a_1 \leqq X_1 < b_1 \text{ und } a_2 \leqq X_2 < b_2) = F(b_1 \ b_2) - F(b_1 \ a_2) - F(a_1 \ b_2) + F(a_1 \ a_2). \tag{15.55}$$

Die Eigenschaft (15.52) besagt, daß die Verteilungsfunktion $F(z_1 \ z_2)$ der Zufallsgröße $(X_1 \ X_2)$ in die Verteilungsfunktion der Zufallsgröße X_1 bzw. X_2 übergeht, wenn das Argument z_1 bzw. z_2 gegen Unendlich geht. Die Formel (15.54) gestattet die Berechnung von Rechteck-Wahrscheinlichkeiten, das heißt, von Wahrscheinlichkeiten dafür, daß die zweidimensionale Zufallsvariable $(X_1 \ X_2)$ in einem rechteckigen Bereich der $(x_1 \ x_2)$-Ebene vorkommt.

Nunmehr wird der insbesondere für praktische Anwendungen wichtige Begriff der Unabhängigkeit eindimensionaler Zufallsgrößen diskutiert.

Definition 15.31

Die eindimensionalen Zufallsgrößen $X_1, X_2, \ldots, X_n$ heißen unabhängig, wenn die Ereignisse $X_i < z_i$ $(i = 1, 2, \ldots, n)$ unabhängig sind. Dabei sind $z_1, z_2, \ldots, z_n$ beliebige reelle Zahlen.

Die Zufallsgrößen X_1, X_2 und X_3 des Beispiels 15.35 sind offenbar abhängig.

Satz 15.24

Sind $X_1, X_2, \ldots, X_n$ unabhängige Zufallsgrößen mit den Verteilungsfunktionen $F_1(z)$, $F_2(z), \ldots, F_n(z)$, dann gilt für die Verteilungsfunktion $F(z_1 \ z_2 \ldots z_n)$ der n-dimensionalen Zufallsvariablen $(X_1 \ X_2 \ldots X_n)$ die Beziehung

$$F(z_1 \ z_2 \cdots z_n) = F_1(z_1) \, F_2(z_2) \cdot \cdots \cdot F_n(z_n). \tag{15.56}$$

Beweis

Zunächst gilt gemäß Definition 15.30 die Formel (15.50). Wegen der Unabhängigkeit der Zufallsgrößen $X_1, X_2, \ldots, X_n$ sind die Ereignisse $X_i < z_i$ $(i = 1, 2, \ldots, n)$ unabhängig. Mithin folgt aus (15.50) unter Anwendung des Multiplikationssatzes (15.41)

$$F(z_1 \ z_2 \ \ldots \ z_n) = P(X_1 < z_1) \, P(X_2 < z_2) \cdot \ldots \cdot P(X_n < z_n)$$

oder die Behauptung (15.56).

Aus den Sätzen 15.23 und 15.24 folgt unmittelbar Satz 15.25.

Satz 15.25

Sind $X_1, X_2, \ldots, X_n$ unabhängige Zufallsgrößen mit den Verteilungsfunktionen $F_i(z)$ ($i = 1, 2, \ldots, n$), dann gilt für die n-dimensionale Zufallsvariable ($X_1\ X_2 \cdots X_n$)

$$P(a_1 \leqq X_1 < b_1 \text{ und } \ldots \text{ und } a_n \leqq X_n < b_n) = \prod_{i=1}^{n} [F_i(b_i) - F_i(a_i)]. \tag{15.57}$$

Mittels der Formel (15.57) läßt sich in einfacher Weise die Wahrscheinlichkeit dafür berechnen, daß eine n-dimensionale Zufallsgröße mit unabhängigen Koordinaten (Elementen) in einem quaderförmigen Bereich des n-dimensionalen Euklidischen Raumes auftritt.
Abschließend wird noch der Begriff der Funktion von Zufallsgrößen eingeführt.

Definition 15.32

Gegeben seien n eindimensionale Zufallsgrößen $X_1, X_2, \ldots, X_n$ und eine reelle und stetige Funktion $g(x_1\ x_2 \ldots x_n)$, die wenigstens für alle Realisierungen der mehrdimensionalen Zufallsvariablen ($X_1\ X_2 \ldots X_n$) erklärt ist. Dann heißt die Zufallsgröße $Y = g(X_1\ X_2 \ldots X_n)$ eine Funktion der Zufallsgrößen $X_1, X_2, \ldots, X_n$.
Einfache Beispiele für solche Funktionen von Zufallsgrößen sind die Summe und das Produkt gegebener Zufallsgrößen. Sind alle Argumente $X_1, X_2, \ldots, X_n$ diskret bzw. stetig, dann ist auch die Funktion $Y = g(X_1\ X_2 \ldots X_n)$ eine diskrete bzw. stetige Zufallsgröße. Von besonderem Interesse ist in diesem Zusammenhang die Frage, wie das Verteilungsgesetz (zum Beispiel die Verteilungsfunktion) einer Zufallsgröße aus den Verteilungsgesetzen ihrer zufälligen Argumente bestimmt werden kann. Auf diese komplizierte Frage wird in den folgenden Abschnitten teilweise eingegangen. An dieser Stelle wird lediglich der folgende Sachverhalt mitgeteilt, der unmittelbar evident ist.

Satz 15.26

Sei $Y = g(X)$ eine Funktion einer Zufallsvariablen X mit der Verteilungsfunktion $F(z) = P(X < z)$. Dann lautet die Verteilungsfunktion der Zufallsgröße Y

$$G(w) = P(Y < w) = P(X \in J(w)). \tag{15.58}$$

Dabei bedeutet $J(w)$ die Gesamtheit der Realisierungen x der Zufallsgröße X, für die $g(x) < w$ gilt.

15.2. Diskrete Verteilungen

15.2.1. Verteilungsgesetz einer diskreten Zufallsgröße

In diesem Abschnitt werden verschiedene Formen des Verteilungsgesetzes einer diskreten Zufallsgröße erörtert. Jede dieser Formen ermöglicht die Ermittlung der Verteilungsfunktion der Zufallsgröße, die bereits im Abschnitt 15.1.8. als eine Form des Verteilungsgesetzes einer beliebigen Zufallsgröße eingeführt wurde.
Die einfachste Form des Verteilungsgesetzes einer diskreten Zufallsvariablen ist ihre Verteilungstabelle.

Definition 15.33

Die Verteilungstabelle einer diskreten Zufallsgröße X ist ein Verzeichnis aller Realisierungen $x_1, x_2, \ldots, x_n$ der Zufallsgröße und der Wahrscheinlichkeiten

$$p_i = P(X = x_i) = f(x_i) \qquad (i = 1, 2, \ldots, n) \tag{15.59}$$

mit denen die Zufallsgröße X diese Realisierungen annimmt. Die Beziehung (15.59) heißt die (diskrete) Wahrscheinlichkeitsfunktion der Zufallsgröße X.

Damit hat die Verteilungstabelle einer diskreten Zufallsgröße X die in Tabelle 15.5 angegebene Form.

Tabelle 15.5

Realisierungen	x_1	x_2	$\cdots$	x_n
Wahrscheinlichkeiten	p_1	p_2	$\cdots$	p_n

Dabei muß n nicht endlich sein.
Offenbar bilden die Ereignisse $X = x_i$ $(i = 1, 2, \ldots, n)$ ein vollständiges System von Ereignissen. Mithin folgt aus dem Satz 15.6 der Satz 15.27.

Satz 15.27

Für die Wahrscheinlichkeitsfunktion einer diskreten Zufallsgröße gilt die Vollständigkeitsrelation

$$\sum_{i=1}^{n} f(x_i) = \sum_{i=1}^{n} p_i = 1. \tag{15.60}$$

Beispiel 15.38

Die Verteilungstabelle der Augenzahl bei einem Wurf mit einem idealen Würfel lautet

1	2	3	4	5	6
$\frac{1}{6}$	$\frac{1}{6}$	$\frac{1}{6}$	$\frac{1}{6}$	$\frac{1}{6}$	$\frac{1}{6}$

Beispiel 15.39

Die Verteilungstabelle der Augenzahl bei einem Wurf mit einem gefälschten Würfel kann die folgende Gestalt aufweisen

1	2	3	4	5	6
$\frac{1}{12}$	$\frac{1}{6}$	$\frac{1}{6}$	$\frac{1}{6}$	$\frac{1}{6}$	$\frac{1}{4}$

Beispiel 15.40

In einer Urne sind 6 weiße und 3 schwarze Kugeln. Es werden 3 Ziehungen mit Zurücklegung vorgenommen. Die Verteilungstabelle der Anzahl der hierbei gezogenen weißen Kugeln lautet (vgl. Abschnitt 15.1.).

0	1	2	3
$\frac{1}{27}$	$\frac{6}{27}$	$\frac{12}{27}$	$\frac{8}{27}$

Beispiel 15.41

Es wird mit einer Münze solange geworfen, bis zum ersten Mal Wappen erscheint (vgl. Aufgabe 15.1.38). Die Anzahl der hierfür erforderlichen Würfe ist eine diskrete Zufallsgröße mit unendlich vielen Realisierungen. Ihre Verteilungstabelle hat die Form

1	2	3	$\cdots$	k	$\ldots$
$\frac{1}{2}$	$\frac{1}{4}$	$\frac{1}{8}$	$\cdots$	$\frac{1}{2^k}$	$\cdots$

In diesem Falle lautet die Wahrscheinlichkeitsfunktion $f(x_i) = f(i) = 2^{-i}$ $(i = 1, 2, 3, \ldots)$. Der Ausdruck (15.60) stellt nunmehr eine unendliche geometrische Reihe dar, deren Summe (Limes) tatsächlich den Wert eins ergibt (vgl. Kapitel 7.).

Die graphische Darstellung der Verteilungstabelle einer diskreten Zufallsgröße X führt zu einer weiteren einfachen Form des Verteilungsgesetzes, zu dem Verteilungsdiagramm der Zufallsgröße X. Dieses Diagramm ergibt sich, wenn über den Realisierungen $x_1, x_2, \ldots, x_n$ der reellen Zahlengeraden die entsprechenden Werte der Wahrscheinlichkeitsfunktion als Ordinaten aufgetragen werden. Vielfach werden die benachbarten der so erhaltenen Punkte der $(x\ p)$-Ebene noch geradlinig miteinander verbunden. Dieses ist aber keineswegs gerechtfertigt, da das Verteilungsdiagramm – als geometrische Darstellung der Verteilungstabelle – nur für solche reellen Zahlen definiert ist, die Realisierungen der Zufallsgröße sind. Auf Grund des Satzes 15.26 ist die Summe aller Ordinaten gleich eins.
Die Abbildung 15.1 zeigt das Verteilungsdiagramm einer allgemeinen diskreten Zufallsgröße, die gemäß Tabelle 15.5 verteilt ist. Die Abbildungen 15.2 bis 15.5 stellen das Verteilungsdiagramm der in den Beispielen 15.38 bis 15.41 betrachteten Zufallsgrößen dar.

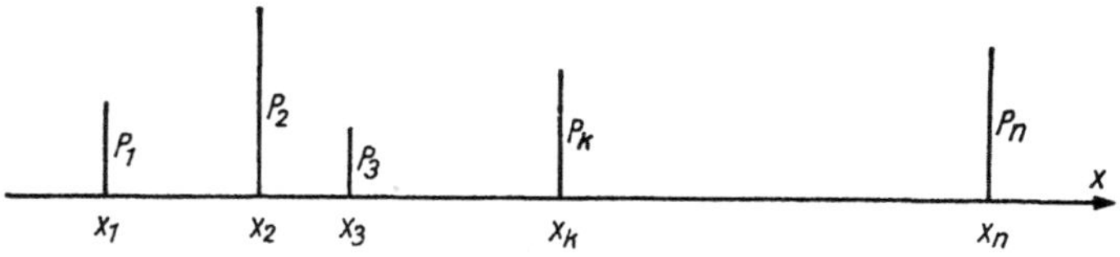

Abbildung 15.1

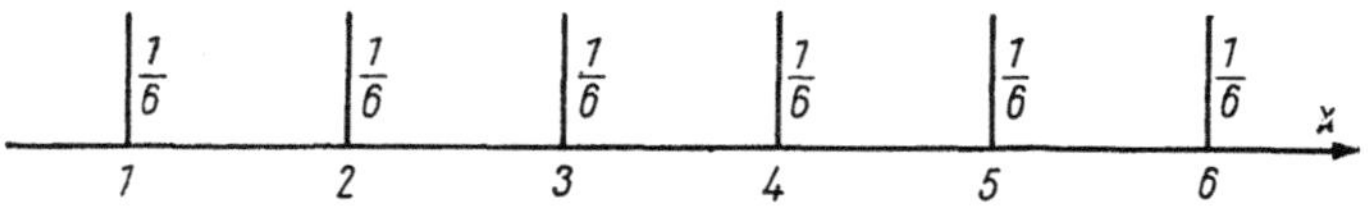

Abbildung 15.2

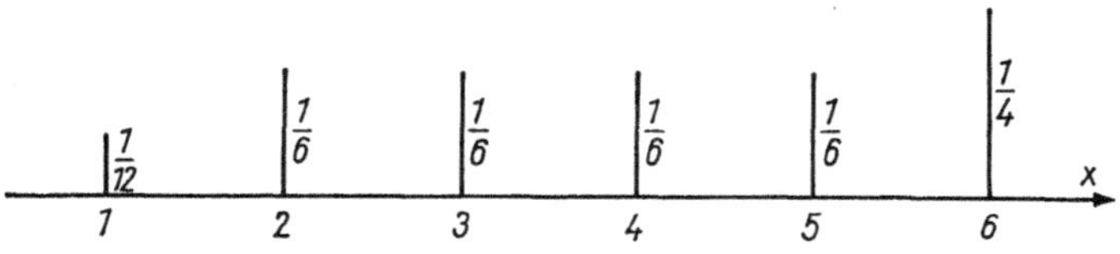

Abbildung 15.3

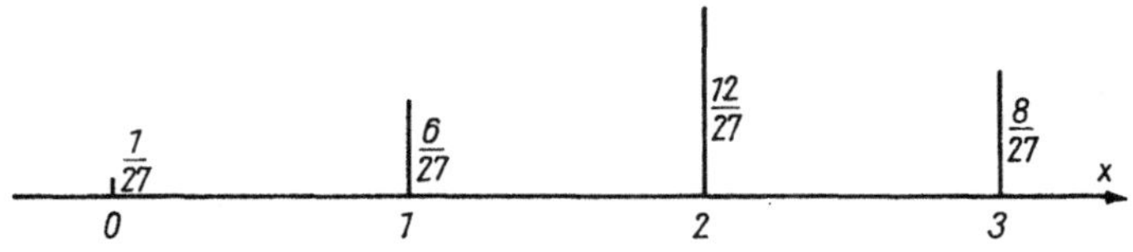

Abbildung 15.4

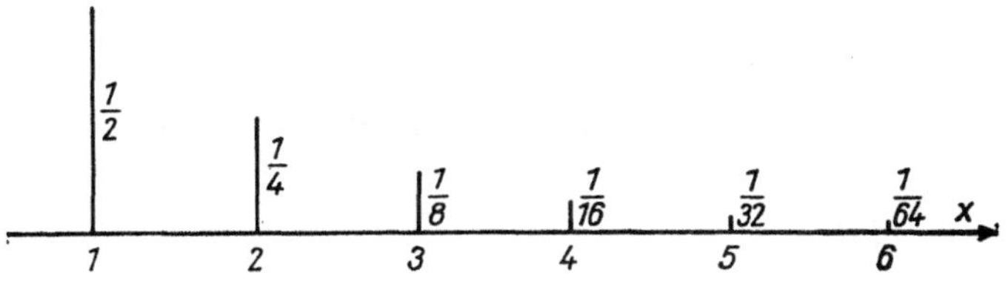

Abbildung 15.5

Definition 15.34

Eine Realisierung einer diskreten Zufallsgröße mit größtem Wert der Wahrscheinlichkeitsfunktion heißt wahrscheinlichster Wert der Zufallsgröße.

Einem wahrscheinlichsten Wert einer diskreten Zufallsgröße kommt damit die größte Ordinate im entsprechenden Verteilungsdiagramm zu. Die Verteilung des Beispiels 15.38 besitzt keinen wahrscheinlichsten Wert. Die in den Beispielen 15.39 bis 15.41 betrachteten Zufallsgrößen weisen genau einen wahrscheinlichsten Wert auf; er beträgt $x_6 = 6$, $x_3 = 2$ bzw. $x_1 = 1$.

Nun wird eine Funktion diskreter Zufallsgrößen $Y = g(X_1\ X_2 \cdots X_n)$ (im Sinne der Definition 15.32) betrachtet, die selbst eine diskrete Zufallsvariable ist. Das Verteilungsgesetz der einzelnen Argumente $X_1, X_2, \ldots, X_n$ sei bekannt und durch die betreffenden Verteilungstabellen gegeben. Gesucht ist die Verteilungstabelle der Zufallsgröße Y. Diese Aufgabe wird an dieser Stelle nicht in voller Allgemeinheit gelöst. Es werden lediglich einige Sonderfälle erörtert, die für die Praxis von Bedeutung sind. Der allgemeine Fall läßt sich auf diese Spezialfälle zurückführen. Diese Spezialfälle werden in den folgenden Sätzen behandelt.

Satz 15.28

Ist eine diskrete Zufallsgröße X nach der Tabelle 15.5 verteilt, dann lautet die Verteilungstabelle der diskreten Zufallsgröße $Y = g(X)$

$$\frac{y_1\ y_2 \cdots y_j \cdots y_m}{q_1\ q_2 \cdots q_j \cdots q_m}\ .$$

Dabei gilt $y_j = g(x_i)$ $(j = 1, 2, \ldots, m)$ für wenigstens einen Index i $(i = 1, 2, \ldots, n)$ sowie $m \leqq n$. Die Wahrscheinlichkeitsfunktion für Y beträgt

$$q_j = P(Y = y_j) = \sum_i p_i.$$

Dabei ist im letzten Ausdruck über alle Indizes i zu summieren, für die $y_j = g(x_i)$ besteht. Ist die Funktion $y = g(x)$ monoton in x, dann gilt sogar $m = n$, $y_j = g(x_j)$ und $q_j = p_j$ $(j = 1, 2, \ldots, n)$.

Aus diesem Satz folgt unmittelbar die Tatsache, daß die Zufallsvariable $Y = aX$ (a konstant) die Verteilungstabelle

$$\frac{y_1\ y_2\ \cdots\ y_j\ \cdots\ y_n}{p_1\ p_2\ \cdots\ p_j\ \cdots\ p_n}$$

mit $y_j = ax_j$ ($j = 1, 2, \ldots, n$) besitzt, sofern die Zufallsgröße X nach Tabelle 15.5 verteilt ist.

Beispiel 15.42

Die doppelte bzw. die quadratische Augenzahl beim Wurf mit dem im Beispiel 15.39 beschriebenen Würfel besitzt die Verteilungstabelle

2	4	6	8	10	12
$\frac{1}{12}$	$\frac{1}{6}$	$\frac{1}{6}$	$\frac{1}{6}$	$\frac{1}{6}$	$\frac{1}{4}$

bzw.

1	4	9	16	25	36
$\frac{1}{12}$	$\frac{1}{6}$	$\frac{1}{6}$	$\frac{1}{6}$	$\frac{1}{6}$	$\frac{1}{4}$

In diesem Beispiel ist $y = g(x)$ jeweils monoton.

Beispiel 15.43

Eine diskrete Zufallsvariable X habe die Verteilungstabelle

−2	−1	0	1	2
0,1	0,3	0,3	0,2	0,1

Dann lautet die Verteilungstabelle der Zufallsgröße $Y = 2X^2 + 3$

3	5	11
0,3	0,5	0,2

Satz 15.29

Sind zwei unabhängige Zufallsgrößen X und Y mit den Verteilungstabellen

$$\frac{x_1\ x_2\ \cdots\ x_i\ \cdots\ x_n}{p_1\ p_2\ \cdots\ p_i\ \cdots\ p_n} \qquad \frac{y_1\ y_2\ \cdots\ y_j\ \cdots\ y_m}{q_1\ q_2\ \cdots\ q_j\ \cdots\ q_m}$$

gegeben, dann lauten die Verteilungstabellen der Zufallsgrößen $A = X + Y$ und $B = XY$

$$\frac{a_1\ a_2\ \cdots\ a_k\ \cdots\ a_u}{r_1\ r_2\ \cdots\ r_k\ \cdots\ r_u} \qquad \frac{b_1\ b_2\ \cdots\ b_l\ \cdots\ b_v}{s_1\ s_2\ \cdots\ s_l\ \cdots\ s_v}$$

mit $u, v \leqq mn$. Dabei bedeuten $a_k = x_i + y_j$ ($k = 1, 2, \ldots, u$) bzw. $b_l = x_i y_j$ ($l = 1, 2, \ldots, v$) für wenigstens ein Indexpaar (i, j) ($i = 1, 2, \ldots, n$; $j = 1, 2, \ldots, m$). Für die betreffenden Wahrscheinlichkeitsfunktionen gilt

$$r_k = P(A = a_k) = \sum_{(i,j)} p_i q_j \quad (k = 1, 2, \ldots, u)$$

$$s_l = P(B = b_e) = \sum_{(i,j)} p_i q_j \quad (l = 1, 2, \ldots, v).$$

Dabei werden die Summen über alle Indexpaare (i, j) erstreckt, für die $a_k = x_i + y_j$ bzw. $b_l = x_i y_j$ besteht.

Beispiel 15.44

Gegeben sind die unabhängigen Zufallsgrößen X und Y mit den Verteilungstabellen

0	1	2
0,3	0,5	0,2

1	2	5
0,2	0,6	0,2

.

Für die Summe $X + Y$ bzw. für das Produkt XY dieser Zufallsgrößen ergeben sich die Verteilungstabellen

1	2	3	4	5	6	7
0,06	0,28	0,34	0,12	0,06	0,10	0,04

0	1	2	4	5	10
0,30	0,10	0,34	0,12	0,10	0,04

.

In diesem Beispiel ist der wahrscheinlichste Wert der Summe bzw. des Produktes zweier Zufallsgrößen die Summe bzw. das Produkt der wahrscheinlichsten Werte der einzelnen Zufallsgrößen. Dieser Sachverhalt besteht im allgemeinen nicht, wie unmittelbar einzusehen ist.

Die Verteilungstabelle und das Verteilungsdiagramm einer diskreten Zufallsgröße charakterisieren das Wesen einer diskreten Zufallsgröße und nur einer diskreten Zufallsgröße. Sie sind keine universellen Charakteristika einer beliebigen Zufallsgröße und damit zur Beschreibung einer stetigen Zufallsgröße (mit überzählbar unendlich vielen Realisierungen!) nicht anwendbar. Hingegen ist die bereits im Abschnitt 15.1.8. behandelte Verteilungsfunktion eine universelle Form des Verteilungsgesetzes einer Zufallsgröße.
Die Verteilungsfunktion einer diskreten Zufallsgröße läßt sich aus ihrer Verteilungstabelle konstruieren.

Satz 15.30

Ist eine diskrete Zufallsgröße X gemäß Tabelle 15.5 verteilt, dann lautet ihre Verteilungsfunktion

$$F(z) = P(X < z) = \begin{cases} 0 & \text{für } z \leqq x_1 \\ \sum_{i=1}^{k} p_i \text{ für } x_k < z \leqq x_{k+1} & (k = 1, 2, \ldots, n-1) \\ 1 & \text{für } z > x_n. \end{cases} \qquad (15.61)$$

Beweis

Die Aussagen $F(z) = 0$ für $z \leqq x_1$ bzw. $F(z) = 1$ für $z > x_n$ ergeben sich aus der Tatsache, daß das Ereignis $X < z$ für $z \leqq x_1$ unmöglich, für $z > x_n$ sicher ist. Im Falle $x_k < z \leqq x_{k+1}$ $(k = 1, 2, \ldots, n-1)$ gilt

$$F(z) = P(X < z) = P(X = x_1 \text{ oder } X = x_2 \text{ oder } \cdots \text{ oder } X = x_k)$$

oder gemäß Satz 15.5 (Additionssatz für unverträgliche Ereignisse)

$$F(z) = \sum_{i=1}^{k} P(X = x_i) = \sum_{i=1}^{k} P_i.$$

Damit ist alles bewiesen.

Es ist zu erkennen, daß die Verteilungsfunktion einer diskreten Zufallsgröße eine Treppenfunktion darstellt. Ihre Sprungstellen sind die Realisierungen $x_1, x_2, \ldots, x_n$

mit den (endlichen) Sprunghöhen $p_1, p_2, \ldots, p_n$. Die Summe aller Sprunghöhen ist gemäß Vollständigkeitsrelation gleich Eins.
Die Abbildung 15.6 zeigt die Verteilungsfunktion einer allgemeinen diskreten Zufallsgröße, die nach Tabelle 15.5 verteilt ist. Die Abbildungen 15.7 bis 15.10 stellen

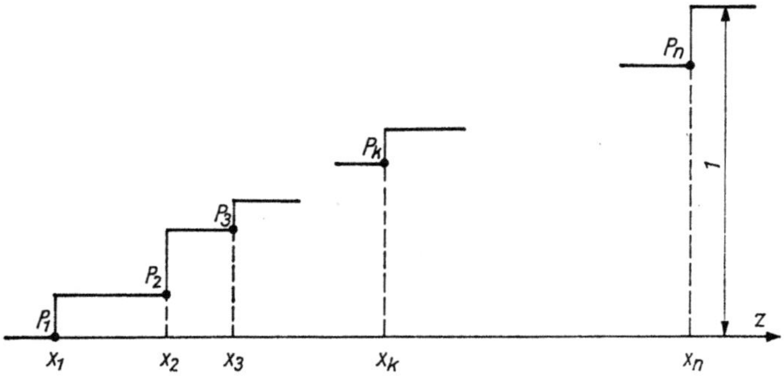

Abbildung 15.6

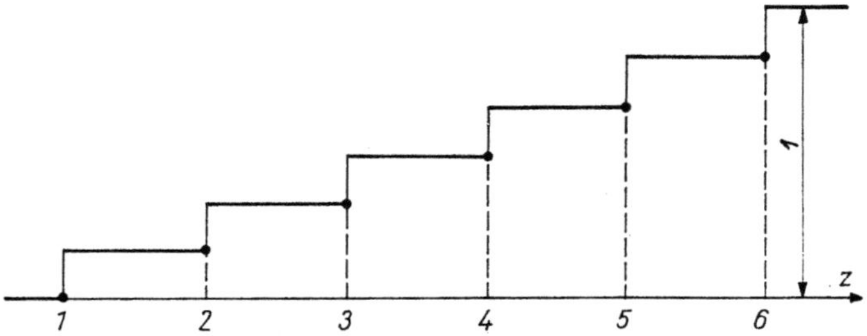

Abbildung 15.7

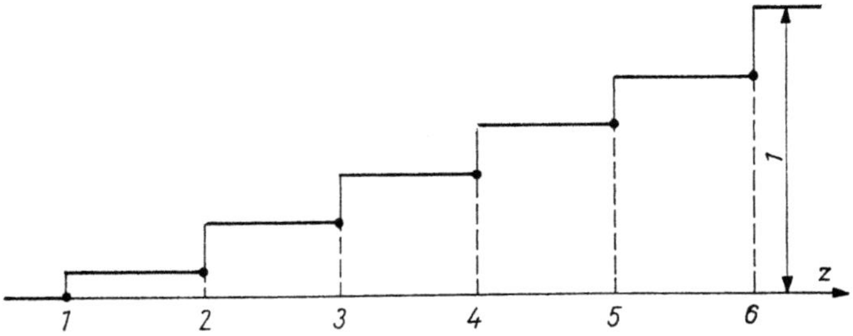

Abbildung 15.8

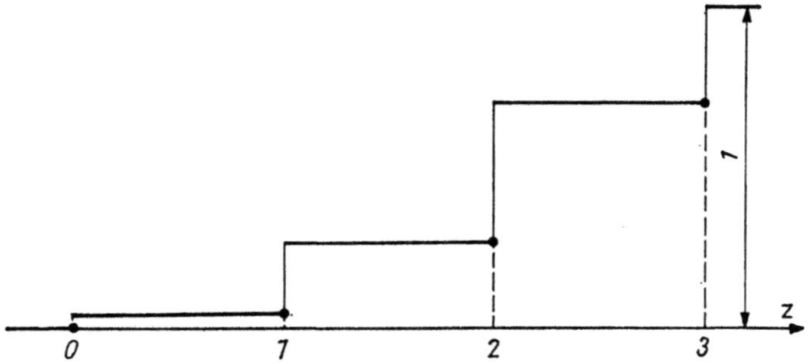

Abbildung 15.9

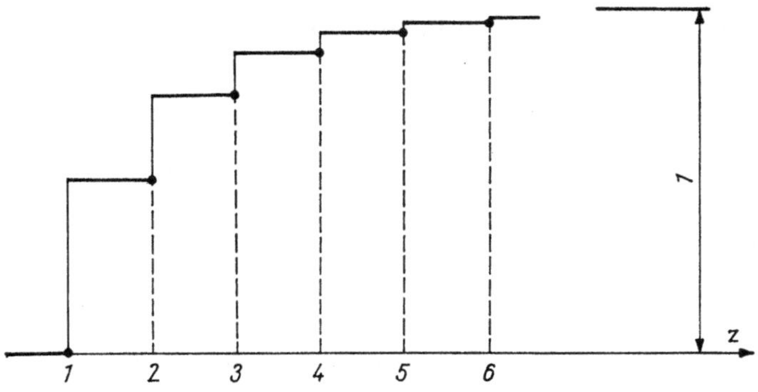

Abbildung 15.10

die Verteilungsfunktion der in den Beispielen 15.38 bis 15.41 behandelten Zufallsgrößen dar. Dabei bedeuten die durch einen Punkt hervorgehobenen Ordinatenwerte den Wert der Verteilungsfunktion $F(z)$ an den Sprungstellen.
Neben dem Verteilungsgesetz spielen in der Wahrscheinlichkeitsrechnung und deren Anwendung die skalaren Größen Erwartungswert, Streuung, Momente und Schiefe eine Rolle. Diese Größen heißen *Parameter* der Zufallsgröße bzw. ihrer Verteilung. Vielfach genügt es, einige Parameter – und nicht das (vollständige) Verteilungsgesetz – einer Zufallsgröße zu kennen, um eine summarische Vorstellung vom Verhalten der Zufallsgröße zu erhalten.

15.2.2. Erwartungswert und Streuung einer diskreten Zufallsgröße

In diesem Abschnitt werden die wichtigsten Parameter diskreter Zufallsgrößen erörtert.

Definition 15.35

Eine diskrete Zufallsgröße X sei nach der Tabelle 15.5 verteilt. Als Erwartungswert oder mathematische Erwartung der Zufallsgröße X wird der folgende Ausdruck bezeichnet

$$E(X) = \sum_{i=1}^{n} x_i p_i. \tag{15.62}$$

Besitzt die Zufallsgröße unendlich viele Realisierungen, dann muß die vorstehende unendliche Summe absolut konvergent sein; andernfalls existiert der Parameter $E(X)$ nicht.
Um zu einer Deutung des Parameters $E(X)$ zu gelangen, werden folgende Überlegungen angestellt. Betrachtet wird eine diskrete Zufallsgröße, die gemäß Tabelle 15.5 verteilt ist. Es werden nun N Versuche ausgeführt, deren Ausgänge durch die Zufallsgröße charakterisiert werden. Dabei möge das Ereignis A_i: $X = x_i$ genau N_i-mal ($i = 1, 2, \ldots, n$; $N_1 + N_2 + \cdots + N_n = N$) auftreten. Dann hat die Zufallsgröße im Mittel pro Versuch dieser Serie des Umfangs N den Wert

$$\frac{1}{N} \sum_{i=1}^{n} N_i x_i = \sum_{i=1}^{n} \frac{N_i}{N} x_i$$

angenommen. Wird nun der Umfang der Versuchsserie sehr groß ($n \to \infty$), dann streben gemäß der statistischen Definition der Wahrscheinlichkeit die relativen Häufigkeiten $\frac{N_i}{N}$ gegen die Wahrscheinlichkeiten p_i ($i = 1, 2, \ldots, n$). Mithin geht der vorstehende Ausdruck für $n \to \infty$ in den Erwartungswert der Zufallsgröße über. Damit gilt: Der Erwartungswert einer diskreten Zufallsgröße X ist der Mittelwert der Zufallsgröße in einer Versuchsserie mit unbeschränktem Umfang.

Beispiel 15.45

Für den Erwartungswert der Augenzahl beim Wurf mit einem Würfel ergibt sich im Falle eines idealen Würfels (vgl. Beispiel 15.38)

$$E(X) = \frac{1}{6}(1 + 2 + \cdots + 6) = 3{,}5$$

bzw. im Falle des im Beispiel 15.39 beschriebenen gefälschten Würfels

$$E(X) = 1 \cdot \frac{1}{12} + 2 \cdot \frac{1}{6} + 3 \cdot \frac{1}{6} + 4 \cdot \frac{1}{6} + 5 \cdot \frac{1}{6} + 6 \cdot \frac{1}{4} = \frac{47}{12} \approx 3{,}92.$$

Beispiel 15.46

Für die mathematische Erwartung der im Beispiel 15.40 behandelten Zufallsgröße ergibt sich

$$E(X) = 0 \cdot \frac{1}{27} + 1 \cdot \frac{6}{27} + 2 \cdot \frac{12}{27} + 3 \cdot \frac{8}{27} = 2.$$

Im Mittel werden damit bei 3 Ziehungen 2 weiße Kugeln erhalten.

Es werden nun einige Eigenschaften des Erwartungswertes einer diskreten Zufallsgröße angegeben.

Satz 15.31

Für den Erwartungswert einer linearen Funktion $a + bX$ einer diskreten Zufallsgröße X gilt

$$E(a + bX) = a + bE(X). \tag{15.63}$$

Insbesondere ist

$$E(a) = a, \qquad E(bX) = bE(X), \qquad E(E(X) - X) = 0. \tag{15.64}$$

Beweis

Die Zufallsgröße $Y = a + bX$ besitzt gemäß Satz 15.28 die Realisierungen $y_i = a + bx_i$ mit den entsprechenden Wahrscheinlichkeiten p_i ($i = 1, 2, \ldots, n$), falls die Zufallsvariable X nach Tabelle 15.5 verteilt ist. Mithin folgt für die mathematische Erwartung dieser Zufallsgröße gemäß Definition 15.35

$$E(Y) = E(a + bX) = \sum_{i=1}^{n} (a + bx_i)\, p_i = a \sum_{i=1}^{n} p_i + b \sum_{i=1}^{n} x_i p_i .$$

Werden nun die Ausdrücke (15.60) und (15.62) beachtet, dann ergibt sich gerade die Behauptung (15.63). Wird nun in dieser Beziehung $b = 0$, $a = E(X)$ und $b = -1$ gesetzt, dann resultieren die Aussagen (15.64).

Satz 15.32

Der Erwartungswert einer Summe beliebig vieler diskreter Zufallsgrößen ist gleich der Summe derer Erwartungswerte

$$E(X + Y + \cdots) = E(X) + E(Y) + \cdots \tag{15.65}$$

Im Falle unendlich vieler Summanden ist die Konvergenz dieser Summe erforderlich.

Satz 15.33

Der Erwartungswert eines Produktes beliebig vieler unabhängiger diskreter Zufallsgrößen ist gleich dem Produkt ihrer Erwartungswerte

$$E(XY \cdots) = E(X)\, E(Y) \cdots. \tag{15.66}$$

Im Falle unendlich vieler Faktoren muß dieses Produkt konvergent sein.

Beispiel 15.47

Die im Beispiel 15.44 behandelten unabhängigen Zufallsgrößen X und Y besitzen die folgenden Erwartungswerte

$$E(X) = 0{,}5 + 0{,}4 = 0{,}9, \qquad E(Y) = 0{,}2 + 1{,}2 + 1{,}0 = 2{,}4.$$

Mithin ergeben sich für die Zufallsvariablen $X + Y$ und XY die mathematischen Erwartungen

$$E(X + Y) = 0{,}9 + 2{,}4 = 3{,}3 \qquad E(XY) = 0{,}9 \cdot 2{,}4 = 2{,}16.$$

An Hand der zu diesen Zufallsvariablen gehörigen Verteilungstabellen, die gleichfalls im Beispiel 15.44 angegeben sind, läßt sich dieses Ergebnis bestätigen. Es folgt nämlich

$$E(X + Y) = 0{,}06 + 0{,}56 + 1{,}02 + 0{,}48 + 0{,}30 + 0{,}60 + 0{,}28 = 3{,}3$$
$$E(XY) = 0{,}1 + 0{,}68 + 0{,}48 + 0{,}50 + 0{,}40 = 2{,}16.$$

Beispiel 15.48

Ein Seehafen unterhält 5 Linien L_1, L_2, L_3, L_4, L_5. Statistische Untersuchungen haben gezeigt, daß die Anzahl der täglich eintreffenden Schiffe der Linien diskrete Zufallsgrößen X_1, X_2, X_3, X_4, X_5 mit den Erwartungswerten 5, 4, 6, 5 und 7 sind. Damit ergibt sich für die Zufallsgröße $X = X_1 + X_2 + \cdots + X_5$, die die Gesamtanzahl der täglich im Hafen eintreffenden Schiffe darstellt, der Erwartungswert

$$E(X) = E(X_1) + \cdots + E(X_5) = 5 + 4 + 6 + 5 + 7 = 27.$$

Der Erwartungswert $E(X)$ einer diskreten Zufallsgröße bringt zum Ausdruck, welchen Wert die zufällige Variable (innerhalb einer großen Versuchsserie) im Mittel pro Versuch annimmt. Er gibt mehr oder weniger an, in welcher Größenordnung sich die Zufallsgröße bewegt (vgl. Aufgabe 15.2.51). Der Erwartungswert einer diskreten Zufallsgröße charakterisiert deren Verhalten nur unvollkommen. Er bringt nur eine Seite des Wesens der Zufallsgröße zum Ausdruck. Bei einer Konstanten (das heißt, bei einer diskreten Zufallsgröße mit nur einer Realisierung) ist die Zufallsgröße durch ihren Erwartungswert eindeutig bestimmt. Es gibt allerdings noch weitere (von einer Konstanten verschiedene) diskrete Zufallsgrößen, die bereits durch ihren Erwartungswert vollständig charakterisiert sind (zum Beispiel die Poisson-Verteilung und geometrische Verteilung).

Die Aufgabe 15.2.49 macht deutlich, daß der Erwartungswert einer Zufallsgröße das Wesen der Zufallsgröße nur unvollständig erfaßt, deren Verteilungsgesetz nicht vollständig beschreibt. Beide in dieser Aufgabe behandelten Zufallsgrößen besitzen den Erwartungswert $E(X) = E(Y) = 0$. Das Verhalten der Zufallsvariablen X und Y ist allerdings verschieden. Zunächst sind die Realisierungen unterschiedlich. Zum anderen „streut" die Zufallsgröße X geringer als Y, das heißt, die Verteilung von X ist gespreizter als die von Y. Die Zufallsgröße Y weist eine größere Variabilität als die Zufallsgröße X auf.

Von Interesse ist nun ein Parameter als Maß für die Variabilität einer diskreten Zufallsgröße X. Zunächst kann in diesem Zusammenhang an die mittlere Abweichung der Zufallsgröße X von ihrem Erwartungswert, das heißt, an den Erwartungswert der Zufallsvariablen $X - E(X)$, gedacht werden. Aber gemäß (15.64) verschwindet dieser Wert für jede diskrete Zufallsgröße. Damit ist dieser Wert kein Charakteristikum einer diskreten Zufallsgröße.

Als Maß für das Schwankungsvermögen einer diskreten Zufallsgröße wird im folgenden die mittlere quadratische Abweichung der Zufallsgröße von ihrem Erwartungswert eingeführt.

Definition 15.36

Als Varianz (oder Dispersion) einer diskreten Zufallsgröße X wird der Erwartungswert der quadratischen Abweichung der Zufallsgröße von ihrem Erwartungswert bezeichnet

$$\sigma^2(X) = E([X - E(X)]^2). \tag{15.67}$$

Aus dieser Definition und dem Satz 15.30 folgt unmittelbar Satz 15.34.

Satz 15.34

Die Varianz einer diskreten Zufallsgröße ist stets nichtnegativ. Ist die Zufallsgröße nach der Tabelle 15.5 verteilt, dann beträgt ihre Varianz

$$\sigma^2(X) = \sum_{i=1}^{n} [x_i - E(X)]^2 p_i. \tag{15.68}$$

Beispiel 15.49

Für die Varianz der Augenzahl beim Wurf mit einem Würfel ergibt sich unter Beachtung des Beispiels 15.45 im Falle eines idealen Würfels

$$\sigma^2(X) = \frac{1}{6} [(1 - 3{,}5)^2 + (2 - 3{,}5)^2 + (3 - 3{,}5)^2 + (4 - 3{,}5)^2 + (5 - 3{,}5)^2 + (6 - 3{,}5)^2]$$

$$= \frac{9}{4} = 2{,}25.$$

Das Beispiel 15.49 macht deutlich, daß die Formel (15.68) zur Berechnung der Varianz einer diskreten Zufallsgröße umständlich ist. Daher wird nunmehr eine bequemere Formel angegeben.

Satz 15.35 (*Verschiebungssatz*)

Für die Varianz einer nach Tabelle 15.5 verteilten diskreten Zufallsgröße X gilt

$$\sigma^2(X) = E(X^2) - [E(X)]^2 = \sum_{i=1}^{n} x_i^2 p_i - \left(\sum_{i=1}^{n} x_i p_i\right)^2. \tag{15.69}$$

Beweis

Ausgehend von der Definition (15.67) für die Varianz ergibt sich

$\sigma^2(X) = E(X^2 - 2XE(X) + [E(X)]^2)$.

Aus den Sätzen 15.31 und 15.32 folgt

$\sigma^2(X) = E(X^2) - 2E(X)\,E(X) + [E(X)]^2 = E(X^2) - [E(X)]^2$.

Werden schließlich noch der Satz 15.28 sowie die Beziehung (15.62) beachtet, dann resultiert gerade die Behauptung (15.69).

Es werden nun weitere Eigenschaften der Varianz einer diskreten Zufallsgröße abgeleitet.

Satz 15.36

Für die Varianz einer linearen Funktion $a + bX$ einer diskreten Zufallsgröße X gilt

$$\sigma^2(a + bX) = b^2\sigma^2(X). \qquad (15.70)$$

Insbesondere ist

$$\sigma^2(a + X) = \sigma^2(X), \quad \sigma^2(a) = 0 \qquad (15.71)$$

Beweis

Gemäß (15.67) und Satz 15.31 gilt

$\sigma^2(a + bX) = E([a + bX + E(a + bX)]^2 = E(b^2[x - E(x)]^2) = b^2\sigma^2(X)$.

Damit ist bereits (15.70) nachgewiesen. Wird nun $b = 1$ bzw. $b = 0$ gesetzt, dann ergeben sich die Aussagen (15.71).

Satz 15.37

Die Varianz einer Summe beliebig vieler unabhängiger diskreter Zufallsgrößen ist gleich der Summe derer Varianzen

$$\sigma^2(X + Y + \cdots) = \sigma^2(X) + \sigma^2(Y) + \cdots \qquad (15.72)$$

Im Falle unendlich vieler Summanden ist die Konvergenz dieser Summe erforderlich.

Beweis

Die Behauptung wird lediglich für den Fall zweier Zufallsgrößen X und Y bewiesen. Die Ausdehnung des Beweises (auf induktivem Wege) wird dem Leser überlassen. Zunächst resultiert aus (15.69)

$\sigma^2(X + Y) = E(X^2 + 2XY + Y^2) - [E(X + Y)]^2$

der auf Grund der Sätze 15.32 und 15.33

$\sigma^2(X + Y) = E(X^2) + 2E(X)\,E(Y) + E(Y^2) - [E(X)]^2 - 2E(X)\,E(Y) - [E(Y)]^2$.

Mithin wird

$\sigma^2(X + Y) = E(X^2) - [E(X)]^2 + E(Y^2) - [E(Y)]^2$.

In Verbindung mit (15.69) ergibt sich damit die Behauptung $\sigma^2(X + Y) = \sigma^2(X) + \sigma^2(Y)$.

Der Erwartungswert $E(X)$ einer Zufallsgröße X besitzt dieselbe Dimension wie die Zufallsgröße selbst. Die Varianz $\sigma^2(X)$ hingegen weist als Dimension das Quadrat der Dimension der Zufallsgröße X auf. Daher wird nun ein Parameter für die Variabilität einer Zufallsgröße eingeführt, der dieselbe Dimension wie die Zufallsgröße selbst besitzt.

Definition 15.37

Die (positive) Wurzel aus der Varianz $\sigma^2(X)$ einer diskreten Zufallsgröße X heißt Streuungsmaß (oder Standardabweichung) $\sigma(X)$ der Zufallsgröße

$$\sigma(X) = +\sqrt{\sigma^2(X)}. \tag{15.73}$$

Beispiel 15.50

Die Untersuchung eines Postens von 1000 Erzeugnissen eines Typs ergab, daß davon 950 Erzeugnisse keinen, 40 Erzeugnisse einen und 10 Erzeugnisse zwei Fabrikationsfehler enthielten. Gesucht sind die Verteilungstabelle für die Anzahl X der Fehler eines Erzeugnisses sowie deren Parameter Erwartungswert $E(X)$, Varianz $\sigma^2(X)$ und Streuungsmaß $\sigma(X)$. Gemäß der statistischen Definition der Wahrscheinlichkeit eines Ereignisses (Definition 15.19) ergibt sich die Verteilungstabelle für X (näherungsweise) zu

0	1	2
0,95	0,04	0,01

Die gesuchten Parameter liefern die Formeln (15.62), (15.69) und (15.73)

$$E(X) = 0 \cdot 0{,}95 + 1 \cdot 0{,}04 + 2 \cdot 0{,}01 = 0{,}06$$
$$\sigma^2(X) = 0 \cdot 0{,}95 + 1 \cdot 0{,}04 + 4 \cdot 0{,}01 - (0{,}06)^2 = 0{,}0764$$
$$\sigma(X) = \sqrt{0{,}0764} = 0{,}276.$$

Vorstehend sind die wichtigsten Parameter einer diskreten Zufallsgröße, deren Erwartungswert und Streuung eingeführt worden. Mitunter ist das Verteilungsgesetz einer diskreten Zufallsgröße bereits vollständig durch diese beiden Parameter bestimmt. Im allgemeinen wird allerdings das Verhalten einer Zufallsgröße durch diese Größen noch nicht vollständig erfaßt. Die in der Aufgabe 15.2.53. behandelten Zufallsgrößen stimmen zum Beispiel im Erwartungswert und in der Streuung überein; ihre Verteilungen sind aber nicht identisch.
Die Parameter Erwartungswert und Streuung einer diskreten Zufallsgröße charakterisieren zwei wesentliche Seiten des Verhaltens der Zufallsgröße. Sie vermitteln ein Bild davon, um welche Größe und wie stark die Zufallsvariable schwankt. Die folgenden Sätze zeigen, daß mit Hilfe dieser beiden Parameter bereits Intervallwahrscheinlichkeiten der Zufallsgröße abgeschätzt werden können.

Satz 15.38

Für eine diskrete Zufallsgröße X mit (nur) nichtnegativen Realisierungen und dem Erwartungswert E(X) gilt die Markowsche Ungleichung

$$P(X \geqq c) \leqq \frac{E(X)}{c}. \tag{15.74}$$

Dabei ist c eine beliebige positive Zahl.

Beweis

Eine diskrete Zufallsgröße X sei nach der Tabelle 15.5 mit $x_i > 0$ ($i = 1, 2, \ldots, n$) verteilt. Dann gilt

$$E(X) = \sum_{i=1}^{n} x_i p_i = \sum_{x_i < c} x_i p_i + \sum_{x_i \geqq c}^{n} x_i p_i \geqq c \sum_{x_i \geqq c}^{n} p_i = cP(X \geqq c)$$

oder wegen $c > 0$ die Behauptung (15.74).

Satz 15.39

Für eine diskrete Zufallsgröße X mit dem Erwartungswert E(X) und dem Streuungsmaß σ(X) gilt die Tschebyschewsche Ungleichung

$$P(|X - E(X)| < c) \geqq 1 - \frac{\sigma^2(X)}{c^2}. \tag{15.75}$$

Dabei ist c eine beliebige positive Zahl. Insbesondere besteht

$$P(|X - E(X)| < 2\sigma(X)) \geqq \frac{3}{4} = 0{,}75, \quad P(|X - E(X)| < 3\sigma(X)) \geqq \frac{8}{9} = 0{,}889. \tag{15.76}$$

Beispiel 15.51

Für die Augenzahl X beim Wurf mit zwei idealen Würfeln liegt gemäß Aufgabe 15.2.46 die Verteilungstabelle

2	3	4	5	6	7	8	9	10	11	12
$\frac{1}{36}$	$\frac{2}{36}$	$\frac{3}{36}$	$\frac{4}{36}$	$\frac{5}{36}$	$\frac{6}{36}$	$\frac{5}{36}$	$\frac{4}{36}$	$\frac{3}{36}$	$\frac{2}{36}$	$\frac{1}{36}$

vor. Der Erwartungswert und die Varianz dieser Zufallsgröße sind auf Grund der Sätze 15.32 und 15.37 doppelt so groß wie die entsprechenden Parameter für die Augenzahl beim Wurf mit einem idealen Würfel. Mithin ergibt sich aus den Beispielen 15.45 und 15.49

$$E(X) = 7 \qquad \sigma^2(X) = 4{,}5.$$

Dieses Ergebnis kann auch an Hand der obigen Verteilungstabelle abgeleitet werden. Für die Wahrscheinlichkeit dafür, daß wenigstens 10 Augen beim Wurf mit zwei Würfeln erzielt werden, folgt aus der Markowschen Ungleichung (15.74)

$$P(X \geqq 10) \leqq \frac{7}{10} = 0{,}7$$

und aus der angegebenen Verteilungstabelle

$$P(X \geqq 10) = \frac{6}{36} = 0{,}167.$$

Für die Wahrscheinlichkeit dafür, daß die Augenzahl bei einem Wurf mit zwei Würfeln zwischen den Werten 4 und 10 liegt, liefert die Tschebyschewsche Ungleichung (15.75) die Abschätzung

$$P(|X - 7| < 3) \geqq 1 - \frac{4{,}5}{9} = 0{,}5$$

und die obige Verteilungstabelle den exakten Wert

$$P(|X - 7| < 3) = \frac{24}{36} = 0{,}667.$$

Das vorstehende Beispiel macht deutlich, daß die Markowsche Ungleichung und die Tschebyschewsche Ungleichung eine sehr grobe obere bzw. untere Grenze für die betreffenden Intervallwahrscheinlichkeiten angeben. Aber wenn von einer diskreten Zufallsgröße X lediglich die Parameter $E(X)$ und $\sigma(X)$ bekannt sind, dann bieten diese Abschätzungen die einzige Möglichkeit, eine ungefähre Vorstellung von der Verteilung der Zufallsgröße zu erhalten.

Beispiel 15.52

Der tägliche Bedarf an Kleinmaterial in einem Produktionsbetrieb ist eine diskrete Zufallsgröße X. Aus vorliegenden Angaben über den Verbrauch an Kleinmaterial wurden der Erwartungswert und das Streuungsmaß dieser Zufallsgröße zu

$$E(X) = 20 \qquad \sigma(X) = 2{,}5$$

geschätzt. Zu bestimmen sind die Wahrscheinlichkeiten dafür, daß der tägliche Bedarf mindestens 30 beträgt und dafür, daß der tägliche Bedarf zwischen 15 und 25 schwankt. Die erste Wahrscheinlichkeit ergibt sich aus der Markowschen Ungleichung zu

$$P(X \geqq 30) \leqq \frac{20}{30} = 0{,}667.$$

Für die zweite Wahrscheinlichkeit liefert die Tschebyschewsche Ungleichung die Abschätzung

$$P(|X - 20| < 5) \geqq \frac{3}{4} = 0{,}75.$$

Definition 15.38

Eine diskrete Zufallsgröße X mit

$$E(X) = 0, \qquad \sigma^2(X) = 1 \tag{15.77}$$

heißt normiert oder standardisiert.

Die in der Aufgabe 15.2.53 betrachteten Zufallsgrößen sind standardisierte diskrete Zufallsvariable.

Satz 15.40

Eine diskrete Zufallsgröße X mit dem Erwartungswert $E(X)$ und der Streuung $\sigma^2(X)$ kann vermöge der Transformation

$$Y = \frac{X - E(X)}{\sigma(X)} \tag{15.78}$$

in eine standardisierte Zufallsgröße Y übergeführt werden.

Auf Grund dieses Satzes ist es vielfach zweckmäßig, gewisse Aussagen lediglich für standardisierte diskrete Zufallsgrößen abzuleiten. Diese lassen sich infolge (15.78) in entsprechende Aussagen für beliebige diskrete Zufallsvariable übertragen.

15.2.3. Weitere Parameter einer diskreten Zufallsgröße

Neben dem Erwartungswert und der Varianz diskreter Zufallsgrößen gibt es weitere Parameter, die bestimmte (andere) Eigenschaften diskreter Zufallsvariablen ausdrücken. Einige dieser Parameter werden in diesem Abschnitt kurz behandelt.

Definition 15.39

Das gewöhnliche Moment $M_k(X)$ der Ordnung k einer diskreten Zufallsgröße X ist der Erwartungswert der k-ten Potenz der Zufallsgröße X:

$$M_k(X) = E(X^k) \qquad (k = 0, 1, 2, \ldots). \tag{15.79}$$

Es gilt

$$M_0(X) = 1, \qquad M_1(X) = E(X). \tag{15.80}$$

Weiter ergibt sich der folgende Satz.

Satz 15.41

Ist eine diskrete Zufallsvariable X nach Tabelle 15.5 verteilt, dann gilt für ihre gewöhnlichen Momente

$$M_k(X) = \sum_{i=1}^{n} x_i^k p_i \qquad (k = 0, 1, 2, \ldots). \tag{15.81}$$

Definition 15.40

Das zentrale Moment $Z_k(X)$ der Ordnung k einer diskreten Zufallsgröße X ist das gewöhnliche Moment der Ordnung k der Zufallsvariablen $X - E(X)$:

$$Z_k(X) = M_k(X - E(X)) = E([X - E(X)]^k) \qquad (k = 0, 1, 2, \ldots). \tag{15.82}$$

In Verbindung mit (15.64) und (15.67) gilt

$$Z_0(X) = 1, \quad Z_1(X) = 0, \quad Z_2(X) = \sigma^2(X). \tag{15.83}$$

Satz 15.42

Ist eine diskrete Zufallsgröße X nach Tabelle 15.5 verteilt, dann gilt für ihre zentralen Momente

$$Z_k(X) = \sum_{i=1}^{n} [x_i - E(X)]^k p_i \qquad (k = 0, 1, ,2 \ldots). \tag{15.84}$$

Beispiel 15.53

Für die Augenzahl X beim Wurf mit einem idealen Würfel (vgl. Beispiel 15.38) ergeben sich gemäß der Formeln (15.81) und (15.84) folgende Werte für die gewöhnlichen und zentralen Momente höchstens dritter Ordnung

$$M_0(X) = 1, \quad M_1(X) = 3{,}5, \quad M_2(X) = \frac{91}{6} \approx 15{,}2, \quad M_3(X) = \frac{441}{6} \approx 73{,}5$$

sowie

$$Z_0(X) = 1, \quad Z_1(X) = 0, \quad Z_2(X) = 2{,}25, \quad Z_3(X) = 0.$$

Es ist einzusehen, daß alle zentralen Momente ungerader Ordnung der vorliegenden Zufallsgröße X verschwinden.

Satz 15.43

Das zentrale Moment k-ter Ordnung einer diskreten Zufallsgröße läßt sich durch ihre gewöhnlichen Momente höchstens k-ter Ordnung ausdrücken:

$$Z_k(X) = \sum_{j=0}^{k-2} \binom{k}{j} M_{k-j}(X)\, [E(X)]^j + (-1)^{k-1}(k-1)\, [E(X)]^k. \tag{15.85}$$

Die vorstehende Formel liefert für $k = 2$ die bereits bekannte Beziehung (15.69) und für $k = 3$ den Ausdruck

$$Z_3(X) = M_3(X) - 3M_2(X)\, E(X) + 2\, [E(X)]^3. \tag{15.86}$$

Auf die zentralen Momente dritter Ordnung einer diskreten Zufallsgröße sowie auf deren Bedeutung wird im folgenden eingegangen.

Definition 15.41

Eine diskrete Zufallsgröße X heißt symmetrisch verteilt mit dem Symmetriezentrum z, wenn ihre Realisierungen x symmetrisch zu der Stelle z liegen und die Forderung

$$P(X = z - x) = P(X = z + x) \tag{15.87}$$

erfüllen.

Offenbar ist die Augenzahl beim Wurf mit einem idealen Würfel symmetrisch verteilt mit dem Symmetriezentrum $z = 3{,}5$. Hingegen ist die Augenzahl beim Wurf mit dem im Beispiel 15.39 beschriebenen (gefälschten) Würfel nicht symmetrisch verteilt; zwar liegen die Realisierungen noch symmetrisch zur Stelle $z = 3{,}5$, aber die Bedingung (15.87) ist nicht für alle Realisierungen x erfüllt.

Satz 15.44

Ist eine diskrete Zufallsgröße X symmetrisch verteilt mit dem Symmetriezentrum z, dann gilt

$$E(X) = z, \qquad Z_k(X) = 0 \qquad (k = 1, 3, 5, \ldots). \tag{15.88}$$

Der Beweis dieses Satzes ist die Lösung von Aufgabe 15.2.57.
Ist demzufolge eine Zufallsgröße symmetrisch verteilt, dann stimmen ihr Symmetriezentrum und ihr Erwartungswert überein. Ferner verschwinden alle zentralen Momente ungerader Ordnung.

Das zentrale Moment $Z_1(X)$ ist gemäß (15.83) für alle diskreten Zufallsgrößen Null. Die übrigen zentralen Momente ungerader Ordnung – insbesondere das Moment $Z_3(X)$ – verschwinden, sofern die Zufallsgröße symmetrisch verteilt ist. Ist demzufolge der Parameter $Z_3(X)$ von Null verschieden, dann ist die betreffende diskrete Zufallsgröße X nicht symmetrisch, sondern „schief" verteilt. Das Verteilungsdiagramm einer solchen Zufallsvariablen weist eine Asymmetrie oder Schiefe auf. Das zentrale Moment $Z_3(X)$ einer diskreten Zufallsgröße drückt demzufolge den Grad der Asymmetrie ihrer Verteilung aus; je größer sein absoluter Betrag, umso größer ist die Schiefe der Verteilung. Die Dimension des Parameters $Z_3(X)$ ist gemäß (15.82) die dritte Potenz der Dimension der Zufallsgröße X. Um die Asymmetrie der Verteilung einer Zufallsgröße X durch eine dimensionslose Größe zu erfassen und damit die Asymmetrien verschiedener Verteilungen miteinander vergleichen zu können, wird der Parameter $Z_3(X)$ durch die dritte Potenz des Streuungsmaßes $\sigma(X)$ dividiert.

Definition 15.42

Als Schiefe $S(X)$ einer diskreten Zufallsvariablen X wird die Größe

$$S(X) = \frac{Z_3(X)}{\sigma^3(X)} \tag{15.89}$$

bezeichnet.

Aus Satz 15.44 sowie (15.84) folgt Satz 15.45.

Satz 15.45

Die Schiefe einer symmetrisch verteilten diskreten Zufallsgröße ist null. Ist die Schiefe $S(X)$ negativ bzw. positiv, dann ist die Zufallsgröße X rechtsschief bzw. linksschief verteilt.

Beispiel 15.54

Aus der Abbildung 15.3 geht bereits hervor, daß die Augenzahl X beim Wurf mit dem im Beispiel 15.39 beschriebenen Würfel rechtsschief verteilt ist. Diese Eigenschaft läßt sich durch die Berechnung der Schiefe $S(X)$ bestätigen. Aus (15.88) und (15.87) folgt

$$S(X) = \frac{1}{\sigma^3(X)} [M_3(X) - 3M_2(X)\,E(X) + 2[E(X)]^3]$$

oder mit

$$E(X) = \frac{47}{12}, \quad M_2(X) = \frac{217}{12}, \quad M_3(X) = \frac{1097}{12}, \quad \sigma(X) = \frac{\sqrt{395}}{12}$$

der Ausdruck

$$S(X) = -\frac{10}{79\sqrt{395}} \approx -0{,}196.$$

Das zentrale Moment dritter Ordnung dient damit zur Charakterisierung der Asymmetrie der Verteilung einer diskreten Zufallsgröße.

15.2.4. Erzeugende Funktion einer diskreten Zufallsgröße

Im folgenden werden diskrete Zufallsgrößen X untersucht, deren Realisierungen die nichtnegativen ganzen Zahlen 0, 1, 2, ... sind. Die Verteilungstabelle dieser Zufallsgröße, die der allgemeinen Tabelle 15.5 entspricht, lautet dann

Tabelle 15.6

Realisierungen	0 1 2 ...
Wahrscheinlichkeiten	p_0 p_1 p_2 ...

mit der Wahrscheinlichkeitsfunktion

$$p_k = P(X = k) = f(k) \qquad (k = 0, 1, \ldots). \tag{15.90}$$

Die Vollständigkeitsrelation (15.60) lautet sodann

$$\sum_k f(k) = \sum_k p_k = 1. \tag{15.91}$$

In der Regel haben alle für die Praxis wichtigen diskreten Zufallsgrößen diese Eigenschaft.

Definition 15.47

Die zu der nach Tabelle 15.6 verteilten diskreten Zufallsgröße X angebbare Potenzreihe

$$g(z) = \sum_{k=0}^{\infty} p_k z^k \tag{15.92}$$

heißt die erzeugende Funktion der Zufallsgröße X.

Beispiel 15.55

Die erzeugende Funktion $g(z)$ der in Aufgabe 15.2.47 eingeführten charakteristischen Zufallsgröße $X(A)$ eines Ereignisses A mit der Wahrscheinlichkeit $P(A) = p$ lautet

$$g(z) = 1 - p + pz. \tag{15.93}$$

Es werden nun einige Eigenschaften der erzeugenden Funktion angegeben.

Satz 15.46

Die erzeugende Funktion einer diskreten Zufallsgröße X ist für alle Werte z mit $|z| < 1$ sowie für $z = 1$ konvergent.

Weiter gilt

$$g(1) = 1 \tag{15.94}$$

sowie

$$p_k = \frac{g^{(k)}(1)}{k!} \quad (k = 0, 1, 2, \ldots). \tag{15.95}$$

Auf Grund dieses Satzes stellt die erzeugende Funktion eine weitere Form des Verteilungsgesetzes einer diskreten Zufallsgröße dar. Aus dieser Funktion läßt sich gemäß (15.95) die Wahrscheinlichkeitsfunktion und damit die Verteilungstabelle ableiten.

Satz 15.47

Besitzt eine diskrete Zufallsgröße X die erzeugende Funktion $g(z)$, dann gilt für den Erwartungswert $E(X)$ und die Varianz $\sigma^2(X)$

$$E(X) = g'(1), \qquad \sigma^2(X) = g''(1) + g'(1)\,[1 - g'(1)]. \tag{15.96}$$

Der Beweis dieser Behauptung stellt die Lösung der Aufgabe 15.2.59 dar.

Satz 15.48

Sind $X_1, X_2, \ldots, X_r$ unabhängige diskrete Zufallsgrößen mit den erzeugenden Funktionen $g_1(z)$, $g_2(z)$, ..., $g_r(z)$, dann besitzt die Zufallsgröße $X = X_1 + X_2 + \cdots + X_r$ die erzeugende Funktion

$$g(z) = g_1(z)\,g_2(z) \cdot \ldots \cdot g_r(z). \tag{15.97}$$

Beispiel 15.56

Betrachtet werden zwei unabhängige Ereignisse A_1 und A_2 mit den Wahrscheinlichkeiten $P(A_1) = p_1$ und $P(A_2) = p_2$. Die erzeugenden Funktionen der charakteristischen Zufallsgrößen $X(A)$ und $X(B)$ seien $g(z)$ und $h(z)$. Gemäß (15.93) gilt dann $g_1(z) = 1 - p_1 + p_1 z$ und $g_2(z) = 1 - p_2 + p_2 z$. Die Zufallsgröße $X = X(A_1) + X(A_2)$ gibt offenbar die Anzahl der bei einem Versuch stattfindenden Ereignisse A_1 oder A_2 an. Wegen der Unabhängigkeit der Ereignisse A_1 und A_2 sind die charakteristischen Zufallsgrößen unabhängig. Mithin lautet gemäß (15.97) die erzeugende Funktion der Zufallsgröße X

$$g(z) = g_1(z), \quad g_2(z) = (1 - p_1)(1 - p_2) + [(1 - p_1)\,P_2 + (1 - p_2)\,p_1]\,z + p_1 p_2 z^2.$$

Damit ergibt sich für die Zufallsgröße X die folgende Verteilungstabelle

0	1	2
$(1 - p_1)(1 - p_2)$	$(1 - p_1)\,p_2 + (1 - p_2)\,p_1$	$p_1 p_2$

wie auch auf anderem Wege erkannt werden kann.

15.2.5. Mehrdimensionale diskrete Zufallsgrößen

Der Einfachheit halber werden im folgenden nur zweidimensionale Zufallsgrößen diskutiert. Die einzelnen Betrachtungen lassen sich ohne Schwierigkeiten auf diskrete Zufallsgrößen beliebiger Dimension übertragen.

Es gibt verschiedene Möglichkeiten, das Verteilungsgesetz einer zweidimensionalen diskreten Zufallsgröße zu beschreiben. Die Charakterisierung des Verteilungsgesetzes durch die Verteilungsfunktion ist bereits im Abschnitt 15.1.8. erfolgt. Es wird nun die Verteilungstabelle der Zufallsgröße behandelt.

Betrachtet wird eine zweidimensionale diskrete Zufallsgröße, das heißt ein Paar, dessen Koordinaten X und Y diskrete Zufallsvariable sind. Diese Zufallsgröße wird im folgenden mit $(X\ Y)$ bezeichnet. Sind $x_1, x_2, \ldots, x_n$ bzw. $y_1, y_2, \ldots, y_m$ die Realisierungen der Zufallsvariablen X bzw. Y, dann ist die Zufallsgröße $(X\ Y)$ aller Wertepaare $(x_i\ y)$ mit $i = 1, 2, \ldots, n$ und $j = 1, 2, \ldots, m$ fähig. Mit p_{ij} werden die Wahrscheinlichkeiten dafür bezeichnet, daß die Zufallsgröße $(X\ Y)$ die Realisierung $(x_i\, y_j)$ annimmt. Dann gilt

$$p_{ij} = P[(X\ \ Y) = (x_i\, y_j)] = P(X = x_i \text{ und } Y = y_j) \quad (i = 1, 2, \ldots, n; \quad j = 1, 2, \ldots, m). \tag{15.98}$$

Die Tabelle 15.7, die die möglichen Realisierungen und die entsprechenden Wahrscheinlichkeiten einer Zufallsgröße $(X\ Y)$ ausweist, heißt – entsprechend der Definition 15.33 – die Verteilungstabelle dieser Zufallsgröße.

Tabelle 15.7

X \ Y	y_1	y_2	$\cdots$	y_j	$\cdots$	y_m	
x_1	p_{11}	p_{12}	$\cdots$	p_{1j}	$\cdots$	p_{1m}	$p_{1\cdot}$
x_2	p_{21}	p_{22}	$\cdots$	p_{2j}	$\cdots$	p_{2m}	$p_{2\cdot}$
$\vdots$	$\cdots$	$\cdots$	$\cdots$	$\cdots$	$\cdots$	$\cdots$	
x_i	p_{i1}	p_{i2}	$\cdots$	p_{ij}	$\cdots$	p_{im}	$p_{i\cdot}$
$\vdots$	$\cdots$	$\cdots$	$\cdots$	$\cdots$	$\cdots$	$\cdots$	
x_n	p_{n1}	p_{n2}	$\cdots$	p_{nj}	$\cdots$	p_{nm}	$p_{n\cdot}$
	$p_{\cdot 1}$	$p_{\cdot 2}$	$\cdots$	$p_{\cdot j}$	$\cdots$	$p_{\cdot m}$	

Die in der Verteilungstabelle (zusätzlich) notierten Größen in der letzten Spalte und letzten Zeile bedeuten die Zeilen- bzw. die Spaltensummen der Matrix $\boldsymbol{P} = [p_{ij}]$. Es gilt

$$\left.\begin{aligned} p_{i\cdot} &= \sum_{j=1}^{m} p_{ij} = P(X = x_i) \quad (i = 1, 2, \ldots, n) \\ p_{\cdot j} &= \sum_{i=1}^{n} p_{ij} = P(Y = y_j) \quad (j = 1, 2, \ldots, m). \end{aligned}\right\} \tag{15.99}$$

Demzufolge beschreiben diese Summen die Verteilungen der Zufallsgrößen X und Y (für sich gesehen), die die *Randverteilungen* (für X und Y) der zweidimensionalen Zufallsgröße $(X\ Y)$ heißen. Weiter gilt die Vollständigkeitsrelation

$$\sum_{i=1}^{n} \sum_{j=1}^{m} p_{ij} = \sum_{i=1}^{n} p_{i\cdot} = \sum_{j=1}^{m} p_{\cdot j} = 1. \tag{15.100}$$

Beispiel 15.57

In einem Betrieb werden Stellringe gefertigt, deren Qualität durch die Merkmale Dicke X und Bohrung Y gekennzeichnet wird. Diese beiden Merkmale werden durch Noten charakterisiert, die für jedes Merkmal die möglichen Werte 1 (sehr gut), 2 (gut), 3 (genügend) und 4 (mangelhaft) besitzen. Auf Grund statistischer Erhebungen ist für die vorliegende Zufallsgröße $(X\ Y)$, die die Qualität der Stellringe charakterisiert, die folgende Verteilungstabelle ermittelt worden.

Tabelle 15.8

X \ Y	1	2	3	4	
1	0,20	0,13	0,07	0	0,40
2	0,15	0,10	0,05	0	0,30
3	0,10	0,06	0,04	0	0,20
4	0	0,01	0,04	0,05	0,10
	0,45	0,30	0,20	0,05	

Es wird nun ein Maß für den Grad der Abhängigkeit zweier diskreter Zufallsgrößen X und Y eingeführt.

Definition 15.44

Als Korrelationskoeffizient $k(X\ Y)$ der Zufallsgrößen X und Y mit den Erwartungswerten $E(X)$ und $E(Y)$ sowie den Streuungsmaßen $\sigma(X)$ und $\sigma(Y)$ wird die Größe

$$k(X\ Y) = \frac{E[(X - E(X))\,(Y - E(Y))]}{\sigma(X)\,\sigma(Y)} \tag{15.101}$$

bezeichnet. Der Ausdruck

$$c(X\ Y) = [E(X - E(X))\,(Y - E(Y))] \tag{15.102}$$

heißt die Kovarianz der Zufallsvariablen X und Y.

Beispiel 15.57a

Für die Zufallsgrößen X und Y des Beispiels 15.57 ergeben sich die Erwartungswerte

$E(X) = 2{,}0, \qquad E(Y) = 1{,}85,$

die Varianzen

$\sigma^2(X) = 1{,}0, \qquad \sigma^2(Y) = 0{,}8275$

und damit die Streuungsmaße

$\sigma(X) = 1{,}0, \qquad \sigma(Y) = 0{,}91.$

Für die Zufallsgröße $Z = (X - E(X))\,(Y - E(Y))$ besteht die Verteilungstabelle

−1,15	−0,15	0	0,15	0,3	0,85	1,15	2,3	4,3
0,07	0,13	0,3	0,06	0,01	0,30	0,04	0,04	0,05

Mithin beträgt die Kovarianz der Zufallsgrößen X und Y

$c(X\ Y) = E(Z) = 0{,}5588.$

Damit ist der Korrelationskoeffizient der Zufallsvariablen X und Y

$$k(X\ Y) = \frac{c(X\ Y)}{\sigma(X)\,\sigma(Y)} = 0{,}61.$$

Satz 15.49

Für den Korrelationskoeffizienten $k(X\ Y)$ der Zufallsgrößen X und Y gilt

$$-1 \leqq k(X\ Y) \leqq 1. \qquad (13.103)$$

Sind die Zufallsgrößen X und Y unabhängig, dann verschwindet der Korrelationskoeffizient.

Satz 15.50

Für die Varianz $\sigma^2(X + Y)$ einer Summe von Zufallsvariablen gilt

$$\sigma^2(X + Y) = \sigma^2(X) + \sigma^2(Y) - c(X\ Y). \qquad (15.104)$$

Zwei Zufallsgrößen heißen *unkorreliert*, wenn ihr Korrelationskoeffizient verschwindet. Aus Satz 15.49 folgt, daß unabhängige Zufallsgrößen unkorreliert sind. Allerdings folgt aus der Unkorreliertheit zweier Zufallsgrößen nicht deren Unabhängigkeit.

Satz 15.51

Die Realisierungen $(x_i\ y_j)$ der nach Tabelle 15.7 verteilten Zufallsgröße $(X\ Y)$ liegen auf einer Geraden, wenn für den Korrelationskoeffizienten $k(X\ Y)$ der Zufallsvariablen X und Y

$$k^2(X\ Y) = 1 \qquad (15.105)$$

erfüllt ist. Dann besteht zwischen den Zufallsgrößen X und Y eine Beziehung

$$Y = a + bX \quad (b \neq 0). \qquad (15.106)$$

Beispiel 15.58

Die Zufallsgrößen X und Y der Aufgabe 15.2.63 und 15.2.64 sind linear abhängig. Die linearen Beziehungen (15.106) lauten $Y = 1 - X$ bzw. $y = 3 - X$. Die entsprechenden Korrelationskoeffizienten betragen $k(X\ Y) = -1$.

Satz 15.52

Ist die zweidimensionale diskrete Zufallsgröße $(X\ Y)$ gemäß Tabelle 15.7 verteilt, dann lautet ihre Verteilungsfunktion (15.50)

$$F(z_1\ \ z_2) = P(X < z_1 \ \text{und}\ \ Y < z_2) = \sum_{i,j} p_{ij}. \qquad (15.107)$$

Dabei wird in der vorstehenden Summe über alle Indexpaare $(i\ j)$ mit $x_i < z_1$ und $y_j < z_2$ summiert.

Beispiel 15.57b

Es wird das Beispiel 15.57 weiter behandelt. Von Interesse ist die Wahrscheinlichkeit dafür, daß bei einem Stellring die Noten für die Dicke und die Bohrung jeweils besser als 3 (genügend) ausfallen. Offenbar ist in Verbindung mit (15.107) die Größe $F(3\ 3)$ gesucht. Aus der Tabelle 15.8 folgt:

$$F(3\ 3) = 0{,}20 + 0{,}13 + 0{,}15 + 0{,}10 = 0{,}58.$$

15.3. Spezielle diskrete Verteilungen

Nachdem im Abschnitt 15.2. Formen des Verteilungsgesetzes sowie Eigenschaften und Parameter einer diskreten Zufallsgröße behandelt wurden, werden nunmehr spezielle diskrete Zufallsvariable diskutiert, die in der Praxis häufig auftreten.
Die Kenntnis dieser Verteilungen reicht allerdings nicht aus, um die Wahrscheinlichkeitsrechnung in der Praxis erfolgreich anzuwenden. Die erfolgreiche Anwendung wahrscheinlichkeitstheoretischer Methoden – zum Beispiel im Zusammenhang mit der Entwicklung von stochastischen Optimierungsmodellen für ökonomische Probleme – setzt nämlich voraus, daß das Verteilungsgesetz der betreffenden Zufallsgrößen (beispielsweise des täglichen Bedarfes an Kleinmaterial in einem Fertigungsbetrieb, der täglichen Anzahl der in einem Seehafen einlaufenden Schiffe usw.) bekannt ist. Daher ist vielfach die Frage zu beantworten, wie das Verteilungsgesetz einer realen Zufallsgröße X festgestellt werden kann. Diese Frage, die Gegenstand per Statistik ist, wird in diesem Buch nicht beantwortet. Der interessierte Leser wird auf das einschlägige Schrifttum über mathematische Statistik (zum Beispiel auf [15.3]) verwiesen.
Es wird in diesem Zusammenhang lediglich auf folgende Gesichtspunkte aufmerksam gemacht:

1. Die Zufallsgröße X läßt sich durch andere Zufallsgrößen $X_1, X_2, \ldots, X_n$, deren Verteilungsgesetze bekannt sind, analytisch ausdrücken. Dann läßt sich unter gewissen Voraussetzungen das Verteilungsgesetz der Zufallsgröße X ableiten. Diese Ableitung ist besonders einfach, wenn $X_1, X_2, \ldots, X_n$ unabhängig sind und $X = X_1 + X_2 + \cdots + X_n$ gilt.
2. Die Zufallsgröße X ist beobachtet worden. Die Gesamtheit der Beobachtungswerte trägt zufälligen Charakter und wird eine Stichprobe der Zufallsgröße X genannt. Die beobachteten Werte werden sodann zu gewissen statistischen Kennzahlen verdichtet, die selbst Zufallsgrößen sind. Diese ermittelten Kenngrößen der Stichprobe geben in der Regel zu einer Hypothese über das Verteilungsgesetz der beobachteten Zufallsgröße Anlaß. (Solche Vermutungen können sein: Der Bedarf an Kleinmaterial besitzt eine negative Binomialverteilung; die Schiffsanzahl hat eine Poisson-Verteilung usw.) Die Hypothese wird sodann auf ihre Richtigkeit geprüft (getestet).

15.3.1. Binomialverteilung

In diesem Abschnitt wird eine für die Praxis wichtige Verteilung erörtert.

Definition 15.45

Eine diskrete Zufallsgröße X besitzt eine Binomialverteilung, wenn ihre Wahrscheinlichkeitsfunktion von der Form

$$P(X = k) = p_k = \binom{n}{k} p^k (1 - p)^{n-k} \qquad (k = 0, 1, \ldots, n) \tag{15.108}$$

mit $n > 0$ ganz und $0 < p < 1$ ist.

Eine Binomialverteilung ist durch die Parameter n und p eindeutig charakterisiert. Ihre grundsätzliche Bedeutung für die Praxis geht aus dem folgenden Satz hervor.

Satz 15.53

Betrachtet wird eine Serie unabhängiger Versuche des Umfangs n unter gleichbleibenden Bedingungen. Bei jedem Versuch kann ein gewisses Ereignis A mit der Wahrscheinlichkeit $p = P(A)$ auftreten. Die Anzahl der Versuche dieser Serie mit dem Ausgang A ist eine diskrete Zufallsgröße, die der Binomialverteilung mit den Parametern n und p genügt.

Beweis

Mit X wird die Anzahl der Versuche bezeichnet, die den Ausgang A bedeuten. Offenbar ist die Beziehung (15.108) zu zeigen. Zunächst gibt es $\binom{n}{k}$ verschiedene Möglichkeiten für die Realisierung des Ereignisses $X = k$, das heißt, daß k Versuche mit dem Ausgang A und $n - k$ Versuche mit dem Ausgang $\bar{A}$ zu verzeichnen sind. Diese Möglichkeiten sind gleichwahrscheinlich. Ihre Wahrscheinlichkeiten betragen jeweils

$$w = P(\underbrace{A \cdot \ldots \cdot A}_{k\text{-mal}}\ \underbrace{\bar{A} \cdot \ldots \cdot \bar{A}}_{(n-k)\text{-mal}})$$

Die einzelnen Versuche sind unabhängig voneinander. Daher ergibt sich aus dem Satz 15.17

$$w = [P(A)]^k\,[P(\bar{A})]^{n-k} = p^k(1 - p)^{n-k}.$$

Weiter sind die $\binom{n}{k}$ gleichwahrscheinlichen Möglichkeiten unverträglich. Demzufolge liefert der Satz 15.5 die Behauptung

$$P(X = k) = \underbrace{w + \cdots + w}_{\binom{n}{k}\text{-mal}} = \binom{n}{k} p^k(1 - p)^{n-k}.$$

Ist demzufolge die Wahrscheinlichkeit für den „erfolgreichen" Ausgang eines Einzelversuches bekannt, dann läßt sich mittels der Binomialverteilung die Wahrscheinlichkeitsverteilung für die Anzahl der „erfolgreichen" Versuche innerhalb einer Serie von Versuchen angeben.

Beispiel 15.59

In einer Abteilung eines Industriebetriebes ist der Wasserverbrauch an einem Tag zu 75% normal. Wie groß ist die Wahrscheinlichkeit dafür, daß innerhalb einer Woche (6 Tage) nur an drei Tagen der Wasserverbrauch normal ist?
Mit den Parametern $n = 6$ und $p = 0{,}75$ ergibt sich aus der Formel (15.108) die gesuchte Wahrscheinlichkeit zu

$$p_3 = P(X = 3) = \binom{6}{3} (0{,}75)^3 \cdot (0{,}25)^3 = 0{,}132.$$

Beispiel 15.60

In der Gütekontrolle eines Betriebes soll ein großer Posten von Erzeugnissen auf seine Qualität untersucht werden, der eine Ausschußquote von p% aufweist. Zu diesem Zweck werden dem Posten n Stück entnommen. Die Wahrscheinlichkeit für das Vorhandensein von k defekten Erzeugnisse innerhalb dieser Stichprobe berechnet sich dann gemäß (15.108).

Beispiel 15.61

Wie groß ist die Wahrscheinlichkeit dafür, daß unter den drei Kindern einer Familie kein Knabe ist? Aus langjährigen Untersuchungen ist hervorgegangen, daß die Wahrscheinlichkeit für eine Knabengeburt $p = 0{,}514$ beträgt. Mithin ergibt sich die gesuchte Wahrscheinlichkeit zu

$$p_0 = P(X = 0) = \binom{3}{0} (0{,}541)^0 \, (0{,}486)^3 = 0{,}2362.$$

Damit sind ca. 24% aller Familien mit drei Kindern ohne Knaben.

Die Verteilungstabelle einer binomial verteilten Zufallsgröße wird durch die Formel (15.108) vermittelt. Sind die Parameter $n = 6$ und $p = 0{,}75$ gegeben, dann ergibt sich als Verteilungstabelle

0	1	2	3	4	5	6
$\frac{1}{4096}$	$\frac{18}{4096}$	$\frac{135}{4096}$	$\frac{540}{4096}$	$\frac{1215}{4096}$	$\frac{1458}{4096}$	$\frac{729}{4096}$

Für die Verteilungsfunktion der Binomialverteilung ergibt sich unmittelbar aus (15.61) und Satz 15.53 der folgende Satz.

Satz 15.54

Die Verteilungsfunktion der Binomialverteilung lautet

$$F(z) = P(X < z) = \begin{cases} 0 & \text{für} \quad z \leqq 0 \\ \sum\limits_{k<z} \binom{n}{k} p^k (1-p)^{n-k} & \text{für} \quad 0 \leqq z \leqq n \\ 1 & \text{für} \quad z > n. \end{cases} \tag{15.109}$$

Beispiel 15.62

Es wird das Beispiel 15.59 weiter erörtert. Mit welcher Wahrscheinlichkeit wird im Verlaufe einer Woche an weniger als 4 Tagen der Wasserverbrauch normal sein? Unter Benutzung obiger Tabelle ergibt sich aus (15.109)

$$F(4) = P(X < 4) = \sum_{k=0}^{3} p_k = \frac{1}{4096}(1 + 18 + 135 + 540) = \frac{694}{4096} = 0{,}1694.$$

Beispiel 15.63

In einem Betrieb, der Kugeln für Kugellager fertigt, sind 90% der hergestellten Kugeln von der Qualitätsstufe I. Die Kugeln werden automatisch in Packungen zu je 1000 Stück abgepackt. Mit welcher Wahrscheinlichkeit werden in einer Packung wenigstens 950 Kugeln zur Qualitätsstufe I gehören? Mit den Parametern $n = 1000$ und $p = 0{,}9$ folgt aus (15.109)

$$P(X \geqq 950) = 1 - F(950) = \sum_{k=950}^{1000} \binom{1000}{k} (0{,}9)^k \, (0{,}1)^{1000-k}.$$

Dieser Ausdruck ist schwierig zu berechnen. Daher wird auch die gesuchte Wahrscheinlichkeit an dieser Stelle nicht berechnet.

Im Abschnitt 15.5. wird eine einfache Näherungsformel für die Verteilungsfunktion (15.109) der Binomialverteilung für den Fall angegeben, daß n sehr groß ist. Diese Formel liefert in bequemer Weise den Wert für die gesuchte Wahrscheinlichkeit des Beispiels 15.63.
Es werden nun einige Eigenschaften der Binomialverteilung behandelt.

Satz 15.55

Die erzeugende Funktion der Binomialverteilung lautet

$$g(z) = [1 - p + pz]^n. \tag{15.110}$$

Beweis

Wird der Binomialausdruck $(1 - p) + pz$ in die n-te Potenz erhoben, dann ergibt sich aus dem binomischen Satz (vgl. Kapitel 4.)

$$g(z) = \sum_{k=0}^{n} \binom{n}{k} (1 - p)^{n-k} p^k z^k.$$

Mithin stellen die Koeffizienten des Polynoms $g(z)$ die Wahrscheinlichkeiten (15.108) dar. Demzufolge ist dieses Polynom die erzeugende Funktion der Binomialverteilung.

Aus diesem Satz ergeben sich die folgenden Aussagen.

Satz 15.56

Für den Erwartungswert $E(X)$ und die Varianz $\sigma^2(X)$ einer Binomialverteilung gilt

$$E(X) = np \qquad \sigma^2(X) = np(1 - p). \tag{15.111}$$

Beweis

Werden die ersten beiden Ableitungen der erzeugenden Funktion (15.110) nach der Variablen z, das heißt die Ausdrücke

$$g'(z) = np[1 - p + pz]^{n-1} \qquad g'(z) = n(n - 1)\, p[1 - p + pz]^{n-2}$$

mit $g'(1) = np$ und $g''(1) = n(n - 1)\, p^2$ in (15.96), berücksichtigt, dann folgt $E(X) = np$ und

$$\sigma^2(X) = n(n - 1)\, p^2 + np(1 - np) = np(1 - p).$$

Beispiel 15.64

Für die Anzahl X der in einer Packung enthaltenen Kugeln der Qualitätsstufe I (vgl. Beispiel 15.63) ergeben sich der Erwartungswert

$$E(X) = 1000 \cdot 0{,}9 = 900$$

und die Varianz

$$\sigma^2(X) = 1000 \cdot 0{,}9 \cdot 0{,}1 = 90.$$

Im Mittel sind also 900 der 1000 Kugeln von der Qualitätsstufe I. Unter Beachtung der Markowschen Ungleichung (15.74) und der Tschebyschewschen Ungleichung (15.75) lassen sich weitere Aussagen über die Anzahl der zur Qualitätsstufe I gehörenden Kugeln machen. So bedeutet die Ungleichung

$$P(|X - 900| < 40) \geqq 1 - \frac{90}{1600} = 0{,}943,$$

daß mit einer Wahrscheinlichkeit von mindestens 94,3 % die Anzahl der zur Stufe I gehörigen Kugeln um weniger als 40 von dem Mittelwert $E(X) = 900$ abweicht.

Beispiel 15.65

Wie oft muß ein idealer Würfel geworfen werden, damit die mittlere Anzahl der dabei erzielten Sechsen wenigstens 10 ist? Offenbar sind die Größen $p = \frac{1}{6}$ und $E(X) \geqq 10$ gegeben. Für die gesuchte Größe n ergibt sich gemäß (15.111) der Ausdruck $n \geqq \frac{E(X)}{p}$ oder $n \geqq 60$. Damit sind mindestens 60 Würfe erforderlich.

Satz 15.57

Eine Binomialverteilung stellt eine eingipflige Verteilung dar. Ist $(n + 1)\, p$ keine ganze Zahl, dann besitzt sie einen (einzigen) wahrscheinlichsten Wert; diesen repräsentiert *die ganze Zahl des Intervalls* $[(n+1)p-1 \quad (n+1)p]$. *Ist* $(n+1)p$ *eine ganze Zahl, dann besitzt sie die beiden (benachbarten) wahrscheinlichsten Werte*

$$x_1 = (n+1)p - 1 \qquad x_2 = (n+1)p.$$

Gemäß diesem Satz lassen sich die wahrscheinlichsten Werte (das heißt, die Maximalstellen der Wahrscheinlichkeitsfunktion (15.108)) der Binomialverteilung unmittelbar aus den Parametern n und p ableiten – ohne im einzelnen die Verteilungstabelle zu ermitteln bzw. das Verteilungsdiagramm zu zeichnen.

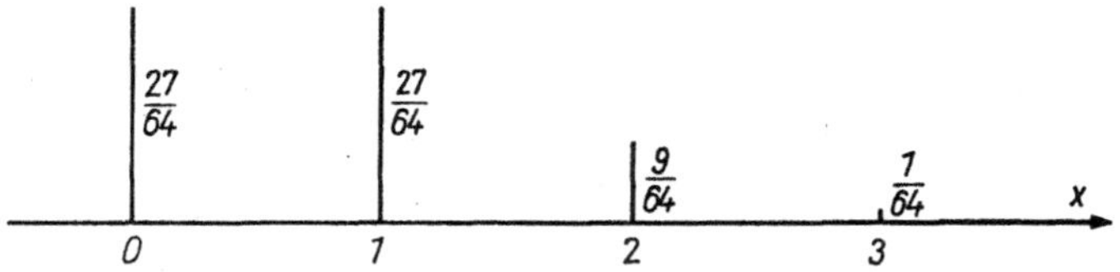

Abbildung 15.11

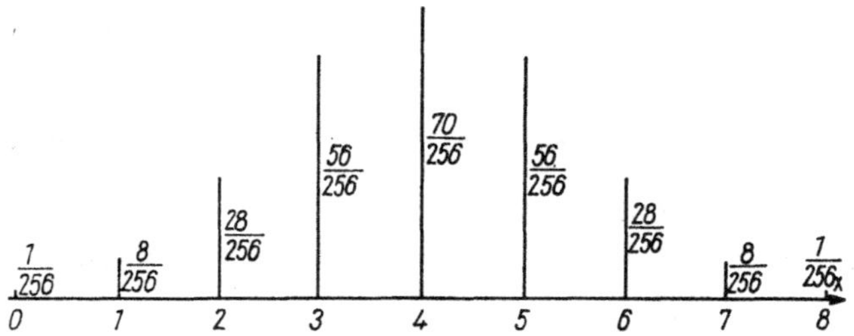

Abbildung 15.12

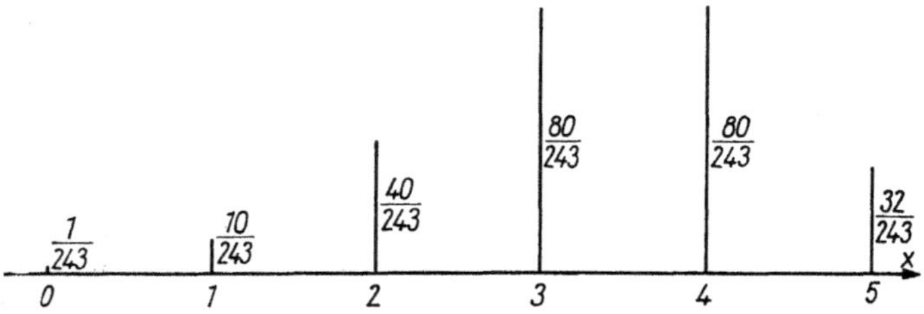

Abbildung 15.13

Beispiel 15.66

Für die in den Abbildungen 15.11 bis 15.13 dargestellten Binomialverteilungen mit den Parametern

a) $n = 3 \quad p = \frac{1}{4}$

b) $n = 8 \quad p = \frac{1}{2}$

c) $n = 5 \quad p = \frac{2}{3}$

ergeben sich auf der Grundlage des vorliegenden Satzes die wahrscheinlichsten Werte zu

a) $x_1 = 0, \quad x_2 = 1$

b) $x = 4$

c) $x_1 = 3, \quad x_2 = 4.$

Satz 15.58

Für die Schiefe $S(X)$ einer Binomialverteilung gilt

$$S(X) = \frac{1 - 2p}{\sqrt{np(1-p)}}. \tag{15.112}$$

Die Binomialverteilung ist damit symmetrisch für $p = \frac{1}{2}$, linksschief bzw. rechtsschief für $p < \frac{1}{2}$ bzw. für $p > \frac{1}{2}$.

Es wird nun auf das sogenannte Gesetz der großen Zahlen eingegangen, auf das bereits im Abschnitt 15.1. wegen seiner praktischen Bedeutung aufmerksam gemacht wurde. Zu diesem Zweck wird zunächst die Tschebyschewsche Ungleichung (15.75) für den Fall einer binomial verteilten Zufallsgröße X angegeben. Sie ergibt sich infolge (15.111) zu

$$P\,(|X - np| < c) \geqq 1 - \frac{np(1-p)}{c^2}. \tag{15.113}$$

Diese Ungleichung wird vielfach auch *Bernoullische Streuungsungleichung* genannt. Sie läßt sich wegen $p > 0$ zu

$$P\left(\left|\frac{X}{n} - p\right| < \varepsilon\right) \geqq 1 - \frac{p(1-p)}{n\varepsilon^2}$$

oder

$$P\left(\left|\frac{X}{n} - p\right| \geqq \varepsilon\right) < \frac{p(1-p)}{n\varepsilon^2} \tag{15.114}$$

umformen. Dabei ist ε eine beliebige positive Zahl.

Nunmehr wird ein Ereignis A betrachtet, das mit der Wahrscheinlichkeit $P(A) = p$ bei einem Einzelversuch auftritt. Die absolute Häufigkeit X des Auftretens dieses Ereignisses in einer Serie unabhängiger Versuche des Umfangs n ist gemäß Satz 15.53 binomialverteilt. Wird mit $h_n(A) = \frac{X}{n}$ die relative Häufigkeit des Eintreffens des Ereignisses innerhalb der Serie bezeichnet, dann folgt aus (15.114)

$$P(|h_n(A) - P(A)| \geqq \varepsilon) < \frac{p(1-p)}{n\varepsilon^2}.$$

Wird nun eine Versuchsserie unbeschränkten Umfangs ($n \to \infty$) betrachtet, dann ergibt sich die Aussage

$$P(|h_n(A) - P(A)| \geqq \varepsilon) \to 0. \tag{15.115}$$

Diese Aussage, die bereits im Satz 15.22 konstatiert wurde, bildet den Inhalt des Gesetzes der großen Zahlen. In Verbindung mit der Definition 15.28 heißt es folgendermaßen.

Satz 15.59 (*Gesetz der großen Zahlen*)

Die relative Häufigkeit des Auftretens eines Ereignisses in einer Serie unabhängiger Versuche konvergiert stochastisch gegen die Wahrscheinlichkeit dieses Ereignisses, wenn der Umfang der Serie unendlich groß wird.

Das Gesetz der großen Zahlen, erklärt die Stabilität der relativen Häufigkeit des Auftretens eines Ereignisses in einer sehr großen Versuchsserie. Es liefert eine (nachträgliche) mathematische Begründung der statistischen Definition der Wahrscheinlichkeit eines Ereignisses (vgl. Definition 15.19). Dieses Gesetz rechtfertigt die An-

näherung der (unbekannten) Wahrscheinlichkeit eines Ereignisses durch die (aus einer großen Versuchsserie empirisch gewonnene) relative Häufigkeit dieses Ereignisses.
Das Gesetz der großen Zahlen ist eine Erscheinungsform des dialektischen Zusammenhangs zwischen Zufälligkeit und Notwendigkeit. Es besagt, daß bei zunehmender Anzahl von Beobachtungen einer Massenerscheinung das Wirken der notwendigen (gesetzmäßigen) Faktoren immer deutlicher hervortritt. Wird eine einzelne Erscheinung beobachtet, dann wird sie mit allen ihren individuellen (zufälligen) Besonderheiten wahrgenommen, so daß diejenigen Gesetzmäßigkeiten nicht erkennbar werden, die erst bei der Beobachtung einer großen Anzahl zu derselben Massenerscheinung gehöriger Ereignisse zutage treten.
Im folgenden wird die negative Binomialverteilung behandelt, die insbesondere für die Modellierung lagerwirtschaftlicher Prozesse von Bedeutung ist.

Definition 15.46

Eine diskrete Zufallsgröße X besitzt eine negative Binomialverteilung, wenn ihre Wahrscheinlichkeitsfunktion von der Form

$$P(X = k) = p_k = (-1)^k \binom{-v}{k} p^k (1-p)^v \qquad (k = 0, 1, 2, \ldots) \tag{15.116}$$

mit $0 < p < 1$ *ist.*

Die negative Binomialverteilung ist durch die beiden Parameter v und p eindeutig bestimmt.

Satz 15.60

Die erzeugende Funktion der negativen Binomialverteilung hat die Gestalt

$$g(z) = \left(\frac{1-p}{1-p^z}\right)^v. \tag{15.117}$$

Insbesondere gilt für den Erwartungswert und die Varianz dieser Verteilung

$$E(X) = v\frac{p}{1-p} \qquad \sigma^2(X) = v\frac{p}{(1-p)^2}. \tag{15.118}$$

Beispiel 15.67

Der Bestand X eines Lagers ist eine diskrete Zufallsgröße, die einer negativen Binomialverteilung unterliege. Der Erwartungswert und die Varianz des Bestandes wurden zu $E(X) = 2$, $\sigma^2(X) \approx 4$ geschätzt. Wie lauten die Parameter v und p der vorliegenden Verteilung? Gemäß der Lösung zur Aufgabe 15.3.80 bestehen die Relationen

$$v = \frac{E^2(X)}{\sigma^2(X) - E(X)} \qquad p = \frac{\sigma^2(X) - E(X)}{\sigma^2(X)}. \tag{15.119}$$

Werden die gegebenen Werte in (15.119) eingesetzt, dann ergeben sich die gesuchten Parameter zu $v = 2$ und $p = \frac{1}{2}$. Die Wahrscheinlichkeiten p_0, p_1 und p_2 dieser Verteilung sind in der Aufgabe 15.3.78 zu berechnen.

Schließlich wird darauf hingewiesen, daß die negative Binomialverteilung keine Verallgemeinerung der (gewöhnlichen) Binomialverteilung darstellt. Diese Aussage geht unmittelbar aus einem Vergleich der Wahrscheinlichkeitsfunktionen (15.108) und (15.116) oder der erzeugenden Funktionen (15.110) und (15.117) hervor (vgl. auch Aufgabe 15.3.81).

15.3.2. Hypergeometrische Verteilung

In diesem Abschnitt wird eine diskrete Verteilung erörtert, die insbesondere für die statistische Qualitätskontrolle von Bedeutung ist.

Definition 15.47

Eine diskrete Zufallsgröße X besitzt eine hypergeometrische Verteilung, wenn ihre Wahrscheinlichkeitsfunktion von der Form

$$P(X = k) = p_k = \frac{\binom{Np}{k}\binom{N(1-p)}{n-k}}{\binom{N}{n}} \qquad (k = 0, 1, 2, \ldots, \min(n\ N)) \qquad (15.120)$$

mit $N > 0$, $n > 0$ *ganz und* $0 < p < 1$ *ist.*
Eine hypergeometrische Verteilung ist durch ihre Parameter N, n und p bestimmt. Ihre praktische Bedeutung geht aus dem folgenden Satz hervor.

Satz 15.61

Betrachtet wird eine Urne mit N weißen und schwarzen Kugeln. Der Anteil der weißen Kugeln beträgt p. Es werden nun auf zufällige Art n Kugeln aus der Urne gezogen, die nicht wieder zurückgelegt werden, das heißt, es erfolgen n zufällige Ziehungen ohne Zurücklegung. Die Anzahl der hierbei erhaltenen weißen Kugeln ist eine diskrete Zufallsgröße, die der hypergeometrischen Verteilung mit den Parametern N, n und p genügt.

Aus den vorstehenden Überlegungen geht hervor, daß die Wahrscheinlichkeitsfunktion (15.120) für $N \to \infty$ in die Wahrscheinlichkeitsfunktion (15.108) übergeht. Dann sind die im Satz 15.61 genannten Ziehungen unabhängige Versuche. Die Aussage des Satzes 15.61 geht damit in die Aussage des Satzes 15.62 über.

Satz 15.62

Für $N \to \infty$ *geht die hypergeometrische Verteilung in die Binomialverteilung mit den Parametern n und p über.*

Satz 15.63

Für den Erwartungswert $E(X)$ *und die Varianz* $\sigma^2(X)$ *einer hypergeometrischen Verteilung gilt*

$$E(X) = np \qquad \sigma^2(X) = \frac{N-n}{N-1}np(1-p). \qquad (15.121)$$

Die Erwartungswerte der hypergeometrischen Verteilung und der Binomialverteilung stimmen damit überein. Die Streuung der hypergeometrischen Verteilung geht für $N \to \infty$ in die der Binomialverteilung über (vgl. Satz 15.62).

Beispiel 15.68

Einem Posten von $N = 500$ Antriebswellen werden $n = 50$ Wellen entnommen und ihr Durchmesser untersucht. Liegt dieser innerhalb der vorgeschriebenen Toleranzen, so ist die Welle verwendbar, im anderen Falle ist sie Ausschuß. Aus Voruntersuchungen ist bekannt, daß 2% aller produzierten Wellen (in diesem Sinne) defekt sind. Wie groß ist die Wahrscheinlichkeit dafür, daß unter den 50 zufällig herausgegriffenen Wellen keine defekten sind? Die Anzahl der defekten Wellen unter den 50 ausgewählten ist eine hypergeometrisch verteilte Zufallsgröße mit den Parametern $N = 500$, $n = 50$ und $p = 0{,}02$. Aus (15.120) folgt sodann für die gesuchte Wahrscheinlichkeit

$$p_0 = \frac{\binom{10}{0}\binom{490}{50}}{\binom{500}{50}} = \frac{450 \cdot 449 \cdot \ldots \cdot 441}{500 \cdot 499 \cdot \ldots \cdot 491} = 0{,}345.$$

Der Erwartungswert und die Varianz dieser Verteilung sind in der Aufgabe 15.3.85 zu berechnen.

Beispiel 15.69

Es werden die Gegebenheiten des Beispiels 15.68 betrachtet. Wieviel Wellen sind dem Posten zu entnehmen, damit im Mittel nur 5 defekte darunter sind? Die gesuchte Anzahl n ergibt sich aus $E(X) = np$ und $p = 0{,}02$ zu $n = 100$. Sie ist unabhängig von dem Umfang des Postens.

15.3.3. Geometrische Verteilung

Es wird nun die gleichfalls für praktische Anwendungen wichtige geometrische Verteilung behandelt.

Definition 15.48

Eine diskrete Zufallsgröße X besitzt eine geometrische Verteilung, wenn ihre Wahrscheinlichkeitsfunktion von der Form

$$P(X = k) = p_k = p(1 - p)^k \qquad (k = 0, 1, \ldots) \tag{15.122}$$

mit $0 < p < 1$ *ist.*

Eine geometrische Verteilung ist durch den Parameter p bestimmt. Die Wahrscheinlichkeiten (15.122) stellen eine geometrische Folge dar (vgl. Kapitel 7.). Ihre Bedeutung geht aus folgendem Satz hervor.

Satz 15.64

Betrachtet wird eine Serie unabhängiger Versuche unter gleichbleibenden Bedingungen. Bei jedem Versuch kann ein gewisses Ereignis A mit der Wahrscheinlichkeit $P(A) = p$ *stattfinden. Die Anzahl der Versuche vor dem ersten Auftreten des Ereignisses A ist eine diskrete Zufallsgröße, die der geometrischen Verteilung mit dem Parameter p genügt.*

Ist demzufolge die Wahrscheinlichkeit für den „erfolgreichen“ Ausgang eines Einzelversuches bekannt, dann läßt sich mittels der geometrischen Verteilung die Wahrscheinlichkeitsverteilung für die Anzahl der „nicht erfolgreichen“ Versuche vor dem ersten „erfolgreichen“ Versuch angeben.

Beispiel 15.70

Ein Schütze trifft ein Ziel mit der Wahrscheinlichkeit $p = 0{,}9$. Mit welcher Wahrscheinlichkeit trifft er erst beim dritten Schuß. Die gesuchte Wahrscheinlichkeit ergibt sich aus (15.122) mit $p = 0{,}9$ und $k = 2$ zu

$$p_3 = 0{,}9 \cdot 0{,}1^2 = 0{,}009.$$

Mithin trifft der Schütze mit einer Wahrscheinlichkeit von 0,9% erst beim dritten Schuß.

Satz 15.65

Die Verteilungsfunktion der geometrischen Verteilung lautet

$$F(z) = P(X < z) = \begin{cases} 0 & \textit{für } z \leqq 0 \\ 1 - (1-p)^{z^*+1} & \textit{für } z > 0 \end{cases} \tag{15.123}$$

mit z^* als größte ganze Zahl $< z$.

Beweis

Der erste Teil der Behauptung ist trivial. Der zweite Teil ergibt sich folgendermaßen. Zunächst gilt

$$P(X < z) = \sum_{k<z} (1-p)\,p^k = \sum_{k=0}^{z^*} p(1-p)^k.$$

Die vorstehende Summe stellt eine endliche geometrische Reihe mit dem Anfangsglied p und dem Quotienten $1-p$ dar. Aus den Darlegungen des Kapitels 7. geht hervor, daß diese Reihe die Summe $1-(1-p)^{z^*+1}$ besitzt.

Beispiel 15.71

Mit welcher Wahrscheinlichkeit trifft der in Beispiel 15.70 charakterisierte Schütze spätestens beim fünften Schuß? Offenbar ist danach gefragt, daß weniger als fünf Schuß vor dem ersten Treffer das Ziel verfehlen. Aus (15.135) folgt mit $z = 5$ und $z^* = 4$ die gesuchte Wahrscheinlichkeit zu

$$F(5) = 1 - 0{,}1^5 = 0{,}99999.$$

Beispiel 15.72

In einem Betrieb ist eine Serie von Versuchen geplant. Aus Voruntersuchungen geht hervor, daß ein Einzelversuch mit der Wahrscheinlichkeit von $p = 60\,\%$ erfolgreich sein wird. Wieviel Versuche sind wenigstens vorzusehen, damit mit einer Wahrscheinlichkeit von mindestens 99 % wenigstens ein Versuch der Serie erfolgreich verläuft? Ist z der gesuchte Umfang der Serie, dann muß in Verbindung mit (15.123) und $p = 0{,}6$ die Ungleichung

$$F(z) = 1 - (0{,}4)^{z+1} \geqq 0{,}99$$

gelten. Die vorstehende Ungleichung läßt sich zu

$$(0{,}4)^{z+1} \leqq 0{,}01$$

oder (beachte $\lg 0{,}01 = -2$) zu

$$z + 1 \geqq \frac{\lg 0{,}01}{\lg 0{,}4} = 5{,}03$$

umformen. Damit ergibt sich $z \geqq 4{,}03$. Nun muß aber die Größe z (als Anzahl) ganzzahlig sein. Mithin folgt $z \geqq 5$. Der gesuchte Mindestumfang für die geplante Versuchsserie muß demzufolge $z = 5$ sein.

Satz 15.66

Die erzeugende Funktion der geometrischen Verteilung hat die Gestalt

$$g(z) = \frac{p}{1-(1-p)\,z} \qquad \left(|z| < \frac{1}{1-p}\right). \tag{15.124}$$

Satz 15.67

Für den Erwartungswert $E(X)$ und die Streuung $\sigma^2(X)$ der geometrischen Verteilung gilt

$$E(X) = \frac{1-p}{p} \qquad \sigma^2(X) = \frac{1-p}{p^2}. \tag{15.125}$$

Satz 15.68

Für die Schiefe S(X) der geometrischen Verteilung gilt

$$S(X) = \frac{p}{1 - p}. \tag{15.126}$$

Die geometrische Verteilung ist stets linksschief. Ihr wahrscheinlichster Wert ist stets $x = 0$.

15.3.4. Poisson-Verteilung

In diesem Abschnitt wird die für die Praxis äußerst wichtige Poisson-Verteilung behandelt.

Definition 15.49

Eine diskrete Zufallsgröße X besitzt eine Poisson-Verteilung, wenn ihre Wahrscheinlichkeitsfunktion von der Form

$$P(X = k) = p_k = \frac{a^k e^{-a}}{k!} \quad (k = 0, 1, 2, \ldots) \tag{15.127}$$

mit $a > 0$ *ist.*

Eine Poisson-Verteilung ist durch den Parameter a bestimmt. Sie ist besonders für die Untersuchung stochastischer Prozesse bedeutungsvoll. Es wird an dieser Stelle lediglich darauf aufmerksam gemacht, daß die Poisson-Verteilung für die Lösung bedienungstheoretischer und zuverlässigkeitstheoretischer Fragen geeignet ist. Für die Lösung solcher Fragen ist das Vorhandensein einer Tabelle für die Wahrscheinlichkeitsfunktion (15.127) eine große Hilfe. Daher ist in fast allen Büchern der Wahrscheinlichkeitsrechnung und mathematischen Statistik eine solche Tabelle angegeben. Die Tabelle 15.9 enthält einige Werte der Poisson-Funktion (15.127), die [15.2] entnommen wurde.

Tabelle 15.9

r	λ							
	0,1	0,2	0,3	0,4	0,5	0,6	0,7	0,8
0	0,904837	0,818731	0,740818	0,670320	0,606531	0,548812	0,496585	0,449329
1	0,090484	0,163746	0,222245	0,268128	0,303265	0,329287	0,347610	0,359463
2	0,004524	0,016375	0,033337	0,053626	0,075816	0,098786	0,121663	0,143785
3	0,000151	0,001092	0,003334	0,007150	0,012636	0,019757	0,028388	0,038343
4	0,000004	0,000055	0,000250	0,000715	0,001580	0,002964	0,004968	0,007669
5	—	0,000002	0,000015	0,000057	0,000158	0,000356	0,000696	0,001227
6	—	—	0,000001	0,000004	0,000013	0,000036	0,000081	0,000164
7	—	—	—	—	0,000001	0,000003	0,000008	0,000019
8	—	—	—	—	—	—	0,000001	0,000002

r	λ							
	0,9	1,0	1,5	2,0	2,5	3,0	3,5	4,0
0	0,406570	0,367879	0,223130	0,135335	0,082085	0,049787	0,030197	0,018316
1	0,365913	0,367879	0,334695	0,270671	0,205212	0,149361	0,150691	0,073263
2	0,164661	0,183940	0,251021	0,270671	0,256516	0,224042	0,184959	0,146525
3	0,049398	0,061313	0,125510	0,180447	0,213763	0,224042	0,215785	0,195367
4	0,011115	0,015328	0,047067	0,090224	0,133602	0,168031	0,188812	0,195367
5	0,002001	0,003066	0,014120	0,036089	0,066801	0,100819	0,132169	0,156293
6	0,000300	0,000511	0,003530	0,012030	0,027834	0,050409	0,077098	0,104196
7	0,000039	0,000073	0,000756	0,003437	0,009941	0,021604	0,038549	0,059540
8	0,000004	0,000009	0,000142	0,000859	0,003106	0,008102	0,016865	0,029770
9	—	0,000001	0,000024	0,000191	0,000863	0,002701	0,006559	0,013231
10	—	—	0,000004	0,000038	0,000216	0,000810	0,002296	0,005292
11	—	—	—	0,000007	0,000049	0,000221	0,000730	0,001925
12	—	—	—	0,000001	0,000010	0,000055	0,000213	0,000642
13	—	—	—	—	0,000002	0,000013	0,000057	0,000197
14	—	—	—	—	—	0,000003	0,000014	0,000056
15	—	—	—	—	—	0,000001	0,000003	0,000015
16	—	—	—	—	—	—	0,000001	0,000004
17	—	—	—	—	—	—	—	0,000001

r	λ						
	4,5	5,0	6,0	7,0	8,0	9,0	10,0
0	0,011109	0,006738	0,002479	0,000912	0,000335	0,000123	0,000045
1	0,049990	0,033690	0,014873	0,006383	0,002684	0,001111	0,000454
2	0,112479	0,084224	0,044618	0,022341	0,010735	0,004998	0,002270
3	0,168718	0,140374	0,089235	0,052129	0,028626	0,014994	0,007567
4	0,189808	0,175467	0,133853	0,091226	0,057252	0,033737	0,018917
5	0,170827	0,175467	0,160623	0,127717	0,091604	0,060727	0,037833
6	0,128120	0,146223	0,160623	0,149003	0,122138	0,091090	0,063055
7	0,082363	0,104445	0,137677	0,149003	0,139587	0,117116	0,090079
8	0,046329	0,065278	0,103258	0,130377	0,139587	0,131756	0,112599
9	0,023165	0,036266	0,068838	0,101405	0,124077	0,131756	0,125110
10	0,010424	0,018133	0,041303	0,070983	0,099262	0,118580	0,125110
11	0,004264	0,008242	0,022529	0,045171	0,072190	0,097020	0,113736
12	0,001599	0,003434	0,011264	0,026350	0,048127	0,072765	0,094780
13	0,000554	0,001321	0,005199	0,014188	0,029616	0,050376	0,072908
14	0,000178	0,000472	0,002228	0,007094	0,016924	0,032384	0,052077
15	0,000053	0,000157	0,000891	0,003311	0,009026	0,019431	0,034718
16	0,000015	0,000049	0,000334	0,001448	0,004513	0,010930	0,021699
17	0,000004	0,000014	0,000118	0,000596	0,002124	0,005786	0,012764
18	0,000001	0,000004	0,000039	0,000232	0,000944	0,002893	0,007091
19	—	0,000001	0,000012	0,000085	0,000397	0,001370	0,003732
20	—	—	0,000004	0,000030	0,000159	0,000617	0,001866
21	—	—	0,000001	0,000010	0,000061	0,000264	0,000889
22	—	—	—	0,000003	0,000022	0,000108	0,000404
23	—	—	—	0,000001	0,000008	0,000042	0,000176
24	—	—	—	—	0,000003	0,000016	0,000073
25	—	—	—	—	0,000001	0,000006	0,000029
26	—	—	—	—	—	0,000002	0,000011
27	—	—	—	—	—	0,000001	0,000004
28	—	—	—	—	—	—	0,000001
29	—	—	—	—	—	—	0,000001

Beispiel 15.73

Die Anzahl der täglich eintreffenden Schiffe einer Linie eines Seehafens besitzt eine Poisson-Verteilung mit dem Parameter $a = 3$. Mit welcher Wahrscheinlichkeit trifft pro Tag höchstens ein Schiff dieser Linie im Hafen ein? Die Anzahl der täglich ankommenden Schiffe sei X. Für die Wahrscheinlichkeit $p_0 = P(X = 0)$ liefert die Tabelle 15.9 den Wert $p_0 = 0{,}082$. Entsprechend ergibt sich die Wahrscheinlichkeit $p_1 = P(X = 1)$ zu $p_1 = 0{,}205$. Mithin beläuft sich die gesuchte Wahrscheinlichkeit $P(X \leqq 1)$ auf $P(X \leqq 1) = p_0 + p_1 = 0{,}287$.

Die Poisson-Verteilung hat einige interessante Eigenschaften, die nun dargestellt werden.

Satz 15.69

Die Verteilungsfunktion der Poisson-Verteilung lautet

$$F(z) = P(X < z) = \begin{cases} 0, & z \leqq 0 \\ e^{-a} \sum\limits_{k=0}^{z^*} \dfrac{a^k}{k!}, & z > 0 \end{cases} \tag{15.128}$$

mit z^* als größte ganze Zahl $< z$.

Satz 15.70

Die erzeugende Funktion der Poisson-Verteilung hat die Gestalt

$$g(z) = e^{a(z-1)}. \tag{15.129}$$

Satz 15.71

Die Summe endlich vieler unabhängiger poisson-verteilter Zufallsgrößen $X_1, X_2, \ldots, X_N$ mit den Parametern a_i ($i = 1, 2, \ldots, N$) ist poisson-verteilt mit dem Parameter $a = a_1 + \cdots + a_N$.

Beweis

Gemäß (15.129) lauten die erzeugenden Funktionen der Zufallsgrößen X_i ($i = 1, 2, \ldots, N$)

$$g_i(z) = e^{a_i(z-1)} \qquad (i = 1, 2, \ldots, N).$$

Wird nun der Satz 15.48 angewandt, dann ergibt sich die erzeugende Funktion der Summe zu

$$g(z) = \prod_{i=1}^{N} g_i(z) = e^{[a_1 + \cdots + a_N](z-1)}.$$

Dieser Ausdruck stellt aber die erzeugende Funktion einer Poisson-Verteilung mit dem Parameter $a = a_1 + \cdots + a_N$ dar.

Satz 15.72

Für den Erwartungswert $E(X)$ und die Streuung $\sigma^2(X)$ der Poisson-Verteilung gilt

$$E(X) = \sigma^2(X) = a. \tag{15.130}$$

Beweis

Werden die ersten beiden Ableitungen der erzeugenden Funktion (15.129) nach der Variablen z, das heißt die Ausdrücke

$$g'(z) = a\, e^{a(z-1)} \qquad g''(z) = a^2\, e^{a(z-1)}$$

mit $g'(1) = a$ und $g''(1) = a^2$ in (15.96), berücksichtigt, dann folgt sofort $E(X) = a$ und sodann $\sigma^2(X) = a^2 + a(1 - a) = a$.

Damit läßt sich der Parameter a einer Poisson-Verteilung einfach deuten. Er stellt den Erwartungswert $E(X)$ der betreffenden Zufallsgröße dar.

Beispiel 15.74

Es werden die Gegebenheiten des Beispiels 15.73 betrachtet. Der angegebene Parameter $a = 3$ bedeutet damit, daß täglich im Mittel 3 Schiffe dieser Linie den Hafen anlaufen.

Beispiel 15.75

Ein Ausleihdienst hat vier Fotoapparate zu verleihen. Die Nachfrage nach Fotoapparaten pro Tag sei poisson-verteilt mit dem Erwartungswert 3. Wie groß ist die Wahrscheinlichkeit dafür, daß an einem Tage

a) kein Fotoapparat entliehen wird?

b) Kunden nicht befriedigt werden können?

Sei X der tägliche Bedarf (Nachfrage) an Fotoapparaten. Diese Größe ist poisson-verteilt mit dem Parameter $a = E(X) = 3$. Für die gesuchten Wahrscheinlichkeiten ergibt sich unter Benutzung der Tabelle 15.9

a) $P(X = 0) = p_0 = 0{,}050$

b) $P(X \geqq 5) = 1 - (p_0 + p_1 + p_2 + p_3 + p_4) = 1 - 0{,}815 = 0{,}185.$

Beispiel 15.76

Es wird eine Annahmestelle eines Dienstleistungsbetriebes betrachtet, die defekte Rundfunk- und Fernsehgeräte zur Reparatur annimmt. Die Anzahl der täglich angelieferten Rundfunk- bzw. Fernsehgeräte wird mit X_r bzw. X_f bezeichnet. Diese Zufallsgrößen seien poisson-verteilt mit dem Parameter $a_r = 3$ bzw. $a_f = 6$. Es sind nun folgende Fragen zu beantworten:

a) Welcher Verteilung genügt die Anzahl der täglich bei dieser Annahmestelle angelieferten (Rundfunk- oder Fernseh-) Geräte?

b) Mit welcher Wahrscheinlichkeit werden täglich wenigstens 10 Geräte angenommen?

c) Mit welcher Wahrscheinlichkeit werden täglich nur Rundfunkgeräte angeliefert?

d) Mit welcher Wahrscheinlichkeit wird täglich höchstens ein Fernsehgerät angenommen?

a) Zunächst ist die Zufallsgröße $X = X_r + X_f$ poisson-verteilt mit dem Parameter $a = a_r + a_f = 9$ (vgl. Satz 15.71). Für die gesuchten Wahrscheinlichkeiten liefert die Tabelle 15.9 die folgenden Werte

b) $P(X \geqq 10) = 1 - P(X < 10) = 1 - 0{,}5874 = 0{,}4126$

c) $P(X_r > 0 \quad \text{und} \quad X_f = 0) = [1 - P(X_r = 0)]\, P(X_f = 0) = 0{,}9502 \cdot 0{,}0025 = 0{,}0024$

d) $P(X_r \leqq 1) = P(X_r = 0) + P(X_r = 1) = 0{,}0498 + 0{,}1494 = 0{,}1992.$

Aus der Tabelle 15.9 ist zu ersehen, daß die Poisson-Verteilung wenigstens einen und höchstens zwei wahrscheinlichste Werte aufweist und stets linksschief ist.

Satz 15.73

Die Poisson-Verteilung ist eingipflig: Ist der Parameter a ganzzahlig, dann gibt es die zwei (gleich-) wahrscheinlichsten Werte $x_1 = a - 1$ *und* $x_2 = a$. *Ist der Parameter a nicht ganzzahlig, dann gibt es einen wahrscheinlichsten Wert* x_1, *der die ganze Zahl des Intervalls* $(a - 1 \quad a)$ *darstellt.*

Satz 15.74

Die Poisson-Verteilung ist linksschief. Ihre Schiefe beträgt

$$S(X) = \frac{1}{\sqrt{a}}. \tag{15.131}$$

Die Aussage des Satzes 15.73 ähnelt dem Inhalt des Satzes 15.57. Diese Ähnlichkeit erklärt sich aus dem folgenden Satz.

Satz 15.75 (*Grenzwertsatz von Poisson*)

Die Zufallsvariable X_n genüge einer Binomialverteilung mit den Parametern n und p, für die $p = \frac{a}{n}$ mit $a > 0$ besteht. Dann gilt

$$\lim_{n \to \infty} P(X_n = x) = \frac{a^x \mathrm{e}^{-a}}{x!}. \tag{15.132}$$

Eine Binomialverteilung mit den Parametern n und p geht in eine Poisson-Verteilung mit dem Parameter $a = np$ über, wenn n sehr groß wird, und zwar derart, daß $a = np$ konstant bleibt.

Da im vorstehenden Satz die Größe $a = np$ für $n \to \infty$ konstant bleibt, muß die Wahrscheinlichkeit p sehr klein sein. Der Parameter p charakterisiert damit ein seltenes Ereignis.
Gemäß Satz 15.75 läßt sich damit eine Binomialverteilung mit großem Parameter n und kleinem Parameter p durch die Poisson-Verteilung mit dem Parameter $a = np$ approximieren. Unter diesen Umständen ist es also gerechtfertigt, die Wahrscheinlichkeitsfunktion (15.108) der Binomialverteilung durch die einfacher zu handhabende (und vielfach in Tabellenform vorliegende) Wahrscheinlichkeitsfunktion (15.127) der Poisson-Verteilung zu ersetzen. Die Tabelle 15.10 zeigt recht deutlich die Übereinstimmung zwischen der Binomialverteilung mit den Parametern $n = 50$ und $p = \frac{1}{10}$ und der Poisson-Verteilung mit dem Parameter $a = 5$; dabei bedeuten p_k und q_k die Wahrscheinlichkeitswerte der Binomial- bzw. der Poisson-Verteilung.

Tabelle 15.10

k	p_k	q_k
0	0,0052	0,0067
1	0,0286	0,0337
2	0,0779	0,0842
3	0,1386	0,1404
4	0,1809	0,1755
5	0,1849	0,1755
6	0,1541	0,1462
7	0,1076	0,1044
8	0,0642	0,0653
9	0,0333	0,0363
10	0,0152	0,0181
11	0,0061	0,0082
12	0,0022	0,0034
13	0,0007	0,0013
14	0,0002	0,0005
15	0,0001	0,0002
16	0,0000	0,0001
17	0,0000	0,0000

Beispiel 15.77

An einer Oberschule lernen 500 Schüler. Mit welcher Wahrscheinlichkeit hat keiner dieser Schüler an einem bestimmten Tage Geburtstag? Sei X die Anzahl der Schüler dieser Schule, die an dem besagten Tage Geburtstag haben. Offenbar ist die Größe X binomialverteilt mit den Parametern $n = 500$ und $p = \frac{1}{365}$. Die gesuchte Wahrscheinlichkeit $p_0 = P(X = 0)$ ergibt sich damit aus (15.108) zu

$$p_0 = \left(1 - \frac{1}{365}\right)^{500} = 0{,}2537.$$

Auf Grund des Satzes 15.78 kann die Zufallsgröße X als asymptotisch poisson-verteilt mit dem Parameter $a = 500 \cdot \frac{1}{365} = 1{,}37$ angesehen werden. Mithin folgt aus (15.127)

$$p_0 \approx \mathrm{e}^{-1{,}37} = 0{,}2541.$$

Beispiel 15.78

In einem Betrieb sind 1,5 % der gefertigten Erzeugnisse fehlerhaft. Wie groß ist die Wahrscheinlichkeit dafür, daß in einem Posten von 100 gefertigten Erzeugnissen höchstens 2 Erzeugnisse fehlerhaft sind? Sei X die Anzahl der fehlerhaften Erzeugnisse unter 100 Stück. Diese Zufallsgröße ist angenähert poisson-verteilt mit dem Parameter $a = 100 \cdot 0{,}015 = 1{,}5$. Mithin ergibt sich unter Benutzung der Tabelle 15.9

$$P(X \leqq 2) = p_0 + p_1 + p_2 \approx 0{,}223 + 0{,}3347 + 0{,}2510 = 0{,}8088.$$

Beispiel 15.79

In einem Blechband der Länge 100 m treten im Mittel 4 Fehler auf. Das Band wird in 50 kleine Bleche der Länge 2 m zerschnitten. Wieviel fehlerhafte Kleinbleche entstehen durchschnittlich aus einem solchen Band?

Die Wahrscheinlichkeit dafür, daß in einem Meter Blech ein Fehler auftritt, beträgt offenbar $p = 0{,}04 = \frac{1}{25}$. Mit einer Wahrscheinlichkeit von

$$\left(1 - \frac{1}{25}\right)^{l} \approx \mathrm{e}^{-\frac{l}{25}}$$

ist dann ein Blechstück der Länge l fehlerfrei. Ein Blechstück der Länge 2 m weist mit der Wahrscheinlichkeit von

$$\mathrm{e}^{-0{,}08} \approx 0{,}92$$

keinen Fehler auf. Die gesuchte mittlere Anzahl fehlerhafter Bleche, die aus dem Blechband geschnitten werden, beläuft sich damit auf

$$(1 - 0{,}92)\,50 = 0{,}08 \cdot 50 = 4.$$

15.3.5. Polynomialverteilung

In diesem Abschnitt wird in aller Kürze als Beispiel für eine mehrdimensionale diskrete Verteilung die für statistische Anwendungen wichtige Polynomialverteilung behandelt.

Definition 15.50

Eine m-dimensionale Zufallsgröße $(X_1\ X_2\ \cdots\ X_m)$ *besitzt eine Polynomialverteilung, wenn ihre Wahrscheinlichkeitsfunktion von der Form*

$$P(X_1 = k_1 \text{ und } X_2 = k_2 \text{ und} \cdots \text{und } X_m = k_m) = \frac{n!}{k_1!k_2! \cdot \ldots \cdot k_m!} p_1^{k_1} p_2^{k_2} \cdot \ldots \cdot p_m^{k_m} \tag{15.133}$$

ist. Dabei bedeuten $n > 0$ *und* $k_i \geqq 0$ $(i = 1, 2, \ldots, m)$ *mit* $k_1 + k_2 + \cdots + k_m = n$ *ganze Zahlen sowie* $p_i \geqq 0$ $(i = 1, 2, \ldots, m)$ *reelle Zahlen mit* $p_1 + p_2 + \cdots + p_m = 1$.

Die Polynomialverteilung ist durch die Parameter m, n und p_i $(i = 1, 2, \ldots, m)$ bestimmt. Die einzelnen Zufallsgrößen $X_1, X_2, \ldots, X_m$ sind nicht unabhängig (vgl. Definition 15.31); es besteht nämlich der Zusammenhang

$$X_1 + X_2 + \cdots + X_m = n. \tag{15.134}$$

Für $m = 2$ geht die Polynomialverteilung in die im Abschnitt 15.3.1. diskutierte Binomialverteilung über. Für die in diesem Fall vorliegende Zufallsgröße $(X_1\ X_2)$ mit den Parametern n, p_1 und p_2 ist bisher die Bezeichnung X mit den Parametern n und p benutzt worden. Offenbar gilt $X_1 = X, X_2 = n - X$ sowie $p_1 = p$ und $p_2 = 1 - p$. Die Bedeutung der Polynomialverteilung für die Praxis geht aus folgendem Sachverhalt hervor.

Satz 15.76

Es wird eine Serie von n unabhängigen Versuchen unter gleichbleibenden Bedingungen betrachtet. Bei jedem Versuch tritt genau ein Versuchsausgang von m möglichen Ausgängen $A_1, A_2, \ldots, A_m$ *mit den Wahrscheinlichkeiten* $p_1, p_2, \ldots, p_m$ *auf. Sei* X_i *die Anzahl des Auftretens des Ausgangs* A_i $(i = 1, 2, \ldots, m)$ *innerhalb der Serie. Die m-dimensionale diskrete Zufallsgröße* $(X_1\ X_2\ \cdots\ X_m)$ *besitzt die Polynomialverteilung mit den Parametern m, n und* $p_1, p_2, \ldots, p_m$.

Beispiel 15.80

In einer Urne befinden sich 3 weiße, 2 schwarze und 5 rote Kugeln. Aus dieser Urne werden zufällig 6 Ziehungen mit Zurücklegung vorgenommen. Mit welcher Wahrscheinlichkeit werden hierbei gleichviel weiße, schwarze und rote Kugeln erhalten? Mit X_1, X_2 und X_3 wird die Anzahl der weißen, schwarzen bzw. roten Kugeln bezeichnet, die bei diesen Ziehungen erhalten werden. Die Zufallsgröße $(X_1\ X_2\ X_3)$ ist polynomialverteilt mit den Parametern $n = 6$, $p_1 = 0{,}3$, $p_2 = 0{,}2$ und $p_3 = 0{,}5$. Die gesuchte Wahrscheinlichkeit

$$P(X_1 = 2 \quad \text{und} \quad X_2 = 2 \quad \text{und} \quad X_3 = 2)$$

ergibt sich mit $k_1 = k_2 = k_3 = 2$ aus (15.133) zu

$$\frac{6!}{2!2!2!} [0{,}3 \cdot 0{,}2 \cdot 0{,}5]^2 = 90 \cdot 0{,}0009 = 0{,}081.$$

Beispiel 15.81

In einem Betrieb sind 80% der normgerechten Erzeugnisse von der Sorte S_1, 15% von der Sorte S_2 und 5% von der Sorte S_3. Mit welcher Wahrscheinlichkeit sind in einem zufällig zusammengestellten Posten von 10 normgerechten Erzeugnissen 8 von der Sorte S_1 und 2 von der Sorte S_2? Sei X_i die Anzahl der Erzeugnisse der Sorte S_i $(i = 1, 2, 3)$ innerhalb des Postens. Die Zufallsgröße $(X_1\ X_2\ X_3)$

ist polynomialverteilt mit den Parametern $n = 10$, $p_1 = 0{,}8$, $p_2 = 0{,}15$ und $p_3 = 0{,}05$. Die gesuchte Wahrscheinlichkeit ergibt sich wegen $k_1 = 8$, $k_2 = 2$ und $k_3 = 0$ aus (15.133) zu

$$\frac{10!}{8!\,2!\,0!}(0{,}8)^8 \cdot (0{,}15)^2 = 45 \cdot 0{,}1678 \cdot 0{,}0225 = 0{,}1699.$$

Satz 15.77

Gegeben sei eine polynomialverteilte Zufallsgröße $(X_1\ X_2\ \dots\ X_m)$ mit den Parametern n und $p_1, p_2, \dots, p_m$. Für den Erwartungswert und die Varianz der einzelnen Zufallsgrößen X_i $(i = 1, 2, \dots, m)$ gilt:

$$E(X_i) = np_i$$
$$\sigma^2(X_i) = np_i(1 - p_i) \qquad (i = 1, 2, \dots, m). \tag{15.135}$$

Der Korrelationskoeffizient der Zufallsgrößen X_i und X_j beträgt

$$k(X_i\ X_j) = -\sqrt{\frac{p_i p_j}{(1 - p_i)(1 - p_j)}}. \tag{15.136}$$

Er ist insbesondere von dem Parameter n unabhängig.

Beispiel 15.82

Es werden die Gegebenheiten des Beispiels 15.81, allerdings für einen Posten mit $n = 100$ normgerechten Erzeugnissen, betrachtet. Die Erwartungswerte für die Anzahlen X_1, X_2 und X_3 belaufen sich auf

$$E(X_1) = 80 \qquad E(X_2) = 15 \qquad E(X_3) = 5.$$

Die Varianzen dieser Anzahlen betragen

$$\sigma^2(X_1) = 16 \qquad \sigma^2(X_2) = 12{,}75 \qquad \sigma^2(X_3) = 4{,}75.$$

Die Quadrate der Korrelationskoeffizienten der einzelnen Paare der Anzahlen ergeben sich zu

$$k^2(X_1\ X_2) = \frac{0{,}12}{0{,}17} = 0{,}706$$

$$k^2(X_1\ X_3) = \frac{0{,}04}{0{,}19} = 0{,}211$$

$$k^2(X_2\ X_3) = \frac{0{,}0075}{0{,}8075} = 0{,}009.$$

Der schwächste Zusammenhang besteht zwischen den Anzahlen X_2 und X_3. Es liegt ein enger Zusammenhang zwischen dem Auftreten (Anzahl X_1) der Sorte S_1 und dem Auftreten (Anzahl X_2) der Sorte S_2 vor.

15.4. Stetige Verteilungen

15.4.1. Verteilungsgesetz einer stetigen Zufallsgröße

In diesem Abschnitt werden verschiedene Formen des Verteilungsgesetzes einer stetigen Zufallsgröße behandelt. Jede dieser Formen ermöglicht die Konstruktion der Verteilungsfunktion, die bereits im Abschnitt 15.1.8. als eine Form des Verteilungsgesetzes einer beliebigen Zufallsgröße eingeführt wurde. Dabei werden allerdings nicht alle stetigen Zufallsgrößen in die Betrachtung eingeschlossen.

Definition 15.51

Eine Zufallsgröße X heißt (im engeren Sinne) stetig, wenn es eine nichtnegative Funktion $p(x)$ gibt, so daß

$$F(x) = \int_{-\infty}^{x} p(t)\,\mathrm{d}t \tag{15.137}$$

für jedes reelle x erfüllt ist; dabei stellt $F(x) = P(X < x)$ die Verteilungsfunktion der Zufallsgröße X dar. Die auf diese Weise erklärte Funktion $p(x)$ heißt die Dichtefunktion der Zufallsgröße X.

Die Dichtefunktion einer stetigen Zufallsgröße X besitzt einige interessante Eigenschaften, auf die nunmehr eingegangen wird.

Satz 15.78

Für die Dichtefunktion $p(x)$ einer stetigen Zufallsgröße X gilt

$$P(a \leqq X < b) = \int_{a}^{b} p(x)\,\mathrm{d}x. \tag{15.138}$$

Insbesondere besteht die sogenannte Vollständigkeitsrelation

$$\int_{-\infty}^{+\infty} p(x)\,\mathrm{d}x = 1. \tag{15.139}$$

Beweis

Bedeutet $F(x)$ die Verteilungsfunktion der Zufallsgröße X, dann folgt zunächst aus Satz 15.21

$$P(a \leqq X < b) = F(b) - F(a)$$

und weiter aus (15.137)

$$P(a \leqq X < b) = \int_{-\infty}^{b} p(x)\mathrm{d}X - \int_{-\infty}^{a} p(x)\,\mathrm{d}x = \int_{a}^{b} p(x)\,\mathrm{d}x.$$

Damit ist bereits die Relation (13.138) nachgewiesen. Aus dieser resultiert für $a \to -\infty$ und $b \to +\infty$ schließlich die Behauptung (15.139).

Aus dem soeben bewiesenen Satz ergibt sich der folgende Satz.

Satz 15.79

Sei x_0 eine Realisierung der Zufallsgröße X. Ist die Dichtefunktion $p(x)$ an der Stelle x_0 stetig, dann gilt

$$P(X = x_0) = 0. \tag{15.140}$$

Der konstatierte Sachverhalt (15.140) bedeutet nicht, daß das Ereignis „$X = x_0$" ausgeschlossen ist. Der vorstehende Satz sagt nur aus, daß es sich bei diesem Ereignis um ein sehr seltenes Ereignis handelt.
Weiter folgt aus dem Satz 15.78 der Satz 15.80.

Satz 15.80

Die Intervallwahrscheinlichkeit $P(a \leqq X < b)$ einer stetigen Zufallsgröße ist gleich dem Inhalt des Flächenstücks, das durch die x-Achse, die Kurve der Dichtefunktion $p(x)$ (Dichtekurve) und die Ordinaten in den Abszissen $x = a$ und $x = b$ begrenzt wird. Insbesondere besitzt die Fläche zwischen der x-Achse und der Dichtekurve den Inhalt 1.

Vorstehend sind einige Eigenschaften der Dichtefunktion einer stetigen Zufallsgröße dargestellt worden. Umgekehrt ist jede Funktion, die diese Eigenschaften besitzt, die Dichtefunktion einer stetigen Zufallsgröße.

Schließlich wird noch der Zusammenhang zwischen der Dichtefunktion $p(x)$ und der Verteilungsfunktion $F(x)$ einer stetigen Zufallsgröße X mitgeteilt.

Satz 15.81

Ist die Dichtefunktion $p(x)$ einer stetigen Zufallsgröße an der Stelle $x = x_0$ stetig, dann gilt

$$p(x_0) = F'(x_0). \tag{15.141}$$

Der Beweis dieses Satzes wird dem Leser als Übungsaufgabe 15.4.103 überlassen. Die Abbildungen 15.14 und 15.15 verdeutlichen den Verlauf der Dichtefunktion $p(x)$ und der Verteilungsfunktion $F(x)$ einer stetigen Zufallsgröße X. Sie bringen nochmals zum Ausdruck, daß es zwei Möglichkeiten zur Berechnung von Intervallwahrscheinlichkeiten der Form $P(a \leqq X < b)$ gibt. Die erste besteht darin, daß die über dem Intervall $[a\ b]$ liegende Fläche unterhalb der Dichtekurve ermittelt wird. Die zweite Möglichkeit besteht darin, daß die Ordinatendifferenz $F(b) - F(a)$ der Verteilungskurve (Kurve der Verteilungsfunktion) an den Endpunkten des Intervalls $[a\ b]$ gebildet wird. Die zweite Berechnungsvariante ist mit weniger Aufwand verbunden als die erste.

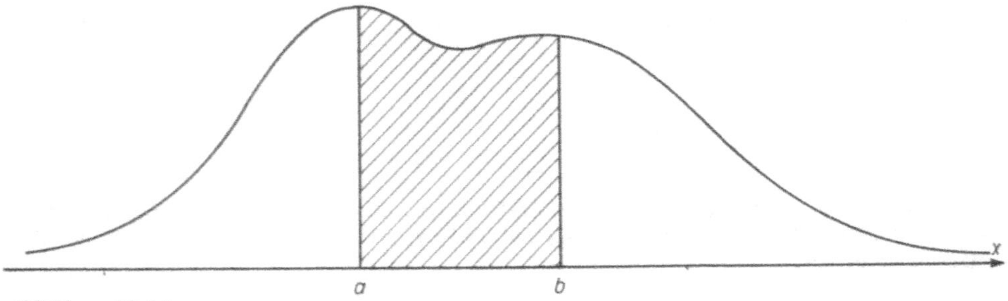

Abbildung 15.14

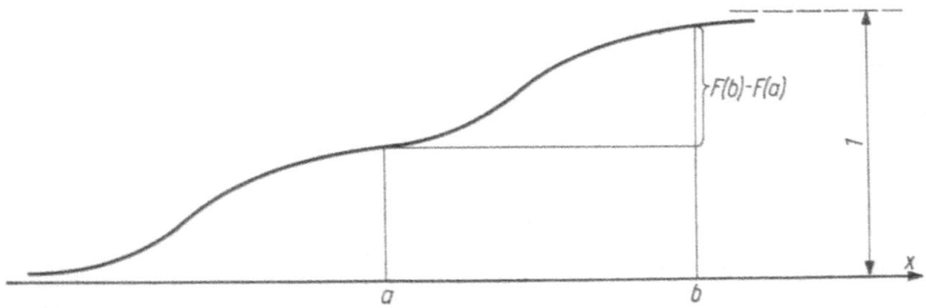

Abbildung 15.15

Beispiel 15.83

Welchen Wert muß die Konstante c annehmen, damit die Funktion

$$p(x) = \frac{c}{1+x^2}$$

die Dichtefunktion einer stetigen Zufallsgröße wird? Wie lautet die entsprechende Verteilungsfunktion? Gemäß Satz 15.80 muß die vorgelegte Funktion $p(x)$ die Bedingung (15.139) erfüllen, das heißt, es muß

$$\int_{-\infty}^{+\infty} \frac{c}{1+x^2}\,\mathrm{d}x = c\int_{-\infty}^{+\infty} \frac{\mathrm{d}x}{1+x^2} = 1$$

gelten. Da $p(x)$ eine gerade Funktion, das heißt von der Eigenschaft $p(x) = p(-x)$ ist, ergibt sich für das obige bestimmte Integral

$$\int_{-\infty}^{+\infty} \frac{\mathrm{d}x}{1+x^2} = 2\int_{0}^{\infty} \frac{\mathrm{d}x}{1+x^2} = [\arctan x]_0^{\infty} = \pi.$$

Mithin muß

$$c = \frac{1}{\pi}$$

bestehen. Die erhaltene Funktion

$$p(x) = \frac{1}{\pi}\frac{1}{1+x^2} \tag{15.142}$$

stellt damit die Dichtefunktion einer stetigen Zufallsgröße dar. Die entsprechende Verteilungsfunktion ergibt sich auf Grund (15.137) zu

$$F(x) = \frac{1}{\pi}\int_{-\infty}^{x} \frac{\mathrm{d}t}{1+t^2} = \left[\frac{1}{\pi}\arctan t\right]_{-\infty}^{x} = \frac{1}{\pi}\left(\arctan x + \frac{\pi}{2}\right)$$

oder

$$F(x) = \frac{1}{2} + \frac{1}{\pi}\arctan x. \tag{15.143}$$

Die stetige Verteilung mit der Dichtefunktion (15.142) und der Verteilungsfunktion (15.143) heißt *Cauchy-Verteilung*. Beide Funktionen (15.142) und (15.143) sind in den Abbidlungen 15.16 und 15.17 graphisch dargestellt.

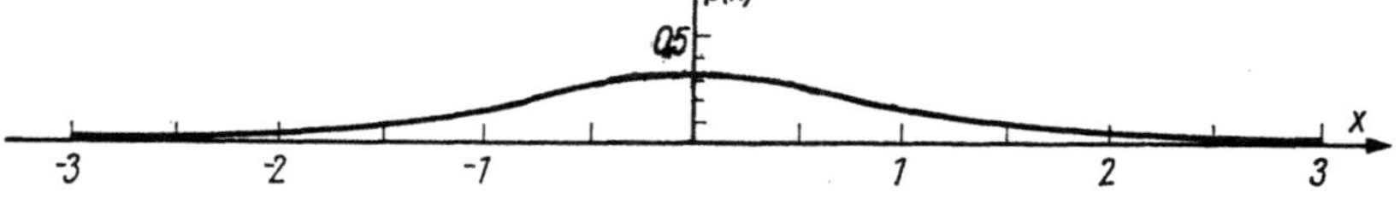

Abbildung 15.16

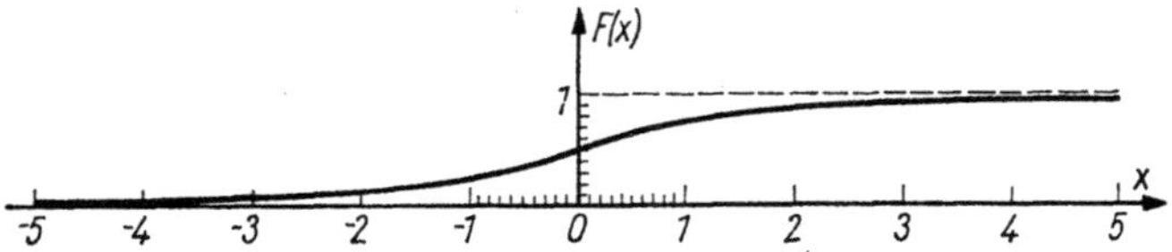

Abbildung 15.17

Beispiel 15.84

Die Abbildung 15.18 vermittelt (für $c = 2$) das Bild der Dichtefunktion

$$p(x) = \begin{cases} 0 & \text{für } x < -c \\ \dfrac{1}{c^2}(x + c) & \text{für } -c \leqq x \leqq 0 \\ \dfrac{1}{c^2}(-x + c) & \text{für } 0 \leqq x \leqq c \\ 0 & \text{für } x > c, \end{cases}$$

die zu der sogenannten *Dreiecksverteilung* gehört; dabei ist c eine positive Konstante. Die entsprechende Verteilungsfunktion $F(x)$ ergibt sich infolge (15.137) zu

$$F(x) = \begin{cases} 0 & \text{für } x < -c \\ \dfrac{1}{2} + \dfrac{1}{c^2}\left(\dfrac{x^2}{2} + cx\right) & \text{für } -c \leqq x \leqq 0 \\ \dfrac{1}{2} + \dfrac{1}{c^2}\left(-\dfrac{x^2}{2} + cx\right) & \text{für } 0 \leqq x \leqq c \\ 1 & \text{für } x > c. \end{cases}$$

Sie ist in der Abbildung 15.19 für den Fall $c = 2$ graphisch dargestellt.

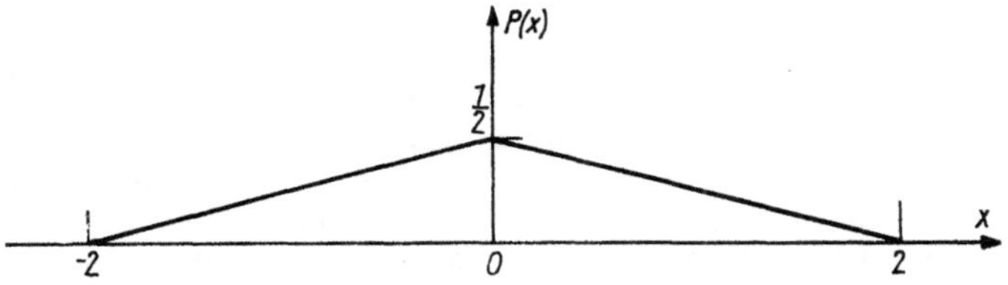

Abbildung 15.18

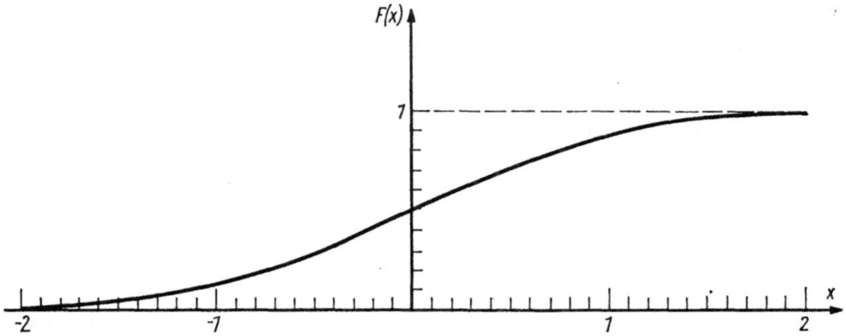

Abbildung 15.19

Beispiel 15.85

Es wird die Cauchy-Verteilung des Beispiels 15.83 betrachtet. Mit welcher Wahrscheinlichkeit tritt die Zufallsgröße X in dem Intervall $-\dfrac{1}{\sqrt{3}} \leqq x < \dfrac{1}{\sqrt{3}}$ auf? Aus (15.46) und (15.143) folgt zunächst

$$P\left(-\frac{1}{\sqrt{3}} \leqq X < \frac{1}{\sqrt{3}}\right) = \frac{1}{\pi}\left[\arctan\frac{1}{\sqrt{3}} - \arctan\left(\frac{-1}{\sqrt{3}}\right)\right] = \frac{2}{\pi}\arctan\frac{1}{\sqrt{3}}.$$

Nun gilt $\tan \frac{\pi}{6} = \frac{1}{\sqrt{3}}$ oder $\arctan \frac{1}{\sqrt{3}} = \frac{\pi}{6}$. Mithin ergibt sich die gesuchte Intervallwahrscheinlichkeit zu

$$P\left(-\frac{1}{\sqrt{3}} \leqq X < \frac{1}{\sqrt{3}}\right) = \frac{1}{3}.$$

Bisher wurden mittels der Verteilungsfunktion $F(x)$ einer Zufallsgröße Intervallwahrscheinlichkeiten auf Grund der Formel (15.46) berechnet, die sich allerdings nur auf halboffene Intervalle der Form $[a\ \ b)$ beziehen. Für stetige Zufallsgrößen gilt der folgende Satz.

Satz 15.82

Ist die Verteilungsfunktion $F(x)$ einer stetigen Zufallsgröße X an den Stellen $x = a$ und $x = b$ mit $a < b$ stetig, dann bestehen in Ergänzung zu (15.46) die Beziehungen

$$P(a \leqq X \leqq b) = P(a < X \leqq b) = P(a < X < b) = F(b) - F(a). \tag{15.144}$$

Der Beweis dieses Satzes wird dem Leser als Übungsaufgabe 15.4.105 überlassen.
Ist jedoch die Verteilungsfunktion $F(x)$ an wenigstens einem der Intervallendpunkte unstetig, dann ist die Aussage (15.144) nicht gültig. Das folgende Beispiel unterstreicht diese Bemerkung.

Beispiel 15.86

Es wird ein Bedienungssystem (zum Beispiel eine Tankstelle) betrachtet, das aus einer Servicestelle (Abfertigungsstelle) besteht. Die Anzahl der in der Zeiteinheit (Stunde) eintreffenden Forderungen (zum Beispiel Fahrzeuge) sei poisson-verteilt mit dem Parameter λ. Die Anzahl der bedienten Forderungen, die in der Zeiteinheit die Servicestelle bei deren ununterbrochener Tätigkeit verlassen, sei gleichfalls poisson-verteilt mit dem Parameter $\mu > \lambda$. Jede Forderung wartet unbedingt auf die Abfertigung, wenn sie bei ihrer Ankunft die Servicestelle besetzt (das heißt, mit der Bedienung einer früher eingetroffenen Forderung beschäftigt) vorfindet. Die wartenden Forderungen werden in der Reihenfolge ihres Eintreffens abgefertigt. Unter diesen Voraussetzungen läßt sich die Verteilungsfunktion $F(x)$ der Wartezeit X einer Forderung angeben, die eine stetige Zufallsvariable mit allen nichtnegativen reellen Zahlen als Realisierungen ist. Sie lautet

$$F(x) = \begin{cases} 0 & \text{für} \quad x \leqq 0 \\ 1 - \frac{\lambda}{\mu} e^{-(\mu - \lambda)x}, & \text{für} \quad x > 0. \end{cases} \tag{15.145}$$

Für die Wahrscheinlichkeit dafür, daß eine Forderung warten und damit eine positive Wartezeit aufwenden muß, ergibt sich der Ausdruck

$$P(X > 0) = \lim_{\varepsilon \to 0} P(\varepsilon < X < \infty) = 1 - \left(1 - \frac{\lambda}{\mu}\right) = \frac{\lambda}{\mu} < 1.$$

Andererseits gilt $P(X \geqq 0) = 1$; denn es ist sicher, daß die Wartezeit X einer Forderung nichtnegativ ausfällt

$$P(X \geqq 0) = 1 - F(0) = 1 - 0 = 1.$$

Damit besteht die Ungleichheit $P(X \geqq 0) \neq P(X > 0)$, auf die im Zusammenhang mit dem vorstehenden Satz aufmerksam gemacht werden sollte. Diese Ungleichheit ist die Folge davon, daß die Verteilungsfunktion (15.145) an der Stelle $x_0 = 0$ unstetig ist.

Es wird nun eine Funktion $X = g(X_1\ X_2 \cdots X_n)$ stetiger Zufallsgrößen im Sinne der Definition 15.32 betrachtet, die selbst eine stetige Zufallsvariable darstellt. Das Verteilungsgesetz der einzelnen Zufallsgrößen $X_1\ X_2 \cdots X_n$ sei bekannt und durch die betreffenden Dichtefunktionen bzw. Verteilungsfunktionen gegeben. Gesucht ist die Dichtefunktion bzw. die Verteilungsfunktion der Zufallsgröße X. Diese Fragestellung wird an dieser Stelle nicht in voller Allgemeinheit beantwortet. In den folgenden Sätzen werden nur einige für die Praxis wichtige Spezialfälle behandelt.

Satz 15.83

Gegeben sind zwei stetige Zufallsgrößen X_1 und X_2 mit den Verteilungsfunktionen $F_1(x)$ und $F_2(x)$. Besteht nun zwischen beiden Zufallsvariablen der lineare Zusammenhang

$$X_2 = aX_1 + b \qquad (a \neq 0) \tag{15.146}$$

dann gilt die Beziehung

$$F_2(x) = \begin{cases} F_1\left(\frac{x-b}{a}\right) & \text{falls } a > 0 \\ 1 - F_1\left(\frac{x-b}{a}\right) & \text{falls } a < 0, \end{cases} \tag{15.147}$$

die allerdings im Fall $a < 0$ nur unter der zusätzlichen Voraussetzung gültig ist, daß die Verteilungsfunktion $F_1(x)$ an der Stelle $z = \frac{x-b}{a}$ stetig differenzierbar ist.

Satz 15.84

Gegeben sind zwei stetige Zufallsgrößen X_1 und X_2 mit den stetigen Dichtefunktionen $p_1(x)$ und $p_2(x)$. Besteht nun zwischen beiden Zufallsvariablen der lineare Zusammenhang

$$X_2 = aX_1 + b \qquad (a \neq 0) \tag{15.146}$$

dann gilt die Beziehung

$$p_2(x) = \begin{cases} \frac{1}{a} p_1\left(\frac{x-b}{a}\right) & \text{falls } a > 0 \\ \frac{-1}{a} p_1\left(\frac{x-b}{a}\right) & \text{falls } a < 0. \end{cases} \tag{15.148}$$

Beispiel 15.87

Gegeben ist die im Beispiel 15.84 behandelte Zufallsgröße X (Dreiecksverteilung). Gesucht ist die Dichtefunktion der Zufallsgröße $2X$. Aus der im Beispiel 15.84 angegebenen Dichtefunktion für die Zufallsgröße X ergibt sich die gesuchte Dichtefunktion.

$$p(x) = \begin{cases} 0 & \text{für } x < -2c \\ \frac{1}{4c^2}(x + 2c) & \text{für } -2c \leqq x \leqq 0 \\ \frac{1}{4c^2}(-x + 2c) & \text{für } 0 \leqq x \leqq 2c \\ 0 & \text{für } x > 2c. \end{cases}$$

Die Zufallsgröße $2X$ genügt damit auch einer Dreiecksverteilung (und zwar mit dem Parameter $2c$).

Der vorstehende Satz läßt sich verallgemeinern zum Satz 15.85.

Satz 15.85

Gegeben seien eine stetige Zufallsgröße X mit der Dichtefunktion $p(x)$ und eine eigentlich monotone Funktion $y = g(x)$, die für alle Realisierungen der Zufallsvariablen X eine *nichtverschwindende erste Ableitung besitzt. Dann stellt*

$$g(y) = \pm p[g^{-1}(y)] \frac{dg^{-1}(y)}{dy} \tag{15.149}$$

die Dichtefunktion der stetigen Zufallsgröße $Y = g(X)$ dar. Dabei bedeutet $x = g^{-1}(y)$ die Umkehrfunktion von $y = g(x)$. Ferner steht im Ausdruck (15.149) das Pluszeichen, wenn $g(x)$ wächst, das Minuszeichen, wenn $g(x)$ fällt.

Nachdem bisher nur Funktionen einer stetigen Zufallsvariablen behandelt wurden, werden nunmehr die Eigenschaften von Funktionen mehrerer Zufallsvariabler diskutiert.

Satz 15.86

Gegeben sind zwei unabhängige stetige Zufallsgrößen X_1 und X_2 mit den Dichtefunktionen $p_1(x)$ und $p_2(x)$ sowie den Verteilungsfunktionen $F_1(x)$ und $F_2(x)$. Die Summe $X = X_1 + X_2$ dieser Zufallsgrößen besitzt die Dichtefunktion

$$p(x) = \int_{-\infty}^{+\infty} p_1(t)\, p_2(x-t)\, dt = \int_{-\infty}^{+\infty} p_2(t)\, p_1(x-t)\, dt$$

sowie die Verteilungsfunktion

$$F(x) = \int_{-\infty}^{+\infty} p_1(t)\, F_2(x-t)\, dt = \int_{-\infty}^{+\infty} p_2(t)\, F_1(x-t)\, dt. \tag{15.150}$$

Beispiel 15.88

Gegeben sind zwei unabhängige stetige Zufallsgrößen mit derselben Dichtefunktion

$$p(x) = \begin{cases} 0 & \text{für } x \leqq 0 \\ e^{-x} & \text{für } x > 0. \end{cases}$$

Gesucht ist die Dichtefunktion $s(x)$ der Summe dieser beiden Zufallsvariablen. Gemäß Satz 15.86 gilt

$$s(x) = \int_{-\infty}^{+\infty} p(t)\, p(x-t)\, dt.$$

Auf Grund der Struktur der gegebenen Dichtefunktion $p(x)$ folgt $s(x) = 0$ für $x < 0$ und weiter für $x \geqq 0$

$$s(x) = \int_0^x e^{-t}\, e^{-(x-t)}\, dt = e^{-x} \int_0^x dt = x\, e^{-x}.$$

Mithin lautet die gesuchte Dichtefunktion

$$s(x) = \begin{cases} 0 & \text{für } x < 0 \\ x\, e^{-x} & \text{für } x \geqq 0. \end{cases}$$

Der vorstehende Satz 15.86 läßt sich auf den Fall einer Summe beliebig vieler unabhängiger stetiger Zufallsgrößen verallgemeinern. Damit ist die Möglichkeit gegeben, aus dem Verteilungsgesetz unabhängiger stetiger Zufallsgrößen $X_1, X_2, \cdots, X_n$ das Verteilungsgesetz jeder Zufallsgröße X abzuleiten, die linear in diesen Zufallsgrößen ist, das heißt, für die

$$X = \sum_{i=1}^{n} c_i X_i + c_0$$

mit beliebigen reellen Konstanten $c_0, c_1, \ldots, c_n$ gilt.

15.4.2. Parameter einer stetigen Zufallsgröße

Das Verteilungsgesetz einer stetigen Zufallsgröße – etwa durch die Dichtefunktion oder die Verteilungsfunktion gegeben – charakterisiert das Verhalten der Zufallsgröße vollständig. Neben diesem Verteilungsgesetz spielen für praktische Untersuchungen die Parameter einer stetigen Zufallsgröße eine besondere Rolle. Die für diskrete Zufallsgrößen in den Abschnitten 15.2.2. und 15.2.3. bereits eingeführten Parameter werden nunmehr auch für stetige Zufallsgrößen erklärt. Dabei wird der Analogie zwischen diskreter und stetiger Verteilung entsprochen.
Ein Vergleich der Ausführungen über das Verteilungsgesetz einer diskreten Zufallsgröße im Abschnitt 15.2.1. und der Darlegungen über das Verteilungsgesetz einer stetigen Zufallsgröße im Abschnitt 15.4.1. läßt erkennen, daß zwischen den diskreten Verteilungen und den stetigen Verteilungen eine gewisse Analogie besteht. Der Verteilungstabelle im diskreten Fall entspricht die Dichtefunktion im stetigen Fall. Den Realisierungen x_i einer diskreten Zufallsgröße entsprechen die Realisierungen x einer stetigen Zufallsgröße, den Wahrscheinlichkeiten p_i entsprechen die Werte der Dichtefunktion $p(x)$. Schließlich entsprechen sich die Vollständigkeitsrelationen (15.60) und (15.139) einander; es entsprechen sich die Summation über alle (diskreten) Realisierungen und die Integration über alle (stetigen) Realisierungen.
Entsprechend dieser Analogie werden nun einige Parameter für stetige Zufallsgrößen eingeführt.

Definition 15.52

Als Erwartungswert oder mathematische Erwartung $E(X)$ einer stetigen Zufallsgröße X mit der Dichtefunktion $p(x)$ wird das Integral

$$E(X) = \int_{-\infty}^{+\infty} x p(x)\, \mathrm{d}x \qquad (15.151)$$

bezeichnet, sofern es absolut konvergiert.

Die Analogie des obigen Integrals (15.151) zum Ausdruck (15.62) ist ersichtlich. Der Erwartungswert einer stetigen Zufallsgröße muß nicht existieren. Beispielsweise läßt sich nachweisen, daß die mathematische Erwartung $E(X)$ der Cauchy-Verteilung nicht existiert.

Beispiel 15.89

Es wird der Erwartungswert der im Beispiel 15.84 diskutierten Dreiecksverteilung berechnet. Gemäß (15.151) ergibt sich

$$E(X) = \int_{-c}^{0} \frac{x}{c^2}(x + c)\, \mathrm{d}x + \int_{0}^{c} \frac{x}{c^2}(-x + c)\, \mathrm{d}x = \frac{1}{c^2}\left\{\left[\frac{x^3}{3} + \frac{cx^2}{2}\right]_{-c}^{0} + \left[\frac{-x^3}{3} + \frac{cx^2}{2}\right]_{0}^{c}\right\}$$

oder

$$E(X) = \frac{1}{c^2}\left(\frac{c^3}{3} - \frac{c^2}{2} - \frac{c^3}{3} + \frac{c^2}{2}\right) = 0.$$

Der Erwartungswert aller Dreiecksverteilungen ist damit null. Dieses Ergebnis hätte auch auf einfacherem Wege abgeleitet werden können (Hinweis: Die Dichtefunktion der Dreiecksverteilung ist eine gerade Funktion). Der Erwartungswert der Dreiecksverteilung ist insbesondere unabhängig von dem Parameter c.

Beispiel 15.90

Es werden die Gegebenheiten des Beispiels 15.86 betrachtet. Gesucht ist die mittlere Wartezeit der Forderungen. Zunächst ergibt sich aus (15.145) und (15.141) die Dichtefunktion der Wartezeit X zu

$$p(x) = \begin{cases} 0 \quad \text{für} \quad x \leqq 0. \\ \dfrac{\lambda}{\mu}(\mu - \lambda)\, e^{-(\mu-\lambda)} \quad \text{für } x > 0. \end{cases}$$

Sodann berechnet sich gemäß (15.151) der gesuchte Erwartungswert zu

$$E(X) = \frac{\lambda}{\mu}(\mu - \lambda)\int_0^\infty x\, e^{-(\mu-\lambda)x}\, dx = -\left[e^{-(\mu-\lambda)}\left(x + \frac{1}{\mu - \lambda}\right)\right]_0^\infty$$

oder

$$E(X) = \frac{\lambda}{\mu(\mu - \lambda)}.$$

Es ist zu erkennen, daß die mittlere Wartezeit für $\lambda \to \mu$ über alle Grenzen wächst. Der Erwartungswert $E(X)$ existiert nicht für $\lambda = \mu$. In diesem Falle ist die Servicestelle nicht in der Lage, der Gesamtheit der Forderungen zu genügen.

Es läßt sich zeigen, daß der Erwartungswert $E(X)$ einer stetigen Zufallsgröße X – in Analogie zum diskreten Fall – den Mittelwert der Zufallsvariablen in einer Versuchsserie mit unbeschränktem Umfang darstellt. Dieser Besonderheit des Erwartungswertes ist im vorstehenden Beispiel bereits Rechnung getragen worden.

Satz 15.87

Die in den Sätzen 15.31 bis 15.33 angegebenen Eigenschaften des Erwartungswertes einer diskreten Zufallsgröße bestehen auch für den Erwartungswert einer stetigen Zufallsgröße.

Beispiel 15.91

Anknüpfend an das Beispiel 15.86 wird nun ein Bedienungssystem behandelt, das aus zwei hintereinandergeschalteten Servicestellen der charakterisierten Art besteht (zum Beispiel Autowaschanlage). Nach Abfertigung durch die erste Servicestelle wird jede Forderung durch die zweite Servicestelle bedient. Ist die zweite Bedienungsstelle besetzt, dann wartet die (durch die erste Servicestelle bereits abgefertigte) Forderung unbedingt. Mit X_i wird die Wartezeit einer Forderung vor der i-ten Servicestelle ($i = 1, 2$) bezeichnet. Offenbar sind beide Zufallsgrößen unabhängig. Dann bedeutet $X = X_1 + X_2$ die gesamte Zeit, die eine Forderung in dem Bedienungssystem verwartet. Auf Grund der Sätze 15.87 und 15.33 sowie des Beispiels 15.90 beträgt der Erwartungswert dieser Zufallsgröße

$$E(X) = \frac{2\lambda}{\mu(\mu - \lambda)}.$$

Der Erwartungswert $E(X)$ einer stetigen Zufallsgröße X bringt zum Ausdruck, welchen Wert die zufällige Variable (innerhalb einer großen Versuchsserie) im Mittel annimmt. Dieser Parameter gibt mehr oder weniger an, in welcher Größenordnung sich die Zufallsgröße X bewegt. Der Erwartungswert charakterisiert das Verhalten der stetigen Zufallsgröße nur unvollständig; er bringt nur eine Seite des Wesens der Zufallsvariablen zum Ausdruck. So zeigt das Beispiel 15.89, daß alle Dreiecksverteilungen denselben Erwartungswert Null besitzen, die Variabilität der betreffenden Zufallsgröße aber mit wachsendem Parameter c zunimmt (vgl. Abbildung 15.18). Es gibt allerdings auch stetige Zufallsgrößen, die bereits durch ihren Erwartungswert vollständig bestimmt sind (zum Beispiel die Exponentialverteilung).
Es wird nun in Anlehnung an die im Abschnitt 15.2.2. gemachten Ausführungen ein Maß für die Variabilität einer stetigen Zufallsgröße eingeführt.

Definition 15.53

Als Varianz $\sigma^2(X)$ einer stetigen Zufallsgröße X mit der Dichtefunktion $p(x)$ wird das Integral

$$\sigma^2(X) = \int_{-\infty}^{+\infty} [x - E(X)]^2\, p(x)\, \mathrm{d}x \tag{15.152}$$

bezeichnet, sofern es absolut konvergiert. Die Wurzel aus der Varianz heißt das Streuungsmaß oder die Standardabweichung $\sigma(X)$ der Zufallsgröße X.

Die Varianz einer diskreten Zufallsgröße muß nicht existieren. Beispielsweise besitzt die Cauchy-Verteilung keine Varianz, da ihr Erwartungswert nicht vorhanden ist.

Beispiel 15.92

Es wird die Varianz der im Beispiel 15.84 behandelten Dreiecksverteilung ermittelt.
Gemäß (15.152) ergibt sich

$$\sigma^2(X) = \int_{-c}^{0} \frac{x^2}{c^2}(x + c)\, \mathrm{d}x + \int_{0}^{c} \frac{x^2}{c^2}(-x + c)\, \mathrm{d}x$$

$$= \frac{1}{c^2}\left\{\left[\frac{x^4}{4} + \frac{cx^3}{3}\right]_{-c}^{0} + \left[\frac{-x^4}{4} + \frac{cx^3}{3}\right]_{0}^{c}\right\}$$

oder

$$\sigma^2(X) = \frac{1}{c^2}\left(\frac{-c^4}{4} + \frac{c^4}{3} - \frac{c^4}{4} + \frac{c^4}{3}\right) = \frac{1}{6}c^2.$$

Die Standardabweichung beläuft sich damit auf $\sigma(X) = \sqrt{\frac{1}{6}}\, c \approx 0{,}4c$. Sie wächst linear mit zunehmendem Parameter c.

Satz 15.88

Die in den Sätzen 15.36 bis 15.40 formulierten Aussagen über eine diskrete Zufallsgröße (insbesondere über deren Varianz) gelten auch für eine stetige Zufallsvariable.

Damit sind zwei wichtige Parameter einer stetigen Zufallsgröße, nämlich der Erwartungswert und die Varianz, behandelt worden. Vielfach beschreiben diese Parameter das Verhalten der betreffenden Zufallsgrößen vollständig (zum Beispiel die

Rechteckverteilung und die Normalverteilung). Es gibt aber auch stetige Zufallsgrößen, deren Verteilungsgesetz durch ihren Erwartungswert und ihre Varianz noch nicht vollständig charakterisiert wird. Für solche Verteilungen sind dann weitere Parameter wie Momente und Schiefe von Interesse. Diese sind analog zum diskreten Fall erklärt.

Definition 15.54

Eine stetige Zufallsgröße X heißt symmetrisch verteilt (besitzt eine symmetrische Verteilung) mit dem Symmetriezentrum z, wenn für ihre Dichtefunktion $p(x)$ die Beziehung

$$p(z + x) = p(z - x)$$

für jedes reelle x gilt.

Die Dreiecksverteilung (vgl. Beispiel 15.84) ist eine symmetrische Verteilung mit dem Symmetriezentrum $z = 0$. Ebenfalls symmetrisch mit dem Symmetriezentrum $z = 0$ ist die in der Aufgabe 15.4.112 behandelte Verteilung. Schließlich sind die Normalverteilungen und Rechteckverteilungen weitere symmetrische Verteilungen.
Die Asymmetrie einer nichtsymmetrischen Verteilung wird durch ihre Schiefe charakterisiert.

Schließlich besteht der folgende Satz.

Satz 15.89

Die in den Sätzen 15.44 und 15.45 formulierten Aussagen über diskrete Verteilungen gelten gleichfalls für stetige Verteilungen.

15.4.3. Mehrdimensionale stetige Zufallsgrößen

In diesem Abschnitt werden mehrdimensionale stetige Zufallsgrößen behandelt. Dabei werden der Einfachheit halber nur zweidimensionale Zufallsgrößen erörtert. Die einzelnen Betrachtungen lassen sich ohne Schwierigkeiten auf stetige Zufallsgrößen beliebiger Dimension übertragen.
Es gibt verschiedene Möglichkeiten, das Verteilungsgesetz einer zweidimensionalen stetigen Zufallsgröße zu beschreiben. Die Charakterisierung des Verteilungsgesetzes durch die Verteilungsfunktion ist bereits im Abschnitt 15.1.8. erörtert worden. Es wird nun die Dichtefunktion der Zufallsgröße eingeführt.

Definition 15.55

Eine zweidimensionale Zufallsgröße $(X_1 \; X_2)$ heißt (im engeren Sinne) stetig, wenn es eine nichtnegative Funktion $p(x_1 \; x_2)$ gibt, so daß

$$F(x_1 \; x_2) = \int_{-\infty}^{x_1} \int_{-\infty}^{x_2} p(t_1 \; t_2)\,\mathrm{d}t_1\,\mathrm{d}t_2 \tag{15.153}$$

für jedes reelle Zahlenpaar $(x_1 \, x_2)$ jeweils erfüllt ist; dabei bedeutet $F(x_1 \, x_2) = P(X_1 < x_1$ und $X_2 < x_2)$ die Verteilungsfunktion der Zufallsgröße $(X_1 \; X_2)$. Die auf diese Weise erklärte Funktion $p(x_1 \; x_2)$ heißt die Dichtefunktion der Zufallsgröße $(X_1 \; X_2)$.

Die Dichtefunktion einer mehrdimensionalen stetigen Zufallsgröße besitzt einige interessante Eigenschaften. Diese werden für den zweidimensionalen Fall mitgeteilt und kommentiert. Zunächst gilt die Formel

$$P(a_1 \leqq X < b_1 \quad \text{und} \quad a_2 \leqq X < b_2) = \int_{a_1}^{b_1} \int_{a_2}^{b_2} p(x_1 \; x_2) \, \mathrm{d}x_1 \, \mathrm{d}x_2 , \tag{15.154}$$

die eine Verallgemeinerung von (15.138) darstellt und die Berechnung von Bereichswahrscheinlichkeiten, das heißt von Wahrscheinlichkeiten für das Auftreten der Zufallsgröße $(X_1 \; X_2)$ in Bereichen der $(x_1 \; x_2)$-Ebene mit $x_1 \in [a_1 \; b_1)$ und $x_2 \in [a_2 \; b_2)$, gestattet. Ist allerdings die Verteilungsfunktion $F(x_1 \; x_2)$ der Zufallsgröße $(X_1 \; X_2)$ bekannt, dann lassen sich diese Wahrscheinlichkeiten mit geringerem Aufwand nach der Formel (15.55) ermitteln.

Insbesondere gilt die Vollständigkeitsrelation

$$\int_{-\infty}^{+\infty} \int_{-\infty}^{+\infty} p(x_1 \; x_2) \, \mathrm{d}x_1 \, \mathrm{d}x_2 = 1 , \tag{15.155}$$

die eine Verallgemeinerung von (15.139) bedeutet. Weiter bestehen die Sachverhalte, die sinngemäß dem Inhalt der Sätze 15.79 und 15.80 für den eindimensionalen Fall entsprechen.

Schließlich gilt der folgende Satz.

Satz 15.90

Sind die stetigen Zufallsgrößen X_1 und X_2 mit den Dichtefunktionen $p_1(x)$ und $p_2(x)$ unabhängig, so erfüllt die Dichtefunktion $p(x_1 \; x_2)$ der zweidimensionalen Zufallsgröße $(X_1 \; X_2)$ die Beziehung

$$p(x_1 \; x_2) = p_1(x_1) \, p_2(x_2) . \tag{15.156}$$

Beweis

Werden die Verteilungsfunktionen der Zufallsgrößen X_1, X_2 bzw. $(X_1 \; X_2)$ mit $F_1(z)$, $F_2(z)$ bzw. $F(z_1 \; z_2)$ bezeichnet, dann ergibt sich gemäß Satz 15.24 zunächst $F(z_1 \; z_2) = F_1(z_1) \, F_2(z_2)$ oder in Verbindung mit (15.128)

$$F(z_1 \; z_2) = \int_{-\infty}^{z_1} p_1(t_1) \, \mathrm{d}t_1 \int_{-\infty}^{z_2} p_2(t_2) \, \mathrm{d}t = \int_{-\infty}^{z_1} \int_{-\infty}^{z_2} p_1(t_1) \, p_2(t_2) \, \mathrm{d}t_1 \, \mathrm{d}t_2 .$$

Wird nun der letzte Ausdruck für $F(z_1 \; z_2)$ mit dem in (15.153) verglichen, dann folgt die Behauptung $p(t_1 \; t_2) = p_1(t_1) \, p_2(t_2)$.

Es wird schließlich auf die Korrelation (Abhängigkeit) von (eindimensionalen) stetigen Zufallsgrößen eingegangen. Sind zwei stetige Zufallsgrößen X und Y nicht unabhängig, dann wird der Grad der Abhängigkeit dieser beiden Zufallsvariablen voneinander durch den in Definition 15.44 erklärten Korrelationskoeffizienten $k(X \; Y)$ ausgedrückt. Die in den Sätzen 15.49 und 15.51 konstatierten Sachverhalte gelten (sinngemäß) auch für stetige Zufallsgrößen X und Y.

Bei dieser Gelegenheit wird nochmals auf die Analogie zwischen diskreten und stetigen Verteilungen – nunmehr für eine zweidimensionale Zufallsgröße $(X_1 \; X_2)$ – aufmerksam gemacht, die für den eindimensionalen Fall bereits im Abschnitt 15.4.2. diskutiert wurde: Der Verteilungstabelle (vgl. Tabelle 15.6) entspricht die Dichtefunktion $p(x_1 \; x_2)$.

15.5. Spezielle stetige Verteilungen

In diesem Abschnitt werden einige spezielle stetige Verteilungen behandelt, die für die Anwendung der Wahrscheinlichkeitsrechnung von Bedeutung sind. Die zu Beginn des Abschnitts 15.3. erörterte Problematik des Erkennens des Verteilungstyps einer Zufallsgröße X gilt in gleichem Maße sinngemäß für stetige Zufallsgrößen.

15.5.1. Gleichmäßige Verteilung

Die in diesem Unterabschnitt erörterte stetige Verteilung ist im Zusammenhang mit der Simulation stochastischer Prozesse von grundsätzlicher Bedeutung.

Definition 15.56

Eine stetige Zufallsgröße X besitzt eine gleichmäßige Verteilung (Rechteck-Verteilung, Gleichverteilung), wenn ihre Dichtefunktion von der Form

$$p(x) = \begin{cases} 0 & \text{für } x < a \\ \dfrac{1}{b-a} & \text{für } a \leqq x \leqq b \\ 0 & \text{für } b < x \end{cases} \tag{15.157}$$

ist; dabei sind a und b reelle Zahlen mit a < b.

Die gleichmäßige Verteilung ist durch die Parameter a und b bestimmt. Für ihre Verteilungsfunktion gilt der folgende Satz.

Satz 15.91

$$F(x) = \begin{cases} 0 & \text{für } x < a \\ \dfrac{x-a}{b-a} & \text{für } a \leqq x \leqq b \\ 1 & \text{für } b < x. \end{cases} \tag{15.158}$$

Der Name dieser Verteilung rührt von folgendem Umstand her: Für die Intervallwahrscheinlichkeit $P(x_1 \leqq X \leqq x_2)$ mit $x_1, x_2 \in [a \;\; b]$ ergibt sich gemäß (15.158) und (15.144) der Ausdruck

$$P(x_1 \leqq X \leqq x_2) = \frac{x_2 - x_1}{b-a}.$$

Diese Wahrscheinlichkeit ist damit unabhängig von der Lage des Intervalls $[x_1 \;\; x_2]$; sie wird durch die Länge $x_2 - x_1$ des Intervalls bereits eindeutig bestimmt. Damit ist die Wahrscheinlichkeit für das Auftreten der Zufallsgröße X in Teilintervallen gleicher Länge (innerhalb des Intervalls $[a \;\; b]$) gleich. Die Zufallsgröße X ist damit (im Sinne des Wortes) gleichmäßig verteilt im Intervall $[a \;\; b]$. Diese Besonderheit der gleichmäßigen Verteilung verdeutlichen auch die graphischen Darstellungen ihrer Dichtefunktion $p(x)$ und ihrer Verteilungsfunktion $F(x)$ für den Fall $a = 1$ und $b = 4$ in den Abbildungen 15.20 und 15.21.

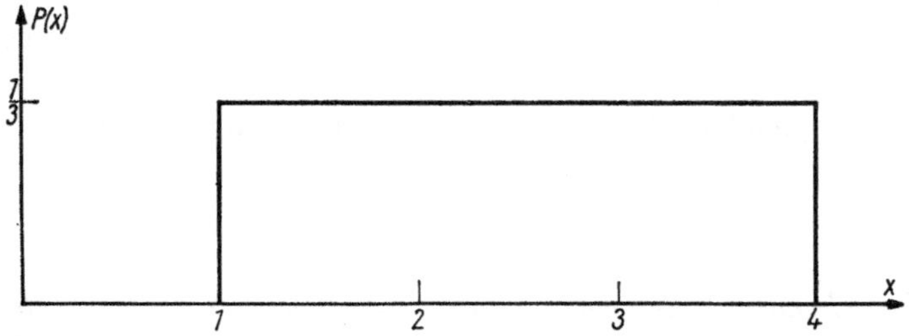

Abbildung 15.20

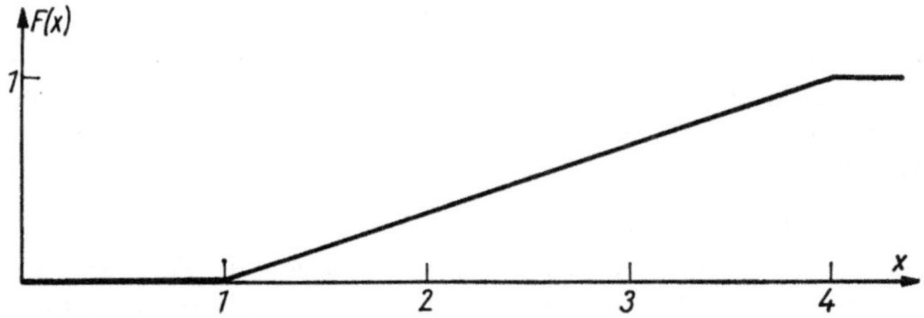

Abbildung 15.21

Satz 15.92

Für den Erwartungswert und das Streuungsmaß der Rechteck-Verteilung ergibt sich

$$E(X) = \frac{a+b}{2} \qquad \sigma(X) = \frac{b-a}{2\sqrt{3}}. \tag{15.159}$$

Beweis

Aus (15.151) folgt

$$E(X) = \frac{1}{b-a}\int_a^b x\,dx = \frac{1}{b-a}\left[\frac{x^2}{2}\right]_a^b = \frac{b^2-a^2}{2(b-a)} = \frac{a+b}{2}.$$

Aus (15.152) ergibt sich weiter

$$\sigma^2(x) = \int_a^b \left[x - \frac{a+b}{2}\right]^2 \cdot \frac{1}{b-a}\,dx = \frac{(b-a)^2}{12}.$$

Die Standardabweichung beträgt damit

$$\sigma(x) = \frac{b-a}{2\sqrt{3}}.$$

Beispiel 15.94

Es wird ein Bedienungssystem (mit Wartecharakter) mit nur einer Servicestelle betrachtet (vgl. Beispiel 15.86). Die Servicezeit für die Abfertigung einer Forderung soll konstant sein und eine Zeiteinheit betragen. Die Wartezeit T einer Forderung setzt sich aus zwei Anteilen, einem ganzen Anteil T_1 und einem gebrochenen Anteil T_2 zusammen; $T = T_1 + T_2$.

Während der Zeit T_1 werden alle Forderungen bedient, die bei Ankunft unserer Forderung in der Schlange stehen. Während der Zeit T_2 wird die Abfertigung derjenigen Forderung abgeschlossen, die unsere Forderung bei ihrer Ankunft im Service vorgefunden hat. Der zweite Zeitanteil T_2 ist bei regelloser Ankunft der Forderungen offenbar gleichmäßig verteilt mit den Parametern $a = 0$ und $b = 1$.

Die praktische Bedeutung der gleichmäßigen Verteilung geht aus dem folgenden Satz hervor.

Satz 15.93

Ist X eine stetige Zufallsgröße mit der stetigen Verteilungsfunktion $F(x)$, so besitzt die stetige Zufallsgröße $Y = F(X)$ die Gleichverteilung mit den Parametern $a = 0$ und $b = 1$.

Beweis

Es wird von der Definition 15.27 ausgegangen. Zunächst ist die Zufallsgröße $Y = F(X)$ auf dem Intervall $[0\ 1]$ konzentriert und zwar lückenlos, wenn $F(x)$ stetig ist. Daher gilt für die Verteilungsfunktion $G(y) = P(Y < y)$ dieser Zufallsgröße Y der Sachverhalt $G(y) = 0$ für $y < 0$ und $G(y) = 1$ für $y > 1$. Schließlich gilt bezüglich dieser Verteilungsfunktion

$$G(y) = P(F(X) < y) = P(X < F^{-1}(y)) = F(F^{-1}(y)) = y \qquad (0 \leqq y \leqq 1);$$

dabei bedeutet $x = F^{-1}(y)$ die Umkehrfunktion der Verteilungsfunktion $y = F(x)$ der Zufallsgröße X. Mithin ist $G(y)$ mit der Verteilungsfunktion der Gleichverteilung mit den Parametern $a = 0$ und $b = 1$ identisch.

Im folgenden wird auf die grundlegende praktische Bedeutung der speziellen Gleichverteilung mit den Parametern $a = 0$ und $b = 1$ eingegangen. Im Zusammenhang mit der Anwendung mathematischer Methoden in der Ökonomie sind vielfach Entscheidungssituationen zu bewältigen, die sich nicht durch ein analytisches Modell beschreiben lassen. In diesem Fall ist es nicht möglich, die objektiv bestehenden Zusammenhänge zwischen den Ausgangsgrößen und den Entscheidungsvariablen der vorliegenden Entscheidungssituation analytisch, das heißt formelmäßig zu erfassen. Um nunmehr überhaupt zu Aussagen zu gelangen, wird die vorliegende Entscheidungssituation simuliert. Diese Simulation erfordert bei einer stochastischen Entscheidungssituation die Nachbildung wenigstens einer (stetigen oder diskreten) Zufallsgröße. Die Nachbildung einer Zufallsgröße X, das heißt die Erzeugung von Größen als Realisierungen der Zufallsgröße X, deren Häufigkeits-Verteilung mit der Wahrscheinlichkeitsverteilung der gegebenen Zufallsgröße asymptotisch übereinstimmt, läßt sich auf die Simulation der im Intervall $[0\ 1]$ gleichmäßig verteilten stetigen Zufallsgröße zurückführen. Die Nachbildung dieser speziellen Zufallsgröße ist Gegenstand der Monte-Carlo-Methoden (vgl. [15.6]).
In diesem Zusammenhang spielen die sogenannten Zufallszahlen eine besondere Rolle.

Definition 15.57

Eine Zufallszahl $z_1 z_2 \cdots z_r$ ist eine Dezimalzahl $z = 0{,}z_1 z_2 \cdots z_r$ des Intervalls $[0\ 1)$, deren Ziffern $z_1, z_2, \ldots, z_r$ Realisierungen unabhängiger diskreter Zufallsgrößen $X_1, X_2, \ldots, X_r$ mit der gleichen Wahrscheinlichkeitsfunktion

$$P(X_i = k) = \frac{1}{10} \qquad (i = 1, 2, \ldots, r;\quad k = 0, 1, \ldots, 9)$$

darstellen.

Aus dieser Definition geht hervor, daß die r-stelligen Zufallszahlen die Realisierungen $x_j = j \cdot 10^{-r}$ der diskreten Zufallsgröße X mit der Wahrscheinlichkeitsfunktion $p_j = P(X = x_j) = 10^{-r}$ $(j = 0, 1, \ldots, 10^r)$ bedeuten. Diese Zufallsgröße besitzt offenbar eine diskrete Gleichverteilung, die für große r die stetige Gleichverteilung mit den Parametern $a = 0$ und $b = 1$ approximiert.

Es gibt verschiedene Möglichkeiten, Zufallszahlen zu erzeugen. Diese Erzeugung erfolgt in der Regel auf einer elektronischen Datenverarbeitungsanlage (vgl. [15.6]). Die im Intervall $[0 \;\; 1]$ gleichverteilte Zufallsgröße wird damit durch Zufallszahlen angenähert simuliert. Mit zunehmender Stellenzahl r dieser Zufallszahlen wächst die Genauigkeit dieser Nachbildung.

Aus Satz 15.93 und Definition 15.57 folgt der Satz 15.98.

Satz 15.94

Gegeben ist eine stetige Zufallsgröße X mit der stetigen Verteilungsfunktion $F(x)$. Stellt nun z eine Zufallszahl dar, dann bedeutet die Größe

$$x = F^{-1}(z) \qquad (15.160)$$

eine der Zufallszahl z entsprechende Nachbildung der stetigen Zufallsgröße X. Die Häufigkeits-Verteilung dieser Größen x stimmt asymptotisch mit der Verteilung der stetigen Zufallsgröße X überein. Dabei bedeutet $F^{-1}(z)$ die Umkehrfunktion der Verteilungs-Funktion $z = F(x)$.

Auf der Grundlage dieses Satzes kann damit eine beliebige stetige Zufallsgröße mit stetiger Verteilungsfunktion simuliert werden.

Es wird nun die Simulation einer diskreten Zufallsgröße X mit der Verteilungstabelle 15.5 angedeutet. Das Intervall $[0 \;\; 1]$ wird zunächst in n Teilintervalle $J_1, J_2, \ldots, J_n$ der Längen $p_1, p_2, \ldots, p_n$ unterteilt. Sodann werden die Zufallszahlen dem Intervall J_i $(i = 1, 2, \ldots, n)$ mit der (angenäherten) Wahrscheinlichkeit p_i angehören. Demzufolge sind die Ereignisse $z \in J_i$ und $X = x_i$ $(i = 1, 2, \ldots, n)$ jeweils gleichwahrscheinlich. Tritt mithin das Ereignis $z \in J_i$ ein, dann ist praktisch ein Versuch mit dem Ausgang $X = x_i$ nachgebildet worden.

Satz 15.95

Gegeben ist eine diskrete Zufallsgröße X mit der Verteilungstabelle 15.5. Gehört nun eine Zufallszahl z dem Intervall $J_k = [a_k \;\; b_k)$ mit

$$a_k = \sum_{j=1}^{k-1} p_j \qquad b_k = a_k + p_k \qquad (k = 1, 2, \ldots, n) \qquad (15.161)$$

an, dann bedeutet die Zufallszahl z eine Nachbildung x der Realisierung x_k. Die Häufigkeits-Verteilung dieser Größen x stimmt asymptotisch mit der Verteilung der diskreten Zufallsgröße X überein.

Die Simulationsmethoden, die die Nachbildung von Zufallsgrößen gestatten, werden nicht nur angewandt, um Aussagen über gewisse stochastische Entscheidungssituationen (zum Beispiel Lagerhaltungs-, Bedienungs- und Instandhaltungssituationen) zu erhalten. Sie stellen auch ein wichtiges Hilfsmittel für die angewandte Statistik dar. Die Monte-Carlo-Methoden erlauben beispielsweise die Realisierung einer zufälligen

Stichprobe, das heißt, die Auswahl eines oder mehrerer Elemente auf das Geratewohl aus einer endlichen Grundgesamtheit. Sind nämlich die Elemente einer Grundgesamtheit zu 1, 2, ..., N durchnumeriert, dann bedeutet die Auswahl eines Elementes auf das Geratewohl, daß jedes Element mit der Wahrscheinlichkeit $\frac{1}{N}$ in die Wahl gelangt. Die Simulation der zufälligen Auswahl eines Elementes ist demzufolge gleichbedeutend mit der Erzeugung einer Nachbildung der diskreten Zufallsgröße X (Nummer des auszuwählenden Elementes) mit der Verteilungstabelle

1	2	···	N
$\frac{1}{N}$	$\frac{1}{N}$	···	$\frac{1}{N}$

15.5.2. Exponentialverteilung

In diesem Abschnitt werden die Exponentialverteilung und einige ihrer Verallgemeinerungen behandelt. Diese Verteilungen spielen für die Lösung von Fragestellungen der Bedienungstheorie und Erneuerungstheorie eine besondere Rolle.

Definition 15.58

Eine stetige Zufallsgröße X besitzt eine (negative) Exponentialverteilung, wenn ihre Dichtefunktion von der Form

$$p(x) = \begin{cases} 0 & \text{für } x < 0 \\ a\,e^{-ax} & \text{für } x \geqq 0 \end{cases} \tag{15.162}$$

mit $a > 0$ *ist.*

Die Exponentialverteilung ist durch den Parameter a festgelegt.

Satz 15.96

Die Verteilungsfunktion der Exponentialverteilung lautet

$$F(x) = \begin{cases} 0 & \text{für } x < 0 \\ 1 - e^{-ax} & \text{für } x \geqq 0. \end{cases} \tag{15.163}$$

In den Abbildungen 15.22 und 15.23 sind die Funktionen $p(x)$ und $F(x)$ für den Fall $a = 3$ graphisch dargestellt. Ein praktisches Beispiel für eine exponentiell verteilte Zufallsgröße mit dem Parameter $a = 2$ ist bereits im Beispiel 15.34 behandelt worden.

Die Exponentialverteilung besitzt einige Eigenschaften, die nunmehr diskutiert werden.

Satz 15.97

Der Erwartungswert und die Standardabweichung der Exponentialverteilung sind identisch:

$$E(X) = \sigma(X) = \frac{1}{a}. \tag{15.164}$$

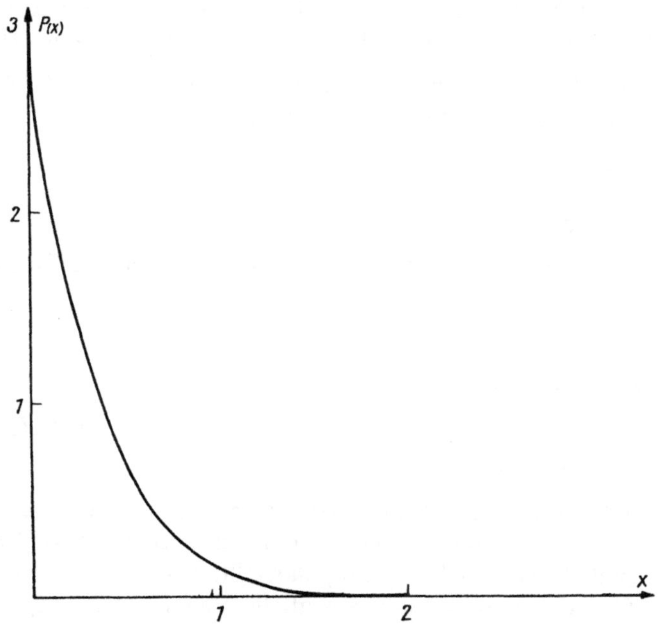

Abbildung 15.22

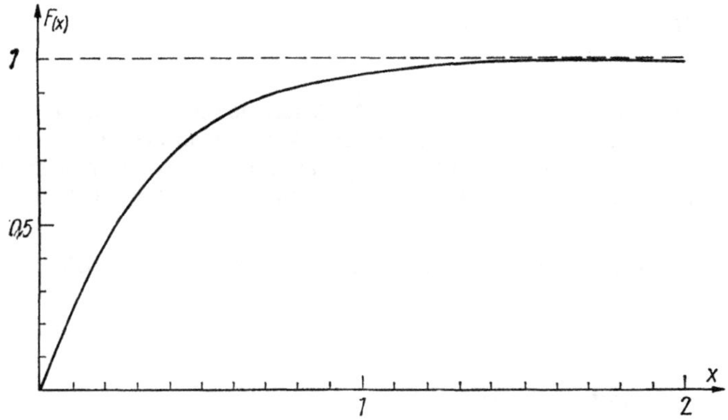

Abbildung 15.23

Der Parameter a der Exponentialverteilung läßt demzufolge eine einfache Interpretation zu. Er stellt den reziproken Wert des Erwartungswertes $E(X)$ der betreffenden Zufallsgröße X dar. Weiterhin ist für die exponentielle Verteilung typisch, daß ihre Verteilungsparameter Erwartungswert $E(X)$ und Standardabweichung $\sigma(X)$ übereinstimmen. Diese Besonderheit darf nicht mit der Übereinstimmung der Parameter $E(X)$ und $\sigma^2(X)$ bei der Poisson-Verteilung verwechselt werden (vgl. Abschnitt 15.3.4.).

Beispiel 15.95

Die Laufzeit X einer Maschine, das heißt der zeitliche Abstand zwischen dem Einsatz einer Maschine und ihrem nächsten Ausfall, ist exponentiell verteilt. Die mittlere Laufzeit ist zu $E(X) = 50$ Stunden ermittelt worden. Mit welcher Wahrscheinlichkeit wird diese Maschine bei einem Einsatz wenigstens 30 Stunden bzw. höchstens 60 Stunden ununterbrochen laufen? Zunächst ergibt sich gemäß (15.164) der Parameter der vorliegenden Exponentialverteilung zu $a = \frac{1}{50} = 0{,}02$. Sodann berechnen sich die gesuchten Wahrscheinlichkeiten entsprechend (15.163) und Satz 15.82 zu

$$P(X \geqq 30) = e^{-\frac{30}{50}} = e^{-0,6} = 0{,}5488$$

$$P(X \leqq 60) = 1 - e^{-\frac{60}{50}} = 1 - e^{-1,2} = 0{,}6988.$$

Weiter besteht der folgende, für die Exponentialverteilung charakteristische Sachverhalt.

Satz 15.98

Für eine exponentiell verteilte Zufallsgröße gilt

$$P(X \geqq x_1 + x_2 \mid X \geqq x_1) = P(X \geqq x_2) \tag{15.165}$$

mit beliebigen positiven Zahlen x_1 und x_2.

Die Aussage des vorstehenden Satzes, die im folgenden Beispiel nochmals verdeutlicht wird, besteht darin, daß eine „links abgeschnittene" Exponentialverteilung wieder eine Exponentialverteilung (mit demselben Parameter) darstellt. Diese Eigenschaft der Exponentialverteilung rührt daher, daß die exponentielle Verteilung im engen Zusammenhang mit stochastischen Prozessen ohne Nachwirkung steht (vgl. hierzu [15.1]). Weiterhin läßt sich zeigen, daß eine Zufallsgröße X mit der Eigenschaft (15.165) exponentiell verteilt ist.

Beispiel 15.96

Es werden die Gegebenheiten des Beispiels 15.95 betrachtet. Die Maschine sei bereits x_1 Zeiteinheiten gelaufen, das heißt, das Ereignis $X \geqq x_1$ sei eingetreten. Die Wahrscheinlichkeit dafür, daß diese Maschine noch wenigstens x_2 Zeiteinheiten weiter läuft, ist dann nach dem vorstehenden Satz gleich der unbedingten Wahrscheinlichkeit dafür, daß diese Maschine überhaupt wenigstens x_2 Zeiteinheiten läuft.

Schließlich ist für die Simulation exponentiell verteilter Zufallsgrößen der folgende Satz von Interesse.

Satz 15.99

Ist z eine Zufallszahl, dann bedeutet die Größe

$$x = -\frac{1}{a} \ln (1 - z) \tag{15.166}$$

eine Nachbildung der exponentiell verteilten Zufallsgröße X mit dem Parameter a.

Die behauptete Aussage wird durch die Aufgabe 15.5.129 verdeutlicht.

Sehr häufig sind in der Praxis stetige Verteilungen anzutreffen, die sich als zusammengesetzte Exponentialverteilungen erweisen.

Satz 15.100

Gegeben sind zwei unabhängige exponentiell verteilte Zufallsgrößen X_1, X_2, mit den voneinander verschiedenen Parametern a_1, a_2. Dann besitzt die Zufallsgröße

$$X = X_1 + X_2$$

die Dichtefunktion

$$p(x) = \begin{cases} 0 & \text{für} \quad x < 0 \\ \dfrac{a_1 a_2}{a_2 - a_1}(e^{-a_1 x} - e^{-a_2 x}) & \text{für} \quad x \geqq 0, \end{cases} \tag{15.167}$$

und die Verteilungsfunktion

$$F(x) = \begin{cases} 0 & \text{für } x < 0 \\ 1 - \dfrac{a_2\, e^{-a_1 x} - a_1\, e^{-a_2 x}}{a_2 - a_1,} & \text{für } x \geqq 0. \end{cases} \tag{15.168}$$

Der Nachweis dieses Satzes ist Gegenstand der Aufgabe 15.5.130.

Die im vorstehenden Satz eingeführte zusammengesetzte Exponentialverteilung hebt sich durch einige Eigenschaften von der gewöhnlichen Exponentialverteilung ab. So ist die Dichtefunktion (15.167) nicht nur für $x \neq 0$ – wie (15.162) – sondern auch für $x = 0$ stetig. Weiter besitzt diese Funktion ein eindeutig bestimmtes Maximum, während die Dichtefunktion (15.162) der gewöhnlichen Exponentialverteilung im Intervall $(0\ \infty)$ nur ein Supremum aufweist (vgl. Abbildung 15.22). Die Dichtefunktion der zusammengesetzten Exponentialverteilung ist damit eingipflig. Diese Besonderheit bringt auch die Abbildung 15.24 zum Ausdruck, die die Dichtefunktion (15.167) mit den Parametern $a_1 = 1$ und $a_2 = 2$ darstellt. Weitere Aussagen über die zusammengesetzte Exponentialverteilung werden in den Aufgaben 15.5.131 und 15.5.132 abgeleitet.

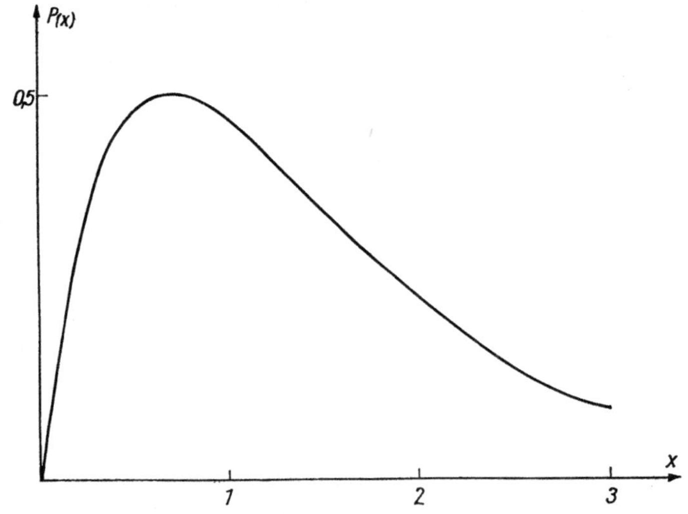

Abbildung 15.24

Beispiel 15.97

Die Reparaturzeit X für ein gewisses Aggregat (zum Beispiel ein elektronisches Gerät) setzt sich aus der Suchzeit X_1 (Zeit für die Suche des Defektes) und die eigentliche Reparaturzeit X_2 (Zeit für die Behebung des Defektes) zusammen. Beide Bestandteile sind exponentiell verteilt. Die mittlere Suchzeit beträgt 2 Stunden, die mittlere eigentliche Reparaturzeit 5 Stunden. Wie lange dauert im Mittel eine Reparatur eines solchen Aggregats? Mit welcher Wahrscheinlichkeit währt eine Reparatur nur höchstens 4 Stunden? Die Reparaturzeit $X = X_1 + X_2$ genügt offenbar einer zusammengesetzten Exponentialverteilung mit den Parametern $a_1 = \frac{1}{2}$ und $a_2 = \frac{1}{5}$, die die reziproken Mittelwerte der Teilzeiten X_1 und X_2 bedeuten. Der gesuchte Erwartungswert der Reparaturzeit X ergibt sich damit zu

$$E(X) = E(X_1 + X_2) = E(X_1) + E(X_2) = 2 + 5 = 7.$$

Aus (15.168) und Satz 15.82 folgt für die gesuchte Wahrscheinlichkeit

$$P(X \leqq 4) = F(4) = 1 + \frac{10}{3}\left(\frac{1}{5}\,\mathrm{e}^{-2} - \frac{1}{2}\,\mathrm{e}^{-0,8}\right) = 0{,}3404.$$

Es wird nun eine weitere Verallgemeinerung der Exponentialverteilung behandelt.

Definition 15.59

Eine stetige Zufallsgröße X besitzt eine Erlang-Verteilung, wenn ihre Dichtefunktion von der Form

$$p(x) = \begin{cases} 0 & \text{für } x < 0 \\ \dfrac{a^n}{(n-1)!}\, x^{n-1}\,\mathrm{e}^{-ax} & \text{für } x \geqq 0 \end{cases} \tag{15.169}$$

mit $n = 1, 2, \ldots$ *und* $a > 0$ *ist. Der Parameter n heißt die Ordnung der Verteilung.*

Die Erlang-Verteilung ist durch die Parameter n und a festgelegt. Es ist zu erkennen, daß diese Verteilung eine Verallgemeinerung der exponentiellen Verteilung darstellt. Wird in (15.169) nämlich $n = 1$ gesetzt, dann ergibt sich die Dichtefunktion (15.162) der exponentiell verteilten Zufallsgröße mit dem Parameter a.

Satz 15.101

Die Verteilungsfunktion der Erlang-Verteilung lautet

$$F(x) = \begin{cases} 0 & \text{für } x < 0 \\ 1 - \mathrm{e}^{-ax} \sum\limits_{i=0}^{n-1} \dfrac{(ax)^i}{i!} & \text{für } x \geqq 0. \end{cases} \tag{15.170}$$

Satz 15.102

Gegeben sind n exponentiell verteilte unabhängige Zufallsgrößen $X_1, \ldots, X_n$ *mit demselben Parameter a. Dann besitzt die Zufallsvariable* $X = X_1 + \cdots + X_n$ *eine Erlang-Verteilung mit den Parametern n und a.*

Die Erlang-Verteilung ist damit ein Grenzfall der zusammengesetzten Exponentialverteilung. Sie besitzt demzufolge auch die oben erwähnten Eigenschaften der zusammengesetzten exponentiellen Verteilung (Stetigkeit und Eingipfligkeit der Dichtefunktion usw.). Die Dichtefunktion und die Verteilungsfunktion der Erlang-Verteilung mit den Parametern $n = 2$ und $a = 1$ sind in den Abbildungen 15.25 und 15.26 dargestellt.

Beispiel 15.98

Es wird ein Bedienungssystem betrachtet, dessen Servicestellen jeweils aus r in Reihe (hintereinander) geschalteten Teilservicestellen bestehen. Die Abfertigung (Bedienung) einer Forderung durch eine

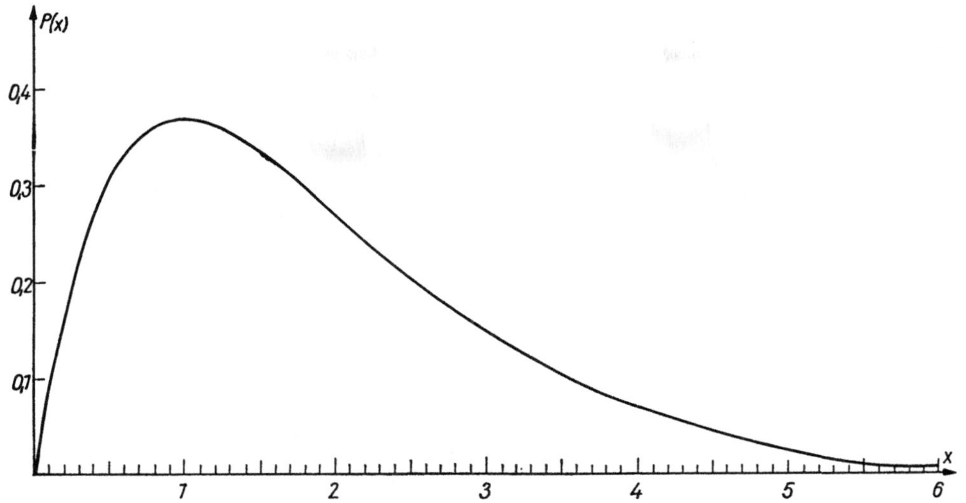

Abbildung 15.25

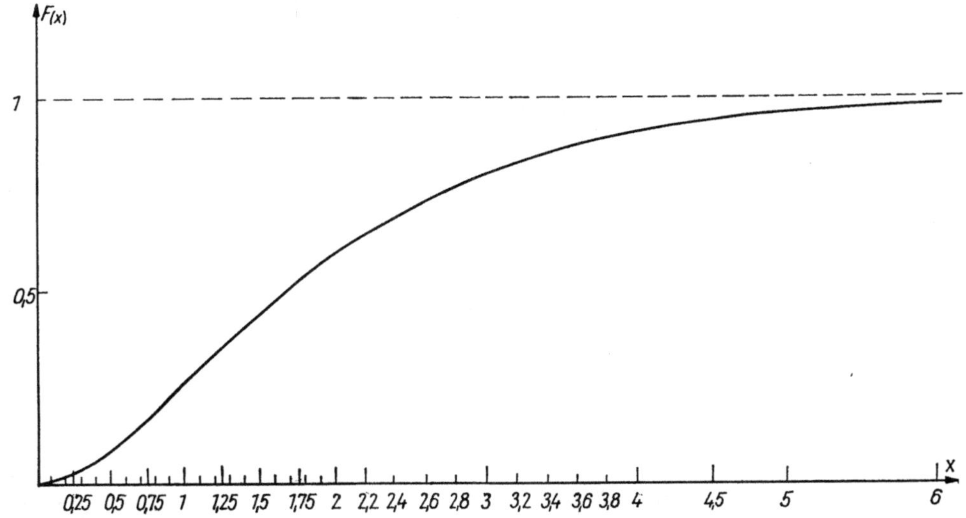

Abbildung 15.26

Servicestelle geschieht in der Weise, daß die Forderung alle r Teilservicestellen nacheinander durchläuft. (Diese Gegebenheiten sind in einer Taktstraße erfüllt.) Die Durchlaufzeit bei jeder Teilservicestelle wird als exponentiell verteilt mit demselben Parameter a angesehen Dann ist gemäß Satz 15.102 die Abfertigungszeit einer Forderung durch eine Servicestelle erlang-verteilt mit der Ordnung n. Diese Überlegung verdeutlicht die grundsätzliche Bedeutung der Erlang-Verteilung für die Lösung von bedienungstheoretischen Entscheidungsaufgaben.

Satz 15.103

Der Erwartungswert und die Varianz der Erlang-Verteilung sind

$$E(X) = \frac{n}{a} \qquad \sigma^2(X) = \frac{n}{a^2}. \tag{15.171}$$

Es wird deutlich, daß die vorstehenden Formeln für $n = 1$ in die entsprechenden Aussagen für die Exponentialverteilung übergehen. Weiter ist ersichtlich, daß die Erlang-Verteilung durch die Parameter $E(X)$ und $\sigma(X)$ eindeutig bestimmt ist.

Beispiel 15.99

Die Zeit, die ein Facharbeiter für die Reparatur eines bestimmten Aggregats (zum Beispiel eines Fernsehgerätes) aufwenden muß, sei exponentiell verteilt. Die mittlere Reparaturzeit betrage r Zeiteinheiten. Gesucht ist das Verteilungsgesetz für die Zeit X, die der Facharbeiter für die Reparatur von n solchen Aggregaten braucht. Sei X_i die Reparaturzeit für das i-te Aggregat ($i = 1, 2, \ldots, n$). Für diese unabhängigen Zufallsgrößen $X_1, \ldots, X_n$ gilt dann $E(X_i) = r$ ($i = 1, 2, \ldots, n$) sowie $X = X_1 + \cdots + X_n$. Gemäß Satz 15.102 besitzt damit die Zeit X eine Erlang-Verteilung der Ordnung n. Für den Parameter a ergibt sich infolge (15.171) und

$$E(X) = E(X_1) + \cdots + E(X_n) = nr$$

der Ausdruck $a = \dfrac{1}{r}$.

15.5.3. Normalverteilung

In diesem Unterabschnitt wird eine für die Praxis überaus wichtige stetige Verteilung erörtert.

Definition 15.60

Eine stetige Zufallsgröße X besitzt eine Normalverteilung (Gauß-Verteilung) wenn ihre Dichtefunktion von der Form

$$p(x) = \frac{s}{\sqrt{\pi}}\, e^{-s^2(x-t)^2} \qquad (15.172)$$

mit reellen Parametern t und s > 0 *ist.*

Die Normalverteilung ist durch die Parameter s und t bestimmt. Einige interessante Eigenschaften der Normalverteilung werden nunmehr diskutiert.

Satz 15.104

Die Verteilungsfunktion der Normalverteilung lautet

$$F(x) = \frac{s}{\sqrt{\pi}} \int_{-\infty}^{x} e^{-s^2(z-t)^2}\, dz. \qquad (15.173)$$

Die Dichtefunktion (15.172) und die Verteilungsfunktion (15.173) der Normalverteilung mit den Parametern $s = \sqrt{2}$ und $t = 1$ sind in den Abbildungen 15.27 und 15.28 graphisch dargestellt. Eine Diskussion der Kurve der Dichtefunktion (15.172) der Normalverteilung, die *Gaußsche Glockenkurve* heißt, erfolgt in der Aufgabe 15.5.138.

Satz 15.105

Der Erwartungswert und die Varianz der Normalverteilung sind

$$E(X) = t \qquad \sigma^2(X) = \frac{1}{2s^2}. \qquad (15.174)$$

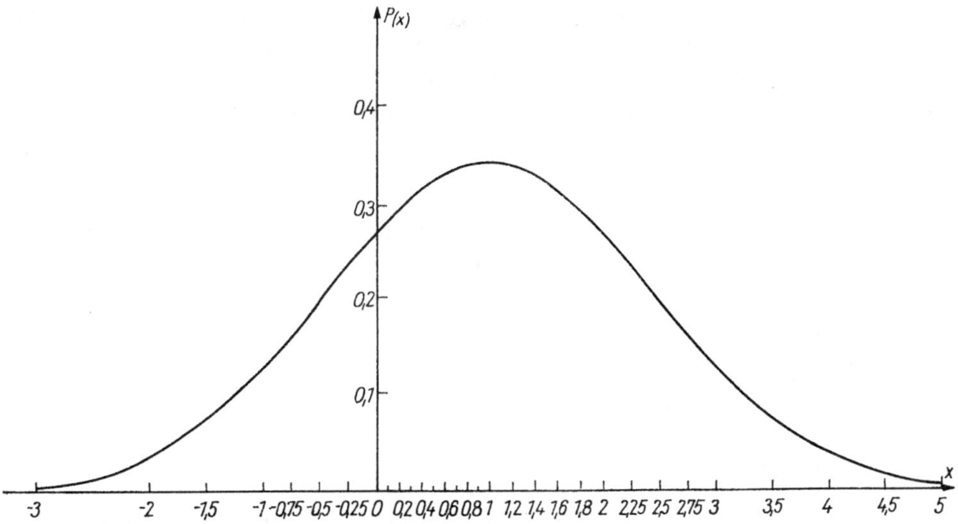

Abbildung 15.27

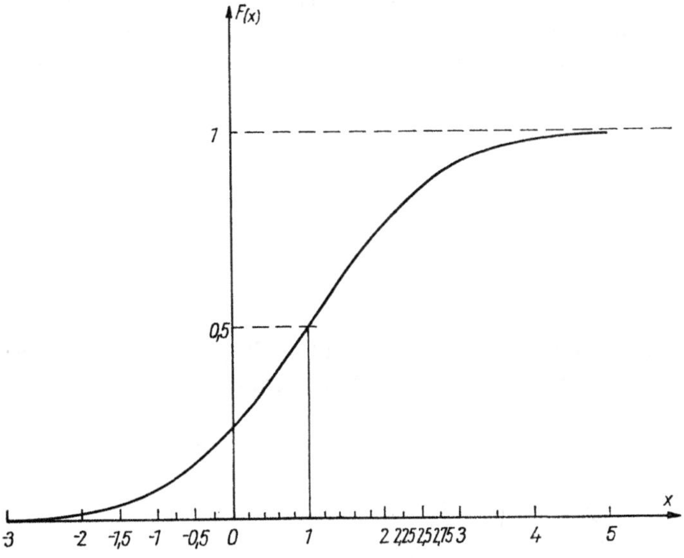

Abbildung 15.28

Gemäß vorstehendem Satz lassen die Parameter s und t der Normalverteilung eine einfache Interpretation zu. Der Parameter t repräsentiert den Erwartungswert $E(X)$ der Verteilung. Die Größe s hängt mit dem Streuungsmaß entsprechend $s\sqrt{2} = [\sigma(X)]^{-1}$ zusammen.

Die Diskussion des Verlaufs der Dichtefunktion (15.172) der Normalverteilung (Glockenkurve) in der Aufgabe 15.5.138 zeigt, daß der Erwartungswert $E(X)$ mit der Maximalstelle und die Standardabweichung $\sigma(X)$ mit dem halben Abstand der beiden Wendepunktsabszissen der Dichtefunktion identisch sind. Ist demzufolge eine Normal-

verteilung durch die graphische Darstellung der Dichtefunktion (die etwa von einem Analogrechner stammt) gegeben, dann können die Verteilungsparameter $E(X)$ und $\sigma(X)$ unmittelbar an Hand der Graphik festgestellt werden.
Die Normalverteilung ist durch den Erwartungswert und die Streuung eindeutig bestimmt.

Satz 15.106

Eine normalverteilte Zufallsgröße X mit dem Erwartungswert $E(X) = \mu$ und der Varianz $\sigma^2(X) = \sigma^2$ besitzt die Dichtefunktion

$$p(x) = \frac{1}{\sqrt{2\pi}\,\sigma} e^{-\frac{(x-\mu)^2}{2\sigma^2}} \tag{15.175}$$

und die Verteilungsfunktion

$$F(x) = \frac{1}{\sqrt{2\pi}\,\sigma} \int\limits_{-\infty}^{x} e^{-\frac{(z-\mu)^2}{2\sigma^2}}\,dz. \tag{15.176}$$

Die Verteilung einer normalverteilten Zufallsgröße X mit den Verteilungsparametern $E(X) = \mu$ und $\sigma^2(X) = \sigma^2$ wird im allgemeinen mit dem Symbol $N(\mu; \sigma^2)$ bezeichnet. Die standardisierte (oder normierte) Normalverteilung wird demnach durch das Symbol $N(0; 1)$ gekennzeichnet. Die Dichtefunktion $\varphi(x)$ bzw. Verteilungsfunktion $\Phi(x)$ dieser speziellen Verteilung lautet gemäß (15.175) bzw. (15.176) mit $\mu = 0$ und $\sigma = 1$

$$\varphi(x) = \frac{1}{\sqrt{2\pi}} e^{-\frac{x^2}{2}} \tag{15.177}$$

bzw.

$$\Phi(x) = \frac{1}{\sqrt{2\pi}} \int\limits_{-\infty}^{x} e^{-\frac{t^2}{2}}\,dt. \tag{15.178}$$

Diese Funktionen sind in den Abbildungen 15.29 und 15.30 graphisch dargestellt. Die Bedeutung der Verteilungsfunktion $\Phi(x)$ beruht auf dem folgenden Satz.

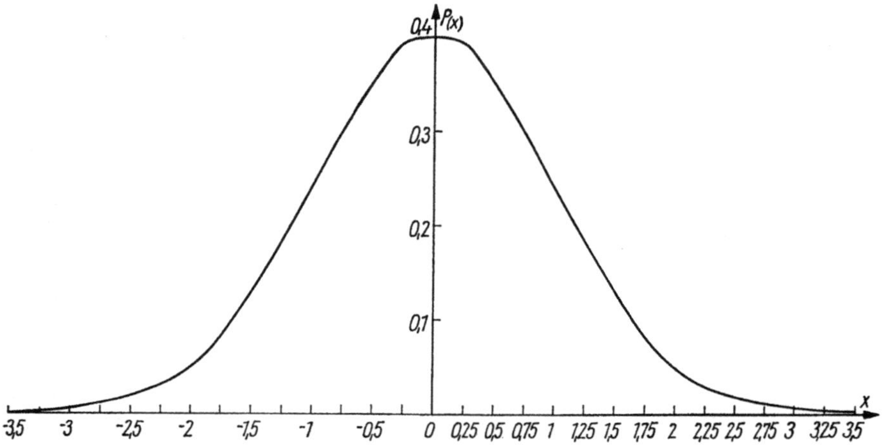

Abbildung 15.29

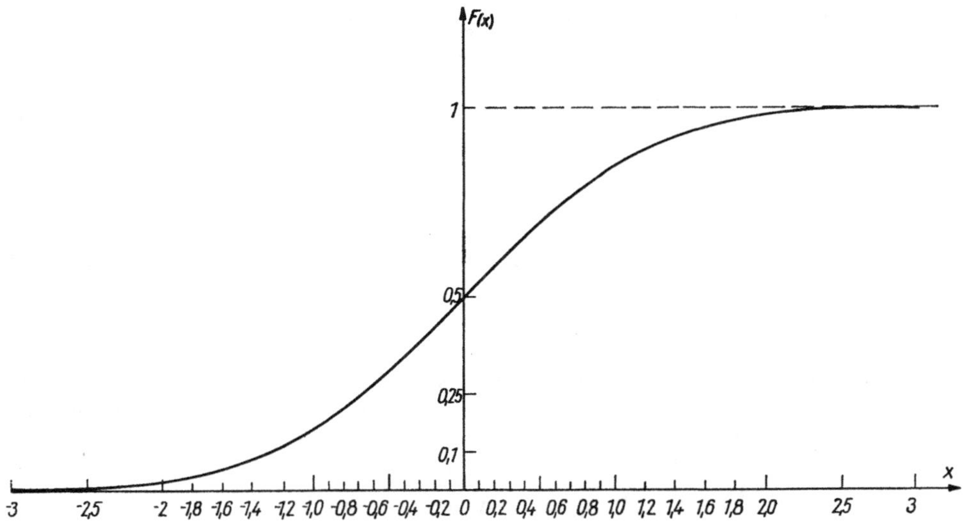

Abbildung 15.30

Satz 15.107

Die Verteilungsfunktion $F(x)$ der Normalverteilung $N(\mu; \sigma^2)$ lautet

$$F(x) = \Phi\left(\frac{x-\mu}{\sigma}\right). \tag{15.179}$$

Beweis

Gemäß Definition 15.38 genügt die Zufallsgröße $Y = \frac{X-\mu}{\sigma}$ dem Verteilungsgesetz $N(0; 1)$. Weiter sind die Ereignisse $X < x$ und $Y < \frac{X-\mu}{\sigma}$ gleichwertig. Mithin folgt aus (15.46)

$$F(x) = P(X < x) = P\left(Y < \frac{x-\mu}{\sigma}\right) = \Phi\left(\frac{x-\mu}{\sigma}\right).$$

Aus den Sätzen 15.106 und 15.82 ergibt sich der Satz 15.108.

Satz 15.108

Für eine dem Verteilungsgesetz $N(\mu; \sigma^2)$ genügende Zufallsgröße X bestehen folgende Formeln zur Berechnung von Intervallwahrscheinlichkeiten:

$$P(X \in [a\ b]) = P(X \in [a\ b)) = P(X \in (a\ b]) = P(X \in (a\ b)) = \Phi\left(\frac{b-\mu}{\sigma}\right) - \Phi\left(\frac{a-\mu}{\sigma}\right). \tag{15.180}$$

Die vorstehenden Sätze unterstreichen die Bedeutung der Verteilungsfunktion $\Phi(x)$ der standardisierten Normalverteilung. Ist diese Funktion bekannt, dann läßt sich gemäß (15.180) in einfacher Weise jede Intervallwahrscheinlichkeit für eine beliebige normalverteilte Zufallsgröße ermitteln. Aus diesem Grunde ist diese Funktion $\Phi(x)$ in fast allen Büchern der Wahrscheinlichkeitsrechnung tabellarisch angegeben. Wegen

$$\Phi(-x) = 1 - \Phi(x) \tag{15.181}$$

(vgl. Aufgabe 15.5.139) genügt es, die Funktion $\Phi(x)$ nur für positive Argumente x zu tabellieren. Die Tabelle 15.11 stellt eine Tafel der Verteilungsfunktion $\Phi(x)$ dar, die [15.4] entnommen wurde.
Die folgenden Beispiele demonstrieren die Handhabung dieser Tabelle. Dabei wird auch die Beziehung

$$P(|X - \mu| < c) = 2\Phi\left(\frac{c}{\mu}\right) - 1 \qquad (15.182)$$

für eine dem Verteilungsgesetz $N(\mu;\sigma^2)$ unterliegende Zufallsgröße X angewandt (vgl. Aufgabe 15.5.140).

Beispiel 15.100

Gegeben ist eine dem Verteilungsgesetz $N(1;9)$ gehorchende Zufallsgröße X. Mit welcher Wahrscheinlichkeit tritt diese Zufallsgröße im Intervall (2 5) auf bzw. wird diese Zufallsgröße wenigstens den Wert 2,7 annehmen? Gegeben sind die Parameter $\mu = E(X) = 1$ und $\sigma^2(X) = \sigma^2 = 9$ oder $\sigma = 3$. Mithin ergibt sich aus (15.180) bzw. (15.179)

$$P(2 < X < 5) = \Phi\left(\frac{4}{3}\right) - \Phi\left(\frac{1}{3}\right) = 0{,}9082 - 0{,}6293 = 0{,}2789$$

bzw.

$$P(X \geqq 2{,}7) = 1 - P(X < 2{,}7) = 1 - \Phi(0{,}9) = 0{,}1841.$$

Mit welcher Wahrscheinlichkeit wird die betrachtete Zufallsgröße um weniger als $c = 1{,}5$ vom Mittelwert $E(X) = 1$ abweichen? Gemäß (15.182) wird

$$P(|X - 1| < 1{,}5) = 2\Phi(0{,}5) - 1 = 0{,}6830.$$

Schließlich interessiert eine Zahl z, die die Zufallsgröße X mit einer Wahrscheinlichkeit von wenigstens 10% überschreitet. Demzufolge ist die Größe z aus der Relation $P(X \geqq z) \geqq 0{,}1$ zu ermitteln. Aus dieser Relation folgt in Verbindung mit (15.180) und Tabelle 15.11

$$P(X \leqq z) = \Phi\left(\frac{z-1}{3}\right) \leqq 0{,}9 = \Phi(1{,}28).$$

Wegen der Monotonie der Verteilungsfunktion $\Phi(x)$ bedeutet diese Ungleichung $\frac{z-1}{3} \leqq 1{,}28$ oder $z \leqq 1 + 3 \cdot 1{,}28 = 4{,}84$. Damit wird jede Zahl z mit $z \leqq 4{,}84$ mit einer Wahrscheinlichkeit von mindestens 10% überschritten.

Beispiel 15.101

Der Beobachtungsfehler X einer Längenmessung sei normalverteilt mit dem Erwartungswert $\mu = 5$ cm und der Standardabweichung $\sigma = 5$ cm. Gesucht ist die Wahrscheinlichkeit dafür, daß der gemessene Wert um mehr als 10 cm vom wahren Wert abweicht. Zu berechnen ist demzufolge

$$P(|X| > 10) = 1 - P(-10 \leqq X \leqq 10) = 1 - \left[\Phi\left(\frac{10-5}{5}\right) - \Phi\left(\frac{-10-5}{5}\right)\right] = 1 - \Phi(1) + \Phi(-3)$$

oder in Verbindung mit (15.181) und Tabelle 15.11

$$P(|X| > 10) = 2 - \Phi(1) - \Phi(3) = 0{,}1601.$$

Beispiel 15.102

Zwei Maschinen M_1 und M_2 produzieren Werkstücke der gleichen Art (zum Beispiel Drehteile). Der Durchmesser der Erzeugnisse soll 250 mm bei einer zulässigen Toleranz von 7,5 mm betragen. Die Maschine M_1 besitzt die Tendenz, daß die von ihr angefertigten Werkstücke im Mittel etwas zu klein sind; der Durchmesser der Erzeugnisse von M_1 sei nach $N(248;9)$ verteilt. Die Werkstücke der

Tabelle 15.11

x	$\Phi(x)$	x	$\Phi(x)$	x	$\Phi(x)$	x	$\Phi(x)$	x	$\Phi(x)$
0,00	0,5000	0,52	0,6985	1,04	0,8508	1,56	0,9406	2,16	0,9846
0,01	0,5040	0,53	0,7019	1,05	0,8531	1,57	0,9418	2,18	0,9854
0,02	0,5080	0,54	0,7054	1,06	0,8554	1,58	0,9429	2,20	0.9861
0,03	0,5120	0,55	0,7088	1,07	0,8577	1,59	0,9441	2,22	0,9868
0,04	0,5160	0,56	0,7123	1,08	0,8599	1,60	0,9452	2,24	0,9875
0,05	0,5199	0,57	0,7157	1,09	0,8621	1,61	0,9463	2,26	0,9881
0,06	0,5239	0,58	0,7190	1,10	0,8643	1,62	0,9474	2,28	0,9887
0,07	0,5279	0,59	0,7224	1,11	0,8665	1,63	0,9484	2,30	0,9893
0,08	0,5319	0,60	0,7257	1,12	0,8686	1,64	0,9495	2,32	0,9898
0,09	0,5359	0,61	0,7291	1,13	0,8708	1,65	0,9505	2,34	0,9904
0,10	0,5398	0,62	0,7324	1,14	0,8729	1,66	0,9515	2,36	0,9909
0,11	0,5438	0,63	0,7357	1,15	0,8749	1,67	0,9525	2,38	0,9913
0,12	0,5478	0,64	0,7389	1,16	0,8770	1,68	0,9535	2,40	0,9918
0,13	0,5517	0,65	0,7422	1,17	0,8790	1,69	0,9545	2,42	0,9922
0,14	0,5557	0,66	0,7454	1,18	0,8810	1,70	0,9554	2,44	0,9927
0,15	0,5596	0,67	0,7486	1,19	0,8830	1,71	0,9564	2,46	0,9931
0,16	0,5636	0,68	0,7517	1,20	0,8849	1,72	0,9572	2,48	0,9934
0,17	0,5675	0,69	0,7549	1,21	0,8869	1,73	0,9582	2,50	0,9938
0,18	0,5714	0,70	0,7580	1,22	0,8888	1,74	0,9591	2,52	0,9941
0,19	0,5753	0,71	0,7611	1,23	0,8907	1,75	0,9599	2,54	0,9945
0,20	0,5793	0,72	0,7642	1,24	0,8925	1,76	0,9608	2,56	0,9948
0,21	0,5832	0,73	0,7673	1,25	0,8944	1,77	0,9616	2,58	0,9951
0,22	0,5871	0,74	0,7703	1,26	0,8962	1,78	0,9625	2,60	0,9953
0,23	0,5910	0,75	0,7734	1,27	0,8980	1,79	0,9633	2,62	0,9956
0,24	0,5948	0,76	0,7764	1,28	0,8997	1,80	0,9641	2,64	0,9959
0,25	0,5987	0,77	0,7794	1,29	0,9015	1,81	0,9649	2,66	0,9961
0,26	0,6026	0,78	0,7823	1,30	0,9032	1,82	0,9656	2,68	0,9963
0,27	0,6064	0,79	0,7853	1,31	0,9049	1,83	0,9664	2,70	0,9965
0,28	0,6103	0,80	0,7881	1,32	0,9066	1,84	0,9671	2,72	0,9967
0,29	0,6141	0,81	0,7910	1,33	0,9082	1,85	0,9678	2,74	0,9969
0,30	0,6179	0,82	0,7939	1,34	0,9099	1,86	0,9686	2,76	0,9971
0,31	0,6217	0,83	0,7967	1,35	0,9115	1,87	0,9693	2,78	0,9973
0,32	0,6255	0,84	0,7995	1,36	0,9131	1,88	0,9699	2,80	0,9974
0,33	0,6293	0,85	0,8023	1,37	0,9147	1,89	0,9706	2,82	0,9976
0,34	0,6331	0,86	0,8051	1,38	0,9162	1,90	0,9713	2,84	0,9977
0,35	0,6368	0,87	0,8078	1,39	0,9177	1,91	0,9719	2,86	0,9979
0,36	0,6406	0,88	0,8106	1,40	0,9192	1,92	0,9726	2,88	0,9980
0,37	0,6443	0,89	0,8133	1,41	0,9207	1,93	0,9732	2,90	0,9981
0,38	0,6480	0,90	0,8159	1,42	0,9222	1,94	0,9738	2,92	0,9982
0,39	0,6517	0,91	0,8186	1,43	0,9236	1,95	0,9744	2,94	0,9984
0,40	0,6554	0,92	0,8212	1,44	0,9251	1,96	0,9750	2,96	0,9985
0,41	0,6591	0,93	0,8238	1,45	0,9265	1,97	0,9756	2,98	0,9986
0,42	0,6628	0,94	0,8264	1,46	0,9279	1,98	0,9761	3,00	0,9986
0,43	0,6664	0,95	0,8289	1,47	0,9292	1,99	0,9767	3,10	0,9990
0,44	0,6700	0,96	0,8315	1,48	0,9306	2,00	0,9772	3,20	0,9993
0,45	0,6736	0,97	0,8340	1,49	0,9319	2,02	0,9783	3,30	0,9995
0,46	0,6772	0,98	0,8365	1,50	0,9332	2,04	0,9793	3,40	0,9996
0,47	0,6808	0,99	0,8389	1,51	0,9345	2,06	0,9803	3,50	0,9997
0,48	0,6844	1,00	0,8413	1,52	0,9357	2,08	0,9812	3,60	0,9998
0,49	0,6879	1,01	0,8438	1,53	0,9370	2,10	0,9821	3,70	0,9998
0,50	0,6915	1,02	0,8461	1,54	0,9382	2,12	0,9830	3,80	0,9999
0,51	0,6950	1,03	0,8485	1,55	0,9394	2,14	0,9838	3,90	0,9999

Maschine M_2 dagegen erreichen im Mittel die geforderte Größe, aber ihre Abmessung streut erheblich; der Durchmesser der Erzeugnisse von M_2 sei nach $N(250; 16)$ verteilt. Welche Maschine besitzt die größere Ausschußwahrscheinlichkeit, das heißt, bei welcher Maschine ist die Wahrscheinlichkeit dafür größer, daß der Durchmesser eines produzierten Werkstücks außerhalb des vorgegebenen Toleranzbereiches liegt? Die beiden Ausschußwahrscheinlichkeiten seien a_1 und a_2, der Durchmesser der Werkstücke X_1 bzw. X_2. Dann gilt in Verbindung mit (15.180) und (15.182)

$$a_1 = 1 - P(242{,}5 \leqq X_1 \leqq 257{,}5) = 1 - [\Phi(3{,}17) - \Phi(-1{,}83)]$$

$$a_2 = 1 - P(242{,}5 \leqq X_2 \leqq 257{,}5) = 1 - P(|X_2 - 250| < 7{,}5))$$

oder wegen (15.181) und (15.182) und unter Benutzung der Tabelle 15.11

$$a_1 = 2 - [\Phi(3{,}17) + \Phi(1{,}83)] = 0{,}0344$$

$$a_2 = 2[1 - \Phi(1{,}75)] = 0{,}0802.$$

Die Maschine M_2 besitzt damit die größere Ausschußwahrscheinlichkeit.

Es werden nun Spezialfälle der Formel (15.182) angegeben. Werden für die Größe c der Reihe nach die Werte σ, 2σ und 3σ eingesetzt, dann ergibt sich unter Beachtung der Werte $\Phi(1)$, $\Phi(2)$ und $\Phi(3)$ gemäß Tabelle 15.11 der Satz 15.109.

Satz 15.109

Für eine nach $N(\mu; \sigma^2)$ verteilte Zufallsgröße X gelten die Sigma-Regeln

$$\begin{aligned} &P(|X - \mu| < \sigma) = 0{,}6826 \quad &(1\sigma\text{-Regel})\\ &P(|X - \mu| < 2\sigma) = 0{,}9544 \quad &(2\sigma\text{-Regel})\\ &(P(|X - \mu| < 3\sigma = 0{,}9972 \quad &(3\sigma\text{-Regel}). \end{aligned} \qquad (15.183)$$

Diese Regeln werden in der Praxis sehr häufig angewandt, um die Variabilität einer normalverteilten Zufallsgröße schnell zu verdeutlichen. Gemäß der 1σ-Regel kommt eine normalverteilte Zufallsgröße mit einer Wahrscheinlichkeit von etwa $\frac{2}{3}$ zwischen den Wendepunktsabszissen ihrer Dichtefunktion vor. Die 2σ-Regel besagt, daß eine normalverteilte Zufallsgröße nur mit einer Wahrscheinlichkeit von ca. 5% außerhalb des Intervalls $[\mu - 2\sigma \quad \mu + 2\sigma)$ anzutreffen ist. Schließlich bedeutet die 3σ-Regel, daß eine normalverteilte Zufallsgröße mit praktischer Sicherheit (mit einer Irrtumswahrscheinlichkeit von 0,28%) um weniger als das Dreifache ihres Streuungsmaßes von ihrem Erwartungswert (Mittelwert) abweicht. Im Zusammenhang mit dem Beispiel 15.102 ist es damit praktisch ausgeschlossen, daß der Durchmesser eines auf der Maschine M_2 bearbeiteten Werkstücks außerhalb des Intervalls (241 mm 259 mm) liegt.

Es werden nun einige Sätze über den Umgang mit Normalverteilungen angegeben.

Satz 15.110

Die Summe unabhängiger normalverteilter Zufallsgrößen ist gleichfalls normalverteilt.

Satz 15.111

Ist die Zufallsgröße X nach $N(\mu; \sigma^2)$ verteilt, dann ist die Zufallsgröße $Y = aX + b$ nach $N(a\mu + b; a^2\sigma^2)$ verteilt.

Beispiel 15.103

Gegeben sind die normalverteilten Zufallsgrößen X_1, X_2 und X_3 mit den Parametern $\mu_1 = 2$ und $\sigma_1 = 1$, $\mu_2 = 10$ und $\sigma_2 = 0{,}5$ sowie $\mu_3 = 6$ und $\sigma_3 = 3$. Gesucht ist das Verteilungsgesetz der Zufallsgröße $X = 5 + 4X_1 - X_2 + \frac{1}{2} X_3$. Gemäß der Sätze 15.110 und 15.111 ist X nach $N(\mu; \sigma^2)$ verteilt mit

$$\mu = 5 + 4 \cdot 2 - 10 + \frac{1}{2} 6 = 6$$

$$\sigma^2 = 16 \cdot 1 + 1 \cdot 0{,}25 + \frac{1}{4} \cdot 9 = 18{,}5.$$

Für die Simulation normalverteilter Zufallsgrößen ist die folgende Aussage wichtig.

Satz 15.112

Ist z eine Zufallszahl, dann bedeutet die Größe

$$x = \mu + \sigma\Phi^{-1}(z) \tag{15.184}$$

eine Nachbildung der nach $N(\mu; \sigma^2)$ verteilten Zufallsgröße. Dabei stellt $\Phi^{-1}(z)$ die Umkehrfunktion der Verteilungsfunktion $\Phi(x)$ dar.

Beispiel 15.104

Es werden die Gegebenheiten des Beispiels 15.102 betrachtet. Welche Realisierung x_1 bzw. x_2 der Zufallsvariablen X_1 bzw. X_2 (Abmessung eines Werkstücks der Maschine M_1 bzw. M_2) entsprechen der Zufallszahl $z = 0{,}695$? Gemäß Tabelle 15.11 gilt $\Phi(0{,}51) = 0{,}695 = z$ oder $\Phi^{-1}(z) = 0{,}51$. Mithin ergeben sich aus (15.184) die gesuchten Realisierungen zu

$$x_1 = \mu_1 + \sigma_1\Phi(z) = 248 + 3 \cdot 0{,}51 = 249{,}53$$

$$x_2 = \mu_2 + \sigma_2\Phi(z) = 250 + 4 \cdot 0{,}51 = 252{,}04.$$

Im folgenden wird auf die Frage eingegangen, weshalb die Normalverteilung in der Praxis relativ häufig anzutreffen ist. Die Beantwortung dieser Frage erfordert eine kurze Erörterung einiger Grenzwertsätze der Wahrscheinlichkeitsrechnung.

Ein *Grenzwertsatz* stellt eine Aussage über die Konvergenz (den Grenzwert) einer Folge von Zufallsgrößen dar. Er heißt *lokal*, wenn der Grenzwert einer Folge von Wahrscheinlichkeitsfunktionen diskreter Zufallsgrößen bzw. einer Folge von Dichtefunktionen stetiger Zufallsgrößen behandelt wird. Er heißt *global*, wenn der Grenzwert einer Folge von Verteilungsfunktionen diskreter oder stetiger Zufallsgrößen diskutiert wird.

Der im Satz 15.75 konstatierte Sachverhalt repräsentiert einen lokalen Grenzwertsatz. Dieser Grenzwertsatz von Poisson besagt nämlich, daß eine gewisse Folge von Wahrscheinlichkeitsfunktionen binomialverteilter Zufallsgrößen gegen die Wahrscheinlichkeitsfunktion einer Poisson-Verteilung konvergiert.

Es werden nun Grenzwertsätze angegeben, in denen die Normalverteilung als Grenzverteilung gewisser Folgen diskreter und stetiger Zufallsgrößen erscheint.

Satz 15.113

Es seien X_n $(n = 1, 2, \ldots)$ binomialverteilte Zufallsgrößen mit den Parametern n $(n = 1, 2, \ldots)$ und p. Die Folge der entsprechenden normierten Zufallsgrößen $X_n = \dfrac{X_n - np}{\sqrt{np(1-p)}}$ $(n = 1, 2, \ldots)$ konvergiert sodann gegen die nach $N(0; 1)$ verteilte

Zufallsvariable. Insbesondere gilt

$$P(X_n < x) = \Phi\left(\frac{x - np}{\sqrt{np(1-p)}}\right). \tag{15.185}$$

Der vorstehende Grenzwertsatz besagt, daß die Binomialverteilung für große n durch eine Normalverteilung angenähert wird, deren Verteilungsparameter $E(X)$ und $\sigma(X)$ entsprechend (15.111) mit denen der Binomialverteilung übereinstimmen. Bei praktischen Untersuchungen wird dieser Satz häufig angewandt. Die folgenden Beispiele zeigen deutlich, daß bei Anwendung dieses Grenzwertsatzes die Berechnung von Intervallwahrscheinlichkeiten für binomialverteilte Zufallsgrößen äußerst einfach ausfällt.

Beispiel 15.105

Es werden die Gegebenheiten des Beispiels 15.63 betrachtet. Die Ermittlung der Wahrscheinlichkeit dafür, daß unter 1000 Kugeln (mit 90%iger Zugehörigkeit zur Sorte I) wenigstens 950 zur Sorte I gehören, bereitete bisher Schwierigkeiten. Diesen kann nun begegnet werden. Die Anzahl X der Kugeln der Sorte I unter 1000 Stück ist binomialverteilt mit den Parametern $n = 1000$ und $p = 0{,}9$. Ihre Verteilungsparameter $E(X)$ und $\sigma^2(X)$ belaufen sich gemäß (15.111) auf

$$E(X) = \mu = 900 \qquad \sigma^2(X) = \sigma^2 = 90.$$

Entsprechend vorstehendem Grenzwertsatz ist die Zufallsgröße X angenähert nach $N(900; 90)$ verteilt. Mithin gilt unter Beachtung von (15.185) und Tabelle 15.11

$$P(X \geqq 950) = 1 - P(X < 950) = 1 - \Phi\left(\frac{950 - 900}{\sqrt{90}}\right) = 1 - \Phi(5{,}3) = 0{,}0001.$$

Demzufolge ist es praktisch unmöglich, daß unter 1000 Kugeln wenigstens 950 Kugeln der Sorte I sind.

Beispiel 15.106

In einer Stadt wurden in einer Zeitspanne 10000 Kinder geboren. Die Wahrscheinlichkeit für eine Knabengeburt beträgt 0,514. Zwischen welchen Grenzen bewegt sich mit praktischer Sicherheit die Anzahl der geborenen Jungen! Mit welcher Wahrscheinlichkeit wird diese Anzahl kleiner als 5000 ausfallen? Die Anzahl der in dieser Zeitspanne zu verzeichnenden Knabengeburten ist eine diskrete Zufallsgröße, die der Binomialverteilung mit $n = 10000$ und $p = 0{,}514$ unterliegt; ihre Verteilungsparameter betragen gemäß (15.111)

$$E(X) = 5140 = \mu \qquad \sigma^2(X) = \sigma^2 = 2507{,}1.$$

Diese Zufallsvariable ist entsprechend Satz 15.113 angenähert nach dem Gesetz $N(5140; 2507{,}1)$ verteilt. Gemäß der 3σ-Regel bewegt sich die Anzahl X mit einer Wahrscheinlichkeit von 0,9972 (nahezu 1) zwischen den Grenzen 5090 und 5190. Die gesuchte Wahrscheinlichkeit ergibt sich aus (15.185) zu

$$P(X < 5000) = \Phi\left(\frac{5000 - 5140}{\sqrt{2507{,}1}}\right) = \Phi(-2{,}76) = 1 - \Phi(2{,}76) = 0{,}0029.$$

Satz 15.114 (*Zentraler Grenzwertsatz*)

Die Summe von n unabhängigen Zufallsgrößen mit derselben Verteilung, deren gewöhnliche Momente zweiter Ordnung existieren, ist (in n) asymptotisch normalverteilt. Sind μ der Erwartungswert und σ die Standardabweichung der Zufallsgrößen, dann ist deren Summe asymptotisch nach $N(n\mu; n\sigma^2)$ verteilt.

Der Zusatz „(in *n*) asymptotisch" besagt, daß die Genauigkeit der Annäherung der Verteilung der Summe durch die angegebene Normalverteilung mit wachsender Anzahl *n* zunimmt.

Beispiel 15.107

Einer großen Menge gleichberechtigter Elemente (Grundgesamtheit) werden zufällig n Elemente entnommen. Jedes Element ist Träger einer Realisierung einer Zufallsgröße (eines Merkmals der Grundgesamtheit, wie Durchmesser von Drehteilen, Gewicht von Packungen usw.) mit den (meistens unbekannten) Verteilungsparametern Mittelwert μ und Streuung σ^2. Die mit den n Stichprobenelementen verbundenen Realisierungen $X_1, X_2, \ldots, X_n$ stellen unabhängige Zufallsgrößen dar, deren Verteilungsgesetz mit dem des Merkmals der Grundgesamtheit identisch ist. Welche Verteilung besitzt nun das Stichprobenmittel

$$X = \frac{1}{n}(X_1 + X_2 + \cdots + X_n),$$

das selbst eine Zufallsgröße darstellt? Aus vorstehendem Grenzwertsatz und Satz 15.111 folgt, daß dieses Mittel X asymptotisch nach $N\left(\mu; \frac{\sigma^2}{n}\right)$ verteilt ist. Wegen der damit erhaltenen Beziehungen $E(X) = \mu$ und $\sigma^2(X) = \frac{\sigma^2}{n}$ kann das Stichprobenmittel X (genauer eine im konkreten Einzelfall konstatierte Realisierung dieser Zufallsgröße) als Schätzwert für den Parameter μ angesehen und die Genauigkeit dieser Schätzung entsprechend (15.182) abgeschätzt werden.

Beispiel 15.108

Sind alle Zufallsgrößen des Satzes 15.114 exponentiell verteilt mit dem Parameter a, dann ist deren Summe asymptotisch normalverteilt. Die entsprechenden Verteilungsparameter belaufen sich in Verbindung mit (15.164) auf $\mu = \frac{n}{a}$ und $\sigma^2 = \frac{n}{a^2}$. Diese Summe genügt andererseits gemäß Satz 15.102 einer Erlang-Verteilung der Ordnung n mit dem Parameter a. Mithin ist die Erlang-Verteilung mit den Parametern $\mu = \frac{n}{a}$ und $\sigma = \frac{\sqrt{n}}{a}$ asymptotisch normalverteilt.

Der zentrale Grenzwertsatz wird nun verallgemeinert.

Satz 15.115 (*Grenzwertsatz von Ljapunow*)

Gegeben seien unabhängige Zufallsgrößen X_k ($k = 1, 2, \ldots$) mit den (endlichen) Verteilungsparametern

$$m_k = E(X_k) \quad s_k = \sigma(X_k) \quad a_k = Z_3(X_k) \quad b_k = Z_3(|X_k|) \quad (k = 1, 2, \ldots).$$

Ist mit den Größen

$$B_n = \left(\sum_{k=1}^{n} b_k\right)^{\frac{1}{3}} \quad S_n = \left(\sum_{k=1}^{n} S_k^2\right)^{\frac{1}{2}} \quad (n = 1, 2, \ldots)$$

die Bedingung

$$\lim_{n\to\infty} \frac{B_n}{S_n} = 0 \tag{15.186}$$

erfüllt, dann konvergiert die Folge der Verteilungsfunktionen $F_n(y) = P(Y_n < y)$ der normierten Partialsummen

$$Y_n = S_n^{-1} \sum_{k=1}^{n} (X_k - m_k)$$

dieser Zufallsgrößen gegen die Verteilungsfunktion $\Phi(y)$ der standardisierten Normalverteilung:

$$\lim_{n\to\infty} F_n(y) = \Phi(y).$$

Dieser Grenzwertsatz stellt eine fundamentale Aussage der Wahrscheinlichkeitsrechnung dar. Er beinhaltet eine besonders markante Charakterisierung der Normalverteilung; er erklärt die besondere Stellung der Normalverteilung in der Gesamtheit der Verteilungen stetiger und diskreter Zufallsgrößen. Weniger streng formuliert besagt der vorstehende Grenzwertsatz folgendes. Die Summe $X = X_1 + X_2 + \cdots + X_n$ einer großen Anzahl unabhängiger Zufallsgrößen, die etwa gleiche Anteile zu dieser Summe beitragen – Ausdruck der Bedingung (15.186) – ist (in n) asymptotisch normalverteilt.

Dieser Grenzwertsatz ist sowohl in (erkenntnis)-theoretischer Hinsicht als auch in Hinblick auf praktische Anwendungen der Wahrscheinlichkeitsrechnung von großer Bedeutung. Meistens erbringt dieser Satz die Rechtfertigung, Zufallserscheinungen durch die Normalverteilung zu erfassen, die sich aus der Überlagerung einer Vielzahl (meist unbekannter) zufälliger Einzeleffekte ergeben. Diese Feststellung unterstreichen die folgenden Beispiele.

Beispiel 15.109

Es wird die Messung einer physikalischen Größe mittels eines Meßinstrumentes betrachtet. Jede Messung liefert lediglich einen Näherungswert für die zu messende Größe, da eine Vielzahl zufälliger Effekte (Temperaturänderung, Schwingungen des Instruments, Unvollkommenheit des Auges des Messenden usw.) unabhängig voneinander das Meßergebnis beeinflussen. Jeder dieser Effekte bewirkt einen Teilfehler des Meßresultats. Der Gesamtfehler als Summe dieser Teilfehler ist nach vorstehendem Satz als angenähert normalverteilt anzusehen.

Beispiel 15.110

Es wird die Fertigung von Drehteilen auf einer automatischen Werkzeugmaschine betrachtet, deren Qualität durch ihren Durchmesser bestimmt sein soll. Bei jedem Drehteil wird eine Abweichung X des tatsächlichen Durchmessers von einem vorgegebenen Normwert für den Drehteildurchmesser auftreten, auf den die Maschine eingestellt ist. Offenbar existieren viele zufällige Effekte (Qualität des Bearbeitungsmaterials, Zusammenspiel der einzelnen Aggregate der Maschine, Abnutzung des Drehmeißels, Temperaturänderung usw.), die auf die qualitative Tätigkeit des Automaten einen Einfluß ausüben. Jeder dieser unabhängig voneinander wirkenden Faktoren bedingt eine Teilabweichung des Istwertes vom Sollwert. Die Gesamtabweichung als Summe dieser Teilabweichungen ist gemäß letztem Grenzwertsatz als angenähert normalverteilt anzusehen.

Beispiel 15.111

Gegeben ist ein Netzplan, dessen Aktivitäten (keine feste, sondern) eine zufällige Dauer besitzen (vgl. [15.8]). Die Dauer X des Gesamtprozesses (des Gesamtprojektes), dessen Verflechtung innerhalb der Aktivitäten der Netzplan erfaßt, ist gleich der Gesamtdauer der auf dem „kritischen Weg" liegenden Aktivitäten des Netzplanes. Diese kritischen Aktivitäten sind unabhängig voneinander (in ihrer Dauer) und tragen etwa den gleichen Anteil zur Gesamtdauer X bei. Ist nun die Anzahl der kritischen Aktivitäten sehr groß – das ist in der Praxis (zum Beispiel im Bauwesen) stets der Fall – dann ist die Projektdauer X angenähert normalverteilt. Die Verteilungsparameter $E(X)$ und $\sigma^2(X)$ ergeben sich als Summe der Mittelwerte und Varianzen für die Zeitdauer der kritischen Aktivitäten. Da sich letztere Größen für alle Aktivitäten schätzen lassen, sind die Verteilungsparameter der angenähert normalverteilten Projektdauer (wenigstens näherungsweise) bekannt. Mithin können gemäß Formel (15.180) Intervallwahrscheinlichkeiten für die Prozeßdauer und damit für den Endtermin des Projektes berechnet werden (vgl. Aufgabe 15.5.151).

Es werden nun noch einige stetige Verteilungen behandelt, die mit der Normalverteilung im Zusammenhang stehen.

Definition 15.61

Eine Zufallsgröße X besitzt eine logarithmische Normalverteilung (Log-Normalverteilung), wenn die Zufallsgröße $\ln X$ eine Normalverteilung aufweist.

Im folgenden werden einige Eigenschaften dieser Verteilung angegeben.

Satz 15.116

Die Dichtefunktion einer logarithmisch-normalverteilten Zufallsgröße X lautet

$$p(x) = \begin{cases} 0 & \text{für } x \leqq 0 \\ \dfrac{1}{\sqrt{2\pi}\sigma x} \mathrm{e}^{-\frac{(\ln x - \mu)^2}{2\sigma^2}} & \text{für } x > 0. \end{cases} \tag{15.187}$$

Dabei bedeuten μ und $\sigma > 0$ die Parameter der nach $N(\mu; \sigma^2)$ verteilten Zufallsgröße $\ln X$.

Satz 15.117

Für den Erwartungswert und die Varianz der logarithmischen Normalverteilung gilt

$$E(X) = \mathrm{e}^{\mu + \frac{\sigma^2}{2}} \qquad \sigma^2(X) = \mathrm{e}^{2\mu + \sigma^2} (\mathrm{e}^{\sigma^2} - 1) \tag{15.188}$$

Die logarithmische Normalverteilung ist eine linksschiefe Verteilung, die unter anderem bei der Entwicklung von Lagerhaltungsmodellen Anwendung findet.

Beispiel 15.112

Der Bedarf X an Kleinmaterial eines Betriebes erweist sich als logarithmisch-normalverteilt. Für den Mittelwert und die Standardabweichung des Bedarfes liegen die Schätzwerte $E(X) \approx 10$ und $\sigma(X) \approx 2$ vor. Gesucht sind die Parameter μ und σ der Dichtefunktion dieser Verteilung. In Verbindung mit der Aufgabe 15.5.152 ergibt sich

$$\mu = \ln \frac{10}{\sqrt{\ln 26}} \approx 1{,}6 \qquad \sigma = \sqrt{\ln 26} \approx 1{,}8.$$

Diese Parameterwerte gestatten nun die graphische Darstellung der Dichtefunktion (15.187) für den Bedarf X. Auf der Grundlage des Satzes 15.80 können sodann an Hand dieser Graphik Intervallwahrscheinlichkeiten für den Bedarf an Kleinmaterial näherungsweise berechnet werden.

15.5.4. Zweidimensionale Normalverteilung

In diesem Abschnitt wird die zweidimensionale Normalverteilung als ein Beispiel für eine mehrdimensionale stetige Verteilung behandelt.

Definition 15.62

Eine zweidimensionale stetige Zufallsgröße $(X_1 \;\; X_2)$ besitzt eine Normalverteilung, wenn ihre Dichtefunktion von der Form

$$p(x_1 \;\; x_2) = \frac{1}{\sqrt{2\pi}\,\sigma_1\sigma_2\sqrt{1 - \varrho^2}} \mathrm{e}^{-\frac{1}{2(1-\varrho^2)}\left[\frac{(x_1 - \gamma_1)^2}{2\sigma_1^2} - 2\varrho\frac{(x_1 - \mu_1)(x_2 - \mu_2)}{\sigma_1\sigma_2} + \frac{(x_2 - \mu_2)^2}{2\sigma_2^2}\right]}. \tag{15.189}$$

Dabei sind $\mu_i, \sigma_i > 0$ $(i = 1, 2)$ und ϱ mit $-1 \leqq \varrho \leqq 1$ reelle Parameter.

Die zweidimensionale Normalverteilung hängt von den 5 Parametern μ_1, μ_2, σ_1, σ_2 und ϱ ab.

Satz 15.118

Für den Korrelationskoeffizienten $k(X_1\ X_2)$ der Komponenten X_1 und X_2 der zweidimensionalen Normalverteilung gilt

$$k(X_1 X_2) = \varrho .$$

Der Parameter ϱ stellt damit den Korrelationskoeffizienten der beiden Komponenten der zweidimensionalen Normalverteilung dar. Er drückt den Grad der Abhängigkeit (Korrelation) zwischen beiden Komponenten aus.

Gemäß Satz 15.49 ist der Korrelationskoeffizient $k(X_1\ X_2)$ Null, wenn die Komponenten X_1 und X_2 unabhängig sind. Die Umkehrung dieses Sachverhaltes gilt im allgemeinen nicht. Für den Fall einer Normalverteilung ist diese Umkehrung allerdings gültig. Mithin folgt:

Satz 15.119

Die Komponenten X_1 und X_2 einer zweidimensionalen normalverteilten Zufallsgröße $(X_1\ X_2)$ sind genau dann unabhängig, wenn sie unkorreliert sind, das heißt, wenn der Korrelationskoeffizient $k(X_1\ X_2) = \varrho$ Null wird.

Beispiel 15.113

Gegeben ist eine Aktivität eines Netzplanes, die durch zwei stetige Zufallsgrößen X_1 und X_2 charakterisiert wird. Diese Größen bedeuten die Kosten bzw. die Dauer der Aktivität, also aktivitätsspezifische Aufwandsgrößen. Auf Grund statistischer Untersuchungen ist festgestellt worden, daß beide Zufallsvariable normalverteilt sind mit den Parametern $E(X_1) = 50$ und $\sigma(X_1) = 3$ bzw. $E(X_2) = 20$ und $\sigma(X_2) = 1$. Ferner sind beide Größen korreliert; der Korrelationskoeffizient ist mit $k(X_1\ X_2) = 0{,}8$ ermittelt worden. Gesucht ist die Dichtefunktion der zweidimensionalen Zufallsgröße $(X_1\ X_2)$, der Charakteristik der Aktivität. Die Zufallsvariable $(X_1\ X_2)$ ist normalverteilt mit den Parametern $\mu_1 = 50$, $\mu_2 = 20$, $\sigma_1 = 3$, $\sigma_2 = 1$ und $\varrho = 0{,}8$. Mithin ergibt sich aus (15.189) die gesuchte Dichtefunktion zu

$$p(x_1\ x_2) = \frac{1}{3{,}6\pi} e^{-\frac{1}{1{,}2}\left[\frac{(x_1-50)^2}{18} - 1{,}6 \cdot \frac{(x_1-50)(x_2-20)}{3} + \frac{(x_2-20)^2}{2}\right]},$$

Die Anwendung der Formel (15.154) ermöglicht nun die näherungsweise Berechnung von Bereichswahrscheinlichkeiten für die Zufallsgröße $(X_1\ X_2)$. So könnte zum Beispiel die Wahrscheinlichkeit dafür berechnet werden, daß die Kosten der Aktivität zwischen 45 und 55 (Geldeinheiten) liegen und die Aktivität höchstens 22 (Zeiteinheiten) dauert.

Auf die numerische Ermittlung solcher Bereichswahrscheinlichkeiten wird an dieser Stelle nicht eingegangen. Zwar ist das Integral (15.154) für den Fall der zweidimensionalen Normalverteilung nicht geschlossen lösbar, aber es gibt Tabellen der Verteilungsfunktion (15.153), die die näherungsweise Berechnung solcher Wahrscheinlichkeiten gemäß (15.55) gestatten. Diese Tabellen entsprechen der Tabelle 15.11 im eindimensionalen Fall.

Sind die Komponenten einer zweidimensionalen normalverteilten Zufallsgröße $(X_1\ X_2)$ unabhängig, dann gestaltet sich die Ermittlung von entsprechenden Bereichswahrscheinlichkeiten einfach.

Satz 15.120

Die Verteilungsfunktion der zweidimensionalen normalverteilten Zufallsgröße $(X_1\ X_2)$ mit unabhängigen Komponenten lautet

$$F(x_1\ x_2) = \Phi\left(\frac{x_1 - \mu_1}{\sigma_1}\right)\Phi\left(\frac{x_2 - \mu_2}{\sigma_2}\right). \tag{15.190}$$

Insbesondere gilt

$$P(a_1 \leqq X_1 \leqq b_1 \quad und \quad a_2 \leqq X_2 \leqq b_2)$$

$$= \left[\Phi\left(\frac{b_1 - \mu_1}{\sigma_1}\right) - \Phi\left(\frac{a_1 - \mu_1}{\sigma_1}\right)\right] \cdot \left[\Phi\left(\frac{b_2 - \mu_2}{\sigma_2}\right) - \Phi\left(\frac{a_2 - \mu_2}{\sigma_2}\right)\right] \tag{15.191}$$

mit $\Phi(x)$ als Verteilungsfunktion der Verteilung $N(0; 1)$.

Beispiel 15.114

Der Treffpunkt eines Geschosses, das auf ein Ziel abgefeuert wird, ist eine zweidimensionale normalverteilte Zufallsgröße $(X_1\ X_2)$ mit unabhängigen Komponenten. Die Parameter der Komponenten betragen $E(X_1) = \mu_1 = 10$, $E(X_2) = \mu_2 = 10$, $\sigma(X_1) = \sigma_1 = 0{,}3$ und $\sigma(X_2) = \sigma_2 = 0{,}6$. Mit welcher Wahrscheinlichkeit p wird der Schütze den Zielbereich $[9{,}5 \leqq x_1 \leqq 11{,}5\ \ 8{,}5 \leqq x_1 \leqq 11{,}5]$. treffen? Gemäß Satz 15.120, Formel (15.181) und Tabelle 15.11 folgt

$$p = [\Phi(1{,}67) - \Phi(-1{,}67)]\,[\Phi(2{,}5) - \Phi(-2{,}5)] = 0{,}9050 \cdot 0{,}9876 = 0{,}8938.$$

Aufgaben

15.1.1 Betrachtet werden die folgenden Ereignisse, die beim Wurf mit zwei Münzen auftreten:

A: Wappen bei der ersten Münze
B: Zahl bei der ersten Münze
C: Wappen bei der zweiten Münze
D: Zahl bei der zweiten Münze
E: wenigstens ein Wappen
F: wenigstens eine Zahl
G: Wappen und Zahl
H: kein Wappen
J: zwei Wappen

Welche Ereignisse dieser Liste stellen die Ereignisse $A + C$, AC, EF, $E + G$, EG, BD und $E + J$ dar?

15.1.2 Gegeben sind die Ereignisse A, B, ..., J der Aufgabe 15.1.1. Welche der genannten Ereignisse umfassen die Ereignisse E und F?

15.1.3 Ein Produktionsbetrieb verfügt über drei Fertigungsabteilungen F_1, F_2 und F_3. Mit A_i wird das Ereignis bezeichnet, daß in der Abteilung F_i $(i = 1, 2, 3)$ während eines Monats keine Störung im Produktionsablauf auftritt. Stellen Sie die folgenden Ereignisse durch diese Ereignisse A_1, A_2, A_3 und deren komplementäre Ereignisse $\bar{A}_1$, $\bar{A}_2$, $\bar{A}_3$ in Form von Ereignissummen und Ereignisprodukten dar:

A: alle Abteilungen arbeiten ungestört
B: keine Abteilung arbeitet ungestört
C: wenigstens eine Abteilung arbeitet ungestört
D: mindestens eine Abteilung arbeitet gestört
E: höchstens eine Abteilung arbeitet gestört
F: nur die dritte Abteilung arbeitet ungestört
G: eine Abteilung arbeitet ungestört.

15.1.4 Beweisen Sie den folgenden Sachverhalt: Aus $A \supset B$ folgt $\bar{A} \subset \bar{B}$.

15.1.5 Gegeben sind die Ereignisse A und B mit $A \supset B$. Welche Ereignisse bedeuten dann $A + B$ und AB?

15.1.6 Was sagen die Gleichungen $A + B + C = A$, $ABC = A$ für die Ereignisse A, B und C aus?

15.1.7 Vereinfachen Sie die folgenden Ereignisausdrücke:
a) $(A + B)(B + C)$
b) $(A + B)(A + \bar{B})$
c) $(A + B)(\bar{A} + B)(A + \bar{B})$.

15.1.8 Bilden die nachstehenden Ereignisse ein System unverträglicher Ereignisse?

a) Versuch: Wurf mit einer Münze; Ereignisse:
A_1: Wappen A_2: Zahl.

b) Versuch: Wurf mit zwei Würfeln; Ereignisse:
B_1: gerade Augenzahl beim ersten Würfel
B_2: ungerade Augenzahl beim zweiten Würfel.

c) Versuch: Zwei Schüsse auf ein Ziel; Ereignisse:
C_k: k Treffer im Ziel ($k = 0, 1, 2$).

d) Versuch: Qualitätsuntersuchung zweier Erzeugnisse; Ereignisse:
D_1: wenigstens ein Erzeugnis ist normgerecht
D_2: wenigstens ein Erzeugnis ist Ausschuß.

15.1.9 Sind die folgenden Ereignisse gleichmöglich?

a) Versuch: Wurf mit einer symmetrischen Münze; Ereignisse:
A_1: Wappen A_2 : Zahl.

b) Versuch: Wurf mit einer asymmetrischen Münze; Ereignisse:
B_1: Wappen B_2: Zahl.

c) Versuch: Wurf mit zwei symmetrischen Münzen; Ereignisse:
C_1: zwei Zahlen C_2: zwei Wappen C_3: Zahl und Wappen.

d) Versuch: Wurf mit einem idealen Würfel; Ereignisse:
D_1: quadratische Augenzahl
D_2: ungerade Augenzahl > 2
D_3: gerade Augenzahl $\neq 4$.

e) Versuch: Wurf mit drei idealen Würfeln; Ereignisse:
E_1: mindestens 17 Augen E_2: höchstens 5 Augen.

15.1.10 Stellen die in der Aufgabe 15.1.9 unter a) bis e) genannten Ereignisse jeweils ein vollständiges System dar?

15.1.11 In einer Urne sind a weiße und b schwarze Kugeln. Wie groß ist die Wahrscheinlichkeit dafür, aufs Geratewohl eine weiße (Ereignis A) bzw. schwarze Kugel (Ereignis B) aus dieser Urne zu ziehen?

15.1.12 Wie groß ist die Wahrscheinlichkeit dafür, aus der in Aufgabe 15.1.11 genannten Urne aufs Geratewohl eine weiße (Ereignis C) bzw. schwarze Kugel (Ereignis D) zu ziehen, nachdem bereits eine schwarze Kugel aus dieser Urne gezogen worden ist?

15.1.13 In einem Behälter befinden sich 100 Elemente, die von 1 bis 100 durchnummeriert sind. Gesucht sind die Wahrscheinlichkeiten dafür, daß bei einer zufälligen Ziehung aus diesem Behälter ein Element erhalten wird, dessen Nummer a) keine Ziffer 5 enthält (Ereignis A) und b) durch 3 teilbar ist (Ereignis B).

15.1.14 In einer Urne sind w weiße und s schwarze Kugeln. Aus dieser Urne werden aufs Geratewohl zugleich zwei Kugeln ausgewählt. Wie groß sind die Wahrscheinlichkeiten dafür, daß eine solche Ziehung a) zwei weiße (Ereignis A), b) zwei schwarze Kugeln (Ereignis B) und c) eine weiße und eine schwarze Kugel (Ereignis C) zum Ergebnis hat?

15.1.15 Gesucht ist die Wahrscheinlichkeit dafür, bei einem Wurf mit vier idealen Würfeln höchstens 6 Augen (Ereignis H) zu erzielen?

15.1.16 Gegeben sind zwei Urnen; in der einen Urne befinden sich w_1 weiße und s_1 schwarze Kugeln, in der anderen w_2 weiße und s_2 schwarze. Es wird aus jeder Urne zufällig eine Kugel genommen. Bestimmen Sie die Wahrscheinlichkeiten dafür, daß hierbei zwei Kugeln erhalten werden, die a) dieselbe Farbe und b) eine unterschiedliche Farbe aufweisen.

15.1.17 Wie groß ist die Wahrscheinlichkeit dafür, aus einem vollständigen Stapel Skatkarten auf gut Glück eine Dame, einen König oder einen Buben zu ziehen (Ereignis K).

15.1.18 In der Abteilung Damenkonfektion eines Kaufhauses, das ein bestimmtes Sortiment an Damenoberbekleidung führt, wurden in einer gewissen Zeitspanne (zum Beispiel in einem Monat) 1 200 Stück Damenoberbekleidung verkauft, davon 300 Stück der Größenklasse „groß“, 700 Stück der Größenklasse „mittel“ und 200 Stück der Größenklasse „klein“. Ermitteln Sie die Wahrscheinlichkeiten dafür, daß bei Beibehaltung des erwähnten Sortiments ein Stück Damenoberbekleidung in dieser Abteilung von einem Kunden verlangt wird, das zur Größenklasse „groß“ (Ereignis G), „mittel“ (Ereignis M) bzw. „klein“ (Ereignis K) gehört.

15.1.19 In einem Produktionsbetrieb schwankt der (industrielle) Wasserverbrauch von Tag zu Tag. Während eines Jahres wurde in diesem Betrieb an 300 Tagen dreischichtig gearbeitet; an 270 Tagen war der Wasserverbrauch normal, das heißt unterhalb einer kritischen Grenze, an den übrigen Tagen überschritt der Verbrauch an Wasser diese Grenze. In der nächsten Zeit werden keine Veränderungen im Betrieb (wie Umstellung des Fertigungssortiments, Einführung neuer Technologien) vorgenommen, die den

Wasserverbrauch des Werkes beeinflussen. Wie groß sind die Wahrscheinlichkeiten dafür, daß an einem Tag, an dem der Betrieb dreischichtig arbeitet, der Wasserverbrauch normal bleiben wird (Ereignis A) bzw. oberhalb des zulässigen Kontigents (maximale Grenze) liegen wird.

15.1.20 Betrachtet wird ein bestimmter Typ von Maschinen (zum Beispiel Drehmaschinen, Webstühle). Die Laufzeit dieser Maschinen fällt von Maschine zu Maschine unterschiedlich aus. Sie wurde bei 1000 Maschinen beobachtet und registriert: Bereits 100 Maschinen fielen im ersten Monat, 300 Maschinen schon im zweiten Monat, 400 Maschinen im dritten Monat und 200 Maschinen erst im vierten Monat ihres Einsatzes zum ersten Mal aus. Wie groß sind die Wahrscheinlichkeiten dafür, daß eine Maschine des betrachteten Typs im i-ten Monat ihres Einsatzes den ersten Ausfall verzeichnet (Ereignis A_i, $i = 1, 2, 3, 4$).

15.1.21 Leiten Sie die Relation (15.30) aus der Beziehung (15.29) ab.

15.1.22 Beweisen Sie folgenden Sachverhalt: Gilt für zwei Ereignisse A und B die Beziehung $P(A) + P(B) > 1$, dann sind diese Ereignisse verträglich.

15.1.23 Aus statistischen Unterlagen der Fertigungsabteilung eines Betriebes geht hervor, daß von 200 Ausfällen einer Drehmaschine 100 Ausfälle durch eine Ersetzung des Schneidstahls (Ereignis A_1), 30 Ausfälle durch einen Defekt im Antrieb (Ereignis A_2) und 20 Ausfälle durch ungenügende Qualität des zu bearbeitenden Materials (Ereignis A_3) verursacht werden. Wie groß sind die Wahrscheinlichkeiten dafür, daß eine Drehmaschine auf Grund einer der erwähnten Ursachen ausfällt (Ereignis A) bzw. einen Ausfall als Folge anderer Ursachen erfährt (Ereignis B)?

15.1.24 Drei Ereignisse A, B und C bilden ein vollständiges System. Die Wahrscheinlichkeiten für A und B betragen $P(A) = 0{,}2$ und $P(B) = 0{,}5$. Berechnen Sie die Wahrscheinlichkeit des Ereignisses C.

15.1.25 Gegeben sind zwei Ereignisse A und B mit $A \supset B$. Weisen Sie die Beziehung $P(A/B) = 1$ nach. Ist diese Aussage umkehrbar, das heißt, folgt aus $P(A/B) = 1$ der Sachverhalt $A \supset B$?

15.1.26 Wie groß ist die Wahrscheinlichkeit dafür, mit einem idealen Würfel bei einem Wurf mindestens 4 Augen zu erzielen (Ereignis A), wenn eine gerade Augenzahl gewürfelt worden ist (Ereignis B)?

15.1.27 Aus einem Stapel Skatkarten werden zufällig zwei Karten gezogen. Bestimmen Sie

a) die unbedingte Wahrscheinlichkeit dafür, daß die zweite Karte ein As ist (ohne daß bekannt ist, welche Karte zuerst gezogen ist), und

b) die bedingte Wahrscheinlichkeit dafür, daß die zweite Karte ein As ist, wenn zuvor bereits ein As gezogen wurde.

15.1.28 Berechnen Sie die Wahrscheinlichkeiten dafür, daß bei drei zufälligen Ziehungen ohne Zurücklegung aus der im Beispiel 15.18 beschriebenen Urne alle gezogenen Kugeln weiß (Ereignis A), schwarz (Ereignis B) bzw. rot (Ereignis C) sind!

15.1.29 In einer Kiste sind n neue Tennisbälle aufbewahrt; es werden k $\left(k \leqq \frac{n}{2}\right)$ dieser Bälle zufällig herausgenommen und für ein Spiel benutzt. Nach erfolgtem Spiel werden diese Bälle wieder in die Kiste gelegt. Wie groß ist die Wahrscheinlichkeit dafür, daß die für das nächste Spiel zufällig ausgewählten k Tennisbälle auch noch neu sind (Ereignis N)?

15.1.30 Ermitteln Sie die totale Wahrscheinlichkeit dafür, daß eine zufällige Ziehung aus einer der im Beispiel 15.15 beschriebenen Urnen eine schwarze Kugel zum Ergebnis hat (Ereignis B). Dabei wird eine der beiden Urnen aufs Geratewohl für diese Ziehung ausgewählt.

15.1.31 Betrachtet wird die im Beispiel 15.21 erörterte Qualitätsprüfung von Erzeugnissen. Mit welcher Wahrscheinlichkeit wird ein Erzeugnis als normgerecht angezeigt (Ereignis B)?

15.1.32 Berechnen Sie – in Ergänzung zum Beispiel 15.22 – die Wahrscheinlichkeit dafür, daß eine in dieser Stadt erhältliche Glühbirne nicht normgerecht ist (Ereignis A).

15.1.33 Bestimmen Sie – ausgehend vom Beispiel 15.18 – die Wahrscheinlichkeit dafür, daß ein defektes Erzeugnis – aus der Gesamtheit der gefertigten – nicht von der Maschine M_3 stammt.

15.1.34 Beweisen Sie folgenden Sachverhalt: Sind die Ereignisse A und B voneinander unabhängig, dann auch jeweils die beiden Ereignisse $\bar{A}$ und B, A und $\bar{B}$ sowie $\bar{A}$ und $\bar{B}$.

15.1.35 Welches der nachstehenden Ereignisse ist wahrscheinlicher,

A: bei einem Wurf mit 4 Würfeln wenigstens eine Sechs zu würfeln oder

B: bei 24 Würfen mit 2 Würfeln mindestens einmal zwei Sechsen zu würfeln?

(Aufgabe des Chevalier de Méré, die im Zusammenhang mit Glücksspielen im 17. Jahrhundert auftrat. Es wird vorausgesetzt, daß sämtliche Würfel „ideal“ sind).

15.1.36 Ein Jäger trifft unter gewissen Bedingungen einen Hasen mit der Wahrscheinlichkeit von 75%. Ermitteln Sie die Wahrscheinlichkeit dafür, daß eine Gruppe von 6 (solchen) Jägern unter diesen Bedingungen einen Hasen zur Strecke bringt!

15.1.37 Für die im Beispiel 15.4 genannten Maschinen bestehen die Ausfallwahrscheinlichkeiten – bezogen auf die betrachtete Zeitspanne – von 5%, 3% und 2%. Berechnen Sie die Wahrscheinlichkeiten der Ereignisse A, B, C, D und E dieses Beispiels unter der Voraussetzung, daß die Maschinen unabhängig voneinander funktionieren.

15.1.38 Zwei Personen gestalten folgendes Spiel: Abwechselnd wird solange eine (ideale) Münze geworfen, bis zum ersten Mal Wappen erscheint. Wer den Wurf mit dem ersten Wappen ausführt, gewinnt das Spiel. Berechnen Sie die Wahrscheinlichkeiten dafür, daß dieses Spiel durch den beginnenden (Ereignis A) bzw. durch den anderen Spieler gewonnen wird (Ereignis $\bar{A}$).

15.1.39 Ein System von unzuverlässigen Elementen, die unabhängig voneinander sind, funktioniert bereits dann, wenn wenigstens ein Element funktioniert. Eine solche Besonderheit liegt zum Beispiel vor, wenn die Elemente eines Systems parallel geschaltet sind. Die Elemente des Systems sind äußerst unzuverlässig, sie besitzen eine Ausfallwahrscheinlichkeit – bezogen auf eine bestimmte Zeiteinheit – von 90%. Ermitteln Sie eine solche Anzahl von Elementen dieses Systems, damit dessen Zuverlässigkeit wenigstens 99% beträgt.

15.1.40 Gegeben ist ein System S, das aus zwei hintereinander geschalteten Teilsystemen S_1 und S_2 besteht. Das System S_1 stellt zwei parallel geschaltete, das System S_2 drei in Reihe geschaltete Elemente dar. Die Elemente besitzen die Zuverlässigkeit p. Bestimmen Sie die Zuverlässigkeit der Systeme S_1, S_2 und S.

15.1.41 Welche Zuverlässigkeit besitzen die in Aufgabe 15.1.40 beschriebenen Systeme S_1, S_2 und S, wenn die Elemente eine Ausfallwahrscheinlichkeit von 20% aufweisen?

15.1.42 Welche Zuverlässigkeit besitzt das System S_0, das durch Parallelschaltung der in den Aufgaben 15.1.40 und 15.1.41 charakterisierten Systeme S_1 und S_2 entsteht?

15.1.43 Welche der folgenden Zufallsgrößen sind diskret bzw. stetig?

X_1 = Anzahl der Regentage je Jahr an einem bestimmten Ort,
X_2 = Dauer einer Prüfung,
X_3 = Ertrag eines Getreidefeldes,
X_4 = Anzahl der Nichtraucher in einer Seminargruppe von 20 Studenten,
X_5 = Inhalt einer Arzneiampulle,
X_6 = Anzahl der Ferkel je Wurf,
X_7 = Abmessung eines Drehteils,
X_8 = Benzinverbrauch eines PKW,
X_9 = Anzahl der Haushalte einer Stadt, die zu einer bestimmten Zeit Elektrizität verbrauchen,
X_{10} = Gewicht eines Menschen,
X_{11} = Anzahl der Buchstaben einer Zeile eines bestimmten Buches,
X_{12} = Wartezeit an einer Bushaltestelle.

15.1.44 Charakterisieren Sie eine Zufallsgröße X, die nur eine Realisierung c besitzt?

15.1.45 Betrachtet wird die Zufallsgröße T des Beispiels 15.34 mit der Verteilungsfunktion (15.47). Ermitteln Sie folgende Wahrscheinlichkeiten:

1. P_1 dafür, daß die Zwischenankunftszeit mindestens 6 Minuten, aber weniger als 30 Minuten beträgt,
2. P_2 dafür, daß innerhalb einer Zeitspanne von 3 Stunden kein Schiff eintrifft,
3. P_3 dafür, daß die Zwischenankunftszeit unterhalb 2 Stunden ausfällt.

15.2.46 Stellen Sie die Verteilungstabellen für die Summe X bzw. das Produkt Y der Augenzahlen beim Wurf mit zwei idealen Würfeln auf! Welches sind die wahrscheinlichsten Realisierungen dieser Zufallsvariablen?

15.2.47 Gegeben sei ein Ereignis A mit der Wahrscheinlichkeit $P(A) = p$. Betrachtet wird nun eine diskrete Zufallsgröße, die lediglich der Werte 0 und 1 fähig ist. Tritt das Ereignis A bzw. das komplementäre Ereignis $\bar{A}$ bei einem Versuch ein, dann nimmt diese Zufallsgröße den Wert 1 bzw. 0 an. Diese Zufallsgröße heißt charakteristische Zufallsgröße des Ereignisses A und wird mit $X(A)$ bezeichnet. Geben Sie die Verteilungstabelle und die Verteilungsfunktion der Zufallsgröße $X(A)$ an.

15.2.48 Gegeben sind zwei unabhängige diskrete Zufallsgrößen X und Y mit den Verteilungstabellen

−2	0	2
0,2	0,6	0,2

−5	−1	1	3
0,1	0,3	0,5	0,1

Ermitteln Sie die Verteilungstabellen sowie die wahrscheinlichsten Werte der Zufallsgrößen $X + Y$ und XY.

15.2.49 Berechnen Sie die Erwartungswerte der in der Aufgabe 15.2.48 gegebenen Zufallsgrößen.

15.2.50 Zeigen Sie, daß die Wahrscheinlichkeit eines Ereignisses A gleich dem Erwartungswert der charakteristischen Zufallsgröße $X(A)$ dieses Ereignisses ist (vgl. Aufgabe 15.2.47).

15.2.51 Gegeben sei eine diskrete Zufallsgröße X mit der kleinsten Realisierung a und der größten Realisierung $b > a$. Beweisen Sie den folgenden Sachverhalt: $a \leqq E(X) \leqq b$.

15.2.52 Berechnen Sie die Varianz der Zufallsgrößen X und Y der Aufgabe 15.2.48.

15.2.53 Berechnen Sie den Erwartungswert und die Varianz der durch die Verteilungstabellen

−2	0	2
$\frac{1}{8}$	$\frac{3}{4}$	$\frac{1}{8}$

−1	1
$\frac{1}{2}$	$\frac{1}{2}$

definierten diskreten Zufallsgrößen X und Y.

15.2.54 Berechnen Sie die Varianz der charakteristischen Zufallsgröße $X = X(A)$ eines Ereignisses A mit der Wahrscheinlichkeit $P(A) = p$. Für welchen Wert von p wird diese Varianz maximal?

15.2.55 Die Anzahl der Hölzer in einer Streichholzschachtel ist eine diskrete Zufallsgröße X, deren Erwartungswert und Streuungsmaß zu $E(X) = 60$ und $\sigma(X) = 2$ geschätzt wurden. Schätzen Sie die Wahrscheinlichkeit dafür ab, daß

a) mindestens 70 Streichhölzer in einer Schachtel sind,

b) die Anzahl der Hölzer in einer Schachtel um weniger als 4 vom Normwert 60 abweicht.

15.2.56 Für welche Werte von c liefert

a) die Markowsche und

b) die Tschebyschewsche Ungleichung

keine triviale obere bzw. untere Grenze für die betreffende Wahrscheinlichkeit?

15.2.57 Beweisen Sie den Satz 15.44.

15.2.58 Berechnen Sie die Schiefe der charakteristischen Zufallsgröße $X = X(A)$ eines Ereignisses A mit der Wahrscheinlichkeit $P(A) = p$ und kommentieren Sie das erhaltene Ergebnis.

15.2.59 Beweisen Sie den Satz 15.47.

15.2.60 Gegeben ist die erzeugende Funktion einer diskreten Zufallsgröße X zu $g(z) = \frac{1}{2 - z}$. Ermitteln Sie die Wahrscheinlichkeitsfunktion sowie den Erwartungswert und die Varianz dieser Zufallsgröße.

15.2.61 Berechnen Sie den Erwartungswert und die Varianz der im Beispiel 15.54 behandelten Zufallsgröße, indem Sie von deren erzeugender Funktion $g(z)$ ausgehen.

15.2.62 Gegeben sind zwei ideale Würfel mit den Augenzahlen X und Y. Stellen Sie die Verteilungstabelle 15.7 der Zufallsgröße $(X\ \ Y)$ dar.

15.2.63 Konstruieren Sie die Verteilungstabelle 15.7 der Zufallsgröße $(X\ \ Y)$ mit $X = X(Z)$ und $Y = X(W)$ als charakteristische Zufallsgrößen der Ereignisse Z (Zahl) und W (Wappen) beim Wurf mit einer idealen Münze.

15.2.64 Aus einer Urne mit 2 weißen und 3 schwarzen Kugeln werden zufällig 3 Kugeln mit Zurücklegung gezogen. Mit X bzw. Y wird die Anzahl der dabei gezogenen weißen bzw. schwarzen Kugeln bezeichnet. Ermitteln Sie die Verteilungstabelle 15.5 der Zufallsgröße $(X\ \ Y)$.

15.2.65 Gegeben sind zwei diskrete standardisierte Zufallsgrößen X und Y. Zeigen Sie, daß der Korrelationskoeffizient $k(X\ \ Y)$ gleich der Covarianz dieser Zufallsgrößen ist.

15.2.66 Ermitteln Sie den Wert der Verteilungsfunktion $F(z_1\ \ z_2)$ der Zufallsgröße $(X\ \ Y)$ der Aufgabe 15.2.64 für $z_1 = 2$ und $z_2 = 4$.

15.2.67 Berechnen Sie den Wert der Verteilungsfunktion $F(z_1\ \ z_2)$ der Zufallsgröße $(X\ \ Y)$ der Aufgabe 15.2.64 für $z_1 = z_2 = 1$.

15.2.68 Berechnen Sie entsprechend der vorstehenden Aufgabe die Größe $F(5\ \ 4)$.

15.3.69 Ein Schütze, der mit einer Sicherheit von 80% ein bestimmtes Ziel trifft, feuert 4 Schuß auf dieses Ziel ab. Geben Sie die Verteilungstabelle für die Anzahl der Treffer bei dieser Schußserie an.

15.3.70 In einer Urne sind 6 weiße und 4 schwarze Kugeln. Ermitteln Sie die mittlere Anzahl der weißen und die mittlere Anzahl der schwarzen Kugeln, die bei 1000 Ziehungen mit Zurücklegung erhalten werden.

15.3.71 Beweisen Sie folgenden Sachverhalt: Die Wahrscheinlichkeitsfunktion (15.108) der Binomialverteilung genügt der Rekursionsvorschrift

$$p_0 = (1 - p)^n \qquad p_{k+1} = \frac{n-k}{k+1} \cdot \frac{p}{1-p} p_k \quad (k = 0, 1, \ldots, n-1).$$

15.3.72 Geben Sie die erzeugende Funktion der Summe zweier unabhängiger binomial verteilter Zufallsgrößen X_1 und X_2 mit den Parametern n_1, p_1 und n_2, p_2 an.

15.3.73 Kann die Summe zweier unabhängiger binomial verteilter Zufallsgrößen einer Binomialverteilung unterliegen?

15.3.74 Bestimmen Sie für die Binomialverteilungen mit den Parametern

a) $n = 4,\ p = \frac{1}{2}$

b) $n = 6,\ p = \frac{1}{3}$

c) $n = 7,\ p = \frac{3}{4}$

den Erwartungswert, das Streuungsmaß, den wahrscheinlichsten Wert bzw. die wahrscheinlichsten Werte und die Schiefe. Welche Verteilung ist symmetrisch bzw. schief?

15.3.75 Beweisen Sie den folgenden Sachverhalt: Ist der Erwartungswert $E(X)$ einer Binomialverteilung ganzzahlig, dann stimmt er mit dem wahrscheinlichsten Wert der Verteilung überein.

15.3.76 Zeigen Sie, daß der Erwartungswert einer Binomialverteilung größer ist als deren Streuung.

15.3.77 Drücken Sie die Parameter n und p einer Binomialverteilung durch deren Erwartungswert und Streuung aus.

15.3.78 Berechnen Sie die Wahrscheinlichkeiten p_0, p_1 und p_2 der negativen Binomialverteilung mit $v = 2$ und $p = 0{,}5$.

15.3.79 Zeigen Sie, daß der Erwartungswert einer negativen Binomialverteilung kleiner ist als deren Streuung.

15.3.80 Stellen Sie die Parameter v und p einer negativen Binomialverteilung als Funktionen von deren Erwartungswert und Streuung dar.

15.3.81 Gegeben ist eine diskrete Zufallsgröße X mit den Parametern $E(X) = 3{,}5$ und $\sigma(X) = 2{,}1$. Kann diese Zufallsvariable einer gewöhnlichen bzw. einer negativen Binomialverteilung genügen?

15.3.82 Weisen Sie die Rekursionsformel

$$p_0 = \frac{\binom{N(1-p)}{n}}{\binom{N}{n}} \qquad p_{k+1} = \frac{(Np-k)(n-k)}{(N(1-p)-n+k+1)(k+1)} k_k \quad (k \geqq 0)$$

für die Wahrscheinlichkeitsfunktion (15.132) der hypergeometrischen Verteilung nach.

15.3.83 Gegeben sind eine Binomialverteilung und eine hypergeometrische Verteilung mit den Parametern n und p. Welche Verteilung besitzt

a) einen größeren Erwartungswert,

b) eine größere Streuung?

15.3.84 Zeigen Sie, daß der Erwartungswert einer hypergeometrischen Verteilung größer ist als deren Streuung.

15.3.85 Ermitteln Sie den Erwartungswert und die Streuung der im Beispiel 15.68 behandelten Zufallsgröße.

15.3.86 Bestimmen Sie die Verteilungstabelle der hypergeometrisch verteilten Zufallsgröße mit den Parametern $N = 100$, $n = 5$ und $p = 0,05$.

15.3.87 Geben Sie die Verteilungstabelle der geometrischen Verteilung mit dem Parameter $p = 0,8$ an und berechnen Sie deren Erwartungswert und Streuung.

15.3.88 Weisen Sie nach, daß der Erwartungswert einer geometrischen Verteilung stets kleiner ist als deren Streuung.

15.3.89 Beweisen Sie den Satz 15.66.

15.3.90 Stellen Sie die erzeugende Funktion einer Summe zweier unabhängiger geometrisch verteilter Zufallsgrößen X_1 und X_2 mit dem Parameter p_1 bzw. p_2 auf.

15.3.91 Zeigen Sie, daß die Summe zweier unabhängiger geometrisch verteilter Zufallsvariablen nicht geometrisch verteilt sein kann.

15.3.92 Drücken Sie die Streuung einer geometrisch verteilten Zufallsgröße durch deren Erwartungswert aus.

15.3.93 Wieviel Schüsse muß der im Beispiel 15.68 charakterisierte Schütze abfeuern, damit er mit einer Wahrscheinlichkeit von höchstens 0,01% niemals das Ziel trifft?

15.3.94 Geben Sie eine Rekursionsformel für die Wahrscheinlichkeitsfunktion (15.127) der Poisson-Verteilung an.

15.3.95 Beweisen Sie den Satz 15.70.

15.3.96 Die Anzahl X der Transportaufträge, die bei dem Dispatcher für den innerbetrieblichen Transport eines Betriebes täglich eintreffen, wurden untersucht. Eine Stichprobe von Beobachtungswerten lieferte Schätzwerte für den Erwartungswert $E(X)$ und die Varianz $\sigma^2(X)$. Im einzelnen ergab sich $E(X) \approx 35,2$; $\sigma^2(X) \approx 34,9$. Welche Hypothese über den Verteilungscharakter der Zufallsgröße X ist naheliegend?

15.3.97 Ermitteln Sie die wahrscheinlichsten Werte und die betreffenden Wahrscheinlichkeiten der Poisson-Verteilung mit dem Parameter

a) $a = 0{,}8$,
b) $a = 3{,}5$,
c) $a = 10{,}0$.

15.3.98 Beweisen Sie den Satz 15.73.

15.3.99 Beweisen Sie den Satz 15.74.

15.3.100 Die Anzahl der täglichen Verkehrsunfälle in einer Großstadt ist poissonverteilt mit dem Parameter $a = 4$. Mit welcher Wahrscheinlichkeit beläuft sich die Anzahl der täglichen Unfälle auf

a) wenigstens 3,
b) höchstens 4?

15.3.101 Gegeben ist eine Poisson-Verteilung mit dem Parameter a. Geben Sie eine untere Grenze für die Wahrscheinlichkeit dafür an, daß die betreffende Zufallsgröße unterhalb der Schranke $s = 4a$ bleibt.

15.3.102 In einer Urne befinden sich 20 Kugeln, davon sind 5 weiß, 4 schwarz, 3 rot und 8 gelb. Mit X_1, X_2, X_3 bzw. X_4 wird die Anzahl der gezogenen weißen, schwarzen, roten bzw. gelben Kugeln bei 8 Ziehungen ohne Zurücklegung bezeichnet. Geben Sie das Verteilungsgesetz der Zufallsgröße $X = (X_1, X_2, X_3, X_4)$ an. Mit welcher Wahrscheinlichkeit sind 6 der gezogenen Kugeln und die übrigen 2 gelb?

15.4.103 Beweisen Sie den Satz 15.81.

15.4.104 Bestimmen Sie die zur Dichtefunktion

$$p(x) = \begin{cases} 0 & \text{für } x < 0 \\ \dfrac{x}{2} & \text{für } 0 \leqq x \leqq 2 \\ 0 & \text{für } x > 2 \end{cases}$$

gehörige Verteilungsfunktion $F(x)$.

15.4.105 Beweisen Sie den Satz 15.82.

15.4.106 Ermitteln Sie die zur Verteilungsfunktion

$$F(x) = \begin{cases} 0 & \text{für } x < 0 \\ 1 - \mathrm{e}^{-ax} & \text{für } x \geqq 0 \end{cases}$$

(mit $a > 0$) gehörige Dichtefunktion.

15.4.107 Es werden die Gegebenheiten des Beispiels 15.86 mit den Parametern $\lambda = 2$ und $\mu = 3$ betrachtet. Berechnen Sie die Wahrscheinlichkeiten dafür, daß

a) eine Forderung warten muß,
b) eine Forderung höchstens 10 Minuten warten muß,
c) eine Forderung wenigstens 5 Minuten, aber höchstens 15 Minuten warten muß.

15.4.108 Gibt es wahrscheinlichste Werte einer stetigen Zufallsgröße X mit stetiger Dichtefunktion im Sinne der Definition 15.36?

15.4.109 Beweisen Sie den Satz 15.83 für den Fall $a > 0$.

15.4.110 Gegeben ist die Zufallsgröße X des Beispiels 15.84 (Dreiecksverteilung). Bestimmen Sie die Dichtefunktion der Zufallsvariablen $-X$.

15.4.111 Berechnen Sie den Erwartungswert und die Streuung der in Aufgabe 15.4.106 gegebenen stetigen Verteilung.

15.4.112 Ermitteln Sie die Parameter $E(X)$ und $\sigma^2(X)$ der durch die Dichtefunktion

$$p(x) = \begin{cases} \frac{1}{2}\,\mathrm{e}^{x} & \text{für } x \leqq 0 \\ \frac{1}{2}\,\mathrm{e}^{-x} & \text{für } x \geqq 0 \end{cases}$$

definierten stetigen Zufallsgröße.

15.4.113 Bestimmen Sie den Erwartungswert und die Streuung der in Aufgabe 15.4.104 behandelten stetigen Verteilung.

15.4.114 Überlegen Sie sich die Formel für das gewöhnliche Moment $M_n(X)$ einer stetigen Zufallsgröße X mit der Dichtefunktion $p(x)$.

15.4.115 Berechnen Sie die Schiefe $S(x)$ der in Aufgabe 15.4.112 eingeführten stetigen Verteilung.

15.4.116 Geben Sie den Wert des Parameters c der standardisierten Dreiecksverteilung an.

13.4.117 Welchen Wert muß die Konstante c annehmen, damit die Funktion

$$p(x_1\ \ x_2) = \begin{cases} c & \text{für } x_1^2 + x_2^2 \leqq 1 \\ 0 & \text{für } x_1^2 + x_2^2 > 1 \end{cases}$$

die Dichtefunktion einer stetigen Zufallsgröße $(X_1\ \ X_2)$ ist?

15.5.118 Weisen Sie die Symmetrie der Gleichverteilung nach.

15.5.119 Geben Sie die Dichtefunktion und die Verteilungsfunktion der Rechteckverteilung mit den Parametern $a = 0$ und $b = 1$ an.

15.5.120 Für welche Werte der Parameter a und b ist die gleichmäßig verteilte Zufallsgröße normiert?

15.5.121 Stellen Sie die Parameter a und b der Gleichverteilung als Funktionen des Erwartungswertes $E(X)$ und des Streuungsmaßes $\sigma(X)$ der betreffenden Zufallsgröße dar.

15.5.122 Transformieren Sie die Zufallszahl $z = 0{,}437$ in eine Realisierung der Zufallsgröße X, die der Dreiecksverteilung (vgl. Beispiel 15.84) mit dem Parameter $c = 1$ genügt.

15.5.123 Welcher Realisierung der gleichverteilten Zufallsgröße X mit den Parametern $a = 10$ und $b = 20$ entspricht die Zufallszahl $z = 0{,}518$?

15.5.124 Ermitteln Sie die zur Zufallszahl $z = 0{,}031$ gehörige Realisierung der poisson-verteilten Zufallsgröße X mit dem Parameter $a = 6$.

15.5.125 Transformieren Sie die Zufallszahl $z = 0{,}892$ in eine Realisierung der geometrisch verteilten Zufallsgröße mit dem Parameter $p = 0{,}5$.

15.5.126 Die Abfertigungszeit X der Schiffe einer Linie eines Seehafens wurde untersucht. Eine Stichprobe von Beobachtungswerten lieferte Schätzwerte für den Erwartungswert und die Varianz dieser Zufallsgröße. Im einzelnen ergaben sich die Werte $E(X) = 3{,}2$ und $\sigma^2(X) = 9{,}6$. Welche Hypothese über das Verteilungsgesetz der Abfertigungszeit ist naheliegend?

15.5.127 Mit welcher Wahrscheinlichkeit fällt eine exponentiell verteilte Zufallsgröße kleiner als ihr Erwartungswert aus?

15.5.128 Geben Sie die standardisierte Exponentialverteilung an.

15.5.129 Gegeben ist die Zufallszahl $z = 0{,}73$. Ermitteln Sie die zu z gehörige Realisierung (Nachbildung) der exponentiell verteilten Zufallsgröße mit dem Parameter $a = 2{,}5$.

15.5.130 Gegeben sind zwei unabhängige exponentiell verteilte Zufallsgrößen X_1 und X_2 mit den Parametern a_1 und a_2 $(a_1 \neq a_2)$. Zeigen Sie, daß die Summe $X = X_1 + X_2$ die Dichtefunktion (15.167) besitzt.

15.5.131 Geben Sie den Erwartungswert und das Streuungsmaß der im Satz 15.100 definierten zusammengesetzten Exponentialverteilung an. Welcher dieser Parameter ist größer?

15.5.132 Weisen Sie nach, daß die Funktion (15.167) im Intervall $(0\ \infty)$ ein eindeutig bestimmtes Maximum besitzt.

15.5.133 Es werden die Gegebenheiten des Beispiels 15.97 betrachtet. Mit welcher Wahrscheinlichkeit dauert eine Reparatur sogar wenigstens 10 Stunden?

15.5.134 Zeigen Sie, daß die Dichtefunktion (15.167) der zusammengesetzten Exponentialverteilung für $a_1 \to a_2 = a$ in die Funktion

$$q(x) = \begin{cases} 0 & \text{für } x < 0 \\ a^2 x\, e^{-ax} & \text{für } x \geqq 0, \end{cases}$$

das heißt, in die Dichtefunktion (15.169) der Erlang-Verteilung mit $n = 2$, übergeht.

15.5.135 Es werden die Gegebenheiten des Beispiels 15.98 mit $r = 2$ (Stunden) und $n = 2$ betrachtet. Ermitteln Sie die Wahrscheinlichkeit dafür, daß die Reparatur von zwei Aggregaten höchstens 3 Stunden dauert?

15.5.136 Stellen Sie die Parameter n und a der Erlang-Verteilung als Funktionen ihres Erwartungswertes $E(X)$ und ihrer Varianz $\sigma^2(X)$ dar.

15.5.137 Berechnen Sie die Maximalstelle x^* der Dichtefunktion (15.169) der Erlang-Verteilung.

15.5.138 Zeigen Sie, daß die Dichtefunktion (15.172) der Normalverteilung symmetrisch mit dem Symmetriezentrum $z = t$ ist, ihren maximalen Wert $p(x^*) = \frac{s}{\sqrt{\pi}}$ an der Stelle $x^* = t$ aufweist und an den Stellen $t \pm \frac{1}{s\sqrt{2}}$ Wendepunkte mit der Ordinate $\frac{s}{\sqrt{e^{\pi}}} \approx 0{,}6p(x^*)$ besitzt.

15.5.139 Beweisen Sie die Formel (15.181).

15.5.140 Zeigen Sie die Gültigkeit der Beziehung (15.182).

15.5.141 Gegeben ist die Verteilung $N(15; 4)$. Berechnen Sie die Intervallwahrscheinlichkeit $P(14{,}2 \leqq X \leqq 15{,}6)$ und geben Sie das 2σ-Intervall dieser Verteilung an.

15.5.142 Beweisen Sie den Satz 15.111.

15.5.143 Eine Zufallsgröße X_1 ist nach $N\left(5; \frac{1}{2}\right)$ verteilt. Welcher Verteilung genügt die Zufallsgröße $X_2 = -3X_1 + 1$? Wie lauten ihre Parameter μ_2 und σ_2?

15.5.144 Beweisen Sie den Satz 15.112.

15.5.145 Ermitteln Sie die zur Zufallszahl $z = 0{,}33$ gehörige Realisierung der nach $N(50; 4)$ verteilten Zufallsgröße.

15.5.146 Gegeben sind eine nach $N(5; 1)$ verteilte Zufallsgröße X_1 und eine exponentiell verteilte Zufallsvariable X_2 mit dem Parameter $a = 2$. Beide Zufallsvariable sind unabhängig. Welche Dichtefunktion besitzt die Summe $X = X_1 + X_2$?

15.5.147 Eine Münze wird 100mal geworfen. Mit welcher Wahrscheinlichkeit wird dabei mehr als 42mal und weniger als 58mal Wappen erhalten?

15.5.148 Einer großen Gesamtheit von gefertigten Drehteilen wurden 100 Elemente entnommen, deren Durchmesser einen Mittelwert von 15,0 mm aufwies. Die Standardabweichung des Durchmesser der produzierten Teile wird auf 0,7 mm geschätzt. Mit welcher Wahrscheinlichkeit liegt der unbekannte Durchmesser der hergestellten Drehteile in dem Intervall (14,95 mm 15,05 mm), das den Abnahmebedingungen für die Teile bei der Qualitätskontrolle entspricht?

15.5.149 Die Reparaturzeit für ein gewisses Aggregat ist exponentiell verteilt. Die mittlere Reparaturzeit beträgt 3 Stunden. Berechnen Sie die Wahrscheinlichkeit dafür, daß die Reparatur von 50 solchen Aggregaten weniger als 145 Stunden dauert?

15.5.150 Weisen Sie den folgenden Sachverhalt nach: Sind die Zufallsgrößen des Satzes 15.114 nach $N(\mu; \sigma^2)$ verteilt, dann entfällt in der Behauptung dieses Satzes der Zusatz, asymptotisch in n'.

15.5.151 Die Berechnung eines Netzplanes mit mehr als 30 kritischen Aktivitäten ergab für die Gesamtdauer X des Projekts einen Mittelwert von 122 Tagen und eine Standardabweichung von 5 Tagen. Mit welcher Wahrscheinlichkeit wird das Gesamtprojekt erst nach 110 Tagen abgeschlossen sein?

15.5.152 Stellen Sie die Größen μ und σ der logarithmischen Normalverteilung durch ihre Parameter $E(X)$ und $\sigma(X)$ dar.

15.5.153 Gegeben ist eine logarithmisch-normalverteilte Zufallsgröße X. Welcher Verteilung genügt die Zufallsgröße $Y = e^x$?

15.5.154 Für welche Werte des Parameters σ gilt die Ungleichung $\sigma(X) > E(X)$ bei einer logarithmischen Normalverteilung?

15.5.155 Betrachtet werden die Gegebenheiten des Beispiels 15.114. Berechnen Sie die Wahrscheinlichkeit q dafür, daß der Schütze in den Zielbereich

$[X_1 \leqq 9{,}4; \quad X_2 \leqq 9]$

trifft?

15.5.156 Betrachtet wird die Zufallsgröße $(X_1 \; X_2)$ des Beispiels 15.114. Was besagt die 3-Sigma-Regel bezüglich des Verhaltens dieser Zufallsgröße?

Lösungen zu den Aufgaben

1. Einführung in die Logik

1.2.1 Da die Aussagen $A \Rightarrow B$, $A \Rightarrow C$, $A \Leftrightarrow C$, $C \Rightarrow A$, $C \Rightarrow B$, $C \Leftrightarrow A$ wahr sind, ergibt sich

	ist notwendig für	ist hinreichend für	ist notwendig und hinreichend für
A	C	B, C	C
B	A, C	—	—
C	A	A, B	A

1.2.2 a)

A	B	$(A \Rightarrow B) \Leftrightarrow (\sim B \Rightarrow \sim A)$
W	W	W
W	F	W
F	W	W
F	F	W

b)

A	B	$(\sim A \wedge B) \Rightarrow (A \vee \sim B)$
W	W	W
W	F	W
F	W	F
F	F	W

c)

A	B	C	$((A \Rightarrow B) \wedge (B \Rightarrow C)) \Rightarrow (A \Rightarrow C)$
W	W	W	W
W	W	F	W
W	F	W	W
W	F	F	W
F	W	W	W
F	W	F	W
F	F	W	W
F	F	F	W

1.3.3 Es gilt

$$H \wedge T \text{ äq } H, \quad H \wedge K \text{ äq } K$$
$$H \vee T \text{ äq } T, \quad H \vee K \text{ äq } H.$$

1.3.4 Das Aufstellen der entsprechenden Wahrheitswerttabellen führt sofort zum Ziel. Beim Nachweis, daß eine Implikation eine Identität ist, kann man auch leicht indirekt vorgehen. Wir zeigen das an (1.17). Wir nehmen an, (1.17) ist keine Identität. Dann muß einerseits H_2 falsch sein. Andererseits muß H_1 und $H_1 \Rightarrow H_2$ wahr sein, was nur möglich ist, wenn H_2 wahr ist. Also folgt aus unserer Annahme, daß H_2 falsch und wahr ist, was einen Widerspruch darstellt.

1.5.5 Als Grundbereich wählen wir die natürlichen Zahlen und für $H_1(x)$ „x ist gerade" und für $H_2(x)$ „x ist ungerade". Dann ist in beiden Implikationen jeweils die Prämisse wahr und die Konklusio falsch. Also sind für diese Aussageformen die Implikationen falsch, so daß eine derartige Formulierung allgemein nicht gültig ist. Zur Verdeutlichung geben wir noch ein außermathematisches Beispiel an. Als Grundbereich denken wir uns die Angehörigen eines Betriebes, von denen an einem Tag ein Teil pünktlich und ein Teil unpünktlich die Arbeit beginnt, für $H_1(x)$ die Formulierung „x ist pünktlich" und für $H_2(x)$ die Formulierung „x ist unpünktlich" gesetzt. Dann sind die Prämissen beider Implikationen wahr, die Konklusionen dagegen falsch und somit beide Implikationen falsch.

2. Grundbegriffe der Mengenlehre

2.2.1 a) $M = \{1 \;\; 4\}$

b) Wird die Menge $I = \{0 \;\; 1 \;\; 2 \cdots 15 \;\; 16\}$ als Grundbereich verwendet, so gilt $M = \{x\colon \exists n\,(n \in N \wedge x = n^2)\}$.

Wir bemerken, daß man hier (und in analogen Fällen) auch abkürzend $\{n^2\colon n \in N \wedge 0 \leqq n \leqq 4\}$ schreibt.

2.2.2 $M_1 \subseteqq M_2$, $M_3 \subseteqq M_2$

2.2.3 In der Abbildung 2.4 sind Punktmengen M_1, M_2 angegeben, für die $M_1 \nsubseteqq M_2$, aber auch $M_2 \not\subset M_1$ gilt. Daher ist $A \nsubseteqq B \Rightarrow B \subset A$ nicht allgemeingültig.

2.3.4 Es seien M_1, M_2 konvexe Punktmengen. Die Menge $M_1 \cap M_2$ ist trivialerweise konvex, wenn $M_1 \cap M_2 = \emptyset$ oder $M_1 \cap M_2 = \{P_1\}$ gilt.
$M_1 \cap M_2$ enthalte nun die Punkte $P_1, P_2 \neq P_1$. Es gilt also $P_1, P_2 \in M_1$ und $P_1, P_2 \in M_2$. Da M_1, M_2 konvexe Mengen sind, liegen die Punkte der Verbindungsstrecke von P_1, P_2 in M_1 und in M_2, also in $M_1 \cap M_2$.

2.3.5 a) Offensichtlich gilt $(M_1 = \emptyset \wedge M_2 = \emptyset) \Rightarrow M_1 \cup M_2 = \emptyset$. Sei $M_1 \cup M_2 = \emptyset$. Für beliebige x gilt dann $x \notin M_1 \cup M_2$, das heißt $\sim (x \in M_1 \vee x \in M_2)$, also $x \notin M_1 \wedge x \notin M_2$. Daraus folgt $M_1 = \emptyset$ und $M_2 = \emptyset$.

b) Sei $M_1 = \emptyset \vee M_2 = \emptyset$ erfüllt. Gäbe es ein Element $x \in M_1 \cap M_2$, so wäre $x \in M_1$ und $x \in M_2$ im Widerspruch zu $M_1 = \emptyset$ oder $M_2 = \emptyset$.

2.3.6 Es gilt zum Beispiel

$(\emptyset \setminus \{1\}) \cup \{1\} = \{1\} \neq \emptyset,$
$(\{0\ 1\} \cup \{0\}) \setminus \{0\} = \{1\} \neq \{0\ 1\}.$

2.3.7 a) $\overline{\emptyset} = \{x \in M: x \notin \emptyset\} = M$
$\overline{M} = \{x \in M: x \notin M\} = \emptyset$

b) $A \setminus B = \{x \in M: x \in A \wedge x \notin B\} = \{x \in M: x \in A \wedge x \in \overline{B}\} = A \cap \overline{B}$

$\overline{A \setminus B} = \overline{A \cap \overline{B}} = \overline{A} \cup B.$

2.4.8 Wenn $a < b$ gilt, kann wegen der Irreflexivität nicht $a = b$ eintreten. Ebenso ist $b < a$ unmöglich, da wegen der Transitivität $a < a$ folgen würde.
Den Fall $b < a$ kann man durch Bezeichnungsänderung sofort auf den eben betrachteten Fall zurückführen.
Wenn $a = b$ gilt, tritt wegen der Irreflexivität weder $a < b$ noch $b < a$ ein.
Daß stets wenigstens einer der drei Fälle eintritt, sichert die Konnexität.

2.4.9 $\tilde{K}_1 = \{\{0\}\ \{1\}\ \{2\}\}$, $\tilde{K}_2 = \{\{0\}\ \{1\ 2\}\}$, $\tilde{K}_3 = \{\{1\}\ \{0\ 2\}\}$,
$\tilde{K}_4 = \{\{2\}\ \{0\ 1\}\}$, $\tilde{K}_5 = \{\{0\ 1\ 2\}\}$.

2.5.10 Die Funktion f_1 ist nicht eineindeutig, denn das Element $y = 1$ hat die Originale $x_1 = 1$ und $x_2 = -1$.
Die Funktion f_2 ist eineindeutig, denn aus $\frac{1}{2}x_1 - 5 = \frac{1}{2}x_2 - 5$ $(x_1, x_2 \in Z)$ folgt $x_1 = x_2$. Die dazugehörige Umkehrfunktion ist $f_2^{-1} = \{(x\ y): x \in Z \wedge y = 2x + 10\}$.

3. Zahlenbereiche

3.1.1 Für $m, n \neq 0$, also $m > 0$ und $n > 0$ ergibt sich wegen (3.10) $m \cdot n > 0 \cdot n = 0$, also $m \cdot n \neq 0$.

3.1.2 Da die Zahl 0 nicht als Nachfolger einer natürlichen Zahl auftritt, ergibt sich der Induktionsanfang $0 \neq 0'$. Induktionsschritt: Sei k eine natürliche Zahl mit $k \neq k'$. Dann gilt $k' \neq (k')'$ wegen der Eineindeutigkeit der Nachfolgerfunktion, also $k + 1 \neq (k + 1)'$.

3.1.3 Nach Voraussetzung ist $m, n \in N, n \geqq 1$.
Für $n = 1$ gilt $m = 1 \cdot m$. Sei k eine natürliche Zahl mit $m + m + \ldots + m = k\,m$, falls k Summanden auftreten. Für eine Summe mit $k + 1$ Summanden gilt dann $m + m + \ldots + m + m = (m + m + \ldots + m) + m = k\,m + m = (k + 1)\,m$.

3.4.4 Es gilt $\min L = -2$, $\sup L = 3$, $\inf L = -2$, L besitzt kein Maximum.

3.4.5 Um die Aussageform $|x| + |y| \leqq 1$ ohne Betragsstriche schreiben zu können, ist folgende Fallunterscheidung notwendig.

1. Fall: $x \geqq 0, y \geqq 0$.
Dann ist $|x| + |y| \leqq 1$ mit $x + y \leqq 1$, also mit $y \leqq -x + 1$ äquivalent.

2. Fall: $x \geqq 0, y < 0$.
Dann ist $|x| + |y| \leqq 1$ mit $x - y \leqq 1$, also mit $-y \leqq -x + 1$ bzw. $y \geqq x - 1$ äquivalent.

3. Fall: $x < 0, y \geqq 0$.
Unter dieser Voraussetzung ergibt sich $-x + y \leqq 1$ bzw. $y \leqq x + 1$ als äquivalente Aussageform.

4. Fall: $x < 0, y < 0$.
Hier führen die äquivalenten Umformungen zu $-x - y \leqq 1$ bzw. $-y \leqq x + 1$ bzw. $y \geqq -x - 1$.

In Abbildung 3.9 ist die zu charakterisierende Punktmenge veranschaulicht.

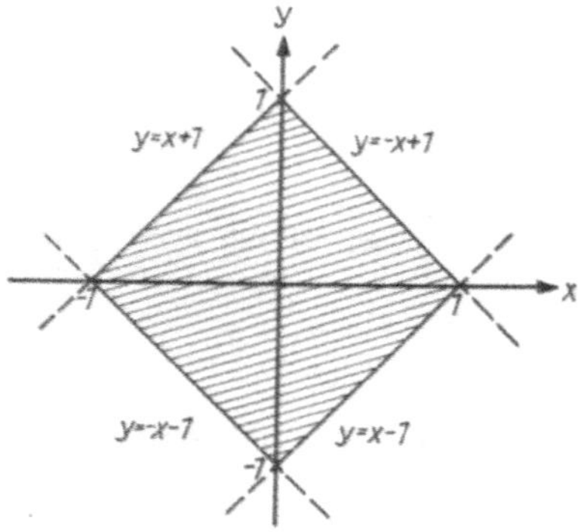

3.4.6 Der dyadische Bruch stellt die rationale Zahl

$2^3 + 2^2 + 2^0 + 2^{-3} + 2^{-4} = 13 + \frac{3}{16}$ dar. Als Dezimalbruch ergibt sich 13,1875.

3.4.7 31,75 = LLLLL,LL

3.5.8 Es ist $\frac{1+i}{1-i} = \frac{(1+i)(1+i)}{(1-i)(1+i)} = \frac{1+2i-1}{2} = i$. Demzufolge ist

$$\frac{1+i}{1-i} = i = 1 \cdot \left(\cos\frac{\pi}{2} + i\sin\frac{\pi}{2}\right).$$

3.5.9 Wegen $\cos\pi + i\sin\pi = -1$ ergibt sich analog zu Beispiel 3.26

$$z_k = \cos\left(\frac{\pi}{6} + k\frac{\pi}{3}\right) + i\sin\left(\frac{\pi}{6} + k\frac{\pi}{3}\right), \quad k = 0, 1, 2, 3, 4, 5.$$

Lösungen sind die Zahlen

$$\frac{1}{2}\sqrt{3} + \frac{i}{2},\ i,\ -\frac{1}{2}\sqrt{3} + \frac{i}{2},\ -\frac{1}{2}\sqrt{3} - \frac{i}{2},\ -i,\ \frac{1}{2}\sqrt{3} - \frac{i}{2}.$$

4. Kombinatorik

4.1.1 a) (4.6)

$$\sum_{i=1}^{m} a_i + \sum_{i=k}^{n} a_i = (a_1 + a_2 + \cdots + a_k + \cdots + a_m)$$
$$+ (a_k + a_{k+1} + \cdots + a_m + \cdots + a_n)$$
$$= (a_1 + a_2 + \cdots + a_k + \cdots + a_m + \cdots + a_n) + (a_k + a_{k+1} + \cdots + a_m)$$
$$= \sum_{i=1}^{n} a_i + \sum_{i=k}^{m} a_i$$

(4.7)

$$\sum_{i=1}^{m} a_i + \sum_{i=k}^{n} a_i = (a_1 + a_2 + \cdots + a_m) + (a_k + a_{k+1} + \cdots + a_n)$$
$$= [a_1 + a_2 + \cdots + a_m + (a_{m+1} + a_{m+2} + \cdots + a_{k-1}) + a_k + a_{k+1} + \cdots + a_n]$$
$$- (a_{m+1} + a_{m+2} + \cdots + a_{k-1}) = \sum_{i=1}^{n} a_i - \sum_{i=m+1}^{k-1} a_i$$

b) $$\sum_{i=m}^{n} c = \sum_{i=1}^{n} c - \sum_{i=1}^{m-1} c = \underbrace{(c + c + \cdots + c)}_{n \text{ Summanden}} - \underbrace{(c + c + \cdots + c)}_{(m-1) \text{ Summanden}}$$
$$= \underbrace{c + c + \cdots + c}_{[n-(m-1)] \text{ Summanden}} = (n - m + 1)\,c$$

c) $$\sum_{i=m}^{n} a_i = a_m + a_{m+1} + \cdots + a_n$$
$$\sum_{k=c}^{n+c-m} a_{k-c+m} = a_{c-c+m} + a_{c+1-c+m} + \cdots + a_{n+c-m-c+m} = a_m + a_{m+1} + \cdots + a_n$$

4.1.2 a) $\sum_{x=2}^{9} 2x$

b) $\sum_{x=1}^{17} \frac{2x-1}{2x}$

c) $\sum_{x=3}^{10} \frac{1}{x^3}$

d) $\sum_{x=1}^{5} (-1)^{x+1} \frac{x}{(2x-1)^2}$

4.1.3 $\bar{x} = 5{,}7$

4.1.4 $s = 1{,}1926$

4.1.5 a) 171

b) $28 \cdot 30 = 840$

c) 58

4.1.6 111

..1.7 0,848 oder 84,8%

4.1.8 $n = 7$

$$\sum_{i=1}^{7} x_i = 0$$

$$\sum_{i=1}^{7} x_i^2 = 28$$

$$\sum_{i=1}^{7} s_i x_i = 720$$

$$\sum_{i=1}^{7} s_i = 4350$$

$$/a_0 = 4350 \qquad 28a_1 = 720$$

$$a_0 = 621\frac{3}{7} \qquad a_1 = 25\frac{5}{7}$$

$$y = 621\frac{3}{7} + 25\frac{5}{7}x$$

4.2.9 a) $\prod_{i=1}^{n} (a_i \cdot b_i) = (a_1 \cdot b_1) \cdot (a_2 \cdot b_2) \cdot \ldots \cdot (a_n \cdot b_n)$

$= (a_1 \cdot a_2 \cdot \ldots \cdot a_n) \cdot (b_1 \cdot b_2 \cdot \ldots \cdot b_n) = \prod_{i=1}^{n} a_i \cdot \prod_{i=1} b_i$

b) $\prod_{i=1}^{n} (c \cdot a_i) = (c \cdot a_1) \cdot (c \cdot a_2) \cdot \ldots \cdot (c \cdot a_n) = (c \cdot c \cdot \ldots \cdot c) \cdot (a_1 \cdot a_2 \cdot \ldots \cdot a_n)$

$= c^n \cdot \prod_{i=1}^{n} a_i$

c) $\prod_{i=1}^{m} a_i \cdot \prod_{i=m+1}^{n} a_i = (a_1 \cdot a_2 \cdot \ldots \cdot a_m) \cdot (a_{m+1} \cdot a_{m+2} \cdot \ldots \cdot a_n)$

$= (a_1 \cdot a_2 \cdot \ldots \cdot a_m \cdot a_{m+1} \cdot \ldots \cdot a_n) = \prod_{i=1}^{n} a_i$

d) (4.18)

$\prod_{i=1}^{m} a_i \cdot \prod_{i=k}^{n} a_i = (a_1 \cdot a_2 \cdot \ldots \cdot a_k \cdot \ldots \cdot a_m)(a_k \cdot a_{k+1} \cdot \ldots \cdot a_m \cdot \ldots \cdot a_n)$

$= (a_1 \cdot a_2 \cdot \ldots \cdot a_k \cdot \ldots \cdot a_m \cdot \ldots \cdot a_n) \cdot (a_k \cdot a_{k+1} \cdot \ldots \cdot a_m) = \prod_{i=1}^{n} a_i \cdot \prod_{i=k}^{m} a_i$

(4.19)

$\prod_{i=1}^{m} a_i \cdot \prod_{i=k}^{n} a_i = (a_1 \cdot a_2 \cdot \ldots \cdot a_m) \cdot (a_k \cdot a_{k+1} \cdot \ldots \cdot a_n)$

$= [a_1 \cdot a_2 \cdot \ldots \cdot a_m \cdot (a_{m+1} \cdot a_{m+2} \cdot \ldots \cdot a_{k-1}) \cdot (a_k \cdot a_{k+1} \cdot \ldots \cdot a_n)]$

$: (a_{m+1} \cdot a_{m+2} \cdot \ldots \cdot a_{k-1}) = \prod_{i=1}^{n} a_i : \prod_{i=m+1}^{k-1} a_i$

e) $\prod_{i=m}^{n} c = \prod_{i=1}^{n} c : \prod_{i=1}^{m-1} c = \underbrace{(c \cdot c \cdot \ldots \cdot c)}_{n\ \text{Faktoren}} : \underbrace{(c \cdot c \cdot \ldots \cdot c)}_{(m-1)\ \text{Faktoren}} = \frac{c^n}{c^{m-1}} = c^{n-(m-1)} = c^{n-m+1}$

4.2.10 3,3145

4.2.11 a) 0
b) 12320
c) 20

4.2.12 a) 3300
b) 390
c) 37800

4.3.13 62

4.3.14 $7! = 5040$

4.3.15 $Vw_4^{(3)} = 64$

4.3.16 a) $8! = 40320$
b) $P_8^{(4;2;2)} = 420$

4.3.17 $\binom{32}{10} = 64512240$

4.3.18 $Vw_4^{(3)} = 64$

4.3.19 a) $\binom{n-m}{k} = \binom{5}{6} = 0$

b) $\binom{n-m}{k-m} = \binom{5}{2} = 10$

c) $\binom{n}{k} - \binom{n-m}{k} = 84$

4.3.20 10^{80}

4.3.21 $Cw_5^{(2)} = \binom{6}{2} = 15$

4.3.22 425361

4.3.23 $\binom{5}{3}\binom{90-5}{2} = 35700$

4.3.24 a) 91 Farben
b) 10 Farben, denn $Vw_{10}^{(2)} = 100$; $(Vw_9^{(2)} = 81)$
c) 5 Farben, denn $Vw_5^{(3)} = 125$; $(Vw_4^{(3)} = 64)$
d) 4 Farben, denn $Vw_4^{(4)} = 256$; $(Vw_3^{(4)} = 81)$
e) 8 Ingenieure: 8 Farben
28 Meister: $C_8^{(2)} = 28$
55 Facharbeiter: $C_8^{(3)} = 56$,
8 Farben reichen also insgesamt aus, wenn für die Ingenieure einfarbige, die Meister zweifarbige und die Facharbeiter dreifarbige Symbole verwendet werden.

4.3.25 a) $\binom{5}{1} = 5$

b) $\binom{5}{4} = 5$

c) $\binom{8}{4} - \binom{5}{4} = 65$

4.8.26 a) 2^n, folgt aus (4.37a) für $a = b = 1$

b) $\binom{2n}{n}$, folgt aus (4.36) für $a = b = n$ und Anwendung der Symmetrieeigenschaft

c) $\binom{n+1}{3}$

4.8.27 a) 4. Glied: $-\binom{30}{3}a^3$; 10. Glied: $-\binom{30}{9}a^9$

b) $\binom{20}{0} + \binom{20}{1}b + \binom{20}{2}b^2 + \binom{20}{3}b^3 + \binom{20}{4}b^4 + \cdots$

$1 + 20b + 190b^2 + 1140b^3 + 4845b^4 + \cdots$

4.8.28 $64x^6 - 576x^5y + 2160x^4y^2 - 4320x^3y^3 + 4860x^2y^4 - 2916xy^5 + 729y^6$

4.8.29 $a^4 + b^4 + c^4 + 4a^3b + 4a^3c + 4ab^3 + 4b^3c + 4ac^3 + 4bc^3 + 6a^2b^2 + 6a^2c^2 + 6b^2c^2 + 12a^2bc + 12ab^2c + 12abc^2$

4.8.30 $1 + \frac{1}{3}x - \frac{1\cdot 2}{3\cdot 6}x^2 + \frac{1\cdot 2\cdot 5}{3\cdot 6\cdot 9}x^3 - + \cdots + (-1)^{n-1}\cdot\frac{1\cdot 2\cdot 5\cdot 8\cdot\ldots\cdot(3n-4)}{3\cdot 6\cdot 9\cdot 12\cdot\ldots\cdot 3n}x^n + \cdots$

5. Lineare Algebra

5.2.1 a) $\begin{aligned} 2x_1 - 5x_2 &= -14 \\ 3x_1 + x_2 &= 13 \end{aligned}$ b) $\boldsymbol{x} = \begin{bmatrix} x_1 \\ x_2 \end{bmatrix}$

5.2.2 Mit $\boldsymbol{x} = \begin{bmatrix} x_1 \\ x_2 \\ x_3 \\ x_4 \end{bmatrix}$ muß gelten a) $\boldsymbol{x} > \boldsymbol{o}$ b) $\boldsymbol{x} \geqq \boldsymbol{o}$

5.2.3 $\boldsymbol{t} \leqq \boldsymbol{f}$

5.2.4 $\boldsymbol{m} \leqq \boldsymbol{x} \leqq \boldsymbol{h}$

5.3.5 a) $A > \boldsymbol{0}$ b) $A \geqq \boldsymbol{0}$

5.3.6 $A^T = \begin{bmatrix} 0 & 1 & \frac{1}{2} \\ 3 & 5 & 2 \\ 4 & 10 & -\frac{1}{3} \\ 7 & -1 & 0 \\ 2 & 3 & 0 \end{bmatrix}$

5.3.7 1. a) $\boldsymbol{A} = \begin{bmatrix} 6 & 2 & 3 & 7 \\ 1 & 15 & 2 & 3 \\ 4 & 6 & 9 & 12 \end{bmatrix}$

b) $\boldsymbol{B} = \begin{bmatrix} 6 & 1 & 4 \\ 2 & 15 & 6 \\ 3 & 2 & 9 \\ 7 & 3 & 12 \end{bmatrix}$

c) $\boldsymbol{A}$ ist die transponierte Matrix von $\boldsymbol{B}$ bzw.
$\boldsymbol{B}$ ist die transponierte Matrix von $\boldsymbol{A}$.

5.3.8 a) $\underset{(n,\,m)}{\boldsymbol{0}}$; b) $\boldsymbol{E}$; c) $\boldsymbol{D}$; d) $\boldsymbol{K}^T = [\boldsymbol{k}_1\ \boldsymbol{k}_2 \cdots \boldsymbol{k}_m]$

5.3.9 a) $[\boldsymbol{a} + \boldsymbol{b}]^T = [-4 \quad 8 \quad -4{,}5]$
b) $[\boldsymbol{a} + \boldsymbol{b}]^T = [4 \quad 5 \quad -5{,}2 \quad 10]$
c) $[\boldsymbol{a} + \boldsymbol{b}]^T = \left[[2 \quad 0 \quad -\frac{9}{4} \quad \frac{16}{5}\right]$

5.3.10
$$\left.\begin{aligned} 3x_1 + x_2 + 5x_3 &= 20 \\ 2x_1 - x_2 + 6x_3 &= 17 \\ 5x_1 + 4x_2 - x_3 &= 12 \end{aligned}\right\}$$

5.3.11
$$\left.\begin{aligned} 3x_1 + 7x_2 &\leqq 400 \\ 2x_1 + 4x_2 &\leqq 500 \\ 5x_1 + 2x_2 &\leqq 600 \end{aligned}\right\}$$

5.3.12 a) $\boldsymbol{A} + \boldsymbol{B} = \begin{bmatrix} 2 & 7 \\ 5 & 4 \end{bmatrix}$

b) $\boldsymbol{A} + \boldsymbol{B} = \begin{bmatrix} 9 & 1 & 2 & -3 \\ 11 & -3 & 0 & 6 \\ 38 & 25 & 20 & 19 \end{bmatrix}$

c) $\boldsymbol{A} + \boldsymbol{B} = \begin{bmatrix} 4 & 0 & -4 \\ 4 & 22 & 4 \end{bmatrix}$

5.3.13 a) $\boldsymbol{A} = \boldsymbol{A}_1 + \boldsymbol{A}_2 + \boldsymbol{A}_3$

b) $= \begin{bmatrix} 400 & 450 & 350 & 300 & 300 \\ 770 & 700 & 700 & 1050 & 1500 \\ 550 & 850 & 750 & 500 & 310 \end{bmatrix}$

5.3.14 a) $\boldsymbol{a}^T - \boldsymbol{b}^T = [-5 \ 2 \ 3]$; $\boldsymbol{b}^T - \boldsymbol{a}^T = [5 \ -2 \ -3]$
b) $\boldsymbol{a}^T - \boldsymbol{b}^T = \left[-\frac{5}{3} \ \frac{3}{5} \ \frac{3}{2} \ -1\right]$; $\boldsymbol{b}^T - \boldsymbol{a}^T = \left[\frac{5}{3} \ -\frac{3}{5} \ -\frac{3}{2} \ 1\right]$

c) $\boldsymbol{a} - \boldsymbol{b} = \boldsymbol{o} - \boldsymbol{b} = -\boldsymbol{b}$; $\boldsymbol{b} - \boldsymbol{a} = \boldsymbol{b} - \boldsymbol{o} = \boldsymbol{b}$
d) $\boldsymbol{a} - \boldsymbol{b} = \boldsymbol{a} - \boldsymbol{o} = \boldsymbol{a}$; $\boldsymbol{b} - \boldsymbol{a} = \boldsymbol{o} - \boldsymbol{a} = -\boldsymbol{a}$

5.3.15 a) $\boldsymbol{A} - \boldsymbol{B} = \begin{bmatrix} 17 & 9 \\ 5 & -13 \end{bmatrix}$; $\boldsymbol{B} - \boldsymbol{A} = \begin{bmatrix} -17 & -9 \\ -5 & 13 \end{bmatrix}$

b) $\boldsymbol{A} - \boldsymbol{B} = \begin{bmatrix} -19{,}4 & 15 & -27 & 64{,}5 \\ 31 & 2{,}2 & -130 & 2{,}4 \\ -16{,}1 & 7{,}5 & -10{,}2 & 1{,}5 \end{bmatrix}$

c) $\boldsymbol{B} - \boldsymbol{A} = \begin{bmatrix} 19{,}4 & -15 & 27 & -64{,}5 \\ -31 & -2{,}2 & 130 & -2{,}4 \\ 16{,}1 & -7{,}5 & 10{,}2 & -1{,}5 \end{bmatrix}$

5.3.16 a) $\boldsymbol{L}_0 + \boldsymbol{Z} = \boldsymbol{L}_1$

b) $\boldsymbol{L} = \boldsymbol{Z}_1 - \boldsymbol{L}_0 = \begin{bmatrix} 500 & 0 & 300 & 400 \\ 450 & 0 & 450 & 750 \\ 100 & 450 & 120 & 0 \\ 100 & 680 & 0 & 150 \\ 960 & 450 & 550 & 150 \end{bmatrix}$

5.3.17 a) $\alpha \boldsymbol{a}^T = [12 \;\; -4 \;\; 40]$

b) $\alpha \boldsymbol{a}^T = \left[-\frac{2}{3} \;\; 0 \;\; -\frac{1}{12} \;\; 2\right]$

c) $\alpha \mathbf{o} = \mathbf{o}$

d) $\alpha \boldsymbol{a} = \mathbf{o}$

5.3.18 $2x_1 + x_2 = 10$
$-3x_1 + 4x_2 = 20$

5.3.19 a) $\alpha A = \begin{bmatrix} 9 & 6 & 12 & 15 \\ 3 & 12 & 18 & 27 \\ -9 & 0 & 24 & 3 \end{bmatrix}$

b) $\alpha A = \begin{bmatrix} 50 & 10 & 15 & -5 & 20 \\ 1{,}5 & -1 & 2 & 4 & 3 \\ 700 & 1 & -25 & 3 & 0 \end{bmatrix}$

c) $\alpha A = \begin{bmatrix} -\frac{1}{9} & \frac{1}{10} & -\frac{3}{14} \\ -\frac{1}{8} & -\frac{1}{24} & \frac{7}{30} \\ \frac{1}{18} & -\frac{7}{66} & -\frac{1}{9} \end{bmatrix}$

d) $\alpha A = \alpha \mathbf{0} = \mathbf{0}$ e) $\alpha A = 0A = \mathbf{0}$

f) $\alpha A = \alpha \begin{bmatrix} 1 & 0 & 0 \\ 0 & 1 & 0 \\ 0 & 0 & 1 \end{bmatrix} = \begin{bmatrix} \alpha & 0 & 0 \\ 0 & \alpha & 0 \\ 0 & 0 & \alpha \end{bmatrix}$

5.3.20 a) $\boldsymbol{B} = 18A$

b) $\boldsymbol{B} = \begin{bmatrix} 54 & 108 & 144 & 36 \\ 90 & 18 & 108 & 162 \\ 54 & 72 & 180 & 36 \\ 162 & 198 & 360 & 90 \\ 0 & 54 & 108 & 36 \end{bmatrix}$

5.3.21 a) $5A + 3B \leqq L_0$
b) Bedingung nicht verletzt

5.3.22 a) $a^T b = 74$ b) $a^T b = \frac{17}{2}$
c) $a^T b = a_1 + a_2 + a_3 + a_4 + a_5$ d) $a^T b = 0$

5.3.23
$$\left.\begin{array}{l} 3x_1 + 4x_2 - 2x_3 \leqq 180 \\ 2x_1 + x_2 + 4x_3 \leqq 240 \\ 5x_1 + x_2 + 6x_3 \leqq 300 \\ 3x_1 - x_2 + x_3 \leqq 150 \end{array}\right\}$$

5.3.24 Mit $x = [x_1\ x_2\ x_3\ x_4]^T$
$x^T s \geqq 400$; $(x_1 + x_2 + x_3 + x_4 \geqq 400)$

5.3.25 $Ab = \begin{bmatrix} 13 \\ -5 \end{bmatrix}$

5.3.26 $As = \begin{bmatrix} a_{11} + a_{12} + a_{13} + a_{14} \\ a_{21} + a_{22} + a_{23} + a_{24} \\ a_{31} + a_{32} + a_{33} + a_{34} \end{bmatrix}$

5.3.27
$$\left.\begin{array}{l} 4x_1 + 3x_2 \leqq 400 \\ 3x_1 + x_2 + 4x_3 \leqq 600 \\ -2x_1 + 3x_3 \leqq 200 \\ 4x_1 - x_2 + 2x_3 \leqq 500 \end{array}\right\}$$

5.3.28 $a^T B = [4\ 34\ 45\ 132]$

5.3.29
$$\left.\begin{array}{l} 4y_1 + 3y_2 \leqq 400 \\ 3y_1 + y_2 + 4y_3 \leqq 600 \\ -2y_1 + 3y_3 \leqq 200 \\ 4y_1 - y_2 + 2y_3 \leqq 500 \end{array}\right\}$$

5.3.30 a) $A = \begin{bmatrix} 3 & 7 & 2 \\ 1 & 4 & 3 \\ 2 & 3 & 5 \\ 6 & 1 & 4 \end{bmatrix}$; $f = \begin{bmatrix} 1000 \\ 1200 \\ 1500 \\ 1900 \end{bmatrix}$; $x = \begin{bmatrix} x_1 \\ x_2 \\ x_3 \end{bmatrix}$

b) $Ax \leqq f$

c) $B = \begin{bmatrix} 3 & 1 & 2 & 6 \\ 7 & 4 & 3 & 1 \\ 2 & 3 & 5 & 4 \end{bmatrix}$ d) $x^T B \leqq f^T$ e) $A = B^T$

f) $s^T A = [12\ 15\ 14]$

5.3.31 a) $AB = \begin{bmatrix} 44 & 35 & 12 & 8 \\ 88 & 82 & 39 & 34 \end{bmatrix}$ b) $AB = \begin{bmatrix} -7 & 5 & 16 & -9 \\ 8 & 0 & -24 & 12 \\ -25 & 65 & 10 & -18 \end{bmatrix}$

5.3.32 a) $A = \begin{bmatrix} 2 & 1 & 3 & 0 \\ 4 & 2 & 0 & 3 \\ 1 & 0 & 2 & 7 \\ 4 & 1 & 3 & 2 \\ 0 & 5 & 4 & 1 \end{bmatrix}$ $\quad \boldsymbol{B} = \begin{bmatrix} 0 & 1 & 4 \\ 3 & 2 & 1 \\ 4 & 1 & 6 \\ 3 & 0 & 2 \end{bmatrix}$

b) $\boldsymbol{z} = \begin{bmatrix} 300 \\ 400 \\ 500 \end{bmatrix}$ c) $\boldsymbol{y} = \boldsymbol{B}\boldsymbol{z}$ d) $\boldsymbol{y} = \begin{bmatrix} 2400 \\ 2200 \\ 4600 \\ 1900 \end{bmatrix}$

e) $\boldsymbol{x} = \boldsymbol{A}\boldsymbol{y}$

f) $\boldsymbol{x} = \begin{bmatrix} 20800 \\ 19700 \\ 24900 \\ 29400 \\ 31300 \end{bmatrix}$ g) $\boldsymbol{C} = \boldsymbol{A}\boldsymbol{B}$ h) $\boldsymbol{C} = \begin{bmatrix} 15 & 7 & 27 \\ 15 & 8 & 24 \\ 29 & 3 & 30 \\ 21 & 9 & 39 \\ 34 & 14 & 31 \end{bmatrix}$

i) $\boldsymbol{x} = \boldsymbol{C}\boldsymbol{z}$ j) $\boldsymbol{x}$ wie in f)

5.4.33 b), d), e) sind nichtnegative Linearkombinationen,
d), e) sind konvexe Linearkombinationen.

5.4.34 $\begin{bmatrix} 1 \\ 2 \\ 1 \\ -1 \end{bmatrix} x_1 + \begin{bmatrix} 1 \\ 1 \\ 0 \\ 4 \end{bmatrix} x_2 + \begin{bmatrix} 1 \\ 3 \\ 0 \\ 3 \end{bmatrix} x_3 = \begin{bmatrix} 0 \\ -4 \\ 2 \\ -1 \end{bmatrix}$

5.4.35 Bezeichnen wir die Produktionshöhe
für Erzeugnis 1 mit x_1,
für Erzeugnis 2 mit x_2,
für Erzeugnis 3 mit x_3,
so muß ein zulässiger Produktionsplan die Bedingung

$$\begin{bmatrix} 1 \\ 3 \\ 1 \end{bmatrix} x_1 + \begin{bmatrix} 2 \\ 4 \\ 5 \end{bmatrix} x_2 + \begin{bmatrix} 1 \\ 1 \\ 2 \end{bmatrix} x_3 \leqq \begin{bmatrix} 100 \\ 150 \\ 300 \end{bmatrix}$$

erfüllen.

Wenn wir die Produktionspläne mit $\boldsymbol{x}_1$, $\boldsymbol{x}_2$, $\boldsymbol{x}_3$ bezeichnen (jeder der Vektoren muß drei Komponenten besitzen), so müssen Skalare α_1, α_2, $\alpha_3 \geqq 0$ mit $\alpha_1 + \alpha_2 + \alpha_3 = 1$ gesucht werden, mit denen die Linearkombinationen

$\alpha_1 \boldsymbol{x}_1 + \alpha_2 \boldsymbol{x}_2 + \alpha_3 \boldsymbol{x}_3 = \boldsymbol{x} = \begin{bmatrix} x_1 \\ x_2 \\ x_3 \end{bmatrix}$ gebildet werden.

Die Komponenten x_1, x_2, x_3 des Vektors $\boldsymbol{x}$ müssen ebenfalls die Bedingung

$$\begin{bmatrix}1\\3\\1\end{bmatrix} x_1 + \begin{bmatrix}2\\4\\5\end{bmatrix} x_2 + \begin{bmatrix}1\\1\\2\end{bmatrix} x_3 \leqq \begin{bmatrix}100\\150\\300\end{bmatrix} \text{ erfüllen.}$$

Zum Beispiel:

$$\boldsymbol{x}_1 = \begin{bmatrix}10\\20\\10\end{bmatrix}; \quad \boldsymbol{x}_2 = \begin{bmatrix}20\\10\\5\end{bmatrix}; \quad \boldsymbol{x}_3 = \begin{bmatrix}15\\25\\5\end{bmatrix}$$

$$\boldsymbol{x}_4 = \frac{1}{3}\boldsymbol{x}_1 + \frac{1}{6}\boldsymbol{x}_2 + \frac{1}{2}\boldsymbol{x}_3 = \begin{bmatrix}\frac{85}{6}\\ \frac{125}{6}\\ \frac{40}{6}\end{bmatrix}.$$

5.6.36 a) $\boldsymbol{b}_1 = \frac{1}{5}\boldsymbol{c} - \frac{4}{5}\boldsymbol{b}_2 - \frac{2}{5}\boldsymbol{b}_3$

$$\boldsymbol{x} = 2\,\boldsymbol{c} - 6\boldsymbol{b}_2 - \frac{7}{2}\boldsymbol{b}_3$$

b) $\boldsymbol{b}_2 = -\frac{5}{4}\boldsymbol{b}_1 + \frac{1}{4}\boldsymbol{c} - \frac{1}{2}\boldsymbol{b}_3$

$$\boldsymbol{x} = \frac{15}{2}\boldsymbol{b}_1 + \frac{1}{2}\boldsymbol{c} - \frac{1}{2}\boldsymbol{b}_3$$

c) $\boldsymbol{b}_3 = -\frac{5}{2}\boldsymbol{b}_1 - 2\boldsymbol{b}_2 + \frac{1}{2}\boldsymbol{c}$

$$\boldsymbol{x} = \frac{35}{4}\boldsymbol{b}_1 + \boldsymbol{b}_2 + \frac{1}{4}\boldsymbol{c}$$

5.6.37 a)

	$\boldsymbol{b}_1$	x_1	x_2	x_3
$\boldsymbol{c}$	$\frac{1}{2}$	2	$\frac{1}{2}$	$\frac{5}{2}$
$\boldsymbol{b}_2$	$-\frac{1}{2}$	3	$\frac{15}{2}$	$-\frac{3}{2}$
$\boldsymbol{b}_3$	$-\frac{1}{4}$	2	0	$-\frac{9}{4}$

b)

	$\boldsymbol{b}_2$	x_1	x_2	x_3
$\boldsymbol{b}_1$	−2	−6	−15	3
$\boldsymbol{c}$	1	5	8	1
$\boldsymbol{b}_3$	$-\frac{1}{2}$	$\frac{1}{2}$	$-\frac{15}{4}$	$-\frac{3}{2}$

c)

	b_3	x_1	x_2	x_3
b_1	-4	-8	0	9
b_2	-2	-1	$\frac{15}{2}$	3
c	2	6	$\frac{1}{2}$	-2

5.6.38 a)

	c_1	c_2	b_1	x
c_3	2	-1	1	7
b_2	-9	6	-4	-15
b_3	-1	1	-2	-2

b)

	c_1	b_3	b_1	x
c_3	1	1	-1	5
b_2	-3	-6	8	-3
c_2	-1	1	-2	-2

c)

	b_2	b_3	b_1	x
c_3	$\frac{1}{3}$	-1	$\frac{5}{3}$	4
c_1	$-\frac{1}{3}$	2	$-\frac{8}{3}$	1
c_2	$-\frac{1}{3}$	3	$-\frac{14}{3}$	-1

5.6.39 a) linear abhängig b) linear unabhängig
c) linear abhängig d) linear unabhängig

5.7.40 a) Rang 1 b) Rang 2 c) Rang 3 d) Rang 3
e) Rang 2 f) Rang 1 g) Rang 0

5.9.41 a) lösbar b) lösbar c) nicht lösbar d) lösbar

5.9.42 a) unendlich viele Lösungen b) unendlich viele Lösungen
d) genau eine Lösung

5.9.43 a) $\begin{bmatrix} x_1 \\ x_2 \end{bmatrix} = \begin{bmatrix} 1 \\ 2 \end{bmatrix}$ b) $\begin{bmatrix} x_1 \\ x_2 \end{bmatrix} = \begin{bmatrix} -\frac{3}{2} \\ -\frac{5}{2} \end{bmatrix}$ c) $\begin{bmatrix} x_1 \\ x_2 \\ x_3 \end{bmatrix} = \begin{bmatrix} 1 \\ -1 \\ 2 \end{bmatrix}$

d) $\begin{bmatrix} x_1 \\ x_2 \\ x_3 \end{bmatrix} = \begin{bmatrix} -5 \\ -6 \\ -7 \end{bmatrix}$

5.9.44 T_1: 25 Einheiten, T_2: 40 Einheiten

5.9.45 Die allgemeine Lösung läßt sich zum Beispiel folgendermaßen darstellen:

a) $$\begin{bmatrix} x_2 \\ x_3 \end{bmatrix} = \begin{bmatrix} -\frac{35}{2} \\ \frac{125}{2} \end{bmatrix} - \begin{bmatrix} -\frac{5}{4} \\ \frac{7}{4} \end{bmatrix} x_1; \quad x_1 \text{ beliebig}$$

b) $$x_3 = \frac{17}{4} - \begin{bmatrix} -\frac{1}{2} & -\frac{7}{4} \end{bmatrix} \begin{bmatrix} x_1 \\ x_2 \end{bmatrix}; \quad \begin{bmatrix} x_1 \\ x_2 \end{bmatrix} \text{ beliebig}$$

5.9.46 $$\begin{bmatrix} 3 & 6 & 8 \\ 7 & 5 & 4 \end{bmatrix} \begin{bmatrix} x_1 \\ x_2 \\ x_3 \end{bmatrix} = \begin{bmatrix} 640 \\ 490 \end{bmatrix}$$

Die allgemeine Lösung läßt sich zum Beispiel folgendermaßen darstellen:

$$\begin{bmatrix} x_2 \\ x_3 \end{bmatrix} = \begin{bmatrix} 85 \\ \frac{65}{4} \end{bmatrix} - \begin{bmatrix} \frac{11}{4} \\ -\frac{27}{16} \end{bmatrix} x_1$$

Eine spezielle ganzzahlige Lösung ist zum Beispiel

$x_1 = 20; \quad x_2 = 30; \quad x_3 = 50.$

5.10.47 a) Keine inverse Matrix, denn A ist nicht quadratisch.

b) Keine inverse Matrix, denn der Rang ist $r = 1$, während die Zeilen- bzw. Spaltenzahl 2 ist.

c) Inverse Matrix existiert, denn der Rang $r = 3$ stimmt mit der Zeilen- bzw. Spaltenzahl überein.

d) Die Nullmatrix hat keine inverse Matrix, ihr Rang ist $r = 0$.

e) Die Einheitsmatrix besitzt eine inverse Matrix, ihr Rang ist gleich der Zeilen- bzw. Spaltenzahl.

5.10.48

a) $$A^{-1} = \begin{bmatrix} -\frac{18}{25} & \frac{11}{25} & \frac{1}{5} \\ \frac{2}{25} & -\frac{4}{25} & \frac{1}{5} \\ \frac{13}{25} & -\frac{1}{25} & -\frac{1}{5} \end{bmatrix}$$

b) $$A^{-1} = \begin{bmatrix} \frac{23}{128} & \frac{25}{128} & -\frac{17}{128} \\ \frac{1}{8} & -\frac{1}{8} & \frac{1}{8} \\ \frac{5}{128} & \frac{11}{128} & \frac{13}{128} \end{bmatrix}$$

c) $$A^{-1} = \begin{bmatrix} \frac{1}{4} & \frac{1}{2} & \frac{3}{4} \\ \frac{1}{4} & -\frac{1}{2} & -\frac{1}{4} \\ \frac{1}{4} & \frac{1}{2} & -\frac{1}{4} \end{bmatrix}$$

d) $A^{-1} = E$

5.10.49 a) $(\boldsymbol{E}-\boldsymbol{A})^{-1} = \begin{bmatrix} \frac{65}{53} & \frac{14}{53} & \frac{10}{53} \\ \frac{50}{53} & \frac{76}{53} & \frac{24}{53} \\ \frac{70}{53} & \frac{64}{53} & \frac{76}{53} \end{bmatrix}$

b) $(\boldsymbol{E}-\boldsymbol{A})^{-1} = \begin{bmatrix} \frac{11}{8} & \frac{9}{40} & \frac{17}{40} \\ \frac{5}{8} & \frac{11}{8} & \frac{3}{8} \\ \frac{7}{8} & \frac{13}{40} & \frac{69}{40} \end{bmatrix}$

5.12.50 Menge des Erzeugnisses 1 x_1, des Erzeugnisses 2 x_2.

$$\begin{aligned} 3x_1 + 6x_2 &\leqq 240 \\ 6x_1 + 4x_2 &\leqq 360 \\ 5x_2 &\leqq 150 \\ x_1, x_2 &\geqq 0 \end{aligned}$$

5.12.51 a) $\boldsymbol{x}_1 = \begin{bmatrix} 0 \\ 0 \end{bmatrix}$; $\boldsymbol{x}_2 = \begin{bmatrix} 0 \\ 45 \end{bmatrix}$; $\boldsymbol{x}_3 = \begin{bmatrix} 30 \\ 30 \end{bmatrix}$; $\boldsymbol{x}_4 = \begin{bmatrix} 35 \\ 25 \end{bmatrix}$; $\boldsymbol{x}_5 = \begin{bmatrix} 40 \\ 0 \end{bmatrix}$

$\boldsymbol{x} = \alpha_1\boldsymbol{x}_1 + \alpha_2\boldsymbol{x}_2 + \alpha_3\boldsymbol{x}_3 + \alpha_4\boldsymbol{x}_4 + \alpha_5\boldsymbol{x}_5$

$\alpha_1 + \alpha_2 + \alpha_3 + \alpha_4 + \alpha_5 = 1$

$\alpha_1, \alpha_2, \alpha_3, \alpha_4, \alpha_5 \geqq 0$

b) $\boldsymbol{x}_1 = \begin{bmatrix} 0 \\ 0 \end{bmatrix}$; $\boldsymbol{x}_2 = \begin{bmatrix} 3 \\ 0 \end{bmatrix}$; $\boldsymbol{x}_3 = \begin{bmatrix} 2 \\ 3 \end{bmatrix}$; $\boldsymbol{x}_4 = \begin{bmatrix} 0 \\ 4 \end{bmatrix}$

$\boldsymbol{x} = \alpha_1\boldsymbol{x}_1 + \alpha_2\boldsymbol{x}_2 + \alpha_3\boldsymbol{x}_3 + \alpha_4\boldsymbol{x}_4$

$\alpha_1 + \alpha_2 + \alpha_3 + \alpha_4 = 1$

$\alpha_1, \alpha_2, \alpha_3, \alpha_4, \geqq 0$

c) $\boldsymbol{x}_1 = \begin{bmatrix} 0 \\ 0 \\ 0 \end{bmatrix}$; $\boldsymbol{x}_2 = \begin{bmatrix} 0 \\ 150 \\ 0 \end{bmatrix}$; $\boldsymbol{x}_3 = \begin{bmatrix} 140 \\ 80 \\ 0 \end{bmatrix}$; $\boldsymbol{x}_4 = \begin{bmatrix} 0 \\ \frac{1000}{9} \\ \frac{700}{9} \end{bmatrix}$

$\boldsymbol{x}_5 = \begin{bmatrix} 0 \\ 0 \\ 100 \end{bmatrix}$; $\boldsymbol{x}_6 = \begin{bmatrix} \frac{500}{3} \\ 0 \\ 0 \end{bmatrix}$

$\boldsymbol{x} = \alpha_1\boldsymbol{x}_1 + \alpha_2\boldsymbol{x}_2 + \alpha_3\boldsymbol{x}_3 + \alpha_4\boldsymbol{x}_4 + \alpha_5\boldsymbol{x}_5 + \alpha_6\boldsymbol{x}_6$

$\alpha_1 + \alpha_2 + \alpha_3 + \alpha_4 + \alpha_5 + \alpha_6 = 1$

$\alpha_1, \alpha_2, \alpha_3, \alpha_4, \alpha_5, \alpha_6 \geqq 0$

5.12.52 $\boldsymbol{x}_1 = \begin{bmatrix} 0 \\ 0 \end{bmatrix}$; $\boldsymbol{x}_2 = \begin{bmatrix} 60 \\ 0 \end{bmatrix}$; $\boldsymbol{x}_3 = \begin{bmatrix} 50 \\ 15 \end{bmatrix}$; $\boldsymbol{x}_4 = \begin{bmatrix} 20 \\ 30 \end{bmatrix}$; $\boldsymbol{x}_5 = \begin{bmatrix} 0 \\ 30 \end{bmatrix}$

$\boldsymbol{x} = \alpha_1\boldsymbol{x}_1 + \alpha_2\boldsymbol{x}_2 + \alpha_3\boldsymbol{x}_3 + \alpha_4\boldsymbol{x}_4 + \alpha_5\boldsymbol{x}_5$

$\alpha_1 + \alpha_2 + \alpha_3 + \alpha_4 + \alpha_5 = 1$

$\alpha_1, \alpha_2, \alpha_3, \alpha_4, \alpha_5 \geqq 0$

5.13.53 a) -1 b) 6 c) 20 d) 2

5.13.54 a) $|A| = -2\begin{vmatrix} -1 & 0 & 3 \\ 0 & 1 & 1 \\ -1 & 1 & -1 \end{vmatrix} - (-1)\begin{vmatrix} 2 & 0 & 3 \\ -4 & 1 & 1 \\ -2 & 1 & -1 \end{vmatrix}$

$+2\begin{vmatrix} 2 & -1 & 3 \\ -4 & 0 & 1 \\ -2 & -1 & -1 \end{vmatrix} -1\begin{vmatrix} 2 & -1 & 0 \\ -4 & 0 & 1 \\ -2 & -1 & 1 \end{vmatrix}$

b) $|A| = -4\begin{vmatrix} -1 & 2 & 1 \\ -1 & 0 & 3 \\ -1 & 1 & -1 \end{vmatrix} -0\begin{vmatrix} -2 & 2 & 1 \\ 2 & 0 & 3 \\ -2 & 1 & -1 \end{vmatrix}$

$+1\begin{vmatrix} -2 & -1 & 1 \\ 2 & -1 & 3 \\ -2 & -1 & -1 \end{vmatrix} -1\begin{vmatrix} -2 & -1 & 2 \\ 2 & -1 & 0 \\ -2 & -1 & 1 \end{vmatrix}$

c) $|A| = -(-1)\begin{vmatrix} 2 & 0 & 3 \\ -4 & 1 & 1 \\ -2 & 1 & -1 \end{vmatrix} + (-1)\begin{vmatrix} -2 & 2 & 1 \\ -4 & 1 & 1 \\ -2 & 1 & -1 \end{vmatrix}$

$-0\begin{vmatrix} -2 & 2 & 1 \\ 2 & 0 & 3 \\ -2 & 1 & -1 \end{vmatrix} + (-1)\begin{vmatrix} -2 & 2 & 1 \\ 2 & 0 & 3 \\ -4 & 1 & 1 \end{vmatrix}$

d) $|A| = -1\begin{vmatrix} 2 & -1 & 0 \\ -4 & 0 & 1 \\ -2 & -1 & 1 \end{vmatrix} +3\begin{vmatrix} -2 & -1 & 2 \\ -4 & 0 & 1 \\ -2 & -1 & 1 \end{vmatrix}$

$-1\begin{vmatrix} -2 & -1 & 2 \\ 2 & -1 & 0 \\ -2 & -1 & 1 \end{vmatrix} +(-1)\begin{vmatrix} -2 & -1 & 2 \\ 2 & -1 & 0 \\ -4 & 0 & 1 \end{vmatrix}$

5.13.55 a) $|1|$, $\begin{vmatrix} 1 & 3 \\ 2 & 5 \end{vmatrix}$, $\begin{vmatrix} 1 & 3 & 2 \\ 2 & 5 & 3 \\ -3 & -8 & -4 \end{vmatrix}$

b) $|2|$, $\begin{vmatrix} 2 & 4 \\ 0 & 1 \end{vmatrix}$, $\begin{vmatrix} 2 & 4 & 10 \\ 0 & 1 & 7 \\ 0 & 0 & 3 \end{vmatrix}$

c) $|-2|$, $\begin{vmatrix} -2 & -1 \\ 2 & -1 \end{vmatrix}$, $\begin{vmatrix} -2 & -1 & 2 \\ 2 & -1 & 0 \\ -4 & 0 & 1 \end{vmatrix}$, $\begin{vmatrix} -2 & -1 & 2 & 1 \\ 2 & 1 & 0 & 3 \\ -4 & 0 & 1 & 1 \\ -2 & -1 & 1 & -1 \end{vmatrix}$

d) $|0|$, $\begin{vmatrix} 0 & -2 \\ 2 & 0 \end{vmatrix}$, $\begin{vmatrix} 0 & -2 & 1 \\ 2 & 0 & 2 \\ 0 & -2 & 2 \end{vmatrix}$, $\begin{vmatrix} 0 & -2 & 1 & 1 \\ 2 & 0 & 2 & 1 \\ 0 & -2 & 2 & 1 \\ 1 & -2 & 1 & 2 \end{vmatrix}$

5.14.56 a) Die quadratische Form ist positiv definit, weil die Hauptabschnittsdeterminanten

$$|2| = 2 \quad \text{und} \quad \begin{vmatrix} 2 & 1 \\ 1 & 3 \end{vmatrix} = 5$$

positiv sind.

b) Die quadratische Form ist nicht positiv definit, aber positiv semidefinit, weil die Hauptabschnittsdeterminanten

$$|1| = 1 \quad \text{und} \quad \begin{vmatrix} 1 & -1 \\ -1 & 1 \end{vmatrix} = 0$$

nicht negativ sind.

c) Die quadratische Form ist weder positiv definit noch positiv semidefinit, weil eine der Hauptabschnittsdeterminanten

$$|1| = 1 \quad \text{und} \quad \begin{vmatrix} 1 & 3 \\ 3 & -2 \end{vmatrix} = -11$$

negativ ist.

6. Lineare Optimierung

6.2.1 Wir setzen

$$x_2 = \overset{1}{x}_2 - \overset{2}{x}_2; \qquad x_5 = \overset{1}{x}_5 - \overset{2}{x}_5$$

und erhalten die Normalform

$$\begin{aligned}
3x_1 + 2\overset{1}{x}_2 - 2\overset{2}{x}_2 - x_3 + x_4 - 2\overset{1}{x}_5 - 2\overset{2}{x}_5 + x_6 + x_7 &= 10 \\
4x_1 + \overset{1}{x}_2 - \overset{2}{x}_2 + 3x_3 - x_4 + 10\overset{1}{x}_5 - 10\overset{2}{x}_5 - x_8 &= 5 \\
x_1 + \overset{1}{x}_2 - \overset{2}{x}_2 + 2x_3 + 3x_4 - x_6 &= 7 \\
-3x_1 + 4\overset{1}{x}_2 - 4\overset{2}{x}_2 + \frac{1}{2}x_3 - 2x_4 + 3\overset{1}{x}_5 - 3\overset{2}{x}_5 + 5x_6 + x_9 &= 20
\end{aligned}$$

$$x_1, \overset{1}{x}_2, \overset{2}{x}_2, x_3, x_4, \overset{1}{x}_5, \overset{2}{x}_5, x_6, x_7, x_8, x_9 \geqq 0$$

$$z = -10x_1 - 3\overset{1}{x}_2 + 3\overset{2}{x}_2 + 4x_3 - 5x_4 - \overset{1}{x}_5 + \overset{2}{x}_5 + x_6 \to \text{Max.}$$

6.3.2 a) Der durch die Geraden

(I) $\frac{x_1}{3} + \frac{x_2}{2} = 1$

(III) $\frac{x_1}{4} + x_2 = 1$

(III) $x_1 = 0$

(IV) $x_2 = 0$

begrenzte zulässige Bereich der Aufgabe ist in der Abbildung 6.15 schraffiert. Die nach x_2 aufgelöste Gleichung der Zielfunktion lautet

$$x_2 = -\frac{2}{3}x_1 + \frac{2}{3}x_2.$$

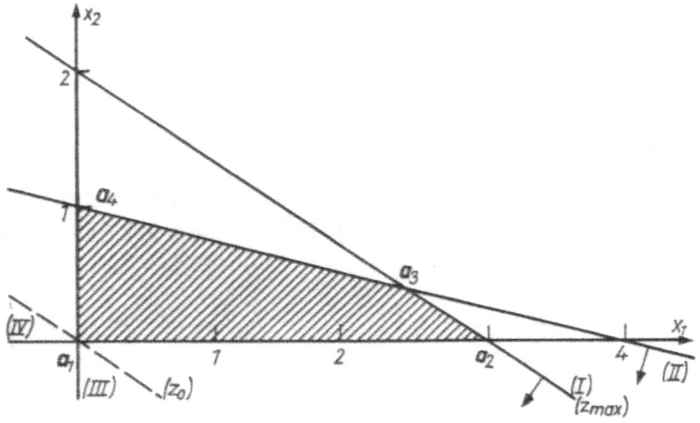

Abbildung 6.15

In der Abbildung 6.15 ist die Gerade für $z_0 = 0$ unterbrochen gezeichnet. Da der Koeffizient von x_2 in der Zielfunktion positiv ist, muß diese Gerade so weit wie möglich parallel nach rechts verschoben werden. Damit fällt die Gerade für $z_{\max}$ mit der begrenzenden Geraden (*I*) zusammen. Deshalb sind alle Punkte der Verbindungsstrecke der Eckpunkte $\boldsymbol{a}_2$ und $\boldsymbol{a}_3$ zulässige Optimallösungen. Die Komponenten des Eckpunktes $\boldsymbol{a}_2$ sind sofort aus der Abbildung 6.15 abzulesen. Es ist $\boldsymbol{a}_2^T = [3 \;\; 0]$. Der Eckpunkt $\boldsymbol{a}_3$ ist der Schnittpunkt der Geraden (*I*) und (II), so daß $\boldsymbol{a}_3^T = \begin{bmatrix}\frac{12}{5} & \frac{2}{5}\end{bmatrix}$ gilt. Somit sind alle

$$\boldsymbol{x} = \lambda\begin{bmatrix}3\\0\end{bmatrix} + (1-\lambda)\begin{bmatrix}\frac{12}{5}\\ \\ \frac{2}{5}\end{bmatrix} = \begin{bmatrix}\frac{12}{5} + \frac{3}{5}\lambda\\ \\ \frac{2}{5} - \frac{2}{5}\lambda\end{bmatrix}; \qquad 0 \leqq \lambda \leqq 1$$

zulässige Optimallösungen. Da der Abschnitt der optimalen Geraden auf der x_2-Achse 2 beträgt, erhalten wir den Maximalwert der Zielfunktion aus

$$\frac{z_{\max}}{c_2} = \frac{z_{\max}}{\frac{3}{2}} = 2$$

zu

$$z_{\max} = 3.$$

b) Der durch die Geraden

(I) $\frac{x_1}{5} + \frac{x_2}{\frac{5}{2}} = 1$

(II) $x_1 + x_2 = 1$

(III) $-x_1 + x_2 = 1$

(IV) $\frac{x_1}{2} - \frac{x_2}{6} = 1$

(V) $x_1 = 0$

(VI) $x_2 = 0$

begrenzte zulässige Bereich der Aufgabe ist in der Abbildung 6.16 schraffiert. Die nach x_2 aufgelöste Gleichung der Zielfunktion lautet

$x_2 = 2x_1 - z.$

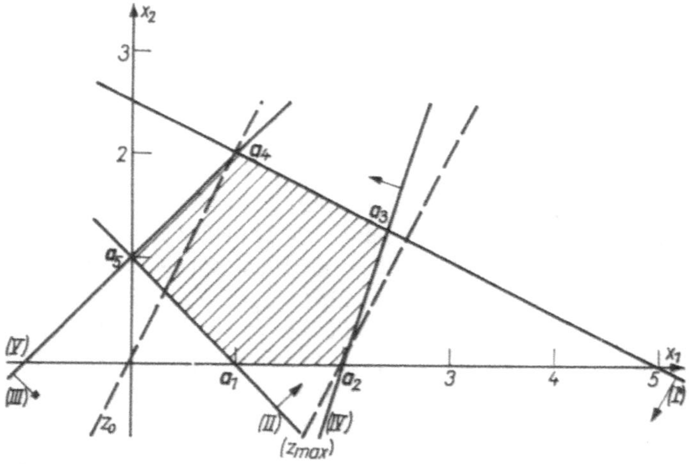

Abbildung 6.16

In der Abbildung 6.16 ist die zu $z_0 = 0$ gehörende Gerade unterbrochen gezeichnet. Da jetzt der Koeffizient von x_2 in der Zielfunktion negativ ist, muß diese Gerade soweit wie möglich parallel nach rechts verschoben werden. Somit ist der Eckpunkt $\boldsymbol{a}_2' = [2 \;\; 0]$ die einzige existierende Optimallösung. Durch Einsetzen dieses Punktes in die Zielfunktion erhalten wir

$z_{\max} = 4.$

6.5.3 Da bis auf die zu optimierende Größe die gleiche Problematik wie im Beispiel 6.5 vorliegt, ändert sich gegenüber dem dort aufgestellten Modell nur die Zielfunktion. Da mit x_i; $i = 1, 2, \ldots, 6$ die Anzahl der nach der Kombination i zerschnittenen Stangen bezeichnet ist, ist die Gesamtzahl der benötigten Stangen durch

$\bar{z} = x_1 + x_2 + x_3 + x_4 + x_5 + x_6$

gegeben. Die lineare Optimierungsaufgabe für das vorliegende Problem lautet somit in der Normalform

$$\begin{aligned} 2x_1 + x_2 + x_3 \qquad\qquad\qquad - x_7 \qquad\qquad &= 4000 \\ x_2 \qquad + 2x_4 + x_5 \qquad\qquad - x_8 \qquad &= 5000 \\ x_3 \qquad + 2x_5 + 3x_6 \qquad\qquad - x_9 &= 3000 \end{aligned}$$

$$x_j \geqq 0; \quad j = 1, 2, \ldots, 9$$

$$\bar{z} = -x_1 - x_2 - x_3 - x_4 - x_5 - x_6 \rightarrow \text{Max.}$$

Dividieren wir wie im Beispiel 6.5 die erste Nebenbedingung durch 2, die zweite durch 2 und die dritte durch 3, dann erhält das System der Restriktionen die kanonische Form

$$\begin{aligned} x_1 + \frac{1}{2}x_2 + \frac{1}{2}x_3 \qquad\qquad - \frac{1}{2}x_7 \qquad\qquad &= 2000 \\ \frac{1}{2}x_2 \qquad + x_4 + \frac{1}{2}x_5 \qquad\qquad - \frac{1}{2}x_8 \qquad &= 2500 \\ \frac{1}{3}x_3 \qquad + \frac{2}{3}x_5 + x_6 \qquad\qquad - \frac{1}{2}x_9 &= 1000, \end{aligned}$$

aus der die zulässige Basislösung

$$\boldsymbol{x}_B^T = [x_1 \; x_4 \; x_6] = [2000 \quad 2500 \quad 1000]$$

abzulesen ist. Mit dieser kann der Simplexalgorithmus begonnen werden. Die Rechnung ist in der Tabelle 6.35 ausgeführt.

Tabelle 6.35

Gl. Nr.	B.V. Nr.	c_B	0	1	2	3	4	5	6	7	8	9	Q	
				−1	−1	−1	−1	−1	−1	0	0	0		
1	1	−1	2000	1	$\frac{1}{2}$	$\frac{1}{2}$	0	0	0	$-\frac{1}{2}$	0	0		
2	4	−1	2500	0	$\frac{1}{2}$	0	1	$\frac{1}{2}$	0	0	$-\frac{1}{2}$	0	5000	$r = 5$
3	6	−1	1000	0	0	$\frac{1}{3}$	0	$\frac{2}{3}$	1	0	0	$-\frac{1}{3}$	1500	$k = 3$
4			−5500	0	0	$\frac{1}{6}$	0	$-\frac{1}{6}$	0	$\frac{1}{2}$	$\frac{1}{2}$	$\frac{1}{3}$		
1	1	−1	2000	1	$\frac{1}{2}$	$\frac{1}{2}$	0	0	0	$-\frac{1}{2}$	0	0		
2	4	−1	1750	0	$\frac{1}{2}$	$-\frac{1}{4}$	1	0	$-\frac{3}{4}$	0	$-\frac{1}{2}$	$\frac{1}{4}$		
→ 3	5	−1	1500	0	0	$\frac{1}{2}$	0	1	$\frac{3}{2}$	0	0	$-\frac{1}{2}$		
4			−5250	0	0	$\frac{1}{4}$	0	0	$\frac{1}{4}$	$\frac{1}{2}$	$\frac{1}{2}$	$\frac{1}{4}$		

Die gefundene optimale zulässige Basislösung lautet

$$x_B^T = [x_1\ x_4\ x_5] = [2000\quad 1750\quad 1500]$$

und es ist $\bar{z}_{\min} = 5250$.

Da im optimalen Simplextableau $y_{42} = 0$ ist, obwohl x_2 nicht Basisvariable ist, gibt es gewiß weitere Optimallösungen. Um x_2 in die Basislösung einzuführen, müssen wir wegen

$$\frac{y_{10}}{y_{12}} = 4000 > \frac{y_{20}}{y_{22}} = 3500$$

dafür die in der zweiten Gleichung stehende Basisvariable x_4 entfernen. Wir transformieren nur die y_{i0}; $i = 1, 2, 3$ und erhalten dadurch die neue optimale zulässige Basislösung

$$\tilde{x}_B^T = [x_1\ x_2\ x_5] = [250\quad 3500\quad 1500].$$

Nach Satz 6.7 ist jede konvexe Linearkombination aus x_B und $\tilde{x}_B$ ebenfalls Optimallösung. Somit sind alle Vektoren

$$x = \begin{bmatrix} x_1 \\ x_2 \\ x_3 \\ x_4 \\ x_5 \\ x_6 \end{bmatrix} = \lambda \begin{bmatrix} 2000 \\ 0 \\ 0 \\ 1750 \\ 1500 \\ 0 \end{bmatrix} + (1-\lambda) \begin{bmatrix} 250 \\ 3500 \\ 0 \\ 0 \\ 1500 \\ 0 \end{bmatrix} = \begin{bmatrix} 250 + 1750\lambda \\ 3500 - 3500\lambda \\ 0 \\ 1750\lambda \\ 1500 \\ 0 \end{bmatrix}$$

mit $0 \leqq \lambda \leqq 1$ Optimallösungen. Da hier jedoch nur ganzzahlige Werte für die x_j sinnvoll sind, sind nur solche Werte für λ brauchbar, für die x nur ganzzahlige Komponenten besitzt. Das sind die Werte

$$0,\ \frac{1}{1750},\ \frac{1}{875},\ \frac{1}{350},\ \frac{1}{175},\ \frac{1}{50},\ \frac{1}{25},\ \frac{1}{10},\ \frac{1}{15},\ \frac{1}{2},\ 1.$$

6.5.4. Jede der Restriktionen enthält eine Quasibasisvariable, und es ist $S_+ = \{1\}$; $S_- = \{2\ \ 3\ \ 4\}$. Wir finden

$$b_q = \max\{3\ \ 3\ \ 4\} = 4 = b_4.$$

Somit ist die zweite Gleichung durch die Differenz aus der vierten und der zweiten, die dritte durch die Differenz aus der vierten und der dritten zu ersetzen. Das System der Restriktionen erhält dann die Gestalt:

$$\begin{aligned}
2x_1 + x_2 \qquad\quad - x_4 \qquad + x_6 \qquad &= 1 \\
-2x_1 - x_2 \qquad + 5x_4 - x_5 \qquad + x_7 &= 1 \\
2x_2 + x_3 + x_4 - x_5 \qquad\qquad &= 1 \\
2x_1 + x_2 \qquad + 3x_4 - x_5 \qquad\qquad &= 4.
\end{aligned}$$

Daraus ist ersichtlich, daß die Variablen x_6, x_7, x_3 für die in der Phase I zu lösende Aufgabe als Basisvariable verwendet werden können. Es ist deshalb nur in die vierte Gleichung eine künstliche Variable einzuführen. Die in der Phase I zu lösende Aufgabe ist also

$$\begin{aligned}
2x_1 + x_2 \quad - x_4 \quad + x_6 \quad &= 1\\
-2x_1 - x_2 \quad + 5x_4 - x_5 \quad + x_7 \quad &= 1\\
2x_2 + x_3 + x_4 - x_5 \quad &= 1\\
2x_1 + x_2 \quad + 3x_4 - x_5 \quad + x_{K4} &= 4
\end{aligned}$$

$x_j \geqq 0;\quad j = 1, 2, \ldots, 7$
$x_{K4} \geqq 0$

$z_I = -x_{K4} \to \text{Max.}$

Die Simplexrechnung ist in der Tabelle 6.36 ausgeführt.

Tabelle 6.36

	Gl. Nr.	B.V. Nr.	c_B	0	1	2	3	4	5	6	7	Q	
					5	3	6	1	2	0	0		
	1	6	0	1	2	1	0	-1	0	1	0		
	2	7	0	1	-2	-1	0	5	-1	0	1	$\frac{1}{5}$	$r = 4$
	3	3	0	1	0	2	1	1	-1	0	0	1	$k = 2$
	4	K4	-1	4	2	1	0	3	-1	0	0	$\frac{4}{3}$	
	5			-4	-2	-1	0	-3	1	0	0		
	1	6	0	$\frac{6}{5}$	$\frac{8}{5}$	$\frac{4}{5}$	0	0	$-\frac{1}{5}$	1	$\frac{1}{5}$	$\frac{3}{4}$	
→	2	4	0	$\frac{1}{5}$	$-\frac{2}{5}$	$-\frac{1}{5}$	0	1	$-\frac{1}{5}$	0	$\frac{1}{5}$		$r = 1$
	3	3	0	$\frac{4}{5}$	$\frac{2}{5}$	$\frac{11}{5}$	1	0	$-\frac{4}{5}$	0	$-\frac{1}{5}$	2	$k = 1$
	4	K4	-1	$\frac{17}{5}$	$\frac{16}{5}$	$\frac{8}{5}$	0	0	$-\frac{2}{5}$	0	$-\frac{3}{5}$	$\frac{17}{16}$	
	5			$-\frac{17}{5}$	$-\frac{16}{5}$	$-\frac{8}{5}$	0	0	$\frac{2}{5}$	0	$\frac{3}{5}$		
→	1	1	0	$\frac{3}{4}$	1	$\frac{1}{2}$	0	0	$-\frac{1}{8}$	$\frac{5}{8}$	$\frac{1}{8}$		
	2	4	0	$\frac{1}{2}$	0	0	0	1	$-\frac{1}{4}$	$\frac{1}{4}$	$\frac{1}{4}$		
	3	3	0	$\frac{1}{2}$	0	2	1	0	$-\frac{3}{4}$	$-\frac{1}{4}$	$\frac{1}{4}$		
	4	K4	-1	1	0	0	0	0	0	-2	-1		
	5			-1	0	0	0	0	0	0	1		

Da wir mit der Phase I eine Optimallösung mit $z_{I\,\max} < 0$ erhalten haben, besitzt die gegebene Aufgabe keine zulässige Lösung.

6.5.5 Da in keiner der Restriktionen eine Quasibasisvariable enthalten ist, muß in jede *eine* künstliche Variable eingeführt werden. Als Zielfunktion in der Phase I ist zu verwenden

$$z_I = -x_{K1} - x_{K2} - x_{K3} - x_{K4} \to \text{Max.}$$

und als Anfangsbasislösung

$$x_B^T = [x_{K1}\ x_{K2}\ x_{K3}\ x_{K4}] = [8\ \ 3\ \ 21\ \ 14].$$

Die Rechnung ist in der Tabelle 6.37 ausgeführt.

Tabelle 6.37

	Gl. Nr.	B.V. Nr.	c_B	0	1	2	3	4	5	Q	
					−1	3	−3	2	−4		
	1	K1	−1	8	2	1	−1	1	2	4	
	2	K2	−1	3	1	−1	2	−2	−1	3	
	3	K3	−1	21	5	3	−7	5	1	$\frac{21}{5}$	$r = 1$
	4	K4	−1	14	4	−1	3	−3	0	$\frac{7}{2}$	$k = 2$
	5			−46	−12	−2	3	−1	−2		
→	1	K1	−1	2	0	3	−5	5	4	$\frac{2}{5}$	
	2	1	0	3	1	−1	2	−2	−1		$r = 4$
	3	K3	−1	6	0	8	−17	15	6	$\frac{2}{5}$	$k = 1$
	4	K4	−1	2	0	3	−5	5	4	$\frac{2}{5}$	
	5			−10	0	−14	27	−25	14		
→	1	4	0	$\frac{2}{5}$	0	$\frac{3}{5}$	−1	1	$\frac{4}{5}$		
	2	1	0	$\frac{19}{5}$	1	$\frac{1}{5}$	0	0	$\frac{3}{5}$		$r = 2$
	3	K3	−1	0	0	−1	−2	0	−6		$k = 3$
	4	K4	−1	0	0	0	0	0	0		
	5			0	0	1	2	0	−6		
	1	4	2	$\frac{2}{5}$	0	0	$-\frac{11}{5}$	1	$-\frac{14}{5}$		
	2	1	−1	$\frac{19}{5}$	1	0	$-\frac{2}{5}$	0	$-\frac{3}{5}$		
→	3	2	3	0	0	1	2	0	6		
	4			−3	0	0	5	0	17		

Zum dritten Tableau dieser Tabelle gehört die zulässige Basislösung

$$x_B^T = [x_4\ x_1\ x_{K3}\ x_{K4}] = \begin{bmatrix} \frac{2}{5} & \frac{19}{5} & 0 & 0 \end{bmatrix}$$

mit $z_{I\,\max} = 0$.
Da in der Zeile 4 alle $y_{4j} = 0$ sind, kann diese Zeile gestrichen werden. Dagegen sind nicht alle $y_{3j} = 0$. Wir ersetzen deshalb die Variable x_{K3} durch x_2. Dadurch erhalten wir das vierte Tableau. Die dazu gehörende zulässige Basislösung

$$x_B^T = [x_4\ x_1\ x_2] = \begin{bmatrix} \frac{2}{5} & \frac{19}{5} & 0 \end{bmatrix}$$

mit $z_{\max} = -3$ ist zugleich Optimallösung.

6.6.6 Die Dualaufgabe lautet:

$$\begin{aligned}
5w_1 + 2w_2 + w_3 + 2w_4 &\geqq 7\\
6w_1 + 4w_2 - w_3 - 3w_4 &\geqq 2\\
-w_1 + w_2 + 2w_3 + 4w_4 &\geqq -1\\
4w_1 + w_2 - w_3 + w_4 &\geqq 3\\
-2w_1 + w_2 - w_3 + w_4 &\geqq 2\\
w_2 - w_3 + 3w_4 &\geqq -3
\end{aligned}$$

$w_1 \geqq 0$
w_2, w_3 beliebig
$w_4 \leqq 0$
$Z = 3w_1 + 2w_2 + w_3 + 4w_4 \to$ Min.

6.6.7 Die Dualaufgabe lautet in der Normalform:

$$\begin{aligned}
w_1 + 3w_2 - w_3 + 4w_4 - 2w_5 - w_6 &= 4\\
w_1 - w_2 + 2w_3 + 2w_4 + w_5 - w_7 &= -2\\
w_1 + 2w_2 + w_3 - 3w_4 - w_5 - w_8 &= 1
\end{aligned}$$

$w_i \geqq 0;\quad i = 1, 2, \ldots, 8$
$\bar{Z} = -5w_1 - 6w_2 - 3w_3 - 4w_4 + w_5 \to$ Max.

Hierin sind w_6, w_7 und w_8 Quasibasisvariable. Durch Anwenden der in Abschnitt 7.5.3. dargelegten Methode erhalten wir daraus die folgende Aufgabe:

$$\begin{aligned}
w_1 + 3w_2 - w_3 + 4w_4 - 2w_5 - w_6 &= 4\\
-w_1 + w_2 - 2w_3 - 2w_4 - w_5 + w_7 &= 2\\
w_2 - 2w_3 + 7w_4 - w_5 - w_6 + w_8 &= 3
\end{aligned}$$

$w_i \geqq 0;\quad i = 1, \ldots, 8$
$\bar{Z} = -5w_1 - 6w_2 - 3w_3 - 4w_4 + w_5 \to$ Max.

Für diese ist in der Phase I nur eine künstliche Variable x_{K1} zu verwenden. Die Lösung dieser Aufgabe ist in der Tabelle 6.38 durchgeführt.
Wegen

$$y_{46} = \frac{26}{17};\quad y_{47} = 0;\quad y_{48} = \frac{12}{17};\quad \bar{Z}_{\max} = -\frac{116}{17}$$

lautet die zugehörige Optimallösung für die vorgegebene Aufgabe

$$x_1 = \frac{26}{17};\quad x_2 = 0;\quad x_3 = \frac{12}{17};\quad z_{\max} = \frac{116}{17}.$$

Tabelle 6.38

Gl. Nr.	B.V. Nr.	c_B	0	1	2	3	4	5	6	7	8	Q	
				-5	-6	-3	-4	1	0	0	0		
1	K1	-1	4	1	3	-1	4	-2	-1	0	0	1	
2	7	0	2	-1	1	-2	-2	-1	0	1	0		$r = 4$
3	8	0	3	0	1	-2	7	-1	-1	0	1	$\frac{3}{7}$	$k = 3$
4			-4	-1	-3	1	-4	2	1	0	0		
1	K1	-1	$\frac{16}{7}$	1	$\frac{17}{7}$	$\frac{1}{7}$	0	$-\frac{10}{7}$	$-\frac{3}{7}$	0	$-\frac{4}{7}$	$\frac{16}{17}$	
2	7	0	$\frac{20}{7}$	-1	$\frac{9}{7}$	$-\frac{18}{7}$	0	$-\frac{9}{7}$	$-\frac{2}{7}$	1	$\frac{2}{7}$	$\frac{20}{9}$	$r = 2$
→ 3	4	0	$\frac{3}{7}$	0	$\frac{1}{7}$	$-\frac{2}{7}$	1	$-\frac{1}{7}$	$-\frac{1}{7}$	0	$\frac{1}{7}$	3	$k = 3$
4			$-\frac{16}{7}$	-1	$-\frac{17}{7}$	$-\frac{1}{7}$	0	$\frac{10}{7}$	$\frac{3}{7}$	0	$\frac{4}{7}$		
→ 1	2	-6	$\frac{16}{17}$	$\frac{7}{17}$	1	$\frac{1}{17}$	0	$-\frac{10}{17}$	$-\frac{3}{17}$	0	$-\frac{4}{17}$		
2	7	0	$\frac{28}{17}$	$-\frac{26}{17}$	0	$-\frac{45}{17}$	0	$-\frac{9}{17}$	$-\frac{1}{17}$	1	$\frac{10}{17}$		
3	4	-4	$\frac{5}{17}$	$-\frac{1}{17}$	0	$-\frac{5}{17}$	1	$-\frac{1}{17}$	$-\frac{2}{17}$	0	$\frac{3}{17}$		
4			$-\frac{116}{17}$	$\frac{47}{17}$	0	$\frac{65}{17}$	0	$\frac{47}{17}$	$\frac{26}{17}$	0	$\frac{12}{17}$		

6.7.8 Bezeichnen wir die Anzahl der Stangen, die nach der Kombination Nr. i zerschnitten werden mit x_i; $i = 1, 2, 3, 4, 5$, dann ergibt sich das folgende lineare Optimierungsmodell

$$
\begin{aligned}
x_1 + x_2 \qquad\qquad\qquad\qquad & \geqq 1000 \\
x_1 \qquad + 2x_3 + x_4 \qquad & \geqq 2000 \\
x_2 + x_3 + 2x_4 + 4x_5 & \geqq 3200 \\
x_j \geqq 0; \quad j = 1, 2, \ldots, 5 & \\
Z = x_1 + x_2 + x_3 + x_4 + x_5 \to \text{Min.} &
\end{aligned}
$$

Nach Einführen von Schlupfvariablen und anschließendem Multiplizieren jeder Restriktion mit (-1) ergibt sich daraus

$$
\begin{aligned}
-x_1 - x_2 \qquad\qquad\qquad + x_6 \qquad\qquad & = -1000 \\
-x_1 \qquad - 2x_3 - x_4 \qquad\qquad + x_7 \qquad & = -2000 \\
- x_2 - x_3 - 2x_4 - 4x_5 \qquad\qquad + x_8 & = -3200 \\
x_j \geqq 0; \quad j = 1, 2, \ldots, 8 & \\
z = -x_1 - x_2 - x_3 - x_4 - x_5 \to \text{Max.} &
\end{aligned}
$$

Für diese Aufgabe treffen die im Abschnitt 6.7.1. angegebenen Eigenschaften zu, so daß sich leicht eine Anfangsbasislösung für den dualen Simplexalgorithmus angeben läßt. Diese ist

$$x_B^T = [x_6\ x_7\ x_8] = [-1000\ \ -2000\ \ -3200].$$

Die Lösung der Aufgabe ist in der Tabelle 6.39 ausgeführt.

Tabelle 6.39

	Gl. Nr.	B.V. Nr.	c_B	0	1	2	3	4	5	6	7	8	
					−1	−1	−1	−1	−1	0	0	0	
	1	6	0	−1000	−1	−1	0	0	0	1	0	0	
	2	7	0	−2000	−1	0	−2	−1	0	0	1	0	$k = 3$
	3	8	0	−3200	0	−1	−1	−2	−4	0	0	1	$r = 5$
	4			0	1	1	1	1	1	0	0	0	
	Q					−1	−1	$-\frac{1}{2}$	$-\frac{1}{4}$				
	1	6	0	−1000	−1	−1	0	0	0	1	0	0	
	2	7	0	−2000	−1	0	−2	−1	0	0	1	0	$k = 2$
→	3	5	−1	800	0	$\frac{1}{4}$	$\frac{1}{4}$	$\frac{1}{2}$	1	0	0	$-\frac{1}{4}$	$r = 3$
	4			−800	1	$\frac{3}{4}$	$\frac{3}{4}$	$\frac{1}{2}$	0	0	0	$\frac{1}{4}$	
							$-\frac{3}{8}$	$-\frac{1}{2}$					
	1	6	0	−1000	−1	−1	0	0	0	1	0	0	
→	2	3	−1	1000	$\frac{1}{2}$	0	1	$\frac{1}{2}$	0	0	$-\frac{1}{2}$	0	$k = 1$
	3	5	−1	550	$-\frac{1}{8}$	$\frac{1}{4}$	0	$\frac{3}{8}$	1	0	$\frac{1}{8}$	$-\frac{1}{4}$	$r = 1$
	4			−1550	$\frac{5}{8}$	$\frac{3}{4}$	0	$\frac{1}{8}$	0	0	$\frac{3}{8}$	$\frac{1}{4}$	
	Q				$-\frac{5}{8}$	$-\frac{3}{4}$							
→	1	1	−1	1000	1	1	0	0	0	−1	0	0	
	2	3	−1	500	0	$-\frac{1}{2}$	1	$\frac{1}{2}$	0	$\frac{1}{2}$	$-\frac{1}{2}$	0	
	3	5	−1	675	0	$\frac{3}{8}$	0	$\frac{3}{8}$	1	$-\frac{1}{8}$	$\frac{1}{8}$	$-\frac{1}{4}$	
	4			−2175	0	$\frac{1}{8}$	0	$\frac{1}{8}$	0	$\frac{5}{8}$	$\frac{3}{8}$	$\frac{1}{4}$	

Die Optimallösung lautet:

$$x_1 = 1000; \quad x_3 = 500; \quad x_5 = 675; \quad x_2 = x_4 = 0; \quad Z_{\min} = 2175.$$

6.8.9 Die aus der Tabelle 6.22 zu entnehmende Tabelle der c_{ij} wird gemäß (6.75), (6.76) reduziert. Dadurch ergeben sich die in der Tabelle 6.40 enthaltenen c'_{ij}. In dieser Tabelle sind gleichzeitig die Differenzen der Zeilen bzw. Spalten angegeben. Wir belegen die Felder in der angegebenen Reihenfolge (2.2); (4.4); (3.4); (1.5); (2.1); (1.1); (3.3); (1.3) und erhalten die in der Tabelle 6.41 angegebene zulässige Basislösung. Für diese sind alle $c'_{ij} \geqq 0$, so daß sie Optimallösung ist.

Tabelle 6.40

0	2	1	7	0	0
2	0	10	19	2	2
0	2	0	1	5	0
9	13	2	0	8	2
0	2	1	1	2	

Tabelle 6.41

6000		2000		12000
4000	8000			
		2000	1000	
			14000	

6.8.10 Die zulässige Basislösung $\boldsymbol{x}_B = \{x_{ij}\}$, bezüglich der die relativen spezifischen Aufwendungen c'_{ij} bestimmt worden sind, ist eine optimale zulässige Basislösung, weil nach Voraussetzung alle $c'_{ij} \geqq 0$ sind. Bezüglich der c'_{ij} erteilt diese zulässige Basislösung der Zielfunktion den Wert $z'_{\min} = 0$. Für jede andere zulässige Lösung $\{x^*_{ij}\}$ muß gewiß mindestens eine der Nichtbasisvariablen von $\boldsymbol{x}_B$ einen positiven Wert d besitzen, so daß der zugehörige Wert der Zielfunktion z'_1 bezüglich c'_{ij} gewiß positiv ist. Damit ist der erste Teil der Aussage bewiesen. Die Richtigkeit des zweiten Teiles ergibt sich aus der folgenden Überlegung: Aus $\boldsymbol{x}_B$ erzeugen wir eine neue zulässige Basislösung $\tilde{\boldsymbol{x}}_B$, indem wir das Feld (p, q) besetzen. Dabei wird gewiß $\tilde{x}_{pq} > 0$, weil die Ausgangsbasislösung $\boldsymbol{x}_B$ nach Voraussetzung nicht degeneriert ist. Auch in der neuen Basislösung gehören zu allen positiven Variablen gewiß $c'_{ij} = 0$ (c'_{ij} bezüglich $\boldsymbol{x}_B$), so daß auch $\tilde{z}' = z'_{\min} = 0$ ist. Wegen $x_{pq} = 0$ und $\tilde{x}_{pq} > 0$ kann gewiß nicht $x_{ij} = \tilde{x}_{ij}$ für alle i, j gelten. Somit sind $\boldsymbol{x}_B$ und $\tilde{\boldsymbol{x}}_B$ zwei wesentlich verschiedene optimale zulässige Basislösungen. Nach Satz 6.7 ist dann jede konvexe Linearkombination aus $\boldsymbol{x}_B$ und $\tilde{\boldsymbol{x}}_B$ ebenfalls Optimallösung, so daß mit

$$\boldsymbol{x} = \lambda \boldsymbol{x}_B + (1 - \lambda)\, \tilde{\boldsymbol{x}}_B; \qquad 0 \leqq \lambda \leqq 1$$

tatsächlich unendlich viele zulässige Optimallösungen gegeben sind.

6.8.11 Die Datentabelle ist in der Tabelle 6.42 und die eindeutig bestimmte optimale Basislösung in der Tabelle 6.43 gegeben.

Tabelle 6.42

13	11	15	20	4
17	14	12	13	6
18	18	13	12	8
3	6	4	5	

Tabelle 6.43

3	1		
	5	1	
		3	5

Es ist $z_{\min} = 237$. Der optimale Fahrplan lautet somit:

Von der Garage 1 fahren 3 LKW zur Baustelle 1
und 1 LKW zur Baustelle 2.

Von der Garage 2 fahren 5 LKW zur Baustelle 2
und 1 LKW zur Baustelle 3.

Von der Garage 3 fahren 3 LKW zur Baustelle 3
und 5 LKW zur Baustelle 5.

Dabei sind insgesamt 237 km zurückzulegen.

6.8.12 Die zu der in der Tabelle 6.29 enthaltenen optimalen zulässigen Basislösung gehörenden c'_{ij} sind in der Tabelle 6.31 zusammengefaßt. Es haben dort neun der c'_{ij} den Wert Null, während $m = 4$, $n = 5$ und damit $m + n - 1 = 8$ ist. Somit existiert eine Nichtbasisvariable x_{pq} mit $c_{pq} = 0$. Nach Aufgabe 6.8.10 gibt es deshalb unendlich viele Optimallösungen.

6.9.13 1. Es ist gewiß $g_r + h_r t_1 = g_r + h_r\left(-\frac{g_r}{h_r}\right) = 0$. Wegen $h_r < 0$ ist $y_{m+1,r} = g_r + h_r t$ eine monoton fallende Funktion, so daß gewiß $g_r + h_r t < 0$ für $t > t_1$ gilt. Da die y_{ir} nicht von t abhängen, ist für alle $t > t_1$ gewiß $y_{m+1,r} < 0$; $y_{ir} \leqq 0$; $i = 1, 2, \ldots, m$ gültig. Damit ist die Aussage bewiesen.

2. Jetzt ist $g_r + h_r t_0 = 0$ und wegen $h_r > 0$ ist $y_{m+1,r} = g_r + h_r t$ eine monoton wachsende Funktion, so daß $y_{m+1,r} < 0$ für $t < t_0$ gilt. Damit ist für alle $t < t_0$ gewiß $y_{m+1,r} < 0$; $y_{ir} \leqq 0$; $i = 1, 2, \ldots, m$.

6.9.14 Nach Einführen der Schlupfvariablen x_6, x_7, x_8 in die erste bis dritte Restriktion ist zur Bearbeitung der Aufgabe in der Phase I der Simplexmethode nur noch in die vierte Restriktion die künstliche Variable x_{K4} aufzunehmen. Am Ende der Phase I ergibt sich die im ersten Tableau der Tabelle 6.44 enthaltene zulässige Basislösung. Diese zulässige Basislösung ist gewiß für $\bar{t} = \frac{1}{8}$ Optimallösung, denn durch Berechnen der $g_j + h_j\bar{t}$ stellt man fest, daß diese Größen sämtlich nicht negativ sind. Wir beginnen deshalb mit $\bar{t} = \frac{1}{8}$ und ermitteln $t_0 = \frac{1}{9}$; $t_1 = \frac{1}{7}$. Da wir zuerst den Bereich $t > \bar{t}$ untersuchen, ist $r = 5$ und $k = 4$. Die Untersuchung für $t > \bar{t}$ ist mit dem dritten Tableau der Tabelle beendet, weil dort alle $h_j \geqq 0$ sind, so daß $t_3 = v = 5$ zu setzen ist.

Tabelle 6.44

Gl. Nr.	B.V. Nr.	d_B	f_B	0	1	2	3	4	5	6	7	8	Q	
					0	−1	0	1	−1	0	0	0		
					3	−4	2	−1	0	0	0	0		
1	3	0	2	$\frac{2}{5}$	0	0	1	0	0	$\frac{1}{5}$	$-\frac{1}{5}$	0		$\bar{t}=\frac{1}{8}; t_0=\frac{1}{9}$
2	1	0	3	$\frac{2}{5}$	1	0	0	$\frac{1}{2}$	$-\frac{1}{2}$	$\frac{1}{5}$	$\frac{3}{10}$	0		$t_1=\frac{1}{7}$
3	8	0	0	0	0	0	0	$\frac{5}{2}$	$-\frac{5}{2}$	1	$\frac{1}{2}$	1	0	$r=5; k=4$ / $r=4; k=3$
4	2	−1	−4	$\frac{1}{5}$	0	1	0	$-\frac{1}{2}$	$\frac{1}{2}$	$-\frac{2}{5}$	$-\frac{1}{10}$	0	$\frac{4}{3}$	
5				$-\frac{1}{5}$	0	0	0	$-\frac{1}{2}$	$\frac{1}{2}$	$\frac{2}{5}$	$\frac{1}{10}$	0		
6				$\frac{6}{5}$	0	0	0	$\frac{9}{2}$	$-\frac{7}{2}$	$\frac{13}{5}$	$\frac{9}{10}$	0		
1	3	0	2	$\frac{2}{5}$	0	0	1	0	0	$\frac{1}{5}$	$-\frac{1}{5}$	0	2	
2	1	0	3	$\frac{3}{5}$	1	1	0	0	0	$-\frac{1}{5}$	$\frac{1}{5}$	0		$t_2=4$
3	8	0	0	1	0	5	0	0	0	−1	0	1		$r=6; k=1$
→ 4	5	−1	0	$\frac{2}{5}$	0	2	0	−1	1	$-\frac{4}{5}$	$-\frac{1}{5}$	0		
5				$-\frac{2}{5}$	0	−1	0	0	0	$\frac{4}{5}$	$\frac{1}{5}$	0		
6				$\frac{13}{5}$	0	7	0	1	0	$-\frac{1}{5}$	$\frac{1}{5}$	0		
1	6	0	0	2	0	0	5	0	0	1	−1	0		
2	1	0	3	1	1	1	1	0	0	0	0	0		$t_3=5$
3	8	0	0	3	0	5	5	0	0	0	−1	1		
4	5	−1	0	2	0	2	4	−1	1	0	−1	0		
5				−2	0	−1	−4	0	0	0	1	0		
6				3	0	7	1	1	0	0	0	0		
1	3	0	2	$\frac{2}{5}$	0	0	1	0	0	$\frac{1}{5}$	$-\frac{1}{5}$	0		
2	1	0	3	$\frac{2}{5}$	1	0	0	0	0	0	$\frac{1}{5}$	$-\frac{1}{5}$		$t_{-1}=0$
→ 3	4	1	−1	0	0	0	0	1	−1	$\frac{2}{5}$	$\frac{1}{5}$	$\frac{2}{5}$		$r=5;$
4	2	−1	−4	$\frac{1}{5}$	0	1	0	0	0	$-\frac{1}{5}$	0	$\frac{1}{5}$		
5				$-\frac{1}{5}$	0	0	0	0	0	$\frac{3}{5}$	$\frac{1}{5}$	$\frac{1}{5}$		
6				$\frac{6}{5}$	0	0	0	0	1	$\frac{4}{5}$	0	$-\frac{9}{5}$		

Zur Bearbeitung von $t < \bar{t}$ kehren wir zum ersten Tableau zurück und haben jetzt $r = 4$; $k = 3$ zu setzen. Die Simplextransformation liefert das vierte Tableau, aus dem sich $t_{-1} = 0$; $r = 5$ ergibt. Da alle $y_{i5} \leqq 0$ sind, existieren für alle $t < 0$ unbeschränkte Lösungen.

Die Lösung der Aufgabe lautet somit:

Für $-2 \leqq t < 0$ existieren unbeschränkte Lösungen.

Für $0 \leqq t \leqq \frac{1}{9}$ ist $\overset{1}{x}{}_B^T = [x_3\ x_1\ x_4\ x_2] = \left[\frac{2}{5}\ \frac{2}{5}\ 0\ \frac{1}{5}\right]$

optimale zulässige Basislösung und $z_{\max} = -\frac{1}{5} + \frac{6}{5}t$.

Für $\frac{1}{9} \leqq t \leqq \frac{1}{7}$ ist $\overset{2}{x}{}_B^T = [x_3\ x_1\ x_8\ x_2] = \left[\frac{2}{5}\ \frac{2}{5}\ 0\ \frac{1}{5}\right]$

optimale zulässige Basislösung und $z_{\max} = -\frac{1}{5} + \frac{6}{5}t$.

Für $\frac{1}{7} \leqq t \leqq 4$ ist $\overset{3}{x}{}_B^T = [x_3\ x_1\ x_8\ x_5] = \left[\frac{2}{5}\ \frac{3}{5}\ 1\ \frac{2}{5}\right]$

optimale zulässige Basislösung und $z_{\max} = -\frac{2}{5} + \frac{13}{5}t$.

Für $4 \leqq t \leqq 5$ ist $\overset{4}{x}{}_B^T = [x_6\ x_1\ x_8\ x_5] = [2\ 1\ 3\ 2]$
optimale zulässige Basislösung und $z_{\max} = -2 + 3t$.

6.9.15 Für die Phase I der Simplexmethode sind die künstlichen Variablen x_{K1} und x_{K3} zu benutzen. Wir setzen $\bar{t} = -2$ und führen dafür die Phase I durch. Die Rechnung ist in der Tabelle 6.45 ausgeführt. Aus dem dritten Tableau ist ersichtlich, daß für $\bar{t} = -2$ keine zulässige Lösung der Aufgabe existiert, denn es ist $z_{I\max} = \frac{3}{2} + \frac{3}{2}(-2) = -\frac{3}{2}$. Wir erhalten $t_0 = -1$. $k = 1$, $r = 5$ und wenden den dualen Simplexalgorithmus an. Dadurch ergibt sich die im vierten Tableau enthaltene zulässige Basislösung der Aufgabe. Jetzt benutzen wir den Simplexalgorithmus zur Bestimmung einer optimalen zulässigen Basislösung für $\bar{t} = t_0 = -1$. Diese ist im fünften Tableau enthalten. Es ergibt sich jetzt $t_1 = 1$, $k = 3$, $r = 6$. Im sechsten Tableau sind alle $\varrho_t \geqq 0$, so daß die dort enthaltene zulässige Basislösung optimal ist bis $t = v = 5$.
Aus dem optimalen Simplextableau der Phase I für $\bar{t} = -2$ (drittes Tableau) erkennen wir ferner, daß für $t < \bar{t} = -2$ keine zulässigen Lösungen existieren. Bei der Untersuchung für $t < \bar{t}$ ist dort nämlich $k = 2$ zu setzen und es sind alle $y_{2j} \geqq 0$. Die Lösung der Aufgabe lautet somit:

Für $-5 \leqq t < -1$ existiert keine zulässige Lösung.

Für $-1 \leqq t \leqq 1$ ist $\overset{1}{x}{}_B^T = [x_5\ x_1\ x_2] = \left[\frac{3}{2} + \frac{3}{2}t\quad \frac{3}{2} + \frac{1}{2}t\quad \frac{1}{2} - \frac{1}{2}t\right]$

optimale zulässige Basislösung und $z_{\max} = \frac{19}{2} + \frac{5}{2}t$.

Tabelle 6.45

	Gl. Nr.	B.V. Nr.	c_B	0		1	2	3	4	5	6	Q	
				σ	ϱ	3	4	2	3	2	0		
	1	K1	−1	2	−1	2	1	1	−1	−1	0	2	$\bar{t}=-2$
	2	6	0	7	1	4	2	2	−2	0	1	$\frac{5}{4}$	$r=1;\ k=2$
	3	K3	−1	2	0	1	1	1	1	0	0	2	
	4			−4	1	−3	−2	−2	0	1	0		
	1	K1	−1	$-\frac{3}{2}$	$-\frac{3}{2}$	0	0	0	0	−1	$-\frac{1}{2}$		
→	2	1	0	$\frac{7}{4}$	$\frac{1}{4}$	1	$\frac{1}{2}$	$\frac{1}{2}$	$-\frac{1}{2}$	0	$\frac{1}{4}$		$r=4;\ k=3$
	3	K3	−1	$\frac{1}{4}$	$-\frac{1}{4}$	0	$\frac{1}{2}$	$\frac{1}{2}$	$\frac{3}{2}$	0	$-\frac{1}{4}$	$\frac{1}{2}$	
	4			$\frac{5}{4}$	$\frac{7}{4}$	0	$-\frac{1}{2}$	$-\frac{1}{2}$	$-\frac{3}{2}$	1	$\frac{3}{4}$		
	1	K1	−1	$-\frac{3}{2}$	$-\frac{3}{2}$	0	0	0	0	−1	$\frac{1}{2}$		$t_0=-1$
	2	1	0	$\frac{11}{6}$	$\frac{1}{6}$	1	$\frac{2}{3}$	$\frac{2}{3}$	0	0	$\frac{1}{6}$		$k=1;\ r=5$
→	3	4	0	$\frac{1}{6}$	$-\frac{1}{6}$	0	$\frac{1}{3}$	$\frac{1}{3}$	1	0	$-\frac{1}{6}$		
	4			$\frac{3}{2}$	$\frac{3}{2}$	0	0	0	0	1	$\frac{1}{2}$		
	Q									−1	−1		
→	1	5	2	$\frac{3}{2}$	$\frac{3}{2}$	0	0	0	0	1	$\frac{1}{2}$		$r=2,\ k=3$
	2	1	3	$\frac{11}{6}$	$\frac{1}{6}$	1	$\frac{2}{3}$	$\frac{2}{3}$	0	0	$\frac{1}{6}$	$\frac{5}{2}$	
	3	4	3	$\frac{1}{6}$	$-\frac{1}{6}$	0	$\frac{1}{3}$	$\frac{1}{3}$	1	0	$-\frac{1}{6}$	1	
	4			9	3	0	−1	1	0	0	1		
	1	5	2	$\frac{3}{2}$	$\frac{3}{2}$	0	0	0	0	1	$\frac{1}{2}$		$t_1=1$
	2	1	3	$\frac{3}{2}$	$\frac{1}{2}$	1	0	0	−2	0	$\frac{1}{2}$		$k=3;\ r=6$
→	3	2	4	$\frac{1}{2}$	$-\frac{1}{2}$	0	1	1	3	0	$-\frac{1}{2}$		
	4			$\frac{19}{2}$	$\frac{5}{2}$	0	0	2	3	0	$\frac{1}{2}$		
	Q										−1		
	1	5	2	2	1	0	1	1	3	1	0		
	2	1	3	2	0	1	1	1	1	0	0		
	3	6	0	−1	1	0	−2	−2	−6	0	1		
	4			10	2	0	1	3	6	0	0		

Für $1 \leqq t \leqq 5$ ist $\overset{2}{\mathbf{x}}{}_B^T = [x_5\ x_1\ x_6] = [2 + t \quad 2 \quad -1 + t]$
optimale zulässige Basislösung und $z_{max} = 10 + 2t$.

6.10.16 Die Aufgabe lautet jetzt (nach Überführung in die Normalform)

$$\begin{aligned}
2x_1 + 3x_2 + 4x_3 + x_4 \qquad\qquad\qquad &= 50\\
-2x_1 - 3x_2 - 4x_3 \qquad + x_5 \qquad\qquad &= -35\\
x_1 + 2x_2 + 5x_3 \qquad\qquad + x_6 \qquad &= 70\\
- x_1 - 2x_2 - 5x_3 \qquad\qquad\qquad + x_7 &= -40
\end{aligned}$$

$x_j \geqq 0; \quad j = 1, 2, \ldots, 7 \quad$ ganzzahlig

$z = -30x_1 - 20x_2 - 10x_3 \rightarrow$ Max.

Dabei ist zu bemerken, daß die Problematik nur die Ganzzahligkeit der Variablen x_1, x_2, x_3 verlangt. Da jedoch in den Restriktionen alle Koeffizienten und auch die Komponenten des Erfordernisvektors ganze Zahlen sind, ergibt sich die Ganzzahligkeit von x_4, x_5, x_6, x_7 dann automatisch, so daß die Ausdehnung der Ganzzahligkeitsforderung auf diese Variablen das Problem nicht unnötig einschränkt.

Eine optimale zulässige Basislösung entnehmen wir dem letzten Tableau der Tabelle 6.7. Dieses Tableau ist als erstes der Tabelle 6.46 nochmals aufgeschrieben.

Zuerst verwenden wir wegen $h_{20} = \frac{3}{4}$, $h_{30} = \frac{1}{4}$, $h_{40} = \frac{3}{4}$ die Basisvariable der Zeile 4 zur Konstruktion der Schnittebene. Diese lautet

$$-\frac{1}{2}x_1 - \frac{3}{4}x_2 - \frac{3}{4}x_5 + x_8 = -\frac{3}{4}.$$

Die Zufügung dieser Gleichung zu den Restriktionen liefert das zweite Tableau. Das daraus durch Anwenden des dualen Simplexalgorithmus mit $k = 5$; $r = 5$ gewonnene dritte Tableau enthält eine ganzzahlige Lösung, die Optimallösung für die gegebene Aufgabe ist. Die Lösung lautet:

$x_1 = 14; \quad x_7 = 5; \quad x_6 = 25; \quad x_3 = 9; \quad x_5 = 1; \quad \bar{z}_{min} = 90.$

Damit ist jetzt der folgende Produktionsplan optimal:

Es werden 9 Einheiten des Erzeugnisses 3 hergestellt.

Dabei werden 36 Einheiten des Ausgangsstoffes 1 ($x_z = 14$; $x_x = 1$) und 45 Einheiten des Ausgangsstoffes 2 ($x_6 = 25$; $x_7 = 5$) benötigt. Die entstehenden Kosten betragen $z_{min} = 90$.

Tabelle 6.46

Gl. Nr.	B.V. Nr.	c_B	0	1	2	3	4	5	6	7	8	
				-30	-20	-10	0	0	0	0		
1	4	0	15	0	0	0	1	1	0	0		
2	7	0	$\frac{15}{4}$	$\frac{3}{2}$	$\frac{7}{4}$	0	0	$-\frac{5}{4}$	0	1		
3	6	0	$\frac{105}{4}$	$-\frac{3}{2}$	$-\frac{7}{4}$	0	0	$\frac{5}{4}$	1	0		
4	3	-10	$\frac{35}{4}$	$\frac{1}{2}$	$\frac{3}{4}$	1	0	$-\frac{1}{4}$	0	0		
5			$-\frac{175}{2}$	25	$\frac{25}{2}$	0	0	$\frac{5}{2}$	0	0	8	
1	4	0	15	0	0	0	1	1	0	0	0	
2	7	0	$\frac{15}{4}$	$\frac{3}{2}$	$\frac{7}{4}$	0	0	$-\frac{5}{4}$	0	1	0	
3	6	0	$\frac{105}{4}$	$-\frac{3}{2}$	$-\frac{7}{4}$	0	0	$\frac{5}{4}$	1	0	0	$k = 5; r = 5$
4	3	-10	$\frac{35}{4}$	$\frac{1}{2}$	$\frac{3}{4}$	1	0	$-\frac{1}{4}$	0	0	0	
5	8	0	$-\frac{3}{4}$	$-\frac{1}{2}$	$-\frac{3}{4}$	0	0	$-\frac{3}{4}$	0	0	1	
6			$-\frac{175}{2}$	25	$\frac{25}{2}$	0	0	$\frac{5}{2}$	0	0	0	
Q				-50	$-\frac{50}{3}$			$-\frac{10}{3}$				
1	4	0	14	$-\frac{2}{3}$	-1	0	1	0	0	0	$\frac{4}{3}$	
2	7	0	5	$\frac{7}{3}$	3	0	0	0	0	1	$-\frac{5}{3}$	
3	6	0	25	$-\frac{7}{3}$	-3	0	0	0	1	0	$\frac{5}{3}$	
4	3	-10	9	$\frac{2}{3}$	1	1	0	0	0	0	$-\frac{1}{3}$	
→ 5	5	0	1	$\frac{2}{3}$	1	0	0	1	0	0	$-\frac{4}{3}$	
6			-90	$\frac{45}{2}$	10	0	0	0	0	0	$\frac{10}{3}$	

7. Zahlenfolgen und -reihen

7.1.1 a) $a_0 = 1, a_1 = 2, \ a_2 = 4, \ a_3 = 8, \ a_4 = 16, \ a_5 = 32, \ldots$

b) $a_1 = 1, \ a_2 = -\frac{1}{2}, \ a_3 = \frac{1}{3}, \ a_4 = -\frac{1}{4}, \ldots$

c) $a_1 = -2,\ a_2 = \frac{5}{4},\ a_3 = -1,\ a_4 = \frac{7}{8},\ a_5 = -\frac{4}{5}, \ldots$

d) $a_4 = 9,\ a_5 = \frac{11}{2},\ a_6 = \frac{13}{3},\ a_7 = \frac{15}{4}, \ldots$

7.1.2 a) $a_5 = -2 \cdot 5 + 4 = -6$

b) $a_5 = 10$. Da die Folge rekursiv erklärt ist, müssen auch die vorangehenden Glieder $a_3 = 2,\ a_4 = \frac{9}{2}$ berechnet werden.

7.1.3 $a_n = 2n - 1,\ n = 1, 2, \ldots$

7.1.4 $a_1 = 1,\ a_2 = \frac{1}{2},\ a_3 = \frac{1}{3},\ a_4 = \frac{1}{4},\ a_5 = \frac{1}{5},\ a_6 = \frac{1}{6}$

$b_1 = 3,\ b_2 = -3,\ b_3 = 7,\ b_4 = -7,\ b_5 = 11,\ b_6 = -11$

$c_1 = 1,\ c_2 = 2,\ c_3 = 2,\ c_4 = 4,\ c_5 = 8,\ c_6 = 32$

$d_1 = 5,\ d_2 = -\frac{1}{2},\ d_3 = \frac{28}{3},\ d_4 = -\frac{11}{4},\ d_5 = \frac{96}{5},\ d_6 = \frac{127}{6}$

7.1.5 $a_n = a + nd \qquad a_{100} = 33 + 100 \cdot 8 = 833$

7.1.6 $a_{20} = a + 20d \qquad a = a_{20} - 20d = 30 - 40 = -10$

7.1.7 $\{a_n\} = \{3n - 1\} = \{-1, 2, 5, 8, 11, 14, \ldots\}$

$a_{n+1} - a_n = (3(n + 1) - 1) - (3n - 1) = 3$

Die Zahlenfolge ist also arithmetisch mit der Differenz $d = 3$ und dem Anfangsglied $a = -1$, so daß die Summenformel $s_n = \frac{n+1}{2}(2a + nd)$ gilt. Damit finden wir $s_{20} = \frac{21}{2}(2(-1) + 20 \cdot 3) = 609$.

7.1.8 $\{a_n\} = \{2, 4, 8, 16, \ldots, 2^n, 2^{n+1}, \ldots\}$

$\{\Delta a_n\} = \{2, 4, 8, \ldots, 2^n, \ldots\}$

Die erste Differenzenfolge ist gleich der vorgelegten Zahlenfolge. Damit stimmen auch sämtliche Differenzenfolgen mit $\{a_n\}$ überein. Da aber die Zahlenfolge $\{a_n\}$ nicht identisch konstant ist, liegt keine arithmetische Zahlenfolge höherer Ordnung vor.

7.1.9 Das Anordnungsschema der Differenzen lautet:

```
0     1     8     27    64    125   216
   1     7     19    37    61    91
      6     12    18    24    30
         6     6     6     6
```

$\Delta a_n = a_{n+1} - a_n = (n + 1)^3 - n^3 = 3n^2 + 3n + 1$

$\Delta^2 a_n = \Delta a_{n+1} - \Delta a_n = 3(n + 1)^2 + 3(n + 1) + 1 - 3n^2 - 3n - 1 = 6n + 6$

$\Delta^3 a_n = \Delta^2 a_{n+1} - \Delta^2 a_n = 6(n + 1) + 6 - 6n - 6 = 6$

7.1.10 $a_n = aq^n, \quad a_8 = 2\left(\frac{1}{2}\right)^8 = \frac{1}{2^7} = \frac{1}{128}$

7.1.11 $a_4 = aq^4, \quad q^4 = \frac{a_4}{a} = \frac{54}{\frac{2}{3}} = 81, \quad q = \sqrt[4]{81} = \sqrt[4]{3^4} = 3$

7.1.12 Die gegebenen Zahlenfolgen sind geometrisch, und es gilt

a) $q = 2, \quad a = 1,$

b) $q = \frac{1}{2}, \quad a = 1.$

Durch Anwendung der Summenformel aus Abschnitt 7.1.4 finden wir

a) $s_n = a\frac{1 - q^{n+1}}{1 - q} = 1 \cdot \frac{1 - 2^{n+1}}{1 - 2} = 2^{n+1} - 1,$

b) $s_n = 1 \cdot \frac{1 - \left(\frac{1}{2}\right)^{n+1}}{1 - \frac{1}{2}} = 2\left(1 - \frac{1}{2^{n+1}}\right) = 2 - \frac{1}{2^n}.$

7.1.13 Ist k' untere Schranke der Zahlenfolge $\{a_n\}$, gilt $k' \leqq a_n$ für alle n. Dann muß natürlich auch für jede Zahl $k^* < k'$ die Ungleichung $k^* \leqq a_n$ für alle n bestehen.

7.1.14 Nach Voraussetzung ist

$a_n \leqq k_1''$,

$b_n \leqq k_2''$.

Daraus folgt

$a_n + b_n \leqq k_1'' + k_2''$.

7.1.15 Die Vermutung kann offenbar nicht erfüllt sein. Wir zeigen das an Hand eines Beispiels. Die Zahlenfolge

$\{a_n\} = \{0, -1, -2, \ldots, -n, \ldots\}$

ist nach oben beschränkt und Null eine obere Schranke. Die Zahlenfolge

$\{|a_n|\} = \{0, 1, 2, \ldots, n, \ldots\}$

ist dagegen nicht nach oben beschränkt.

7.1.16 a) $|a_n| = \left|(-1)^n \frac{n+3}{2n}\right| = \frac{n+3}{2n} = \frac{1}{2} + \frac{3}{2n} \leqq \frac{1}{2} + \frac{3}{2} = 2 = k$

b) $|a_n| = \left|\frac{2n+1}{n-3}\right| = \frac{2n - 6 + 7}{n-3} = \frac{2(n-3)+7}{n-3} = 2 + \frac{7}{n-3}$
$\leqq 2 + 7 = 9 = k$

7.1.17 a) $a_{n+1} = 2^{n+1} = 2 \cdot 2^n = 2a_n > a_n$
Die Zahlenfolge ist streng monoton wachsend.

b) Wegen $a_1 > a_2$ und $a_2 < a_3$ ist die Zahlenfolge nicht monoton.

c) Wegen $a_1 < a_2$ und $a_2 > a_3$ ist die Folge nicht monoton.

d) $a_n = \frac{2n+1}{n-3}$, $a_{n+1} = \frac{2(n+1)+1}{(n+1)-3} = \frac{2n+3}{n-2}$.

Es ist $a_{n+1} < a_n$, wenn

$$\frac{2n+3}{n-2} < \frac{2n+1}{n-3},$$

$(2n+3)(n-3) < (2n+1)(n-2)$ (beachte $n > 3$!),

$2n^2 - 3n - 9 < 2n^2 - 3n - 2$,

$-9 < -2$ (richtig; die Ungleichungsfolge kann auch umgekehrt durchlaufen werden!).

Die Zahlenfolge ist streng monoton fallend.

7.1.18 Nach Voraussetzung gilt:

$$a_n \geqq a_{n+1}, \quad a_n > 0, \quad a_{n+1} > 0,$$
$$b_n \leqq b_{n+1}, \quad b_n < 0, \quad b_{n+1} < 0.$$

Daraus folgt:

$$\begin{array}{lll} a_n \geqq a_{n+1}, & a_n > 0, & a_{n+1} > 0, \\ \underline{-b_n \geqq -b_{n+1},} & -b_n > 0, & -b_{n+1} > 0, \\ -a_nb_n \geqq -a_{n+1}b_{n+1}, & & \\ a_nb_n \leqq a_{n+1}b_{n+1}. & & \end{array}$$

Die Zahlenfolge $\{a_nb_n\}$ ist monoton wachsend.

7.1.19 Wegen $a_n = q^n a$, $q > 1$, $a > 0$ sind alle $a_n > 0$. Aus $q > 1$, $a_n > 0$ folgt $a_n < qa_n$. Andererseits ist $a_{n+1} = qa_n$, so daß sich $a_n < a_{n+1}$ ergibt.

7.1.20 a) $|a_n| = \left|\frac{(-1)^n}{n^2+n}\right| = \frac{1}{n^2+n} < \frac{1}{n} < \varepsilon$ für $n > \frac{1}{\varepsilon}$

Es muß $N(\varepsilon) > \frac{1}{\varepsilon}$ gelten.

b) $|a_n| = \left|\frac{3n^2+2n-1}{n^4-1}\right| < \frac{3n^2+2n}{n^4-1} < \frac{3n^2+2n}{n^4} \leqq \frac{3n^2+2n^2}{n^4} = \frac{5}{n^2}$

$|a_n| < \varepsilon$ für $n > \sqrt{\frac{5}{\varepsilon}}$; $N(\varepsilon) > \sqrt{\frac{5}{\varepsilon}}$

7.2.21 a) $\left\{\frac{n+1}{2n}\right\} = \left\{1, \frac{3}{4}, \frac{2}{3}, \frac{5}{8}, \frac{3}{5}, \frac{12}{7}, \ldots\right\}$

Wir vermuten den Grenzwert $a = \frac{1}{2}$.

$|a_n - a| = \left|\frac{n+1}{2n} - \frac{1}{2}\right| = \frac{n+1-n}{2n} = \frac{1}{2n} < \varepsilon$ für $n > \frac{1}{2\varepsilon}$

$N(\varepsilon) > \frac{1}{2\varepsilon}$

$a = \frac{1}{2}$ ist Grenzwert der Zahlenfolge.

b) Es ist $a = \frac{3}{4}$ zu erwarten.

$$|a_n - a| = \left|\frac{3n+2}{4n-1} - \frac{3}{4}\right| = \left|\frac{12n+8-12n+3}{4(4n-1)}\right| = \frac{11}{4(4n-1)}$$

$$= \frac{11}{16\left(n - \frac{1}{4}\right)} = \frac{\frac{11}{16}}{n - \frac{1}{4}} < \frac{1}{n - \frac{1}{4}} < \varepsilon \quad \text{für} \quad n > \frac{1}{\varepsilon} + \frac{1}{4}$$

$N(\varepsilon) > \frac{1}{\varepsilon} + \frac{1}{4}$

$a = \frac{3}{4}$ ist Grenzwert der Zahlenfolge.

c) Vermutung $a = \frac{5}{4}$

$$|a_n - a| = \left|\sqrt{4n^2+5n+2} - 2n - \frac{5}{4}\right|$$

$$= \left|\frac{\left\{\sqrt{4n^2+5n+2} - \left(2n + \frac{5}{4}\right)\right\}\left\{\sqrt{4n^2+5n+2} + \left(2n + \frac{5}{4}\right)\right\}}{\sqrt{4n^2+5n+2} + \left(2n + \frac{5}{4}\right)}\right|$$

$$= \left|\frac{(4n^2+5n+2) - \left(2n + \frac{5}{4}\right)^2}{\sqrt{4n^2+5n+2} + \left(2n + \frac{5}{4}\right)}\right|$$

$$= \frac{\frac{7}{16}}{\sqrt{4n^2+5n+2} + \left(2n + \frac{5}{4}\right)}$$

$$< \frac{1}{\sqrt{4n^2+5n+2} + \left(2n + \frac{5}{4}\right)}$$

$$|a_n - a| < \frac{1}{2n + \frac{5}{4}} < \frac{1}{2n} < \varepsilon \text{ für } n > \frac{1}{2\varepsilon}$$

$N(\varepsilon) > \frac{1}{2\varepsilon}$; $\quad a = \frac{5}{4}$ Grenzwert.

d) $a_1 = \frac{3}{10}$, $\quad a_2 = \frac{33}{100} = \frac{30}{100} + \frac{3}{100} = \frac{3}{10} + \frac{3}{100}$

$$a_3 = \frac{333}{1000} = \frac{300}{1000} + \frac{30}{1000} + \frac{3}{1000} = \frac{3}{10} + \frac{3}{100} + \frac{3}{1000}$$

$$a_n = \frac{3}{10} + \frac{3}{100} + \cdots + \frac{3}{10^n} = \frac{3}{10^n}(10^{n-1} + 10^{n-2} + \cdots + 10 + 1)$$

Nach der Summenformel für geometrische Folgen aus Abschnitt 7.1.4. ist

$$a_n = \frac{3}{10^n} \cdot \frac{1 - 10^n}{1 - 10}.$$

Wir vermuten den Grenzwert $a = \frac{1}{3}$. Es gilt

$$|a_n - a| = \left| \frac{3}{10^n} \cdot \frac{1 - 10^n}{1 - 10} - \frac{1}{3} \right|$$

$$= \left| \frac{10^n - 1}{3 \cdot 10^n} - \frac{1}{3} \right| = \frac{1}{3 \cdot 10^n} < \varepsilon \text{ für } n > \lg \frac{1}{3\varepsilon},$$

$N(\varepsilon) > \lg \frac{1}{3\varepsilon}$; $\quad a = \frac{1}{3}$ Grenzwert.

e) Die Anwendung der Summenformel der geometrischen Folge liefert

$$a_n = \frac{1 - q^{n+1}}{1 - q}.$$

Mit

$$a = \frac{1}{1 - q}$$

folgt

$$|a_n - a| = \left| \frac{1 - q^{n+1}}{1 - q} - \frac{1}{1 - q} \right| = \left| \frac{q^{n+1}}{1 - q} \right|.$$

Die Zahlenfolge $\{q_n\}$ bildet für $|q| < 1$ nach Satz 7.5 eine Nullfolge. Demnach gilt

$$|q^{n+1}| < \varepsilon^* \text{ für } n \geqq N^*(\varepsilon^*).$$

Also ist

$$|a_n - a| < \frac{\varepsilon^*}{1 - q} = \varepsilon \text{ für } n \geqq N(\varepsilon).$$

7.2.22 a) $\left\{\frac{1 + (-1)^n}{2}\right\} = \{0, 1, 0, 1, 0, 1, \ldots\}$

Die Glieder der Zahlenfolge nehmen abwechselnd die Werte 0 und 1 an. Wählen wir $\varepsilon < 1$, kann $|a_n|$ nicht von einem bestimmten Index an für *alle* folgenden Glieder kleiner als ε sein. Null ist also nicht Grenzwert der Zahlenfolge.

b) Für die Beträge der Glieder a_n gilt wegen $|q| > 1$

$$|a_n| = |q^n| = |q|^n > 1.$$

Wählen wir $\varepsilon < 1$, ist die Bedingung $|a_n| < 1$ für kein n erfüllt. Damit liegt keine Nullfolge vor.

7.2.23 Wir zeigen das am besten an Hand eines Beispiels. Für die Glieder der Zahlenfolge

$$a_n = \frac{n-1}{n}, \quad n = 1, 2, \ldots$$

gilt offenbar $|a_n| < 1$ für alle n. Es ist aber

$$\lim_{n\to\infty} \frac{n-1}{n} = 1 = a$$

und damit $|a| < 1$ nicht richtig.

7.2.24 Nach Satz 7.8 ist die Produktfolge zweier konvergenter Zahlenfolgen $\{a_n\}$, $\{b_n\}$ mit den Grenzwerten a beziehungsweise b konvergent und der Grenzwert gleich $a \cdot b$. Setzen wir

$$a_n = b_n \ \forall\, n,$$

folgt

$$\lim_{n\to\infty} a_n \cdot a_n = a \cdot a$$

und damit die Behauptung.

7.2.25 $a_n = \frac{1}{2^n}, \quad b_n = \frac{1}{4^n} = \frac{1}{2^{2n}},$

$$\frac{a_n}{b_n} = 2^n.$$

Für sämtliche Glieder der Zahlenfolge $\left\{\frac{a_n}{b_n}\right\}$ gilt

$$\left|\frac{a_n}{b_n}\right| \geqq 2.$$

Wählen wir $\varepsilon = 1$, gilt

$$\left|\frac{a_n}{b_n}\right| < 1$$

für keinen Index n. Damit kann die Zahlenfolge $\left\{\frac{a_n}{b_n}\right\}$ keine Nullfolge sein.

7.2.26 Wir wenden die Beziehung (7.10) an, indem wir $a_n = 1$ für alle n setzen. Nach Satz 7.4 ist dann der Grenzwert von $\{a_n\}$ gleich 1.

7.2.27 Für $n > e^G$ ist $\ln n > G$.

7.3.28 a) $\sum\limits_{n=0}^{\infty} \frac{1}{2^n}$ oder $1 + \frac{1}{2} + \frac{1}{2^2} + \cdots + \frac{1}{2^n} + \cdots$

$$s_n = 1 + \frac{1}{2} + \frac{1}{2^2} + \cdots + \frac{1}{2^n}$$

s_n ist Teilsumme einer geometrischen Reihe mit $q = \frac{1}{2}$. Folglich können wir nach der Summenformel aus Abschnitt 7.1.4. dafür

$$s_n = \frac{1 - \left(\frac{1}{2}\right)^{n+1}}{1 - \frac{1}{2}} = 2\left(1 - \frac{1}{2^{n+1}}\right) = 2 - \frac{1}{2^n}$$

schreiben.

b) $\sum_{n=1}^{\infty} (-1)^n \frac{n+3}{2n}$

oder

$$-2 + \frac{5}{4} - 1 + \frac{7}{8} - \frac{4}{5} + - \cdots + (-1)^n \frac{n+3}{2n} + \cdots$$

$$s_n = -2 + \frac{5}{4} - 1 + \frac{7}{8} - \frac{4}{5} + - \cdots + (-1)^n \frac{n+3}{2n}$$

$$= \sum_{k=1}^{n} (-1)^n \frac{n+3}{2n}$$

c) $\sum_{n=4}^{\infty} \frac{n^2-1}{2n-6}$ oder $\frac{15}{2} + 6 + \frac{35}{6} + 6 + \cdots + \frac{n^2-1}{2n-6} + \cdots$

$$s_n = \frac{15}{2} + 6 + \frac{35}{6} + 6 + \cdots + \frac{n^2-1}{2n-6} = \sum_{k=4}^{n} \frac{n^2-1}{2n-6}$$

7.3.29 Nach Aufgabe 7.3.28 a) gilt

$$s_n = 2 - \frac{1}{2^n}.$$

$\left\{\frac{1}{2^n}\right\}$ bildet offenbar eine Nullfolge, so daß sich

$$\lim_{n \to \infty} s_n = 2$$

oder

$$\sum_{n=0}^{\infty} \frac{1}{2^n} = 2$$

ergibt. Zu dem gleichen Ergebnis gelangen wir durch Anwendung von Satz 7.19 mit $a = 0$, $q = \frac{1}{2}$.

7.3.30 Es liegt eine unendliche geometrische Reihe mit $q = 2$ vor. Nach Satz 7.20 besitzt die Reihe keine Summe. Jedoch ist q positiv, so daß

$$\sum_{n=0}^{\infty} 2^n = +\infty$$

gilt.

7.3.31 Die unendliche Reihe besitzt die Glieder

$$a_n = \frac{3}{10^n}, \quad n = 1, 2, \ldots$$

Schreiben wir die Reihe ausführlich in der Form

$$\frac{3}{10} + \frac{3}{10^2} + \frac{3}{10^3} + \cdots + \frac{3}{10^n} + \cdots$$

oder

$$\frac{3}{10} \cdot 1 + \frac{3}{10} \cdot \frac{1}{10} + \frac{3}{10}\left(\frac{1}{10}\right)^2 + \cdots + \frac{3}{10}\left(\frac{1}{10}\right)^{n-1} + \cdots,$$

erkennen wir, daß eine unendliche geometrische Reihe mit

$$a = \frac{3}{10}, \quad q = \frac{1}{10}$$

vorliegt. Nach Satz 7.19 besitzt diese Reihe eine Summe, und es gilt

$$\sum_{n=1}^{\infty} \frac{3}{10^n} = \sum_{n=0}^{\infty} \frac{3}{10}\left(\frac{1}{10}\right)^n = \frac{\frac{3}{10}}{1 - \frac{1}{10}} = \frac{1}{3}.$$

Dafür können wir auch

$$\frac{1}{3} = \frac{3}{10} + \frac{3}{100} + \frac{3}{1\,000} + \cdots = 0{,}3 + 0{,}03 + 0{,}003 + \cdots$$

schreiben.

Dieses Ergebnis haben wir auf anderem Wege bereits in Aufgabe 7.2.21 d) hergeleitet.

7.3.32 $a_n = \frac{2^n}{n!}$

$$a_{n+1} = \frac{2^{n+1}}{(n+1!)}$$

$$\frac{a_{n+1}}{a_n} = \frac{2^{n+1} n!}{(n+1)!\, 2^n}$$

$$= \frac{2 \cdot 2^n \cdot n!}{(n+1)\, n!\, 2^n}$$

$$= \frac{2}{n+1} \leqq \frac{2}{3} = q < 1 \;\forall\, n \geqq 2$$

Die Konvergenz der unendlichen Reihe ist damit nach dem Quotientenkriterium (Satz 7.21) gesichert.

7.3.33 $a_n = n^n 2^n = (2n)^n$

$$\sqrt[n]{a_n} = \sqrt[n]{(2n)^n} = 2n \geqq 1 \;\forall\, n \geqq 1$$

Aus Satz 7.22 ergibt sich daraus die Divergenz der unendlichen Reihe.

7.3.34 $a_n = \left(1 - \frac{1}{n}\right)^n$

$$\sqrt[n]{a_n} = \sqrt[n]{\left(1 - \frac{1}{n}\right)^n} = 1 - \frac{1}{n} < 1$$

Es kann aber keine Zahl $q < 1$ gefunden werden, so daß

$$1 - \frac{1}{n} \leqq q < 1 \;\forall\, n \geqq N$$

gilt, da

$$\lim_{n\to\infty} \left(1 - \frac{1}{n} = \lim_{n\to\infty} 1 - \lim_{n\to\infty} \frac{1}{n} = 1\right.$$

ist. Die Anwendung des Wurzelkriteriums versagt, und wir erhalten keine Entscheidung über die Konvergenz.

8. Differentialrechnung für Funktionen mit einer unabhängigen Variablen

8.1.1 Das gesuchte Polynom hat die Gestalt

$$f(x) = \frac{10}{3}x^3 - \frac{7}{2}x^2 - \frac{29}{6}x + 2.$$

8.1.2 Für $|x| \geqq 1$ gilt zunächst $1 + x^2 \leqq 1 + x^4$ und damit

$$f(x) = \frac{1 + x^2}{1 + x^4} \leqq 1.$$

Für $|x| < 1$ ergibt sich wegen $1 \leqq 1 + x^2 < 2$ und $1 + x^4 \geqq 1$ die Abschätzung

$$f(x) = \frac{1 + x^2}{1 + x^4} < 2.$$

Mithin besteht der Sachverhalt

$$0 < f(x) < 2$$

für alle reellen x. Folglich ist $f(x)$ beschränkt.

8.1.3 Die untere Grenze beträgt $f(a)$, die obere $f(b)$.

8.1.4 Die gegebene Funktion ist

a) überall stetig, wenn $A = 4$ und
für $x = 2$ unstetig, wenn $A \neq 4$;

b) überall stetig.

8.1.5 Die gesuchten Unstetigkeitsstellen sowie deren Charakter sind

a) $x = 1$ (unendlicher Sprung)

b) $x = -1$ (hebbare Unstetigkeit)

c) $x = 0$ (endlicher Sprung).

8.2.6 Die Ableitung

$$f'(x) = x^2 + x - 2$$

nimmt

a) den Wert 0 an den Stellen $x = -2$ und $x = 1$;

b) den Wert 10 an den Stellen $x = -4$ und $x = 3$ an.

8.2.7 Die erste Ableitung hat die Gestalt

a) $f'(x) = 10a^2x - 5x^4$

b) $f'(x) = -\frac{1}{x^2} - \frac{1}{2x\sqrt{x}} - \frac{1}{3x\sqrt[3]{x}}$

c) $f'(x) = \frac{x^2}{(\cos x + x \sin x)^2}$.

8.2.8 Das gesuchte Differential lautet

a) $dy = -\frac{1}{x^2}\,dx$

b) $dy = \frac{1 + 2x^2}{(1 - x^2)^{\frac{3}{2}}}\,dx$

c) $dy = x \sin x \, dx$.

8.2.9 Aus $f(x + \Delta x) - f(x) \approx f'(x)\,\Delta x$ folgt mit $f(x) = \sqrt{x}$

$\sqrt{x + \Delta x} - \sqrt{x} \approx \frac{1}{2\sqrt{x}}\Delta x$

oder mit $x = c^2, \Delta x = b$ die Behauptung.

Die gesuchten Näherungswerte ergeben sich zu

a) $\sqrt{5} = \sqrt{2^2 + 1} \approx 2{,}25$ (Tafelwert 2,24)

b) $\sqrt{120} = \sqrt{11^2 - 1} \approx 10{,}9546$ (Tafelwert 10,9545)

c) $\sqrt{34} = \sqrt{6^2 - 2} \approx 5{,}833$ (Tafelwert 5,831).

8.2.10 Aus

$f(r) = \frac{4}{3}\pi r^3$

ergibt sich

$\Delta f(r) \approx 4\pi r^2 \Delta r$ und damit

$\frac{\Delta f(r)}{f(r)} \approx 3\frac{\Delta r}{r}$.

Wegen $\frac{\Delta f(r)}{f(r)} \leqq 0{,}01$ folgt sodann

$\frac{\Delta r}{r} \leqq \frac{0{,}01}{3} = 0{,}00\overline{3}$.

Demzufolge reicht ein relativer Fehler von höchstens 0,33% für die Radiusmessung einer Kugel, um die vorgeschriebene Genauigkeit für die Kugeloberfläche zu garantieren.

8.2.11 Die Ableitung n-ter Ordnung lautet

a) $f^{(n)}(x) = m(m-1)\cdots(m-[n-1])\,x^{m-n}$

b) $f^{(n)}(x) = \begin{cases} \cos x, & \text{falls } n = 4k \\ -\sin x, & \text{falls } n = 4k + 1 \\ -\cos x, & \text{falls } n = 4k + 2 \\ \sin x, & \text{falls } n = 4 + 3 \end{cases}$

mit $k = 0, 1, 2, \ldots$

8.3.12 Die gesuchte Taylorsche Reihe lautet

$T(x) = 1 + 2x + 2x^2$.

8.3.13 Die Abschätzungen ergeben sich durch Anwendung der Taylorschen Formel.

a) Das Restglied R_4
(man beachte, daß wegen $(\sin x)^{(4)} = \sin x$ und $\sin 0 = 0$ der Koeffizient von x^4 in der Reihe verschwindet) in

$$\sin x = x - \frac{x^3}{6} + R_4$$

läßt sich wegen $|\cos x| \leqq 1$, $\frac{d^5 \sin x}{dx^5} = \cos x$ und $|x| < \frac{1}{2}$ zu

$$|R_4| = \frac{|\cos x|\,|x|^5}{5!} \leqq \frac{1}{3840}$$

abschätzen. Damit beträgt der absolute Fehler der Näherungsformel höchstens $\frac{1}{3840}$.

b) Das Restglied R_3 in

$$\sqrt{1+x} = 1 + \frac{x}{2} - \frac{1}{8}x^2 + R_3$$

läßt sich wegen

$$|R_3| = \frac{3}{8} \cdot \frac{1}{3!}(1+x)^{-\frac{5}{2}} \quad \text{und} \quad 0 < x < 1$$

zu $|R_3| \leqq \frac{1}{16}$ abschätzen. Damit beträgt der absolute Fehler der Näherungsformel höchstens $\frac{1}{16}$.

8.3.14 Die gesuchte n-te Ableitung ist
$f^{(n)}(x) = (n + x)\,e^x$.

8.4.15 a) Die Funktion besitzt ein Maximum $y_{max} = 2{,}25$ bei $x = \frac{1}{2}$.

b) Die Funktion besitzt ein Maximum $y_{max} = 0$ bei $x = 0$, falls n ungerade ist. Sie besitzt kein Extremum für gerades n.

c) Die Funktion besitzt ein Minimum $y_{min} = 0$ bei $x = 0$.

8.4.16 Die gesuchten Werte sind

a) $y = 2$ bzw. $y = 66$
b) $y = 1$ bzw. $y = 3$
c) $y = 1$ bzw. $y = 3$.

8.4.17 Die gesuchten Infima und Suprema sind

a) $\inf f(x) = 0 \qquad \sup f(x) = \frac{1}{2}(1 + \sqrt{2}) \approx 1{,}2$

b) $\inf f(x) = 0 \qquad \sup f(x) = \frac{100}{e} \approx 36{,}8$.

8.4.18 a) Die Funktion $f(x)$ fällt für $-\infty < x < -1$ und $1 < x < \infty$ und wächst für $-1 < x < 1$.

b) Die Funktion $f(x)$ wächst für $0 < x < n$ und fällt für $n < x < \infty$.

c) Die Funktion $f(x)$ wächst stets.

9. Differentialrechnung für Funktionen mit mehreren unabhängigen Variablen

9.1.1 Die Abbildung 9.2 zeigt die geometrische Darstellung der Funktion.

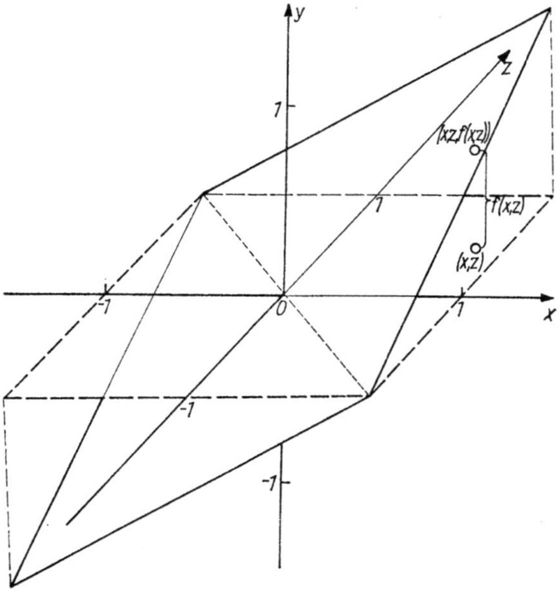

Abbildung 9.2

9.2.2 Die partiellen Ableitungen lauten:

$$f_v(v\ w\ x\ z) = a_1$$
$$f_w(v\ w\ x\ z) = -2a_2 w$$
$$f_x(v\ w\ x\ z) = \frac{a_3 z}{2\sqrt{xz}}$$
$$f_z(v\ w\ x\ z) = \frac{a_3 x}{2\sqrt{xz}}.$$

9.2.3 Die partiellen Nachfrageelastizitäten lauten:

$$e_1 = \frac{p_1}{y}(-1) = -\frac{p_1}{y}$$
$$e_2 = \frac{p_2}{y}(2p_2) = 2\frac{p_2}{y}.$$

9.2.4 Die zweiten partiellen Ableitungen von f sind:

$$\frac{\partial^2 f}{\partial p_1^2} = -4$$
$$\frac{\partial^2 f}{\partial p_1\, \partial p_2} = \frac{\partial^2 f}{\partial p_2\, \partial p_1} = 0$$
$$\frac{\partial^2 f}{\partial p_2^2} = 2.$$

9.2.5 Der Fehler bei der Berechnung der Arbeitsproduktivität ist für hinreichend kleine δq und δt sicher nicht größer als

$$\begin{aligned}\delta p_a &= \delta q\,|f_q| + \delta t|f_t| \\ &= \delta q\frac{1}{t} + \delta t\frac{q}{t^2} \\ &= \frac{\delta qt + \delta tq}{t^2}.\end{aligned}$$

9.3.6 Randpunkte kommen hier als Extremwerte nicht in Frage. Daher betrachten wir nur die stationären Punkte. Sie werden als Lösung des Gleichungssystems

$$\begin{aligned}f_x &= 0\\ f_z &= 0\end{aligned}$$

gefunden, das heißt in diesem Fall als Lösung von

$$\begin{aligned}6 + 6x &= 0\\ -5 + 5z &= 0.\end{aligned}$$

Danach gibt es nur den einen stationären Punkt $(-1\;\;1)$ mit dem Funktionswert

$$f(-1\;\;1) = -6 - 5 + 3 + 2{,}5 = -5{,}5.$$

Wegen

$$f_{xx}f_{zz} = f_{xz}^2 = 6 \cdot 5 - 0 = 30 > 0$$

und

$$f_{xx} = 6 > 0$$

ist der Funktionswert $f(-1\;\;1) = -5{,}5$ ein Minimum. Weitere Extremwerte kann es nicht geben.

9.3.7 Die Summe der Abweichungsquadrate ist

$$q(a_1\;\;a_2\;\;a_3) = \sum_{i=1}^{n}(a_1 + a_2x_i + a_3x_i^2 - y_i)^2.$$

Deren partielle Ableitungen sind

$$\begin{aligned}\frac{\partial q}{\partial a_1} &= 2\sum_{i=1}^{n}(a_1 + a_2x_i + a_3x_i^2 - y_i)\\ \frac{\partial q}{\partial a_2} &= 2\sum_{i=1}^{n}(a_1 + a_2x_i + a_3x_i^2 - y_i)\,x_i\\ \frac{\partial q}{\partial a_3} &= 2\sum_{i=1}^{n}(a_1 + a_2x_i + a_3x_i^2 - y_i)\,x_i^2.\end{aligned}$$

Durch Nullsetzen folgen hieraus die Normalgleichungen

$$\begin{aligned}na_1 + a_2\sum_{i=1}^{n}x_i + a_3\sum_{i=1}^{n}x_i^2 &= \sum_{i=1}^{n}y_i\\ a_1\sum_{i=1}^{n}x_i + a_2\sum_{i=1}^{n}x_i^2 + a_3\sum_{i=1}^{n}x_i^3 &= \sum_{i=1}^{n}y_ix_i\\ a_1\sum_{i=1}^{n}x_i^2 + a_2\sum_{i=1}^{n}x_i^3 + a_3\sum_{i=1}^{n}x_i^4 &= \sum_{i=1}^{n}y_ix_i^2.\end{aligned}$$

10. Integralrechnung mit einer unabhängigen Variablen

10.1.1 $2\sqrt{x} \quad (x > 0)$

10.1.2 $\frac{1}{3}x^3 + 3x^2$

10.1.3 $\int \frac{dx}{\sqrt{1-a^2x^2}} = \frac{1}{a}\left[\int \frac{dt}{\sqrt{1-t^2}}\right]_{t=ax} = \frac{1}{a}\arcsin(ax)$ für $|x| < \frac{1}{|a|}$

10.1.4 $\int \sin^3 x \cos x \, dx = [\int t^3 \, dt]_{t=\sin x} = \frac{1}{4}\sin^4 x$

10.1.5 $\int \frac{\ln x}{x} dx = \left[\int t \, dt\right]_{t=\ln x} = \frac{1}{2}(\ln x)^2$

10.1.6 $\int \sqrt{2x+3} \, dx = \frac{1}{2}\left[\int \sqrt{t} \, dt\right]_{t=2x+3} = \frac{1}{3}\sqrt{(2x+3)^3}, \quad \left(x > -\frac{3}{2}\right)$

10.1.7 $\int \frac{dx}{(6x+1)^2} = \frac{1}{6}\left[\int \frac{dt}{t^2}\right]_{t=6x+1} = -\frac{1}{6(6x+1)}, \quad \left(x \neq -\frac{1}{6}\right)$

10.1.8 $\int \frac{dx}{x^2+6x+10} = \left[\int \frac{dt}{1+t^2}\right]_{t=x+3} = \arctan(x+3)$

10.1.9 $\int \frac{x \, dx}{a^2+b^2x^2} = \frac{1}{2b^2}\left[\int \frac{dt}{t}\right]_{t=a^2+b^2x^2} = \frac{1}{2b^2}\ln(a^2+b^2x^2)$

10.1.10 $\int \frac{x}{\cos^2 x} = x \tan x - \int \tan x \, dx = x \tan x + \ln|\cos x| \quad \left(x \neq (2k+1)\frac{\pi}{2}\right)$

10.1.11 $\int \frac{\sin x \cos x}{1+\sin^2 x} dx = \frac{1}{2}\left[\int \frac{dt}{t}\right]_{t=1+\sin^2 x} = \frac{1}{2}\ln(1+\sin^2 x)$

10.1.12 $\int x e^{x^2} dx = \frac{1}{2}\left[\int e^t \, dt\right]_{t=x^2} = \frac{1}{2}e^{x^2}$

10.1.13 Wegen $\cos mx \cos nx = \frac{1}{2}[\cos(m+n)x + \cos(m-n)x]$ gilt

$$\int \cos mx \cos nx \, dx = \begin{cases} \frac{1}{2}\left(\frac{\sin 2mx}{2m} + x\right) & \text{für } m = n \\ \frac{1}{2}\left(\frac{\sin(m+n)x}{m+n} + \frac{\sin(m-n)x}{m-n}\right) & \text{für } m \neq n. \end{cases}$$

10.1.14 $\int \arcsin x \, dx = x \arcsin x - \int \frac{x}{\sqrt{1-x^2}} dx = x \arcsin x + \sqrt{1-x^2}$

10.1.15 $\int \frac{5x+7}{2x+3} dx = \int \left(\frac{5}{2} - \frac{1}{2}\frac{1}{2x+3}\right) dx$

$$= \frac{5}{2}x - \frac{1}{4}\ln|2x+3| \quad \left(x \neq -\frac{3}{2}\right)$$

10.1.16 $\int \frac{x^4-2x^2+2}{x^2+1} dx = \int \left(x^2 - 3 + \frac{5}{x^2+1}\right) dx = \frac{1}{3}x^3 - 3x + 5 \arctan x$

10.1.17 $\int \frac{x-4}{(x^2-1)(x-1)}\,dx = -\frac{5}{4}\int \frac{dx}{x+1} + \frac{5}{4}\int \frac{dx}{x-1} - \frac{3}{2}\int \frac{dx}{(x-1)^2}$

$= -\frac{5}{4}\ln|x+1| + \frac{5}{4}\ln|x-1| + \frac{3}{2(x-1)} \quad (|x| \neq 1)$

10.1.18 Nach Rekursionsformel (10.48) gilt

$$\int \frac{dx}{(x^2+1)^2} = \frac{x}{x^2+1} + \frac{1}{2}\arctan x.$$

10.1.19 $\int \frac{x-3}{x^2+x+1}\,dx = \frac{1}{2}\int \frac{2x+1}{x^2+x+1}\,dx - \frac{7}{2}\int \frac{dx}{x^2+x+1}$

$= \frac{1}{2}\ln(x^2+x+1) - \frac{7}{\sqrt{3}}\arctan\left(\frac{2x+1}{\sqrt{3}}\right)$

10.1.20 $\int \frac{x}{\sqrt{x+1}}\,dx = 2\left[\int (t^2-1)\,dt\right]_{t=\sqrt{x+1}}$

$= \frac{2}{3}\sqrt{(x+1)^3} - 2\sqrt{x+1}, \quad (x > -1)$

10.1.21 $\int \sqrt{1+x^2}\,dx = \left[\int \cosh^2 t\,dt\right]_{x=\sinh t} = \frac{1}{2}\left[t + \cosh t \sinh t\right]_{x=\sinh}$

$= \frac{1}{2}\left[\operatorname{arcsinh} x + x\sqrt{1+x^2}\right]$

$= \frac{1}{2}(\ln(x+\sqrt{1+x^2}) + x\sqrt{1+x^2})$

10.1.22 $\int \frac{dx}{x\sqrt{1+x^2}} = \left[\int \frac{dt}{t^2-1}\right]_{t=\sqrt{1+x^2}} = \frac{1}{2}\left[\ln\left|\frac{t-1}{t+1}\right|\right]_{t=\sqrt{1+x^2}}$

$= \frac{1}{2}\ln\left(\frac{\sqrt{1+x^2}-1}{\sqrt{1+x^2}+1}\right)$

10.2.23 $\int_0^{\frac{\pi}{4}} \cos x\,dx = \left[\sin x\right]_0^{\frac{\pi}{4}} = \frac{\sqrt{2}}{2}$

10.2.24 $\int_2^4 |x-3|\,dx = \int_2^3 (3-x)\,dx + \int_3^4 (x-3)\,dx = 1$

10.2.25 $\int_{-\frac{\pi}{4}}^{\frac{\pi}{3}} \tan x\,dx = -\left[\ln|\cos x|\right]_{-\frac{\pi}{4}}^{\frac{\pi}{3}} = \frac{1}{2}\ln 2$

10.3.26 $F = 4b\int_0^a \sqrt{1-\frac{x^2}{a^2}}\,dx = 4ab\int_0^{\frac{\pi}{2}} \cos^2 t\,dt = ab\pi$

Es wurde die Substitution $x = a\sin t$ $\left(0 \leq t \leq \frac{\pi}{2}\right)$ verwendet.

10.3.27 $\mu = \frac{1}{2h} \int_{-h}^{h} f(x)\,dx = \frac{1}{2h}\left(\int_{-h}^{0} f(x)\,dx + \int_{0}^{h} f(x)\,dx \right)$

Da $f(x)$ ungerade Funktion, gilt $f(-x) = -f(x)$.

$\int_{-h}^{0} f(x)\,dx = -\int_{h}^{0} f(-t)\,dt = -\int_{0}^{h} f(t)\,dt$, also ist $\mu = 0$.

10.3.28 $\int_{0}^{a} x^2\,dx = \xi^2 a = \frac{a^3}{3} : \xi = \frac{a}{\sqrt{3}}$

10.3.29 Wegen $\left|\frac{e^{-x}}{1+x^2}\right| = \frac{e^{-x}}{1+x^2} \leqq 1$ in $[0, 1]$ gilt:

$$\left|\int_{0}^{1} \frac{e^{-x}}{1+x^2}\,dx\right| \leqq \int_{0}^{1} \left|\frac{e^{-x}}{1+x^2}\right| dx = \int_{0}^{1} dx = 1.$$

10.4.30 $\alpha > 0, \quad \int_{1}^{+\infty} e^{-\alpha x} = \lim_{t\to+\infty} \int_{1}^{t} e^{-\alpha x}\,dx = \lim_{t\to+\infty} \frac{1}{\alpha}(e^{-\alpha} - e^{-\alpha t}) = \frac{1}{\alpha} e^{-\alpha}$

10.4.31 Wegen $\lim_{t\to\infty} \int_{2}^{t} \frac{dx}{\sqrt{x}} = 2 \lim_{t\to\infty} (\sqrt{t} - \sqrt{2}) = +\infty$

ist das gegebene uneigentliche Integral divergent.

10.4.32 $\lim_{t\to+\infty} \int_{-t}^{+t} \sin x\,dx = -\lim_{t\to+\infty} [\cos x]_{-t}^{+t} = -\lim_{t\to+\infty} (\cos t - \cos t) = 0$

10.4.33 $\int_{-1}^{1} \frac{dx}{x^2}$ ist divergent wegen folgendem:

Für $\varepsilon, \delta > 0$ ist $\lim_{\substack{\varepsilon\to 0\\ \delta\to 0}} \left[\int_{-1}^{-\varepsilon} \frac{dx}{x^2} + \int_{\delta}^{1} \frac{dx}{x^2} \right] = \lim_{\substack{\varepsilon\to 0\\ \delta\to 0}} \left(\frac{1}{\varepsilon} + \frac{1}{\delta} - 2 \right) = +\infty.$

Auch der Cauchysche Hauptwert ($\delta = \varepsilon$ setzen) existiert nicht.

10.4.34 Wegen $\lim_{\substack{\varepsilon,\delta\to 0\\ (\varepsilon,\delta>0)}} \left[\int_{0}^{\frac{\pi}{2}-\varepsilon} \tan x\,dx + \int_{\frac{\pi}{2}+\delta}^{\pi} \tan x\,dx \right]$

$= \lim_{\substack{\varepsilon,\delta\to 0\\ (\varepsilon,\delta>0)}} (\ln \sin\delta - \ln\sin\varepsilon) = \lim_{\substack{\varepsilon,\delta\to 0\\ (\varepsilon,\delta>0)}} \ln\frac{\sin\delta}{\sin\varepsilon}$

ist der Grenzwert nicht vorhanden (ε, δ unabhängig voneinander), also das uneigentliche Integral divergent. Für $\delta = \varepsilon$ erhält man $\lim_{(\varepsilon\to 0)\,(\varepsilon>0)} \ln\frac{\sin\varepsilon}{\sin\varepsilon} = 0$, das heißt, der Cauchysche Hauptwert des uneigentlichen Integrals existiert und ist gleich Null.

11. Lineare Differential- und Differenzengleichungen

11.1.1 $\tilde{y} = e^{Cx}$

11.1.2 $\tilde{y} = e^{\sqrt{x}+C}$

11.1.3 $\tilde{y} = \dfrac{x}{C - x} \qquad y = \dfrac{2x}{5 - 2x}$

11.1.4 $\tilde{y} = \dfrac{1 - Cx^2}{1 + Cx^2}$

11.1.5 $\tilde{y} = C \sin x - 1 \qquad y = 3 \sin x - 1$

11.1.6 $\tilde{y} = \dfrac{1}{5} e^{3x} + Ce^{-2x} \qquad y = \dfrac{1}{5} e^{3x} + 2e^{-2x}$

11.1.7 $\tilde{y} = \dfrac{2}{7} x^3 + \dfrac{C}{\sqrt{x}}$

11.1.8 $\tilde{y} = C \tan x - \sin x$

11.1.9 $\tilde{y} = \dfrac{x^2 + C}{2\sqrt{1 + x^2}}$

11.1.10 $\tilde{y} = C_1 e^x + C_2 e^{5x} + \dfrac{1}{5} x^2 + \dfrac{12}{25} x + \dfrac{112}{125}$

11.1.11 $\tilde{y} = C_1 e^x + C_2 e^{2x} + C_3 e^{3x}$

11.1.12 $\tilde{y} = (C_1 + C_2 x + C_3 x^2)\, e^x$

11.1.13 $\tilde{y} = C_1 + C_2 x + (C_3 + C_4 x)\, e^{-2x} + \dfrac{1}{3} x^4 - \dfrac{4}{3} x^3 + \dfrac{5}{2} x^2$

11.1.14 $\tilde{y} = C_1 \cos x + C_2 \sin x$

11.1.15 $\tilde{y} = C_1 \cos 2x + (C_2 + x) \sin 2x$

11.1.16 $\tilde{y}_1 = e^{3x} [(4C_2 - 3C_1) \cos 4x - (4C_1 + 3C_2) \sin 4x]$
$\tilde{y}_2 = e^{3x}(C_1 \cos 4x + C_2 \sin 4x)$

11.1.17 $\tilde{y}_1 = C_1 e^{3x} + C_2 e^{2x} - e^x$
$\tilde{y}_2 = -C_1 e^{3x} - 2C_2 e^{2x} + 3e^x$

11.1.18 $\tilde{y}_1 = -C_1 x e^x - (C_1 + C_2)\, e^x + e^{-x}$
$\tilde{y}_2 = (C_1 x + C_2)\, e^x + e^{-x}$

11.1.19 $\tilde{y}_1 = C_1 + C_2 e^{3x} + 3x^3 + 3x^2 + 2x$
$\tilde{y}_2 = -C_1 + 2C_2 e^{3x} - 3x^3 + 6x^2 + 4x + 2$

11.1.20 $\tilde{y}_1 = C_1 e^{3x} + C_2 e^{2x} + \dfrac{1}{12} e^{-x} - \dfrac{1}{2} x + \dfrac{1}{12}$

$\tilde{y}_2 = -C_1 e^{3x} - 2C_2 e^{2x} - \dfrac{5}{12} e^{-x} - x - \dfrac{5}{6}$

11.3.21 $\tilde{y}_k = y_0 - 5k \qquad y_k = 2 - 5k$

11.3.22 $\tilde{y}_k = y_0 + 3k$

11.3.23 $\tilde{y}_k = 5^k\left(y_0 + \frac{3}{4}\right) - \frac{3}{4} \qquad y_k = 5^k - \frac{3}{4}$

11.3.24 $\tilde{y}_k = (-3)^k\left(y_0 + \frac{1}{4}\right) - \frac{1}{4}$

11.3.25 $\tilde{y}_k = C_1 + C_2\, 6^k$

11.3.26 $\tilde{y}_k = (C_1 + C_2 k)\, 3^k$

11.3.27 $\tilde{y}_k = 2^k\left(C_1 \cos\frac{2}{3}\pi k + C_2 \sin\frac{2}{3}\pi k\right)$

11.3.28 $\tilde{y}_k = (-1)^k C_1 + 3^k C_2 + (-3)^k C_3$

11.3.29 $\tilde{y}_k = C_1 \cos\frac{\pi}{4}k + C_2 \sin\frac{\pi}{4}k + C_3 \cos\frac{3\pi}{4}k + C_4 \sin\frac{3\pi}{4}k$

11.3.30 $\tilde{y}_k = (C_1 + C_2 k)\cos\frac{2\pi}{3}k + (C_3 + C_4 k)\sin\frac{2\pi}{3}k$

11.3.31 $\tilde{y}_k = C_1 + C_2\, 6^k + \frac{3}{50}k - \frac{1}{10}k^2$

11.3.32 $\tilde{y}_k = C_1\, 2^k + C_2\, 3^k + \frac{1}{6}\, 5^k$

11.3.33 $\tilde{y}_k = C_1\, 2^k + C_2\, 3^k - k\, 2^{k-1}$

11.3.34 $\tilde{y}_k = C_1 + (-1)^k C_2 + \left(\frac{1}{2}\right)^k C_3 + 2^k C_4 - k$

11.3.35 $\tilde{x}_k = C_1\, 5^k + C_2(-3)^k$
$\tilde{y}_k = 2C_1\, 5^k - 6C_2(-3)^k$

11.3.36 $\tilde{x}_k = (C_1 + kC_2)\, 4^k$
$\tilde{y}_k = (-2C_1 - 2kC_2 + 4C_2)\, 4^k$

11.3.37 $\tilde{x}_k = C_1\, 4^k + C_2(-1)^k \qquad x_k = \frac{2}{5}4^k + \frac{3}{5}(-1)^k$

$\tilde{y}_k = \frac{3}{2}C_1\, 4^k - C_2(-1)^k \qquad y_k = \frac{3}{5}4^k - \frac{3}{5}(-1)^k$

12. Nichtlineare Optimierung

12.1.1 Nach Definition 12.1 muß eine Lösung den Restriktionen

$x_1^2 + x_2 - x_3^4 \leqq 16$
$x_1 + x_2 - x_3 \leqq 10$

der nichtlinearen Optimierungsaufgabe genügen. Es kann unmittelbar festgestellt werden, daß $x_1 = 2,\ x_2 = 3,\ x_3 = 0$ dieses Restriktionssystem erfüllt. Also ist der Vektor

$\boldsymbol{x}^T = [2\ 3\ 0]$

eine Lösung der vorgelegten Aufgabe. Der Erfordernisvektor lautet

$\boldsymbol{b}^T = [16\ 10]$.

12.1.2 Der zulässige Bereich der nichtlinearen Optimierungsaufgabe entspricht dem von Beispiel 6.3 (Abbildung 6.2). Die Zielfunktion

$$z = 2x_1 - x_2^2$$

stellt für jeden festen Wert $z = c$ eine Parabel dar. Schreiben wir

$$x_2^2 = 2\left(x_1 - \frac{c}{2}\right),$$

ist zu erkennen, daß der Scheitel der Parabel auf der x_1-Achse im Punkt $x_1 = \frac{c}{2}$, $x_2 = 0$ liegt. Den größten Wert der Zielfunktion erhalten wir damit, indem wir c so groß wie möglich wählen, so daß aber die Parabel noch einen gemeinsamen Punkt mit dem zulässigen Bereich hat. Das ist für $c = 4$ erfüllt. Die nichtlineare Optimierungsaufgabe besitzt die optimale Lösung

$$x_1 = 2, \; x_2 = 0$$

mit dem maximalen Wert

$$z = 4$$

für die Zielfunktion.

12.1.3 $x_1^T = [a_1\; b_1], \quad x_2^T = [a_2\; b_2], \quad a_1, b_1, a_2, b_2 \geqq 0$

$$x = \lambda x_1 + (1-\lambda)\, x_2 = \begin{bmatrix} \lambda a_1 + (1-\lambda)\, a_2 \\ \lambda b_1 + (1-\lambda)\, b_2 \end{bmatrix}$$

$$f(x_1) = 2a_1^2 + 3b_1^2, \quad f(x_2) = 2a_2^2 + 3b_2^2$$

$$\begin{aligned} f(\lambda x_1 + (1-\lambda)\, x_2) &= 2\{\lambda a_1 + (1-\lambda)\, a_2\}^2 + 3\{\lambda b_1 + (1-\lambda)\, b_2\}^2 \\ &= 2\lambda^2 a_1^2 + 2(1-\lambda)^2 a_2^2 + 4\lambda(1-\lambda)\, a_1 a_2 \\ &\quad + 3\lambda^2 b_1^2 + 3(1-\lambda)^2 b_2^2 + 6\lambda(1-\lambda)\, b_1 b_2 \\ &\leqq 2\lambda a_1^2 + 2(1-\lambda)\, a_2^2 + 3\lambda b_1^2 + 3(1-\lambda)\, b_2^2 \\ &= \lambda\{2a_1^2 + 3b_1^2\} + (1-\lambda)\, \{2a_2^2 + 3b_2^2\} \\ &= \lambda f(x_1) + (1-\lambda)\, f(x_2) \end{aligned}$$

Damit ist die Konvexität der Funktion analog zu dem Vorgehen im Beispiel 12.3 nachgewiesen.

12.1.4 $f(x) = 2x_1^2 + x_2^2 + x_3^2 - 2x_1x_2 + 3x_3$

$$\frac{\partial f(x)}{\partial x_1} = 4x_1 - 2x_2, \quad \frac{\partial f(x)}{\partial x_2} = 2x_2 - 2x_1, \quad \frac{\partial f(x)}{\partial x_3} = 2x_3 + 3$$

$$\frac{\partial^2 f(x)}{\partial x_1^2} = 4, \quad \frac{\partial^2 f(x)}{\partial x_2^2} = 2, \quad \frac{\partial^2 f(x)}{\partial x_3^2} = 2$$

$$\frac{\partial^2 f(x)}{\partial x_1\, \partial x_2} = \frac{\partial^2 f(x)}{\partial x_2\, \partial x_1} = -2$$

$$\frac{\partial^2 f(x)}{\partial x_1\, \partial x_3} = \frac{\partial^2 f(x)}{\partial x_2\, \partial x_3} = \frac{\partial^2 f(x)}{\partial x_3\, \partial x_1} = \frac{\partial^2 f(x)}{\partial x_3\, \partial x_2} = 0$$

Die Matrix

$$\begin{pmatrix} 4 & -2 & 0 \\ -2 & 2 & 0 \\ 0 & 0 & 2 \end{pmatrix}$$

ist symmetrisch. Weiterhin sind die Achsenabschnittsdeterminanten

$$D_1 = 4, \quad D_2 = \begin{vmatrix} 4 & -2 \\ -2 & 2 \end{vmatrix} = 4, \quad D_3 = \begin{vmatrix} 4 & -2 & 0 \\ -2 & 2 & 0 \\ 0 & 0 & 2 \end{vmatrix} = 8$$

sämtlich positiv, so daß die betrachtete Matrix positiv definit ist. Damit folgt aus Satz 12.5 die strenge Konvexität der Funktion.

12.1.5 Wir überführen zunächst die vorgelegte Optimierungsaufgabe unter Beachtung von Satz 12.12 in die bei der Definition zugrunde gelegte Form

$$\begin{aligned} &z = 2x_1^2 + x_2^2 + x_3^2 - 2x_1x_2 + 3x_3 \to \text{Min.} \\ &3x_1 + 7x_2 - x_3 - 15 \leqq 0 \\ &2x_1^2 + 3x_2^2 + 7 \leqq 0 \\ &-x_1 - 2x_2 + 3x_3 - 10 \leqq 0 \\ &x_i \geqq 0, \quad i = 1, 2, 3. \end{aligned}$$

Die Zielfunktion

$$f(\boldsymbol{x}) = 2x_1^2 + x_2^2 + x_3^2 - 2x_1x_2 + 3x_3$$

ist nach Aufgabe 12.1.4 konvex. Die linearen Funktionen

$$\begin{aligned} g_1(\boldsymbol{x}) &= 3x_1 + 7x_2 - x_3 - 15 \\ g_3(\boldsymbol{x}) &= -x_1 - 2x_2 + 3x_3 - 10 \end{aligned}$$

der Nebenbedingungen sind nach Satz 12.1 konvex. Die nichtlineare Funktion

$$g_2(\boldsymbol{x}) = 2x_1^2 + 3x_2^2 + 7$$

der Nebenbedingungen ist nach Aufgabe 12.1.3 konvex. Also liegt eine Aufgabe der konvexen Optimierung vor.

12.1.6 Umwandlung der Nebenbedingungen in Gleichungen ergibt

$$\begin{aligned} x_1 - 2x_2 + x_3 \qquad\quad &= 8 \\ 2x_1 - x_2 + x_3 - x_4 \qquad &= 10 \\ x_1 + x_2 - 2x_3 \qquad - x_5 &= 3. \end{aligned}$$

Zur Überführung in eine Maximumaufgabe haben wir für die Zielfunktion

$$z = \frac{3x_1 - 2x_2 + x_3 - 4}{x_1 + x_2} \to \text{Max.}$$

zu schreiben. Die Sicherung der Nichtnegativitätsforderungen für alle Variablen führt schließlich zu der Normalform

$$\begin{aligned} x_1 - 2x_2 + \overset{1}{x}_3 - \overset{2}{x}_3 \qquad\qquad &= 8 \\ 2x_1 - x_2 + \overset{1}{x}_3 - \overset{2}{x}_3 - x_4 \qquad &= 10 \\ x_1 + x_2 - 2\overset{1}{x}_3 + 2\overset{2}{x}_3 \qquad - x_5 &= 3 \\ x_1, x_2, \overset{1}{x}_3, \overset{2}{x}_3 \geqq 0 \qquad& \\ z = \frac{3x_1 - 2x_2 + \overset{1}{x}_3 - \overset{2}{x}_3 - 4}{x_1 + x_2} \to \text{Max.}& \end{aligned}$$

12.1.7 Die Normalform lautet:

$$\begin{aligned} 2x_1 + 3x_2 - x_3 + x_4 \quad &= 5 \\ x_1 + 2x_2 \quad - x_5 &= 7 \\ x_1 + x_2 + x_3 \quad &= 2 \end{aligned}$$

$x_i \geqq 0, \quad i = 1, 2, \ldots, 5$

$z = 2x_1^2 + x_2^2 + x_3^2 - 2x_1x_2 + 3x_3 \to \text{Min.}$

Die Matrizen und Vektoren der Normalform sind:

$$A = \begin{bmatrix} 2 & 3 & -1 & 1 & 0 \\ 1 & 2 & 0 & 0 & -1 \\ 1 & 1 & 1 & 0 & 0 \end{bmatrix}, \quad b = \begin{bmatrix} 5 \\ 7 \\ 2 \end{bmatrix},$$

$$x = \begin{bmatrix} x_1 \\ x_2 \\ x_3 \\ x_4 \\ x_5 \end{bmatrix}, \quad c = \begin{bmatrix} 0 \\ 0 \\ 3 \\ 0 \\ 0 \end{bmatrix}, \quad C = \begin{bmatrix} 2 & -1 & 0 & 0 & 0 \\ -1 & 1 & 0 & 0 & 0 \\ 0 & 0 & 1 & 0 & 0 \\ 0 & 0 & 0 & 0 & 0 \\ 0 & 0 & 0 & 0 & 0 \end{bmatrix}.$$

12.1.8 Die Zielfunktion ist nach Aufgabe 12.1.4 konvex, so daß eine konvexe quadratische Optimierungsaufgabe vorliegt. Man kann den Nachweis natürlich auch führen, indem man die Abschnittsdeterminanten

$$D_1 = 2, \quad D_2 = \begin{vmatrix} 2 & -1 \\ -1 & 1 \end{vmatrix} = 1, \quad D_3 = \begin{vmatrix} 2 & -1 & 0 \\ -1 & 1 & 0 \\ 0 & 0 & 1 \end{vmatrix} = 1,$$

$$D_4 = \begin{vmatrix} 2 & -1 & 0 & 0 \\ -1 & 1 & 0 & 0 \\ 0 & 0 & 1 & 0 \\ 0 & 0 & 0 & 0 \end{vmatrix} = 0, \quad D_5 = \begin{vmatrix} 2 & -1 & 0 & 0 & 0 \\ -1 & 1 & 0 & 0 & 0 \\ 0 & 0 & 1 & 0 & 0 \\ 0 & 0 & 0 & 0 & 0 \\ 0 & 0 & 0 & 0 & 0 \end{vmatrix} = 0$$

betrachtet, die sämtlich nichtnegativ sind.

12.2.9 Die in (12.26) bis (12.28) auftretenden Funktionen lauten:

$g_{11}(x_1) = 4x_1, \qquad g_{12}(x_2) = x_2,$
$g_{21}(x_1) = x_1^2 \qquad g_{22}(x_2) = 3x_2,$
$g_{31}(x_1) = -x_1, \qquad g_{32}(x_2) = -2x_2,$
$f_1(x_1) = x_1^2 + 3x_1, \quad f_2(x_2) = x_2^2 - x_2.$

Sämtliche Funktionen sind also trennbar.

Aus der ersten Nebenbedingung $4x_1 + x_2 \leqq 4$ ist erkennbar, daß x_1 den Wert 1 nicht überschreiten kann. Ebenso zeigt die zweite Nebenbedingung $x_1^2 + 3x_2 \leqq 9$, daß x_2 höchstens gleich 3 werden kann. Wir haben also die Intervalle

$0 \leqq x_1 \leqq 1, \qquad 0 \leqq x_2 \leqq 3$

zu zerlegen und wählen

$$x_{01} = 0, \quad x_{11} = \frac{1}{2}, \quad x_{21} = 1$$

$x_{02} = 0, \; x_{12} = \frac{1}{2}, \; x_{22} = 1, \; x_{32} = \frac{3}{2}, \; x_{42} = 2, \; x_{52} = \frac{5}{2}, \; x_{62} = 3.$

Die benötigten Funktionswerte stellen wir in den folgenden Tabellen zusammen:

	$g_{11}(x_{i1})$	$g_{21}(x_{i1})$	$g_{31}(x_{i1})$	$f_1(x_{i1})$
$x_{01} = 0$	0	0	0	0
$x_{11} = \frac{1}{2}$	2	$\frac{1}{4}$	$-\frac{1}{2}$	$\frac{7}{4}$
$x_{21} = 1$	4	1	-1	4

	$g_{12}(x_{i2})$	$g_{22}(x_{i2})$	$g_{32}(x_{i2})$	$f_2(x_{i2})$
$x_{02} = 0$	0	0	0	0
$x_{12} = \frac{1}{2}$	$\frac{1}{2}$	$\frac{3}{2}$	-1	$-\frac{1}{4}$
$x_{22} = 1$	1	3	-2	0
$x_{32} = \frac{3}{2}$	$\frac{3}{2}$	$\frac{9}{2}$	-3	$\frac{3}{4}$
$x_{42} = 2$	2	6	-4	2
$x_{52} = \frac{5}{2}$	$\frac{5}{2}$	$\frac{15}{2}$	-5	$\frac{15}{4}$
$x_{62} = 3$	3	9	-6	6

Die lineare Näherungsaufgabe lautet:

$$2\lambda_{11} + 4\lambda_{21} + \frac{1}{2}\lambda_{12} + \lambda_{22} + \frac{3}{2}\lambda_{32} + 2\lambda_{42} + \frac{5}{2}\lambda_{52} + 3\lambda_{62} \leqq 4$$

$$\frac{1}{4}\lambda_{11} + \lambda_{21} + \frac{3}{2}\lambda_{12} + 3\lambda_{22} + \frac{9}{2}\lambda_{32} + 6\lambda_{42} + \frac{15}{2}\lambda_{52} + 9\lambda_{62} \leqq 9$$

$$-\frac{1}{2}\lambda_{11} - \lambda_{21} - \lambda_{12} - 2\lambda_{22} - 3\lambda_{32} - 4\lambda_{42} - 5\lambda_{52} - 6\lambda_{62} = \leqq -2$$

$$\lambda_{01} + \lambda_{11} + \lambda_{21} = 1$$

$$\lambda_{02} + \lambda_{12} + \lambda_{22} + \lambda_{32} + \lambda_{42} + \lambda_{52} + \lambda_{62} = 1$$

$\lambda_{kj} \geqq 0$ für alle k, j

$$z = \frac{7}{4}\lambda_{11} + 4\lambda_{21} - \frac{1}{4}\lambda_{12} + \frac{3}{4}\lambda_{32} + 2\lambda_{42} + \frac{15}{4}\lambda_{52} + 6\lambda_{62} \to \text{Min.}$$

Nach Lösung der linearen Optimierungsaufgabe ergeben sich die Näherungswerte für die Variablen x_1, x_2 aus den Gleichungen

$$x_1 = \frac{1}{2}\lambda_{11} + \lambda_{21}$$

$$x_2 = \frac{1}{2}\lambda_{12} + \lambda_{22} + \frac{3}{2}\lambda_{32} + 2\lambda_{42} + \frac{5}{2}\lambda_{52} + 3\lambda_{62}.$$

12.3.10 Das zugeordnete lineare Optimierungsproblem lautet:

$$\begin{aligned}
y_1 - 2y_2 + y_3 \qquad - t &= 0 \\
2y_1 + 3y_2 \qquad + y_4 + 2t &= 0 \\
y_1 + y_2 \qquad + 3t &= 1 \\
y_i \geqq 0, \quad i = 1, 2, 3, 4; \quad t &\geqq 0 \\
\tilde{z} = y_1 + 2y_2 - y_3 - 4t &\to \text{Max.}
\end{aligned}$$

12.4.11 Nach Aufgabe 12.1.8 liegt ein Problem der konvexen quadratischen Optimierung vor. Die Normalform (12.56) bis (12.58) lautet:

$$\begin{aligned}
2x_1 + 3x_2 - x_3 &\leqq 5 \\
-x_1 - 2x_2 &\leqq -7 \\
x_1 + x_2 + x_3 &\leqq 2 \\
-x_1 - x_2 - x_3 &\leqq -2 \\
x_1, x_2, x_3 &\geqq 0
\end{aligned}$$

$$z = 2x_1^2 + x_2^2 + x_3^2 - 2x_1x_2 + 3x_3 \to \text{Min.}$$

Es gilt:

$$A = \begin{bmatrix} 2 & 3 & -1 \\ -1 & -2 & 0 \\ 1 & 1 & 1 \\ -1 & -1 & -1 \end{bmatrix}, \quad b = \begin{bmatrix} 5 \\ -7 \\ 2 \\ -2 \end{bmatrix},$$

$$x = \begin{bmatrix} x_1 \\ x_2 \\ x_3 \end{bmatrix}, \quad C = \begin{bmatrix} 2 & -1 & 0 \\ -1 & 1 & 0 \\ 0 & 0 & 1 \end{bmatrix}, \quad c = \begin{bmatrix} 0 \\ 0 \\ 3 \end{bmatrix},$$

$$u = \begin{bmatrix} u_1 \\ u_2 \\ u_3 \\ u_4 \end{bmatrix}, \quad v = \begin{bmatrix} v_1 \\ v_2 \\ v_3 \end{bmatrix}, \quad y = \begin{bmatrix} y_1 \\ y_2 \\ y_3 \\ y_4 \end{bmatrix}.$$

Die lokalen Kuhn-Tucker-Bedingungen ergeben sich zu

$$\begin{aligned}
v_1^* - 4x_1^* + x_2^* \qquad - 2u_1^* + u_2^* - u_3^* + u_4^* &= 0 \\
v_2^* + 2x_1^* - 2x_2^* \qquad - 3u_1^* + 2u_2^* - u_3^* + u_4^* &= 0 \\
v_3^* \qquad - 2x_3^* + u_1^* \qquad - u_3^* + u_4^* &= 3
\end{aligned}$$

$$\begin{aligned}
2x_1^* + 3x_2^* - x_3^* + y_1^* &= 5 \\
-x_1^* - 2x_2^* \qquad + y_2^* &= -7 \\
x_1^* + x_2^* + x_3^* + y_3^* &= 2 \\
-x_1^* - x_2^* - x_3^* + y_4^* &= -2
\end{aligned}$$

$$x_1^*v_1^* + x_2^*v_2^* + x_3^*v_3^* + u_1^*y_1^* + u_2^*y_2^* + u_3^*y_3^* + u_4^*y_4^* = 0$$

$$\begin{aligned}
&x_1^*, x_2^*, x_3^* \geqq 0 \\
&u_1^*, u_2^*, u_3^*, u_4^* \geqq 0 \\
&v_1^*, v_2^*, v_3^* \geqq 0 \\
&y_1^*, y_2^*, y_3^*, y_4^* \geqq 0.
\end{aligned}$$

12.5.12 Die dem Dualproblem (12.72) bis (12.74) zugrunde liegende Normalform (12.56) bis (12.58) ist in der Lösung 12.4.11 angegeben. Davon ausgehend finden wir für das Dualproblem:

$$\begin{aligned} 4w_1 - 2w_2 \qquad + 2u_1 - u_2 + u_3 - u_4 &\geqq 0 \\ -2w_1 + 2w_2 \qquad + 3u_1 - 2u_2 + u_3 - u_4 &\geqq 0 \\ 2w_3 - u_1 \qquad + u_3 - u_4 + 3 &\geqq 0 \end{aligned}$$

$u_1, u_2, u_3, u_4 \geqq 0$

$\hat{z} = -2w_1^2 - w_2^2 - w_3^2 + 2w_1w_2 - 5u_1 + 7u_2 - 2u_3 + 2u_4 \to$ Max.

12.6.13 Es gilt:

$$\begin{aligned} h_1(\boldsymbol{x}) &= x_1 + x_2 - 2 \leqq 0, & \boldsymbol{a}_1^T &= [1 \;\; 1], \\ h_2(\boldsymbol{x}) &= -x_1 \leqq 0, & \boldsymbol{a}_2^T &= [-1 \;\; 0], \\ h_3(\boldsymbol{x}) &= -x_2 \leqq 0, & \boldsymbol{a}_3^T &= [0 \;\; -1]), \end{aligned}$$

$$\boldsymbol{C} = \begin{bmatrix} 2 & -1 \\ -1 & 2 \end{bmatrix}, \quad \boldsymbol{c} = \begin{bmatrix} -6 \\ 0 \end{bmatrix}, \quad \boldsymbol{x}_0 = \begin{bmatrix} 0 \\ 0 \end{bmatrix},$$

$$\operatorname{grad} f(\boldsymbol{x}) = 2\boldsymbol{C}\boldsymbol{x} + \boldsymbol{c} = 2\begin{bmatrix} 2 & -1 \\ -1 & 2 \end{bmatrix}\boldsymbol{x} + \begin{bmatrix} -6 \\ 0 \end{bmatrix}.$$

Die Konvexität der Aufgabe ist leicht nachzuweisen.

1. Prüfung von $\boldsymbol{x}_0$ auf Optimalität:

$$\operatorname{grad} f(\boldsymbol{x}_0) = \boldsymbol{c} = \begin{bmatrix} -6 \\ 0 \end{bmatrix}.$$

Aus den gleichen Gründen wie im Beispiel 12.12 muß

$\boldsymbol{P}_2 \operatorname{grad} f(\boldsymbol{x}_0) = 0$

sein. Da $\boldsymbol{x}_0$ auf den Hyperebenen $h_2(\boldsymbol{x}) = 0$ und $h_3(\boldsymbol{x}) = 0$ liegt, gilt

$$\boldsymbol{A}_2 = \begin{bmatrix} -1 & 0 \\ 0 & -1 \end{bmatrix} = \boldsymbol{A}_2^{-1}$$

$$\boldsymbol{A}_2\boldsymbol{A}_2^T = \boldsymbol{E} = (\boldsymbol{A}_2\boldsymbol{A}_2^T)^{-1}, \qquad (\boldsymbol{A}_2\boldsymbol{A}_2)^{-1}\boldsymbol{A}_2 = \boldsymbol{A}_2,$$

$$\boldsymbol{u} = (\boldsymbol{A}_2\boldsymbol{A}_2^T)^{-1}\,\boldsymbol{A}_2 \operatorname{grad} f(\boldsymbol{x}_0) = \begin{bmatrix} 6 \\ 0 \end{bmatrix}.$$

Wegen $u_1 > 0$ ist $\boldsymbol{x}_0$ nicht optimal.

2. Es liegt der zweite Fall vor, und wir haben die Hyperebene $h_2(\boldsymbol{x})$ unberücksichtigt zu lassen.

$\boldsymbol{A}_1 = \boldsymbol{a}_3^T = [0 \;\; -1].$

Berechnung der zugehörigen Projektionsmatrix

$$\boldsymbol{P}_1 = \begin{bmatrix} 1 & 0 \\ 0 & 1 \end{bmatrix} - \begin{bmatrix} 0 \\ -1 \end{bmatrix}\left\{[0 \;\; -1]\begin{bmatrix} 0 \\ -1 \end{bmatrix}\right\}^{-1}[0 \;\; -1] = \begin{bmatrix} 1 & 0 \\ 0 & 0 \end{bmatrix}.$$

Bestimmung des Richtungsvektors:

$$\boldsymbol{s}_0 = -\boldsymbol{P}_1 \operatorname{grad} f(\boldsymbol{x}_0) = -\begin{bmatrix} 1 & 0 \\ 0 & 0 \end{bmatrix}\begin{bmatrix} -6 \\ 0 \end{bmatrix} = \begin{bmatrix} 6 \\ 0 \end{bmatrix}.$$

Weiter gilt:

$$\lambda_1 = -\frac{h_1(\boldsymbol{x}_0)}{\boldsymbol{a}_1^T\boldsymbol{s}_0} = \frac{2}{(1,1)\begin{bmatrix} 6 \\ 0 \end{bmatrix}} = \frac{1}{3} = \lambda',$$

$$x_0^* = x_0 + \frac{1}{3} s_0 = \begin{bmatrix} 2 \\ 0 \end{bmatrix},$$

$$\operatorname{grad} f(x_0^*) = 2 \begin{bmatrix} 2 & -1 \\ -1 & 2 \end{bmatrix} \begin{bmatrix} 2 \\ 0 \end{bmatrix} + \begin{bmatrix} -6 \\ 0 \end{bmatrix} = \begin{bmatrix} 2 \\ -4 \end{bmatrix},$$

$$s_0^T \operatorname{grad} f(x_0^*) = [6 \;\; 0] \begin{bmatrix} 2 \\ -4 \end{bmatrix} = 12 > 0.$$

Es liegt der Fall 1b vor, so daß λ'' zu berechnen ist:

$$s_0^T \operatorname{grad} f(x_0) = [6 \;\; 0] \begin{bmatrix} -6 \\ 0 \end{bmatrix} = -36,$$

$$\lambda'' = \frac{1}{3} \frac{-36}{-36 - 12} = \frac{1}{4},$$

$$x_1 = x_0 + \frac{1}{4} s_0 = \frac{1}{2} \begin{bmatrix} 3 \\ 0 \end{bmatrix}.$$

3. Prüfung von x_1 auf Optimalität:

$$\operatorname{grad} f(x_1) = 2 \begin{bmatrix} 2 & -1 \\ -1 & 2 \end{bmatrix} \frac{1}{2} \begin{bmatrix} 3 \\ 0 \end{bmatrix} + \begin{bmatrix} -6 \\ 0 \end{bmatrix} = \begin{bmatrix} 0 \\ -3 \end{bmatrix}.$$

Im Falle 1b bleibt die Menge der beteiligten Hyperebenen unverändert, so daß wir die gleiche Projektionsmatrix P_1 haben

$$P_1 \operatorname{grad} f(x_1) = \begin{bmatrix} 1 & 0 \\ 0 & 0 \end{bmatrix} \begin{bmatrix} 0 \\ -3 \end{bmatrix} = \mathbf{0}.$$

$$u = (A_1 A_1^T)^{-1} A_1 \operatorname{grad} f(x_1) = [0 \;\; -1] \begin{bmatrix} 0 \\ -3 \end{bmatrix} = 3 > 0.$$

x_1 ist nicht optimal.

4. Es liegt wieder der zweite Fall vor, so daß wir die Hyperebene $h_3(x) = 0$ fallen lassen müssen. Dann gibt es aber keine beteiligten Hyperebenen mehr, so daß x_1 als innerer Punkt zu betrachten ist:

$$s_1 = -\operatorname{grad} f(x_1) = \begin{bmatrix} 0 \\ 3 \end{bmatrix}.$$

Berechnung von λ_1 und λ_2:

$$\lambda_1 = -\frac{h_1(x_1)}{a_1^T s_1} = \frac{\frac{1}{2}}{[1 \;\; 1] \begin{bmatrix} 0 \\ 3 \end{bmatrix}} = \frac{1}{6},$$

$$\lambda_2 = -\frac{h_2(x_1)}{a_2^T s_1} = \frac{\frac{3}{2}}{[-1 \;\; 0] \begin{bmatrix} 0 \\ 3 \end{bmatrix}} = \infty.$$

Weiter gilt:

$$\lambda' = \lambda_1 = \frac{1}{6},$$

$$x_1^* = x_1 + \frac{1}{6}s_1 = \frac{1}{2}\begin{bmatrix}3\\0\end{bmatrix} + \frac{1}{6}\begin{bmatrix}0\\3\end{bmatrix} = \frac{1}{2}\begin{bmatrix}3\\1\end{bmatrix},$$

$$\operatorname{grad} f(x_1^*) = 2\begin{bmatrix}2 & -1\\-1 & 2\end{bmatrix}\frac{1}{2}\begin{bmatrix}3\\1\end{bmatrix} + \begin{bmatrix}-6\\0\end{bmatrix} = \begin{bmatrix}-1\\-1\end{bmatrix},$$

$$s_1^T \operatorname{grad} f(x_1^*) = (0,\ 3)\begin{bmatrix}-1\\-1\end{bmatrix} = -3 < 0.$$

Es liegt der Fall 1a vor

$$x_2 = x_1^* = \frac{1}{2}\begin{bmatrix}3\\1\end{bmatrix}.$$

5. Prüfung von x_2 auf Optimalität:

$$\operatorname{grad} f(x_2) = \operatorname{grad} f(x_1^*) = \begin{bmatrix}-1\\-1\end{bmatrix}.$$

Im Falle 1a kommt eine Hyperebene hinzu, und zwar die Hyperebene $h_1(x) = 0$, die den Wert von λ' bestimmt hat. Da vorher keine Hyperebenen beteiligt waren, ist

$$A_1 = a_1^T = [1\ \ 1].$$

Berechnung der zugehörigen Projektionsmatrix

$$P_1 = \begin{bmatrix}1 & 0\\0 & 1\end{bmatrix} - \begin{bmatrix}1\\1\end{bmatrix}\left\{[1\ \ 1]\begin{bmatrix}1\\1\end{bmatrix}\right\}^{-1}[1\ \ 1]$$

$$= \begin{bmatrix}1 & 0\\0 & 1\end{bmatrix} - \frac{1}{2}\begin{bmatrix}1 & 1\\1 & 1\end{bmatrix} = \frac{1}{2}\begin{bmatrix}1 & -1\\-1 & 1\end{bmatrix}.$$

Prüfung des Optimalitätskriteriums:

$$P_1 \operatorname{grad} f(x_2) = \frac{1}{2}\begin{bmatrix}1 & -1\\-1 & 1\end{bmatrix}\begin{bmatrix}-1\\-1\end{bmatrix} = \mathbf{0},$$

$$u = (A_1 A_1^T)^{-1} A_1 \operatorname{grad} f(x_2)$$

$$= \frac{1}{2}[1\ \ 1]\begin{bmatrix}-1\\-1\end{bmatrix} = -1 < 0.$$

x_2 ist also optimal.

13. Dynamische Optimierung

13.1 Zustand x_{n-1}: Alter der Maschine zu Beginn des n-ten Jahres.

Entscheidung y_n am Ende des n-ten Jahres:

$$y_n = \left\{\begin{matrix}A\text{: Maschine wird ersetzt}\\B\text{: Maschine wird behalten}\end{matrix}\right\}.$$

Zustandsgleichung:

$$x_n = T(x_{n-1}\ y_n) = \left\{\begin{matrix}0 & \text{für } y_n = A\\x_{n-1} + 1 & \text{für } y_n = B\end{matrix}\right\}.$$

Beschränkung: $0 \leqq x_n \leqq 2,\ n = 0, 1, \ldots, N-1.$

Anfangszustand: $x_0^* = 0.$

Stufen-(Jahres-)Gewinn:

$$u(x_{n-1}\ \ y_n) = \begin{Bmatrix} E(x_{n-1}) - P & \text{für } y_n = A \\ E(x_{n-1}) & \text{für } y_n = B \end{Bmatrix}.$$

Prozeßdauer: $N = 8$.

Der Gesamtgewinn

$$\sum_{n=1}^{8} u(x_{n-1}\ \ y_n)$$

ist zu maximieren. Die Funktionalgleichungen lauten:

$$f_{n,8}(x_n) = \max_{y_{n+1}} \{u(x_n\ \ y_{n+1}) + f_{n+1,8}[T(x_n\ \ y_{n+1})]\}$$

$$= \max_{y_{n+1}} \begin{Bmatrix} E(x_n) - 5 + f_{n+1,8}(0) & \text{für } y_{n+1} = A \\ E(x_n) \quad + f_{n+1,8}(x_n + 1) & \text{für } y_{n+1} = B \end{Bmatrix}.$$

Für das letzte Jahr ergibt sich:

$$f_{7,8}(x_7) = \max_{y_8} \begin{Bmatrix} E(x_7) - 5 & \text{für } y_8 = A \\ E(x_7) & \text{für } y_8 = B \end{Bmatrix} = E(x_7);$$

die bedingt-optimale Entscheidung für das letzte Jahr lautet:

$$y_8^*(x_7) \equiv B.$$

Für die letzten zwei Jahre erhält man:

$$f_{6,8}(0) = \max_{y_7} \begin{Bmatrix} 8 - 5 + 8 & \text{für } y_7 = A \\ 8 \quad + 7 & \text{für } y_7 = B \end{Bmatrix} = 15,$$

$$y_7^*(0) = B;$$

$$f_{6,8}(1) = \max_{y_7} \begin{Bmatrix} 7 - 5 + 8 & \text{für } y_7 = A \\ 7 \quad + 4 & \text{für } y_7 = B \end{Bmatrix} = 11,$$

$$y_7^*(1) = B;$$

$$f_{6,8}(2) = 4 - 5 + 8 = 7,$$

$$y_7^*(2) = A.$$

Bei $x_6 = 2$ entfällt die Maximierung, da die Entscheidung $y_7 = B$ die Bedingung $x_7 \leqq 2$ verletzt und somit nicht zulässig ist. Dies wiederholt sich an anderer Stelle entsprechend, so daß gilt:

$$y_n^*(2) = A, \quad n = 1, 2, \ldots, 7.$$

Die weiteren Ergebnisse, die sich aus den Funktionalgleichungen ergeben, sind in der Tabelle 13.2 zusammengestellt.

Tabelle 13.2

x_n	0	1	2
$f_{7,8}(x_7)$ $y_8^*(x_7)$	8 *B*	7 *B*	4 *B*
$f_{6,8}(x_6)$ $y_7^*(x_6)$	15 *B*	11 *B*	7 *A*
$f_{5,8}(x_5)$ $y_6^*(x_5)$	19 *B*	17 *A*	14 *A*
$f_{4,8}(x_4)$ $y_5^*(x_4)$	25 *B*	21 *A* oder *B*	18 *A*
$f_{3,8}(x_3)$ $y_4^*(x_3)$	29 *B*	27 *A*	24 *A*
$f_{2,8}(x_2)$ $y_3^*(x_2)$	35 *B*	31 *A* oder *B*	28 *A*
$f_{1,8}(x_1)$ $y_2^*(x_1)$	39 *B*	37 *A*	34 *A*
$f_{0,8}(x_0)$ $y_1^*(x_0)$	45 *B*	41 *A* oder *B*	38 *A*

Mit dem gegebenen Anfangszustand $x_0^* = 0$ und der Zustandsgleichung ergibt sich aus der Tabelle 13.2 die in der Tabelle 13.3 zusammengefaßte Lösung des Problems.

Tabelle 13.3

n	0	1	2	3	4	5	6	7	8
x_n^*	0	1	0	1	0	1	0	1	2
y_n^*		*B*	*A*	*B*	*A*	*B*	*A*	*B*	*B*

Der maximale Gewinn beträgt $f_{0,8}(0) = 45$.

13.2 Zustand x_n: Lagerbestand am Ende des n-ten Zeitabschnittes.
Entscheidung y_n: die zu Beginn des n-ten Zeitabschnitts einzukaufende Menge.

Zustandsgleichung:

$$x_n = x_{n-1} + y_n - d_n.$$

Beschränkung (Lagerkapazität):

$$0 \leqq y_n \leqq 9 - x_{n-1}, \quad n = 1, 2, ..., 6.$$

Anfangs- und Endbedingungen: $x_0^* = 2$, $x_6^* = 0$.

Die Gesamtkosten

$$\sum_{n=1}^{6} p_n y_n$$

sind zu minimieren.

Die Funktionalgleichungen lauten:

$$f_{n,6}(x_n) = \min_{y_{n+1}} \{p_{n+1} y_{n+1} + f_{n+1,6}(x_n + y_{n+1} - d_{n+1})\}.$$

Man beginnt mit

$$f_{5,6}(x_5) = \min_{y_6} \{p_6 y_6\}.$$

Aus $x_6^* = 0$ und der Zustandsgleichung folgt

$$0 = x_5 + y_5 - d_6,$$
$$y_6 = d_6 - x_5,$$
$$f_{5,6}(x_5) = p_6(d_6 - x_5),$$
$$y_6^*(x_5) = d_6 - x_5.$$

Die Minimierung entfällt, da die Endbedingung y_6 bereits festlegt. Man beachte, daß $x_5 > d_6 = 4$ nicht zugelassen ist, da dann die Endbedingung nicht erfüllt werden kann.

Die Lösungen der Funktionalgleichungen sind in der Tabelle 13.4 enthalten.

Tabelle 13.4

x_n	0	1	2	3	4	5	6	7	8	9
$f_{5,6}(x_5)$	40	30	20	10	0	—	—	—	—	—
$y_6^*(x_5)$	4	3	2	1	0	—	—	—	—	—
$f_{4,6}(x_4)$	180	160	140	120	100	80	60	40	30	20
$y_5^*(x_4)$	7	6	5	4	3	2	1	0	0	0
$f_{3,6}(x_3)$	193	176	159	142	125	108	91	74	57	40
$y_4^*(x_3)$	9	8	7	6	5	4	3	2	1	0
$f_{2,6}(x_2)$	208	195	182	169	156	143	130	117	104	91
$y_3^*(x_2)$	9	8	7	6	5	4	3	2	1	0
$f_{1,6}(x_1)$	298	280	262	244	226	208	195	182	169	156
$y_2^*(x_1)$	5	4	3	2	1	0	0	0	0	0
$f_{0,6}(x_0)$	379	368	357	346	335	324	313	302	291	280
$y_1^*(x_0)$	9	8	7	6	5	4	3	2	1	0

Die minimalen Kosten betragen $f_{0,6}(2) = 357$.

Aus der Vorwärtsrechnung ergibt sich die in der Tabelle 13.5 festgehaltene Lösung des Problems.

Tabelle 13.5

n	0	1	2	3	4	5	6
x_n^*	2	2	1	0	6	7	0
y_n^*		7	4	9	3	0	4

13.3 Wir nennen die gestrichelten Linien in der Abbildung 13.3, von links beginnend, nullte, erste usw. bis sechste Ebene. Befindet sich das Erzeugnis auf der k-ten Ebene im Knoten i, so sagen wir, es habe auf dieser Ebene den Zustand $x_k = i$. Die Streifen zwischen den Ebenen sind als die Stufen des Produktionsprozesses aufzufassen. Die Entscheidung einer Stufe besteht darin, festzulegen, welcher Zustand auf der nächsten Ebene durch Ausführung einer bestimmten technologischen Operation (Pfeil) angestrebt wird. Somit fallen Zustands- und Entscheidungsvariable zusammen. Die Gesamtbearbeitungszeit

$$\sum_{n=0}^{5} t_{x_n x_{n+1}}$$

ist zu minimieren.

Wir definieren als minimale Bearbeitungszeiten für die aus den letzten $(6 - n)$ Stufen bestehenden Teilprozesse mit den Anfangszuständen x_n:

$$f_{n,6}(x_n) = \min_{x_{n+1}, \dots, x_6} \left\{ \sum_{k=n}^{5} t_{x_k x_{k+1}} \right\}, \quad n = 0, 1, \dots, 5.$$

Die Funktionalgleichungen lauten:

$$f_{n,6}(x_n) = \min_{x_{n+1}} \left\{ t_{x_n x_{n+1}} + f_{n+1,6}(x_{n+1}) \right\}.$$

Für die letzte Stufe entfällt die Minimierung, da von $x_5 = 14$ bzw. 15 nach $x_6 = 16$ jeweils nur ein Weg existiert:

$f_{5,6}(14) = t_{14,16} = 1,$
$f_{5,6}(15) = t_{15,16} = 9,$
$x_6^*(x_5) = 16.$

Für die letzten zwei Stufen ergibt sich:

$f_{4,6}(10) = t_{10,14} + t_{14,16} = 9,$
$x_5^*(10) = 14;$
$f_{4,6}(11) = t_{11,15} + t_{15,16} = 14,$
$x_5^*(11) = 15;$

$$f_{4,6}(12) = \min_{x_5} \begin{Bmatrix} t_{12,14} + t_{14,16} = 11 \text{ für } x_5 = 14 \\ t_{12,15} + t_{15,16} = 16 \text{ für } x_5 = 15 \end{Bmatrix} = 11,$$

$x_5^*(12) = 14;$
$f_{4,6}(13) = t_{13,15} + t_{15,16} = 17,$
$x_5^*(13) = 15.$

Die weiteren Ergebnisse sind der Tabelle 13.6 zu entnehmen.

Tabelle 13.6

x_n	1	2	3	4	5	6	7	8	9	10	11	12	13	14	15	16
$f_{5,6}(x_5)$														1	9	
$x_6^*(x_5)$														16	16	
$f_{4,6}(x_4)$										9	14	11	17			
$x_5^*(x_4)$										14	15	14	15			
$f_{3,6}(x_3)$							13	16	14							
$x_4^*(x_3)$							12	11	12							
$f_{2,6}(x_2)$				21	18	23										
$x_3^*(x_2)$				8	7	8/9										
$f_{1,6}(x_1)$		23	19													
$x_2^*(x_1)$		19	5													
$f_{0,6}(x_0)$	27															
$x_1^*(x_0)$	2/3															

Aus der Tabelle 13.6 ergeben sich mit $x_0^* = 1$ zwei optimale Wege:

$x_0^* = 1,$

$x_1^* = x_1^*(1) = 2$ oder $3,$

$x_2^* = x_2^*(2) = x_2^*(3) = 5,$

$x_3^* = x_3^*(5) = 7,$

$x_4^* = x_4^*(7) = 12,$

$x_5^* = x_5^*(12) = 14,$

$x_6^* = x_6^*(14) = 16.$

Die minimale Gesamtbearbeitungszeit beträgt $f_{0,6}(1) = 27$.

14. Graphentheorie

14.1.1 Beweis durch vollständige Induktion nach m. Die Beziehung (14.3) ist offensichtlich erfüllt für den Graphen mit n isolierten Knotenpunkten. Angenommen, (14.3) ist für alle Graphen mit n Knotenpunkten und weniger als m Kanten richtig. Es sei nun G ein Graph mit n Knotenpunkten und m Kanten, u sei eine beliebige Kante von G. Entfernt man die Kante u aus G, so entsteht ein Graph G' mit n Knotenpunkten und m-1 Kanten, für den (14.3) nach Voraussetzung erfüllt ist. Wir fügen nun zu G' die Kante u wieder hinzu und überprüfen, wie sich die Beziehung (14.3) dabei verhält. Ist u eine Schlinge, so erhöht sich der Grad von genau einem Knotenpunkt um 2 und m um 1. Ist u keine Schlinge, so erhöht sich der Grad von genau zwei Knotenpunkten, nämlich der Endpunkte von u, um 1. In beiden Fällen ist also die Beziehung (14.3) für G erfüllt.

14.1.2 Es sei G ein zusammenhängender Graph mit genau zwei Knotenpunkten ungerader Valenz. Diese beiden Knotenpunkte seien A und B. Fügen wir zwischen A und B eine neue Kante u ein, so haben alle Knotenpunkte eine gerade Valenz, und nach Satz 14.5 hat der mit u vergrößerte Graph eine geschlossene Eulerlinie E. Entfernt man aus E die Kante u, so erhält man einen offenen Kantenzug, der alle Knotenpunkte und Kanten von G enthält.

Besitzt umgekehrt G einen offenen Kantenzug K, der alle Knotenpunkte und Kanten von G enthält, so folgt daraus einerseits, daß G zusammenhängend ist, andererseits folgt aus einer Durchlaufung des Kantenzuges K von A nach B, daß alle von A und B verschiedenen Knotenpunkte eine gerade Valenz haben, während sowohl A als auch B von ungerader Valenz sind.

14.1.3 Wir können annehmen, der Graph G ist zusammenhängend. Ist das nicht der Fall, so behandele man jede Komponente für sich.

Nach Satz 14.5 besitzt G eine geschlossene Eulerlinie E. Es sei u eine beliebige Kante von G. Ist u eine Schlinge, so ist nichts mehr zu beweisen. Ist u keine Schlinge, so entsteht durch Entfernen von u aus G ein Graph G', der einen alle Knotenpunkte und Kanten von G' enthaltenden Kantenzug besitzt und somit nach Aufgabe 14.2 zusammenhängend ist. Sind A und B die beiden Endpunkte der Kante u in G, so existiert in G' ein Weg W, der A mit B verbindet. W und u zusammen bilden einen die Kante u enthaltenden Kreis von G.

14.1.4 $A_1, A_2, \ldots, A_p, B_1, B_2, B_3, \ldots, B_p$ seien die $2p$ Knotenpunkte ungerader Valenz. Wir erzeugen einen Graphen G' aus G, indem wir p neue Kanten $u_1, u_2, \ldots, u_p$ zu G hinzufügen. Die Kante u_i $(1 \leqq i \leqq p)$ verbinde die Knotenpunkte A_i und B_i. In G' haben alle Knotenpunkte gerade Valenzen. Nach Satz 14.5 hat G' somit eine geschlossene Eulerlinie E'. Werden die Kanten $u_1, u_2, \ldots, u_p$ aus E' wieder entfernt, so erhält man p paarweise kantenfremde Kantenzüge von G, wobei jede Kante von G genau einem dieser Kantenzüge angehört.

14.1.5 Wir bezeichnen die Elemente der Matrix A^j mit a_{ik}^j. So ist etwa

$$a_{ik}^2 = \sum_{l=1}^{n} a_{il} a_{lk} \quad \text{mit } a_{il}, a_{lk} \in A$$

die Anzahl der aus zwei Kanten bestehenden Kantenfolgen von G, die von P_i nach P_k führen. Entsprechend gibt a_{ik}^j die Anzahl der aus j Kanten bestehenden Kantenfolgen von G an, die von P_i nach P_k führen.

14.1.6 Wir betrachten die Matrizen $A, A^2, A^3, \ldots, A^j, \ldots$

Es ist

$$d(P_i \;\; P_k) = j,$$

wobei j die kleinste natürliche Zahl ist mit $a_{ik}^j \neq 0$. Ist G nicht zusammenhängend, so setze man $d(P_i \;\; P_k) = \infty$, falls P_i und P_k zu verschiedenen

Komponenten von G gehören. Die Matrix $\boldsymbol{D} = [d_{ik}]$ mit

$$d_{ik} = \begin{cases} d(P_i \quad P_k) & \text{für } i \neq k, \\ 0 & \text{für } i = k \end{cases}$$

heißt die *Distanzmatrix* von G.

14.1.7 Hat der Graph G insgesamt p Komponenten ($p > 1$), so läßt sich die Adjazenzmatrix $\boldsymbol{A}$ durch Vertauschen von Zeilen und Spalten auf die Form bringen

$$A = \begin{bmatrix} A_1 & 0 & \cdots & 0 \\ 0 & A_2 & \cdots & 0 \\ \cdots & \cdots & \cdots & \cdots \\ 0 & 0 & \cdots & A_p \end{bmatrix}.$$

14.1.8 Die 24 verschiedenen Gerüste des Graphen von Abbildung 14.14 sind in der Abbildung 14.23 dargestellt.

Abbildung 14.23

14.1.9 Die Anzahl der verschiedenen Gerüste des Graphen von Abbildung 14.15 beträgt 2773.

14.1.10 Für den vollständigen Graphen $\langle n \rangle$ hat die Matrix M die Form

$$M = \begin{bmatrix} n-1 & -1 & -1 \cdots & -1 \\ -1 & n-1 & -1 \cdots & -1 \\ -1 & -1 & n-1 \cdots & -1 \\ \cdots & \cdots & \cdots & \cdots \\ -1 & -1 & -1 \cdots & n-1 \end{bmatrix}.$$

M ist eine Matrix mit n-1 Zeilen und n-1 Spalten. Streicht man etwa die erste Zeile und die erste Spalte, so erhält man M_1. Eine einfache Rechnung ergibt für die Determinante $|M_1| = n^{n-2}$.

14.1.11 Der Graph von Abbildung 14.17b ist der vollständige paare Graph $K_{3,3}$. Angenommen, $K_{3,3}$ sei planar. Dann gilt nach der Eulerschen Polyederformel (14.16)

$f = m - n + 2 = 9 - 6 + 2 = 5.$

Alle Flächen von $K_{3,3}$ werden aber von mindestens vier Kanten berandet. Also ist die doppelte Anzahl der Kanten $\geqq 4f$, das heißt, es ist

$18 = 2m \geqq 4f = 20.$

Aus diesem Widerspruch folgt, daß der Graph $K_{3,3}$ nicht planar ist.

14.2.12 Wendet man den im Abschnitt 14.2.2. angegebenen Algorithmus auf den Netzplan von Abbildung 14.21 mit den angegebenen Dauern an, so erhält man die in der folgenden Abbildung stark ausgezeichnete kritische Bahn von A nach E. Es ist $T(E) = 33$ (vgl. Abbildung 14.24).

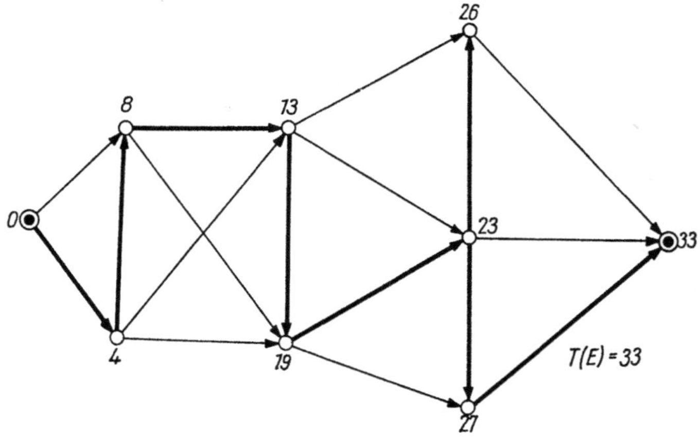

Abbildung 14.24

15. Wahrscheinlichkeitsrechnung

15.1.1 $A + C = E;\; AC = J;\; EF = G;\; E + G = E;\; EG = G;\; BD = H;\; E + J = E.$

15.1.2 $E \supset A, C, G, J; \quad F \supset B, D, G, H.$

15.1.3 $A = A_1A_2A_3$; $B = \bar{A}_1\bar{A}_2\bar{A}_3$; $C = A_1 + A_2 + A_3$; $D = \bar{A}_1 + \bar{A}_2 + \bar{A}_3$; $E = A_1A_2A_3 + \bar{A}_1A_2A_3 + A_1\bar{A}_2A_3 + A_1A_2\bar{A}_3$; $F = \bar{A}_1\bar{A}_2A_3$; $G = A_1\bar{A}_2\bar{A}_3 + \bar{A}_1A_2\bar{A}_3 + \bar{A}_1\bar{A}_2A_3$.

15.1.4 Tritt A nicht ein, das heißt, erscheint $\bar{A}$, dann kann B nicht eingetreten sein, das heißt, dann muß $\overline{B}$ stattfinden.

15.1.5 $A + B = A$; $AB = B$.

15.1.6 $A \supset B, C$ bzw. $A \subset B, C$.

15.1.7 a) $AC + B$, b) A, c) AB.

15.1.8 a) Ja, b) Nein, c) Ja, d) Ja.

15.1.9 a) Ja, b) Nein, c) Nein d) Ja, e) Nein.

15.1.10 a) Ja, b) Ja, c) Ja, d) Nein, e) Nein.

15.1.11 $P(A) = \dfrac{a}{a+b}$, $P(B) = \dfrac{b}{a+b}$.

15.1.12 $P(C) = \dfrac{a}{a+b-1}$, $P(D) = \dfrac{b-1}{a+b-1}$.

15.1.13 $m = 100$; a) $g(A) = 81$, $P(A) = 0{,}81$; b) $g(B) = 33$, $P(B) = 0{,}33$.

15.1.14 $m = \dfrac{(w+s)(w+s-1)}{2}$;

a) $g(A) = \dfrac{w(w-1)}{2}$, $P(A) = \dfrac{w(w-1)}{(w+s)(w+s-1)}$;

b) $g(B) = \dfrac{s(s-1)}{2}$, $P(B) = \dfrac{s(s-1)}{(w+s)(w+s-1)}$.

c) $g(C) = ws$, $P(C) = \dfrac{2ws}{(w+s)(w+s-1)}$;

15.1.15 $m = 6^4 = 1296$, $g(H) = 15$, $P(A) = \dfrac{15}{1296} = 0{,}016$.

15.1.16 $m = (w_1 + s_1)(w_2 + s_2)$;

a) $g(A) = w_1w_2 + s_1s_2$, $P(A) = \dfrac{w_1w_2 + s_1s_2}{(w_1+s_1)(w_2+s_2)}$;

b) $g(B) = w_1s_2 + w_2s_1$, $P(B) = \dfrac{w_1s_2 + w_2s_1}{(w_1+s_1)(w_2+s_2)}$.

15.1.17 $m = 32$, $g(K) = 12$, $P(K) = \dfrac{3}{8} = 0{,}375$.

15.1.18 $n = 1200$; $h(G) = 300$, $h(M) = 700$, $h(K) = 200$; $r(G) = \dfrac{1}{4}$, $r(M) = \dfrac{7}{12}$, $r(K) = \dfrac{1}{6}$, $P(G) = 0{,}25$, $P(M) = 0{,}583$, $P(K) = 0{,}167$.

15.1.19 $n = 300$, $h(A) = 270$, $h(\bar{A}) = 30$; $r(A) = 0{,}9$, $r(\bar{A}) = 0{,}1$; $P(A) = 0{,}9$, $P(\bar{A}) = 0{,}1$.

15.1.20 $n = 1000$, $h(A_1) = 100$, $h(A_2) = 300$, $h(A_3) = 400$, $h(A_4) = 200$; $r(A_1) = 0{,}1$, $r(A_2) = 0{,}3$, $r(A_3) = 0{,}4$, $r(A_4) = 0{,}2$; $P(A_1) \approx 0{,}1$, $P(A_2) \approx 0{,}3$, $P(A_3) \approx 0{,}4$, $P(A_4) \approx 0{,}2$.

15.1.21
$$\begin{aligned} P(A_1 + A_2 + A_3) &= P(A_1) + P(A_2 + A_3) - P(A_1(A_2 + A_3)) \\ &= P(A_1) + P(A_2) + P(A_3) - P(A_2 A_3) - P(A_1 A_2 + A_1 A_3) \\ &= P(A_1) + P(A_2) + P(A_3) - P(A_2 A_3) - P(A_1 A_2) \\ &\quad - P(A_1 A_3) + P(A_1 A_2 A_1 A_3) \\ &= P(A_1) + P(A_2) + P(A_3) - P(A_1 A_2) - P(A_1 A_3) \\ &\quad - P(A_2 A_3) + P(A_1 A_2 A_3). \end{aligned}$$

15.1.22 Wären die Ereignisse A und B unverträglich, dann müßte die Größe $s = P(A) + P(B)$ als Wahrscheinlichkeit des Ereignisses $A + B$ höchstens 1 sein: $P(A) + P(B) \leqq 1$. Das widerspricht aber der Annahme $s > 1$. Folglich sind A und B verträglich.

15.1.23 Für die unverträglichen Ereignisse A_1, A_2 und A_3 liegen die folgenden Wahrscheinlichkeiten vor: $P(A_1) = 0{,}50$, $P(A_2) = 0{,}15$; $P(C) = 0{,}10$. Der Additionssatz liefert wegen $A = A_1 + A_2 + A_3$ und $B = \bar{A}$ die gefragten Wahrscheinlichkeiten zu $P(A) = 0{,}75$ und $P(B) = 0{,}25$.

15.1.24 Aus (15.27) folgt $P(C) = 0{,}3$.

15.1.25 Wegen $P(AB) = P(B)$ – vgl. Aufgabe 15.1.5 – folgt aus (15.33) bereits $P(A/B) = 1$. Weiter liefert die Formel (15.33) bei $P(A/B) = 1$ die Aussage $P(AB) = P(B)$ oder $B \subset A$.

15.1.26 Aus $P(B) = \frac{1}{2}$ und $P(AB) = \frac{1}{3}$ folgt auf Grund Formel (15.33) bereits $P(A/B) = \frac{2}{3}$.

15.1.27 Mit den Ereignissen A: die zweite Karte ist ein *As* und B: die erste Karte ist ein As, sind offenbar die Wahrscheinlichkeiten $P(A)$ und $P(A/B)$ gesucht, die im folgenden gemäß der klassischen Definition der Wahrscheinlichkeit ermittelt werden.

a) Zunächst gilt $A = AB + A\bar{B}$ – überhaupt für zwei beliebige Ereignisse – oder wegen der Unverträglichkeit der Ereignisse AB und $A\bar{B}$ (weshalb?) entsprechend dem Additionssatz $P(A) = P(AB) + P(A\bar{B})$. Offenbar gibt es $m = 32 \cdot 31 = 992$ Elementarereignisse, davon sind $g(AB) = 4 \cdot 3 = 12$ für das Ereignis AB und $g(A\bar{B}) = 28 \cdot 4 = 112$ für das Ereignis $A\bar{B}$ günstig. Mithin gilt
$$P(AB) = \frac{12}{992} \text{ und } P(A\bar{B}) = \frac{112}{992} \text{ oder } P(A) = \frac{124}{992} = \frac{1}{8} = 0{,}125.$$

b) Unter der Bedingung B existieren $m = 31$ Elementarereignisse, von denen lediglich $g(A) = 3$ für das Ereignis A günstig sind. Folglich ergibt sich $P(A/B) = \frac{3}{31} = 0{,}097$.

15.1.28 Die Anwendung des Multiplikationssatzes (15.35) und der klassischen Definition der Wahrscheinlichkeit ergibt

$$P(A) = \frac{3}{10} \cdot \frac{2}{9} \cdot \frac{1}{8} = \frac{1}{120} \approx 0{,}008, \quad P(B) = \frac{5}{10} \cdot \frac{4}{9} \cdot \frac{3}{8} = \frac{1}{12} \approx 0{,}083,$$

$$P(C) = \frac{2}{10} \cdot \frac{1}{9} \cdot 0 = 0.$$

15.1.29 Analog zur Aufgabe 15.1.28 berechnet sich die gesuchte Wahrscheinlichkeit

$$P(N) = \frac{n-k}{n} \frac{n-k-1}{n-1} \cdot \ldots \cdot \frac{n-2k+1}{n-k+1} = \frac{[(n-k)!]^2}{n!(n-2k)!}$$

15.1.30 Mit den Ereignissen A_j: die Ziehung erfolgt aus der Urne U_j ($j = 1, 2$), wird $P(A_1) = P(A_2) = 0{,}5$ sowie $P(B/A_1) = 0{,}4$ und $P(B/A_2) = 0{,}555$. Damit ergibt sich gemäß Formel (15.36)

$P(B) = 0{,}5 \cdot 0{,}4 + 0{,}5 \cdot 0{,}555 = 0{,}478.$

15.1.31 Mit A_1: Erzeugnis ist normgerecht, und $A_2 = \bar{A}_1$ sowie $P(A_1) = 0{,}96$, $P(A_2) = 0{,}04$ und $P(B/A_1) = 0{,}98$, $P(B/A_2) = 0{,}05$ folgt – wieder nach Formel (15.36) –

$P(B) = 0{,}96 \cdot 0{,}98 + 0{,}04 \cdot 0{,}05 = 0{,}9428.$

15.1.32 Aus dem Beispiel 15.22 ergibt sich unmittelbar $P(\bar{A}) = 0{,}982$ und damit schon $P(A) = 0{,}018$.

15.1.33 Für die Ereignisse A_j: Erzeugnis stammt von der Maschine M_j ($j = 1, 2, 3$), und B: Erzeugnis ist defekt, bestehen die Wahrscheinlichkeiten

$P(A_1) = 0{,}4, \quad P(A_2) = 0{,}35, \quad P(A_3) = 0{,}25, \quad P(B/A_1) = 0{,}02,$
$P(B/A_2) = 0{,}03, \quad P(B/A_3) = 0{,}05.$

Aus der Formel von Bayes (15.37) folgt

$$P(A_3/B) = \frac{0{,}25 \cdot 0{,}05}{0{,}40 \cdot 0{,}03 + 0{,}35 \cdot 0{,}03 + 0{,}25 \cdot 0{,}05} = \frac{0{,}0125}{0{,}0310} = 0{,}403$$

und damit das gesuchte Ergebnis $P(\bar{A}_3/B) = 1 - P(A_3/B) = 0{,}597$.

15.1.34 Aus den Relationen $P(B) = P(B/A) = 1 - P(\bar{B}/A)$ und $P(B) = 1 - P(\bar{B})$ ergibt sich zunächst die Unabhängigkeit der Ereignisse A und $\bar{B}$. Werden A und B in der vorstehenden Überlegung vertauscht, dann folgt schon der zweite Teil der Behauptung. Wird schließlich in den aufgeschriebenen Relationen A durch $\bar{A}$ ersetzt – die Unabhängigkeit von $\bar{A}$ und $\bar{B}$ ist ja bereits gesichert – dann resultiert die Unabhängigkeit der Ereignisse $\bar{A}$ und $\bar{B}$. Damit ist alles gezeigt.

15.1.35 Die Ereignisse

A_i: der i-te Würfel liefert bei einem Wurf eine Sechs ($i = 1, 2, 3, 4$),
B_j: beide Würfel liefern beim j-ten Wurf eine Sechs ($j = 1, 2, \ldots, 24$),

die offenbar jeweils voneinander unabhängig sind, besitzen – gemäß der klassischen Definition – die Wahrscheinlichkeiten

$$P(A_i) = \frac{1}{6} \quad (i = 1, 2, 3, 4), \qquad P(B_j) = \frac{1}{36} \quad (j = 1, 2, \ldots, 24).$$

Für die vorgegebenen Ereignisse A und B gilt

$$A = A_1 + A_2 + A_3 + A_4, \qquad B = B_1 + B_2 + \cdots + B_{24}.$$

Auf Grund der Unabhängigkeiten der Summanden (in jeder Summe) liefert der Multiplikationssatz 15.18 die gesuchten Wahrscheinlichkeiten zu

$$P(A) = 1 - \left(\frac{5}{6}\right)^4 \approx 0{,}516, \qquad P(B) = 1 - \left(\frac{35}{36}\right)^{24} \approx 0{,}491.$$

Das Ereignis A ist damit wahrscheinlicher.

15.1.36 Entsprechend zur vorstehenden Aufgabe erweist sich die Treffsicherheit der Gruppe zu $1 - \left(\frac{1}{4}\right)^6 = 0{,}99976$ oder 99,98 %.

15.1.37 Aus den gegebenen Wahrscheinlichkeiten $P(A_1) = 0{,}95$, $P(A_2) = 0{,}97$ und $P(A_3) = 0{,}98$ resultieren die gesuchten Wahrscheinlichkeiten folgendermaßen:

$$\begin{aligned}
P(B) &= P(A_1)\,P(A_2)\,P(A_3) = 0{,}9031,\\
P(C) &= P(A_1)\,P(A_2)\,P(\bar{A}_3) = 0{,}0184,\\
P(D) &= P(\bar{A}_1)\,P(\bar{A}_2)\,P(\bar{A}_3) = 0{,}00003,\\
P(A) &= P(\bar{D}) = 0{,}99997,\\
P(E) &= P(\bar{A}_1)\,P(A_2)\,P(A_3) + P(A_1)\,P(\bar{A}_2)\,P(A_3)\\
&\quad + P(A_1)\,P(A_2)\,P(\bar{A}_3) = 0{,}0939.
\end{aligned}$$

15.1.38 Bedeuten Z und W die Elementarereignisse

Z: Münze zeigt Zahl $\qquad$ W: Münze zeigt Wappen

dann läßt sich das Ereignis A wie folgt darstellen

$$A = W + ZZW + ZZZZW + ZZZZZZW + \cdots$$

Der k-te Summand der Summe der rechten Seite der vorstehenden Ereignisgleichung repräsentiert das Ereignis, daß der beginnende Spieler bei seinem k-ten Wurf – und damit beim $(2k\text{-}1)$-ten Wurf ($k = 1, 2, \ldots$) des Spieles – zum ersten Mal Wappen wirft. Die Summanden dieser Summe sind offensichtlich paarweise unverträglich. Wegen $P(Z) = P(W) = \frac{1}{2}$ folgt

$$P(A) = \frac{1}{2} + \left(\frac{1}{2}\right)^3 + \left(\frac{1}{2}\right)^5 + \left(\frac{1}{2}\right)^7 + \cdots$$

Die vorliegende geometrische Reihe mit dem Anfangsglied $\frac{1}{2}$ und dem Quotienten $\frac{1}{4}$ konvergiert gegen die Summe $\frac{2}{3}$. Damit belaufen sich die gesuchten Wahrscheinlichkeiten auf

$$P(A) = \frac{2}{3} \qquad P(\bar{A}) = \frac{1}{3}.$$

Die Gewinnchancen des beginnenden Spielers sind damit doppelt so hoch wie die des anderen.

15.1.39 Die Zuverlässigkeit des Systems, das heißt die Wahrscheinlichkeit dafür, daß das System funktioniert, beträgt einerseits – vgl. Beispiel 15.27 und Satz 15.18 – $1 - 0{,}9^n$; andererseits soll sie mindestens 0,99 sein. Mithin folgt

$$1 - 0{,}9^n \geqq 0{,}99$$

oder (beachte $\lg 0{,}9 < 0$)

$$n \geqq \frac{\lg 0{,}01}{\lg 0{,}9} = 43{,}7\,.$$

Damit sind wenigstens 44 Elemente für das System vorzusehen, um eine Zuverlässigkeit von mindestens 99% zu erhalten.

15.1.40 Das System S_1 besitzt die Zuverlässigkeit

$$z(S_1) = 1 - (1 - p)(1 - p) = p(2 - p)\,.$$

Die Zuverlässigkeit des Systems S_2 ist

$$z(S_2) = ppp = p^3\,.$$

Mithin beträgt die Zuverlässigkeit des Gesamtsystems

$$z(S) = z(S_1)z(S_2)$$

oder

$$z(S) = p^4(2 - p)\,.$$

15.1.41 Mit $p = 0{,}8$ ergeben sich aus der Lösung zur Aufgabe 15.1.40 die gesuchten Werte

$$z(S_1) = 0{,}8 \cdot 1{,}2 = 0{,}96 \mathrel{\hat{=}} 96{,}0\,\%$$

$$z(S_2) = (0{,}8)^3 = 0{,}512 \mathrel{\hat{=}} 51{,}2\,\%$$

und

$$z(S) = (0{,}8)^4 \cdot 1{,}2 = 0{,}49152 \mathrel{\hat{=}} 49{,}2\,\%\,.$$

15.1.42 Für die gesuchte Zuverlässigkeit $z(S_0)$ gilt zunächst

$$z(S_0) = 1 - (1 - z(S_1))(1 - z(S_2))\,.$$

Die Werte $z(S_1)$ und $z(S_2)$ sind in der Aufgabe 15.1.41 zu $z(S_1) = 0{,}512$ und $z(S_2) = 0{,}96$ ermittelt worden.

Mithin folgt

$$z(S_0) = 1 - 0{,}488 \cdot 0{,}04 = 0{,}98048 \mathrel{\hat{=}} 98{,}0\,\%\,.$$

15.1.43 Die Zufallsgrößen X_1, X_4, X_6, X_9 und X_{11} sind diskret; die übrigen 7 Zufallsgrößen sind stetig.

15.1.44 Es handelt sich bei dieser Zufallsgröße um die Konstante c mit dem Verteilungsgesetz $P(X = c) = 1$.

15.1.45 Die gesuchten Größen ergeben sich aus (15.43) und (15.46) in Verbindung mit (15.47) zu

$$p_1 = P(0{,}1 \leqq T < 0{,}5) = F(0{,}5) - F(0{,}1) = e^{-0{,}2} - e^{-1}$$
$$= 0{,}8187 - 0{,}3679 = 0{,}4508$$
$$p_2 = P(T \geqq 3) = 1 - F(3) = e^{-6} = 0{,}0025$$
$$p_3 = P(T < 2) = F(2) = 1 - e^{-4} = 0{,}9817.$$

15.2.46 Aus den Betrachtungen im Beispiel 15.8 ergeben sich unmittelbar die gesuchten Verteilungstabellen. Sie lauten für die Summe der Augenzahlen

2	3	4	5	6	7	8	9	10	11	12
$\frac{1}{36}$	$\frac{2}{36}$	$\frac{3}{36}$	$\frac{4}{36}$	$\frac{5}{36}$	$\frac{6}{36}$	$\frac{5}{36}$	$\frac{4}{36}$	$\frac{3}{36}$	$\frac{2}{36}$	$\frac{1}{36}$

und für das Produkt der Augenzahlen

1	2	3	4	5	6	8	9	10	12	15	16	18	20	24	25	30	36
$\frac{1}{36}$	$\frac{2}{36}$	$\frac{2}{36}$	$\frac{3}{36}$	$\frac{2}{36}$	$\frac{4}{36}$	$\frac{2}{36}$	$\frac{1}{36}$	$\frac{2}{36}$	$\frac{4}{36}$	$\frac{2}{36}$	$\frac{1}{36}$	$\frac{2}{36}$	$\frac{2}{36}$	$\frac{2}{36}$	$\frac{1}{36}$	$\frac{2}{36}$	$\frac{1}{36}$.

Die wahrscheinlichsten Werte betragen 7 bzw. 6 und 12 mit den (größten) Wahrscheinlichkeiten $\frac{1}{6}$ bzw. $\frac{1}{9}$.

15.2.47 Die Verteilungstabelle der Zufallsgröße $X(A)$ mit $P(A) = p$ lautet

0	1
$1-p$	p.

Für die Verteilungsfunktion $F(z) = P(X(A) < z)$ gilt

$$F(z) = \begin{cases} 0 & \text{für } z \leqq 0 \\ 1-p & \text{für } 0 < z \leqq 1 \\ 1 & \text{für } z > 1. \end{cases}$$

15.2.48 Die gesuchten Verteilungstabellen sind für $X + Y$

−7	−5	−3	−1	1	3	5
0,02	0,06	0,08	0,28	0,38	0,16	0,02

und für XY

−10	−6	−2	0	2	6	10
0,02	0,02	0,16	0,6	0,16	0,02	0,02.

Die wahrscheinlichsten Werte betragen 1 (für $X + Y$) bzw. 0 (für XY) mit den (größten) Wahrscheinlichkeiten 0,38 bzw. 0,16.

15.2.49 $E(X) = E(Y) = 0.$

15.2.50 Aus der Verteilungstabelle der charakteristischen Zufallsgröße $X(A)$ – vgl. Aufgabe 15.2.47 – ergibt sich unmittelbar

$$E(X(A)) = 0 \cdot (1 - P(A)) + 1 \cdot P(A) = P(A).$$

15.2.51 Da bei jedem Versuch die Zufallsgröße wenigstens den Wert a und höchstens den Wert b annimmt, muß der mittlere Wert dieser Zufallsgröße innerhalb einer unbeschränkten Versuchsserie, das heißt der Erwartungswert dieser Zufallsgröße, ebenfalls wenigstens a und höchstens b betragen.

15.2.52 Die gesuchten Streuungen betragen $\sigma^2(X) = 1{,}6$ und $\sigma^2(Y) = 4{,}2$.

15.2.53 $E(X) = E(Y) = 0, \quad \sigma^2(X) = \sigma^2(Y) = 1.$

15.2.54 $\sigma^2(X(A)) = p(1-p) = s(p); \quad s'(p) = 1 - 2p = 0$
liefert die kritische Stelle $p = \frac{1}{2}$. Wegen $f''(p) = -2$ erreicht die Varianz ihren Maximalwert für $p(A) = \frac{1}{2}$ zu $\sigma^2_{\max} = \frac{1}{4}$. Mithin gilt stets $\sigma^2(X(A)) \leqq \frac{1}{4}$.

15.2.55 a) Gemäß Markow-Ungleichung (15.74) wird $P(X \geqq 70) \leqq \frac{60}{70} \approx 0{,}857$.

b) Gemäß Tschebyschew-Ungleichung (15.75) wird

$$P(|X - 60| < 4) \geqq 1 - \frac{4}{16} = 0{,}75.$$

15.2.56 a) Offenbar ist jede Wahrscheinlichkeit höchstens Eins. Daher muß die Ungleichung $\frac{E(X)}{c} < 1$ oder (wegen $c > 0$) $c > E(X)$ bestehen, damit eine nichttriviale Aussage entsteht.

b) Offenbar ist jede Wahrscheinlichkeit mindestens Null. Mithin muß die Ungleichheit $1 - \frac{\sigma^2(X)}{c^2} > 0$ oder $c > \sigma(X)$ bestehen, damit keine triviale Aussage entsteht.

15.2.57 Gegeben sei eine symmetrisch verteilte diskrete Zufallsgröße X mit dem in Tabelle 15.5 angegebenen Verteilungsgesetz. Zunächst sei das Symmetriezentrum a der Verteilung keine Realisierung von X. Dann ist die Zahl n gerade ($n = 2m$) und es gilt

$$x_i + x_{n+1-i} = 2a,\ p_i = p_{n+1-i} \text{ mit } i = 1, 2, \ldots, m \text{ sowie } p_1 + \cdots + p_m = \frac{1}{2}.$$

Mithin wird

$$E(X) = \sum_{i=1}^{n} x_i p_i = \sum_{i=1}^{m} (x_i p_i + x_{n+1-i} p_{n+1-i}) = 2a \sum_{i=1}^{m} p_i = a.$$

Nun sei das Symmetriezentrum a eine Realisierung von X. Dann ist die Zahl n ungerade ($n = 2m + 1$) und es gilt

$$x_i + x_{n+1-i} = 2a,\ p_i = p_{n+1-i} \text{ mit } i = 1, 2, \ldots, m \quad \text{sowie } a = x_{m+1}$$

und schließlich

$$\sum_{i=1}^{m} p_i = \frac{1}{2}(1 - p_{m+1}).$$

Mithin wird

$$E(X) = \sum_{i=1}^{n} x_i p_i = \sum_{i=1}^{n} x_i p_i + x_{n+1-i}\, p_{n+1-i} + a p_{m+1}$$
$$= 2a \sum_{i=1}^{m} p_i + a p_{m+1} = a.$$

Ganz analog wird das Verschwinden der zentralen Momente ungerader Ordnung nachgewiesen.

15.2.58 Es wird $0 < p < 1$ vorausgesetzt. Dann gilt $S(X(A)) = \dfrac{1-2p}{p(1-p)}$. Die Verteilung der charakteristischen Zufallsgröße ist rechtsschief, symmetrisch bzw. linksschief, wenn entsprechend $p < \dfrac{1}{2}$ bzw. $p = \dfrac{1}{2}$ bzw. $p > \dfrac{1}{2}$ ist.

15.2.59 Die erste Behauptung $E(X) = g'(1)$ ist unmittelbar klar. Weiter ergibt sich in Verbindung mit (15.81)

$$g''(1) = \sum_{k=0}^{m} k(k-1)z^k = M_2(X) - M_1(X) = E(X^2) - E(X) = E(X^2) - g'(1).$$

Weiter folgt aus (15.69)

$$\sigma^2(X) = E(X^2) - [E(X)]^2 = E(X)^2 - [g'(1)]^2.$$

Wird nun aus beiden Gleichungen die Größe $M_2(X) = E(X^2)$ eliminiert, dann resultiert gerade die zweite Behauptung in (15.96).

15.2.60 Wegen $g(z) = \dfrac{\frac{1}{2}}{1 - \frac{z}{2}}$ kann die erzeugende Funktion als unendliche Reihe mit dem Anfangsglied $\dfrac{1}{2}$ und dem Quotienten $\dfrac{1}{2}$ aufgefaßt werden (vgl. Kapitel 7.). Mithin gilt

$$g(z) = \sum_{k=0}^{\infty} \frac{1}{2} \frac{z^k}{2}.$$

Damit lautet die Wahrscheinlichkeitsfunktion

$$p_k = f(k) = \frac{1}{2^{k+1}} \qquad (k = 0, 1, 2, \ldots).$$

Aus

$$g'(z) = \frac{1}{(2-z)^2} \qquad g''(z) = \frac{2}{(2-z)^3}$$

mit $g'(1) = 1$ und $g''(1) = 2$ sowie aus (15.96) folgt schließlich

$$E(X) = 1 \qquad \sigma^2(X) = 2.$$

15.2.61 Für die im Beispiel 15.54 angegebene erzeugende Funktion $g(z)$ gilt

$$g'(1) = p_1 + p_2 \qquad g''(1) = 2p_1p_2$$

und damit gemäß Formel (15.102)

$$E(X) = p_1 + p_2 \qquad \sigma^2(X) = (1 - p_1)p_1 + (1 - p_2)p_2.$$

Das erhaltene Ergebnis läßt sich auch aus der Unabhängigkeit der Zufallsgrößen X_1 und X_2 (des Beispiels 15.54) und der Lösung der ersten Teilaufgabe 15.2.54 unmittelbar ableiten.

15.2.62 Die Verteilungstabelle lautet (vgl. Beispiel 15.8)

$X \setminus Y$	1	2	3	4	5	6	
1	$\frac{1}{36}$	$\frac{1}{36}$	$\frac{1}{36}$	$\frac{1}{36}$	$\frac{1}{36}$	$\frac{1}{36}$	$\frac{1}{6}$
2	$\frac{1}{36}$	$\frac{1}{36}$	$\frac{1}{36}$	$\frac{1}{36}$	$\frac{1}{36}$	$\frac{1}{36}$	$\frac{1}{6}$
3	$\frac{1}{36}$	$\frac{1}{36}$	$\frac{1}{36}$	$\frac{1}{36}$	$\frac{1}{36}$	$\frac{1}{36}$	$\frac{1}{6}$
4	$\frac{1}{36}$	$\frac{1}{36}$	$\frac{1}{36}$	$\frac{1}{36}$	$\frac{1}{36}$	$\frac{1}{36}$	$\frac{1}{6}$
5	$\frac{1}{36}$	$\frac{1}{36}$	$\frac{1}{36}$	$\frac{1}{36}$	$\frac{1}{36}$	$\frac{1}{36}$	$\frac{1}{6}$
	$\frac{1}{6}$	$\frac{1}{6}$	$\frac{1}{6}$	$\frac{1}{6}$	$\frac{1}{6}$	$\frac{1}{6}$	

15.2.63 Die Verteilungstabelle lautet

$X \setminus Y$	0	1	
0	0	$\frac{1}{2}$	$\frac{1}{2}$
1	$\frac{1}{2}$	0	$\frac{1}{2}$
	$\frac{1}{2}$	$\frac{1}{2}$	

15.2.64 Die gesuchte Verteilungstabelle hat die Gestalt

$X \setminus Y$	0	1	2	3	
0	0	0	0	$\frac{8}{125}$	$\frac{8}{125}$
1	0	0	$\frac{36}{125}$	0	$\frac{36}{125}$
2	0	$\frac{54}{125}$	0	0	$\frac{54}{125}$
3	$\frac{27}{125}$	0	0	0	$\frac{27}{125}$
	$\frac{27}{125}$	$\frac{54}{125}$	$\frac{36}{125}$	$\frac{8}{125}$	

15.2.65 Für standardisierte diskrete Zufallsgrößen X und Y gilt gemäß (15.77) $\sigma^2(X) = \sigma^2(Y) = 1$. Mithin folgt aus (15.104) und (15.105) bereits die behauptete Aussage $k(X\ Y) = c(X\ Y)$.

15.2.66 Der gesuchte Wert beträgt

$$F(2,4) = \frac{8}{125} + \frac{36}{125} = \frac{44}{125} \approx 0{,}352$$

15.2.67 $F(1,1) = 0$

15.2.68 $F(5,4) = 1$

15.3.69 Die gesuchte Tabelle ergibt sich wegen $n = 4$ und $p = 0{,}8$ zu

0	1	2	3	4
$\frac{1}{625}$	$\frac{16}{625}$	$\frac{96}{625}$	$\frac{256}{625}$	$\frac{256}{625}$

15.3.70 Seien X_1 und X_2 die Anzahl der gezogenen weißen bzw. schwarzen Kugeln. Beide Zufallsgrößen genügen der Binomialverteilung mit den Parametern $n = 1000$ und $p_1 = 0{,}6$ bzw. $p_2 = 0{,}4$. Mithin resultieren aus (15.111) die gesuchten Erwartungswerte $E(X_1) = 600$ und $E(X_2) = 400$.

15.3.71 Der behauptete Ausdruck für p_0 ergibt sich aus (15.108) für $k = 0$. Weiter gilt

$$p_{k+1} = \binom{n}{k+1} p^{k+1}(1-p)^{n-k-1} = \frac{n-k}{k+1}\,\frac{p}{1-p}\binom{n}{k} p^k(1-p)^{n-k}$$

$$= \frac{n-k}{k+1}\,\frac{p}{1-p}\,p_k$$

wegen (vgl. Kapitel 4)

$$\binom{n}{k+1}(k+1) = \binom{n}{k}(n-k).$$

15.3.72 Die einzelnen erzeugenden Funktionen lauten entsprechend (15.110)

$$g_1(z) = [1 - p_1 + p_1 z]^{n_1}; \qquad g_2(z) = [1 - p_2 + p_2 z]^{n_2}.$$

Gemäß Satz 15.48 stellt dann

$$g(z) = [1 - p_1 + p_1 z]^{n_1}\,[1 - p_2 + p_2 z]^{n_2}$$

die erzeugende Funktion der Summe $X = X_1 + X_2$ dar.

15.3.73 Nein; denn die in Aufgabe 15.3.72 angegebene erzeugende Funktion für die Summe zweier unabhängiger binomial verteilter Zufallsgrößen ist nicht von der Gestalt (15.110).

15.3.74 Die gesuchten Ergebnisse sind in der folgenden Tabelle zusammengestellt:

	a	*b*	*c*
Erwartungswert	2	2	5,25
Streuungsmaß	1	1,153	1,146
Wahrscheinlichste(r) Wert(e)	2	2	5; 6
Schiefe	0	0,099	−0,101
	symmetrisch	linksschief	rechtsschief

15.3.75 Ist $E(X) = np$ ganz, dann ist die Größe $(n + 1)p$ nicht ganzzahlig. Gemäß Satz 15.57 besitzt dann die Verteilung nur einen wahrscheinlichsten Wert, der die ganze Zahl des Intervalls $[(n + 1)p - 1, (n + 1)p]$ bedeutet. Diese ganze Zahl ist aber mit $E(X)$ identisch.

15.3.76 Die Aussage $E(X) > \sigma^2(X)$ ergibt sich wegen $0 < (1 - p) < 1$ unmittelbar aus den Beziehungen (15.111).

15.3.77 Werden die Relationen (15.111) nach n und p aufgelöst, dann wird

$$n = \frac{E^2(X)}{E(X) - \sigma^2(X)} \qquad p = 1 - \frac{\sigma^2(X)}{E(X)}.$$

15.3.78 Die erzeugende Funktion der gegebenen Verteilung lautet gemäß (15.117)

$$g(z) = \left(\frac{1}{2 - z}\right)^2.$$

Ihre Ableitungen höchstens zweiter Ordnung sind

$$g'(z) = 2\left(\frac{1}{2 - z}\right)^3 \qquad g''(z) = 6\left(\frac{1}{2 - z}\right)^4.$$

Insbesondere gilt $g(0) = \frac{1}{4}$, $g'(0) = \frac{1}{4}$ und $g''(0) = \frac{3}{8}$. Mithin betragen entsprechend (15.89) die gesuchten Wahrscheinlichkeiten

$$p_0 = \frac{1}{4}, \quad p_1 = \frac{1}{4}, \quad p_2 = \frac{3}{16},$$

die natürlich auch aus (15.116) für $k = 0, 1, 2$ direkt ermittelt werden können.

15.3.79 Aus (15.118) folgt $(1 - p)\sigma^2(X) = E(X)$ oder wegen $0 < 1 - p < 1$ die Behauptung $E(X) < \sigma^2(X)$.

15.3.80 Die gesuchten Ausdrücke lauten (vgl. Beispiel 15.67)

$$v = \frac{E^2(X)}{\sigma^2(X) - E(X)} \qquad p = \frac{\sigma^2(X) - E(X)}{\sigma^2(X)}.$$

15.3.81 Die gegebene Zufallsvariable kann einer gewöhnlichen, aber keiner negativen Binomialverteilung genügen (vgl. die Aufgaben 15.3.76 und 15.3.79).

15.3.82 Auf Grund der Eigenschaft

$$\binom{a}{b + 1} = \binom{a}{b}\frac{a - b - 1}{b + 1}$$

(vgl. Kapitel 4.) ergibt sich unmittelbar aus (15.120)

$$p_{k+1} = \frac{\binom{Np}{k + 1}\binom{N(1 - p)}{n - k - 1}}{\binom{N}{n}}$$

$$= \frac{\binom{Np}{k}\binom{N(1 - p)}{n - k}}{\binom{N}{n}} \cdot \frac{(Np - k)(n - k)}{(N(1 - p) - n + k + 1)(k + 1)}$$

$$= \frac{(Np - k)(n - k)}{(N(1 - p) - n + k + 1)(k + 1)} p_k.$$

Schließlich resultiert der behauptete Ausdruck für p_0 aus (15.120) mit $k = 0$.

15.3.83 a) Keine. Die Erwartungswerte sind nämlich identisch.

b) Die Streuung der Binomialverteilung ist größer. Aus (15.121) und (15.111) folgt nämlich wegen $N - n < N - 1$ die Ungleichung

$$np(1-p) > \frac{N-n}{N-1} np(1-p).$$

15.3.84 Die Behauptung folgt unmittelbar aus (15.121) bei Beachtung von $N - n < N - 1$ und $0 < 1 - p < 1$. Sie ergibt sich auch als Folge der Aufgaben 15.3.76 und 15.3.83.

15.3.85 Die genannte Zufallsgröße gehorcht der hypergeometrischen Verteilung mit den Parametern $N = 500$, $n = 50$ und $p = 0{,}02$. Mithin folgt aus (15.121)

$$E(X) = 25, \qquad \sigma^2(X) = 0{,}812.$$

15.3.86 Unter Benutzung der in der Aufgabe 15.3.82 angegebenen Rekursionsformel ergibt sich die Tabelle:

0	1	2	3	4	5
0,7696	0,2114	0,0184	0,0006	0,0000	0,0000

15.3.87 Die gesuchte Tabelle lautet gemäß (15.122):

0	1	2	3	4	5	6
0,8000	0,1600	0,0320	0,0064	0,0013	0,0002	0,0001

Für die Parameter $E(X)$ und $\sigma^2(X)$ folgt aus (15.125)

$$E(X) = 0{,}25 \qquad \sigma^2(X) = 0{,}313.$$

15.3.88 Aus (15.125) ergibt sich $p\sigma^2(X) = E(X)$. Wegen $0 < p < 1$ bedeutet diese Aussage bereits die Behauptung $E(X) < \sigma^2(X)$.

15.3.89 Gemäß (15.92) resultiert aus (15.122) zunächst der Ausdruck

$$g(z) = \sum_{k=0}^{\infty} p(1-p)^k z^k = p \sum_{k=0}^{\infty} [(1-p)\, z]^k,$$

der eine unendliche geometrische Reihe ist mit dem Anfangsglied p und dem Quotienten $(1-p)z$. Nach den Ergebnissen des Kapitel 7. konvergiert diese Reihe für alle z, für die $|(1-p)\, z| < 1$ oder $|z| < \frac{1}{1-p} > 1$ gilt. Für diese z ergibt sich dann der Limes

$$g(z) = \frac{p}{1-(1-p)\, z}.$$

15.3.90 Die erzeugenden Funktionen der beiden Summanden lauten gemäß (15.124) (bzw. vorstehender Aufgabe)

$$g_i(z) = \frac{p_i}{1-(1-p_i)\, z} \qquad (i = 1, 2).$$

Für die erzeugende Funktion der Summe gilt dann entsprechend Satz 15.48

$$g(z) = g_1(z)\, g_2(z) = \frac{p_1 p_2}{1 - [2 - (p_1 + p_2)]\, z + (1-p_1)(1-p_2)\, z^2}.$$

15.3.91 In der vorstehenden Aufgabe ist die erzeugende Funktion der Summe angegeben. Es ist unmittelbar zu erkennen, daß sie nicht von der Form (15.124) ist. Demzufolge kann die Summe auch nicht geometrisch verteilt sein.

15.3.92 Aus (15.125) folgt zunächst $p = [E(X) - 1]^{-1}$ und weiter $\sigma^2(X) = E(X) \cdot [1 + E(X)]$. Erneut wird die Aussage der Aufgabe 15.3.88 sichtbar.

15.3.93 Gegeben sind die Größen $p = 0{,}9$ und – in Verbindung mit (15.123) –
$P(X > z) = 1 - F(z) = (0{,}1)^{z+1} \leqq 0{,}0001$.
Dabei bedeutet z die Mindestanzahl von Fehlschüssen vor dem ersten Treffer. Gesucht ist damit die Größe $z + 1$. Aus vorstehender Ungleichung folgt

$$z + 1 \geqq \frac{\lg 0{,}0001}{\lg 0{,}01} = 4.$$

Mithin sind wenigstens 4 Schüsse erforderlich, um mit einer Wahrscheinlichkeit von höchstens 0,01 % keinen Treffer zu konstatieren.

15.3.94 Aus (15.127) folgt unmittelbar $p_0 = \mathrm{e}^{-a}$ und $p_{k+1} = \frac{a}{k+1} p_k$ für $k \geqq 0$.

15.3.95 Aus (15.92) und (15.127) ergibt sich

$$g(z) = \sum_{k=0}^{\infty} \frac{a^k}{k!} \mathrm{e}^{-a} z^k = \mathrm{e}^{-a} \sum_{k=0}^{\infty} \frac{(az)^k}{k!} = \mathrm{e}^{-a} \mathrm{e}^{az} = \mathrm{e}^{(z-1)a}$$

wegen der bekannten Beziehung (vgl. Kapitel 7.)

$$\mathrm{e}^x = \sum_{k=0}^{\infty} \frac{x^k}{k!}.$$

15.3.96 Es liegt die Hypothese nahe, daß die Anzahl der täglich eintreffenden Transportaufträge einer Poisson-Verteilung mit dem Parameter $a = 35$ genügt.

15.3.97 Aus Satz 15.73 und Tabelle 15.8 ergeben sich die wahrscheinlichsten Werte und die dazugehörigen Wahrscheinlichkeiten zu

a) $x_1 = 0,\ P(X = 0) = 0{,}4493$
b) $x_1 = 3,\ P(X = 3) = 0{,}2158$
c) $x_1 = 9,\ x_2 = 10;\ P(X = 9) = P(X = 10) = 0{,}1251$.

15.3.98 Sei x ein wahrscheinlichster Wert einer Poisson-Verteilung. Dann muß insbesondere $P_{x-1} \leqq P_x \leqq P_{x+1}$ oder auf Grund der in Aufgabe 15.3.94 angegebenen Rekursionsformel $a \leqq x + 1$ und $x \leqq a$ bestehen. Die Lösung dieses Ungleichungssystems bei Beachtung der Ganzzahligkeit für x liefert die im Satz 15.73 konstatierten Werte.

15.3.99 Die Behauptung resultiert aus den Beziehungen (15.89), (15.86) und (15.81) in Verbindung mit Satz 15.70 und Satz 15.72.

15.3.100 Aus der Tabelle 15.9 ergeben sich die gesuchten Wahrscheinlichkeiten zu

a) $P(X \geqq 3) = 1 - P(X \leqq 2) = 1 - [0{,}0183 + 0{,}0733 + 0{,}1465]$
$= 1 - 0{,}2381 = 0{,}7619$

b) $P(X \leqq 4) = 0{,}0183 + 0{,}0733 + 0{,}1465 + 0{,}1954 + 0{,}1954 = 0{,}6289.$

15.3.101 Eine gesuchte Abschätzung ergibt sich aus der Tschebyschew-Ungleichung (15.75) zu

$$P(X < 4a) = P(|X - E(X)| < 3a) \geqq 1 - \frac{a}{(3a)^2} = 1 - \frac{1}{9a}.$$

15.3.102 Die Zufallsgröße $(X_1\ X_2\ X_3\ X_4)$ genügt einer Polynomialverteilung mit den Parametern $n = 8$ und $p_1 = 0{,}25$, $p_2 = 0{,}20$, $p_3 = 0{,}15$ und $p_4 = 0{,}40$. Aus (15.133) ergibt sich die Wahrscheinlichkeitsfunktion

$$P(X_1 = k_1 \text{ und } X_2 = k_2 \text{ und } X_3 = k_3 \text{ und } X_4 = k_4)$$
$$= \frac{8!}{k_1!\,k_2!\,k_3!\,k_4!}(0{,}25)^{k_1}(0{,}20)^{k_2}(0{,}15)^{k_3}(0{,}40)^{k_4}.$$

Für den Fall $k_1 = 6$, $k_2 = k_3 = 0$ und $k_4 = 2$ ergibt sich

$$\frac{8!}{6!\,2!}(0{,}25)^6(0{,}40)^2 = 0{,}0011.$$

15.4.103 Aus (15.46) und (15.138) folgt

$$F'(z) = \lim_{\Delta z \to 0}\frac{F(z + \Delta z) - F(z)}{\Delta z} = \lim_{\Delta z \to 0}\frac{P(z \leqq X < z + \Delta z)}{\Delta z}$$
$$= \lim_{\Delta z \to 0}\frac{\int\limits_z^{z+\Delta z} f(t)\,dt}{\Delta z} = f(z).$$

Die letzte Gleichheit gilt wegen der Stetigkeit von $f(x)$.

15.4.104 Aus (15.137) ergibt sich

$$F(x) = \begin{cases} 0 & \text{für } x < 0 \\ \dfrac{x^2}{4} & \text{für } 0 \leqq x \leqq 2 \\ 1 & \text{für } x > 2. \end{cases}$$

15.4.105 Es wird lediglich die Beziehung $P(a \leqq X \leqq b) = F(b) - F(a)$ nachgewiesen. Die anderen Relationen in (15.144) lassen sich analog beweisen. Offenbar gilt

$$P(a \leqq X \leqq b) = P(a \leqq X < b \text{ oder } X = b).$$

Wegen der Unverträglichkeit der Ereignisse $a \leqq X < b$ und $X = b$ folgt weiter aus dem Summensatz (15.26) für unverträgliche Ereignisse

$$P(a \leqq X \leqq b) = P(a \leqq X < b) + P(X = b).$$

Dieser Ausdruck stellt aber in Verbindung mit (15.46) und (15.140) bereits die zu beweisende Beziehung dar.

15.4.106 Auf Grund des Satzes 15.81 folgt aus (15.141)

$$p(x) = F'(x) = \begin{cases} 0 & \text{für } x < 0 \\ a\mathrm{e}^{-ax} & \text{für } x \geqq 0. \end{cases}$$

15.4.107 Aus (15.145) und Satz 15.82 resultieren die gesuchten Wahrscheinlichkeiten zu

a) $P(X > 0) = \frac{2}{3} = 0{,}3333$

b) $P\left(X \geqq \frac{1}{6}\right) = \frac{2}{3} e^{-\frac{1}{6}} = 0{,}1117$

c) $P\left(\frac{1}{12} \leqq X \leqq \frac{1}{4}\right) = \frac{2}{3}\left(e^{-\frac{1}{12}} - e^{-\frac{1}{4}}\right) = 0{,}0945.$

15.4.108 Im Sinne der Definition 15.34 gibt es keine wahrscheinlichsten Werte der Zufallsgröße X. Denn gemäß Satz 15.79 gilt für alle Realisierungen x von X die Beziehung

$P(X = x) = 0.$

15.4.109 In Anlehnung an den geführten Beweis für den Fall $a > 0$ ergibt sich unmittelbar

$$F_2(x) = P(X_2 < x) = P(aX_1 + b < x) = P\left[X_1 < \frac{x-b}{a} = F_1\left(\frac{x-b}{a}\right)\right].$$

15.4.110 Auf Grund des Satzes 15.84 besitzen $-X$ und X dieselbe Dichtefunktion; diese ist im Beispiel 15.84 angegeben.

15.4.111 Gemäß (15.151) und (15.152) sowie (15.141) ergibt sich

$$E(X) = \int_0^\infty ax\, e^{-ax}\, dx = -\left[e^{-ax}\left(x + \frac{1}{a}\right)\right]_0^\infty = \frac{1}{a}$$

sowie

$$\sigma^2(X) = \int_0^\infty a\left(x - \frac{1}{a}\right)^2 e^{-ax}\, dx = -\left[e^{-ax}\left\{\left(x - \frac{1}{a}\right)^2 + \frac{2}{a}\left(x - \frac{1}{a}\right) + \frac{2}{a^2}\right\}\right]_0^\infty$$

$$= \frac{1}{a^2}.$$

Damit gilt insbesondere $E(x) = \sigma(X)$.

15.4.112 Die gegebene Verteilung ist symmetrisch mit dem Symmetriezentrum $z = 0$. Mithin folgt aus den Sätzen 15.89 und 15.44 sofort $E(x) = 0$. Weiter gilt $\sigma^2(X) = Z_2(X) = M_2(X)$ oder

$$\sigma^2(X) = \frac{1}{2}\left[\int_{-\infty}^0 x^2 e^x\, dx + \int_0^\infty x^2 e^{-x}\, dx\right] = \int_0^\infty x^2 e^{-x}\, dx$$

$$= \left[e^{-x}(x^2 + 2x + 2)\right]_0^\infty = 2.$$

15.4.113 Gemäß (15.151) und (15.152) wird

$$E(X) = \int_0^2 x \frac{x}{2}\, dx = \left[\frac{x^3}{6}\right]_0^2 = \frac{4}{3}$$

sowie

$$\sigma^2(X) = \int_0^2 \left(x - \frac{4}{3}\right)^2 \frac{x}{2}\,dx = \int_0^2 \left(\frac{x^3}{2} - \frac{4}{3}x^2 + \frac{4}{9}x\right)dx$$

$$= \left[\frac{x^4}{8} - \frac{4}{9}x^3 + \frac{4}{18}x^2\right]_0^2 = \frac{2}{3}.$$

15.4.114 $M_k(X) = \int_{-\infty}^{+\infty} x^k p(x)\,dx \qquad (k = 0, 1, \ldots).$

15.4.115 Wegen der Symmetrie der Verteilung zur Stelle $x = 0$ gilt $S(X) = 0$.

15.4.116 Aus den Beispielen 15.89 und 15.92 geht hervor, daß die Dreiecksverteilung für $c = \sqrt{6}$ standardisiert ist.

15.4.117 Das Integral (15.155) liefert den c-fachen Flächeninhalt des Einheitskreises, auf dem die gegebene Verteilung konzentriert ist. Demzufolge muß $c\pi = 1$ oder $c = \frac{1}{\pi}$ bestehen.

15.5.118 Aus (15.157) und Definition 15.54 ergibt sich unmittelbar die Tatsache, daß die Gleichverteilung symmetrisch ist. Ihr Symmetriezentrum ist die Stelle $z = \frac{a+b}{2}$.

15.5.119 Aus (15.157) und (15.158) folgt

$$p(x) = \begin{cases} 0 \text{ für } x < 0 \\ 1 \text{ für } 0 \leqq x \leqq 1 \\ 0 \text{ für } x > 1 \end{cases}$$

sowie

$$F(x) = \begin{cases} 0 & \text{für } x < 0 \\ \frac{x-a}{b-a} & \text{für } 0 \leqq x \leqq 1 \\ 1 & \text{für } x > 1. \end{cases}$$

15.5.120 Aus (15.159) und (15.77) ergibt sich das lineare Gleichungssystem $a + b = 0$, $b - a = 2\sqrt{3}$ mit der eindeutigen Lösung $a = -\sqrt{3}$ und $b = \sqrt{3}$. Für diese Parameterwerte ist die Rechteckverteilung normiert.

15.5.121 Die Beziehungen (15.159) – aufgefaßt als lineares Gleichungssystems in den Parametern a und b – liefern die gesuchten Ausdrücke

$$a = E(X) - \sqrt{3}\sigma(X) \qquad b = E(X) + \sqrt{3}\sigma(X).$$

15.5.122 Aus dem Beispiel 15.84 ergibt sich zunächst die Verteilungsfunktion zu

$$F(x) = \begin{cases} 0 & \text{für } x < -1 \\ \frac{1}{2} + \frac{x^2}{2} + x & \text{für } -1 \leqq x \leqq 0 \\ \frac{1}{2} - \frac{x^2}{2} + x & \text{für } 0 \leqq x \leqq 1 \\ 1 & \text{für } x > 1. \end{cases}$$

Sie wächst im Intervall $[-1\ \ 0]$ von $F(-1) = 0$ auf $F(0) = \frac{1}{2}$ an. Demzufolge liegt die gesuchte Realisierung in diesem Intervall.

Die Auflösung der Relation $\frac{1}{2} + \frac{x^2}{2} + x = z = 0{,}437$ nach x führt auf die quadratische Gleichung $x^2 + 2x + 0{,}126$ mit der Lösung

$$x = -1 \pm \sqrt{1 - (0{,}126)^2} = -1 \pm \sqrt{0{,}948} = \begin{cases} -1{,}308 \\ -0{,}792. \end{cases}$$

Offenbar kommt nur der Wert $x = -0{,}792$ als gesuchte Realisierung in Betracht, denn die gegebene Verteilung ist auf dem Intervall $[-1\ \ +1]$ konzentriert.

15.5.123 Aus (15.158) mit $a = 10$ und $b = 20$ und (15.160) folgt $\frac{x - 10}{10} = 0{,}518$ oder $x = 10 + 5{,}18 = 15{,}18$.

15.5.124 Die Tabelle 15.9 (für $a = 6$) läßt $p_0 + p_1 = 0{,}017352 < z$ und $p_0 + p_1 + p_2 = 0{,}061970 > z$ erkennen. Gemäß Satz 15.95 beträgt damit die gesuchte Realisierung $x = 2$.

15.5.125 Aus (15.122) mit $p = 0{,}5$ ergibt sich zunächst $p_0 + p_1 + p_2 = 0{,}875 < z$ und $p_0 + p_1 + p_2 + p_3 = 0{,}9375 > z$. Mithin lautet die gesuchte Realisierung $x = 3$.

15.5.126 Wegen (15.164) und $E(X) = 3{,}2$ sowie $\sigma(X) = \sqrt{9{,}6} = 3{,}1$ ist die Vermutung naheliegend, daß die Abfertigungszeit der Schiffe exponentiell verteilt ist.

15.5.127 Aus (15.163) und (15.164) sowie Satz 15.82 folgt bereits

$$P(X) < E(X) = P\left(X < \frac{1}{a}\right) = 1 - e^{-1} = 0{,}6321.$$

15.5.128 Eine solche Verteilung existiert nicht. Denn gäbe es eine solche Verteilung, dann müßte einerseits gemäß (15.164) $E(X) = \sigma(X)$ und andererseits gemäß Definition 15.38 $E(X) = 0$ und $\sigma(X) = 1$ bestehen. Das ist aber ausgeschlossen.

15.5.129 Aus (15.166) folgt wegen $z = 0{,}73$ und $a = 2{,}5$ bereits

$$x = -0{,}4 \ln 0{,}27 = 0{,}524.$$

15.5.130 Aus Satz 15.86 und (15.162) folgt die gesuchte Dichtefunktion zunächst

$$p(x) = \begin{cases} 0 & \text{für } x < 0 \\ a_1 a_2 \int\limits_0^x e^{-a_1 t}\, e^{-a_2(x-t)}\, dt & \text{für } x \geqq 0. \end{cases}$$

Das obige Integral berechnet sich zu

$$e^{-a_2 x} \int\limits_0^x e^{-(a_1 - a_2)t}\, dt = \frac{e^{-a_1 x} - e^{-a_2 x}}{a_2 - a_1}.$$

Damit ist bereits alles gezeigt.

15.5.131 Wegen der Unabhängigkeit der Zufallsgrößen $X_1, X_2, \cdots, X_n$ gilt gemäß (15.65) und (15.72) sowie (15.164)

$$E(X) = E(X_1) + \cdots + E(X_n) = \frac{1}{a_1} + \cdots + \frac{1}{a_n}$$

und

$$\sigma(X) = \sqrt{\sigma^2(X_1) + \cdots + \sigma^2(X_n)} = \sqrt{\frac{1}{a_1^2} + \cdots + \frac{1}{a_n^2}}.$$

Insbesondere besteht die Beziehung

$$[E(X)]^2 = \left(\frac{1}{a_1} + \cdots + \frac{1}{a_n}\right)^2 > \frac{1}{a_1^2} + \cdots + \frac{1}{a_n^2} = \sigma^2(X).$$

Demzufolge fällt der Erwartungswert $E(X)$ größer als das Streuungsmaß $\sigma(X)$ aus.

15.5.132 Offenbar genügt es, die Funktion

$$f(x) = \mathrm{e}^{-a_1 x} - \mathrm{e}^{-a_2 x}$$

zu diskutieren. Die Gleichung $f'(x) = 0$ hat zunächst die einzige Lösung

$$x^* = \frac{\ln a_2 - \ln a_1}{a_2 - a_1} = \frac{\ln\left(\frac{a_2}{a_1}\right)}{a_2 - a_1}.$$

Weiter ist die Funktion $f''(x)$ im Intervall $(0 \;\; \tilde{x})$ mit

$$\tilde{x} = \frac{\ln\left(\frac{a_2}{a_1}\right)^2}{a_2 - a_1} = 2\frac{\ln\left(\frac{a_2}{a_1}\right)}{a_2 - a_1} = 2x^*$$

und damit insbesondere an der Stelle $x = x^*$ negativ. Mithin repräsentiert x^* eine Maximalstelle. Es läßt sich weiter zeigen, daß

$$x^* < E(X) = \frac{1}{a_1} + \frac{1}{a_2}$$

gilt.

15.5.133 Entsprechend zum Beispiel 15.97 ergibt sich

$$P(X \geqq 10) = 1 - F(10) = \frac{10}{3}\left(\frac{1}{2}\mathrm{e}^{-2,5} - \frac{1}{5}\mathrm{e}^{-5}\right) = 0{,}2209.$$

15.5.134 Zunächst ist $q(x) = 0$ für $x < 0$ klar. Für $x \geqq 0$ ergibt sich

$$g(x) = a^2 \lim_{a_1 \to a} \frac{\mathrm{e}^{-ax} - \mathrm{e}^{-a_1 x}}{a_1 - a}$$

oder

$$q(x) = a^2 \lim_{a_1 \to a} x\,\mathrm{e}^{-a_1 x} = a^2 x\,\mathrm{e}^{-ax}.$$

Damit ist alles gezeigt.

15.5.135 Aus (15.170) ergibt sich wegen $n = 2$ und $a = \frac{1}{2}$ (vgl. Beispiel 15.99) die Verteilungsfunktion für die Reparaturzeit X zweier Aggregate zu

$$F(x) = 1 - e^{-\frac{x}{2}}\left(1 + \frac{x}{2}\right).$$

Sodann folgt aus (15.144)

$$P(X \leqq 3) = F(3) = 1 - e^{-1,5}(1 + 1,5) = 0,4422.$$

Die gesuchte Wahrscheinlichkeit beträgt damit 44,22%.

15.5.136 Aus den Beziehungen (15.171) resultiert unmittelbar

$$n = \frac{E^2(X)}{\sigma^2(X)} \qquad a = \frac{E(X)}{\sigma^2(X)}.$$

Diese Ausdrücke machen nochmals deutlich, daß die Erlang-Verteilung durch die Verteilungsparameter $E(X)$ und $\sigma^2(X)$ festgelegt ist.

15.5.137 Der Term (15.169) läßt erkennen, daß die gesuchte Stelle $x^* > 0$ die Maximalstelle der Funktion

$$f'(x) = \frac{a^r}{(r-1)!} x^{r-1} e^{-ax}$$

ist. Aus $f'(x) = 0$ oder

$$f'(x) = \frac{a^r}{(r-1)!} x^{r-2} e^{-ax} [r - 1 - ax] = 0$$

folgt

$$\tilde{x} = \frac{r-1}{a}.$$

Wegen

$$f''(\tilde{x}) = \frac{a^3}{(r-2)!}(r-1)^{r-3} e^{-(r-1)} < 0$$

bedeutet x die gesuchte Maximalstelle x^*. Infolge (15.171) fällt diese Maximalstelle stets kleiner als der Erwartungswert $E(X)$ der Erlang-Verteilung aus.

15.5.138 Zunächst ergibt sich die Symmetrie aus der Beziehung

$$p(t - x) = p(t + x) = \frac{s}{\sqrt{\pi}} e^{-s^2x^2}.$$

An der Stelle $x^* = t$ liegt ein Maximum mit der Ordinate

$$p(x^*) = \frac{s}{\sqrt{\pi}}$$

vor, weil die erste Ableitung

$$p'(x) = \frac{2s^2}{\sqrt{\pi}}(x - t)\, e^{-s^2(x=t)^2}$$

außer an der Stelle $x = t$ nirgends im Endlichen verschwindet und die zweite Ableitung

$$p''(x) = -\frac{2s^2}{\sqrt{\pi}}[1 - 2s^2(x - t)^2]\, e^{-s^2(x-t)^2}$$

für $x = t$ negativ ist. Die Gestalt von $p'(x)$ läßt weiter erkennen, daß die Kurve der Dichtefunktion (15.172) im Intervall $(-\infty\ t)$ steigt, an der Stelle $x = t$ kulminiert und im Intervall $(t\ \infty)$ fällt und demzufolge die Gestalt einer Glocke (vgl. Abbildungen 15.27 und 15.29) aufweist. Die gesuchten Wendepunktabszissen ergeben sich aus der Gleichung $p''(x) = 0$ oder aus $1 - 2s^2(x-t)^2 = 0$ zu $x_{1,2} = t \pm \frac{1}{s\sqrt{2}}$ mit der Ordinate

$$p(x_{1,2}) = \frac{s}{\sqrt{\pi}} e^{-\frac{1}{2}} = \frac{s}{\sqrt{e\pi}} \approx 0{,}6 \frac{s}{\sqrt{\pi}} = 0{,}6\, p(x^*).$$

Damit ist die Kurvendiskussion der Dichtefunktion (15.172) beendet.

15.5.139 Aus (15.178) und der Symmetrie der Funktion (15.177) mit dem Symmetriezentrum $z = 0$ ergibt sich bei Beachtung der Relation

$$\Phi(-x) = \int_{-\infty}^{-x} \varphi(x)\,dx = \int_{-\infty}^{+\infty} \varphi(x)\,dx - \int_{-\infty}^{x} \varphi(x)\,dx = 1 - \Phi(x).$$

15.5.140 Aus (15.180) und (15.181) resultiert

$$P(|X-\mu| < c) = P(\mu - c < X < \mu + c) = \Phi\left(\frac{c}{\sigma}\right) - 1 + \Phi\left(\frac{c}{\sigma}\right) = 2\Phi\left(\frac{c}{\sigma}\right) - 1.$$

15.5.141 Zunächst ergibt sich infolge (15.180) und (15.181) sowie Tabelle 15.11
$P(14{,}2 \leqq X \leqq 15{,}6) = \Phi(0{,}3) - \Phi(-0{,}4) = \Phi(0{,}3) + \Phi(0{,}4) - 1 = 0{,}2733.$
Das gesuchte 2σ-Intervall lautet $11 \leqq X \leqq 19$.

15.5.142 Aus Satz 15.84 und (15.175) folgt für die Dichtefunktion $p_2(x)$ der Zufallsgröße $X_2 = aX_1 + b$ der Ausdruck

$$P_2(x) = \frac{1}{\sqrt{2\pi}\,|a|\,\sigma_1} e^{-\frac{\left[\frac{x-b}{a} - \mu_1\right]^2}{2\sigma_1^2}} = \frac{1}{\sqrt{2\pi}\,|a|\,\sigma_1} e^{\frac{-[x-(a\mu_1+b)]^2}{2a^2\sigma_1^2}}.$$

Damit besitzt diese Zufallsgröße eine Normalverteilung mit den Verteilungsparametern $\mu_2 = a\mu_1 + b$ und $\sigma_2 = |a|\sigma_1$ oder $\sigma_2^2 = a^2\sigma_1^2$.

15.5.143 Aus Satz 15.111 ergibt sich, daß die Zufallsgröße X_2 normalverteilt ist. Für die gesuchten Parameter gilt

$$\mu_2 = -3{,}5 + 1 = -14 \qquad \sigma_2 = |-3| \sqrt{\frac{1}{2}} = \frac{3}{2}\sqrt{2}.$$

15.5.144 Aus (15.160) und (15.179) folgt

$$z = \Phi\left(\frac{x-\mu}{\sigma}\right) \quad \text{oder} \quad \Phi^{-1}(z) = \frac{x-\mu}{\sigma}.$$

Wird dieser Ausdruck nach x aufgelöst, dann ergibt sich gerade die Aussage (15.184).

15.5.145 Gemäß Tabelle 15.11 gilt $\Phi(0{,}44) = 0{,}67$ oder in Verbindung mit (15.181) $\Phi(-0{,}44) = 0{,}33 = z$. Wegen $\Phi^{-1}(z) = -0{,}44$ folgt damit aus (15.184) bereits

$$x = \mu + \sigma\Phi^{-1}(z) = 50 - 2 \cdot 0{,}44 = 49{,}12.$$

15.5.146 Die gesuchte Dichtefunktion $p(x)$ ergibt sich gemäß Satz 15.86 unter Beachtung von (15.175) mit $\mu = 5$ und $\sigma = 1$ sowie von (15.162) mit $a = 2$ zu

$$p(x) = \int_0^\infty 2e^{-2t} \frac{1}{\sqrt{2\pi}} e^{-\frac{(x-t-5)^2}{2}} dt = \sqrt{\frac{2}{\pi}} \int_0^\infty e^{-\left[\frac{(x-t-5)^2}{2}+2t\right]} dt.$$

Dieses Integral kann nicht analytisch ausgewertet werden.

15.5.147 Die Anzahl X der Wappen ist eine binomialverteilte Zufallsgröße mit den Parametern $n = 100$ und $p = \frac{1}{2}$. Ferner gilt $\mu = E(X) = 50$ und $\sigma = \sigma(X) = 5$. Gemäß Satz 15.113 ist diese Zufallsvariable näherungsweise nach $N(\mu;\sigma^2)$ verteilt. Mithin folgt aus (15.180)

$$P(42 < X < 58) = P(|X - 50) < 8) = 2\Phi(1{,}6) - 1 = 0{,}8904.$$

15.5.148 In Anlehnung an das Beispiel 15.107 ist der Mittelwert X einer Stichprobe des Umfangs n aus einer Grundgesamtheit, deren Merkmal den Erwartungswert μ und das Streuungsmaß σ besitzt, angenähert nach $N\left(\mu;\frac{\sigma^2}{n}\right)$ verteilt. Die Größen n und σ sind gegeben: $n = 100$, $\sigma = 0{,}7$. Der Parameter μ wird – wegen $E(X) = \mu$ – durch das konstatierte Stichprobenmittel zu $\mu \approx 15{,}0$ geschätzt. Mithin ist das Stichprobenmittel X angenähert nach $N(15; 0{,}0049)$ verteilt. Für die gesuchte Wahrscheinlichkeit ergibt sich damit aus (15.225)

$$P(|X - \mu| < 0{,}05) = 2\Phi\left(\frac{0{,}05}{0{,}07}\right) - 1 = 2\Phi(0{,}71) - 1 = 0{,}5222$$

Demzufolge liegt der zu $\mu \approx 15{,}0$ geschätzte Wert des Drehteildurchmessers mit einer Wahrscheinlichkeit von 52,2% innerhalb des vorgegebenen Toleranzbereiches.

15.5.149 Die Reparaturzeit X für 50 Aggregate genügt einer Erlang-Verteilung der Ordnung $n = 50$ mit dem Parameter $a = \frac{1}{3}$. Gemäß Beispiel 15.108 ist diese Größe angenähert nach $N(\mu;\sigma^2)$ mit $\mu = 150$ und $\sigma^2 = \frac{50}{9} \approx 5{,}56$ verteilt. Folglich ergibt sich die gesuchte Wahrscheinlichkeit aus (15.179) zu

$$P(X < 145) = F(145) = \Phi\left(\frac{145 - 150}{\sqrt{5{,}56}}\right) = \Phi(-2{,}12)$$

oder gemäß (15.181) und Tabelle 15.11

$$P(X < 145) = 1 - \Phi(2{,}12) = 0{,}017.$$

15.5.150 Die Behauptung ergibt sich durch Vergleich der Sätze 15.114 und 15.110.

15.5.151 Die Projektdauer X ist entsprechend Satz 15.115 und Beispiel 15.111 angenähert nach N (122; 25) verteilt. Daher folgt aus (15.179) bereits

$$P(X > 110) = 1 - F(110) = 1 - \Phi\left(\frac{110 - 122}{5}\right) = 1 - \Phi(-2{,}4)$$

oder gemäß (15.181) und Tabelle 15.11

$$P(X > 110) = \Phi(2{,}4) = 0{,}9918.$$

15.5.152 Zunächst ergibt sich aus (15.188) die Relation $\sigma^2(X) = E^2(X)\,(e^{\sigma^2} - 1)$ und daraus

$$\sigma = \sqrt{\ln\left(\left[\frac{\sigma(X)}{E(X)}\right]^2 + 1\right)}, \quad \mu = \ln \frac{E(X)}{\sqrt{\ln\left(\left[\frac{\sigma(X)}{E(X)}\right]^2 + 1\right)}}.$$

15.5.153 Gemäß Definition 15.61 ist die Zufallsvariable Y nach $N\,(\mu;\sigma^2)$ verteilt.

15.5.154 Aus der in Aufgabe 15.5.152 angegebenen Beziehung $\sigma^2(X) = E^2(X)\;(e^{\sigma_2} - 1)$ folgt, daß die Ungleichung $\sigma^2(X) > E^2(X)$ oder $\sigma(X) > E(X)$ für $e^{\sigma_2} > 2$ erfüllt ist. Die letzte Ungleichheit hat $\sigma^2 > \ln 2 = 0{,}6932$ oder weiter $\sigma > \sqrt{0{,}6932} = 0{,}83$ zur Folge. Damit gilt $\sigma(X) > E(X)$ für $\sigma > 0{,}83$.

15.5.155 Gemäß Satz 15.120, Formel (15.181) und Tabelle 15.11 folgt

$$q = \Phi(-2) \cdot \Phi(-1{,}67) = 0{,}9772 \cdot 0{,}9525 = 0{,}9308.$$

15.5.156 Die 3-Sigma-Regel besagt, daß $(X_1\;X_2)$ mit praktischer Sicherheit in dem Bereich

$$[9{,}1 < x_1 < 10{,}9;\quad 8{,}2 < x_2 < 11{,}8]$$

vorkommt.

Literaturverzeichnis

1. Einführung in die Logik

[1.1] *Asser, G.*
Einführung in die mathematische Logik, Teil 1, B. G. Teubner, Leipzig 1967

[1.2] *Klaus, G.*
Moderne Logik, Deutscher Verlag der Wissenschaften, Berlin 1967

[1.3] *Kobrinski, N. F.* und *Trachtenbrot, B. A.*
Einführung in die Theorie endlicher Automaten, Akademie-Verlag, Berlin 1967 (Seiten 1 bis 62)

[1.4] *Segeth, W.*
Elementare Logik, Deutscher Verlag der Wissenschaften, Berlin 1969

Anmerkung
Leichter lesbar sind [1.2] und [1.4], während das Studium von [1.1] und [1.3] mehr mathematisches Verständnis voraussetzt.

2. Grundbegriffe der Mengenlehre

[2.1] *Alexandroff, P. S.*
Einführung in die Mengenlehre und die Theorie der reellen Funktionen, Deutscher Verlag der Wissenschaften, Berlin 1967

[2.2] *Asser, G.*
Einführung in die höhere Mathematik, Teil 1, Lehrbrief für das Fernstudium, Pädagogische Hochschule, Potsdam 1964

[2.3] *Brehmer, S.* und *Apelt, H.*
Analysis, Teil 1, Grundbegriffe der Logik, Mengenlehre und Abbildungstheorie, Lehrbrief für das Fernstudium, Pädagogische Hochschule, Potsdam 1968

[2.4] *Hasse, M.*
Grundbegriffe der Mengenlehre und Logik, B. G. Teubner, Leipzig 1968

[2.5] *Klaua, D.*
Allgemeine Mengenlehre, Akademie-Verlag, Berlin 1968

Anmerkung
Für ein weitergehendes Studium sollte zunächst auf [2.3] oder [2.4] zurückgegriffen werden.

3. Zahlenbereiche

[3.1] Enzyklopädie der Elementarmathematik, Band I: Arithmetik, Deutscher Verlag der Wissenschaften, Berlin 1967

[3.2] *Götzke, H.*
Programmgesteuerte Rechenautomaten, Fachbuchverlag, Leipzig 1969

4. Kombinatorik

[4.1] Ausgewählte Kapitel der Mathematik für Ingenieur- und Fachschulen, Fachbuchverlag, Leipzig 1967

[4.2] *Flachsmeyer, J.*
Kombinatorik – Eine Einführung in die mengentheoretische Denkweise, Deutscher Verlag der Wissenschaften, Berlin 1969

5. Lineare Algebra

[5.1] *Krekó, B.*
Lehrbuch der linearen Optimierung, Deutscher Verlag der Wissenschaften, Berlin 1968

[5.2] *Dietrich, G.* und *Stahl, H.*
Matrizen und Determinanten und ihre Anwendung in Technik und Ökonomie, Fachbuchverlag, Leipzig 1968

[5.3] Mathematik für die Praxis, Band I, Deutscher Verlag der Wissenschaften, Berlin 1964

[5.4] *Hadley, G.*
Nichtlineare und dynamische Programmierung, Verlag Die Wirtschaft, Berlin 1969

[5.5] *Lange, O.*
Einführung in die Ökonometrie, Akademie-Verlag, Berlin 1968

[5.6] *Nemtschinow, W. S.*
Ökonomisch-mathematische Methoden und Modelle Verlag Die Wirtschaft, Berlin 1965

[5.7] *Nemtschinow, W. S.*
Anwendung mathematischer Methoden in der Ökonomie, B. G. Teubner, Leipzig 1963

[5.8] *Aganbegjan, A. G.*
Mathematik und Rechentechnik bei der Planung, Verlag Die Wirtschaft, Berlin 1964

[5.9] *Kornai, J.*
Mathematische Methoden bei der Planung der ökonomischen Struktur, Verlag Die Wirtschaft, Berlin 1967

[5.10] *Gantmacher, F. R.*
Matrizenrechnung, Deutscher Verlag der Wissenschaften, Berlin 1953

6. Lineare Optimierung

[6.1] *Judin, D. B.* und *Golstein, E. G.*
Lineare Optimierung, Akademie-Verlag, Berlin 1968

[6.2] *Krekó, B.*
Lehrbuch der linearen Optimierung, Deutscher Verlag der Wissenschaften, Berlin 1964

[6.3] *Piehler, J.*
Einführung in die lineare Optimierung (Lineare Programmierung), B. G. Teubner, Leipzig 1966

[6.4] *Schoch, M.*
Einführung in die Mathematische Modellierung und Optimierung, Heft 1 bis 5, Bergakademie Freiberg, Fernstudium 1968–1970

[6.5] *Schreiter, D.*
Die parametrische Linearprogrammierung – Anwendungsmöglichkeiten und Lösungsalgorithmus, in: Wirtschaftswissenschaft 12. 1964, Heft 8, S. 1300–1324

[6.6] *Hadley, G.*
Nichtlineare und dynamische Programmierung, Verlag Die Wirtschaft, Berlin 1968

[6.7] *Korbut, A. A.* und *Finkelstein, J. J.*
Diskretnoje programmirowanije, Nauka, Moskau 1969

7. Zahlenfolgen und -reihen

[7.1] *Dück, W.*
Numerische Methoden der Wirtschaftsmathematik, Band I, Akademie-Verlag, Berlin 1970

[7.2] *Fichtenholz, G. M.*
Differential- und Integralrechnung, Band I, Deutscher Verlag der Wissenschaften, Berlin 1970

[7.3] *Mangoldt, H. v.* und *Knopp, K.*
Einführung in die höhere Mathematik, Band I, S. Hirzel Verlag, Leipzig 1966

8. Differentialrechnung für Funktionen mit einer unabhängigen Variablen

[8.1] Kleine Enzyklopädie Mathematik, Bibliographisches Institut, Leipzig 1967

[8.2] *Mangoldt, H. v.* und *Knopp, K.*
Einführung in die höhere Mathematik, Band I und II, S. Hirzel Verlag, Leipzig 1966/67

[8.3] *Fichtenholz, G. M.*
Differential- und Integralrechnung, Band I und II, Deutscher Verlag der Wissenschaften, Berlin 1970/66

[8.4] *Dück, W.*
Numerische Methoden der Wirtschaftsmathematik, Akademie-Verlag, Berlin 1970

9. Differentialrechnung für Funktionen mit mehreren unabhängigen Variablen

[9.1] *Mangoldt, H. v.* und *Knopp, K.*
Einführung in die höhere Mathematik, Band II, S. Hirzel Verlag, Leipzig 1967

[9.2] *Fichtenholz, G. M.*
Differential- und Integralrechnung, Band II, Deutscher Verlag der Wissenschaften, Berlin 1966

[9.3] *Krynski, Ch. S.*
Matematika dlja ekonomistow, Statistika, Moskau 1970

10. Integralrechnung mit einer unabhängigen Variablen

[10.1] *Mangoldt, H. v.* und *Knopp, K.*
Einführung in die höhere Mathematik, Band III, S. Hirzel Verlag, Leipzig 1963

[10.2] *Fichtenholz, G. M.*
Differential- und Integralrechnung, Band II, Deutscher Verlag der Wissenschaften, Berlin 1966

[10.3] *Piskunow, N. S.*
Differential- und Integralrechnung, Band II, B. G. Teubner, Leipzig 1967

[10.4] *Bronstein, I. N.* und *Semendjajew, K. A.*
Taschenbuch der Mathematik, B. G. Teubner, Leipzig 1961

[10.5] *Ryshik, I. M.* und *Gradstein, I. S.*
Tafeln, Deutscher Verlag der Wissenschaften, Berlin 1963

11. Lineare Differential- und Differenzengleichungen

[11.1] *Piskunow, N. S.*
Differential- und Integralrechnung, Band II, B. G. Teubner, Leipzig 1967

[11.2] *Bräuning, G.*
Gewöhnliche Differentialgleichungen, Fachbuchverlag, Leipzig 1964

[11.3] *Kneschke, A.*
Differentialgleichungen und Randwertprobleme, Band I, Verlag Technik, Berlin 1957

[11.4] *Smirnow, W. I.*
Lehrgang der höheren Mathematik, Teil 2, Deutscher Verlag der Wissenschaften, Berlin 1968

[11.5] *Wallenberg, G.*
Lineare Differenzengleichungen, Leipzig-Berlin 1911

[11.6] *Goldberg, S.*
Differenzengleichungen und ihre Anwendungen in Wirtschaftswissenschaft, Psychologie und Soziologie, Oldenbourg-Verlag, München und Wien 1968

[11.7] *Klaus, G.*
Kybernetik in philosophischer Sicht, Dietz Verlag, Berlin 1961

[11.8] *Lange, O.*
Ganzheit und Entwicklung in kybernetischer Sicht, Akademie-Verlag, Berlin 1966

[11.9] *Lange, O.*
Einführung in die ökonomische Kybernetik, Akademie-Verlag, Berlin 1968

[11.10] *Lange, O.*
Einführung in die Ökonometrie, Akademie-Verlag, Berlin 1968

12. Nichtlineare Optimierung

[12.1] *Hadley, G.*
Nichtlineare und dynamische Programmierung, Verlag Die Wirtschaft, Berlin 1969

[12.2] Operationsforschung, Mathematische Grundlagen, Methoden und Modelle, Herausgegeben von W. Dück und M. Bliefernich, Band II, Deutscher Verlag der Wissenschaften, Berlin 1971

[12.3] Operationsforschung in der sozialistischen Wirtschaft, Herausgegeben von H. Fischer, Dietz Verlag, Berlin 1969

[12.4] *Collatz, L.* und *Wetterling, W.*
Optimierungsaufgaben, Springer-Verlag, (West-)Berlin-Heidelberg-New York 1966

[12.5] *Künzi, H. P.* und *Krelle, W.*
Nichtlineare Programmierung, Springer-Verlag, (West-)Berlin-Göttingen-Heidelberg 1962

13. Dynamische Optimierung

[13.1] *Bellman, R.*
Dynamic Programming, Princeton University Press, Princeton, N. J. 1957; russische Übersetzung: Dinamitscheskoje programmirowanije, Isd-wo inostrannoi literatury, Moskau 1960

[13.2] *Bellman, R.* und *Dreyfus, S. E.*
Applied Dynamic Programming, Princeton University Press, Princeton, N. J. 1962; russische Übersetzung: Prikladnyje sadatschi dinamitscheskogo programmirowanija, Nauka, Moskau 1965

[13.3] *Berkowitsch, M. M.*
Dinamitscheskoje programmirowanije, in: Ekonomika i matematitscheskije metody IV, 1968 H. 1, S. 114 bis 125

[13.4] *Hadley, G.*
Nichtlineare und dynamische Programmierung, Verlag Die Wirtschaft, Berlin 1969

[13.5] *Piehler, J.*
Einführung in die Dynamische Optimierung, B. G. Teubner, Leipzig 1966

[13.6] *Wentzel, J. S.*
Elemente der dynamischen Optimierung, B. G. Teubner, Leipzig 1966

14. Graphentheorie

[14.1] *Berge, C.*
Théorie des Graphes et ses applications, Dunod, Paris 1958 (russische Übersetzung, Moskau 1962)

[14.2] *Berge, C.* und *Ghouila-Houri, A*
Programme, Spiele, Transportnetze, B. G. Teubner, Leipzig 1967

[14.3] *Ford, Jr. L. R.* und *Fulkerson, D. R.*
Flows in Networks, Princeton University Press, Princeton, N. J. 1962

[14.4] *Götzke, H.*
Netzplantechnik, Theorie und Praxis, Fachbuchverlag, Leipzig 1969

[14.5] Handbuch der Netzplantechnik, Verlag Die Wirtschaft, Berlin 1970

[14.6] *König, D.*
Theorie der endlichen und unendlichen Graphen, B. G. Teubner, Leipzig 1936

[14.7] Operationsforschung in der sozialistischen Wirtschaft, Herausgegeben von H. Fischer, Dietz Verlag, Berlin 1969

[14.8] *Ringel, G.*
Färbungsprobleme auf Flächen und Graphen, Deutscher Verlag der Wissenschaften, Berlin 1959

[14.9] *Sachs, H.*
Einführung in die Theorie der endlichen Graphen, Teil 1, B. G. Teubner, Leipzig 1970

[14.10] *Sedlácek, J.*
Einführung in die Graphentheorie, B. G. Teubner, Leipzig 1968

[14.11] *Suchowitzki, S. I.* und *Radtschik, I. A.*
Mathematische Methoden der Netzplantechnik, B. G. Teubner, Leipzig 1969

[14.12] *Sykow, A. A.*
Teoria konetschnych grafow, Band I, Nauka, Nowosibirsk 1969

15. Wahrscheinlichkeitsrechnung

[15.1] *Gnedenko, B. W.*
Lehrbuch der Wahrscheinlichkeitsrechnung, Akademie-Verlag, Berlin 1969

[15.2] *Fisz, M.*
Wahrscheinlichkeitsrechnung und mathematische Statistik, Deutscher Verlag der Wissenschaften, Berlin 1970

[15.3] *Rasch, D.*
Elementare Einführung in die mathematische Statistik, Deutscher Verlag der Wissenschaften, Berlin 1968

[15.4] *Runge, W.* und *Forbrig, G.*
Elementare Einführung in die Wahrscheinlichkeitsrechnung für Ökonomen, Verlag Die Wirtschaft, Berlin 1965

[15.5] *Storm, R.*
Wahrscheinlichkeitsrechnung, mathematische Statistik und statistische Qualitätskontrolle, Fachbuchverlag, Leipzig 1965

[15.6] *Buslenko, N. P.* und *Schreider, J. A.*
Die Monte-Carlo-Methode und ihre Verwirklichung mit elektronischen Digitalrechnern, B. G. Teubner, Leipzig 1964

[15.7] *Fichtenholz, G. M.*
Differential- und Integralrechnung, Deutscher Verlag der Wissenschaften, Berlin 1964

[15.8] *Götzke, H.*
Netzplantechnik, Fachbuchverlag, Leipzig 1969

Sachwortverzeichnis

Halbfette Zahlen bezeichnen die Kapitel, magere die Seiten

GPSR Compliance

The European Union's (EU) General Product Safety Regulation (GPSR) is a set of rules that requires consumer products to be safe and our obligations to ensure this.

If you have any concerns about our products, you can contact us on ProductSafety@springernature.com

In case Publisher is established outside the EU, the EU authorized representative is:

Springer Nature Customer Service Center GmbH
Europaplatz 3
69115 Heidelberg, Germany

Batch number: 10809634

Printed by Printforce, the Netherlands